电梯检验工艺手册

（第三版）

主　编　张宏亮　李杰锋

中国质量标准出版传媒有限公司
中　国　标　准　出　版　社

北　京

图书在版编目(CIP)数据

电梯检验工艺手册/张宏亮,李杰锋主编.—3版.—北京:中国标准出版社,2022.6(2022.8重印)
ISBN 978-7-5066-9748-4

Ⅰ.①电… Ⅱ.①张…②李… Ⅲ.①电梯—检验—技术手册 Ⅳ.①TU857-62

中国版本图书馆CIP数据核字(2022)第034886号

中国质量标准出版传媒有限公司
中　国　标　准　出　版　社 出版发行
北京市朝阳区和平里西街甲2号(100029)
北京市西城区三里河北街16号(100045)

网址:www.spc.net.cn
总编室:(010)68533533　发行中心:(010)51780238
读者服务部:(010)68523946
中国标准出版社秦皇岛印刷厂印刷
各地新华书店经销

*

开本 787×1092 1/16 印张 58.25 字数 1 390 千字
2022年6月第三版 2022年8月第七次印刷

*

定价 245.00 元

电梯检验工艺手册

（第三版）

主　编　张宏亮　李杰锋

副主编　谢柳辉　叶　亮

编　委　（排名不分先后）

程　哲　高　峰

洪　伟　林淯丹

宋　阳　佘　昆

殷彦斌　冯　云

李荟瑜　于凤国

主　审　何若泉

顾　问　李　宁

电梯是现代社会物质文明的产物，广泛应用于人们的生产、生活中，是各行各业不可或缺的交通运输工具。随着国民经济的高速增长，我国电梯工业发展迅猛，截至2020年底，我国的电梯保有量已达786.55万台，目前已成为世界最大的新装电梯市场和最大的电梯生产国。

随着科技的不断进步，电梯技术日益发展，我国的电梯法规标准也随之不断完善。自本书第二版推出以来，国家市场监督管理总局陆续发布了《电梯监督检验和定期检验规则——曳引与强制驱动电梯》等7个电梯安全技术规范修改单以及TSG Z6001—2019《特种设备作业人员考核规则》、TSG 07—2019《特种设备生产和充装单位许可规则》等与电梯相关的安全技术规范，也废止和修订了一些法规、标准。为适应不断完善的电梯法规标准体系，帮助电梯从业人员深入了解掌握有关电梯检验的新要求、新技术、新方法，从而进一步推动电梯安全水平的提高，减少电梯事故的发生，应业界要求，编者对本书进行了第三次修订，主要是根据最新的法规标准对相关条款作了必要的增删和解读，同时综合行业专家的意见，对一些存在争议的内容进行了修改完善，还依据电梯安全技术规范修改单增加了斜行电梯的检验内容。相对于上一版，本版内容更加丰富翔实，案例更加直观典型，解读更为精准明晰。

本书由张宏亮（广东省特种设备检测研究院东莞检测院）、李杰锋（江苏省特种设备安全监督检验研究院苏州分院）主编。绪论由佘昆（广东省特种设备检测研究院）撰写，第一章由张宏亮、李杰锋、叶亮（江苏省特种设备安全监督检验研究院苏州分院/江苏省电梯及零部件产品质量监督检验中心）、高峰（阜阳市特种设备监督检验中心）、殷彦斌（广东省特种设备检测研究院东莞检测院）、冯云（中国特种设备检测研究院）、于凤国（中国特种设备检测研究院））撰写，第二章和第四章由程哲(江苏省特种设备安全监督检验研究院苏州分院)撰写,第三章由宋阳(阜阳市特种设备监督检验中心)撰写,第五章由谢柳辉(广东省特种设备检测研究院东莞检测院)、洪伟(江苏省特种设备安全监督检验研究院苏州分院)撰写,第六章由林淯丹(广东省特种设备检测研究院)、李荟瑜(黄山市特种设备监督检验中心)撰写,第七章由洪伟撰写。全书由张宏亮统稿,何若泉(广东省特种设备检测研究院东莞检测院)主审。

本书是在李宁(江苏省特种设备安全监督检验研究院苏州分院)的督促鼓励下完成,他不仅给予了悉心的指导,还解答了大量的技术问题。另外也得到了业界同仁的鼎力相助和无私奉献,在此一并表示感谢。

电梯检验有很强的专业性、实践性,涉及专业领域十分广泛,受篇幅所限,本书难免挂一漏万,同时囿于编者水平和认知,不足之处请广大读者批评指正。

编　者

2022 年 5 月

第二版前言

正如大家所知，近三年来我国电梯法规标准发生了较大变化。

首先是GB 7588—2003《电梯制造与安装安全规范》第1号修改单（简称“GB 7588第1号修改单”）于2016年7月1日开始实施。根据近几年的电梯监督抽查、电梯事故案例等情况，GB 7588第1号修改单及时从轿厢意外移动保护、轿厢内打开轿门、层门强度等三方面对电梯安全提出了新的要求。

其次是原国家质检总局于2016年6月6日发布了特种设备安全技术规范TSG T7007—2016《电梯型式试验规则》（简称“电梯型规”），自2016年7月1日起实施。电梯型规不仅涵盖了GB 7588第1号修改单的安全要求，还吸收了欧洲标准EN 81-20中有关层门和轿门旁路装置、门回路检测等电梯安全要求。

最后是TSG T7001—2009《电梯监督检验和定期检验规则——曳引与强制驱动电梯》第2号修改单（简称“新版检规”）于2017年6月22日发布，10月1日起实施。新版检规根据电梯型规、GB 7588第1号修改单、电梯施工类别划分表（国质检特〔2014〕260号）等增加了层门和轿门旁路装置、门回路检测功能、制动器故障保护功能、自动救援操作装置、分体式能量回馈节能装置、轿厢意外移动保护装置、轿门开门限制装置、IC卡系统等检验要求，并对以往检规中存在的问题进行了适当的修订。

本书自2015年首次发行以来，收到了业内同仁的诸多良好的意见与建议，这是促使编者继续修订完善本书的动力。借助新版检规实施之机，编者对本书进行了重新修订，对新版检规新增检验内容与要求进行了解读，对第一版存在的问题进行了修订，同时增加了防爆电梯与消防员电梯检验要求和方法的解读，丰富了内容，弥补了第一版的不足。同时书中增加了大量电梯现场检验的彩色图片，所示内容典型，清晰直观，更加方便读者理解、操作。本书由张宏亮、李杰锋主编，绪论和第三章由佘昆撰写，第一章由张宏亮、李杰锋、叶亮、高峰撰写，第二章和第四章由郑曲飞撰写，第五章由谢柳辉和代清友撰写，第六章由沈永强撰写，全书由张宏亮统稿、何若泉主审。本书编写过程中，江苏省特种设备安全监督检验研究院苏州分院的李宁在技术和内容上都给予了大力支持，提出了诸多建设性的意见和建议，在此致以诚挚的谢意。此外，书中根据实际需要参考了国内外出版的相关文献、电梯生产单位的资料以及业内同仁的检验案例等，谨向其表示衷心的感谢。

由于水平所限，本书中疏漏和不足之处，恳请业内专家批评指正，以便今后我们进一步修改完善。

编　者

2018 年 10 月

前言

电梯，作为人类物质文明的标志，经过150多年的发展，各项技术指标日臻成熟。如今，各式各样的电梯以其安全、舒适、高效、智能化已广泛应用于商场、酒店、写字楼、住宅，正成为人们生产、生活不可或缺的交通运输工具和经济社会快速发展必不可少的载体。

作为机电一体化的特种设备，电梯有其固有的风险性，对其进行检验检测既符合《中华人民共和国特种设备安全法》的要求，也是对安装、改造、维修、维护保养、使用管理等各环节工作质量的验证。检验机构多年的检验检测工作，对提高电梯的安全水平，降低电梯事故的发生率，保障民生安全具有重要意义，也对促进电梯产业技术进步与发展发挥了重要作用。

为适应当前电梯技术的不断发展，紧跟电梯法规标准体系不断完善的脚步，促进电梯检验技术的提高，我们以电梯（含曳引与强制驱动电梯、自动扶梯与自动人行道、液压电梯、杂物电梯等）监督检验和定期检验规则以及电梯制造与安装安全技术规范为依据，其他相关法律、法规、技术规范为参考，从说明解释、注意事项、常见事例、常见产品、常见问题、特例、参考做法等方面，多角度、多层次地进行阐释，同时结合检验实践，图文并茂、深入浅出地从实际操作层面对检规进行释义、举例、分析，以期对电梯监督检验和定期检验规则做更为系统和全面的解读，为实际操作提供更具针对性的参考。

本书修改再三，力求完善，但囿于我们水平，仍难尽人意。挂漏误谬，恐在所难免。工具书应常编常新，在此诚恳希望广大读者与专家批评指正，以便于本书继续修订完善。

编　者

2015年8月

目录

下篇　消防员电梯、防爆电梯、液压电梯、自动扶梯与自动人行道、杂物电梯和斜行电梯专项要求

1) 与第一章相同的内容,本章不重复列出。

绪　论

1　电梯发展现状与趋势

(1) 电梯技术发展概况

电梯(含自动扶梯和自动人行道)是建筑物中的交通运输工具。随着电梯的出现,建筑物的高度得以不断增长,土地资源被充分利用,社会资源得以高度集中,人们的生活水平得到提升,劳动条件得到改善。据统计,自 2004 年起,中国内地在用电梯以每年 20%左右的增幅高速增长。截至 2020 年底,我国的电梯使用登记总量为 786.55 万台,约占全球电梯总保有量的 35%。2020 年我国新登记安装电梯 65 万台,加上出口电梯,更新电梯,电梯产量约为 105 万台。我国电梯采用的大部分技术已经与世界同步,但高尖端技术仍然依靠国外。

自 1854 年第一台蒸汽驱动、具有防坠落装置的安全电梯发明以来,建筑物垂直交通瓶颈得以解决,高层、超高层建筑的大量涌现,使电梯在世界范围内得到了广泛应用。160 多年来,紧跟科技的进步,电梯技术推陈出新。控制形式从手柄开关操纵、按钮信号控制、集选控制等,发展到多台电梯群控、智能群控调度、人机对话控制。控制元件则是从继电器、可编程序控制器、微机集中控制,发展到 CAN 串行通信微机控制。电力驱动从直流单速、交流单速、交流双速、直流调速、交流调速,发展到异步电动机变频调速、永磁同步电动机变频调速。曳引机从蜗轮蜗杆、斜齿轮、行星齿轮,发展到无齿轮永磁同步曳引机。轿厢则从单层轿厢、双层轿厢电梯,发展到一个井道运行两台电梯(节省井道空间)。异形(如扇形、三角形、半棱形、圆形等特殊形状)轿厢的出现使电梯与建筑和谐一致,为建筑物增辉。观光电梯轿厢从单面到 360°观光,使身处其中的乘客的视线不再封闭。在欧美发达地区,液压电梯曾经占据着最大的市场份额,随着无机房曳引电梯的发展,液压电梯的使用渐趋减少。

电梯的运行速度也屡屡创新纪录。2016 年 7 月,三菱电机将中国最高楼“上海中心大厦”的电梯运行速度从计划的 18 m/s 升级提速至 20.5 m/s;2017 年,广州周大福金融中心安装了由日立电梯公司生产的速度为 21 m/s 的电梯,这是目前世界上速度最高的电梯。

(2) 近年来涌现出的电梯新技术

1) 电梯新型悬挂曳引驱动技术

电梯新型悬挂曳引技术对提高整个电梯系统的性价比起到了引领作用。作为电梯新的曳引媒介,如碳纤维带、扁平复合钢带、包裹细钢丝绳等的开发应用,使曳引机由大变小,轿厢和对重由重变轻。电梯新型悬挂曳引技术也使电梯突破钢丝绳提升极限,使电梯提升高度可超过 1 000 m。新型悬挂系统的开发带来曳引系统的革命,新一代的曳引系统的开发将冲击传统的曳引系统,为建筑物高度创造一个个新的世界纪录提供了条件。

① 新型悬挂曳引系统使曳引机由大变小,轿厢和对重由重变轻,降低电梯成本

电机功率＝力矩×转速,电机的电流与力矩成正比,电机的成本又与力矩成正比。减

小曳引轮直径 D 的途径是减小曳引绳(带)的直径或厚度 d,减小 D/d 就可减小曳引机的尺寸,减轻电梯自重,降低制造成本。如扁平复合钢带、带齿形的 Poly-V 复合钢带、Aramid 非金属曳引绳以及碳纤维悬挂带。

② 新型悬挂曳引系统使电梯突破钢丝绳提升高度极限

超高速电梯的提升高度极限受到钢丝绳自重的限制。超轻质碳纤维曳引机绳带技术的发明和突破,使电梯的提升高度达到目前提升高度的两倍,能够提升电梯至 1000 m 以上。"UltraRope"超轻质碳纤维曳引机绳带可使绳索的重量减轻 90%左右,比钢索更轻、更强,大大降低功耗,且更轻的绳索使电梯制动更容易。

③ 利用传动带与钢丝绳之间的压力直接驱动曳引轮转动的驱动技术

Talon 驱动系统是依靠皮带与钢丝绳之间的压力驱动电梯系统,这样能够进一步降低钢丝绳在曳引轮上打滑的风险。在该系统中,电梯轿厢和对重之间的重力差可比传统曳引电梯大,因为钢丝绳在皮带的压力下绷紧了滑轮,钢丝绳在绳槽中的摩擦力可以增大。

使用这种驱动系统,其曳引力已不再完全由钢丝绳两端的重量差决定。因此,轿厢重量可以设计得很轻,有效地减轻电梯重量,实现材料的节约。此外,该驱动系统还具有减少对建筑物的载荷,节能、环保、节省空间并允许更灵活的主机布置形式等特点。

2) 一个井道运行两台电梯,充分利用井道空间技术

近年来成功地实现了一个井道安装两台电梯,即 TWINS 双子乘客电梯。TWINS 双子乘客电梯由两部电力驱动的曳引式电梯组成,在同一井道内运行。每部电梯具有各自的驱动和控制系统以及保证电梯安全运行的安全部件。轿厢分为上部轿厢和下部轿厢,共用同一组轿厢导轨,而其对重分别具有独立的导轨。与普通乘客电梯相比,TWINS 双子乘客电梯可明显节省井道面积、节省乘客候梯和乘梯时间,有效提高电梯的运行效率,践行了"双轿厢、单井道、零拥堵"(2 cabs,1 shaft,0 crowds)的原则。该电梯已经在德国、韩国、西班牙、沙特阿拉伯、英国、阿联酋以及我国的一些建筑物上得到了应用。

3) 使用平滑紧急终端减速装置缩小底坑深度和顶层高度技术

平滑紧急终端减速(Smooth Emergency Terminal Slowdown,SETS)装置是在井道上方、下方终端部位,根据轿厢位置,通过对轿厢速度连续平滑的监测,能及时发现轿厢超速并使轿厢进行强制减速的安全装置。通过 SETS 装置监测轿厢的速度,当轿厢速度超过设定值时,切断驱动主机供电并使制动器动作,从而降低轿厢(或对重)撞击缓冲器的速度,这样就可以使用较小行程的缓冲器,达到缩小井道顶部间距及底坑深度的目的。

4) 可变速电梯技术(Variable Speed Elevator,VSE)

传统的电梯不管是满载还是半载,电机都是按照额定的转速旋转,即电梯额定运行的速度不变。可变速电梯是利用了电梯轿厢和对重接近平衡时电动机的余量,在额定的输出功率不变的前提下,在负载转矩较小时,提高电机转速,使电梯的速度提高。可变速电梯技术缩短了乘客等待时间和乘坐时间,提高了电梯效率,使电梯更节能环保。根据载重检测器测量出轿厢内的载重量,可变速电梯会选择对应的速度运行。根据乘梯人数的情况,可变速电梯可以实现最大为额定速度 1.5 倍的运行速度,大大提高了电梯的运行效率。

5) 功能安全技术

功能安全是通过合适的技术和管理措施,把安全相关系统的整体风险控制在要求的目标之内。随着技术和人们认知的发展,发现由于设备设计不合理,系统失效或者故障,安全

相关元器件、零部件的失效或故障，软件的问题导致的设备故障引发的危险开始越来越频繁地出现，有时甚至会造成巨大的人员及财产损失，已经到了不可忽略的程度。

功能安全用于描述安全相关系统执行其安全功能的能力，可以把功能安全理解为机械安全功能的绩效能力和可靠性水平。安全功能是指失效后会立即造成风险增加的机器功能。安全功能包括所有减少风险的保护措施，这些措施包括：

(a) 设计者负责的措施：本质安全设计，安全防护和补充保护措施、使用信息。

(b) 使用者负责的措施：安全工作程序，监督、工作许可制度，提供和使用附加安全防护装置，使用个体防护装备，培训。

6) 斜行电梯技术

斜行电梯的运载装置通过钢丝绳或链条悬挂，并沿与水平面夹角为 15° ～ 75°的导轨运行于限定路径内。斜行电梯可以解决山坡、倾斜建筑等斜面的运输问题。斜行的曳引式电梯，其工作原理与垂直的曳引电梯相类似。设计时需要特别考虑的是其导轨需要承受较大的承载装置作用的垂直载荷，以及曳引钢丝绳、控制电缆由于自重而产生悬垂或松弛。因此必须提供支撑钢丝绳的滚轮，传递动力和信号的控制电缆也要有专用的导向系统等。

斜行电梯已日益被认为是长行程、高速、输送能力强的理想的坡道交通工具。在旅游景点的山顶和山谷之间架起这样的输送桥，使乘客能领略更美好的自然风光。

7) 螺旋型自动扶梯技术

螺旋型自动扶梯是梯级沿螺旋形导轨的三维轨迹运行以输送乘客的自动扶梯。香港及澳门分别于 1992 年及 2006 年为时代广场和威尼斯人酒店安装六台先进独特的螺旋型自动扶梯。2015 年 5 月 15 日上海新世界大丸百货开业，其采用了 12 台独有的螺旋式自动扶梯，成为建筑亮点。螺旋式自动扶梯在全世界仅有 103 台，中国内地一举安装了 12 台。

图 0-1 为螺旋自动扶梯的结构原理图。

8) 其他电梯新技术

电梯制动器近年来有不少变化。电梯制动器除了传统的臂鼓式制动器、端面盘式制动器外，还有块鼓式制动器、钳盘式制动器、钢丝绳制动器等。块鼓式制动器、钳盘式制动器都是由两个或多个独立制动装置作用在同一制动鼓或制动面上，容易符合美标工作制动器与紧急制动器分开的要求。

此外，还出现了直线电机驱动的门机等新技术。

针对现有电梯群控系统在呼梯和调度上存在的候乘梯时间不明确、客流量分配不合理等弊端，很多公司都在开发应用基于多目标调度算法和多主从模式通信技术的新型控制电梯目的层群控调度系统，大大提高了乘客的呼梯效率，改善了电梯的调度性能。

(3) 未来电梯技术发展趋势

1) 电梯机械部件更加简单、可靠、安全

新型悬挂、曳引、驱动系统，新型门系统使电梯机械部件更加简单、可靠、安全。研发与驱动系统可分离的承载装置，有可能使建筑物中垂直与水平运输相结合，成为综合智能运输系统。

2) 电梯更加智能、环保、节能和安全

新型控制系统和新的电气元件、电子技术、人工智能技术的应用，使电梯更加智能、环保、节能和安全。电梯人工智能群控系统将基于强大的计算机软硬件资源，如基于专家系统的群控、基于模糊逻辑的群控、基于计算机图像监控的群控、基于神经网络控制的群控、基于遗传基因法则的群控等。这些群控系统能适应电梯交通的不确定性、控制目标的多样性、非线性表现等动态特性，使电梯运输系统更加高效。随着智能建筑的发展，电梯的智能群控系统能与大楼所有的自动化服务设备结合成整体智能系统。

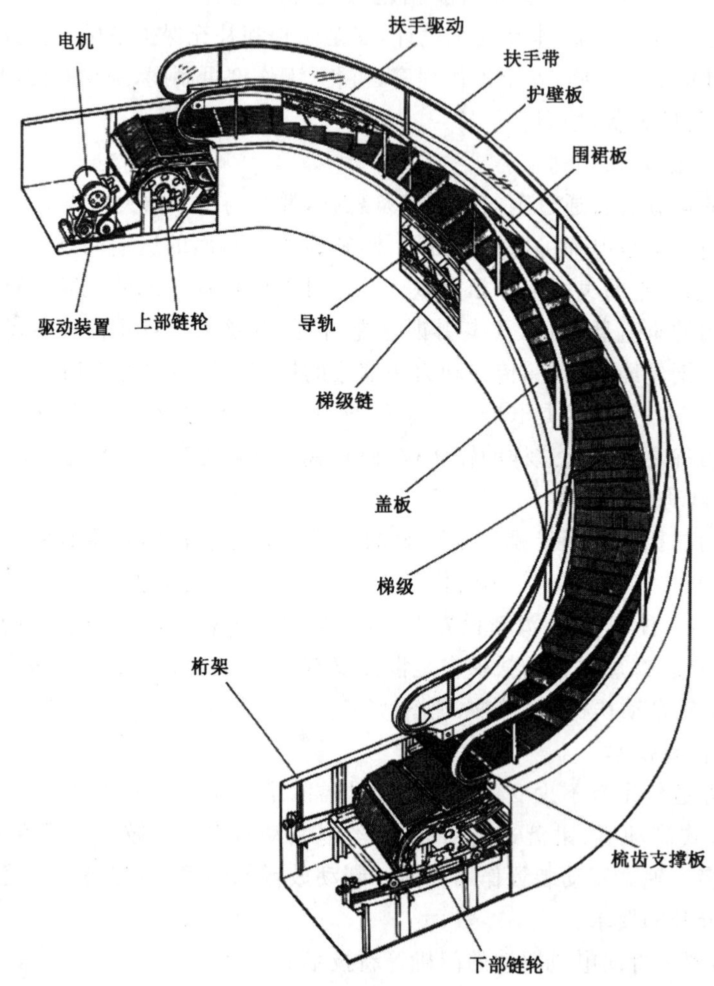

图 0-1　螺旋自动扶梯的结构原理图

3）本质安全设计和监测诊断功能使电梯更安全

本质安全设计措施是通过改变机器设计或工作特性，避免风险的出现。强化电梯本质安全设计措施，可以减少对日常维护保养和检查的依赖，安全性能更加可靠。电梯实现对安全功能的实时监测和定时检测相结合的远程监测诊断功能。在电梯存在风险的部件上，增加一些力、振动、声、电、光、温度、图像等传感器，对各种风险进行自动实时监测或定时检测，使电梯的安全性能等级进一步提升。监测或检测的数据能够自动在当地保存和远程传送。诊断功能除了对监测和检测的数据进行自动分析诊断外，还包括对安全保护功能失效的诊断，实现电梯故障预警。

4）超高速电梯速度越来越快

超高速电梯是体现电梯技术水平的重要标志。本世纪将会发展更多多用途、全功能的超高层塔式建筑，超高速电梯继续成为研究方向。曳引式超高速电梯的研究继续在采用非金属高强度轻型悬挂曳引绳带、超大容量电动机、高性能的微处理器、减振技术、智能减震滚轮导靴和新材料安全钳、永磁同步电动机、轿厢气压缓解和噪声抑制系统、减轻钢丝绳重量等方面进行推进。采用直线电机驱动的电梯也有较大研究空间。未来超高速电梯舒适感会有明显提高。

5）节能电梯技术将普及

电梯广泛采用永磁同步无齿轮曳引机、智能群控、新型悬挂曳引驱动系统等先进的技术，将大大减少电梯能耗。采用能量回馈和储能技术的节能型电梯，将使能耗进一步降低。绿色能源的利用，也使节能电梯有很大的开发潜力。

2　电梯安全管理

电梯在我国的使用有近百年的历史，电梯生产则只有五六十年的历史。在中华人民共和国成立后的前30年，我国的在用电梯数量和生产量是少之又少，全国电梯总量不足2万台。直到20世纪80年代以后，随着改革开放和城市化建设迅速发展，我国的电梯数量才迅速增多。经过几十年的发展，我国现有电梯的总量已超过800万台，年产量达到了100多万台，成为了世界之最。在电梯迅速发展的过程中，我国政府一直十分重视电梯的安全，把电梯列为特种设备进行管理，执行定期检验制度。

2003年10月，为适应社会主义市场经济体制要求，应对我国加入WTO后面临的新情况，国家质检总局特种设备局开始建设以安全技术规范为主要内容的特种设备安全监察法规体系。该体系由“法律—行政法规—部门规章—安全技术规范—引用标准”五个层次构成。经过十几年的发展，特种设备安全监察法规体系在我国已初步建立，并正在根据我国特种设备安全监察的特点和安全形势逐步完善。

基本安全要求

现场检验时，存在着许多潜在的危险，检验人员应当保持警惕，保证安全。

1　基本要求

编号	项目	要求	备注
1	检验人员着装	检验人员应穿戴好劳保用品，正确着装，束紧领口、袖口，挽起长发，摘除身上佩戴的项链、手表等首饰，请勿穿着宽松的服装等	
2	检验人员数量	现场检验人员不得少于2名，检验人员应当在电梯管理人员或维护保养人员的配合下实施检验	
3	检验前要求	1）检验前，应当将表明正在进行检验的警示牌和围栏放置在电梯附近及层门入口处。对于高层电梯，在每层层门处放置的可操作性不强，一般在基站层门入口处和轿厢内放置即可。 2）检验前，应当确保通信设备有效。检验时，指令应当清晰，接受指令的人员应当重复指令，确认无误后方可实施操作。 3）在检验群控电梯中的一台电梯之前，应当将该电梯从梯群控制中分离	
4	电气部分检验	应注意： 1）断开电源开关，并加锁和醒目标识。在无法闭锁电源开关的情况下，应当拆掉电源电路保险装置，或采用等效方法，确保电源电路处于断开状态。 2）某些电梯部件（如电容器、电动机—发电机组等）即使在切断电源后仍然带有可能导致人员触电或者设备意外动作的残余电荷，因此，检验之前，应当通过接地或者按照设备说明书上的要求释放残余电荷。 3）对于可能存在已断开主电源的控制柜仍然带电的多台并联控制电梯的情况，检验时应当仔细确认	
5	特别提醒	检验人员应当时刻注意所有运动部件或设备的位置和状态	

2　检验条件

编号	项目	检验条件	备注
1	曳引、强制驱动电梯和液压电梯	检验现场应当具备以下条件： 1）机房或者机器设备间的空气温度保持在5 ℃～40 ℃； 2）电源输入电压波动在额定电压值±7%的范围内； 3）环境空气中没有腐蚀性和易燃性气体及导电尘埃； 4）检验现场（主要指机房或者机器设备间、井道、轿顶、底坑）清洁，没有与电梯工作无关的物品和设备，基站、相关层站等检验现场放置表明正在进行检验的警示牌； 5）对井道进行了必要的封闭。进行检验时，除放置表明正在进行检验的警示牌外，还应在出入口设置围栏	

编号	项目	检验条件	备注
2	自动扶梯和自动人行道	检验现场应放置表明正在进行检验的警示牌,并在出入口设置围栏	
3	杂物电梯	检验现场应当具备以下检验条件: 1)机房温度、电压符合杂物电梯设计文件的规定; 2)环境空气中没有腐蚀性和易燃性气体及导电尘埃; 3)检验现场(主要指机房、井道、轿顶、底坑)清洁,没有与杂物电梯工作无关的物品和设备,相关现场(例如层站门口)放置表明正在进行检验的警示牌; 4)对井道进行了必要的封闭	
4	特殊要求	特殊情况下,电梯设计文件对温度、湿度、电压、环境空气条件等进行了专门规定的,检验现场的温度、湿度、电压、环境空气条件等应当符合电梯设计文件的规定	
5	终止检验	对于不具备现场检验条件,或者继续检验可能造成危险,检验人员可以终止检验,但应当向受检单位书面说明原因	

3 检验项目及注意事项

编号	检验项目	检验内容及注意事项	备注
1	机房和机器空间	注意所有运动部件或设备的位置和状态。 在踏上任何网状结构或平台之前,需查看其支撑和连接是否牢固,以确定其是否有足够的强度。 注意可能产生危险的障碍物和净空高度较低的通道。 确认网状结构、平台或地面上没有任何能导致滑倒或绊跌的危险物。检查网状结构或地面开口上的临时性盖板是否有足够的强度。 在通过触摸或操作来检查运动部件(例如滑轮、卷筒、制动器、限速器、继电器等)之前,应确认被检部件的电源已被切断(可用试操作电梯的方法来确认)。切断了梯群中某台电梯的主电源开关,可能并未切断该电梯控制柜和选层器等装置的供电,在对此类电梯进行检验时应当特别小心,防止触及带电的电路。 进入井道中的机器空间前,应切断主电源开关,执行锁紧和加标识程序	

编号	检验项目	检验内容及注意事项	备注
2	井道	建议从井道顶部开始检验。 打开层门前，应站稳，确定轿厢所在位置，防止跌落井道或轿顶。 登上轿顶或进入底坑前，确保作业区有适当的照明，底坑没有积水、杂物等。顶部空间、底部空间比较狭小，应注意观察周围的障碍物，确定好紧急情况下的安全藏身区。 进入井道之前，应将轿顶、底坑等处的停止开关置于“停止”位置。 进入井道后应立即关闭层门，保持与另一检验人员的联系。 由另一检验人员按下呼梯按钮，验证停止开关是否有效。对并联电梯实施检验时，按下轿内选层按钮，验证所检电梯是否已退出服务。 井道中如有相邻的电梯，注意身体的所有部位都应当在被检电梯轿厢垂直投影的范围内，以免轿厢运行时碰触对重或井道中的突出物，应特别注意与被检电梯相邻的电梯的轿厢和对重。 轿厢运行时，应当站稳，抓紧轿顶结构件上的把手或其他部件。不能抓钢丝绳，在曳引比为2∶1的电梯上，抓钢丝绳会导致严重的伤害。 启动电梯前，应告知另一检验人员	
3	轿顶	对于非水平的轿顶(如穹顶)，应当特别小心，防止滑跌。 在将身体的重心置于轿顶之前，检查轿顶是否有足够的强度。 确认轿顶停止开关的位置，做好在紧急情况下使用该开关的准备。 在使用轿顶检修装置操纵轿厢之前，检查该装置是否可靠，并告知另一检验人员。 与另一检验人员保持联系	
4	底坑	为了防止轿厢的意外运动，检验人员进入底坑之前，应当验证： 轿内停止开关、轿顶停止开关、底坑通道门附近停止开关的有效性； 轿门、层门门锁及电气安全装置的有效性； 电梯不响应任何外呼。 轿内或轿顶的操作人员应严格遵守以下要求： 轿厢只能按照底坑检验人员指定的方向运行； 应当重复底坑检验人员的指令，且应在确认收到“准许操作”指令之后，方可操纵轿厢运行； 情况允许时，轿厢一停止就打开层门或轿门，且在收到轿厢运行指令之前保持门的开启。	

编号	检验项目	检验内容及注意事项	备注
4	底坑	进入底坑前，首先将底坑通道门附近的停止开关置于“停止”位置，打开井道灯开关。观察底坑中的安全藏身区，注意估算当轿厢停止在完全压缩的缓冲器上时其下方的空间是否足够。如果轿厢下方没有合适的空间，建议在轿厢下放置支撑物，以确保所需的空间。 进入底坑后，将底坑停止开关置于“停止”位置。只有当轿内或轿顶人员按照底坑人员指令准备移动轿厢时才能将该开关置于“运行”位置。要特别注意确保身体的任何部位都未凸入相邻电梯的井道区域。 不得携带任何外壳导电的照明设备进入潮湿的底坑，且避免触及极限开关或其他带电开关。 离开底坑之前，底坑通道门附近的停止开关应当置于“停止”位置，离开之后再置于“运行”位置	
5	整机功能试验	试验时应关闭电梯的层门、轿门、检修门（如有）和安全门（如有），并防止电梯的层门、轿门在检验过程中发生非预定的开关门动作。在整个试验过程中应禁止闲杂人员进入检验区域，尤其在需要移动轿厢的试验时，要确认轿厢内无乘客。常用的方法有： 留人在轿厢内，但在进行某些存在危险或要求空载的项目检验时（如上行制动试验），不允许轿厢内有人。 在轿厢内没有人时，关闭轿门，通过切断门机电源等方法保持轿门关闭。 将电梯转换为紧急电动运行（如有）/检修运行状态，然后将电梯厢停在非平层区，通过切断门机电源等方法保持轿门关闭（此操作简称“吊梯”）。 有载试验时，载荷分布应均匀，并在轿厢门口留出空间放置最后的重物。加载接近完毕时，应尽量避免人员进入轿厢。 当进行下行制动试验或轿厢限速器-安全钳联动试验时，可能需要在超载条件下进行，但不能超载向上运行，因此，可分两次将载荷运到指定楼层，然后加载至所需载荷	
6	自动扶梯和自动人行道	在设备停止运行、驱动主机和制动器的动力电源被切断以及主电源开关被锁住和加上标识之前，不得进行近距离检验。 进入自动扶梯或自动人行道的机房、驱动站、转向站或其内部之前，应当断开停止开关或者主电源开关，切断驱动主机和制动器的动力电源，并确认不会运行。 即使在主电源断开之后，接线箱内 110 V 电源可能仍然带电，因此，在检验之前须用万用表等仪器测试电路是否带电。 拆除梯级、踏板出现的缺口，应当在检验人员的前方。步入拆除了梯级、踏板的自动扶梯或自动人行道时应特别小心。 站在自动扶梯或自动人行道上梯级或踏板的检验人员，在其启动之前，应当抓紧扶手带	

4 钥匙使用、保管要求

编号	项目	要求	备注
1	钥匙保管	电梯三角钥匙或操纵钥匙只能由持证作业人员使用，禁止非专业人员使用电梯三角钥匙或操纵钥匙	
2	三角钥匙	使用电梯三角钥匙时，层门附近照明应充足，以便于观察轿厢位置。 清除各种杂物，层门口周围不得让无关人员围观。 打开层门前，应先确认轿厢位置。如轿厢不在本层或者轿厢顶部远低于本层层门地坎，则不应继续开启层门，以防止踏空，导致坠落事故。 把三角钥匙插入开锁口时，确认开锁方向。 开锁时应站稳，并保持身体重心平稳，然后按开锁方向缓慢开锁。 门锁打开后，先把层门推开一条约100 mm宽的缝(不能开得太大)，取下三角钥匙，观察井道情况。 开锁后，关闭层门时应确认已可靠锁闭。 开启自动扶梯或自动人行道时应注意梯级(踏板)上有无人员及梯级(踏板)有无缺损。开启后应进行试运行，全部梯级(踏板)运行一周以上，发现异常情况应立即停止	

上　篇

曳引驱动与强制驱动电梯

第一章　曳引与强制驱动电梯

1　技术资料

1.1　制造资料

项目及类别	检验内容与要求	检验方法
1.1 制造资料 A	电梯制造单位提供了以下用中文描述的出厂随机文件： (1) 制造许可证明文件，许可范围能够覆盖受检电梯的相应参数； (2) 电梯整机型式试验证书，其参数范围和配置表适用于受检电梯； (3) 产品质量证明文件，注有制造许可证明文件编号、该电梯的产品编号、主要技术参数，限速器、安全钳、缓冲器、含有电子元件的安全电路(如果有)、可编程电子安全相关系统(如果有)、轿厢上行超速保护装置(如果有)、轿厢意外移动保护装置、驱动主机、控制柜的型号和编号，门锁装置、层门和玻璃轿门(如果有)的型号，以及悬挂装置的名称、型号、主要参数(如直径、数量)，并且有电梯整机制造单位的公章或者检验专用章以及制造日期； (4) 门锁装置、限速器、安全钳、缓冲器、含有电子元件的安全电路(如果有)、可编程电子安全相关系统(如果有)、轿厢上行超速保护装置(如果有)、轿厢意外移动保护装置、驱动主机、控制柜、层门和玻璃轿门(如果有)的型式试验证书，以及限速器和渐进式安全钳的调试证书； (5) 电气原理图，包括动力电路和连接电气安全装置的电路； (6) 安装使用维护说明书，包括安装、使用、日常维护保养和应急救援等方面操作说明的内容。 注 A-1：上述文件如为复印件则必须经电梯整机制造单位加盖公章或者检验专用章；对于进口电梯，则应当加盖国内代理商的公章或者检验专用章	电梯安装施工前审查相应资料

【监督检验工作指引】

对于A类项目，特种设备检验机构(以下简称检验机构)应对施工单位提供的文件、资料进行审查，并与自检记录或者报告对应项目的检验结果(以下简称自检结果)进行对比，只有当审查、检验结论为合格时，施工单位方可进行下道工序的施工。

1.1.1　制造许可证明文件

(1) 早期电梯分类与代码

2014年10月31日前出厂的电梯，电梯的类别、品种、代码是按原国家质量监督检验检疫总局(以下简称国家质检总局)2004年第31号公告的《特种设备目录》(质检锅〔2004〕31号，以下简称2004版《特种设备目录》)的要求进行分类，见表1-1。因此按

TSG T7001—2009[1)]进行监督检验的电梯，其检验报告封面上的“设备名称”和“设备类型”分别按照表1-1中的“品种”和“类别”填写。

表1-1　2004版《特种设备目录》（电梯）

代码	种类	类别	品种
3000	电梯		
3100		乘客电梯	
3110			曳引式客梯
3120			强制式客梯
3130			无机房客梯
3140			消防电梯
3150			观光电梯
3160			防爆客梯
3170			病床电梯
3200		载货电梯	
3210			曳引式货梯
3220			强制式货梯
3230			无机房货梯
3240			汽车电梯
3250			防爆货梯

（2）近期电梯分类与代码

2014年10月31日之后出厂的电梯，电梯的类别、品种、代码是按国家质检总局2014年第114号公告的《特种设备目录》（以下简称2014版《特种设备目录》）的要求进行分类，见表1-2。但由于TSG T7001—XG1没有进行相应的修订，因此，按照TSG T7001—XG1进行监督检验的电梯，其检验报告封面上的“设备型式”和“设备类型”栏是按2004版《特种设备目录》，即表1-1中的“品种”和“类别”栏填写，“设备型式”填写“—”。

表1-2　2014版《特种设备目录》（电梯）

代码	种类	类别	品种
3000	电梯		
3100		曳引与强制驱动电梯	
3110			曳引驱动乘客电梯
3120			曳引驱动载货电梯
3130			强制驱动载货电梯

（3）最新电梯分类与代码

2017年6月20日国家质检总局发布了《电梯监督检验和定期检验规则——曳引与强制驱动电梯》等6个安全技术规范和第2号修改单的公告（2017年第2次修改），对检验报

1）本书中TSG T7001—2009是指2009年发布的《电梯监督检验和定期检验规则——曳引驱动与强制驱动电梯》；TSG T7001—XG1是指含第1号修改单的TSG T7001—2009。

告封面进行了修改，因此按照 TSG T7001—XG2[2] 进行监督检验的电梯，其报告封面上的“设备类别”“设备品种”应分别按照表 1-2 中的“类别”和“品种”填写，对于尚未进行使用登记的电梯，“设备代码”栏填写表 1-2 中的“代码”。

（4）改造和移装的设备代码

根据 TSG 08—2017《特种设备使用管理规则》中 3.8“办理特种设备变更登记时，如果特种设备产品数据表中的有关数据发生变化，使用单位应当重新填写产品数据表。变更登记后的特种设备，其设备代码保持不变”的规定，为保持该电梯的可溯源性，对于改造的电梯，其设备代码保持不变。

虽然根据《电梯施工类别划分》，移装属于安装，但是其设备代码仍然保持不变，无论是在登记机关行政区域内移装，还是跨登记机关行政区域移装。

（5）电梯整机编码

根据《市场监管总局办公厅关于开展电梯质量安全追溯信息平台试点工作的通知》（市监特设函〔2019〕1502 号），上海三菱电梯有限公司、通力电梯有限公司、日立电梯（中国）有限公司、康力电梯股份有限公司、广州广日电梯工业有限公司、东南电梯股份有限公司等 6 家单位作为试点的生产单位，最迟于 2019 年 9 月 1 日起，按照《电梯产品追溯编码与标识规则（试行）》做好电梯整机和相关部件的赋码工作，实现电梯追溯数据信息的唯一、稳定和可追溯。电梯整机编码可作为 TSG 08—2017 规定的特种设备代码，实现二码合一。

因此，自 2019 年 9 月 1 日起，上述六家（不限于）电梯生产单位的产品质量证明文件（合格证）的设备代码是按《电梯产品追溯编码与标识规则（试行）》进行编码，如图 1-1 所示。康力电梯在轿厢也有标注，如图 1-2 所示。

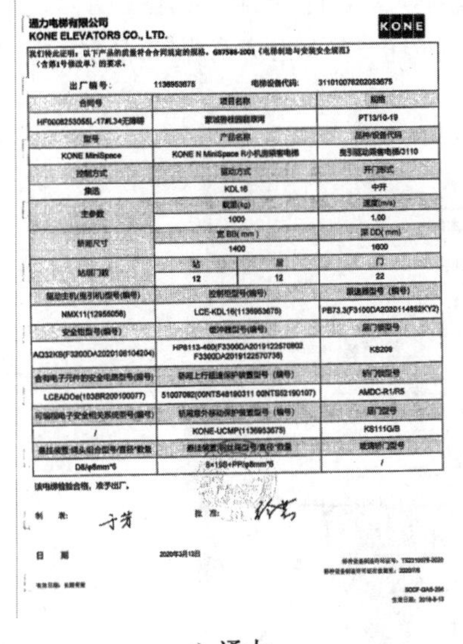

通力电梯有限公司
KONE ELEVATORS CO., LTD.
KONE

我们特此证明：以下产品的质量符合合同规定的规格、GB7588-2003《电梯制造与安装安全规范》（含第1号修改单）的要求。

出厂编号：1136953675 电梯设备代码：311010078202053675

合同号	项目名称		规格
HF0008253055L-17#L34[illegible]	[illegible]		PT13/10-19
型号	产品名称		品种/设备代码
KONE MiniSpace	KONE N MiniSpace R/小机房乘客电梯		曳引驱动乘客电梯/3110
控制方式	驱动方式		开门形式
集选	KDL16		中开
主参数	载重(kg)		速度(m/s)
	1000		1.00
轿厢尺寸	宽BB(mm)		深DD(mm)
	1400		1600
站层门数	站	层	门
	12	12	22
驱动主机(曳引机)型号(编号)	控制柜型号(编号)		限速器型号（编号）
NMX11(12955056)	LCE-KDL16(1136953675)		PB73.3(F3100DA2020114852KY2)
安全钳型号(编号)	缓冲器型号(编号)		层门锁型号
AQ32KB(F3200DA2020108104204)	HP8113-400(F3300DA2019122570802 F3300DA2019122570736)		KS209
含有电子元件的安全电路型号(编号)	轿厢上行超速保护装置型号（编号）		轿门锁型号
LCEADOe(103BR200100077)	51007082(00NTS48190311 00NTS52190107)		AMDC-R1/R5
可编程电子安全相关系统型号(编号)	轿厢意外移动保护装置型号（编号）		层门型号
/	KONE-UCMP(1136953675)		KS111G/B
悬挂装置-绳头组合型号/直径*数量	悬挂装置-钢丝绳型号/直径*数量		玻璃轿门型号
D8/φ8mm*6	8×19S+PP/φ8mm*6		/

该电梯检验合格，准予出厂。

制 准： 批 准：

日 期 2020年3月13日

a) 通力

产品出厂质量合格证书

使用单位：中铁建工集团有限公司
产品名称：曳引驱动乘客电梯
型号规格：LCA-1050-CO60
合 同 号：AH1802167
生产工号：18G023122
出厂编号：18G023122
出厂日期：2018年06月27日
设备代码：311010055201809061
（追溯编码）

日立电梯（中国）有限公司
Hitachi Elevator (China) Co.,Ltd.

b) 日立

图 1-1 产品质量证明文件（合格证）上标注的设备代码

2）TSG T7001—XG2 是指含第 1、第 2 号修改单的 TSG T7001—2009；TSG T7001 是指含第 1、第 2 号、第 3 号修改单的 TSG T7001—2009。

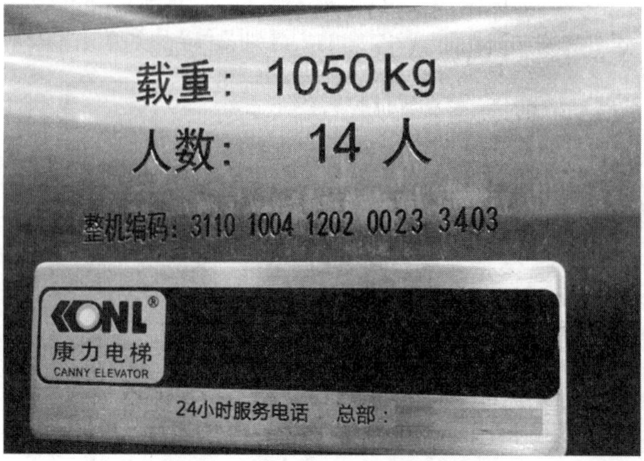

图 1-2 设备代码在轿厢标注

【监督检验工作指引】

(1) 按 174 号文取得的制造许可证书

TSG 07—2019《特种设备生产和充装单位许可规则》实施前，制造许可证书是按《关于印发〈机电类特种设备制造许可规则(试行)〉的通知》(国质检锅〔2003〕174 号，以下简称 174 号文)取得，TSG 07—2019 实施后，根据《市场监管总局办公厅关于特种设备行政许可有关事项的实施意见》(市监特设〔2019〕32 号，以下简称市监特设〔2019〕32 号文)，原有制造许可证书(2019 年 5 月 31 日前取得)尚在有效期内的，如图 1-3 所示，可以自主选择是否按 TSG 07—2019 转化。不愿意转化的，许可证书继续在原许可范围和有效期内有效，许可到期前按新许可要求进行换证。因此，对于持按 174 号文取得的、尚在有效期内的许可证书，查看所提供的制造许可证书是否能完全覆盖所制造电梯的相应参数和品种，电梯制造覆盖范围可按表 1-3 判定。

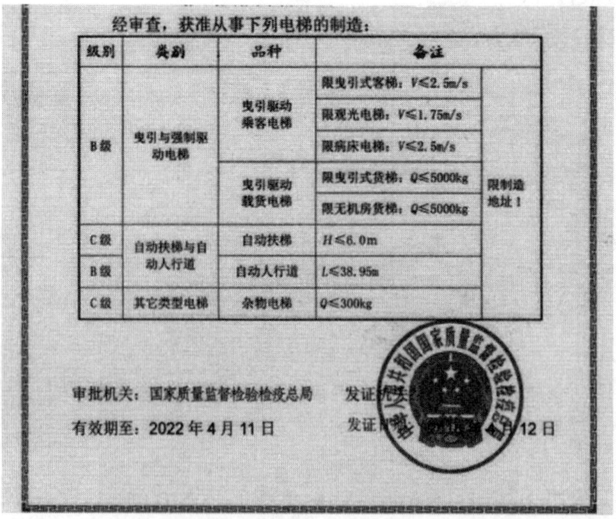

经审查，获准从事下列电梯的制造：

级别	类别	品种	备注	
B级	曳引与强制驱动电梯	曳引驱动乘客电梯	限曳引式客梯：$V \leq 2.5m/s$	限制造地址 1
			限观光电梯：$V \leq 1.75m/s$	
			限病床电梯：$V \leq 2.5m/s$	
		曳引驱动载货电梯	限曳引式货梯：$Q \leq 5000kg$	
			限无机房货梯：$Q \leq 5000kg$	
C级	自动扶梯与自动人行道	自动扶梯	$H \leq 6.0m$	
B级		自动人行道	$L \leq 38.95m$	
C级	其它类型电梯	杂物电梯	$Q \leq 300kg$	

审批机关：国家质量监督检验检疫总局

有效期至：2022 年 4 月 11 日

图 1-3 2014 版《特种设备目录》实施后的制造许可证书(国家质检总局核发)

表 1-3　覆盖范围

<table>
<tr><th>设备种类</th><th>设备类型</th><th>等级</th><th>设备型式</th><th>参数</th><th>许可方式</th><th>受理机构</th><th>覆盖范围原则</th></tr>
<tr><td rowspan="17">电梯</td><td rowspan="11">乘客电梯</td><td rowspan="6">A</td><td>曳引式客梯</td><td>$v>2.5$ m/s</td><td rowspan="11">制造许可</td><td rowspan="11">国家</td><td rowspan="5">额定速度向下覆盖</td></tr>
<tr><td>强制式客梯</td><td></td></tr>
<tr><td>无机房客梯</td><td></td></tr>
<tr><td>消防电梯</td><td>$v>2.5$ m/s</td></tr>
<tr><td>观光电梯</td><td>$v>1.75$ m/s</td></tr>
<tr><td>防爆客梯</td><td></td><td>防爆等级向下覆盖</td></tr>
<tr><td rowspan="4">B</td><td>曳引式客梯</td><td>2.5 m/s $\geqslant v>$ 1.75 m/s</td><td rowspan="5">额定速度向下覆盖</td></tr>
<tr><td>消防电梯</td><td>$v\leqslant 2.5$ m/s</td></tr>
<tr><td>观光电梯</td><td>$v\leqslant 1.75$ m/s</td></tr>
<tr><td>病床电梯</td><td></td></tr>
<tr><td>C</td><td>曳引式客梯</td><td>$v\leqslant 1.75$ m/s</td></tr>
<tr><td rowspan="6">载货电梯</td><td rowspan="5">B</td><td>曳引式货梯</td><td>$Q>3\ 000$ kg</td><td rowspan="6">制造许可</td><td rowspan="6">省级</td><td rowspan="4">额定载荷向下覆盖</td></tr>
<tr><td>强制式货梯</td><td></td></tr>
<tr><td>无机房货梯</td><td></td></tr>
<tr><td>汽车电梯</td><td></td></tr>
<tr><td>防爆货梯</td><td></td><td>防爆等级向下覆盖</td></tr>
<tr><td>C</td><td>曳引式货梯</td><td>$Q\leqslant 3\ 000$ kg</td><td>额定载荷向下覆盖</td></tr>
</table>

在 2014 版《特种设备目录》实施前，按 174 号文取得的制造许可证书上的设备“类型”和“型式”分别对应 2004 版《特种设备目录》的“类别”和“品种”，如图 1-4 和表 1-1 所示。在 2014 版《特种设备目录》实施后，174 号文的附件 1 并没有做相应的修改，而按 174 号文取得的制造许可证书上的“类别”和“品种”与 2014 版《特种设备目录》对应，因此电梯品种基本上只有“曳引驱动乘客电梯”和“曳引驱动载货电梯”两种，但在备注栏中对不同设备型式及参数进行了限制，如图 1-3 和图 1-5 所示。制造单位可以制造不同设备型式的组合产品，但覆盖范围应取两者中的较小者，如无机房观光电梯，图 1-3 所示的许可证书只能覆盖额定速度不大于 1.75 m/s 的电梯。

根据《关于印发〈特种设备行政许可实施办法（试行）〉的通知》（国质检锅〔2003〕172 号），国家质检总局负责特种设备设计、制造、安装、改造的许可，具体工作由国家质检总局或者其委托的省级质量技术监督部门分别负责，以国家质检总局的名义颁发相应证书，因此按 174 号文取得的制造许可证书均为国家质检总局或市场监督管理总局核发。

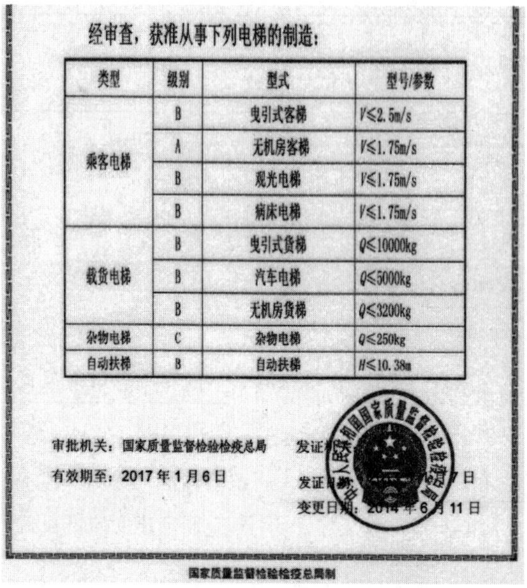

经审查，获准从事下列电梯的制造：

类型	级别	型式	型号/参数
乘客电梯	B	曳引式客梯	V≤2.5m/s
	A	无机房客梯	V≤1.75m/s
	B	观光电梯	V≤1.75m/s
	B	病床电梯	V≤1.75m/s
载货电梯	B	曳引式货梯	Q≤10000kg
	B	汽车电梯	Q≤5000kg
	B	无机房货梯	Q≤3200kg
杂物电梯	C	杂物电梯	Q≤250kg
自动扶梯	B	自动扶梯	H≤10.38m

审批机关：国家质量监督检验检疫总局

有效期至：2017 年 1 月 6 日

变更日期：2014 年 6 月 11 日

国家质量监督检验检疫总局制

图 1-4　2014 版《特种设备目录》实施前的制造许可证书（国家质检总局核发）

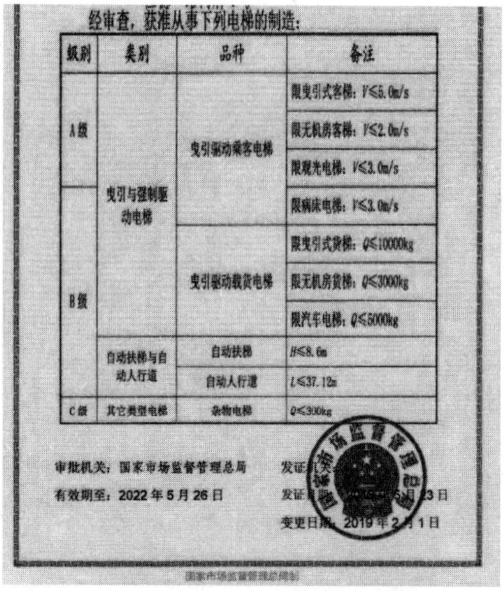

经审查，获准从事下列电梯的制造：

级别	类别	品种	备注
A级	曳引与强制驱动电梯	曳引驱动乘客电梯	限曳引式客梯：V≤5.0m/s
			限无机房客梯：V≤2.0m/s
			限观光电梯：V≤3.0m/s
B级			限病床电梯：V≤3.0m/s
		曳引驱动载货电梯	限曳引式货梯：Q≤10000kg
			限无机房货梯：Q≤3000kg
			限汽车电梯：Q≤5000kg
	自动扶梯与自动人行道	自动扶梯	H≤8.6m
		自动人行道	L≤37.12m
C级	其它类型电梯	杂物电梯	Q≤300kg

审批机关：国家市场监督管理总局

有效期至：2022 年 5 月 26 日

变更日期：2019 年 2 月 1 日

图 1-5　2014 版《特种设备目录》实施后的制造许可证书（市场监管总局核发）

（2）按 TSG 07—2019 取得的制造许可证书

根据《市场监管总局关于特种设备行政许可有关事项的公告》（2019 年 第 3 号，以下简称 2019 年 第 3 号）和 TSG 07—2019，电梯生产许可项目有电梯制造（含安装、改造、修理）和电梯安装（含修理）2 类，如表 1-4 所示，许可子项目有曳引驱动乘客电梯（含消防员电梯）、曳引驱动载货电梯和强制驱动载货电梯（含防爆电梯中的载货电梯）、自动扶梯与自动人行道、液压驱动电梯、杂物电梯（含防爆电梯中的杂物电梯）等 5 类；对应 2014 版《特种设备目录》的类别，对于曳引驱动乘客电梯（含消防员电梯）的许可子项目又分为 A1、A2 和 B 等 3 级（见表 1-5），且 A1 级覆盖 A2 级和 B 级，A2 级覆盖 B，其余许可子项目不分级。根据《中华人民共和国招标投标法》第十八条"招标人不得以不合理的条件限制或者排斥潜在投标人，不得对潜在投标人实行歧视待遇"以及 TSG 07—2019 附件 A 特种设备生产许可证的填写说明第 8 条，对于曳引驱动乘客电梯（含消防员电梯），其制造许可证书上不填写许可级别，但在"许可参数"栏应标注具体的许可参数。TSG 07—2019 规定的许可项目对应的许可范围如表 1-6 所示，B 级、A2 级和 A1 级制造许可证书实例分别如图 1-6、图 1-7、图 1-8 所示，证书上的"许可参数"栏的"—"表示参数不限。对于参数不限的，并不是说取得该制造许可证书的制造单位能够生产任意参数的电梯，其还受型式试验的限制，也即制造单位除提供能够覆盖受检电梯的制造许可证书外，还应提供能够覆盖受检电梯的整机型式试验证书。

表 1-4　特种设备生产单位许可目录

许可类别	项目	由总局实施的子项目	总局授权省级市场监管部门实施或由省级市场监管部门实施的子项目	备注
制造单位许可	电梯制造(含安装、修理、改造)	曳引驱动乘客电梯(含消防员电梯)(A1、A2)	1. 曳引驱动乘客电梯(含消防员电梯)(B) 2. 曳引驱动载货电梯和强制驱动载货电梯(含防爆电梯中的载货电梯) 3. 自动扶梯与自动人行道 4. 液压驱动电梯 5. 杂物电梯(含防爆电梯中的杂物电梯)	许可参数见表 1-5

表 1-5　电梯许可参数级别

设备类别	许可参数级别		
	A1	A2	B
曳引驱动乘客电梯(含消防员电梯)	$v>6.0$ m/s	2.5 m/s$<v\leqslant$6.0 m/s	$v\leqslant$2.5 m/s
曳引驱动载货电梯和强制驱动载货电梯(含防爆电梯中的载货电梯)	不分级		
自动扶梯与自动人行道	不分级		
液压驱动电梯	不分级		
杂物电梯(含防爆电梯中的杂物电梯)	不分级		

表 1-6　TSG 07—2019 规定的许可项目对应的许可范围

许可子项目	参数
曳引驱动乘客电梯(含消防员电梯)(A1)	参数不限
曳引驱动乘客电梯(含消防员电梯)(A2)	$v\leqslant$6.0 m/s
曳引驱动乘客电梯(含消防员电梯)(B)	$v\leqslant$2.5 m/s
曳引驱动载货电梯和强制驱动载货电梯(含防爆电梯中的载货电梯)	参数不限
自动扶梯与自动人行道	参数不限
液压驱动电梯	参数不限
杂物电梯(含防爆电梯中的杂物电梯)	参数不限

按市监特设〔2019〕32 号文的要求,除曳引驱动乘客电梯(含消防员电梯)A1、A2 级的许可项目由国家市场监督管理总局(以下简称市场监管总局)核发外,其余许可项目由市场监管总局授权省级市场监管部门实施或由省级市场监管部门核发(见表 1-4)。

注:部分省级市场监管部门实施或由省级市场监管部门核发的制造许可证书上标注有级别,如图 1-6 所示。

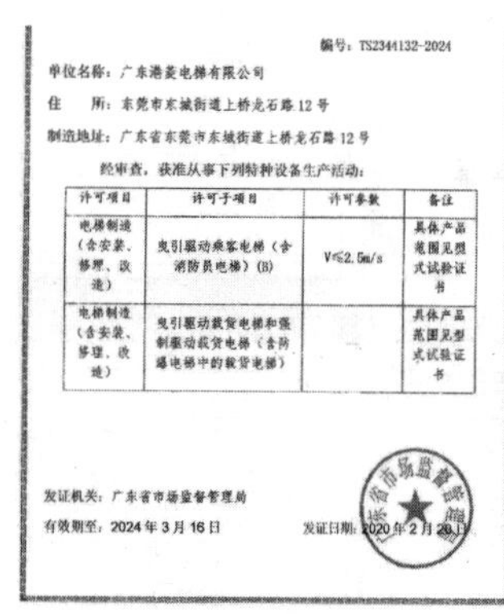

编号：TS2344132-2024

单位名称：广东港菱电梯有限公司

住　　所：东莞市东城街道上桥龙石路12号

制造地址：广东省东莞市东城街道上桥龙石路12号

经审查，获准从事下列特种设备生产活动：

许可项目	许可子项目	许可参数	备注
电梯制造（含安装、修理、改造）	曳引驱动乘客电梯（含消防员电梯）(B)	V≤2.5m/s	具体产品范围见型式试验证书
电梯制造（含安装、修理、改造）	曳引驱动载货电梯和强制驱动载货电梯（含防爆电梯中的载货电梯）	—	具体产品范围见型式试验证书

发证机关：广东省市场监督管理局

有效期至：2024年3月16日　　发证日期：2020年2月20日

图 1-6　B 级制造许可证书

编号：TS2310477-2024

单位名称：广东东日电梯有限公司

住　　所：广东省中山市南区先施一路12号厂房（二）之一（增设1处经营场所：中山市南区马岭村土名"河浦、村前"）（一照多址）

制造地址：广东省中山市南区马岭村土名"河浦、村前"

经审查，获准从事以下特种设备生产活动：

许可项目	许可子项目	许可参数	备注
电梯制造（含安装、修理、改造）	曳引驱动乘客电梯（含消防员电梯）	V≤6.0m/s	具体产品范围见型式试验证书
	曳引驱动载货电梯和强制驱动载货电梯（含防爆电梯中的载货电梯）	—	具体产品范围见型式试验证书
	液压驱动电梯	—	具体产品范围见型式试验证书
	杂物电梯（含防爆电梯中的杂物电梯）	—	具体产品范围见型式试验证书

发证机关：国家市场监督管理总局

有效期至：2024年03月03日　　发证日期：[illegible]

图 1-7　A2 级制造许可证书

经审查，获准从事以下特种设备的生产活动：

许可项目	子项目	许可参数	备　注
电梯制造（含安装、修理、改造）	曳引驱动乘客电梯（含消防员电梯）	—	具体产品范围见型式试验证书
	曳引驱动载货电梯和强制驱动载货电梯（含防爆电梯中的载货电梯）	—	具体产品范围见型式试验证书
	自动扶梯与自动人行道	—	具体产品范围见型式试验证书
	杂物电梯（含防爆电梯中的杂物电梯）	—	具体产品范围见型式试验证书

发证机关：国家市场监督管理总局

有效期至：2024年1月12日　　发证日期：[illegible]2月13日

图 1-8　A1 级制造许可证书

（3）特殊要求

1）制造地址

174 号文对制造地址没有具体的要求，但有些制造许可证书在备注中除对额定速度进行了规定外，还对制造地址进行了限制，图 1-9 所示是奥的斯机电电梯有限公司的制造许可证书，该证书不能覆盖在"浙江省杭州市江干区九环路 28 号""浙江省海宁市长安镇启辉路 1 号 2 幢""重庆市北部新区礼嘉镇嘉蓉路 598 号"以外的地方制造的曳引与强制驱动电梯。

图 1-10 所示是日立电梯（中国）有限公司的制造许可证书，该证书制造地址载明了日立电梯（中国）有限公司广州工厂、日立电梯（广州）自动扶梯有限公司、日立电梯（上海）电梯有限公司、日立电梯（成都）电梯有限公司、日立电梯（天津）电梯有限公司等子公司的地址，其中制造地址 1、2、3、4 仅可以生产乘客电梯、载货电梯、杂物电梯，制造地址 5 仅可以生产自动扶梯和自动人行道。

此外，根据 TSG 07—2019"经其子公司同意，子公司可以作为制造地址在许可证中载明，但其子公司不得再单独申请许可"，因此上述子公司不得再单独取证。

按 TSG 07—2019 取得的许可证书，在备注中对制造地址也进行了限制，图 1-11 所示是郑州通快电梯有限公司的制造许可证书，地址为"河南省郑州市管城区金岱产业集聚区文兴路 9 号"的公司不得生产自动扶梯与自动人行道，地址为"河南省郑州市经济技术开发区九龙办事处振兴路南段工业园区内东门"的公司不得生产乘客电梯、载货电梯、杂物电梯。

编号：TS2310082-2024

单位名称：奥的斯机电电梯有限公司

单位地址：浙江省杭州市江干区九环路 28 号

制造地址：1. 浙江省杭州市江干区九环路 28 号

2. 浙江省海宁市长安镇启辉路 1 号 2 幢

3. 重庆市北部新区礼嘉镇嘉蓉路 598 号

经审查，获准从事下列电梯的制造：

级别	类别	品种	备注	
A级	曳引与强制驱动电梯	曳引驱动乘客电梯	限曳引式客梯：V≤7.0m/s	限制造地址 1.3
			限无机房客梯：V≤2.5m/s	
			限观光电梯：V≤3.5m/s	
B级			限病床电梯：V≤2.5m/s	
		曳引驱动载货电梯	限曳引式货梯：Q≤6000kg	
			限无机房货梯：Q≤5000kg	
			限汽车电梯：Q≤5000kg	
C级	其它类型电梯	杂物电梯	Q≤250kg	
A级	其它类型电梯	消防员电梯	限消防电梯：V≤7.0m/s	
B级	自动扶梯与自动人行道	自动扶梯	H≤26.40m	限制造地址 1.2
		自动人行道	L≤103.40m	

审批机关：国家市场监督管理总局　　发证机关：

有效期至：2024 年 2 月 3 日　　发证日期：[illegible]5月29日

图 1-9　奥的斯机电电梯有限公司的制造许可证书

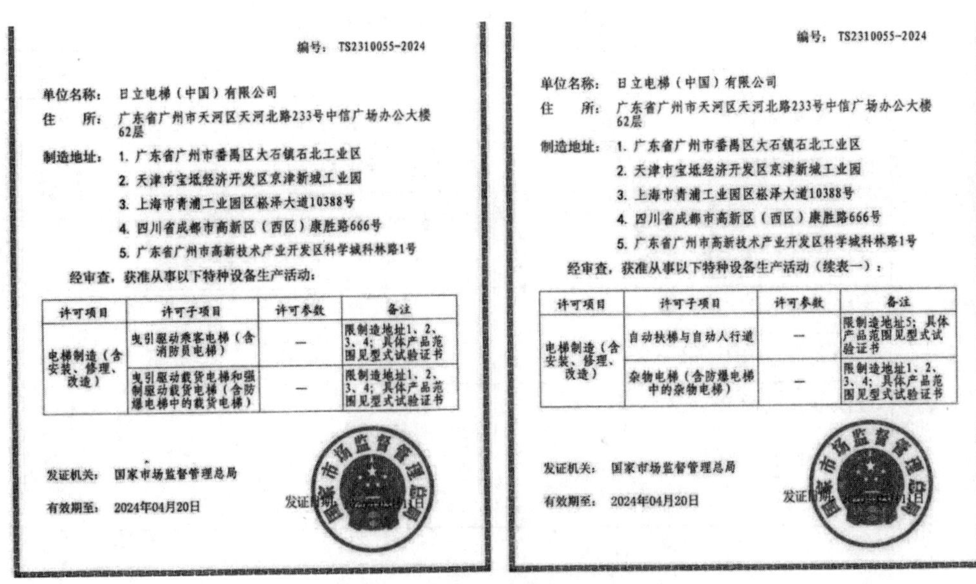

编号：TS2310055-2024

单位名称：日立电梯（中国）有限公司

住　　所：广东省广州市天河区天河北路233号中信广场办公大楼62层

制造地址：1. 广东省广州市番禺区大石镇石北工业区
2. 天津市宝坻经济开发区京津新城工业园
3. 上海市青浦工业园区崧泽大道10388号
4. 四川省成都市高新区（西区）康胜路666号
5. 广东省广州市高新技术产业开发区科学城科林路1号

经审查，获准从事以下特种设备生产活动：

许可项目	许可子项目	许可参数	备注
电梯制造（含安装、修理、改造）	曳引驱动乘客电梯（含消防员电梯）	—	限制造地址1、2、3、4；具体产品范围见型式试验证书
	曳引驱动载货电梯和强制驱动载货电梯（含防爆电梯中的载货电梯）	—	限制造地址1、2、3、4；具体产品范围见型式试验证书

发证机关：国家市场监督管理总局

有效期至：2024年04月20日

编号：TS2310055-2024

单位名称：日立电梯（中国）有限公司

住　　所：广东省广州市天河区天河北路233号中信广场办公大楼62层

制造地址：1. 广东省广州市番禺区大石镇石北工业区
2. 天津市宝坻经济开发区京津新城工业园
3. 上海市青浦工业园区崧泽大道10388号
4. 四川省成都市高新区（西区）康胜路666号
5. 广东省广州市高新技术产业开发区科学城科林路1号

经审查，获准从事以下特种设备生产活动（续表一）：

许可项目	许可子项目	许可参数	备注
电梯制造（含安装、修理、改造）	自动扶梯与自动人行道	—	限制造地址5；具体产品范围见型式试验证书
	杂物电梯（含防爆电梯中的杂物电梯）	—	限制造地址1、2、3、4；具体产品范围见型式试验证书

发证机关：国家市场监督管理总局

有效期至：2024年04月20日

图 1-10　日立电梯（中国）有限公司的制造许可证书

根据 TSG 07—2019 中 G1.2 的要求，制造单位试验井道与厂房、仓库不在同一地址的，试验井道所在地址应当作为制造地址在许可证书上标注，但该地址不会在证书的备注中标出，也即位于该地址的公司不能制造电梯，如图 1-12 所示。

单位名称：郑州通快电梯有限公司

住　　所：河南省郑州市管城区金岱产业集聚区文兴路9号

制造地址：1. 河南省郑州市管城区金岱产业集聚区文兴路9号
2. 河南省郑州市经济技术开发区九龙办事处振兴路南段工业园区内东门

经审查，获准从事以下特种设备的生产活动：

许可项目	子项目	许可参数	备注
电梯制造（含安装、修理、改造）	曳引驱动乘客电梯（含消防员电梯）	V<6.0m/s	限制造地址1；具体产品范围见型式试验证书
	曳引驱动载货电梯和强制驱动载货电梯（含防爆电梯中的载货电梯）	—	限制造地址1；具体产品范围见型式试验证书
	自动扶梯与自动人行道	—	限制造地址2；具体产品范围见型式试验证书
	杂物电梯（含防爆电梯中的杂物电梯）	—	限制造地址1；具体产品范围见型式试验证书

发证机关：国家市场监督管理总局

有效期至：2024年2月3日

图 1-11　郑州通快电梯有限公司的制造许可证书

制造地址：1. 县赤湖工业园
2. 工业园大塘园A区61-2号（自编三）
3. 33号（试验塔所在地，井道编号：6#试验井道所在地）

经审查，获准从事以下特种设备生产活动：

许可项目	许可子项目	许可参数	备注
电梯制造（含安装、修理、改造）	曳引驱动乘客电梯（含消防员电梯）	—	限制造地址1，2；具体产品范围见型式试验证书
	曳引驱动载货电梯和强制驱动载货电梯（含防爆电梯中的载货电梯）	—	限制造地址1，2；具体产品范围见型式试验证书
	自动扶梯与自动人行道	—	限制造地址1；具体产品范围见型式试验证书

发证机关：国家市场监督管理总局

有效期至：2024年04月19日

图 1-12　试验塔单独地址

此外，按 TSG 07—2019 的要求，制造许可证书上不打印办公地址。

2）许可范围

根据市监特设〔2019〕32 号文，原有制造许可证书未到期的，愿意转化的，按照表 1-7 的对应关系，由许可机关予以转换成新版许可证书，制造许可证书转换后不包含安装、改造、修理，如图 1-13 所示。但是，如果制造单位既有制造许可又有安装、改造、修理许可，可以用两证换一个包含安装、改造、修理的制造许可证书，如图 1-14 所示。两旧证换一新证的对应关系如表 1-8 所示，许可项目和许可参数为两旧证的交集，有效期为两旧证书最近的有效期，许可证书编号为旧制造证书编号。

表 1-7　新旧生产单位许可项目对应表

许可种类	原许可级别	新许可级别
电梯制造	曳引驱动乘客电梯 A	曳引驱动乘客电梯(含消防员电梯)A1、A2
	曳引驱动乘客电梯 B、C	曳引驱动乘客电梯(含消防员电梯)B
	曳引驱动载货电梯 B、C	曳引驱动载货电梯和强制驱动载货电梯(含防爆电梯中的载货电梯)
	强制驱动载货电梯 B、C	
	自动扶梯 B、C	自动扶梯与自动人行道
	自动人行道 B、C	
	液压乘客电梯 B、C	液压驱动电梯
	液压载货电梯 B、C	
	杂物电梯 C	杂物电梯(含防爆电梯中的载货电梯)

经审查，获准从事以下特种设备的生产活动：

许可项目	子项目	许可参数	备　注
电梯制造	曳引驱动乘客电梯(含消防员电梯)	V≤6.0m/s	具体产品范围见型式试验证书
	曳引驱动载货电梯和强制驱动载货电梯(含防爆电梯中的载货电梯)	—	具体产品范围见型式试验证书
	自动扶梯与自动人行道	—	具体产品范围见型式试验证书
	杂物电梯(含防爆电梯中的杂物电梯)	—	具体产品范围见型式试验证书

发证机关：国家市场监督管理总局

有效期至：2021 年 7 月 24 日

发证日期：[illegible] 8 日

变更日期：[illegible] 9 月 17 日

图 1-13　换证后不含安装改造修理

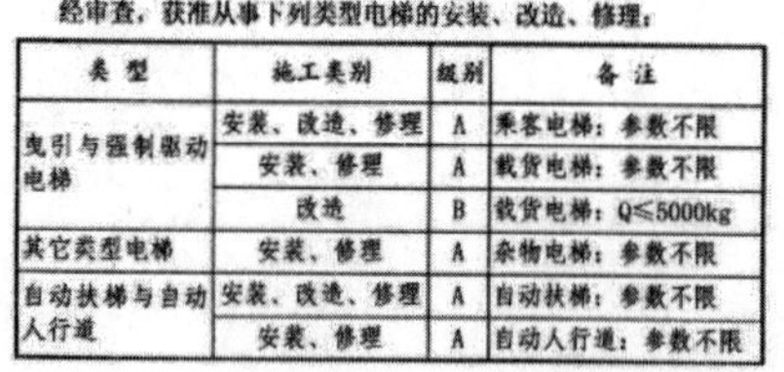

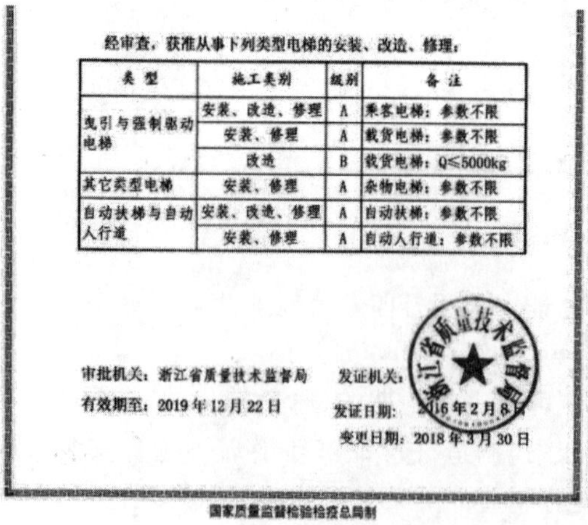

经审查，获准从事下列类型电梯的安装、改造、修理：

类　型	施工类别	级别	备　注
曳引与强制驱动电梯	安装、改造、修理	A	乘客电梯：参数不限
	安装、修理	A	载货电梯：参数不限
	改造	B	载货电梯：Q≤5000kg
其它类型电梯	安装、修理	A	杂物电梯：参数不限
自动扶梯与自动人行道	安装、改造、修理	A	自动扶梯：参数不限
	安装、修理	A	自动人行道：参数不限

审批机关：浙江省质量技术监督局　　发证机关：

有效期至：2019 年 12 月 22 日　　发证日期：2016 年 2 月 8 日

变更日期：2018 年 3 月 30 日

国家质量监督检验检疫总局制

a) 旧安装改造修理证

经审查，获准从事下列电梯的制造：

级别	类别	品种	备注
A 级	曳引与强制驱动电梯	曳引驱动乘客电梯	限曳引式客梯：V≤3.0m/s
			限无机房客梯：V≤1.75m/s
			限观光电梯：V≤3.0m/s
			限病床电梯：V≤3.0m/s
		曳引驱动载货电梯	限曳引式货梯：Q≤15000kg
			限无机房货梯：Q≤4000kg
			限汽车电梯：Q≤15000kg
	自动扶梯与自动人行道	自动扶梯	H≤7.32m
		自动人行道	L≤38.88m
C 级	其它类型电梯	杂物电梯	Q≤240kg

审批机关：国家市场监督管理总局　　发证机关：

有效期至：2020 年 2 月 13 日　　发证日期：[illegible] 2 月 [illegible]4 日

变更日期：2018 年 5 月 3 日

国家市场监督管理总局制

b) 旧制造许可证

图 1-14　两证换一证(含安装、修理、改造)

经审查，获准从事以下特种设备的生产活动：

许可项目	子项目	许可参数	备　注
电梯制造（含安装、修理、改造）	曳引驱动乘客电梯（含消防员电梯）	V≤6.0m/s	具体产品范围见型式试验证书
	曳引驱动载货电梯和强制驱动载货电梯（含防爆电梯中的载货电梯）	—	具体产品范围见型式试验证书
	自动扶梯与自动人行道	—	具体产品范围见型式试验证书
	杂物电梯（含防爆电梯中的杂物电梯）	—	具体产品范围见型式试验证书

发证机关：国家市场监督管理总局

有效期至：2019 年 12 月 22 日　　发证日期：2016 年 2 月 8 日

变更日期：2019 年 8 月 14 日

c) 含安装改造修理的新证

续图 1-14

表 1-8　两证换一证对应关系

原制造许可证书	原安装许可证书	新制造许可证书
制造	—	制造
	安装	制造(含安装)
	安装、修理	制造(含安装、修理)
	安装、改造	制造(含安装、改造)
	安装、改造、修理	制造(含安装、改造、修理)
	改造、修理	制造(含改造、修理)
	修理	制造(含修理)

3）分公司与子公司

根据《中华人民共和国公司法》第十四条的规定，公司可以设立分公司。设立分公司，应当向公司登记机关申请登记，领取营业执照。分公司不具有法人资格，其民事责任由总公司承担。公司可以设立子公司，子公司具有法人资格，依法独立承担民事责任。因此，子公司在法律上完全独立的公司，既是独立的核算主体，也是独立的纳税主体。也就是子公司要有完整的工商登记和税务登记手续。子公司是独立法人，拥有自己独立的名称、章程和组织机构，对外以自己的名义进行活动，在经营过程中发生的债权债务由自己独立承担。分公司不是独立的法律主体，不具有法人资格，其民事责任由总公司承担。但仍需要在经营地工商部门办理登记注册手续，只是手续较为简单，无需实收资本，由总公司出资设立即可。任何分公司都没有注册资本的概念。

因此，营业执照上有注册资本的是子公司，无注册资本的是分公司。

根据 TSG 07—2019，母公司申请许可时，经其子公司同意，子公司可以作为制造地址在许可证书中载明，但其子公司不得再单独申请许可，总公司和其分公司从事相应许可活动，可以总公司的名义申请许可，也可分别单独申请许可。如日立电梯(上海)电梯有限公司是日立电梯(中国)有限公司的子公司，图 1-10 所示日立电梯(中国)有限公司的制造许可证书上的制造地址包含了日立电梯(上海)有限公司的注册地，因此，日立电梯(上海)有限公司不得再单独申请制造许可，但是可以制造该证书上许可的电梯，也可以单独申请安装(含修理)许可。

图 1-15 所示为迅达电梯的制造许可证书，虽然西继迅达电梯有限公司是迅达电梯(中国)有限公司的子公司，但是二者的制造地址和许可证书不能混用。也可以通过许可证书编号进行判别，迅达电梯(中国)有限公司的总公司的许可证书编号为 TS2310091，西继迅达电梯有限公司的许可证书编号为 TS2310045。

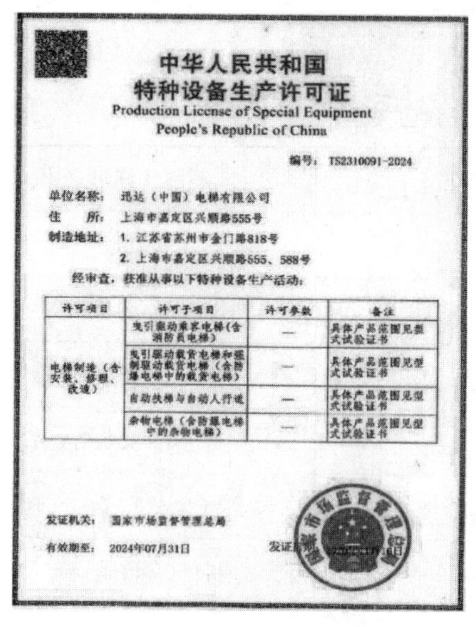

中华人民共和国
特种设备生产许可证
Production License of Special Equipment
People's Republic of China

编号：TS2310091-2024

单位名称：迅达（中国）电梯有限公司
住　　所：上海市嘉定区兴顺路555号
制造地址：1. 江苏省苏州市金门路818号
2. 上海市嘉定区兴顺路555、588号
经审查，获准从事以下特种设备生产活动：

许可项目	许可子项目	许可参数	备注
电梯制造（含安装、修理、改造）	曳引驱动乘客电梯（含消防员电梯）	—	具体产品范围见型式试验证书
	曳引驱动载货电梯和强制驱动载货电梯（含防爆电梯中的载货电梯）	—	具体产品范围见型式试验证书
	自动扶梯与自动人行道	—	具体产品范围见型式试验证书
	杂物电梯（含防爆电梯中的杂物电梯）	—	具体产品范围见型式试验证书

发证机关：国家市场监督管理总局
有效期至：2024年07月31日
发证日期：[illegible]

a) 迅达总公司

b) 西继迅达

图 1-15　迅达电梯的制造许可证书

(4) 许可证书编号规则

一般地说，特种设备许可证书编号按照《特种设备许可证件编号办法》(质检锅函〔2003〕51 号)执行，基本规则如图 1-16 所示，其中“证书项目代号”和“设备代号”分别如表 1-9 和表 1-10 所示。“地区”由两位数字表示，含义是审批机构所在省级地区的行政区划代码；对于市场监管总局颁发的，境内用 10 表示、境外用 00 表示。顺序号由三位数字表示，超过 999，则用字母与数字混合表示。如顺序号为 1020，则表示为 A20。“有效年份”由四位数字表示，代表该证书的有效期的年份。

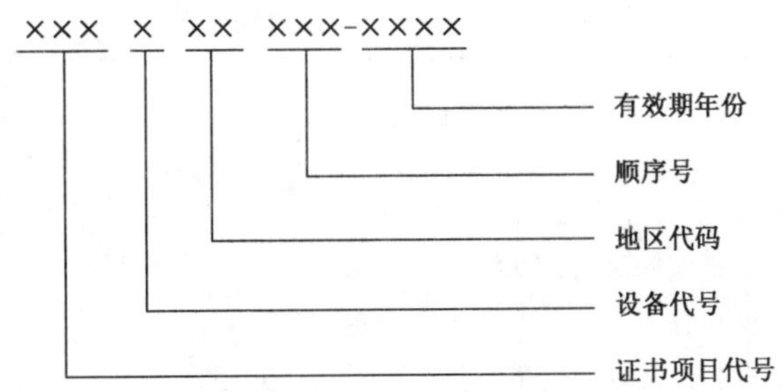

图 1-16　特种设备许可证件编号基本规则

表 1-9　证书项目代号

证书项目	代号
设计许可	TS1
制造许可	TS2
安装改造维修许可	TS3
气瓶充装许可	TS4
检验检测机构核准	TS7
安全附件、保护装置制造	TSF
作业人员许可	TS6
检验检测人员许可	TS8

表 1-10　设备代号

种类	代号
锅炉	1
压力容器	2
电梯	3
起重机械	4
厂(场)内机动车辆	5
大型游乐设施	6
压力管道元件	7
压力管道	8
客运索道	9
安全附件、保护装置	随设备种类

(5) 许可证书变更和有效期

1) 公司名称变更

a) TSG 07—2019 实施前

174 号文要求“制造许可证书”有效期内，单位名称变更时，应及时上报，向原受理机构提出更换证书申请。原受理机构在核定后，可以换发新的制造许可证书，证书有效期及许可制造的产品范围不变，原证书由原受理机构收回；制造场地变更时，应当及时报告原受理机构，如受理机构审查确定其变更不影响产品质量的，取证单位可以继续制造许可范围内的产品，否则应按要求进行补充评审。

如果在 TSG T07—2019 实施(2019 年 6 月 1 日)前，公司名称发生变更的，虽然 174 号文要求制造单位及时上报，向原受理机关更换新的许可证书，但是没有具体的上报时限，因此，根据营业执照变更日期、制造许可证书变更日期、出厂日期、告知日期、监督检验日期等时间节点，检验要求如表 1-11 所示。对于在监督检验过程中，营业执照发生变更的，如果需要进一步提供技术资料的，应加盖变更后公司名称的公章并提供变更证明文件(如变更注册地市场监督管理局出具的《公司登记基本情况》)。值得注意的是，电梯安装属于监督检验，是一个过程，根据 TSG T7001 的要求，检验机构是在施工单位自检合格的基础上实施监督检验，且自检报告应由电梯整机制造单位出具或者确认，因此，施工过程中，制造单位名称发生变更时(如情况 10)，如果自检报告包括变更之前已自检合格且经过检验机构审查的内容，自检报告应加盖名称变更前后的两个公章。

表 1-11　时间节点和检验要求

情况	时间节点				
1	营业执照变更日期	制造许可证书变更日期	出厂日期	告知日期	监督检验日期
检验要求	(■新,□旧)制造许可证书 (■新,□旧)制造资料的复印件公章			(■新,□旧)产品合格证制造单位名称 (□需,■不)营业执照变更证明	
2	营业执照变更日期	出厂日期	制造许可证书变更日期	告知日期	监督检验日期
检验要求	(■新,□旧)制造许可证书 (■新,□旧)制造资料的复印件公章			(■新,□旧)产品合格证制造单位名称 (□需,■不)营业执照变更证明	
3	出厂日期	营业执照变更日期	制造许可证书变更日期	告知日期	监督检验日期
检验要求	(■新,□旧)制造许可证书 (■新,□旧)制造资料的复印件公章			(□新,■旧)产品合格证制造单位名称 (■需,□不)营业执照变更证明	
4	营业执照变更日期	出厂日期	告知日期	制造许可证书变更日期	监督检验日期
检验要求	(■新,□旧)制造许可证书 (■新,□旧)制造资料的复印件公章			(■新,□旧)产品合格证制造单位名称 (□需,■不)营业执照变更证明	
5	营业执照变更日期	出厂日期	告知日期	监督检验日期	制造许可证书变更日期
检验要求	(□新,■旧)制造许可证书 (■新,□旧)制造资料的复印件公章			(■新,□旧)产品合格证制造单位名称 (■需,□不)营业执照变更证明	
6	出厂日期	营业执照变更日期	告知日期	制造许可证书变更日期	监督检验日期
检验要求	(■新,□旧)制造许可证书 (■新,□旧)技术资料的复印件公章			(□新,■旧)产品合格证制造单位名称 (□需,■不)营业执照变更证明	
7	出厂日期	营业执照变更日期	告知日期	监督检验日期	制造许可证书变更日期
检验要求	(□新,■旧)制造许可证书 (■新,□旧)制造资料的复印件公章			(□新,■旧)产品合格证制造单位名称 (□需,■不)营业执照变更证明	

续表1-11

情况	时间节点				
8	出厂日期	告知日期	营业执照变更日期	监督检验日期	制造许可证书变更日期
检验要求	(□新,■旧)制造许可证书 (■新,□旧)制造资料的复印件公章			(□新,■旧)产品合格证制造单位名称 (■需,□不)营业执照变更证明	
9	出厂日期	告知日期	营业执照变更日期	制造许可证书变更日期	监督检验日期
检验要求	(■新,□旧)制造许可证书 (■新,□旧)制造资料的复印件公章			(□新,■旧)产品合格证制造单位名称 (□需,■不)营业执照变更证明	
10	出厂日期	告知日期	监督检验日期	营业执照变更日期	制造许可证书变更日期
检验要求	(□新,■旧)制造许可证书 (□新,■旧)制造资料的复印件公章			(□新,■旧)产品合格证制造单位名称 (□需,■不)营业执照变更证明	

b) TSG T07—2019 实施后

根据 TSG T07—2019 的要求,制造单位改变单位名称或者地址,应当在变更后 30 个工作日内向原发证机关提出变更许可证书申请,发证机关应当自收到变更申请资料之日起 20 个工作日内做出是否准予变更的决定。准予变更的,换发新许可证书,并且收回原许可证书;不予变更的,书面告知申请单位并且说明理由。一般地说,制造单位的名称发生变更的许可申请,都会准予变更。

TSG T07—2019 对制造单位提出变更的时间、发证机关做出是否准予变更的决定时间都做了规定。因此,制造单位的名称发生变更除参考 TSG T07—2019 实施前公司名称变更的情况外,对于监督检验在营业制造变更后、制造许可变更前的情况,即表 1-11 中 5、7、8,当营业执照变更后 30 日内实施监督检验时,不需要制造单位提供已向发证机关提出变更申请的证明;当在营业执照变更后 30～50 日内实施监督检验时,制造单位应提供已向发证机关提出变更申请的证明,否则,应终止检验。当在营业执照变更后 50 日外实施监督检验时,制造单位应提供新的制造许可证书,否则,应终止检验。

2) 制造地址变更

一般地说,如果制造地址发生变化(增加或改变),应进行评审,因此,在监督检验过程中发生制造地址变更的情况很少。

3) 有效期

按 174 号文和 TSG 07—2019 取得许可证书的有效期均为 4 年,整梯的出厂日期应在许可证书有效期内。

(6) 审查要求

该项目在电梯安装施工前审查,必要时进行现场核对。一般在报检时检验机构业务受理部门也要审查，如不符合要求，应提出整改要求。

（7）特例

1）证书不明晰

对于一些许可项目、许可参数、备注等不明晰的，如图 1-17 所示，可咨询发证机关或要求制造单位出具发证机关的证明。

经审查，获准从事以下特种设备的生产活动：

许可项目	许可子项目	许可参数	备 注
电梯制造（含安装、修理、改造）	1. 曳引驱动乘客电梯（含消防员电梯）(B)	—	仅限电梯安装、修理
电梯制造（含安装、修理、改造）	2. 曳引驱动载货电梯和强制驱动载货电梯（含防爆电梯中的载货电梯）	—	
电梯制造（含安装、修理、改造）	3. 自动扶梯	—	
电梯制造（含安装、修理、改造）	4. 自动人行道	—	
电梯制造（含安装、修理、改造）	5. 杂物电梯（含防爆电梯中的杂物电梯）	—	
电梯制造（含安装、修理、改造）	6. 液压电梯	—	

发证机关：场监督管理局　发证日期：（发证机关章）

有效期至：2023 年 7 月 22 日　2019 年 7 月 4 日

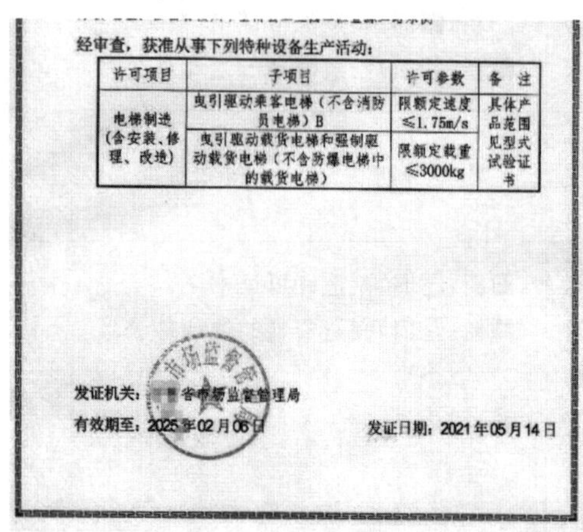

经审查，获准从事下列特种设备生产活动：

许可项目	子项目	许可参数	备 注
电梯制造（含安装、修理、改造）	曳引驱动乘客电梯（不含消防员电梯）B	限额定速度≤1.75m/s	具体产品范围见型式试验证书
	曳引驱动载货电梯和强制驱动载货电梯（不含防爆电梯中的载货电梯）	限额定载重≤3000kg	

发证机关：省市场监督管理局

有效期至：2025 年 02 月 06 日　发证日期：2021 年 05 月 14 日

图 1-17　许可项目不明晰

2）液压电梯和杂物电梯

虽然本章是关于曳引与强制驱动电梯的，但是液压电梯和杂物电梯的第一部分内容参考了本章，因此有关液压电梯和杂物电梯制造许可也在本章做必要的说明。

表 1-12 为 2014 版《特种设备目录》的液压驱动电梯和其他类型电梯部分，对于液压驱动电梯，不包含液压驱动杂物电梯，且 TSG 07—2019 关于电梯的许可子项目液压驱动电梯和杂物电梯是分开的，对于持有图 1-18 所示的不含液压驱动电梯许可子项目的制造许可证的制造单位，在其取得液压驱动杂物电梯型式试验证书后，可以制造液压驱动杂物电梯，检验机构按照 TSG T7006—2012《电梯监督检验和定期检验规则——杂物电梯》进行检验。TSG T7003—2011《电梯监督检验和定期检验规则——防爆电梯》中未编排液压驱动防爆杂物电梯检验内容，对于液压驱动防爆杂物电梯，检验机构应综合液压驱动防爆电梯、液压驱动杂物电梯的内容制定检验项目。

注：液压杂物电梯很少见。

表 1-12　2014 版《特种设备目录》(电梯)

3200		液压驱动电梯	
3210			液压乘客电梯
3220			液压载货电梯
3400		其他类型电梯	
3410			防爆电梯
3420			消防员电梯
3430			杂物电梯

3）有效期 8 年的许可证

根据《关于调整北京市特种设备生产单位许可有效期的通告》（京质监发〔2018〕27 号）和《北京市质量技术监督局关于印发〈北京市特种设备行政许可和电梯检验改革试点工作方案〉的通知》（京质监发〔2018〕28 号），如图 1-19 所示，将许可证 4 年有效期延长至 8 年，原核发 4 年有效期的许可证书届满前无需再办理许可延续，至 8 年许可有效期届满前，按规定办理行政许可延续。图 1-20 所示为有效期 8 年的制造许可证书。

经审查，获准从事以下特种设备的生产活动：

许可项目	子项目	许可参数	备　注
电梯制造（含安装、修理、改造）	曳引驱动乘客电梯（含消防员电梯）	—	具体产品范围见型式试验证书
	曳引驱动载货电梯和强制驱动载货电梯（含防爆电梯中的载货电梯）	—	具体产品范围见型式试验证书
	自动扶梯与自动人行道	—	具体产品范围见型式试验证书
	杂物电梯（含防爆电梯中的杂物电梯）	—	具体产品范围见型式试验证书

发证机关：国家市场监督管理总局

有效期至：2024 年 1 月 12 日　　发证[illegible]：[illegible]12 月 13 日

图 1-18　不含液压驱动电梯许可子项目的制造许可证

北京市质量技术监督局文件

京质监发〔2018〕28 号

北京市质量技术监督局关于印发《北京市特种设备行政许可和电梯检验改革试点工作方案》的通知

图 1-19　京质监发〔2018〕28 号

经审查，获准从事下列电梯的制造：

类　型	级　别	型　式	型号/参数
杂物电梯	C	杂物电梯	Q≤300kg

审批机关：北京市质量技术监督局　　发证机关：

有效期至：2025 年 1 月 10 日　　发证日期：2017 年 1 月 [illegible] 日

国家质量监督检验检疫总局制

图 1-20　有效期 8 年的制造许可证

1.1.2　整机型式试验合格证

【监督检验工作指引】

（1）电梯整机型式试验合格证与产品配置表

根据 TSG T7007—2016《电梯型式试验规则》（含第 1 号修改单）的规定，电梯整机型式试验合格证书包含如图 1-21 所示的产品配置表，配置表中的参数和配置应覆盖所提供电梯相应参数。图 1-22 所示是苏州中菱的型式试验证书。

额定速度	m/s	额定载重量	kg
设备保护级别	(适用于防爆电梯)	防爆等级	(适用于防爆电梯)
调速方式		调速装置制造单位名称	
驱动方式		控制装置制造单位名称	
驱动主机布置方式		驱动主机制造单位名称	
液压泵站布置方式	(适用于液压电梯)	液压泵站制造单位名称	(适用于液压电梯)
悬挂比(绕绳比)		绕绳方式	
轿厢悬吊方式		轿厢导轨列数	
轿厢数量		多轿厢之间的连接方式	
控制柜布置区域		工作环境	
轿厢上行超速保护装置型式		轿厢意外移动保护装置型式	
顶升方式	(适用于液压电梯)	防止轿厢沉降装置	(适用于液压电梯)
防止轿厢自由坠落或者超速下降的措施	(适用于液压电梯)	防爆型式	(适用于防爆电梯)
PESSRAL 功能		PESSRAL 型号	
PESSRAL 制造单位名称		特殊用途产品	

图 1-21 电梯整机型式试验合格证书产品配置表

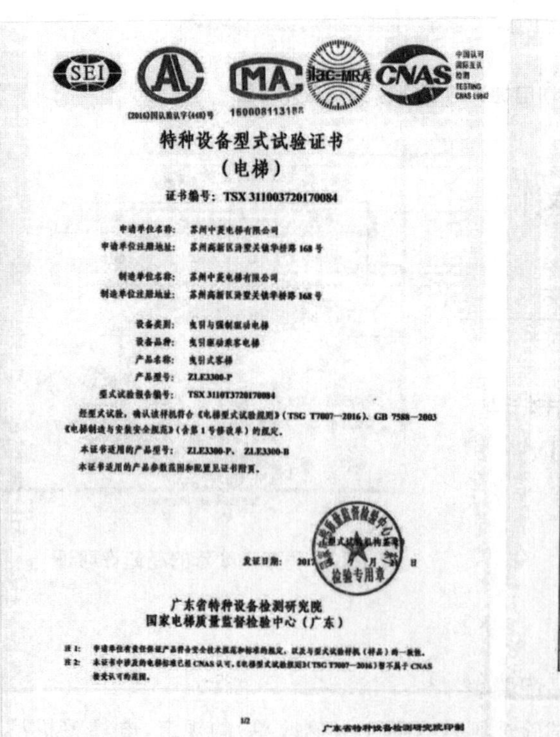

(2016)国认监认字(448)号 160008113188

特种设备型式试验证书
(电梯)

证书编号：TSX 311003720170084

申请单位名称：苏州中菱电梯有限公司
申请单位注册地址：苏州高新区浒墅关镇华桥路 168 号

制造单位名称：苏州中菱电梯有限公司
制造单位注册地址：苏州高新区浒墅关镇华桥路 168 号

设备类别：曳引与强制驱动电梯
设备品种：曳引驱动乘客电梯
产品名称：曳引式客梯
产品型号：ZLE3300-P
型式试验报告编号：TSX 3110T3720170084

经型式试验，确认该样机符合《电梯型式试验规则》(TSG T7007—2016)、GB 7588—2003《电梯制造与安装安全规范》(含第 1 号修改单)的规定。

本证书适用的产品型号：ZLE3300-P、ZLE3300-B

本证书适用的产品参数范围和配置见证书附页。

发证日期：2017 年 月 日

广东省特种设备检测研究院
国家电梯质量监督检验中心(广东)

注 1：申请单位有责任保证产品符合安全技术规范和标准的规定，以及与型式试验样机(样品)的一致性。
注 2：本证书中涉及的电梯标准已经 CNAS 认可，《电梯型式试验规则》(TSG T7007—2016)暂不属于 CNAS 接受认可的范围。

1/2 广东省特种设备检测研究院印制

广东省特种设备检测研究院
国家电梯质量监督检验中心(广东)
TSX 3110T3720170084 附页

适用参数范围和配置表

设备类别	曳引与强制驱动电梯	设备品种	曳引驱动乘客电梯
产品名称	曳引式客梯(ZLE3300-P) 病床电梯(ZLE3300-B)		
额定速度	上行：≤1.0 m/s 下行：≤1.0 m/s	额定载重量	≤3000 kg
设备保护级别	/	防爆等级	/
调速方式	交流变频调速	驱动方式	曳引驱动
调速装置制造单位名称	苏州汇川技术有限公司		
控制装置制造单位名称	苏州汇川技术有限公司		
驱动主机布置方式	上置机房内		
驱动主机制造单位名称	浙江西子富沃德电机有限公司		
液压泵站布置方式	/		
液压泵站制造单位名称	/		
悬挂比(绕绳比)	4:1	绕绳方式	单绕
轿厢悬吊方式	底托式	轿厢导轨列数	2 列
轿厢数量	1	多轿厢之间的连接方式	/
控制柜布置区域	机房内	工作环境	室内
轿厢上行超速保护装置型式	曳引机制动器		
轿厢意外移动保护装置型式	检测轿厢意外移动+自监测+曳引机制动器		
顶升方式	/	防止轿厢沉降装置	/
防止轿厢自由坠落或超速下降的措施	/	防爆型式	/
PESSRAL 型号	/		
PESSRAL 功能	/		
PESSRAL 制造单位名称	/		
特殊用途产品	病床电梯		

2/2

图 1-22 苏州中菱的型式试验证书

（2）整机型式试验要求

根据 TSG T7007 的规定，电梯整机型式试验合格证书长期有效，但在表 1-13 中所描述的情况下，必须重做整机型式试验。

表 1-13　影响型式试验结果的电梯配置与参数变更表

<table>
<tr><th>设备类型</th><th>部件配置</th><th>参数</th></tr>
<tr><td>乘客电梯</td><td rowspan="2">（1）驱动方式（曳引驱动、强制驱动）改变；
（2）调速方式（交流变极调速、交流调压调速、交流变频调速、直流调速、节流调速、容积调速等）改变；
（3）驱动主机布置方式（井道内上置、井道内下置、上置机房内、侧置机房内等）改变；
（4）悬挂比（绕绳比）、绕绳方式改变；
（5）轿厢悬吊方式（顶吊式、底托式等）、轿厢数量、多轿厢之间的连接方式（可调节间距、不可调节间距等）改变；
（6）轿厢导轨列数减少；
（7）控制柜布置区域（机房内、井道内、井道外等）改变；
（8）适应工作环境由室内型向室外型改变；
（9）轿厢上行超速保护装置、轿厢意外移动保护装置型式改变；
（10）控制装置、调速装置、驱动主机制造单位改变；
（11）用于电气安全装置的可编程电子安全相关系统（PESSRAL）的功能、型号或者制造单位改变</td><td>（1）额定速度增大；
（2）额定载重量大于 1 000 kg，且增大</td></tr>
<tr><td>载货电梯</td><td>（1）额定载重量增大；
（2）额定速度大于 0.5 m/s，且增大</td></tr>
</table>

1）驱动方式

一般有曳引驱动、液压驱动和强制驱动。TSG T7001 是针对曳引驱动和强制驱动电梯的，因此本章只讲解这两种。图 1-23～图 1-26 所示分别为强制驱动电梯的结构图、示意图（带平衡重）、传动图和卷扬机。除钢丝绳强制驱动电梯，还有链条强制驱动电梯、齿条强制驱动电梯和钢带强制驱动电梯，如图 1-27、图 1-28 和图 1-29 所示。

图 1-30 为曳引驱动电梯示意图，常见的曳引驱动电梯有无机房和有机房两种。

曳引驱动电梯与强制驱动电梯的区别如表 1-14 所示。

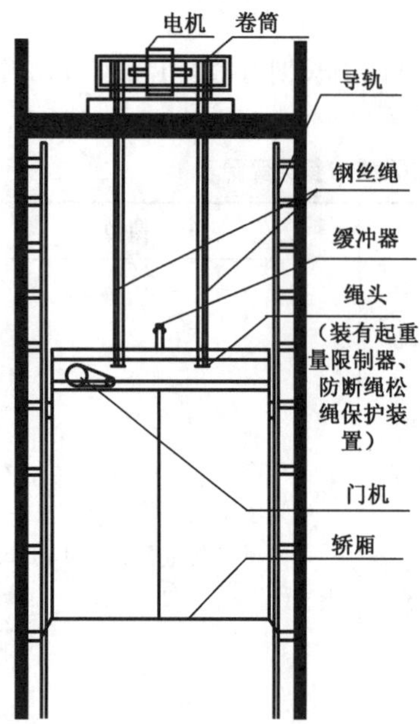

图 1-23　强制驱动电梯的结构

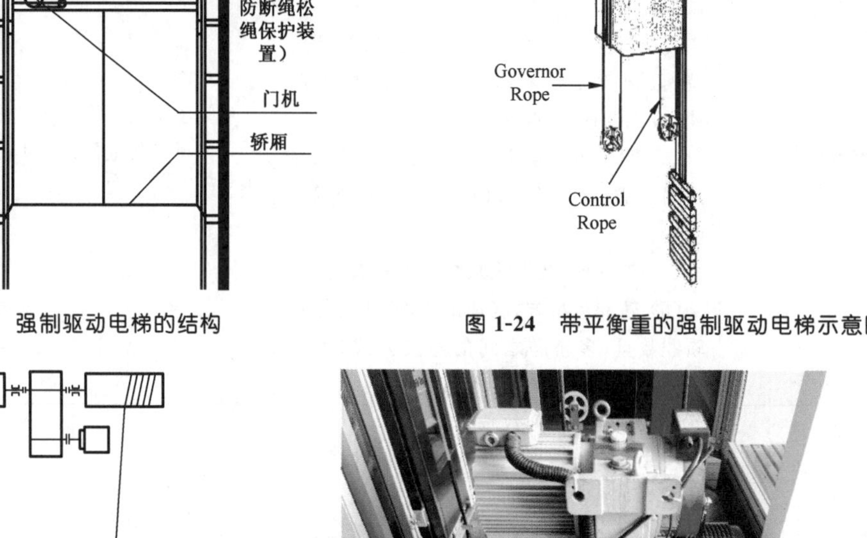

图 1-24　带平衡重的强制驱动电梯示意图

图 1-25　强制驱动电梯的传动

图 1-26　卷扬机

图 1-27　链条强制驱动电梯

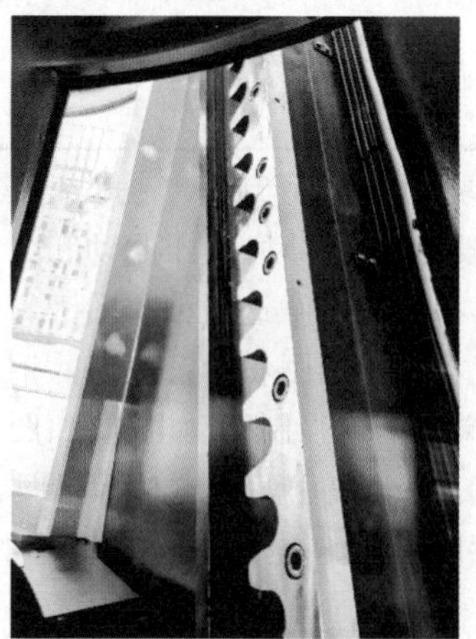

图 1-28　齿条强制驱动电梯

a) 下置式

b) 上置式

图 1-29　钢带强制驱动电梯

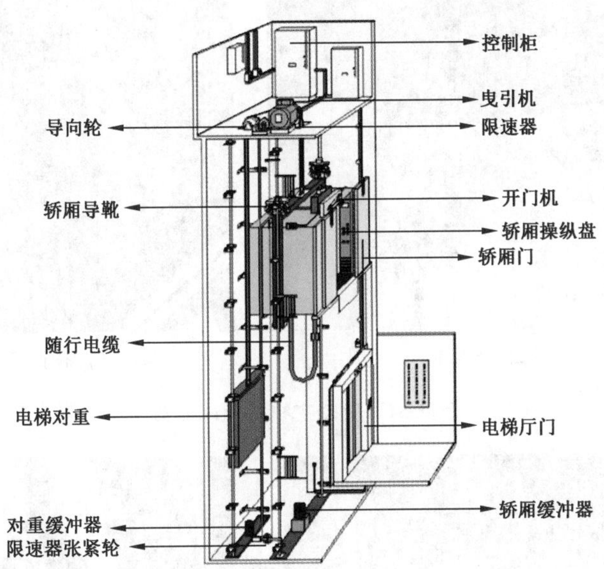

图 1-30　曳引驱动电梯示意图

表 1-14　曳引式驱动电梯与强制式驱动电梯的区别

不同点	曳引式	强制式
工作原理	摩擦力	非摩擦力
额定速度	较快，范围较大	较慢，范围较小
控制方式	形式多样	交流单速
提升高度	理论上无限制	较低，一般小于 4 层
驱动主机	曳引机	卷扬机
额定载重	较大	较小

2）驱动主机布置位置

常见的驱动主机布置位置有井道内上置（见图 1-31）、井道内下置（见图 1-32）、上置机房内（见图 1-33）、侧置机房内（见图 1-34）等。一般地说，井道内上置、井道内下置的为无机房电梯。对于如图 1-35 所示的控制柜、驱动主机在井道内，在井道壁开一个口并设置检修门的，属于驱动主机在侧置机房内。

对于如图 1-36 所示驱动主机在井道中部的，一般是看驱动主机的受力方向，驱动主机受钢丝绳向上拉力的属于下置[见图 1-36a)]，驱动主机受钢丝绳向下拉力的属于上置[见图 1-36b)]。

对于如图 1-37 和图 1-38 所示的驱动主机在轿顶和轿底的，虽然 TSG T7007 未列出该种布置方式，但也应提供该类布置方式的型式试验证书。

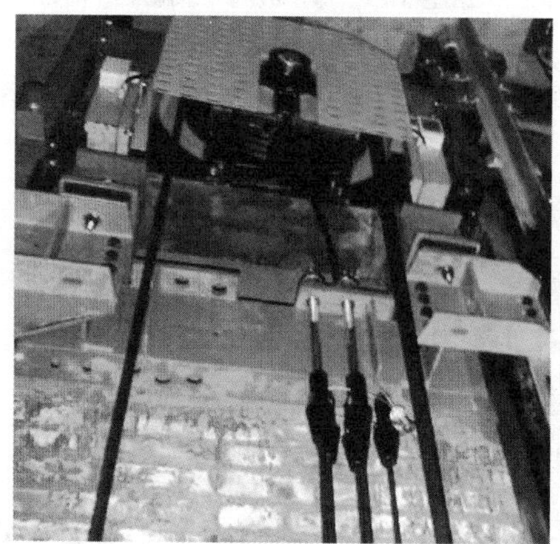
a) 钢丝绳

b) 钢带

图 1-31　驱动主机井道内上置

a) 钢丝绳

b) 钢带

图 1-32　驱动主机井道内下置

图 1-33　驱动主机上置机房内

图 1-34　驱动主机侧置机房内

图 1-35　特殊的驱动主机在侧置机房内

a) 主机受向上拉力

b) 主机受向下拉力

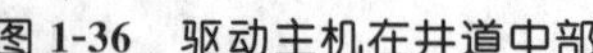

图 1-36　驱动主机在井道中部

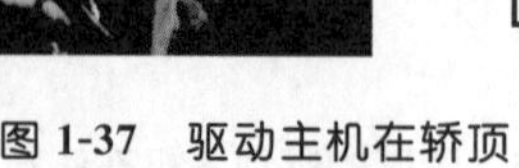

图 1-37　驱动主机在轿顶

图 1-38 驱动主机在轿底

3）悬挂比

根据 GB/T 7024—2008《电梯、自动扶梯、自动人行道术语》，对于曳引驱动电梯，其悬挂比是指悬吊轿厢的钢丝绳根数与曳引轮轿厢侧下垂钢丝绳根数之比，图 1-39 所示是常见的曳引驱动电梯的悬挂比。一般地说，可根据轿厢上的悬挂绳的数量确定悬挂比。

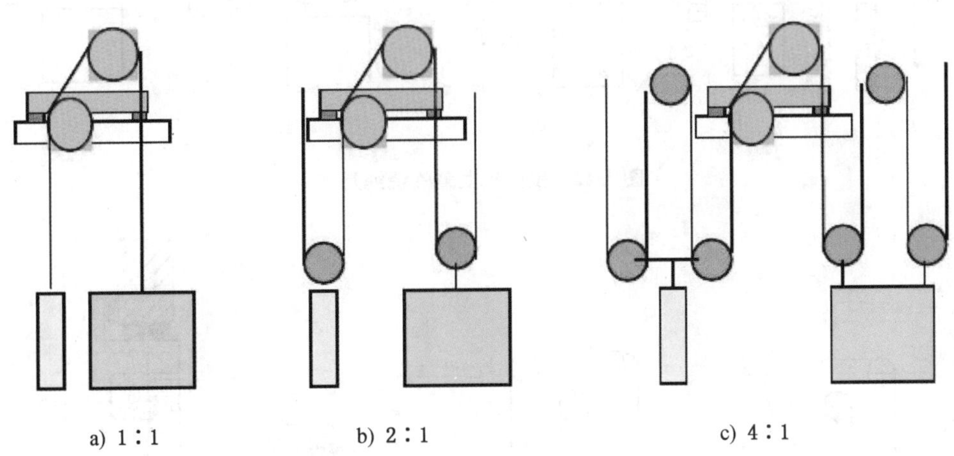

图 1-39 常见的曳引驱动电梯悬挂比

4）绕绳方式

常见的绕绳方式有单绕（见图 1-40）和复绕（见图 1-41）。图 1-42 所示是曳引机上置时常见的绕绳方式，图 1-43 所示是曳引机下置时常见的绕绳方式，图 1-44 所示是曳引机下置时特殊的绕绳方式。

图 1-45 所示是一种特殊的绕绳方式——长环绕，虽然 TSG T7007—2016 未列出该种绕绳方式，但也应提供该类绕绳方式的型式试验证书。

图 1-40　单绕

图 1-41　复绕

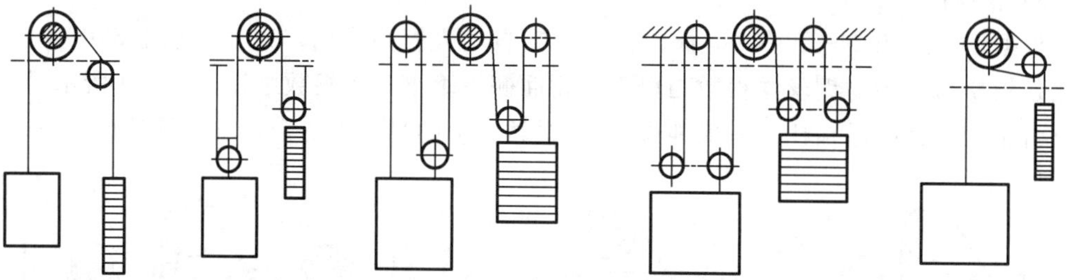

a)　b)　c)　d)　e)

图 1-42　曳引机上置的绕绳方式

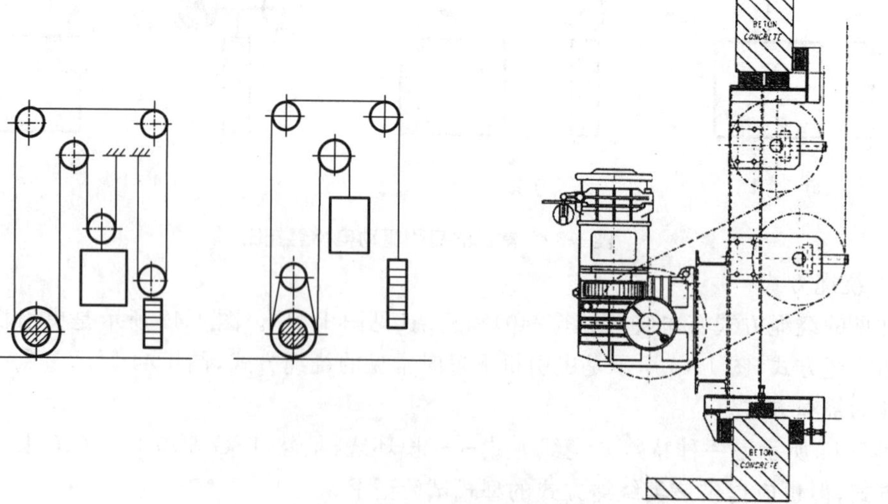

图 1-43　曳引机下置的绕绳方式

图 1-44　曳引机下置时特殊的绕绳方式

图 1-45　特殊的绕绳方式——长环绕

5）轿厢悬吊方式和轿厢数量

轿厢的悬吊方式有底托式和顶吊式两种。底托式一般是指反绳轮在轿底，如图 1-46 所示；顶吊式一般是指反绳轮在轿顶或钢丝绳直接与轿厢连接，如图 1-47 所示。

图 1-48 所示是奥的斯超级双层轿厢电梯结构原理，它是指根据不同的楼层高度，可以在一定的范围内自由、顺畅地调节电梯上、下轿厢之间距离的电梯。它的调节系统称之为超级双层轿厢系统（SDD）。在该系统中，上、下轿厢由一套伸缩连杆装置接在一起，结构简单并且能准确调节。SDD 的驱动装置由 2 个带抱闸的电动机，1 个减速器以及 1 个驱动螺杆组成。该系统接收来自安装在机房里的电梯控制柜的指令，通过变频器自由驱动。

a）悬挂比为2：1

b）悬挂比为4：1

图 1-46　底托式

a) 悬挂比为2∶1

b) 悬挂比为1∶1

图 1-47 顶吊式

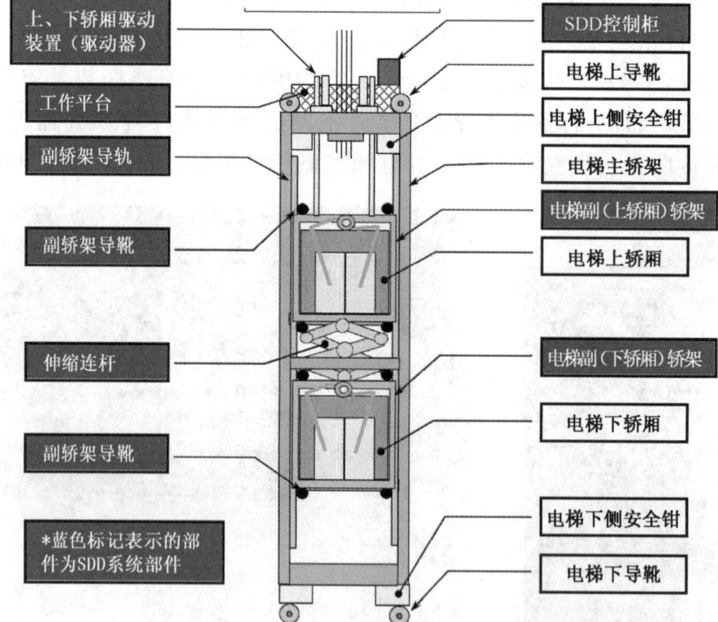

图 1-48 奥的斯超级双层轿厢电梯结构原理

图 1-49 所示是东芝双层轿厢电梯结构原理，该电梯利用螺杆的旋转数来精确地控制上下轿厢的间距。

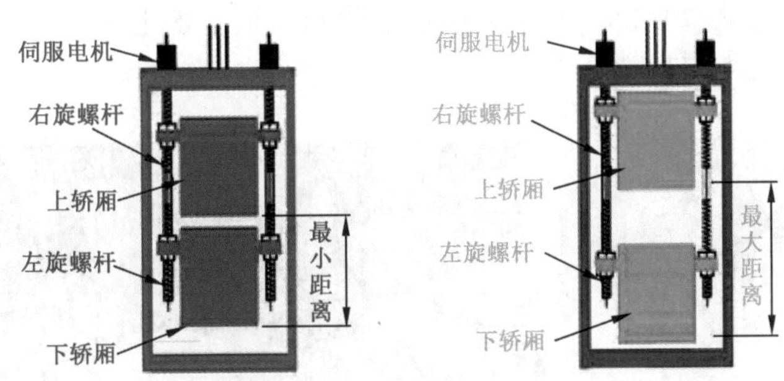

图 1-49　东芝双层轿厢电梯结构原理

图 1-50 所示是通力双轿厢电梯结构原理，该电梯也是利用螺杆的旋转数来精确地控制上下轿厢的间距。

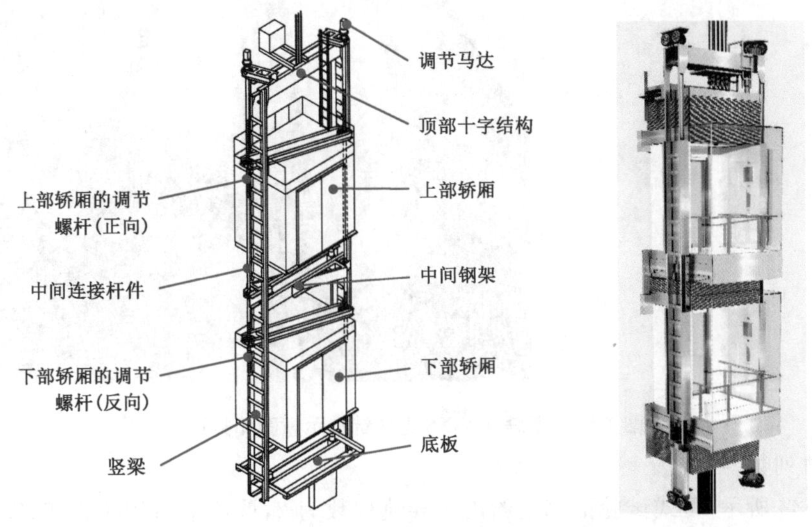

图 1-50　通力双轿厢电梯结构原理

图 1-51 所示是日立双轿厢电梯结构原理，有可调节间距、不可调节间距两种。

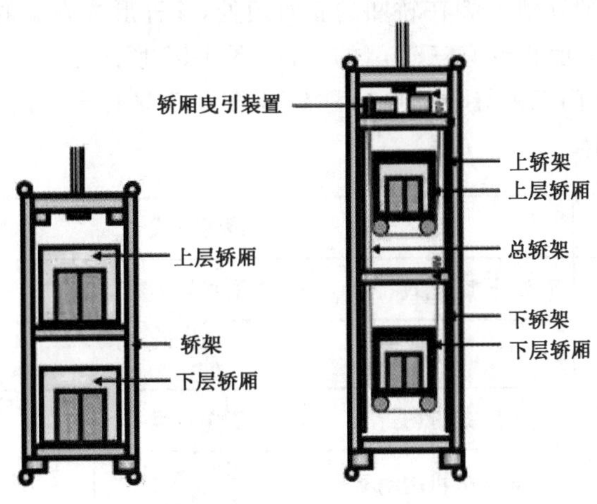

图 1-51　日立双轿厢电梯结构原理

图 1-52 所示是蒂森 TWINS 电梯结构示意图和井道。该电梯是在同一个井道设置两个独立运行的轿厢，不属于多轿厢结构。

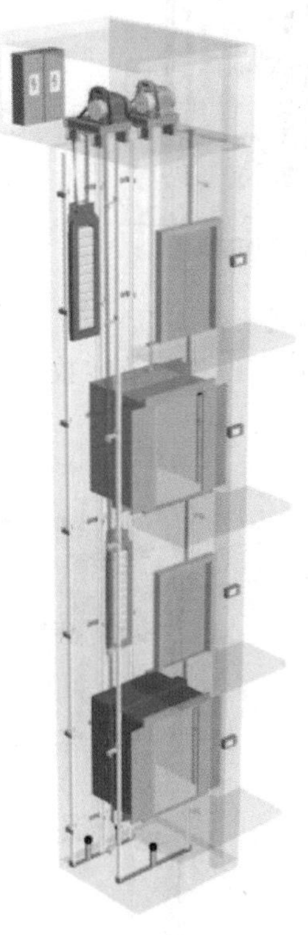

图 1-52 蒂森 TWINS 电梯结构示意图和井道

6）导轨列数

如图 1-22 所示，型式试验证书上给出了导轨列数为 2，该证书适用于大于两列的电梯。有些证书上给出的是≥2，如图 1-53 所示。图 1-54 所示是有 6 列导轨的大吨位货梯，图 1-55 所示是其型式试验证书。

图 1-56 所示是 2 列导轨安装在轿厢的斜对角处，该种形式安装的导轨一般是两轿门呈 90°的情况，如图 1-57 所示。也有三轿门的情况，图 1-58 所示是三开门两列对角导轨的电梯，图 1-59 所示是三开门三列导轨的电梯。TSG T7007 只对导轨的列数提出了要求，对导轨的安装方式没有规定。

悬挂比(绕绳比)	2:1	绕绳方式	单绕
轿厢悬吊方式	底托式	轿厢导轨列数	≥2
轿厢数量	1	多轿厢之间的连接方式	/
控制柜布置区域	井道内	工作环境	普通室内
轿厢上行超速保护装置型式	同步电机制动器	轿厢意外移动保护装置型式	同步电机制动器

图 1-53 型式试验证书（局部）列出的导轨列数

图 1-54　6 列导轨的电梯

中国认可
国际互认
检测
TESTING
CNAS L0916

特种设备型式试验证书附表（电梯）

证书编号	TSX 312003820180007		
设备品种	曳引驱动载货电梯		
产品名称	曳引式货梯	产品型号	LTHX
额定速度	≤0.5　m/s	额定载重量	≤10500　kg
设备保护级别	/	防爆等级	/
调速方式	交流变频调速	调速装置制造单位名称	1、苏州汇川技术有限公司 2、上海新时达电气股份有限公司
驱动方式	曳引驱动	控制装置制造单位名称	1、苏州汇川技术有限公司 2、上海新时达电气股份有限公司
驱动主机布置方式	上置机房内	驱动主机制造单位名称	1、宁波欣达电梯配件厂 2、佛山市顺德区金泰德胜电机有限公司 3、菱王电梯股份有限公司
液压泵站布置方式	/	液压泵站制造单位名称	/
悬挂比(绕绳比)	6：1	绕绳方式	单绕
轿厢悬吊方式	顶吊式	轿厢导轨列数	6 列
轿厢数量	1	多轿厢之间的连接方式	/
控制柜布置区域	井道外（机房内）	工作环境	室内
轿厢上行超速保护装置型式	作用于曳引轮或仅两个支撑的曳引轮轴	轿厢意外移动保护装置型式	作用于曳引轮或仅两个支撑的曳引轮轴
顶升方式	/	防止轿厢沉降装置	/
防止轿厢自由坠落或者超速下降的措施	/	防爆型式	/
PESSRAL 功能	/	PESSRAL 型号	/
PESSRAL 制造单位名称	/	特殊用途产品	/
说明：该型号曳引式货梯选用菱王电梯股份有限公司驱动主机时，整梯参数范围限定在：额定速度≤0.5m/s 时，额定载重量≤7500kg。			

图 1-55　10.5 t 货梯型式试验证书

图 1-56　对角安装的导轨

图 1-57　两轿门呈 90°

图 1-58　三开门两列对角导轨的电梯

a) 轿顶

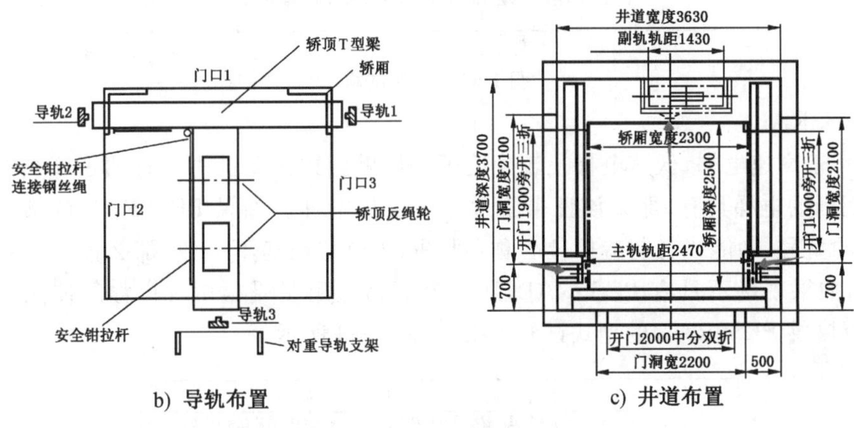

b) 导轨布置　　c) 井道布置

图 1-59　三开门三列导轨的电梯

为增加轿厢在运行过程中的稳定性和舒适性，且同时节省成本，某些电梯在满足现有型式试验证书上标注的导轨列数条件下，允许在轿厢上使用空心轨，但安全钳应作用于 T 型轨上，如图 1-60 所示。

图 1-60　轿厢同时使用 T 型轨和空心轨

7）控制装置、调速装置、驱动主机制造单位

有些型式试验证书上列出了多家控制装置、调速装置、驱动主机的制造单位，如图 1-55 所示，该证书适用的控制装置、调速装置、驱动主机有 12 种组合。

根据 TSG T7007—2016 中注 H-1，当控制装置、调速装置、驱动主机制造单位发生变化时，仅对相关项目重新进行型式试验即可，相关项目由申请单位和型式试验机构双方商定并且在型式试验报告中予以说明（见图 1-61）。

本证书对应的各型式试验报告的内容说明表

报告编号	试验类别	报告内容说明
TSX 3120T3720200070	首次	首次试验
TSX 3120T3720200070BZ01	补充	增加驱动主机制造单位“宁波欣达电梯配件厂”的补充试验
TSX 3120T3720200070BZ02	补充	增加驱动主机制造单位“苏州通润驱动设备股份有限公司”的补充试验

图 1-61　补充试验

8）PESSRAL

一般用于高速电梯，低速电梯上较少适用。如果型式试验证书上标明了不具有 PESSRAL，而现场的电梯具有，那么该证书不适用于受检电梯。如果 PESSRAL 的型式试验证书上标明的型号、功能或者制造单位名称（见图 1-62）与现场不一致，那么该证书不适用于受检电梯，如果现场不具有 PESSRAL，那么该证书适用于受检电梯。如果使用了 PESSRAL，还应提供 PESSRAL 的型式试验证书，如图 1-63 所示。

PESSRAL	型号	LIMAX33 CP-05
	功能	采用减行程缓冲器时对电梯驱动主机正常减速的监测（ETSL），SIL 3 门开启情况下轿厢的意外移动（UCM），SIL 3 门开着情况下平层和再平层控制（OB），SIL 3 检查超速，SIL 2 极限开关，SIL 1
	制造单位名称	埃尔格（无锡）电子科技有限公司

图 1-62　具有 PESSRAL 功能的整机型式试验证书

附件

可编程电子安全相关系统适用参数范围和配置表

型号	ZFS-ELE100	结构型式	PCB
硬件版本	P2070143000(*)	软件版本	SFSA02-A
工作条件	工作温度：-20℃~+60℃ 工作湿度：≤ 95%	工作电压	DC12V±10%
系统说明	功能安全印板2块（CS板、SO板）；安全继电器3个（集成在SO板上）；门锁检测触点2 组；门区传感器1组（单门）；再平层区传感器一组（单门）（当轿厢有超过一处开门时，门区传感器、再平层传感器根据需要成倍增设传感器。）（详见型式试验报告）		
产品功能			安全完整性等级
检查平层、再平层和预备操作（SF1）			SIL2
检测门开启情况下轿厢的意外移动（SF2）			SIL 2
检查门开启情况下轿厢意外移动保护装置的动作（SF3）			SIL 2

图 1-63　PESSRAL 的型式试验证书

9）额定速度和额定载重量

虽然 TSG T7007—2016 规定了额定载重量和额定速度的适用原则，但是检验时应注意审查特殊情况。图 1-64 所示为曳引驱动电梯的整机型式试验合格证书产品配置表（局部），该证书上额定载重量≤800 kg,如果受检电梯额定载重量为 900 kg,即使 TSG T7007—2016 规定当额定载重量大于 1 000 kg 且增大时才需重新做型式试验,该证书也不适用于受检电梯。

对于部分型式试验证书上调速装置、控制装置、驱动主机等有多个制造单位的,应注意不同制造单位适用的额定速度和额定载重量范围,如图 1-65 所示,虽然该证书标注的额定载重量≤10 500 kg,但是证书后面有说明,当驱动主机制造单位为菱王电梯股份有限公司时,额定载重量≤7 500 kg。

额定速度	上行：≤1.0 m/s 下行：≤1.0 m/s	额定载重量	≤ 800 kg
设备保护级别	/	防爆等级	/
调速方式	交流变频调速	驱动方式	曳引驱动
调速装置制造单位名称	苏州汇川技术有限公司		
控制装置制造单位名称	苏州汇川技术有限公司		
驱动主机布置方式	上置机房内		
驱动主机制造单位名称	浙江西子富沃德电机有限公司		

图 1-64　型式试验证书(局部)

特种设备型式试验证书附表（电梯）

证书编号	TSX 312003820180007		
设备品种	曳引驱动载货电梯		
产品名称	曳引式货梯	产品型号	LTHX
额定速度	≤0.5　m/s	额定载重量	≤10500　kg
设备保护级别	/	防爆等级	/
调速方式	交流变频调速	调速装置制造单位名称	1. 苏州汇川技术有限公司 2. 上海新时达电气股份有限公司
驱动方式	曳引驱动	控制装置制造单位名称	1. 苏州汇川技术有限公司 2. 上海新时达电气股份有限公司
驱动主机布置方式	上置机房内	驱动主机制造单位名称	1. 宁波欣达电梯配件厂 2. 佛山市顺德区金泰德胜电机有限公司 3. 菱王电梯股份有限公司
液压泵站布置方式	/	液压泵站制造单位名称	/
悬挂比(绕绳比)	6：1	绕绳方式	单绕
轿厢悬吊方式	顶吊式	轿厢导轨列数	6 列
轿厢数量	1	多轿厢之间的连接方式	/
控制柜布置区域	井道外（机房内）	工作环境	室内
轿厢上行超速保护装置型式	作用于曳引轮或仅两个支撑的曳引轮轴	轿厢意外移动保护装置型式	作用于曳引轮或仅两个支撑的曳引轮轴
顶升方式	/	防止轿厢沉降装置	/
防止轿厢自由坠落或者超速下降的措施	/	防爆型式	/
PESSRAL 功能	/	PESSRAL 型号	/
PESSRAL 制造单位名称	/	特殊用途产品	/
说明：该型号曳引式货梯选用菱王电梯股份有限公司驱动主机时，整梯参数范围限定在：额定速度≤0.5m/s 时，额定载重量≤7500kg。			

图 1-65　对驱动主机有特殊规定的型式试验证书

10）型号

型式试验证书中标明了该证书适用的产品型号,因此,受检电梯的型号与所提供的型式试验证书适用的产品型号应一致。图 1-22 所示的型式试验证书标明的适用产品型号为

ZLE3300-P、ZLE3300-B，如受检电梯的型号为 ZLE3300-A，则该证书不适用于受检电梯，反之亦然。此外，该证书上表明了 ZLE3300-P 为曳引式客梯，ZLE3300-B 是病床电梯，因此，检验时应注意审查。

对于型式试验证书标注的适用的产品型号为某系列的，尤其是图 1-66 所示的型式试验证书和产品质量证明文件，制造单位应提供型式试验机构的补充说明，以证明该证书适用于该产品。

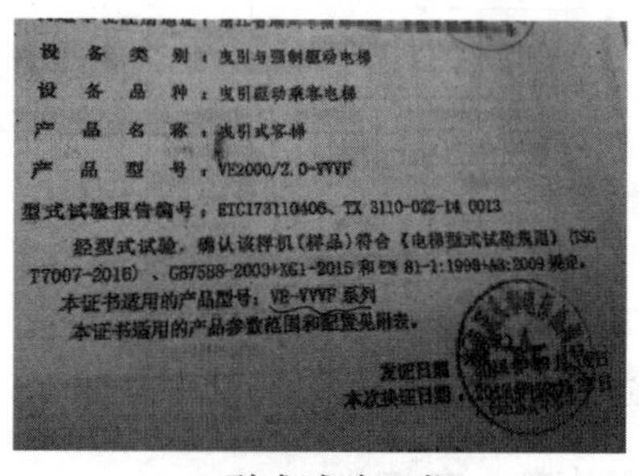

设备类别：曳引与强制驱动电梯
设备品种：曳引驱动乘客电梯
产品名称：曳引式客梯
产品型号：VE2000/2.0-VVVF
型式试验报告编号：ETC173110406、TX 3110-022-14 0013
经型式试验，确认该样机(样品)符合《电梯型式试验规则》(TSG T7007-2016)、GB7588-2003+XG1-2015 和 EN 81-1:1998+A3:2009 规定。
本证书适用的产品型号：VE-VVVF 系列
本证书适用的产品参数范围和配置见附表。
发证日期
本次换证日期：

a) 型式试验证书

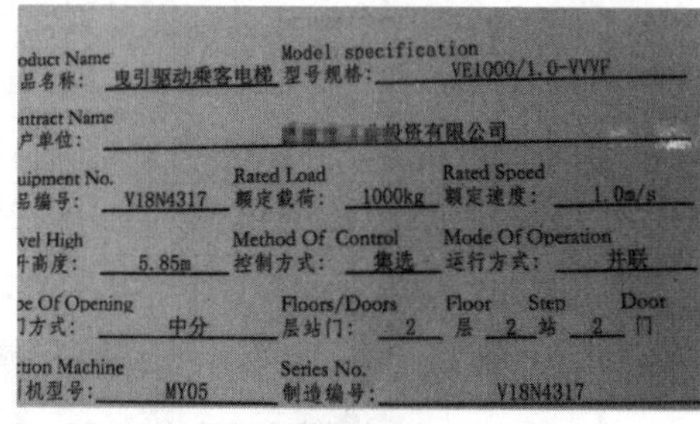

oduct Name 品名称：曳引驱动乘客电梯 Model specification 型号规格：VE1000/1.0-VVVF
ntract Name 户单位：
uipment No. 品编号：V18N4317 Rated Load 额定载荷：1000kg Rated Speed 额定速度：1.0m/s
vel High 升高度：5.85m Method Of Control 控制方式：集选 Mode Of Operation 运行方式：并联
e Of Opening 门方式：中分 Floors/Doors 层站门：2 层 2 站 2 门
tion Machine 机型号：MY05 Series No. 制造编号：V18N4317

b) 产品质量证明文件

图 1-66 适用于系列的型式试验证书及产品质量证明文件

11）工作环境

对于如图 1-67 所示的在垂直方位上，有部分在室外的电梯，工作环境按室外处理，因此图 1-68 所示的型式试验证书不适用于该电梯；对于从水平方位看，部分在室外的电梯(见图 1-69)，工作环境也按室外处理。控制柜的工作环境参考本条处理。

图 1-67 垂直部分在室外的电梯

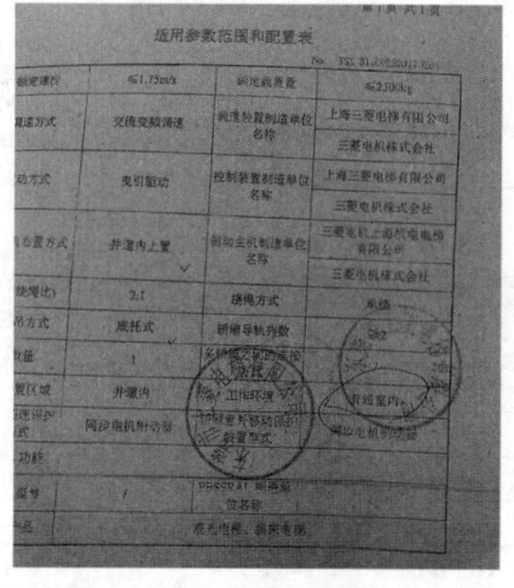

适用参数范围和配置表

图 1-68 工作环境为室内的型式试验证书

图 1-69 水平部分在室外的电梯

(3) 审查要求

型式试验证书在电梯安装施工前审查，必要时进行现场核对。

【特例】

根据质检特函〔2013〕2 号《关于加强电梯制造安装改造维修许可和型式试验工作的通知》以及 TSG T7007，整机型式试验应当在制造单位或者型式试验机构的试验井道内进行。所以一般不允许在使用现场进行型式试验。但对于超常规电梯，其参数见表 1-15，确需在使用现场进行整机试验时，制造单位应当向使用单位明示，并且征得使用单位书面同意后向型式试验机构提出申请，经型式试验机构书面批复确认后，持“特种设备制造许可证书”

或者《特种设备行政许可受理决定书》(复印件加盖申请单位公章),按照规定办理施工告知,方可在使用现场安装1台用于型式试验的整机(以下称为样机),如图1-70所示。型式试验完成后,制造单位应当对其进行全面检查,更换磨损的零部件并且重新调试。

样机型式试验与安装监督检验过程中的性能试验可以同时进行,数据共享。安装监督检验报告应当在取得型式试验证书后出具。

表1-15　超常规电梯参数表

序号	设备品种	参数
1	曳引驱动乘客电梯、消防员电梯	额定速度 $v \geqslant 6$ m/s,或者 额定速度 $v > 3$ m/s,且额定载重量 $Q > 3\ 000$ kg
2	曳引驱动载货电梯、强制驱动载货电梯、液压载货电梯、防爆电梯	额定载重量 $Q \geqslant 5\ 000$ kg
3	自动扶梯	提升高度 $H \geqslant 12$ m
4	自动人行道	使用区段长度 $L \geqslant 60$ m

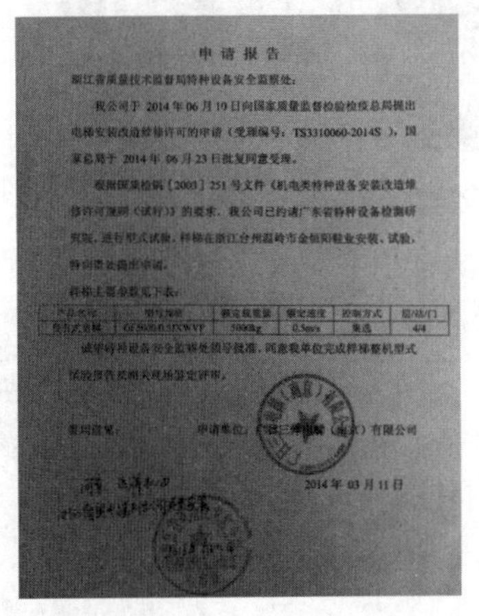

申请报告

浙江省质量技术监督局特种设备安全监察处:

我公司于2014年06月19日向国家质量监督检验检疫总局提出电梯安装改造维修许可的申请(受理编号:TS3310060-2014S),国家总局于2014年06月23日批复同意受理。

根据国质检锅[2003]251号文件《机电类特种设备安装改造维修许可规则(试行)》的要求,我公司已约请广东省特种设备检测研究院,进行型式试验,样梯在浙江台州温岭市[illegible]安装、试验,特向贵处提出申请。

样梯主要参数见下表:

产品名称	型号规格	额定载重量	额定速度	控制方式	层/站/门
曳引式货梯	GF5000/0.5[illegible]	5000kg	0.5m/s	集选	4/4

请贵特种设备安全监察处领导批准,同意我单位完成样梯整机型式[illegible]

审批意见:　　　　申请单位:[illegible]有限公司

2014年03月11日

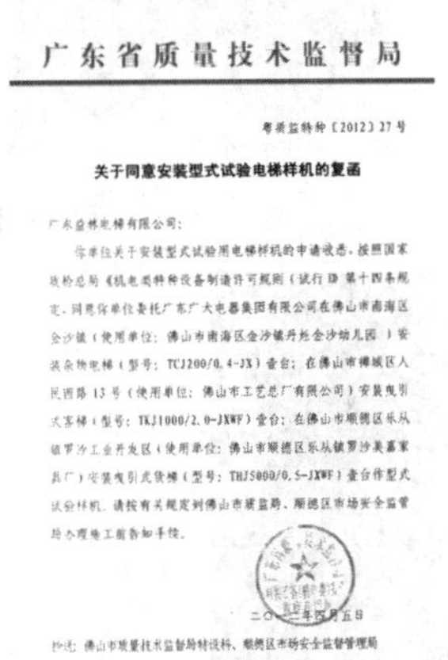

广东省质量技术监督局

粤质监特种〔2012〕27号

关于同意安装型式试验电梯样机的复函

广东益林电梯有限公司:

你单位关于安装型式试验用电梯样机的申请收悉。按照国家质检总局《机电类特种设备制造许可规则(试行)》第十四条规定,同意你单位委托广东广大电器集团有限公司在佛山市南海区金沙镇(使用单位:佛山市南海区金沙镇丹灶金沙幼儿园)安装杂物电梯(型号:TCJ200/0.4-JX)壹台;在佛山市禅城区人民西路13号(使用单位:佛山市工艺总厂有限公司)安装曳引式客梯(型号:TKJ1000/2.0-JXWF)壹台;在佛山市顺德区乐从镇罗沙工业开发区(使用单位:佛山市顺德区乐从镇罗沙美嘉家具厂)安装曳引式货梯(型号:THJ5000/0.5-JXWF)壹台作型式试验样机。请按有关规定到佛山市质监局、顺德区市场安全监管局办理施工告知手续。

二〇一二年四月五日

抄送:佛山市质量技术监督局特设科、顺德区市场安全监督管理局

图1-70　样机申请报告和批复

1.1.3　产品质量证明文件

【说明解释】

(1) 基于以往轿厢意外移动和在电梯层门处发生的事故,GB 7588—2003《电梯制造与安装安全规范》(含第1号修改单)增加了轿厢意外移动保护装置要求,加强了对层门强度的要求,TSG T7007—2016也有对其型式试验的要求。

(2) 随着电梯技术的发展,一些新的悬挂装置在电梯中得到了应用,如Aramid曳引绳(见图1-71)、复合钢带(见图1-72)、碳纤维曳引绳(见图1-73)等。此外,电梯制造单位为节省成本,批量生产绳槽数相同的曳引轮,针对不同型号的电梯配置不同数量的钢丝绳,如7槽6根钢丝绳缺中间(见图1-74)、7槽6根钢丝绳缺最右侧(见图1-75)等的情况,因此要求产品质量证明文件注明悬挂装置的名称、型号、主要参数(如直径、数量)。

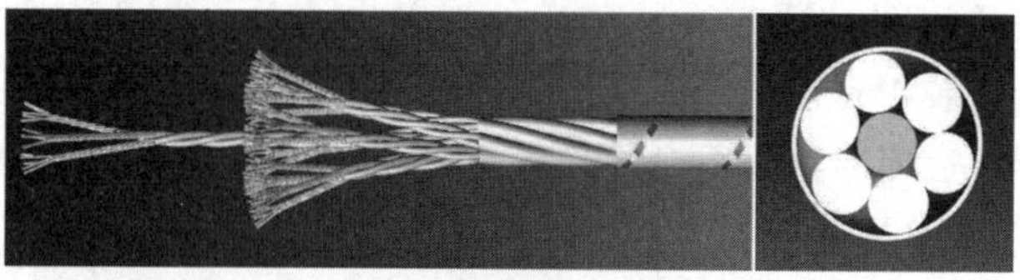

图 1-71 Aramid 曳引绳

a) 平齿形

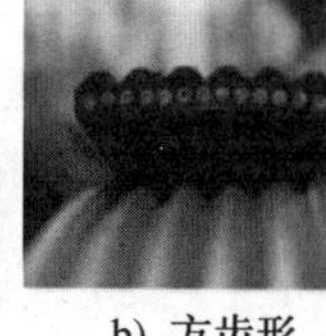

b) 方齿形

c) 圆齿形

图 1-72 复合钢带

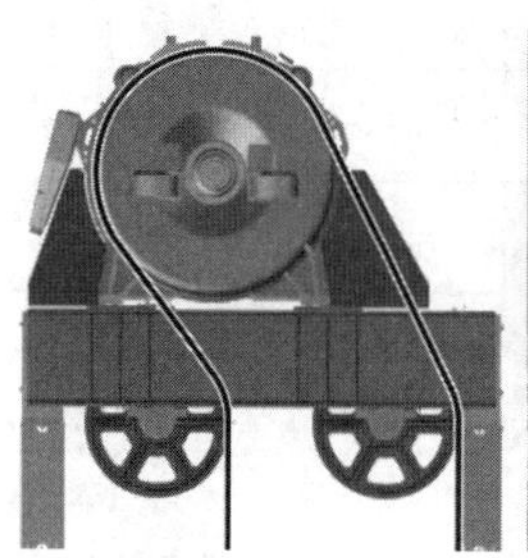

图 1-73 碳纤维曳引绳

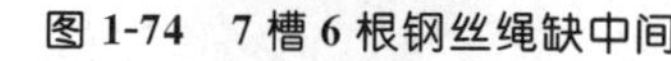

图 1-74 7 槽 6 根钢丝绳缺中间

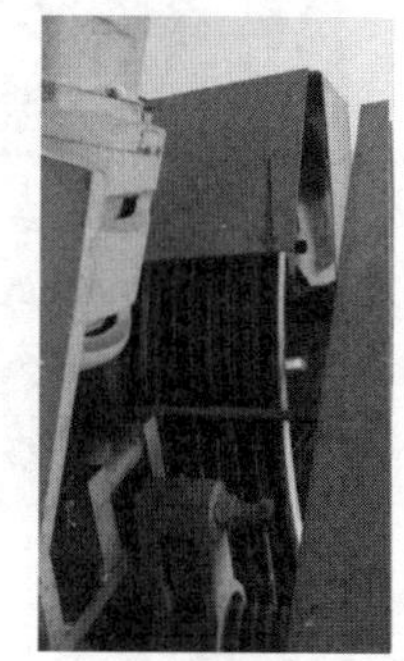

图 1-75 7 槽 6 根钢丝绳缺最右侧

【监督检验工作指引】

(1) 产品质量证明文件

根据国家质检总局令第 13 号《特种设备质量监督与安全监察规定》第三十七条，电梯出厂时，必须附有制造企业关于该电梯产品或者部件的出厂合格证、使用维护说明书、装箱清单等出厂随机文件。合格证上除标有主要参数外，还应当标明驱动主机、控制柜、安全装置等主要部件的型号和编号。门锁、安全钳、限速器、缓冲器等重要的安全部件，必须具有有效的型式试验合格证书。所以要查看产品质量证明文件（出厂合格证）上是否有制造许可证书注明的文件编号、制造许可证书注明的有效日期、产品出厂编号、主要技术参数，以及门锁装置、限速器、安全钳、缓冲器、含有电子元件的安全电路（如果有）、轿厢上行超速保护装置、驱动主机、控制柜等安全保护装置和主要部件的型号和编号（门锁装置除外）等内容，是否有电梯整机制造单位的公章或者检验合格章以及出厂日期。

（2）制造地址

如果制造许可证书上注有多个制造地址，产品质量证明文件上应标注制造地址，且与制造许可证书一致。

（3）产品型号

产品型号应与型式试验证书一致。由于没有规定产品质量证明文件上注明产品型号或（和）规格，因此，允许型号与规格写在一起（见图 1-76），但型号应与型式试验证书一致，必要时可要求制造单位提供书面说明。

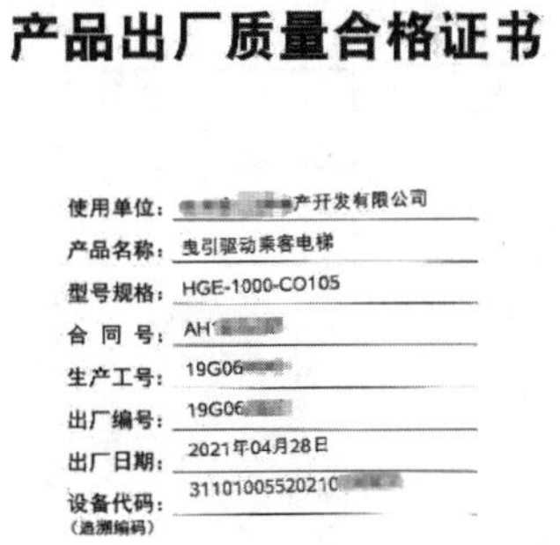

产品出厂质量合格证书

使用单位：产开发有限公司
产品名称：曳引驱动乘客电梯
型号规格：HGE-1000-CO105
合 同 号：AH1
生产工号：19G06
出厂编号：19G06
出厂日期：2021年04月28日
设备代码（追溯编码）：31101005520210

a) 产品质量证明文件

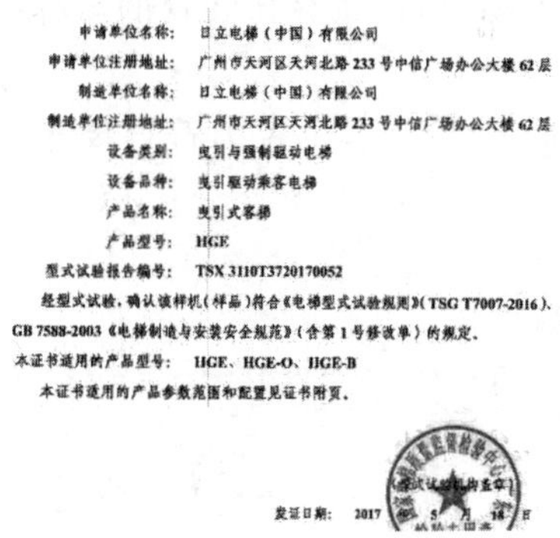

申请单位名称：日立电梯（中国）有限公司
申请单位注册地址：广州市天河区天河北路233号中信广场办公大楼62层
制造单位名称：日立电梯（中国）有限公司
制造单位注册地址：广州市天河区天河北路233号中信广场办公大楼62层
设备类别：曳引与强制驱动电梯
设备品种：曳引驱动乘客电梯
产品名称：曳引式客梯
产品型号：HGE
型式试验报告编号：TSX 3110T3720170052

经型式试验，确认该样机（样品）符合《电梯型式试验规则》（TSG T7007-2016）、GB 7588-2003《电梯制造与安装安全规范》（含第1号修改单）的规定。

本证书适用的产品型号：HGE、HGE-O、HGE-B

本证书适用的产品参数范围和配置见证书附页。

发证日期：2017 年 5 月 18 日

b) 型式试验证书

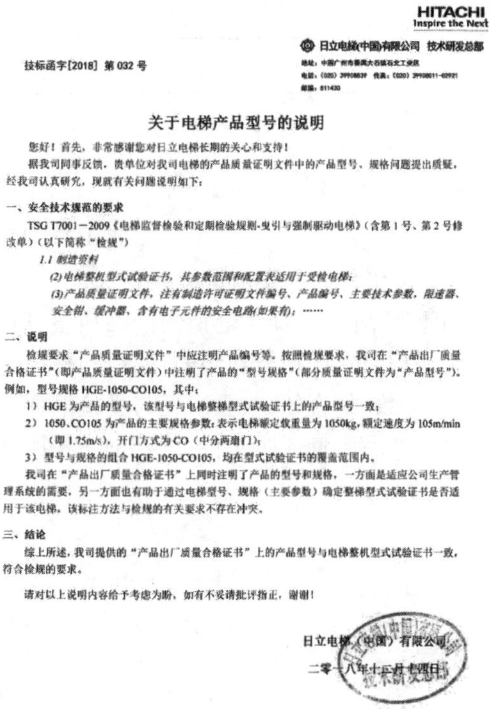

HITACHI
Inspire the Next
日立电梯(中国)有限公司　技术研发总部

技标函字[2018] 第 032 号

关于电梯产品型号的说明

您好！首先，非常感谢您对日立电梯长期的关心和支持！

据我司同事反馈，贵单位对我司电梯的产品质量证明文件中的产品型号、规格问题提出质疑，经我司认真研究，现就有关问题说明如下：

一、安全技术规范的要求

TSG T7001－2009《电梯监督检验和定期检验规则-曳引与强制驱动电梯》（含第1号、第2号修改单）（以下简称“检规”）

1.1 制造资料

(2)电梯整机型式试验证书，其参数范围和配置表适用于受检电梯；

(3)产品质量证明文件，注有制造许可证明文件编号、产品编号、主要技术参数，限速器、安全钳、缓冲器、含有电子元件的安全电路(如果有)；……

二、说明

检规要求“产品质量证明文件”中应注明产品编号等。按照检规要求，我司在“产品出厂质量合格证书”（即产品质量证明文件）中注明了产品的“型号规格”（部分质量证明文件为“产品型号”）。例如，型号规格 HGE-1050-CO105，其中：

1）HGE 为产品的型号，该型号与电梯整梯型式试验证书上的产品型号一致；

2）1050、CO105 为产品的主要规格参数：表示电梯额定载重量为 1050kg，额定速度为 105m/min（即 1.75m/s），开门方式为 CO（中分两扇门）；

3）型号与规格的组合 HGE-1050-CO105，均在型式试验证书的覆盖范围内。

我司在“产品出厂质量合格证书”上同时注明了产品的型号和规格，一方面是适应公司生产管理系统的需要，另一方面也有助于通过电梯型号、规格（主要参数）确定整梯型式试验证书是否适用于该电梯，该标注方法与检规的有关要求不存在冲突。

三、结论

综上所述，我司提供的“产品出厂质量合格证书”上的产品型号与电梯整机型式试验证书一致，符合检规的要求。

请对以上说明内容给予考虑为盼，如有不妥请批评指正，谢谢！

日立电梯（中国）有限公司
二零一八年十二月十四日

c) 产品型号的说明

图 1-76　产品质量证明文件标注为“型号规格”

（4）主要技术参数

产品质量证明文件（出厂合格证）主要技术参数至少要有：设备名称（品种/设备型式）、额定速度、额定载重量、层站门数。其他包括提升高度、轿厢尺寸、拖动方式、悬挂比、驱动主机的布置方式、控制柜位置、上行超速保护型式、控制方式、控制装置、轿厢质量、功率等，如产品质量证明文件或机房及井道布置图上无这些技术参数，可附表提供。

（5）层站

根据 GB/T 7024—2008，层站是指各楼用于出入轿厢的地点；层站入口是指在井道壁上的开口部分，它构成从层站到轿厢之间的通道。对电梯层数与站数可理解为：层数是指电梯顶层端站与底层端站之间对应建筑物供人员活动楼层的数量；站数是指运行行程中，轿厢停靠并且供人员、货物进出的层站入口数量；“层门”数是指电梯拥有层门数量，层门数应大于或等于电梯的站数。层站数参考示意图 1-77 所示。由于使用单位与电梯制造企业对层数理解可能不一致，允许产品质量证明文件上的电梯运行层数与实际层数不同，但停站数应相同，否则，应提供 TSG T7001—2009 中 1.2(6)要求的设计变更证明文件。

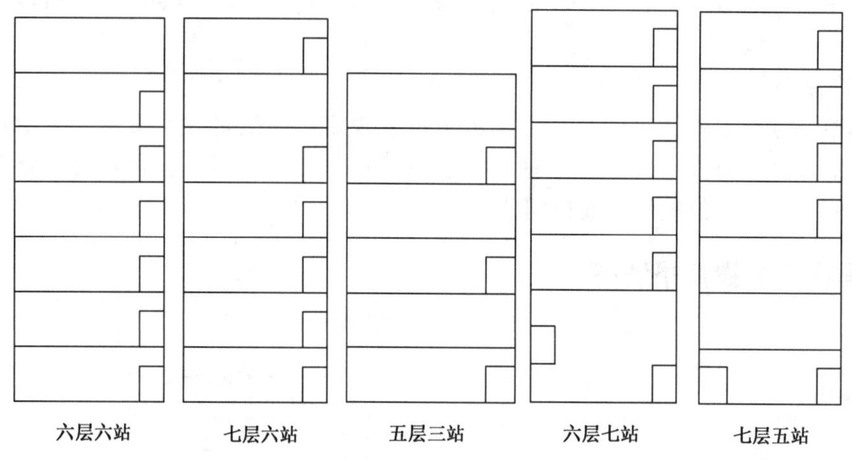

图 1-77　层站数参考示意

(6) 主要部件和安全保护装置

图 1-78 所示是日立电梯的产品质量证明文件，审查产品质量证明文件，应注有轿厢意外移动保护装置的型号和编号，层门和玻璃轿门（如果有）的型号，以及悬挂装置的名称、型号、主要参数（如直径、数量），且与受检电梯一致。

对于产品质量证明文件（合格证）悬挂装置为“钢丝绳 $\phi10\times5$”，也视为符合要求，如图 1-78 所示。

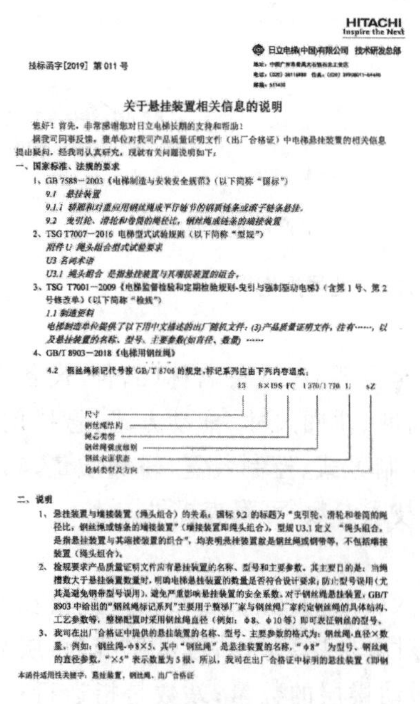

HITACHI
Inspire the Next

日立电梯(中国)有限公司　技术研发总部

技标函字[2019] 第 011 号

关于悬挂装置相关信息的说明

您好！首先，非常感谢您对日立电梯长期的支持和帮助！

据我司同事反馈，贵单位对我司产品质量证明文件（出厂合格证）中电梯悬挂装置的相关信息提出疑问，经我司认真研究，现就有关问题说明如下：

一、国家标准、法规的要求

1、GB 7588—2003《电梯制造与安装安全规范》（以下简称“国标”）

9.1　悬挂装置

9.1.1 轿厢和对重应用钢丝绳或平行链节的钢质链条或滚子链条悬挂。

9.2　曳引轮、滑轮和卷筒的绳径比，钢丝绳或链条的端接装置

2、TSG T7007—2016 电梯型式试验规则（以下简称“型规”）

附件 U 绳头组合型式试验要求

U3 名词术语

U3.1 绳头组合 是指悬挂装置与其端接装置的组合。

3、TSG T7001—2009《电梯监督检验和定期检验规则-曳引与强制驱动电梯》（含第 1 号、第 2 号修改单）（以下简称“检规”）

1.1 制造资料

电梯制造单位提供了以下用中文描述的出厂随机文件：(3)产品质量证明文件，注有……，以及悬挂装置的名称、型号、主要参数(如直径、数量) ……

4、GB/T 8903—2018《电梯用钢丝绳》

4.2　钢丝绳标记代号按 GB/T 8706 的规定，标记系列应由下列内容组成：

13　8×19S FC　1370/1770　U　sZ

尺寸
钢丝绳结构
绳芯类型
钢丝绳强度级别
钢丝表面状态
捻制类型及方向

二、说明

1、悬挂装置与端接装置（绳头组合）的关系：国标 9.2 的标题为“曳引轮、滑轮和卷筒的绳径比，钢丝绳或链条的端接装置”（端接装置即绳头组合），型规 U3.1 定义“绳头组合，是指悬挂装置与其端接装置的组合”，均表明悬挂装置就是钢丝绳或钢带等，不包括端接装置（绳头组合）。

2、检规要求产品质量证明文件应有悬挂装置的名称、型号和主要参数。其主要目的是：当绳槽数大于悬挂装置数量时，明确电梯悬挂装置的数量是否符合设计要求；防止型号误用（尤其是避免钢带型号误用），避免严重影响悬挂装置的安全系数。对于钢丝绳悬挂装置，GB/T 8903 中给出的“钢丝绳标记系列”主要用于整梯厂家与钢丝绳厂家约定钢丝绳的具体结构、工艺参数等，整梯配置时采用钢丝绳直径（例如：φ8、φ10 等）即可表征钢丝的型号。

3、我司在出厂合格证中提供的悬挂装置的名称、型号、主要参数的格式为：钢丝绳-直径×数量。例如：钢丝绳-φ8×5，其中“钢丝绳”是悬挂装置的名称，“φ8”为型号、钢丝绳的直径参数，“×5”表示数量为 5 根。所以，我司在出厂合格证中标明的悬挂装置（即钢

本函件适用性关键字：悬挂装置，钢丝绳，出厂合格证

a) 产品型号的说明-1

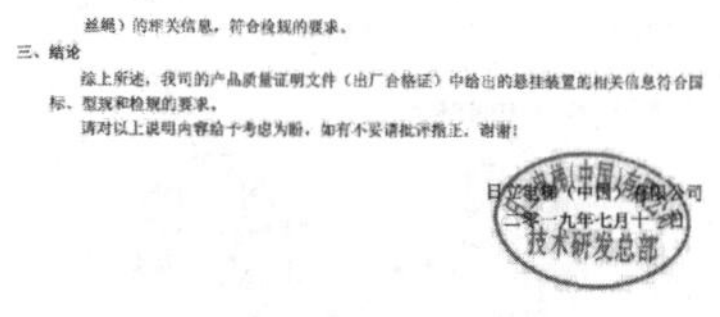

丝绳）的相关信息，符合检规的要求。

三、结论

综上所述，我司的产品质量证明文件（出厂合格证）中给出的悬挂装置的相关信息符合国标、型规和检规的要求。

请对以上说明内容给予考虑为盼，如有不妥请批评指正，谢谢！

日立电梯（中国）有限公司
二零一九年七月十二日
技术研发总部

b) 产品型号的说明-2

产品规格

主要部件型号及编号目录

[illegible]	[illegible]	[illegible]
[illegible]	GHB-30051	16G06553[illegible]
[illegible]	——	——
[illegible]	SC85	16G065339
[illegible]	FW-13MX	16G065539-1-2
层门	HDC120	——
[illegible]	DR-HSL	——
[illegible]	HGP	16G063539
[illegible]	GS12e-M105G	16G065539
[illegible]	HYT210C	16G065539-1-2
[illegible]	GHB-53051	16G063539
[illegible]	DS-655	16G063539

2017年03月

c) 产品质量证明文件

图 1-78　日立电梯的产品质量证明文件

(7) 审查要点

该项目在电梯安装施工前审查，如果现场确认，查看上述安全保护装置和主要部件的型号和编号是否与现场实物一致。

【参考做法】

(1) GB 7588—2003 第 1 号修改单过渡期间

根据质检特函〔2016〕22 号《关于 GB 7588—2003〈电梯制造与安装安全规范〉第 1 号修改单实施的意见》：

① 供需双方于 2015 年 7 月 16 日(不含)之前首次签订供货、安装正式合同，或者已经通过公开招投标确定中标及供货的，可以按照 GB 7588—2003 供应电梯产品。

② 供需双方于 2015 年 7 月 16 日(含)之后签订电梯供货、安装正式合同的，如合同中约定交货期(或实际交货日期)在新标准实施日期 2016 年 7 月 1 日(不含)之前的，可以按照合同约定的标准版本供应电梯产品；如合同没有约定执行标准的版本，也可以按照 GB 7588—2003 供应电梯产品。

③ 如合同约定的交货期(或实际交货日期)在 2016 年 7 月 1 日(含)之后的，必须按照 GB 7588—2003《电梯制造与安装安全规范》第 1 号修改单(以下简称"GB 7588—2003 第 1 号修改单")供应电梯产品。

符合以上要求(即包括①2015 年 7 月 16 日前签合同，②约定交货期在 2016 年 7 月 1 日前)按照 GB 7588—2003 供应电梯产品的项目，可能在 2016 年 7 月 1 日(含)之后实施监督检验的，由电梯制造单位或者其委托的安装单位填写《执行原版标准合同项目情况备案表》，于 2016 年 6 月 20 日前，一次性报送电梯安装地负责特种设备使用登记的质监部门。

对于在 2016 年 7 月 1 日之前已经办理了安装告知手续、申请了安装过程检验的电梯，可以按 GB 7588—2003 供应电梯产品，不需要备案。

在 2016 年 7 月 1 日之后告知安装的电梯，如果能提供《执行原版标准合同项目情况备案表》而且该设备在特种设备使用登记的质监部门备案名单内，可按现行的要求进行检验；如果不能提供《执行原版标准合同项目情况备案表》或者该设备不在特种设备使用登记的质监部门备案名单内，则该电梯的产品质量证明文件上应有自我声明，承诺该电梯满足 GB 7588—2003 第 1 号修改单的各项要求，若日后检验中发现该电梯有不符合 GB 7588—2003 第 1 号修改单的要求，电梯制造单位承诺负责对该电梯进行召回或进行相应整改。

(2) 使用年限的要求

《广东省电梯使用安全条例》第十二条要求电梯制造单位应当明确整机或者重要部件的使用年限，并在使用年限届满九十日前书面告知使用管理人，因此，在广东省内安装的电梯，产品质量证明文件上应明确整机或者重要部件的使用年限，如图 1-79 和图 1-80 所示。

对于聚氨酯缓冲器，审查时应注意其使用年限应不大于该型号型式试验证书或缓冲器铭牌上标注的使用年限。如图 1-81 所示，该合格证上标明的聚氨酯缓冲器使用年限明显与实际情况不符。

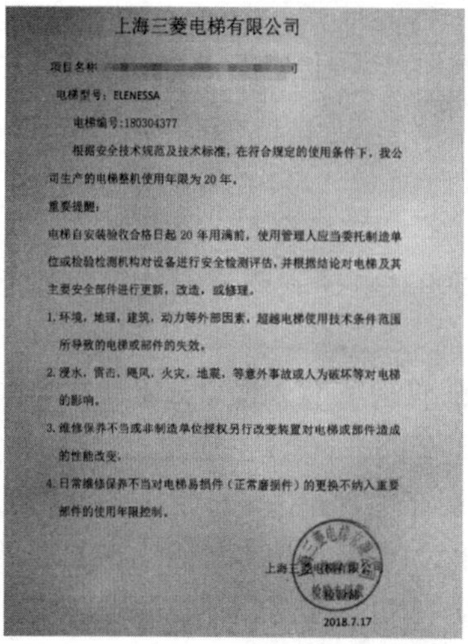

上海三菱电梯有限公司

项目名称：[illegible]

电梯型号：ELENESSA

电梯编号：180304377

根据安全技术规范及技术标准，在符合规定的使用条件下，我公司生产的电梯整机使用年限为20年。

重要提醒：

电梯自安装验收合格日起20年用满前，使用管理人应当委托制造单位或检验检测机构对设备进行安全检测评估，并根据结论对电梯及其主要安全部件进行更新，改造，或修理。

1. 环境，地理，建筑，动力等外部因素，超越电梯使用技术条件范围所导致的电梯或部件的失效。
2. 浸水，雷击，飓风，火灾，地震，等意外事故或人为破坏等对电梯的影响。
3. 维修保养不当或非制造单位授权另行改变装置对电梯或部件造成的性能改变。
4. 日常维修保养不当对电梯易损件（正常磨损件）的更换不纳入重要部件的使用年限控制。

上海三菱电梯有限公司

2018.7.17

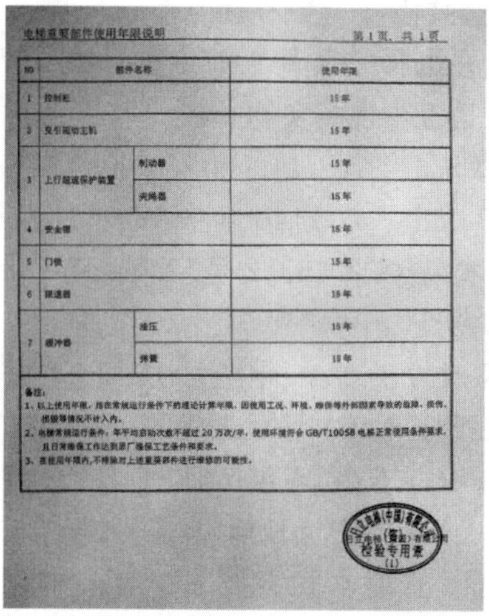

电梯重要部件使用年限说明　　第1页，共1页

NO	部件名称		使用年限
1	控制柜		15年
2	曳引驱动主机		15年
3	上行超速保护装置	制动器	15年
		夹绳器	15年
4	安全钳		15年
5	门锁		15年
6	限速器		15年
7	缓冲器	油压	15年
		弹簧	15年

备注：
1、以上使用年限，指在常规运行条件下的理论计算年限。因使用工况、环境、维保等外部因素导致的故障、损伤、损毁等情况不计入内。
2、电梯常规运行条件：年平均启动次数不超过20万次/年，使用环境符合GB/T10058电梯正常使用条件要求，且日常维保工作达到原厂维保工艺条件和要求。
3、在使用年限内，不排除对上述重要部件进行维修的可能性。

检验专用章

图 1-79　整机（部件）使用年限说明

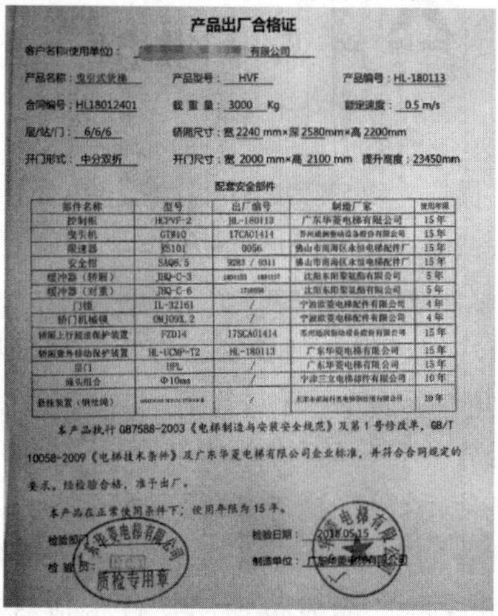

产品出厂合格证

客户名称(使用单位)：[illegible]有限公司

产品名称：曳引式货梯　产品型号：HVF　产品编号：HL-180113

合同编号：HL18012401　载重量：3000 Kg　额定速度：0.5 m/s

层/站/门：6/6/6　轿厢尺寸：宽2240 mm×深2580mm×高2200mm

开门形式：中分双折　开门尺寸：宽2000 mm×高2100 mm　提升高度：23450mm

配套安全部件

部件名称	型号	出厂编号	制造厂家	使用年限
控制柜	HCPVF-2	HL-180113	广东华菱电梯有限公司	15年
曳引机	GTW10	17CA01414	苏州通润驱动设备股份有限公司	15年
限速器	XS101	0056	佛山市南海区永恒电梯配件厂	15年
安全钳	SAQ6.5	9283 / 9311	佛山市南海区永恒电梯配件厂	15年
缓冲器（轿厢）	JHQ-C-3	[illegible]	沈阳东阳聚氨酯有限公司	5年
缓冲器（对重）	JHQ-C-6	[illegible]	沈阳东阳聚氨酯有限公司	5年
门锁	IL-32161	/	宁波欧菱电梯配件有限公司	4年
轿门机械锁	OMJ09X.2	/	宁波欧菱电梯配件有限公司	4年
轿厢上行超速保护装置	FZD14	17SCA01414	苏州通润驱动设备股份有限公司	15年
轿厢意外移动保护装置	HL-UCMP-T2	HL-180113	广东华菱电梯有限公司	15年
层门	HPL	/	广东华菱电梯有限公司	15年
绳头组合	Φ10mm	/	宁波三立电梯部件有限公司	10年
悬挂装置（钢丝绳）	[illegible]	/	[illegible]	20年

本产品执行GB7588-2003《电梯制造与安装安全规范》及第1号修改单，GB/T 10058-2009《电梯技术条件》及广东华菱电梯有限公司企业标准，并符合合同规定的要求，经检验合格，准予出厂。

本产品在正常使用条件下：使用年限为15年。

检验部门：　　检验日期：2018.05.15

检验员：　　制造单位：广东华菱电梯有限公司

质检专用章

图 1-80　在合格证上标明整机（部件）的使用年限

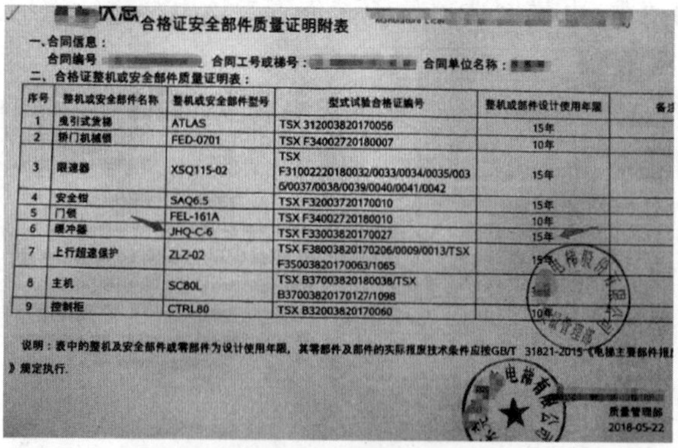

合格证安全部件质量证明附表

一、合同信息：

合同编号 [illegible]　合同工号或梯号：[illegible]　合同单位名称：[illegible]

二、合格证整机或安全部件质量证明表：

序号	整机或安全部件名称	整机或安全部件型号	型式试验合格证编号	整机或部件设计使用年限	备注
1	曳引式货梯	ATLAS	TSX 312003820170056	15年	
2	轿门机械锁	FED-0701	TSX F34002720180007	10年	
3	限速器	XSQ115-02	TSX F31002220180032/0033/0034/0035/0036/0037/0038/0039/0040/0041/0042	15年	
4	安全钳	SAQ6.5	TSX F32003720170010	15年	
5	门锁	FEL-161A	TSX F34002720180010	10年	
6	缓冲器	JHQ-C-6	TSX F33003820170027	15年	
7	上行超速保护	ZLZ-02	TSX F38003820170206/0009/0013/TSX F35003820170063/1065	15年	
8	主机	SC80L	TSX B37003820180038/TSX B37003820170127/1098	[illegible]	
9	控制柜	CTRL80	TSX B32003820170060	10年	

说明：表中的整机及安全部件或零部件为设计使用年限，其零部件及部件的实际报废技术条件应按GB/T 31821-2015《电梯主要部件报[illegible]》规定执行。

质量管理部

2018-05-22

图 1-81　某电梯合格证上标明整机（部件）的使用年限

1.1.4 安全装置、主要部件型式试验合格证及有关资料

【监督检验工作指引】

(1) 审查要点

可按表1-16安全部件资料审查表查看型式试验合格证的产品名称、型号及参数，判定型式试验合格证是否能完全覆盖本台电梯的安全装置和主要部件的品种和参数。

表1-16 安全部件资料审查表

部件	审查要点
门锁装置	□额定电压；□额定电流；□结构型式；□锁紧方式；□电路类型；□工作环境；□防爆形式；□外壳防护等级
限速器	□额定速度；□结构型式；□产生提拉力的结构型式；□绳轮节圆直径；□钢丝绳直径；□绳轮绳槽；□限速器绳张紧力；□增设远程控制功能；□工作环境
安全钳	□额定速度；□允许质量；□限速器最大动作速度/动作速度范围；□安全钳型式；□夹紧(制动)元件型式；□夹紧(制动)元件数量；□适用导轨导向面宽度；□提拉方式
缓冲器	□额定速度；□结构型式；□最大允许质量；□最小允许质量；□最大缓冲行程；□最大撞击速度；□工作环境
含有电子元件的安全电路	□产品功能；□型号；□结构型式；□工作电压；□污染等级；□工作条件
可编程电子安全相关系统	□产品功能；□对应安全功能的安全完整性等级；□型号；□结构型式；□工作电压；□工作条件；□硬件版本；□软件版本；□系统说明
轿厢上行超速保护装置	□额定速度；□额定载重范围；□系统质量范围；□制动减速装置型式；□适用导轨导向面宽度；□夹紧(制动)元件型式；□夹紧(制动)元件数量；□防爆形式
UCMP	□产品型号；□适用工作环境；□制停子系统；□检测子系统；□自监测子系统
驱动主机	□额定速度；□电动机额定功率；□驱动方式；□制动器数量、结构形式；□减速装置型式；□制动器作用部位；□防爆型式；□防爆等级；□工作环境
控制柜	□额定速度；□驱动主机额定功率；□调速方式；□控制方式；□控制装置类型；□PESSRAL；□工作环境；□能量回馈装置；□紧急和测试操作装置设置；□自动救援操作装置型号
层门和玻璃轿门	□门扇高度；□门扇宽度范围；□门扇板材厚度；□加强筋数量；□导向装置允许最小啮合深度；□保持装置允许的最小啮合深度；□玻璃高度；□玻璃宽度范围；□玻璃厚度；□开门方式；□结构型式；□导向装置结构；□保持装置结构；□玻璃材质；□玻璃类型

(2) 门锁

根据TSG T7007的要求，表1-17所列的参数和配置发生变化时应重新做型式试验。

表 1-17　影响门锁型式试验的参数和配置

参数	配置
(1) 额定电压增大； (2) 额定电流增大； (3) 外壳防护等级降低	(1) 结构型式(上勾式、下勾式等)改变； (2) 锁紧方式改变； (3) 电路类型改变； (4) 防爆型式改变； (5) 工作环境由室内型向室外型改变

1) 外壳防护等级

外壳防护等级引用的标准为 GB/T 4208，IP 防护等级是由两个特征数字以及附加字母和(或)补充字母组成，附加字母和(或)补充字母可省略。第 1 个特征数字表示防止接近危险部件和防止固体异物进入的防护等级，如表 1-18 所示；第 2 个特征数字表示防止水进入的防护等级，数字越大表示其防护等级越高，如表 1-19 所示。

表 1-18　防止接近危险部件和防止固体导物进入的防护等级

数字	接近危险部件的防护等级		防止固体异物进入的防护等级	
	简要说明	含义	简要说明	含义
0	无防护	—	无防护	—
1	防止手背接近危险条件	直径 50 mm 球形试具应与危险部件有足够的间隙	防止直径不小于 50 mm 的固体异物	直径 50 mm 球形物体试具不得完全进入壳内
2	防止手指接近危险条件	直径 12 mm、长 80 mm 的铰接试指应与危险部件有足够的间隙	防止直径不小于 12.5 mm 的固体异物	直径 12.5 mm 球形物体试具不得完全进入壳内
3	防止工具接近危险条件	直径 2.5 mm 试具不得进入壳内	防止直径不小于 2.5 mm 的固体异物	直径 2.5 mm 物体试具不得进入壳内
4	防止手背接近危险条件	直径 1.0 mm 试具不得进入壳内	防止直径不小于 1.0 mm 的固体异物	直径 1.0 mm 物体试具不得进入壳内
5	防止金属线接近危险条件	直径 1.0 mm 试具不得进入壳内	防尘	不能完全防止尘埃进入，但进入的灰尘量不得影响设备的正常运行，不得影响安全
6	防止金属线接近危险条件	直径 1.0 mm 试具不得进入壳内	尘密	无灰尘进入

表 1-19　防止水进入的防护等级

数字	防护等级	
	简要说明	含义
0	无防护	—
1	防止垂直方向滴水	垂直方向滴水应无有害影响
2	防止当外壳在 15°倾斜时垂直方向滴水	当外壳的各垂直面在 15°倾斜时，垂直滴水应无有害影响

续表1-19

数字	防护等级	
	简要说明	含义
3	防淋水	当外壳的垂直面在60°范围内淋水，无有害影响
4	防溅水	向外壳各方向溅水无有害影响
5	防喷水	向外壳各方向喷水无有害影响
6	防强烈喷水	向外壳各个方向强烈喷水无有害影响
7	防短时间浸水影响	浸入规定压力的水中经规定时间后外壳进水量不致达有害程度
8	防持续浸水影响	按生产厂和用户双方同意的条件(应比特征数字为7时严酷)持续潜水后外壳进水量不致达有害程度
9	防高温/高压喷水影响	向外壳各方向喷射高温/高压水无有害影响

2）结构型式和锁紧方式

常见的结构型式有上勾式、下勾式两种，常见的锁紧方式有重力锁紧、弹簧锁紧和永久磁铁锁紧，如1-82所示。

a）弹簧下勾式

b）重力下勾式

c）侧勾式

图1-82　结构形式

图1-83和图1-84所示是三菱电梯型号为LD-M4B的型式试验证书，该证书标明其适用的范围为LD-M4B系列，因此该证书适用于LD-M4B-01等型号的门锁。

特种设备型式试验证书

（电梯）

证书编号：TSX F34001420170012

申请单位名称：上海三菱电梯有限公司
申请单位注册地址：上海市闵行区江川路811号
制造单位名称：上海三菱电梯有限公司
制造地址：上海市闵行区江川路811号
设备类别：电梯安全保护装置
设备品种：门锁装置
产品名称：轿门锁
产品型号：LD-M4B
型式试验报告编号：T14-F340-17-012、T14-F34-16-017

经型式试验，确认该样品符合TSG T7007—2016《电梯型式试验规则》、GB 7588—2003+XG1—2015、EN81-20：2014及EN81-50：2014的规定。

本证书适用的产品型号：LD-M4B系列。

本证书适用的产品参数范围和配置见附件。

原发证日期：2016年03月08日
换发证日期：2017年03月01日
下次核查日期：2020年03月08日前

NETEC　国家电梯质量监督检验中心

图1-83　门锁型式试验证书首页

附件

门锁装置适用参数范围和配置表

额定电压	DC 125V	额定电流	DC 1.0A
结构型式	向下钩锁紧式	锁紧方式	重力锁紧
电路典型	直流	外壳防护等级	IP2X
防爆型式	/	工作环境	室内

原发证日期：2016年03月08日
换发证日期：2017年03月01日
下次核查日期：2020年03月08日前

图1-84　门锁型式试验证书附件

(3) 限速器及调试证书

根据 TSG T7007 的要求,表 1-20 所列的参数和配置发生变化时应重新做型式试验。

表 1-20　影响限速器型式试验的参数和配置

参数	配置
适用的电梯额定速度发生变化	(1) 结构型式(离心甩块式、离心甩球式等)改变; (2) 产生提拉力的结构型式(夹持式、非夹持式等)改变; (3) 绳轮节圆直径改变; (4) 适用钢丝绳直径改变; (5) 绳轮绳槽类型改变; (6) 限速器绳张紧力超出范围; (7) 增设或减少机械方式触发钢丝绳制动器功能; (8) 增加触发上行动作的安全钳功能; (9) 增设或减少机械方式触发轿厢上行超速保护装置其他型式的制动部件; (10) 增设在本附件中有检验要求的电气安全装置或电气触发装置; (11) 增设远程控制功能; (12) 工作环境由室内型向室外型改变; (13) 防爆型式改变

1) 结构型式

常见的限速器结构型式有离心甩块式(见图 1-85)、离心甩球式(见图 1-86)两种。

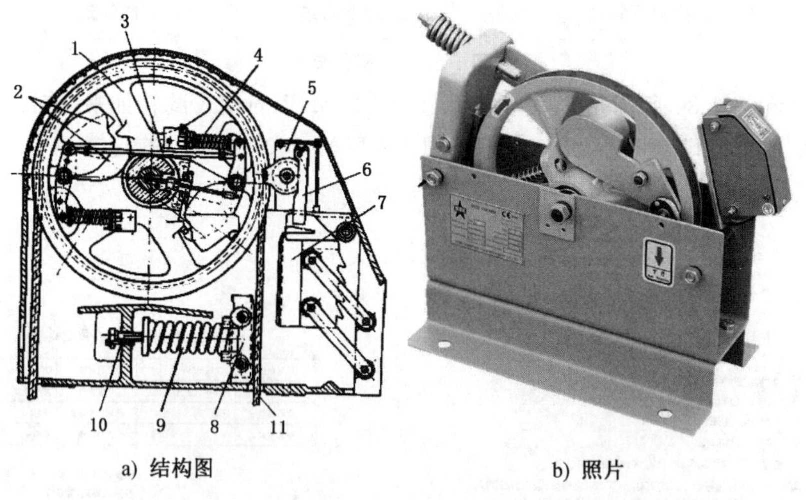

a) 结构图　　b) 照片

1—限速器绳轮;2—甩块;3—连杆;4—螺旋弹簧;5—超速开关;6—锁栓;7—摆动钳块;8—固定钳块;9—压紧弹簧;10—调节螺栓;11—限速器绳。

图 1-85　水平轴离心甩块夹持式限速器

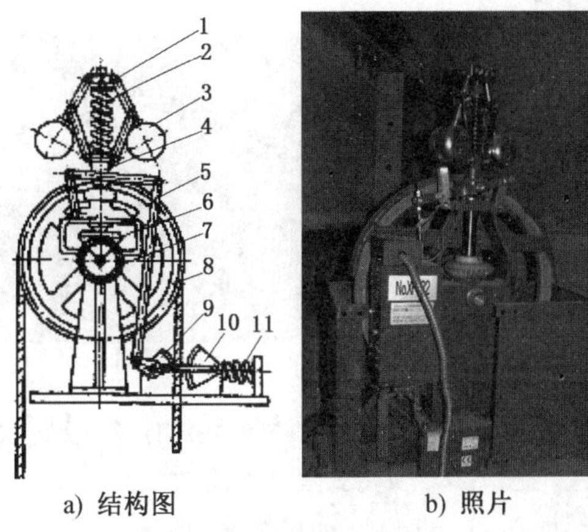

a) 结构图　　b) 照片

1—转轴;2—转轴弹簧;3—抛球;4—活动套;5—杠杆;6—伞齿轮Ⅰ;
7—伞齿轮Ⅱ;8—绳轮;9—钳块Ⅰ;10—钳块Ⅱ;11—绳钳弹簧。

图 1-86　垂直轴离心甩球夹持式限速器

2）产生的提拉力结构型式

产生的提拉力结构型式分为夹持式(见图 1-87、图 1-88)和非夹持式。

根据夹持的方式,夹持式又分为两种:第一种是当轿厢超速达到限速器的机械动作速度时,甩块触碰限速器机械动作的触板,使夹绳块掉下,实现对钢丝绳的夹持,在此过程中,绳轮一直是运转的,夹绳块的动作与钢丝绳和绳槽间的摩擦力无关,如图 1-87 所示;第二种是当轿厢超速达到限速器的机械动作速度时,棘爪进入棘轮,绳轮停止运转,依靠钢丝绳与绳轮间的摩擦力,拉动夹绳块组件,使夹绳块夹持在钢丝绳上。由此可见,对于这种限速器而言,在夹绳块夹持钢丝绳之前,钢丝绳与绳槽间的摩擦力能否克服夹绳块组件上的弹簧力,是使其能够实施"夹持"的关键,如图 1-88 所示。在对这种限速器和安全钳(或夹绳器)进行联动试验时,除了人为将棘爪卡入棘轮以外,任何其他借助手或脚等方式协助夹绳块实施夹持的方法都是错误的。因为当钢丝绳与绳槽之间的摩擦力可能不足以拉动夹绳块组件时,也就无法实现对钢丝绳的真正"夹持",在限速器绳上也就无法产生触发安全钳所需的张力,这种现象在进行双向夹持式限速器与夹绳器的联动试验时尤为明显。

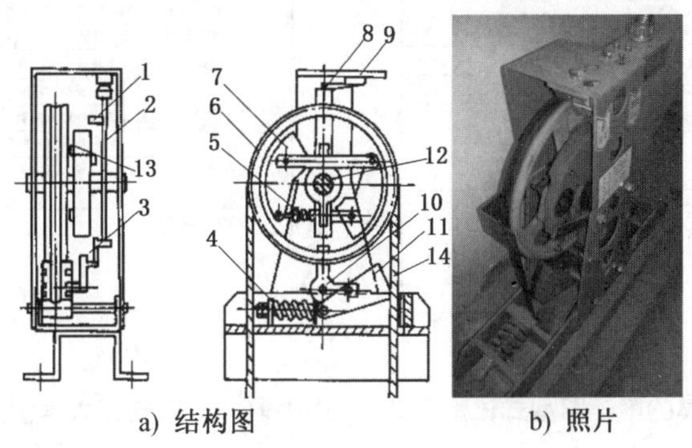

a) 结构图　　b) 照片

1—开关打板碰铁;2—开关打板;3—夹绳打板碰铁;4—夹绳钳弹簧;5—离心重块弹簧;6—限速器绳轮;
7—离心重块;8—电开关触点;9—电开关座;10—夹绳打板;11—夹绳钳;12—轮轴。

图 1-87　夹持式限速器(型式一)

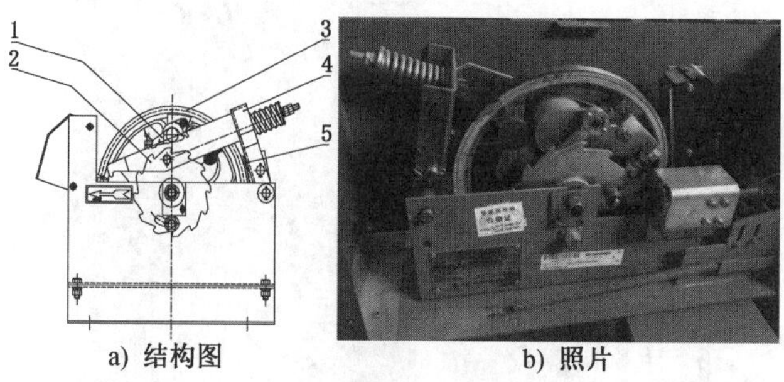

a）结构图　　　　b）照片

1—棘爪；2—棘轮；3—绳轮；4—夹绳块组件；5—夹绳块。

图 1-88　夹持式限速器（型式二）

非夹持式一般是指摩擦式，又叫曳引式，如图 1-89 所示。

3）远程控制

该功能主要是用在无机房电梯上。图 1-90 和图 1-91 所示分别是深圳特检院和上海交通大学出具的限速器型式试验证书。对于远程控制方式项，深圳特检院只标明了是否使用，而上海交通大学还标明了具体的方式。除机械拉索外，还有电磁阀控制、蓝牙控制等，TSG T7007—2016 只说明增加该功能需要重新做型式试验，因此控制方式的改变——如由机械拉索改为电磁阀控制则不需要重新做型式试验。

图 1-89　摩擦式限速器

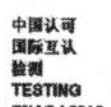

中国认可
国际互认
检测
TESTING
CNAS L0916

特种设备型式试验证书附表（电梯）

证书编号	TSX F31003820171048		
设备品种	限速器		
产品名称	限速器	产品型号	DS-6SS1B
额定速度	1.5m/s(对重)	结构型式	离心甩块式
产生提拉力的结构型式	夹持式	绳轮节圆直径	φ180mm
钢丝绳直径	φ6mm	绳轮绳槽类型	半圆槽
限速器绳张紧力	225N	提拉力范围	980-1470N
机械触发装置	触发轿厢或对重（平衡重）下行动作的安全钳		适用
	触发钢丝绳制动器		不适用
	触发轿厢上行动作的安全钳		不适用
	触发轿厢上行超速保护装置其他型式的制动部件		不适用
电气安全装置或电气触发装置	超速检查电气安全装置		适用
	复位检查电气安全装置		适用
	触发轿厢上行超速保护装置	触发驱动主机制动器	适用
		触发钢丝绳制动器或曳引轮上制动部件	不适用
		触发其他型式的制动部件	不适用
远程控制方式	适用	工作环境	室内
防爆型式	不适用		

图 1-90　深圳特检院出具的限速器型式试验证书

适用参数范围和配置表

额定速度		1.75m/s	结构型式	离心甩块式
产生提拉力的结构型式		夹持式	绳轮节圆直径	Φ200mm
钢丝绳直径		Φ6mm	绳轮绳槽类型	半圆槽
非夹持式限速器绳张紧力		/N	提拉力范围	700~1800(N)
触发上行超速保护装置类型		对重安全钳		
机械触发装置	触发轿厢或者对重（平衡重）下行动作的安全钳			对重
	触发钢丝绳制动器			无此功能
	触发上行动作的安全钳			无此功能
	触发轿厢上行超速保护装置其他型式的制动部件			/
电气安全装置或电气触发装置	超速检查电气安全装置			无此功能
	复位检查电气安全装置			有此功能
	触发轿厢上行超速保护装置	触发驱动主机制动器		无此功能
		触发钢丝绳制动器或曳引轮上制动部件		无此功能
		触发其他型式的制动部件		/
远程控制方式		机械拉索	工作环境	普通室内
防爆型式		/		
操作安全钳类型		渐进式安全钳		

图 1-91　上海交通大学出具的限速器型式试验证书

4）电子式限速器

图 1-92 所示是威特部件的 EQS 电子限速器。该限速器带有光电传感器，可以精准测量电梯溜车距离及速度，确保轿厢每毫米的位移都能被精准地捕获，并在第一时间内触发制停装置。

5）调试证书

先查看限速器型式试验合格证后面所附的产品配置表是否适用于受检电梯，如是否适用于轿厢上行超速保护装置，是否适用于无机房电梯（远程控制），限速器钢丝绳选型是否适当等。然后查看如图 1-93 所示的限速器调试证书，依据 TSG T7001—2009 中 2.9(4) 判断限速器动作速度是否符合要求。

图 1-94 所示是日立电梯的限速器调试证书，该证书给出的单位是“m/min”，因此应进行换算。图 1-95 所示是蒂森电梯的限速器调试证书，该证书列出了其生产的所有额定速度下限速器的动作速度校验值，因此应核查是否勾选正确。

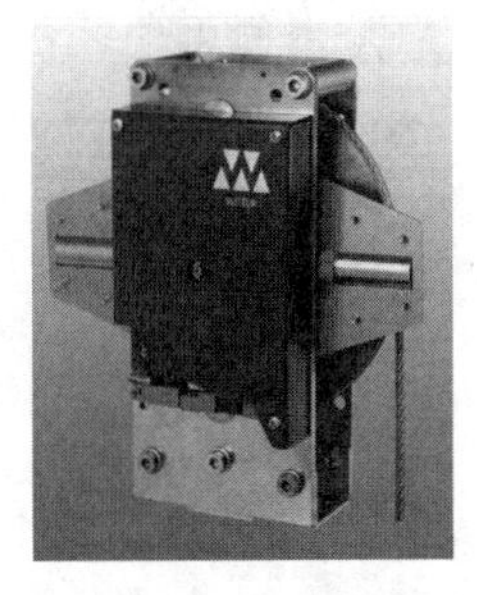

图 1-92　EOS 电子限速器

上海三菱电梯有限公司
限速器调试检验合格证

表4236/JC-093-2015-•

产品型号：DG-272Y　产品编号：17ENE13-376-64　电梯额定运行速度：1.00 m/s

填写说明：检查项目1、2、3记录实测数据，其他检查项目根据技术要求确认是否合格。

检查项目	技术要求	检查结果
1.电气动作速度	执行GB7588“电梯制造与安装安全规范”的规定	上行：1.250 m/s；下行：1.258 m/s
2.机械动作速度		上行：/ m/s；下行：1.317 m/s
3.拉拔力	DG-272Y：1000～1200 N	1142 N
4.机构动作状态	机构动作灵活，无异常干涉、迟滞现象	合格
5.铭牌及标识检查	各类标识、铭牌均符合图样要求	合格
6.铅封确认	经检验合格后应按规定进行铅封	合格
7.产品外观检查	涂装符合图样要求，无明显锈蚀、碰伤现象	合格

判定：合格　操作者：1601　检验员：检175　日期：2018年02月23日　备注：

022312

图 1-93　三菱电梯的限速器调试证书

NETEC

限速器调试证书

序列号：20141218B2
制造编号：12G511505
试验日期：2014年12月

1. 规格

限速器形式	DS-6SS
用途	轿厢
电梯速度	105 m/min
限速器出轴	右出轴
颜色	白色
限速器盖	有

3. 调整尺寸

调整弹簧自由长度	32	mm
调整弹簧调整后的尺寸	19	mm
压紧弹簧自由长度	60	mm
压紧弹簧调整后的尺寸	49	mm
前端：离心锤张开尺寸	158.2	mm
后端：离心锤张开尺寸	158.1	mm
钢丝绳夹持力	1260	N

2. 动作试验　m/min

项目＼次数	1	2	3	4	5	平均值
下行：电气开关下行断开	130.8	131.3	130.5	131.1	131.4	131.0
下行：打板动作	137.1	137.0	137.6	137.6	137.2	137.3
上行：电气开关上行断开	131.5	131.9	131.3	131.2	131.2	131.4

图 1-94　日立电梯的限速器调试证书

性能标准值对照Standard value				
规格选项 Spec option	电梯额定速度 rated speed V m/s	限速器机械动作速度 Vd 最小min m/s	限速器机械动作速度 Vd 最大max m/s	限速器电气动作速度 Vc m/s
☐	≤0.5	0.63	0.70	0.63 ≤ Vc ≤ Vd
☐	0.63	0.90	1.00	0.90 ≤ Vc ≤ Vd
☐	0.75	0.86	1.27	0.86 ≤ Vc ≤ Vd
☐	1.00	1.20	1.50	1.20 ≤ Vc ≤ Vd
☐	1.50	1.73	2.04	1.73 < Vc < Vd
☐	1.60	1.84	2.15	1.84 < Vc < Vd
☐	1.75	2.01	2.33	2.01 < Vc < Vd
☐	2.00	2.30	2.62	2.30 < Vc < Vd
☑	2.50	2.88	3.22	2.88 < Vc < Vd
☐	3.00	3.45	3.83	3.45 < Vc < Vd
☐	3.50	4.03	4.44	4.03 < Vc < Vd
☐	4.00	4.60	5.06	4.60 < Vc < Vd
☐	5.00	5.75	6.30	5.75 < Vc < Vd
☐	6.00	6.90	7.54	6.90 < Vc < Vd
动作速度测试结果 Tripping speed test result				
正转 clockwise running	机械动作速度Vd：	3.05m/s	☑ 合格OK	☐ 不合格NC
	电气动作速度Vc：	2.88m/s	☑ 合格OK	☐ 不合格NC
反转 anticlockwise running	机械动作速度Vd：	3.08m/s	☑ 合格OK	☐ 不合格NC
	电气动作速度Vc：	2.95m/s	☑ 合格OK	☐ 不合格NC
最终结果判定Judgement		☑ 合格 OK		☐ 不合格 NC

版本	更改日期	修订人	审核人Reviewed by	修订内容Description of Revision
04	2016/9/30	Lynd Zheng	David Jin	

图 1-95　蒂森电梯的限速器调试证书

(4) 安全钳及调试证书

安全钳分为瞬时式和渐进式两种。

1）瞬时式安全钳

按照安全钳的制动元件来划分，目前瞬时式安全钳主要分为楔块式和滚柱式两种。

a）楔块瞬时式安全钳

如图 1-96 所示，由于其制停时间极短，只有 0.01 s 左右，整个制停距离只有几毫米至几十毫米，轿厢的最大制停减速度约在 5～10g（g 为重力加速度），所以额定速度小于或等于 0.63 m/s 的电梯，轿厢才可采用瞬时式安全钳；若电梯额定速度大于 0.63 m/s，轿厢应采用渐进式安全钳。额定速度小于或等于 1 m/s 时，对重（或平衡重）安全钳可以是瞬时式的安全钳，当额定速度大于 1 m/s，对重（或平衡重）安全钳也应是渐进式的安全钳。

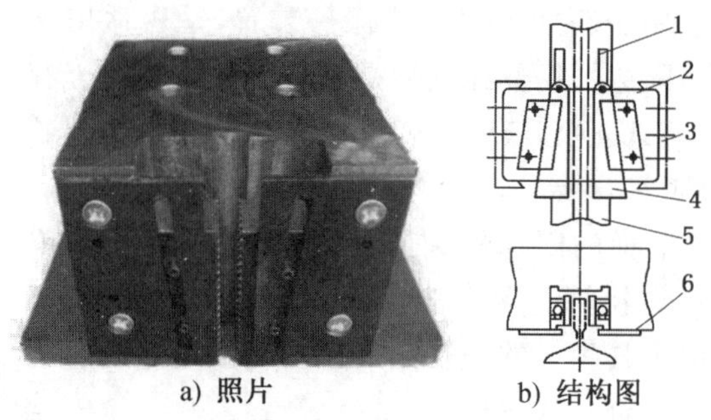

a) 照片　　b) 结构图

1—拉杆；2—安全钳座；3—轿厢下梁；4—楔（钳）块；5—导轨；6—盖板。

图 1-96　楔块瞬时式安全钳

b）滚柱型瞬时式安全钳

如图 1-97 所示，用滚柱代替楔块瞬时式安全钳的楔块。目前出现的带滚柱的瞬时式安全钳有单边单滚柱式、单边双滚柱式、一边滚柱而另一边楔块式。在滚柱式瞬时式安全钳制动时，因钳体、滚柱或导轨的变形而使制动过程相对较长，其制停时间约 0.1 s，制动的剧烈程度（冲击）相对双楔块式要小一些，对轿内乘客或货物的冲击要相对弱一些，因此适用额定速度较高的电梯。

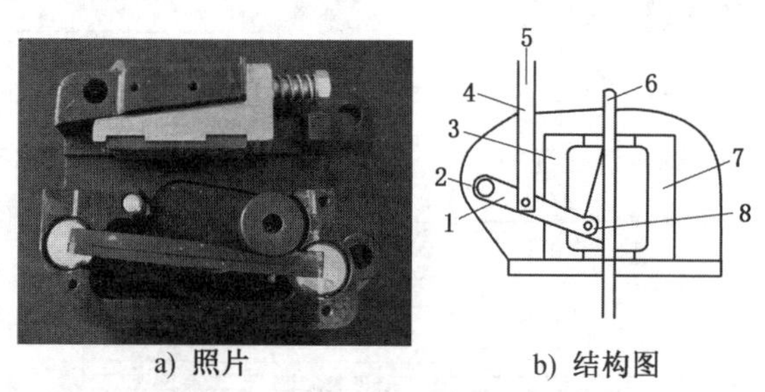

a) 照片　　b) 结构图

1—连杆；2—支点；3—爪；4—操纵杆；5—加力；6—导轨；7—钳体；8—滚柱。

图 1-97　滚柱式瞬时式安全钳

至于所谓“不可脱落滚柱式瞬时式安全钳”（原文是 instantaneous safety gears of the captive roller type），在 GB 7588—2003 等标准中都没有明确定义。滚柱式瞬时式安全钳在其制动夹紧后，因为滚子、钳体或导轨会有变形，造成滚子压入钳体或导轨，使安全钳动作后的释放、复位相对困难，也许这就是所谓“不可脱落滚柱式瞬时式安全钳”。楔块式安全钳制动过程短，制动相对剧烈，但制动后上提轿厢时安全钳容易释放，所以就应是“不可脱落滚柱式以外的瞬时式安全钳”。建议在目前划分还不太明白的情况下，可以把所有不带楔块的滚柱式瞬时式安全钳都视为“不可脱落滚柱式瞬时式安全钳”。

2）渐进式安全钳

如图 1-98 所示，与瞬时式安全钳在结构上的主要区别是：其动作元件是弹性夹持的，在动作时动作元件靠弹性夹持力夹紧在导轨上滑动，与导轨之间产生的摩擦消耗轿厢的动能和势能。当限速器动作、安全钳楔块被拉起夹在导轨上，由于轿厢仍在下行，楔块就继续在钳座的斜槽内上移，同时将钳座向两边挤开。当上移至限位停止时，楔块的夹持力达到预定的最大值，形成一个恒定的制动力，使轿厢的动能与势能消耗在楔块与导轨的摩擦上，轿厢以较低的减速度滑动，直至停止。最大的夹持力由安全钳尾部的弹簧调定。

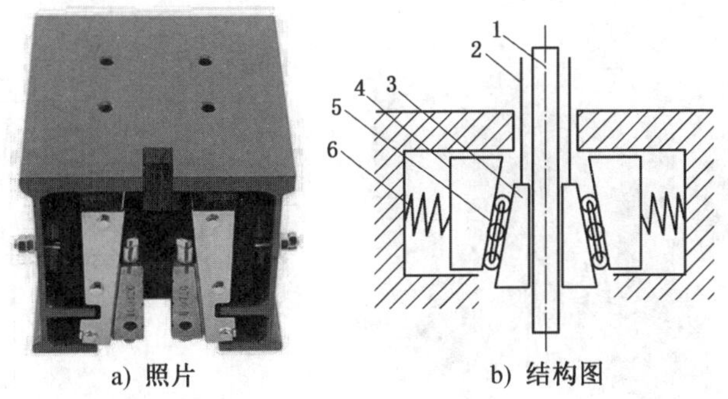

a) 照片　　b) 结构图

1—导轨；2—拉杆；3—楔块；4—钳座；5—滚珠；6—弹簧。

图 1-98　渐进式安全钳

渐进式安全钳的弹性元件有以下几种常见的形式：

a）碟形弹簧

如图 1-99 所示，其截面是锥形的，是可以承受静载荷或交变载荷的一种弹簧，其特点是在最小的空间内以最大的载荷工作。由于其组合灵活多变，因此在渐进式安全钳中得到了较广泛的应用。

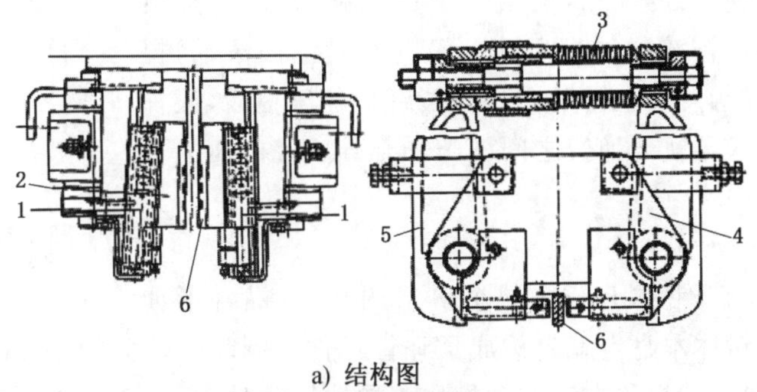

a) 结构图

b) 照片

1—滚柱组；2—楔块；3—碟形弹簧组；4—钳座；5—钳臂；6—导轨。

图 1-99　碟形弹簧渐进式安全钳

b）U 型板簧

如图 1-100 所示，弹性元件 3 为 U 型板簧，制动元件为两个楔块，楔块背面有滚柱排。其钳座是由钢板焊接而成的，钳体是由 U 型板簧制成。楔块被提住并夹持导轨后，钳体张开直至楔块行程的极限位置为止，其夹持力的大小由 U 形板簧的变形量确定。U 型板簧渐进式安全钳根据其结构可分为内支架和外支架两个结构，图 1-100 所示的安全钳为外支架结构。

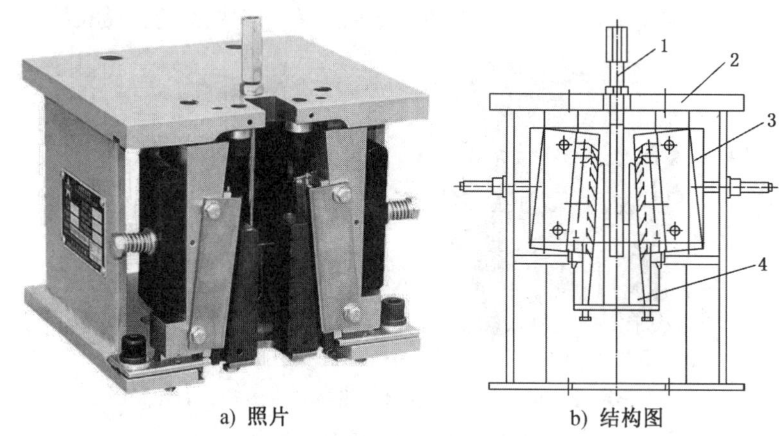

a) 照片　　b) 结构图

1—提拉杆；2—钳座；3—U 型板簧；4—楔块。

图 1-100　U 型板簧渐进式安全钳

c）扁条板簧

较特殊的安全钳弹性元件，因其板簧自身既是弹性元件又是导向元件，因此在渐进式安全钳的使用中对其强度要求较高。如图 1-101 所示，钳体的斜面由一个扁条弹簧代替，形成一个滚道，供表面已被淬硬的钢质滚花滚柱在其上面滚动，提拉杆直接提住滚柱触发安全钳动作。提拉杆提住滚柱后，滚柱与导轨接触，并楔入导轨与弹簧之间。施加至导轨上的压力可由扁条弹簧控制。

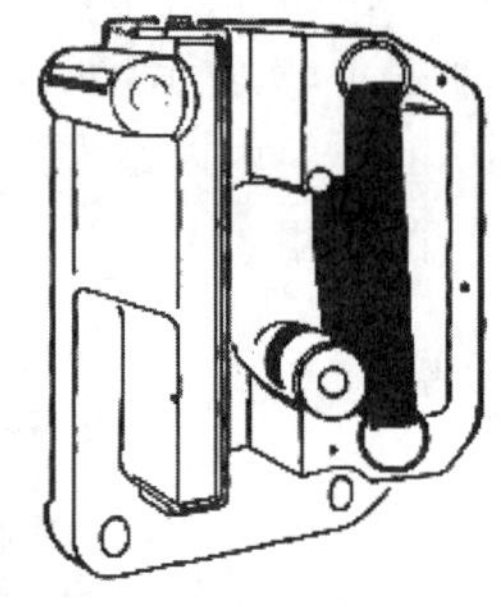

图 1-101　扁条板簧渐进式安全钳

d）Ⅱ型弹簧

如图 1-102 所示，钳体上开有数个贯通的孔，产品外形如一个“Ⅱ”形字母，钳体本身也就自然成了弹性元件。制动元件为楔块，左边的为固定楔块，右边为动楔块。提拉杆提住右边的动楔块与导轨接触时，安全钳就会可靠地夹在导轨上。

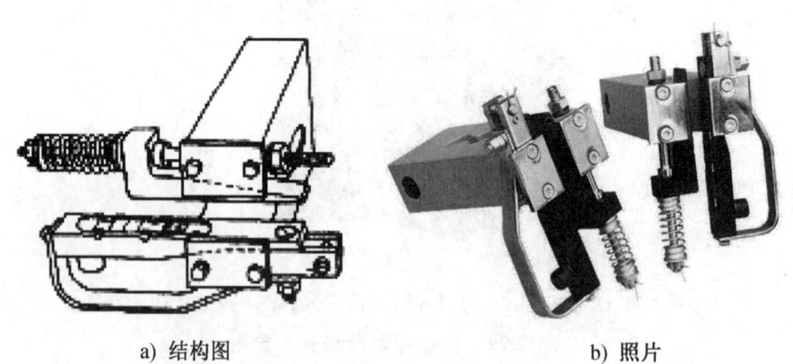

a) 结构图　　b) 照片

图 1-102　Ⅱ型弹簧渐进式安全钳

e）螺旋弹簧

如图 1-103 所示，其特点是可以承受较大的载荷，由于圆柱螺旋弹簧的尺寸较大，其在小载荷的电梯中的应用已逐渐减少。

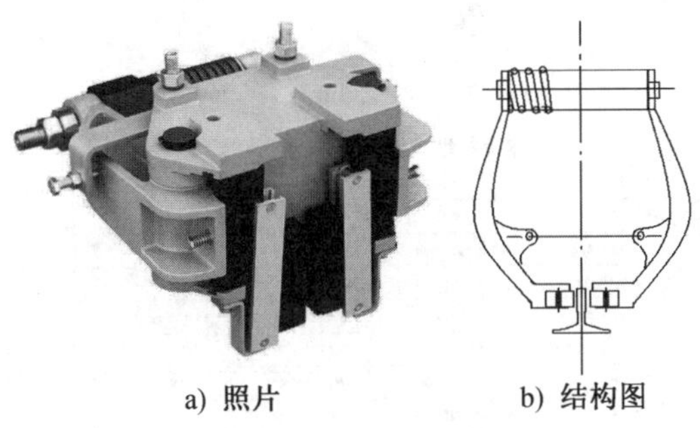
a) 照片　　b) 结构图

图 1-103　螺旋弹簧渐进式安全钳

3）双向渐进式安全钳

如图 1-104 所示。

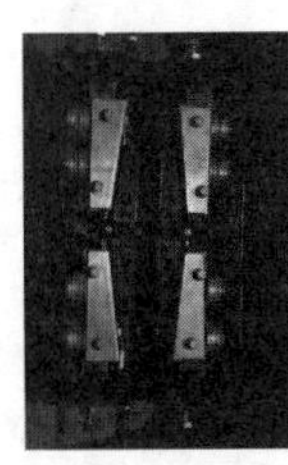

图 1-104　双向渐进式安全钳

4）安全钳型式试验证书

根据 TSG T7007—2016 的要求，表 1-21 所列的参数和配置发生变化时应重新做型式试验。图 1-105、图 1-106 和图 1-107 所示分别是深圳特检院、广东省特检院、上海交通大学出具的渐进式安全钳型式试验证书。

表 1-21　影响安全钳型式试验的参数和配置

参数		配置
瞬时式	渐进式	
（1）允许质量改变； （2）限速器最大动作速度改变； （3）几何尺寸（指瞬时式安全钳的钳体主要尺寸）改变； （4）夹紧（制动）元件数量改变； （5）夹紧（制动）元件摩擦面尺寸（如果摩擦面是矩形，尺寸即为长×宽）改变； （6）适用导轨导向面宽度改变； （7）适用导轨导向面硬度超出范围	（1）允许质量改变，或者允许质量超出范围（仅对适用不同质量的渐进式安全钳）； （2）额定速度改变，或者额定速度超出范围（仅对适用不同额定速度的渐进式安全钳）； （3）限速器动作速度超出范围； （4）夹紧（制动）元件数量改变； （5）夹紧（制动）元件摩擦面尺寸改变； （6）适用导轨导向面硬度超出范围	（1）提拉方式改变； （2）夹紧（制动）元件型式（平面、齿形、槽形楔块，滚柱及相互组合等）改变； （3）夹紧（制动）元件材质改变； （4）弹性元件型式（U 型弹簧、Ⅱ型弹簧、碟型弹簧、板簧、螺旋弹簧等）改变； （5）适用导轨导向面加工方式改变（仅对渐进式安全钳）； （6）适用导轨导向面润滑状况（干燥、润滑等）改变； （7）适用导轨材料牌号改变； （8）工作环境改变

特种设备型式试验证书附表（电梯）

证书编号	TSX F32003820171024		
设备品种	安全钳		
产品名称	渐进式安全钳	产品型号	FW-24MA
安全钳型式	渐进式安全钳	防爆型式	不适用
允许质量	6385 kg	额定速度	1.0-2.5 m/s
限速器动作速度范围	1.15-3.55 m/s	工作环境	室内
提拉方式	双提拉双楔块	弹性元件型式	U 型弹簧
夹紧(制动)元件型式	齿形楔块	夹紧(制动)元件材质	工具钢 T10A
夹紧(制动)元件数量	2	夹紧(制动)摩擦面尺寸	135×20.5 mm
适用导轨导向面硬度	≤143 HB	适用导轨导向面宽度	16 mm
适用导轨导向面加工方式	机加工，刨削	适用导轨导向面润滑状况	无润滑油
适用导轨材料牌号	Q235		
其他说明	1. 按照质检特函【2016】27 号文的要求，本证书是原型式试验的转化证书，下次核查日期基于原证书签发日期进行计算； 2. 对于渐进式安全钳实际应用的总质量不超过允许质量的±7.5%； 3. 需根据导轨导向面不同的宽度尺寸对安全钳进行相应的调整。		

图 1-105　深圳特检院出具的安全钳型式试验证书

广东省特种设备检测研究院
国家电梯质量监督检验中心（广东）
TSX F32003720170002 附页

样品技术参数及配置表

产品名称	渐进式安全钳	产品型号	QJ102
安全钳型式	渐进式	额定速度	0.25~2.5 m/s
允许质量	1125~4224 kg	瞬时式安全钳几何尺寸	/
限速器最大动作速度/限速器动作速度范围		≤3.225 m/s	
提拉方式	单提拉	弹性元件型式	U 型弹簧
夹紧（制动）元件型式	楔块	夹紧（制动）元件材质	45#钢
夹紧（制动）元件数量	4	夹紧（制动）摩擦面尺寸	80×25mm
适用导轨导向面硬度	≤HB 143	适用导轨导向面宽度	10、16 mm
适用导轨导向面加工方式	刨削	适用导轨导向面润滑状况	少量润滑油
适用导轨材料牌号	T75/B、T89/B、T90/B、T114/B、T127/B	工作环境	室内
防爆型式		/	

图 1-106　广东特检院出具的安全钳型式试验证书

共 1 页，第 1 页

适用参数范围和配置表

安全钳型式	渐进式	弹性元件型式	碟型弹簧
允许质量	850~2800(kg)	额定速度	0.75~3.00(m/s)
工作环境	普通室内	防爆型式	/
限速器最大动作速度/限速器动作速度范围	0.98~3.92(m/s)	提拉方式	双楔块单提拉
夹紧（制动）元件型式	平面带槽	夹紧（制动）元件材质	FCD800
夹紧（制动）元件数量	定楔块 1 动楔块 1	夹紧（制动）元件摩擦面尺寸	定楔块:28mm×83mm 动楔块:28mm×83mm
适用导轨导向面硬度	≥93HBW	适用导轨导向面宽度	≤16mm
适用导轨导向面加工方式	机加工	适用导轨导向面润滑状况	润滑或无油
适用导轨材料牌号	Q235、Q275、E275		
*导轨的选型还需根据整机设计计算结果来确定。			

图 1-107　上海交通大学出具的安全钳型式试验证书

因为安全钳都是成对使用的，因此型式试验证书上标注的允许质量是指两个安全钳分别作用于两列导轨上同时工作时的允许质量。

对于如图 1-108a)所示的两个安全钳作用在一列导轨上的情况，首先根据 GB 7588—2003 中 9.8.2.2，它们应全部是渐进式的，其次应提供该种组合方式的型式试验证书，如图 1-108b)所示，或者有该安全钳的型式试验机构出具相关的说明，如图 1-109 所示。

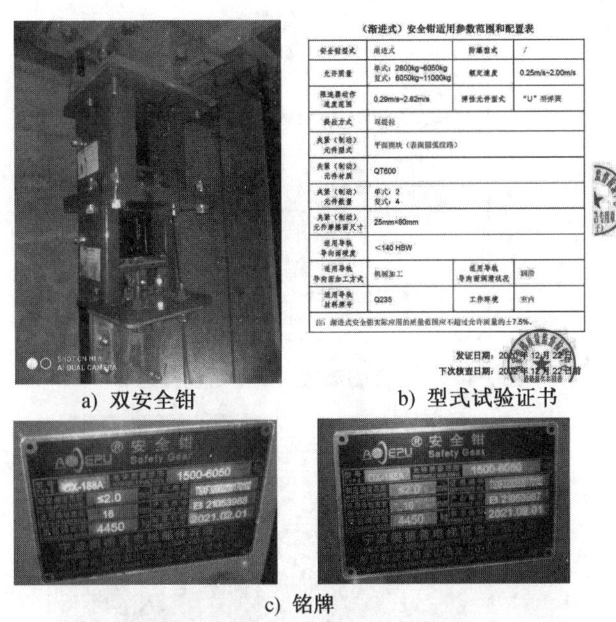

（渐进式）安全钳适用参数范围和配置表

安全钳型式	渐进式	防爆型式	/
允许质量	单式：2800kg~6050kg 复式：6050kg~11000kg	额定速度	0.25m/s~2.00m/s
限速器动作速度范围	0.29m/s~2.62m/s	弹性元件型式	"U"形弹簧
提拉方式	双提拉		
夹紧（制动）元件型式	平面楔块（表面圆弧纹路）		
夹紧（制动）元件材质	QT600		
夹紧（制动）元件数量	单式：2 复式：4		
夹紧（制动）元件摩擦面尺寸	25mm×80mm		
适用导轨导向面硬度	<140 HBW		
适用导轨导向面加工方式	机械加工	适用导轨导向面润滑状况	润滑
适用导轨材料牌号	Q235	工作环境	室内
注：渐进式安全钳实际应用的质量范围应不超过允许质量的±7.5%。			

发证日期：2020年12月22日

下次核查日期：2022年12月22日前

a) 双安全钳　　b) 型式试验证书

c) 铭牌

图 1-108　两个安全钳作用于一列导轨上

上海交通大学电梯检测中心

ETC[2020]便函021号

说　明

宁波奥德普电梯部件有限公司及相关单位：

近日贵公司来函询问上行超速保护装置和轿厢意外移动保护装置中，单台限速器和二台机械触发式钢丝绳制动器的配置组合及型式试验证书的适用性问题，经研究答复如下：

1. 原型式试验证书继续有效，不必另行进行型式试验，适用的系统质量、电梯额定载重量均为证书确定值的2倍，其他主要参数不变。

2. 请贵公司关注机械触发式钢丝绳制动器的触发力和触发行程，使其和限速器相匹配，并确保在设计范围内。

特此说明

图 1-109　型式试验机构说明函

图 1-110、图 1-111 和图 1-112 所示分别是上海三菱、日立电梯和蒂森电梯的渐进式安全钳调试证书，检验时应认真核对。

上海三菱电梯有限公司
安全钳调试检验合格证

表4236/JC-053-2012-a

产品型号：GSB-400　　物料码：YA131A336G11L31342

产品编号：17ENE13-376-57-03

填写说明：检查项目2、5记录实测数据，其他检查项目根据技术要求确认是否合格。

检查项目	技术要求	检查结果
1. 产品规格确认	确认下梁规格及(RF、RB、LF、LB)的设定	合格
2. 钳座组件拉拔力	FMA、FMB由工程指定 若为300/400/500/680型，主弹簧压缩量 S^{+2}_{4}	左：37.00 mm 右：37.00 mm
3. 可动楔块同步性	两侧楔块动作同步性确认	合格
4. 开关设定	楔块上升至规定位置时确认开关切断	合格
5. 杆组件提升力	楔块上升D时确认杆组件的提升力F ≥300/400型D：35-37mm，500/680型D：40-42mm；[illegible]型号D=50mm	307.00　N
6. 外观检查	涂装、[illegible]符合要求，无明显锈蚀、碰伤现象	合格

判定：合格　　操作者：3411　　检验员：检135　　日期：2018年

0306782

图 1-110　上海三菱的渐进式安全钳调试证书

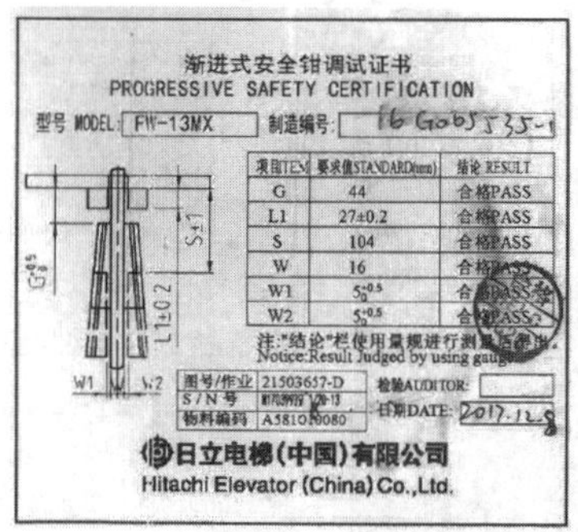

渐进式安全钳调试证书
PROGRESSIVE SAFETY CERTIFICATION

型号 MODEL: FW-13MX　制造编号: 16G0653535-1

项目ITEM	要求值STANDARD(mm)	结论 RESULT
G	44	合格PASS
L1	27±0.2	合格PASS
S	104	合格PASS
W	16	合格PASS
W1	$5^{0.5}_{0}$	合格PASS
W2	$5^{0.5}_{0}$	合格PASS

注:"结论"栏使用量规进行测量后判断。
Notice: Result Judged by using gauge.

图号/作业	21503657-D
S/N 号	[illegible]
物料编码	A581010080

检验AUDITOR:
日期DATE: 2017.12.8

日立电梯(中国)有限公司
Hitachi Elevator (China) Co.,Ltd.

图 1-111　日立的渐进式安全钳调试证书

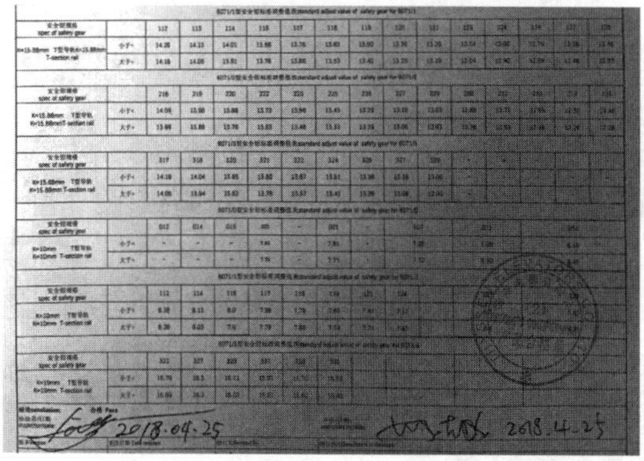

图 1-112　蒂森的渐进式安全钳调试证书

(5) 缓冲器

根据 TSG T7007—2016 的要求，表 1-22 所列的参数和配置发生变化时应重新做型式试验。

表 1-22　影响缓冲器型式试验的参数和配置

参数			配置		
线性蓄能型	耗能型	非线性蓄能型	线性蓄能型	耗能型	非线性蓄能型
(1) 额定速度增大； (2) 最大缓冲行程改变； (3) 最小允许质量或者最大允许质量改变； (4) 弹簧的自由高度改变； (5) 弹簧中径改变； (6) 弹簧钢丝直径改变； (7) 弹簧有效圈数改变	(1) 额定速度增大； (2) 最大撞击速度增大； (3) 最小允许质量或者最大允许质量改变； (4) 最大缓冲行程改变； (5) 液体规格或者容量改变	(1) 额定速度增大； (2) 最大撞击速度增大； (3) 最小允许质量或者最大允许质量改变； (4) 自由高度和外径改变； (5) 表面硬度范围改变； (6) 缓冲器设计使用年限增加	(1) 结构形式(圆柱螺旋、圆锥螺旋)改变； (2) 适用工作环境由室内型向室外型改变	(1) 节流方式(如环形缝隙节流等)改变； (2) 复位方式(如外部上置弹簧复位、内部上置弹簧复位或者惰性气体复位等)改变； (3) 工作环境由室内型向室外型改变	(1) 结构形式(圆柱状聚氨酯、圆锥状聚氨酯)改变； (2) 固定方式(如下部螺柱固定、内部中空固定、法兰四角固定等)改变； (3) 材质(聚酯型、聚醚型)改变； (4) 工作环境由室内型向室外型改变

1）缓冲器的类型

图 1-113 所示是聚氨酯缓冲器(圆柱状),属于非线性蓄能型。

图 1-114 所示是弹簧缓冲器(圆柱螺旋),属于线性蓄能型。

图 1-115 所示是液压缓冲器,属于耗能型。

图 1-116 所示是弹簧缓冲器(圆锥螺旋),属于线性蓄能型。

图 1-117 所示是聚氨酯缓冲器(圆锥状),属于非线性蓄能型。

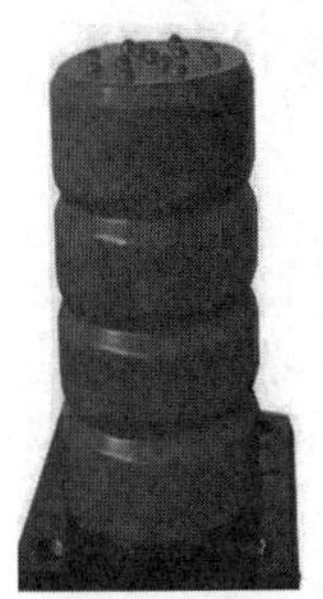

图 1-113　聚氨酯缓冲器(圆柱状)

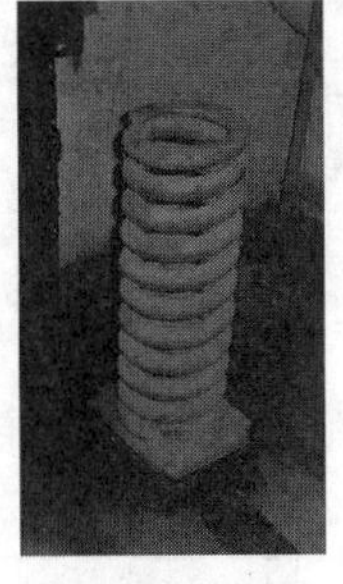

图 1-114　弹簧缓冲器(圆柱螺旋)

图 1-115　液压缓冲器

a) 照片　　b) 现场图

图 1-116　弹簧缓冲器(圆锥螺旋)

图 1-117　聚氨酯缓冲器(圆锥状)

2）缓冲器型式试验证书

图 1-118 和图 1-119、图 1-120 和图 1-121、图 1-122 所示分别为深圳特检院、上海交通大学和广东特检院出具的各类别型式试验证书。在选型匹配的情况下,允许同一台电梯的轿厢和对重采用不同的缓冲器,如图 1-123 所示,但是轿厢或对重采用多个缓冲器时,其类型和型号应一致,如图 1-124～图 1-126 所示。

特种设备型式试验证书附表（电梯）

证书编号	TSX F33003820170035		
设备品种	缓冲器		
产品名称	耗能型缓冲器	产品型号	HYF25E
额定速度	≤0.5m/s	最大撞击速度	0.575m/s
最小允许质量	500kg	最大允许质量	1500kg
最大缓冲行程	25mm	液体规格和容量	L-HV46 / 0.08L
节流方式	环形缝隙节流	复位方式	内部上置弹簧复位
工作环境	室内		

图 1-118　深圳特检院出具的液压缓冲器型式试验证书

SISE 深圳市特种设备安全检验研究院

CMA 2015190143Z

CAL

ilac-MRA

CNAS 中国认可 国际互认 检测 TESTING CNAS L0916

特种设备型式试验证书附表（电梯）

证书编号	TSX F33003820170028		
设备品种	缓冲器		
产品名称	非线性蓄能型缓冲器	产品型号	JHQ-C-3
额定速度	≤1.0m/s	最大撞击速度	1.15m/s
最小允许质量	1200kg	最大允许质量	2600kg
自由高度	160mm	外　径	100mm
表面硬度范围	80～90HA	结构型式	圆柱状聚氨酯
材质	聚酯型	固定方式	法兰四角固定
工作环境	室内	设计使用年限	五年
其他说明	设计使用年限由申请（制造）单位自我声明； 设计使用年限自我声明文件见编号为2017AF0134的型式试验报告。		

图 1-119　深圳特检院出具的聚氨酯缓冲器型式试验证书

适用参数范围和配置表

额定速度	≤1.0m/s	最大缓冲行程	135mm
最小允许质量	1300kg	最大允许质量	1700kg
弹簧的自由高度	404mm	弹簧中径	118mm
弹簧钢丝直径	26mm	弹簧有效圈数	7.8
结构型式	圆柱螺旋	工作环境	室内型

附表说明：

当附表所列的参数范围和配置发生变更时，应重新进行型式试验。

图 1-120　上海交通大学出具的弹簧缓冲器型式试验证书

共1页，第1页

适用参数范围和配置表

额定速度	1.0m/s	最大撞击速度	1.15m/s
最小允许质量	600kg	最大允许质量	2800kg
最大缓冲行程	68mm	液体规格和容量	32#机械油 0.43(L)
节流方式	锥杆式环形节流	复位方式	柱塞外弹簧复位
工作环境	普通室内		

图 1-121　上海交通大学院出具的液压缓冲器型式试验证书

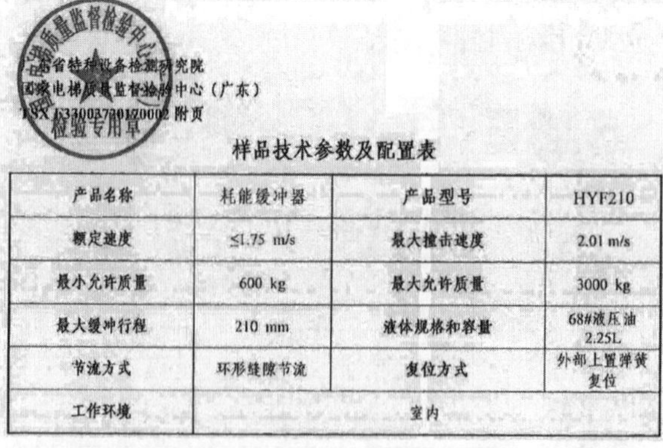

广东省特种设备检测研究院

国家电梯质量监督检验中心（广东）

TSX F33003720170002 附页

样品技术参数及配置表

产品名称	耗能缓冲器	产品型号	HYF210
额定速度	≤1.75 m/s	最大撞击速度	2.01 m/s
最小允许质量	600 kg	最大允许质量	3000 kg
最大缓冲行程	210 mm	液体规格和容量	68#液压油 2.25L
节流方式	环形缝隙节流	复位方式	外部上置弹簧复位
工作环境	室内		

图 1-122　广东特检院出具的液压缓冲器型式试验证书

a) 实例1

b) 实例2

图 1-123　轿厢和对重采用不同类型的缓冲器

图 1-124　采用多个同型号的聚氨酯缓冲器

a) 实例1

b) 实例2

图 1-125　采用多个同型号的弹簧缓冲器

图 1-126　采用多个同型号的液压缓冲器

(6) 含有电子元件的安全电路

根据 TSG T7007—2016,安全电路的型式试验无适用要求。对于已经取得型式试验合格证并在有效期内,安全电路的设计和制造发生变更或者变化的情况,申请单位应当书面告知原型式试验机构,并提供相关技术资料,由原型式试验机构决定型式试验报告和型式试验合格证的有效性。

图 1-127 和图 1-128 所示分别是含有电子元件的安全电路的型式试验证书和铭牌。

特种设备型式试验证书附表（电梯）

证书编号	TSX F36003820171001		
设备品种	含有电子元件的安全电路和可编程电子安全相关系统		
产品名称	含有电子元件的安全电路	产品型号	SCB2 SCB3
产品功能	实现电梯微动平层或平层预开门条件检测与逻辑驱动	结构型式	印制电路板（PCB）
工作电压	DC24V 或 DC48V	污染等级	2 级
工作条件	工作环境：0℃ - 65℃，湿度：小于 95%RH，无水珠凝结		
其他说明	按照质检特函【2016】27 号文的要求，本证书是原型式试验的转化证书，下次核查日期基于原证书签发日期进行计算。		

图 1-127　深圳特检院出具的含有电子元件的安全电路的型式试验证书

(7) 可编程电子安全相关系统(PESSRAL)

根据 TSG T7007—2016,PESSRAL 的型式试验无适用要求。对于已经取得型式试验合格证并在有效期内,PESSRAL 的设计和制造发生变更或者变化的情况,申请单位应当书面告知原型式试验机构,并提供相关技术资料,由原型式试验机构决定型式试验报告和型式试验合格证的有效性。

图 1-128　含有电子元件的安全电路的铭牌

检验时,核查其产品功能、型号、工作电压、结构类型、工作条件、软件版本、硬件版本以及主要元器件的制造单位、型号应与受检电梯一致。图 1-129 所示是迅达型号为 SALSIS2 的 PESSRAL 型式试验证书,该证书适用的安全功能包括极限开关 KNE、采用减行程缓冲器时对电梯驱动主机正常减速的监测 ETSL、检查门未关闭和未锁紧情况下的平层和再平层 UET、检测门开启情况下轿厢的意外移动 UCM。以极限开关来说明检验时应注意的要点。图 1-130 所示是 KNE 在井道中的布置,图 1-131 所示是绝对值井道信息主感应器,图 1-132 所示是绝对值井道信息系统 LED 指示灯。检验时可通过观察绝对值井道信息系统上黄色 KNE 指示灯来检查极限开关功能的动作状态,也可将轿厢停至端站楼层,进入测试运行模式,选择 KNE 测试,轿厢自动运行直到极限开关动作,此时人机界面将显示极限开关动作距离。

证书编号：TSX F36001420170085

附件 1：

可编程电子安全相关系统适用参数范围和配置表

型号	SALSIS2	结构类型	PCBA
硬件版本	00.0	软件版本	01.00
工作环境条件	温度 0 ℃～+65 ℃，湿度≤90 %，不凝结		
工作电压	直流电源：DC（18~29）V；电池电源：DC（10~29）V		
系统说明	主传感器 1 套、楼层传感器 1 套、磁性钢带（包括安装架，贯穿整个电梯井道安装）、磁性钢带张紧装置（含张紧确认强制断开型开关）.（详见 T14-F36-16-018 型式试验报告）.		
适用的电梯安全功能			安全完整性等级
极限开关 KNE			SIL1
采用减行程缓冲器时对电梯驱动主机正常减速的监测 ETSL			SIL3
检查门未关闭和未锁紧情况下的平层、再平层 UET			SIL2
检测门开启情况下轿厢的意外移动 UCM			SIL2

附件 2：证书覆盖型号规格

型号	描述
AC GSI 2	适用 CO MX 7 控制系统，无 ETSL 安全功能
AC GSI 3	适用 CO MX 7 控制系统
AC GSI 5	适用 CO TX2 控制系统

原发证日期：2016 年 04 月 26 日
换发证日期：2017 年 09 月 29 日
下次核查日期：2019 年 09 月 29 日前

图 1-129　PESSRAL 的型式试验证书

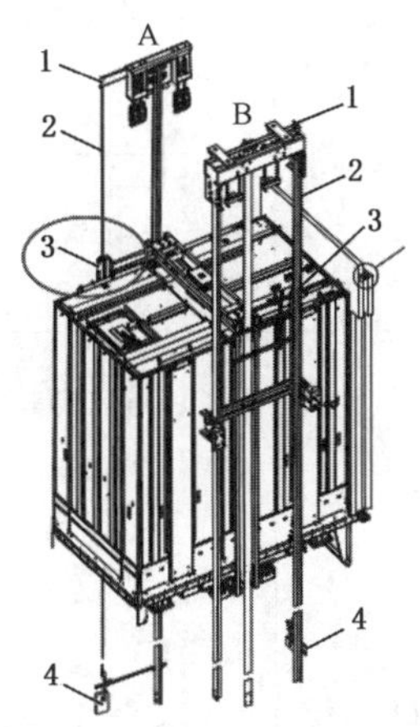

1—磁性带悬挂;2—磁性带;3—绝对值井道信息主感应器;4—张紧重块。

图 1-130　KNE 在井道中的布置

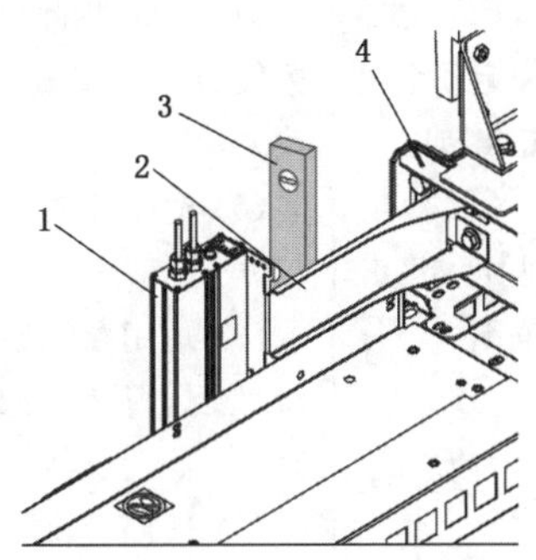

1—传感器;2—支架;3—水平尺(安装时用);4—轿顶横梁。

图 1-131　绝对值井道信息主感应器

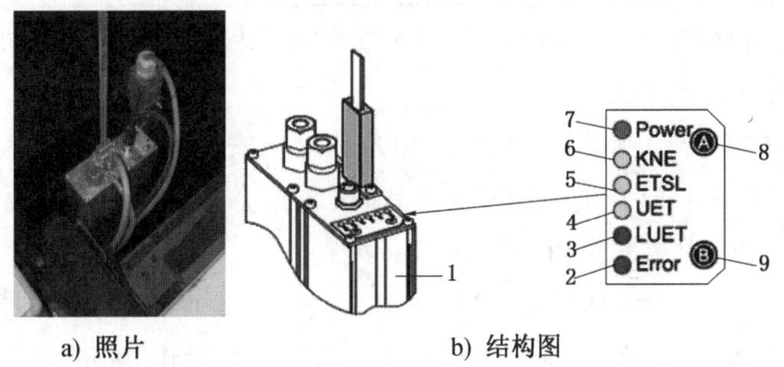

a) 照片　　　b) 结构图

1—传感器;2—在应急模式下运行时亮(错误);3—轿厢位于轿门开锁区域时亮;4—在触点闭合时亮;5—在触点断开时亮;6—在触点断开时亮;7—提供 24 V(DC)时亮;8、9—同时 2 s 以上调试运行。

图 1-132　绝对值井道信息系统 LED 指示灯

(8) 轿厢上行超速保护装置(ACOP)

根据 TSG T7007—2016 的要求,表 1-23 所列的参数和配置发生变化时应重新做型式试验。

表 1-23　影响 ACOP 型式试验的参数和配置

参数			配置		
作用于电梯导轨	钢丝绳制动器	曳引机制动器	作用于电梯导轨	钢丝绳制动器	曳引机制动器
(1) 系统质量超出范围； (2) 电梯额定载重量超出范围； (3) 额定速度超出范围； (4) 夹紧(制动)元件数量改变； (5) 夹紧(制动)元件摩擦面尺寸改变； (6) 适用导轨导向面宽度改变； (7) 适用导轨导向面硬度超出范围	(1) 系统质量超出范围； (2) 电梯额定载重量超出范围； (3) 额定速度超出范围	(1) 系统质量超出范围； (2) 电梯额定载重量超出范围； (3) 额定速度超出范围	(1) 提拉方式改变； (2) 夹紧(制动)元件型式(平面、齿形、槽形楔块,滚柱及相互组合等)改变； (3) 夹紧(制动)元件材质改变； (4) 弹性元件型式(U型弹簧、Ⅱ型弹簧、碟型弹簧、板簧、螺旋弹簧等)改变； (5) 适用导轨导向面加工方式改变； (6) 适用导轨导向面润滑状况(干燥、润滑等)改变； (7) 适用导轨材料牌号改变； (8) 工作环境改变	(1) 作用部位改变； (2) 弹性元件型式改变； (3) 动作触发方式改变； (4) 复位方式改变； (5) 摩擦元件型式改变； (6) 摩擦元件材料改变； (7) 工作环境改变	(1) 结构型式改变； (2) 数量改变； (3) 作用部位改变； (4) 动作触发方式改变； (5) 摩擦元件材料改变； (6) 弹性元件型式改变； (7) 工作环境改变

1) 轿厢上行超速保护装置由速度监控、触发元件(限速器)和减速元件组成。根据减速元件作用对象不同分为 4 大类：

a) 轿厢,常见的有导轨制动器(见图 1-133)和双向安全钳(见图 1-134),图 1-135 所示的是一种不常见的具有双向安全钳功能的装置,该装置上设置两个相互独立的安全钳。

b) 对重,常见的为对重安全钳(见图 1-136)；

c) 钢丝绳系统,常见的为夹绳器(见图 1-137),图 1-138 所示的夹绳器是作用在曳引轮上的钢丝绳,这种情况下,钢丝绳顶面应高出曳引轮槽间的槽齿,如图 1-139 所示。

d) 曳引轮,常见的为制动器具有冗余设计的无齿轮永磁同步主机,如图 1-140 所示的绳轮制动,图 1-141 所示的作用在曳引轮上的冗余制动器。

2) 根据轿厢上行超速保护装置类型的不同,其速度监控、触发装置也不同：

a) 上行安全钳,是由轿厢侧双向限速器的上行机械动作触发；

b) 曳引轮制动器,是由轿厢侧限速器的上行电气动作触发；

c) 对重安全钳,是由对重侧单向限速器的机械动作触发；

图 1-133　导轨制动器

图 1-134　双向安全钳

图 1-135　相互独立双向安全钳(陶瓷)

图 1-136　对重安全钳

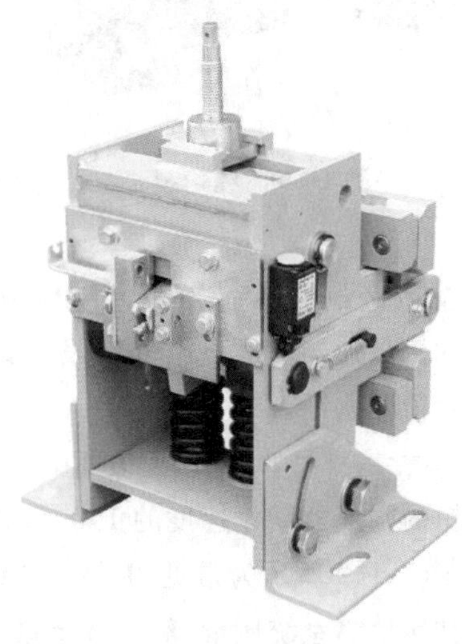

图 1-137　夹绳器(直接夹钢丝绳)

图 1-138　夹绳器(作用在曳引轮上的钢丝绳)

图 1-139　钢丝绳顶面高出槽齿

图 1-140　绳轮制动

图 1-141　作用在曳引轮上的冗余制动器

d) 钢丝绳制动器(夹绳器)、导轨制动器等,是由轿厢侧双向限速器的上行机械触发,也有用轿厢侧限速器的上行电气触发。如用电磁触发的夹绳器,要求在停电时也能动作,具体视实际情况判断。

3) 不管是哪种监控、触发装置,动作速度下限是电梯额定速度的 115%,上限是操纵轿厢安全钳的限速器动作速度的 110%,详见 TSG T7001—2009 中 2.9(4)。

4) 图 1-142 所示为常见的 ACOP 型式试验证书。审查时应根据实际的悬挂比和证书中的悬挂比换算系统质量、额定载重量、额定速度适用的范围。

TSX F35003720170031 附页

适用的参数范围和配置表

系统质量范围	1452~4200 kg	额定载重量范围	630~1600 kg
额定速度范围	0.5~2.0m/s	制动减速装置型式	碟型弹簧
提拉方式	单/双提拉	弹性元件型式	碟型弹簧
夹紧（制动）元件型式	楔块	夹紧（制动）元件材质	45#钢
夹紧（制动）元件数量	8	夹紧（制动）元件摩擦面尺寸	60mm×26mm
适用导轨导向面硬度	≤HB143	适用导轨导向面宽度	10mm,16mm
适用导轨导向面加工方式	刨削	适用导轨导向面润滑状况	少量润滑油
适用导轨材料牌号	Q235	工作环境	室内
防爆型式	/	曳引悬挂比	2:1

注：用于其它曳引悬挂比时的系统质量、额定载重量和额定速度的适用范围为：

系统质量适用范围＝型式试验系统质量范围×实际悬挂比÷型式试验悬挂比；

额定载重量适用范围＝型式试验额定载重量范围×实际悬挂比÷型式试验悬挂比；

额定速度适用范围＝型式试验额定速度范围÷实际悬挂比×型式试验悬挂比。

a) 减速元件为安全钳

广东省特种设备检测研究院
国家电梯质量监督检验中心（广东）
TSX F35003720170032 附页

适用的参数范围和配置表

系统质量范围	2400~8400 kg	额定载重量范围	1000~3000kg
额定速度范围	0.25~1.0m/s	工作环境	室内
作用部位	作用于悬挂绳	弹性元件型式	/
动作触发方式	机械触发	复位方式	手动复位
摩擦元件型式	刹车平板	摩擦元件材料	复合材料
防爆型式	/	曳引悬挂比	2:1

注：用于其它曳引悬挂比时的系统质量、额定载重量和额定速度的适用范围为：

系统质量适用范围＝型式试验系统质量范围×实际悬挂比÷型式试验悬挂比；

额定载重量适用范围＝型式试验额定载重量范围×实际悬挂比÷型式试验悬挂比；

额定速度适用范围＝型式试验额定速度范围÷实际悬挂比×型式试验悬挂比。

b) 减速元件为夹绳器

图 1-142　ACOP 型式试验证书

广东省特种设备检测研究院
国家电梯质量监督检验中心（广东）
TSX F35003720170005 附页

适用的参数范围和配置表

系统质量范围	20504～23744 kg	额定载重量范围	2000~3600 kg
结构型式	分组装设、块式	额定速度范围	2.0~2.5m/s
数量	2 组	工作环境	室内
防爆型式	/	作用部位	曳引轮
动作触发方式	电气触发	弹性元件型式	圆柱螺旋压缩弹簧
摩擦元件材料	无石棉摩擦片	曳引悬挂比	2:1

注：用于其它曳引悬挂比时的系统质量、额定载重量和额定速度的适用范围为：

系统质量适用范围＝型式试验系统质量范围×实际悬挂比÷型式试验悬挂比；

额定载重量适用范围＝型式试验额定载重量范围×实际悬挂比÷型式试验悬挂比；

额定速度适用范围＝型式试验额定速度范围÷实际悬挂比×型式试验悬挂比。

c) 减速元件为制动器

续图 1-142

通常情况下，夹绳器都是单独使用的，因此型式试验证书上标注的系统质量、额定载重量适用的范围仅指单个夹绳器。对于如图 1-143 所示的使用两个相互独立的夹绳器作为 ACOP 的保护元件的，应要求制造单位提供该类型 ACOP 的型式试验证书。

图 1-143　双夹绳器

对于采用安全钳作为减速元件的，参考安全钳的型式试验要求。

(9) 轿厢意外移动保护装置(UCMP)

根据 TSG T7007—2016 的要求，表 1-24 所列参数和表 1-25 所列配置发生变化时应重新做型式试验。

表 1-24　影响 UCMP 型式试验的参数

<table>
<tr><th colspan="4">参数</th></tr>
<tr><th colspan="3">制停子系统</th><th rowspan="2">检测子系统</th></tr>
<tr><th>采用作用于轿厢或者对重上的制停部件</th><th>采用作用于悬挂绳或者补偿绳系统上的制停部件</th><th>采用作用于曳引轮或者只有两个支撑的曳引轮轴上的制停部件</th></tr>
<tr><td>(1)系统质量超出范围；
(2)额定载重量超出范围；
(3)所预期的轿厢减速前最高速度增大；
(4)响应时间增大；
(5)用于最终检验的试验速度增大；
(6)对应试验速度的允许移动距离增大；
(7)夹紧(制动)元件数量改变；
(8)夹紧(制动)元件摩擦面尺寸改变；
(9)适用导轨导向面宽度改变；
(10)适用导轨导向面硬度超出范围</td><td>(1)系统质量超出范围；
(2)额定载重量超出范围；
(3)所预期的轿厢减速前最高速度增大；
(4)响应时间增大；
(5)用于最终检验的试验速度增大；
(6)对应试验速度的允许移动距离增大</td><td>(1)系统质量超出范围；
(2)额定载重量超出范围；
(3)所预期的轿厢减速前最高速度增大；
(4)响应时间增大；
(5)用于最终检验的试验速度增大；
(6)对应试验速度的允许移动距离增大</td><td>(1)检测到意外移动时轿厢离开层站的距离增大；
(2)响应时间增大</td></tr>
</table>

表 1-25　影响 UCMP 型式试验的配置

配置				
制停子系统			检测子系统	自监测子系统
采用作用于轿厢或者对重上的制停部件	采用作用于悬挂绳或者补偿绳系统上的制停部件	采用作用于曳引轮或者只有两个支撑的曳引轮轴上的制停部件		
(1)适用电梯驱动方式改变； (2)作用部位改变； (3)动作触发方式改变； (4)触发装置硬件组成改变； (5)提拉方式改变； (6)夹紧(制动)元件型式(平面、齿形、槽形楔块、滚柱及相互组合等)改变； (7)夹紧(制动)元件材质改变； (8)弹性元件型式("U"型弹簧、"π"型弹簧、碟型弹簧、板簧、螺旋弹簧等)改变； (9)适用导轨导向面加工方式改变； (10)适用导轨导向面润滑状况(干燥、润滑等)改变； (11)适用导轨材料牌号改变； (12)工作环境改变	(1)适用电梯驱动方式改变； (2)作用部位改变； (3)动作触发方式改变； (4)触发装置硬件组成改变； (5)复位方式改变； (6)弹性元件型式改变； (7)摩擦元件型式改变； (8)摩擦元件材料改变； (9)工作环境改变	(1)适用电梯驱动方式改变； (2)作用部位改变； (3)动作触发方式改变； (4)触发装置硬件组成改变； (5)结构型式改变； (6)数量改变； (7)摩擦元件材料改变； (8)弹性元件型式改变； (9)工作环境改变	(1)硬件版本改变； (2)PESSRAL 软件版本改变； (3)硬件组成改变； (4)检测元件安装位置改变； (5)适用的制停子系统型式改变； (6)工作环境改变	(1)自监测方式改变； (2)硬件组成改变； (3)自监测元件型号改变； (4)自监测元件安装位置改变； (5)工作环境改变

根据 GB 7588—2003 第 1 号修改单 9.11.1，在层门未被锁住且轿门未关闭的情况下，由于轿厢安全运行所依赖的驱动主机或驱动控制系统的任何单一元件失效引起轿厢离开层站的意外移动，电梯应具有防止该移动或使移动停止的装置。悬挂绳、链条和曳引轮、滚筒、链轮的失效除外，曳引轮的失效包含曳引能力的突然丧失。因此，UCMP 保护的情况为：开门区域内，层门未被锁住且轿门未关闭；考虑的失效为驱动主机或驱动控制系统的任何单一元件失效，不考虑的失效有驱动主机和驱动控制系统同时失效，悬挂绳、链条和曳引轮、滚筒、链轮的失效。

应提供完整的 UCMP 型式试验证书，根据 UCMP 的组合形式提供不同的子系统组成。如用主机制动器作为制停部件，无提前开门、再平层功能的电梯，型式试验证书中可没有检测子系统，其他的型式试验证书中应包含检测子系统、制停子系统和自监测子系统。常见的 UCMP 组合如图 1-144 所示。

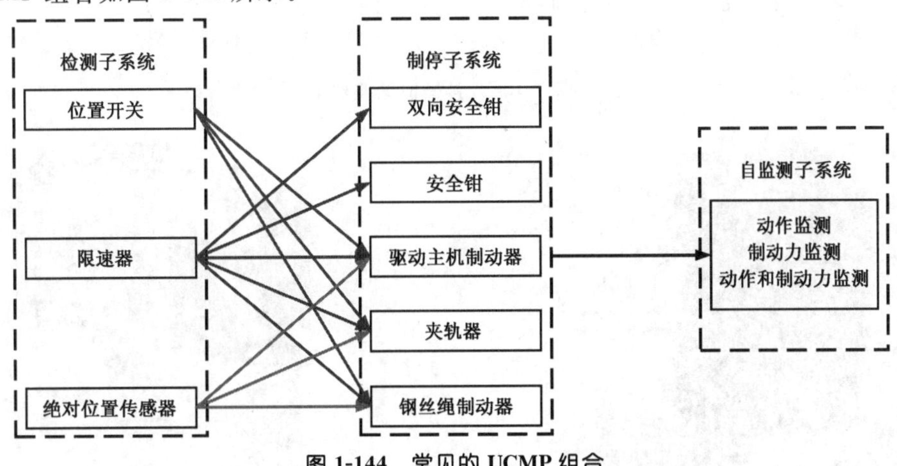

图 1-144　常见的 UCMP 组合

1）检测子系统

常见的检测子系统有位置开关（见图 1-145）、绝对位置传感器（见图 1-146）和限速器（见图 1-147）等。

图 1-148～图 1-153 是常见的检测子系统的型式试验证书。对于使用含有电子元件的安全电路或 PESSRAL 的，还应提供对应型号的含有电子元件的安全电路或 PESSRAL 的型式试验证书。对于使用限速器的，如果对型号有规定，还应提供相应型号的限速的型式试验证书和调试证书。

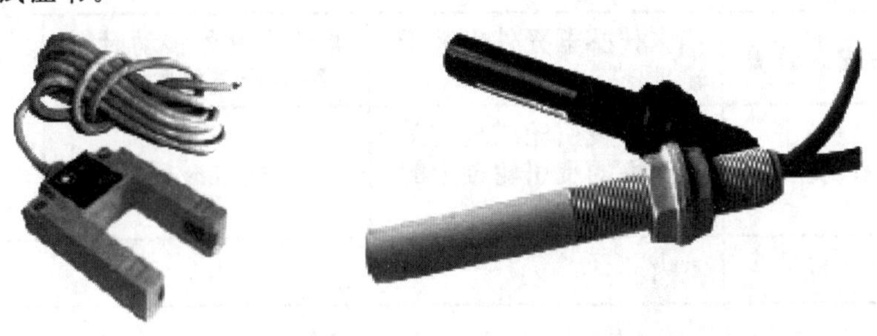

a) 光电开关　　b) 干簧管开关

图 1-145　门区位置检测

a) 示意图

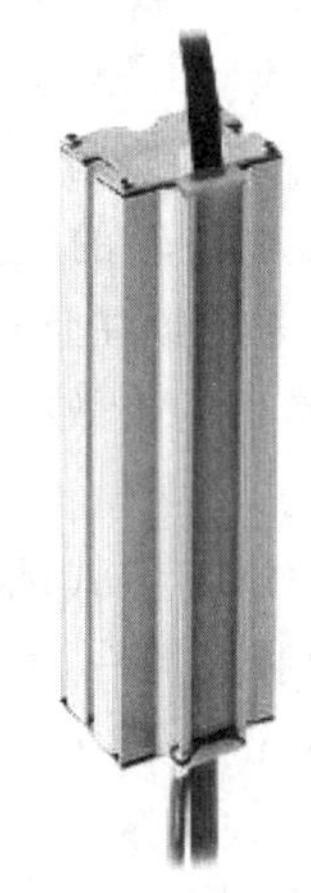

b) 绝对位置传感器

图 1-146　井道位置系统

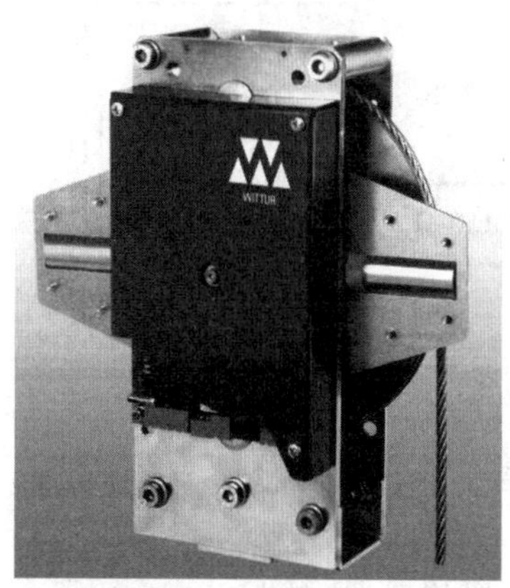

a) 电子限速器

b) 常规限速器＋测距环

图 1-147　限速器

硬件版本	D**26800**/G**26800**	软件版本	/
硬件组成	门区传感器+含有电子元件的安全电路		
检测元件安装位置	门区传感器元件安装于轿顶	检测到意外移动时轿厢离开层站的距离	≤110mm
制停子系统型式	作用于曳引轮或只有两个支撑的曳引轮轴上的制停部件	响应时间	≤50ms
工作环境	室内		
注：检测子系统配置的传感器元件响应时间≤2.5ms。			

图 1-148　检测子系统型式试验证书(实例 1)

检测子系统	名称	含电子元件安全电路	型号	SCB5
	硬件版本	/	软件版本	/
	硬件组成	安全电路板+光电传感器		
	检测元件安装位置	轿顶(光电传感器) 控制柜内（安全电路板）	检测到意外移动时轿厢离开层站的距离	≤125mm
	制停子系统型式	内部冗余的驱动主机制动器	响应时间	≤15ms
	制造商	日立电梯（中国）有限公司		

图 1-149　检测子系统型式试验证书(实例 2)

硬件版本	01	软件版本	/
硬件组成	双电磁铁+双向限速器		
检测元件安装位置	限速器	检测到意外移动时轿厢离开层站的距离	≤188 mm
制停子系统型式	钢丝绳制动器	响应时间	≤20 ms
工作环境	室内		

图 1-150　检测子系统型式试验证书(实例 3)

硬件版本	P207008B000（a）	软件版本	SFSA01-C
硬件组成	可编程电子安全相关系统+接触器		
检测元件安装位置	传感器元件安装于轿顶	检测到意外移动时轿厢离开层站的距离	≤85mm
制停子系统型式	作用于曳引轮或只有两个支撑的曳引轮轴上的制停部件	响应时间	≤150ms，其中接触器响应时间≤85ms
工作环境	室内		
注：检测子系统配置的传感器元件响应时间应≤2ms。			

图 1-151　检测子系统型式试验证书(实例 4)

名称	门锁安全触点+双向限速器	型号	门锁安全触点：型号不限 限速器型号：XSG607
硬件版本	01	软件版本	/
硬件组成	门锁安全触点+限速器		
检测元件安装位置	轿门、限速器	检测到意外移动时轿厢离开层站的距离	≤94 mm
制停子系统型式	钢丝绳制动器	响应时间	/
工作环境	室内		

图 1-152　检测子系统型式试验证书(实例 5)

名称	含电子元件安全电路	型号	SJT-ZPC-V2A
制造单位	沈阳市蓝光自动化技术有限公司		
硬件版本	/	软件版本 （仅 PESSRAL）	/
硬件组成	平层感应器+印制电路板		
检测元件安装位置	轿顶、控制柜及井道	检测到意外移动时轿厢离开层站的距离	≤150mm
传感器型式	槽形光电开关	数量	2
防爆型式	/	响应时间	电路板：≤10ms
适用制停子系统型式	作用于曳引轮或只有两个支撑的曳引轮轴上的制停部件		
工作环境	普通室内		

图 1-153　检测子系统型式试验证书(实例 6)

根据 GB 7588—2003 中 9.11.1，不具有符合 GB 7588—2003 中 14.2.1.2 规定的开门情况下的平层、再平层和预备操作的电梯，并且其制停部件是符合 GB 7588—2003 中 9.11.3 和 9.11.4(作用在曳引轮上且具有冗余制动器)的驱动主机制动器，不需要检测轿厢的意外移动，但是其制动部件应符合 GB 7588—2003 中 9.11 的要求。

2）制停子系统

常见的制停子系统有作用于轿厢或者对重上的制停部件、作用于悬挂绳或者补偿绳系统上的制停部件、作用于曳引轮或者只有两个支撑的曳引轮轴上的制停部件。

a）作用于轿厢或者对重上的制停部件。常见的作用于轿厢或者对重上的制停部件多为导轨制动器，有安全钳(见图 1-154)、夹轨器(见图 1-155)等。

a) 单向

b) 双向

图 1-154　安全钳

图 1-155　夹轨器

b）作用于悬挂绳或者补偿绳系统上的制停部件。常见的作用于悬挂绳或者补偿绳系统上的制停部件的多为钢丝绳制动器(夹绳器)，如图 1-156 所示，多用于异步驱动主机上。

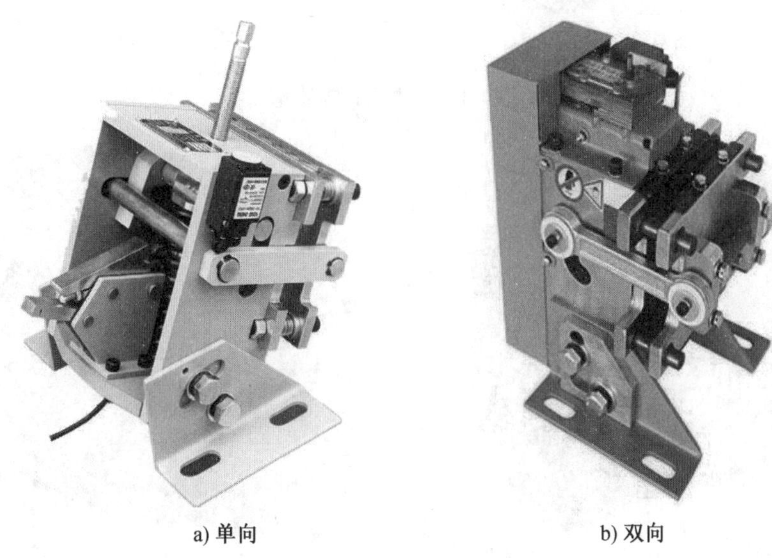

a) 单向　　b) 双向

图 1-156　钢丝绳制动器(夹绳器)

c）作用于曳引轮或者只有两个支撑的曳引轮轴上的制停部件。

① 制动器型式。根据其型式，作为 UCMP 的作用于曳引轮或者只有两个支撑的曳引轮轴上的制停部件的制动器可分为块式和盘式。

盘式又可分为全盘式(轴式)和钳盘式(碟式)，分别如图 1-157 和图 1-158 所示。

块式制动器分为方块和圆块两种，如图 1-159 所示。图 1-160 所示是新型块式制动器。

图 1-157　全盘式制动器

a) 方盘

b) 圆盘

图 1-158　钳盘式制动器

a) 方块

b) 圆块

图 1-159　块式制动器

图 1-160　新型块式制动器

② 作用的位置。根据制停部件作用的位置不同，可分为曳引轮制动器（见图 1-157）和曳引轮轴制动器（见图 1-158、图 159）。根据距离曳引轮的远近，曳引轮轴制动器又分为两种，如图 1-161 所示。

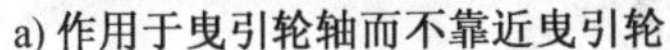
a) 作用于曳引轮轴而不靠近曳引轮

b) 作用于曳引轮轴且靠近曳引轮

图 1-161　两种不同的曳引轮轴制动器

③ 同步驱动主机。图 1-157～图 1-161 所示为同步驱动主机，UCMP 的制停部件多采用冗余工作制动器（需要自监测子系统）。根据 GB 7588—2003 第 1 号修改单 9.11.4，UCMP 的制停部件应作用在：

轿厢；或

对重；或

钢丝绳系统（悬挂绳或补偿绳）；或

曳引轮；或

只有两个支撑的曳引轮轴上。

UCMP 的制停部件或保持轿厢停止的装置可与用于下列功能的装置共用：

——下行超速保护装置；

——上行超速保护装置。

该装置用于上行和下行方向的直通部件可以不同。

因此，对于异步驱动主机，由于其制动器不是直接作用在曳引轮上，因此不能采用冗余工作制动器作为 UCMP 的制停部件，一般采用夹绳器、夹轮器或曳引轮制动器。

图 1-162 所示是采用异步驱动主机夹轮器作为制停部件的，其工作原理是在系统动作触发信号发出后，断开保持曳引轮和夹轮器间间隙的电磁铁电源，通过曳引轮的带入作用，利用闸皮与曳引轮之间产生的摩擦力将曳引轮制停，进而制停轿厢。夹轮器制动力的大小取决于设置在夹轮器上弹簧力的大小，动作原理类似渐进式安全钳。

a) 驱动主机

b) 夹轮器

图 1-162　异步驱动主机的夹轮器制停部件

曳引轮制动器的作用原理与同步驱动主机以及异步驱动主机的夹轮器类似，即制停部件直接作用在曳引轮上（见图 1-163），这种方式的主要特点是制动可靠，但是其制造成本较高，同时每次电梯运行前制动器必须通电，这增加了电梯系统运行的功耗，新增的制动器也提高了控制系统的复杂性，而且由于要求的制动力矩较大，制动器的噪声也是需要解决的问题。

图 1-163　异步驱动主机的曳引轮制停部件

图 1-164 所示是采用异步驱动主机的曳引轮制停部件，其工作原理是当检测到意外移动时，曳引轮处的钢轴伸进与曳引轮刚性连接的齿槽中，以达到制停轿厢的目的。

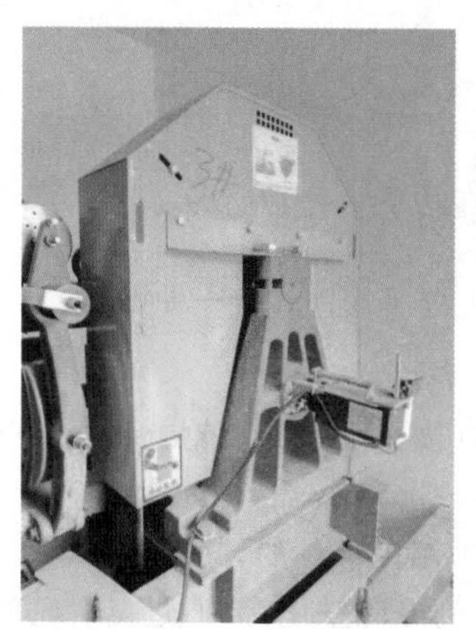

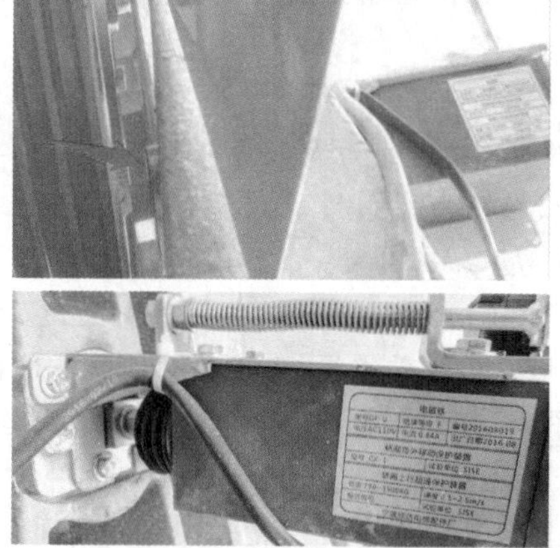

图 1-164　异步驱动主机的曳引轮制停部件

④ 型式试验证书。图 1-165～图 1-171 所示为常见的制停子系统型式试验证书。

系统质量范围	1936-4313 kg	额定载重量范围	300-1250 kg
制停部件型式	制动器	适用电梯驱动方式	曳引驱动
作用部位	作用于曳引轮轴	动作触发方式	失电触发
所预期的轿厢减速前最高速度	1.2m/s	响应时间	≤220ms
用于最终检验的试验速度	0.50m/s	对应试验速度的允许移动距离	≤0.320m
触发装置硬件组成	控制器+接触器	工作环境	室内
结构型式	盘式	数量	2
摩擦元件材料	复合材料	弹性元件型式	圆柱螺旋压缩弹簧

图 1-165　常见的制停子系统型式试验证书(样例 1)

系统质量范围	1760~3125kg	额定载重量范围	400~450kg
制停部件型式	块式制动器	适用电梯驱动方式	曳引驱动
作用部位	作用于曳引轮	动作触发方式	电气触发
所预期的轿厢减速前最高速度	0.815m/s	响应时间	≤300ms
用于最终检验的试验速度	0.25m/s	对应试验速度的允许移动距离	≤0.545 m
触发装置硬件组成	控制器+接触器		
结构型式	块式	数量	2
摩擦元件材料	合成树脂	弹性元件型式	圆柱螺旋压缩弹簧

图 1-166　常见的制停子系统型式试验证书(样例 2)

系统质量范围	2316~6092kg	额定载重量范围	825~1350kg
所预期的轿厢减速前最高速度	0.5m/s	响应时间	≤200ms
用于最终检验的试验速度	0.3m/s	对应试验速度的允许移动距离	≤0.34m
制停部件型式	曳引机制动器	适用电梯驱动方式	曳引式
作用部位	作用于曳引轮上	动作触发方式	电磁铁失电触发
工作环境	室内	触发装置硬件组成	电磁铁
结构型式	无制动臂鼓式制动器	摩擦元件材料	非金属无石棉复合摩擦材料
数量	2	弹性元件型式	矩形截面圆柱螺旋压缩弹簧

图 1-167　常见的制停子系统型式试验证书(样例 3)

系统质量范围	2220.7~4698.2kg	额定载重量范围	550~1050kg
所预期的轿厢减速前最高速度	0.55m/s	响应时间	≤70ms，其中接触器响应时间≤30ms
用于最终检验的试验速度	0.25m/s	对应试验速度的允许移动距离	≤0.225m
制停部件型式	曳引机制动器	适用电梯驱动方式	曳引式
作用部位	作用于曳引轮	动作触发方式	电磁铁失电触发
工作环境	室内	触发装置硬件组成	接触器+电磁铁
结构型式	无制动臂鼓式制动器	摩擦元件材料	合成橡胶
数量	2	弹性元件型式	圆截面圆柱螺旋压缩弹簧

图 1-168　常见的制停子系统型式试验证书(样例 4)

名称	钢丝绳制动器	型号	620G
制造单位名称	广州都盛机电有限公司		
复位方式	电动/手动	弹性元件型式	圆截面圆柱螺旋压缩弹簧
摩擦元件型式	圆弧沟槽摩擦板	摩擦元件材料	复合材料
系统质量范围	1025kg~4325kg	额定载重量范围	450kg~1134kg
制停部件型式	钢丝绳制动器	适用电梯驱动方式	曳引式
作用部位	悬挂绳或补偿绳	动作触发方式	电磁铁失电触发
所预期的轿厢减速前最高速度	1.0m/s	响应时间	≤135ms
用于最终检验的试验速度	4m/min	对应试验速度的允许移动距离	≤0.263m
触发装置硬件组成	钢丝绳制动器配电磁铁触发装置 1 个		
工作环境	室内	防爆型式	/

图 1-169　常见的制停子系统型式试验证书(样例 5)

制停子系统（作用于悬挂绳或补偿绳系统上的制停部件）			
系统质量范围	1400 kg~8500 kg	额定载重量范围	630 kg~3200kg
制停部件型式	钢丝绳制动器	适用电梯驱动方式	曳引式
作用部位	曳引钢丝绳	动作触发方式	电气触发
所预期的轿厢减速前最高速度	1.2 m/s	响应时间	≤200 ms
用于最终检验的试验速度	0.25 m/s	对应试验速度的允许移动距离	≤0.750 m
工作环境	室内	触发装置硬件组成	电磁阀
复位方式	自动复位	弹性元件型式	/
摩擦元件型式	开槽平板	摩擦元件材料	铝合金

图 1-170　常见的制停子系统型式试验证书(样例 6)

系统质量范围	1400~14700 kg	额定载重量范围	630~5000 kg
制停部件型式	钢丝绳制动器	适用电梯驱动方式	曳引驱动
作用部位	曳引钢丝绳	动作触发方式	电气失电+机械触发
所预期的轿厢减速前最高速度	0.831 m/s	响应时间	≤200 ms
用于最终检验的试验速度	0.25 m/s	对应试验速度的允许移动距离	≤0.500 m
工作环境	室内	触发装置硬件组成	电磁铁+限速器+钢索
复位方式	手动复位	弹性元件型式	碟形弹簧
摩擦元件型式	平板或开槽	摩擦元件材料	冶金粉末

续图 1-170

名称	曳引机制动器	型号	
系统质量范围	1900~4500kg	额定载重量范围	450~1050kg
制停部件型式	块式制动器	适用电梯驱动方式	曳引驱动
作用部位	作用于曳引轮	动作触发方式	电气触发
所预期的轿厢减速前最高速度	0.815m/s	响应时间	≤300ms
用于最终检验的试验速度	0.25m/s	对应试验速度的允许移动距离	≤0.545 m
触发装置硬件组成	控制器+接触器		
结构型式	块式	数量	2
摩擦元件材料	合成纤维	弹性元件型式	圆柱螺旋压缩弹簧

图 1-171　常见的制停子系统型式试验证书(样例 7)

3）自监测子系统

根据 GB 7588—2003 第 1 号修改单 9.11.3：

在没有电梯正常运行时控制速度或减速、制停轿厢或保持停止状态的部件参与的情况下，该装置应能达到规定的要求，除非这些部件存在内部的冗余且自监测正常工作。

***注**：符合以下要求的制动器认为是存在内部冗余的：*

12.4.2　机-电式制动器

12.4.2.1　当轿厢载有 125%额定载荷并以额定速度向下运行时，操作制动器应能使曳引机停止运转。

在上述情况下，轿厢的减速度不应超过安全钳动作或轿厢撞击缓冲器所产生的减速度。

所有参与向制动轮或盘施加制动力的制动器机械部件应分两组装设。如果一组部件不起作用，应仍有足够的制动力使载有额定载荷以额定速度下行的轿厢减速下行。

电磁线圈的铁心被视为机械部件，而线圈则不是。

12.4.2.2　被制动部件应以机械方式与曳引轮或卷筒、链轮直接刚性连接。

12.4.2.3　正常运行时，制动器应在持续通电下保持松开状态。

12.4.2.3.1　切断制动器电流，至少应用两个独立的电气装置来实现，不论这些装置与用来切断电梯驱动主机电流的电气装置是否为一体。

当电梯停止时，如果其中一个接触器的主触点未打开，最迟到下一次运行方向改变时，应防止电梯再运行。

12.4.2.3.2　当电梯的电动机有可能起发电机作用时，应防止该电动机向操纵制动器的电气装置馈电。

12.4.2.3.3　断开制动器的释放电路后，电梯应无附加延迟地被有效制动。

12.4.2.4　装有手动紧急操作装置(见 12.5.1)的电梯驱动主机，应能用手松开制动器并需要以一持续力保持其松开状态。

12.4.2.5　制动闸瓦或衬垫的压力应用有导向的压缩弹簧或重砣施加。

12.4.2.6　禁止使用带式制动器。

12.4.2.7　制动衬应是不易燃的。

因此，对于采用冗余制动器作为制停部件的，需要设置自监测；对于采用夹轮器、夹绳器、夹轨器、安全钳等作为制停部件的，则不需要设置自监测。

自监测的方式主要有采用对机械装置正确提起(或释放)验证和对制动力验证、仅采用对机械装置正确提起(或释放)验证和仅采用对制动力验证等 3 种。其自监测周期、功能要求等如表 1-26 所示。

a) 自监测装置不需要符合电气安全装置的要求，但应进行型式试验。

b) 对于需要设置自监测的 UCMP，应提供合成(完整)的型式试验证书；对于不需要设置自监测的 UCMP，提供独立的检测子系统和制停子系统证书即可。

图 1-172～图 1-174 所示是常见的自监测子系统的型式试验证书。

表 1-26　自监测方式及其要求

<table>
<tr><th>自监测方式</th><th>自监测周期</th><th>功能要求</th><th>其他要求</th></tr>
<tr><td>采用对机械装置正确提起(或释放)验证和对制动力验证</td><td>1) 每次提起(或释放)；
2) 制动力自监测的周期不应大于 15 d</td><td rowspan="3">如果检测到失效，应关闭轿门和层门，并防止电梯的正常启动</td><td>—</td></tr>
<tr><td>仅采用对机械装置正确提起(或释放)验证</td><td>每次提起(或释放)</td><td>在定期维护保养时应检测制动力</td></tr>
<tr><td>仅采用对制动力验证</td><td>制动力自监测周期不应大于 24 h</td><td>—</td></tr>
</table>

<table>
<tr><td rowspan="3">自监测子系统</td><td>名称</td><td>微动开关</td><td>型号</td><td>Z-15GD55-B</td></tr>
<tr><td>自监测方式</td><td>对机械装置正确释放验证+定期维保时检测制动力</td><td>硬件组成</td><td>微动开关+控制装置</td></tr>
<tr><td>自监测元件型号</td><td>Z-15GD55-B</td><td>自监测元件安装位置</td><td>微动开关安装在驱动主机上，控制装置安装在控制柜内</td></tr>
</table>

图 1-172　常见的自监测子系统型式试验证书(样例 1)

自监测方式	验证驱动主机制动器机械装置正确提起（或释放）；同时在《轿厢意外移动保护装置安装维护说明书》中规定定期维护保养时检测制动力，检测周期不大于 15 天
硬件组成	控制装置＋监测开关
自监测元件型号	控制装置型号：P203778B000 监测开关型号：Z-15GD-B 或 BZ-2RD-T4-J
自监测元件安装位置	控制装置安装在控制柜内，监测开关安装在驱动主机上
工作环境	室内

图 1-173　常见的自监测子系统型式试验证书(样例 2)

自监测方式	对机械装置正确提起（或释放）的验证+定期维护保养时检测制动力	硬件组成	检测开关
自监测元件型号	Z-15GD55-B	监测元件安装位置	安装于制动器上，2个
防爆型式	/	工作环境	普通室内

图 1-174　常见的自监测子系统型式试验证书(样例 3)

(10) 驱动主机

根据 TSG T7007—2016 的要求，表 1-27 所示的参数和配置发生变化时，应重做型式试验。

图 1-175～图 1-183 所示是常见的驱动主机形式。图 1-184 所示是蜗轮蜗杆驱动主机型式试验证书，图 1-185 所示是永磁同步驱动主机型式试验证书。

表 1-27　影响驱动主机型式试验的主要参数和配置

参　数	配　置
(1) 电动机额定功率增大； (2) 驱动主机额定速度增大； (3) 防爆等级提高	(1) 驱动方式(曳引驱动、强制驱动)改变； (2) 整体结构型式(指外形结构，含输出轴支撑点数量)改变； (3) 减速装置的型式、中心(锥)距和轴交角标称值、传动副接触面材料牌号改变； (4) 无减速装置的主机输出轴中心线高度标称值改变； (5) 电动机的结构和型式(指直流或者交流、单相或者三相、同步或者异步、永磁或者励磁、内转子或者外转子等主要配置)改变； (6) 制动器的数量、结构型式、作用部位、适用的防爆型式改变； (7) 适用工作环境由室内型向室外型改变

图 1-175　蜗杆上置的曳引机

图 1-176　蜗杆下置的曳引机

图 1-177　立式蜗轮蜗杆传动曳引机

图 1-178　行星传动曳引机

a)

b)

c)

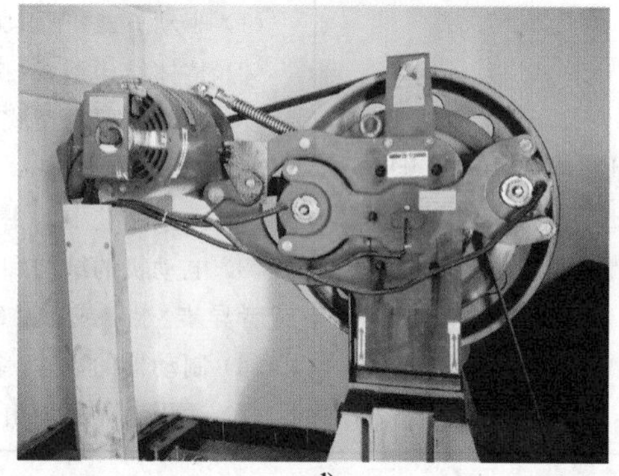

d)

图 1-179　皮带传动曳引机

图 1-180　永磁同步曳引机

图 1-181　悬挂装置为钢带的曳引机

图 1-182　日立 20 m/s 的驱动主机

图 1-183　三菱 20.5 m/s 的驱动主机

CNAS

中国认可
国际互认
检测
TESTING
CNAS L0916

特种设备型式试验证书附表（电梯）

证书编号	TSX B37003820171333		
设备品种	驱动主机		
产品名称	电梯曳引机	产品型号	YJ200A
电动机额定功率	18.50 kW	驱动主机额定速度	2.00 m/s
驱动方式	曳引驱动	整体结构型式	三相交流励磁异步有减速装置（输出轴三点支撑）
制动器数量、结构型式	两组电磁外抱鼓式	电动机结构型式	三相交流励磁异步电机
制动器作用部位	电动机轴	减速装置型式	蜗轮蜗杆
传动副接触面材料牌号	蜗杆 40Cr、蜗轮 ZQSn12-2	减速装置中心(锥)距、轴交角	200mm,90°
输出轴中心线高度	不适用 mm	工作环境	室内
防爆型式	不适用	防爆等级	不适用
覆盖情况	型号 YJ200A，电动机额定功率不大于 18.50 kW，驱动主机额定速度不大于 2.00 m/s 的电梯驱动主机		

图 1-184　深圳特检院出具的蜗轮蜗杆曳引机型式试验证书

中国认可
国际互认
检测
TESTING
CNAS L0916

特种设备型式试验证书附表（电梯）

证书编号	TSX B37003820170057		
设备品种	驱动主机		
产品名称	电梯驱动主机	产品型号	GTN2
电动机额定功率	34 kW	驱动主机额定速度	5.00 m/s
驱动方式	曳引驱动	整体结构型式	三相交流永磁同步无减速装置（输出轴两点支撑）
制动器数量、结构型式	三组电磁浮动钳盘式	电动机结构型式	三相交流永磁同步内转子
制动器作用部位	曳引轮	减速装置型式	不适用
传动副接触面材料牌号	不适用	减速装置中心(锥)距、轴交角	不适用
输出轴中心线高度	650 mm	工作环境	室内
防爆型式	不适用	防爆等级	不适用
覆盖情况	型号 GTN2，电动机额定功率不大于 34 kW，驱动主机额定速度不大于 5.00 m/s 的电梯驱动主机		

图 1-185　深圳特检院出具的永磁同步曳引机型式试验证书

对于如图 1-186 所示的双驱动主机，应提供该种组合方式的型式试验证书。

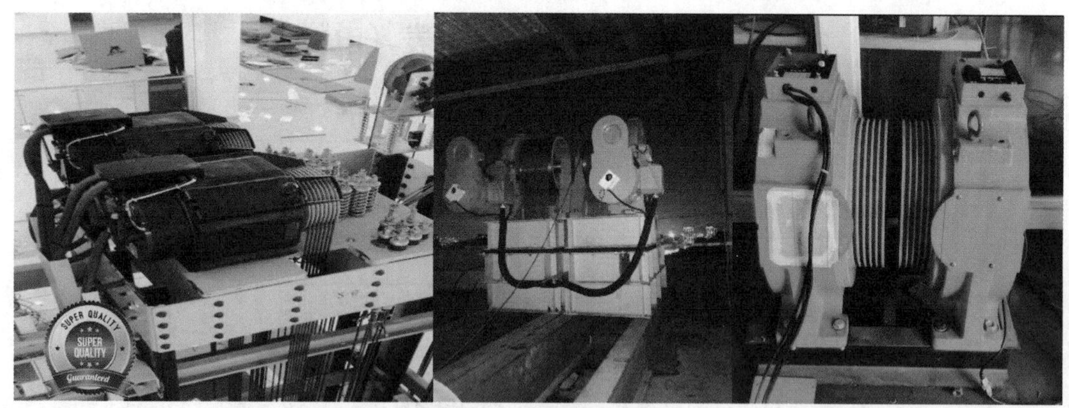

图 1-186　双驱动主机

（11）控制柜

根据 TSG T7007—2016 的要求，表 1-28 所示的参数和配置发生变化时，应重做型式试验。

图 1-187 所示是两种控制柜的型式试验证书。

表 1-28　影响控制柜型式试验的主要参数和配置

参　　数	配　　置
(1) 适用除液压电梯外的垂直电梯额定速度和驱动主机额定功率增大； (2) 适用液压电梯的额定速度和液压泵站满负荷工作压力增大	(1) 布置区域(井道内、井道外)改变； (2) 调速方式的改变； (3) 控制装置类型(继电器、可编程控制器、微机等)的改变； (4) 控制方式(按钮、信号、集选)的改变(集选控制可以适用信号控制)； (5) 控制装置型号或者制造单位、调速装置型号或者制造单位改变； (6) 工作环境由室内型向室外型的改变； (7) 增设紧急和测试操作装置； (8) 增设自动救援操作装置或者自动救援操作装置型号改变； (9) 增设能量回馈装置； (10) 增设电梯采用减行程缓冲器时对电梯驱动主机正常减速的监控功能； (11) 增设门开着情况下的平层和再平层控制功能； (12) 增设用于电气安全装置的 PESSRAL 或者配置的 PESSRAL 功能、型号、制造单位改变(不含同一产品升级或者设计变更)； (13) 防爆型式改变； (14) 防爆等级提高； (15) 适用电梯设备品种范围改变

垂直电梯控制柜适用参数范围和配置表

设备类别	电梯主要部件		
设备品种	控制柜		
产品名称	电梯控制柜		
产品型号	LW-W-N1		
适用电梯额定速度	≤8.0 m/s	适用驱动主机额定功率	≤98.4 kW
调速方式	交流变频调速	控制方式	集选
布置区域	井道外（含机房内）	工作环境	室内
控制装置类型	微机	控制装置型号	MCTC-MCB-C2
控制装置制造单位名称	苏州汇川技术有限公司		
防爆型式	/	防爆等级	/
液压泵站满负荷工作压力	/MPa		
调速装置型号	NICE-L-C 系列		
调速装置制造单位名称	苏州汇川技术有限公司		
适用电梯设备品种范围	曳引驱动乘客电梯、曳引驱动载货电梯		
紧急和测试操作装置设置	可有		
分体式能量回馈装置设置	无		
自动救援操作装置型号	/		
门开着情况下的平层和再平层控制功能		可有	
采用减行程缓冲器时对电梯驱动主机正常减速的监控功能		可有	
PESSRAL	型号	LIMAX33 CP-05	
	功能	采用减行程缓冲器时对电梯驱动主机正常减速的监测（ETSL），SIL 3 门开启情况下轿厢的意外移动（UCM），SIL 3 门开着情况下平层和再平层控制（OB），SIL 3 检查超速，SIL 2 极限开关，SIL 1	
	制造单位名称	埃尔格（无锡）电子科技有限公司	

a) 样式一

垂直电梯控制柜适用参数范围和配置表

设备类别	电梯主要部件		
设备品种	控制柜		
产品名称	电梯控制柜		
产品型号	JXW-VVVF1		
适用电梯额定速度	≤1.75 m/s	适用驱动主机额定功率	≤30 kW
调速方式	交流变频调速	控制方式	集选
布置区域	井道外（含机房内）	工作环境	室内
控制装置类型	微机	控制装置型号	MCTC-MCB-C2
控制装置制造单位名称	苏州汇川技术有限公司		
防爆型式	/	防爆等级	/
液压泵站满负荷工作压力	/MPa		
调速装置型号	NICE-L-C 系列		
调速装置制造单位名称	苏州汇川技术有限公司		
适用电梯设备品种范围	曳引驱动乘客电梯、曳引驱动载货电梯		
紧急和测试操作装置设置	可有		
分体式能量回馈装置设置	无		
自动救援操作装置型号	MCTC-ARD-C		
门开着情况下的平层和再平层控制功能		可有	
采用减行程缓冲器时对电梯驱动主机正常减速的监控功能		/	
PESSRAL	型号	/	
	功能	/	
	制造单位名称	/	

b) 样式二

图 1-187　控制柜型式试验证书

(12) 层门和轿门

根据 TSG T7007—2016 的要求，表 1-29 所示的参数和配置发生变化时，应重做型式试验。图 1-188 所示为一般层门的型式试验证书，图 1-189 所示为玻璃轿门的型式试验证书。

根据 TSG T7007—2016，对于一般层门和轿门，如果水平中分滑动门与水平旁开滑动门的结构和导向装置相同，二者可以相互适用；对于带玻璃面板的层门，如果轿门的结构和导向装置与其相同，层门可以适用于轿门。

虽然 TSG T7007—2016 要求玻璃层门应进行型式试验，但是检规不要求，因此对于采用了玻璃层门的，可不提供型式试验证书。

表 1-29　影响层门和轿门型式试验的主要参数和配置

参数		配置	
层门和轿门	带玻璃面板的层门和轿门	层门和轿门	带玻璃面板的层门和轿门
(1) 门扇高度增大； (2) 门扇宽度超出试验样品最小及最大宽度范围； (3) 门扇板材厚度减小； (4) 加强筋板材厚度、宽度减小； (5) 加强筋数量减少； (6) 导向装置或者保持装置允许的最小啮合深度减小	(1) 玻璃高度增大； (2) 玻璃宽度超出试验样品最小及最大宽度范围； (3) 玻璃厚度(各单层及夹胶层)任一参数减小	(1) 开门方式(水平中分滑动门、水平旁开滑动门、垂直滑动门、铰链门等)改变； (2) 结构型式(无玻璃面板的门、带有较小玻璃面板的门等)改变； (3) 门扇或者加强筋材质改变且材质抗拉强度减小； (4) 加强筋布置方式(纵向、横向等)改变； (5) 导向装置或者保持装置的结构改变； (6) 导向装置或者保持装置的材质改变且材质抗拉强度减小； (7) 工作环境由室内型向室外型改变	(1) 玻璃类型由夹层钢化向夹层改变； (2) 玻璃面板固定方式由较多边固定改变为较少边固定； (3) 玻璃材质改变

门扇高度	≤3050 mm	门扇宽度范围	390 mm
门扇板材厚度	≥2.0 mm	加强筋板材厚度	≥2.0 mm
加强筋板材宽度	≥175 mm	加强筋数量	≥1
导向装置允许的最小啮合深度	上部：3.5 mm；下部：9 mm		
保持装置允许的最小啮合深度	上部：3.5 mm(门挂轮金属部分)，7 mm（限位板）； 下部：18 mm(限位板)，7mm(导靴金属板)		
玻璃高度	/	玻璃宽度范围	/
玻璃厚度	/	工作环境	室内
开门方式	水平中分滑动门(四扇）		
结构型式	无玻璃面板的门		
门扇材质牌号	St12	加强筋材质牌号	St12
导向装置结构	上部：2 个门挂轮；下部：2 个导靴		
导向装置材质牌号	上部：Q235+橡胶；下部：St12+橡胶		
保持装置结构	上部：2 个门挂轮金属部分+2 个限位板； 下部：2 个导靴金属板+1 个限位板		
保持装置材质牌号	上部：Q235(门挂轮金属部分)+45#(限位板）;下部：St12		
加强筋布置方式	/	玻璃类型	/
玻璃固定方式	/	玻璃材质	/

图 1-188　一般层门型式试验证书

设备类别	电梯主要部件		
设备品种	玻璃轿门		
产品名称	水平滑动门		
产品型号	JC01		
门扇高度	≤2315 mm	门扇宽度范围	375~625 mm
门扇板材厚度	≥1.5 mm	加强筋板材厚度	/
加强筋板材宽度	/	加强筋数量	/
导向装置允许的最小啮合深度	上部：3.5 mm；　下部：15.5 mm（门滑块金属部分）		
保持装置允许的最小啮合深度	上部：3.5 mm（门挂轮）、5 mm（防脱轨板） 下部：15.5 mm（门滑块金属部分及防脱槽器）		
玻璃高度	1700 mm	玻璃宽度范围	200~450 mm
玻璃厚度	（5+0.76+5）mm	工作环境	室外
开门方式	水平中分滑动门（双扇）		
结构型式	有较大玻璃面板的门		
门扇材质牌号	Q235	加强筋材质牌号	/
导向装置结构	上部：2 个门挂轮；　下部：2 个门滑块		
导向装置材质牌号	上部：Q235；　下部：Q235		
保持装置结构	上部：2 个门挂轮+2 个防脱轨板； 下部：2 个门滑块金属部分+1 个防脱槽器		
保持装置材质牌号	上部：Q235；　下部：Q235		
加强筋布置方式	/	玻璃类型	夹层钢化
玻璃固定方式	四边固定	玻璃材质	钠钙玻璃

图 1-189　玻璃轿门的型式试验证书

1）开门方式

常见的开门方式有水平中分滑动门、水平旁开滑动门、垂直滑动门、铰链门等，如图 1-190 所示。

a) 水平中分滑动玻璃门

b) 水平中分滑动金属门

图 1-190　开门方式

c) 水平滑动单折旁开门

d) 水平滑动双折旁开门

e) 垂直滑动中分门

f) 垂直滑动上开门

g) 铰链单开玻璃门

h) 铰链双开玻璃门

i) 铰链单开实心门

续图 1-190

j) 铰链双开实心门　　k) 栅栏门

l) 旁开折叠门　　m) 不对称中分门

续图 1-190

2）结构型式

常见的结构型式有无玻璃面板的门、带有较小玻璃面板的门等，如图 1-191 所示。

a) 旁开木门

b) 带有较小玻璃面板的门

c) 无金属边框的玻璃门

图 1-191　结构型式

(13) 有开门平层、开门再平层、端站减速监控等功能的电梯

还应查看相应功能的含有电子元件的安全电路型式试验证书,如图 1-192 所示。

检验专用章

样品技术参数及配置表

设备类别	电梯安全保护装置		
设备品种	含有电子元件的安全电路和可编程电子安全相关系统		
产品名称	含有电子元件的电梯安全电路		
产品功能	安全回路上的信号采集		
产品型号	SDS-8000+MB	结构型式	PCB 电路板
工作电压	DC24V/DC110V/AC110V	污染等级	III级
工作条件	温度:0℃~65℃ 湿度:<95%(无水珠凝结)		

图 1-192　含有电子元件的安全电路型式试验证书

(14) 电梯安装施工前审查

如果现场确认,查看上述安全保护装置和主要部件的型号和出厂编号是否和现场实物一致。

(15) 记录缓冲器的设计压缩行程

对 TSG T7001 中 3.2(1)①～④、TSG T7001 中 3.2(2)、TSG T7001 中 3.10 及 TSG T7001 中 3.15(5)等项目进行验算。

(16) 电梯额定速度

电梯额定速度应小于驱动主机型式试验合格证上的最大曳引轮线速度与悬挂比的比值。

(17) 控制方式

控制方式中的集选覆盖并联和群控等。

【参考做法】

(1) 安全保护装置的型号与型式试验合格证书覆盖的型号应完全一致,如型式试验合格证是"GD12",实物是"GD12-A",则该证书不适用于该安全部件。

(2) 安全钳型式试验合格证有表明该型式的安全钳允许的额定速度和质量范围,虽然 TSG T7001 仅要求提供相关型式试验合格证,没有要求核对安全钳允许的额定速度和质量范围与电梯的额定速度和 $P+Q$ 等值是否匹配,但是建议现场检验时应核查是否匹配,缓冲器、限速器等安全部件也应做类似处理。

(3) 调试证书上应有相应的型号、出厂编号、调试项目的数据、检验结果、检验日期和部件制造单位公章或专用章,专用章包括检验专用章、QC(Quality Control)章(可以非红色)等。

(4) 根据 TSG 07—2019，垂直电梯的制造单位应当具有控制柜组装的能力，因此控制柜可以外购，即控制柜的制造单位可以不是整机的制造单位。

【注意事项】

因为安全部件的参数和配置不影响整机的型式试验，因此安全部件的型式试验证书的发证日期可晚于整机的型式试验证书发证日期，但安全部件的出厂日期应早于整机的出厂日期。

1.1.5　电气原理图

【监督检验工作指引】

(1) 查看电气原理图中是否包括动力电路和连接电气安全装置电路。

(2) 若电气原理图为复印件，应查看是否有电梯整机制造单位加盖的公章或者检验合格章；对于进口电梯，则应当加盖国内代理商的公章；印刷成册的应在封面和每张图纸上印有电梯整机制造单位的全称、产品标识或公章。

(3) 该项目在电梯安装施工前审查，必要时进行现场核对。

1.1.6　安装使用维护说明书

【监督检验工作指引】

(1) 查看安装使用维护说明书中是否包括安装、使用、日常维护保养和应急救援等方面操作说明的内容。

(2) 上述文件如果为复印件，应查看是否有电梯整机制造单位加盖的公章或者检验合格章；对于进口电梯，则应当加盖国内代理商的公章；印刷成册的应在封面和每张图纸上印有电梯整机制造单位的全称、产品标识或公章。

(3) 对无手动紧急操作(盘车)装置的电梯，应注意应急救援等操作说明的内容是否能有效救援，即当轿厢质量(包括轿厢内的人或物)与对重质量平衡时，发生停电或故障停梯，或满载时安全钳动作等情况下，是否能有效地实施应急救援。

(4) 对于采用非钢丝绳悬挂装置的电梯，制造单位还应提供悬挂装置的磨损报废指标及检验方法。

(5) 该项目在电梯安装施工前审查，必要时在现场检验时进行核对。

1.1.7　注 A-1

【检验内容与要求】

上述文件如为复印件则必须经电梯整机制造单位加盖公章或者检验专用章；对于进口电梯，则应当加盖国内代理商的公章或者检验专用章。

1.1.8　其他

【参考做法】

根据 2014 年 1 月 1 日实施的《中华人民共和国特种设备安全法》(以下简称《特种设备安全法》)第二十二条规定，电梯的安装、改造、修理，必须由电梯制造单位或者其委托的依照本法取得相应许可的单位进行，因此，TSG T7001—XG1 增加了“由整机制造单位出具或者确认的自检报告”的要求。但一般情况下，自检是在安装结束后才进行，如果某安装单位没有取得整机制造单位授权，其自检报告就很难获得整机制造单位盖章确认，因此，建议要求安装单位在施工前提供整机制造单位的授权书。图 1-193 所示是日立电梯(中国)有限公司的安装委托书，其还提供了网上查询，如图 1-194 所示。

HITACHI
Inspire the Next

日立电梯安装委托书

日立电梯安委字（ 2018 ）第 05441[illegible]07 号

被委托单位：东莞市[illegible]设备有限公司

单位地址：东莞市万江区[illegible]室

法定代表人：陈[illegible]

特种设备安装改造维修许可证编号：TS3[illegible]2019

被委托区域：东莞市

被委托内容：依照国家有关法律法规及《特种设备安装改造维修许可证》许可范围内，在被委托区域安装日立电梯（中国）有限公司生产的电梯产品。

被委托期限：2018 年 4 月 1 日 至 2019 年 3 月 31 日

委托单位：日立电梯(中国)有限公司 Hitachi Elevator (China) Co., Ltd.

查询编号：05441[illegible]07 被委托单位信息查询登录：http://www.hitachi-helc.com/

图 1-193　日立电梯(中国)有限公司安装委托书

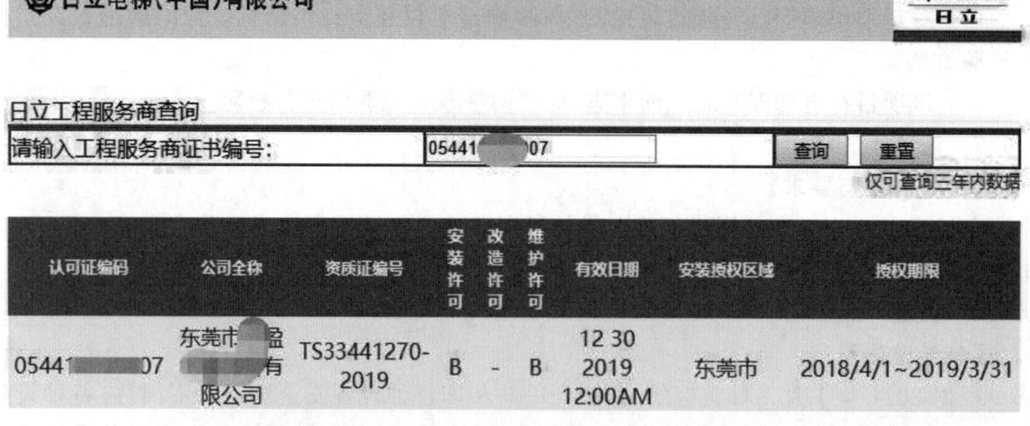

日立电梯(中国)有限公司

HITACHI Inspire the Next 日立

日立工程服务商查询

请输入工程服务商证书编号：05441[illegible]07　查询　重置

仅可查询三年内数据

认可证编码	公司全称	资质证编号	安装许可	改造许可	维护许可	有效日期	安装授权区域	授权期限
05441[illegible]07	东莞市[illegible]盈[illegible]有限公司	TS33441270-2019	B	-	B	12 30 2019 12:00AM	东莞市	2018/4/1~2019/3/31

图 1-194　日立电梯(中国)有限公司安装委托查询

1.2　安装资料

项目及类别	检验内容与要求	检验方法
1.2 安装资料 A	安装单位提供了以下安装资料： (1) 安装许可证和安装告知书，许可范围能够覆盖受检电梯的相应参数； (2) 施工方案，审批手续齐全； (3) 用于安装该电梯的机房(机器设备间)、井道的布置图或者土建工程勘测图，有安装单位确认符合要求的声明和公章或者检验专用章，表明其通道、通道门、井道顶部空间、底坑空间、楼层间距、井道内防护、安全距离、井道下方人可以到达的空间等满足安全要求； (4) 施工过程记录和由电梯整机制造单位出具或者确认的自检报告，检查和试验项目齐全、内容完整，施工和验收手续齐全； (5) 变更设计证明文件(如安装中变更设计时)，履行了由使用单位提出、经电梯整机制造单位同意的程序； (6) 安装质量证明文件，包括电梯安装合同编号、安装单位安装许可证书标明文件编号、产品编号、主要技术参数等内容，并且有安装单位公章或者检验专用章以及竣工日期。 注 A-2：上述文件如为复印件则必须经安装单位加盖公章或者检验专用章	审查相应资料。(1)～(3)在报检时审查，(2)、(3)在其他项目检验时还应当审查；(4)、(5)在试验时审查；(6)在竣工后审查

【监督检验工作指引】

(1) 对于 A 类项目，检验机构应对施工单位提供的文件、资料进行审查，并与自检记录或者报告对应项目的检验结果(以下简称自检结果)进行对比，只有当审查、检验结论为合格时，施工单位方可进行下道工序的施工。

(2) 根据《市场监管总局关于特种设备行政许可有关事项的公告》(2019 年第 3 号)附件 2《特种设备作业人员资格认定分类与项目》(如表 1-30 所示，以下简称《分类与项目》)，电梯作业人员的作业项目只有“电梯修理(含维护保养)”，项目作业代号为“T”，取消了“安装”项目，因此 TSG T7001—XG3 删除了对电梯作业人员证的要求。

表 1-30　特种设备作业人员资格认定分类与项目

序号	种类	作业项目	项目代号
1	特种设备安全管理	特种设备安全管理	A
2	锅炉作业	工业锅炉司炉	G1
		电站锅炉司炉(注 1)	G2
		锅炉水处理	G3

续表 1-30

序号	种类	作业项目	项目代号
3	压力容器作业	快开门式压力容器操作	R1
		移动式压力容器充装	R2
		氧舱维护保养	R3
4	气瓶作业	气瓶充装	P
5	电梯作业	电梯修理(注 2)	T
6	起重机作业	起重机指挥	Q1
		起重机司机(注 3)	Q2
7	客运索道作业	客运索道修理	S1
		客运索道司机	S2
8	大型游乐设施作业	大型游乐设施修理	Y1
		大型游乐设施操作	Y2
9	场(厂)内专用机动车辆作业	叉车司机	N1
		观光车和观光列车司机	N2
10	安全附件维修作业	安全阀校验	F
11	特种设备焊接作业	金属焊接操作	(注 4)
		非金属焊接操作	

1.2.1 安装许可证书和告知书

【监督检验工作指引】

(1) 按 174 号文取得的制造许可证书

根据《特种设备安全法》第二十二条规定,电梯的安装、改造、修理,必须由电梯制造单位或者其委托的依照本法取得相应许可的单位进行。因此,对于按照 174 号文取得的、尚在有效期内的制造许可证书,虽然许可项目只有"制造",但是制造单位不需要安装资质即可安装、改造、修理自己制造的电梯,图 1-195 所示为海南省质监局出具的关于电梯安装改造维修行政许可复函。

海南省质量技术监督局

便函〔2015〕24 号

海南省质量技术监督局
关于电梯安装改造维修行政许可的复函

海南高桥电梯实业有限公司:

你公司《关于电梯安装改造维修行政许可的咨询函》(高桥函[2015]028 号)收悉,经研究,现就有关问题答复如下:

按照《中华人民共和国特种设备安全法》第二十二条的规定,电梯制造单位取得《电梯制造许可证》,可以安装、改造、修理、维保本单位制造的电梯,不要求另外取得电梯安装改造修理许可证。对没有单独取得电梯安装改造修理许可证的制造单位,安装、改造、修理其它制造单位的电梯,必须得到其它制造单位的委托,方可从事相应的业务工作。

海南省质量技术监督局

20[illegible]9月8[illegible]

(此件主动公开)

图 1-195　海南省质监局出具的关于电梯安装改造维修行政许可复函

(2) 按 251 号文取得的安装许可证书

TSG 07—2019 实施前,安装改造修理许可证书是按《关于印发〈机电类特种设备安装改造维修许可规则(试行)〉的通知》(国质检锅〔2003〕251 号,以下简称 251 号文)取得,TSG 07—2019 实施后,根据市监特设〔2019〕32 号文,原有安装改造修理许可证书(2019 年 5 月 31 日前取得)尚在有效期内的,可以自主选择是否按 TSG 07—2019 转化。不愿意转化的,许可证书继续在原许可范围和有效期内有效，许可到期前按新许可要求进行换证。因此，对于按 251 号文取得的、尚在有效期内的许可证书(见图 1-196～图 200)，查看所提供的安装许可证书是否能完全覆盖所制造电梯的相应参数和品种。电梯安装覆盖范围可按表 1-31 判定。

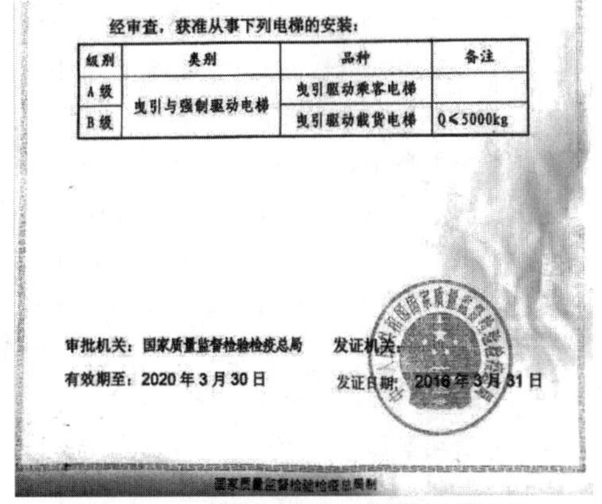

经审查，获准从事下列电梯的安装：

级别	类别	品种	备注
A 级	曳引与强制驱动电梯	曳引驱动乘客电梯	
B 级		曳引驱动载货电梯	Q≤5000kg

审批机关：国家质量监督检验检疫总局　发证机关：

有效期至：2020 年 3 月 30 日　发证日期：2016 年 3 月 31 日

国家质量监督检验检疫总局制

图 1-196　安装、改造、维修许可证书(国家质检总局核发)

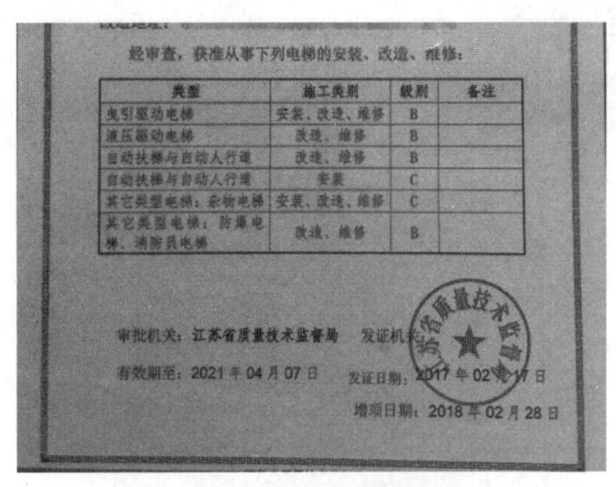

经审查，获准从事下列电梯的安装、改造、维修：

类型	施工类别	级别	备注
曳引驱动电梯	安装、改造、维修	B	
液压驱动电梯	改造、维修	B	
自动扶梯与自动人行道	改造、维修	B	
自动扶梯与自动人行道	安装	C	
其它类型电梯：杂物电梯	安装、改造、维修	C	
其它类型电梯：防爆电梯、消防员电梯	改造、维修	B	

审批机关：江苏省质量技术监督局　发证机关：

有效期至：2021 年 04 月 07 日　发证日期：2017 年 02 月 17 日

增项日期：2018 年 02 月 28 日

图 1-197　安装、改造、维修许可证书(省级质监局核发)

经审查，获准从事下列电梯的安装、改造、维修：

类型	级别	品种	参数	备注
曳引与强制驱动电梯	A 级	曳引驱动乘客电梯 曳引驱动载货电梯	技术参数不限	
其它类型电梯	A 级	杂物电梯		
自动扶梯与自动人行道	A 级	自动扶梯 自动人行道		

审批机关：遵义市质量技术监督局

有效期至：2020 年 6 月 6 日　发证日期：2016 年 6 月 7 日

变更日期：2017 年 3 月 17 日

国家质量监督检验检疫总局制

图 1-198　安装、改造、维修许可证书(市级质监局核发)

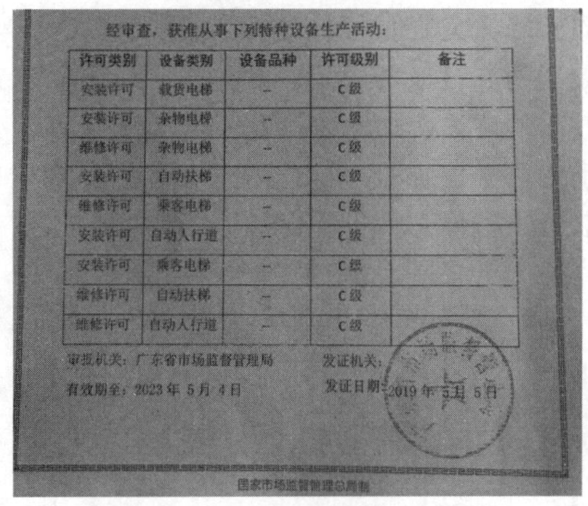

经审查，获准从事下列特种设备生产活动：

许可类别	设备类别	设备品种	许可级别	备注
安装许可	载货电梯	--	C 级	
安装许可	杂物电梯	--	C 级	
维修许可	杂物电梯	--	C 级	
安装许可	自动扶梯	--	C 级	
维修许可	乘客电梯	--	C 级	
安装许可	自动人行道	--	C 级	
安装许可	乘客电梯	--	C 级	
维修许可	自动扶梯	--	C 级	
维修许可	自动人行道	--	C 级	

审批机关：广东省市场监督管理局　发证机关：

有效期至：2023 年 5 月 4 日　发证日期：2019 年 5 月 5 日

国家市场监督管理总局制

图 1-199　安装、改造、维修许可证书(省级市场监管局核发)

经审查，获准从事下列电梯的安装、维修：

类型	施工类型	级别	备注
曳引与强制驱动电梯	安装、维修	A	限曳引驱动乘客电梯、曳引驱动载货电梯
自动扶梯与自动人行道			—
液压驱动电梯			—
其它类型电梯			限消防员电梯、杂物电梯

审批机关：天津市河西区市场监督管理局　发证机关：

有效期至：2023 年 6 月 24 日　发证日期：2019 年 6 月 31 日

国家市场监督管理总局制

图 1-200　安装、改造、维修许可证书(区级市场监管局核发)

表 1-31　电梯施工单位分类分级表

设备种类	设备类型	施工类别	各施工等级技术参数		
			A 级	B 级	C 级
电梯	乘客电梯 载货电梯 液压电梯 杂物电梯 自动扶梯 自动人行道	安装 改造 维修	技术参数不限	额定速度不大于 2.5 m/s、额定载重量不大于 5 t 的乘客电梯、载货电梯、液压电梯、杂物电梯，以及所有技术参数等级的自动人行道和自动扶梯	额定速度不大于 1.75 m/s、额定载重量不大于 3 t 的乘客电梯、载货电梯，以及所有技术参数等级的杂物电梯、自动人行道和提升高度不大于 6 m 的自动扶梯

根据《关于调整北京市特种设备生产单位许可有效期的通告》(京质监发〔2018〕27 号)和《北京市质量技术监督局关于印发〈北京市特种设备行政许可和电梯检验改革试点工作方案〉的通知》(京质监发〔2018〕28 号)，将 4 年有效期延长至 8 年，原核发 4 年有效期的许可证书届满前无需再办理许可延续，至 8 年许可有效期届满前，按规定办理行政许可延续。如图 1-201 所示，有效期为 4 年的安装、改造、修理许可证书，2021 年到期前无需办理延期手续，至 2025 年应办理延期手续。图 1-202 所示为有效期为 8 年的安装、改造、修理许可证书。

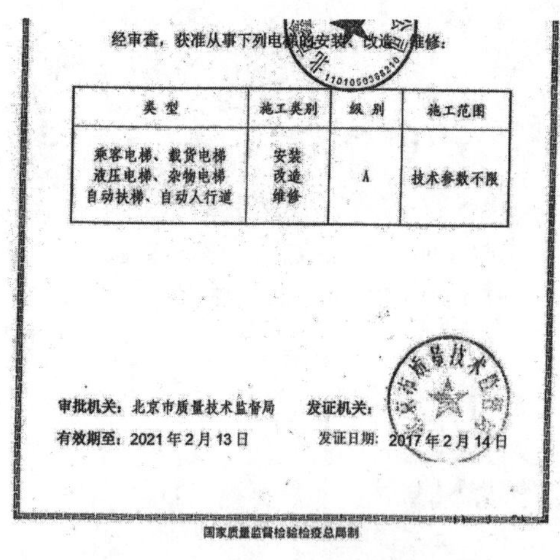

经审查，获准从事下列电梯的安装、改造、维修：

类型	施工类别	级别	施工范围
乘客电梯、载货电梯 液压电梯、杂物电梯 自动扶梯、自动人行道	安装 改造 维修	A	技术参数不限

审批机关：北京市质量技术监督局　发证机关：

有效期至：2021 年 2 月 13 日　发证日期：2017 年 2 月 14 日

国家质量监督检验检疫总局制

图 1-201　北京市有效期为 4 年的安装、改造、修理许可证书

经审查，获准从事下列电梯的安装、维修：

类型	施工类别	级别	施工范围
乘客电梯、载货电梯 液压电梯	安装 维修	B	额定速度不大于 2.5m/s、额定载重量不大于 5t。
杂物电梯、自动扶梯 自动人行道	安装 维修	B	技术参数不限

审批机关：北京市质量技术监督局　发证机关：

有效期至：2022 年 8 月 23 日　发证日期：2014 年 8 月 8 日

发证日期：2015 年 2 月 13 日

国家质量监督检验检疫总局制

图 1-202　北京市有效期为 8 年的安装、改造、修理证书

图 1-203 所示为黑龙江省质监局核发的只有修理资质的许可证书，持该许可证书的单位不得从事电梯的安装作业。另外，该许可证书未标注级别，可视为 A 级。图 1-204 所示是只有安装资质的许可证书。

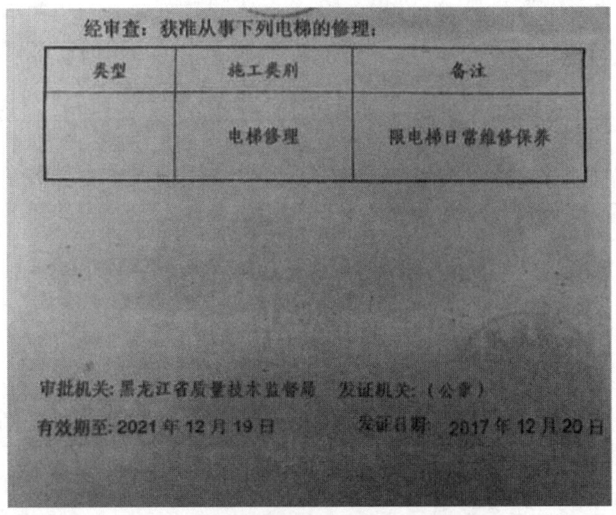
经审查：获准从事下列电梯的修理：

类型	施工类别	备注
	电梯修理	限电梯日常维修保养

审批机关：黑龙江省质量技术监督局　发证机关：（公章）
有效期至：2021 年 12 月 19 日　发证日期：2017 年 12 月 20 日

图 1-203　只有修理资质的许可证书

经审查，获准从事下列电梯安装、维修：

类型	施工类别	级别	备注
自动人行道、杂物电梯、载货电梯、液压电梯、乘客电梯、自动扶梯	安装	A	

审批机关：广东省质量技术监督局　发证机关：
有效期至：2021 年 3 月 12 日　发证日期：2017 年 3 月 13 日

国家质量监督检验检疫总局制

图 1-204　只有安装资质的许可证书

(3) TSG 07—2019 实施后取得许可证书的

1) 按 TSG 07—2019 评审的

a) 制造许可证书

根据《市场监管总局关于特种设备行政许可有关事项的公告》(2019 年第 3 号)，制造单位许可类别中，电梯许可项目包含了安装、改造、修理(见表 1-4)，许可级别见表 1-5，因此按照 TSG 07—2019 评审后取得制造许可证书(见图 1-6、图 1-7、图 1-8)可从事电梯的安装、改造、修理。

b) 安装许可证书

根据《市场监管总局关于特种设备行政许可有关事项的公告》(2019 年第 3 号)，安装改造维修许可类别中，电梯许可项目只有安装(含修理)(见表 1-32)，且全部由市场监管总局授权的省级市场监管部门实施或由省级市场监管部门核发。图 1-205～图 1-209 所示是常见的许可证书。需要注意的是，对于液压电梯，图 1-208 所示的许可证书仅限修理，不含安装。

表 1-32　特种设备生产单位许可目录

许可类别	项目	由总局实施的子项目	总局授权省级市场监管部门实施或由省级市场监管部门实施的子项目	备注
安装改造修理单位许可	电梯安装（含修理）	无	1. 曳引驱动乘客电梯（含消防员电梯）（A1、A2、B） 2. 曳引驱动载货电梯和强制驱动载货电梯（含防爆电梯中的载货电梯） 3. 自动扶梯与自动人行道 4. 液压驱动电梯 5. 杂物电梯（含防爆电梯中的杂物电梯）	许可参数见表 1-5

经审查，获准从事以下特种设备生产活动：

许可项目	许可子项目	许可参数	备注
电梯安装（含修理）	曳引驱动乘客电梯（含消防员电梯）	V≤6.0m/s	/
电梯安装（含修理）	曳引驱动载货电梯和强制驱动载货电梯（含防爆电梯中的载货电梯）	—	/
电梯安装（含修理）	自动扶梯与自动人行道	—	/
电梯安装（含修理）	液压驱动电梯	—	/
电梯安装（含修理）	杂物电梯（含防爆电梯中的杂物电梯）	—	/

审批机关：江苏省市场监督管理局　　发证机关：

有效期至：2023 年 07 月 29 日　　发证日期：2019 年 07 月 01 日

图 1-205　江苏省市场监管局核发的 A2 级许可证书（未标注级别）

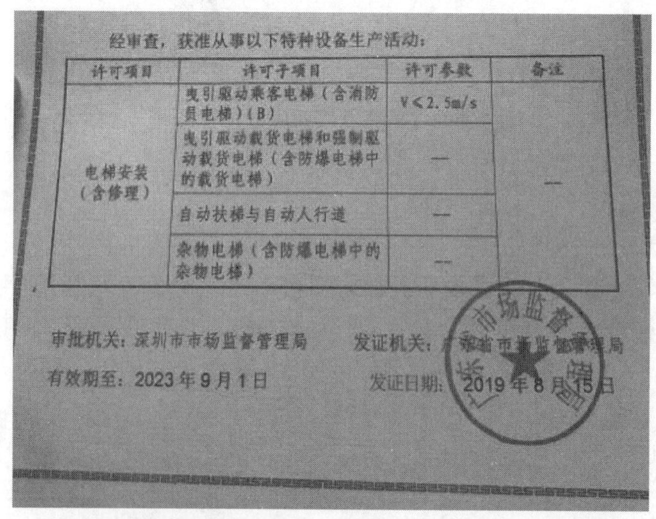

经审查，获准从事以下特种设备生产活动：

许可项目	许可子项目	许可参数	备注
电梯安装（含修理）	曳引驱动乘客电梯（含消防员电梯）(B)	V≤2.5m/s	—
	曳引驱动载货电梯和强制驱动载货电梯（含防爆电梯中的载货电梯）	—	
	自动扶梯与自动人行道	—	
	杂物电梯（含防爆电梯中的杂物电梯）	—	

审批机关：深圳市市场监督管理局　　发证机关：深圳市市场监督管理局

有效期至：2023 年 9 月 1 日　　发证日期：2019 年 8 月 15 日

图 1-206　深圳市市场监管局核发的 B 级许可证书（标注级别）

经审查，获准从事下列特种设备生产活动：

许可项目	许可子项目	许可参数	备注
电梯安装（含修理）	曳引驱动载货电梯和强制驱动载货电梯（含防爆电梯中的载货电梯）	Q≤5t	
电梯安装（含修理）	杂物电梯（含防爆电梯中的杂物电梯）	—	
电梯安装（含修理）	曳引驱动乘客电梯（含消防员电梯）(B)	V≤2.5m/s	

发证机关：广东省市场监督管理局

有效期至：2020年1月28日　　发证日期：2016年1月29日

变更日期：2019年7月19日

图 1-207　广东省市场监管局核发的 B 级许可证书(标注级别)

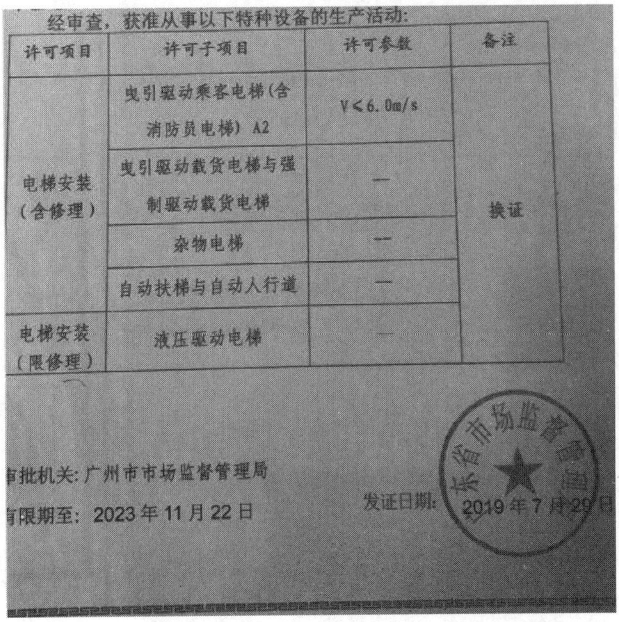

经审查，获准从事以下特种设备的生产活动：

许可项目	许可子项目	许可参数	备注
电梯安装（含修理）	曳引驱动乘客电梯(含消防员电梯) A2	V≤6.0m/s	换证
	曳引驱动载货电梯与强制驱动载货电梯	—	
	杂物电梯	—	
	自动扶梯与自动人行道	—	
电梯安装（限修理）	液压驱动电梯	—	

审批机关：广州市市场监督管理局

有限期至：2023年11月22日　　发证日期：2019年7月29日

图 1-208　广州市市场监管局核发的 A2 级许可证书(标注级别)

经审查，获准从事以下特种设备的生产活动：

许可项目	子项目	许可参数	备注
电梯安装（含修理）	曳引驱动乘客电梯（含消防员电梯）	—	/
电梯安装（含修理）	曳引驱动载货电梯和强制驱动载货电梯（含防爆电梯中的载货电梯）	—	/
电梯安装（含修理）	自动扶梯与自动人行道	—	/
电梯安装（含修理）	液压驱动电梯	—	/
电梯安装（含修理）	杂物电梯（含防爆电梯中的杂物电梯）	—	/

发证机关：[illegible]

有效期至：2021 年 07 月 27 日　　2016 年 [illegible] 30 日

发证日期：2020 年 03 月 09 日

经审查，获准从事以下特种设备生产活动：

许可项目	许可子项目	许可参数	备注
电梯安装（含修理）	曳引驱动乘客电梯（含消防员电梯）（A1）	—	—
	曳引驱动载货电梯和强制驱动载货电梯（含防爆电梯中的载货电梯）	—	
	自动扶梯与自动人行道	—	
	杂物电梯（含防爆电梯中的杂物电梯）	—	

审批机关：深圳市市场监督管理局　　发证机关：广东省市场监督管理局

有效期至：2024 年 7 月 27 日　　发证日期：2020 年 6 月 18 日

图 1-209　深圳市市场监管局核发的 A1 级许可证书

根据 2019 年第 3 号文，按 TSG 07—2019 评审获得的制造许可证书自动具有安装、改造、修理资质，因此，具有制造资质的单位在按 TSG 07—2019 评审获得制造许可证书后，不会再单独获取安装（含修理）资质的许可证书。但是，制造单位可以在其按照 174 号文评审获得的制造许可证书到期前单独申请安装（含修理）资质，如图 1-210 所示。此外，如果制造单位在 TSG 07—2019 实施前，按 251 号文取得了安装、改造、维修许可证书［见图 1-211a）］，那么即使其在 TSG 07—2019 实施后取得含安装、改造、修理的制造许可证书［见图 1-211b）］，原证依然有效。

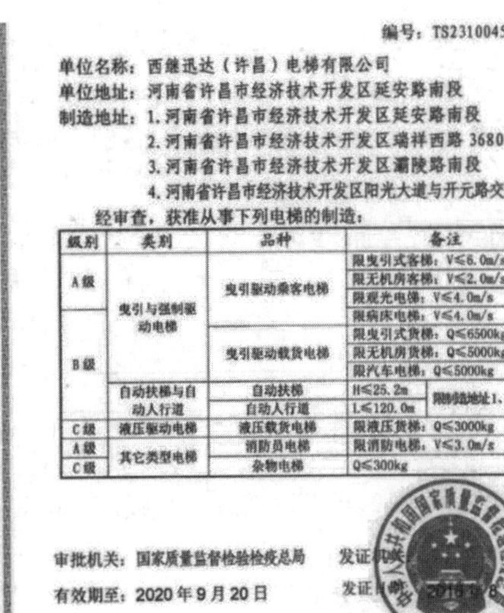

编号：TS2310045-2020

单位名称：西继迅达（许昌）电梯有限公司
单位地址：河南省许昌市经济技术开发区延安路南段
制造地址：1. 河南省许昌市经济技术开发区延安路南段
2. 河南省许昌市经济技术开发区瑞祥西路 3680 号
3. 河南省许昌市经济技术开发区灞陵路南段
4. 河南省许昌市经济技术开发区阳光大道与开元路交叉口

经审查，获准从事下列电梯的制造：

级别	类别	品种	备注	
A级	曳引与强制驱动电梯	曳引驱动乘客电梯	限曳引式客梯：V≤6.0m/s	
			限无机房客梯：V≤2.0m/s	
			限观光电梯：V≤4.0m/s	
B级			限病床电梯：V≤4.0m/s	
		曳引驱动载货电梯	限曳引式货梯：Q≤6500kg	
			限无机房货梯：Q≤5000kg	
			限汽车电梯：Q≤5000kg	
	自动扶梯与自动人行道	自动扶梯	H≤25.2m	限制造地址1、2、3
		自动人行道	L≤120.0m	
C级	液压驱动电梯	液压载货电梯	限液压货梯：Q≤3000kg	
A级	其它类型电梯	消防员电梯	限消防电梯：V≤3.0m/s	
C级		杂物电梯	Q≤300kg	

审批机关：国家质量监督检验检疫总局　　发证机关：
有效期至：2020 年 9 月 20 日　　发证日期：2016 年 8 月 1 日
变更日期：2017 年 5 月 31 日

a）按174号文取得的制造许可

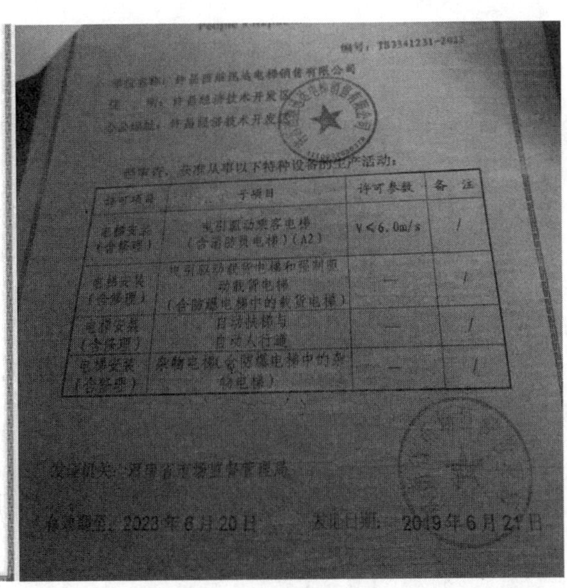

编号：TS3341231-2023

经审查，获准从事以下特种设备的生产活动：

许可项目	子项目	许可参数	备注
[illegible]	曳引驱动乘客电梯（含消防员电梯）（A2）	V≤6.0m/s	/
[illegible]	[illegible]（含防爆电梯中的载货电梯）	—	/
[illegible]	[illegible]	—	/
[illegible]	杂物电梯（含防爆电梯中的杂物电梯）	—	/

有效期至：2023 年 6 月 20 日　　发证日期：2019 年 6 月 21 日

b）按TSG 07—2019取得的安装许可

图 1-210　西继迅达的资质证书

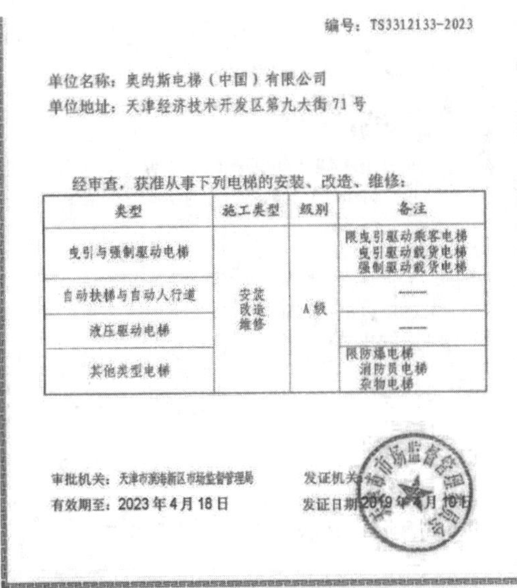

编号：TS3312133-2023

单位名称：奥的斯电梯（中国）有限公司
单位地址：天津经济技术开发区第九大街 71 号

经审查，获准从事下列电梯的安装、改造、维修：

类型	施工类型	级别	备注
曳引与强制驱动电梯	安装 改造 维修	A级	限曳引驱动乘客电梯 曳引驱动载货电梯 强制驱动载货电梯
自动扶梯与自动人行道			——
液压驱动电梯			——
其他类型电梯			限防爆电梯 消防员电梯 杂物电梯

审批机关：天津市滨海新区市场监督管理局　　发证机关：
有效期至：2023 年 4 月 18 日　　发证日期：2019 年 4 月 10 日

a）按251号文取得安装、改造、维修许可证书

编号：TS2310159-2024

单位名称：奥的斯电梯（中国）有限公司
住　　所：天津市经济技术开发区第九大街71号
制造地址：1. 天津市经济技术开发区第九大街71号
2. 天津市河西区解放南路443号（试验塔所在地）
3. 广东省广州市白云区夏花一路163号

经审查，获准从事以下特种设备生产活动：

许可项目	许可子项目	许可参数	备注
电梯制造（含安装、修理、改造）	曳引驱动乘客电梯（含消防员电梯）	—	限制造地址1；具体产品范围见型式试验证书
	曳引驱动载货电梯和强制驱动载货电梯（含防爆电梯中的载货电梯）	—	限制造地址1；具体产品范围见型式试验证书
	自动扶梯与自动人行道	—	限制造地址3；具体产品范围见型式试验证书

发证机关：国家市场监督管理总局
有效期至：2024年08月11日　　发证日期：

b）按TSG 07—2019取得的制造许可证书

图 1-211　奥的斯电梯（中国）的资质证书

2）直接换证的（未经评审）

a）制造许可证书

参考 1.1。

b）安装许可证书

TSG 07—2019 实施后，根据市监特设〔2019〕32 号文，原有安装改造修理许可证书（2019 年 5 月 31 日前取得）尚在有效期内的，可以自主选择是否按 TSG 07—2019 转化，愿意转化的，按照表 1-33 的对应关系，由许可机关予以转换成新版许可证书，如图 1-212 所示（由于某些不明原因，导致新旧证的编号不一样）。

对于有些单位换证时，其声明不从事电梯的安装作业或者原许可不含安装项目的，许可机关可发放只有修理不含安装的许可证书（见图 1-213）。

表 1-33　新旧生产单位许可项目对应表

许可种类	原许可级别	新许可级别
电梯安装	A 级安装	曳引驱动乘客电梯（含消防员电梯）A2、曳引驱动载货电梯和强制驱动载货电梯（含防爆电梯中的载货电梯）、自动扶梯与自动人行道、液压驱动电梯、杂物电梯（含防爆电梯中的杂物电梯）
	A 级改造	
	A 级维修	
	B、C 级安装	曳引驱动乘客电梯（含消防员电梯）B、曳引驱动载货电梯和强制驱动载货电梯（含防爆电梯中的载货电梯）、自动扶梯与自动人行道、液压驱动电梯、杂物电梯（含防爆电梯中的杂物电梯）
	B、C 级改造	
	B、C 级维修	

编号：TS3344C12-2022

单位名称：广东联合富士电梯有限公司

注册地址：佛山市南海区丹灶镇罗行村劳斛村民小组“村前旱地”地段（厂房）

经审查，获准从事下列特种设备生产活动：

许可类别	设备类别	设备品种	许可级别	备注
安装许可	自动人行道	—	A级	
维修许可	自动人行道	—	A级	
改造许可	杂物电梯	—	A级	
改造许可	乘客电梯	—	A级	
维修许可	载货电梯	—	A级	
安装许可	载货电梯	—	A级	
安装许可	杂物电梯	—	A级	
安装许可	乘客电梯	—	A级	
维修许可	杂物电梯	—	A级	

审批机关：广东省质量技术监督局　　发证机关：

有效期至：2022 年 3 月 7 日　　发证日期：2018年 3月 8日

国家质量监督检验检疫总局制

编号：TS3344C12-2022

单位名称：广东联合富士电梯有限公司

注册地址：佛山市南海区丹灶镇罗行村劳斛村民小组“村前旱地”地段（厂房）

经审查，获准从事下列特种设备生产活动：

许可类别	设备类别	设备品种	许可级别	备注
维修许可	自动扶梯	—	A级	
改造许可	载货电梯	—	A级	
改造许可	自动扶梯	—	A级	
维修许可	乘客电梯	—	A级	
安装许可	自动扶梯	—	A级	

审批机关：广东省质量技术监督局　　发证机关：

有效期至：2022 年 3 月 7 日　　发证日期：2018年 3月 8日

国家质量监督检验检疫总局制

a）旧证

图 1-212　直接换发的新版许可证书

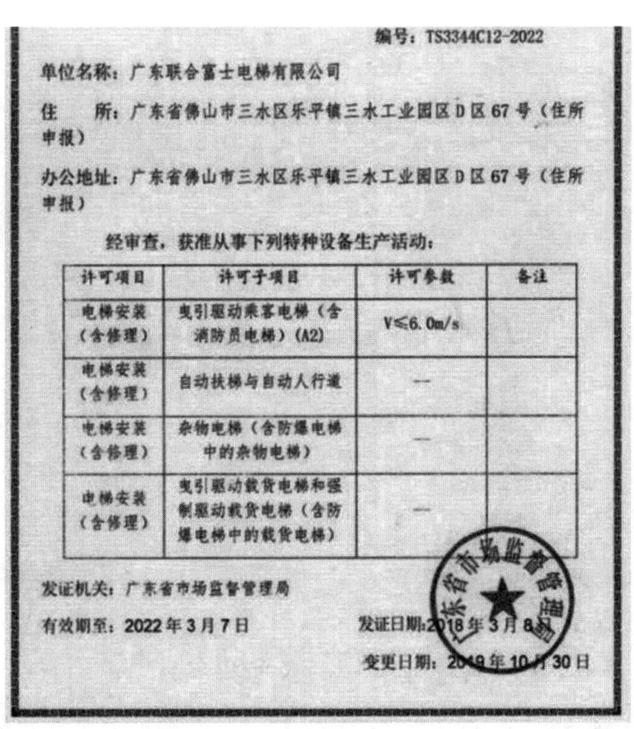

编号：TS3344C12-2022

单位名称：广东联合富士电梯有限公司

住　所：广东省佛山市三水区乐平镇三水工业园区D区67号（住所申报）

办公地址：广东省佛山市三水区乐平镇三水工业园区D区67号（住所申报）

经审查，获准从事下列特种设备生产活动：

许可项目	许可子项目	许可参数	备注
电梯安装（含修理）	曳引驱动乘客电梯（含消防员电梯）(A2)	V≤6.0m/s	
电梯安装（含修理）	自动扶梯与自动人行道	—	
电梯安装（含修理）	杂物电梯（含防爆电梯中的杂物电梯）	—	
电梯安装（含修理）	曳引驱动载货电梯和强制驱动载货电梯（含防爆电梯中的载货电梯）	—	

发证机关：广东省市场监督管理局

有效期至：2022年3月7日　　发证日期：2018年3月8日

变更日期：2019年10月30日

b) 新证

续图 1-212

经审查，获准从事下列特种设备生产活动：

许可项目	许可子项目	许可参数	备注
电梯安装（含修理）	自动扶梯与自动人行道	—	不含安装
电梯安装（含修理）	杂物电梯（含防爆电梯中的杂物电梯）	—	不含安装
电梯安装（含修理）	液压驱动电梯	—	不含安装
电梯安装（含修理）	曳引驱动载货电梯和强制驱动载货电梯（含防爆电梯中的载货电梯）	—	不含安装
电梯安装（含修理）	曳引驱动乘客电梯（含消防员电梯）(A2)	V≤6.0m/s	不含安装

发证机关：广东省市场监督管理局

有效期至：2021年6月5日　　发证日期：2017年6月6日

变更日期：2019年9月20日

图 1-213　换发后只限修理资质的许可证书

图 1-214 所示为其他类的特殊许可证书，图 1-214a)、b)所示是对许可参数做了限制的证书，图 1-214c)所示是有效期为五年的证书，图 1-214d)所示是安装限本单位生产的电梯

的证书。

经审查，获准从事以下特种设备生产活动：

许可项目	许可子项目	许可级别	许可参数	备注
电梯安装（含修理）	曳引驱动乘客电梯（含消防员电梯）	B	限额定速度≤1.75m/s	不含消防员电梯
电梯安装（含修理）	曳引驱动载货电梯和强制驱动载货电梯（含防爆电梯中的载货电梯）	不分级		限曳引驱动载货电梯，不含防爆电梯中的载货电梯

审批机关：福建省市场监督管理局　　发证机关：（公章）

有效期至：2024年1月31日　　发证日期：2020年1月19日

注：请在有效期届满前6个月提出换证申请。

福建省市场监督管理局制

a) 限制乘客电梯参数

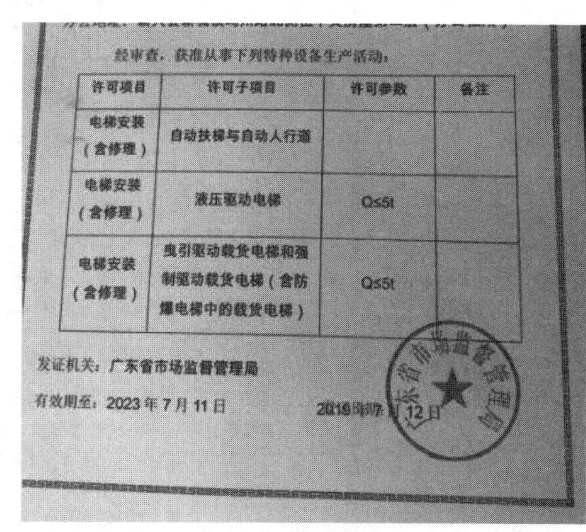

经审查，获准从事下列特种设备生产活动：

许可项目	许可子项目	许可参数	备注
电梯安装（含修理）	自动扶梯与自动人行道		
电梯安装（含修理）	液压驱动电梯	Q≤5t	
电梯安装（含修理）	曳引驱动载货电梯和强制驱动载货电梯（含防爆电梯中的载货电梯）	Q≤5t	

发证机关：广东省市场监督管理局

有效期至：2023年7月11日　　2019年7月12日

b) 限制载货和液压电梯参数

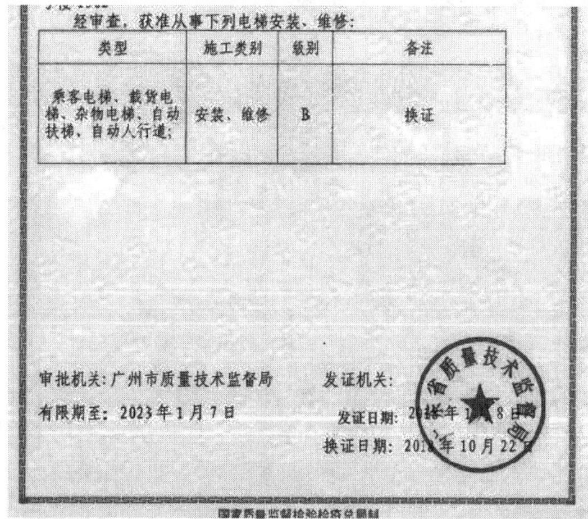

经审查，获准从事下列电梯安装、维修：

类型	施工类别	级别	备注
乘客电梯、载货电梯、杂物电梯、自动扶梯、自动人行道；	安装、维修	B	换证

审批机关：广州市质量技术监督局　　发证机关：

有限期至：2023年1月7日　　发证日期：20[illegible]年1[illegible]月8日

换证日期：201[illegible]年10月22日

国家质量监督检验检疫总局制

c) 有效期为五年的证书

经审查，获准从事下列电梯的安装、改造、维修：

类型	施工类别	级别	施工范围
乘客电梯、载货电梯 液压电梯、杂物电梯 自动扶梯、自动人行道	安装	A	技术参数不限（限本厂生产的电梯）
乘客电梯、载货电梯 液压电梯、杂物电梯 自动扶梯、自动人行道	改造、维修	A	技术参数不限

审批机关：北京市质量技术监督局　　发证机关：

有效期至：2021年11月12日　　2017年10月31日

发证日期：

国家质量监督检验检疫总局制

d) 安装限本单位生产的电梯

图 1-214　其他特殊的许可证书

图 1-215a)所示是因地址变更直接换发的证书，图 1-215b)所示是因疫情延长日期换发的证书，上述证书都延续了原证书参数的许可范围。

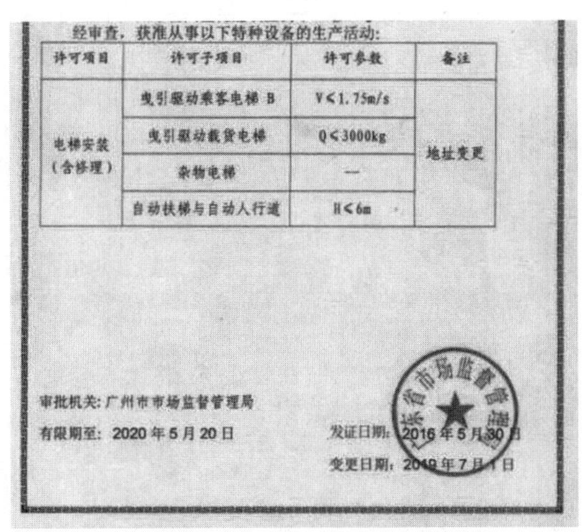

经审查，获准从事以下特种设备的生产活动:

许可项目	许可子项目	许可参数	备注
电梯安装（含修理）	曳引驱动乘客电梯 B	V≤1.75m/s	地址变更
	曳引驱动载货电梯	Q≤3000kg	
	杂物电梯	—	
	自动扶梯与自动人行道	H≤6m	

审批机关: 广州市市场监督管理局

有限期至: 2020 年 5 月 20 日　　发证日期: 2016 年 5 月 30 日

变更日期: 2019 年 7 月 1 日

a) 地址变更

经审查，获准从事以下特种设备的生产活动:

许可项目	许可子项目	许可参数	备注
电梯安装（含修理）	曳引驱动乘客电梯 B	V≤1.75m/s	延期
	曳引驱动载货电梯	Q≤3000kg	
	杂物电梯	—	
	自动扶梯与自动人行道	H≤6m	

审批机关: 广州市市场监督管理局

有限期至: 2020 年 10 月 7 日　　发证日期: 2020 年 3 月 20 日

b) 延期

图 1-215　直接换发的证书

（4）分公司与子公司

1）251 号文的要求

根据 251 号文，申请单位在注册地之外的省、自治区、直辖市设有分支机构的，如分支机构独立承担法律责任（即子公司），分支机构应在所在地单独申请相关资格；如分支机构不独立承担法律责任（即分公司），其特种设备施工资格应向其“法人”注册地的受理机构一并申请，约请分支机构所在地的评审机构评审，并与其“法人”相应资格的评审同期进行。取得许可的，其“法人”的“许可证书”上应注明该分支机构及许可的施工类别范围。

图 1-216 所示为奥的斯机电电梯有限公司总公司的安装、改造、修理许可证书，该证书上列明了奥的斯机电的六家分公司：杭州、金华、温州、宁波、嘉兴、绍兴，因此该六家分公司可以持此许可证书从事该证许可范围的电梯作业，许可范围与总公司相同。

图 1-217a）所示是奥的斯机电电梯有限公司广州分公司的许可证书，奥的斯机电总公司及其六家分公司也不得持此证从事该证许可范围的电梯作业。

也可以通过许可证书的编号（编号规则见 1.1.1）来判定，图 1-216 所示的许可证书编号为 TS3333254—2020，图 1-217 所示的许可证书编号为 TS3333133—2020。

奥的斯机电电梯（上海）有限公司、奥的斯机电电梯（重庆）有限公司是奥的斯机电电梯有限公司的全资子公司，但是该两家子公司也不得持图 1-216 所示许可证书从事该证许可范围的电梯作业。

编号：TS3333254-2020

单位名称：奥的斯机电电梯有限公司

单位地址：浙江省杭州市江干区九环路28号

分支机构：1、奥的斯机电电梯有限公司杭州分公司
浙江省杭州市江干区九华路3号12幢第一层
2、奥的斯机电电梯有限公司金华分公司
浙江省金华市双龙南街1151号综合楼801
3、奥的斯机电电梯有限公司温州分公司
浙江省温州市鹿城区新城大道319号中通大厦19楼E座
4、奥的斯机电电梯有限公司宁波分公司
浙江省宁波市海曙区布政巷16号科技创业大厦1502、1503、1504室
5、奥的斯机电电梯有限公司嘉兴分公司
浙江省嘉兴市元一柏庄二期56幢S7(含二层)楼
6、奥的斯机电电梯有限公司绍兴分公司
浙江省绍兴市越城区中兴北路好望大厦2幢2509室

经审查，获准从事下列类型电梯的安装、改造、修理；

具体的设备施工类别、级别、备注见明细表

审批机关：浙江省质量技术监督局　发证机关：

有效期：2016年5月31日　发证日期：2016年5月4日

至：2020年5月30日　变更日期：2016年10月19日

国家质量监督检验检疫总局制

编号：TS3333254-2020

单位名称：奥的斯机电电梯有限公司

类型	施工类别	级别	备注
曳引与强制驱动电梯	安装、改造、修理	A	乘客电梯：参数不限
			载货电梯：参数不限
液压驱动电梯			液压电梯：参数不限
其他类型电梯			杂物电梯：参数不限
自动扶梯与自动人行道			自动扶梯：参数不限
			自动人行道：参数不限

审批机关：浙江省质量技术监督局　发证机关：

有效期：2016年5月31日　发证日期：2016年5月4日

至：2020年5月30日　变更日期：2016年10月19日

国家质量监督检验检疫总局制

图 1-216　奥的斯机电电梯有限公司的许可证书

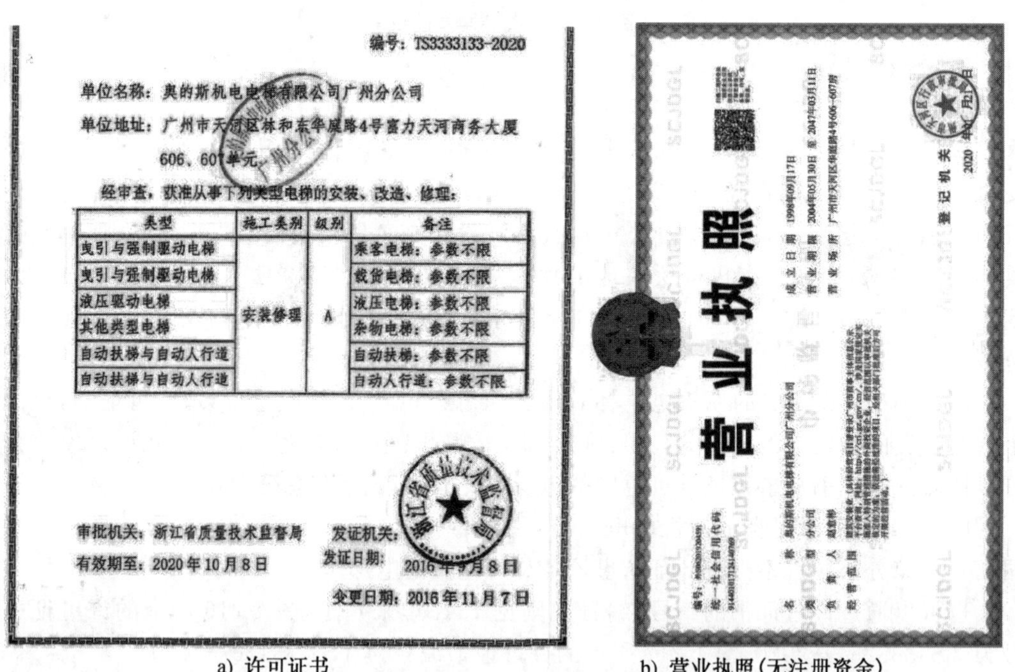

编号：TS3333133-2020

单位名称：奥的斯机电电梯有限公司广州分公司

单位地址：广州市天河区林和东华展路4号富力天河商务大厦606、607单元

经审查，获准从事下列类型电梯的安装、改造、修理：

类型	施工类别	级别	备注
曳引与强制驱动电梯	安装修理	A	乘客电梯：参数不限
曳引与强制驱动电梯			载货电梯：参数不限
液压驱动电梯			液压电梯：参数不限
其他类型电梯			杂物电梯：参数不限
自动扶梯与自动人行道			自动扶梯：参数不限
自动扶梯与自动人行道			自动人行道：参数不限

审批机关：浙江省质量技术监督局　发证机关：

有效期至：2020年10月8日　发证日期：2016年9月8日

变更日期：2016年11月7日

营业执照

名称　奥的斯机电电梯有限公司广州分公司

类型　分公司

成立日期　1998年09月17日

营业期限　2004年05月30日至2047年03月11日

营业场所　广州市天河区华庭路4号606—607房

登记机关

a) 许可证书　b) 营业执照(无注册资金)

图 1-217　奥的斯机电电梯有限公司广州分公司的许可证书

图 1-218a)和图 1-218b)所示分别为广州奥的斯电梯有限公司及其佛山分公司的许可证书，总公司和佛山分公司的“许可(施工)类别”不同，“编号”也不同。

图 1-219a)和图 1-219b)所示分别为迅达(中国)电梯有限公司和深圳分公司的许可证书，与图 1-216 所示的奥的斯机电电梯有限公司总公司及六家分公司在一张证上不同的是，迅达电梯两家分公司的许可证书为两张，其实是同一个证，只是以两张的形式出现，两张许可证书的编号都是 TS3331B95—2021。

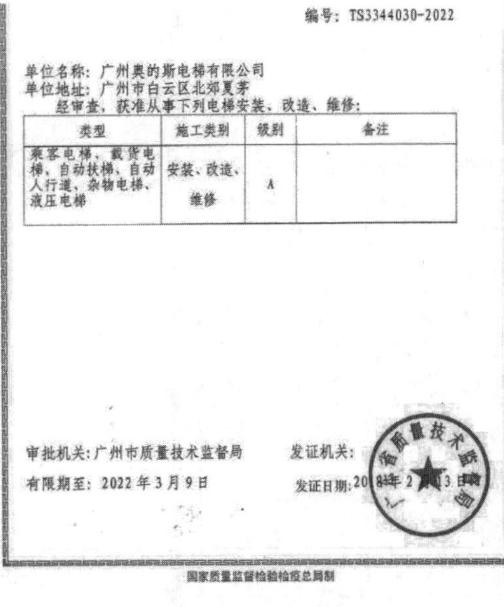

编号：TS3344030-2022

单位名称：广州奥的斯电梯有限公司
单位地址：广州市白云区北郊夏茅
经审查，获准从事下列电梯安装、改造、维修：

类型	施工类别	级别	备注
乘客电梯、载货电梯、自动扶梯、自动人行道、杂物电梯、液压电梯	安装、改造、维修	A	

审批机关：广州市质量技术监督局　　发证机关：
有限期至：2022年3月9日　　发证日期：2018年2月13日

国家质量监督检验检疫总局制

a) 总公司

编号：TS3344263-2021

单位名称：广州奥的斯电梯有限公司佛山分公司

注册地址：佛山市南海区桂城街道石龙南路嘉邦国金中心1座1501（住所申报）

经审查，获准从事下列特种设备生产活动：

许可类别	设备类别	设备品种	许可级别	备注
维修许可	自动人行道	--	A级	
安装许可	杂物电梯	--	A级	
维修许可	载货电梯	--	A级	
安装许可	乘客电梯	--	A级	

审批机关：广东省质量技术监督局　　发证机关：
有效期至：2021年1月8日　　发证日期：2016年12月16日
变更日期：2018年1月8日

国家质量监督检验检疫总局制

b) 佛山分公司

图 1-218　广州奥的斯电梯的许可证书

编号：TS3331B95-2021

单位名称：迅达（中国）电梯有限公司

单位地址：上海市嘉定区兴顺路555号

经审查，获准从事下列类型电梯的安装改造修理：

类型	施工类别	级别	备注
曳引与强制驱动电梯	安装、修理、改造	A	曳引驱动乘客电梯、曳引驱动载货电梯
液压驱动电梯	安装、修理、改造	A	
自动扶梯与自动人行道	安装、修理、改造	A	
其它类型电梯	安装、修理、改造	A	杂物电梯、消防员电梯

审批机关：上海市质量技术监督局　　发证机关：
有效期至：2021年02月06日　　发证日期：

第 1 页

a) 总公司

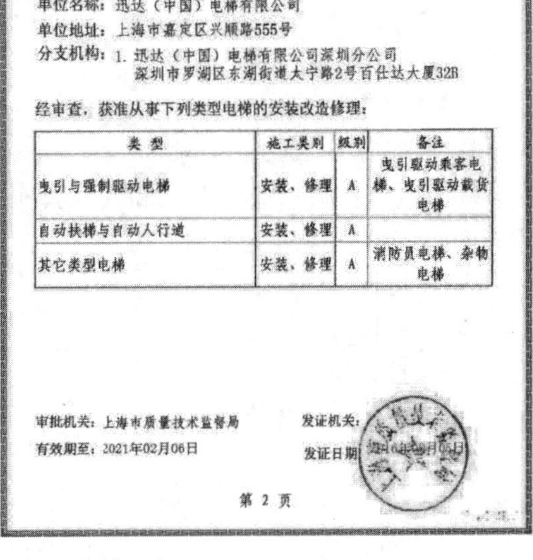

编号：TS3331B95-2021

单位名称：迅达（中国）电梯有限公司
单位地址：上海市嘉定区兴顺路555号
分支机构：1. 迅达（中国）电梯有限公司深圳分公司
深圳市罗湖区东湖街道太宁路2号百仕达大厦32B

经审查，获准从事下列类型电梯的安装改造修理：

类型	施工类别	级别	备注
曳引与强制驱动电梯	安装、修理	A	曳引驱动乘客电梯、曳引驱动载货电梯
自动扶梯与自动人行道	安装、修理	A	
其它类型电梯	安装、修理	A	消防员电梯、杂物电梯

审批机关：上海市质量技术监督局　　发证机关：
有效期至：2021年02月06日　　发证日期：

第 2 页

b) 深圳分公司

图 1-219　迅达电梯的许可证书

图 1-220 所示为西继迅达(许昌)电梯有限公司的许可证书,虽然其为迅达(中国)电梯有限公司的子公司,但是该证书与图 1-219 所示相互不兼容。

编号：TS3341677-2020

单位名称：西继迅达（许昌）电梯有限公司

单位地址：许昌市经济技术开发区延安路南段

经审查，获准从事下列电梯的安装、改造、修理：

类别	品种	施工类型	级别	备注
曳引式与强制驱动电梯	曳引驱动乘客电梯	安装、改造修理	A	技术参数不限
	曳引驱动载货电梯	安装、改造修理	A	技术参数不限
自动扶梯与自动人行道	自动扶梯	安装、改造修理	A	技术参数不限
	自动人行道	安装、改造修理	A	技术参数不限
其他类型电梯	杂物电梯	安装、改造修理	A	技术参数不限
	消防员电梯	安装、改造修理	A	技术参数不限
液压驱动电梯	液压载货电梯	安装、改造修理	A	技术参数不限

审批机关：河南省质量技术监督局　　发证机关：

有效期至：2020年8月31日　　发证日期：2016年9月1日

（提示：请于有效期满6个月前提交换证申请）

国家质量监督检验检疫总局制

图 1-220　西继迅达(许昌)电梯有限公司的许可证书

2）TSG 07—2019 的要求

根据 TSG 07—2019，公司和其分公司从事相应许可活动，可以以公司的名义申请许可，也可以分别单独申请许可。

a）制造许可

参考 1.1.1。

b）按照许可

参考(1)251 号文的要求。

3）其他

根据 2019 年第 3 号文，按照 TSG 07—2019 评审获得的制造资质包含安装、改造、修理，制造许可证书上不打印办公地址，所以，按照 TSG 07—2019 评审获得的制造许可证书上不能标注分公司的信息。因此，对于未单独取得安装(含修理)许可证书的分公司，可以持总公司的制造(含安装、改造、修理)从事许可范围内的业务，但应提供总公司的授权书(见图 1-221)。一般地说，为避免分公司业务影响到总公司的情况(如吊销许可证书)，分公司都会单独取证(见图 1-222)。受广东省电梯监管改革影响(有段时间取消发证)，在广东有分公司的制造单位会与广东分公司同时在注册地取得安装改造维修许可证书。

授　权　书

备检验院：

奥的斯电梯（中国）有限公司成都分公司（以下简称成都分公司）是奥的斯电梯（中国）有限公司在四川省的分支机构，负责奥的斯电梯（中国）有限公司在四川省的电梯销售、安装、调试校验、改造、维保业务。

奥的斯电梯（中国）有限公司成都分公司《特种设备安装、改造、维修许可证》信息：

编号：TS3351574-2021

经审查，获准从事下列电梯的安装、改造、维修：

类型	施工类别	级别	备注
乘客电梯、载货电梯、液压电梯、杂物电梯、自动扶梯、自动人行道	安装、改造、维修	A	/

审批机关：四川省质量技术监督局　　发证机关：四川省质量技术监督局
发证日期：2017年1月6日　　有效期至：2021年1月5日

现对奥的斯电梯（中国）有限公司成都分公司就奥的斯电梯（中国）有限公司所提供的电梯的销售、安装、改造、维保等相关业务予以授权，奥的斯电梯（中国）有限公司成都分公司（以下称成都分公司）在　　办理电梯监督检验与验收的相应事宜，该地区自检报告上加盖的印章为"奥的斯电梯（中国）有限公司成都分公司检验合格章"。

奥的斯电梯（中国）有限公司成都分公司检验合格章

涉及合同性质的文件或其他承诺需加盖本公司公章后方生效，本授权委托书不得转让。本授权书有效期至2019年12月31日。

奥的斯电梯（中国）有限公司
2019年1月1日

图 1-221　奥的斯电梯的授权书

编号：TS3331B96-2021

单位名称：迅达（中国）电梯有限公司上海分公司

单位地址：上海市静安区汶水路40号

经审查，获准从事下列类型电梯的安装改造修理：

类 型	施工类别	级别	备注
曳引与强制驱动电梯	安装、修理、改造	A	曳引驱动乘客电梯、曳引驱动载货电梯
液压驱动电梯	安装、修理、改造	A	
自动扶梯与自动人行道	安装、修理、改造	A	
其它类型电梯	安装、修理、改造	A	消防员电梯、杂物电梯

审批机关：上海市质量技术监督局　　发证机关：
有效期至：2021年02月06日　　发证日期：2016年09月01日

国家质量监督检验检疫总局制

图 1-222　迅达电梯上海分公司的许可证书

根据《市场监管总局　国家药监局　国家知识产权局支持复工复产十条》(国市监综〔2020〕30号)要求，对因疫情(新型冠状病毒肺炎)影响不能按时完成换证的特种设备生产单位，可办理许可证书延期。部分受影响的生产单位已办理许可证书延期申请，发证机关也视具体情况给予受理并发放了延期的许可证书，图1-223所示为在原有效期的基础上延长一年的新许可证书。

各地延长有效期的执行情况不一样，图1-224所示是按旧证格式延长有效期的许可证。

经审查，获准从事以下特种设备的生产活动：

许可项目	子项目	许可参数	备注
电梯安装（含修理）	曳引驱动乘客电梯（含消防员电梯）	—	/
电梯安装（含修理）	曳引驱动载货电梯和强制驱动载货电梯（含防爆电梯中的载货电梯）	—	/
电梯安装（含修理）	自动扶梯与自动人行道	—	/
电梯安装（含修理）	液压驱动电梯	—	/
电梯安装（含修理）	杂物电梯（含防爆电梯中的杂物电梯）	—	/

发证机关：上海市市场监督管理局 （章）

有效期至：2021年07月27日

发证日期：2016年06月30日

变更日期：2020年03月09日

图 1-223　有效期延长一年的许可证书

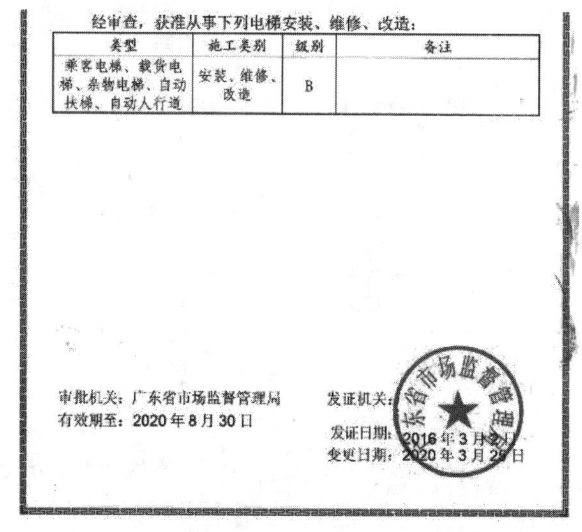

经审查，获准从事下列电梯安装、维修、改造：

类型	施工类别	级别	备注
乘客电梯、载货电梯、杂物电梯、自动扶梯、自动人行道	安装、维修、改造	B	

审批机关：广东省市场监督管理局

有效期至：2020年8月30日

发证机关：

发证日期：2016年3月2日

变更日期：2020年3月25日

图 1-224　按旧证格式延长有效期

（5）许可证书变更和有效期

1）TSG T07—2019 实施前

251号文要求，在“制造许可证书”有效期内，单位名称变更时，应及时上报，向原受理机构提出更换证书申请。原受理机构在核定后，可以换发新的许可证书，证书有效期及作业项目许可范围不变，原证书由原受理机构收回；通讯地址变更时，应当及时报原受理机构备案。

如果在 TSG T07—2019 实施（2019年6月1日）前，公司名称发生变更的，虽然251号文要求持证单位及时上报，向原受理机关更换新的许可证书，但是没有具体的上报时限。营业执照变更日期、许可证书变更日期、告知日期、监督检验日期等的时间节点和检验要求如表 1-34 所示。对于在监督检验过程中，营业执照发生变更的，如果需要进一步提供技术资料的，应加盖变更后公司名称的公章并提供变更证明文件（如注册地市场监督管理局出具的《公司登记基本情况》）。值得注意的是，电梯安装属于监督检验，是一个过程，根据

TSG T7001 的要求，检验机构是在施工单位自检合格的基础上实施监督检验，且自检报告应由电梯整机制造单位出具或者确认。因此，施工过程中，施工单位名称发生变更时，如果自检报告包括变更之前已自检合格且经过检验机构审查的内容，自检报告以及施工过程记录应加盖名称变更前后的两个公章。

表 1-34 时间节点和检验要求

情况	时间节点			
1	营业执照变更日期	许可证书变更日期	告知日期	监督检验日期
检验要求	(■新，□旧)安装许可证书；(□需，■不)营业执照变更证明；(■新，□旧)复印件公章			
2	营业执照变更日期	告知日期	许可证书变更日期	监督检验日期
检验要求	(■新，□旧)安装许可证书；(□需，■不)营业执照变更证明；(■新，□旧)复印件公章			
3	营业执照变更日期	告知日期	监督检验日期	许可证书变更日期
检验要求	(□新，■旧)安装许可证书；(■需，□不)营业执照变更证明；(■新，□旧)复印件公章			
4	告知日期	营业执照变更日期	监督检验日期	许可证书变更日期
检验要求	(□新，■旧)安装许可证书；(■需，□不)营业执照变更证明；(■新，□旧)复印件公章			
5	告知日期	监督检验日期	营业执照变更日期	许可证书变更日期
检验要求	(□新，■旧)安装许可证书；(□需，■不)营业执照变更证明；(□新，■旧)复印件公章			

2) TSG T07—2019 实施后

按 TSG T07—2019 的要求，安装单位改变单位名称或者地址更名，应当在变更后 30 个工作日内向原发证机关提出变更许可证书申请，发证机关应当自收到变更申请资料之日起 20 个工作日内做出是否准予变更的决定。准予变更的，换发新许可证书，并且收回原许可证书；不予变更的，书面告知申请单位并且说明理由。一般地说，制造单位的名称发生变更的许可申请，都会准予变更。

TSG T07—2019 对安装单位提出变更的时间、发证机关做出是否准予变更的决定的时间都做了规定，因此，安装单位的名称发生变更除参考 TSG T07—2019 实施前公司名称变更的情况外，对于监督检验在营业执照变更后、安装许可变更前的情况，即表 1-34 中 3、4，当营业执照变更后 30 日内实施监督检验时，不需要制造单位提供已向发证机关提出变更申请的证明；当在营业执照变更后 30～50 日内实施监督检验时，制造单位应提供已向发证机关提出变更申请的证明，否则，应终止检验。当在营业执照变更后 50 日外实施监督检验时，制造单位应提供新的制造许可证书，否则，应终止检验。

3) 有效期

按 174 号文和 TSG 07—2019 取得许可证书的有效期均为 4 年，对于监督检验期间许可证书到期的，安装单位应停止施工，待取得新许可证书后告知监督检验机构，经检验机构审查安装许可证书符合要求后，方可进行下一步施工。图 1-225 所示为迅达(中国)电梯有限公司在施工过程中提供的两个安装许可证书。

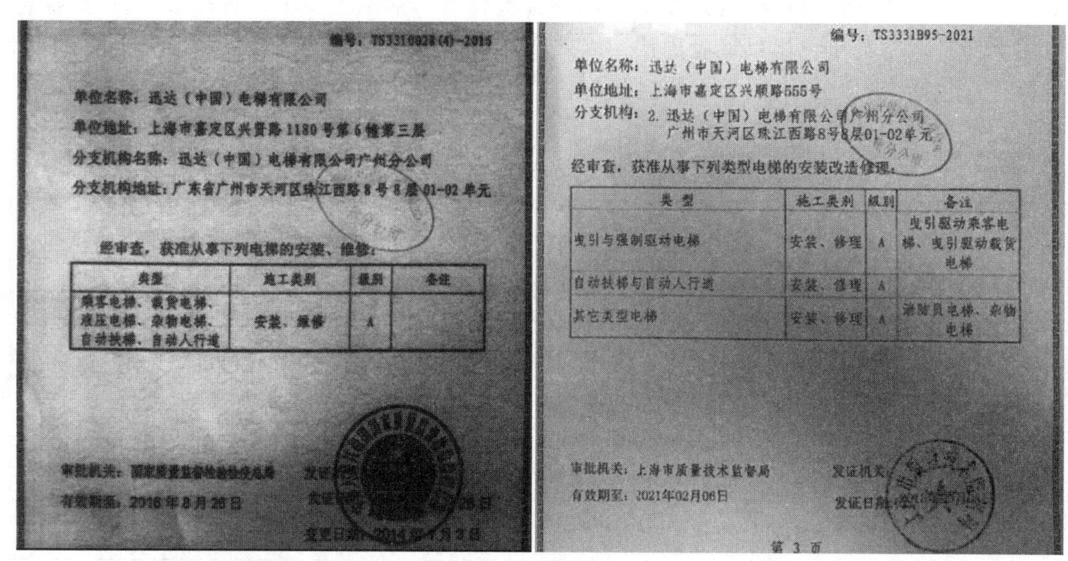

编号：TS3310028(4)-2016

单位名称：迅达（中国）电梯有限公司
单位地址：上海市嘉定区兴贤路1180号第6幢第三层
分支机构名称：迅达（中国）电梯有限公司广州分公司
分支机构地址：广东省广州市天河区珠江西路8号8层01-02单元

经审查，获准从事下列电梯的安装、维修：

类型	施工类别	级别	备注
乘客电梯、载货电梯、液压电梯、杂物电梯、自动扶梯、自动人行道	安装、维修	A	

审批机关：国家质量监督检验检疫总局
有效期至：2016年8月26日
变更日期：2014年1月2日

编号：TS3331B95-2021

单位名称：迅达（中国）电梯有限公司
单位地址：上海市嘉定区兴顺路555号
分支机构：2. 迅达（中国）电梯有限公司广州分公司
广州市天河区珠江西路8号8层01-02单元

经审查，获准从事下列类型电梯的安装改造修理。

类型	施工类别	级别	备注
曳引与强制驱动电梯	安装、修理	A	曳引驱动乘客电梯、曳引驱动载货电梯
自动扶梯与自动人行道	安装、修理	A	
其它类型电梯	安装、修理	A	消防员电梯、杂物电梯

审批机关：上海市质量技术监督局
发证机关：
有效期至：2021年02月06日
发证日期：

第 3 页

图 1-225　迅达(中国)电梯有限公司的安装、改造、维修许可证书

4）施工单位变更

对于监督检验过程中因故需变更施工单位的，如原施工单位许可资质有效期届满尚未换证等，应提供经制造单位授权且使用单位同意的证明文件以及新施工单位的安装许可证书，经检验机构审查符合要求后，方可进行下一步施工。

（6）告知的方式

根据2014年1月1日实施的《特种设备安全法》第二十三条规定，特种设备安装、改造、修理的施工单位应当在施工前将拟进行的特种设备安装、改造、修理情况书面告知直辖市或者设区的市级人民政府负责特种设备安全监督管理的部门，但“书面”告知也可以有多种方式。根据质检办特函〔2009〕1186号《关于简化〈特种设备安装改造维修告知书〉的通知》，告知方式可以用快递、邮寄、传真以及电子邮件等形式。根据质检办特函〔2013〕684号《关于进一步规范特种设备安装改造维修告知工作的通知》，施工单位办理特种设备安装、改造、修理告知，只需填写特种设备安装改造修理告知书（见表1-35），提交给办理使用登记的特种设备安全监督管理部门，同时抄送给实施监督检验的特种设备检验机构，施工单位可以采用派人送达、挂号邮寄或特快专递、网上告知、传真、电子邮件等方式进行安装、改造、修理告知。施工单位采用传真、电子邮件方式告知的，应采用有效方式与接收告知的特种设备安全监督部门确认告知书是否收到。

查看安装告知书（告知单）。对通过快递、邮寄、传真以及电子邮件等形式获取的告知书，应复印或打印输出，存档备查。

表1-35　特种设备安装改造修理告知书

施工单位：________（加盖公章）告知书编号：			
设备名称		型号（参数）	
设备代码		制造编号	
设备制造单位全称		制造许可证书编号	

续表 1-35

设备地点			安装改造修理日期		
施工单位全称					
施工类别	安装□改造□修理□	许可证书编号		许可证书有效期	
联系人		电话		传真	
地址				邮编	
使用单位全称					
联系人		电话		传真	
地址				邮编	
注 1：告知单按每台设备填写。 **注 2**：施工单位应提供特种设备许可证书书复印件(加盖单位公章)。					

(7) 资料审查时机

该项目在电梯安装施工前审查,必要时进行现场核对。一般在报检时检验机构业务受理部门也要审查,如不符合要求,应提出整改要求。

【参考做法】

(1) 施工单位应与告知书、安装许可证书一致。

(2) 原则上安装合同上的安装单位也应与告知书一致,允许由分公司签订安装合同总公司安装,也允许由总公司签订安装合同委托有相应安装资质的分公司(见图 1-226)安装。如果委托给有相应安装资质的其他公司安装,应有经使用单位确认的委托书,被委托方签字、盖章,如果安装合同中没有明确运行安装单位委托第三方进行安装,还需要使用单位签字、盖章(见图 1-227)。

对未取得相应资质的分公司,经总公司授权(见图 1-228),可以持总公司的许可证以分公司的名义从事总公司许可范围内的电梯作业。

(3) 以报检日期来判断安装许可证书是否在有效期内。

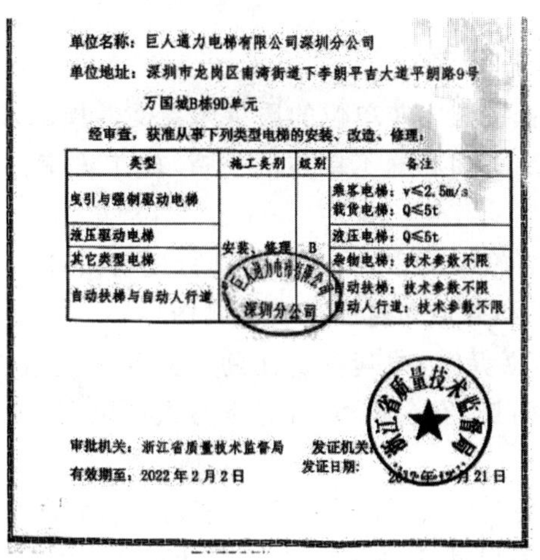

单位名称：巨人通力电梯有限公司深圳分公司

单位地址：深圳市龙岗区南湾街道下李朗平吉大道平朗路9号万国城B栋9D单元

经审查，获准从事下列类型电梯的安装、改造、修理：

类型	施工类别	级别	备注
曳引与强制驱动电梯	安装、修理	B	乘客电梯：v≤2.5m/s 载货电梯：Q≤5t
液压驱动电梯			液压电梯：Q≤5t
其它类型电梯			杂物电梯：技术参数不限
自动扶梯与自动人行道			自动扶梯：技术参数不限 自动人行道：技术参数不限

审批机关：浙江省质量技术监督局　　发证机关：

有效期至：2022 年 2 月 2 日　　发证日期：201[illegible]年[illegible]月 21 日

图 1-226　巨人通力广州分公司的安装、改造、修理许可证书

HITACHI
Inspire the Next

日立电梯安装委托书

被委托单位：东莞市创盈机电设备有限公司

单位地址：东莞市万江区水蛇涌社区泰新路盈丰大厦B座215室

法定代表人：陈近锋

特种设备安装改造维修许可证编号：TS33441270-2019

被委托区域：东莞市

被委托内容：依照国家有关法律法规及《特种设备安装改造维修许可证》许可范围内，在被委托区域安装日立电梯（中国）有限公司生产的电梯产品。

被委托期限：2018 年 4 月 1 日至 2019 年 3 月 31 日

委托单位：日立电梯(中国)有限公司

图 1-227　日立的授权书

单位名称：上海三菱电梯有限公司

住　　所：上海市闵行区江川路 811 号

办公地址：1. 上海市闵行区江川路 811 号

分支机构：上海三菱电梯有限公司东莞分公司

东莞市南城区元美路 10 号亨美商业大厦 1207-1209 号

经审查，获准从事以下特种设备的生产活动：

许可项目	子项目	许可参数	备　注
电梯安装（含修理）	曳引驱动乘客电梯（含消防员电梯）	—	/
电梯安装（含修理）	曳引驱动载货电梯和强制驱动载货电梯（含防爆电梯中的载货电梯）	—	/
电梯安装（含修理）	自动扶梯与自动人行道	—	/
电梯安装（含修理）	液压驱动电梯	—	/
电梯安装（含修理）	杂物电梯（含防爆电梯中的杂物电梯）	—	/

发证机关：上海市市场监督管理局（章）

有效期至：2021 年 07 月 27 日

发证日期：2016 年 08 月 30 日

变更日期：2020 年 08 月 09 日

授权书

本授权书声明：上海三菱电梯有限公司董事长范秉勋代表本公司授权隶属单位上海三菱电梯有限公司东莞分公司为本公司的合法经营单位，其权限是：处理东莞市、增城市内所有三菱品牌电梯项目的安装、改造、维修、保养服务的合同签署及与合同相关的一切事宜，并对其工作认可有效。

本授权书于 2019 年 1 月 1 日生效，特此声明

单位名称：上海三菱电梯有限公司东莞分公司

地址：东莞市南城区元美路亨美商业大厦 12 楼 1208 室

税号：91441900661476903Q

电话：0769-22820830

开户行：中信银行东莞东城支行

账户：7448910182400000217

上海三菱电梯有限公司

2019 年 1 月 1 日

图 1-228　三菱的授权书

1.2.2　施工方案

【监督检验工作指引】

（1）审查施工方案是否按照安装单位的质量体系文件规定，履行审批手续。

（2）施工方案应有批准日期和施工单位的公章，施工方案内容应完整、齐全，且与施工现场情况一致。

（3）该项目在电梯安装施工前审查，必要时进行现场核对。

1.2.3　机房（机器设备间）和井道布置图或者勘测图

该内容强调了安装单位责任，即其有责任勘测并保证通道、通道门、井道顶部空间、底坑空间、楼层间距、井道内防护、安全距离、井道下方人可以到达的空间等满足安全要求。

【监督检验工作指引】

（1）查看所提供的图纸上是否标注有提升高度、顶层高度、底坑深度、楼层间距、井道内防护、安全距离等内容，相关尺寸应满足电梯的设计要求，井道内防护、安全距离应满足相关安全技术规范的要求。

(2) 安装单位可以在布置图或土建工程勘测图上声明并加盖公章或检验专用章，如图 1-229 所示，也可以另外出具声明，如图 1-230 所示，但应保证该声明和布置图或土建工程勘测图的唯一对应关系。

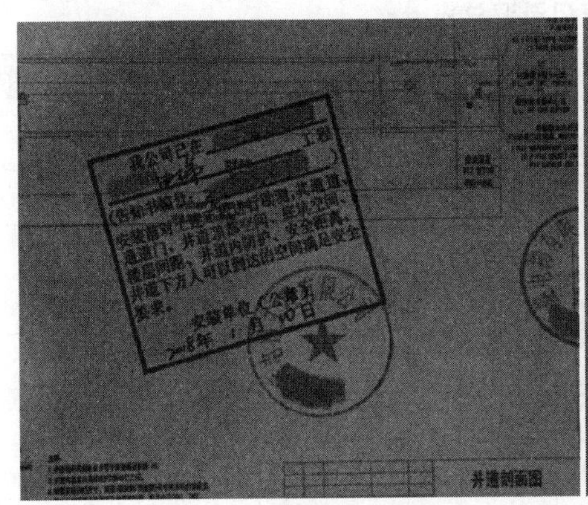

a) 印章

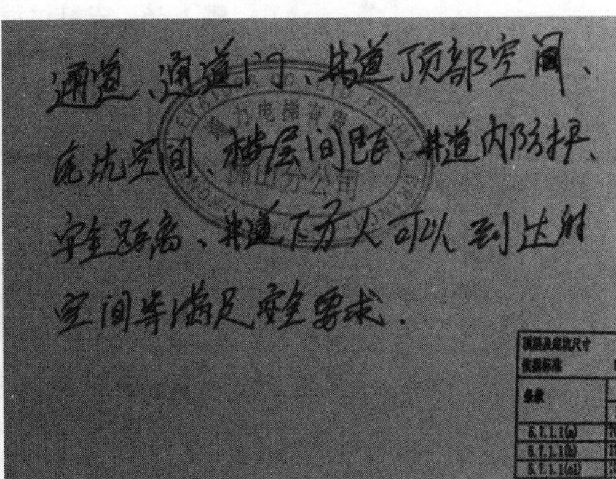

b) 手写

图 1-229　在图纸上声明(印章)

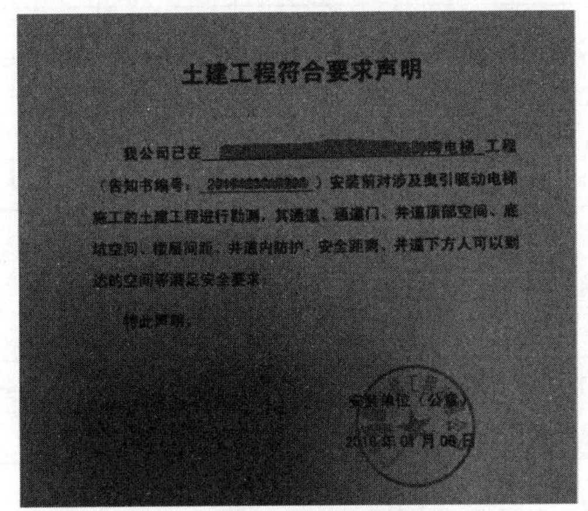

土建工程符合要求声明

我公司已在＿＿＿＿＿＿的电梯 工程（告知书编号：＿＿＿＿＿＿）安装前对涉及曳引驱动电梯施工的土建工程进行勘测，其通道、通道门、井道顶部空间、底坑空间、楼层间距、井道内防护、安全距离、井道下方人可以到达的空间等满足安全要求。

特此声明。

安装单位（公章）

2018年01月08日

图 1-230　另出具声明

(3) 以下情况应重点查看，必要时现场核对：

1) 楼层间距超过 11 m，需设置井道安全门时；

2) 井道下方存在人员可以进入的空间时，应按 TSG T7001 中 3.17 的要求，查阅以下资料：

① 审查底坑地面的设计资料，是否按 5 000 N/m² 载荷设计；

② 对重缓冲器安装在一直延伸到坚固地面的实心桩墩上或装设了对重安全钳。

3) 机房、通道尺寸是否能满足 TSG T7001 中 2.1 及 2.3 的要求。

(4) 该项目在电梯安装施工前审查，如果现场确认，查看现场机房或机器设备间尺寸是否满足上述布置图的要求。

1.2.4　施工过程记录和自检报告

【监督检验工作指引】

(1) 施工过程记录一般应由施工单位填写。审查施工过程中的各项记录是否齐全，如开箱验收记录、井道尺寸验收记录、隐蔽工程检查记录、阶段检查记录等，可参考表 1-36《安装过程记录汇总表》，审查是否有记录人员签字和记录日期，应注意竣工日期与施工过程记录日期、自检报告的自检日期是否矛盾。

表 1-36　安装过程记录汇总表

序号	工序内容	检查结果	整改情况	完成日期	检查员
1	按机房及井道图测量相关土建工程				
2	开箱并按装箱单清点零部件				
3	施工前准备，人员进场前安全教育及技术交底				
4	零部件吊装就位				
5	施工脚手架架设				
6	施工用临时电源架设				
7	样板架制作安装及放线				
8	轿厢、对重导轨支架安装				
9	轿厢、对重导轨安装				
10	主机承重梁定位安装				
11	主机(及导向轮)安装				
12	轿厢、安全钳组装				
13	对重安装				
14	曳引绳及补偿绳(链)安装				
15	限速器及张紧装置安装				
16	层门(及层门护脚板)安装				
17	控制柜及机房电气敷设				
18	井道件(限位、极限、平层等)的安装				
19	井道电气电缆和随行电缆敷设				
20	轿厢电气敷设				
21	层站电气敷设				
22	样板架、定位线，脚手架拆除				
23	缓冲器安装				
24	底坑电气敷设				
25	对重护栏安装				
26	面对轿厢入口井道壁装护板(必要时)				
27	补漆、清理场地				
28	主机、导靴等部位加油润滑				
29	整机电气、机械慢车调试				
30	平衡系数及整机电气、机械快车调试				
31	机房、轿顶、轿内、底坑装警示标志和救援说明				
32	交付检验人员自检				

(2) 自检报告内容至少包括 TSG T7001 附件 B 所列项目，检查项目应有自检结果，有测试数据要求的，必须记录数据。自检报告还应有自检人员签名、自检结论和审核人员签名。

(3) 自检报告可以直接由授权安装电梯的制造单位出具，也可以由施工单位出具，但应经授权安装电梯的制造单位确认，即至少有确认意见和确认单位公章或检验专用章。

1) 自检报告上制造单位的确认章名称应与电梯制造许可证书、出厂合格证公章(检验专用章)的名称一致。如蒂森电梯有限公司、蒂森克虏伯扶梯(中国)有限公司、蒂森克虏伯电梯(上海)有限公司是各有制造资质的三家不同电梯制造单位，应注意区分。而蒂森克虏伯电梯(中国)有限公司只是一个管理公司，没有电梯制造资质，因此不能代表电梯制造单位确认自检报告。

2) 如果制造单位设有非独立法人的分公司，分公司的责任是由总公司承担，因此，允许自检报告盖分公司章，但应提供图 1-231 所示的由制造单位出具(盖公章)给分公司的授权书，并将该授权书复印件与自检报告一同存档。对于独立法人的子公司，除非该子公司有电梯制造资质，否则，自检报告应盖有电梯制造资质的总公司的章。

授　权　书

备检验院：

奥的斯电梯（中国）有限公司成都分公司（以下简称成都分公司）是奥的斯电梯（中国）有限公司在四川省的分支机构，负责奥的斯电梯（中国）有限公司在四川省的电梯销售、安装、调试校验、改造、维保业务。

奥的斯电梯（中国）有限公司成都分公司《特种设备安装、改造、维修许可证》信息：

编号：TS3351574-2021

经审查，获准从事下列电梯的安装、改造、维修：

类型	施工类别	级别	备注
乘客电梯、载货电梯、液压电梯、杂物电梯、自动扶梯、自动人行道	安装、改造、维修	A	/

审批机关：四川省质量技术监督局　　发证机关：四川省质量技术监督局
发证日期：2017 年 1 月 6 日　　有效期至：2021 年 1 月 5 日

现对奥的斯电梯（中国）有限公司成都分公司就奥的斯电梯（中国）有限公司所提供的电梯的销售、安装、改造、维保等相关业务予以授权，奥的斯电梯（中国）有限公司成都分公司（以下称成都分公司）在　　办理电梯监督检验与验收的相应事宜，该地区自检报告上加盖的印章为“奥的斯电梯（中国）有限公司成都分公司检验合格章”。

奥的斯电梯（中国）有限公司成都分公司检验合格章

涉及合同性质的文件或其他承诺需加盖本公司公章后方生效。本授权委托书不得转让。本授权书有效期至 2019 年 12 月 31 日。

奥的斯电梯（中国）有限公司
2019 年 1 月 1 日

图 1-231　制造单位给分公司的授权书

对于不具有总公司与分公司、母公司与子公司关系的两个独立法人的制造单位，若由其中一个公司全权履行另一个公司的安装、改造、修理等义务，需经市场监管总局同意，(图 1-232 所示为上海三菱电梯有限公司的请示回函)，且提供原制造单位的委托函(见图 1-233)或授权书。

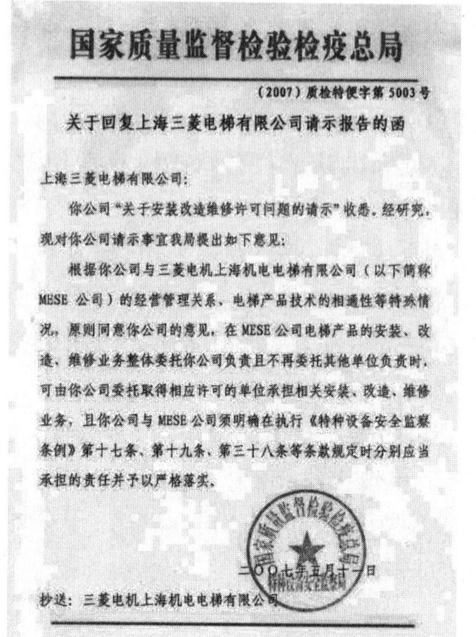

国家质量监督检验检疫总局

（2007）质检特便字第 5003 号

关于回复上海三菱电梯有限公司请示报告的函

上海三菱电梯有限公司：

你公司"关于安装改造维修许可问题的请示"收悉。经研究，现对你公司请示事宜我局提出如下意见：

根据你公司与三菱电机上海机电电梯有限公司（以下简称 MESE 公司）的经营管理关系、电梯产品技术的相通性等特殊情况，原则同意你公司的意见。在 MESE 公司电梯产品的安装、改造、维修业务整体委托你公司负责且不再委托其他单位负责时，可由你公司委托取得相应许可的单位承担相关安装、改造、维修业务，且你公司与 MESE 公司须明确在执行《特种设备安全监察条例》第十七条、第十九条、第三十八条等条款规定时分别应当承担的责任并予以严格落实。

二〇〇七年五月十一日

抄送：三菱电机上海机电电梯有限公司

图 1-232　原国家质检总局出具的函

三菱电机上海机电电梯有限公司

关于三菱电机上海机电电梯有限公司

电梯产品安装、改造、修理、维护保养业务整体委托函

上海三菱电梯有限公司：

在三菱电机上海机电电梯有限公司（以下简称 MESE）成立时，根据各投资方规划：MESE 生产的全部电梯产品由上海三菱电梯有限公司（以下简称 SMEC）签订安装、改造、修理、维护保养合同。SMEC 亦就 MESE 电梯安装、改造、修理、维护保养相关的委托问题，请示过国家质量监督检验检疫总局特种设备安全监察局并获同意（见文件号：(2007 质检特便字第 5003 号）。

故以本函委托 SMEC 进行 MESE 电梯产品的安装、改造、修理、维护保养工作，并由 SMEC 对产品的安装、改造、修理、维护保养质量负责，相关电梯检验报告（即厂家自检报告）由 SMEC 出具并盖章确认。

同时在国家质量监督检验检疫总局特种设备安全监察局批示同意的前提下，MESE 同意 SMEC 将安装、改造、修理、维护保养业务委托给 SMEC 指定的，具有相应许可的单位。

谢谢支持，并祝商祺！

委托方：三菱电机上海机电电梯有限公司

2019 年 11 月 18 日

受托方：上海三菱电梯有限公司

2019 年 11 月 18 日

图 1-233　委托函

3）如果电梯制造单位出具或者确认的电梯整机自检报告只有彩印的检验章（见图 1-234），就必须要求电梯制造单位提供内容如图 1-235 所示且加盖公章的说明，而且还应提供该电梯制造单位专职验收人员签章复印件，检验机构应将该说明的复印件作为自检报告的附件一同存档。

适用于检规含第3号修改单

2019 年 12 月修订版

买卖合同号：2■■■■RLQ-1

施工合同号：■■■■RLQ-GZ

电梯检验报告

（安装、改造、重大修理）

QSM6015.1-B2

施工类别 ☑安装 □改造 □重大修理

设备类别 曳引与强制驱动电梯

设备品种 曳引驱动乘客电梯

规格型号 LEHY-III-S-825/1.00

验收编号 2021-■■■■

使用单位名称 ■■■■有限公司

工程地址 上海闵行区■■■■

电话 ■■■■

联系人 ■■■■

上海三菱电梯有限公司

SHANGHAI MITSUBISHI ELEVATOR CO.,LTD.

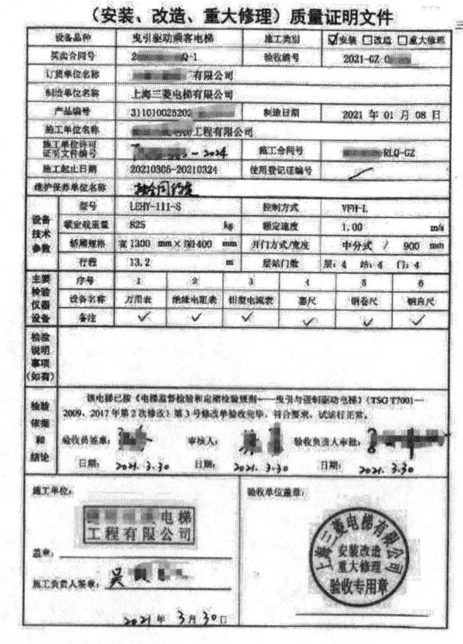

（安装、改造、重大修理）质量证明文件

设备品种	曳引驱动乘客电梯				施工类别	☑安装 □改造 □重大修理	
买卖合同号	2■■■■Q-1				验收编号	2021-GZ-0■■■	
订货单位名称	■■■■有限公司						
制造单位名称	上海三菱电梯有限公司						
产品编号	311010025202■■■				制造日期	2021 年 01 月 08 日	
施工单位名称	■■■■工程有限公司						
施工单位许可证明文件编号	■■■■-2024				施工合同号	■■■■RLQ-GZ	
施工起止日期	20210306-20210324				使用登记证编号	/	
维护保养单位名称	[illegible]						
设备技术参数	型号	LEHY-III-S			控制方式	VFH-L	
	额定载重量	825 kg			额定速度	1.00 m/s	
	轿厢规格	宽 1300 mm × 深 1400 mm			开门方式/宽度	中分式 / 900 mm	
	行程	13.2 m			层站门数	层：4 站：4 门：4	
主要检验仪器设备	序号	1	2	3	4	5	6
	设备名称	万用表	绝缘电阻表	钳型电流表	塞尺	钢卷尺	钢直尺
	备注	✓	✓	✓	✓	✓	✓
检验说明事项（如有）							
检验依据和结论	该电梯已按《电梯监督检验和定期检验规则——曳引与强制驱动电梯》（TSG T7001—2009，2017 年第 2 次修改）第 3 号修改单验收完毕，符合要求，试运行正常。验收员签章：■■ 日期：2021.3.30　审核人：■■ 日期：2021.3.30　验收负责人审批：■■ 日期：2021.3.30						

施工单位：■■■■电梯工程有限公司

盖章：

施工负责人签章：吴■■

2021 年 3 月 30 日

验收单位盖章：上海三菱电梯有限公司 安装改造重大修理 验收专用章

图 1-234　上海三菱出具的自检报告

(4) 施工过程记录只要求现场查阅，自检报告除现场查阅外还应存档。

(5) 上述记录或报告不完善，除判本项不合格外，还应在《特种设备检验意见通知书》上

填写 TSG T7001 第十七条第(一)项,“施工(维护保养)单位的施工过程记录或者日常维护保养记录不完整”。

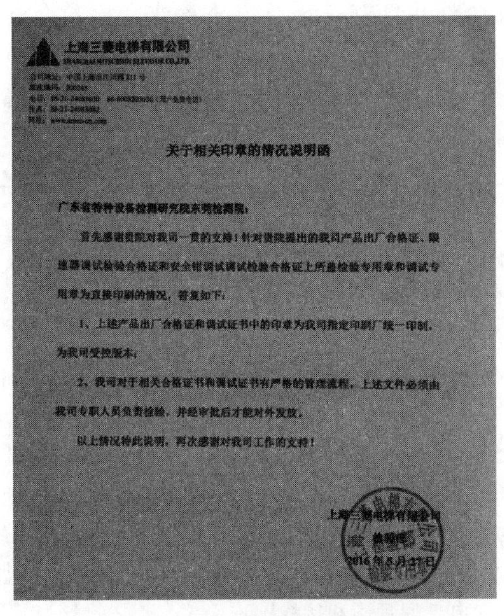

上海三菱电梯有限公司

关于相关印章的情况说明函

广东省特种设备检测研究院东莞检测院：

首先感谢贵院对我司一贯的支持！针对贵院提出的我司产品出厂合格证、限速器调试检验合格证和安全钳调试调试检验合格证上所盖检验专用章和调试专用章为直接印刷的情况，答复如下：

1、上述产品出厂合格证和调试证书中的印章为我司指定印刷厂统一印制，为我司受控版本；

2、我司对于相关合格证书和调试证书有严格的管理流程，上述文件必须由我司专职人员负责检验，并经审批后才能对外发放。

以上情况特此说明，再次感谢对我司工作的支持！

上海三菱电梯有限公司

检验部

2016年8月27日

图 1-235　关于油印检验章的说明

(6) 如果要求测试数据项目的检验结果与自检结果存在多处较大偏差,或者其他项目的自检结果与实物状态不一致,质疑相应单位自检能力时,还应在《特种设备检验意见通知书》上填写 TSG T7001 第十七条第(三)项,“要求测试数据项目的检验结果与自检结果存在多处较大偏差,质疑相应单位自检能力”。

【参考做法】

(1) 当结果错误或实测数据与自检结果数据偏差超过±10%时,则判定为“较大偏差”。

(2) 当自检结果与实物状态不一致或者实测数据与自检结果有较大偏差达 5 项以上(含 5 项)时,还应在《特种设备检验意见通知书》上填写 TSG T7001 第十七条第(三)项。

(3) 复检时,施工单位应重新提交该电梯的自检报告。

1.2.5　设计变更证明文件

【适用范围】

如果安装过程没有变更设计时,即电梯的参数、配置与产品质量证明文件一致,本项填写“无此项”。

【监督检验工作指引】

(1) 检验现场核对出厂资料与现场是否一致,如果不一致,查看安装过程中是否有变更设计证明文件。

(2) 变更设计证明文件履行了由使用单位提出、经整机制造单位同意的程序。

1.2.6　安装质量证明文件

【检验内容与要求】

安装质量证明文件,包括电梯安装合同编号、安装单位安装许可证书编号、产品出厂编号、主要技术参数等内容,并且有安装单位公章或者检验合格章以及竣工日期。

【监督检验工作指引】

(1) 安装质量证明文件,包括电梯安装合同编号、安装单位安装许可证书编号、产品出厂编号、主要技术参数等内容,并且有安装单位公章或者检验合格章以及竣工日期。自检报告结论页如有上述内容也可视为安装质量证明文件。

(2) 该项应在竣工后审查,原件由使用单位保存,检验机构应将复印件存档。

1.3 改造、重大修理资料

项目及类别	检验内容与要求	检验方法
1.3 改造、重大修理资料 A	改造或者重大修理单位提供了以下改造或者重大修理资料: (1) 改造或者修理许可证明文件和改造或者重大修理告知书,许可范围能够覆盖受检电梯的相应参数; (2) 改造或者重大修理的清单以及施工方案,施工方案的审批手续齐全; (3) 加装或者更换的安全保护装置或者主要部件产品质量证明文件、型式试验证书以及限速器和渐进式安全钳的调试证书(如发生更换); (4) 拟加装的自动救援操作装置、能量回馈节能装置、IC 卡系统的下述资料(属于重大修理时): ① 加装方案(含电气原理图和接线图); ② 产品质量证明文件,标明产品型号、产品编号、主要技术参数,并且有产品制造单位的公章或者检验专用章以及制造日期; ③ 安装使用维护说明书,包括安装、使用、日常维护保养以及与应急救援操作方面有关的说明。 (5) 施工现场作业人员持有的特种设备作业人员证; (6) 施工过程记录和自检报告,检查和试验项目齐全、内容完整,施工和验收手续齐全; (7) 改造或者重大修理质量证明文件,包括电梯的改造或者重大修理合同编号、改造或者重大修理单位的许可证明文件编号、电梯使用登记编号、主要技术参数等内容,并且有改造或者重大修理单位的公章或者检验专用章以及竣工日期。 注 A-3:上述文件如为复印件则必须经改造或者重大修理单位加盖公章或者检验专用章	审查相应资料。(1)~(5)在报检时审查,(5)在其他项目检验时还应当审查;(6)在试验时审查;(7)在竣工后审查

【适用范围】

《特种设备安全法》第二十五条规定,电梯、起重机械、客运索道、大型游乐设施的安装、改造、重大修理过程,应当经特种设备检验机构按照安全技术规范的要求进行监督检验。因此对于一般修理不需要过程监督检验,只需按定期检验受理业务。只有当对电梯进行改造或者重大修理时才要求检验本项目。对于新安装电梯或者未改变电梯性能参数与技术指标的移装电梯,检验报告可以不编排本项目或者填写“无此项”。

【说明解释】

(1) 电梯施工类别划分历史沿革

1) 251 号文要求

根据国质检锅〔2003〕251 号《机电类特种设备安装改造修理许可规则(试行)》的附件 5,

电梯改造、重大修理原则上应按表 1-37 判定。

表 1-37　电梯改造、重大修理类别划分

<table>
<tr><th>施工性质</th><th>部件调整</th><th>参数调整</th></tr>
<tr><td>改造</td><td>以下部件变更型号、规格，致使右栏列出的电梯参数等内容发生变更时，应当认定为改造作业：
限速器、安全钳、缓冲器、门锁、绳头组合、导轨、曳引机、控制柜、防火层门、玻璃门及玻璃轿壁、上行超速保护装置、含有电子元件的安全电路</td><td>不管左栏所列部件是否变更，致使以下参数等内容发生变更，应当认定为改造作业：
额定速度、额定载荷、驱动方式、调速方式、控制方式、提升高度、轿厢质量</td></tr>
<tr><td>重大修理</td><td>不变更右栏列出的参数等内容，但需要通过更新或者调整以下部件（保持原规格）才能完成的修理业务，应当认定为重大修理作业：
限速器、安全钳、缓冲器、门锁、绳头组合、导轨、曳引机、控制柜、导靴、防火层门、玻璃门及玻璃轿壁、上行超速保护装置、含有电子元件的安全电路、曳引轮、曳引钢丝绳、导轨</td><td rowspan="2">额定速度、额定载荷、驱动方式、调速方式、控制方式、提升高度、轿厢质量</td></tr>
<tr><td>修理</td><td>不变更右栏列出的参数等内容，但需要通过更新或者调整以下部件（保持原型号、规格）才能完成的修理业务，应当认定为修理作业：
缓冲器、门锁、绳头组合、导靴、防火层门、玻璃门及玻璃轿壁、上行超速保护装置、含有电子元件的安全电路</td></tr>
</table>

2）国质检特〔2014〕260 号文要求

根据《关于印发〈电梯施工类别划分表〉（修订版）的通知》（国质检特〔2014〕260 号），对《机电类特种设备安装改造修理许可规则（试行）》（国质检锅〔2003〕251 号）附件 5《电梯施工类别划分表》进行了修订。从 2014 年 7 月 1 日起对电梯施工类别划分为安装、改造、修理、维护保养，按表 1-38 对电梯施工类别进行划分，其中修理又分为重大修理和一般修理两种。

表 1-38　电梯施工类别划分表（2014 版）

施工类别	施工内容
安装	采用组装、固定、调试等一系列作业方法，将电梯部件组合为具有使用价值的电梯整机的活动；包括移装

续表 1-38

施工类别	施工内容
改造	采用更换、调整、加装等作业方法，改变原电梯主要受力结构、机构(传动系统)或控制系统，致使电梯性能参数与技术指标发生改变的活动；包括： 1. 改变电梯的额定(名义)速度、额定载重量、提升高度、轿厢自重(制造单位明确的预留装饰重量除外)、防爆等级、驱动方式、悬挂方式、调速方式以及控制方式(注 1)； 2. 加装或更换不同规格、不同型号的驱动主机、控制柜、限速器、安全钳、缓冲器、门锁装置、轿厢上行超速保护装置、轿厢意外移动保护装置、含有电子元件的安全电路及可编程电子安全相关系统、夹紧装置、棘爪装置、限速切断阀(或节流阀)、液压缸、梯级、踏板、扶手带、附加制动器(注 2)； 3. 改变层(轿)门的类型、增加层门或轿门； 4. 加装自动救援操作(停电自动平层)装置、能量回馈节能装置、读卡器(IC 卡)等，改变电梯原控制线路
修理	用新的零部件替换原有的零部件，或者对原有零部件进行拆卸、加工、修配，但不改变电梯的原性能参数与技术指标的活动。修理分为重大修理和一般修理两类。 1. 重大修理包括： (1) 更换同规格的驱动主机及其主要部件(如电动机、制动器、减速器、曳引轮)； (2) 更换同规格的控制柜； (3) 更换不同规格的悬挂及端接装置、高压软管、防爆电气部件； (4) 更换防爆电梯电缆引入口的密封圈。 2. 一般修理包括修理和更换下列部件(保持原规格)实施的作业：门锁装置、控制柜的控制主板和调速装置、限速器、安全钳、缓冲器、悬挂及端接装置、轿厢上行超速保护装置、轿厢意外移动保护装置、含有电子元件的安全电路及可编程电子安全相关系统、夹紧装置、棘爪装置、限速切断阀(或节流阀)、液压缸、高压软管、防爆电气部件、梯级、踏板、扶手带、附加制动器等
维护保养	为保证电梯符合相应安全技术规范以及标准的要求，对电梯进行的清洁、润滑、检查、调整以及更换易损件的活动；包括裁剪、调整悬挂钢丝绳，不包括上述安装、改造、修理规定的内容。 更换同规格、同型号的门锁装置、控制柜的控制主板和调速装置、缓冲器、梯级、踏板、扶手带、围裙板等实施的作业视为维护保养
注 1：改变电梯的调速方式是指：如将乘客或载货电梯的交流变极调速系统改变为交流变频变压调速系统；或者改变自动扶梯与自动人行道的调速系统，使其由连续运行型改变为间歇运行型等； 控制方式是指：为响应来自操作装置的信号而对电梯的启动、停止和运行方向进行控制的方式，例如：按钮控制、信号控制以及集选控制(含单台集选控制、两台并联控制和多台群组控制)等。 **注 2**：规格是指：制造单位对产品不同技术参数、性能的标注，如：工作原理、机械性能、结构、部件尺寸、安装位置等； 型号是指：制造单位对产品按照类别、品种并遵循一定规则编制的产品代码。	

3) 国市监特设函〔2019〕64 号文要求

为贯彻落实国务院“放管服”改革要求，进一步规范电梯安装、改造、修理、维护保养等行为，降低企业施工过程的制度性交易成本，市场监管总局对《电梯施工类别划分表》（修订版）（国质检特〔2014〕260 号）进行了再次修订。本次修订后的《电梯施工类别划分表》（见表 1-39）自 2019 年 6 月 1 日起施行。

表 1-39　电梯施工类别划分表（2019 版）

施工类别	施工内容
安装	采用组装、固定、调试等一系列作业方法，将电梯部件组合为具有使用价值的电梯整机的活动；包括移装
改造	1. 改变电梯的额定（名义）速度、额定载重量、提升高度、轿厢自重（制造单位明确的预留装饰重量或累计增加/减少质量不超过额定载重量的 5%除外）、防爆等级、驱动方式、悬挂方式、调速方式或控制方式。（注 1） 2. 改变轿门的类型、增加或减少轿门。 3. 改变轿架受力结构、更换轿架或更换无轿架式轿厢
修理	修理分为重大修理和一般修理两类。 1. 重大修理包括： （1）加装或更换不同规格的驱动主机或其主要部件、控制柜或其控制主板或调速装置、限速器、安全钳、缓冲器、门锁装置、轿厢上行超速保护装置、轿厢意外移动保护装置、含有电子元件的安全电路、可编程电子安全相关系统、夹紧装置、棘爪装置、限速切断阀（或节流阀）、液压缸、梯级、踏板、扶手带、附加制动器。（注 2） （2）更换不同规格的悬挂及端接装置、高压软管、防爆电气部件。 （3）改变层门的类型、增加层门。 （4）加装自动救援操作（停电自动平层）装置、能量回馈节能装置等，改变电梯原控制线路的。 （5）采用在电梯轿厢操纵箱、层站召唤箱或其按钮的外围接线以外的方式加装电梯 IC 卡系统等身份认证方式。（注 3） 2. 一般修理包括： （1）修理或更换同规格不同型号的门锁装置、控制柜的控制主板或调速装置。（注 4） （2）修理或更换同规格的驱动主机或其主要部件、限速器、安全钳、悬挂及端接装置、轿厢上行超速保护装置、轿厢意外移动保护装置、含有电子元件的安全电路、可编程电子安全相关系统、夹紧装置、限速切断阀（或节流阀）、液压缸、高压软管、防爆电气部件、附加制动器等。 （3）更换防爆电梯电缆引入口的密封圈。 （4）减少层门。 （5）仅通过在电梯轿厢操纵箱、层站召唤箱或其按钮的外围接线方式加装电梯 IC 卡系统等身份认证方式
维护保养	为保证电梯符合相应安全技术规范以及标准的要求，对电梯进行的清洁、润滑、检查、调整以及更换易损件的活动；包括裁剪、调整悬挂钢丝绳，不包括上述安装、改造、修理规定的内容。 更换同规格、同型号的门锁装置、控制柜的控制主板或调速装置，修理或更换同规格的缓冲器、梯级、踏板、扶手带，修理或更换围裙板等实施的作业视为维护保养
注 1：改变电梯的调速方式是指：如将乘客或载货电梯的交流变极调速系统改变为交流变频变压调速系统；或者改变自动扶梯与自动人行道的调速系统，使其由连续运行型改变为间歇运行型等。	

续表 1-39

施工类别	施工内容
控制方式是指：为响应来自操作装置的信号而对电梯的启动、停止和运行方向进行控制的方式，例如，按钮控制、信号控制以及集选控制(含单台集选控制、两台并联控制和多台群组控制)等。 **注 2**：规格是指：制造单位对产品不同技术参数、性能的标注，如，工作原理 、机械性能、结构、部件尺寸、安装位置等。 驱动主机的主要部件是指：电动机、制动器、减速器、曳引轮。 **注 3**：电梯 IC 卡系统等身份认证方式包括但不限于密码、磁卡、移动支付、指纹、掌形、面部、虹膜、静脉等。 **注 4**：型号是指：制造单位对产品按照类别、品种并遵循一定规则编制的产品代码。	

由于型号是指制造单位对产品按照类别、品种并遵循一定规则编制的产品代码，所以改变电梯安全部件的型号并不一定会改变该电梯安全部件的技术参数、性能指标，因此，国市监特设函〔2019〕64 号文不以是否改变电梯安全部件型号，而是以是否改变电梯安全部件规格来划分施工类别。

(2) 安装

根据国市监特设函〔2019〕64 号文，安装的定义为："采用组装、固定、调试等一系列作业方法，将电梯部件组合为具有使用价值的电梯整机的活动；包括移装。"特别强调移装属于安装。

对于不涉及设备的再安装的整体移装(如自动扶梯和自动人行道)，不需要由取得相应安装许可的单位进行，也不需要办理施工告知以及实施安装监督检验，但应当按照 TSG 08 办理移装变更。当然，对于曳引驱动电梯移装，不涉及设备的再安装情况很少见，不过已经出现整体吊装(底坑除外)的加装曳引驱动电梯，如图 1-236 所示。

图 1-236 整体吊装的曳引驱动电梯

与电梯移装相关的法规不多，可以参考 TSG 08—2017：

2.13　移装

特种设备移装后，使用单位应当办理使用登记变更。整体移装的，使用单位应当进行整机自行检查；拆卸后移装的，使用单位应当选择取得相应许可的单位进行安装。按照有关安全技术规范要求，拆卸后移装需要进行检验的，应当向特种设备检验机构申请检验。

3.8　变更登记

按台(套)登记的特种设备改造、移装、变更使用单位或者使用单位更名、达到设计使用年限继续使用的，按单位登记的特种设备变更使用单位或者使用单位更名的，相关单位应当向登记机关申请变更登记。登记机关按照本规则 3.8.1 至 3.8.5 的规定办理变更登记。

办理特种设备变更登记时，如果特种设备产品数据表中的有关数据发生变化，使用单位应当重新填写产品数据表。变更登记后的特种设备，其设备代码保持不变。

3.8.1　改造变更

特种设备改造完成后，使用单位应当在投入使用前或者投入使用后 30 日内向登记机关提交原使用登记证、重新填写使用登记表(一式两份)、改造质量证明资料以及改造监督检验证书(需要监督检验的)，申请变更登记，领取新的使用登记证。登记机关应当在原使用登记证和原使用登记表上作注销标记。

3.8.2　移装变更

3.8.2.1　在登记机关行政区域内移装

在登记机关行政区域内移装的特种设备，使用单位应当在投入使用前向登记机关提交原使用登记证、重新填写的使用登记表(一式两份)和移装后的检验报告(拆卸移装的)，申请变更登记，领取新的使用登记证。登记机关应当在原使用登记证和原使用登记表上作注销标记。

3.8.2.2　跨登记机关行政区域移装

(1) 跨登记机关行政区域移装特种设备的，使用单位应当持原使用登记证和使用登记表向原登记机关申请办理注销；原登记机关应当注销使用登记证，并且在原使用登记证和使用登记表上做注销标记，向使用单位签发《特种设备使用登记证变更证明》(格式见附件 E)；

(2) 移装完成后，使用单位应当在投入使用前，持《特种设备使用登记证变更证明》、标有注销标记的原使用登记表和移装后的检验报告(拆卸移装的)，按照本规则 3.4、3.5 的规定向移装地登记机关重新申请使用登记。

3.8.3　单位变更

(1) 特种设备需要变更使用单位，原使用单位应当持使用登记证、使用登记表和有效期内的定期检验报告到原登记机关办理变更；或者产权单位凭产权证明文件，持使用登记证有效期内的定期检验报告到原登记机关办理变更；登记机关应当在原使用登记证和原使用登记表上作注销标记，签发《特种设备使用登记证变更证明》；

(2) 新使用单位应当在投入使用前或者投入使用后 30 日内，持《特种设备使用登记证变更证明》、标有注销标记的原使用登记表和移装后的定期检验报告，按照本规则 3.4、3.5 的规定向移装地登记机关重新申请使用登记。

3.8.4　更名变更

使用单位或者产权单位名称变更时，使用单位或者产权单位应当持原使用登记证、单位名称变更的证明资料，重新填写使用登记表（一式两份），到登记机关办理更名变更，换领新的使用登记证。2台以上批量变更的，可以简化处理。

3.8.5　达到设计使用年限继续使用的变更

使用单位对达到设计使用年限继续使用的特种设备，使用单位应当持原使用登记证、按照本规则2.14的规定办理的相关证明材料，到登记机关申请变更登记。登记机关应当在原使用登记证右上方标注“超设计使用年限”字样。

3.8.6　不得申请移装变更、单位变更的情况

有下列情形之一的特种设备，不得申请办理移装变更、单位变更：

(1) 已经报废或者国家明令淘汰的；

(2) 进行过非法改造、修理的；

(3) 无本规则2.5中(3)、(4)规定技术资料的；

(4) 达到设计使用年限；

(5) 检验结论为不合格或者能效测试结果不满足法规、标准要求的。

根据是否改变电梯主要参数，移装分普通移装和改造移装两种。

1）普通移装

普通移装是指不改变电梯主要参数的移装。移装后的电梯应符合GB 7588—XG1[3]的要求，还应提供符合TSG T7007—2016的整机型式试验证书。移装自检报告应由原整机制造单位出具或者确认，如果有改造产品质量证明文件（合格证），可由改造单位出具或者确认移装自检报告。如果限速器调试证书或者校验报告的校验日期超过有效期，应增加限速器动作速度的检验。

在TSG T7001—2009实施（2010年4月1日）前已经完成安装的电梯，按TSG T7001中1.1所要求的文件资料如有缺陷，应当由使用单位联系相关单位予以完善，不作为审核结论的否决内容，但至少要有：

——出厂合格证或监督检验报告复印件，用于核对是否有改变电梯的主要参数；

——TSG T7001—2009实施（2010年4月1日）后，该电梯的定期检验报告、日常检查与使用状况记录、日常维护保养记录、年度自行检查记录或者报告、运行故障和事故记录等资料。在注册登记机构办理停用手续除外。

普通移装可分以下几种：

a）在登记机关行政区域内移装

① 建筑物内移装

指在同一个单位同一建筑群内，由于建筑物布局变化而移装电梯。允许个别项目按照电梯出厂时的制造标准进行检验。

3）本书中：GB 7588—1995是指1995年发布的《电梯制造与安装安全规范》；GB 7588—2003是指2003年发布的《电梯制造与安装安全规范》；GB 7588—XG1是指含第1号修改单的GB 7588—2003；GB 7588是指以上各版本。

② 同城移装

将电梯从原建筑物内移装到其他的建筑物内。考虑到提升高度等在移装前后较难完全一样，允许适当降低提升高度和减少层站门数。

b）跨登记机关行政区域移装

将电梯移装到非原使用登记地，但应提供原使用登记地所在地监察机构出具的《特种设备使用登记证变更证明》。

2）改造移装

指改变电梯主要参数的移装，按改造流程处理。如果改造移装后的电梯不满足现行的制造标准要求，就无移装的价值，所以改造移装后的电梯满足当时有效的制造标准要求即可。如电梯合格证上的制造（改造）依据是 GB 7588—1995，那么可按 GB 7588—1995 的要求实施检验。

（3）改造

主要是改变电梯的主要参数、受力结构、机构或控制系统，修理是更换电梯的主要部件和安全保护装置。对于电梯的改造或重大修理，应以不降低被改造或重大修理电梯原有的安全水平为准则，即符合电梯出厂时的制造标准，但是对于改造或重大维修涉及的项目，应符合现行的制造标准和安全技术规范的要求。

1）额定速度

根据 GB/T 7024—2008，额定速度是电梯设计所规定的轿厢运行速度，是电梯的一个重要参数。额定速度的改变涉及驱动主机、限速器、安全钳、缓冲器、上行超速保护装置、意外移动保护装置、导轨、钢丝绳等主要部件的选型以及顶部空间、底坑空间的计算等，因此额定速度的改变划分为改造作业。

根据 TSG T7001 中 8.8，当电源为额定频率，电动机施以额定电压时，电梯轿厢在半载，向下运行至行程中段（除去加速和减速段）时的速度，不得大于额定速度的 105%，宜不小于额定速度的 92%。这里是指轿厢的运行速度因电源的波动相对于额定速度的波动，国市监特设函〔2019〕64 号文所说速度的改变属于改造是指额定速度的改变，二者并不矛盾。

因此，现场检验时：

a）允许轿厢的运行速度增大，但不得大于额定速度的 105%，否则，判 TSG T7001 中 8.8 项不合格；

b）允许轿厢的运行速度减小，由于电梯的各零部件是按轿厢以额定速度运行条件下设计，所以，即使小于或等于额定速度的 92%，也不视为改造，但限速器的动作速度范围应以原额定速度计算，否则视情况判定是属于改造还是属于 TSG T7001 中 2.9 项不合格。

2）额定载重量

根据 GB/T 7024—2008，额定载重量是电梯设计所规定的轿厢载重量，是电梯的另一个重要参数。虽然轿厢面积也是电梯的重要参数，但根据 GB 7588—2003，额定载重量和轿厢面积有对应关系（见表 1-40、表 1-41），因此各次《电梯施工类别划分表》均未列出轿厢面积。额定载重量的改变涉及驱动主机、限速器、安全钳、缓冲器、上行超速保护装置、意外移动保护装置、导轨、钢丝绳等主要部件的选型，因此额定载重量的改变划分为改造作业。

表 1-40　额定载重量和轿厢最大有效面积之间的关系

额定载重量/kg	轿厢最大有效面积/m²	额定载重量/kg	轿厢最大有效面积/m²
100[1)]	0.37	900	2.20
180[2)]	0.58	975	2.35
225	0.70	1 000	2.40
300	0.90	1 050	2.50
375	1.10	1 125	2.65
400	1.17	1 200	2.80
450	1.30	1 250	2.90
525	1.45	1 275	2.95
600	1.60	1 350	3.10
630	1.66	1 425	3.25
675	1.75	1 500	3.40
750	1.90	1 600	3.56
800	2.00	2 000	4.20
825	2.05	2 500[3)]	5.00

1）一人电梯的最小值；

2）二人电梯的最小值；

3）额定载重量超过 2 500 kg 时，每增加 100 kg，面积增加 0.16 m²。对中间的载重量，其面积由线性插入法确定。

表 1-41　乘客数量和轿厢最小有效面积之间的关系

乘客人数/人	轿厢最小有效面积/m²	乘客人数/人	轿厢最小有效面积/m²
1	0.28	11	1.87
2	0.49	12	2.01
3	0.60	13	2.15
4	0.79	14	2.29
5	0.98	15	2.43
6	1.17	16	2.57
7	1.31	17	2.71
8	1.45	18	2.85
9	1.59	19	2.99
10	1.73	20	3.13

注：乘客人数超过 20 人时，每增加 1 人，增加 0.115 m²。

a) 乘客电梯

对于乘客电梯，轿厢内除标明额定载重量外，还应标明乘客数量。根据 GB 7588—XG1 中 8.2.3 的字面理解，乘客数量由 $Q/75$ 的计算结果向下圆整到最近的整数或取表 1-41 中较小的数值。表 1-40 所示是由额定载重量限制轿厢最大有效面积，但表 1-41 所示是由最小面积确定额定乘客数量，而不是由乘客数量限制轿厢的最小面积，也即乘客电梯的轿厢有效面积有上限，而没有下限。

下面以额定载重量为 1 000 kg/13 人的乘客电梯为例。

① 面积取上限

根据 GB 7588—XG1 中 8.2.1，轿厢最大有效面积为 2.40 m^2×1.05＝2.52 m^2，根据表 1-40，对应的轿厢额定载重量为 1 050 kg/14 人；根据表 1-41，对于乘客人数为 14 人的电梯，其轿厢面积最小为 2.29 m^2。所以，对于轿厢有效面积为 2.52 m^2 的电梯，其额定载重量可以标为 1 000 kg/13 人，也可以标为 1 050 kg/14 人。因此，在安全钳、ACOP、UCMP、驱动主机等主要安全部件和保护装置都满足的条件下（只增加 50 kg，可以忽略不计），电梯的额定载重量从 1 000 kg/13 人改为 1 050 kg/14 人，可不视为改造。

② 面积取下限

根据表 1-41，对于乘客人数为 13 人的电梯，轿厢最小有效面积为 2.15 m^2，根据表 1-40，对应的额定载重量为 875 kg/11 人。所以，对于轿厢有效面积为 2.15 m^2 的电梯，其额定载重量可以标为 875 kg/11 人，也可以标为 1 000 kg/13 人。因此，在安全钳、ACOP、UCMP、驱动主机等主要安全部件和保护装置都满足的条件下，电梯的额定载重量从 875 kg/11 人改为 1 000 kg/13 人，可不视为改造。

③ 乘客人数

GB 7588—XG1 中 8.2.3 规定：

乘客数量应由下述方法获得：

a）按公式 $\frac{额定载重量}{75}$ *计算，计算结果向下圆整到最近的整数；或*

b）取表 2 中较小的数值。

对于额定载重量为 1 000 kg、轿厢有效面积为 2.52 m^2 的电梯，根据 GB 7588—XG1 中 8.2.3a)，乘客人数为 1 000/75≈13(人)，根据 GB 7588—XG1 中 8.2.3b)，乘客人数可以为 15 人。a)和 b)是"或"的关系，因此既可以标"13 人"也可以标"15 人"，如 1 000 kg/15 人，如图 1-237 所示。

实际上，这里应该是 EN 81-1:1998，表述不清（见图 1-238），而在制定 GB 7588—2003（等效采用 EN 81-1:1998）时没有充分理解原文意思导致的问题。查 EN 81-20:2014 对应条款（见图 1-239），其原意应是：

乘客数量应取下列较小值：

a）按额定载重量/75 计算，计算结果向下圆整到最近的整数；

b）表 2 中的值。

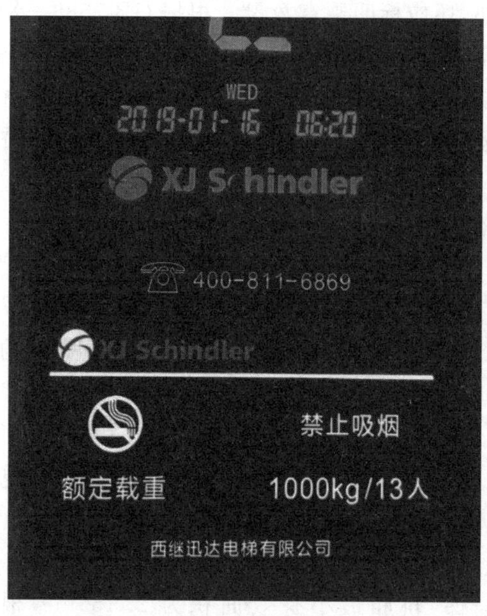

a) 1 000 kg/13人

b) 1 000 kg/15人

图 1-237 轿厢铭牌

8.2.3 Number of passengers

The number of passengers shall be obtained from :

a) either, the formula, $\frac{\text{rated load}}{75}$, and the result rounded down to the nearest whole number, or

b) **table 1.2** which gives the smaller value.

图 1-238 EN 81-1:1998 原文(table12,即表 2)

5.4.2.3 Number of passengers

5.4.2.3.1 The number of passengers shall be obtained from the smaller value of the following:

a) either, the formula, $\frac{\text{rated load}}{75}$, and the result rounded down to the nearest whole number; or

b) Table 8.

图 1-239 EN 81-20:2014 原文(table8,即表 2)

GB/T 7588.1—2020《电梯制造与安装安全规范 第 1 部分:乘客电梯和载货电梯》(以下简称 GB/T 7588.1—2020)的 5.4.2.3.1 已经修改,如图 1-240 所示。

5.4.2.3 乘客数量

5.4.2.3.1 乘客数量应取下列较小值：

a) 按 $Q/75$ 计算（其中 Q 为额定载重量，单位为 kg），计算结果向下圆整到最近的整数；

b) 表 8 中的值。

图 1-240 GB/T 7588.1—2020 中乘客数量的计算方法

b）载货电梯

对于载货电梯，为了防止不可排除的人员乘用可能发生的超载，轿厢最大有效面积也按表 1-40 的规定。特殊情况下，允许超出表 1-40 的规定，且没有最小有效面积限制。轿厢有效面积小于表 1-40 规定的情况参考"a）乘客电梯"。实际上，对于载货电梯，轿厢有效面积一般不会小于表 1-40 对应的值。下面以额定载重量为 2 000 kg 的载货电梯为例。

对于轿厢面积符合表 1-40 的规定，即为 4.20 m^2，如果额定载重量从 2 000 kg 减小至 1 600 kg，根据 GB 7588—XG1"对中间的载重量，其面积由线性插入法确定"，那么轿厢有效面积按图 1-241 所示的线性关系减小，当额定载重量减小到 1 875 kg（如果是乘客电梯，乘客数量为 25 人）时，对应的轿厢面积为 4.00 m^2，若轿厢面积允许增加 5%，即可为 4.20 m^2，也就说，对于轿厢面积为 4.20 m^2 的电梯，其额定载重量从 2 000 kg 减小到 1 875 kg，不需要改变轿厢面积[如果改变原轿厢结构或更换轿厢，则参考"4）轿厢自重"]，在安全钳、ACOP、UCMP、驱动主机等主要安全部件和保护装置都满足的条件下，可不视为改造。当然，一般不会有额定载重量减小的改变。反之亦然。其他情况按此类推。

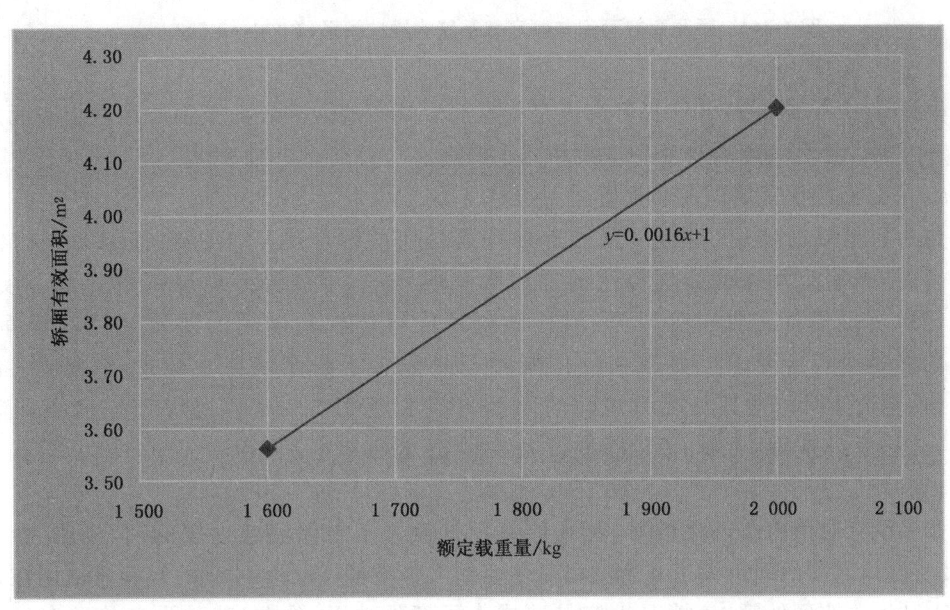

图 1-241 轿厢有效面积与额定载重量的线性关系（1 600～2 000 kg）

对于轿厢面积超出表 1-40 的规定，即大于 4.20 m^2，假设为 5.00 m^2（对应的额定载重量为 2 500 kg）。如果额定载重量从 2 000 kg 增大至 2 500 kg，根据 GB 7588—XG1"对中间的载重量，其面积由线性插入法确定"，那么轿厢有效面积按图 1-242 所示的线性关系增大，当额定载重量增大到 2 350 kg（如果是乘客电梯，乘客数量为 31 人）时，对应的轿厢面积为 4.76 m^2，若轿厢面积允许增加 5%，即可为 5.00 m^2，也就说，对于轿厢面积为 5.00 m^2 的电梯，其额定载重量从 2 000 kg 增大到 2 350 kg，不需要改变轿厢面积。如果改变原轿厢结构或更换轿厢，在安全钳、ACOP、UCMP、驱动主机等主要安全部件和保护装置都满足的条件下，可不视为改造。当然，一般不会有额定载重量减小的改变。反之亦然。其他情况按此类推。

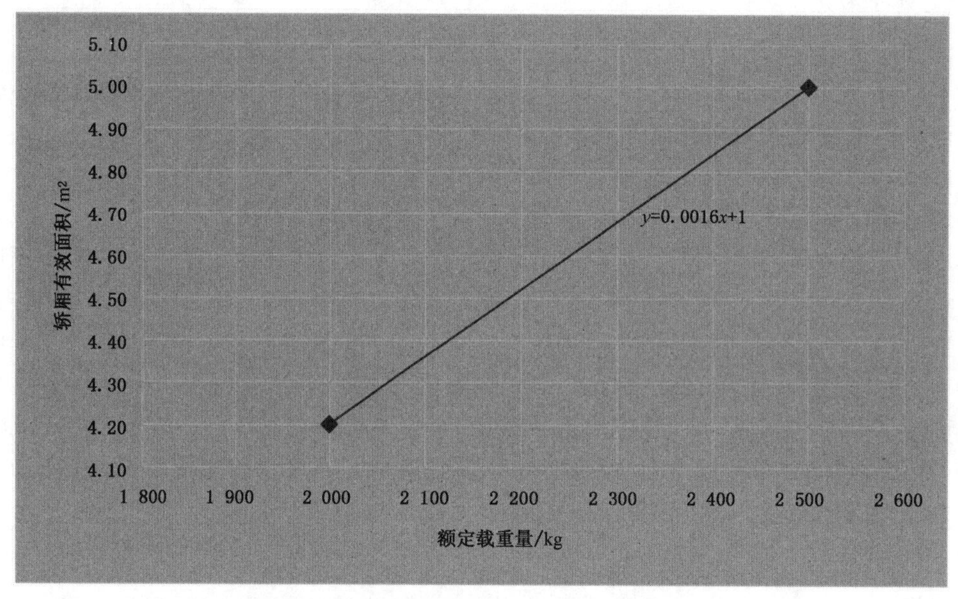

图 1-242　轿厢有效面积与额定载重量的线性关系（2 000～2 500 kg）

3）提升高度

根据 GB/T 7024—2008，提升高度是指从底层端站地坎上表面至顶层地坎上表面之间的垂直距离。提升高度的改变有增大和减小两类。

a）临时停用保留层门及其配置

如果只是临时停用个别层门（内选外呼信号应同时取消），未拆除且保留层门锁等功能有效，或者启用按此方法停用的层门为一般修理，不需要办理层门数变更手续，在检验记录及报告备注栏注明即可，但检验时还应继续检验停用的层站层门门扇间隙、门锁功能是否符合要求。如果在停用层站门外设置了封闭墙或上锁的门、栅栏、卷闸门等（见图 1-243），则其与层门之间的间距不应大于 0.12 m，以确保该空间不能容纳人员，防止意外被困，否则，在《特种设备检验意见通知书》上填写 TSG T7001 第十七条第（四）项。

如果没有取消内选外呼信号，又在层站门外设置了封闭墙或上锁的门、栅栏、卷闸门等，其与层门之间的间距大于 0.12 m，存在容纳人员空间[见图 1-243c)]，而且被困在该空间的人又无法按到外呼，该情况极容易造成人员意外被困，除在《特种设备检验意见通知书》上填写 TSG T7001 第十七条第（四）项外，建议同时判 TSG T7001 中 6.7 项“紧急开锁装置”不合格。

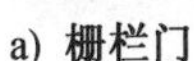
a) 栅栏门

b) 砖墙

b) 卷闸门

图 1-243 层站门外封闭

为了提高电梯的工作效率，部分层站不投入使用，如将两台并联电梯分别设置为只停单层或双层，可参照上述的做法，但应在轿厢内及基站附近显眼处标明每台电梯能到达的层站。

b) 保留层门，拆除门锁

如果通过拆除门锁、不拆除层轿门门扇(见图 1-244)，用通过焊接、螺栓等固定方式将其封闭的方法停用个别层轿门，属于一般修理，但将按此法停用的层门启用属于重大修理。检验记录及报告中应变更层轿门数，检验时应注意停用楼层的内选外呼信号也要同时拆除或取消。如果相邻两层门地坎间的距离大于 11 m，还应设置井道安全门或轿厢安全门(条件允许时)，此施工类别属于重大修理。

c) 拆除层门

通过拆除层门门扇，用砖、钢板等方式永久性封闭层门出入口的方式停用个别层门，如果不改变提升高度及控制系统，属于一般修理，但将按此法停用的层门启用属于重大修理。记录及报告中应变更层门数，检验时应注意停用楼层的内选外呼信号也要同时拆除或取消，如果相邻两层门地坎间的距离大于 11 m，还应设置井道安全门或轿厢安全门(条件允许时)，此施工类别属于重大修理。封闭层门出入口的砖墙、钢板与轿门的间距应满足 TSG T7001 中 3.7 项的要求。

图 1-244 保留层门拆除门锁

d) 轿门与井道壁距离

对于无法满足 TSG T7001 中 3.7 轿门与井道壁距离要求的，如果以加装轿门锁装置，或拆除电梯原有的轿门锁，在井道壁增加护壁板的方式满足该项要求，都应履行由使用单位提出、经整机制造单位同意的程序，否则就属于改造。

e) 对于提升高度不变，层站位置发生改变的，如将一台运行楼层为－1 层～4 层的电梯改为 1～5 层(上端站增加 1 层，下端站减少 1 层)，即使提升高度没改变，但仍视为改造。

f）对于开门位置改变的，如将一台前开门的电梯改为后开门（前层轿门封闭），即使层轿门数量没有改变，仍属于改造。

4）轿厢自重

轿厢是指电梯中用以运载乘客或其他载荷的箱型装置。根据国市监特设函〔2019〕64号文，轿厢自重的改变在制造单位明确的预留装饰质量范围内或累计增加/减少质量不超过额定载重量的5%的不属于改造。为什么这里取5%？

根据GB/T 7024—2008，轿厢自重的改变，影响到平衡系数。设轿厢自重改变ΔP，保持额定载重量和对重质量不变，轿厢自重改变前后，平衡系数分别为k_1和k_2，根据平衡系数定义可得：

$$\frac{W-P}{Q}=k_1 \qquad 0.4\leqslant k_1\leqslant 0.5 \tag{1-1}$$

$$\frac{W-(P+\Delta P)}{Q}=k_2 \qquad 0.4\leqslant k_2\leqslant 0.5 \tag{1-2}$$

式(1-1)—式(1-2)并取绝对值得：

$$\left|\frac{\Delta P}{Q}\right|=|k_1-k_2|\leqslant 0.1=10\%$$

一方面，从概率分布上来说，电梯的平衡系数位于0.44～0.46之间的概率为96%；另一方面，如果轿厢质量改变（加装大理石地板、空调、对轿厢装修等），维护保养单位一般会适当地增加或减少对重块，因此取5%。

虽然轿厢自重的改变在制造单位明确的预留装饰重量范围内或累计增加/减少质量不超过额定载重量的5%的不属于改造，但是对于轿厢自重的增加/减少没有超过额定载重量5%，而超过了制造单位明确的预留装饰重量范围的，仍视为改造。

对于轿顶增加空调的，除判定轿厢自重的改变是否属于改造外，还应注意加装的空调不得影响轿顶的站人空间和顶部空间，如图1-245所示。

图1-245　轿顶加装空调

仅从改变轿厢质量看不属于改造，但是因轿厢装修，如在轿厢壁增加镜子、大型广告牌等影响了轿厢有效面积的(见图 1-246)，还应参考 2)额定载重量。

图 1-246　轿厢装修影响了轿厢有效面积

图 1-247 所示为中国香港加装空调的做法。

5) 驱动方式

根据 TSG T7007—2016，电梯的驱动方式主要有曳引驱动、强制驱动、液压驱动。这三种驱动方式之间相互改变的可能性很小，但存在在轿厢和导轨都不变的情况下，将液压驱动电梯改为曳引驱动电梯，在此不做分析。

6) 悬挂方式

根据 TSG T7007—2016，电梯的悬挂方式有顶吊式和底托式，悬吊方式的改变还会涉及悬挂比，因此还应审查整机型式试验证书是否覆盖，但电梯的悬挂方式一般不会改变。

7) 调速方式

根据 TSG T7007—2016，对于曳引驱动电梯，电梯的调速方式主要有交流变极调速、交流调压调速、交流变频调速、直流调速。交流调压调速、直流调速已经被淘汰，因此常见的调速方式的改变为将乘客或载货电梯的交流变极调速系统改变为交流变频变压调速系统。

8) 控制方式

根据市监特设函〔2019〕64 号文，控制方式是指为响应来自操作装置的信号而对电梯的启动、停止和运行方向进行控制的方式，根据 GB/T 7024—2008，控制方式主要有：

a) 手柄开关操纵(轿内开关控制)

电梯司机通过转动手柄位置(开断/闭合)来操纵电梯运行或停止，如图 1-248 所示。

b）按钮控制

电梯运行由轿厢内操纵盘上的选层按钮或层站呼梯按钮来操纵。某层站乘客将呼梯按钮揿下，电梯就起动运行并应答；在电梯运行过程中如果有其他层站呼梯按钮揿下，控制系统只能把信号记存下来，不能去应答，而且也不能把电梯截住，直到电梯完成前应答运行层站之后方可应答其他层站呼梯信号，如图 1-249 所示。

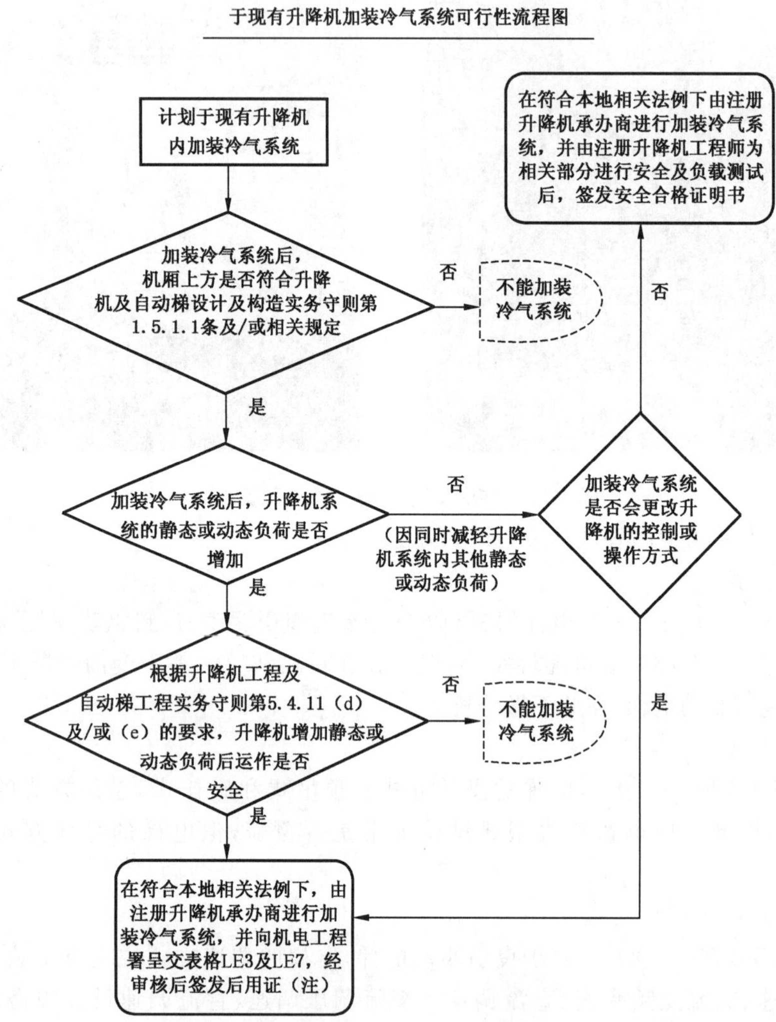

图 1-247 香港机电工程署关于加装空调的说明

c）信号控制

把各层站呼梯信号集合起来，将与电梯运行方向一致的呼梯信号按先后顺序排列好，电梯依次应答接运乘客。电梯运行取决于电梯司机操纵，而电梯在何层站停靠由轿厢操纵盘上的选层按钮信号和层站呼梯按钮信号控制。电梯往复运行一周可以应答所有呼梯信号。

d）集选控制

在信号控制的基础上把召唤信号集合起来进行有选择的应答。电梯可有（无）司机操纵。在电梯运行过程中可以应答同一方向所有层站呼梯信号和操纵盘上的选层按钮信号。并自动在这些信号指定的层站平层停靠。电梯运行响应完所有呼梯信号和指令信号后，可以返回基地待命；也可以停在最后一次运行的目标层待命。

图 1-248 手柄控制电梯

图 1-249 按钮控制电梯

e）下集选控制

下集选控制时，除最底层和基站外，电梯仅将其他层站的下方向呼梯信号集合起来应答。如果乘客欲从较低的层站到较高的层站去，须乘电梯到底层基站后再乘电梯到要去的高层站。

f）并联控制

并联控制时，两台电梯共同处理层站呼梯信号。并联的各台电梯相互通信、相互协调，根据各自所处的层楼位置和其他相关的信息，确定一台最适合的电梯去应答每一个层站呼梯信号，从而提高电梯的运行效率。

g）群控

群控是指将两台以上电梯组成一组，由一个专门的群控系统负责处理群内电梯的所有层站呼梯信号。群控系统可以是独立的，也可以隐含在每一个电梯控制系统中。群控系统和每一个电梯控制系统之间都有通信联系。群控系统根据群内每台电梯的楼层位置、已登记的指令信号、运行方向、电梯状态、轿内载荷等信息，实时将每一个层站呼梯信号分配给最适合的电梯去应答，从而最大程度地提高群内电梯运行效率。群控系统中，通常还可以选配上班高峰服务、下班高峰服务、分散待梯等多种满足特殊场合使用要求的操作功能。

h）串行通信

对象之间的数据传递是根据约定的速率和通信标准，一位一位地进行传送。串行通信的最大优点是：可以在较远的距离、用最少的线路传送大量的数据。电梯控制系统的串行通信主要是指：装在控制柜中的主控系统和轿厢控制器、层站控制器等部件之间的串行通信，以及群控系统和属下各主控系统之间、并联时主控系统相互之间的串行通信。除了涉及安全的信号外，其他电梯控制系统所用的数据都可通过串行通信的方式相互传送。

i）远程监视

远程监视装置通过有线电话线路、Internet 网络线路等介质和现场的电梯控制系统通信，监视人员在远程监视装置上能清楚了解电梯的各种信息。

j）电梯管理系统

一种电梯监视控制系统，采用可靠线路连接，用微机监视电梯状态、性能、交通流量和故障代码等，同时可以实现召唤电梯、修改电梯参数等功能。

常见的控制方式有 d）、e）、f）、g）。根据国市监特设函〔2019〕64 号文，单台集选控制、两台并联控制和多台群组控制都属于集选控制方式，它们之间相互转换不属于改变控制方式。

9）改变轿门类型

层轿门的类型参见 TSG T7001 中 1.1.4(12)。

改变轿门类型，一方面会涉及轿厢自重的改变，另一方面还可能涉及轿厢结构的更新、改造，因此，还可以参考“4)轿厢自重”进行判定。

更换后的轿门为玻璃轿门时，还应提供符合 TSG T7007—2016 要求的玻璃轿门的型式试验证书；同时需要更换层门的，还应提供符合 TSG T7007—2016 要求的层门的型式试验证书。如果原控制系统中未设置门回路检测功能、层门和轿门旁路装置的，应增加门回路检测功能、层门和轿门旁路装置，这涉及控制柜型号的改变，属于重大修理，因此，还应提供符合 TSG T7007—2016 要求的控制柜的型式试验证书，如果原电梯配置中没有轿厢意外保护装置和制动器故障保护功能等的，可不增加轿厢意外保护装置和制动器故障保护功能。

更换后的轿门应设置轿门开门限制装置。

10）增加轿门

参考“9)改变轿门类型”。

11）改变轿架受力结构、更换轿架或更换无轿架式轿厢

改变轿架受力结构、更换轿架或更换无轿架式轿厢，会涉及轿厢自重的改变，可参考“4)轿厢自重”进行判定。

目前，只有迅达的钢带梯是无轿架式轿厢(见图 1-250)。

(4) 重大修理

根据市监特设函〔2019〕64号文，对于曳引驱动电梯，重大修理包括：

1) 加装或更换不同规格的主要安全部件

加装或更换不同规格的驱动主机或其主要部件、控制柜或其控制主板、调速装置、限速器、安全钳、缓冲器、门锁装置、轿厢上行超速保护装置、轿厢意外移动保护装置、含有电子元件的安全电路、可编程电子安全相关系统。

规格是制造单位对产品不同技术参数、性能的标注，如工作原理、机械性能、结构、部件尺寸、安装位置等。下面以驱动主机、控制柜为例来说明，其他安全保护装置工作原理、机械性能、结构、部件尺寸、安装位置等可参考1.1(4)。

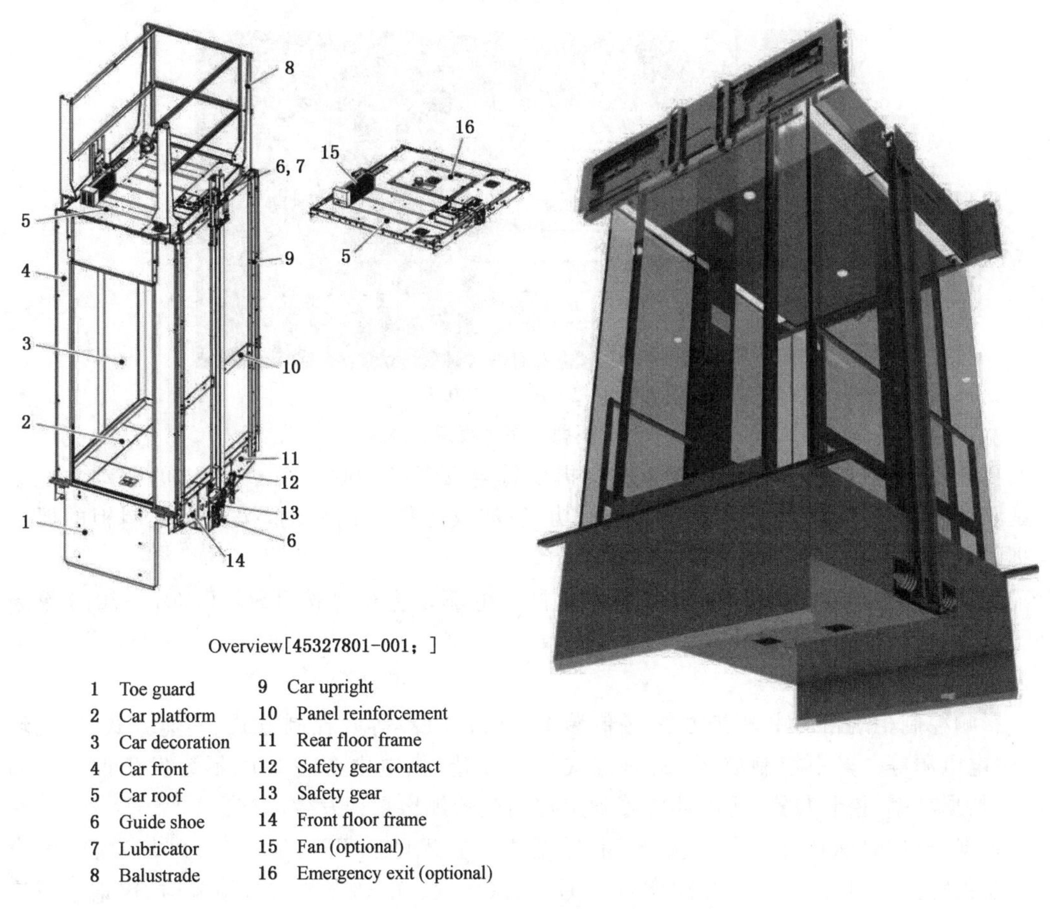

图1-250　无轿架式轿厢结构示意图

a) 驱动主机

常见的驱动主机如图1-175～图1-183所示。其主要部件有电动机(包括线圈、定子、转子)、制动器、曳引轮、变速箱(包括蜗轮蜗杆、直齿轮、斜齿轮、行星)等，以上部件的规格发生改变，属于重大修理，如曳引轮的材料、直径、绳槽数量和结构发生改变。影响驱动主机规格的除上述主要部件外，还有主要参数，包括额定电压、额定电流、额定速度、悬挂方式、额定转矩、额定功率、额定负载等，以上参数发生改变，属于重大修理。如果驱动主机的主要部件和主要参数相同，制造厂家不同，可不视为重大修理，如图1-251所示。

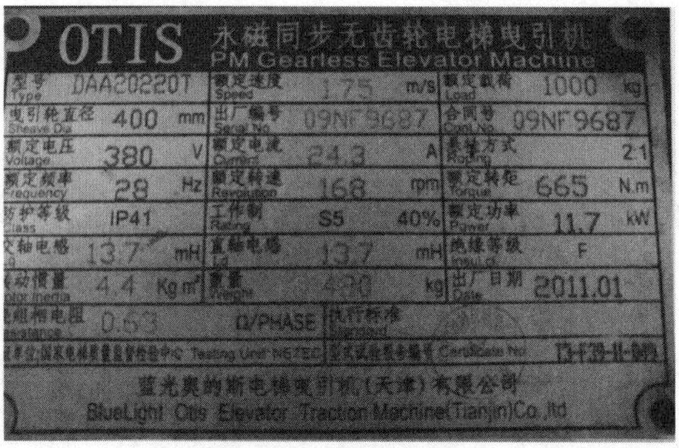

a) 更换前驱动主机

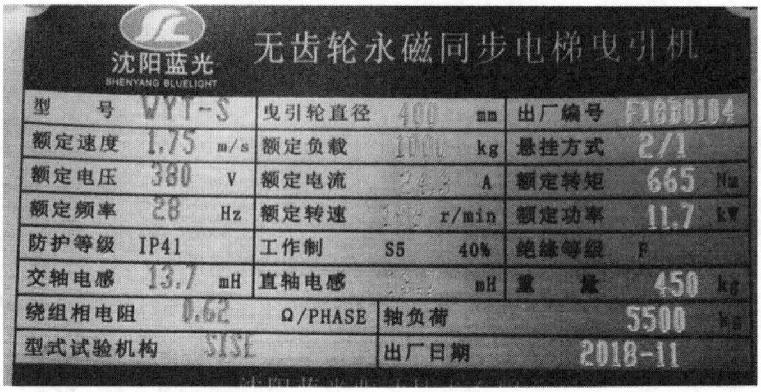

b) 更换后驱动主机

图 1-251　不属于重大修理的情况

更换驱动主机属于重大修理的，还应提供符合 TSG T7007—2016 要求的驱动主机型式试验证书，同时应设置制动器故障保护功能；涉及更换控制柜的，按更换控制柜的要求处理。

更换驱动主机属于一般修理的，即使更换后的驱动主机已按 TSG T7007—2016 重新做了型式试验，也不需要提供型式试验证书。

b) 控制柜

影响控制柜规格的主要有功率、控制装置（微机、PLC 等）、控制方式、调速方式、适用环境、供电电源等。其中控制方式、调速方式属于改造，供电电源在我国不会发生改变。因此，可根据功率、控制装置、适用环境等判定控制柜的规格是否发生改变。

根据《质检总局特种设备局关于〈电梯型式试验规则〉（TSG T7007—2016）实施的意见》（质检特函〔2016〕27 号），从 2018 年 1 月 1 日（含）起，电梯安装监督检验时，申请单位应当提交符合 TSG T7007—2016 要求的电梯整机和部件产品型式试验证书或报告，因此，自 2018 年 1 月 1 日（含）起，更换的控制柜都是按 TSG T7007—2016 进行型式试验的，即控制柜中会有轿门和层门旁路装置、制动器故障检测功能、UCMP 检测和自监测功能（可能有）、自动救援操作装置控制功能（可能有）、分体式能量回馈节能装置（可能有）等。对于将未按照 TSG T7007—2016 进行型式试验的控制柜更换为按 TSG T7007—2016 进行型式试验的控制柜，如果保持原规格，即使更换后的控制柜有轿门和层门旁路装置、制动器故障检测功能、UCMP 检测和自监测功能、自动救援操作装置控制功能、分体式能量回馈节能装置等功能（增加这些功能的另外判定），也可不视为重大修理，且不需要增加上述功能，因为不增加上述功能不会降低电梯原有的安全水平。

2）更换不同规格的悬挂及端接装置

裁剪、调整悬挂钢丝绳属于维护保养；更换同规格的悬挂及端接装置属于一般修理；更换不同规格的悬挂及端接装置，即更换不同直径的钢丝绳、改变绳头组合的结构形式等属于重大修理。

3）改变层门的类型、增加层门

参考“改变轿门类型、增加轿门”。

4）加装自动救援操作装置、能量回馈节能装置和 IC 卡系统

重大修理资料的变化主要是防止以往的不规范改造，如加装自动救援操作装置、能量回馈节能装置和 IC 卡系统等，如图 1-252 所示。

图 1-252　不规范地加装自动救援操作装置、能量回馈节能装置和 IC 卡系统

a）资料审查

对于加装自动救援操作装置或能量回馈节能装置的，审查控制柜型式试验证书，其产品配置中应具有自动救援操作装置或能量回馈节能装置，且自动救援操作装置型号与现场一致。

b）加装 IC 卡系统

根据 TSG T7007—2016，电梯 IC 卡系统是指利用集成电路（IC）卡身份认证技术对电梯乘客进行识别并授权的电子系统或者网络，例如召唤电梯、开放权限层的使用权限或者自动登录权限层的功能。IC 卡系统的身份认证方式包括且不限于密码、磁卡、移动支付、指纹、掌形、面部、虹膜、静脉等，如图 1-253 所示。

根据市监特设函〔2019〕64 号文，采用在电梯轿厢操纵箱、层站召唤箱或其按钮的外围接线以外的方式加装电梯 IC 卡系统等身份认证方式属于重大修理。

① 属于重大修理

常见的加装 IC 卡系统的方法是用读卡器的触点，断开轿厢操纵盘上选层按钮或层站外呼按钮的回路，只有通过刷卡后方可使用相应楼层的按钮，进行相应楼层登记或外呼登记，这种方法改变了电梯原控制线路，属于重大修理。图 1-254 所示是加装 IC 卡系统的电气原理图。

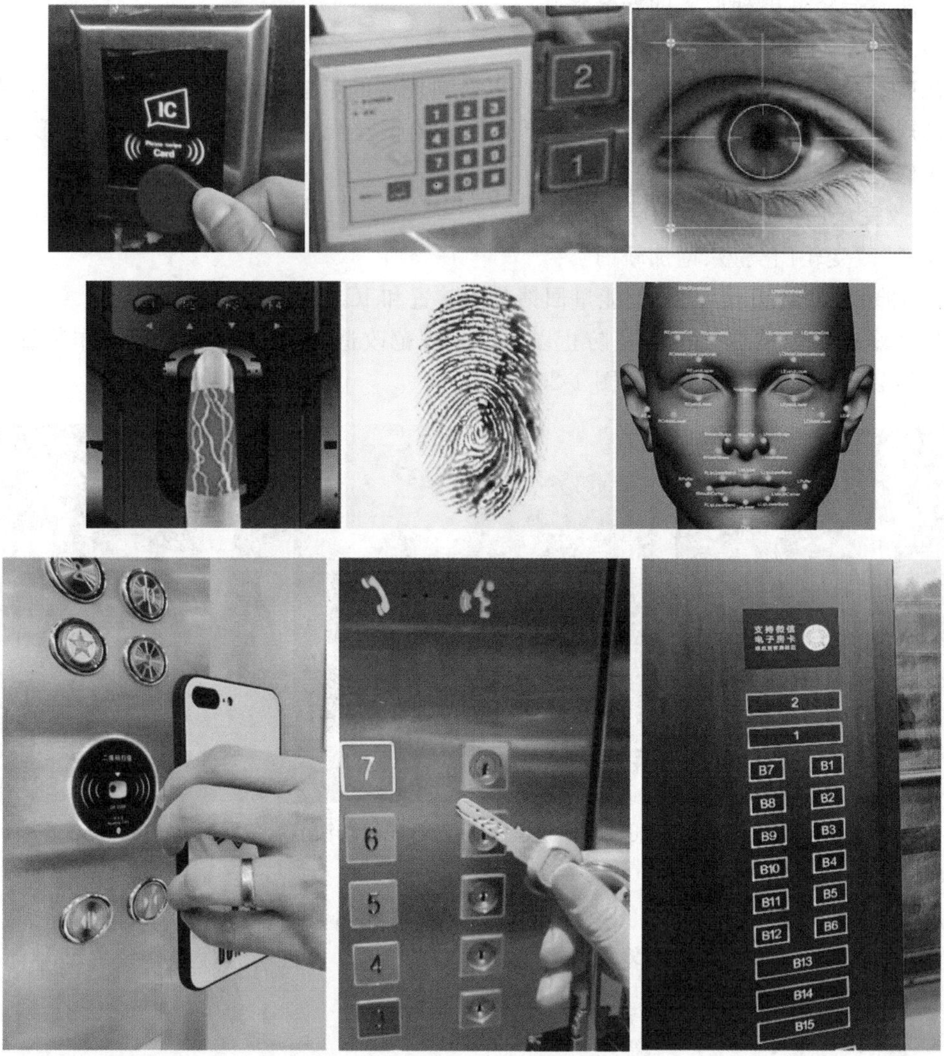

图 1-253　常见的 IC 卡身份认证方式

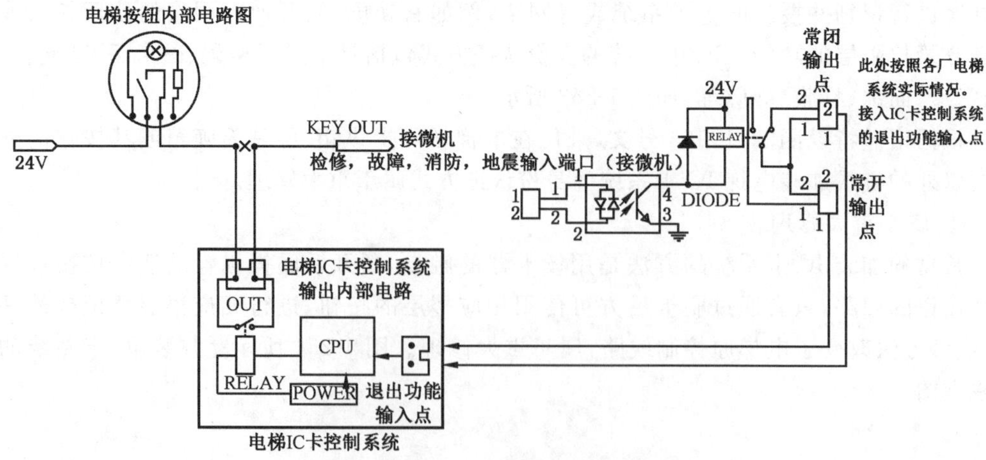

图 1-254　加装 IC 卡系统的电气原理图

② 不属于重大修理

对于具有电梯整机制造单位预留通信接口的电梯，经整机制造单位同意，通过按照规定的通信协议，将IC卡系统的信息经该通信接口传递给电梯控制系统来实现读卡功能，这种方法未改变电梯原控制线路，不属于重大修理，如图1-255所示。

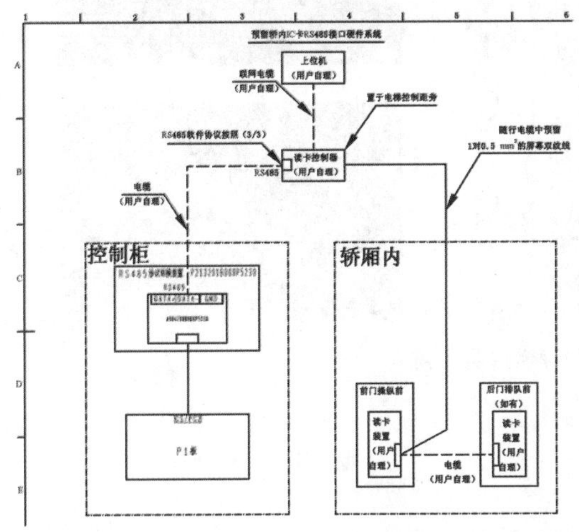

图 1-255　制造单位预留有通信协议

5）特殊情况

有些学校、医院等为限制人员进入电梯，在外呼上加装IC卡系统（见图1-256）。按照TSG T7007—2016的定义，该种情况也属于在电梯上加装的IC系统，因此如果改变原控制线路的，也属于重大修理。

图 1-256　外呼上加装IC卡系统

【特例】

自2019年新型冠状病毒疫情爆发以来，各地为避免因接触电梯选层按钮导致的交叉感染，在轿厢内增加了声控选层功能、非接触选层等，如图1-257所示。对于语音识别系统，如果该功能任何人均能操作，则不属于IC卡系统，如果仅能识别被授权的人的声音，则属于IC系统。

图 1-257 新型呼梯选层系统

1.3.1 改造(维修)许可证书和告知书

【监督检验工作指引】

参考 1.1.1 和 1.2.1。

改造不需要提供型式试验证书,因此只要其许可证书的范围覆盖即可。A1 级可以改造任一额定速度曳引驱动乘客电梯,即使制造单位未取得该额定速度的整梯型式试验证书。

【特例】

某制造单位按 174 号文取得的不包含安装、改造、修理制造的许可证(见图 1-258)尚在有效期内,其按 251 号文取得的包含安装、改造、修理的许可证(见图 1-259)到期按 TSG 07 进行了换证,新证书(见图 1-260)不包含改造,那么该制造单位不得从事电梯的改造施工。其可以持安装(含修理)的许可证和制造许可证向市场监管总局申请换发电梯制造(含安装、改造、修理)的许可证。

1.3.2 施工方案

【监督检验工作指引】

(1) 审查施工方案是否有按照改造或者重大修理施工单位的质量体系文件规定履行的审批手续。

(2) 施工方案应由编制、审核、批准人员会签,有批准日期和施工单位的公章,内容应完整、齐全,且与施工现场情况一致。

(3) 施工方案应有拟改造或者重大修理项目的清单,清单中至少应有更换的主要零部件和拟增加的功能,主要零部件应包括型号、数量、生产厂家等内容。

(4) 该项目在电梯改造或者重大修理施工前审查,必要时进行现场核对。

(5) 在现场检验时,还应查看改造或者重大修理项目清单中的有关内容是否与施工现场一致。

副本

中华人民共和国
特种设备制造许可证
Manufacture License of Special Equipment
People's Republic of China
（电梯）

编号：TS2310070-2022

单位名称：广东升达电梯有限公司

制造地址：广东省佛山市三水中心科技工业区芦苞园C区2-5号

经审查，获准从事下列电梯的制造：

级别	类别	品种	备注
A级	曳引与强制驱动电梯	曳引驱动乘客电梯	限曳引式客梯：V≤4.0m/s
B级			限无机房客梯：V≤1.75m/s
			限观光电梯：V≤1.6m/s
			限病床电梯：V≤1.75m/s
		曳引驱动载货电梯	限曳引式货梯：Q≤8000kg
			限无机房货梯：Q≤3200kg
			限汽车电梯：Q≤5000kg
	自动扶梯与自动人行道	自动扶梯	H≤9.6m
C级		自动人行道	L≤30.0m
A级	其它类型电梯	消防员电梯	限消防电梯：V≤4.0m/s
C级		杂物电梯	Q≤300kg

审批机关：国家市场监督管理总局　　发证机关：[illegible]

有效期至：2022年6月14日　　发证日期：[illegible]年6月15日

图 1-258　按 174 号文取得的制造许可证

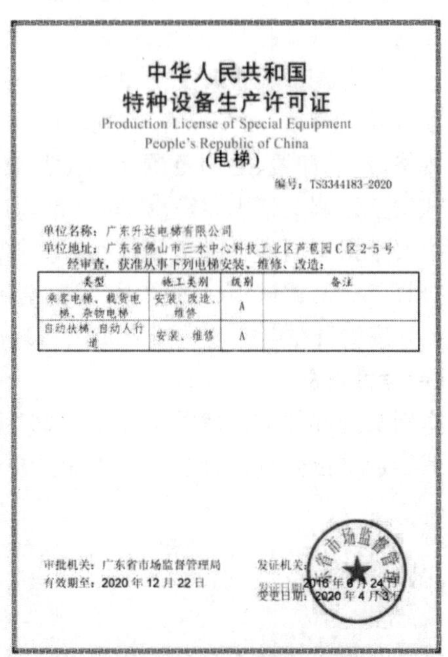

中华人民共和国
特种设备生产许可证
Production License of Special Equipment
People's Republic of China
（电梯）

编号：TS3344183-2020

单位名称：广东升达电梯有限公司
单位地址：广东省佛山市三水中心科技工业区芦苞园C区2-5号
经审查，获准从事下列电梯安装、维修、改造：

类型	施工类别	级别	备注
乘客电梯、载货电梯、杂物电梯	安装、改造、维修	A	
自动扶梯，自动人行道	安装、维修	A	

审批机关：广东省市场监督管理局　　发证机关：
有效期至：2020年12月22日　　发证日期：2016年6月24日
变更日期：2020年4月3日

图 1-259　按 251 号文取得的安装许可证

中华人民共和国
特种设备生产许可证
Production License of Special Equipment
People's Republic of China

编号：TS3344183-2024

单位名称：广东升达电梯有限公司

住　　所：佛山市三水中心科技工业区芦苞园C区2-5号

办公地址：佛山市三水中心科技工业区芦苞园C区2-5号

经审查，获准从事下列特种设备生产活动：

许可项目	许可子项目	许可参数	备注
电梯安装（含修理）	自动扶梯与自动人行道	—	
电梯安装（含修理）	杂物电梯（含防爆电梯中的杂物电梯）	—	
电梯安装（含修理）	曳引驱动载货电梯和强制驱动载货电梯（含防爆电梯中的载货电梯）	—	
电梯安装（含修理）	曳引驱动乘客电梯（含消防员电梯）（A2）	V≤6.0m/s	

发证机关：广东省市场监督管理局

有效期至：2024年6月22日　　发证日期：2020年12月7日

图 1-260　按 TSG 07 取得的安装许可证

1.3.3　更换的安全装置和主要部件的型式试验合格证及有关资料

【监督检验工作指引】

（1）按表 1-16 判定安全部件型式试验证书是否能完全覆盖本台电梯的安全保护装置和主要部件的品种及参数。

(2) 查验更换后部件的型式试验证书,也就是说如果不能提供相应的型式试验证书,就不能更换同规格、同型号安全部件,必须更换为有型式试验证书的不同规格的安全部件。

(3) 限速器和渐进式安全钳还应查验调试证书,限速器调试证书过期可以现场校验。对于渐进式安全钳,除了要查看如图 1-105、图 1-106 和图 1-107 所示的型式试验证书,核查型号规格、产品配置、适用范围是否适用,还应查看如图 1-110、图 1-111 和图 1-112 所示的渐进式安全钳调试证书,核查该安全钳调试的夹紧力与相应的电梯 $P+Q$ 值是否合适,这是因为要根据不同的电梯 $P+Q$ 值,调试安全钳夹紧力。查验调试证书上是否标有相应的型号、出厂编号、调试项目的数据、检验结果和检验日期。

(4) 该项目在电梯改造或者重大修理施工前审查,必要时进行现场核对。

【参考做法】

个别安全部件上虽然贴有如图 1-261 所示的贴纸式合格证,由于其比较小,信息量不多且没有制造单位公章,因此,应要求制造单位提供如图 1-262 所示的合格证。

图 1-261　贴纸式合格证

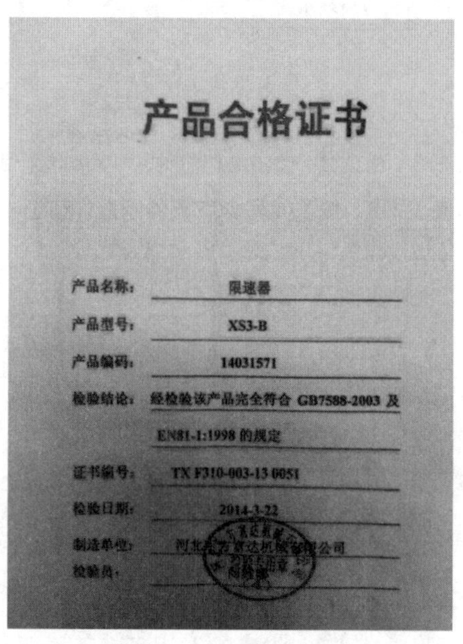

产品合格证书

产品名称:限速器

产品型号:XS3-B

产品编码:14031571

检验结论:经检验该产品完全符合 GB7588-2003 及 EN81-1:1998 的规定

证书编号:TX F310-003-13 0051

检验日期:2014-3-22

制造单位:河北东方富达机械有限公司

检验员:

图 1-262　安全部件合格证

1.3.4　自动救援操作装置、能量回馈节能装置、IC 卡系统的资料

【监督检验工作指引】

(1) 审查加装方案,应有电气原理图和接线图,如图 1-263 和图 1-264 所示。

(2) 控制柜型式试验证书。对于加装自动救援操作装置或能量回馈节能装置的,审查控制柜型式试验证书,其产品配置中应具有自动救援操作装置或能量回馈节能装置,且自动救援操作装置型号与现场一致。

1.3.5　特种设备作业人员证件

根据《市场监管总局关于特种设备行政许可有关事项的公告》(2019 年第 3 号)附件 2《分类与项目》(如表 1-30 所示),电梯作业人员的作业项目只有“电梯修理(含维护保养)”,项目作业代号为“T”。根据市监特设〔2019〕32 号文,旧版证书在有效期内仍然有效,复审时应当更换新版证书。发证机关依据《分类与项目》并参照《特种设备作业人员证书换发对应表》(见表 1-42)进行转换并颁发证书,对《分类与项目》中取消的作业项目不再换发证书;2019 年 6 月 1 日至 2019 年 12 月 31 日为过渡期,在此期间,发证机关可在 2019 年 12 月 31 日前按照《特种设备作业人员资格认定分类与项目》继续颁发旧版证书(即旧证书新内容)。自 2020 年 1 月 1 日起,全部颁发新版证书。图 1-265～图 1-268 所示是有效的作业人员证。对于图 1-265 所示的旧证旧内容,即使该证书的项目代号标有“维修除外”,由于根据表 1-42 可以直接换新证,因此其也可以从事电梯的改造和修理。

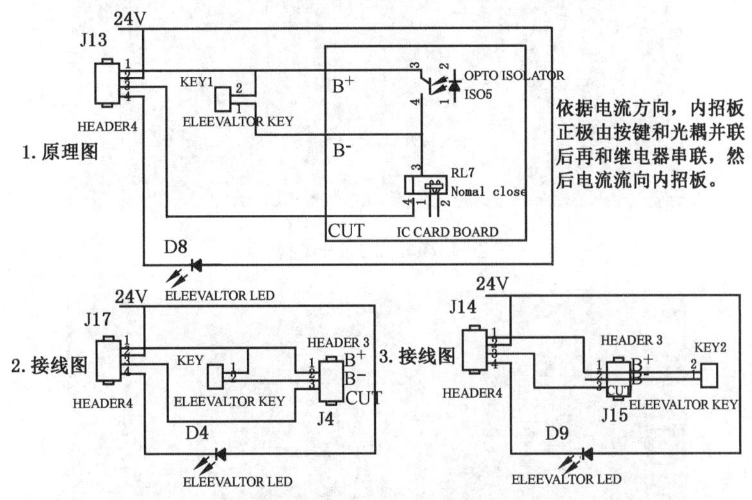

图 1-263 IC 系统电气原理图和接线图

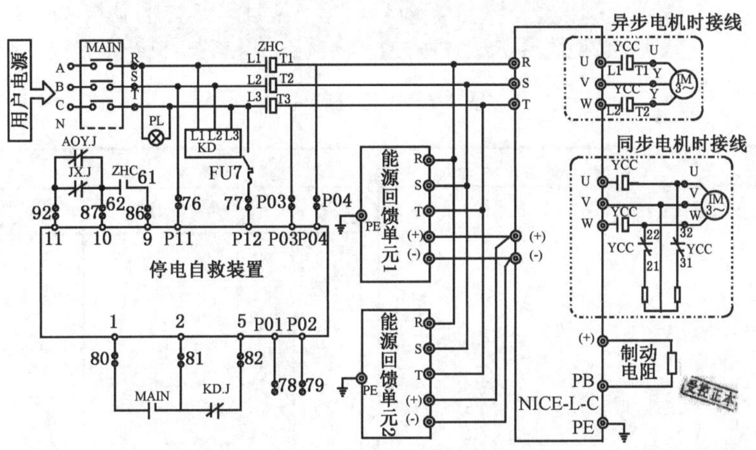

图 1-264 自动救援操作装置和能量回馈节能装置的电气原理图和接线图

表 1-42 特种设备作业人员证书换发对应表

种类	原作业人员项目与代号		新作业人员项目与代号		说明
	作业项目	作业代号	作业项目	作业代号	
电梯作业	电梯机械安装维修	T1	电梯修理	T	直接换发
	电梯电气安装维修	T2			
	电梯司机	T3	取消		

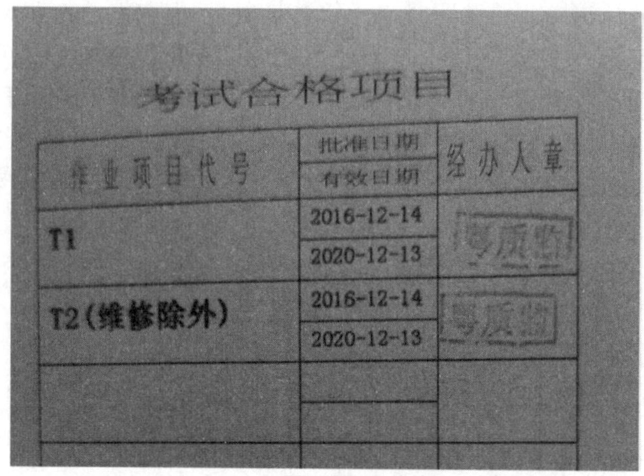

考试合格项目

作业项目代号	批准日期 有效日期	经办人章
T1	2016-12-14 2020-12-13	粤质监
T2(维修除外)	2016-12-14 2020-12-13	粤质监

图 1-265　旧证旧内容

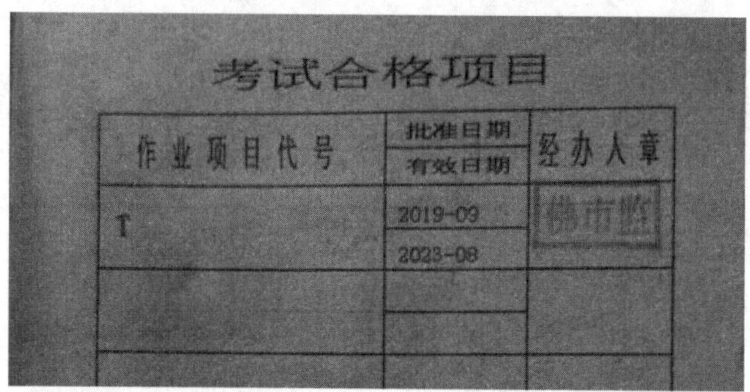

考试合格项目

作业项目代号	批准日期 有效日期	经办人章
T	2019-09 2023-08	佛市监

图 1-266　旧证新内容

复审记录

复审项目代号： 有效期至：　　年　　月 发证机关(章)： 复审日期：　　年　　月　　日
复审项目代号： 有效期至：　　年　　月 发证机关(章)： 复审日期：　　年　　月　　日

聘用记录

项目代号	聘用起止日期	聘用单位(章)
	自　年　月　日 至　年　月　日	
	自　年　月　日 至　年　月　日	
	自　年　月　日 至　年　月　日	
	自　年　月　日 至　年　月　日	

图 1-267　新证新内容的样式

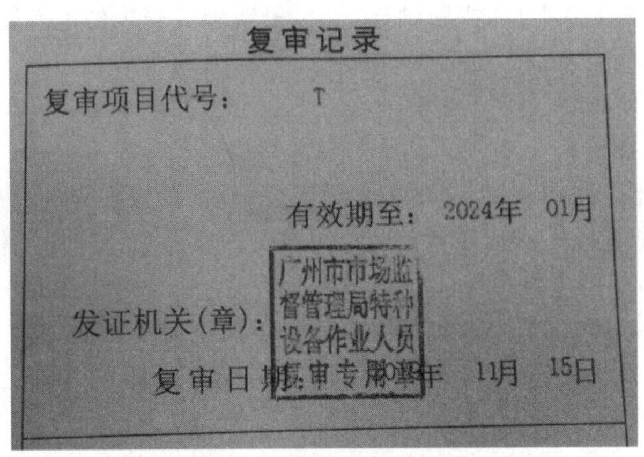
复审记录

复审项目代号： T

有效期至： 2024年 01月

发证机关(章)： 广州市市场监督管理局特种设备作业人员复审专用章

复审日期： 年 11月 15日

图 1-268 新证新内容(换证)

特种设备作业人员证必须在有效期内，作业人员证上聘用单位栏应加盖本次施工单位公章，且应有聘任起止日期。

如果持证作业人员少，且设备多、工期短，可判此项不合格。

该项目在电梯安装施工前审查，现场检验时也应核对。

【参考做法】

(1) 现场施工人员都应持证上岗，但允许安装单位聘请不持证的搬运工和清洁工等辅助人员进行一些辅助工作。

(2) 一般要求现场至少有一半施工人员持证，一个安装组不少于 3 人持证。

1.3.6 施工过程记录和自检报告

【监督检验工作指引】

(1) 审查施工过程中的各种记录。

(2) 自检报告内容至少包括改造、重大修理涉及的项目以及 TSG T7001 附件 C 的项目，检查项目应有自检结果，有测试数据要求的，必须记录数据。

(3) 自检报告应有电梯自检人员签名、自检结论、审核人员签名、施工单位公章或检验专用章。

(4) 施工过程记录只需现场查阅，施工单位自检报告除现场查阅外还应存档。

(5) 上述记录或报告不完善，除判本项不合格外，还应在《特种设备检验意见通知书》上填写 TSG T7001 第十七条第(一)项，“施工(维护保养)单位的施工过程记录或者日常维护保养记录不完整。”

(6) 如果要求测试数据项目的检验结果与自检结果存在多处较大偏差，或者其他项目的自检结果与实物状态不一致，质疑相应单位自检能力时，还应在《特种设备检验意见通知书》上填写 TSG T7001 第十七条第(三)项。

(7) 复检时，施工单位应重新提交自检记录或报告。

【参考做法】

(1) 当结果错误或实测数据与自检结果数据偏差超过±10%时，则判定为“较大偏差”。

(2) 当自检结果与实物状态不一致或者实测数据与自检结果偏差达 5 处以上(含 5 处)时，还应在《特种设备检验意见通知书》上填写 TSG T7001 第十七条第(三)项。

(3) 对在 2014 年 1 月 1 日《特种设备安全法》实施后安装的电梯由非整机制造单位进行重大修理,大修后的自检报告也应由原整机制造厂确认。

1.3.7 改造质量证明文件

【监督检验工作指引】

(1) 审查时,应注意竣工日期与施工过程记录日期、自检报告的自检日期是否矛盾,以及查看改造合格证或者重大修理质量证明文件有关内容是否与其他资料的相关内容一致。

(2) 合格证或者证明文件中除应包括 TSG T7001 中 1.3(6)规定的电梯改造或者重大修理合同编号、改造或者重大修理单位的资格证编号、电梯使用登记编号、主要技术参数等内容外,如果涉及更换主要安全部件,那么改造合格证或者证明文件上还应有已更换的主要安全部件型号和编号。

(3) 改造后的产品质量证明文件还应包括改造依据的标准,允许依据改造前电梯的制造标准,如图 1-269 所示。对改造电梯还应查看是否增加了轿厢内的铭牌。

(4) 自检报告结论页中如有 TSG T7001 中 1.3(6)规定的内容也可视为重大修理质量证明文件。

(5) 该项应在竣工后审查,原件由使用单位保存,检验机构应将复印件存档。

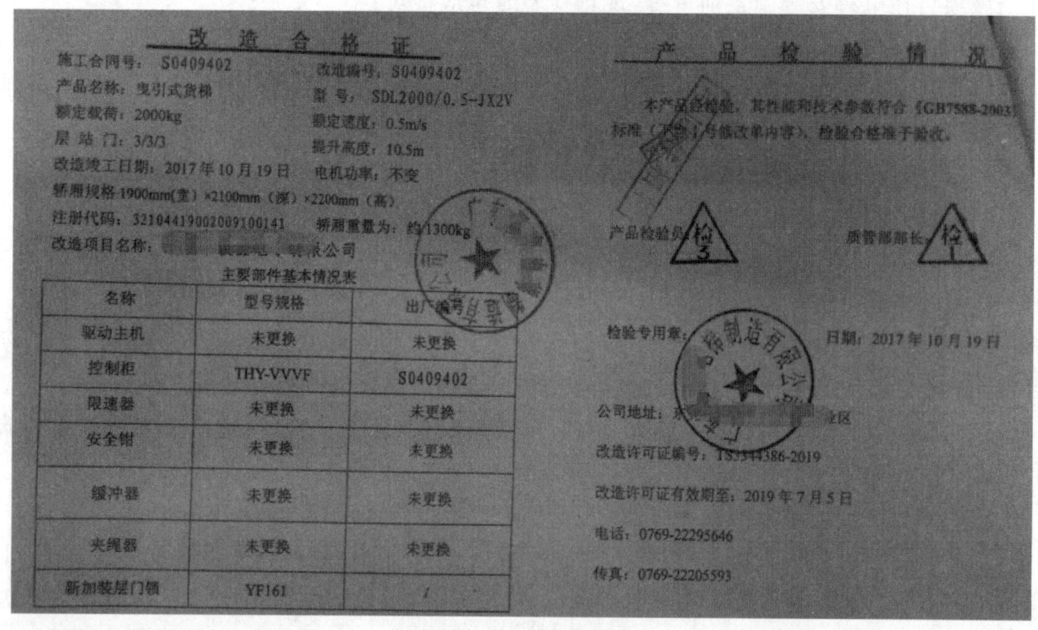

改造合格证

施工合同号:S0409402　　改造编号:S0409402
产品名称:曳引式货梯　　型号:SDL2000/0.5-JX2V
额定载荷:2000kg　　额定速度:0.5m/s
层站门:3/3/3　　提升高度:10.5m
改造竣工日期:2017年10月19日　　电机功率:不变
轿厢规格 1900mm(宽)×2100mm(深)×2200mm(高)
注册代码:32104419002009100141　　轿厢重量为:约1300kg
改造项目名称:[illegible]限公司

主要部件基本情况表

名称	型号规格	出厂编号
驱动主机	未更换	未更换
控制柜	THY-VVVF	S0409402
限速器	未更换	未更换
安全钳	未更换	未更换
缓冲器	未更换	未更换
夹绳器	未更换	未更换
新加装层门锁	YF161	/

产品检验情况

本产品经检验,其性能和技术参数符合《GB7588-2003》标准(不含1号修改单内容),检验合格准予验收。

产品检验员:　　质管部部长:

检验专用章:　　日期:2017年10月19日

公司地址:东[illegible]区
改造许可证编号:TS3344386-2019
改造许可证有效期至:2019年7月5日
电话:0769-22295646
传真:0769-22205593

图 1-269　改造合格证

1.3.8 注 A-3

【监督检验工作指引】

上述文件如为复印件则必须经改造或者重大修理单位加盖公章或者检验合格章。

1.4　使用资料

项目及类别	检验内容与要求	检验方法
1.4 使用资料 B	使用单位提供了以下资料： (1) 使用登记资料，内容与实物相符； (2) 安全技术档案，至少包括1.1、1.2、1.3所述文件资料(1.2的(3)项和1.3的(4)项除外)，以及监督检验报告、定期检验报告、日常自行检查与使用状况记录、日常维护保养记录、年度自检记录或者报告、应急救援演习记录、运行故障和事故记录等，保存完好(本规则实施前已经完成安装、改造或重大修理的，1.1、1.2、1.3项所述文件资料如有缺陷，应当由使用单位联系相关单位予以完善，可不作为本项审核结论的否决内容)； (3) 以岗位责任制为核心的电梯运行管理规章制度，包括事故与故障的应急措施和救援预案、电梯钥匙使用管理制度等； (4) 与取得相应资格单位签订的日常维护保养合同； (5) 按照规定配备的电梯安全管理人员的特种设备作业人员证	定期检验和改造、重大修理过程的监督检验时查验；新安装电梯的监督检验进行试验时查验(3)、(4)、(5)项，以及(2)项中所需记录表格制定情况(如试验时使用单位尚未确定，应当由安装单位提供(2)、(3)、(4)项查验内容范本，(5)项相应要求交接备忘录)

【说明解释】

TSG 08中电梯使用单位是指具有特种设备使用管理权的单位(包括公司、子公司、机关事业单位、社会团体等有法人资格的单位和具有营业执照的分公司、个体工商户等)或者具有完全民事行为能力的自然人，一般是特种设备的产权单位，也可以是产权单位通过符合法律规定的合同关系确立的特种设备实际使用管理者。特种设备属于共有的，共有人可以委托物业服务单位或者其他管理人管理特种设备，受托人是使用单位；共有人未委托的，实际管理人是使用单位；没有实际管理人的，共有人是使用单位。

特种设备用于出租的，出租期间，出租单位是使用单位；法律另有规定或者当事人合同约定的，从其规定或者约定。

新安装未移交业主的电梯，项目建设单位是使用单位；委托物业服务单位管理的电梯，物业服务单位是使用单位；产权单位自行管理的电梯，产权单位是使用单位。

首次定期检验的日期和实施改造、拆卸移装后的定期检验日期，根据安全技术规范、监督检验报告和使用情况确定。根据《关于实施新〈电梯使用标志〉有关问题的通知》(质检特函〔2013〕8号)，“下次检验日期”只填写至月，即在此月底之前应当进行定期检验。

【注意事项】

检验报告中使用单位应填写全称，且应与检验受理单上使用单位以及所盖公章一致。

【特例】

(1) 根据〔2003〕质检锅便字第4026号，对于不影响公众安全的单户型私人住宅使用的各类电梯，即只要安装电梯的建筑物不是用于经营性活动，且电梯最终用户为单个家庭或单个法律行为人，不涉及公共安全的，不实施强制性管理。因此该类电梯，不需要进行使用登记，也不纳入强制性监督检验范围，对已经办理使用登记的可向登记部门申请注销。

(2) 不对公众开放、只对会员开放的私人会所用电梯不属于〔2003〕质检锅便字第4026号所述的电梯。

（3）当同一建筑物中有多个家庭时，井道下方家庭与电梯所有者非同一家庭的电梯不属于〔2003〕质检锅便字第4026号所述的电梯。从建筑物最底层开始，中间不设层站、直接通往单个家庭的电梯属于〔2003〕质检锅便字第4026号所述的电梯。

【参考做法】

在广东省，根据粤质监法函〔2012〕488号《印发电梯授权使用管理合同示范文本（试行）的通知》，当电梯所有权人（“所有权者”）和电梯使用人（“使用权者”）不一致时，双方必须签订《电梯授权使用管理合同》，明确“使用权者”，当一致时也应提交电梯所有权者承担“使用权者”责任的情况说明。

1.4.1 使用登记资料

【适用范围】

新安装过程监督检验，本项填写“无此项”。

【监督检验工作指引】

安装监督检验时，该项可按“无此项”处理。

【定期检验工作指引】

（1）对于没有发放电梯使用登记证地区，可通过当地特种设备电子监察系统查询电梯是否办理了使用登记，一般只有办理了使用登记才会有使用登记证号（注册登记号）。

（2）查验使用登记资料中的有关内容与电梯产品的出厂资料、验收资料以及实物是否相符。

（3）《特种设备安全法》第三十三条要求电梯使用单位应当在电梯投入使用前或者投入使用后三十日内，向负责特种设备安全监督管理的部门办理使用登记，取得使用登记证书。登记标志应当置于该特种设备的显著位置。根据TSG 08—2017，电梯的使用标志如图1-270所示。

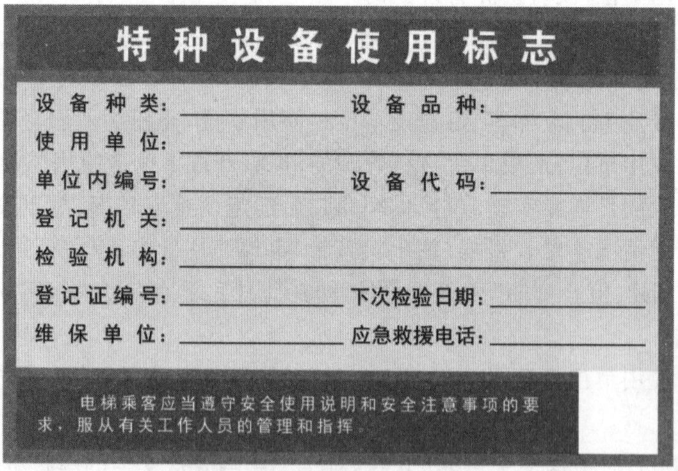

特种设备使用标志

设备种类：________ 设备品种：________

使用单位：________

单位内编号：________ 设备代码：________

登记机关：________

检验机构：________

登记证编号：________ 下次检验日期：________

维保单位：________ 应急救援电话：________

电梯乘客应当遵守安全使用说明和安全注意事项的要求，服从有关工作人员的管理和指挥。

图1-270 电梯使用标志式样

【参考做法】

对于拆除机房与轿厢的对讲系统（提升高度少于30 m时）、安全触板、安全窗等项目，应提供由使用单位提出申请并经该电梯原制造单位同意的证明文件，否则应判相应项目和TSG T7001中1.4(1)为不合格。

1.4.2　安全技术档案

【监督检验工作指引】

对于新安装电梯监督检验，如监督检验时使用单位尚未确定，应当由安装单位提供内容范本。

【定期检验工作指引】

(1) 安全技术档案保存时间

除日常检查与使用状况记录、维护保养记录、年度自行检查记录或者报告、应急救援演习记录、定期检验报告、设备运行故障记录至少保存 2 年外，其他资料使用单位应当长期保存。

(2) 使用单位变更时，安全技术档案应同时移交。

(3) 关于 1.1、1.2、1.3 项所述文件资料。

对于在 TSG T7001—2009 实施前已经完成验收(监督)检验的电梯，TSG T7001 中 1.1、1.2、1.3 项所述文件资料如有缺陷，应当由使用单位联系相关单位予以完善，可不作为本项审核结论的否决内容，只在《特种设备检验意见通知书》上填写 TSG T7001 第十七条第(四)项。

(4) 监督检验报告、定期检验报告。

1) 安装、改造、重大修理监督检验报告应长期保存，而定期检验报告至少保存 2 年。

2) 在 TSG T7001—2009 实施前已经完成验收(监督)检验的电梯，如果无法找到安装验收(监督)检验报告，应当由使用单位联系相关单位予以完善，可不作为本项审核结论的否决内容，只在《特种设备检验意见通知书》上填写 TSG T7001 第十七条第(四)项。

(5) 日常检查与使用状况记录

1) 使用单位应记录电梯日常使用状况，每月至少进行一次自行检查。

2) 该项工作是由电梯使用单位实施和记录。

(6) 日常维护保养记录

1) 使用单位应委托有相应资质的电梯维护保养单位至少每 15 天进行一次包括清洁、润滑、调整和检查等内容的日常维护保养。

2) 日常维护保养表(卡)上应有使用单位的安全管理人员对维护保养单位的每次维护保养记录签字确认。

3) 日常维护保养记录使用单位至少保存 2 年，其上的维护保养单位应与维护保养合同一致，应注意检验周期内更换维护保养单位的，日常维护保养记录与合同日期是否相符。

4) 维护保养单位应根据 TSG T5002—2017《电梯维护保养规则》附件 A 的要求，按照所保养电梯的安装使用维护说明书规定，并且根据电梯使用的特点，制订合理的保养项目、计划和方案。电梯的维护保养分为半月、季度、半年、年度维护保养，其维护保养内容至少应包含表 1-43 的项目。

表 1-43　电梯日常维护保养至少应包含的项目

序号	半月	季度(增加)	半年(增加)	年度(增加)
1	机房、滑轮间环境	减速机润滑油	电动机与减速机联轴器	减速机润滑油

续表 1-43

序号	半月	季度(增加)	半年(增加)	年度(增加)
2	手动紧急操作装置	制动衬	驱动轮、导向轮轴承部	控制柜接触器，继电器触点
3	驱动主机	编码器	曳引轮槽	制动器铁芯(柱塞)
4	制动器各销轴部位	选层器动静触点	制动器动作状态监测装置	制动器制动能力
5	制动器间隙	曳引轮槽、悬挂装置	控制柜内各接线端子	导电回路绝缘性能测试
6	制动器作为轿厢意外移动保护装置制停子系统时的自监测	限速器轮槽、限速器钢丝绳	控制柜各仪表	限速器安全钳联动试验(对于使用年限不超过15年的限速器，每2年进行一次限速器动作速度校验；对于使用年限超过15年的限速器，每年进行一次限速器动作速度校验)
7	编码器	靴衬、滚轮	井道、对重、轿顶各反绳轮轴承部	上行超速保护装置动作试验
8	限速器各销轴部位	验证轿门关闭的电气安全装置	悬挂装置、补偿绳	轿厢意外移动保护装置动作试验
9	层门和轿门旁路装置	层门、轿门系统中传动钢丝绳、链条、传动带	绳头组合	轿顶、轿厢架、轿门及其附件安装螺栓
10	紧急电动运行	层门门导靴	限速器钢丝绳	轿厢和对重/平衡重的导轨支架
11	轿顶	消防开关	层门、轿门门扇	轿厢和对重/平衡重的导轨
12	轿顶检修开关、停止装置	耗能缓冲器	轿门开门限制装置	随行电缆
13	导靴上油杯	限速器张紧轮装置和电气安全装置	对重缓冲距离	层门装置和地坎
14	对重/平衡重块及其压板		补偿链(绳)与轿厢、对重接合处	轿厢称重装置
15	井道照明		上、下极限开关	安全钳钳座
16	轿厢照明、风扇、应急照明			轿底各安装螺栓
17	轿厢检修开关、停止装置			缓冲器

续表 1-43

序号	半月	季度(增加)	半年(增加)	年度(增加)
18	轿内报警装置、对讲系统			
19	轿内显示、指令按钮、IC 卡系统			
20	轿门防撞击保护装置(安全触板,光幕、光电等)			
21	轿门门锁电气触点			
22	轿门运行			
23	轿厢平层准确度			
24	层站召唤、层楼显示			
25	层门地坎			
26	层门自动关门装置			
27	层门门锁自动复位			
28	层门门锁电气触点			
29	层门锁紧元件啮合长度			
30	底坑环境			
31	底坑停止装置			

(7) 年度自行检查记录或者报告

1) 年度自行检查记录或者报告的内容根据使用状况而定,但是不少于 TSG T7001 附件 C 规定的 53 个项目和 TSG T5002—2017 附件 A 规定的 76 个项目,以及与这些项目相关的内容,而且对于 TSG T7001 附件 C 中有测试数据要求的项目,必须记录数据。年度自行检查记录或者报告应有电梯自检人员和审核人员的签字,并加盖维护保养单位公章或者其他专用章。

2) 建议将 TSG T7001 附件 C 规定的 53 项与 TSG T5002—2017 附件 A 规定的 76 项整合在一份记录或报告上。也允许分为两份,但该年度自行检查表并不是指半个月一次的日常电梯维护保养记录表。

3) 年度自行检查工作应由维护保养单位进行。

4) 上述记录或报告不完善,除判本项不合格外,还应在《特种设备检验意见通知书》上填写 TSG T7001 第十七条第(一)项,"施工(维护保养)单位的施工过程记录或者日常维护保养记录不完整。"

5) 如果要求测试数据项目的检验结果与自检结果存在多处较大偏差,或者其他项目的自检结果与实物状态不一致,质疑相应单位自检能力时,还应在《特种设备检验意见通知书》上填写 TSG T7001 第十七条第(三)项。

6）复检时，施工单位应重新提交自检记录或报告。

7）检验机构应将维护保养单位提供的年度自行检查记录或者报告存档。

（8）应急救援记录

1）学校、幼儿园、机场、车站、医院、商场、体育场馆、文艺演出场馆、展览馆、旅游景点、机关事业行政办事中心等人员密集场所的电梯，使用单位每年至少进行一次应急救援演习，并做好记录，该记录至少保存2年。

2）该项工作由电梯使用单位进行。

（9）运行故障和事故记录

1）运行故障记录使用单位至少保存2年，事故记录应长期保存。

2）该项工作由电梯使用单位进行。

【参考做法】

（1）关于1.1、1.2、1.3项所述文件资料

1）考虑到TSG T7001中1.1、1.2、1.3所述文件资料太多，使用单位难以都能完整保存，建议至少要有：①产品质量证明文件、安装质量证明文件；②安装自检报告、安装检验监督检验报告；③至少包括动力电路和连接电气安全装置的电路电气原理图；④至少包括使用、日常维护保养和应急救援等方面内容的使用维护说明书。

2）对于在2010年4月1日前告知（或者在2010年及之前安装）的设备，缺少TSG T7001中1.1、1.2、1.3所述文件资料，填写《特种设备检验意见通知书》，但不作为本项审核结论的否决内容。

3）2010年之后安装的设备，缺少第1)条所述的①～④文件资料，判本项不合格。

（2）年度自行检查记录或者报告

1）当结果错误或实测数据与自检结果数据偏差超过±10%时，则可判定为“较大偏差”。

2）当自检结果与实物状态不一致或者实测数据与自检结果存在3处以上（含3处）较大偏差时，还应在《特种设备检验意见通知书》中填写TSG T7001第十七条第（三）项。

1.4.3 管理规章制度

【监督检验工作指引】

对于新安装电梯，如监督检验时使用单位尚未确定，应当由安装单位提供内容范本。

【定期检验工作指引】

（1）TSG 08要求使用单位至少建立以下制度：

1）建立并且有效实施特种设备安全管理制度和高耗能特种设备节能管理制度，以及操作规程；

2）设置特种设备安全管理机构，配备相应的安全管理人员和作业人员，建立人员管理台账，开展安全与节能培训教育，保存人员培训记录；

3）建立特种设备台账及技术档案；

4）制定特种设备事故应急专项预案，定期进行应急演练。

（2）如果有意外事件或者事故的应急救援预案与应急救援演习制度、电梯钥匙使用管理制度，其他2个制度不完善，可不作为本项审核结论的否决内容，只在《特种设备检验意见通知书》中填写TSG T7001第十七条第（四）项。

1.4.4 日常维护保养合同

【监督检验工作指引】

对于新安装电梯，如监督检验时使用单位尚未确定，应当由安装单位提供内容范本。

【说明解释】

根据国家质检总局质检特函〔2009〕第66号文《关于取得电梯安装改造维修许可单位跨省作业相关事宜的回函》，对电梯日常维护保养单位资质的要求：

(1) 凡按照《特种设备安全监察条例》及其配套安全技术规范规定，取得电梯安装、改造、维修许可的企业，不论其许可是经省级市场监督管理部门或市场监管总局批准取得，均可在中华人民共和国境内开展许可范围内的相应业务。

(2) 电梯日常维护保养业务既可以总公司的名义开展，也可以分公司的名义开展，但必须保证以其名义开展业务的总公司或者分公司已经取得相应许可。

(3) 开展电梯日常维护保养业务的单位，应当通过设立办事场所，配置本单位持有电梯修理项目"特种设备作业人员证"的员工以及固定电话和必须的设备、工具与检验仪器，并保证满足 TSG T5002—2017 中对修理人员及时抵达需维护保养电梯所在地实施现场救援的要求。

【定期检验工作指引】

(1) 查验是否签订了日常维护保养合同，维护保养单位资质是否覆盖所维护保养的电梯，合同是否在有效期内。

(2) 维护保养单位变更时，使用单位应当持维护保养合同，在新合同生效后30日内到原登记机关办理变更手续，并且更换电梯轿厢内维护保养单位的相关标识。

1.4.5 特种设备作业人员证

【监督检验工作指引】

新安装电梯监督检验时，使用单位如果暂时无持证人员，应有相应的交接备忘录。

【定期检验工作指引】

根据《市场监管总局关于特种设备行政许可有关事项的公告》(〔2019年第3号〕)附件2《分类与项目》(见表1-30、表1-44)，电梯作业人员的作业项目只有"电梯修理(含维护保养)"，项目作业代号为"T"，取消了"电梯司机(T3)"，锅炉、压力容器、管道、起重机械、电梯、客运索道、大型游乐设施、场(厂)内机动车等八大类设备的安全管理人员统一为"A"的证，不再进行区分，其他参考1.3.5。

根据《特种设备作业人员证书换发对应表》(见表1-45)，在有效期内的旧证可以直接换新证。图1-271、图1-272、图1-273所示是常见的几种符合要求的管理人员证。

表1-44 特种设备作业人员资格认定分类与项目

序号	种类	作业项目	项目代号
1	特种设备安全管理	特种设备安全管理	A
2	锅炉作业	工业锅炉司炉	G1
		电站锅炉司炉(注1)	G2
		锅炉水处理	G3

表 1-45　特种设备作业人员证书换发对应表

种类	原作业人员项目与代号		新作业人员项目与代号		说明
	作业项目	项目代号	作业项目	项目代号	
特种设备相关管理	特种设备安全管理负责人	A1	特种设备安全管理	A	直接换发
	特种设备质量管理负责人	A2			
	锅炉压力容器压力管道安全管理	A3			
	电梯安全管理	A4			
	起重机械安全管理	A5			
	客运索道安全管理	A6			
	大型游乐设施安全管理	A7			
	场(厂)内专用机动车辆安全管理	A8			

考试合格项目

作业项目代号	批准日期 有效日期	经办人章
A1-1	2017.11.07 2021.11.06	

图 1-271　在有效期内的旧 A1 证

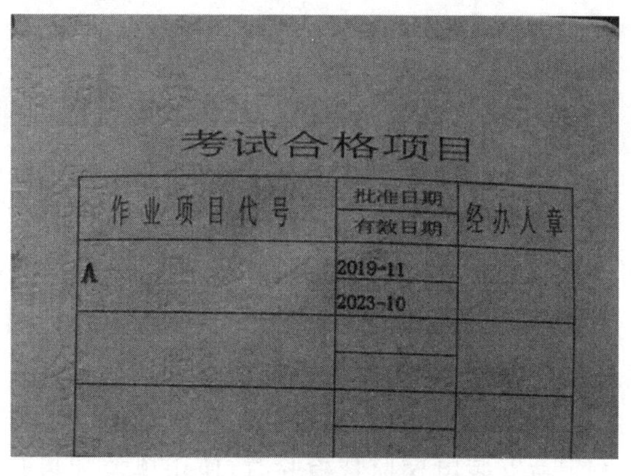

考试合格项目

作业项目代号	批准日期 有效日期	经办人章
A	2019-11 2023-10	

图 1-272　旧证新内容

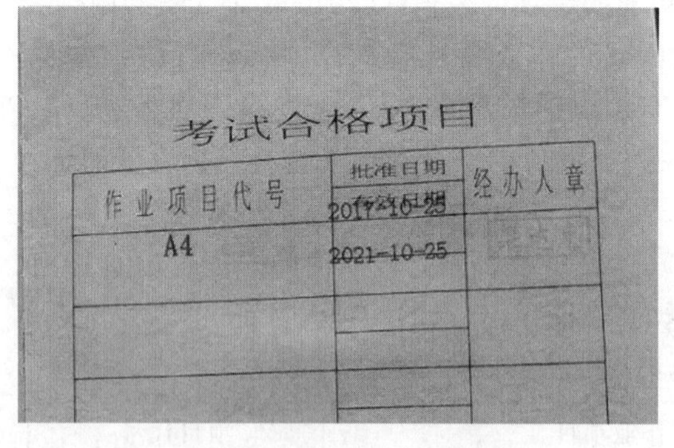

考试合格项目

作业项目代号	批准日期 有效日期	经办人章
A4	2017-10-25 2021-10-25	

图 1-273　在有效期内的旧 A4 证

考试合格项目

作业项目代号	批准日期 有效日期	经办人章
A5	2017-06-20 2021-06-20	陈碧映

图 1-274　在有效期内的旧 A5(起重机械安全管理)证

(1) 机构和管理负责人的设置

对于使用为公众提供运营服务电梯的或者在公众聚集场所使用 30 台以上(含 30 台)电梯的,以及使用特种设备(不含气瓶)总量大于 50 台(含 50 台)的,使用单位应设置特种设备安全管理机构,并配备持有图 1-271、图 1-272、图 1-273 所示证书的安全管理人员。持 A3、

A5(见图 1-274)、A6、A7、A8 的,即使在有效期内,也视为不符合要求。

(2) 电梯安全管理员配备

使用单位的安全管理员应与其特种设备的数量、特性等匹配,对于使用各类特种设备(不含气瓶)总量 20 台以上(含 20 台)的,使用单位配备了取得相应的特种设备安全管理人员资格证书的专职安全管理员(证书如图 1-271、图 1-272、图 1-273 所示)时,即可认为符合要求。对于不需要配备专职安全管理人员的,配备的兼职安全管理人员也应持证上岗。

(3) 电梯司机

虽然根据 2019 年第 3 号文,取消了电梯司机项目,但是医院供患者使用的电梯(不包括设在医院大堂里供所有人使用的病床电梯)、直接用于旅游观光的速度大于 2.5 m/s 的乘客电梯,以及规定必须采用司机操作的电梯(不包括既有集选又有司机),每台电梯仍需要至少配 1 名电梯司机,司机不需要持证,但应有任命书。

(4) 应急预案

对于设置特种设备安全管理机构和配备专职安全管理员的使用单位,若其制定了特种设备事故应急专项预案并有每年至少演练一次的记录,即可认为符合要求。

【注意事项】

面积超标的电梯(尤其是早期额定载重量只有 1 000 kg 的病床电梯),每台电梯应至少配 1 名电梯司机。

【参考做法】

(1) 对于新安装的电梯,因客观原因暂时没有领取到电梯安全管理人员证件,可由使用单位出具内容如"已经任命本单位为该电梯的电梯安全管理人员,履行 TSG T5002—2017 中 2.4 规定的职责,但因相关原因暂时没有领取到电梯安全管理人员证件"的证明(加盖公章)。

(2) 管理人员的特种设备作业人员证上聘用记录栏,应有使用单位盖章,且聘用起止日期应覆盖检验周期。

(3) 如某物业公司管理有多个小区,每个小区的电梯数量少于 20 台,但总量大于 20 台,可不配备持证的安全管理人员。

1.5　使用单位存在不符合相关法规、规章、安全技术规范的问题

【定期检验工作指引】

按 TSG T7001 附件 A 要求全部项目检验合格,但存在以下类似问题的,应在《特种设备检验意见通知书》中填写相应的内容,并选填第(四)项"使用单位存在不符合电梯相关法规、规章、安全技术规范的问题":

(1) 未在电梯轿厢内或者出入口的明显位置张贴有效的《电梯使用标志》原件。

(2) 未将电梯使用的安全注意事项和警示标志置于乘客易于注意的显著位置。

(3) 未在电梯轿厢显著位置标明使用管理单位名称、应急救援电话和维护保养单位名称及其维修、投诉电话。

(4) 在机房、井道加装非电梯用设备,如空气压缩机、手机信号增强器等设备。

(5) TSG T7001 实施前已经完成验收(监督)检验的电梯,TSG T7001 中 1.1、1.2、1.3 项所述文件资料不完善。

(6) 在 TSG T7001 实施前已经完成的验收(监督)检验报告、定期检验报告、日常检查

与使用状况记录、日常维护保养记录、应急救援演习记录、运行故障和事故记录保存不完善。

(7) 电梯运行管理规章制度不完善。

(8) 定期检验不要求的监督检验项目,不符合要求。

(9) TSG T7001 或者标准不作强制要求,电梯出厂时有设置但已经损坏或被拆除的装置或设备,如:①电梯行程不大于 30 m 的,设置的轿厢与机房对讲系统;②轿顶安全窗等。

1.6 检验机构需要存档的资料

【监督检验工作指引】

检验机构应当长期保存以下资料:

(1) 检验机构的监督检验原始记录、施工单位的施工自检报告。

(2) 如果曾经发出《特种设备检验意见通知书》,检验机构应存两份,一份在完成检验时就存档,另一份是受检单位完成整改,并填写了处理结果以及整改报告等见证资料,或者使用单位已经对上述应整改项目采取了相应的安全措施,签署了监护使用的意见,该份资料还应有受检单位的公章,如果不符合的内容同时涉及施工单位和使用单位,双方都应盖章。

(3) 检验机构应保存一份监督检验报告,但没有规定一定要存纸质版,因此,如果检验机构有相应的程序和措施保证电子版监督检验报告可靠,不会丢失、损坏,确保电子版与纸质版完全一样且不会被修改,允许只存电子版。

(4) 建议还要存档的资料有:

1) 监察部门受理后的告知书,施工单位与检验机构签订的检验业务受理单。

2) 涉及电梯主要技术参数、安全部件型号及编号的相关资料(可为复印件),如电梯制造单位的产品质量证明文件、机房或者机器设备间及井道布置图等。

3) 安装单位的安装质量证明文件(可为复印件)。

【定期检验工作指引】

检验机构应当保存以下资料,且至少保存 2 个检验周期。

(1) 除应保存定期检验原始记录外,还应保存维护保养单位的日常维护保养年度自行检查记录或者报告。

(2) 如果曾经发出《特种设备检验意见通知书》,要求参见【监督检验工作指引】。

(3) 检验机构保存一份定期检验报告,但没有规定一定要存纸质版,如果检验机构有相应的程序和措施保证电子版定期检验报告可靠,不会丢失、损坏,确保电子版检验报告与纸质版完全一样且不会被修改,允许只存电子版。

(4) 建议存档的资料有:

1) 使用单位、维护保养单位、检验机构三方盖章的检验业务受理单。

2) 维护保养合同复印件,至少包含有维护保养单位公章及维护保养日期页。

3) 限速器校验报告复印件。

2　机房(机器设备间)及相关设备

2.1　通道与通道门

项目及类别	检验内容与要求	检验方法
2.1 通道与通道门 C	(1) 应当在任何情况下均能够安全方便地使用通道。采用梯子作为通道时，必须符合以下条件： ① 通往机房(机器设备间)的通道不应当高出楼梯所到平面 4 m； ② 梯子必须固定在通道上而不能被移动； ③ 梯子高度超过 1.50 m 时，其与水平方向的夹角应当在 65°～75°，并且不易滑动或者翻转； ④ 靠近梯子顶端应当设置一个容易握到的把手。 (2) 通道应当设置永久性电气照明。 (3) 机房通道门的宽度应当不小于 0.60 m，高度应当不小于 1.80 m，并且门不得向机房内开启。门应当装有带钥匙的锁，并且可以从机房内不用钥匙打开。门外侧有下述或者类似的警示标志： **"电梯机器——危险 未经允许禁止入内"**	审查自检结果，如对其有质疑，按照以下方法进行现场检验(以下 C 类项目只描述现场检验方法)： 目测或者测量相关数据

【说明解释】

2.1(3)项只适用有机房电梯，对于无机房电梯检验报告可不编排本项或填写"无此项"。

"应当在任何情况下均能够安全方便地使用通道"的目的是保证在电梯发生困人等事故时，能快速地达到机房实施救援，防止发生使用人员被困的危险。门锁以及门外侧具有警示标志是防止机房外的非授权人员进入机房，对电梯设备、乘客和进入机房的人员造成伤害。其他的要求(例如梯子、照明、机房门、门锁等要求)是对作业人员进行保护，防止发生坠落、撞击、跌倒、被困等危险。

2.1.1　通道设置

【说明解释】

此项规定的目的是保证在电梯发生困人等事故时，能快速地达到机房实施救援。

【检验工作指引】

(1) 机房通道应当优先考虑全部使用楼梯，特殊情况可采用梯子(爬梯)。

楼梯和梯子的区别首先是使用形式上，楼梯的使用正常情况下不需要手的参与，栏杆主要起保护作用，梯子的使用需要手和脚同时参与，需要用手握住才能保持身体稳定。楼梯应满足建筑物法规和标准要求的宽度、深度、高度、倾斜度，并具有足够高度的栏杆，可以提供给使用人员和作业人员使用。而梯子相对楼梯具有更大的风险，只能由作业人员使用(因为持证的作业人员身体健康，年龄在 18～60 岁)。电梯救援和维护保养等作业过程中，作业人员使用的通道可以是楼梯或者符合要求的梯子，而使用人员(乘客)撤离使用的通道只能是楼梯。

(2) 机房地平面与楼梯所到平面之间的高度超过 4 m，不允许采用梯子作为通道。

梯子的高度不超 4 m 的目的是降低作业人员从梯子顶端跌落可能造成的伤害等级，当超过 4 m 的场合使用梯子时需要进行具体的风险分析，如果不能将跌落的高度降低至 4 m

以内时不能判定其符合要求。

(3) 采用梯子作为通道时,梯子应当保持随时可用。梯子可以是活动的,但不能被移除。

此处要求梯子不能被移动的目的是要求梯子随时可用,防止被移走后不能顺利到达机房等紧急救援位置。满足随时可用的活动梯子也满足该项要求,但是被锁住而不能使用的梯子,以及操作位置高于 1.8 m 的伸缩式梯子不能满足随时可用的要求(见图 1-275)。

对于如图 1-276 所示的一边固定的收放式梯子,如果其倾斜角在 65°～75°,可视为符合要求。

对于如图 1-277 和图 1-278 所示的机房内通往驱动主机、控制柜等位置的梯子也应符合本项要求。

(4) 可参考 GB 7588—2003 中 6.2.2 另外两个条件:

——梯子的净宽度不应小于 0.35 m,其踏板深度不应小于 25 mm。对于垂直设置的梯子,踏板与梯子后面墙的距离不应小于 0.15 m。踏板的设计载荷应为 1 500 N。

——梯子周围 1.50 m 的水平距离内,应能防止来自梯子上方坠落物的危险。

图 1-275 伸缩式梯子

a) 展开

b) 收缩

图 1-276 收放式梯子

a) 直梯

b) 斜梯

图 1-277 机房内通往驱动主机的上行梯子

a) 直梯

b) 斜梯

图 1-278　机房内通往驱动主机的下行梯子

(5) 角度判断方法

如图 1-279 所示，用专用量角器测量梯子角度，或用卷尺测量梯子高度 a 和长度 c，并计算所测的梯的高度与自身长度之间的比值，观察结果是否在 0.906(sin65°)与 0.966(sin75°)间。

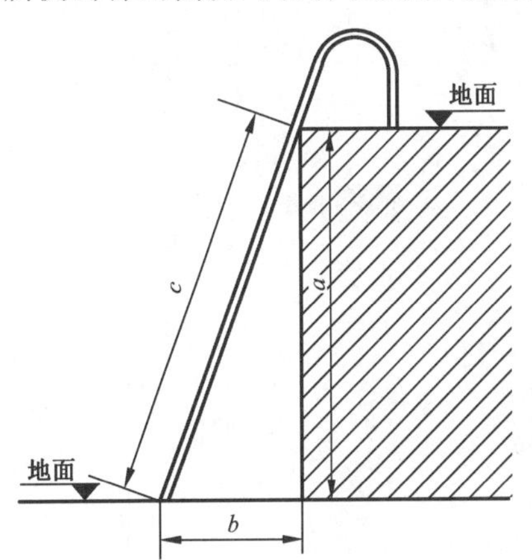

图 1-279　爬梯倾斜角的测量

注：

1. 当梯子高度小于 1.5 m 时，才允许垂直设置，此时踏板和梯子后面墙的距离应不小于 0.15 m。如果踏板和梯子后面墙的距离小于 0.15 m 时，可能会由于脚底受力面积不足而发生滑动，导致发生坠落事故。

2. 在机房的通道中应注意防止由于照明不足，高空坠物，路面上的障碍物(如带有钉子的木板和裸露破损的电线等)以及没有护栏的楼梯和平台等带来的危险。

3. 应当在任何条件下均能够安全方便地使用通道，因此通道应：①不需翻越障碍物和穿过私人房间；②地面坚固防滑；③有合适的高度和宽度。

4. 为防止人员上下时发生勾绊，梯子外边缘至墙壁的距离不得小于 200 mm，与障碍物的距离不得小于 150 mm，如图 1-280 所示。

(6) 分段式梯子

如图 1-281 所示，其下部垂直部分的高度不应大于 1.5 m，上部倾斜角不应大于 75°，且上下两部分的垂直高度之和不应大于 4.0 m。

(7) 阶梯、楼梯和爬梯

根据 GB/T 17888.1—2008《机械安全　进入机器和工业设备的固定设施　第 1 部分：进入两级平面之间的固定设施的选择》的定义，倾斜角在 45°～75°范围内的为阶梯，倾斜角在 20°～45°范围内的为楼梯，如图 1-282 所示。因此，对于图 1-283 所示的进入机房或机器设备间采用的楼梯，视为符合要求；对于图 1-284 所示的进入机房或机器设备

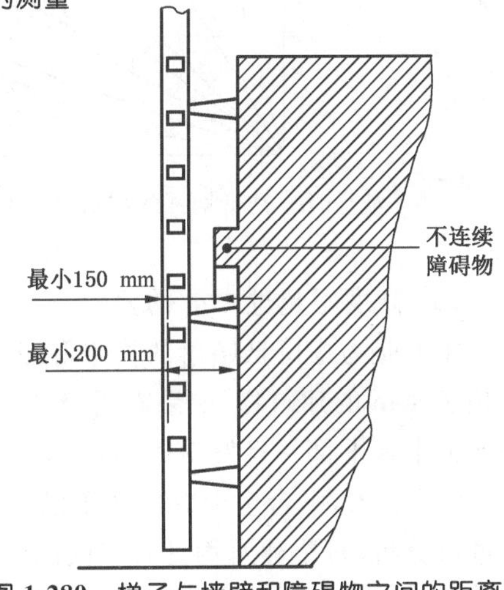

图 1-280　梯子与墙壁和障碍物之间的距离

间采用垂直的爬梯，如果其高度大于 1.5 m，视为不符合要求。

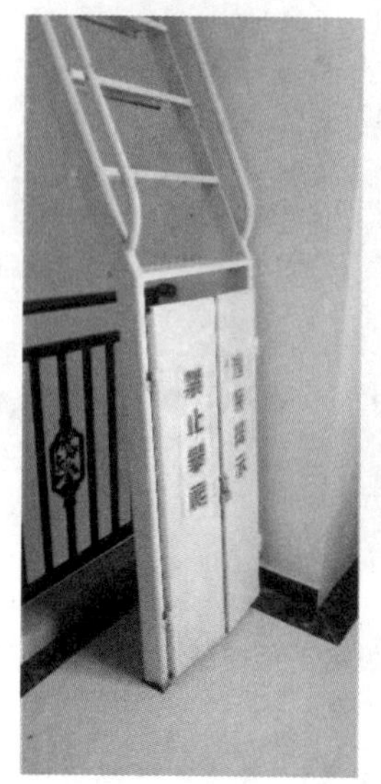

图 1-281　分段式爬梯

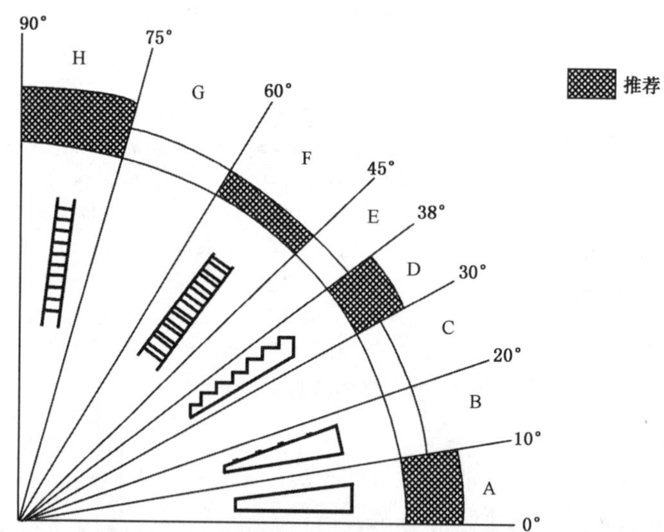

A—坡道；B—防滑增强的坡道；C—楼梯；D—楼梯；E—楼梯；F—阶梯；G—阶梯；H—直梯。

图 1-282　进入设施的范围

(8) 高度不超过 4 m 的要求

主要是考虑降低坠落的伤害等级，即使发生坠落也不易于造成人员死亡。对于到达高度超过 4 m 的建筑物，如果需要设置梯子，则应在中间增加平台。中间所增加的平台应能够保证平台上部一旦发生人员坠落时其坠落高度不会超过 4 m。参考 GB 7588—2003 中 6.2.2 的要求，平台至少应自梯子的边缘往外延伸 1.5 m。需要注意的是该类案例需要逐项进行分析，每个建筑物具有不同的坠落因素。

图 1-283　进入机房的楼梯

图 1-284　进入机房的爬梯

2.1.2　通道照明

【说明解释】

此项要求的目的是防止作业人员在使用通道的过程中跌倒或坠落。

【检验工作指引】

(1) 照明开关应当安装在通道入口处

如果通道较长(包括弯道、楼梯等),则可能需要设置多处电气照明,入口处的开关应能同时开关这几处照明,或者打开一处照明后能够照亮下一个照明装置的开关。

(2) 照度

在 GB 7588—2003 中,只要求通道设置永久性电气照明装置,以获得适当的照度,而未对具体的照度作出规定。建筑法规和标准中规定通道的最低亮度为 30 lx,根据 GB 7588.1—2020 中 5.2.2.2,照度至少为 50 lx。

（3）照明装置的开关

从便于维护保养人员维修和撤离的角度考虑，如果是多个照明装置，在进入机房和从机房撤离的过程中均需要保证打开一个照明后能够照亮下一个照明装置的开关。该要求适用于进入机房，以及从机房撤离。

2.1.3 通道门

【说明解释】

此项规定的目的主要有以下 3 点：

（1）一个正常成人的平均身高约为 1.80 m，安全帽的高度为 0.2 m，作业人员可以低头进入机房又减少 0.2 m。机房门宽度 0.6 m 是考虑作业人员双手携带工具后需要较宽的宽度，因此比正常的通道增加 0.1 m。足够的高度和宽度是为了防止作业人员在进入机房的过程中撞击机房门侧框和上框。

（2）TSG T7001 要求门不得向房内开启，第一是向内开容易碰到机房内正在从事维修或检验的人员或者运动部件，进而造成作业人员伤亡或者损坏电梯设备；第二是当机房发生火灾、爆炸（机房内压大于外压，如果门向内开启，存在机房门打不开的隐患）时，机房内人员能够迅速逃离；第三是可以节省机房空间。

（3）门应当装有带钥匙的锁，是为防止闲杂人员进入机房，影响电梯的安全运行和发生事故。可以从机房内不用钥匙打开，是防止维修人员被意外锁在机房内，紧急情况下不能逃生。

【检验工作指引】

（1）对于按照 TSG T7001 监督检验的电梯，建议要求门外侧警示标志设置为：

“电梯机器——危险

未经允许禁止入内”

如图 1-285 所示。“电梯机器——危险”是警示，“未经允许禁止入内”是禁止，因此分两行表述。

图 1-285 机房门外侧警示标志

（2）TSG T7001 只对通往机房或机械设备间的通道门宽度及高度有要求，对机房内部通道的高度和宽度无要求，所以机房内部的空间只要满足 TSG T7001 中 2.3“安全空间”即可。

（3）定期检验时，如果由于土建等问题难以整改时，可允许其采取适当的措施进行监护使用。

（4）侧置式机房也属于有机房，因此其机房通道门也应符合本项要求，如图 1-286 所示。

图 1-286　侧置式机房通道门不符合要求

（5）对于如图 1-287 所示布置的机房，最外侧的属于机房门，需要在其门外侧设置警示标志，里面的门外侧可以不设置，且不属于共用机房。

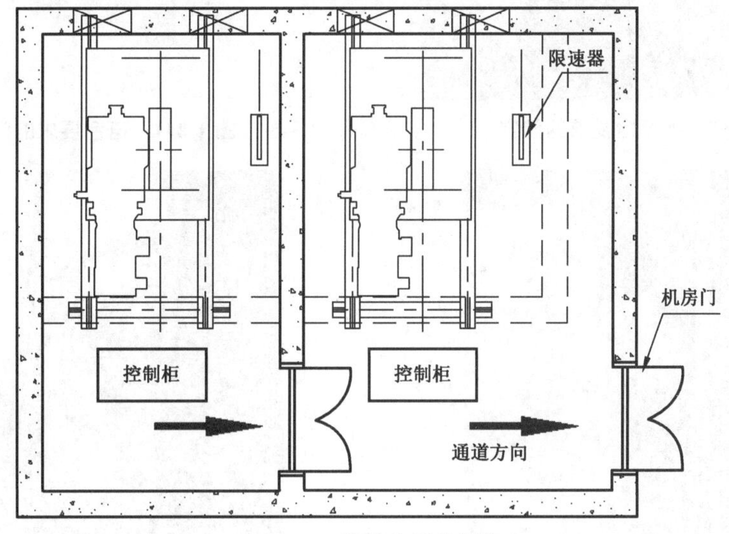

图 1-287　特殊布置的机房

（6）TSG T7007 对警示标志的字体大小、颜色等没有具体的要求，建议尽量做得醒目。

【参考做法】

(1) TSG T7001 要求门不得向房内开启，虽然并没有要求一定要向外开启，但是从风险的角度考虑，对于向上开启的卷帘门(见图 1-288)、左右开启的滑动门或栅栏门(见图 1-289)，视为不符合要求。

图 1-288　非平开门

图 1-289　非平开门

图 1-290 所示的锁是不符合要求的，建议采用类似图 1-291 所示的锁。对于采用类似如图 1-292 所示的门锁，应把图中所示的锁舌焊死。不得采用 IC 系统的门锁(见图 1-293)。

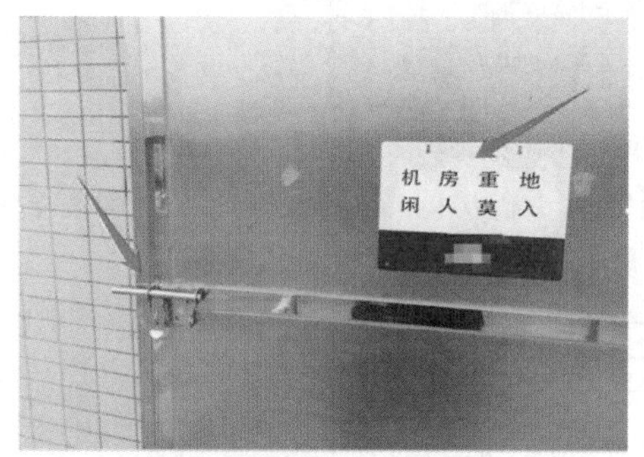

图 1-290　不符合要求的门锁

图 1-291　符合要求的门锁

图 1-292　锁舌焊死

图 1-293　密码锁

(2) 有些机房门既可向外开启也可向内开启，不符合 TSG T7001 规定的门不得向房内开启的要求。

(3) 对于无法整改且在 TSG T7001—2009 实施前已签合同(在 2010 年 4 月 1 日前备案)的，可酌情处理。

(4) 在机房门高度不足而采取监护使用时，其措施应得当，如在入口处张贴“小心碰头”字样，或在门头包海绵等软性物等。

2.2　机房(机器设备间)专用

项目及类别	检验内容与要求	检验方法
2.2 机房(机器设备间)专用 C	机房(机器设备间)应当专用，不得用于电梯以外的其他用途	目测

【适用范围】

根据 TSG T7001 中注 B-2 的要求，本项也适用于无机房电梯。

【说明解释】

机房专用的目的：一是防止其他与电梯正常运行无关的设备影响电梯的正常运行和电梯的维修、检验工作；二是防止非专业人员进入机房对与电梯运行无关的设备进行维修等作业，影响电梯的正常运行。因此，如果机房内存在与电梯运行无关的设备，即使这些设备采用一定的措施进行隔离，也是不符合要求的。

【监督检验工作指引】

机房内不应放置与电梯运行无关的设备，但可以设置杂物电梯或自动扶梯的驱动主机、空调或采暖设备(但不能设置以蒸汽和高压水加热的采暖设备，因热水蒸气使机房湿度增大，易导致设备锈蚀、电气绝缘降低等)、火灾探测器和灭火器(具有高的动作温度，适用于电气设备，有一定的稳定期且有防意外碰撞的合适的保护)。图 1-294 所示机房放置了与电梯运行无关的设备，则该项不符合要求。图 1-295 所示机房设置有视频监控、空调、井道的通风管，视为符合要求。

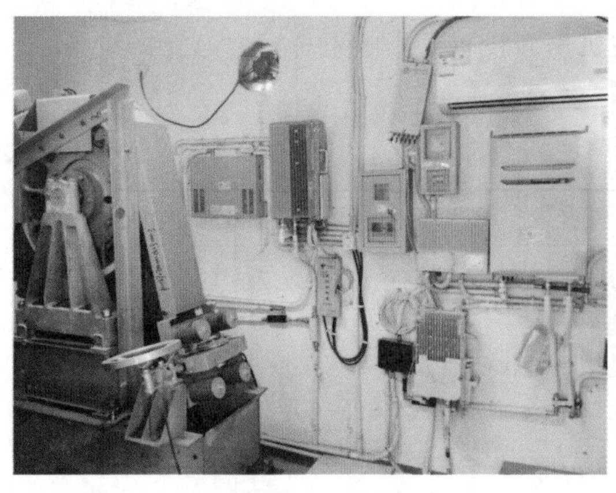

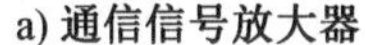

a) 通信信号放大器

b) 水处理设备

图 1-294　机房放置了与电梯运行无关的设备

a) 通风管

b) 空调

c) 视频监控

图 1-295　机房设置的其他装置

【定期检验工作指引】

虽然定期检验无此项，但如果使用单位在机房新设置了影响电梯正常运行的设备，应在《特种设备检验意见通知书》中选填第（四）项。

2.3　安全空间

项目及类别	检验内容与要求	检验方法
2.3 安全空间 C	(1) 在控制柜前有一块净空面积，其深度不小于 0.70 m，宽度为 0.50 m 或者控制柜全宽（两者中的大值），高度不小于 2 m； (2) 对运动部件进行修理和检查以及紧急操作的地方有一块不小于 0.50 m×0.6 m 进行修理和检验的水平净空面积，其净高度不小于 2 m； (3) 机房地面高度不一并且相差大于 0.50 m 时，应当设置楼梯或者台阶，并且设置护栏	目测或者测量相关数据

【适用范围】

根据 TSG T7001 中注 B-2，2.3(3)只适用有机房电梯，对于无机房电梯检验报告可不编排本项或填写“无此项”。

此项规定的目的主要为满足维修人员蹲下以及站立维修时所需空间。与机房门高度相比，在维修过程中部分项目不能低头操作，因此其高度比机房门高。

2.3.1　控制柜前的净空面积

【说明解释】

此项规定的目的主要为满足维修人员蹲下以及站立维修时所需空间。GB 7588—2003 中规定的安全空间尺寸要求都是基于人体工效学，图 1-296 所示是一些基本的人体工效学尺寸。

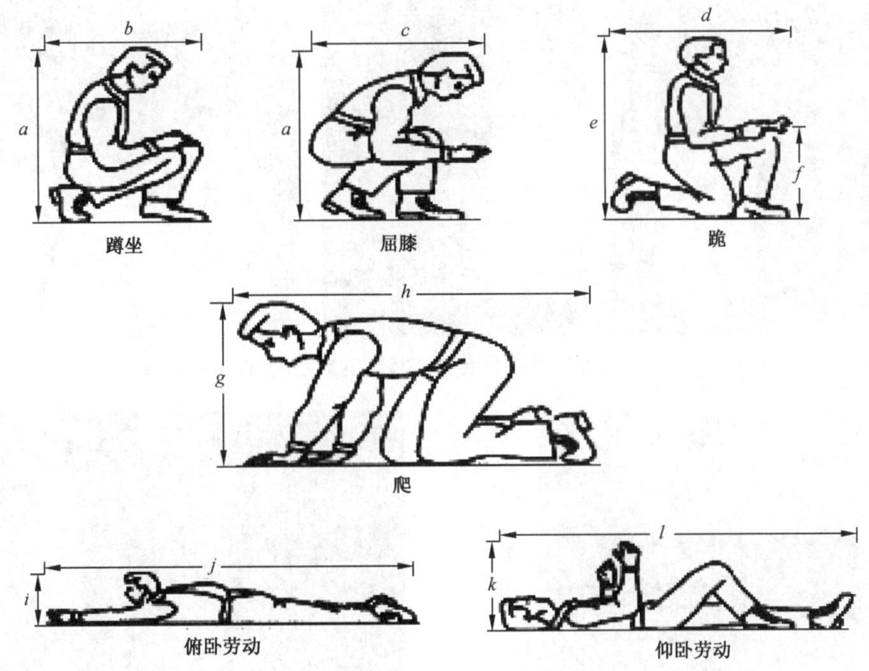

图 1-296　基本的人体工效学尺寸

【监督检验工作指引】

(1) 控制柜和控制屏前面的净空面积是指其纵向投影处的面积，该面积范围内应当平整。

(2) 在净空面积范围内的高度都应不小于 2 m，该高度应从控制柜的最下端算起。如果控制柜位于主机承重梁的旁边，从承重梁上方测量有 0.5 m×0.6 m 的面积，即使高度达到 2 m 也不满足要求。这时如果将控制柜抬起至与承重梁水平，并在承重梁上提供一个不小于 0.5 m×0.6 m 的水平净空面积，高度不小于 2 m 则符合要求。

2.3.2　维修、操作处的净空面积

【监督检验工作指引】

(1) 人工紧急操作的地方，即为手动盘车的水平净空面积，只要能方便安全操作盘车轮，该位置既可以是盘车轮的对面，也可以是盘车轮的侧面。

(2) 对运动部件进行维修和检查的地方，主要是主机和滑轮的检查处。

(3) 如图 1-297 所示，进入机房后需要通过楼梯或爬梯才能到达驱动主机、限速器、ACOP、UCMP 等运动部件处，如果高度不足 2 m，应判为不合格。

(4) 根据 GB 7588—2003 中 6.3.2.2，机房内供活动的净高度不应小于 1.80 m，该净高度是指屋顶结构梁下面测量到通道(工作)场地的地面，且通往 2.3(1)所述的净空场地的通道宽度不得小于 0.50 m(在没有运动部件的地方，此值可减少到 0.40 m)，因此如果机房内通往驱动主机、限速器、ACOP、UCMP 等运动部件处的通道高度不足 1.8 m(见图 1-298)，或宽度小于 0.5 m(见图 1-299)，应在《特种设备检验意见通知书》中选填第(四)项。

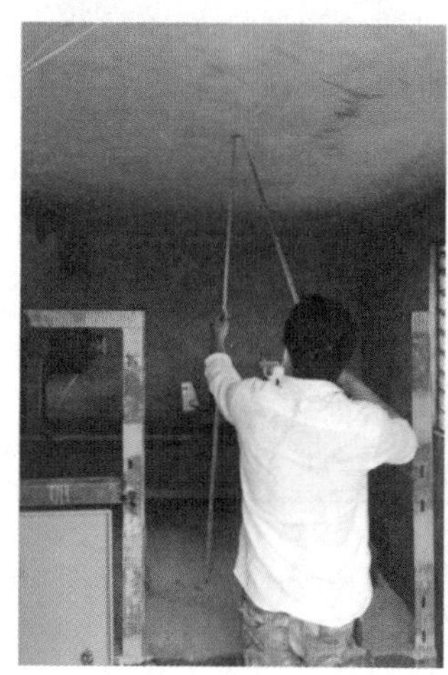

图 1-297　对运动部件进行维修和检查的地方的高度不足 2 m

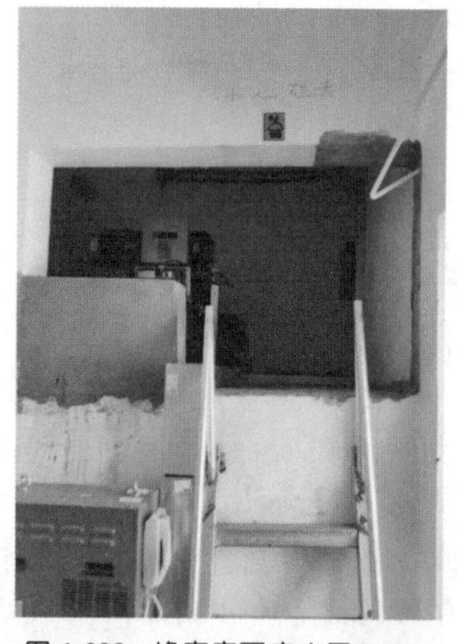

图 1-298　净高度不应小于 1.8 m

图 1-299　通道宽度不足 0.4 m

(5) 根据 GB 7588—2003 中 6.3.2.3，电梯驱动主机旋转部件的上方应有不小于 0.30 m 的垂直净空距离，该净空距离是方便维修人员查看旋转部件，以及防止人员头部被曳引轮挤入该空间，如果该净空距离小于 0.3 m(见图 1-300)，应在《特种设备检验意见通知书》中选填第(四)项。GB/T 7588.1—2020 修改为“在无防护的驱动主机旋转部件的上方应有不小于 0.30 m 的净垂直距离。”

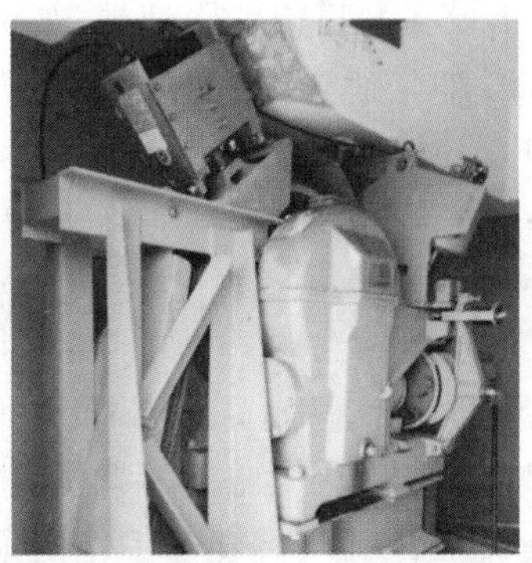

图 1-300　驱动主机上方净空距离不足

(6) 对于图 1-301 所示的无足够的空间安装盘车手轮的情况，可以判 2.7(5)项不符合。

图 1-301　无足够的空间安装盘车手轮

【特例】

(1) 由于安装位置的特殊性，限速器、夹绳器等设备维修检查的地方，可以适当放宽要求，但是不能影响对该设备的各种检查。如图 1-302 所示，由于限速器和夹绳器的安装位置导致不便于对其进行操作和检查，因此可判为不合格。

图 1-302　限速器和夹绳器安装位置不当

(2) 对于设在井道内的限速器(如侧置机房电梯),如果能在轿顶对限速器进行维修和检查,且在井道外可以操作(动作和复位),可不设作业平台,如图 1-303 所示。

(3) 已有建筑中加装电梯会存在由于土建问题,净空面积或高度难于满足 TSG T7001 的要求,因此在确保不能影响作业人员安全、维修、检查等工作的前提下,可允许其采取适当的措施进行监护使用。

图 1-303 可在井道外对限速器进行操作和维护

2.3.3 楼梯(台阶)、护栏

【适用范围】

如果机房地面没有高度差,或者高度差小于 0.50 m,机房内没有设置楼梯、台阶、护栏时,本项填写"无此项"。

【说明解释】

设置台阶的目的是方便维修或检验人员上下,设置护栏的目的是防止维修或检验人员在维修或检验时发生后撤步的坠落危险,因此如果现场未设置护栏,检验员在检验时,应特别注意,尤其是做绝缘测试时。

【监督检验工作指引】

(1) 根据 GB 4053.3—2009《固定式钢梯及平台安全要求 第 3 部分:工业防护栏杆及钢平台》,防护栏杆(见图 1-304)采用钢材的力学性能应不低于 Q235-B。防护栏杆安装后顶部栏杆应能承受水平方向和垂直向下方向不小于 890 N 集中载荷和不小于 700 N/m 均布载荷。在相邻立柱间的最大挠曲变形应不大于跨度的 1/250。水平和垂直载荷以及集中和均布载荷均不叠加。中间栏杆应能承受在中点圆周上施加的不小于 700 N 水平集中载荷,最大挠曲变形不大于 75 mm。

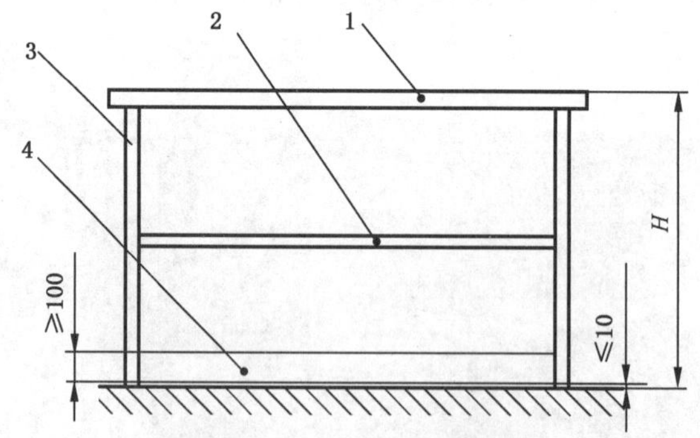

1—扶手;2—中间栏杆;3—立柱;4—踢脚板;H—栏杆高度。

图 1-304 防护栏杆示意图

(2) 对安装好的护栏，应检查其稳固程度，确定是否会产生其他风险，如倚靠护栏是否会变形松脱等。

(3) 图 1-305 所示是设置得比较标准的护栏。

图 1-305　比较标准的护栏

2.4　地面开口

项目及类别	检验内容与要求	检验方法
2.4 地面开口 C	机房地面上的开口应当尽可能小，位于井道上方的开口必须采用圈框，此圈框应当凸出地面至少 50 mm	目测或者测量相关数据

【适用范围】

本项只适用有机房电梯，对于无机房电梯检验报告可不编排本项或填写“无此项”。

【说明解释】

该项的目的是防止机房地面物体从开口处掉落，对轿顶和底坑的检修或检验人员造成伤害。

【监督检验工作指引】

(1) 楼板和机房地板上的开孔尺寸，在满足使用的前提下应减到最小，但不应把钢丝绳固定住，如图 1-306 所示。检验时主要观察电梯运行到最顶层和最底层时(此时钢丝绳的角度最大或最小)，钢丝绳、限速器绳是否会和楼板发生碰擦。具体尺寸可以参考《电梯监督检验规程》(2002)中 2.4 项“对于额定速度不大于 2.5 m/s 的电梯，钢丝绳与楼板空洞每边间隙均应为 20～40 mm”，图 1-306 所示为钢丝绳被水泥固定，图 1-307 所示为钢丝绳与楼板空洞间隙过小，造成钢丝绳与楼层板摩擦。

圈框的宽度尽量小，如图 1-308 所示；大于 0.15 m 就起不到应有的作用，如图 1-309 所示；图 1-310 所示未设置圈框，不符合要求。

图 1-306　钢丝绳被水泥固定

图 1-307　钢丝绳与楼板空洞间隙过小

图 1-308　宽度尽可能小的圈框

图 1-309　圈框宽度过大

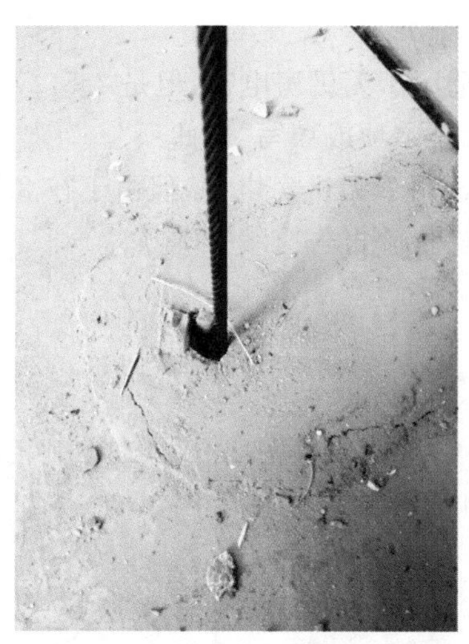

图 1-310　不符合要求的圈框

(2) 部分未完善的机房，可能会出现通向水井或者电井的大面积孔洞，当机房地面有任何深度大于 0.50 m，最大宽度大于 0.15 m 的凹坑或任何槽坑时，均应盖住。如图 1-311 所示，虽然该开口被紧贴地面的梁包围，起到了圈框的作用，但是该开口较大，为防止人员踩空，应封闭该开口。

图 1-311　开口较大

(3) 对于可能存在使用木板等非坚固材料虚掩的机房地面孔洞，在检验中应防止踩空坠落。

2.5　照明与插座

项目及类别	检验内容与要求	检验方法
2.5 照明与插座 C	(1) 机房(机器设备间)应当设置永久性电气照明；在靠近入口(或者多个入口)处的适当高度应当设置一个开关，控制机房(机器设备间)照明； (2) 机房应当至少设置一个 2P+PE 型电源插座； (3) 应当在主开关旁设置控制井道照明、轿厢照明和插座电路电源的开关	目测，操作验证各开关的功能

【适用范围】

根据 TSG T7001 中注 B-2 的要求，本项也适用于无机房电梯，但是 2.5(2) 项是对有机房的要求，因此对于无机房电梯检验报告可不编排本项或填写“无此项”。

根据 TSG T7001 中注 B-2 的要求，本项也适用于无机房电梯，但由于在 2.5(2) 的“机房”后少了“(机器设备间)”，因此对于无机房电梯检验报告应编排本项。

2.5.1　机房照明、照明开关

【检验工作指引】

(1) 适当的高度为从开关下端至机房地面，其高度宜在 1.2～1.5 m。

(2) 对于无机房电梯，如果控制柜所在的层站等处照明亮度不足(在控制柜内测量小于 200 lx)，则应在控制柜内设置单独的电气照明和照明开关。

2.5.2　电源插座

【监督检验工作指引】

(1) 2P＋PE 型电源插座即为常说的三脚插座，其作用是给日常的电动工具、检验仪器等供电，所以供电应为 220 V、50 Hz 的市电，其线路应符合图 1-312 的要求。

(2) 必要时可用试电笔或万用表检查其接线、电压是否正确。

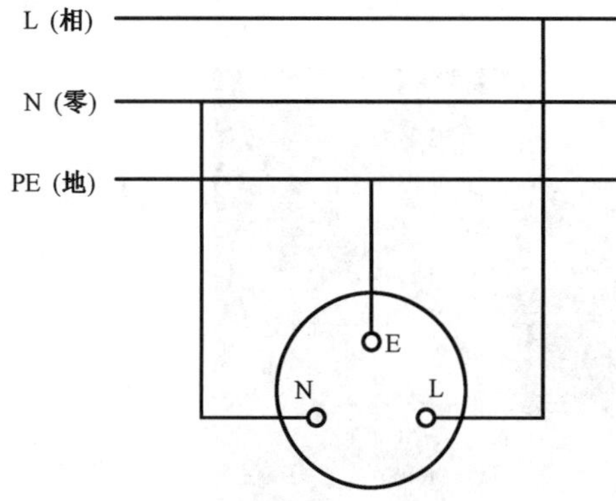

图 1-312　机房电源插座线路

2.5.3　井道、轿厢照明和插座电源开关

【监督检验工作指引】

(1) 每台电梯应当单独装设该电梯照明开关。

(2) 该开关应设置在相应的电梯主开关旁。

(3) 根据 TSG T7001 中 3.13(4) 的要求，井道照明开关(或等效装置)应在机房和底坑分别装设，以便这两个地方均能控制井道照明。

(4) 开关所控制的电路均应具有各自的短路保护。

2.6 主开关

项目及类别	检验内容与要求	检验方法
2.6 主开关 B	(1) 每台电梯应当单独装设主开关，主开关应当易于接近和操作；无机房电梯主开关的设置还应当符合以下要求： ① 如果控制柜不是安装在井道内，主开关应当安装在控制柜内；如果控制柜安装在井道内，主开关应当设置在紧急操作和动态测试装置上； ② 如果从控制柜处不容易直接操作主开关，该控制柜应当设置能够分断主电源的断路器； ③ 在电梯驱动主机附近 1 m 之内，应当有可以接近的主开关或者符合要求的停止装置，并且能够方便地进行操作。 (2) 主开关不得切断轿厢照明和通风、机房(机器设备间)照明和电源插座、轿顶与底坑的电源插座、电梯井道照明、报警装置的供电电路； (3) 主开关应当具有稳定的断开和闭合位置，并且在断开位置时能用挂锁或者其他等效装置锁住，能够有效地防止误操作； (4) 如果不同电梯的部件共用一个机房，则每台电梯的主开关应当与驱动主机、控制柜、限速器等采用相同的标志	目测主开关的设置；断开主开关，观察、检查照明、插座、通风和报警装置的供电电路是否被切断

2.6.1 主开关设置

【监督检验工作指引】

(1) 有机房电梯

1) 开关应具有分断电梯正常使用情况下最大电流的能力。检查主开关容量是否满足使用要求，可参考电梯满载向上启动时的电流。一般经验电流值 $I=(2\sim3)I_e$(I_e 为电机额定电流)或$(4\sim6)P$(P 为电动机额定功率)，超出该值则要求施工单位提供验算文件。

例：额定功率为 11 kW，其最大分断能力为 44～66 A，那么可以选择 50 A 和 60 A 的空气开关。超过 66 A 建议要提供验算文件。

2) 主开关易于操作和接近可以理解为进入机房既可以操作，又不需要跨过其他设备，如主机、限速器等。不一定要安装在入口附近，但是要便于操作。安装高度宜在 1.2～1.5 m。

(2) 无机房电梯

1) “控制柜应当设置能分断主电源的断路器”，EN 81-1：1998/A2：2004 的原意是如果因控制柜不容易接近主开关，那么该控制柜上应设置一个如图 1-313 所示的符合 GB 7588—2003 中 13.4.2 要求的断路器。这个断路器是针对机房有多个入口的情况，要求在每个入口都设置一个符合 GB 7588—2003 中 14.1.2 的电气安全装置，来切断一个与主开关连接的断路接触器，从而达到在每个入口都能切断主开

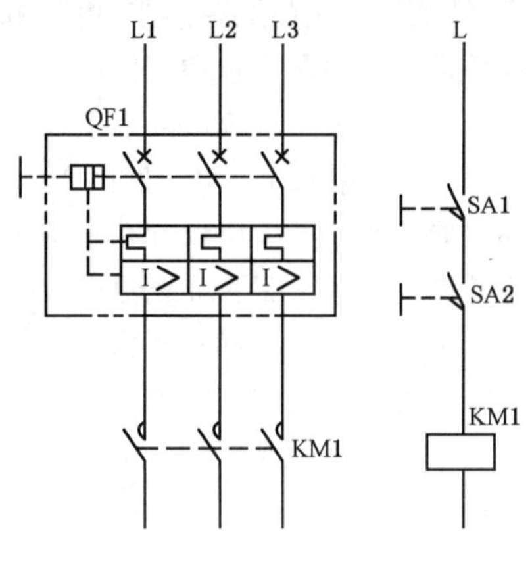

图 1-313 断路器

关的目的。

断路器(如闸刀)功能相对比较简单,不具备灭弧功能,且断开大电流的能力和重复能力较差,而主开关有过流保护、漏电保护等功能。

2) 在电梯驱动主机附近 1 m 之内,应当有可以接近的主开关,或者符合 GB 7588—2003 中 14.2.2 要求类似底坑、轿顶的停止装置(见图 1-314),且能够方便地进行操作。

3) 以轿顶作为作业场地检查、维修驱动主机的,如果轿顶的停止装置在驱动主机附近 1 m 之内,可视为驱动主机的停止装置。

图 1-314 驱动主机 1 m 内的停止装置

【常见问题】

如图 1-315 所示,控制柜安装在井道内的无机房电梯,由于紧急操作屏空间非常小,在紧急操作屏上没有设置主电源开关,只设置了可分断主电源的断路器,如果提供型式试验证书,可视为符合要求。

图 1-315 无主电源开关的无机房紧急操作屏

2.6.2 与照明等电路的控制关系

【检验工作指引】

(1) 结合其他检验项目,一人在机房,一人在轿厢、底坑或轿顶,断开主开关,验证轿厢照明和通风、轿顶与底坑的电源插座、电梯井道照明、报警装置的供电电路是否正常工作。

(2) 如图 1-316 所示照明开关。

(3) 根据 GB 7588—2003 中 13.6.3.1,控制电梯轿厢照明的开关应设置在相应的主开关近旁,对于控制电梯轿厢照明的开关设置在机房入口处的主开关旁,且能锁定的开关(符合主开关要求)及其锁定装置设置在控制柜内,而该开关近旁没有设置控制电梯轿厢照明的开关的电梯(见图 1-317),本项可视为符合要求。

图 1-316　有机房电梯主电源和照明开关

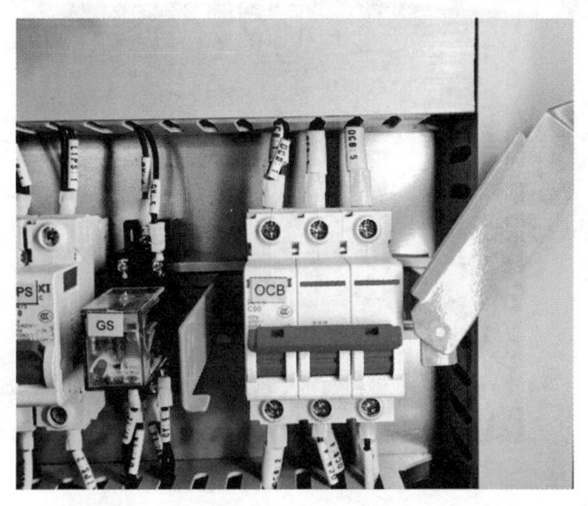

a) 控制柜内主开关附近没有设置轿厢照明开关

b) 机房入口主开关不能锁住

注：断开主开关前，应确认轿厢、轿顶和底坑没有人员。

图 1-317　控制柜和机房出入口都设有主开关

2.6.3　防止误操作装置

【监督检验工作指引】

(1) 动作试验，当主电源开关断开时应能被锁住，防止维护保养等过程中误操作主开关引发触电事故。

(2) 图 1-316、图 1-318 所示是几种常见的符合要求的防止误操作的装置，电源开关箱的主开关只有在断开位置，才能锁住。图 1-318c)所示设置多个孔的目的是方便不同的维护保养人员同时上锁。

(3) 图 1-319 所示的两种情况则不符合要求。

a) 型式一

b) 型式二

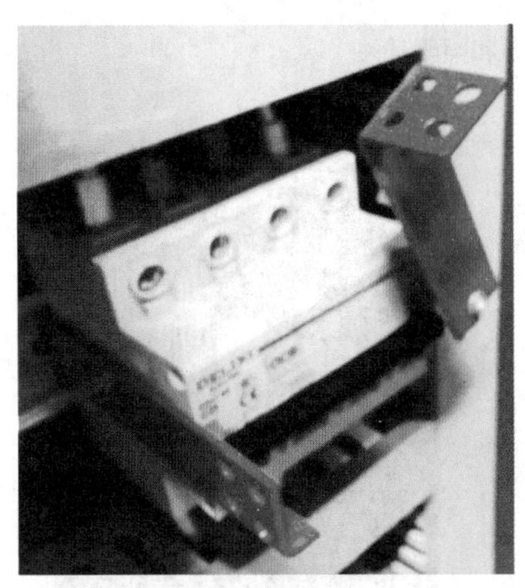

c) 型式三

d) 型式四

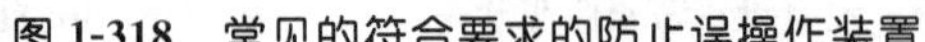

图 1-318　常见的符合要求的防止误操作装置

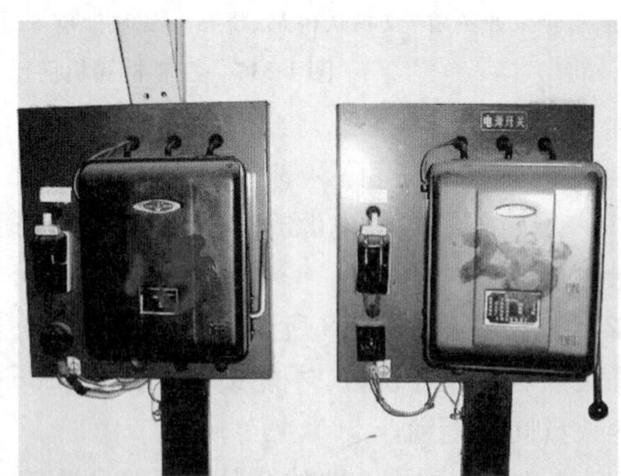

图 1-319　不符合要求的主电源开关

【参考做法】

个别电梯制造单位采用如图 1-320 所示的小挂件作为电源开关锁，此举应有保证该小挂件固定在电源开关附近，且不会被随意带走的措施。

【注意事项】

(1) 对于每一相单独控制的主开关(见图 1-321)，如果只有全部断开后才能锁住，且能同时锁住，可视为符合要求，否则视为不符合要求。

(2) 对于主开关设置在控制柜的，如果该主开关不能切断控制柜的电源，则视为不符合要求。

图 1-320　电源开关锁小挂件

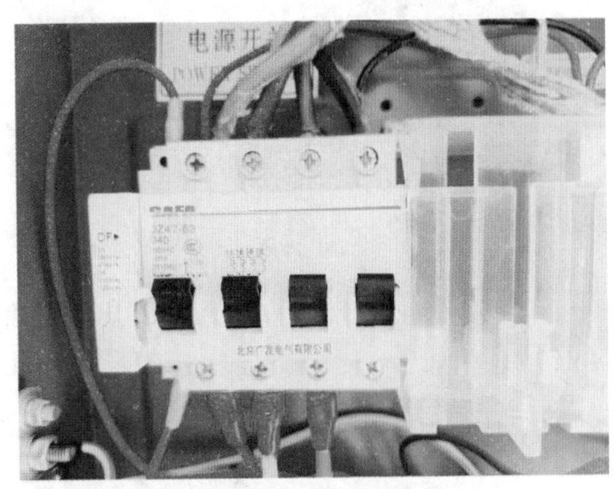

图 1-321　每一相单独控制的主开关

2.6.4　标志

【监督检验工作指引】

应注意观察每台电梯的主开关与驱动主机、控制柜、限速器等部件标志的对应情况，防止标错而出现操作错误。标志可以使用字母、数字、字母加数字等形式，如图 1-322 所示。

图 1-322　主开关标志

【注意事项】

(1) 根据 GB 7588—2003 中 12.5.1.1，对于同一机房内有多台电梯的情况，如果可拆卸的盘车手轮有可能与相配的电梯驱动主机搞混时，应在手轮上做适当标记。因此，如果多台电梯共用机房，且盘车手轮为可拆卸式，盘车手轮也应设置标志，并且与主开关、驱动主机等对应[见图 1-323a)]，否则，应在《特种设备检验意见通知书》中选填第(四)项。尤其是不同型号、不同制造单位生产的电梯，其盘车手轮的结构、尺寸不同以及在盘车手轮处设置了制造单位要求[见图 1-323b)]，图 1-324 所示为常见的几种盘车手轮。

a) 标志

b) 制造单位要求

图 1-323 盘车手轮设置标志

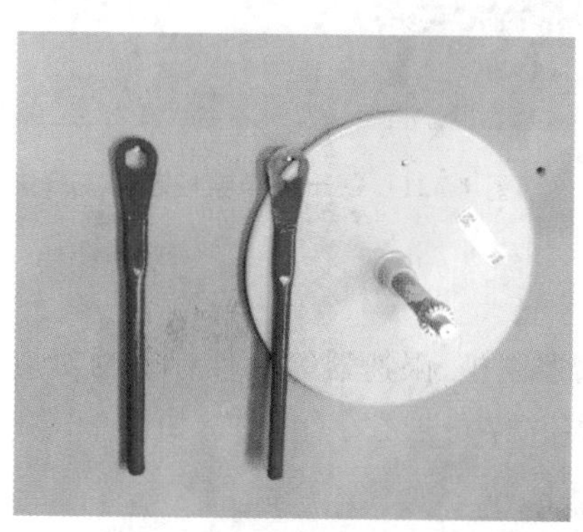

a) 齿轮结构

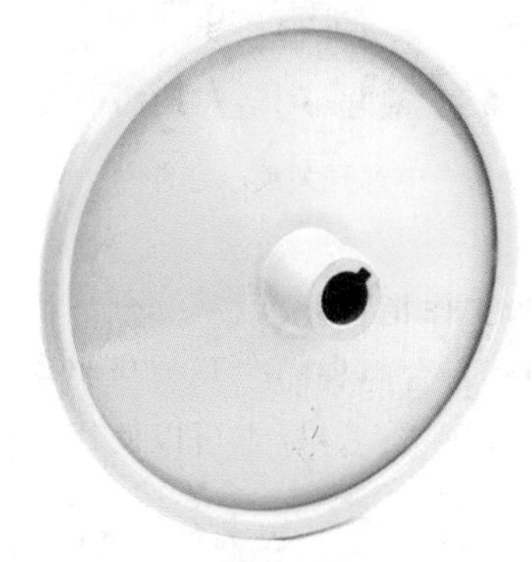

b) 圆形结构

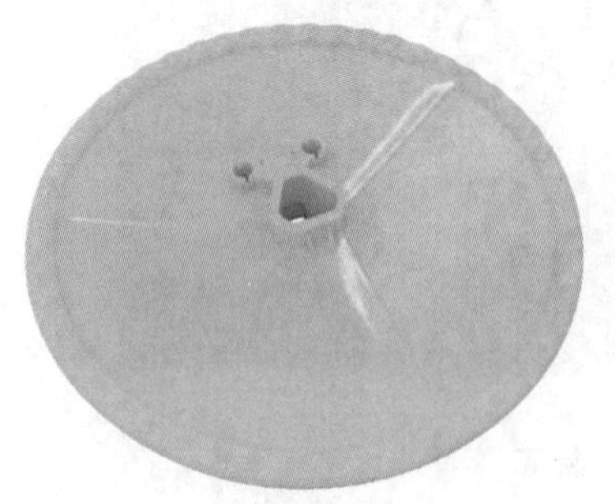

c) 三角结构

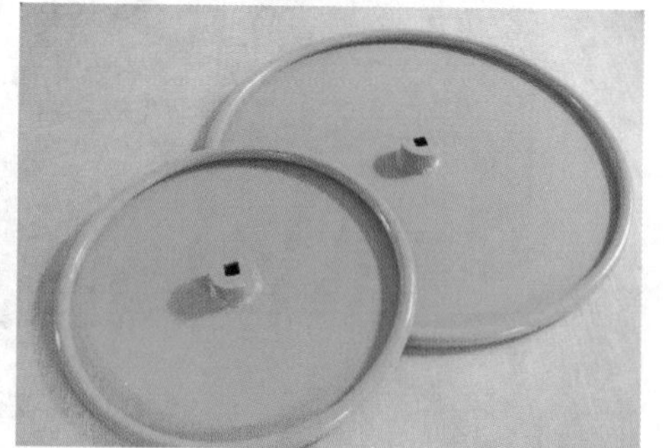

d) 方形结构

图 1-324 盘车手轮的结构

（2）对于如图 1-325 所示，使用不同颜色标志的，也视为符合要求。

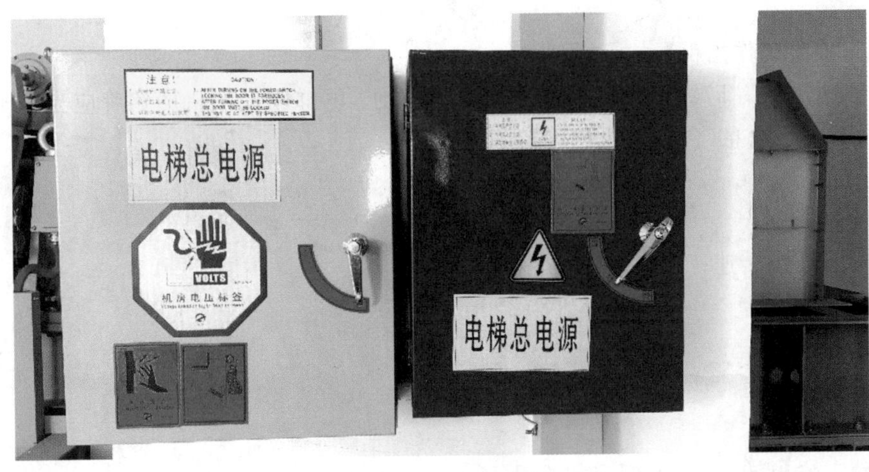

图 1-325　颜色标志

2.7　驱动主机

项目及类别	检验内容与要求	检验方法
2.7 驱动主机 B	(1) 驱动主机上设有铭牌，标明制造单位名称、型号、编号、技术参数和型式试验机构的名称或者标志，铭牌和型式试验证书内容相符； (2) 驱动主机工作时无异常噪声和振动； (3) 曳引轮轮槽不得有缺损或者不正常磨损；如果轮槽的磨损可能影响曳引能力时，进行曳引能力验证试验； (4) 制动器动作灵活，制动时制动闸瓦(制动钳)紧密、均匀地贴合在制动轮(制动盘)上，电梯运行时制动闸瓦(制动钳)与制动轮(制动盘)不发生摩擦，制动闸瓦(制动钳)以及制动轮(制动盘)工作面上没有油污； (5) 手动紧急操作装置符合以下要求： ① 对于可拆卸盘车手轮，设有一个电气安全装置，最迟在盘车手轮装上电梯驱动主机时动作； ② 松闸扳手涂成红色，盘车手轮是无辐条的并且涂成黄色，可拆卸盘车手轮放置在机房内容易接近的明显部位； ③ 在电梯驱动主机上接近盘车手轮处，明显标出轿厢运行方向，如果手轮是不可拆卸的可以在手轮上标出； ④ 能够通过操纵手动松闸装置松开制动器，并且需要以一个持续力保持其松开状态； ⑤ 进行手动紧急操作时，易于观察到轿厢是否在开锁区	(1) 对照检查驱动主机型式试验证书和铭牌； (2) 目测驱动主机工作情况、曳引轮轮槽和制动器状况(或者由施工单位或者维护保养单位按照电梯整机制造单位规定的方法对制动器进行检查，检验人员现场观察、确认)； (3) 定期检验时，若认为轮槽的磨损可能影响曳引能力时，进行 8.11 要求的试验，对于轿厢面积超过规定的载货电梯，还需要进行 8.12 要求的试验，综合 8.9、8.10、8.11、8.12 的试验结果验证轮槽磨损是否影响曳引能力； (4) 通过目测和模拟操作验证手动紧急操作装置的设置情况

2.7.1 铭牌

【监督检验工作指引】

(1) 根据 TSG T7007—2016 中 Y6.5.6 的要求,电梯驱动主机的铭牌应当是永久性的并至少注明以下信息(含电动机铭牌):

1) 产品名称、型号;

2) 额定速度;

3) 额定输出转速;

4) 额定功率;

5) 额定电压;

6) 额定电流;

7) 额定频率;

8) 额定输出转矩(或者额定载重量);

9) 外壳防护等级;

10) 产品编号;

11) 制造日期;

12) 制造单位名称及其制造地址;

13) 型式试验机构的名称或者标志。

图 1-326 所示为符合 TSG T7007—2016 要求的驱动主机铭牌。

(2) TSG T7001 只要求铭牌上标明制造单位名称、型号、编号、技术参数和型式试验机构的名称或者标志,因此检验时驱动主机铭牌上有以上信息即可,该信息应当与型式试验证书一致。

(3) TSG T7007—2016 和 TSG T7001 对铭牌的材质和铭牌信息的字体等未做要求,只要铭牌不易损坏、粘贴牢固、信息清晰即可,如图 1-327 所示的不干胶铭牌。

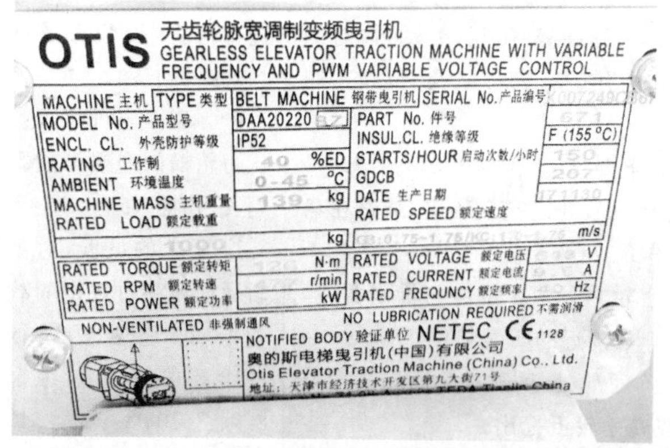

图 1-326 符合 TSG T7007—2016 要求的驱动主机铭牌(金属)

图 1-327 符合 TSG T7007—2016 要求的铭牌(不干胶)

2.7.2 工作状况

【检验工作指引】

(1) 凭经验判断异常噪声和振动,一般可不测量。

(2) 电机励磁声不是异常噪声,只要注意是否有"异常"的噪声和振动。

【注意事项】

检查旋转部件时应防止发生剪切和挤压等危险。

【常见问题】

对于某些驱动主机生产厂家使用锌合金(铸造高铝锌基合金)蜗轮的曳引机,应通过加油孔检查蜗轮是否有断齿,图 1-328 所示是某品牌的高铝锌基合金蜗轮发生严重断齿的情况。

图 1-329 所示是非高铝锌基合金蜗轮发生严重断齿的情况;图 1-330 所示是蜗轮发生严重点蚀导致驱动主机爆裂和钢丝绳脱槽的情况。

图 1-328　蜗轮大量断齿(情况 1)

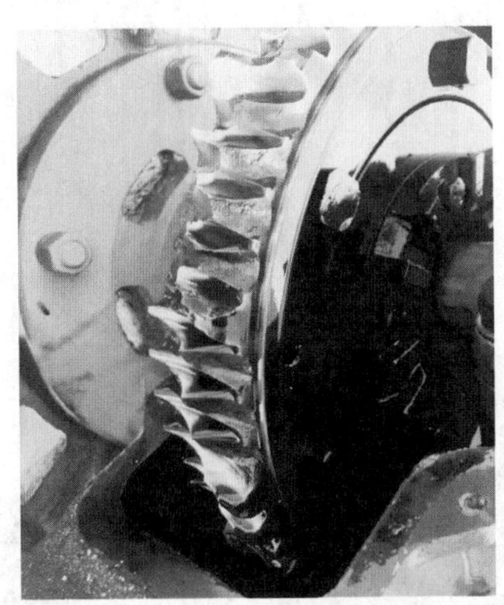

图 1-329　蜗轮大量断齿(情况 2)

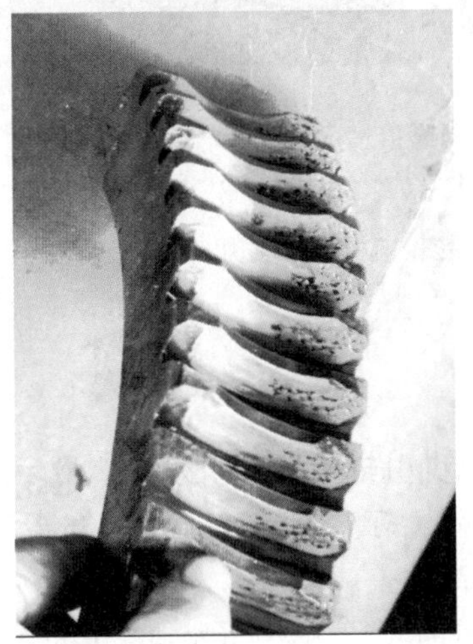

图 1-330　蜗轮严重点蚀导致驱动主机爆裂和钢丝绳脱槽

2.7.3　轮槽磨损

【适用范围】

(1) 本项只适用于曳引驱动电梯,对于强制驱动电梯检验报告可不编排本项或填写“无此项”。

(2) 因新安装电梯的曳引轮在运输过程中可能会因碰撞、摩擦等原因导致轮槽缺失，所以本项不仅适用于改造、修理监督检验和定期检验，也适用于新安装电梯的监督检验。

【检验工作指引】

(1) 认为轮槽的磨损可能影响曳引能力时，如图 1-331 所示，进行 TSG T7001 中 8.11 试验，对于轿厢面积超标的载货电梯还需进行 TSG T7001 中 8.12 规定的试验，综合 TSG T7001 中 8.9、8.10、8.11、8.12 试验结果验证轮槽磨损是否影响曳引能力。

图 1-331　常见的轮槽严重磨损情况

(2) 如果曳引轮轮槽虽有明显的严重磨损，但 TSG T7001 中 8.6、8.10、8.11、8.12 试验结果都合格，该项可判为合格，此时应在《特种设备检验意见通知书》中如实填写曳引轮轮槽磨损情况，建议使用单位更换曳引轮。

【参考做法】

(1) 以下情况之一可视为严重磨损：

1) 曳引轮轮槽磨损至有任何一根钢丝绳接触到曳引轮槽底，如图 1-332 所示；

2) 任意两根钢丝绳在绳槽工作面上的高度差大于 4 mm，如图 1-333 所示。可用图 1-334 所示的方法查看钢丝绳在绳槽工作面上的高度差。

假设某电梯的提升高度为 31.4 m，曳引钢丝绳的直径为 10 mm，曳引轮节圆直径为 800 mm，由于曳引轮轮槽磨损造成两根相邻钢丝绳在绳槽上的工作面高度差为 2 mm，那么当轿厢从最低层站运行到最高层站后，这两根钢丝绳运行的距离差为 0.25 m，该种情况下，如果钢丝绳不打滑，则对钢丝绳损伤大，如果钢丝绳打滑，则对钢丝绳和曳引轮槽损伤都大。

图 1-332　一个轮槽磨损到底

图 1-333　钢丝绳在绳槽工作面上的高度差不一致

图 1-334　查看钢丝绳在绳槽工作面的高度差

(2) 对于绳槽数量多于悬挂钢丝绳数量的(见图 1-335)，如果有一个绳槽磨损严重，是否允许使用多出的绳槽，要看制造单位要求。

图 1-335　绳槽数多于钢丝绳数

2.7.4 制动器动作情况

【说明解释】

(1) 电梯所有的电气安全保护(如门锁等)最终是通过制动装置制停电梯,制动装置一旦失效,电梯运行将会失控,因此在定期检验时,要重点检查制动装置是否有过度磨损、制动力是否足够,尤其当制动器的接触器触头烧弧或接触不良、制动器线圈绝缘被击穿等原因使制动器动作不灵活而拖车运行时,极易造成制动闸过度磨损。

(2) TSG T5002 要求,维护保养单位应当每年对制动器铁芯(柱塞)进行清洁、润滑、检查,如果磨损量超过制造单位要求,应进行更换。由于维保保养不及时,会导致制动器铁芯(柱塞)锈蚀、卡阻;由于维护保养不当,会导致制动器铁芯(柱塞)安装不正确,长期运行会造成推杆弯折等,该情况在鼓式制动器中尤其突出。

图 1-336～图 1-338 所示是制动器常见的问题。

此外,也有一些制动器的设计或制造材料有缺陷造成制动器不能可靠制停轿厢,导致轿厢冲顶、蹾底等事故,2017 年部分企业对其生产的存在缺陷的制动器进行了主动召回,如迅达、蒂森等,如图 1-339、图 1-340、图 1-341 所示。

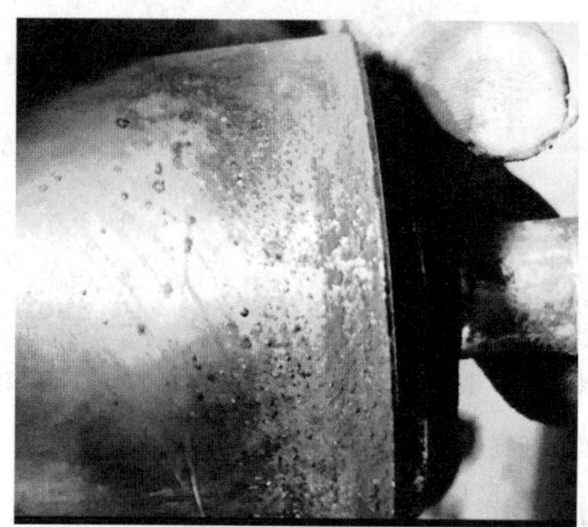

图 1-336 制动器铁芯油污

图 1-337 制动器铁芯生锈

图 1-338　制动器推杆弯折

当前位置：首页 > 信息公开 > 最新信息公开

最新信息公开

质检总局特种设备局关于迅达（中国）电梯有限公司主动召回部分电梯制动器电磁铁的通知（质检特函〔2017〕19 号）

发布时间：2017-04-27

各省、自治区、直辖市质量技术监督局（市场监督管理部门），各有关单位：

近日，迅达（中国）电梯有限公司（以下简称“迅达公司”）向我局提出申请报告，计划对其生产的300PR型号电梯上WYJ250/WTYF250型曳引机采用的DZS165/DZS200型双铁芯制动器电磁铁进行主动召回。

鉴于之前发生的三起300PR电梯轿厢冲顶事故，迅达公司和相关技术机构试验发现，DZS165/DZS200型制动器电磁铁动作50万次至150万次期间，存在柱塞被内部油泥阻滞的风险；当制动器电磁铁动作约200万次时，其柱塞轴杆会因磨损而出现明显台阶，使柱塞冲程受限，存在制动器不能正确制动的风险；该制动器电磁铁对维保要求较高，如果维保单位不能按照技术要求严格进行维护保养，可能造成严重事故。

为防范此类风险，迅达公司计划派技术人员将300PR电梯中使用的DZS165/DZS200型电磁铁免费更换为同尺寸的LED1650008型电磁铁；同时，迅达公司在其公司官方网站提供LED1650008型电磁铁安全检查保养技术资料的下载，并为所有维保此型号电梯的第三方维保公司提供相应的技术培训。

图 1-339　迅达（中国）电梯有限公司主动召回部分电梯制动器电磁铁

当前位置：首页 > 信息公开 > 通知动态 > 工作动态

工作动态

质检总局特种设备局关于蒂森电梯有限公司主动召回部分电梯制动器释放杆的通知(质检特函〔2017〕27号)

发布时间：2017-05-15

各省、自治区、直辖市质量技术监督局（市场监督管理部门），各有关单位：

近日，蒂森电梯有限公司（以下简称“蒂森公司”）向我局提出申请，计划对其生产的PMS系列（PMS280/PMS300/PMS320）电梯上的曳引机采用的制动器释放杆进行主动召回。

鉴于之前发生的电梯轿厢冲顶事故，蒂森公司调查发现，上述型号电梯制动器的释放轴如果没有按照操作要求定位并锁紧，在电磁衔铁往复运动时，会导致释放杆反复击打两个衔铁端部，并可能在特定位置出现衔铁和释放轴摩擦力过大导致释放轴把衔铁卡住，造成制动器无法抱闸而引发严重事故。

为防范此类风险，蒂森公司计划对PMS系列电梯，免费发送更新后的制动器释放杆和风险警示标识，并在网站提供下载《PMS系列曳引机鼓式制动器维保手册》。

图 1-340　蒂森电梯有限公司主动召回部分电梯制动器释放杆

当前位置：首页 > 信息公开 > 最新信息公开

最新信息公开

质检总局特种设备局关于七家电梯企业主动召回部分电梯产品的通知（质检特函〔2017〕54 号）

发布时间：2017-09-25

各省、自治区、直辖市质量技术监督局（市场监督管理部门），各有关单位：

近期，宁波欣达电梯配件厂、华升富士达电梯有限公司、上海现代电梯制造有限公司、宁波宏大电梯有限公司、蒂森电梯有限公司、广州奥的斯电梯有限公司和奥的斯机电电梯有限公司（以下合并简称“申请召回单位”）向我局提出申请，计划对发现存在缺陷的部分电梯产品采取主动召回措施。有关工作通知如下：

图 1-341　七家电梯企业主动召回部分电梯产品

(3) 按照 GB 7588—2003 制造的电梯所有参与向制动轮或盘施加制动力的制动器机械部件都是分两组装设的，因此，在 TSG T7001—XG2 中删除了该项的要求。

【监督检验工作指引】

监督检验时应重点检验：

(1) 制动器应动作灵活、无卡阻、无拖车(异常热)。

(2) 闸瓦及制动轮无油污，且磨损均匀，闸瓦及制动轮之间的间隙符合设计要求。

(3) 不松闸情况下进行手动盘车试验，应盘不动，否则，进行 TSG T7001 中 8.11 规定的 1.25 倍额定载荷下行制动试验。

【常见问题】

(1) 如图 1-342 所示，制动轮上方的液态润滑油流到制动轮上，导致制动力不足。

(2) 如图 1-343 所示，制动闸瓦严重磨损，导致制动力不足。

(3) 如图 1-344 所示，制动轮鼓严重磨损，导致制动力不足。

(4) 如图 1-345 所示，制动轮鼓有坑蚀，导致制动力不足。

(5) 如图 1-346 所示，制动衬缺损导致制动力不足。

(6) 如图 1-347 所示，制动器销轴断裂。

图 1-342　液态润滑油流到制动轮上

图 1-343　制动闸瓦严重磨损

图 1-344　制动轮鼓严重磨损

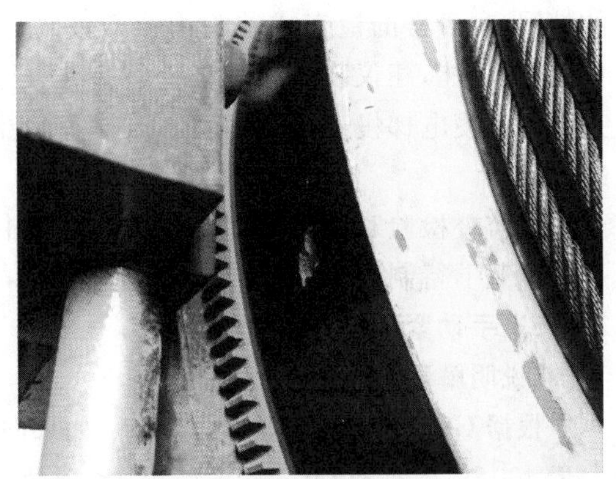

图 1-345　制动轮鼓坑蚀

图 1-346　制动衬缺损

图 1-347　制动器销轴断裂

如图 1-348 所示，检查制动弹簧调整是否在设计范围内，制动弹簧力调整过小会导致制动力不足。

图 1-348　制动弹簧调整标尺

【参考做法】

根据 GB 7588—2003 中 12.4.2.1，所有参与向制动轮或盘施加制动力的制动器机械部件应分两组装设。如果一组部件不起作用，应仍有足够的制动力使载有额定载荷以额定速度下行的轿厢减速下行。由于两(多)组制动器动作不平衡导致单组制动器严重磨损、失效的情况，在日常的检查或试验中难于发现，该隐患容易导致事故发生。因此，在定期检验中，如果可能，建议装上盘车装置，人为打开一组制动器，此时空载轿厢不应有溜车现象，再人为盘车使电梯慢速向上移动，另一(多)组制动器应能将电梯制停。用同样方法检验其他组制动器。

在监督检验时，可以结合 TSG T7001 中 8.6 满载运行试验项目，人为打开一组制动器进行满载下行制动试验。

2.7.5 手动紧急操作装置

【说明解释】

根据 GB 7588—2003 中 12.5.1，如果向上移动装有额定载重量的轿厢所需的操作力不大于 400 N，电梯驱动主机应装设手动紧急操作装置，因此，对于只有松闸扳手(见图 1-349)或电动松闸(见图 1-350)，而没有手动盘车手轮的，本项判“无此项”。

对于图 1-349 a)、b)所示的手拉葫芦和千斤顶，如果多台电梯共用机房，那么每台电梯应该配备一套；对于图 1-349c)所示的情况，底坑中应配置对重块。否则，可判 8.7(3) 项不合格。

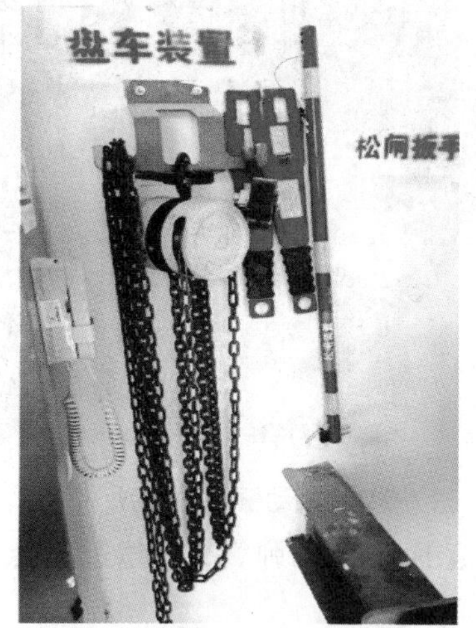

a) 手拉葫芦

b) 千斤顶

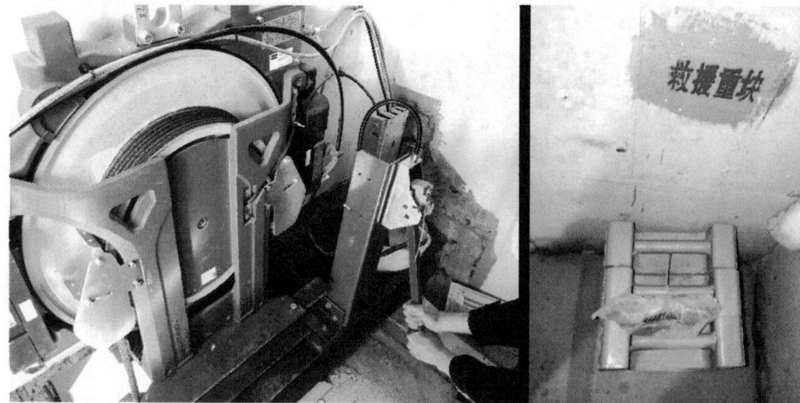

c) 底坑有对重块

图 1-349 无手动盘车装置的紧急操作装置

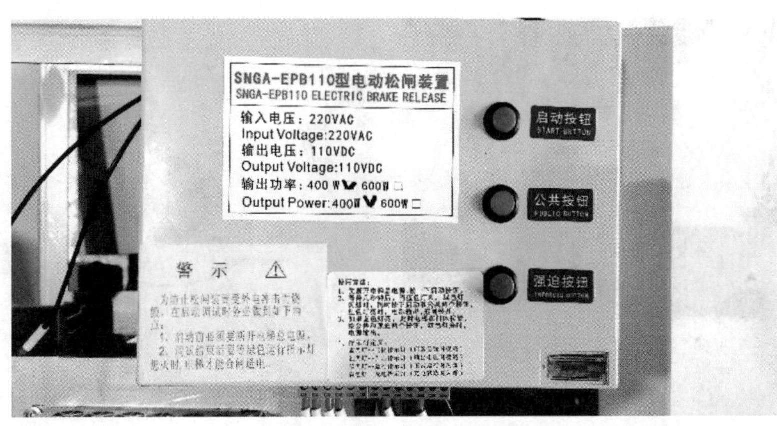

图 1-350　电动松闸

【检验工作指引】

(1) 电气安全装置。对于可拆卸盘车手轮，设有一个电气安全装置，最迟在盘车手轮装上电梯驱动主机时动作，图 1-351～图 1-357 所示是几种常见的电气安全装置。

对于图 1-351，检验时应注意电气安全装置的安装位置，保证其在盘车手轮接触转轴时动作，而不是当盘车手轮处于其工作位置时动作。如图 1-358 所示，该电气安全装置的位置安装不当，当盘车手轮处于其工作位置时，电气安全装置还不能动作。

对于图 1-357，虽然装上盘车手轮时，有个可以动作的开关，但是该开关不符合电气安全装置要求，因此不符合要求。

对于图 1-356，由于安装位置不当，可能会出现误动作，检验时应注意检验其动作情况，防止其被短接，如图 1-359 所示。

对于图 1-360，当取下盘车手轮时，需人为按其附近设置的急停开关，不符合要求。

对于图 1-361，在装上盘车手轮前，需人为按盘车位置附近设置的急停开关，不符合要求。

图 1-351　盘车手轮装上电梯驱动主机时电气安全装置动作(型式 1)

图 1-352　盘车手轮装上电梯驱动主机时电气安全装置动作(型式 2)

图 1-353　拆下防护装置时电气安全装置动作(型式 3)

图 1-354　拆下防护装置时电气安全装置动作(型式 4)

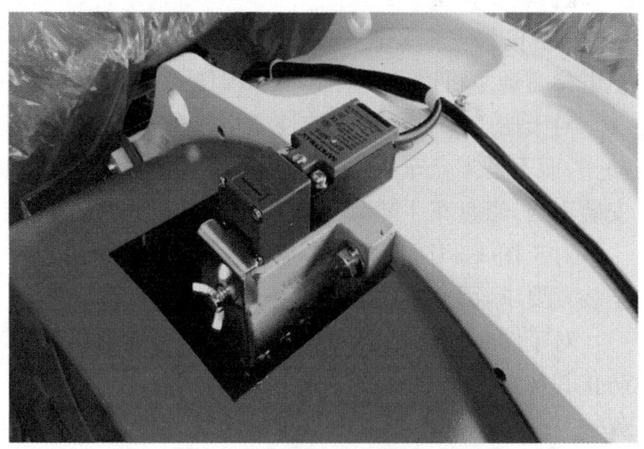

图 1-355　拆下防护装置及安全销时电气安全装置动作(型式 5)

图 1-356　取下盘车手轮时电气安全装置动作(型式 6)

图 1-357　装上盘车手轮时电气安全装置动作(型式 7)

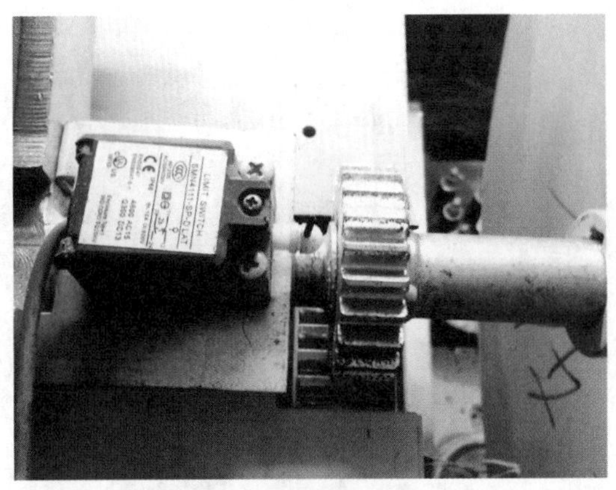

图 1-358　盘车手轮电气安全装置位置不当

图 1-359　电气安全装置被短接

图 1-360　不符合要求的电气安全装置(案例 1)

图 1-361　不符合要求的电气安全装置(案例 2)

对于不可拆卸的盘车手轮(见图 1-362),不需要设置电气安全装置。为保证盘车操作时的安全,宜在盘车操作位置附近设置一个急停开关,如图 1-363 所示,或在盘车手轮外设置一个带电气安全装置的防护罩,当拆下防护罩时,电气安全装置动作,如图 1-364 所示。

(2) 盘车手轮。盘车手轮是无辐条的并且涂成黄色。过去常用的"一字形""十字形""人字形"盘车装置不符合要求,如图 1-365 所示。

图 1-362　不可拆卸的盘车手轮

图 1-363　不可拆卸的盘车手轮外设置一个电气安全装置

图 1-364　不可拆卸的盘车手轮外设置一个带电气安全装置的防护罩

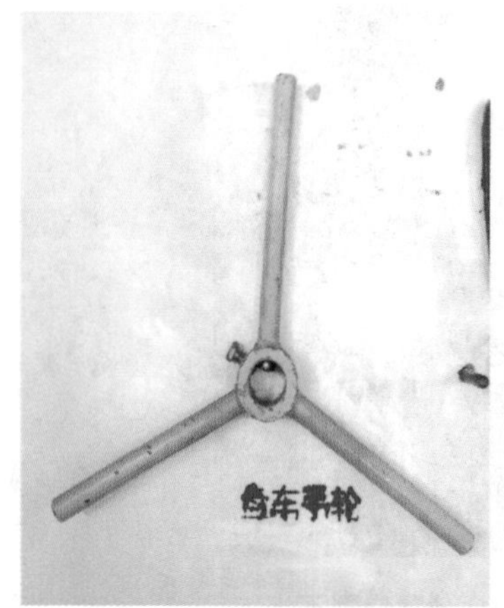

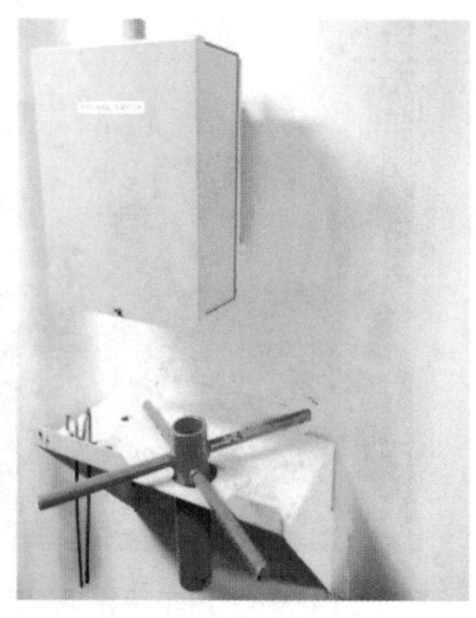

图 1-365　不符合要求的盘车手轮

对于图 1-366 所示的盘车手轮与驱动主机之间连接装置过长的情况，应检验盘车装置的可操作性。

对于图 1-367 所示的有孔洞的盘车手轮，可视为符合要求。

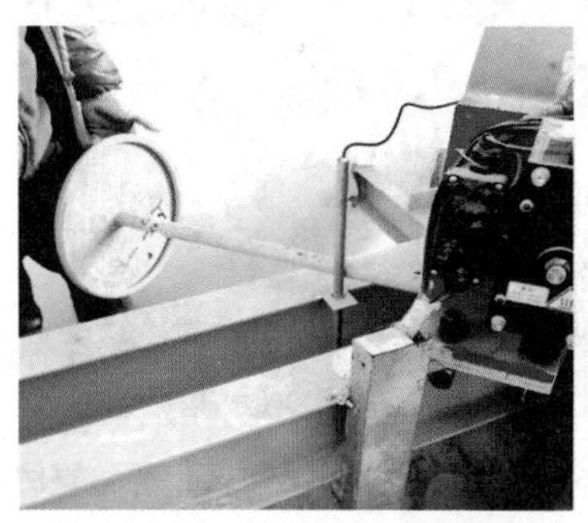

图 1-366　盘车手轮的操作装置过长

图 1-367　有孔洞的盘车手轮

（3）松闸扳手。松闸扳手应涂成红色。

图 1-368～图 1-377 所示是常见的松闸扳手。此外，松闸扳手应易于操作，对于图 1-378 所示松闸扳手不易于操作和被锁住的，可判本项不合格。

图 1-368　松闸扳手(型式 1)

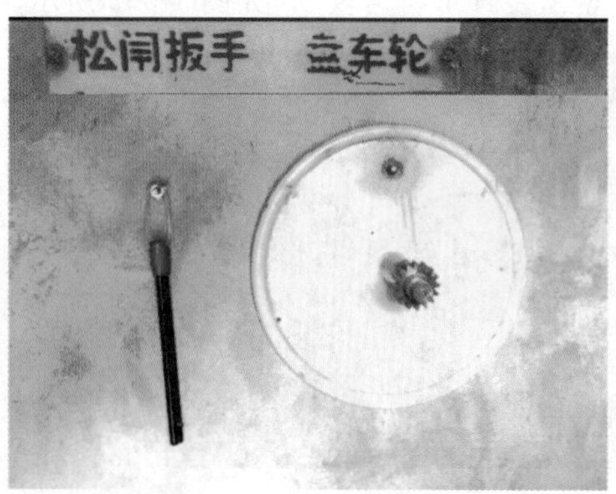

图 1-369　松闸扳手(型式 2)

图 1-370　松闸扳手(型式 3)

图 1-371　松闸扳手(型式 4)

图 1-372　松闸扳手(型式 5)

图 1-373　松闸扳手(型式 6)

图 1-374　松闸扳手(型式 7)

图 1-375　松闸扳手(型式 8)

图 1-376　松闸扳手(型式 9)

图 1-377　松闸扳手(型式 10)

a) 不方便操作

b) 被锁住

图 1-378　不符合要求的松闸扳手

(4) 运行方向。对于手轮是可拆卸的,应在电梯驱动主机上接近盘车手轮处明显标出轿厢运行方向,用“上、下”“升、降”“升、落”等均可(见图 1-362),可以是中英文(见图 1-379),但是不能为纯英文(见图 1-380)。

对于图 1-354 所示,只有箭头而没有标明运行方向的,可判为不合格。

对于图 1-381 所示仅在防护装置上标明运行方向和图 1-382 所示仅在盘车手轮上标明运行方向的,可判为不合格。

对于手轮是不可拆卸的,可在手轮上标明运行方向,如图 1-362 所示。

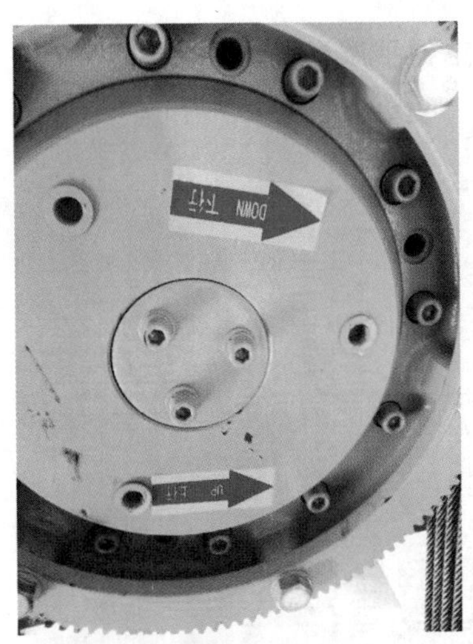

图 1-379　中英文方向标记

图 1-380　英文方向标记

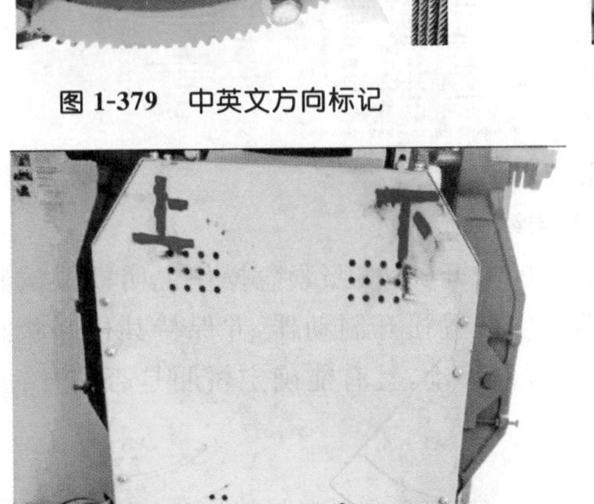

图 1-381　仅在防护装置上标明运行方向

图 1-382　仅在盘车手轮上标明运行方向

对于图 1-383 所示盘车轮上与曳引机上标识的轿厢运行方向不一致的，可判为不合格。

（5）观察开锁区域。“进行手动紧急操作时，易于观察到轿厢是否在开锁区”，方法如：①借助于曳引绳或限速器绳上的标记，即为俗称的“平层线”，如图 1-384 所示（图中黄色平衡线表示轿厢和对重在同一位置）；②利用备用电源在平层区发声（光）等。

（6）对于同一机房内有多台电梯的情况，如盘车手轮与对应的电梯驱动主机不易区分时，应在盘车手轮上做适当的标记，尤其是对于图 1-356 所示取下盘车手轮时电气安全装置动作。可参考 TSG T7001 中 2.6(4) 的要求。

图 1-383　盘车轮上与曳引机上标识的轿厢运行方向不一致

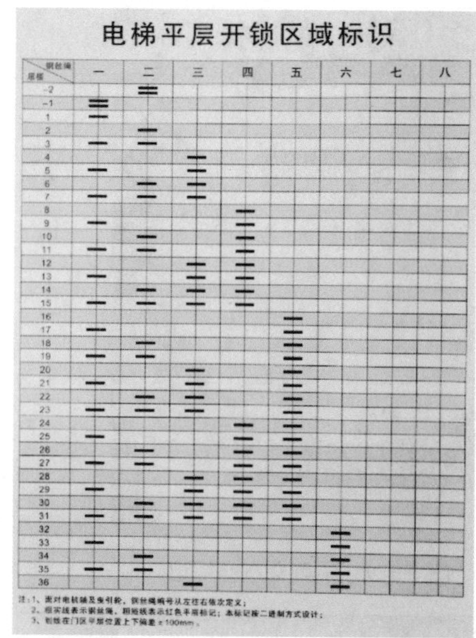

图 1-384　平层线

（7）确保轿厢无人时关好层轿门，并断开该电梯主开关，按照紧急操作说明模拟试验，两人配合，检查是否须以一持续力通过操纵手动松闸装置松开制动器，并保持其松开状态，同时操作盘车手轮观察轿厢是否按已标出的运行方向移动，且有能确定轿厢是否在开锁区位置的明显标记。

【特例】

对于迅达 PMS420 的盘车手轮（见图 1-385），虽然其一直固定于驱动主机上，但是在使用时需要将球形锁拉出空位——此过程中电气安全装置动作，使得小齿轮啮合在齿形环上，往上拉盘车手轮，再将球形锁推入固定孔位，才能盘车，因此该盘车手轮属于可拆卸的。操作说明如图 1-386 所示。

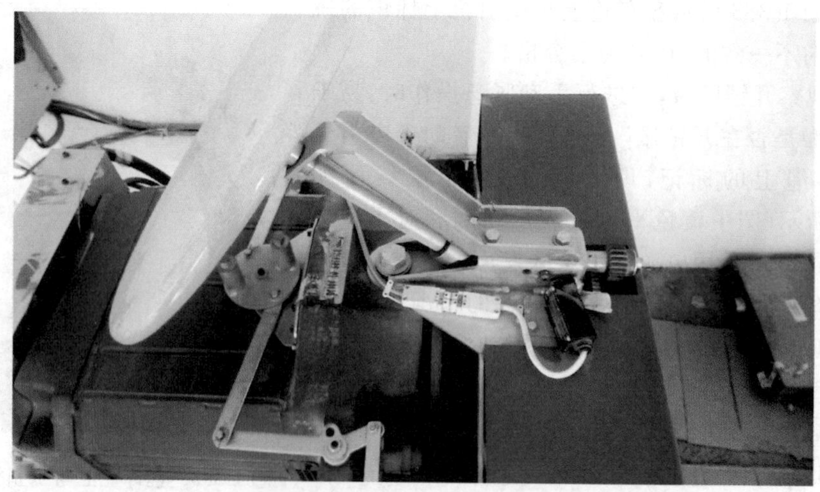

图 1-385　迅达 PMS420 盘车手轮

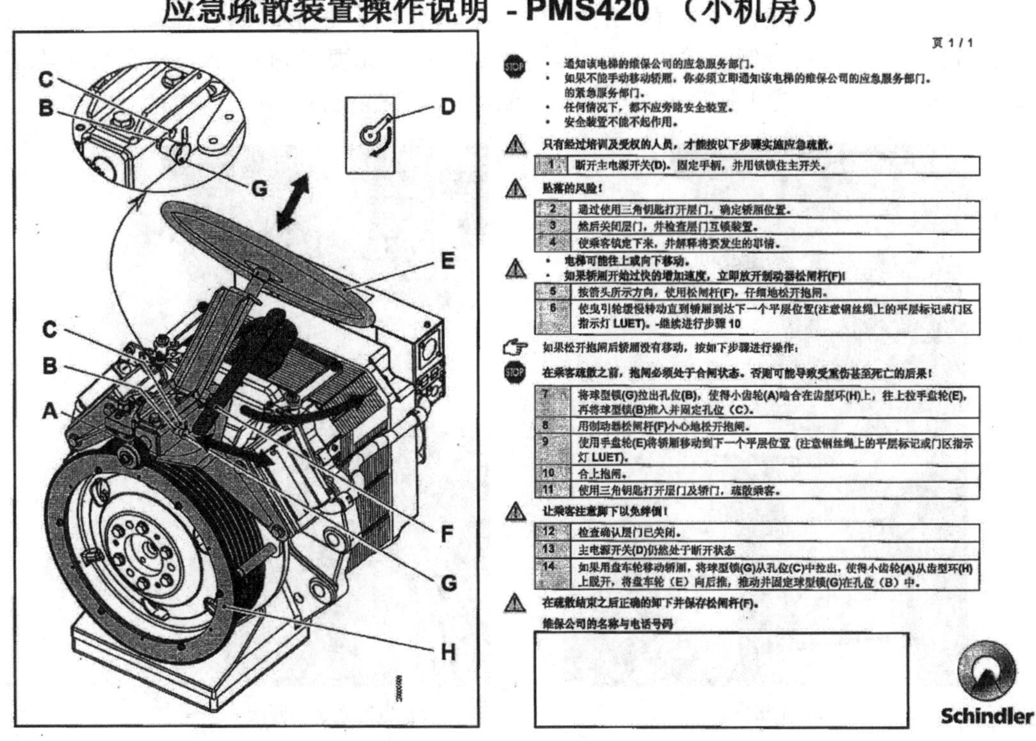

应急疏散装置操作说明 - PMS420 （小机房）

页 1 / 1

- 通知该电梯的维保公司的应急服务部门。
- 如果不能手动移动轿厢，你必须立即通知该电梯的维保公司的应急服务部门。的紧急服务部门。
- 任何情况下，都不应旁路安全装置。
- 安全装置不能不起作用。

只有经过培训及受权的人员，才能按以下步骤实施应急疏散。

1	断开主电源开关(D)。固定手柄，并用锁锁住主开关。

坠落的风险！

2	通过使用三角钥匙打开层门，确定轿厢位置。
3	然后关闭层门，并检查层门互锁装置。
4	使乘客镇定下来，并解释将要发生的事情。

- 电梯可能往上或向下移动。
- 如果轿厢开始过快的增加速度，立即放开制动器松闸杆(F)!

5	按箭头所示方向，使用松闸杆(F)，仔细地松开抱闸。
6	使曳引轮缓慢转动直到轿厢到达下一个平层位置(注意钢丝绳上的平层标记或门区指示灯 LUET)。-继续进行步骤 10

如果松开抱闸后轿厢没有移动，按如下步骤进行操作：

在乘客疏散之前，抱闸必须处于合闸状态。否则可能导致受重伤甚至死亡的后果！

7	将球型锁(G)拉出孔位(B)，使得小齿轮(A)啮合在齿型环(H)上，往上拉手盘轮(E)，再将球型锁(B)推入并固定孔位（C）。
8	用制动器松闸杆(F)小心地松开抱闸。
9	使用手盘轮(E)将轿厢移动到下一个平层位置（注意钢丝绳上的平层标记或门区指示灯 LUET)。
10	合上抱闸。
11	使用三角钥匙打开层门及轿门，疏散乘客。

让乘客注意脚下以免绊倒！

12	检查确认层门已关闭。
13	主电源开关(D)仍然处于断开状态
14	如果用盘车轮移动轿厢，将球型锁(G)从孔位(C)中拉出，使得小齿轮(A)从齿型环(H)上脱开，将盘车轮（E）向后推，推动并固定球型锁(G)在孔位（B）中。

在疏散结束之后正确的卸下并保存松闸杆(F)。

维保公司的名称与电话号码

图 1-386　迅达 PMS420 救援操作说明

【注意事项】

(1) 盘车手轮的安装

部分电梯盘车手轮的安装位置在曳引轮外缘，曳引轮上的钢丝绳防跳装置设置不当，会影响盘车手轮的安装(见图 1-387)。

图 1-387　钢丝绳防跳装置干扰盘车手轮安装位置

（2）盘车手轮的更换

盘车所需的力与盘车手轮的直径有关，因此，如果盘车手轮需要更换，那么更换后的盘车手轮直径和规格应符合制作单位的要求，如果制造单位无要求，则不得小于出厂标配时的直径。图 1-388 所示为更换后的盘车手轮与驱动主机不匹配的情况。

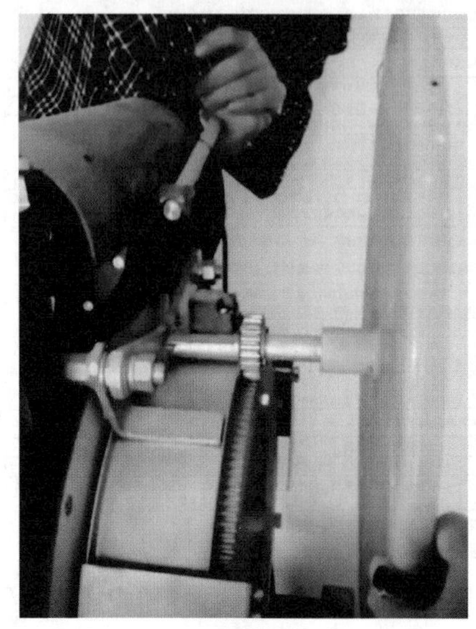

a）无法安装

b）齿轮大小不匹配

图 1-388　更换后的盘车手轮与驱动主机不匹配

2.8　控制柜、紧急操作和动态测试装置

项目及类别	检验内容与要求	检验方法
2.8 控制柜、紧急操作和动态测试装置 B	（1）控制柜上设有铭牌，标明制造单位名称、型号、编号、技术参数和型式试验机构的名称或者标志，铭牌和型式试验证书内容相符	对照检查控制柜型式试验证书和铭牌
	（2）断相、错相保护功能有效，电梯运行与相序无关时，可以不设错相保护	断开主开关，在其输出端，分别断开三相交流电源的任意一根导线后，闭合主开关，检查电梯能否启动；断开主开关，在其输出端，调换三相交流电源的两根导线的相互位置后，闭合主开关，检查电梯能否启动
	（3）电梯正常运行时，切断制动器电流至少用两个独立的电气装置来实现，当电梯停止时，如果其中一个接触器的主触点未打开，最迟到下一次运行方向改变时，应当防止电梯再运行	根据电气原理图和实物状况，结合模拟操作检查制动器的电气控制

续表

项目及类别	检验内容与要求	检验方法
2.8 控制柜、紧急操作和动态测试装置 B	(4) 紧急电动运行装置应当符合以下要求： ① 依靠持续揿压按钮来控制轿厢运行，此按钮有防止误操作的保护，按钮上或者其近旁标出相应的运行方向； ② 一旦进入检修运行，紧急电动运行装置控制轿厢运行的功能由检修控制装置所取代； ③ 进行紧急电动运行操作时，易于观察到轿厢是否在开锁区	目测；通过模拟操作检查紧急电动运行装置功能
	(5) 无机房电梯的紧急操作和动态测试装置应当符合以下要求： ① 在任何情况下均能够安全方便地从井道外接近和操作该装置； ② 能够直接或者通过显示装置观察到轿厢的运动方向、速度以及是否位于开锁区； ③ 装置上设有永久性照明和照明开关； ④ 装置上设有停止装置或者主开关	目测；结合相关试验，验证紧急操作和动态测试装置的功能
	(6) 层门和轿门旁路装置应当符合以下要求： ① 在层门和轿门旁路装置上或者其附近标明“旁路”字样，并且标明旁路装置的“旁路”状态或者“关”状态； ② 旁路时取消正常运行(包括动力操作的自动门的任何运行)；只有在检修运行或者紧急电动运行状态下，轿厢才能够运行；运行期间，轿厢上的听觉信号和轿底的闪烁灯起作用； ③ 能够旁路层门关闭触点、层门门锁触点、轿门关闭触点、轿门门锁触点；不能同时旁路层门和轿门的触点；对于手动层门，不能同时旁路层门关闭触点和层门门锁触点； ④ 提供独立的监控信号证实轿门处于关闭位置	目测旁路装置设置及标识；通过模拟操作检查旁路装置功能
	(7) 应当具有门回路检测功能，当轿厢在开锁区域内、轿门开启并且层门门锁释放时，监测检查轿门关闭位置的电气安全装置，检查层门门锁锁紧位置的电气安全装置和轿门监控信号的正确动作；如果监测到上述装置的故障，能够防止电梯的正常运行	通过模拟操作检查门回路检测功能
	(8) 应当具有制动器故障保护功能，当监测到制动器的提起(或者释放)失效时，能够防止电梯的正常启动	通过模拟操作检查制动器故障保护功能

续表

项目及类别	检验内容与要求	检验方法
2.8 控制柜、紧急操作和动态测试装置 B	(9) 自动救援操作装置(如果有)应当符合以下要求： ① 设有铭牌，标明制造单位名称、产品型号、产品编号、主要技术参数，加装的自动救援操作装置的铭牌和该装置的产品质量证明文件相符； ② 在外电网断电至少等待 3 s 后自动投入救援运行，电梯自动平层并且开门； ③ 当电梯处于检修运行、紧急电动运行、电气安全装置动作或者主开关断开时，不得投入救援运行； ④ 设有一个非自动复位的开关，当该开关处于关闭状态时，该装置不能启动救援运行	对照检查自动救援操作装置的产品质量证明文件和铭牌；通过模拟操作检查自动救援操作功能
	(10) 加装的分体式能量回馈节能装置应当设有铭牌，标明制造单位名称、产品型号、产品编号、主要技术参数，铭牌和该装置的产品质量证明文件相符	对照检查分体式能量回馈节能装置的产品质量证明文件和铭牌
	(11) 加装的 IC 卡系统应当设有铭牌，标明制造单位名称、产品型号、产品编号、主要技术参数，铭牌和该系统的产品质量证明文件相符	对照检查 IC 卡系统的产品质量证明文件和铭牌

2.8.1 铭牌

【监督检验工作指引】

(1) 根据 TSG T7007—2016 中 V6.4.3.1 的要求，铭牌应包含以下内容：

1) 名称；

2) 制造单位名称及其制造地址；

3) 电梯层站数(必要时)；

4) 控制方式；

5) 调速方式；

6) 产品编号；

7) 制造日期；

8) 型式试验机构的名称或者标志。

图 1-389 所示是符合要求的控制柜铭牌，图 1-390 所示是不符合要求的控制柜铭牌。

图 1-389　符合要求的控制柜铭牌

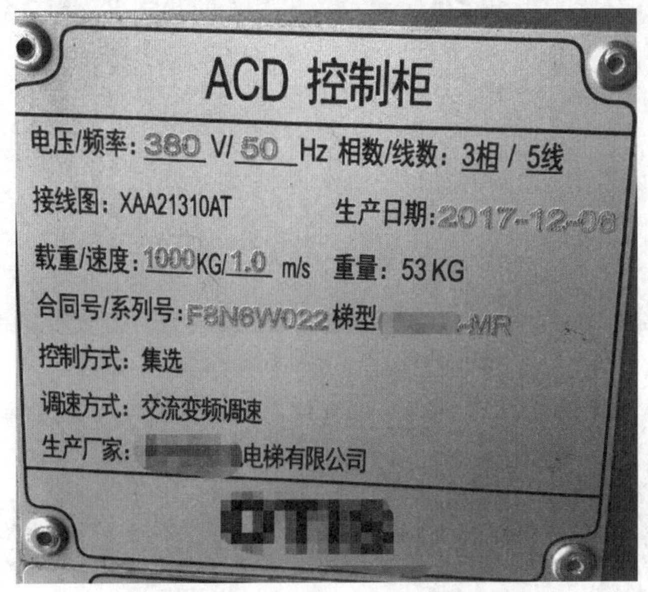

图 1-390　不符合要求的控制柜铭牌

2.8.2　断错相保护

【监督检验工作指引】

图 1-391 所示是一种常见的断错相保护装置。图 1-392 所示是电子断错相保护装置，该装置是一种多功能监测和保护仪器，集计时、计次功能和电压显示、过欠压保护、缺相保护、相序保护为一体。目前许多变频器集成了图 1-392 所示的保护装置的功能，控制系统中不再单独设置相序继电器。

(1) 应按要求分三次分别断开三相交流电源的每一相线，检查电梯断相保护功能是否有效。试验前应检查断错相保护装置是否有被短接的情况,如图 1-393 所示。

(2) 每次断电后应用电笔或万用表测试,确认电源已断开后才开始相应的操作,防止因为大容量电容、劣质断路器失效等产生触电伤害。

(3) 完成试验后,须检查是否已恢复原状。

图 1-391　常规断错相保护装置

图 1-392　电子断错相保护装置

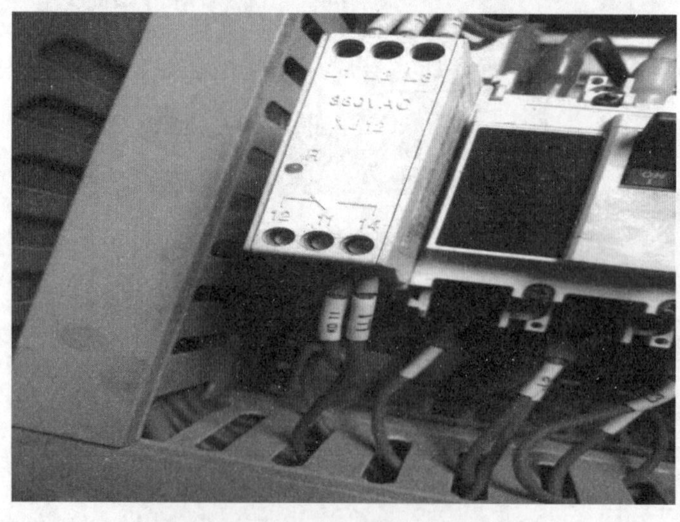

图 1-393　断错相保护装置被短接

【特例】

对于供电电源为 220 V(见图 1-394)的电梯,可以不设置断相和错相。

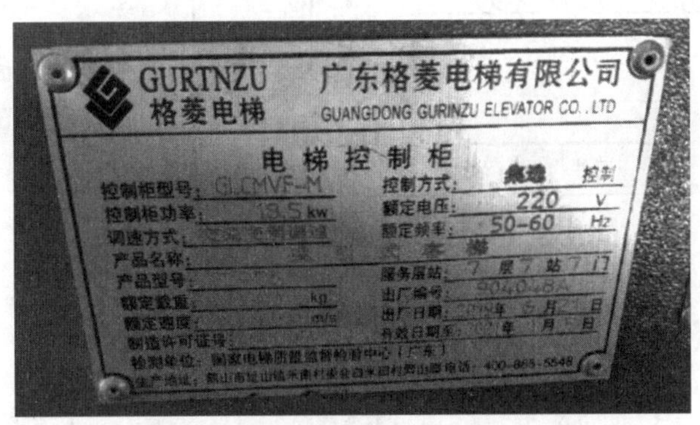

图 1-394　供电电源为 220 V

2.8.3　制动器电气装置设置

【说明解释】

根据 GB 7588—2003 中 14.2.1,电梯运行控制分为正常运行控制、门开着情况下的平层和再平层控制、检修运行控制、紧急电动运行控制、对接操作运行控制等五种运行控制方式。本项是对电梯正常运行的要求,对检修运行等其他运行不做要求。

【监督检验工作指引】

(1) 根据电气原理图和实物状况,检查切断制动器电流的电气装置数量和独立性,结合模拟操作检查制动器的电气控制,并通过运行试验判断制动状况。

(2) 若无电气原理图,可观察电梯正常停止时不吸合,而正常上下运行时才吸合的接触器。

(3) 对于有机房电梯,可以在控制柜处强制使接触器闭合来进行试验。

(4) 对于控制柜在井道内的无机房电梯,可以通过接线模拟触点粘连,查看电梯的控制是否符合要求,或者按照电梯制造单位提供的试验方法进行验证。

【注意事项】

(1) 试验时一定要先读懂图纸,不能贸然对接触器进行强制试验,防止发生短路危险。

(2) 在电梯运行时用绝缘工具(如电笔)强制闭合一个接触器,通过切断电源等方法使电梯制停,如电梯不能停止,应立即松手(必要时断电)。如果电梯能停止,改变电梯的运行方向,查看电梯是否能运行。

日立 YP 以及 OTIS TOEC40 等型号的电梯就设有两个独立接触器切断制动器电流。

(3) 建议由施工单位人员操作。

【常见事例】

(1) 某有机房电梯制动回路电气原理图如图 1-395 所示,可知此电梯正常及检修(紧急电动)运行切断制动器线圈(DZZ)电流均有三个接触器(JBZ、S、X),在电梯向上运行时用绝缘工具(如电笔)按住接触器(S)令其不释放,看电梯制动器能否正常制动(如不能制动应立刻松手),验证独立性;再反向启动电梯,电梯应不能再运行。用类似的方法验证另外两个接触器。

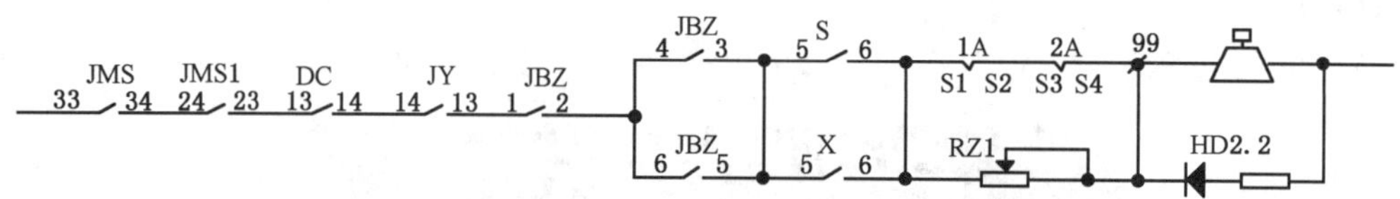

元件代号	元件名称	安装位置
JMS	轿门锁继电器	控制柜
JMS1	厅门锁继电器	控制柜
DC	锁梯接触器	控制柜
JY	安全回路继电器	控制柜
S,X	上、下行接触器	控制柜
JBZ	抱闸接触器	控制柜
1A,2A	加速减速接触器	控制柜
RZ1	分压电阻	控制柜
DZZ	制动器线圈	机房

图 1-395　某有机房制动回路电气原理图(局部)

(2) 上海三菱某型号控制柜在井道内的无机房电梯，该电梯是通过 LB 接触器的 L1、L2、L3 三个常开触点(见图 1-396)和 5 接触器的 13 常开触点，共同切断两个制动器线圈(BK1 和 BK2)电流。图 1-397 所示是该型号电梯制动回路电气原理图。

图 1-396　上海三菱某型号电梯制动回路电气实物

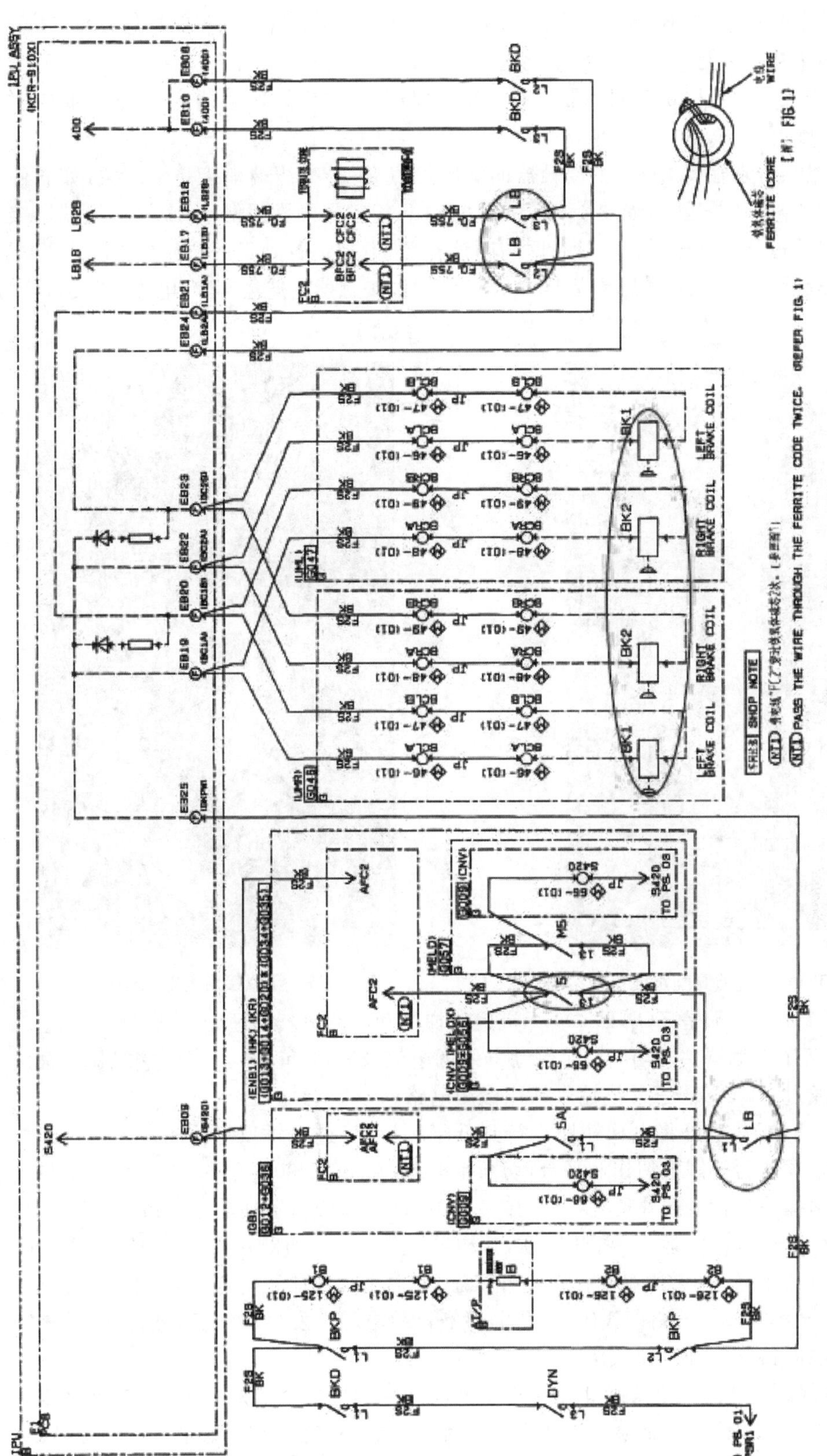

图 1-397　上海三菱某型号电梯制动回路电气原理

该型号电梯是通过如图 1-398 所示的 LB 接触器的 21 常闭触点和 5 接触器的 21 常闭触点检查两个接触器是否粘连。如果此电梯正常运行停梯时，这两个接触器有一个发生粘连，另外一个接触器可以切断制动器线圈电流以保证安全停梯，发生粘连接触器的 21 常闭触点就处于断开状态，电梯无法两次启动。

试验方法：分别在 5、LB 两个接触器的常闭触点 21 号接线端串接一个开关（如急停开关的常闭触点）引到井道外，如图 1-399 所示，在 LB 接触器的常闭触点 21 号接线端串接一个开关引到井道外。在电梯正常运行时切断该开关，电梯运行到目的层站应能正常平层停止运行，接触器的 21 常闭触点保持断开状态，模拟该接触器粘连住，此时电梯应不能再次启动。

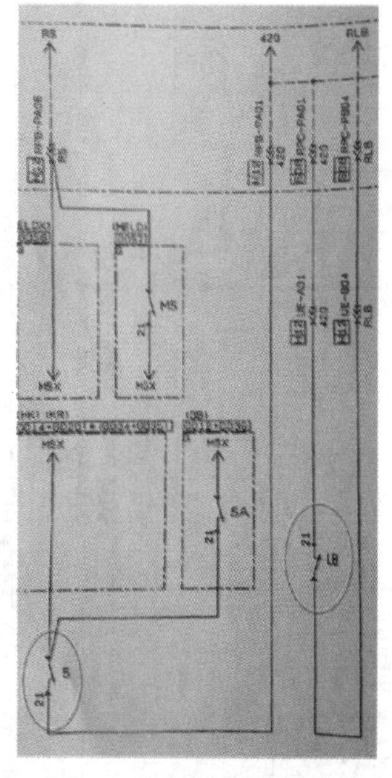

图 1-398　粘连检测回路电气原理图

图 1-399　模拟接触器触点粘连接线

(3) 图 1-400 所示是 KONE3000 无机房电梯制动回路电气原理图，该电梯是通过 201：1 和 201：2 两个接触器共同切断两个制动器线圈电流，201：1 和 201：2 两个接触器的常闭触点串接后，通过 XD1 端子三号线输入粘连检测电路。

试验方法：在井道外将电梯轿厢运行到低于顶层处，进入轿顶将轿厢检修运行到控制柜附近，将轿顶作为控制柜的作业平台，切断主电源，在 LCE230 电路板的 XD1 端子与第三号线之间，串接一延长线到井道外，再串接一开关，延长线要布置在非轿厢或者对重运行空间内。闭合主电源，检修运行，离开轿顶，让电梯正常运行，切断串接的开关，模拟接触器 201：1 或 201：2 粘连，即常闭触点保持断开状态，此时电梯应能正常停止，且不能再次启动，用户界面会显示“0025”的错误代码，表示电梯停止后主触点发生粘连。完成试验后重复上述过程，拆除串接开关，恢复原始状态。

由于接触器 201：1 或 201：2 也是用来切断电梯驱动主机电流的接触器，故此检测方法同样适用于检测切断电梯驱动主机电流的接触器触点粘连现象的监控功能。另外对于 KONE3000 小机房电梯，也是通过 201：1 和 201：2 两个接触器的常闭触点串接后，通过

XD1 端子三号线输入粘连检测电路，因此可以用类似的方法进行检验。

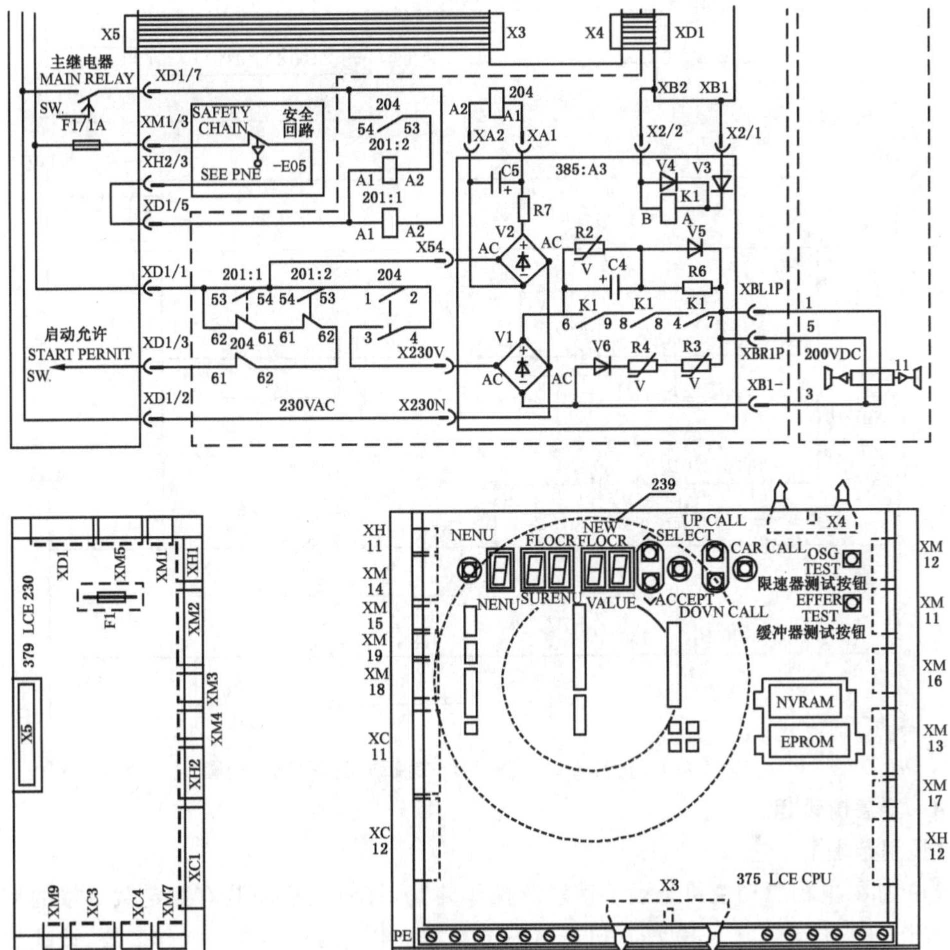

图 1-400　KONE3000 无机房电梯制动回路电气原理图

(4) 如图 1-401 所示，日立 UAX 无机房电梯制动回路是由 10T 和 15B 两个独立的接触器控制，试验方法如下：

1) 将 10T 接触器线圈的“-”端或 10SB 板 FF/10、10SB 板 FF/9 端和 FF/10 端各引一条线到井道外，并串联一个处于断开状态开关。正常启动电梯，两个接触器动作，触点闭合。电梯平层后，两个接触器复位，触点断开，电梯正常停止。

2) 正常启动电梯，在电梯运行时将 10T 接触器线圈的“-”端或 10SB 板 FF/10 端接地。电梯平层时，虽然 10T 接触器保持在动作状态，但 15B 接触器复位，断开电梯制动器供电，电梯也能停止运行。再次启动电梯时，应不能起动并出现故障码。

3) 用类似的方法验证 15B 接触器。

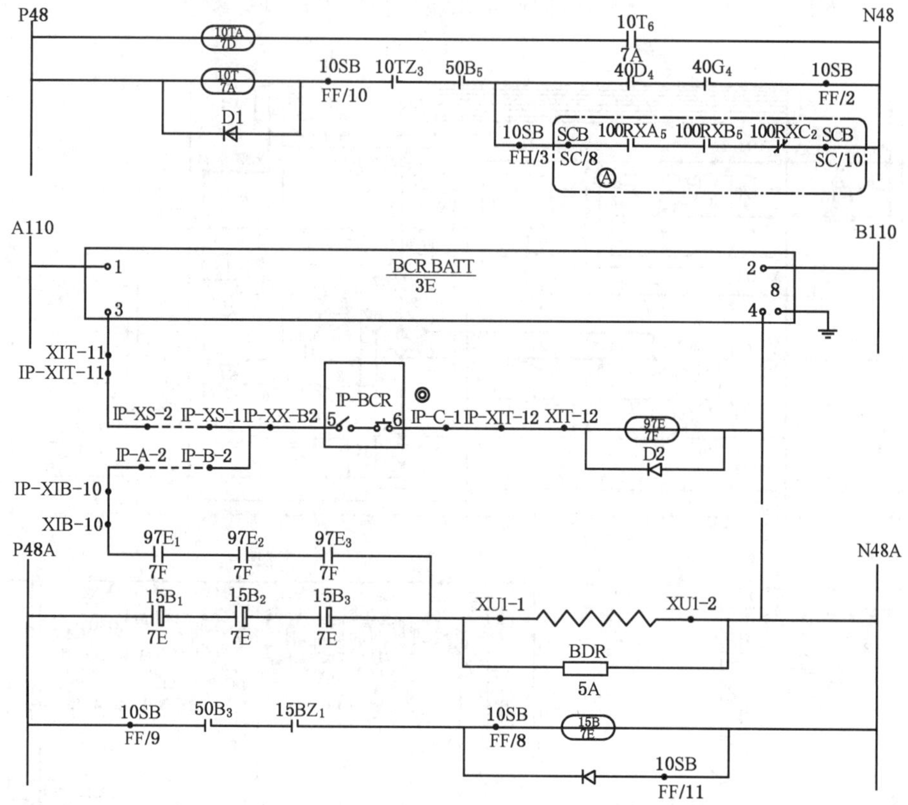

图 1-401 日立 UAX 无机房电梯制动回路电气原理图

2.8.4 紧急电动运行

【适用范围】

(1) 如果电梯驱动主机装设手动紧急操作装置，且向上移动装有额定载重量的轿厢所需的操作力不大于 400 N，允许在机房内不设置紧急电动运行的电气操作装置，该项可填写“无此项”。

(2) 当有下列情况之一时，该项应检验：

1) 电梯驱动主机没有设置手动紧急操作装置；

2) 电梯驱动主机设置了手动紧急操作装置，但向上移动装有额定载重量的轿厢所需的操作力大于 400 N；

3) 无论移动装有额定载重量的轿厢所需的操作力是否大于 400 N，只要在机房内设置了符合要求的紧急电动运行电气操作装置。

(3) 本项也适用于无机房电梯。对于设置了如图 1-402 所示盘车装置的无机房电梯，该项可填“无此项”。

图 1-402　无机房电梯设置的可拆卸盘车装置

【说明解释】

(1) GB 7588—2003 中 14.2.1.4 规定，如果向上移动装有额定载重量的轿厢所需的操作力大于 400 N，机房内应设置一个符合以下五项条件的紧急电动运行的电气操作装置：

1) 应允许从机房内操作紧急电动运行开关，由持续揿压具有防止误操作保护的按钮控制轿厢运行，运行方向应清楚地标明；

2) 紧急电动运行开关操作后，除由该开关控制的以外，应防止轿厢的一切运行，检修运行一旦实施，则紧急电动运行应失效；

3) 轿厢速度不应大于 0.63 m/s，且不得大于额定速度的 105%。

4) 紧急电动运行开关及其操纵按钮应设置在使用时易于直接观察电梯驱动主机的地方；

5) 紧急电动运行应使安全钳上的、限速器上的、轿厢上行超速保护装置上的及缓冲器上的电气安全装置和极限开关失效。

图 1-403 所示是紧急电动运行装置短接回路电气原理图。

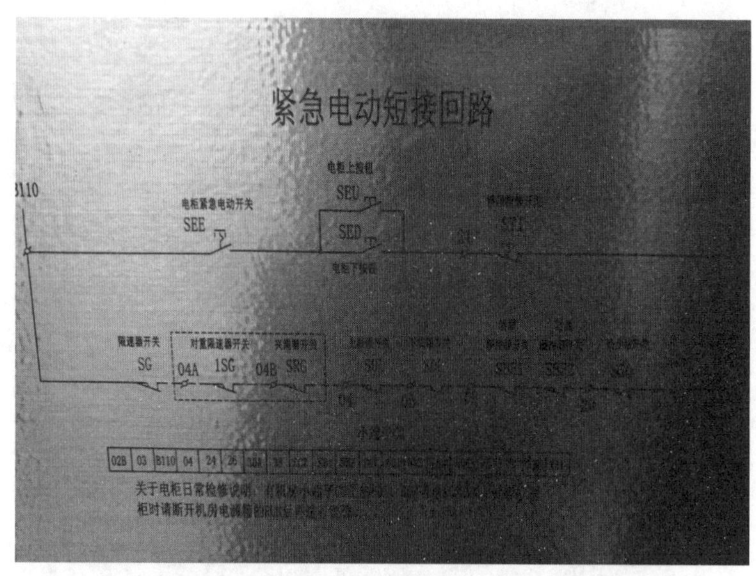

图 1-403　紧急电动运行装置短接回路

(2) 早期不少电梯制造单位将紧急电动运行装置错误当作“机房检修”，包括某些大型合资企业的品牌电梯，在机房也只设有类似“检修”功能的控制装置，此类控制装置只满足紧急电动运行控制前四项条件，无法满足第五项条件。

(3) 对于有减速箱的曳引机，一般可以按公式 $F=\dfrac{(1-k)QD_1g_n}{rI\eta D_2}$ 计算向上移动装有额定载重量的轿厢所需的操作力(简称为曳引机的盘车力)，其中：

F ——提升有额定载荷的轿厢曳引机盘车手轮所需的操作力，N；

k ——平衡系数；

Q ——额定载重量，kg；

D_1 ——曳引轮直径，mm；

D_2 ——盘车轮直径，mm；

r ——曳引钢丝绳的倍率；

I ——曳引机减速比；

η ——曳引传动总机械效率，对使用蜗轮副曳引机的电梯 $\eta\approx0.5\sim0.65$(可根据曳引机传动比估算，传动比越大效率越低)；

g_n ——重力加速度，m/s^2。对于无减速箱的曳引机。

必要时也可以通过拉力计或力矩扳手等仪器进行现场检测，测量向上移动装有额定载重量的轿厢所需的操作力，如果是用双手从两个方向盘车，应计算两个方向盘车力之和。

(4) UCMP 是 GB 7588—2003 第 1 号修改单新增的内容，所以在 GB 7588—2003 中没有要求短接 UCMP 电气安全装置，因此，对于采用 ACOP 和 UCMP 的双向夹绳器，只在上行时短接夹绳器的电气安全装置，可视为符合要求。

【检验工作指引】

(1) 检验时可以一个检验员在轿顶，另外一个检验员在紧急电动运行装置操作处进行试验。试验要注意，当同时处于检修状态和紧急电动运行状态，检修状态是否优先于紧急电动运行状态，同时应检查被紧急电动运行装置短接的安全保护装置是否恢复有效。

(2) 如果向上移动装有额定载重量的轿厢所需的操作力大于 400 N(该值可以用计算、实测等方法确定)，就必须设置符合要求的紧急电动运行装置。

(3) 图 1-404 所示是几种常见的紧急电动运行装置，图 1-405 所示是新型紧急电动运行装置。图 1-406 所示的是拨动式机房检修，不是紧急电动运行，不需要满足本项要求。

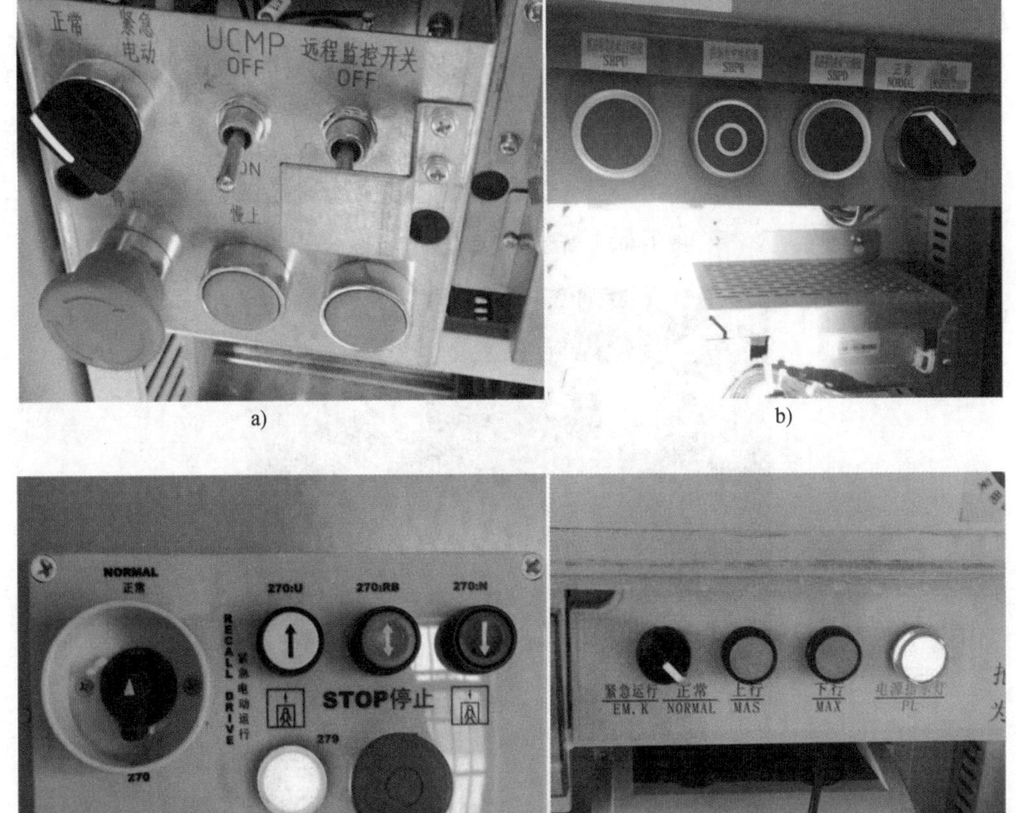

a)　b)　c)　d)

图 1-404　几种常见的紧急电动运行装置

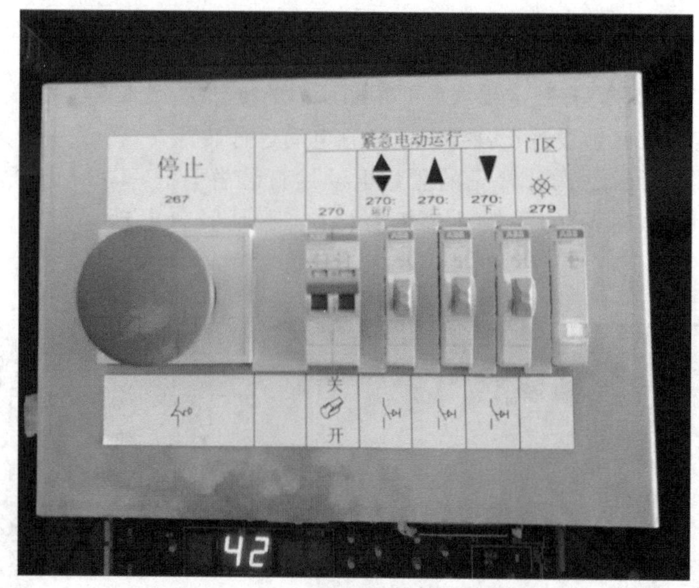

图 1-405　新型紧紧急电动运行装置

图 1-406　拨动式机房检修

【监督检验工作指引】

当手动紧急操作力不大于 400 N 时，机房内可以不设置紧急电动运行装置。但是不管手动紧急操作力是否大于 400 N，只要在机房内设置了紧急电动运行装置，该装置必须满足 GB 7588—2003 对紧急电动运行装置的五项要求，如果不满足这五项要求，不能称之为紧急电动运行装置。不允许在机房设置只满足 TSG T7001 中 2.8(4) 三项要求，而不能使安全钳等电气安全装置失效的类似“检修”功能电气操作装置。

【定期检验工作指引】

(1) 对于按 GB 7588—2003 生产的电梯，定期检验按【监督检验工作指引】要求执行。

(2) 对于按 GB 7588—1995 或者之前标准生产的电梯，当手动紧急操作力不大于 400 N 时，机房内允许不设置或者设有不符合 GB 7588—2003 要求的紧急电动运行装置；当手动紧急操作力大于 400 N 时，机房内就必须设置符合 TSG T7001 中 2.8(4) 三项要求的类似“检修”功能的电气操作装置，该装置可以不满足使安全钳、限速器、轿厢上行超速保护装置、缓冲器等电气安全装置和极限开关失效的要求。

(3) 图 1-407 所示的按钮无标识，不符合要求。

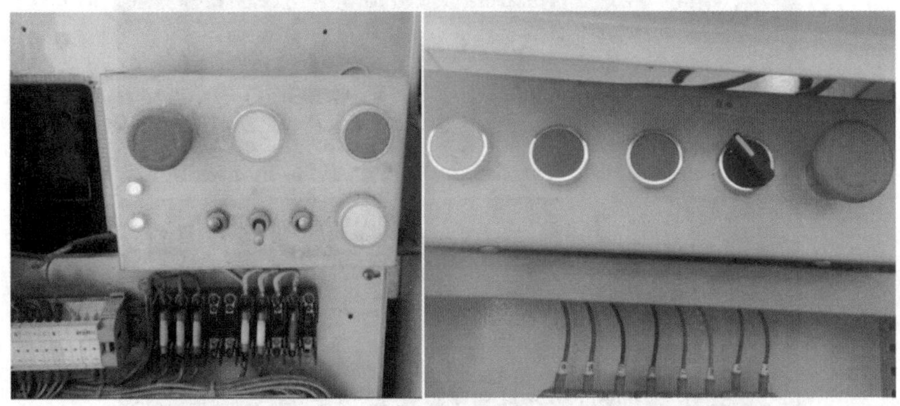

图 1-407　按钮无标识

【注意事项】

对于图 1-408 所示的在机房内检修，只有通过另一个开关短接后才能实现紧急电动运行功能的，是否符合紧急电动运行要求视情况而定。

图 1-408　通过短接开关实现紧急电动运行功能

(1) 当转换开关置于“检修”位置时，单操纵“上行”或“下行”按钮能运行电梯，但此时并未使上行超速保护装置、缓冲器、限速器、安全钳上的电气安全装置以及极限开关失效，只有按下“短接”才能实现上述功能，则不符合紧急电动运行要求。

(2) 当转换开关置于“检修”位置时，单操纵“上行”或“下行”按钮不能运行电梯，只有同时按下“短接”才能运行电梯，且此时使上行超速保护装置、缓冲器、限速器、安全钳上的电气安全装置以及极限开关失效，则符合紧急电动运行要求。此时“短接”按钮相当于某些设置有“共通”或“中性按钮”的紧急电动运行的“共通”或“中性按钮”，如图 1-409 所示，其电气原理图如图 1-410 所示。

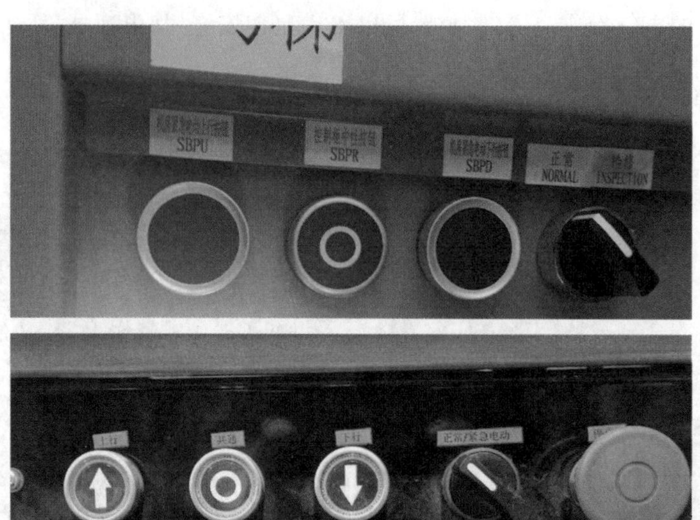

图 1-409　紧急电动运行的“共通”或“中性按钮”

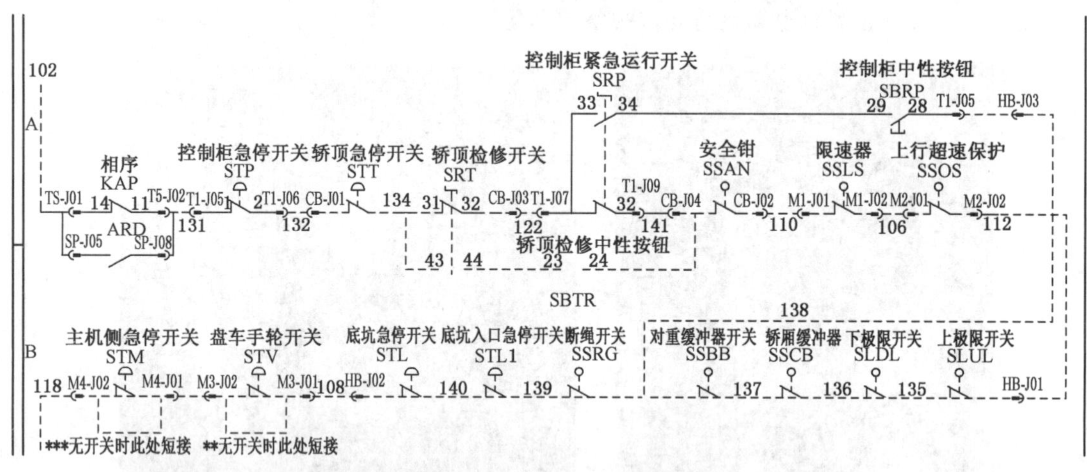

图 1-410　安全回路电气原理图(局部)

2.8.5　紧急操作和动态测试装置

【监督检验工作指引】

(1) 紧急操作和动态测试装置可以是单个或多个装置，但应能在井道外进行曳引、安全钳、缓冲器、轿厢上行超速保护、轿厢意外移动保护等测试。

(2) 紧急操作和动态测试装置应设置在控制柜内或者专门的柜子内，柜子应具有用钥匙开启的锁，柜子前方应具有控制柜所要求的维修空间。GB/T 7588.1 要求存放紧急操作和动态测试装置的柜子的锁，应不用钥匙也能关闭和锁住。

(3)“在任何情况下均能够安全方便地从井道外接近和操作该装置”,其目的是可以方便快捷地实现救援,并保护被困人员和救援人员的安全。如图 1-411 所示,紧急操作装置位置设置不当,不方便操作,不符合要求。

a) 过高

b) 在鞋柜中

图 1-411　紧急操作装置位置设置不当

如果实施紧急操作必须要经过私人空间,如开门入户电梯,紧急操作装置设置在住户私人阳台或家中等,发生紧急情况时救援人员无法及时到达紧急操作装置处,应判该项不合格。

如图 1-412 所示,电梯层门开口与楼梯不相通(或者要经过私人空间),且没有手动盘车装置,在发生停电等故障且轿厢相对较轻时,无法将轿厢移动到出口层,只能移动到其他楼层,但存在两个问题:①救援人员无法到达相应的层站外进行救援工作;②被困人员无法离开所在的楼层。

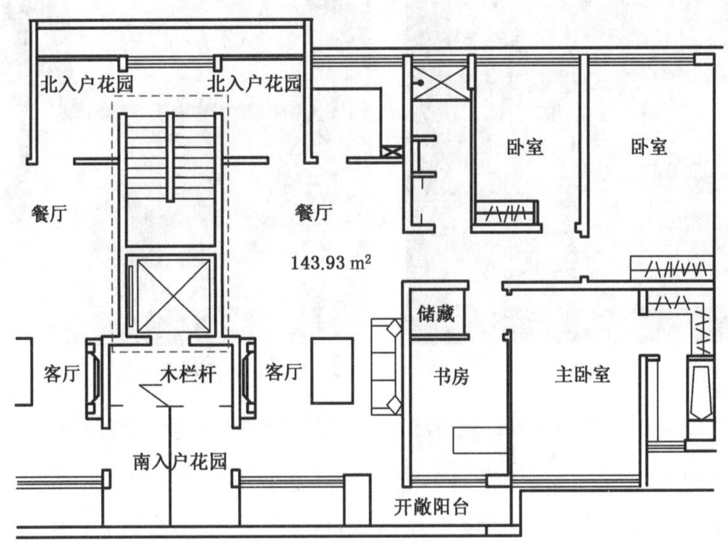

图 1-412　电梯层门开口与楼梯不相通

(4)“应当能够直接或者通过显示装置观察到轿厢的运动方向、速度以及是否位于开锁区”是指通过观察窗或电子显示（显示屏、声或光等）能判断轿厢的位置、运行方向等，如图 1-413 所示，检验时应注意以下事项：

1）因为停电导致电梯困人的情况时有发生，因此，对用电子方式显示轿厢的运动方向、速度以及是否位于开锁区，应检验关闭主电源开关时，其能否正常显示。

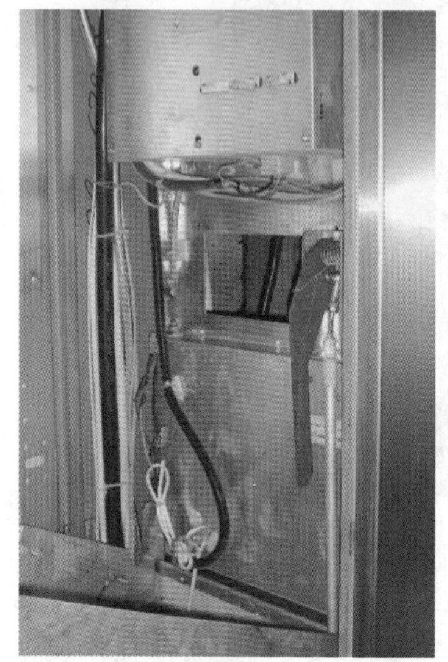

a) 观察窗

b) LED

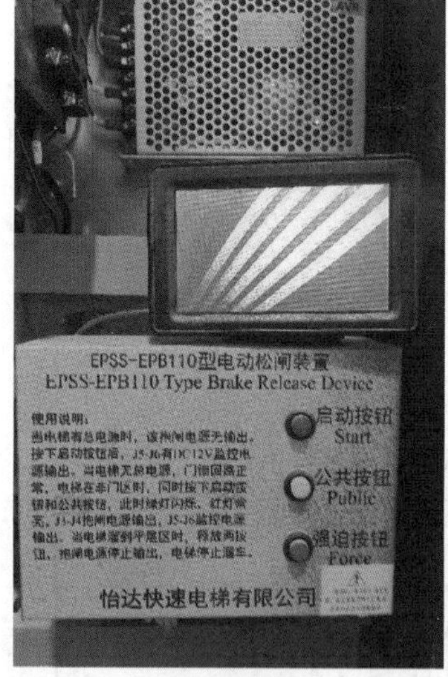

c) 自带视频

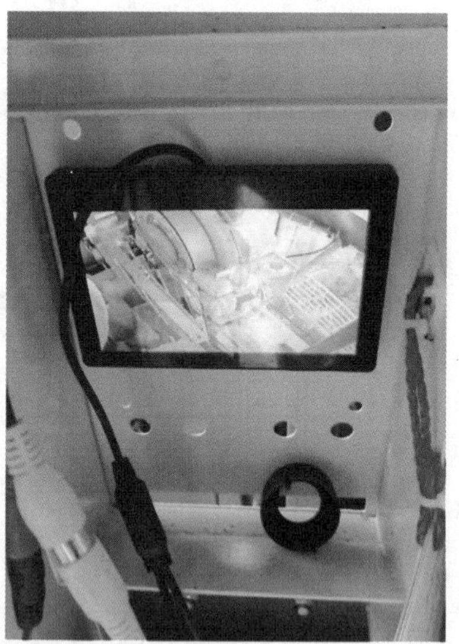

d) 外接视频

图 1-413　观察轿厢的运动方向、速度以及是否位于开锁区的方式

2）虽然有些电梯有观察窗，但是对于因观察窗安装位置不合理、照度不够等，导致无法观察轿厢运动的方向、速度以及是否位于开锁区，应判定此项不合格，如图 1-414 所示。

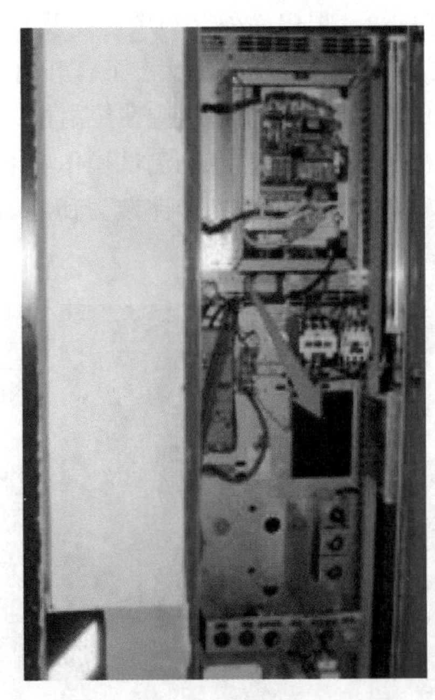

图 1-414　难于观察轿厢的运动方向、速度以及是否位于开锁区

3）不允许以打开层门方式观察轿厢的运动方向、速度以及是否位于开锁区。

4）对于在有电情况下，能通过蜂鸣器的响声和指示灯的显示提示轿厢是否位于开锁区，但在停电时，指示灯不再亮，只有蜂鸣器响声提示轿厢是否位于开锁区的电梯，不符合“应当能够直接或者通过显示装置观察到轿厢的运动方向、速度以及是否位于开锁区”的要求。

2.8.6　层门和轿门旁路装置

【说明解释】

(1) 旁路的英文是“bypass”，与俗称的“短接”是一个意思。旁路装置也就是短接装置。

(2) 电梯在设计制造时增加层门和轿门旁路装置，一方面是为被授权人员提供一种方便又安全的旁路门回路的装置，以便其对门回路的连通性进行检查，以及在门回路故障情况下，慢速移动轿厢以进行检修或救援操作；另一方面是当门回路被旁路装置旁路时，电梯退出正常运行控制，既方便了检查维护工作，又降低了短接操作可能引发的相关风险。

(3) 对于自动门，即使层门的门触点全部被旁路，轿厢离开层站后，层门会在自闭装置作用下关闭并锁紧(在无人力使层门保持开启情况下)，可以避免发生人员从层门处意外坠落的事故。但对于手动层门，如果层门的关闭触点和门锁触点全部被旁路，轿厢可能在层门未关闭情况下离开层站，开启状态的层门就有可能导致人员意外坠落的事故，因此，对于手动层门，不能同时旁路层门关闭触点和层门门锁触点。

(4) 对于层门，在无人为开启情况下，会在层门自闭装置(重锤或弹簧)作用下而关闭。由于轿门由动力驱动，在无外力作用下轿门开启或关闭状态不确定，轿门触点回路被旁路后，控制系统无法准确判定轿门是否处于关闭状态，所以要求另外提供独立的监控信号证实轿门处于关闭位置，控制系统确认轿门处于关闭位置后，才允许检修或紧急电动运行。

(5) 旁路装置是为了用规范的方式短接门锁，在旁路状态下也不允许开门运行。旁路装置的设置如果出现能够开门运行[层门除外,(3)中已述及其要求],则旁路装置不符合要求。对于井道安全门和检修门,也不允许在旁路状态下打开门而轿厢运行。

(6) TSG T7007—2016 中 H6.2.5 要求电梯应在控制柜或紧急操作测试屏上设置旁路装置,因此,旁路装置应设置在控制柜或者紧急和测试操作屏上。

(7) "旁路"标识能够让人快速准确地识别旁路装置所在,图 1-415 所示的 6 种常见旁路装置示例图的标识均满足此要求。

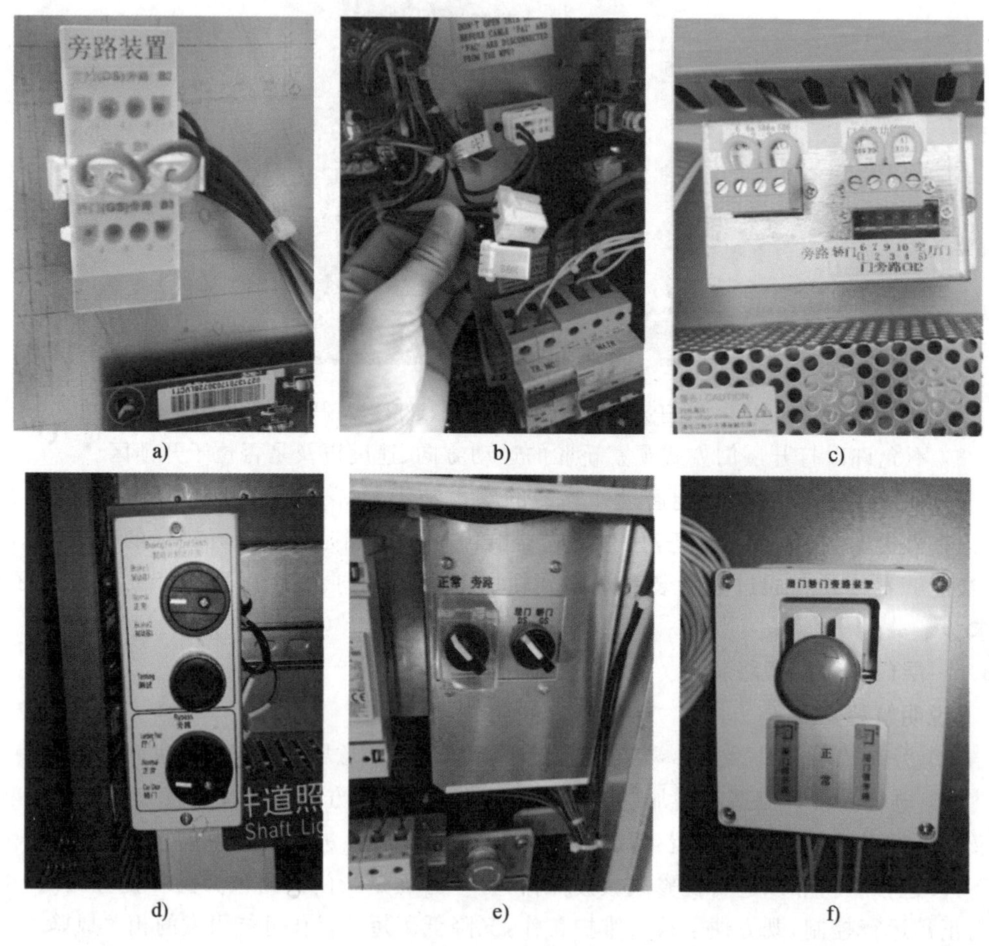

a) b) c) d) e) f)

图 1-415 常见旁路装置

(8) 旁路时取消正常运行,仅能进行检修运行或紧急电动运行,运行时提供声光报警。

由于旁路运行时层门或轿门门锁处于被短接的状态,特别是在层门旁路时,维护保养人员用三角钥匙打开层门电梯将不会停止运行,此时提供声光报警用于提醒,防止发生相关的坠落或剪切事故。

① 图 1-146 所示为默纳克系统的旁路原理图,当进行层门旁路时插接件 S2 中 2 和 3 接通,当进行轿门旁路时插接件 S2 中 1 和 2、3 和 4 分别接通,接通相应的端口后分别将门回路中的前层门+后层门、前轿门+后轿门进行短接。同时在 S2 插接件连入的同时 S1 插接件的 1 和 2、3 和 4 接通,1 和 2 接通后给主板输入旁路信号提供声光报警信号,3 和 4 接通后取消正常运行,仅能进行检修运行和紧急电动运行。

图 1-417 和图 1-418 所示的原理与之类似，只是插接件的代号发生了改变。

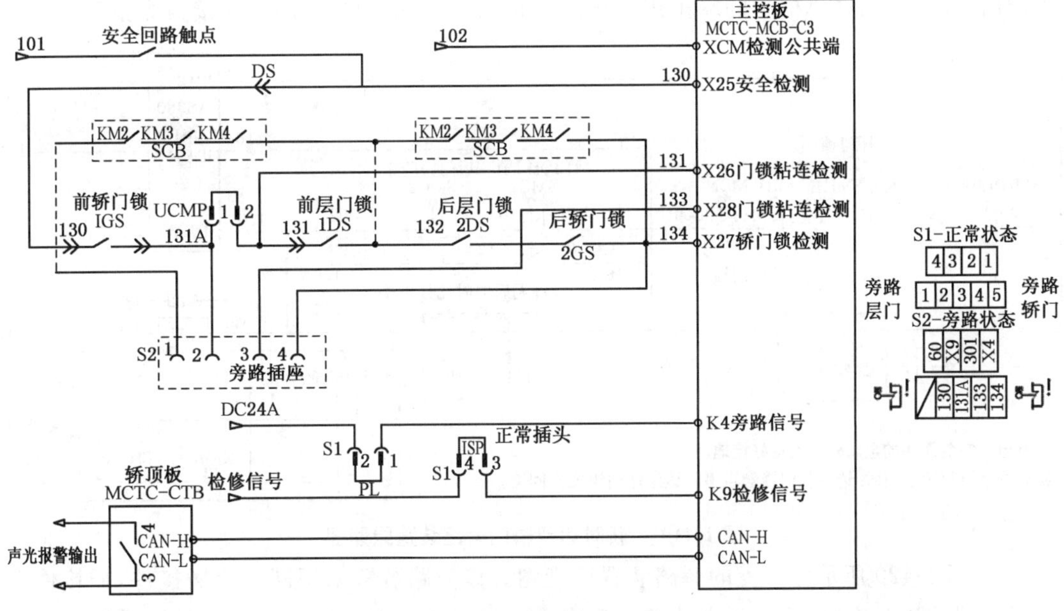

图 1-416　默纳克系统的旁路原理图

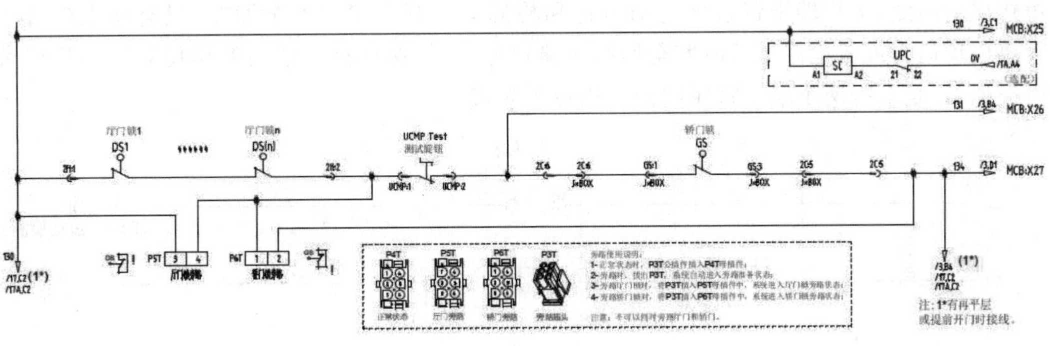

图 1-417　默纳克单轿门旁路装置原理图

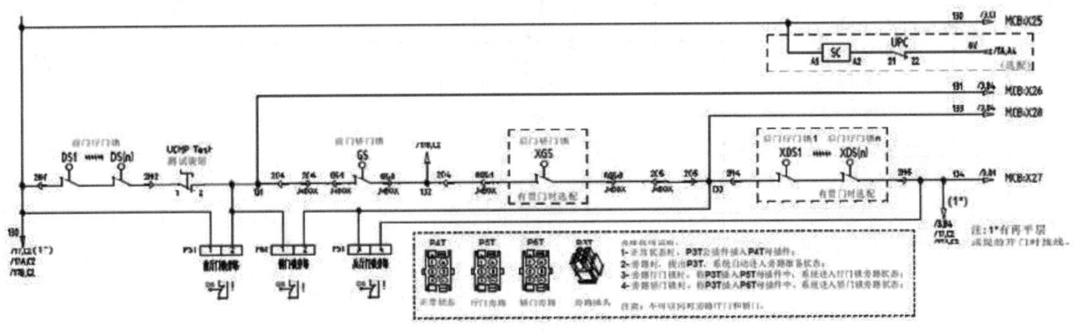

图 1-418　默纳克双轿门旁路装置原理图

② 图 1-419 所示为新时达系统的双轿门系统旁路装置原理图，左边红色框中的端子用于层门旁路，中间红色框中的端子用于轿门旁路，右边框中的端子用于连接声光报警装置。

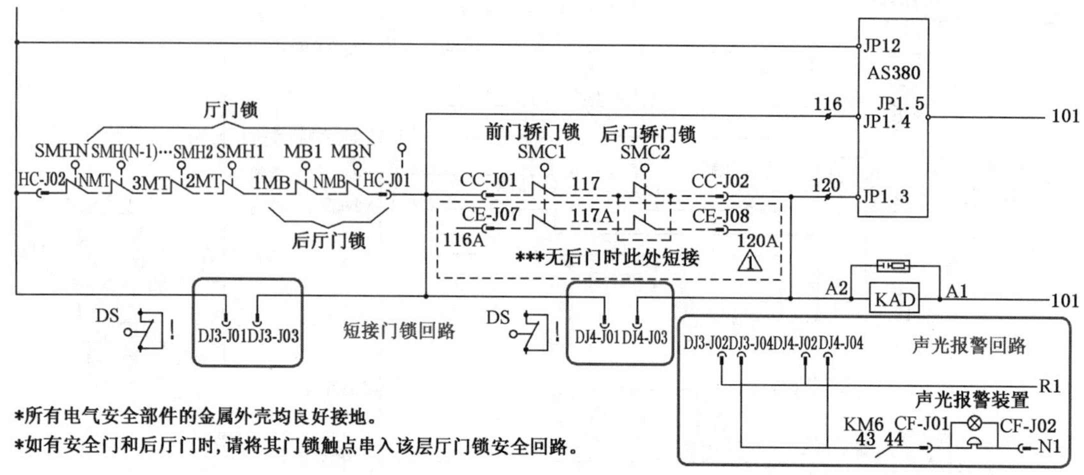

*所有电气安全部件的金属外壳均良好接地。

*如有安全门和后厅门时，请将其门锁触点串入该层厅门锁安全回路。

图 1-419　新时达双轿门旁路装置原理图

③ 图 1-420 所示为三菱的旁路装置原理图。该旁路装置采用同一个插接件，插接件上排两个端子相互连通，下排两个端子相互连通。当该插接件插在正常状态时接通正常运行和安全回路，此时电梯可以正常运行；该插接件从正常状态拔下接入层门旁路时，下排端子短接层门回路，上排端子将紧急电动运行和检修运行开关接入安全回路，只有将电梯置于紧急电动运行或者检修运行时安全回路方能接通；该插接件接入轿门旁路位置时与层门旁路类似，只是下排两个端子将轿门回路进行了短接。

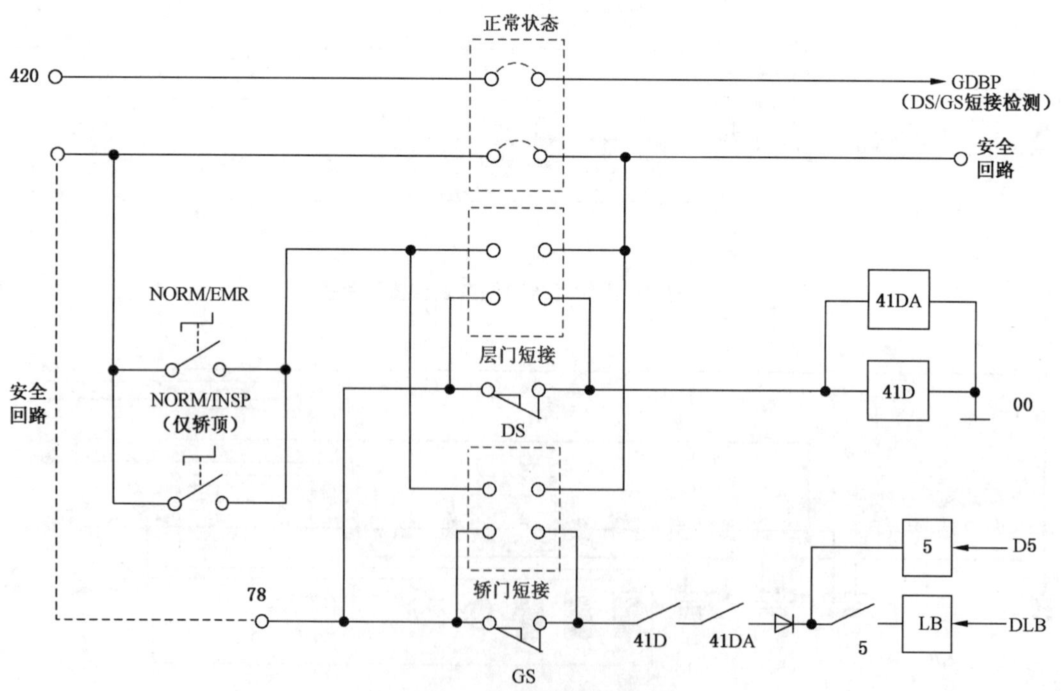

图 1-420　三菱旁路装置原理图

④ 图 1-421 所示是奥的斯电梯门回路原理图，图 1-422 所示是其旁路装置原理图。P4T 插件中 1 和 2 端子、3 和 4 端子连通，正常运行时 P4T 插件插入 P5T 中；层门旁路时 P4T 插入 P6T 中，将图 1-421 左上角的 ES* 110VAC 和 DW* 110VAC 连接，导致 DS1、DSn、RDS1、RDSn 被短接，同时 P4T 的 3 和 4 端子接通提供声光报警；轿门旁路时 P4T 插入 P7T 中，将图 1-421 左上角的 DW* 110V(AC)与图中间的 DFC* 110V(AC)连接，导致 GS 被短接。

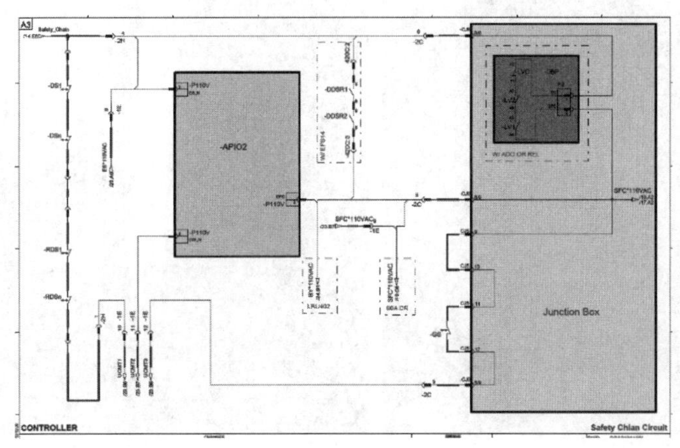

图 1-421　奥的斯电梯门回路原理图

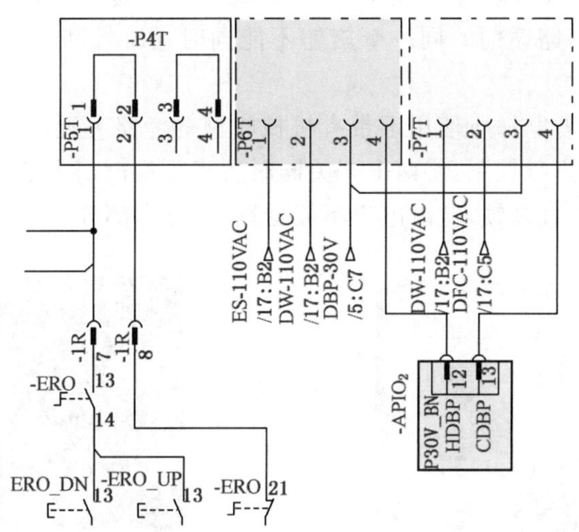

图 1-422　奥的斯电梯旁路装置原理图

(9) 层门和轿门旁路的联锁保护

旁路装置要求在任何时候均不能同时旁路层门和轿门，是为了防止层门和轿门打开时轿厢运行造成剪切事故。不同时旁路层门和轿门有两种方式：一种是采用机械联锁方式防止同时旁路层门和轿门，但机械装置损坏后将不能避免同时被旁路；另一种是采用电气联锁的方式防止旁路层门和轿门，但电路被改变后也不能避免同时被旁路。这两种方式均能防止层门和轿门同时被旁路，更高的要求是既设置机械联锁又设置电气联锁，一旦机械联锁或电气联锁发生损坏，还是能避免同时被旁路。

① 机械联锁

图 1-423 所示为最常见的机械联锁，插接件母件一共具有 5 个端子，而公件一个具有 4 个端子。当公件插入旁路层门时，母件不能插入另一个公件而旁路轿门。

图 1-423　机械联锁的旁路装置(一)

图 1-424 所示为另一种机械联锁的旁路装置，旋钮在中间时正常运行，逆时针旋转时旁路层门，顺时针旋转时旁路轿门。同一个旋钮不能同时逆时针和顺时针旋转，因此能够防止同时旁路层门和轿门。

图 1-425 所示为通力电梯所使用不带有机械联锁的旁路装置，该装置层门旁路和轿门旁路采用两个开关分别进行控制，将两个开关同时置于下端时将导致层门旁路和轿门旁路同时接通(该电梯带有电气联锁，此时电梯不能运行，详见本部分②)。

图 1-424　机械联锁的旁路装置(二)

图 1-425　不具有机械联锁的旁路装置

图 1-426 所示为另一种带有机械联锁的旁路装置。需要注意的是如果途中右侧的插件公件不带有橙色的盖板，将不能防止同时旁路层门和轿门。即使每台电梯仅配置一个插件公件，也可以利用其他电梯的插接公件同时旁路层门和轿门，其机械联锁仍是无效的。检验这类旁路装置时需要注意插接件插入后是否能够防止其他插接件插入。

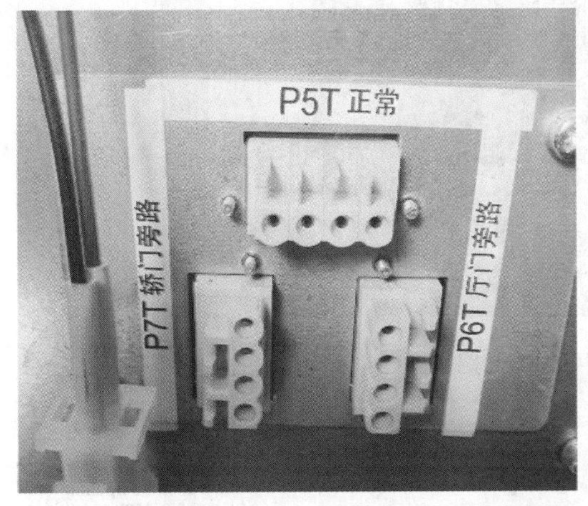

图 1-426　机械联锁的旁路装置(三)

② 电气联锁

某些未采用机械联锁的旁路装置(见图 1-427 和图 1-428)采用电气联锁，当层门旁路和轿门旁路同时接通时防止电梯的任何运行，只有单独进行层门旁路或轿门旁路时电梯才能够紧急电动运行或检修运行。

图 1-429 所示为通力电梯的旁路装置电气原理图，图中左侧层门旁路装置和轿门旁路装置常闭触点(264 和 266)并联后串联接入检修和紧急电动运行回路，当层门旁路和轿门旁路同时动作时防止电梯的所有运行。在图中还将层门旁路装置和轿门旁路装置常闭触点(264 和 266)串联后连入正常运行回路，任一旁路装置动作后将切断正常运行。

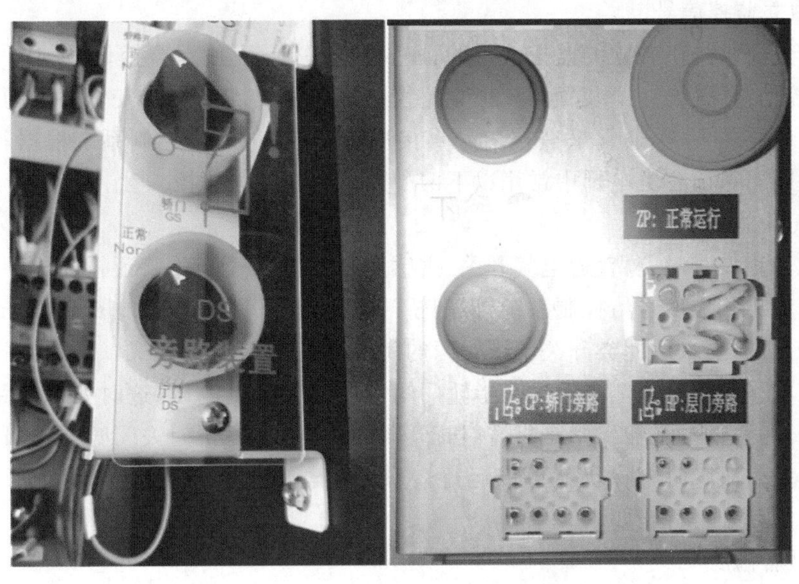

图 1-427　层门旁路和轿门旁路各自独立

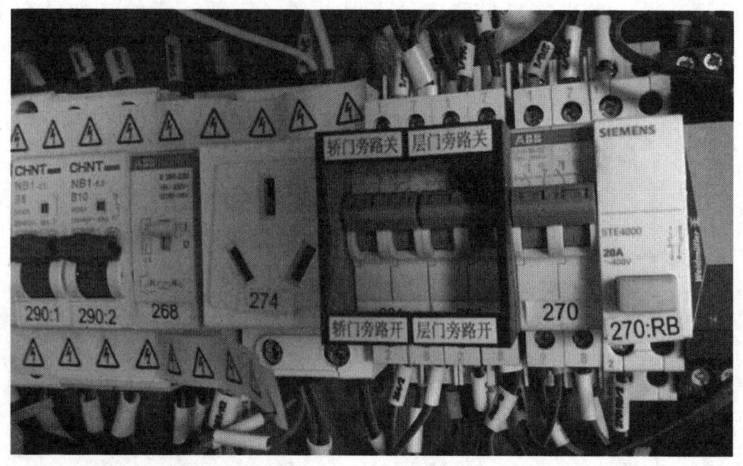

图 1-428　某电梯的旁路装置

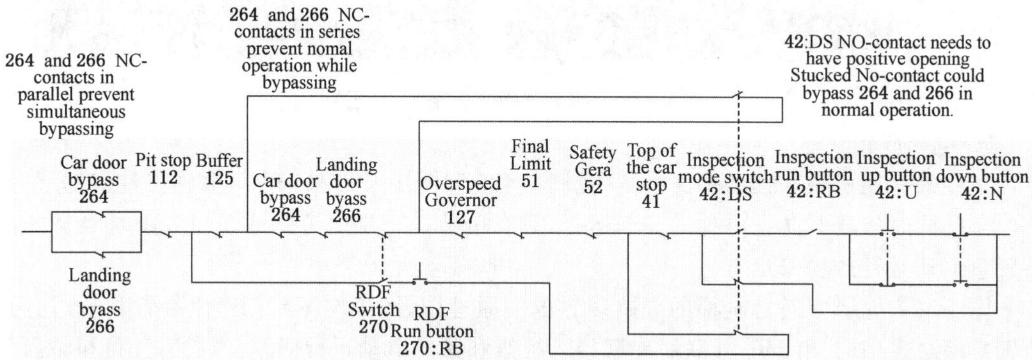

图 1-429　通力电梯的旁路装置电气联锁原理图

（10）独立监控信号

旁路装置要求提供独立的监控信号验证轿门的关闭，该独立监控信号与 2.8(7) 所述的“轿门监控信号”是同一个装置。该独立监控信号不需要满足电气安全装置的要求，只需要满足普通电路的要求，通常该监控信号直接进相应控制板，由控制系统根据其信号判定轿门是否关闭。目前各类电梯中常用以下两种硬件实现独立监控。

① 电气开关

目前有采用安全触点、普通电气开关、磁感应开关等电气开关验证轿门的关闭，轿门关闭到位后将输出相应信号给控制系统，识别轿门关闭到位（见图 1-430、图 1-431）。

需要注意的是：采用此类开关验证轿门的闭合具有两种输出模式，一种是高电平输出，另一种是低电平输出。高电平输出是指轿门闭合后信号提供电压，这时如果电路发生故障电梯将不能运行；低电平输出则是指轿门打开时提供电压，但轿门关闭时不输出电压，这种电路的接线发生故障时电梯仍然可以运行。采用低电平输出的系统需要结合门回路检测的功能来判定其是否符合要求。

② 编码器输出

部分厂家采用轿门门机编码器的输出作为验证轿门闭合的独立信号。在电梯调试过程中，记录轿门的开门宽度，当轿门完全关闭到位后门机编码器输出一个信号给控制系统，控制系统根据编码器的输入认为轿门已经关闭到位。

1—独立监控信号证明轿门处于关闭位置；2—监控轿门开启位置的信号；3—开门到位感应片；4—关门到位感应片；5—指示灯。

图 1-430　采用感应开关作为独立监控

a) 行程开关

b) 凸轮

c) 光电开关

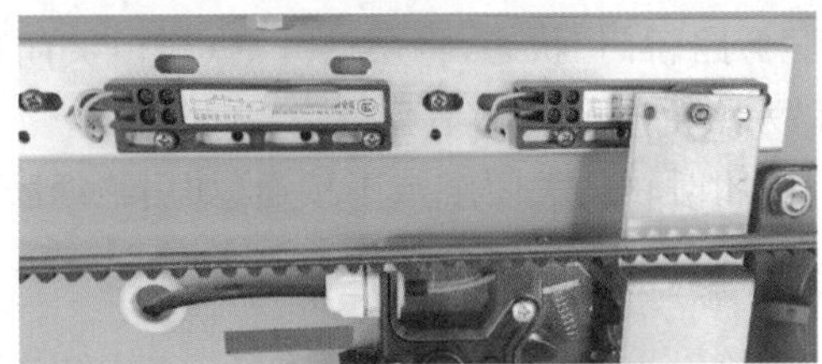

d) 磁力开关

图 1-431　常见证实轿门处于关闭位置的装置

需要注意的是：当采用轿门门机编码器输出信号作为独立监控时，在轿门关闭的过程中如果手动挡住轿门，若编码器输出轿门关门到位，则该系统仍处于调试阶段，应让调试人员完成调试后再进行试验。另外与电气开关作为独立监控一样，采用编码器输出的也有高电平输出和低电平输出两种形式，需要结合门回路检测时对独立监控信号的检测功能判定其是否符合要求。

对于采用旋转编码器的，还存在以下两种风险：

1）旁路轿门后，关闭层门和轿门，此时断开门机电源或主开关，打开轿门，恢复电源后，能够检修运行。

2）旁路轿门后，关闭层门和轿门，检修运行电梯，在运行过程中，人为打开轿门（宽度足以使轿门的独立监控信号监控不到轿门处于关闭位置），此时电梯仍然能够检修运行。

设置层门和轿门旁路装置的目的是为被授权人员提供一种方便又安全的旁路门回路的装置，以降低短接门锁回路可能引发的相关风险，也就是说旁路装置是给被授权的胜任的人员使用的，其自身的素养和专业知识足以确保不会发生以上两种故意的、鲁莽的错误操作，因此检验时不考虑上述两种风险。

如果仅采用门机的力矩检测轿门是否关闭，在轿门卡阻而未关闭时将误认为门已经关闭，应判定其不符合要求。

【监督检验工作指引】

检验方法和步骤

(1) 电梯正常运行一次，待电梯平层、关门后，进行如下检验：

① 将旁路装置转到“旁路层门”后，电梯不响应呼梯信号，且给出开门指令，门不打开，则判定“旁路后退出正常运行”符合要求。

② 上述检验完成后，不动作紧急电动转换开关，直接进行紧急电动操作，电梯应不能运行；动作紧急电动转换开关，进行紧急电动运行操作，电梯应能运行。然后进入轿顶，分别试验检修开关在“正常”或“检修”状态下进行检修运行操作，只有在“检修”状态下才能移动轿厢，则判定“只有在检修运行或者紧急电动运行状态下，轿厢才能够运行”符合要求。

③ 在进行轿顶检修运行操作期间，查看轿厢附近是否有听觉信号（通常是蜂鸣声），同时观察轿底是否有闪烁灯光，如果均有，在判定“运行期间，轿厢上的听觉信号和轿底的闪烁灯起作用”符合要求。

(2) 将轿厢检修运行至非开锁区域（以便层门和轿门脱开联动），进行以下检验：

① 将旁路装置转到“旁路层门”状态，开启层门，检修开关转到“检修”状态，可以检修运行，证明“可以旁路层门触点”。

② 将旁路装置转到“旁路轿门”状态，将层门开启（轿门关闭），检修开关转到“检修”状态，不能检修运行，证明“旁路轿门触点时不会旁路层门触点”。

③ 采取措施让轿门关闭时轿门关闭触点不接通（如用绝缘胶带包住关闭触点），将旁路装置转到“旁路轿门”状态，关闭轿门，检修开关转到“检修”状态，可以检修运行，证明“可以旁路轿门触点”。

④ 保持轿门关闭时轿门关闭触点处于非接通状态，轿门关闭，检修开关转到“检修”状态，打开轿门，不能检修运行，证明“有证实轿门处于关闭位置的监控信号。”

⑤ 保持轿门关闭时轿门关闭触点不接通状态，将旁路装置转到“旁路层门”状态，打开层门，关闭轿门，检修开关转到“检修”状态，不能检修运行，证明“旁路层门触点时不会旁路轿门触点”。

【说明解释】

(1) 蒂森电梯轿门旁路原理。

图 1-432 所示为蒂森电梯的轿门旁路原理图。图中 S150 和 S150.1 分别为某轿门的两个电气安全装置(S150B 和 S150B.1 为双轿门的另两个电气安全装置),S02 为轿门旁路开关。在正常运行时,S150 和 S150.1 串联。当 S02 动作时,断开 d3 和 d4,接通 d11 和 d12、d17 和 d18,此时将原本串联的 S150 和 S150.1 并联,如图 1-433 所示。当两个电气安全装置并联之后,如果任一轿门电气安全装置损坏,当轿门闭合时可以在轿门旁路状态下运行;打开轿门后,两个电气安全装置均断开,此时不可以在轿门旁路状态下运行。轿门上的两个独立电气安全装置由于其可靠性级别比较高,不考虑两个电气安全装置均损坏的情况,同时也不考虑轿门连接装置损坏导致轿门开启的情况。该电路满足轿门旁路和验证轿门闭合的要求,因此符合旁路装置的有关要求。

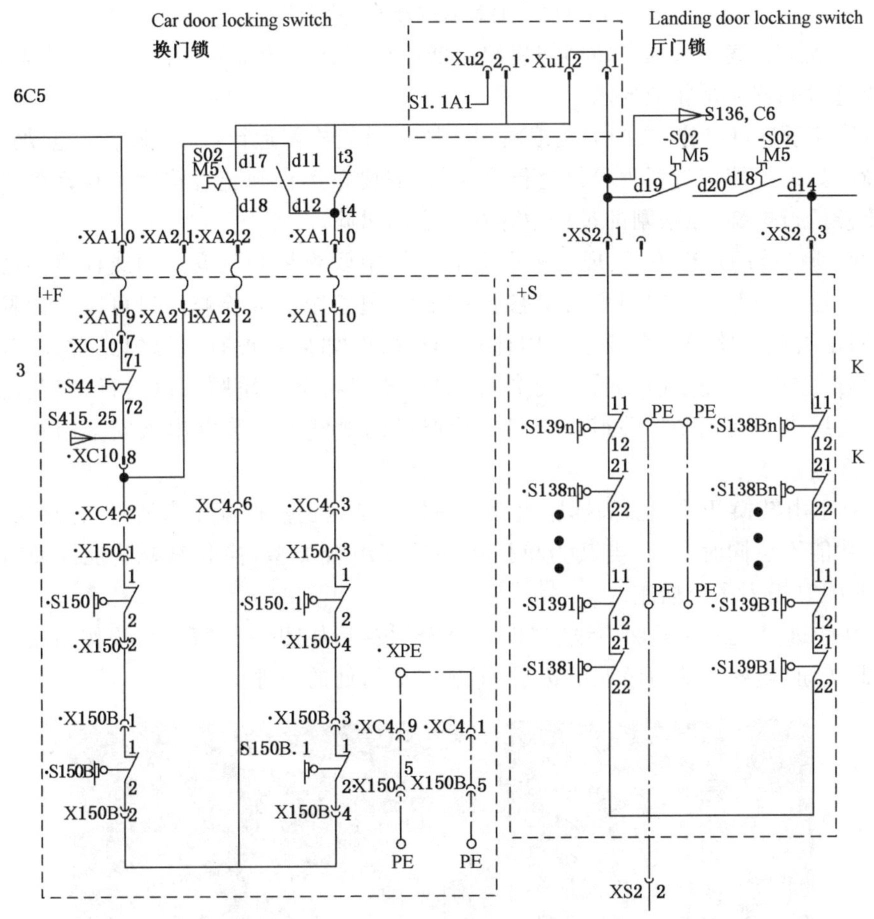

图 1-432　蒂森电梯的轿门旁路原理图

需要注意的是,标准要求提供“独立”的监控信号验证轿门的关闭,该电路中监控信号为轿门电气安全装置,并不完全独立。但是其使用的是电气安全装置作为监控信号,即使不独立,其安全级别也能满足要求。

但是门回路检测时需要对独立监控信号进行检测,该电梯在进行门回路检测时并未对 S150 和 S150.1 独立进行检测,而将 S150 和 S150.1 串联后进行检测,因此其不满足门回路检测的要求。

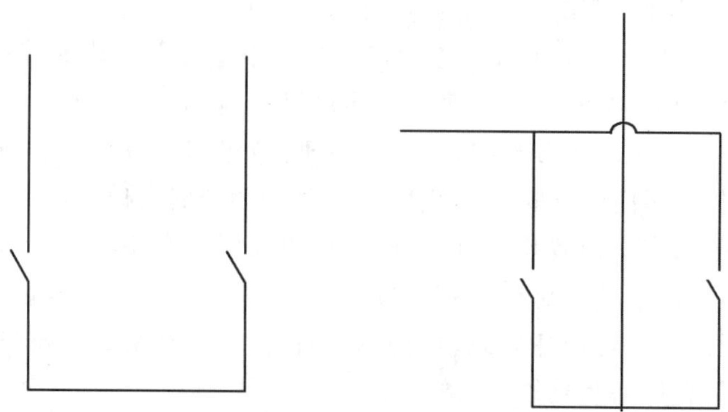

图 1-433　将串联的开关转换为并联

后续的改进方案中增加了轿门门机编码器的输出作为验证轿门闭合的独立监控信号，因此经改进后能够满足相应要求。

(2) 某日系进口电梯，层门旁路或轿门旁路后只能检修运行，而不能紧急电动运行。当电梯故障时如果不能接近轿顶检修运行电梯，则需要采用松闸装置将轿顶移动到平层位置后方能检修运行电梯，在松闸的过程中存在一定的风险。

(3) 现场检验的过程中，发现许多厂家的图纸中要求将井道安全门或检修门的电气安全装置串入层门回路。在层门旁路状态下，打开井道安全门或检修门口可以开门检修运行电梯，不满足层门旁路的有关要求。因此现场检验时如果发现有检修门或者井道安全门，应打开检修门或井道安全门试验层门旁路，如果开门状态下轿厢可以运行，应判定其不符合要求。安装电梯在现场将井道安全门或检修门的电气安全装置串入安全回路后可以有效解决该问题。

(4) 对于由转换开关或插头插座组合等在机械结构上能保证正常运行、旁路层门、旁路轿门三个功能不会同时发生，当其为单插头多插座组合类型，检验时要验证即使有多个插头，也不能同时插入多个插座。

(5) 某些进口电梯在轿厢内设有“BY PASS”按钮，如图 1-434 所示，该按钮是“直驶”功能，按下此按钮，电梯只响应轿厢的选层，不响应层门处的外呼。

图 1-434　直驶功能按钮

2.8.7　门回路检测功能

【说明解释】

(1) 旁路装置是解决层门或者轿门上单一电气安全装置失效时的维修手段，特殊情况下(例如层门或者轿门同时损坏)还是需要对门回路进行短接后才能移动轿厢进行维修，所以门回路的短接需求在电梯的全生命周期还要存在，因为旁路装置的存在让其使用概率下降了许多。但门回路短接可能直接导致人员伤亡，即使是小概率事件也需要采取措施防止短接后电梯正常运行，这是门回路检测功能的必要性。

(2) 门回路检测要求对“轿门关闭位置的电气安全装置”“检查层门门锁锁紧位置的电气安全装置”“轿门独立监控信号”进行检测。考虑门回路的短接是发生在控制柜内的短接，是对轿门回路和层门回路进行短接，所以门回路检测可以理解为对“轿门电气安全装置构成的电路”“层门电气安全装置构成的电路”进行的检测。对所有电气安全装置进行检测需要单独从机房布线，并且需要在控制系统中增加多个检测点，对于目前的电梯制造水平来说成本非常高。而对层门回路和轿门回路进行检测可以解决电梯开门运行的问题，避免剪切等事故，在电梯层门或轿门的联动装置(例如层门钢丝绳)不失效的情况下具有同等安全级别。

(3) 如果将电梯停靠层站至离开层站的过程分为靠站、开门、候梯、关门、离站共五个时间段，在完成靠站至开始离站中间的任何一个时间点进行门回路检测具有同样的安全水平。将门回路检测的时机选择在完成开门到开始关门这个时间段是比较简便的方法。

(4) 轿门监控信号是独立于门锁回路，单独检测轿门是否关闭的电气装置(不一定是电气安全装置)，通常采用关门到位开关、门机编码器输出的关门到位信号，或者两者的组合监控轿门的闭合。

(5) 门回路检测功能是电梯运行控制要求的一部分，与超载装置类似。检测到故障后只需要防止电梯的正常启动，不需要切断任何电气安全装置，此时检修运行、紧急电动运行、消防返回等仍然可以有效。

(6) 单轿门电梯

① 图 1-435 所示是某电梯采用安全电路作为门回路检测的电气原理图，图 1-436 所示是其实物图，表 1-46 所示是层门和轿门处于不同状态时 X26 和 X27 的状态。当电梯停靠在层站、层门和轿门完全打开时，电梯控制系统输出指令使安全电路(S01、S02)触点闭合，通过 X26 的输入信号判断层门和轿门回路是否存在故障。当 X26 的输入信号为 1 时表示层门回路或轿门回路未断开，控制系统输出信号使电梯停止运行。

该检测回路不能区分是层门回路故障或轿门回路故障。如果该系统中 X27 端子未接入检测系统，则层门和轿门同时被短接时不能够检出故障。

② 图 1-437 所示为奥的斯单轿门电梯门回路检测原理图。图中 DDSR1 和 DDSR2 为提前开门电路(含有电子元件的安全电路或者可编程电子安全电路)的两个辅助触点，在进行门回路检测时 DDSR1 和 DDSR2 闭合，此时轿门回路(GS)后端与层门回路(DS1、DSn)前端连接，均有 110 V 电压。如果图中圈出的检测点具有高电平信号，则表示层门回路或者轿门回路被短接，电梯停止正常运行。

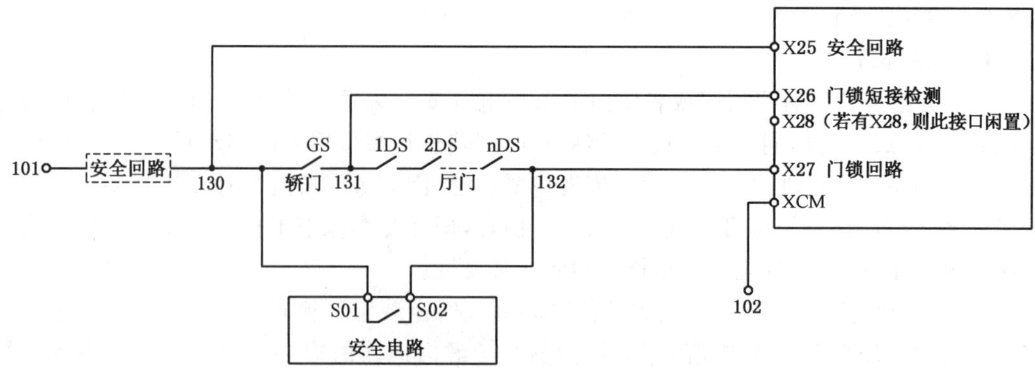

图 1-435　单轿门电梯门回路检测电气原理图

图 1-436　单轿门电梯门回路检测控制板

表 1-46　X26 和 X27 的状态

层轿门状态	X26	X27
层门、轿门关闭时：正常	1	1
层门、轿门打开时：正常	0	0
层门、轿门打开，S01、S02 不接通：轿门短接，层门未短接	1	0
层门、轿门打开，S01、S02 不接通：轿门未短接，层门不确定	0	0
层门、轿门打开，S01、S02 接通：轿门不确定，层门短接	1	1
层门、轿门打开，S01、S02 接通：轿门未短接，层门未短接	0	1
如果 S01、S02 不接通，层门的状态无法检测		

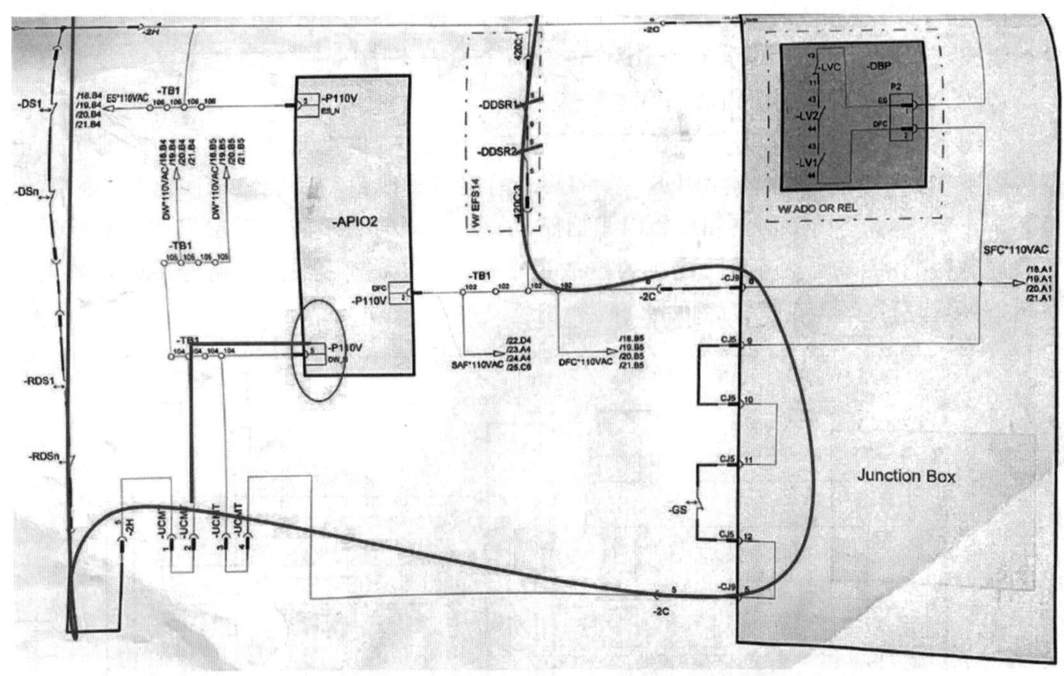

图 1-437　奥的斯单轿门电梯门回路检测原理图

(7) 双轿门电梯

① 图 1-438 所示为某电梯公司双轿门电梯门回路检测原理图。与图 1-435 类似,在门回路检测时将整个门回路分为前轿门回路、前层门回路、后层门回路和后轿门回路四个子回路进行检测,任何一个子回路被短接,均能由 X26 或 X28 端子检出高电平。

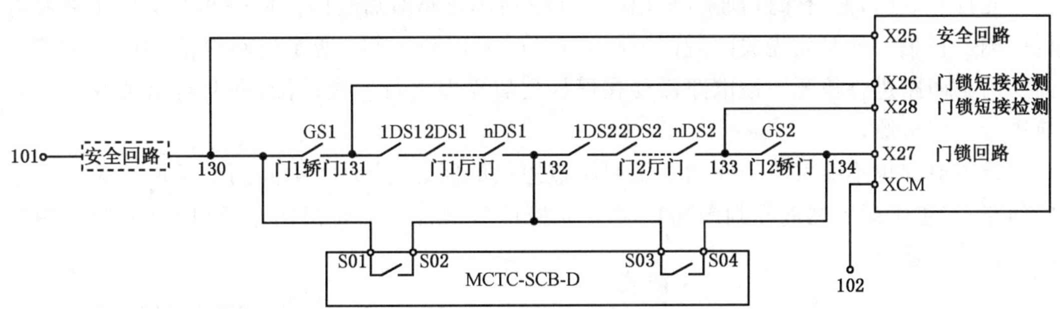

图 1-438　双轿门电梯门回路检测电气原理图

需要注意的是,该系统对于 130 端子至 132 端子的短接、132 端子至 134 端子的短接,以及 131 端子至 133 端子的短接不能被检测出。在电梯使用过程中,可以利用旁路装置对单一回路进行短接,在控制柜内用短接线进行短接时绝大多数都是对多个回路进行短接,如果短接了 130 和 132,将导致前轿门和前层门同时打开,而电梯正常运行。如果该系统将轿门独立监控信号输入至正常运行程序中,也将导致在正常运行时用三角钥匙打开层门而电梯不能立即停止的现象。因此该检测回路具有较大的风险,应判定其不符合要求。

② 图 1-439 所示是奥的斯电梯双轿门系统门回路检测的电气原理图。当电梯到站平

层开门后，GECB输出信号使DSR导通，DSR的常开触点接通一个DC24V电压，如果厅门锁触点没有被短接，DS Check和RDS Check两个检测点电压应为零，如果某个检测点有24 V电压，则判定对应厅门锁回路有被短接。

与图1-438不同的是，奥的斯在使用该电梯的过程中，也重复使用图1-437所示的电路。图1-437所示的电路能解决DS1至RDSn(前层门子回路和后层门子回路)的短接，以及GS至RGS(前轿门子回路和后轿门子回路)的短接，同时为了防止后层门回路和前轿门回路同时短接，将前后轿门回路连接的点放置在轿顶上，而前后层门回路连接的点放置在机房，避免这两点间存在短接的可能。

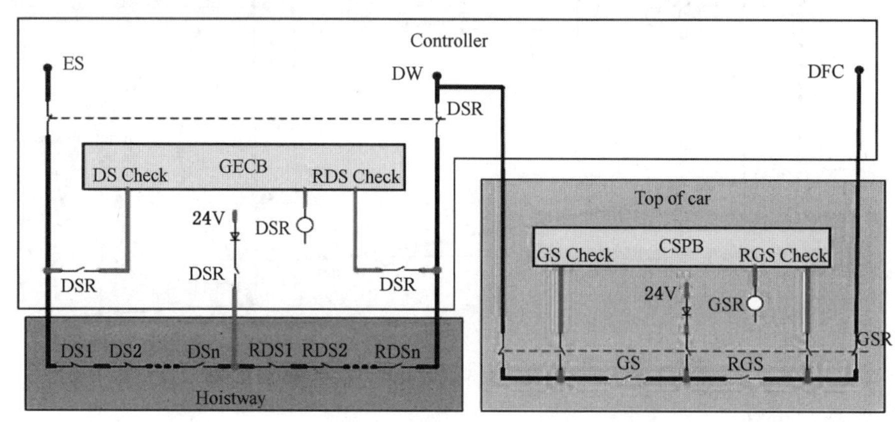

图1-439 不采用安全电路作为门回路检测的电气原理图

③ 顺序开关门检测

对于图1-438所示的检测系统，可以采用顺序开关门的方式进行检测。例如在开门过程中先打开后门，前门保持锁紧，采用图1-440所示电路对后轿门子回路和后层门子回路进行检测。在关门的时候先关闭后门，前面打开时采用图1-441所示电路对前轿门子回路和前层门子回路进行检测。该电路需要在停梯之后立即进行一次检测，同时也需要在运行之前进行一次检测。

但该电梯也不能解决中间两个子回路被短接的问题，这时将中间两个子回路调整为轿门回路，在正常运行之前先判断轿门独立监控信号是否验证轿门闭合，可以有效防止短接后电梯开门运行。

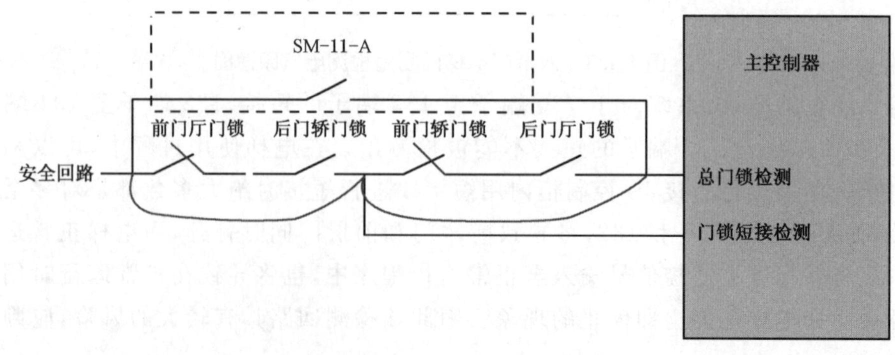

图1-440 开门过程中先开后门进行检测

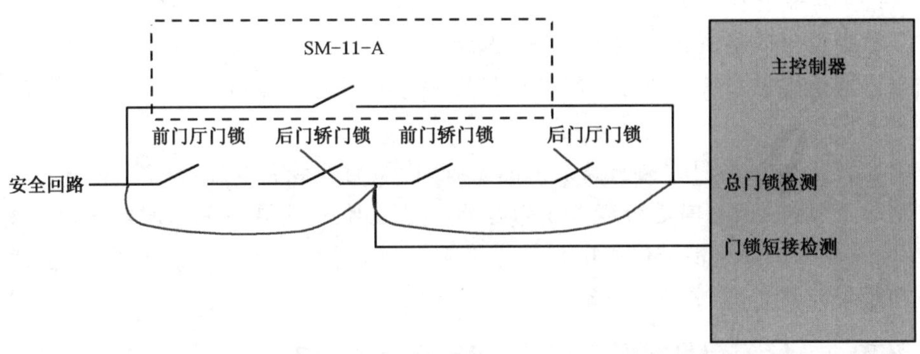

图 1-441　关门过程中先关后门进行检测

(8) 图 1-442 所示为某电梯公司的门回路 PESSRAL 原理图。该电梯所有的层门锁紧触点、层门关闭触点、轿门锁紧触点和轿门关闭触点均采用 PESSRAL 系统实现,每个触点的状态分别由独立的总线 CPU(I/O CPU1 和 I/O CPU2)进行采集,分别输入两个安全逻辑 CPU(Safety Logic CPU-1 和 Safety Logic CPU-2)。两个安全逻辑 CPU 之间进行数据的比对,只有当两个 CPU 的输入结果一致且均表示安全时才向两个安全接触器(Safety Relay-1 和 Safety Relay-2)输出相应的信号,安全接触器均接通时才具有相应的安全输出(SAFETY OUTPUT)。

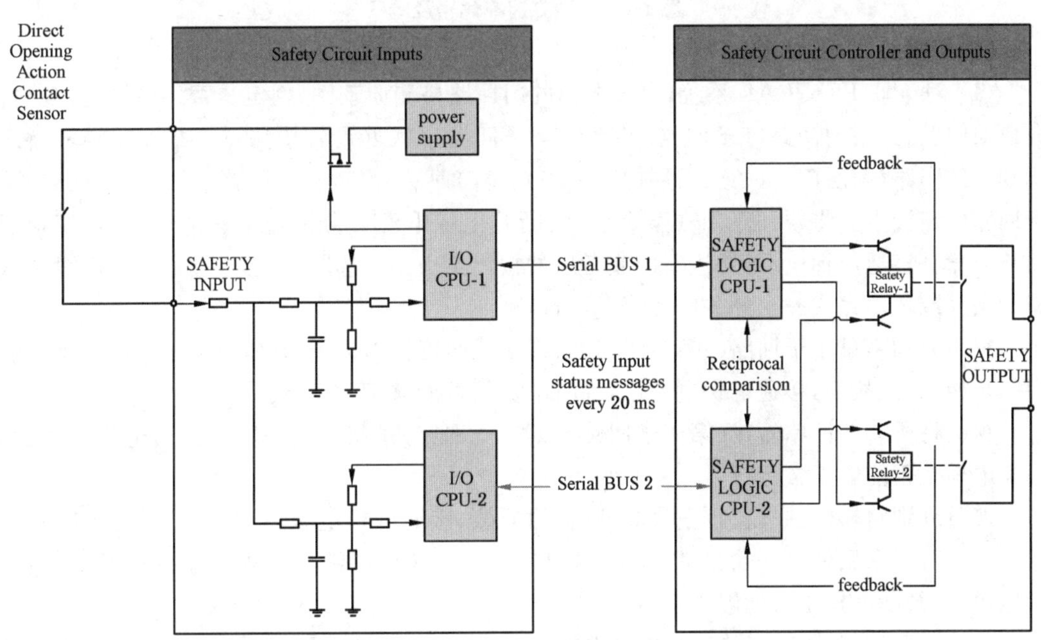

图 1-442　PESSRAL 作为门回路监测的原理图

该电梯不具有单独的门回路检测电路或装置,控制系统中设置一个单独的检测指令,在层门和轿门完全打开后对各个输入信号进行检测,并与正常值进行判定即可完成门回路检测,其原理与轿门监控信号检测相同。该方式可以对所有的门回路触点进行检测,任一触点故障后均能防止电梯的运行,满足门回路监控的所有安全要求。

(9) 独立监控信号的检测

独立监控信号的检测包括两种,一种是断开,一种是持续给出信号。独立监控信号在关门时输出低电平的系统需要在开门时检测其是否为高电平,同时在关门时检测其是否为低电平。

独立监控信号在关门时输出高电平的系统,检验时找到独立监控信号的输入端子,并拔出该端子,然后检查电梯是否能够正常运行。独立监控信号在关门时输出低电平的系统,在检验时需要拔出该端子检查电梯是否能够运行,同时还需要短接该端子(持续给电)检查电梯是否能够运行(见图 1-443)。

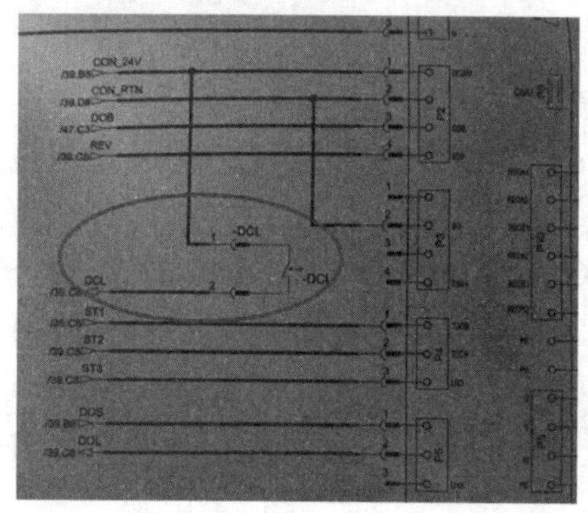

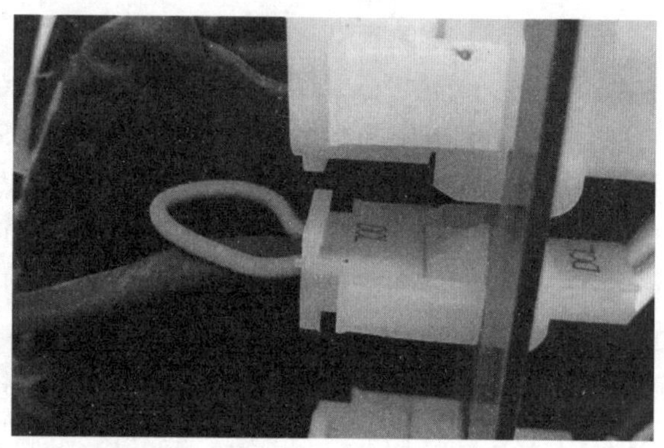

图 1-443 独立监控信号及端子

【监督检验工作指引】

(1) 对于非 PESSRAL 系统,审核电梯的门回路检测原理图,判定是否将整个门回路拆分成层门回路、轿门回路等子回路,并在每个子回路串联处设置检测点。在控制柜或轿顶找到层门回路(前层门子回路、后层门子回路)、轿门回路(前轿门子回路、后轿门子回路)等子回路的连接点。将轿厢停靠在某个层站,断开电梯电源后分别短接一个子回路,模拟子回路故障。接通电梯电源,通过轿内或者层站按钮给出 2 个选层信号,电梯最迟应在设置故障的层门或轿门完成一次开关门后停止运行。

然后分别将第 1 子回路+第 2 子回路、第 3 子回路+等 4 子回路、第 2 子回路+第 3 子回路短接,模拟故障,接通电梯电源后,判断电梯是否能够正常运行。

再次将所有的回路短接(第 1 子回路至第 4 子回路)短接,模拟故障,接通电梯电源后,判断电梯是否能够正常运行。

最后分别将轿门独立监控信号断开,模拟故障,接通电梯电源后,判断电梯是否能够正常运行。对于采用低电平输出的轿门独立监控信号,还应持续给出独立监控信号,接通电梯电源后,判断电梯是否能够正常运行。

(2) 对于 PESSRAL 系统,审核型式试验证书,并核对现场 PESSRAL 装置及主要部件(传感器等)是否与型式试验证书一致。按照上述(1)的方法试验门回路检测和轿门独立监控信号检测的有效性。

【注意事项】

(1) 门回路故障只考虑轿门子回路、层门子回路被短接,以及前轿门子回路、前层门子回路、后轿门子回路、后层门子回路被短接。

(2) 需要分别对任一子回路、两两子回路、所有门回路，以及轿门独立监控信号分别进行检验。模拟门回路故障时，严禁带电操作。设置故障时注意仔细核对接线端子，防止击穿无关的电路。

(3) 图 1-444 所示是一种有安全隐患的检测电路。Y1 不是安全电路输出，只由主控板输出信号控制，再由 Y1 常闭触点作为信号反馈来检测 Y1 是否正确动作。如果主控板输出信号错误，在轿厢还未到门区时输出信号将门锁短接，或者主控板的检测继电器反馈信号检测点故障或程序故障，当 Y1 常开触点粘连时，无法正确检测到反馈信号断开，从而造成门回路被一直短接，带来非常大的危险。

根据 GB 7588—2003 中 14.1.2.1.3 的规定，实现门回路检测的检测线路和在检测时进行短接的电路均需要满足含有电子元件安全电路或者 PESSREL 的要求，也就是说需要进行型式试验验证其可靠性。

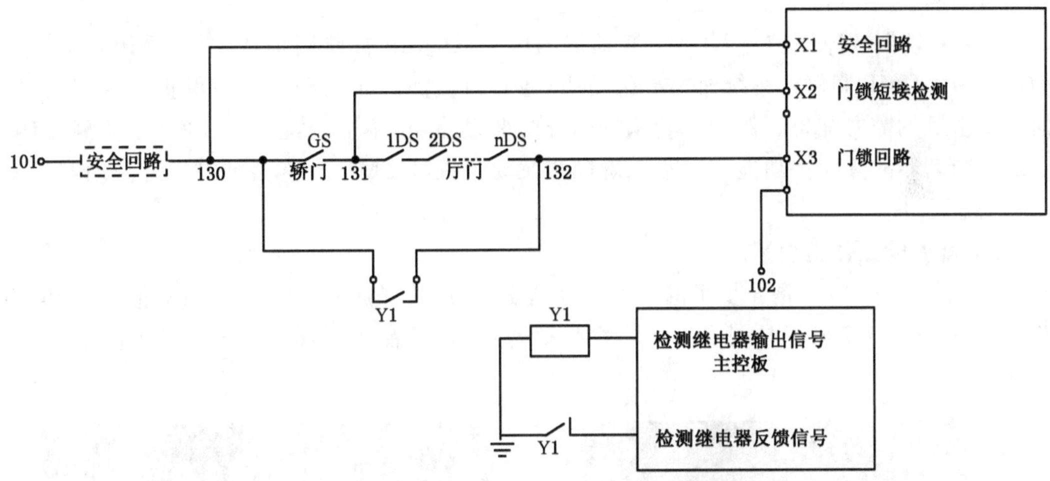

图 1-444 一种有安全隐患的检测电路

(4) 现场检验的时候，模拟相应的故障后电梯可能能够运行一次。这是因为检测系统的检测时机是在停梯之后。如果电梯不能进行第二次运行，仍然是符合要求。

2.8.8 制动器故障保护

【说明解释】

(1) GB 7588—2003 中 12.4.2.1 要求“所有参与向制动轮或盘施加制动力的制动器机械部件应分两组装设。如果一组部件不起作用，应仍有足够的制动力使载有额定载荷以额定速度下行的轿厢减速下行”，在 TSG T7001—XG2 中删除了“所有参与向制动轮或盘施加制动力的制动器机械部件应当分两组装设”的要求。

(2) 由于设计缺陷或维护保养不当，如图 1-445 所示的严重生锈的铁芯，制动器提起(或者释放)过程会出现卡组，造成制动器

图 1-445 严重生锈的铁芯

无法抱闸或抱闸力不足，如 2017 年国家质检总局就发布了《关于迅达(中国)有限公司主动召回部分电梯制动器电磁铁的通知(质检特函〔2017〕19 号)》和《关于蒂森电梯有限公司主动召回部分电梯制动器释放杆的通知(质检特函〔2017〕27 号)》，2021 年市场监管总局发布了《市场监管总局办公厅关于开展电梯鼓式制动器安全隐患专项排查治理的通知》(市监特设函〔2021〕564 号)，为降低因制动器提起(或者释放)卡阻引发的事故，在 TSG T7001—XG2 中增加了对制动器提起(或者释放)监测的检验要求。

(3) 制动器故障保护是 GB/T 24478—2009《电梯曳引机》中增加的要求，该标准实施时还未要求电梯具有 UCMP 功能，制动器故障保护未考虑采用制动力检测的这种实现方式。GB 7588—2003 第 1 号修改单发布之后，UCMP 的自检测方式中允许单独采用制动力自监测，并且认为这种自监测方式是最可靠的。因此对于具有 UCMP 自监测功能的驱动主机，如果采用制动力自监测的方式实现制动器故障保护也是符合要求的，不再需要对提起/释放进行检测。

(4) 制动器故障保护与 UCMP 自监测的区别：UCMP 自监测是选配的，采用冗余性制动器作为 UCMP 制停子系统时需要配备 UCMP 自监测。而制动器故障保护是标配的，任何驱动主机均需要配备。例如蜗轮蜗杆的异步驱动主机，不需要配备 UCMP 自监测，但需要配备制动器故障保护功能。对于永磁同步驱动主机，UCMP 自监测可以代替制动器故障保护功能。

【监督检验工作指引】

(1) 图 1-446 所示是异步机的鼓式制动器提起(或者释放)监测，当制动器抱闸后，监测开关接通；图 1-447 所示是同步机的块式制动器提起(或者释放)监测，当制动器抱闸后，监测开关断开。

图 1-446　鼓式制动器提起(或者释放)监测

图 1-447　块式制动器提起(或者释放)监测

(2) 通过模拟操作检查制动器故障保护功能是否有效，开关有效的同时应能够保证制动器的间隙符合要求。

【注意事项】

许多驱动主机的型式试验证书中提供的保护方式通常为:提起/释放监测。现场检验的过程中需要确认采用的是提起监测、释放监测,还是提起+释放监测。

当系统对提起进行监测时,为了排除因制动器线圈和电源过热,电磁力减弱造成的不提起,系统可能是在连续监测到二至三次提起故障后才停止电梯的正常运行。

当系统对释放进行检测时,因为释放故障均可能导致剪切风险,所以系统监测到一次故障后就应当停止电梯的正常运行。

2.8.9　自动救援操作装置

【监督检验工作指引】

(1) 根据 TSG T7007—2016 中 V4.2.1 的要求,电梯增加自动救援操作装置或自动救援操作装置的型号改变,控制柜应重新进行型式试验,因此,检验时应核查自动救援操作装置铭牌上的型号是否与控制柜型式试验证书上一致。

图 1-448 所示是某电梯控制柜的型式试验证书(局部),图 1-449 所示是某自动救援操作装置的铭牌。

(2) 对照检查自动救援操作装置的产品质量证明文件和铭牌;通过模拟操作检查自动救援操作功能。

适用参数范围和配置表

设备类别	电梯主要部件		
设备品种	控制柜		
产品名称	电梯控制柜		
产品型号	KONE-K		
适用垂直电梯额定速度	<3.0 m/s	适用驱动主机额定功率	<55 kW
调速方式	交流变频调速	控制方式	集选
布置区域	井道外	工作环境	室内
控制装置类型	微机	控制装置型号	MCTC-MCB-C2
控制装置制造单位名称	苏州汇川技术有限公司		
防爆型式	/	防爆等级	/
调速装置型号	NICE-L-C-40XX		
调速装置制造单位名称	苏州汇川技术有限公司		
适用电梯设备品种范围	曳引驱动乘客电梯、曳引驱动载货电梯、杂物电梯		
液压泵站满负荷工作压力	/ MPa	紧急和测试操作装置设置	有
能量回馈装置设置	有	自动救援操作装置型号	ARD-RT39H
门开着情况下的平层和再平层控制功能	有	采用减行程缓冲器时对电梯驱动主机正常减速的监控功能	/
PESSRAL 型号	/	功能	/
PESSRAL 制造单位名称	/		

图 1-448　某电梯控制柜的型式试验证书(局部)

(3) 一般地说,若出厂标配有自动救援操作装置,会在主开关处设置一个监测装置,以监测是总电源断开还是主开关断开,如图 1-450 所示,电气原理如图 1-451 所示。

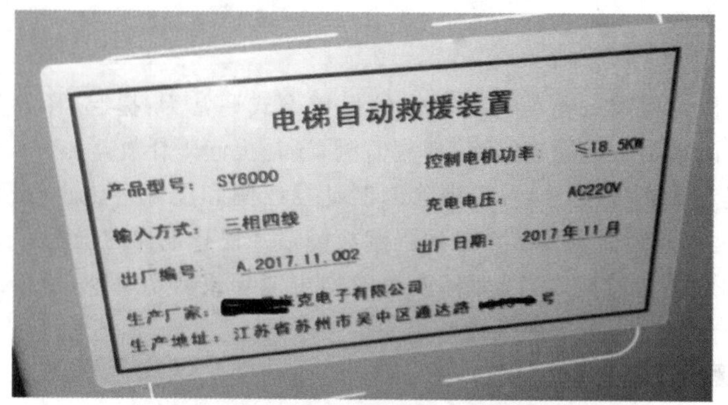

图 1-449　某自动救援操作装置的铭牌

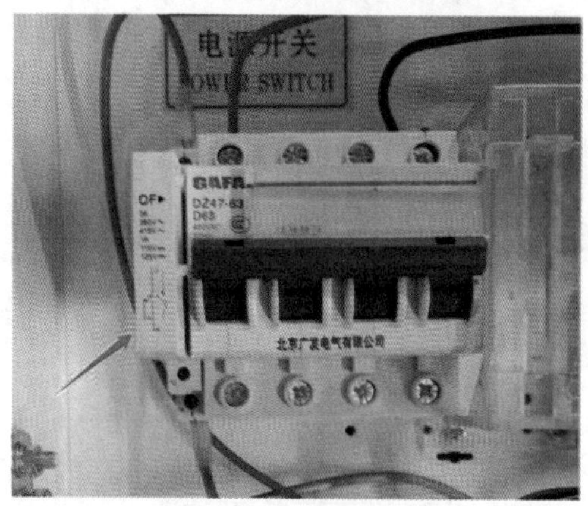

图 1-450　监测开关

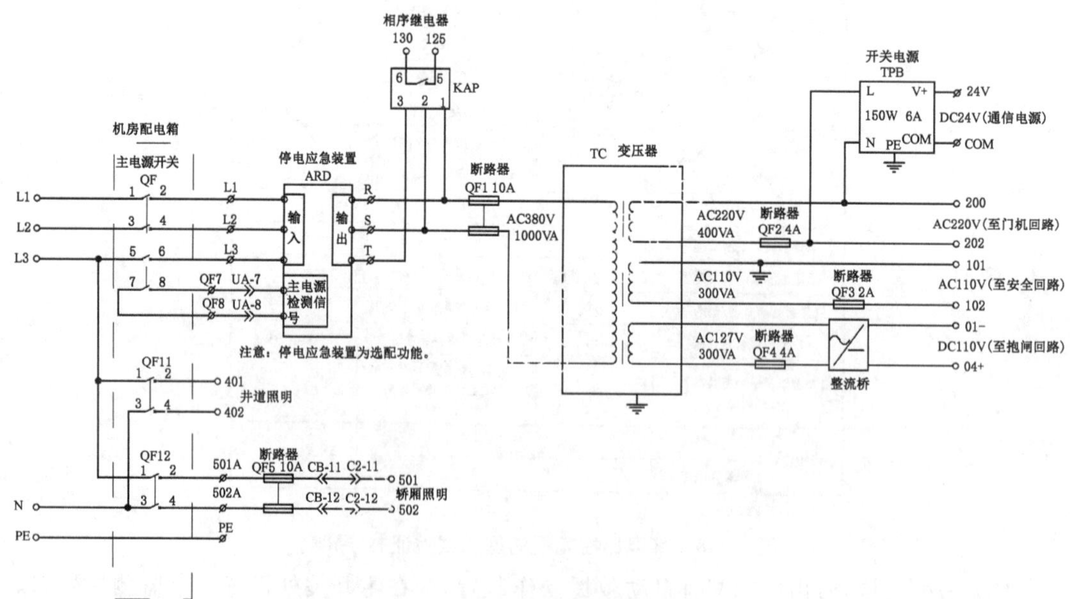

图 1-451　监测开关电气原理图

【注意事项】

(1) 无论是加装的还是出厂标配的,自动救援操作装置都应该设置铭牌。

(2) 加装的自动救援操作装置还应提供产品质量证明文件,且与铭牌一致。

(3) 自动救援操作装置不是必须的。

(4) 自动救援装置投入运行后,各电气安全保护装置应有效,如层门、轿门锁电气安全装置和旁路装置(如果有)等。

2.8.10　分体式能量回馈节能装置

【监督检验工作指引】

(1) 对照检查分体式能量回馈节能装置的产品质量证明文件和铭牌。

(2) 对于出厂时即具有分体式能量回馈节能装置,该项填“无此项”。根据 TSG T7007—2016 中 V4.2.1 的要求,电梯增加能量回馈装置,控制柜应重新进行型式试验。该要求主要针对分体式能量回馈装置,对于一体式能量回馈装置,其不需要增加相应的部件,其变频器本身具有能力回馈功能。因此若电梯具有分体式能量回馈装置,应核查控制柜型式试验证书。

2.8.11　IC 卡系统

【说明解释】

(1) 根据《电梯施工类别划分表》(国市监特设函〔2019〕64 号),采用在电梯轿厢操作箱、层站召唤箱或其按钮的外围接线方式加装电梯 IC 卡系统等身份认证方式的属于一般修理,其他方式加装电梯 IC 卡系统等身份认证方式的属于重大修理。图 1-452 所示为不规范地加装 IC 卡系统造成的事故。

图 1-452　不规范的加装 IC 卡系统造成着火

(2) 根据《电梯施工类别划分表》(国市监特设函〔2019〕64 号)注 3 和 TSG T7007 中 H3.3 的要求,IC 卡系统的身份认证方式包括且不限于密码、磁卡、移动支付、指纹、掌形、面部、虹膜、静脉等。

图 1-453 所示是常见的 IC 卡系统。

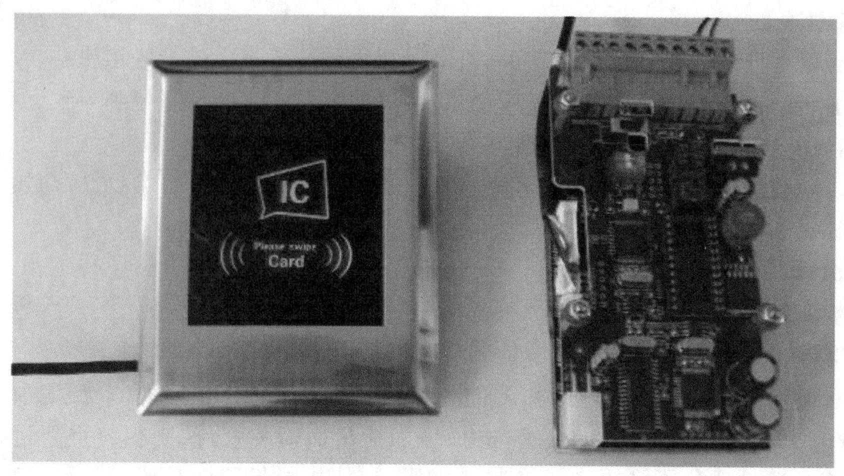

图 1-453　常见的 IC 卡系统

【监督检验工作指引】

(1) 对于出厂时即具有 IC 卡系统，该项填"无此项"，对于后来加装的，如果属于重大修理该项应该检验。

(2) 检查 IC 卡系统的产品质量证明文件和铭牌。

2.9　限速器

项目及类别	检验内容与要求	检验方法
2.9 限速器 B	(1) 限速器上设有铭牌，标明制造单位名称、型号、编号、技术参数和型式试验机构的名称或者标志，铭牌和型式试验证书、调试证书内容相符，并且铭牌上标注的限速器动作速度与受检电梯相适应	对照检查限速器型式试验证书、调试证书和铭牌
	(2) 限速器或者其他装置上设有在轿厢上行或者下行速度达到限速器动作速度之前动作的电气安全装置，以及验证限速器复位状态的电气安全装置	目测电气安全装置的设置情况
	(3) 限速器各调节部位封记完好，运转时不得出现碰擦、卡阻、转动不灵活等现象，动作正常	目测调节部位封记和限速器运转情况，结合 8.4、8.5 的试验结果，判断限速器动作是否正常
	(4) 受检电梯的维护保养单位应当每 2 年(对于使用年限不超过 15 年的限速器)或者每年(对于使用年限超过 15 年的限速器)进行一次限速器动作速度校验，校验结果应当符合要求	审查限速器动作速度校验记录，对照限速器铭牌上的相关参数，判断校验结果是否符合要求；对于额定速度小于 3 m/s 的电梯，检验人员还需每 2 年对维护保养单位的校验过程进行一次现场观察、确认

2.9.1 限速器铭牌

【监督检验工作指引】

(1) 对照检查限速器型式试验合格证、调试证书与现场实物、铭牌核对。根据TSG T7007—2016 中 L6.11 的要求,限速器铭牌应包含以下内容:

1) 产品型号、名称;

2) 制造单位名称及其制造地址;

3) 型式试验机构的名称或标志;

4) 适用的电梯额定速度;

5) 已整定的动作速度;

6) 适用的钢丝绳直径;

7) 限速器绳张紧力(仅适用于非夹持式限速器);

8) 限速器的提拉力;

9) 产品编号;

10) 制造日期。

图 1-454 所示为符合要求的某厂家限速器的铭牌。

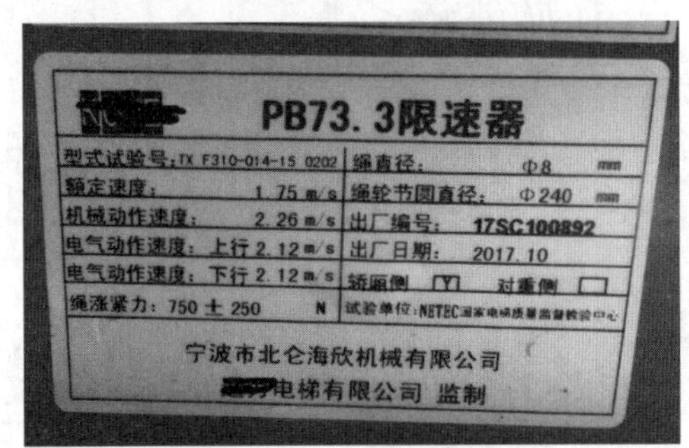

图 1-454 限速器铭牌

(2) 同时检查限速器电气开关是否接地,如果未接地,应判 TSG T7001 中 2.10 项不合格。

(3) 同时检验 TSG T7001 中 5.6 项限速器的防护要求。

2.9.2 电气安全装置

【监督检验工作指引】

(1) 限速器一般有两个电气安全装置,两个电气安全装置既可分开设置,也可合二为一。

(2) 电气安全装置 A 应在轿厢上行或者下行速度达到限速器动作速度之前动作(对于额定速度不大于 1 m/s 的电梯,最迟可在限速器达到其动作速度时起作用)。

(3) 如果安全钳释放后,限速器未能自动复位,则此时电气安全装置 B 应防止电梯的启动。

【特例】

根据质检特函〔2010〕第 40 号文《关于电梯限速器复位有关问题的回复》,部分为通过甩块或棘爪动作的限速器,图 1-455 所示是某电梯公司型号为 B-SE3 的限速器,虽然不具备"验证限速器复位状态的电气安全装置",但允许在该限速器附近有复位的操作说明,将该限速器的复位步骤告知用户即可,包括在用及新装。

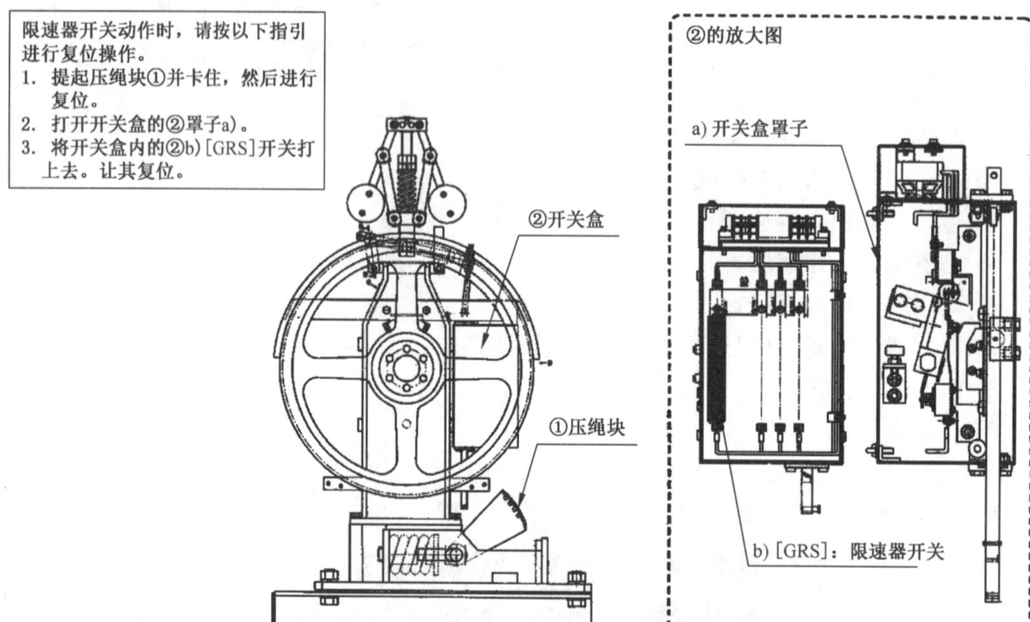

图 1-455　某电梯公司型号为 B-SE3 的限速器

2.9.3　封记及运转情况

【监督检验工作指引】

(1) 目测调节部位封记和限速器运转情况，结合 8.4、8.5 的试验结果，判断限速器动作是否正常。

(2) GB 7588—2003 未对封记的具体方式作出规定，根据 GB 7588—2003 第 35 号解释单，能够达到确定限速器保持在整定状态即可，目前多采用漆封和铅封，如图 1-456 所示。

图 1-457 所示是调节张紧力的漆封，不是本项所要求的封记。

a) 漆封　　b) 铅封　　c) 漆封＋铅封

图 1-456　漆封

图 1-457　调节张紧力的漆封

(3) 检验时，还应检查限速器运动部件的完整情况，如图 1-458 所示。

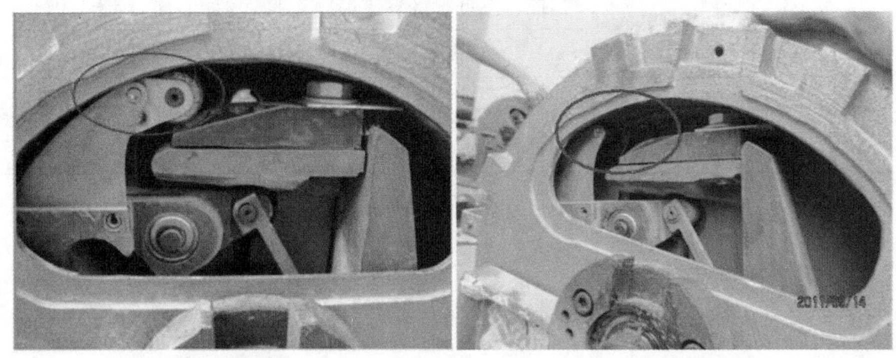

a) 正常情况　　b) 缺失情况

图 1-458　限速器运行部件缺失

2.9.4　动作速度校验

【说明解释】

(1) 轿厢侧动作速度

1) 轿厢侧限速器动作速度 v_1 大于或等于 115%v 且小于下列各值，或者参考表 1-47 常用的限速器动作速度范围：

① 瞬时式安全钳为 0.8 m/s(不可脱落滚柱式瞬时式安全钳为 1 m/s)；

② 1.5 m/s($v \leqslant 1$ m/s 的渐进式安全钳)；

③ $1.25v+0.25/v$，单位为 m/s($v>1$ m/s 的渐进式安全钳)。

表 1-47　常用的限速器动作速度范围

额定速度 m/s	安全钳型式	动作速度范围 m/s
0.25	瞬时式(非不可脱落滚柱式)	0.29～0.80
	瞬时式(不可脱落滚柱式)	0.29～1.00
	渐进式	0.29～1.50

续表1-47

额定速度 m/s	安全钳型式	动作速度范围 m/s
0.40	瞬时式(非不可脱落滚柱式)	0.46～0.80
	瞬时式(不可脱落滚柱式)	0.46～1.00
	渐进式	0.46～1.50
0.50	瞬时式(非不可脱落滚柱式)	0.58～0.80
	瞬时式(不可脱落滚柱式)	0.58～1.00
	渐进式	0.58～1.50
0.63	瞬时式(非不可脱落滚柱式)	0.73～0.80
	瞬时式(不可脱落滚柱式)	0.73～1.00
	渐进式	0.73～1.50
0.75	渐进式	0.86～1.50
1.00		1.15～1.50
1.25		1.44～1.76
1.50		1.73～2.04
1.60		1.84～2.16
1.75		2.01～2.33
2.00		2.30～2.63
2.50		2.88～3.23
3.00		3.45～3.83
3.50		4.03～4.45
4.00		4.60～5.06
4.50		5.18～5.68
5.00		5.75～6.30
5.50		6.33～6.92
6.00		6.90～7.54

2）轿厢侧限速器，电气开关动作速度 v_{1e}：$v_{1e}<v_1$（当 $v\leqslant 1$ m/s 时 $v_{1e}\leqslant v_1$）。

所以电气没有动作速度的要求。检验机构由于以前做限速器动作测试，形成了固定思维。按照标准的理解，电气只需要在机械之前动作，并没有动作速度下限的说法。

TSG T7007—2016 和 GB/T 7588.1 均删除了 GB 7588 中 9.9.3“对重(或平衡重)安全钳的限速器动作速度应大于 9.9.1 规定的轿厢安全钳的限速器动作速度，但不得超过10%”的要求。该要求本来的目的是预防轿厢安全钳动作时，对重由于惯性继续上行，在下落过程中使对重侧限速器动作，但是截至目前，没有发生过该情况，因此删除。

GB 7588—2003 中 9.9.1 是动作速度的要求，9.9.11 是电气检查的要求。因此，

TSG T7001 与 GB 7588—2003 没有规定轿厢侧限速器电气开关动作速度的下限，但允许电梯的运行速度比额定速度高 5%，因此，为了防止限速器电气开关误动作，限速器电气开关动作速度应大于 1.05%v；如果限速器电气开关动作速度太接近电梯的额定速度容易误动作，参考限速器动作速度，建议此动作速度不宜小于 115%v。

(2) 对重侧动作速度

对重侧限速器动作速度 v_2：$v_1 < v_2 \leqslant 110\% v_1$。

(3) 与 ACOP 的关系

根据轿厢上行超速保护装置类型的不同，其触发装置也不同。

1) 除使用对重安全钳外，轿厢上行超速保护装置速度范围 v_3：$115\% v \leqslant v_3 \leqslant 110\% v_1$。

① 上行安全钳，v_3 是指轿厢侧双向限速器的上行机械动作速度；

② 曳引轮制动器，v_3 是指轿厢侧限速器的上行电气动作速度；

③ 钢丝绳制动器(夹绳器)、导轨制动器等既有用轿厢侧双向限速器的上行机械触发，也有轿厢侧限速器的上行电气触发(但要求在停电时也能动作)，视实际情况而定。

2) 对重安全钳，v_3 是指对重侧单向限速器的机械动作速度：$v_1 < v_3 \leqslant 110\% v_1$。

【检验工作指引】

(1) 审查限速器动作速度校验记录，确认维护保养单位是否每 2 年(对于使用年限不超过 15 年的限速器)或者每年(对于使用年限超过 15 年的限速器)进行一次限速器动作速度校验，并对照限速器铭牌上的相关参数，判断校验结果是否符合要求；对于额定速度小于 3 m/s 的电梯，除审查限速器动作速度校验记录外，还需每 2 年对维护保养单位的校验过程进行一次现场观察、确认。

(2) 本项要求首先是确认是否需要对维护保养单位的校验过程进行现场观察、确认，因此无论是否需要现场观察、确认，该项均不能填写“无此项”。

(3) 根据《质检总局办公厅关于实施〈电梯监督检验和定期检验规则〉等 6 个安全技术规范第 2 号修改单若干问题的通知(质检办特函〔2017〕868 号)》，“限速器动作速度校验”检验项目，检验人员现场观察确认时，维护保养单位可以与 TSG T5002 中表 A-4 相应的维护保养项目一并进行。

(4) 限速器校验方法。查看轿厢的位置，确认轿厢内无人员时，关闭层轿门，轿厢以检修速度开到行程上端，断开电梯主电源开关，将限速器绳的张紧轮侧用大力钳或其他夹具夹紧。闭合电梯主电源开关，电梯检修上行，使限速器绳松脱离开限速器轮，拉起限速器绳，用另一支大力钳夹住限速器绳另一端使其不能落下、不能与限速器轮接触。断开电梯主电源开关，一名校验人员用可调速的专用驱动装置将限速器逐渐加速，同时，另一名校验人员用转速表测量限速器轮节圆处的线速度(相当于限速器绳中心线的速度)。记录机械装置与电气开关动作时速度。

对于低层站，可以通过抬起张紧轮的方法将限速器绳松弛。

【参考做法】

(1) 对于限速器设置在井道顶部的无机房电梯，由于受空间限制，现场较难对维护保养单位的校验过程进行观察、确认，出于安全考虑，宜将限速器拆下来进行速度校验。

(2) 由于本项目是在 TSG T7001—XG2 中提出的新要求，很多维护保养单位在人员能力和仪器配备上不够完善，因此本项目可在定期检验前 2 个月由检验机构检验人员对现场校验进行观察、确认;有条件的维护保养单位也可采用信息化技术手段在定期检验前对限速器进行校验,如录制校验过程的视频等,检验员对视频中的校验过程进行确认。

(3) 对于上年度定期检验已经对维护保养单位的校验过程进行观察、确认,本年度定期检验时限速器的使用年限尚不超过 15 年,但是 3 个月后就超过 15 年的,本次定期检验时对维护保养单位的校验过程进行观察、确认。

例:2002 年 12 月 31 日投入使用的限速器,2016 年 10 月 30 日对维护保养单位的校验过程进行观察、确认,2017 年 10 月 30 定期检验时也需要对维护保养单位的校验过程进行观察、确认。

(4) TSG T7001 对限速器使用年限的起始日期未做规定,为方便操作,一般以限速器铭牌上的出厂日期为起始日期,对于限速器铭牌上制造日期只精确到年的(见 1-459),起始日期为该年的 1 月。

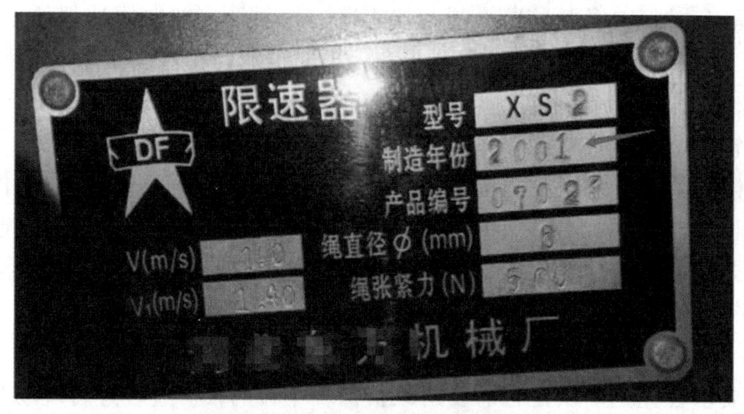

图 1-459　限速器制造日期精确到年

【常见案例】

(1) 对于如图 1-460 所示的不方便操作且较难拆卸的限速器,可判为不合格。

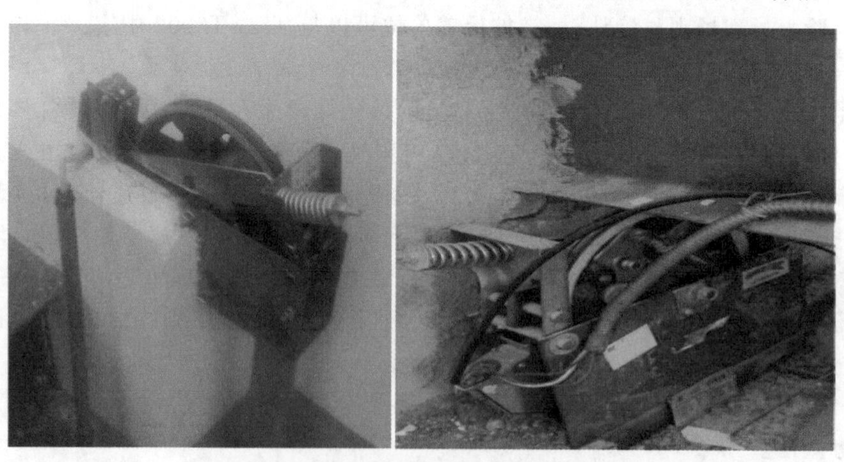

图 1-460　不方便操作且较难拆卸的限速器

(2) 有些制造单位在限速器出厂时,其调试证书为空白,由安装单位根据现场校验的情况填写,该种情况易于出现限速器动作速度不符合要求,如图 1-461 所示。也有部分是出厂时就动作速度不符合要求,如图 1-462 所示。

有限公司
限速器调试检验合格证
表QG/SM011ZL01-08（B）-2003

产品型号：Y　产品编号：15E/E16-124-20-03　电梯额定运行速度：1.6 m/s

填写说明：根据技术要求填写实测结果，除口栏可用“√”表示选择该项外，其它均须记录实测数据

检查项目	技术要求	检查结果	
1.电气动作速度	执行GB7588“电梯制造与安装安全规范”的规定	上行：1.874 m/s；下行：1.903 m/s	
2.机械动作速度		上行：/ m/s；下行：1.761 m/s	
3.拉拔力	DG-275Y　600～800　N	773　N	
4.机构动作状态	机构动作灵活，无异常干涉、迟滞现象	☑合格	□不合格
5.铭牌及标识检查	各类标识、铭牌均符合图样要求	☑合格	□不合格
6.铅封确认	经检验合格后应按规定进行铅封	☑合格	□不合格
7.产品外观检查	符合图样要求，无明显锈蚀、碰伤现象	☑合格	□不合格
判定：	操作者： 检验员： 日　期　2015年1月10日	备注	

图 1-461　限速器动作速度不符合要求（案例 1）

有限公司
限速器调试检验合格证

产品型号：DG-275K　产品编号：15N2C10-AR0-1　电梯额定运行速度：1.75 m/s

填写说明：根据技术要求填写实测结果，除口栏可用“√”表示选择项外，其它均须记录实际数据。

检查项目	技术要求	检查结果	
1.电气动作速度	执行GB7588“电梯制造与安装安全规范”的规定	上行：1.803 m/s；下行：1.812 m/s	
2.机械动作速度		上行：/ m/s；下行：1.937 m/s	
3.拉拔力	DG-275K：　900 ～ 1100　N	964　N	
4.机构动作状态	机构动作灵活，无异常干涉、迟滞现象	☑合格	□不合格
5.铭牌及标识检查	各类标识、铭牌均符合图样要求	☑合格	□不合格
6.铅封确认	经检验合格后应按规定进行铅封	☑合格	□不合格
7.产品外观检查	符合图样要求，无明显锈蚀、碰伤现象	☑合格	□不合格
判定：合格	操作者：1377 检验员：检121 日　期：2016年8月9日	备注	

图 1-462　限速器动作速度不符合要求（案例 2）

【参考做法】

（1）对于受检电梯的维保单位未做出准备（如未配备校验仪器等）而导致观察、确认无法进行的，可判为不合格。

（2）收取维护保养单位的校验记录或报告留档保存。

【注意事项】

（1）停用日期包含在使用寿命中。

例：2000 年 12 月 31 日投入使用的限速器，2005—2008 年期间办理了停用手续，2016 年 12 月 30 日对维护保养单位的校验过程进行观察、确认，2017 年 12 月 30 定期检验时也需要对维护保养单位的校验过程进行观察、确认。

（2）检验人员现场观察、确认的主体是限速器的动作速度，而不是维护保养单位的校验能力，因此，对于同一维护保养单位维保的同规格、同型号的多台电梯限速器应逐一进行观察、确认。

(3) 维护保养单位使用的校验仪器应经过计量且在有效期内。允许从别的单位借用。

(4) 校验人员应是该台电梯维护保养单位的聘用人员,且至少持有电梯机械安装维修或电梯电气安装维修作业人员证书。

(5) 对于校验不合格的,不允许现场对限速器进行调试。

2.10 接地

项目及类别	检验内容与要求	检验方法
2.10 接地 C	(1) 供电电源自进入机房或者机器设备间起,中性线(N)与保护线(PE)应当始终分开; (2) 所有电气设备及线管、线槽的外露可导电部分应当与保护线(PE)可靠连接	目测,必要时测量验证

【说明解释】

(1) 如图 1-463 所示为 TN-S 系统,即三相五线制。T 表示供电电源端有一点直接接地,N 表示电气装置的外露可导电部分与电源端接地点有直接电气连接,S 表示中性导体和保护导体是分开的。这种供电系统中性线 N 和保护线 PE 是分开的,可以和电梯的电气系统直接对应连接。

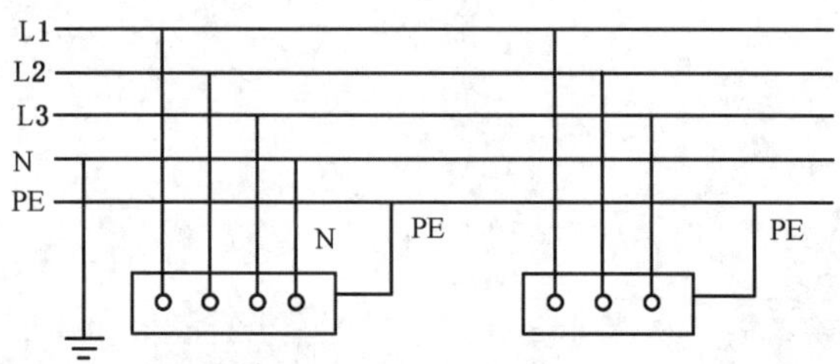

图 1-463　TN-S 系统

(2) 图 1-464 所示为 TN-C-S 系统,由两个接地系统组成,第一部分是 TN-C 系统,第二部分是 TN-S 系统,分界在 N 线与 PE 线的连接点。它的特点是中性线 N 与保护接线 PE 在某点共同接地后,不能再有任何电气连接。C 表示供电系统的 PE 线和 N 线合用。这种供电系统,应在电源进入机房后,将保护线(PE)与中性线(N)分开,之后再和电梯电气系统连接。

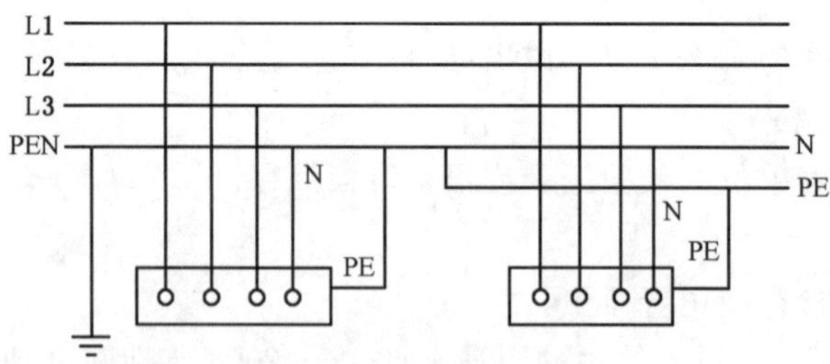

图 1-464　TN-C-S 系统

2.10.1　N 线与 PE 线的设置

【监督检验工作指引】

将主电源断开,断开中性线(N),用万用表检查中性线(N)与保护线(PE)之间是否导通,如果不能导通,则两线是分开的。

2.10.2　接地连接

【监督检验工作指引】

(1) 除 50 V 以下的电气设备外，其他电气设备的金属壳均应有良好的接地。接地线应分别接至接地线柱上，不得互相串接后再接地，否则，可能导致如下后果：

1) 离接地干线接线柱最远端处的接地电阻较大，发生漏电时，电流较小，可能造成漏电保护开关或断路器等装置无法可靠断开，如有人员触及，可能危及人身安全。

2) 如前端某个接地支线断路，或者前端某个电气设备被拆除，则造成其后端电气设备接地支线与干线之间也断开。

(2) 对于有机房电梯，可以用万用表(加延长线)通断档测量曳引机、控制柜门、动力线槽及井道内的线管线槽等易于意外带电的部件是否与机房接地端的保护线(PE)可靠连接。再在井道内用万用表(加延长线)通断档测量井道内层轿门电气安全装置、极限开关等金属外壳与井道内的线管、线槽的连通性。如果有蜂鸣声，则表明与机房保护线(PE)可靠连接。

(3) 对于无机房电梯也可参照以上方法测量。

【注意事项】

(1) 有些电梯的零部件外刷有油漆，导致接地连接不可靠，如图 1-465 所示。

(2) 接地的跨接线应采用黄绿相间的线，如图 1-466 所示的为跨线槽等常用的扁电缆。

(3) 应注意各处接地连接的可靠性，如图 1-467 所示的则为未接地。

图 1-465　接地连接不可靠

图 1-466　跨接线非黄绿相间

2.10.3　接地保护

【监督检验工作指引】

(1) 电气安全装置(包括安全回路、门锁回路)电源零位应按制造单位要求接地，带压端应有短路保护(如保险丝)，或采取其他保护措施，一旦发生电气安全装置回路接地故障，相应保护装置应可靠动作，防止电梯启动。

(2) 可人为使电气安全装置回路电源带压端接地，检查短路保护是否动作(如保险丝熔断)，如果采取其他保护措施的，电梯驱动主机应不能再次启动。

图 1-467　未接地

【常见事例】

(1) 如图 1-468 所示，变压整流电路 110 V 的电气安全装置回路 A30 端有 6A 的保险管，A25 零位端应可靠接地。一旦电气安全装置回路从 A30、A10、A14 安全回路到 A15、A16 门锁回路接地，就可以通过熔断变压整流电路 110 V 输出端的 6 A 保险管，切断整个 110 V 的电气安全装置回路供电。

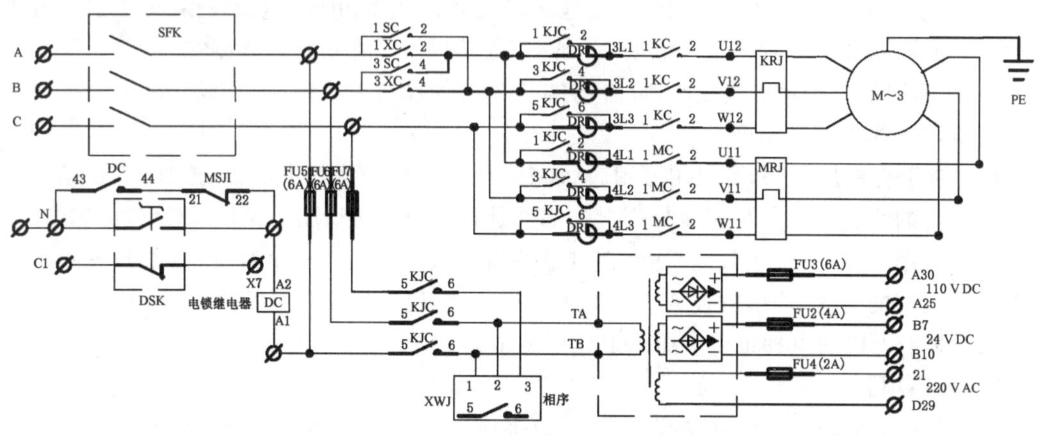

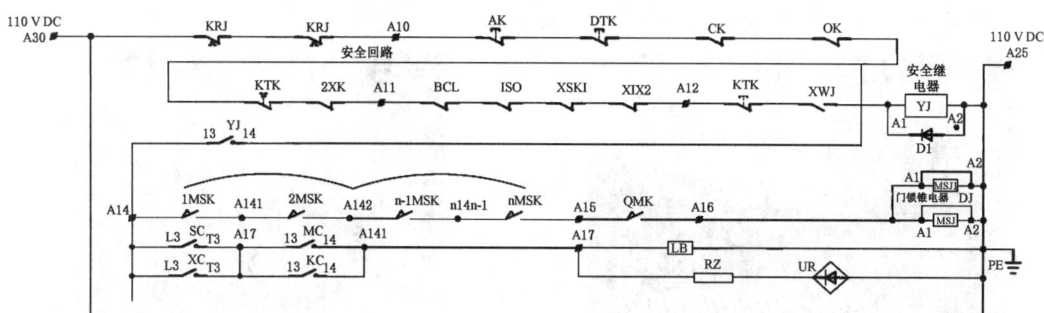

图 1-468　某电梯主回路及安全回路

（2）对于采用双绝缘的开关（例如底坑内的缓冲器电气安全装置），由于其绝缘等级比较高，可以不进行接地。

2.11　电气绝缘

<table>
<tr><th>项目及类别</th><th colspan="3">检验内容与要求</th><th>检验方法</th></tr>
<tr><td rowspan="3">2.11
电气绝缘
C</td><td colspan="3">动力电路、照明电路和电气安全装置电路的绝缘电阻应当符合下述要求：</td><td rowspan="3">由施工或者维护保养单位测量，检验人员现场观察、确认</td></tr>
<tr><td>标称电压/V</td><td>测试电压(直流)/V</td><td>绝缘电阻/MΩ</td></tr>
<tr><td>安全电压
≤500
>500</td><td>250
500
1 000</td><td>≥0.25
≥0.50
≥1.00</td></tr>
</table>

【监督检验工作指引】

（1）因其存在烧坏电子线路的风险，因此 TSG T7001 要求由施工或者维护保养单位测量，检验人员现场观察、确认，检验人员应尽量避免直接参与绝缘电阻的测试。

(2) 绝缘电阻的测量应在被测装置与电源隔离的条件下，在电路的电源进线端进行。如该电路中包含有电子装置，测量时应将电子装置并联(旁路电子装置)，然后测量其对地之间的绝缘电阻，以确保对电子器件不产生过高的电压，防止其被击穿损坏。由于断电时接触器或继电器的触点是处于断开的状态，导致控制柜内的部分测量端子被隔离，因此测量时要人为使安全及门锁回路接触器闭合。

(3) 测试前，应检查仪表接地端对地的连通性。先测量确定接地端与金属结构是否通零后，再将兆欧表一表笔(一般为 E 端)固定在接地端，用另一表笔(一般为 L 端)测量。

(4) 动力电路应测量电动机绕组，不要测电源开关下端，如果电动机绕组不易测量，可测量与其直接连通(见图 1-469)的热继电器或过载保护器输出端子。对于变频控制的驱动主机，可以测量运行接触器输出端子。

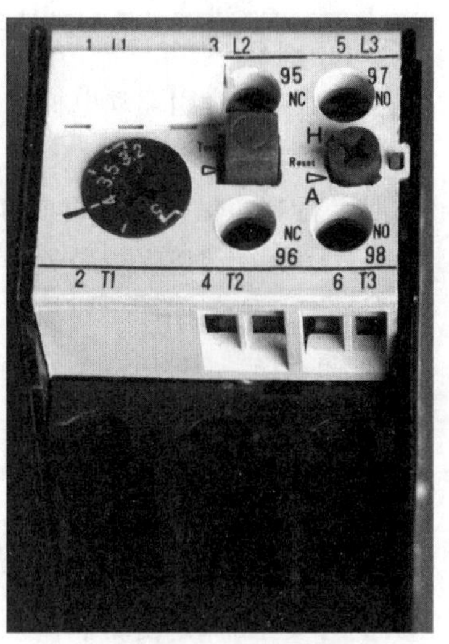

图 1-469　热继电器

【注意事项】

(1) 绝缘电阻表在测试时，其表针带有高压，应小心不要触及表针，防止二次伤害。

(2) 如测量电路中含有电容器等储能元件，测量后应将被测设备充分放电。

(3) 测量完成后，须检查被测装置是否已恢复原状。

(4) TSG T7001 中关于绝缘电阻的要求与 TSG T7005 不一致，主要的原因是 GB 7588—2003 发布实施之后，国际电工标准对绝缘电阻的有关要求进行了修订。GB 16899—2011 制定时参考了新的国际标准的要求，GB/T 7588.1—2020 修改了绝缘电阻值要求，与GB 16899—2011 保持一致(见图 1-470)。

(5) "安全电压"是目前的说法，但相应的电气标准中已经缺少安全电压的定义了，对于安全电压新的定义为大于 100 VA 的安全特低电压(SELV)和保护特低电压(PELV)，SELV 和 PELV 系统的电压不能超过交流 50 V 或直流 120 V，在其他回路之间具有保护分隔，在系统之间具有基本绝缘。

额定电压 V	测试电压(DC) V	绝缘电阻 MΩ
大于100 VA的SELV[a]和PELV[b]	250	≥0.5
≤500 包括FELV[c]	500	≥1.0
>500	1 000	≥1.0
[a] SELV：安全特低电压。 [b] PELV：保护特低电压。 [c] FELV：功能特低电压。		

图 1-470　GB/T 7588.1—2020 对绝缘电阻的要求

2.12 轿厢上行超速保护装置

项目及类别	检验内容与要求	检验方法
2.12 轿厢上行超速保护装置 C	(1) 轿厢上行超速保护装置上设有铭牌，标明制造单位名称、型号、编号、技术参数和型式试验机构的名称或者标志，铭牌和型式试验证书内容相符； (2) 控制柜或者紧急操作和动态测试装置上标注电梯整机制造单位规定的轿厢上行超速保护装置动作试验方法	对照检查上行超速保护装置型式试验证书和铭牌；目测动作试验方法的标注情况

【适用范围】

本项只适用于曳引驱动电梯，对于强制驱动电梯检验报告可不编排本项或填写“无此项”。

【说明解释】

轿厢上行超速保护装置组成和分类：

(1) 轿厢上行超速保护装置由速度监控、触发元件(限速器)和减速元件两部件组成。

(2) 根据减速元件作用对象不同分为四大类：

1) 轿厢；

2) 对重(如对重安全钳)；

3) 钢丝绳系统(如夹绳器)；

4) 曳引轮(如制动器具有冗余设计的无齿轮永磁同步主机)。

(3) 根据轿厢上行超速保护装置类型的不同其速度监控、触发装置也不同：

1) 上行安全钳，是由轿厢侧双向限速器的上行机械动作触发；

2) 曳引轮制动器，是由轿厢侧限速器的上行电气动作触发；

3) 对重安全钳，是由对重侧单向限速器的机械动作触发；

4) 钢丝绳制动器(夹绳器)、导轨制动器等既有用轿厢侧双向限速器的上行机械触发，也有用轿厢侧限速器的上行电气触发。如用电磁触发的夹绳器(见图 1-471)，要求在停电时也能动作，具体视实际情况判断。

截至目前均是由限速器进行监控和触发，动作速度下限是电梯额定速度的 115%，上限是操纵轿厢安全钳的限速器动作速度的 100%～110%，详见 TSG T7001 中 2.9(4)。

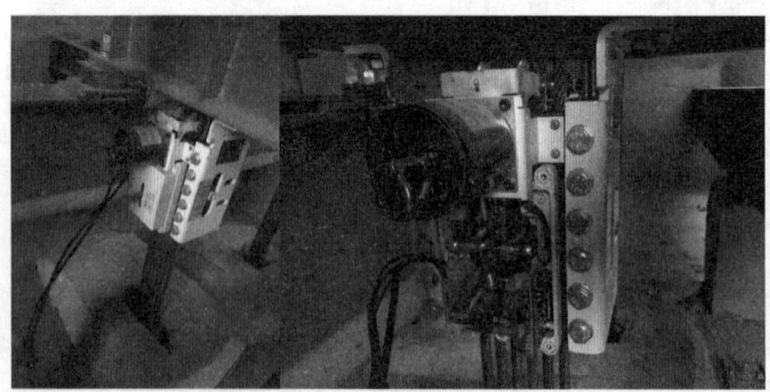

图 1-471 电磁触发的夹绳器

(4) 根据 GB 7588—2003 中 9.10.1，上行超速保护装置动作的下限是电梯额定速度的 115%，上限是轿厢限速器动作速度的 110%，且动作后应能使轿厢制停，或至少使其速度降低至对重缓冲器的设计范围。根据 TSG T7007—2016，液压缓冲器和非线性蓄能型缓冲器型式试验证书适用的参数范围和配置表中都有一项“最大撞击速度”，目前各型式试验机构出具的型式试验证书中的“最大撞击速度”均为额定速度的 115%（见图 1-472），因此，对于对重使用液压缓冲器或非线性缓冲器的，在对重撞击缓冲器前，上行超速保护装置应能使对重速度降低到额定速度的 115%。

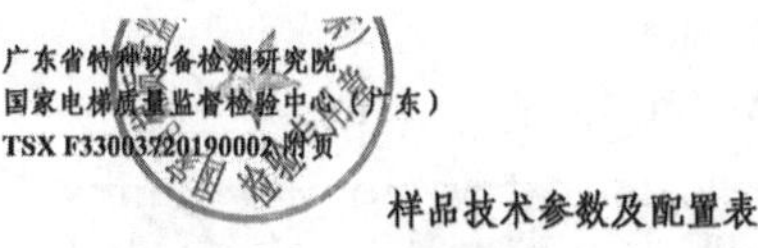
广东省特种设备检测研究院
国家电梯质量监督检验中心（广东）
TSX F33003?20190002 附页

样品技术参数及配置表

产品名称	耗能缓冲器	产品型号	HYF175
额定速度	≤1.6m/s	最大撞击速度	1.84 m/s
最小允许质量	900kg	最大允许质量	4500 kg
最大缓冲行程	175mm	液体规格和容量	68#液压油 1.8L
节流方式	环形缝隙节流	复位方式	内部上置弹簧复位
工作环境	室内		

附表 No. TSX F33002220160132
共 1 页，第 1 页

适用参数范围和配置表

额定速度	≤2.5m/s	最大撞击速度	2.875m/s
最小允许质量	600kg	最大允许质量	5000kg
最大缓冲行程	435mm	液体规格和容量	N46 抗磨液压油 1.8(L)
节流方式	锥杆式环形节流	复位方式	柱塞内弹簧复位
工作环境	普通室内		

中国认可
国际互认
检测
TESTING
CNAS L0916

特种设备型式试验证书附表（电梯）

证书编号	TSX F33003820170035		
设备品种	缓冲器		
产品名称	耗能型缓冲器	产品型号	HYF25E
额定速度	≤0.5m/s	最大撞击速度	0.575m/s
最小允许质量	500kg	最大允许质量	1500kg
最大缓冲行程	25mm	液体规格和容量	L-HV46 / 0.08L
节流方式	环形缝隙节流	复位方式	内部上置弹簧复位
工作环境	室内		

图 1-472　各型式试验机构出具的液压缓冲器型式试验证书

2.12.1　铭牌

【监督检验工作指引】

(1) 对照检查 ACOP 型式试验合格证、调试证书与现场实物、铭牌核对。根据 TSG T7007—2016 中 L6.11 的要求，ACOP 铭牌应包含以下内容：

1) 产品名称、型号；

2) 制造单位名称及其制造地址；

3) 型式试验机构的名称或者标志；

4）允许系统质量范围；

5）允许额定载重量范围；

6）动作速度范围；

7）产品编号；

8）制造日期。

如图 1-473 所示为符合要求的 ACOP 铭牌。

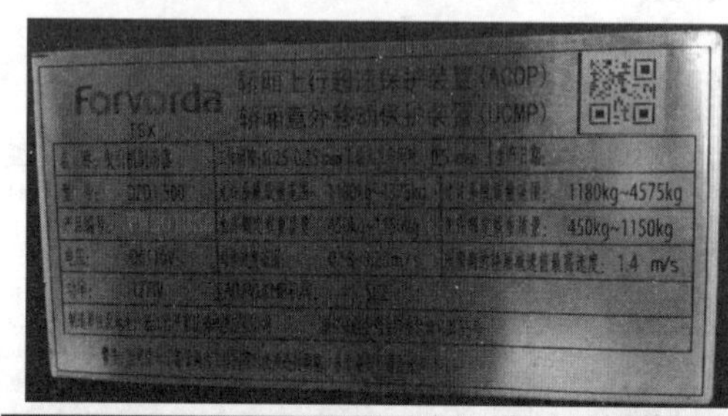

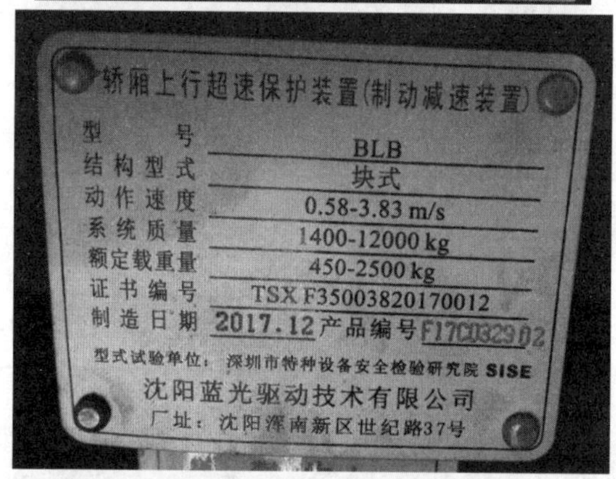

图 1-473　符合要求的 ACOP 铭牌

（2）同时检查限速器电气开关是否接地，如果未接地，应判 TSG T7001 中 2.10 项不合格。

（3）同时检验 TSG T7001 中 5.6 项限速器的防护要求。

对照检查上行超速保护装置型式试验证书和铭牌，目测动作试验方法的标注情况。

（4）可在进行 TSG T7001 中 8.2 项轿厢上行超速保护装置试验时，验证标注的动作试验方法是否适当。

（5）轿厢上行超速保护装置试验方法，只要有制造单位的名称或标识即可，不要求加盖公章或质检专用章。

（6）使用夹绳器作为上行超速保护装置时，在查看其铭牌时应防止误动作。

【注意事项】

（1）曳引轮制动器是指直接作用在曳引轮或作用于最靠近曳引轮的轮轴上的制动器，只要曳引轮和制动器是同轴，曳引轮和制动器分别在电动机（如碟形电动机）两侧也是允许的，但对作用于蜗轮蜗杆曳引机高速轴上的制动器，不能作为上行超速保护装置减速元件。

（2）永磁同步电机停梯封星（永磁同步无齿轮曳引机将三相绕组引出线用导线或者串联电阻按星形连接，行业内称为“封星”）主要作用是控制松闸溜梯速度，封星并不是一种轿厢上行超速保护方式。由于电机减速时处于发电状态，封星也就是短路电机的定子绕组线圈，如果通过封星方式制动高速运转的电梯，必然产生很大的制动电流，这一电流与电梯速度有关，速度越高电流越大，这一冲击电流可能导致绝缘损坏、定子结构变形、磁钢失磁或脱落损坏电机等严重后果。另外通过封星方式制动高速运转的电梯，该制动力矩对轿厢产生的减速度也有可能超出人体能承受的范围。

2.12.2　试验方法

【监督检验工作指引】

上行超速保护装置试验方法应与上行超速保护装置的类型相匹配，且具有可操作性。

2.13　轿厢意外移动保护装置

项目及类别	检验内容与要求	检验方法
2.13 轿厢意外移动保护装置 B	（1）轿厢意外移动保护装置上设有铭牌，标明制造单位名称、型号、编号、技术参数和型式试验机构的名称或者标志，铭牌和型式试验证书内容相符； （2）控制柜或者紧急操作和动态测试装置上标注电梯整机制造单位规定的轿厢意外移动保护装置动作试验方法，该方法与型式试验证书所标注的方法一致	对照检查轿厢意外移动保护装置型式试验证书和铭牌；目测动作试验方法的标注情况

【监督检验工作指引】

对照检查轿厢意外移动保护装置型式试验证书和铭牌；目测动作试验方法的标注情况。图 1-474 所示是符合要求的轿厢意外移动保护装置铭牌。

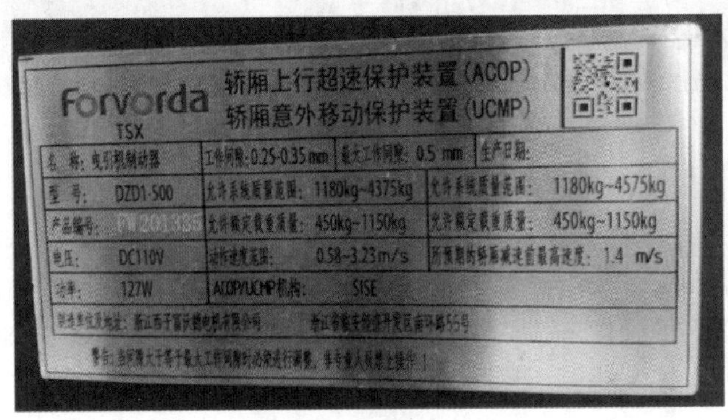

图 1-474　轿厢意外移动保护装置铭牌

3 井道及相关设备

3.1 井道封闭

项目及类别	检验内容与要求	检验方法
3.1 井道封闭 C	除必要的开口外井道应当完全封闭；当建筑物中不要求井道在火灾情况下具有防止火焰蔓延的功能时，允许采用部分封闭井道，但在人员可正常接近电梯处应当设置无孔的高度足够的围壁，以防止人员遭受电梯运动部件直接危害，或者用手持物体触及井道中的电梯设备	目测

3.1.1 封闭式井道

【说明解释】

(1) 井道壁的要求

1) 井道应有助于防止火焰蔓延，井道壁应是不易燃无孔的墙、板。

2) 井道壁的强度要求：用一个 300 N 的力，均匀分布在 5 cm^2 的圆形或方形面积上，垂直作用在井道壁的任一点上，应：

a) 无永久变形；

b) 弹性变形不大于 15 mm。

图 1-475 所示为强度不符合要求的井道壁。

图 1-475 强度不符合要求的井道壁

(2) 采用玻璃井道壁的特殊要求

GB 7588—2003 中 5.3.1.2 规定，人员可正常接近的玻璃门扇、玻璃面板或成形玻璃板，均应用夹层玻璃制成。夹层玻璃上应有标识，如图 1-476 所示。使用夹层玻璃是防止人员坠入井道，夹层玻璃的强度应满足井道壁的要求，但 GB 7588—2003 对其厚度没做具体要求。

图 1-476　夹层玻璃标识

(3) 人员不可正常接近的玻璃井道壁，GB 7588—2003 未提出相应的要求；但建筑物相关的法规要求这些玻璃应防止坠落导致人员伤害，需要采用钢化安全玻璃。GB/T 7588.1—2020 规定井道墙壁所使用的平的或成形的玻璃面板均应使用夹层玻璃，并能承受均匀分布在 0.09 m^2 的面积上 1 000 N 的静力而无永久变形。

(4) 虽然 GB 7588—2003 没有具体的条款对电梯井道的防火性能进行要求，但是在 0.2.1 有说明：本标准未重复列入适用于任何电气、机械及包括建筑构件防火保护在内的建筑结构的通用技术规范。GB 50016—2014《建筑设计防火规范》中 3.2.1 要求建筑构件的燃烧性能和耐火极限不低于表 1-48 所示的值。因此，井道壁不应采用图 1-477 所示的易燃的胶合板结构井道壁。

表 1-48　不同耐火等级厂房和仓库建筑构件的燃烧性能和耐火极限　h

构件名称		耐火等级			
		一级	二级	三级	四级
墙	防火墙	不燃性 3.00	不燃性 3.00	不燃性 3.00	不燃性 3.00
	承重墙	不燃性 3.00	不燃性 2.50	不燃性 2.00	难燃性 0.50
	楼梯间和前室的墙 电梯井的墙	不燃性 2.00	不燃性 2.00	不燃性 1.50	难燃性 0.50
	疏散走道两侧的隔墙	不燃性 1.00	不燃性 1.00	不燃性 0.5	难燃性 0.25
	非承重外墙房间隔墙	不燃性 0.75	不燃性 0.50	难燃性 0.5	难燃性 0.25

图 1-477　胶合板结构井道壁

【监督检验工作指引】

(1)“必要的开口”是指:层门开口,通往井道的检修门、井道安全门以及检修活板门的开口,火灾情况下气体和烟雾的排气孔,通风孔(见图 1-478),井道与机房或与滑轮间之间必要的功能性开口(如钢丝绳等的通过孔,见图 1-479),在装有多台电梯的井道中,电梯之间隔板上的开孔(见图 1-480)。图 1-481 所示的开口不是必要的开口,如果在开口伸入棍棒等物体进入轿厢或对重的运行路径将对电梯设备及轿厢内的乘客造成伤害。

图 1-478　通风口

图 1-479　侧置式机房钢丝绳的通过孔

图 1-480　电梯之间隔板上的开孔

图 1-481　具有不必要开口的井道

（2）对于无机房电梯，允许在井道壁上留尽可能小的观察窗，如果该观察窗在紧急操作装置外面，应采用夹层玻璃封闭，如图 1-482 所示。

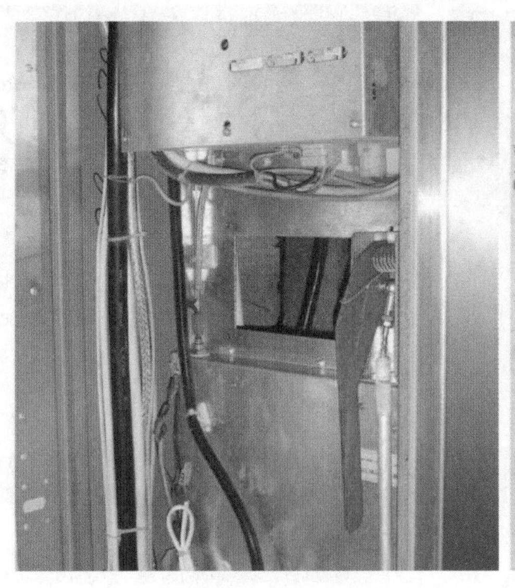

a）观察窗在紧急操作装置内

b）观察窗在紧急操作装置外

图 1-482　无机房电梯观察窗

(3) 虽然 GB 7588—2003 对玻璃井道壁的玻璃厚度没做具体要求，但是玻璃应当完好无损，否则应在《特种设备检验意见通知书》中填写 TSG T7001 第十七条的第(四)项。

(4) 对于如图 1-483 所示，井道中部人员可正常接近的玻璃也应使用夹层玻璃。

图 1-483　井道中部人员可正常接近的玻璃

电梯井道应专用，不应有消防水管、避雷针、非电梯用电缆、手机信号增强装置等，如图 1-484 所示。无机房电梯井道顶部也属于井道的一部分，也应符合井道的要求，如图 1-485 所示，在无机房电梯井道顶部设置有太阳能板也是不允许的。用于电梯视频监控的设备可以安装在井道内，如图 1-486 所示。

a) 排水管

b) 信号放大器

图 1-484　井道中存在与电梯运行无关的设备

图 1-485　无机房电梯井道顶部的太阳能板

图 1-486　井道中视频监控设备

【参考做法】

人员可接近的玻璃应当使用夹层玻璃，其首要目的是保证玻璃具有足够的强度，其次是当玻璃破裂之后仍能保持完整性。对于采用非夹层玻璃的井道壁，可以采取以下措施之一来满足 GB 7588—2003 中 5.3.1.2 的要求：

(1) 将人员可正常接近的非夹层玻璃更换为夹层玻璃；

(2) 在井道壁玻璃外增加护栏、玻璃门板等设施，使人无法正常接近井道壁玻璃。如果采用如图 1-487a)所示的金属网格隔障或图 1-487b)所示的砖混隔障，当玻璃损坏(拆除)后，护栏与运动部件之间的距离应符合表 1-50 所示的安全距离要求。对于图 1-487a)所示的金属网格隔障，由于其开口较大，应当在玻璃上设置防爆膜保证玻璃破碎后的完整性。

a) 金属网格隔障

b) 砖混隔障

图 1-487　井道壁非夹层玻璃护栏

【定期检验工作指引】

如果定期检验中发现井道壁出现缺口或玻璃井道壁的玻璃爆裂或脱落(见图 1-488),应在《特种设备检验意见通知书》中填写 TSG T7001 第十七条的第(四)项。

图 1-488　井道壁玻璃损坏

3.1.2　非封闭式井道

【监督检验工作指引】

对于部分封闭井道(见图 1-489),在井道外测量围壁的高度,围壁应符合以下要求:

(1) 围壁应是无孔的。

(2) 围壁距地板、楼梯或平台边缘最大距离为 0.15 m(见图 1-490)。

(3) 在层门侧的高度不小于 3.50 m(见图 1-490)。

(4) 其余侧,当围壁与电梯运动部件的水平距离为最小允许值 0.50 m 时,高度不应小于 2.50 m;若该水平距离大于 0.50 m 时,高度可随着距离的增加而减少;当距离等于

2.0 m 时，高度可减至最小值 1.10 m(见图 1-491)。

a) 室外

b) 室内

图 1-489　半封闭井道

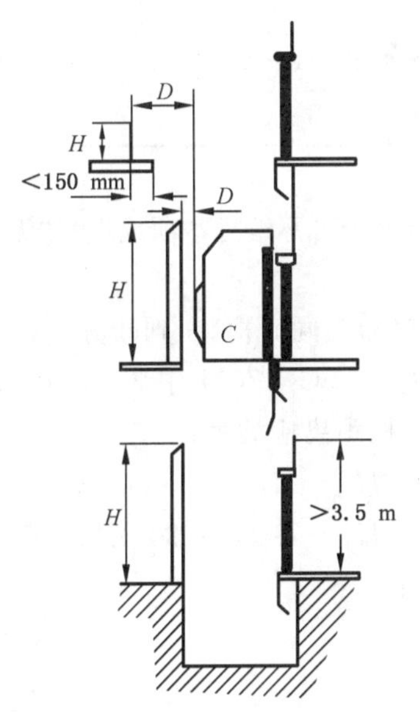

C—轿厢；H—围壁高度；

D—与电梯运动部件的距离(见图 1-491)

图 1-490　部分封闭的井道示意

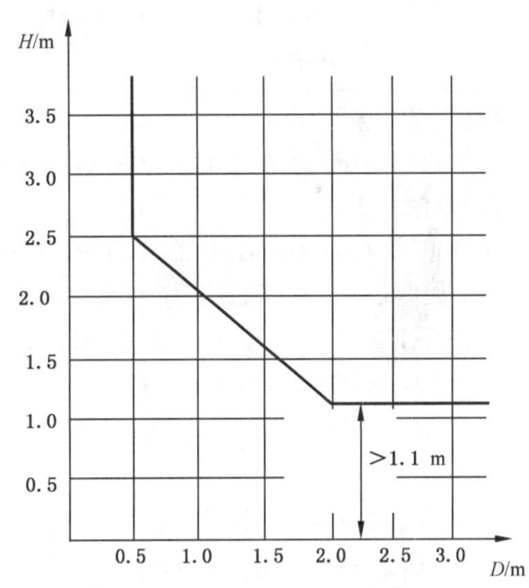

图 1-491　部分封闭的井道围壁高度与距电梯运动部件距离的关系

【说明解释】

GB 7588—2003 中未规定非封闭式井道的底坑大小，如果底坑过大，围壁高度 1.1 m 并不能阻止人员进入底坑，具有较大的风险。GB/T 7588.1—2020 中要求围壁与电梯运动部件之间的水平距离最大值为 1.5 m。

3.2 曳引驱动电梯顶部空间

项目及类别	检验内容与要求	检验方法
3.2 曳引驱动电梯顶部空间 C	(1) 当对重完全压在缓冲器上时，应当同时满足以下条件： ① 轿厢导轨提供不小于 $0.1+0.035\ v^2$(m)的进一步制导行程； ② 轿顶可以站人的最高面积的水平面与位于轿厢投影部分井道顶最低部件的水平面之间的自由垂直距离不小于 $1.0+0.035\ v^2$(m)； ③ 井道顶的最低部件与轿顶设备的最高部件之间的间距(不包括导靴、钢丝绳附件等)不小于 $0.3+0.035\ v^2$(m)，与导靴或滚轮、曳引绳附件、垂直滑动门的横梁或部件的最高部分之间的间距不小于 $0.1+0.035\ v^2$(m)； ④ 轿顶上方应当有一个不小于 0.5 m×0.6 m×0.8 m 的空间(任意平面朝下即可)。 注 A-4：当采用减行程缓冲器并对电梯驱动主机正常减速进行有效监控时，$0.035\ v^2$ 可以用下值代替： ① 电梯额定速度不大于 4 m/s 时，可以减少到 1/2，但是不小于 0.25 m； ② 电梯额定速度大于 4 m/s 时，可以减少到 1/3，但是不小于 0.28 m； (2) 当轿厢完全压在缓冲器上时，对重导轨有不小于 $0.1+0.035\ v^2$(m)的制导行程	(1) 测量轿厢在上端站平层位置时的相应数据，计算确认是否满足要求； (2) 用痕迹法或其他有效方法检验对重导轨的制导行程

【适用范围】

本项只适用于曳引驱动电梯，对于强制驱动电梯检验报告可不编排本项或填写"无此项"。

【说明解释】

本项可与 TSG T7001 中 3.10、TSG T7001 中 3.16(5)项同时检验，判断方法如下：

(1) 如图 1-492 所示，设当轿厢在顶层平层时，测得的 TSG T7001 中 3.2(1)①、②、③各项数据分别为 $L_{a测}$、$L_{b测}$、$L_{c测}$、$L_{d测}$，那么对重缓冲器越程距离应满足：

$L_{a测}-H_D-H_M \geqslant 0.1+0.035v^2$　　　$L_{b测}-H_D-H_M \geqslant 1+0.035v^2$

$L_{c测}-H_D-H_M \geqslant 0.3+0.035v^2$　　　$L_{d测}-H_D-H_M \geqslant 0.1+0.035v^2$

即：

$$H_M \leqslant L_{a测}-H_D-(0.1+0.035v^2) \tag{1-3}$$

$$H_M \leqslant L_{b测}-H_D-(1+0.035v^2) \tag{1-4}$$

$$H_M \leqslant L_{c测}-H_D-(0.3+0.035v^2) \tag{1-5}$$

$$H_M \leqslant L_{d测}-H_D-(0.1+0.035v^2) \tag{1-6}$$

考虑 TSG T7001 中 3.2(1)④，轿顶上方应当有一个不小于 0.5 m×0.6 m×0.8 m 的空间(任意平面朝下即可)，则：

$H_B \geqslant H_D+H_M$

即：

$$H_M \leqslant H_B-H_D \tag{1-7}$$

如图 1-493 所示，设当轿厢在底层端站平层时，测得 TSG T7001 中 3.2(2)对重导轨的

制导行程为 L_X，轿厢船形撞尺长到下极限开关的距离为 J_X，当轿厢完全压缩在缓冲器上时，对重导轨的进一步制导行程为：

$L_Y=L_X-H_J-H_X$

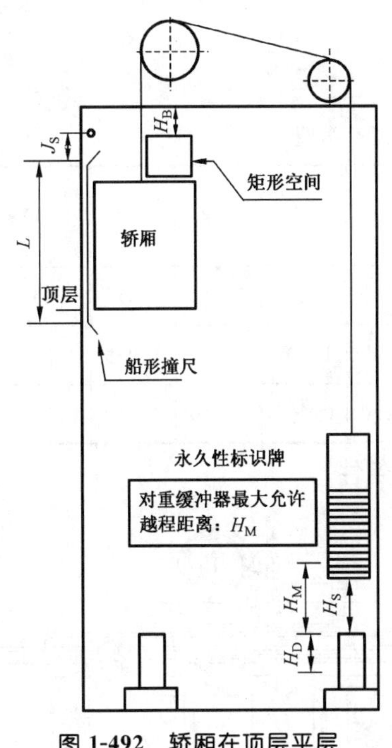

图 1-492　轿厢在顶层平层

图 1-493　轿厢在底层平层

当 TSG T7001 中 3.2(2)满足最低要求时，对重导轨制导行程的富余量为：

$\Delta H=L_Y-(0.1+0.035v^2)=L_X-H_J-H_X-(0.1+0.035v^2)$

对重导轨的进一步制导行程最多再增加 ΔH，即：

$$H_M\leqslant H_S+\Delta H=H_S+L_X-H_J-H_X-(0.1+0.035v^2) \tag{1-8}$$

(2) 根据 TSG T7001 中 3.10 的要求，井道上下两端应当装设极限开关，该开关在轿厢或者对重(如有)接触缓冲器前起作用，并且在缓冲器被压缩期间保持其动作状态。

1) 当轿厢在顶层平层时，井道上端的极限开关应在缓冲器被压缩期间保持其动作状态，则：

$J_S+L\geqslant H_D+H_M$，即：

$$H_M\leqslant J_S+L-H_D \tag{1-9}$$

由以上公式即可求得对重缓冲器越程距离 H_M 最大允许值为：

$H_{Mmax}=\min\{L_{a测}-H_D-(0.1+0.035v^2),L_{b测}-H_D-(1+0.035v^2),$

$L_{c测}-H_D-(0.3+0.035v^2),L_{d测}-H_D-(0.1+0.035v^2),$

$H_S+L_X-H_J-H_X-(0.1+0.035v^2),H_B-H_D,J_S+L-H_D\}$

2) 当轿厢在顶层平层时，井道上端的极限开关应在对重接触缓冲器前起作用，即：

$$J_S<H_S\leqslant H_M \tag{1-10}$$

3) 当轿厢在底层平层时，井道下端的极限开关应在轿厢接触缓冲器前起作用，并且在缓冲器被压缩期间保持其动作状态，则有：

$$J_X < H_X \tag{1-11}$$

$$J_X + L \geqslant H_X + H_J \tag{1-12}$$

综上所列公式可以计算轿厢顶部空间、上下极限开关以及最大允许垂直距离是否符合要求。

【参考做法】

表 1-49 是顶层空间常用数据的参考值。

表 1-49　顶层空间常用数据参考值 m

额定速度 m/s	0.50	0.63	0.75	1.00	1.50	1.60	1.75	2.00	2.50	3.00	3.50
$0.1+0.035v^2$	0.109	0.114	0.120	0.135	0.179	0.190	0.207	0.240	0.319	0.415	0.529
$1.0+0.035v^2$	1.009	1.014	1.020	1.035	1.079	1.090	1.107	1.140	1.219	1.315	1.429
$0.3+0.035v^2$	0.309	0.314	0.320	0.335	0.379	0.390	0.407	0.440	0.519	0.615	0.729

3.2.1　当对重完全压在缓冲器上时应当同时满足的条件

【说明解释】

(1) 本项要求分 4 个小项共有 5 个尺寸要求，如图 1-494 所示，当对重完全压在缓冲器上时，H_1 要满足 3.2.1.1 的要求；H_4 要满足 3.2.1.2 的要求；H_2、H_3 要满足 3.2.1.3 的要求；另外矩形空间要满足 3.2.1.4 的要求。

(2) 上述参数中，间距≥0.3 m 的目的是防止对头部造成挤压；间距≥0.1 m 的目的是防止对手造成挤压；间距≥1.0 m 的目的是防止对蹲下的人员造成挤压。$0.035v^2$ 的含义是对应于 115%的额定速度 v 时的重力制停距离的一半。

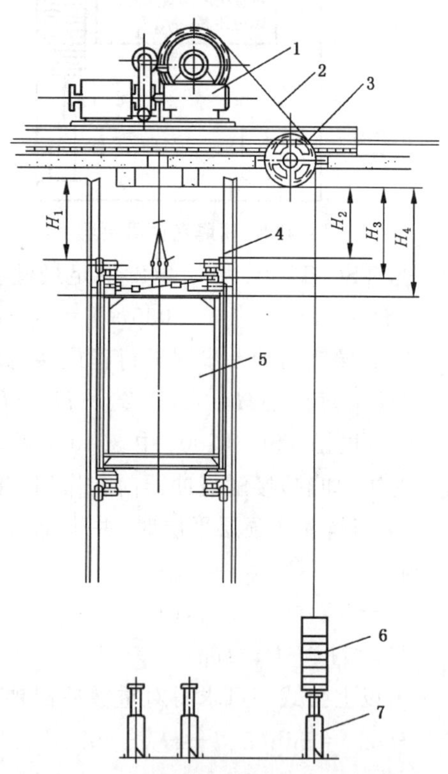

图 1-494　对重完全压在缓冲器上时的轿顶空间

(3) 轿顶需要能够容纳一个 0.5 m×0.6 m×0.8 m 的空间，而底坑内需要容纳一个 0.5 m×0.6 m×1.0 m 的空间。轿顶比底坑稍小并不是降低了安全要求，因为轿顶还是需要满足 1.0 m 的要求。

(4) 如果轿顶空间不能满足时，在满足其他相关要求的前提下，施工单位可以采取以下整改措施：

1) 减少 TSG T7001 中 3.16(5)对重最大允许越程距离；

2) 更换行程更短的缓冲器。

【监督检验工作指引】

(1) 将电梯运行到顶层端站平层，在轿顶测量 TSG T7001 中 3.1(1)相应的数据，将垂

直方向数值减去 H_M(对重装置撞板与其缓冲器顶面间的最大允许垂直距离)及 H_D(对重缓侧冲器的压缩行程)之和。

(2) TSG T7001 中 3.16(5)项中对重装置撞板与其缓冲器顶面间的最大允许垂直距离 H_M。由于钢丝绳的延伸、更换钢丝绳、截短钢丝绳、拆"凳子"、更换对重缓冲器等因素会导致轿厢在顶层平层时,对重与其缓冲器顶面之间的距离发生变化,从而导致当对重完全压在缓冲器上时顶部空间尺寸变化,因此,H_M 为最大值时也应符合要求,所以该项应根据施工单位提供的最大缓冲距离来计算。

(3) 对重缓冲器压缩行程 H_D 可参考型式试验证书或报告以及现场核对,对于改造、大修检验无法提供型式试验证书或报告的情况下,可以参考以下方法估算:

1) 耗能型缓冲器应按照资料提供的最大行程计算。

2) 线性蓄能型缓冲器应按照缓冲器总长度减去绳径与圈数的积,部分有铁心的线性弹簧缓冲器,压缩行程按铁心限制的长度计算。

3) 非线性蓄能缓冲器应按照缓冲器总长度的 90%来计算。

3.2.1.1　导轨制导行程

【检验内容与要求】

轿厢导轨提供不小于 $0.1+0.035v^2$(m)的进一步制导行程。

【监督检验工作指引】

可以不考虑油杯,只测量导靴顶面与导轨顶面的距离。

【特例】

个别无机房电梯安装在轿厢导轨顶端的反绳轮作为电梯部件,如图 1-495 所示,可不按井道顶最低部件设定,这样 X 距离可按轿厢导轨提供不小于 $0.1+0.035v^2$(m)计算。

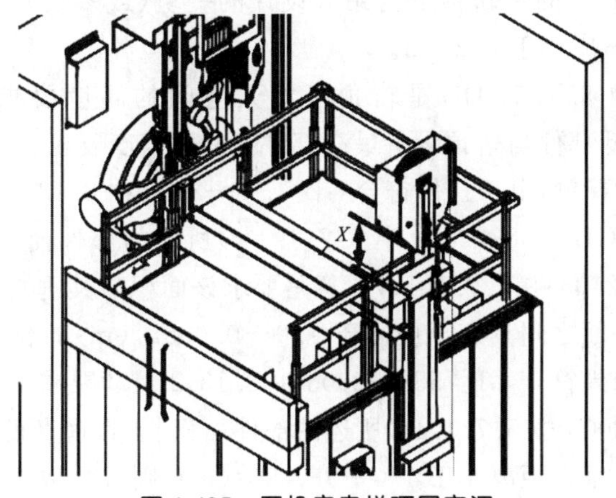

图 1-495　无机房电梯顶层空间

【注意事项】

对于测量如图 1-496 所示情况下的导轨进一步制导行程时,虽然测量的导轨进一步制导行程满足要求,实际上,由于井道顶部的阻碍,轿厢运行不到导轨的最高点,因此,应测量轿厢实际能运行处导轨的制导行程。

图 1-496 轿厢导轨进一步制导行程

3.2.1.2 轿顶可以站人的最高面积的水平面

【说明解释】

GB 7588—2003 中 5.7.1.1b)规定："符合 8.13.2 尺寸要求的轿顶最高面积的水平面[不包括 5.7.1.1c)所述的部件面积]，与位于轿厢投影部分井道顶最低部件的水平面(包括梁和固定在井道顶下的零部件)之间的自由垂直距离不应小于 $1.0+0.035v^2$(m)。"

GB 7588—2003 中 8.13.2 是对在轿顶上能够站人的最小净面积的要求，"轿顶可以站人的最高面积的水平面"指的是轿顶上为站人设计的一块(或多块)平面，该平面面积应不小于 0.12 m^2，其短边不应小于 0.25 m。

GB 7588—2003 中 5.7.1.1b)是轿顶可站人空间的高度要求，GB 7588—2003 中 5.7.1.1c)是井道顶最低部件与轿顶设备最高部件之间的高度要求。

GB 7588 第 021 解释单，由于任何符合 GB 7588—2003 中 8.13.2 尺寸要求的轿顶最高面积的水平面[不包括 GB 7588—2003 中 5.7.1.1 c)所述的部件面积]均可能有人员站在其上，因此，GB 7588—2003 中 5.7.1.1b)原意是要求该面积与其垂直投影范围内所对应的井道顶最低部件的水平面之间具有不应小于 $1.0+0.035v^2$(m)的自由垂直距离以容纳站在此面积上的人员。如果符合 GB 7588—2003 中 8.13.2 尺寸要求的轿顶最高面积的水平面[不包括 GB 7588—2003 中 5.7.1.1c)所述的部件面积]与其垂直投影范围内所对应的井道顶最低部件之间自由垂直距离小于 $1.0+0.035v^2$(m)，则应采取永久有效措施使人员无法站在该面积上，如图 1-497 所示的放置倾斜角大于 45°板的措施。

【监督检验工作指引】

(1) 轿顶上至少要有一块面积不小于 0.12 m^2，其短边不小于 0.25 m 可站人的平面，与其垂直投影范围内所对应的井道顶最低部件的水平面之间具有不应小于 $1.0+0.035v^2$(m)的自由垂直距离，以容纳站在此面积上的人员。

(2) 如果轿顶上有多块面积不小于 0.12 m^2，其短边不小于 0.25 m 可站人的平面，每一块平面与其垂直投影范围内所对应的井道顶最低部件的水平面之间都具有不应小于

$1.0+0.035v^2$(m)的自由垂直距离，除非采取永久有效措施使人员无法站在该面积上。

(3) 轿厢架的上横梁通常不允许站人。

图 1-497　放置倾斜角大于 45°板(一)

3.2.1.3　井道顶的最低部件与轿顶设备的最高部件之间的间距

【说明解释】

GB 7588—2003 中 5.7.1.1c) 规定，井道顶的最低部件与轿顶设备的最高部件之间的自由垂直距离不应小于 $0.3+0.035v^2$(m)，与导靴或滚轮、曳引绳附件、垂直滑动门的横梁或部件的最高部分之间的间距不应小于 $0.1+0.035v^2$(m)。该要求中 $0.3+0.035v^2$ 是为了防止对轿顶人员头部的挤压；$0.1+0.035v^2$ 主要是为了防止对轿顶人员手部的挤压。

根据 GB 7588 第 021 解释单对“自由垂直距离”的理解，GB 7588—2003 中 5.7.1.1c) 的要求是，井道顶的最低部件与其垂直投影范围内所对应的轿顶设备的最高部件之间的自由垂直距离不应小于 $0.3+0.035v^2$(m)；井道顶的最低部件与其垂直投影范围内所对应的导靴或滚轮、曳引绳附件、垂直滑动门的横梁或部件的最高部件之间的自由垂直距离不应小于 $0.1+0.035v^2$(m)。

但对井道顶的最低部件与轿顶设备的最高部件之间的间距要求，TSG T7001 中 3.2(1)③用“间距”代替了 GB 7588—2003 中 5.7.1.1c)的“自由垂直距离”，即 TSG T7001 比 GB 7588—2003 要求更严格、更安全。但同时为测量带来麻烦，因为“间距”的变化与电梯垂直运行不是线性关系，因此，用平层测量法计算对重完全压在缓冲器上时的实际距离不准确，而在对重完全压在缓冲器上时在轿顶测量，对测量人员相对比较危险。因此建议按照 GB 7588—2003 中 5.7.1.1c)的要求，分别测量井道顶的最低部件与轿顶设备的最高部件之间的“自由垂直距离”，以及井道顶的最低部件与导靴或滚轮、曳引绳附件、垂直滑动门的横梁或部件之间的“自由垂直距离”。同时关注轿顶最高部件侧面的井道顶最低部件的距离和自由垂直距离。

【监督检验工作指引】

(1) “井道顶最低部件”指安装在井道顶部的导向轮、复绕轮或建筑物的梁等。

(2)“轿顶设备的最高部件”一般是轿顶护栏、轿顶反绳轮等。

(3)钢丝绳附件包括绳头组合,但不包括钢丝绳上的木夹,对于楔形绳头其不受力的夹子,也不作为曳引绳附件。

【特例】

(1)部分无机房电梯,曳引机投影的一部分与轿顶重合,导致顶层空间中的部分安全距离不够,如图 1-498 所示。特种设备安全技术委员会认为采用了这种主机布置方式,对检验和维修人员的作业构成一定的风险,因此应采取进一步措施,完善相关资料,将该风险降低到可接受的水平。

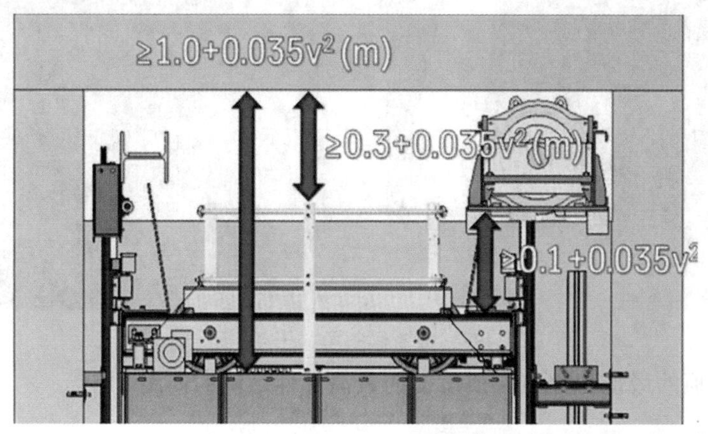

图 1-498 无机房电梯顶层空间

为此提出了如下具体要求:

1)曳引机侧的轿顶护栏内移(距轿顶边缘超过 0.15 m)后,为了防止人员误入护栏外的轿顶空间,应在轿顶护栏外设置永久性的、有一定刚度和强度的、与水平面的倾角不小于 45°的光滑斜面。斜面上应有安全色及醒目的不能站人的警示标记。斜面下端与轿顶边缘之间、斜面上端与轿顶护栏之间的水平面的短边均不应大于 30 mm,如图 1-499 所示。

图 1-499 放置倾斜角大于 45°板(二)

2)当对重完全压缩在其缓冲器上时,曳引机的最低部件与轿厢上的最高部件(含斜面)的垂直距离不应小于$(0.1+0.035v^2)$m。

3)曳引机侧护栏内移后,不应影响井道中部件(如主机、限速器和上行超速保护装置等)的维修和检验。

4)轿顶护栏上除设有禁止俯伏或斜靠护栏危险的警示外,还应设置禁止跨越的警示须知。井道内部件(如主机、限速器和上行超速保护装置)上也应有相应的作业可能有危险的警示标记。电梯制造单位应在使用维护说明书中增加相关人员进入轿顶可能存在危险的安全要求和提示内容。

(2)以上的特例是特种设备安全技术委员会对部分无机房电梯的批复,是个案,不能作为通用要求来看待。

3.2.1.4　矩形空间

【检验内容与要求】

轿顶上方应当有一个不小于0.5 m×0.6 m×0.8 m的空间(任意平面朝下即可)。

【说明解释】

轿顶上方空间尺寸为0.5 m×0.6 m×0.8 m,底坑空间尺寸为0.5 m×0.6 m×1.0 m,两者之间有一定的差异,但并不表示轿顶的空间尺寸可以比底坑小。轿顶的空间尺寸还需要结合轿顶可站人面积上方$1.0+0.035v^2$(m)的要求,因此轿顶上的空间尺寸实际比底坑的空间尺寸要求更高。

【监督检验工作指引】

(1)“0.5 m×0.6 m×0.8 m”是一个供轿顶人员在紧急情况下躲避的空间。

(2)钢丝绳及其附件可以包括在该空间内。

3.2.1.5　注A-4

【监督检验工作指引】

(1)GB 7588—2003中10.4.3.2,当对电梯在其行程末端的减速进行有效监控时,可采用轿厢(或对重)与缓冲器刚接触时的速度取代额定速度,计算缓冲器行程。但行程不得小于:

1)当额定速度小于或等于4 m/s时,按额定速度计算行程的50%。但在任何情况下,行程不应小于0.42 m。

2)当额定速度大于4 m/s时,按额定速度计算行程的1/3。但在任何情况下,行程不应小于0.54 m。

(2)GB 7588—2003中12.8,减速监控装置的功能及控制方式应与正常的速度调节系统结合起来获得一个符合电气安全装置要求(应提供相应的型式试验证书或报告)的减速控制系统。

(3)GB 7588—2003中10.4.3.1,耗能型缓冲器可能的总行程应至少等于相应于115%额定速度的重力制停距离,即$0.067\,4v^2$(m)。

【常见事例】

缓冲器的缓冲行程直接影响电梯的顶层高度和底坑深度。而缓冲行程取决于电梯的额定速度,电梯的额定速度越高,其所需缓冲器的行程越大,相对应的电梯顶层高度和底坑深度也就越高。为了避免采用过大的缓冲器而影响电梯的顶层高度和底坑深度,电梯标准规定可以使用减行程缓冲器,即当对电梯在行程末端的减速进行监控时,其缓冲行程的计算可以采用轿厢与缓冲器刚接触时的速度来取代115%额定速度,这样就可以大大降低对缓冲行程的要求。按照电梯标准的要求,减行程缓冲器设计只有在用于额定速度大于2.50 m/s的电梯时才能减小所需缓冲行程。实际中,额定速度超过2.50 m/s的电梯大多都采用减行程缓冲器。

GB 7588—2003中12.8要求,如果要采用减行程缓冲器,就必须对电梯驱动主机正常减速进行监控。该监控装置一般采用速度检测开关检查电梯在到达端站前的减速是否有效。如果减速无效,则会采取相应措施以保证轿厢或对重撞击缓冲器的速度能达到要求。

典型减行程缓冲器速度检测开关工作原理如图1-500所示,图中横坐标为轿厢运行位置,以端站位置为基点,纵坐标为轿厢速度,绿色曲线为电梯正常端站运行曲线。图中3条折线所对应的横坐标分别表示3个速度检测开关所对应的安装位置，纵坐标分别表示3个速度检测开关所对应的监控速度。当速度检测开关1检测到电梯速度超过其监控速度时，系统便会启用更高的减速度(减速曲线1)对电梯进行减速，此过程通过软件控制来实现，虽然电梯在接近端站的位置出现了超速，但仍然可以安全平稳地停在端站位置。可以形象地称之为“软制动”。速度检测开关1的设置位置取决于减速曲线1的系统设定(通常由控制系统软件设定)。当以上减速无效，从而使得速度检测开关2检测到电梯速度超过其监控速度时，这时系统便会启动紧急减速制停程序，即断开主机电源并释放抱闸。这时电梯的减速度(减速曲线2的斜率)取决于制动力矩、系统惯量以及钢丝绳是否打滑等因素，对比速度检测开关1触发后的减速过程，可以称此减速制停过程为“硬制动”。速度检测开关2和3的设置位置取决于缓冲器的设计速度和电梯抱闸释放后的轿厢减速度。根据设计原理的不同，可以设置不同的速度检测开关，它们被触发后所采取的减速制停措施也不一样。

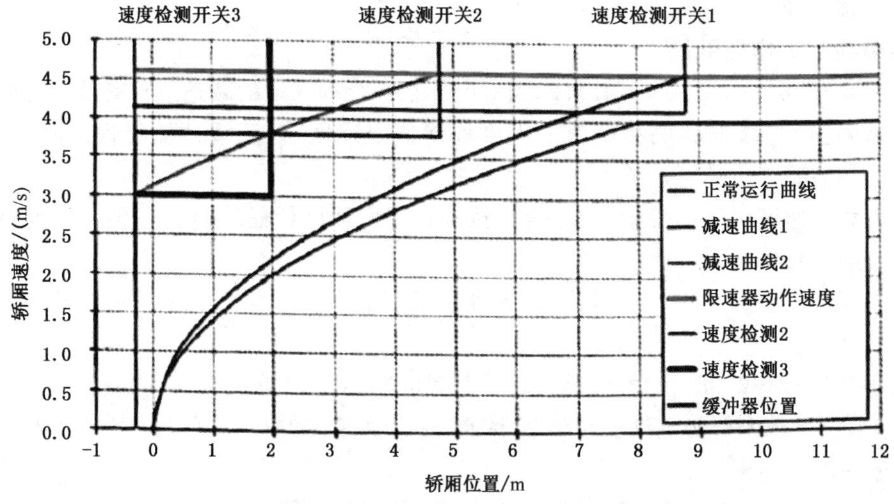

图 1-500　轿厢速度与轿厢位置的关系

以下是某电梯公司的电梯终端速度监控装置，该电梯终端速度监控装置型式试验报告编号为TXF360-003-080001。该装置通过设置在限速器上的ETSD(见图1-501)对电梯速度进行监控；通过设置在井道上、下终端各三个ETS(见图1-502)检测器监控轿厢位置与缓冲器的距离。其工作原理如图1-503所示，通过ETS对轿厢与终端距离以及电梯速度相对关系进行监控，确保当电梯轿厢或对重将要撞击缓冲器时，将电梯的速度控制在撞击缓冲器适用范围内。

图 1-501　电梯终端速度监控装置

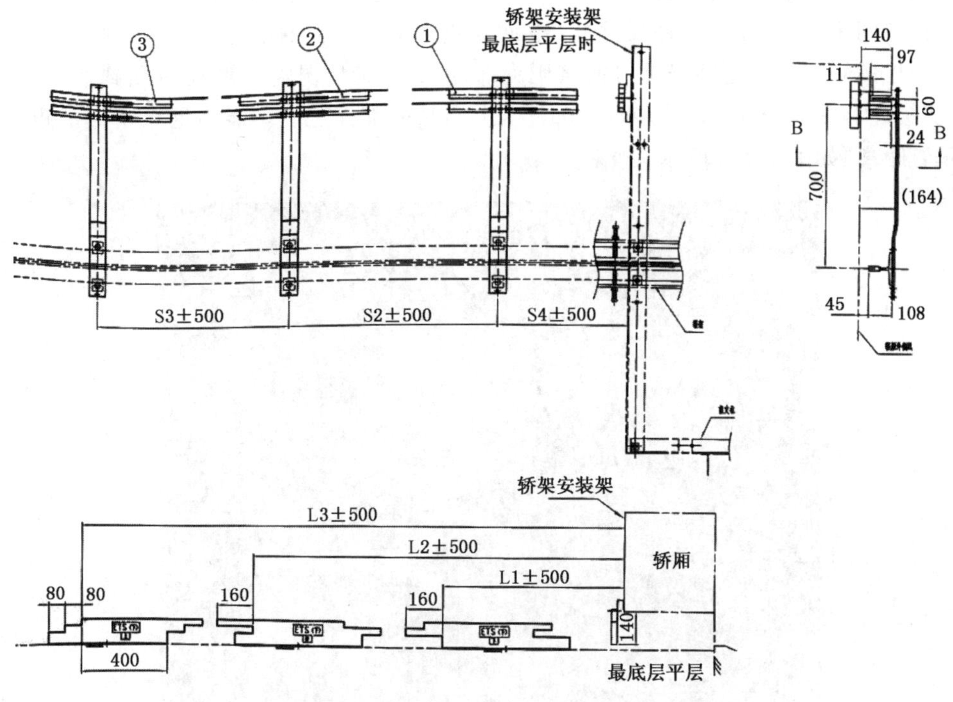

图 1-502　设置在井道上、下终端各三个 ETS

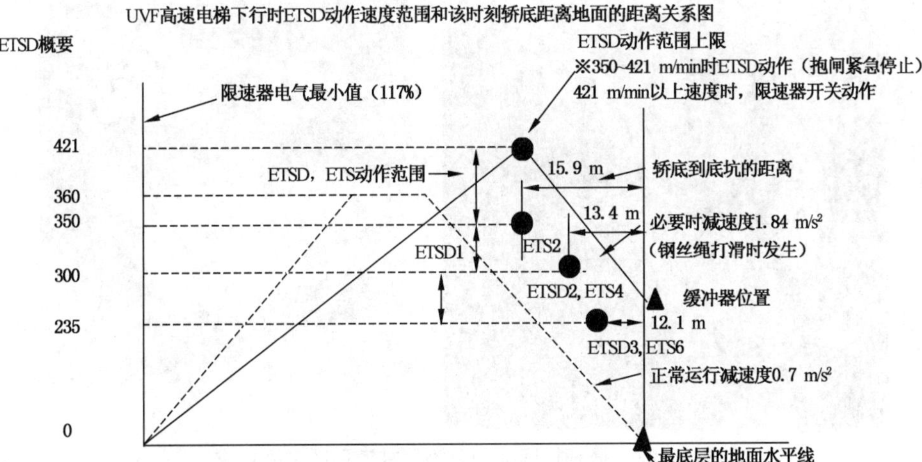

ETSD, ETS概述：电梯下行时，当电梯速度超过以上限定速度的时候ETSD动作，当电梯下行到限定的位置时，轿顶上的ETS测速器开始转动，如上图所示是电梯与地面距离和速度的关系。例如，当离地面还有15.9 m时，如果速度超过350 m/min则ETS2和ETSD1都会断开，随机电气回路32602449中由于ETS2和ETSD1的断开，所以继电器50ES动作，使安全电路（图32602448）中的50ES继电器触点断开，安全回路断开，抱闸紧急停止，ETSD2, ETS4及ETSD3, ETS6的动作距离和速度依此类推。

图 1-503　工作原理

【说明解释】

(1) 轿顶最高部件到井道顶最低部件的自由垂直距离大于或等于 $0.3+0.35v^2$ 是为了防止挤压轿顶人员的头部。为了保护轿顶人员的头部，仅考虑垂直距离是不够的，还需要考虑轿顶部件到井道顶部件的侧向距离。部分井道由于反绳轮、空调等原因(见图 1-504),造成顶部空间不足,安装单位将反绳轮、空调等正上方机房地面向上抬起(见图 1-505),抬起部分护栏的轿顶部件之间仍然可能挤压头部,因此这种情况需要考虑轿顶到达极限位置时(压实缓冲器并提升 $0.035v^2$),轿顶部件与井道顶的部件之间均能满足 0.3 m 的距离(不仅是垂直距离,如图 1-506 所示)。

图 1-504　反绳轮高于护栏

图 1-505　提高机房地面以满足井道顶部空间要求

(2) GB/T 7588.1—2020 修改了有关井道顶部空间要求描述,使之更具合理性和操作性,也更容易理解。GB/T 7588.1—2020 中 5.2.5.7.2 规定,当轿厢位于规定的最高位置(压实缓冲器并向上运行 $0.035v^2$)时,井道顶最低部件(包括安装在井道顶的梁及部件,如图 1-507 所示)与下列部件之间的净距离:

a) 在轿厢投影面内,与固定在轿厢顶上设备最高部件[不包括 b)、c)所述的部件]之间的垂直或倾斜的距离应至少为 0.50 m。

b) 在轿厢投影面内,导靴或滚轮、悬挂钢丝绳端接装置和垂直滑动门的横梁或部件(如果有)的最高部分在水平距离 0.40 m 范围内的垂直距离不应小于 0.10 m。

c）轿顶护栏最高部分：

1）在轿厢投影面内且水平距离 0.40 m 范围内和护栏外水平距离 0.10 m 范围内，应至少为 0.30 m；

2）在轿厢投影面内且水平距离超过 0.40 m 的区域任何倾斜方向距离，应至少为 0.50 m。

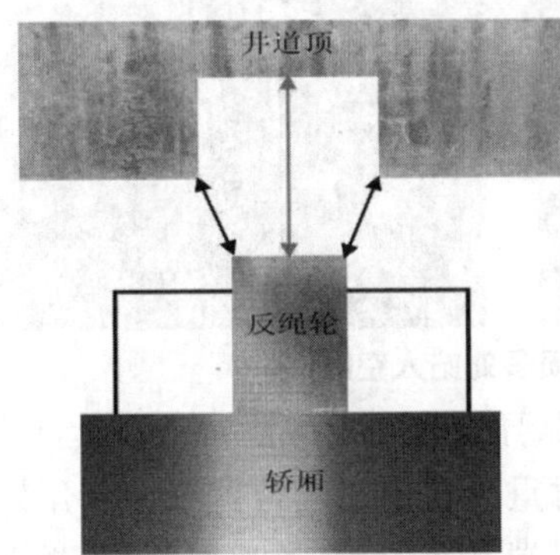

图 1-506　极限位置示意图

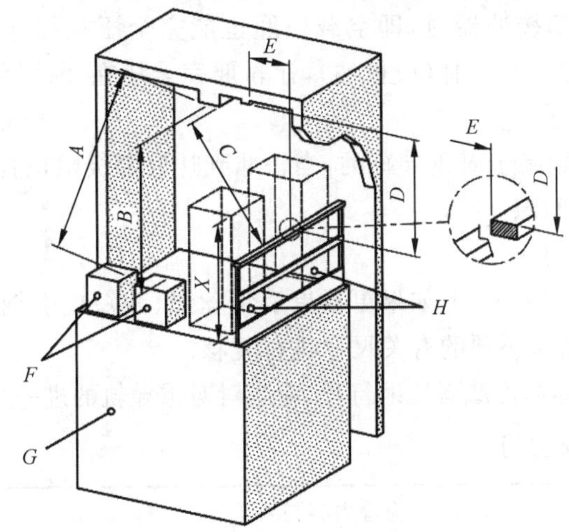

A—距离≥0.50 m；B—距离≥0.50 m；C—距离≥0.50 m；D—距离≥0.30 m；E—距离≤0.40 m；F—安装在轿顶的最高部件；G—轿厢；H—避险空间；X—避险空间的高度。

图 1-507　轿顶部件与井道顶最低部件之间的最小距离

（3）“轿顶可以站人的最高面积的水平面……”是指轿顶上可能有多个满足面积不小于 0.12 m^2（短边不小于 0.25 m）的站人空间（见图 1-508），其中最高的那个的水平面与位于轿厢投影部分井道顶最低部件的水平面之间的自由垂直距离不小于 $1.0+0.035v^2$（m）。因此，即使轿顶有多个面积不小于 0.12 m^2（短边不小于 0.25 m）的站人空间，也只测量最高的那个即可。

3.2.2　对重导轨制导行程

【监督检验工作指引】

（1）轿厢完全压在缓冲器上时对重导轨的制导行程为轿厢在底层端站平层时对重导轨

的制导行程减去轿厢与缓冲顶面距离与缓冲器压缩行程之和。

图 1-508　轿顶多处站人空间

(2) 轿厢在底层端站平层时对重导轨的制导行程测量方法：将轿厢运行到顶层端站，在轿顶将粉笔、凡士林或类似的油脂物涂抹在对重导轨的适当位置或者利用磁块吸附在对重导轨工作面适当位置，然后将轿厢运行到底层端站平层后，再返回轿顶，根据粉笔、凡士林、油脂痕迹或磁块位置测量。

(3) 轿厢侧为耗能型缓冲器时，即空载轿厢也能完全压在缓冲器上，试验方法可以简化，先在对重导轨上部涂上凡士林(或黄油)，让轿厢完全压在缓冲器上后，再上轿顶测量对重导靴在对重导轨的痕迹。

(4) 对于对重反绳轮高于对重导靴的，当轿厢到达底部极限位置(压实缓冲器)时，对重反绳轮与井道顶部具有间隙。

【定期检验工作指引】

定期检验虽然没有该项目，但如果更换曳引钢丝绳、截短曳引钢丝绳、改变对重缓冲器高度或者压缩行程，应当对轿顶的有关尺寸进行复核。

如果改变轿厢缓冲器高度或者压缩行程，应当对对重导轨的进一步制导行程进行复核。

3.3　强制驱动电梯顶部空间

项目及类别	检验内容与要求	检验方法
3.3 强制驱动电梯顶部空间 C	(1) 轿厢从顶层向上直到撞击上缓冲器时的行程不小于 0.50 m，轿厢上行至缓冲器行程的极限位置时一直处于有导向状态； (2) 当轿厢完全压在上缓冲器上时，应当同时满足以下条件： ① 轿顶可以站人的最高面积的水平面与位于轿厢投影部分井道顶最低部件的水平面之间的自由垂直距离不小于 1.0 m； ② 井道顶部最低部件与轿顶设备的最高部件之间的自由垂直距离不小于 0.30 m，与导靴或滚轮、钢丝绳附件、垂直滑动门横梁等的自由垂直距离不小于 0.10 m； ③ 轿厢顶部上方有一个不小于 0.50 m×0.60 m×0.80 m 的空间(任意平面朝下均可)。 (3) 当轿厢完全压在缓冲器上时，平衡重(如果有)导轨的长度能提供不小于 0.30 m 的进一步制导行程	(1) 测量轿厢在上端站平层位置时的相应数据，计算确认是否满足要求； (2) 用痕迹法或其他有效方法检验平衡重导轨的制导行程

【适用范围】

本项只适用于强制驱动电梯，对于曳引驱动电梯检验报告可不编排本项或填写“无此项”。

3.3.1　顶部行程与导向

【监督检验工作指引】

将电梯运行到顶层端站平层，在轿顶分别测量，轿厢上撞板与上缓冲器的距离 H_M、上极限开关与极限开关打板的距离 J_S、极限开关打板的长度 L；通过查缓冲器型试试验报告等方法确定上缓冲器的压缩行程 H_D；计算确认，极限开关打板的长度 L 与上极限开关打板的距离 J_S 之和，应大于轿厢上撞板与上缓冲器的距离 H_M 与上缓冲器的压缩行程 H_D 之和。

3.3.2　当轿厢完全压在上缓冲器上时，应当同时满足的条件

【监督检验工作指引】

参考 3.2.1 的【监督检验工作指引】。

3.3.3　平衡重导轨制导行程

【监督检验工作指引】

参考 3.2.2 的【监督检验工作指引】。

3.4　井道安全门

项目及类别	检验内容与要求	检验方法
3.4 井道安全门 C	(1) 当相邻两层门地坎的间距大于 11 m 时，其间应当设置高度不小于 1.80 m、宽度不小于 0.35 m 的井道安全门(使用轿厢安全门时除外)； (2) 不得向井道内开启； (3) 门上应当装设用钥匙开启的锁，当门开启后不用钥匙能够将其关闭和锁住，在门锁住后，不用钥匙能够从井道内将门打开； (4) 应当设置电气安全装置以验证门的关闭状态	(1) 测量相关数据； (2) 打开、关闭安全门，检查门的启闭和电梯启动情况

【适用范围】

对于相邻两层门地坎的间距都小于 11 m 且没有井道安全门的电梯，本项填写“无此项”。

【说明解释】

(1) 在 GB 7588—2003 刚刚开始实施的时候，电梯专家们就井道安全门的作用进行过激烈的讨论，有的专家认为电梯轿厢滞留在井道内不能从层站接近轿顶时，救援人员在井道安全门处使用消防梯到达轿顶，然后通过安全窗将乘客从轿厢撤离至轿顶，最后使用消防梯到达井道安全门处撤离乘客，因此井道安全门需要与轿厢安全窗同时配备才能满足救援需求。另外有的专家认为井道安全门只是供救援人员到达轿顶复位安全钳，复位安全钳后移动轿厢到相应的层站处，打开轿门救援被困乘客，在救援的过程中乘客不允许离开轿厢。经过多次与 CEN 的沟通和交流，明确了井道安全门的目的是便于救援人员接近轿顶，而不是用于撤离乘客。其主要原因有：

——轿厢一旦滞留在井道中，复位安全钳后，根据电梯紧急救援装置的配备情况均能将轿厢移动到层站处；

——为了保护乘客在紧急救援过程中的安全，应将乘客置于轿厢中。轿顶和井道内的防护措施不能保证乘客的安全。

——救援过程中使用的消防梯，不便于乘客使用，特别是身体不适的乘客。

(2) 井道安全门的设置目的是便于救援人员接近轿顶，井道安全门可以设置在非层门侧，例如井道侧面或背面，但需要错开电梯对重的运行路径。

(3) 相邻两地坎之间的间距小于 11 m，是因为欧洲有消防员救援的情况，根据欧洲消防梯的长度来界定地坎之间的距离。我国的电梯救援主要由电梯作业人员进行，并且我国所用的消防梯长度与欧洲所使用的消防梯长度也存在不小的差异，因此 11 m 的要求对于我国的电梯救援而言要求有点宽，不完全适用于我国的国情。GB/T 7588.1—2020 中 5.2.3.1 在原有的基础上，补充了一个条款：

c) 在上述 a)或 b)均不能满足的情况下，应充分考虑上部层门(或安全门)地坎与轿顶间的距离，使胜任人员能够安全地到达和离开轿顶，可采取以下措施之一：

1) 当相邻层门(或安全门)地坎间的距离不大于 18 m 时，可采用在现场可获得的消防用防坠落装备(见 GA 494)，消防安全绳的长度与相邻地坎间的距离相适应。如果采用消防用防坠落装备，在上部层门(或安全门)附近的井道外建筑结构上设置安全固定点，其承载能力不应小于 22 kN；或

2) 采用设置在井道内的固定式钢斜梯(见 GB 4053.2)或具有安全护笼的固定式钢直梯(见 GB 4053.1)，并提供在上部层门(或安全门)、所设置的钢斜梯(或钢直梯)以及轿顶之间安全进出的措施(例如：采用符合 GA 494 的消防安全绳成套系统等)。

针对上述 c)，制造商(或安装商)应与建筑业主(建筑设计单位或施工单位)就救援组织、救援程序、救援设备以及胜任人员的培训和演练等内容达成一致(见 0.4.2)。

GB/T 7588.1—2020 指出，"相邻"是指两个相邻的具有层门(或安全门)的楼层，无论贯通门还是直角门，如图 1-509 所示。图 1-509c)是融合了贯通门和直角门的三开门电梯。

(4) 井道安全门的锁，在井道外使用时需要满足用钥匙开启，不用钥匙进行锁住的要求。该要求的主要目的是防止无意打开井道安全门而导致坠落，以及为了防止关门时将门关闭但是未锁住而发生坠落事故。部分井道安全门的门锁在门关闭后，需要提起门把手或者旋转门把手才能将门锁住，这种门锁是不符合要求的安全门门锁。因为这种门锁具有门关闭，但未锁住的中间状态，而井道安全门的电气安全装置仅验证井道安全门的闭合，在此中间状态下电梯已经可以投入正常运行，此时打开井道安全门将导致剪切(被制停中的轿厢剪切)或坠落等事故。

【监督检验工作指引】

(1) 允许在不停站的层设置井道安全门，也允许用不停站的层门作为井道安全门使用。

(2) 井道安全门的材料、强度等应达到层门的要求，即用 300 N 的力垂直作用于该层门的任何一个面上的任何位置，且均匀地分布在 5 cm^2 的圆形或方形面积上时，应能：

① 无永久变形；

② 弹性变形不大于 15 mm；

③ 试验期间和试验后，门的安全功能不受影响。

(3) 通往井道安全门外侧的通道应当通畅，并且不经过私人空间。

(4) 井道安全门关闭后应完全封闭，如果井道安全门设置在轿门侧，井道安全门与轿厢的间距应符合 3.7 的要求。

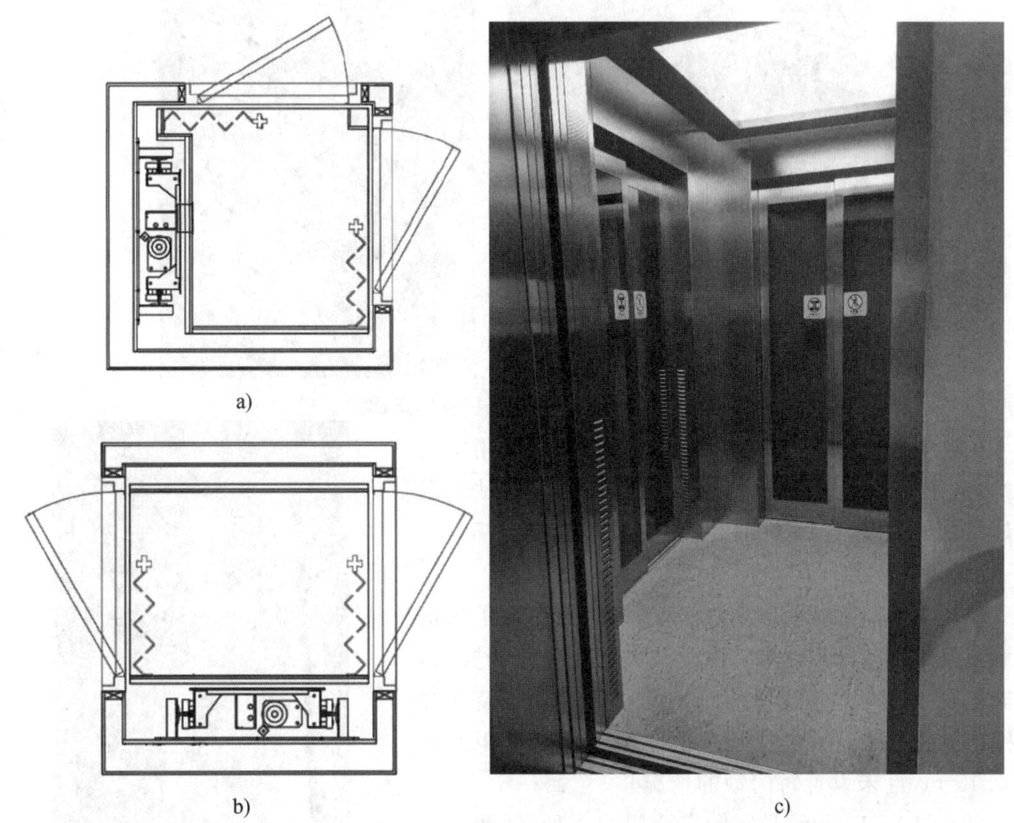

图 1-509　贯通门、直角门和三开门

【定期检验工作指引】

相邻两层门地坎的间距大于 11 m 未设井道安全门且已注册登记的电梯，定期检验不做要求。但如果由于中间层站停用且该层站已封闭，造成相邻两层门地坎的间距大于 11 m，应设井道安全门。

【参考做法】

(1) 考虑到该项目所要求的 11 m 是整数，如果相邻两层门地坎的间距大于 11 m 但不大于 11.50 m 时，按四舍五入修约为 11 m，可按不需设置井道安全门处理。

(2) 在特殊的情况下，使用单位不允许或因土建问题无法设置井道安全门(如银行去地下金库的电梯/已有电梯的井道内更换电梯)，或者即使设了井道安全门也无法进行有效救援(如中间完全悬空的电梯井道)等，如果采取了有效的措施，经电梯制造方确认，能保证在电梯发生故障或停电情况下无法电动移动轿厢时(尤其是无手动盘车装置的电梯)，能通过机械方式或其他有效措施将被困人员从轿厢内解救出来，且通过演练证实有效，可以不设置井道安全门，但应提供与实际相符的应急救援制度及演练记录(图片或视频)。如图 1-510 所示的在井道外或井道内设置带护圈的爬梯。

图 1-510　设置带护圈的爬梯

(3) 如果仅采用取消外呼和内选的方式停用中间层站，且停用的层站外畅通，而导致相邻使用层站的层门地坎间距离大于 11 m 时，可以不设井道安全门。

【常见事例】

(1) 图 1-511 所示是井道安全门的一种，为了保证能满足 TSG T7001 中 3.7 轿厢与井道壁距离的要求，除非轿厢装有机械锁紧的门，井道安全门应安装在井道壁的内侧。图 1-512 所示是轿厢到安全门的距离大于 0.15 m，且未设置轿门锁的情况。

(2) 图 1-513 所示是轿厢安全门的一种，轿厢安全门应满足 TSG T7001 中 4.3 及 GB 7588—2003 中 8.12.4 的要求，详见 TSG T7001 中 4.3。

图 1-511　井道安全门

3.4.1　安全门设置

【监督检验工作指引】

(1) 查阅井道图并结合实际测量。

(2) 在某些特殊情况下，如两个层门之间距离很大时(如电视塔)，其间可能需要设置多个井道安全门，相邻井道安全门地坎之间的距离、相邻井道安全门地坎与层门地坎之间的距离也不应大于 11 m。此外，按照《特种设备安全监察条例》，乘客滞留轿厢 2 h 以上，属于一般事故，因此，还应考虑救援时间问题。

(3) 如同一井道内有相邻的两台电梯，其轿厢之间的水平距离不大于 0.75 m，允许在轿厢上设置高度不小于 1.80 m，宽度不小于 0.35 m 的安全门，当其中一台出现故障时，另一台电梯可以起救援作用，此时相邻层站地坎的间距不受限制。

【注意事项】

(1) 根据 TSG T7001 中 3.9“井道内防护”的要求，如果轿厢顶部边缘和相邻电梯的运动部件之间的水平距离小于 0.5 m，隔障应当贯穿整个井道，宽度至少等于运动部件或者运动部件的需要保护部分的宽度每边各加 0.10 m。也就是说，当轿厢顶部边缘和相邻电梯的运动部件之间的水平距离小于 0.5 m 时，井道隔障会阻碍使用轿厢安全门，所以只有当相邻的两台电梯的轿厢之间水平距离大于 0.5 m 且不大于 0.75 m 时，才可以用轿厢安全门代替井道安全门。

图 1-512 安全门的设置不符合要求

图 1-513 轿厢安全门

(2) 对于设置了轿门机械锁的电梯，虽然轿厢与面对轿门的设置的井道安全门之间的距离不受限制，对图 1-514 所示井道安全门所在位置具有较大尺寸的井道圈梁，其在井道的凸出部分水平尺寸≥0.15 m 时则可供人员站立，应将该圈梁做成斜面以防止人员滞留在该区域[见 GB 7588—2003 中 5.2.1.2 2)c)和图 1，以及 GB/T 7588.1 中 5.2.5.2.2.2]。对图 1-514 所示井道安全门前的井道圈梁，还应考虑人员从护栏外侧的平台坠入井道的风险，在该附属平台上、护栏的对面应设置防护装置。

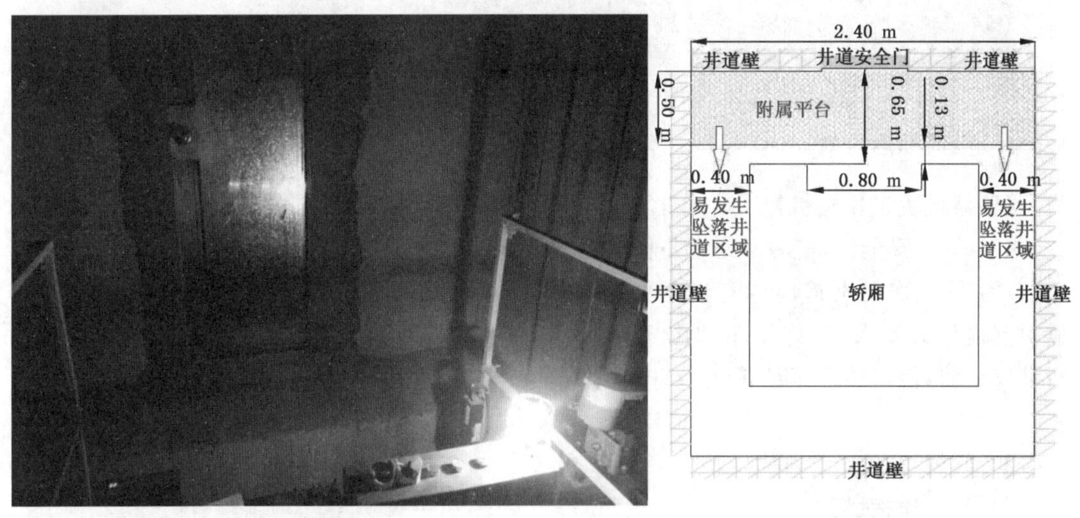

a) 现场图 b) 平面图

图 1-514 井道安全门与轿厢之间有平台

(3) 对于设置在层门侧的井道安全门，在井道安全门处，轿厢地坎与井道壁和井道安全门的距离应符合 TSG T7001 中 3.7 项的要求(见图 1-515)。

图 1-515　井道安全门处轿厢地坎与井道壁的距离

(4) 对于井道安全门不是设置在轿门侧，从井道安全门通往轿顶的通道应当无障碍物，安全门不应设置在对重的运行区域内。图 1-516 所示为不符合要求的井道安全门。

图 1-516　安全门设置在对重侧

3.4.2　门的开启方向

【监督检验工作指引】

(1) 打开安全门，检验其是否不能向内开启。

(2) 同机房门不得向内开启的要求一样，只要其满足其他相关要求，允许使用如图 1-517 所示的水平滑动安全门，但门锁应满足 TSG T7001 中 3.4(3)的要求。

图 1-517　水平滑动安全门

3.4.3　门锁

【检验工作指引】

(1) 目测及模拟功能试验。

(2) 在井道外将门打开，然后将门关闭，验证井道安全门门锁是否存在门关闭，但未锁紧的中间状态。

(3) 其他可参考机房门锁要求。

3.4.4 电气安全装置

【检验工作指引】

(1) 检验时打开井道安全门可以停止电梯的运行。

(2) 井道安全门关闭后,电气安全装置才接通。

(3) 电气安全装置应为安全触点式,如图 1-518 所示。左侧图的安全触点在开门时强制断开,而右侧图的安全触点在关门时强制闭合,开门时靠开关内的弹簧断开,因此其不符合要求。

(4) 电气安全装置只需要验证安全门的关闭,不需要验证门的锁紧。

(5) 电气安全装置不应串联在门回路中。如果井道安全门的电气安全装置串联在层门回路中,当旁路层门时可以打开井道安全门而检修或紧急电动运行电梯,此时存在剪切危险。因此井道安全门的电气安全装置应串联在安全回路中。

图 1-518 电气安全装置(左侧符合,右侧不符合)

【参考做法】

有些早期电梯的井道安全门会安装在井道外表面,井道安全门与轿厢的间距无法满足 3.7 的要求。如果无法将井道安全门移装到井道内表面,可以在井道内表面增加如图 1-517 所示的水平滑动安全门,但要满足以下几个要求:

(1) 井道内水平滑动安全门与轿厢的间距符合 3.7 的要求,且设置电气安全装置以验证该井道内水平滑动安全门的关闭状态;

(2) 井道内水平滑动安全门和井道外安全门尺寸满足高度不小于 1.80 m、宽度不小于 0.35 m 的要求;

(3) 至少有一个安全门上装设用钥匙开启的锁,当门开启后不用钥匙能够将其关闭和锁住,而且在门锁住后,不用钥匙能够从井道内将两个门打开。

3.5 井道检修门

项目及类别	检验内容与要求	检验方法
3.5 井道检修门 C	(1) 高度不小于 1.40 m,宽度不小于 0.60 m; (2) 不得向井道内开启; (3) 应当装设用钥匙开启的锁,当门开启后不用钥匙能够将其关闭和锁住,在门锁住后,不用钥匙也能够从井道内将门打开; (4) 应当设置电气安全装置以验证门的关闭状态	(1) 测量相关数据; (2) 打开、关闭安全门,检查门启闭和电梯启动情况

【适用范围】

对于无井道检修门的电梯,本项填写“无此项”。

【说明解释】

(1) 井道检修门是电梯作业人员进入井道的通道,如果设置井道检修门,则应在检修门所在的位置设置机械锁定装置,或者在检修门的位置设置平台、走台等。

(2) 检修活板门是电梯作业人员位于井道外,通过活板门将手伸入井道进行作业的开口。为了防止人员坠入井道,因此检修活板门的尺寸不能太大。同时检修活板门所在的位置井道内也不需要设置相应的平台、走台等。

(3) 现场检验的时候需要根据维修的需要先确定是应该设置井道检修门还是检修活板门,再根据不一样的要求进行检验。许多场合需要设置井道检修门,但其不能满足相应尺寸或者平台等要求,而设置了检修活板门,此时应当判定其井道检修门不符合要求。

(4) 根据 GB 7588—2003 中 15.5.1,在井道外,检修门近旁,应设有一须知,指出:

“电梯井道——危险

未经许可禁止入内”

3.5.1 门的尺寸

【监督检验工作指引】

(1) 检验时使用卷尺测量相关数据。

(2) 规定大小是保证带工具的维修人员正常进出。

3.5.2 门的开启方向

【监督检验工作指引】

参考 3.4 井道安全门。

3.5.3 门锁

【检验工作指引】

检修门上锁是保护其不会意外开启,从井道内开启是方便维修时操作。

3.5.4 电气安全装置

【检验工作指引】

(1) 检验时打开井道检修门可以停止电梯的运行。

(2) 井道检修门关闭后,电气安全装置才接通。

(3) 与井道安全门类似,检修门和检修活板门的电气安全装置也不应当串联在层门回路中。

3.6　导轨

项目及类别	检验内容与要求	检验方法
3.6 导轨 C	(1) 每根导轨应当至少有 2 个导轨支架，其间距一般不大于 2.50 m（如果间距大于 2.50 m 应当有计算依据），安装于井道上、下端部的非标准长度导轨的支架数量应当满足设计要求； (2) 导轨支架应当安装牢固，焊接支架的焊缝满足设计要求，锚栓（如膨胀螺栓）固定只能在井道壁的混凝土构件上使用； (3) 每列导轨工作面每 5 m 铅垂线测量值间的相对最大偏差，轿厢导轨和设有安全钳的 T 型对重导轨不大于 1.2 mm，不设安全钳的 T 型对重导轨不大于 2.0 mm； (4) 两列导轨顶面的距离偏差，轿厢导轨为 0～+2 mm，对重导轨为 0～+3 mm	目测或者测量相关数据

【说明解释】

(1) 导轨的类型

电梯导轨有实心导轨、对重空心导轨两种。

实心导轨是机加工导轨，是由导轨型材经机械加工导向面及连接部位而成，其用途是在电梯运行中为轿厢的运行提供导向，小规格的实心导轨也用于对重导向。实心导轨规格很多，按每米质量可分为：8K、13K、18K、24K、30K、50K 等，按导轨底板宽度可分为 T45、T50、T70、T75、T78、T82、T89、T90、T114、T127、T140 等。

对重空心导轨是冷弯轧制导轨，是由卷板材经过多道孔型模具冷弯成型，主要用于电梯运行中为对重提供导向。空心导轨按每米质量可分为 TK3、TK5，按导轨端面形状可分为直边和翻边，即 TK5 和 TK5A。

(2) 导轨支架数量

TSG T7001—XG1 要求对于每根导轨都至少有 2 个支架，虽然 TSG T7001—XG2 放宽了对端部导轨支架数量的要求，只需要安装于井道上、下端部的非标准长度导轨的支架数量满足设计要求，但是对于上、下端部为标准导轨的，其支架数量仍要求至少为 2 个。

3.6.1　支架个数与间距

【监督检验工作指引】

(1) 检验时可目测，发觉距离较大时，再用卷尺测量。

(2) 如果间距大于 2.5 m 时，应当由制造厂提供计算依据，表明导轨的强度符合 GB 7588—2003 中 10.1.2 的要求。

(3) 常见的一根导轨只有一个支架的情况多发生在顶端的导轨上，如图 1-519 所示，因此检验时应注意顶端导轨的支架数量。

(4) 对于顶端导轨采用支架和螺栓连接的，应符合设计要求。对于图 1-520 所示的只采用部分螺栓连接的，应提供设计说明；对于图 1-521 所示的顶端导轨与下部导轨采用焊接连接的，可判为不合格。

(5) 对于图 1-522 所示导轨间连接板缺螺栓或为焊接的，可判为不合格。

图 1-519 顶端导轨只有一个支架

图 1-520 顶端导轨连接螺栓连接不可靠

图 1-521 顶端导轨焊接连接

a) 缺螺栓

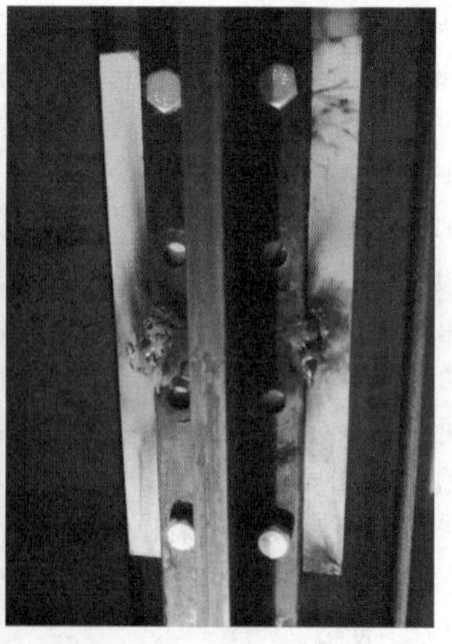

b) 焊接

图 1-522 不合格的导轨连接

3.6.2　支架安装

【监督检验工作指引】

(1) 锚栓(如膨胀螺栓)固定只能在井道壁的混凝土构件上使用,如图 1-523 所示;焊接支架应当采用双面连续焊缝,图 1-524a)所示为可靠的焊接支架;图 1-524b)所示为不可靠的焊接支架。

(2) 非混凝土构建的井道壁使用其他方法(如穿墙螺栓)固定时,如图 1-525 所示,应有部件安装图为依据。

(3) 注意砖墙的预埋构件如果太小,可能会整体开裂松脱,如图 1-526 所示。

图 1-523　膨胀螺栓固定

a) 固定可靠　　b) 固定不可靠

图 1-524　焊接支架

3.6.3　导轨工作面铅垂度

【监督检验工作指引】

(1) 测量时要等铅垂线稳定时测量,或用激光垂准仪测量。

(2) T 型导轨工作面包括侧面和顶面,两侧为主工作面。

图 1-525　非混凝土结构的穿墙螺栓连接

图 1-526　导轨整体失稳

【定期检验工作指引】

虽然定期检验没有该项目，但是也应注意导轨的情况，对于导轨发生如图 1-527 所示的严重弯曲的，在《特种设备检验意见通知书》中填写 TSG T7001 第十七条的第（四）项。

图 1-527　导轨弯曲

3.6.4　导轨顶面距离偏差

【监督检验工作指引】

（1）偏差值的基准值是该电梯井道图纸中标明的设计值。

（2）测量井道的上、中、下三处。

（3）由于运输或安装不到，导轨可能发生缺损，如图 1-528 所示，检验时应注意。

图 1-528　导轨有缺损

【参考做法】

（1）许多电梯在使用过程中存在丢失信号、自动返基站等现象，据统计，这类现象与导轨的顶面距离偏差、工作面铅垂度偏差具有很大的关系。顶面偏差过小将导致变频器输出变大，进而变频器自动保护；顶面偏差过大或工作面铅垂度偏差过大则导致轿厢在运行时不能沿直线运行，一旦平层感应器的安装存在一定的偏差，将导致轿厢经过层站时不能获得平层感应器信号，进而轿厢自动返基站。因此遇到该类问题时，首先可以从导轨的安装精度来排查，进而排查平层感应器和隔磁板的配合尺寸。

（2）图 1-529 所示为固定导轨延伸到机房的情况，如果其井道内部分的进一步制导行程满足 TSG T7001 中 3.2.1 的要求，可视为符合要求，但其开口处应符合 TSG T7001 中 2.4 的要求。

图 1-529　导轨延伸到机房

（3）根据 GB/T 10060—2011《电梯安装验收规范》中 5.2.5.9，设有对重安全钳的对重导轨和轿厢导轨，其下端的导轨支座应支撑在坚固的地面上，因此对于图 1-530 所示的悬空导轨，可在《特种设备检验意见通知书》中填写 TSG T7001 第十七条的第（四）项。

（4）定期检验中，如发现导轨支架严重锈蚀（见图 1-530），可在《特种设备检验意见通知书》中填写 TSG T7001 第十七条的第（四）项。

图 1-530 导轨悬空且支架严重锈蚀

3.7 轿厢与井道壁距离

项目及类别	检验内容与要求	检验方法
3.7 轿厢与井道壁距离 B	轿厢与面对轿厢入口的井道壁的间距不大于 0.15 m，对于局部高度小于 0.50 m 或者采用垂直滑动门的载货电梯，该间距可以增加到 0.20 m。 如果轿厢装有机械锁紧的门并且门只能在开锁区内打开时，则上述间距不受限制	测量相关数据；观察轿厢门锁设置情况

3.7.1 轿门没有机械锁紧装置的轿厢与井道壁距离

【说明解释】

(1) 要求“轿厢与面对轿厢入口的井道壁的间距不大于 0.15 m”，其目的是防止人从轿门位置坠入底坑，防止发生坠落的伤害。在轿厢轿门位置，容易导致坠落的位置通常是地坎位置，但轿门的底部位置也可能发生斜向坠入底坑的事故。因此该条款所要求的 0.15 m 的距离包括轿厢地坎与井道壁之间的距离、轿厢门框架或滑动门与井道壁的距离。

轿门上的安全触板或光幕，如果必须使用工具才能被拆卸，在电梯正常使用时能够保持在相应位置防止坠落，所以可以认为是轿门的一部分，测量时可以从安全撞板或光幕边缘开始；如果安全撞板或光幕不需要使用工具即可拆卸(例如塑料卡扣)，则在电梯使用时也可能被人为拆除，因此其不能作为轿门的固定部件，测量该尺寸时需要从轿门的边缘开始。

井道壁理论上是平整的，在实际使用中有许多不平整之处，在测量该尺寸时应运行电梯在整个轿门的开门宽度内选择凹入深度最大处测量井道壁的距离。对于具有井道安全门、检修门的井道，如果位于轿厢运行路径内并且轿门与之有部分重叠，应测量至井道安全门和检修门的边缘。因此对于井道安全门来说，通常应安装在井道内侧，否则难以满足 0.15 m 的要求。

(2) 根据 GB 7588—2003 第 002 解释单，当轿厢与面对轿厢入口的井道壁之间的间距不满足 GB 7588—2003 中 11.2 的规定时，可在轿厢与面对轿厢入口的井道壁之间增设防护壁，以保证轿厢与防护壁之间的间距符合 GB 7588—2003 中 11.2 的要求，但是，增设的防护壁应满足 GB 7588—2003 中 5.4.2 和 5.4.3 的规定。防护壁采用网孔结构不符合 GB 7588—2003 的规定。

GB 7588—2003 中 5.4.2 和中 5.4.3 是对层门地坎下端井道壁的要求，该要求比一般井道壁的要求高，详细见 TSG T7001 中 3.8 的要求。

【检验工作指引】

(1) 如果轿厢没有机械锁紧的门，轿厢的地坎、门框、门扇、安全触板等所有边框与井道壁(包括井道安全门内壁板)距离应满足图 1-531 所示的尺寸要求：

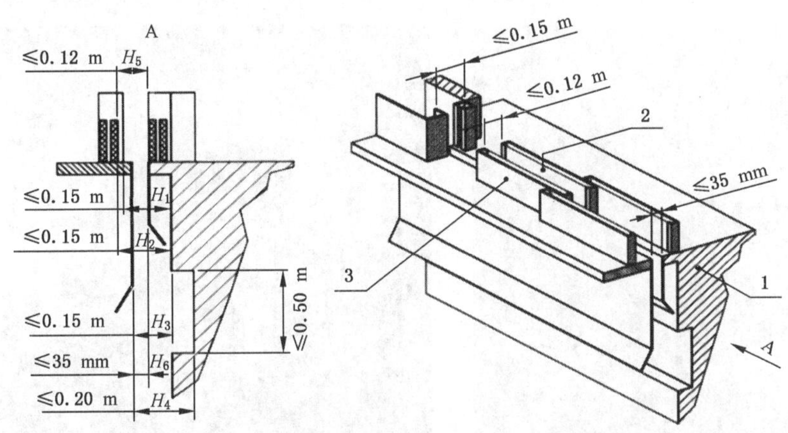

1—井道壁；2—层门最快门扇；3—轿门最快门扇。

图 1-531　轿厢与面对轿厢入口的井道壁的间距

H_1：电梯井道内表面与轿厢地坎滑动门的最近门口边缘的水平距离≤0.15 m；

H_2：电梯井道内表面与轿厢门框架的最近门口边缘(包括要用工具才能拆卸的安全触板或光幕)的水平距离≤0.15 m；

H_3：电梯井道内表面与轿厢地坎的水平距离≤0.15 m；

H_4：当高度不大于 0.50 m 时，电梯井道内表面与轿厢地坎滑动门的最近门口边缘的水平距离≤0.2 m；

H_5：在整个正常操作期间，轿门前缘与层门前缘之间的水平距离，即通向井道的间隙，不应大于 0.12 m；

H_6：轿厢地坎与层门地坎的水平距离不得大于 35 mm。

(2) 采用在井道壁上加装防护板，以减小轿厢与面对轿厢入口的井道壁的间距的，防护板应满足 TSG T7001 中 3.1(1)井道壁的要求，且不能为网状结构。

(3) 对于设置贯通轿门等多个轿门的电梯，每个轿门与井道壁的距离也应满足本项目要求。

(4) 如果轿厢装有机械锁紧的门并且门只能在开锁区内打开时，则上述间距不受限制。轿门机械锁紧装置的具体要求见以下的 3.7.2 款。

(5) 对于局部高度虽然小于 0.50 m，但是该间距大于 0.2 m，应判为不合格，如图 1-532 所示。

【参考做法】

(1) 若定期检验不符合本项目的要求，可通过在井道壁上加装护板的方式进行整改。如果以加装轿门机械锁，或者拆除电梯原有的轿门锁、轿门闭锁装置在井道壁增加护壁板等方式满足本项要求，都应按重大修理处理。

(2) 对于《电梯监督检验规程》(2002)实施(2002 年 3 月 1 日)前已经安装好的电梯,由于当时允许使用护网等材料装设在面对轿门的井道壁,以保证轿厢与面对轿厢入口的井道壁的间距,虽然护网无法满足 TSG T7001 中 3.1(1)井道壁的要求,如果护网有足够的支承,网孔较小,受到挤压后能保证轿厢与面对轿厢入口的井道壁的间距符合要求,也基本上能防止乘客坠落到井道或轿顶,允许其监护使用,如图 1-533 所示。

图 1-532 局部高度小于 0.50 m、间距大于 0.2 m

图 1-533 井道壁采用护网结构

(3) 在进行该项目检验时,建议检验其是否符合 GB 7588—2003 中 11.2.3 的要求,即:轿门与闭合后层门的水平距离,或各门之间在整个正常操作期间的通行距离,不得大于 0.12 m。0.12 m 是防止电梯在正常开关门的过程中,人员进入层门和轿门之间的间隙,当层门和轿门关闭后电梯离开层站而造成坠落和挤压等危险。需要注意的是,该尺寸仅考虑电梯正常开关门过程中形成的开口尺寸,不考虑层/轿门闭合、轿/层门开启过程中形成的开口尺寸。该间隙的测量如图 1-534 所示。

图 1-535 所示为轿门与闭合后层门的水平距离大于 0.12 m 的情况。

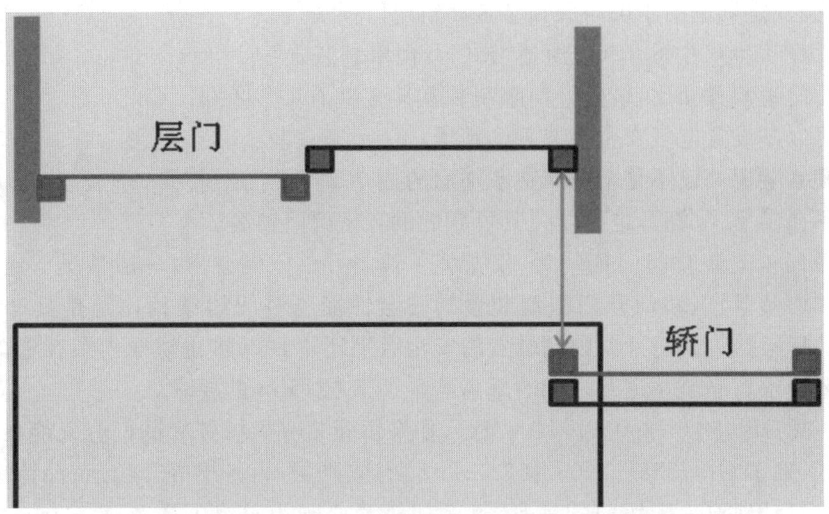

图 1-534　轿门与闭合后层门之间的水平距离示意

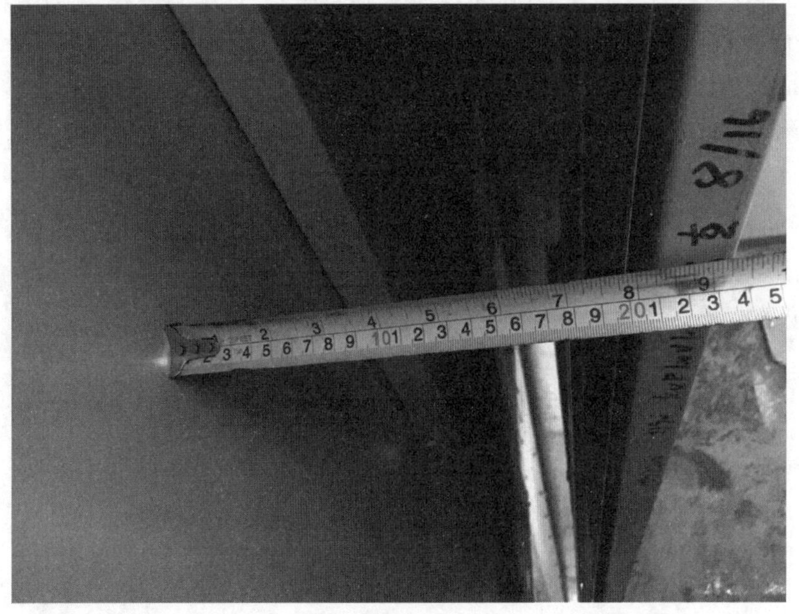

图 1-535　轿门与闭合后层门的水平距离大于 0.12 m

3.7.2　轿门机械锁紧装置

【说明解释】

(1) TSG T7001 中 6.8(4)所述“轿门门锁装置”

不要求控制轿厢至井道壁的距离，是因为即使该距离较大也不会存在乘客坠落的风险。因此轿门需要安装符合 6.8(4)要求的轿门门锁装置。

根据 TSG T7001 中 6.8(4)，轿门门锁装置应当符合 TSG T7001 中 6.8(1)～(3)的要求。该门锁装置的设计和操作应采用与层门门锁装置类似的结构，具有电气安全装置验证门锁的锁紧，并提供轿门锁型式试验证书。TSG T7007—2016 附录 P“门锁装置型式试验要求”也明确规定其适用于层门门锁装置和轿门门锁装置。

(2) TSG T7001 中 6.11(1)所述“轿门开门限制装置”

与轿门门锁装置相比,轿门开门限制装置具有以下几个区别:

——可以不设置电气安全装置验证锁紧;

——锁紧装置可以不是金属制造或加固的;

——不要求型式试验,也就是说其可靠性没有轿门门锁高。

如果轿门未安装轿门门锁装置,仅安装了轿门开门限制装置,一般情况下能够防止乘客离开轿厢而坠落,但轿门开门限制装置的安全性能与轿门门锁相比还是具有一定的差别。目前的标准认为轿门开门限制装置的安全级别还不足以防止轿厢内乘客坠落,所以这种情况下还要求轿厢至井道壁之间的距离满足小于 0.15 m 的要求。

(3) 根据 GB 7588—2003 中 11.2.1c),如果轿厢装有机械锁紧的门且只能在层门的开锁区内打开,除了 GB 7588—2003 中 7.7.2.2 所述(平层、再平层等开门运行)情况以外,电梯的运行应自动地取决于轿门的锁紧,且轿门锁紧必须由符合 GB 7588—2003 中 14.1.2 要求的电气安全装置来证实,则上述间距不受限制。因此按标准要求,对装有机械锁紧的轿门,如果电梯轿厢经过某未选定层站的开锁区时,轿门应处于锁紧状态,只有锁紧后电气安全装置才能解脱。

图 1-536 所示为不符合要求的轿门门锁装置,首先该锁紧装置不是由金属材料制造或加固,其次该装置不具有验证锁紧的电气安全装置,也就不可能具有型式试验证书。

图 1-536 不符合要求的轿门门锁装置

(4) 根据 GB 7588—2003 中 8.11.2,如果电梯由于任何原因停在靠近层站附近开锁区域内,为允许乘客离开轿厢,在轿厢停止并切断开门机(如有)电源的情况下,如层门与轿门联动,从轿厢内用手开启或部分开启轿门以及与其相连接的层门,开门所需的力不得大于 300N。所以在开锁区域内,无论轿门门锁装置是否处于锁紧状态,均应能够手开启轿门以及与其相连接的层门。

【监督检验工作指引】

(1) 只有设置了满足 GB 7588—2003 中 11.2.1c)[即 TSG T7001 中 6.9(2)]要求的轿门门锁装置,轿厢与面对轿厢入口的井道壁的间距才不受限制。

(2) 仅设置“轿门开门限制装置”的电梯,还需要满足该间距要求。

(3) 如果装置的锁紧不是由金属材料制造或加固、不具有电气安全装置，或者电气安全装置不能验证锁紧装置的锁紧，均可以直接判定其不具有轿门门锁装置。

(4) 轿门门锁装置和轿门开门限制装置的有关区别见 6.11“轿门开门限制装置”。

【常见事例】

(1) 图 1-537 所示是一种具有型式试验证书且符合要求的轿门门锁装置。

(2) 图 1-538 所示是一种型号为 LD-M4A 轿门门锁装置，具有编号为 TX F340-026-110043 的型式试验合格证书，2013 年型号改为 ZLD-M4A，新的型式试验合格证书为 TX F340-022-130026。该装置在垂直方向上的啮合深度不足 7 mm，不符合 TSG T7001 中 6.8(4) 轿门门锁装置啮合深度不少于 7 mm 的要求，所以应判定其不合格。

图 1-537　符合要求的轿门门锁装置

图 1-538　啮合深度不符合要求的轿门门锁装置

【定期检验工作指引】

(1) 如果电梯原设有轿门门锁装置，在使用的过程中拆除轿门门锁装置，采用加装井道护壁板方式满足本项要求的，应当视为“更换不同规格的门锁装置”按照重大修理履行相应手续。

(2) 对于原来没有轿门门锁装置，由于轿厢与面对轿厢入口的井道壁的间距不符合要求，以加装轿门闭锁装置的方式满足本项要求的，也应当视为“更换不同规格的门锁装置”按照重大修理履行相应手续。

【注意事项】

(1) 测量位置

测量时，防止门夹人保护装置和轿厢地坎都是轿厢的一部分，因此应以二者离井道壁最近的地方为测量位置，如图 1-539 所示。

图 1-539　测量位置的选择

(2) 井道安全门

井道安全门是井道壁的一部分,因此轿厢与井道安全门的距离也应满足本项的要求。图 1-540 所示为轿厢与井道壁的距离小于 0.15 m,但与井道安全门的距离大于 0.15 m 的情况。

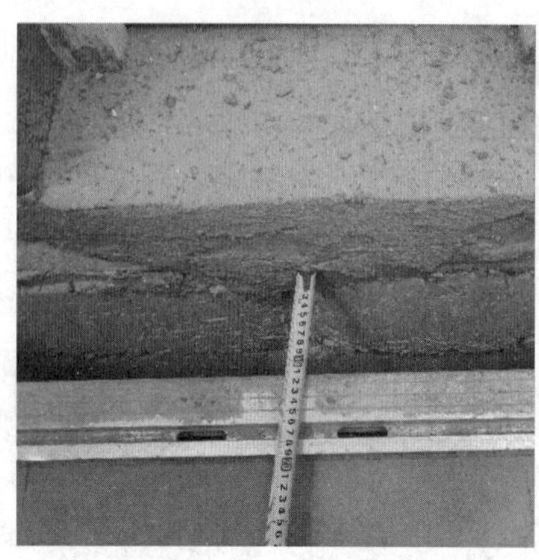

图 1-540　轿厢与井道安全门的距离

(2) 井道顶部

对于如图 1-541 所示,电梯正常运行时到达不了,但是检修运行时能够达到的井道顶部,不需要满足本项的要求。

图 1-541　井道顶部

3.8　层门地坎下端井道壁

项目及类别	检验内容与要求	检验方法
3.8 层门地坎下端井道壁 C	每个层门地坎下的井道壁应当符合以下要求: 形成一个与层门地坎直接连接的连续垂直表面,由光滑而坚硬的材料构成(如金属薄板);其高度不小于开锁区域的一半加上 50 mm,宽度不小于门入口的净宽度两边各加 25 mm	目测或者测量相关数据

【说明解释】

(1) 如图 1-542 所示,轿厢停靠在开锁区域时防止乘客的脚部等部位钩挂在不连续的井道壁上而导致跌倒、剪切、擦伤等，同时也避免电梯在“开锁区域”内平层、再平层等开门运行时对乘客的伤害。GB 7588—2003 中 7.7.2.2 规定，在开锁区域内，在符合 GB 7588—2003 中 14.2.1.2 的条件下，允许在相应的楼层高度处进行平层和再平层，即允许开门运行。所以层门地坎下的井道壁从强度、刚度、平整性等方面的要求，都比一般的井道壁要求高。

(2) 该要求就是通常所说的“层门护脚板”，之所以称之为“护脚板”，是因为其主要是防止乘客的脚与层门地坎之间出现伤害。当层门地坎向井道内凸出，且无护脚板，如图 1-543 所示，电梯在开锁区域开门运行(如再平层)时，就有可能对乘客的脚造成伤害。GB 7588—2003 中 5.4.3②、③要求的目的也是为保护乘客的脚。

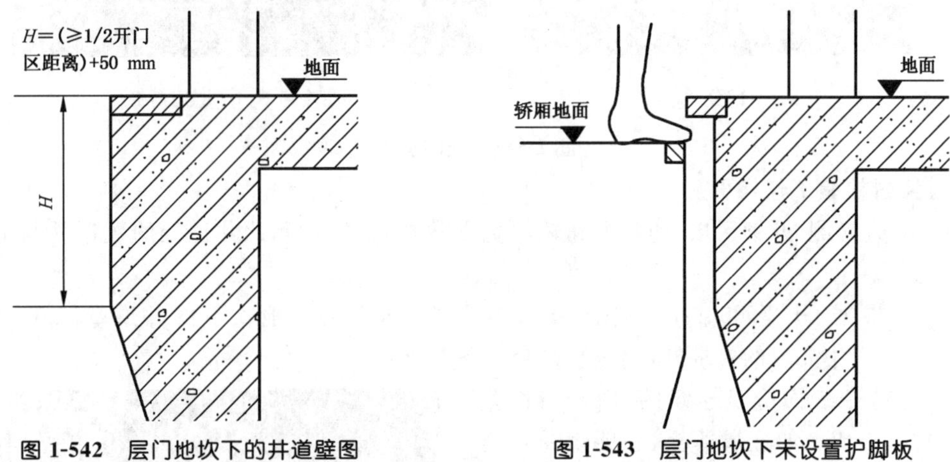

图 1-542 层门地坎下的井道壁图　　图 1-543 层门地坎下未设置护脚板

(3) 虽然 GB 7588—2003 中 7.7.1 规定开锁区域不应大于层站地平面上下 0.2 m，但没有明确定义开锁区域。GB/T 7024—2008 中 3.1.27 对开锁区域定义为“层门地坎平面上、下延伸的一段区域。当轿厢停靠该层站，轿厢地坎平面在此区域内时，轿门、层门可联动开启”，GB 7588—2003 第 027 号解释单解释为：“开锁区域是指轿门门刀与层门门锁能够联动并开启层门和轿门的区域”。因此开锁区域的一半即轿门门刀的一半长度。

图 1-544 所示为层门护脚板的设置方式，图 1-545 所示为常见的层门护脚板型式。

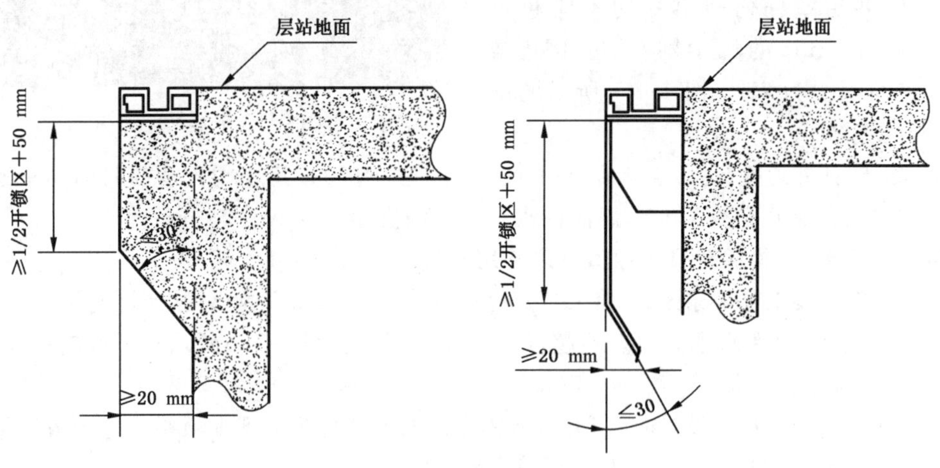

图 1-544 层门护脚板的设置方式

a) 部分

b) 连接到下一个层门门楣

图 1-545 层门护脚板

【监督检验工作指引】

(1) 先检测"开锁区域"的数据和轿门宽度数据，然后检测此井道壁的数据并与上述数据作比较。

(2) 根据 GB 7588—2003 中 5.4.3 的要求，每个层门地坎下的井道壁除了要符合 TSG T7001 中 3.8 的要求外，还应当符合以下要求：

1) 这个表面应是连续的，由光滑而坚硬的材料构成。如金属薄板，它能承受垂直作用于其上任何一点均匀分布在 5 cm^2 圆形或方形截面上的 300 N 的力：

a) 无永久变形；

b) 弹性变形不大于 10 mm。

图 1-546 所示为非光滑的材料，可判为不符合要求。

图 1-546 非光滑的材料

2) 该井道壁任何凸出物均不应超过 5 mm。超过 2 mm 的凸出物应倒角，倒角与水平的夹角至少为 75°。图 1-547 所示的则为不符合要求。

3) 此外，该井道壁应：a)连接到下一个门的门楣；或 b)采用坚硬光滑的斜面向下延伸，斜面与水平面的夹角至少为 60°，斜面在水平面上的投影不应小于 20 mm。

以上三个要求，检验时具体数值可以不用测量。

(3) 由于安装工艺等原因，参考 GB 7588—2003 中 5.4.3c)的要求，允许与层门地坎直接连接的垂直表面，在水平方向有不超过 5 mm 的误差。图 1-548 所示水平方向的误差超过 5 mm，可判为不合格。

(4) 部分制造单位在设计时，门刀或者固定门头的部件延伸到本项要求的光滑区域(见图 1-549)，导致该区域不光滑，可判本项不合格。

图 1-547　有螺栓突出

图 1-548　水平方向的安装误差超过 5 mm

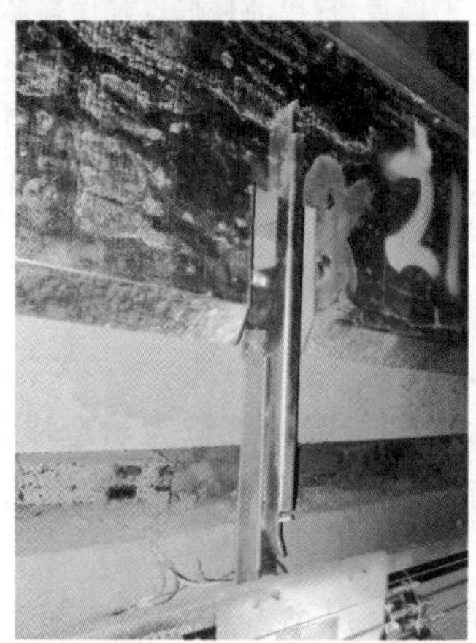

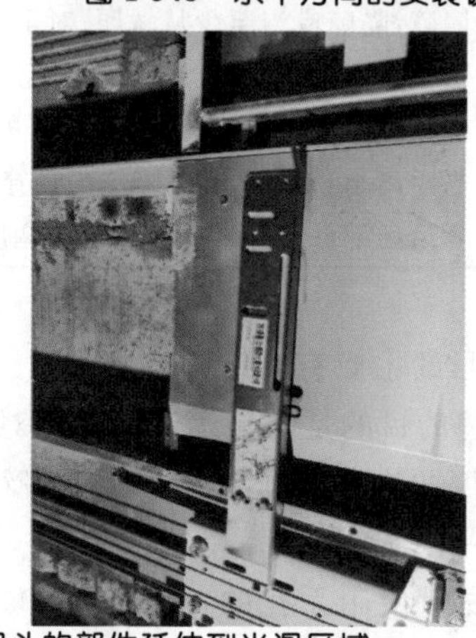

图 1-549　门刀或者固定门头的部件延伸到光滑区域

【特例】

(1) 按 GB 7588—2003 及以前标准制造的电梯

虽然 GB/T 7024—2008 中 3.1.27 和 GB 7588—2003 第 027 号解释单都明确了开锁区域是指轿门门刀与层门门锁应能够联动并开启层门和轿门的区域，但某些电梯制造单位解释 TSG T7001 中 3.8 项对层门地坎下端井道壁的要求，防止的是电梯正常运行时，有可能在“开锁区域”开门运行，乘客受剪切、擦伤的危险，微动平层的安全电路检测隔磁板保证“开门再平层”的安全，在“隔磁板区域”外，电梯是不允许“开门再平层”的，因此认为 TSG T7001 中 3.8 所讲的“开锁区域”是指“隔磁板区域”。

在没有明确 TSG T7001 中 3.8 所讲的“开锁区域”应是“机械开锁区域”(门刀高度)还是“电气开锁区域”(隔磁板区域)之前，“开锁区域”应选“门刀高度”或“隔磁板区域”较大者，由于通常都是隔磁板比门刀短，因此，开锁区域一般按门刀长计算，不应大于层站地平面上下 0.2 m。在用机械方式驱动轿门和层门同时动作的情况下，开锁区域可增加到不大于层站地平面上下的 0.35 m。

对于已经按隔磁板区域设计并安装好的高层电梯，更换所有层门护脚板有一定困难，在进行定期检验、改造/重大修理监督检验时该项目可以允许监护使用。

(2) 按 GB 7588—XG1 制造的电梯

根据 GB 7588—XG1 中 8.11.2，轿厢在开锁区域以外时，在轿厢内应不能打开轿门(允许打开不超过 50 mm)，其“开锁区域”应为门刀高度。又根据 GB 7588—XG1 中 9.11.1，具有开门情况下的平层、再平层和预备操作的电梯，其 UCMP 需要检测子系统。因此，对于检测子系统是通过检测开关与隔磁板的位置关系来检测轿厢的意外移动的电梯，隔磁板的长度应小于门刀的高度。

3.9　井道内防护

项目及类别	检验内容与要求	检验方法
3.9 井道内防护 C	(1) 对重(或者平衡重)的运行区域应当采用刚性隔障保护,该隔障从底坑地面上不大于 0.30 m 处,向上延伸到离底坑地面至少 2.5 m 的高度,宽度应当至少等于对重(或者平衡重)宽度两边各加 0.10 m; (2) 在装有多台电梯的井道中,不同电梯的运动部件之间应当设置隔障,隔障应当至少从轿厢、对重(或平衡重)行程的最低点延伸到最低层站楼面以上 2.50 m 高度,并且有足够的宽度以防止人员从一个底坑通往另一个底坑,如果轿厢顶部边缘和相邻电梯的运动部件之间的水平距离小于 0.5 m,隔障应当贯穿整个井道,宽度至少等于运动部件或者运动部件的需要保护部分的宽度每边各加 0.10 m	目测或者测量相关数据

【说明解释】

该项要求的目的主要有以下两点:

(1) 设置隔障的目的是防止运动的对重对底坑的检验或维修人员造成伤害。宽度应当至少等于对重宽度两边各加 0.10 m 是让隔障与运动部件之间有 0.10 m 的安全距离,防止发生剪切伤害。

(2) 隔障应尽量使用无孔的,如图 1-550a)所示。根据 GB 7588—2003 中 5.6.1 的规定,如果这种隔障为网孔型的,如图 1-550b)所示,则应遵循 GB 12265.1—1997《机械安全防止上肢触及危险区的安全距离》中 4.5.1 表 4 的规定,若网孔的大小只能允许指尖,或指至指关节或手,或臂至肩关节伸入,那么当其完全伸入网孔时,应不会触碰到运动部件,即网格孔应符合表 1-50 的安全距离要求。

(3) 根据 GB 7588.1—2020 中 5.2.5.5.1,如果对重(或平衡重)导轨与井道壁的间距超过 0.30 m,则该区域也应设置防护,如图 1-550b)所示。

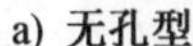

a) 无孔型

b) 网孔型

图 1-550　对重隔障

(4) 虽然 GB 12265.1—1997《机械安全　防止上肢触及危险区的安全距离》被 GB/T 23821—2009《机械安全　防止上下肢触及危险区的安全距离》代替,但对 14 岁及以上人员通过规则开口触及的安全距离要求没有变，即对网格孔还是要求符合表1-50的要求。GB/T 7588.1—2020中5.2.5.5.1要求网状隔障应符合GB/T 23821—2009中4.2.4.1的规定，如表1-51所示。

表1-50　通过规则开口触及的安全距离　mm

身体部位	图示	开口	安全距离 Sr		
			槽形	方形	圆形
指尖		$e \leqslant 4$	≥2	≥2	≥2
		$4 < e \leqslant 6$	≥10	≥5	≥5
指至指关节或手		$6 < e \leqslant 8$	≥20	≥15	≥5
		$8 < e \leqslant 10$	≥80	≥25	≥20
		$10 < e \leqslant 12$	≥100	≥80	≥80
		$12 < e \leqslant 20$	≥120	≥120	≥120
		$20 < e \leqslant 30$	≥850[1)]	≥120	≥120
臂至肩关节		$30 < e \leqslant 40$	≥850	≥200	≥120
		$40 < e \leqslant 120$	≥850	≥850	≥850
1）如果槽形开口长度≤65 mm，大拇指将受到阻滞，安全距离可减小到200 mm。					

表1-51　通过规则开口触及的安全距离——14岁以上人员　mm

身体部位	图示	开口	安全距离 Sr		
			槽形	方形	圆形
指尖		$e \leqslant 4$	≥2	≥2	≥2
		$4 < e \leqslant 6$	≥10	≥5	≥5
指至指关节		$6 < e \leqslant 8$	≥20	≥15	≥5
		$8 < e \leqslant 10$	≥80	≥25	≥20
手		$10 < e \leqslant 12$	≥100	≥80	≥80
		$12 < e \leqslant 20$	≥120	≥120	≥120
		$20 < e \leqslant 30$	≥850[a]	≥120	≥120
臂至肩关节		$30 < e \leqslant 40$	≥850	≥200	≥120
		$40 < e \leqslant 120$	≥850	≥850	≥850
表中的粗实线划分了开口尺寸限制的人体部分。					
[a] 如果槽形开口长度不大于65 mm，拇指将受到阻挡，安全距离可减小到200 mm。					

3.9.1 对重(平衡重)运行区域防护

【监督检验工作指引】

(1) 隔障要求的高度至少为2.5 m(从底坑地面上不大于0.3 m处开始),图1-551所示的对重隔障的尺寸不符合要求。如果采用金属网格隔障,网格孔应符合表1-50的安全距离要求。特殊情况下,允许在隔障下端开尽量小的缺口,该缺口主要是为底坑安装补偿链等电梯部件而设,如图1-552所示。

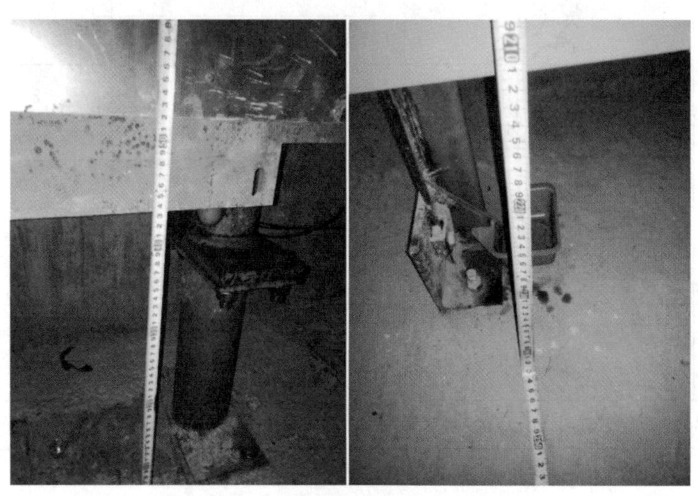

图1-551 对重隔障的尺寸不符合要求

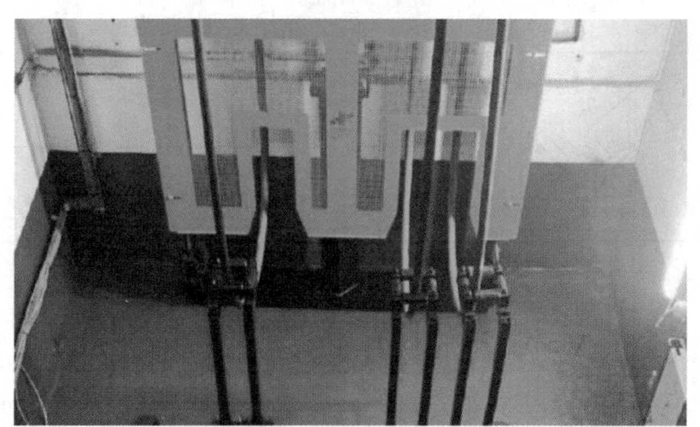

图1-552 对重隔障开口

(2) 对重的两侧面不要求有隔障封闭,以便观察和检查缓冲器和缓冲距。

(3) 检查和测量时应注意安全,防止对重装置的突然启动而伤害上肢。

(4) 对于如图1-553所示的对重缓冲器支撑离底坑地面的距离大于3 m的情况,当检验或维修人员在底坑作业时,对重不会对其造成伤害,可不设隔障。但这种缓冲器的安装不能保障维修的安全性,应当避免这样设置。

(5) 对于高速电梯,由于对重的压缩行程较大,为了便于对缓冲器进行维修需要设置专门的维修平台,对重运行区域的防护除了需要考虑地面以外,还需要考虑平台上的防护。该防护应至少从平台上0.3 m处延伸至2.0 m处。

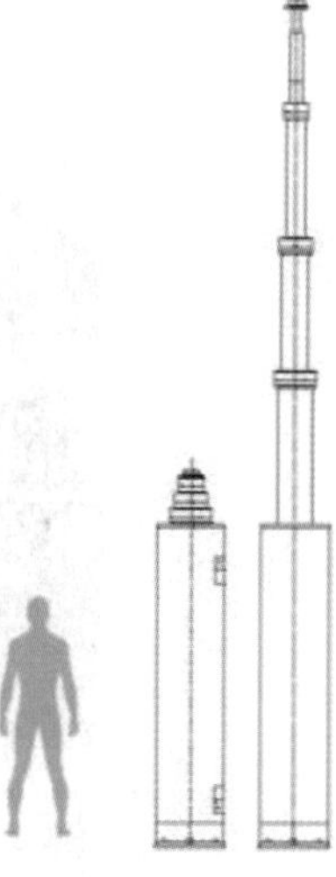

图 1-553　对重缓冲器支撑离地面高度大于 3 m

3.9.2　多台电梯运动部件之间防护

【检验内容与要求】

在装有多台电梯的井道中，不同电梯的运动部件之间应当设置隔障，隔障应当至少从轿厢、对重（或平衡重）行程的最低点延伸到最低层站楼面以上 2.50 m 高度，并且有足够的宽度以防止人员从一个底坑通往另一个底坑，如果轿厢顶部边缘和相邻电梯的运动部件之间的水平距离小于 0.5 m，隔障应当贯穿整个井道，宽度至少等于运动部件或者运动部件的需要保护部分的宽度每边各加 0.10 m。

【适用范围】

对于独立井道的电梯，本项填写“无此项”。

【监督检验工作指引】

（1）隔障的高度是对人翻越和上肢的保护，如果采用金属网格隔障（见图 1-554），网格孔应符合表 1-50 的安全距离要求。图 1-554a）所示为全防护，图 1-554b）所示为部分防护，其宽度至少等于运动部件或者运动部件的需要保护部分的宽度每边各加 0.10 m。

（2）图 1-555 和图 1-556 所示为采用玻璃的两种隔障方案。

（3）当轿厢顶部边缘和相邻电梯的运动部件之间的水平距离大于 0.5 m 时，隔障只要求从轿厢、对重（或平衡重）行程的最低点延伸到最低层站楼面以上 2.50 m 高度，其目的只是防止人员被隔壁井道的运动部件意外撞击，不是防止人员从一个底坑通往另一个底坑，所以当底坑地面比轿厢、对重（或平衡重）行程的最低点低很多时，允许人员从一个底坑通往另一个底坑（考虑进入底坑的人员应都是专业人员）。

（4）如果轿厢顶部边缘和相邻电梯的运动部件之间的水平距离大于 0.5 m，可以不设置防护，如图 1-557 所示。

a) 全防护

b) 部分防护

图 1-554　采用护网隔障且贯穿整个井道

图 1-555　采用玻璃隔障且贯穿整个井道

图 1-556　采用玻璃隔障且延伸到最低层站楼面以上 2.50 m 高度

【说明解释】

图 1-557　不需要设置防护

GB 7588—1995 要求井道内具有多台电梯时，井道内的隔障至少应延伸至 2.5 m 的高度，该高度是从底坑地面量起，主要是防止人员站在底坑地面上从一台电梯的底坑进入另一台电梯的底坑。GB 7588—2003 和 TSG T7001 要求该隔障应延伸至最低层站楼面以上 2.50 m 高度，该高度是从底层端站的地坎处开始测量，因此总高度＝底坑深度＋2.5 m。这是因为 GB 7588—1995 在实施的过程中发现原有的隔障设置方式不能防止人员从端站层门处跨过隔障到达另一个底坑，因此提高了安全要求，现有的要求能够完全防止人员从最低层站的层门处到达另一个底坑。

对于依据 GB 7588—1995 制造和安装的电梯，井道内隔障的总高度可以按照 2.5 m 来要求。

3.10　极限开关

项目及类别	检验内容与要求	检验方法
3.10 极限开关 B	井道上下两端应当装设极限开关，该开关在轿厢或者对重（如有）接触缓冲器前起作用，并且在缓冲器被压缩期间保持其动作状态。 强制驱动电梯的极限开关动作后，应当以强制的机械方法直接切断驱动主机和制动器的供电回路	(1) 将上行（下行）限位开关（如果有）短接，以检修速度使位于顶层（底层）端站的轿厢向上（向下）运行，检查井道上端（下端）极限开关动作情况； (2) 短接上下两端极限开关和限位开关（如果有），以检修速度提升（下降）轿厢，使对重（轿厢）完全压在缓冲器上，检查极限开关动作状态； (3) 目测判断强制驱动电梯极限开关切断供电的方式

3.10.1　极限开关

【监督检验工作指引】

(1) 将电梯运行到顶层端站平层，在轿顶测量上极限开关与打板的距离 J_S 以及打板的长度 L。

(2) 将电梯运行到底层端站平层，在底坑测量下极限开关与打板的距离 J_X 以及轿厢与其缓冲器顶面的距离 H_X（如果有多个缓冲器，选最小值）。

(3) 将电梯运行到顶层端站平层，在底坑测量对重与其缓冲器顶面的距离 H_S（如果有多个缓冲器，选最小值）。

(4) 根据缓冲器的型式试验证书或报告以及现场核对，对重侧缓冲器的压缩行程 H_D 以及轿厢侧的缓冲器压缩行程 H_J。

(5) 参见 TSG T7001 中 3.2 的【说明解释】，结合 TSG T7001 中 3.16(5)项一起判断是否满足下列四式要求：

$J_S < H_S \leqslant H_M$；

$J_X < H_X$；

$H_M + H_D < J_S + L$；

$H_X + H_J < J_X + L$；

H_M 是 TSG T7001 中 3.16(5)对重装置撞板与其缓冲器顶面间的最大允许垂直距离。

(6) 图 1-558 所示是对重极限开关不能在对重接触缓冲器前起作用的情况。

图 1-558　对重极限开关不能在对重接触缓冲器前起作用

【定期检验工作指引】

当监督检验已经按上述方法核算过，如果没有更换或移动缓冲器、极限开关等，只有电梯顶层端站平层时对重与缓冲器的距离 H_S 会因钢丝绳长度变化而改变，在此情况下定期检验：

(1) 可在轿顶检查上极限、在底坑检查下极限开关动作的有效性。极限开关动作时应能停止电梯上、下两方向运行。

(2) 测量和判断轿厢在顶层端站平层时对重与缓冲器的距离 H_S 是否小于上极限开关与打板的距离 J_S。

【参考做法】

对于在机房可以进行检修运行的电梯，该项可以用 TSG T7001 中 3.10 建议的检验方法结合 TSG T7001 中 8.6 一起检验：

(1) 对于耗能型缓冲器，将轿厢运行到顶层端站平层做标记后，检修点动上行，(如果有限位开关，直至上限位开关动作，短接限位开关，再检修点动上行)直至上极限开关动作，短接上极限开关，继续检修上行，直至对重侧缓冲器开关动作，若上极限开关在缓冲器开关前动作，则可以判定极限开关在接触缓冲器前起作用。短接缓冲器开关，继续提升轿厢，使得曳引绳在曳引轮上打滑而轿厢不再上行(同时可以验证 TSG T7001 中 8.6)，此时解除上极限开关的短接线，如果电梯无法运行，则可以判定极限开关在缓冲器被压缩期间保持其动作状态。同样的方法可以验证下极限开关。

(2) 对于蓄能型缓冲器，此项检验可以使用比较法。检验时，检修点动运行，当上极限开关动作后，可以测量层门与轿门地坎之间的垂直高度差 J_{S2}，将此值和对重与缓冲器顶面的距离 H_S 相比较，如果 $J_{S2} < H_S$ 则极限开关满足在接触缓冲器前起作用的要求。然后短接极限开关，继续提升轿厢，使得曳引绳在曳引轮上打滑而轿厢不再上行(同时可以验证 TSG T7001 中 8.6)，此时解除上极限开关的短接线，如果电梯无法运行，则可以判定极限开关在缓冲器被压缩期间保持其动作状态。同样方法可以验证下极限开关。

以上方法有几个不足之处：

1）当对重(轿厢)接触缓冲器后，缓冲器的电气开关不一定立即动作。

2）因点动运行有一定误差，如 J_{S2} 和 H_S 这两个数据较为接近的时候，容易误判。

3）该方法只能判断当时电梯的状况，不能保证当对重装置撞板与其缓冲器顶面间的距离达到最大允许垂直距离时，上极限开关保持其动作状态。

4）按 GB 7588—2003 要求生产的电梯，机房一般只有紧急电动运行没有检修运行，在轿顶进行检修运行试验存在一定的危险。

【特例】

对于采用 PESSRAL 作为极限开关的，参考 1.1.4。

3.10.2　强制驱动电梯的极限开关

【检验工作指引】

结合 TSG T7001 中 3.3(1)项一起检验。

3.11　井道照明

项目及类别	检验内容与要求	检验方法
3.11 井道照明 C	井道应当装设永久性电气照明。对于部分封闭井道，如果井道附近有足够的电气照明，井道内可以不设照明	目测

【监督检验工作指引】

(1) 根据 GB 7588—2003 中 5.9 井道照明的要求，井道照明应保证即使在所有的门关闭时，在轿顶面以上 1 m 处和底坑地面以上 1 m 处的照度均至少为 50 lx。

(2) 照明应这样设置：距井道最高和最低点 0.50 m 以内各装设一盏灯，再设中间灯。

【定期检验工作指引】

井道灯能正常工作，或者附近有足够的电气照明即可。

【说明解释】

GB 7588—2003 取消了轿顶照明的要求，其通过对井道照明的要求来要求轿顶上的照度。轿顶上设置的照明可以是井道照明的一部分，但应当满足井道照明开启和关闭的要求。

3.12　底坑设施与装置

项目及类别	检验内容与要求	检验方法
3.12 底坑设施与装置 C	(1) 底坑底部应当光滑平整，不得渗水、漏水； (2) 如果没有其他通道，应当在底坑内设置一个从层门进入底坑的永久性装置(如梯子)，该装置不得凸入电梯的运行空间； (3) 底坑内应当设置在进入底坑时和底坑地面上均能方便操作的停止装置，停止装置的操作装置为双稳态、红色并标以“停止”字样，并且有防止误操作的保护； (4) 底坑内应当设置 2P＋PE 型电源插座，以及在进入底坑时能方便操作的井道灯开关	目测；操作验证停止装置和井道灯开关功能

3.12.1　底坑底部

【检验工作指引】

(1) 进入底坑必须佩戴安全帽，注意头顶的运动部件及上方的坠落物品。

（2）进入底坑时应注意防止发生坠落的危险。

（3）进入底坑后，注意地面是否有铁钉等尖锐的物品，小心扎脚。

（4）底坑有水时，应用试电笔等工具检查底坑是否漏电，再决定是否进入底坑。

（5）对于如图 1-559 所示的底坑中设置的排水系统的坑洞应采取适当的措施，防止检验人员或维护保养人员踩空。对于如图 1-560 所示的底坑地面采用栅栏结构的，如果其栅栏间隙较大可能造成人员跌倒，可判为不合格。

图 1-559　底坑中设置的排水系统

图 1-560　底坑地面采用栅栏结构

3.12.2　进入底坑通道

【监督检验工作指引】

（1）梯子的设置应合理，固定可靠，保证使用的安全。因此，宽度不应小于 0.35 m，踏板深度不应小于 25 mm，垂直设置的梯子的踏板与其后面的墙的距离不应小于 0.15 m，此外，踏板还应有足够的强度。

（2）梯子的设置应保证层门地坎下的井道壁符合 TSG T7001 中 3.8 的要求。

(3) 根据 GB 7588—2003 中 5.7.3.2 的要求,如果底坑深度大于 2.5 m 且建筑物的布置允许,应设置进底坑的门(见图 1-561)。根据 GB/T 7588.1—2020 中 5.2.2.4,如果底坑深度大于 2.50 m,应设置通道门,这是因为 GB/T 3608—2008《高处作业分级》规定:“凡在坠落高度基准面 2 m 以上(含 2 m)有可能坠落的高处进行作业,都称为高处作业”,2.5 m 的高度不但属于“高处作业”,且已经接近 1 层楼的高度,如果通过爬梯上下是非常危险的。

图 1-561　进入底坑的门

对于进入底坑深度大于 3 m,且建筑物的布置不允许设置进入底坑门的,根据 GB/T 17888.1—2008《机械安全　进入机械的固定设施　第 1 部分:进入两级平面之间的固定设施的选择》和 GB/T 17888.4—2008《机械安全　进入机械的固定设施　第 4 部分:固定式直梯》的要求,应优先选用楼梯进入,其次采用带围笼的直爬梯,或配置有防坠落措施的直爬梯。

(4) 根据 GB/T 7588.1—2020 的规定,底坑中梯子的使用位置应满足下列要求:

1) 对于直立的梯子,踏棍后面与墙壁的距离不应小于 200 mm,在有不连续障碍物的情况下不应小于 150 mm,如图 1-562 所示;

2) 层门入口边缘与处于存放位置的梯子或操作梯子的装置(如链条、带等)的距离不大于 800 mm;

3) 层门入口边缘与处于使用位置的梯子踏棍中点的距离不大于 600 mm,以便于人员容易接近;

4) 梯子的一个踏棍的高度应尽可能与地坎在同一水平面。

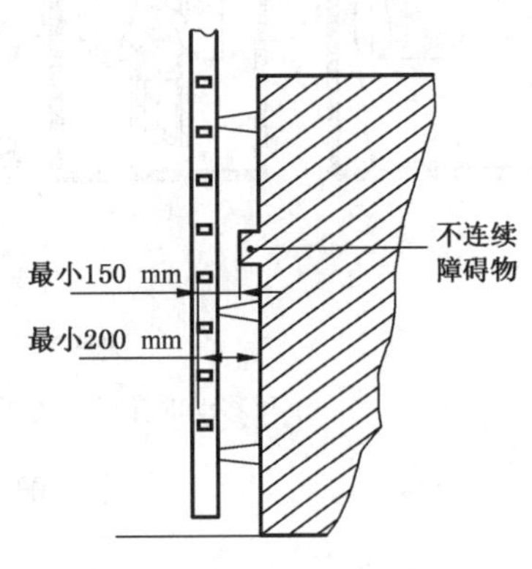

图 1-562　踏棍后面与墙壁和障碍物的距离

图 1-563 所示是进出底坑梯子的类型。

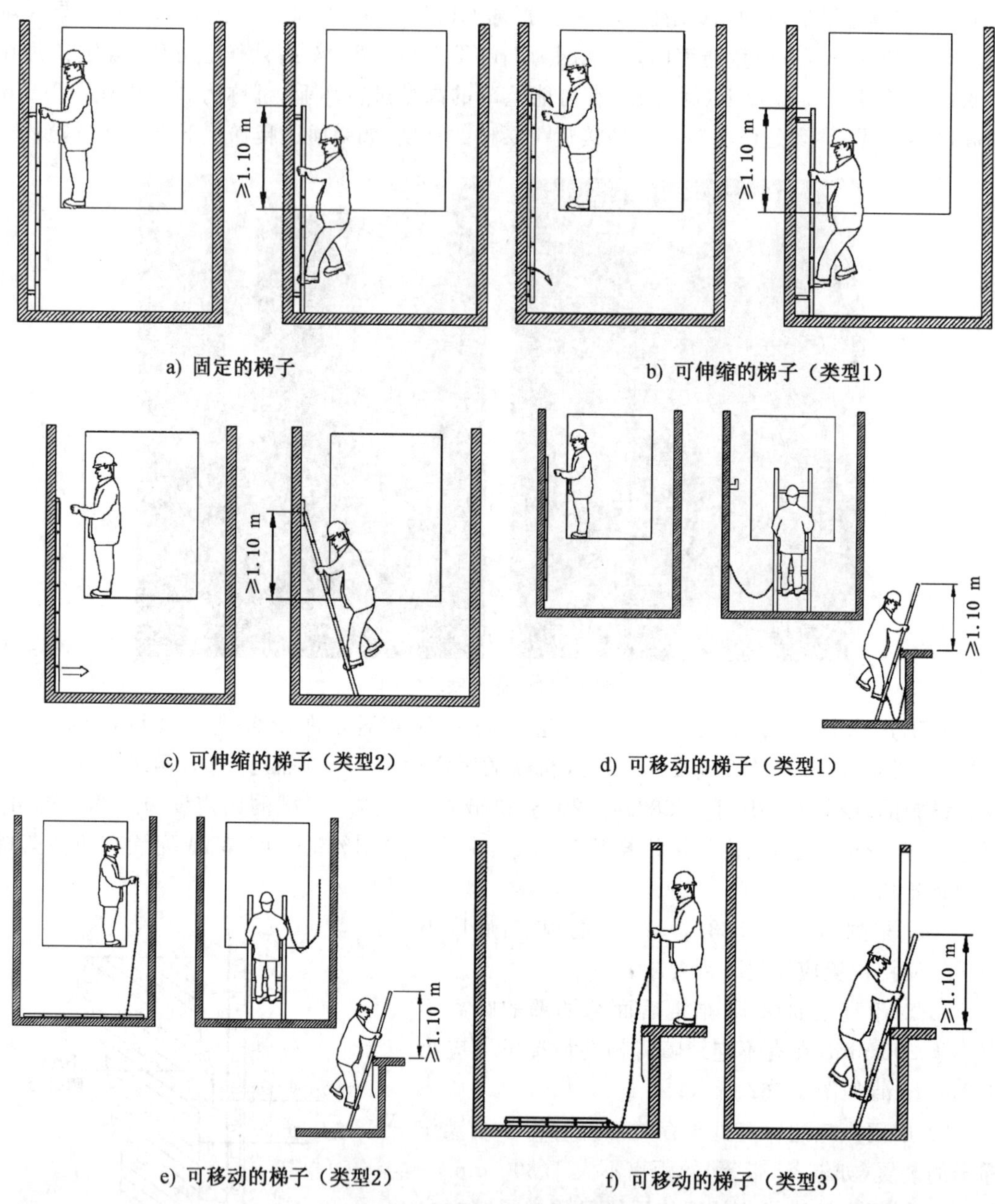

a) 固定的梯子　b) 可伸缩的梯子（类型1）

c) 可伸缩的梯子（类型2）　d) 可移动的梯子（类型1）

e) 可移动的梯子（类型2）　f) 可移动的梯子（类型3）

图 1-563　进出底坑梯子的类型

GB 7588—2003 中 5.7.3.2 要求，如果没有其他通道，为了便于检修人员安全地进入底坑，应在底坑内设置一个从层门进入底坑的永久性装置，此装置不得凸入电梯运行的空间。根据 GB/T 7588.1—2020，对于可伸缩、可移动的梯子，应当设置电气安全装置验证梯子是不是位于存放位置，当离开存放位置时应当防止电梯的任何运行，这类梯子可视为符合要求（见图 1-564）。

图 1-564　符合 GB/T 7588.1—2020 的梯子

3.12.3　停止装置

【检验工作指引】

(1) 如果停止装置在进入底坑时和底坑地面上都能方便操作，可以只设置一个，否则，应各设置一个，如图 1-565 所示的急停开关设置位置。

(2) 图 1-566 所示是符合要求的停止装置。如图 1-567 所示，该停止装置上标注的为“急停”而非 TSG T7001 要求的“停止”，但该功能符合本项的要求，可视为符合要求。

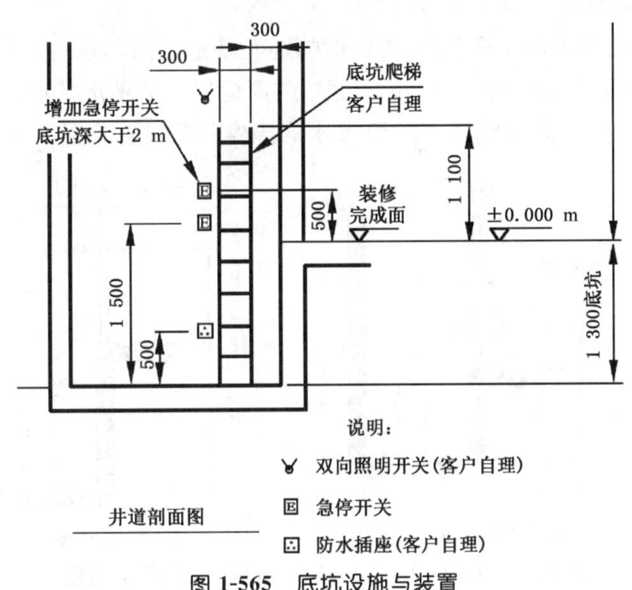

图 1-565　底坑设施与装置

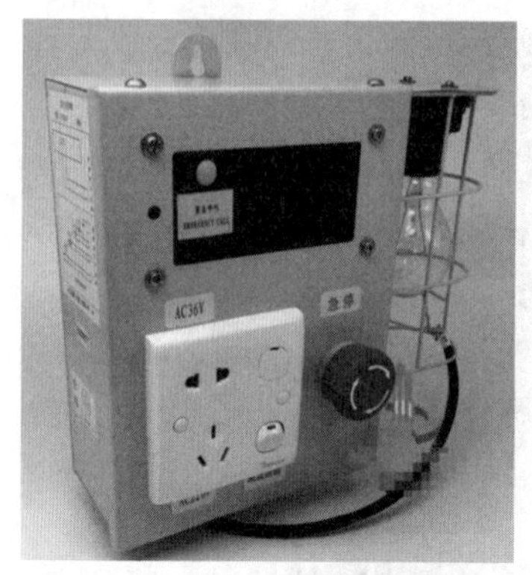

图 1-566　底坑停止装置(类型 1)

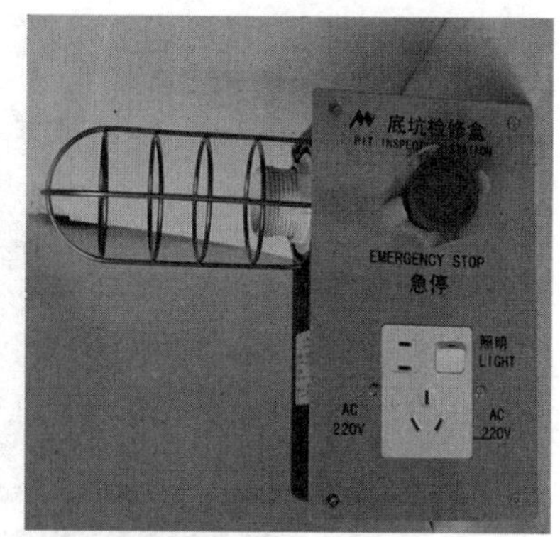

图 1-567　底坑停止装置(类型 2)

【参考做法】

(1) 紧急停止开关,主要是进入底坑时操作,以及在底坑作业时能够操作。进入底坑时可以操作的急停开关如果位于地坎以下,则维护保养人员需要俯身才能操作,存在坠入底坑的危险,因此进入底坑时操作的急停开关应当在地坎以上的位置。底坑地面操作的急停开关主要考虑人员站在底坑地面上操作,不考虑人员位于避险空间操作的情况,因此急停开关到底坑地面的高度应当小于 1.8 m。

根据 GB/T 7588.1—2020 中 5.2.1.5.1:

1) 底坑深度小于或等于 1.60 m 时,应设置在:

——底层端站地面以上最小垂直距离 0.40 m 且距底坑地面最大垂直距离 2.00 m;

——距层门框内侧边缘最大水平距离 0.75 m。

2) 底坑深度大于 1.60 m 时,应设置 2 个停止装置:

——上部的停止装置设置在底层端站地面以上最小垂直距离 1.00 m 且距层门框内侧边缘最大水平距离 0.75 m;

——下部的停止装置设置在距底坑地面以上最大垂直距离 1.20 m 的位置,并且从其中一个避险空间能够操作。

3) 如果通过底坑通道门而非层门进入底坑,应在距通道门门框内侧边缘最大水平距离 0.75 m,距离底坑地面 1.10 m～1.30 m 高度的位置设置一个停止装置。

图 1-568 所示是 GB/T 7588.1—2020 要求的急停开关设置位置。

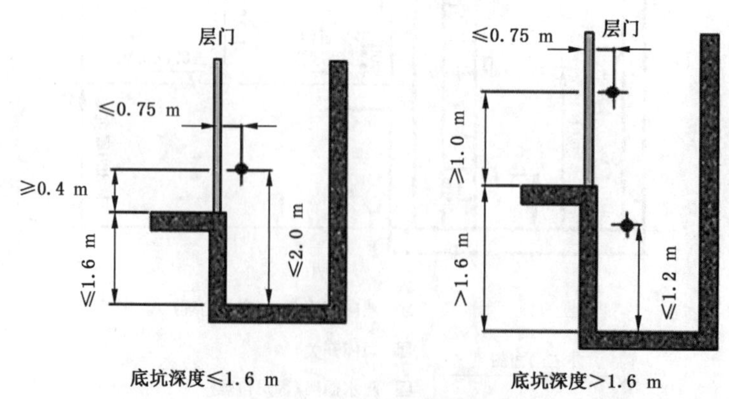

图 1-568　GB/T 7588.1—2020 要求的急停开关位置

(2) 为便于维修和操作,GB/T 7588.1—2020 中 5.12.1.5.1.1 要求在底坑应永久性设置易于操作的检修运行控制装置,如图 1-569 所示。GB 7588—2003 未要求在底坑内设置检修运行控制装置,但是如果在底坑设置了检修运行控制装置则应当符合无机房电梯附加检修装置(见 TSG T7001 中 7.4)的要求。

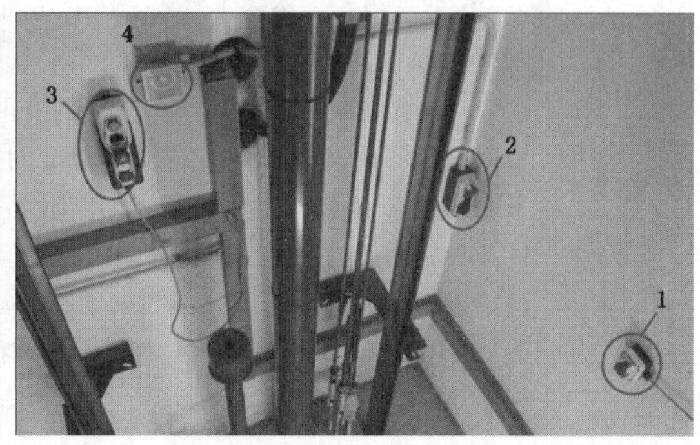

图 1-569　按照 GB/T 7588.1 设置的检修运行控制装置和停止装置

【定期检验工作指引】

对按 GB 7588—1995(或之前的标准)制造的电梯,若只设置了一个停止装置,不能满足在进入底坑时和在底坑地面上均能方便操作的要求,应尽量要求维保单位加装一个停止装置。由于本项目是 C 类检验项目,如果确实无法加装该停止装置,也允许监护使用。

3.12.4　电源插座与井道灯开关

【监督检验工作指引】

(1) 电源插座的作用是方便在底坑使用电气工具,设置要求同 2.5.2 款。

(2) 根据 TSG T7001 中 2.5(3) 和 GB 7588—2003 中 13.6.3.2 的要求,井道照明开关(或等效装置)应在机房和底坑分别装设,以便这两个地方均能控制井道照明。因此井道灯开关应设置为双联开关,或者电源断路器等方法,使底坑和机房都可以控制井道灯,设置要求同 TSG T7001 中 2.5(3)。

【注意事项】

对于如图 1-570 所示的两台共用井道且中间未设置隔障的电梯,不得共用一个进入底坑的爬梯或急停开关。

图 1-570　两台电梯共用井道

3.13 底坑空间

项目及类别	检验内容与要求	检验方法
3.13 底坑空间 C	轿厢完全压在缓冲器上时，底坑空间尺寸应当同时满足以下要求： (1) 底坑中有一个不小于 0.50 m×0.60 m×1.0 m 的空间(任一面朝下即可)； (2) 底坑底面与轿厢最低部件的自由垂直距离不小于 0.50 m，当垂直滑动门的部件、护脚板和相邻井道壁之间，轿厢最低部件和导轨之间的水平距离在 0.15 m 之内时，此垂直距离允许减少到 0.10 m；当轿厢最低部件和导轨之间的水平距离大于 0.15 m 但小于 0.5 m 时，此垂直距离可按等比例增加至 0.5 m； (3) 底坑中固定的最高部件和轿厢最低部件之间的距离不小于 0.30 m	测量轿厢在下端站平层位置时的相应数据，计算确认是否满足要求

3.13.1 底坑空间尺寸

【监督检验工作指引】

(1) 测量电梯在底层端站平层时的数据，再减去轿厢完全压在缓冲器上时轿厢地坎与层门地坎的距离。

(2) 此要求的主要目的是保证轿厢完全压在缓冲器上，底坑有人时提供一个躲避的最小空间。

(3) 部分电梯由于底坑深度不足，采取提高底端站出入口高度的方式，如图 1-571 所示。应建议受检单位采取适当的措施，防止人员绊倒或跌倒，如图 1-572 所示的坡度设计。

a) 乘客电梯　　b) 载货电梯

图 1-571　采取提高底端站出入口高度的方式提高底坑深度

图 1-572　电梯出入口坡度

(4) 对于如图 1-573 所示的轿厢缓冲器的高度可调节的情况，该高度应固定。

图 1-573　轿厢缓冲器的高度可调节

3.13.2　底坑底面与轿厢部件距离

【说明解释】

(1) 根据 GB 7588—2003 中 5.7.3.3b)，如图 1-574 所示，当垂直滑动门的部件、护脚板和相邻井道壁之间，轿厢最低部件和导轨之间的水平距离在 0.15 m 之内时，此垂直距离允许减少到 0.10 m，即当 $A>0.15$ m 时，$B\geqslant 0.50$ m；当 $A\leqslant 0.15$ m 时，$B\geqslant 0.10$ m。也就是，当护脚板与底坑距离小于 0.5 m 时，护脚板与相邻井道壁之间的水平距离就不能超过在 0.15 m(见图 1-575)。

(2) 根据 GB 7588—2003 第 014 号解释单，如图 1-576 所示，当轿厢最低部件和导轨之间的水平距离 L 大于 0.15 m 但不大于 0.5 m 时，此垂直距离 H_2 可按线性关系从 0.1 m

增加至 0.5 m：

当 $L \geqslant 0.5$ m 时、$H_2 \geqslant 0.50$ m(此时 H_2 相当于 H_1)；

当 $L \leqslant 0.15$ m 时、$H_2 \geqslant 0.10$ m；

当 0.15 m$<L<$0.5 m 时，L 应按图 1-577 所示的 X 范围选定，垂直距离 Y 按图 1-578 计算，注意在 $X=0.3$ m 位置是个拐点。

(3) 根据 TSG T7001 中 3.14(2)的要求，底坑底面与轿厢最低部件的自由垂直距离不小于 0.50 m，当垂直滑动门的部件、护脚板和相邻井道壁之间，轿厢最低部件和导轨之间的水平距离在 0.15 m 之内时，此垂直距离允许减少到 0.10 m；这部分内容与 GB 7588—2003 中 5.7.3.3b)的要求是一致的。

(4) 根据 TSG T7001 中 3.14(2)的第二部分要求，当轿厢最低部件和导轨之间的水平距离大于 0.15 m 但不大于 0.5 m 时，此垂直距离可按如图 1-576 所示的线性关系增加至 0.5 m，即最小垂直距离 $Y=(16X-1)/14$。这与 GB 7588—2003 第 014 号解释单的折线图(图 1-578)有一点区别。例如当轿厢最低部件和导轨之间的水平距离为 0.30 m 时，按 GB 7588—2003 第 014 号解释单的要求，垂直距离允许减少到 0.30 m，但按照 TSG T7001 中 3.14(2)的要求，该垂直距离允许减少到 0.27 m。

【监督检验工作指引】

(1) 如图 1-574 所示，底坑底面②与轿厢最低部件⑦的自由垂直距离 H_1 不小于 0.50 m。

(2) 如图 1-575 所示，当垂直滑动门的部件、护脚板和相邻井道壁之间，轿厢最低部件和导轨之间的水平距离在 0.15 m 之内时，此垂直距离允许减少到 0.10 m，即当 $A>$ 0.15 m 时，$B \geqslant 0.50$ m；当 $A \leqslant 0.15$ m 时，$B \geqslant 0.10$ m。也就是，当护脚板与底坑距离小于 0.5 m 时，护脚板与相邻井道壁之间的水平距离就不能超过在 0.15 m。

(3) 如图 1-574 所示，当轿厢最低部件和导轨之间的水平距离 L 大于 0.15 m 但不大于 0.5 m 时，此垂直距离 H_2 可按线性关系从 0.1 m 增加至 0.5 m，即垂直距离 H_2 最小为 $(16L-1)/14$。

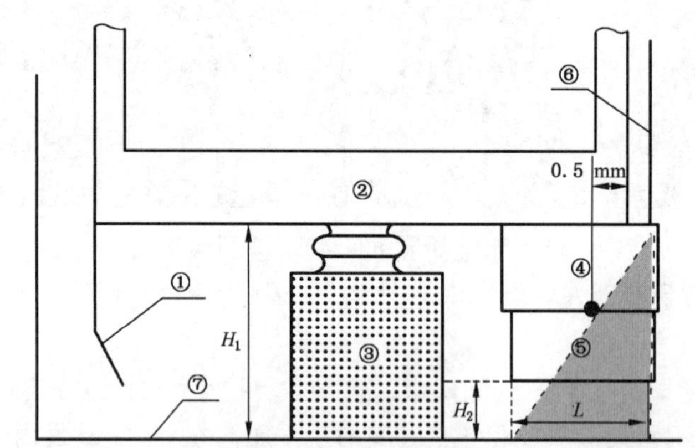

①—护脚板；②—轿厢下梁；③—缓冲器座及被完全压缩的缓冲器；
④—安全钳及安全钳座；⑤—导靴；⑥—导轨工作面；⑦—底坑底。

图 1-574 底坑空间尺寸

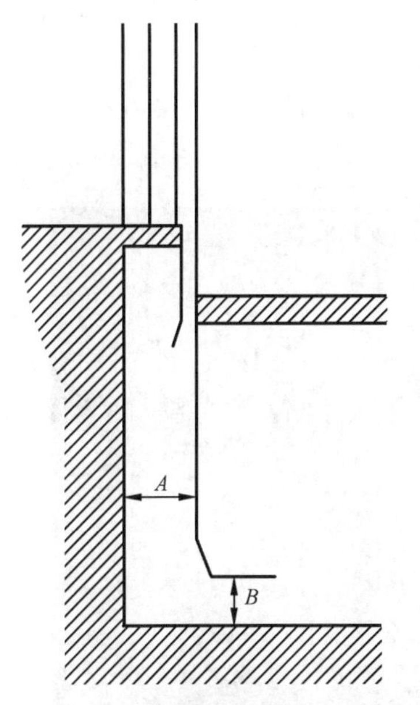

图 1-575　护脚板和井道壁之间的距离与护脚板和底坑地面距离关系

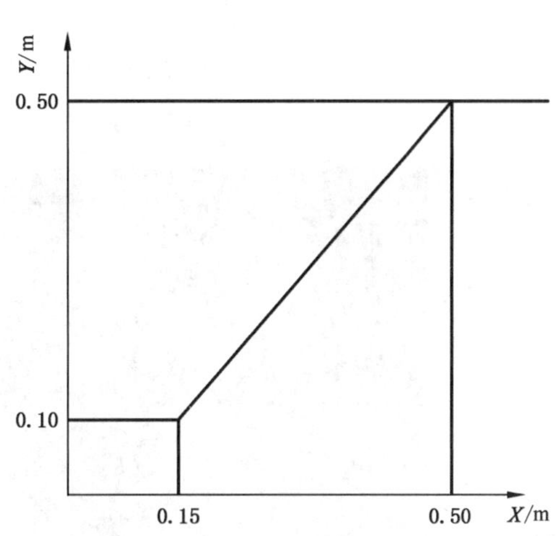

X—水平距离；Y—最小垂直距离。

图 1-576　轿厢最低部件和导轨之间水平距离的线性关系

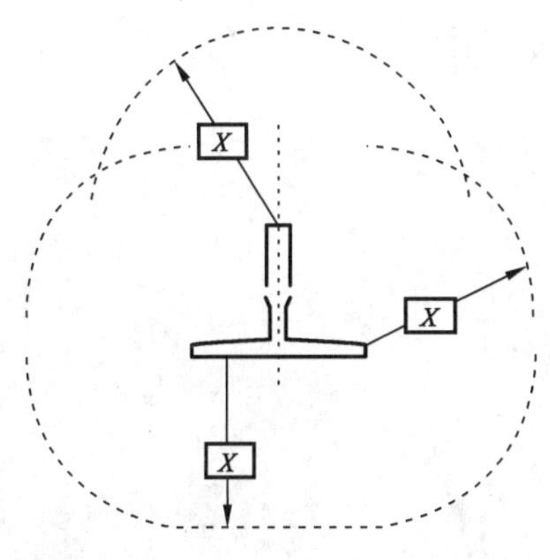

图 1-577　导轨周围水平距离

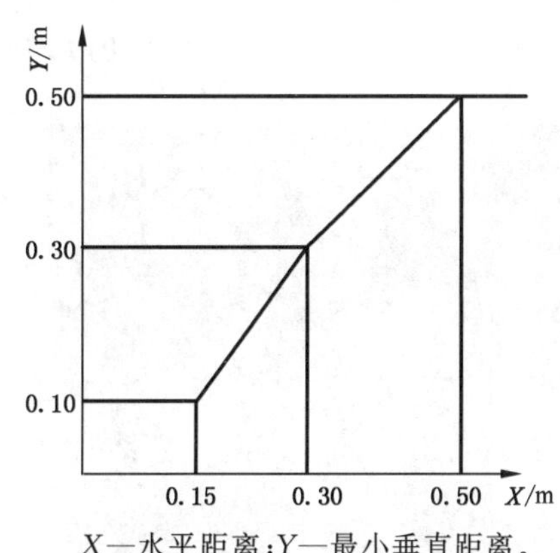

X—水平距离；Y—最小垂直距离。

图 1-578　安全钳、导靴等装置的最小垂直距离

3.13.3　轿厢最低部件与底坑最高部件距离

【适用范围】

对于底坑非常平且没有梁、平台、补偿绳张紧等装置的电梯，本项填写“无此项”。

【监督检验工作指引】

(1) 底坑中固定的最高部件包括在底坑的补偿绳张紧装置、驱动主机等，但不包括不在轿厢或对重运行区域内的限速器钢丝绳张紧装置等。

(2) 对于平整的底坑，底坑里也没有补偿绳张紧装置、驱动主机等装置，而且 TSG T7001 中 3.13(2)底坑底面与轿厢部件距离符合要求，本项可以填写“无此项”。

【参考做法】

(1) 缓冲器完全被压缩后，高度可能小于 0.30 m，因此图 1-574 所示底坑中固定的最高部件可不包括缓冲器底座③[见图 1-579a)],但缓冲器底座不能太大,尤其不能进入①、④、⑤的下方。如果很大,且能够站人,应该视为底坑地面[见图 1-579b)]。

(2) 如果底坑有梁、平台等,建议视为底坑中固定的最高部件。如果有梁、平台面积很大(如大于底坑面积一半),则应将该梁、平台上表面视为底坑底面(见图 1-580)。

a) 小底座

b) 大底座

图 1-579 缓冲器底座

a) 网状

b) 实心

图 1-580 检修平台

(3) 底坑中固定的最高部件不包括不在轿厢投影范围之内的物件。图 1-581 所示的进入到轿厢投影范围之内的物件,视为底坑中固定的最高部件(如果是最高)。此外,如果底坑中存在因建筑结构不能拆除的梁、台阶、斜面等,如果其在轿厢投影范围内,视为底坑中固定的最高部件(如果是最高),从距离井道壁 0.15 m 处测量其与轿厢最低部件的距离,如

图 1-574 所示的红色区域。

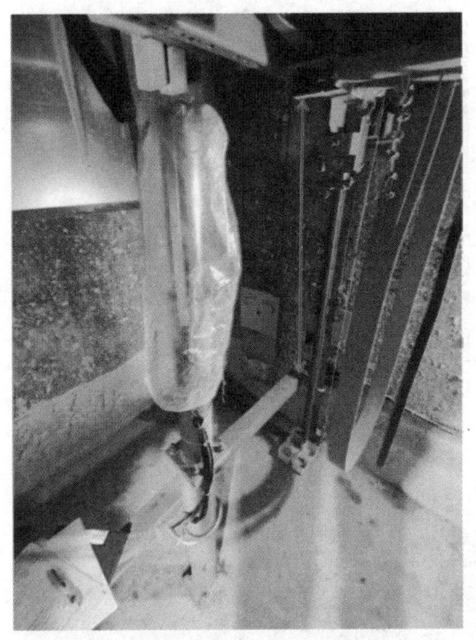

a) 缓冲器固定支架

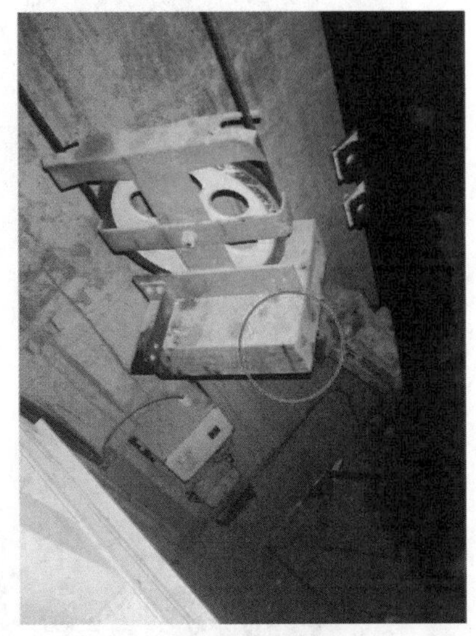

b) 限速器张紧装置

c) 补偿缆导向装置

图 1-581　底坑中的部件

(4) 轿厢底部最低部件视情况而定。图 1-582a)所示的固定轿厢护脚板的支架视为轿厢底部部件,从距离井道壁 0.15m 处测量其与底坑地面的距离;图 1-582b)所示的固定随行电缆的构件 1 不视为轿厢底部部件,构件 2 视为轿厢底部部件;图 1-582c)所示视为轿厢底部部件。

对于缓冲器固定在轿厢底部的,其固定板视为轿厢底部部件(见图 1-583)。

a) 轿厢护脚板固定支架

b) 随行电缆悬挂装置

c) 轿厢配重

图 1-582　轿厢底部部件

a) 固定板较低

b) 固定板较高

图 1-583　缓冲器固定在轿厢底部

3.14　限速绳张紧装置

项目及类别	检验内容与要求	检验方法
3.14 限速绳张紧装置 B	(1) 限速器绳应当用张紧轮张紧，张紧轮(或者其配重)应当有导向装置； (2) 当限速器绳断裂或者过分伸长时，应当通过一个电气安全装置的作用，使电梯停止运转	(1) 目测张紧和导向装置； (2) 电梯以检修速度运行，使电气安全装置动作，观察电梯运行状况

3.14.1　张紧形式、导向装置

【监督检验工作指引】

(1) 断绳时，张紧轮(或者其配重)沿其导向装置应有足够的自由距离。

(2) 不论张紧轮在何位置，当限速器张紧绳松弛时，都可以使一个电气安全装置动作，视为导向装置有效。

3.14.2　电气安全装置

【检验工作指引】

(1) 检验时应当注意张紧装置与电气安全装置的相对安装位置是否适当，确认当限速器绳断裂或者过分伸长时，该电气安全装置能有效动作。

(2) 当限速器绳缩短时没有强制要求有电气安全装置保护。

(3) 图 1-584～图 1-587 所示是常见的电气安全装置不符合要求的情况。

如图 1-584 所示，因电气安全装置位置设置不当，当限速器绳过分伸长时，张紧轮张紧装置向下移动，触发电气安全装置的部件向上移动，不能触发其下部的电气安全装置动作。

如图 1-585 所示，因触发电气安全装置动作的部件与电气安全装置已经错位，当限速器绳过分伸长时，张紧轮张紧装置向下移动，不能触发其下部的电气安全装置动作。

图 1-584　电气安全装置位置装反

图 1-585　电气安全装置与触发装置错位

如图 1-586 所示，因张紧轮配置被人为用砖头挡住，当限速器绳过分伸长时，张紧轮配重不能向下移动，因此，不能触发电气安全装置动作。

如图 1-587 所示，因补偿装置反向处的位置较高，当限速器绳过分伸长时，张紧轮配重向下移动时，在接触电气安全装置前被补偿装置阻挡，因此，不能触发电气安全装置动作。

图 1-586　配重被砖头挡住

图 1-587　补偿装置妨碍电气安全装置

【注意事项】

限速器张紧装置的配重要轻重适中，符合制造单位要求。如果太轻，一是会导致限速器钢丝绳脱槽，二是会导致提拉力不够，不能使安全钳动作；如果太重，会导致限速装置电气安全开关误动作。因此，不得随意更换。图 1-588 所示不符合要求。

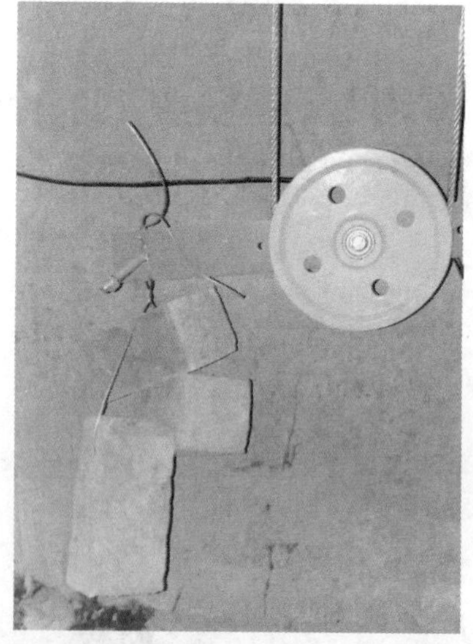

图 1-588　不符合要求的限速器张紧装置

3.15 缓冲器

项目及类别	检验内容与要求	检验方法
3.15 缓冲器 B	(1) 轿厢和对重的行程底部极限位置应当设置缓冲器，强制驱动电梯还应当在行程上部极限位置设置缓冲器；蓄能型缓冲器只能用于额定速度不大于1m/s的电梯，耗能型缓冲器可以用于任何额定速度的电梯； (2) 缓冲器上应当设有铭牌，标明制造单位名称、型号、规格参数和型式试验机构的名称或者标志，铭牌和型式试验合格证内容应当相符； (3) 缓冲器应当固定可靠，无明显倾斜，且无断裂、塑性变形、剥落、破损等现象； (4) 耗能型缓冲器液位应当正确，有验证柱塞复位的电气安全装置； (5) 对重缓冲器附近应当设置永久性的明显标识，标明当轿厢位于顶层端站平层位置时，对重装置撞板与其缓冲器顶面间的最大允许垂直距离；并且该垂直距离不超过最大允许值	(1) 对照检查缓冲器型式试验合格证和铭牌或者标签； (2) 目测缓冲器的固定和完好情况；必要时，将限位开关(如果有)、极限开关短接，以检修速度运行空载轿厢，将缓冲器充分压缩后，观察缓冲器是否有断裂、塑性变形、剥落、破损等现象； (3) 目测耗能型缓冲器的液位和电气安全装置； (4) 目测对重越程距离标识；定期检验时，查验当轿厢位于顶层端站平层位置时，对重装置撞板与其缓冲器顶面间的垂直距离

【注意事项】

检验该项时，最好选择检修运行，此时在底坑的检验员应注意轿厢和对重的运行情况，选择合适的站立或下蹲位置，如人员不应站在运动部件的投影面以内等，防止机械伤害。

3.15.1 缓冲器选型

【监督检验工作指引】

(1) 缓冲器的类型参见1.1.4。可以通过对比缓冲器铭牌、型式试验证书、电梯产品质量证明文件以及实物等，判断缓冲器的选用是否符合要求。蓄能型缓冲器只能用于额定速度不大于1 m/s的电梯，耗能型缓冲器可以用于任何额定速度的电梯。

(2) 对于可变速电梯，其缓冲器应按最大速度进行选型。

(3) 在选型匹配的情况下，允许同一台电梯的轿厢和对重采用不同类型、不同型号的缓冲器，但是轿厢或对重采用多个缓冲器时，其类型和型号应一致，如图1-589、图1-590、图1-591所示。

图1-589 轿厢和对重采用数量不同的同类型同型号的缓冲器

图 1-590　轿厢和对重采用数量不同的同类型不同型号的缓冲器

图 1-591　采用多个同类型同型号的缓冲器

3.15.2　缓冲器铭牌或者标签

【监督检验工作指引】

(1) 根据 TSG T7007—2016 中 N6.5 的要求，缓冲器上应当设置铭牌或者标签(见图 1-592)，标明以下信息：

1) 产品型号、名称；

2) 缓冲器制造单位名称及其制造地址；

3) 型式试验机构的名称或者标志；

4) 适用额定速度；

5) 允许质量范围；

6) 液体规格(对于耗能型缓冲器)；

7) 产品编号；

图 1-592　符合要求的液压缓冲器铭牌

8）制造日期；

9）设计使用年限（适用于非线性蓄能型缓冲器）。

图 1-592 和图 1-593 分别是符合要求的液压缓冲器铭牌和聚氨酯缓冲器铭牌。

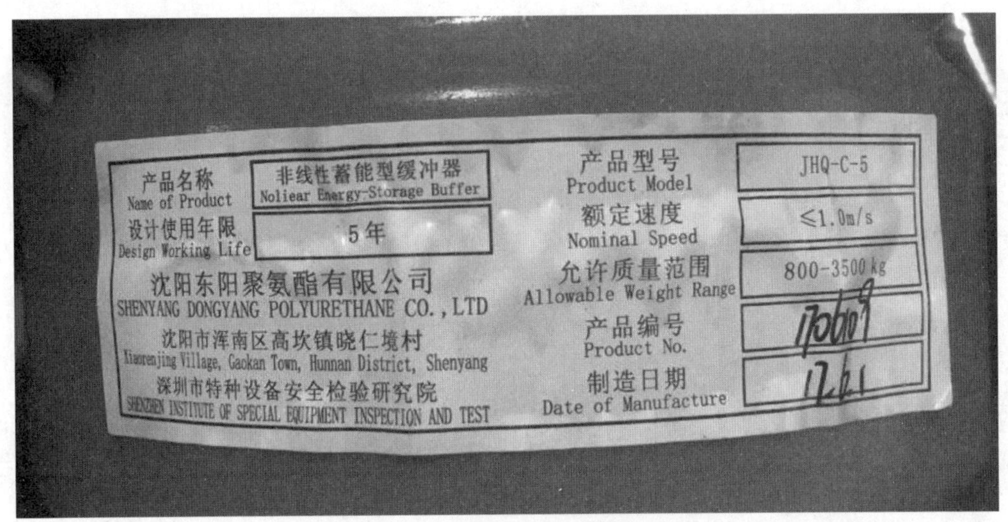

图 1-593　符合要求的聚氨酯缓冲器铭牌

（2）2.7（1）驱动主机、2.8（1）控制柜、2.12（1）ACOP、2.13（1）UCMP 的要求应设置铭牌，本项则是铭牌或标签均可。图 1-594 所示是悬挂在缓冲器上的标签。

产品合格证

产品名称	非线性蓄能型缓冲器		
产品型号	JHQ-A2	外观尺寸	¢100x120mm
允许质量范围	450kg-3100kg	额定速度	≤0.63m/s
证书编号	TSX F33003820171026		
型式试验报告编号	2017AF3803	设计使用年限	6年
型式试验单位	深圳市特种设备安全检验研究院		
专利号	201130298053.3		

图 1-594　符合要求的聚氨酯缓冲器标签

3.15.3　缓冲器固定和完好情况

【检验工作指引】

（1）缓冲器的固定应符合缓冲器说明书的要求，一般采用螺栓固定。要注意有时固定缓冲器的混凝土底座由于体积太小或质量问题，会发生如图 1-595 所示的固定不可靠的现象。

(2) 对于图 1-596 所示的缓冲器基座过高和图 1-597 所示的撞板凳子过多的情况，应检查其稳定性，并由制造单位出具设计证明。

(3) 对于图 1-598 所示的撞板不在中心位置的情况，制造单位应出具设计证明，如图 1-599 所示。

图 1-595 缓冲器固定不可靠

图 1-596 缓冲器基座较高

图 1-597 对重撞板多个凳子

图 1-598 对重撞板不在中心

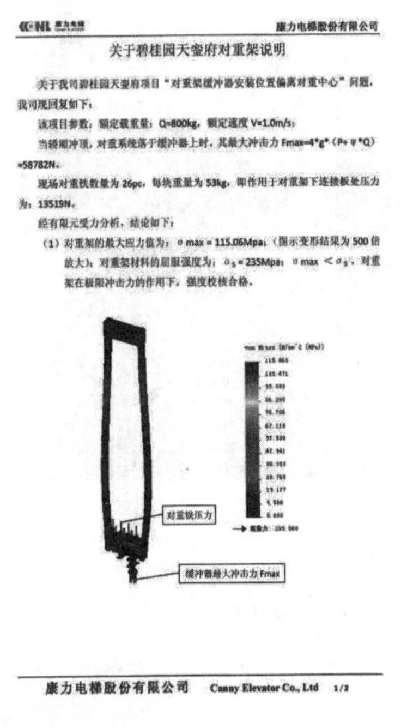

康力电梯股份有限公司

关于碧桂园天銮府对重架说明

关于我司碧桂园天銮府项目“对重架缓冲器安装位置偏离对重中心”问题，我司现回复如下：

该项目参数：额定载重量：Q=800kg，额定速度 V=1.0m/s；

当轿厢冲顶，对重系统落于缓冲器上时，其最大冲击力 Fmax=4*g*（P+ψ*Q）=58782N。

现场对重铁数量为 26pc，每块重量为 53kg，即作用于对重架下连接板处压力为：13519N。

经有限元受力分析，结论如下：

（1）对重架的最大应力值为：σmax = 115.06Mpa；（图示变形结果为 500 倍放大）；对重架材料的屈服强度为：σ_s = 235Mpa；σmax < σ_s，对重架在极限冲击力的作用下，强度校核合格。

康力电梯股份有限公司　Canny Elevator Co., Ltd　1/2

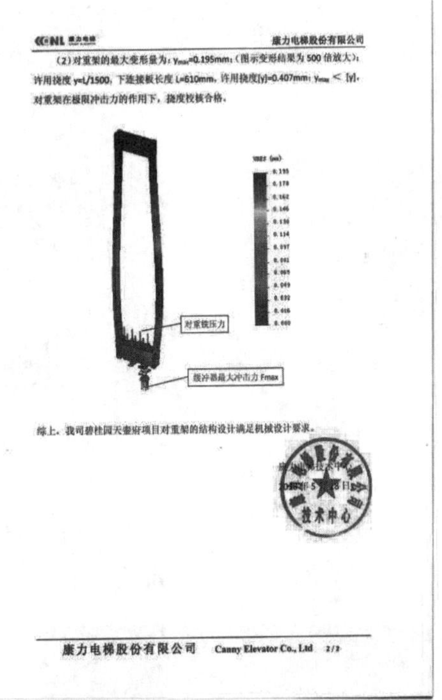

康力电梯股份有限公司

（2）对重架的最大变形量为：y_{max}=0.195mm；（图示变形结果为 500 倍放大）；许用挠度 y=L/1500，下连接板长度 L=610mm，许用挠度[y]=0.407mm；y_{max} < [y]，对重架在极限冲击力的作用下，挠度校核合格。

综上，我司碧桂园天銮府项目对重架的结构设计满足机械设计要求。

康力电梯股份有限公司　Canny Elevator Co., Ltd　2/2

图 1-599　对重撞板不在中心的情况说明

【特例】

对于缓冲器固定在轿厢底部的（见图 1-600），也应该符合本项要求。

【注意事项】

检验底托式的电梯时，应注意底部钢丝绳与缓冲器撞板是否存在干扰，如果存在干扰（见图 1-601），可判 3.15（3）不符合要求（缓冲器位置固定不当）。

图 1-600　缓冲器固定在轿厢底部

图 1-601　钢丝绳干扰对重撞板

【定期检验工作指引】

（1）观察缓冲的固定和完好情况。

图 1-602 所示是常见的聚氨酯缓冲器损坏情况。

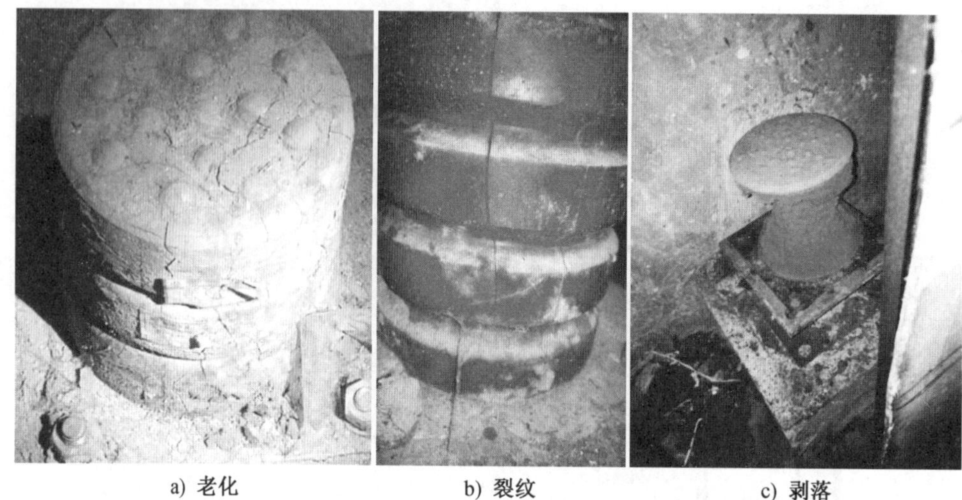

a) 老化　　b) 裂纹　　c) 剥落

图 1-602　聚氨酯缓冲器损坏

图 1-603 所示是缓冲器固定不可靠的情况，图 1-604 所示是液压缓冲器生锈的情况。

图 1-603　缓冲器固定不可靠

图 1-604　液压缓冲器生锈

（2）进行完 TSG T7001 中 8.9 空载曳引能力试验后，应检查对重侧聚氨酯缓冲器被压缩后是否能恢复至原来高度，是否产生断裂、塑性变形、剥落、破损等损坏现象，如图 1-605 所示。如果发现轿厢侧的聚氨酯缓冲器也有老化现象，将限位开关（如果有）、极限开关短接，以检修速度向下运行空载轿厢，将缓冲器充分压缩后，观察缓冲器有无断裂、塑性变形、剥落、破损等现象。

图 1-605　空载曳引能力试验后缓冲器损坏

(3) 应检查缓冲器的固定情况。图 1-606 所示为更换后的新缓冲器未固定。

3.15.4　缓冲器液位和电气安全装置

【适用范围】

对于只有蓄能型缓冲器的电梯,本项填写“无此项”。

【检验工作指引】

(1) 该开关验证的是柱塞的复位效果,保证下次缓冲器动作时处于复位的状态。非自动复位的电气开关因其需要专业人员进行复位,因此也能达到同样效果,可以认为是符合要求。

(2) 应检查缓冲器的液压油油位。缺少液压油的缓冲器极大地影响其缓冲的效果。

(3) 对于使用液压缓冲器的,当底坑有积水时,由于水的密度大于液压油的密度,易于发生液压油被水置换出的情况,因此检验底坑有积水且使用液压缓冲器时,应检查液压油情况,如图 1-607 所示。

图 1-606　更换后的新缓冲器未固定

图 1-607　底坑有积水的液压缓冲器

(4) 图 1-608 所示是液压缓冲器存在的其他问题。

a) 柱塞生锈

b) 电气安全装置被埋

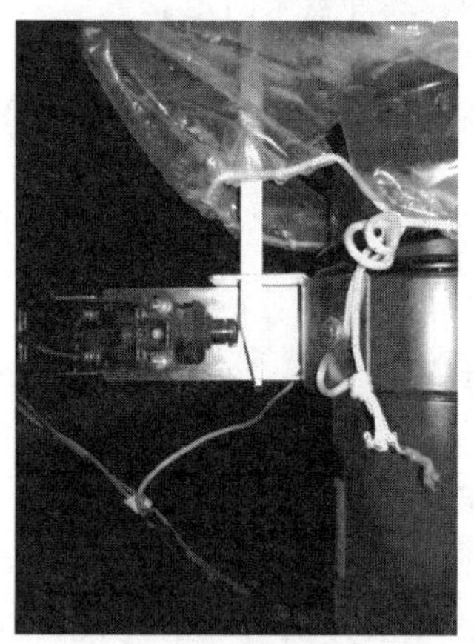

c) 电气安全装置位置不合理

d) 电气安全装置被拆

e) 电气安全装置生锈

图 1-608 液压缓冲器存在的其他问题

3.15.5 对重越程距离

【适用范围】

本项只适用于曳引驱动电梯，对于强制驱动电梯检验报告可不编排本项或填写“无此项”。

【检验工作指引】

(1) 此条要求是对 TSG T7001 中 3.2 的补充，在顶部空间允许的范围内的缓冲距离最大值，除了要满足 TSG T7001 中 3.2(1) 对轿厢顶部空间有四项要求外，还要考虑 TSG T7001 中 3.2(2)对对重导轨顶部制导行程的要求。

(2) 判断当对重与缓冲达到最大允许值时，能否保证 TSG T7001 中 3.10 所要求的上极限开关在缓冲器被压缩期间保持其动作状态。

(3) 该标识可以在对重缓冲旁的井道壁或对重护栏上，但应具有永久性。如果采用标牌方式应使用不能撕毁的耐用材料制成且可靠固定[见图 1-609a)]。

(4) 如果对重下方有可拆凳子,则是凳子撞板与其缓冲器顶面间的最大允许垂直距离,如图 1-597 所示。

(5) 具体计算和判断方法参见 3.2【说明解释】,但应注意,标注的最大允许垂直距离不宜过小或者过大。如果过小,极容易发生在极限开关动作前对重接触缓冲器。如果过大,首先是对重撞击缓冲器之前加速距离较长,能够达到较大的速度,其次是轿厢发生冲顶事故时,轿厢地坎与层门门楣之间的距离过小,不易于进行救援,且如果此时轿厢地坎到层门地坎的距离大于轿厢护脚板的垂直高度(至少 750 mm)时,打开层、轿门救援过程中存在人员坠落到井道的风险。因此建议,对于标注的最大允许垂直距离过小或者过大时,应认真核对有关资料及尺寸。

(6) 只要标明了最大允许垂直距离即可,不强制要求标准缓冲器顶面位置、最大允许位置、对重撞板位置的三条线[见图 1-609b)]。

a) 直接标注

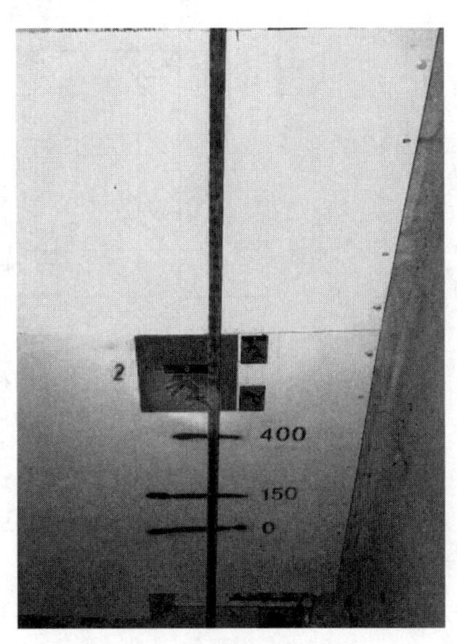

b) 划线标注

图 1-609 最大允许缓冲距

【监督检验工作指引】

监督检验时应验证施工单位提供的最大允许垂直距离是否符合 TSG T7001 中 3.2(1)①~④、TSG T7001 中 3.2(2)及 TSG T7001 中 3.10 共 6 项的要求。

【注意事项】

本项检验,应首先查看井道布置图中制造单位给出的最大越程距离是否满足顶部空间、底坑空间等的要求,得出符合结论后,再检验现场是否与制造单位出具的井道布置图一致,如果不一致,应进行整改或变更设计,而不是用顶部空间、底坑空间等倒推越程距离的最大允许值。图 1-610 所示为制造单位出具的井道布置图,图中标明了越程距离允许的范围。

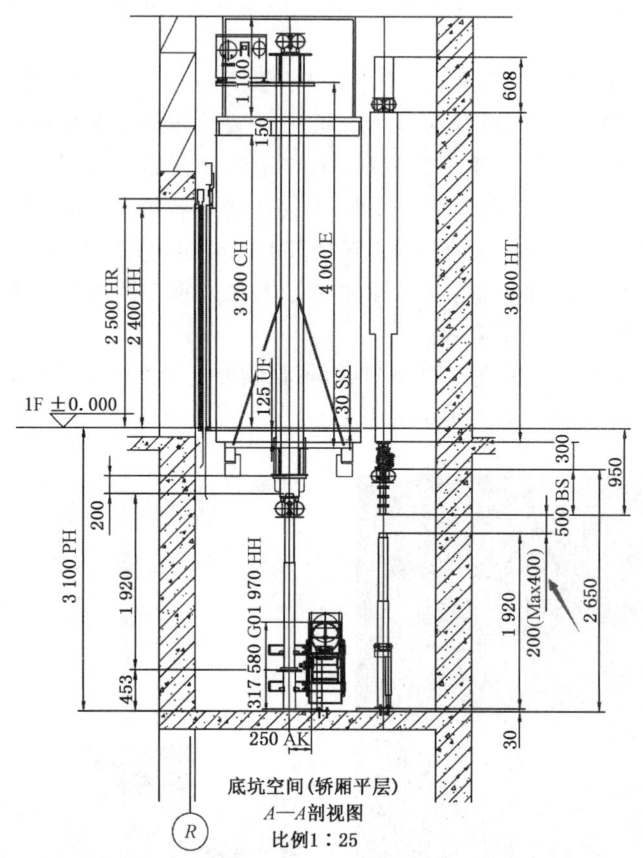

图 1-610 制造单位给定的最大越程距离

【定期检验工作指引】

定期检验只需查看当轿厢在顶层端站平层时，对重装置撞板与其缓冲器顶面间的垂直距离是否在上极限距离与最大允许值之间。

3.16 对重(平衡重)下方空间的防护

项目及类别	检验内容与要求	检验方法
3.16 对重(平衡重) 下方空间的防护 C	如果对重(平衡重)之下有人能够到达的空间，应当将对重缓冲器安装于一直延伸到坚固地面上的实心桩墩，或者在对重(平衡重)上装设安全钳	目测

【适用范围】

对于对重(平衡重)之下没有人能够到达空间的电梯，本项填写“无此项”。对重(或者平衡重)之下的空间应用砖墙等措施完全密封，如果仅是锁住的空间(如杂物房、设备间等)，虽然平时无人，但人仍可以进入，就应按本项要求进行检验。

【说明解释】

安全钳的动作一般都应由限速器来控制触发，如图 1-611 所示，但根据 GB 7588—2003

中 9.8.3.1,若额定速度小于或等于 1 m/s,对重(或平衡重)安全钳可借助悬挂机构的断裂或借助一根安全绳来动作,如图 1-612 所示。

图 1-611　对重安全钳

图 1-612　悬挂装置断裂触发的对重安全钳

【监督检验工作指引】

(1) 对重(或者平衡重)之下有人能够到达的空间,指电梯没有到达建筑物的最底层,在底坑地板下面还有人们能够到达的空间,有可能有很多层。

(2) 对于对重(平衡重)之下有空间,但人员不能进入时,该项可以按照无此项处理。

(3) 即使有实心桩墩或对重(平衡重)安全钳,井道底坑的底面也应至少按 5 000 N/m^2 载荷设计,并应满足井道图标注的底坑地面各点支反力的要求。

(4) 对于采用实心桩墩的,应检验其可靠性,如图 1-613 所示,由于实心桩墩顶面与楼层不接触,所以其不可靠。

【参考做法】

由于难以将实心桩墩准确地安装在对重(或者平衡重)正下方位置,另外细长的实心桩墩强度、刚度、稳定性等也较难满足强大的冲击受力情况,因此,尽量采用对重(平衡重)安全钳。

如果采用实心桩墩(见图 1-614)方式应满足以下的要求:

(1) 提供由电梯整机制造厂出具或确认的实心桩墩受力计算书。

(2) 对重(平衡重)缓冲器应直接安装在实心桩墩上,即不能让楼层板存在缓冲器与实心桩墩之间。

图 1-613　实心桩墩不可靠

图 1-614　对重下方的实心桩墩

【特例】

随着科学技术的不断发展和进步，城市中的高楼大厦数量越来越多，鳞次栉比，高度不断被刷新，400 m，500 m，800 m，1 000 m……，部分高楼的电梯设置是层进式的，分步到达顶楼，处于上部的电梯，其底坑下方可能有几十层甚至上百层，因此，将对重缓冲器安装于一直延伸到坚固地面上的实心桩墩不现实(见图 1-615 和图 1-616)，且上下层的实心桩墩难以控制在同一条垂直的受力线上，所以 GB/T 7588.1—2020 中 5.2.5.4 修改为“如果井道下方确有人员能够到达的空间，井道底坑的底面至少应按 5 000 N/m^2 载荷设计，且对重(或平衡重)上应设置安全钳。”

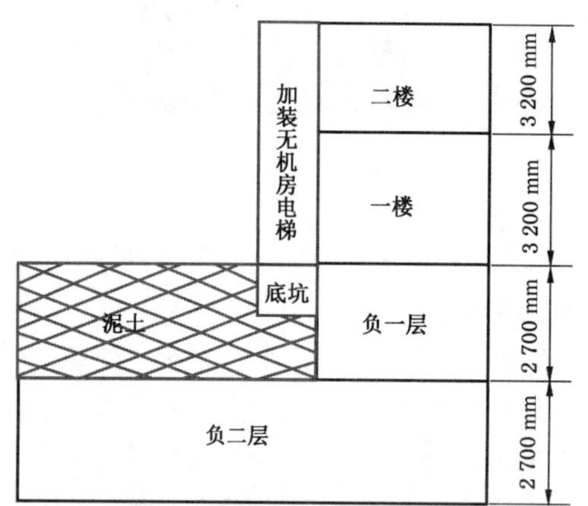

图 1-615　无法准确确定缓冲器的位置

图 1-616　不允许设置实心桩墩(通道)

【定期检验工作指引】

(1) 虽然在定期检验中没有该项目，但可能存在新装电梯检验时对重(或者平衡重)之下有封闭的空间，在电梯投入使用后开启该空间，使对重(或者平衡重)之下有人能够到达的空间且无对重安全钳，对此应在《特种设备检验意见通知书》中填写 TSG T7001 第十七条的第(四)项。

(2) 对于在 TSG T7001 实施之前(2010 年 4 月 1 日)已经按旧检规要求安装的电梯，如果对重(或者平衡重)之下有人能够到达的空间，可以继续按旧检规的要求进行监护使用，否则不允许监护使用。

4　轿厢与对重(平衡重)

4.1　轿顶电气装置

项目及类别	检验内容与要求	检验方法
4.1 轿顶电气装置 C	(1) 轿顶应当装设一个易于接近的检修运行控制装置,并且符合以下要求: ① 由一个符合电气安全装置要求,能够防止误操作的双稳态开关(检修开关)进行操作; ② 一经进入检修运行,即取消正常运行(包括任何自动门操作)、紧急电动运行、对接操作运行,只有再一次操作检修开关,才能使电梯恢复正常工作; ③ 依靠持续揿压按钮来控制轿厢运行,此按钮有防止误操作的保护,按钮上或其近旁标出相应的运行方向; ④ 该装置上设有一个停止装置,停止装置的操作装置为双稳态、红色并标以“停止”字样,并且有防止误操作的保护; ⑤ 检修运行时,安全装置仍然起作用。 (2) 轿顶应当装设一个从入口处易于接近的停止装置,停止装置的操作装置为双稳态、红色并标以“停止”字样,并且有防止误操作的保护。如果检修运行控制装置设在从入口处易于接近的位置,该停止装置也可以设在检修运行控制装置上。 (3) 轿顶应当装设 2P+PE 型电源插座	(1) 目测检修运行控制装置、停止装置和电源插座的设置; (2) 操作验证检修运行控制装置、安全装置和停止装置的功能

【说明解释】

(1) 检修开关防止误操作通常采用旋钮开关的方式,并在旋钮外侧设置护圈防止误操作,如图 1-617 所示。检修运行开关需要满足电气安全装置的要求,通常采用安全触点,即使两触点熔接在一起也能有效断开。

(2) 检修运行开关防止误操作可以采用以下方式之一:

1) 设置公共按钮;

2) 按钮周围有护圈,动作点低于护圈的平面。

GB 7588—2003 未规定具体的防误操作的方式,采用上述二者之一均可以判定其符合要求。但 GB/T 7588.1—2020 要求采用双重防误操作的保护,如图 1-617 所示,该检修运行控制装置能够防止因脚踩、碰撞等导致误动作的合理方式。

图 1-617 轿顶电气装置

(3) 停止装置防止误操作的保护,主要是采用护圈和旋转复位。停止装置如果误复位将可能将维修或检验人员置于危险状态,因此其采用旋转复位的方式防止误复位;高速电梯运行时停止装置如果误动作也可能导致危险,因此开始在原有开关的基础上设置护圈防止误动作。

4.1.1 检修装置

【检验工作指引】

(1) 轿顶检修控制装置应当有一个双位置的检修/正常运行转换开关,一个双稳态的停止开关,以及上、下行按钮。上、下行按钮应当能防止非意愿操作(如对于凸起的开关应有防止误操作的防护圈,或者要同时按一个公共按钮才能启动),如图 1-618 所示。

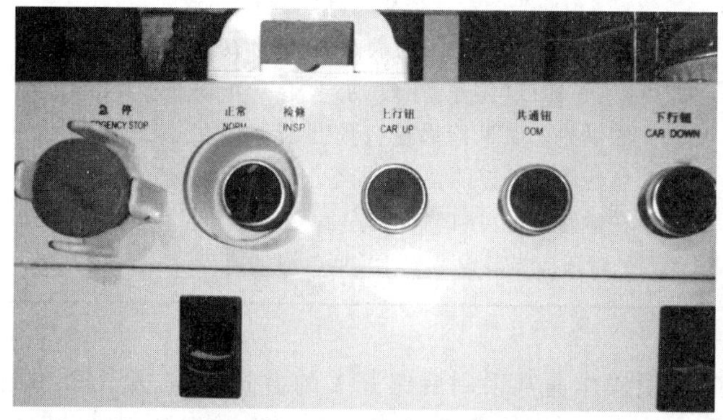

图 1-618 轿顶检修控制装置

(2)“一经进入检修运行,应当取消正常运行(包括任何自动门操作)”,这里的自动门,包括 GB 7588—2003 中 7.5.2.1.1 和 8.7.2.1.1 所述的动力驱动水平滑动门以及 GB 7588—2003 中 7.5.2.3 所述的动力驱动其他型式自动门。自动门的操作包括两类:第一类是电梯停在层站时,由控制系统发出指令自动开关层轿门;第二类是电梯停在层站时,由轿厢内的操作者通过揿压开关门按钮来开关层轿门。有一部分电梯在检修运行至层站停止时,只取消了第一类操作,而没有取消第二类操作,根据 CEN/TC10 的解释(见图 1-619),这是是不允许的。

8 欧洲标准《电梯制造与安全规范》条文解释汇编

序号： 254　　　　CEN/TC10 解释文号： 265

适用条款	14.2.1.3 (EN81-1/2:1998)	关键词	检修控制和门的运动

询问：

条款 14.2.1.3a)说："一经进入检修运行，应取消：正常控制，包括任何自动门的操作。"

这句话作如下解释是否正确：

a) 假如完全打开检修开关的瞬间门是关着的，应该停止操作门的运动。

或者

b) 允许在完全打开检修开关后关闭轿厢门，此后门的运动不再可能。

a)和 b)哪种解释正确？

答复：

a) 是正确的(见解释 120)。

标准这样写是为了避免由于门的运动造成风险。假如设计保证关门不造成剪切、挤压等危险，关门操作是可以接受的。

图 1-619　CEN/TC10 的解释

(3) 根据 GB 7588—2003 第 004 号解释单，电梯在检修运行状态下，操作紧急电动运行开关，则紧急电动运行操作不起作用，而检修运行控制的上/下行按钮保持有效；电梯在紧急电动运行状态下，操作检修运行开关，则紧急电动运行应立即无效，而检修运行控制的上/下行按钮应有效。当同时操作检修运行开关和紧急电动运行开关时，两种运行方式都不起作用的处理方式也是不允许的。

(4) 部分电梯进入检修运行后，会自动关闭轿门并保持关闭状态，应视为符合"取消正常运行(包括任何自动门操作)"的要求。

(5) 电梯轿顶检修控制装置可以为移动式检修盒(类似于自动扶梯的便携式检修盒，如图 1-620 所示)，应具有一个存放位置，在不使用时把移动式检修盒存放在该位置。

(6) 根据 GB 7588—2003 中 14.2.1，电梯运行控制分为正常运行控制、门开着情况下的平层和再平层控制、检修运行控制、紧急电动运行控制、对接操作运行控制等五种运行控制方式。检修运行控制的优先级别较高，电梯处于正常运行或者紧急电动运行时，一旦动作检修装置，应使电梯进入检修运行控制。如果在机房内将电梯置于紧急电动运行，一旦在轿顶动作检修装置，电梯应能通过检修运行控制装置使电梯检修运行，并且不能通过紧急电动运行装置控制操作电梯紧急电动运行。

(7) 停电自动救援操作是电梯在正常运行控制状态下的一种操作，其优先级别低于检修运行。因此一旦进入检修运行，应当停止自动救援操作。

图 1-620　移动式检修盒

4.1.2 停止装置

【检验工作指引】

(1) 根据 GB 7588—2003 中 14.2.2.1,轿顶停止装置应当设置在轿顶距检修或维护人员入口不大于 1 m 处,该装置也可设在距入口处不大于 1 m 固定的检修运行控制装置上,如图 1-621 所示。如图 1-622 所示的停止装置则距层站较远,不易于接近。

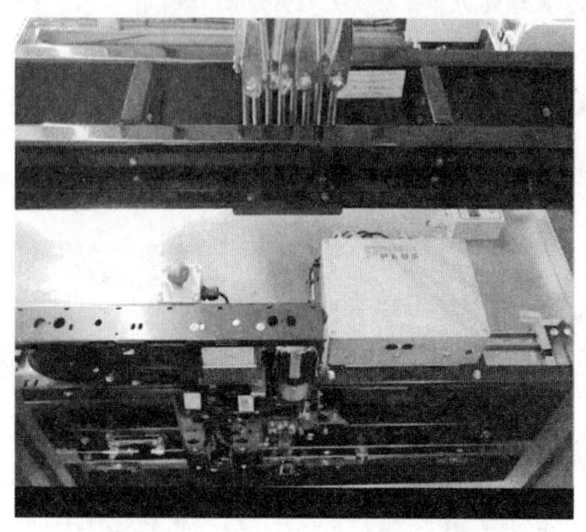

图 1-621　易于接近的停止装置

图 1-622　不易于接近的停止装置

(2) 对贯通门的轿厢以及 90°开门的轿厢,如果两侧都能进入轿顶,则两侧都应设置急停开关,如图 1-623 所示;如果指定一侧进入且另一侧有轿顶护栏,则只要指定一侧设置急停开关即可。

图 1-623　90°开门轿厢的轿顶急停开关

【定期检验工作指引】

根据 GB 7588—2003 中 14.2.2.2,停止装置应为双稳态,且误动作不能使电梯恢复运行,因此,虽然闸刀和拨动开关也是双稳态的开关,但是误动作后,不能防止电梯恢复运行,不符合要求,如图 1-624 所示。

a) 闸刀

b) 拨动

图 1-624　不符合要求的停止开关

4.1.3　电源插座

【监督检验工作指引】

目测，具体要求见 2.5.2 项。

4.2　轿顶护栏

项目及类别	检验内容与要求	检验方法
4.2 轿顶护栏 C	井道壁离轿顶外侧水平方向自由距离超过 0.3 m 时，轿顶应当装设护栏，并且满足以下要求： (1) 由扶手、0.10 m 高的护脚板和位于护栏高度一半处的中间栏杆组成； (2) 当自由距离不大于 0.85 m 时，扶手高度不小于 0.70 m，当自由距离大于 0.85 m 时，扶手高度不小于 1.10 m； (3) 护栏装设在距轿顶边缘最大为 0.15 m 之内，并且其扶手外缘和井道中的任何部件之间的水平距离不小于 0.10 m； (4) 护栏上有关于俯伏或斜靠护栏危险的警示符号或须知	目测或者测量相关数据

【说明解释】

(1) 自由距离应测量至井道壁，井道壁上有宽度或高度小于 0.30 m 的凹坑时，允许在凹坑处有稍大一点的距离。轿顶护栏的设置要求如图 1-625 所示。需要注意的是，是否需要设置护栏的距离 0.3 m 是从轿顶边缘开始测量，决定护栏高度的 0.5 m 是从护栏扶手内侧开始测量。

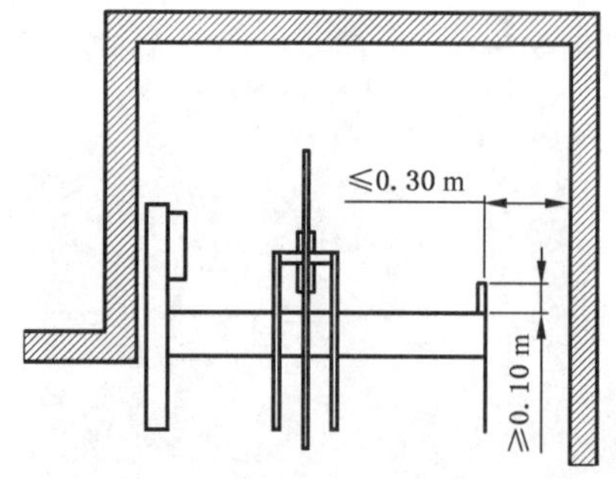

a) 无护栏，但具有最小高度0.10 m的踢脚板

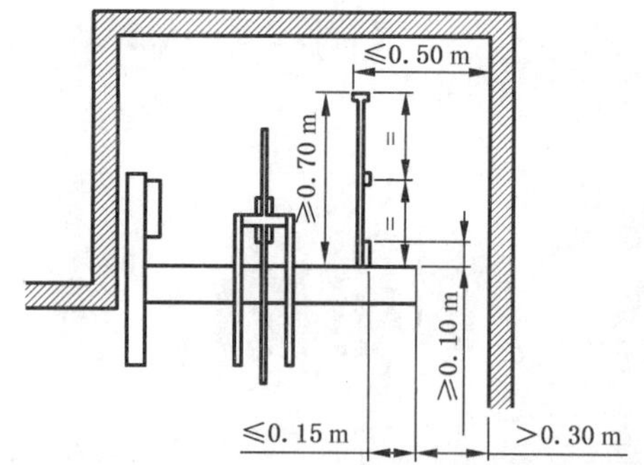

b) 具有最小高度0.70 m的护栏和最小高度0.10 m的踢脚板

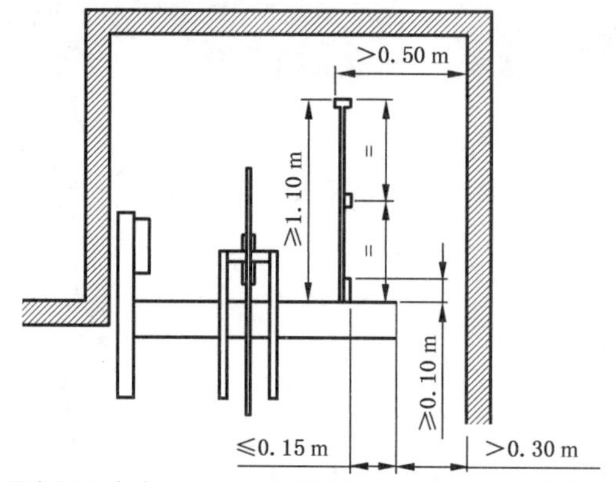

c) 具有最小高度1.10 m的护栏和最小高度0.10 m的踢脚板

图 1-625 轿顶护栏的高度示意图

(2)“扶手外缘和井道中的任何部件之间的水平距离不小于 0.10 m”，因此不考虑扶手内侧与轿顶部件(如反绳轮、钢丝绳、绳头组合灯)的距离。

4.2.1 护栏的组成

图 1-626 所示为常见的轿顶护栏的构成方式。

a) 不需设置护栏

b) 单边护栏

c) 双边护栏

图 1-626 轿顶护栏

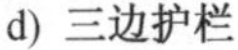

d) 三边护栏

e) 部分护栏

f) 四边护栏

续图 1-626

(1) 护栏应由扶手、0.10 m 高的护脚板和位于护栏高度一半处的中间栏杆组成，如图 1-627 所示。护脚板的设置可以是护栏的一部分，也可以单独设置在轿顶边缘。

(2) 护栏上护脚板应从轿顶平台开始向上延伸至少 0.1 m，有些电梯的护脚板是从距离轿顶平台上方一定距离开始向上延伸 0.1 m，是不符合要求的。

(3) 设置护栏是防止轿顶人员由于发生坠入井道的危险，因此护栏还应有足够的强度，如图 1-628 所示的轿顶护栏则不符合要求。

图 1-627　轿顶护栏

a) 固定不可靠

b) 固定不可靠且未设置护脚板

图 1-628　不符合要求的轿顶护栏

【注意事项】

(1) 当轿门一侧的轿顶外侧水平方向与井道壁处的自由距离超过 0.3 m 时，除应当设置轿门机械锁外，还应当装设护栏，尤其是对通门。为方便维修人员或检验人员进入轿顶，该护栏可以为水平滑动式（见图 1-629）、垂直转动式（见图 1-630）、垂直提拉式（见图 1-631）、平开转动式（见图 1-632），且应设置电气安全保护装置，只有在活动护栏处于工作位置时，电梯才能运行，图 1-631a）和图 1-632 所示未设置电气安全装置，不符合要求。此外，平开转动式的不得向轿顶外开启。

图 1-629　水平滑动式轿顶护栏

a) 关闭

b) 打开

c) 电气安全装置

图 1-630　垂直转动式轿顶护栏

a) 未设电气安全装置

b) 设置了电气安全装置

图 1-631　垂直提拉式轿顶护栏

(2) 对于半封闭井道(见图 1-633)的电梯,未封闭的井道壁侧的轿顶应设置高度不小于 1.10 m 的护栏。

图 1-632　平开转动式轿顶护栏
(未设电气安全装置)

图 1-633　半封闭井道电梯的轿顶护栏

4.2.2　扶手高度

当自由距离不大于 0.85 m 时,扶手高度不小于 0.70 m;当自由距离大于 0.85 m 时,扶手高度不小于 1.10 m。如图 1-625 所示。测量时应注意测量的位置,见【说明解释】。

4.2.3　装设位置

(1) 护栏装设在距轿顶边缘最大为 0.15 m,目的是防止人员站立护栏外,因此只要保证护栏外轿顶可站人面上的距离不大于 0.15 m 即可(例如 3.2 项的情况)。

(2) 扶手外缘和井道中的任何部件之间的水平距离不小于 0.10 m,按 GB 7588—2003 中 8.13.3.3 的规定,井道中的任何部件应包括:对重(或平衡重)、开关、隔磁板、导轨、支架等。如图 1-634 所示的是护栏到导轨支架的距离小于 0.1 m,不符合要求。

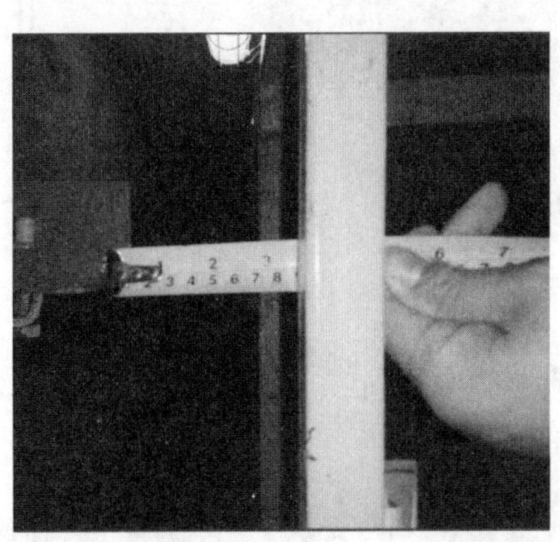

图 1-634　护栏到导轨支架的距离小于 0.1 m

(3) 某些观光电梯,使用单位为了美观,在护栏外侧又增加了一层护板(见图 1-635),那么护板外缘和井道中的任何部件之间的水平距离也不得小于 0.10 m;也有使用全玻璃板代替常规的护栏,那么玻璃应为夹层玻璃,且强度应满足相关要求(见图 1-636)。

图 1-635　护栏外侧加护板

图 1-636　玻璃护栏

(4) 某些曳引比为 2∶1 的顶吊式电梯，反绳轮及钢丝绳投影在轿厢边缘内侧，护栏设置在钢丝绳内侧，由于钢丝绳外缘与轿顶边缘的距离为 0.1 m，如果“扶手外缘和井道中的任何部件之间的水平距离不小于 0.10 m”，就不能满足“护栏装设在距轿顶边缘最大为 0.15 m 之内”，反之亦然，如图 1-637 所示。满足以下条件可视为符合要求：

1) 制造单位改变轿厢结构，使其满足本项要求；或

2) 不改变轿厢结构：

① 满足扶手外缘和钢丝绳之间的水平距离不小于 0.10 m 的要求，采取措施使扶手与轿厢边缘大于 0.15 m 处无站人空间，如图 1-638a) 所示设置的倾斜板；或

② 满足护栏装设在距轿顶边缘最大为 0.15 m 之内的要求，采取措施使操作人抓住扶手时，钢丝绳不会对操作人员造成伤害，如图 1-638b) 所示设置的防护罩。

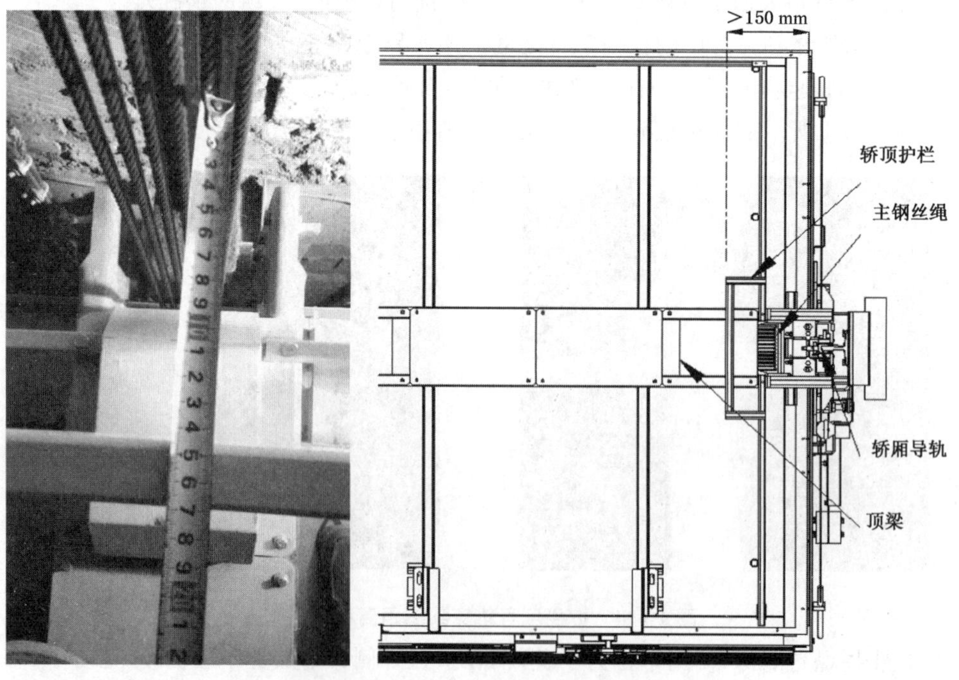

图 1-637　反绳轮及钢丝绳投影在轿厢边缘内侧

a) 设置倾斜的板

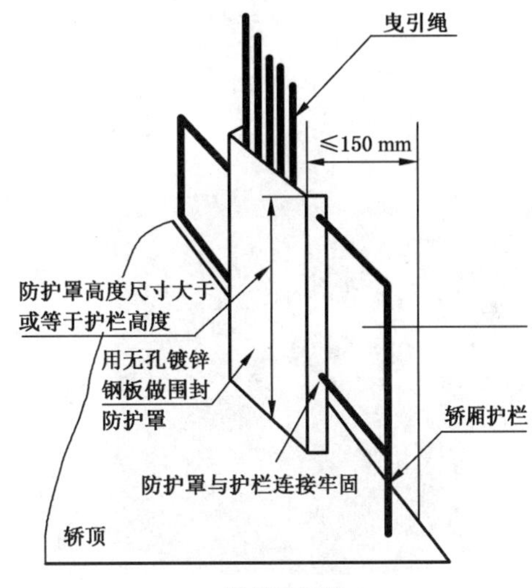

b) 设置防护罩

图 1-638　防护措施

(5) 根据 GB/T 7588.1—2020 中 5.4.7.3，当轿顶外边缘与井道壁之间的距离大于 0.30 m 时，在轿顶外边缘与相关部件之间、部件之间或护栏的端部与部件之间应不能放下直径大于 0.30 m 的水平圆(见图 1-639)，可不设置本项要求的护栏。

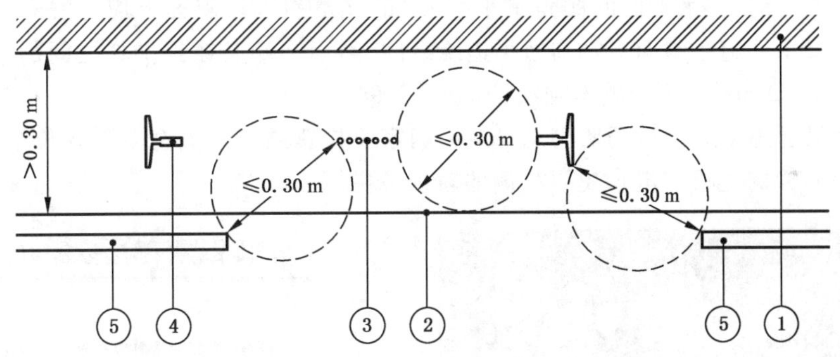

①—井道壁；②—轿顶边缘；③—绳；④—导轨；⑤—护栏。

图 1-639　防坠落保护的部件示例

(6) 对于轿顶作为作业场地的无机房电梯，当轿厢位于检修位置时，护栏扶手与井道内部件的距离也应不小于 0.10 m。如图 1-640 所示，当轿厢位于检修位置时，护栏扶手与驱动主机支架之间的距离不小于 0.10 m，不符合要求。

4.2.4　警示标志

警示标志如图 1-641 所示。该警示标志有歧义，应修正为“倚靠护栏危险”。

图 1-640 无机房电梯护栏与驱动主机之间的距离小于 0.10 m

图 1-641 警示标志示例

【特例】

(1) 对于 3.2.1.3【特例】所描述的无机房电梯，将曳引机侧的轿顶护栏内移(距轿顶边缘超过 0.15 m)后，为了防止人员误入护栏外的轿顶空间，在轿顶护栏外设置永久性的、有一定刚度和强度的、与水平面的倾角不小于 45°的光滑斜面。斜面上应有安全色及醒目的不能站人的警示标记。斜面下端与轿顶边缘之间、斜面上端与轿顶护栏之间的水平面的短边均不应大于 30 mm。不影响本项结论(见图 1-642)。

本特例只适用于通过市场监管总局或原国家质检总局给出安全等效评价结论且为“同意”(见图 1-643)的无机房电梯曳引机侧的轿顶护栏。

图 1-642 不可站人的光滑斜面

国家质量监督检验检疫总局司(局)函

质检特函〔2010〕70 号

关于同意无机房电梯轿顶护栏安全等效评价结论的函

巨人通力电梯有限公司、蒂森电梯有限公司、蒂森克房伯电梯(上海)有限公司、江南嘉捷电梯股份有限公司：

你公司申请对曳引机投影的一部分位于轿顶的上方，导致部分间距与空间存在安全风险的无机房电梯，采用特殊的轿顶护栏设计技术，经特种设备安全技术委员会电梯分委会讨论和函审认为，在采取必要的措施后，与现行安全技术规范的要求具有同等的安全性。经研究，同意特种设备安全技术委员会电梯分委会的意见，并要求你公司在该技术应用中遵守以下要求：

一、按照特种设备安全技术委员会电梯分委会的意见，满足安全警示、必要安全距离等要求；

二、应用此类技术的电梯出厂时，技术资料中应包含该技术特殊的安装和维修注意事项、检验要求等内容；

三、加强对采用此类技术电梯使用情况的信息收集和分析，如发现新问题，应立即报告我局。

附件：1. 关于巨人通力电梯有限公司等四公司无机房电梯

图 1-643 原国家质检总局的安全等效评价函

(2) 对于为同时满足护栏高度、护栏装设位置与轿厢边缘之间的距离、护栏扶手与井道中部件的距离的要求，采取如图 1-644 所示护栏上部向轿厢侧弯折的，且同时轿顶空间也符合要求的，可视为符合要求。

图 1-644　护栏上部向轿厢侧弯折

【参考做法】

在已有建筑物新安装电梯，会出现因为顶层高度不足，按本款要求设置轿顶护栏高度，无法满足 TSG T7001 中 3.2(1) ①井道顶的最低部件与轿顶设备的最高部件之间的间距要求，对此可以参考 GB/T 28621—2012《安装于现有建筑物中的新电梯制造与安装安全规范》中 5.6 的规定，在轿顶上永久安装一个安全且易操作的可伸展护栏(见图 1-645)，该可伸展护栏应满足以下要求：

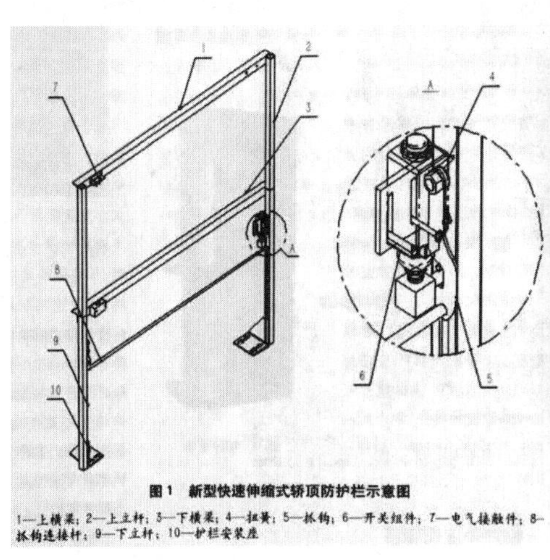

a) 示意图

b) 实物图

图 1-645　轿顶可伸展护栏

(1) 护栏应设计成具有足够的强度，固定装置能抵抗 GB 7588—2003 中 0.3.9 所定义的可预知力(静力：300 N；撞击所产生的力：1 000 N)，并保证护栏能够保持在展开或伸出的状态；

(2) 护栏应设计成站立在安全区域时能完全展开(或伸出)和折叠(或缩回)；

(3) 当站人区域在轿顶时，该区域应符合下列要求：

1) 符合 GB 7588—2003 中 8.13.2 的要求(轿顶应有一块不小于 0.12 m^2 的站人用的净面积，其短边不应小于 0.25 m)。

2) 清楚地标示并从层站外可见。

3) 当存在坠落风险时，应设置在距离轿顶边缘不小于 0.50 m 处。

(4) 下列条件下，符合 GB 7588—2003 中 14.1.2 要求的电气安全装置应防止轿厢移动，如图 1-646 所示：

图 1-646　可伸缩护栏的电气安全装置

1) 在正常运行时，护栏未完全收回。

2) 在检修运行时，护栏未完全伸展。

检验时应检验该电气安全装置的有效性，如果该电气安全装置不起作用，如图 1-647 所示，可判为不合格。

图 1-647　可伸缩护栏的电气安全装置不起作用

(5) 对于紧急电动运行，在未折叠(缩回)的护栏可能与井道顶发生碰撞的区域，一个与运行方向有关的开关(符合 GB 7588—2003 中 14.1.2 要求的电气安全装置，或符合 GB 7588—2003 中 5.5.3.4 要求的附加极限开关)应防止向上方向的紧急电动运行。

(6) 使用可折叠护栏时应增加一个上部极限开关，极限开关的位置应保证轿厢停在该位置时，护栏处于伸展状态仍能保障轿顶空间的安全尺寸[见 TSG T7001 3.2(1)]。当护栏处于伸展状态，轿厢检修上行时能够动作该极限开关；当护栏处于缩回状态，电梯正常运行时该极限开关不起作用。

图 1-648 所示是向轿顶内折叠的新型护栏。

图 1-648　向轿厢内折叠护栏

4.3　转厢安全窗(门)

项目及类别	检验内容与要求	检验方法
4.3 轿厢安全窗(门) C	如果轿厢设有安全窗(门)，应当符合以下要求： (1) 设有手动上锁装置，能够不用钥匙从轿厢外开启，用规定的三角钥匙从轿厢内开启； (2) 轿厢安全窗不能向轿厢内开启，并且开启位置不超出轿厢的边缘，轿厢安全门不能向轿厢外开启，并且出入路径没有对重(平衡重)或者固定障碍物； (3) 其锁紧由电气安全装置予以验证	操作验证

【适用范围】

本项允许无此项。

【说明解释】

(1) 能够不用钥匙从轿厢外开启，其目的是紧急情况下方便救援；用规定的三角钥匙从轿厢内开启和锁紧由电气安全装置予以验证，是防止轿厢内非专业人士打开。

(2) 安全窗(门)不是紧急情况下救援乘客使用的通道，仅能用于紧急救援人员使用。因此安全窗不能向轿厢内开启，一方面是防止安全窗完全打开或打开时伤及乘客，另一方面是防止轿顶人员意外踩踏，发生坠落事故。开启位置不超出轿厢的边缘是防止轿厢移动打开安全窗，轿厢制停时安全窗与井道内装置或设备发生碰撞。

(3) 轿厢安全门不能向轿厢外开启,其目的是防止井道障碍物阻挡轿厢安全门开启。

(4) 根据 GB 7588—2003 中 8.12.3,在有相邻轿厢的情况下,如果轿厢之间的水平距离不大于 0.75 m,可以设置轿厢安全门,又根据 GB 7588—2003 中 5.6.2.2,如果轿厢顶部边缘和相邻电梯的运动部件[轿厢、对重(或平衡重)]之间的水平距离小于 0.50 m,应当设置贯穿过整个井道的隔障,因此,轿厢安全门设置的条件是两轿厢之间的距离至少大于 0.5 m,但不得大于 0.75 m。

如果轿厢运动部件之间的距离小于 0.5 m,而轿厢之间的距离大于 0.5 m 且小于 0.75 m,可以只对运动部件的需要保护部分设置穿过整个井道的隔障,轿厢安全门可以设置在没有隔障的区域,如图 1-649 所示。

根据 GB 7588—2003 中 8.12.4.1.2,轿厢安全门不应设置在对重(或平衡重)运行的路径上,或设置在妨碍乘客从一个轿厢通往另一个轿厢的固定障碍物(分隔轿厢的横梁除外)的前面,这里的"分隔轿厢的横梁"是翻译错误,实际上应该是指"轿厢间的横梁",即图 1-649 和图 1-650 中所示的横梁。GB/T 7588.1—2020 中 5.4.6.3.1.2 修改为"轿厢安全门不应设置在对重(或平衡重)运行的路径上,或设置在妨碍乘客从一个轿厢通往另一个轿厢的固定障碍物(轿厢间的横梁除外)的前面"。

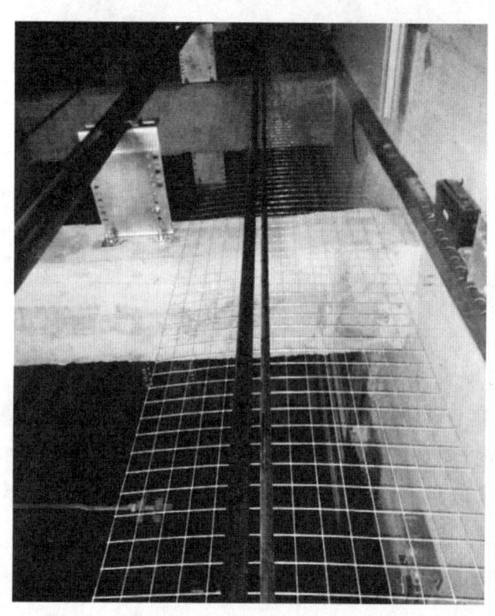

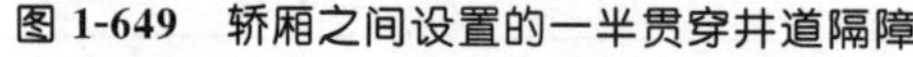

图 1-649　轿厢之间设置的一半贯穿井道隔障

图 1-650　轿厢间的横梁

(5) 根据 GB/T 7588.1—2020 中 5.4.6.2,如果两个轿厢安全门之间的距离大于 0.35 m,应提供一个连接到轿厢并具有扶手的便携式(或移动式)过桥或设置在轿厢上的过桥,过桥的宽度不应小于 0.50 m,并且具有足够的空间,以便开启轿厢安全门。因此,建议轿厢安全门之间设置类似如图 1-651 所示的过桥。

a) 方案一

b) 方案二

图 1-651　过桥

【监督检验工作指引】

(1) 标准中没有强制规定设立安全窗。

(2) 按 TSG T7001 中 3.4 的规定，轿厢安全门的设置条件是，在有相邻轿厢的情况下，如轿厢之间的水平距离不大于 0.75 m，可以使用轿厢安全门。安全门尺寸要求是，高度不小于 1.80 m，宽度不小于 0.35 m，其目的是保证单人侧身时顺利通过。

(3) GB 7588—2003 中 8.12.2 要求安全窗的尺寸不应小于 0.35 m×0.5 m，其目的是保证单人穿过。因此，如果安全窗尺寸不符合该要求，应在《特种设备检验意见通知书》中选填第(四)项。

【定期检验工作指引】

(1) 对于早期按照 GB 7588—1987《电梯制造与安装安全规范》或更早期标准生产的电梯，所设置的安全窗(门)，不能满足 TSG T7001 中 4.3“安全窗(门)”的要求且无法整改，如果不需要将安全窗作为紧急救援通道，可采用焊接等方法将其封闭，作为无安全窗处理，但应有原电梯制造厂同意变更的证明。

(2) 部分轿厢的安全窗被天花板或灯罩遮挡(见图 1-652)，安全窗即使能打开也不能作为紧急救援通道，可采用上述(1)的方法处理。

图 1-652　轿顶安全窗被天花板遮挡

4.3.1　手动上锁装置

【检验工作指引】

手动试验，验证其功能是否符合要求。

4.3.2 安全门(窗)开启

图 1-653 安全窗被护栏阻挡

【检验工作指引】

手动试验是否能向内开启,开启位置是否超出轿厢的边缘,观察出入路径没有对重(平衡重)或者固定障碍物。

图 1-653 所示的安全窗被护栏阻挡,不能正常打开,不符要求。

4.3.3 电气安全装置

【检验工作指引】

如果锁紧失效,该装置应使电梯停止,只有在重新锁紧后,电梯才有可能恢复运行。

图 1-654 和图 1-655 所示分别为验证轿厢安全窗和轿厢安全门锁紧的结构。

图 1-654 验证轿厢安全窗的锁紧

图 1-655 验证轿厢安全门的锁紧

【定期检验工作指引】

个别老式电梯,该电气安全装置仅仅是验证安全窗(门)关闭状态,如图 1-656 所示,是不符合本项要求,但由于本项是 C 项且整改有可能要改变整个安全窗(门)结构,因此允许监护使用。

图 1-656 安全窗的锁紧无法由电气安全装置予以验证

4.4　轿厢和对重(平衡重)间距

项目及类别	检验内容与要求	检验方法
4.4 轿厢和对重(平衡重)间距 C	轿厢及关联部件与对重(平衡重)之间的距离应当不小于 50 mm	测量相关数据

【监督检验工作指引】

(1) 轿厢及关联部件与对重、平衡重(含对重块、对重架、对重螺栓等)之间的最小距离都不应小于 50 mm,在轿厢和对重的整个高度上均有效,应从轿厢的关联部件开始测量,而不单单是轿顶的外边缘测量,如图 1-657 所示,对重与轿厢关联部件的距离小于 50 mm,不符合要求;图 1-658 所示为对重关联部件(对重安全钳的拉杆机构)与轿厢关联部件的距离小于 50 mm 的情况,不符合要求。

图 1-657　对重与轿厢关联部件的距离小于 50 mm

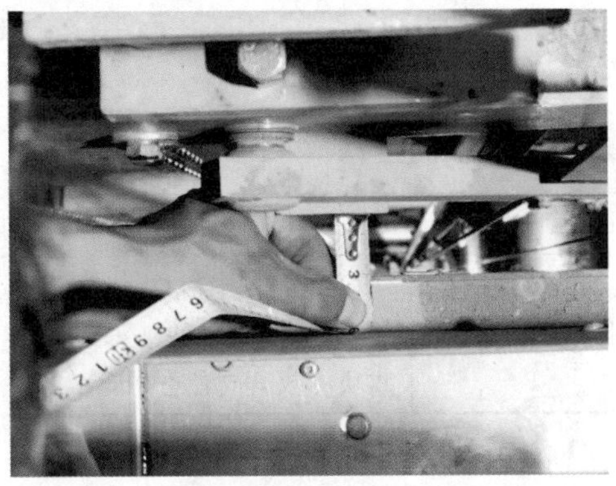

图 1-658　对重关联部件与轿厢关联部件的距离小于 50 mm

(2) 测量取点时应充分考虑对重块在对重架上不整齐地排列的可能性(特别是铁皮包边的水泥对重块)。

(3) 不考虑对重与其他部件(结构)之间的距离,如图 1-659 所示。

a) 与导轨之间的间距

b) 与井道壁之间的间距

图 1-659　对重与其他部件距离小于 50 mm

【特例】

对于如图 1-660 所示，轿厢内设置了梯子，而使轿厢凸出一部分到井道的，如果该凸出在对重侧，应测量其与对重之间的距离。

图 1-660 轿厢凸出

4.5 对重(平衡重)块

项目及类别	检验内容与要求	检验方法
4.5 对重(平衡重)块 B	(1) 对重(平衡重)块可靠固定； (2) 具有能够快速识别对重(平衡重)块数量的措施(例如标明对重块的数量或者总高度)	目测

4.5.1 固定

【检验工作指引】

(1) 如对重(或平衡重)由对重块组成，为防止它们移位，应采取下列措施：

1) 对重块固定在一个框架内。

对于如图 1-661 所示对重架严重变形的，可判为不合格。

对于如图 1-662 所示在对重架外增加对重与对重固定不可靠的，可判为不合格。

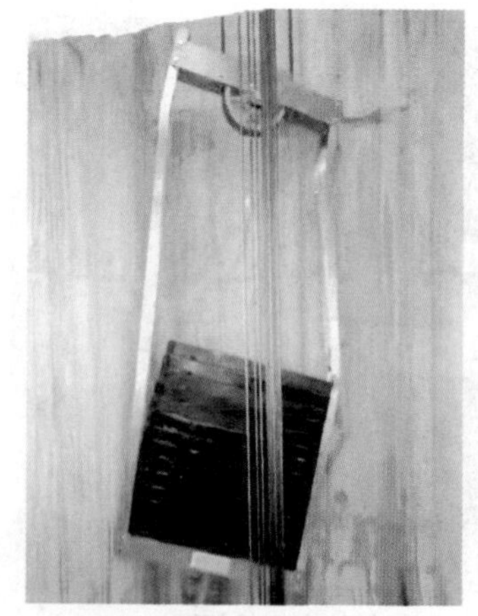

图 1-661 对重架变形

图 1-662 对重固定不可靠

2）对于金属对重块，且电梯额定速度不大于 1 m/s，则至少要用两根拉杆将对重块固定住，如图 1-663 所示。

如图 1-664 所示的对重块未固定，不符合要求。

图 1-663 对重块的固定可靠

图 1-664 对重块未固定

(2) 对于水泥对重块，外壳应坚固，一方面是防止其出现碎裂，而导致对重质量的减少，影响电梯的平衡系数，另一方面是防止其意外碎裂掉入底坑或轿顶，对底坑人员或乘客造成伤害。

图 1-665 和图 1-666 所示的水泥对重块外部铁皮已严重锈蚀或者根本无外部铁皮的，可判为不合格。

图 1-665 水泥对重块外部铁皮严重锈蚀

图 1-666 水泥对重块无铁皮

【参考做法】

如果对重反绳轮轴承缺少润滑，由滚动摩擦变为滑动动摩擦，时间久了反绳轮轮轴与反绳轮一起转动，使反绳轮轮轴卡板松脱，反绳轮轮轴开始在对重架反绳轮轴支承横板中转动，这种转动有如车床的车削作用，会使对重架反绳轮轴支承横板严重破损和反绳轮轮轴出现断裂等现象（见图 1-667），最终导致钢丝绳从反绳轮脱离，轿厢与对重同时坠落底坑。虽然检查对重反绳轮轴承是否得到良好润滑、轴承是否正常是电梯维护保养的工作，但由于此类事故在国内外多次发生，建议也检验一下。

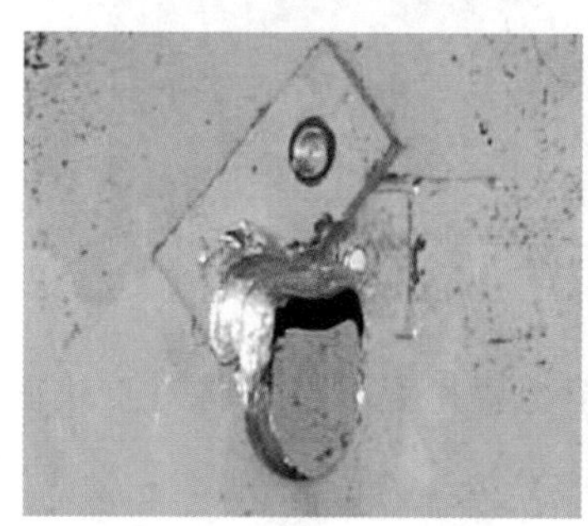

图 1-667　对重反绳轮轮轴断裂

4.5.2　识别数量的措施

【说明解释】

由于经常发生对重块丢失或损坏后未及时增加等导致平衡系数减小的情况，因此在 TSG T7001 第 2 号修改单中增加该项目。

【检验工作指引】

TSG T7001 未对快速识别对重块数量的措施做具体的要求，因此只要能够快速识别即可。

图 1-668 所示是常见的快速识别对重块数量的措施。

a) 只标总量

b) 只标数量（自上而下从小到大）

图 1-668　常见的快速识别对重块数量的措施

c) 标总量和高度

d) 只标数量(自上而下从大到小)

续图 1-668

【参考做法】

(1) 因对重块的数量和质量直接影响平衡系数,因此,在确认平衡系数符合要求后,再标注快速识别对重块数量的措施。

(2) 为便于增加或减少对重块,宜采用自上而下,从大到小的标注方法。

(3) 对于使用不同类别(如同时使用铁块和水泥块)不同规格(如对重块的质量不同等)对重块的以及对重块较薄的,如图 1-669 所示,宜采用标注总高度的方法。

a) 水泥块和铁块混用的

b) 厚度不均一的对重块

c) 较薄的对重块

图 1-669　同时使用水泥对重和铁块对重

（4）对于多块对重块为并列布置的（如图 1-670 所示两块对重块并列布置），当为横向并列时，可分别标注数量或高度；当为纵向并列时，因靠近井道壁侧不易观察，可采用如图 1-671 所示的标注数量的措施。

图 1-670　两块对重块并列布置

图 1-671　纵向并列布置的识别措施

4.6　轿厢面积

<table>
<tr><th>项目及类别</th><th colspan="8">检验内容与要求</th><th>检验方法</th></tr>
<tr><td rowspan="12">4.6
轿厢面积
C</td><td colspan="8">（1）轿厢有效面积应当符合下述规定。下述各额定载重量对应的轿厢最大有效面积允许增加不大于所列值 5%的面积：</td><td rowspan="11">（1）测量计算轿厢有效面积</td></tr>
<tr><td>Q①</td><td>S②</td><td>Q①</td><td>S②</td><td>Q①</td><td>S②</td><td>Q①</td><td>S②</td></tr>
<tr><td>100③</td><td>0.37</td><td>525</td><td>1.45</td><td>900</td><td>2.20</td><td>1 275</td><td>2.95</td></tr>
<tr><td>180④</td><td>0.58</td><td>600</td><td>1.60</td><td>975</td><td>2.35</td><td>1 350</td><td>3.10</td></tr>
<tr><td>225</td><td>0.70</td><td>630</td><td>1.66</td><td>1 000</td><td>2.40</td><td>1 425</td><td>3.25</td></tr>
<tr><td>300</td><td>0.90</td><td>675</td><td>1.75</td><td>1 050</td><td>2.50</td><td>1 500</td><td>3.40</td></tr>
<tr><td>375</td><td>1.10</td><td>750</td><td>1.90</td><td>1 125</td><td>2.65</td><td>1 600</td><td>3.56</td></tr>
<tr><td>400</td><td>1.17</td><td>800</td><td>2.00</td><td>1 200</td><td>2.80</td><td>2 000</td><td>4.20</td></tr>
<tr><td>450</td><td>1.30</td><td>825</td><td>2.05</td><td>1 250</td><td>2.90</td><td>2 500⑤</td><td>5.00</td></tr>
<tr><td colspan="8">对于汽车电梯，额定载重量应当按照单位轿厢有效面积不小于 200 kg/m² 计算</td></tr>
<tr><td colspan="8">注 A-5：①额定载重量，kg；②轿厢最大有效面积，m²；③一人电梯的最小值；④二人电梯的最小值；⑤额定载重量超过 2 500 kg 时，每增加 100 kg，面积增加 0.16 m²。对中间的载重量，其面积由线性插入法确定</td></tr>
<tr><td colspan="8">（2）对于为了满足使用要求而轿厢面积超出上述规定的载货电梯，必须满足以下条件：
① 在从层站装卸区域总可看见的位置上设置标志，表明该载货电梯的额定载重量；
② 该电梯专用于运送特定轻质货物，其体积可保证在装满轿厢情况下，该货物的总质量不会超过额定载重量；
③ 该电梯由专职司机操作，并严格限制人员进入</td><td>（2）检查层站装卸区域额定载重量标志、电梯专用等措施</td></tr>
</table>

4.6.1 有效面积

【说明解释】

(1) 根据 GB 7588—2003 中 8.2 描述，对于乘客电梯和病床电梯，轿厢最大有效面积允许增加不大于表列值 5%的面积；但对于载货电梯的面积没有提到是否允许增加 5%，GB 7588 第 013 号解释单，也适用于载货电梯。而根据 TSG T7001 中 4.6(1) 的描述，对所有电梯的轿厢最大有效面积都适用。

(2) 根据 GB 7588—2003 中 8.2.3 乘客数量应由下述方法获得，按额定载重量/75 计算，计算结果向下圆整到最近的整数，或取表 1-52 中较小的数值。

(3) 根据 GB 7588—2003 中 3.5，轿厢面积是指地板以上 1 m 高度处测量的轿厢面积，乘客或货物用的扶手可忽略不计，如图 1-672 所示。

图 1-672 轿厢内的扶手

(4) 根据 GB 7588—2003 中 8.2.1，对于轿厢的凹进和凸出部分，不管高度是否小于 1 m，也不管其是否有单独门保护，在计算轿厢最大有效面积时均必须算入。因此，对于图 1-673a)所示在轿厢内设置座椅的，计算轿厢面积时不应减去座椅所占面积；对于图 1-673b)所示在轿厢内设置附加操作装置的，若该按钮平台距离轿厢地面大于 1 m，计算轿厢面积时可不计算附加操作装置所占面积，否则应计算。

a) 设置座椅

b) 附加操作装置

图 1-673 轿厢的凸出部分

表 1-52 乘客人数与轿厢最小有效面积

乘客人数/人	轿厢最小有效面积/m^2	乘客人数/人	轿厢最小有效面积/m^2
1	0.28	11	1.87
2	0.49	12	2.01
3	0.60	13	2.15
4	0.79	14	2.29
5	0.98	15	2.43
6	1.17	16	2.57
7	1.31	17	2.71
8	1.45	18	2.85
9	1.59	19	2.99
10	1.73	20	3.13
注：乘客人数超过 20 人时，每增加 1 人，增加 0.115 m^2。			

【监督检验工作指引】

（1）计算有效面积时，门口的面积应计入。轿门关闭后，在里面的所有面积均为有效面积，如图 1-674 所示。对于观光电梯等不规则的轿厢面积，需通过几何计算得出。如图 1-675 所示的不规则轿厢。

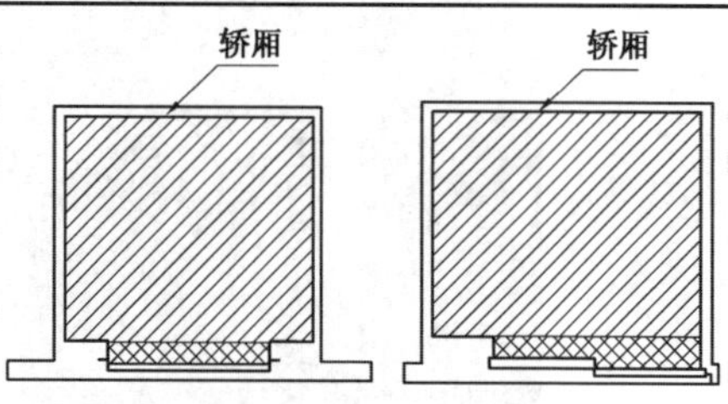

图 1-674 轿厢有效面积

a) 等腰梯形

b) 圆形

c) 矩形加扇形

图 1-675 不规则轿厢

(2) GB/T 7024—2008 中 2.12 对非商用汽车的定义为“其轿厢适用于运载小型乘客汽车的电梯”，但是比较模糊。根据全国电梯标准化委员会的解释(SAC/TC 196 第 11 号)，GB 7588—2003 提及的“非商用汽车电梯”是指轿厢尺寸适用于运载“非商用汽车”的电梯，并非“非商业”场所使用的“汽车电梯”。GB/T 3730.1—2001《汽车和挂车类型的术语和定义》(以下简称 GB/T 3730.1—2001)对商用车有明确的定义，即在设计和技术特性上用于运送人员和货物的汽车，并且可以牵引挂车，且明确了“乘用车”不包括在“商用车辆”之内。GB 7588—2003 中的“非商用汽车”是指 GB/T 3730.1—2001 中 2.1.1 表 1 中 2.1.1.1～2.1.1.6 所列的“乘用车”(俗称轿车，如小轿车、吉普车等)，即在设计和技术特性上主要用于载运乘客及其随身行李和/或临时物品的汽车，但不包括轿车可以牵引的挂车。

非商用汽车电梯只能用于停车场、汽车维修厂、汽车展示场等。对于非商用汽车电梯，额定载重量每增加 1 000 kg 允许轿厢最大有效面积增大 5 m^2，例如，一台额定载重量 3 000 kg 非商用汽车电梯允许轿厢最大有效面积为 15 m^2。

【常见事例】

(1) 电梯额定载荷与电梯轿厢有效面积线性插入法计算示例：

已知电梯额定载荷 Q_1 的面积 S_1，Q_2 的面积 S_2，则当额定载荷为 $Q(Q_1<Q<Q_2)$时所对应的面积 S 按下式计算：

$$S=(S_2-S_1)(Q-Q_1)/(Q_2-Q_1)+S_1$$

例：已知 $Q_1=1\ 125$ kg，$S_1=2.65$ m^2；$Q_2=1\ 200$ kg，$S_2=2.80$ m^2 请计算 $Q=1\ 150$ kg 对应的面积 S。

解：$S=[(2.80-2.65)(1\ 150-1\ 125)/(1\ 200-1\ 125)+2.65]$ $m^2=2.70$ m^2

(2) 额定载重量为 1 000 kg、轿厢有效面积为 2.40 m^2 乘客电梯，铭牌不允许标“1 000 kg/15 人”，因为 15 人的乘客电梯轿厢有效面积至少为 2.43 m^2。但由于客梯面积可以有 5%的增加，若该客梯电梯轿厢有效面积大于 2.43 m^2 且小于 2.52 m^2 时，则轿厢铭牌应标“1 000 kg/15 人”。

(3) 乘客电梯轿厢有效面积为 1.6 m^2、定载重量为 1 000 kg 时，轿厢内的铭牌应标“1 000 kg/9 人”，不允许标“1 000 kg/13 人”。

(4) 其他请参考 TSG T7001 中 1.3。

【特例】

(1) 对于图 1-676 所示在轿厢内设置有司机专用座椅的，座椅区域应算入轿厢面积；对于在电梯内永久地放置了大件设备(如高度超过 1 m，图 1-677 所示的空调)，该设备所占的面积也应计入轿厢有效面积。

(2) 对于图 1-678 所示的特殊形状的轿厢，制造单位应提供计算轿厢面积的说明书。

4.6.2　轿厢超面积载货电梯的控制条件

【适用范围】

本项只适用于轿厢面积超标的曳引驱动载货电梯，对于强制驱动电梯检验报告可不编排本项或填写“无此项”；对于乘客电梯、病床电梯(包括在用超面积病床电梯)以及轿厢面积没有超标的载货电梯等本项应填写“无此项”。

图 1-676　设置司机座椅

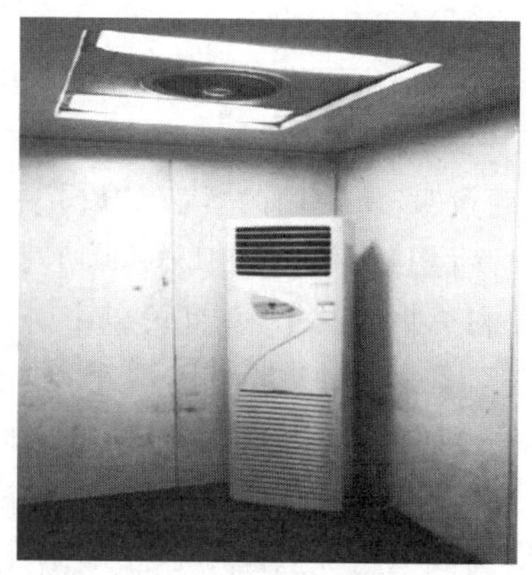

图 1-677　放置立式空调

a) 扇形

b) 多边形

c) 有部分类椭圆形

图 1-678　特殊形状轿厢

【检验工作指引】

超面积货梯的有效控制应注意：

(1) 必须设置 TSG T7001 中 4.10 的超载保护装置且该装置动作准确可靠。

(2) 应在从层站装卸区域可看见的位置上设置标志，表明该载货电梯的额定载重量。

(3) 使用单位出具证明，以证明该电梯专用于运送特定轻质货物，其体积可保证在装满轿厢情况下，该货物的总质量不会超过额定载重量。

(4) 电梯有专职司机操作，并严格限制人员进入。专职司机不需要持证[见 TSG T7001 中 1.4(5)]，但要有任命文件。

以上(1)、(2)由电梯生产单位负责，(3)、(4)由电梯使用单位负责。

【监督检验工作指引】

(1) 为了防止电梯面积严重超标，对于新安装的超面积载货电梯，还要电梯制造厂提供电梯设计计算书，计算书应考虑轿厢实际载重量达到 TSG T7001 中 4.6(1) 附表中规定的轿厢面积所对应的额定载重量的情况下，电梯各相关受力部件(如曳引钢丝绳及端接装置、曳引轮轴、曳引机轮齿、制动器、轿厢、轿架等)有足够的强度和刚度，钢丝绳与曳引轮之间不打滑，安全钳、缓冲器能满足使用要求等。

(2) 对于新安装的客梯和病床梯不允许超面积(小于 5%除外)。

【定期检验工作指引】

对于在用超面积的客梯和病床电梯，可参考本项的要求进行处理，但由于本项是仅对载货电梯的要求，所以应按“无此项”处理。

【参考做法】

有些使用单位申报安装了汽车电梯，但在使用时改变了其用途，将其充当载货电梯使用。在额定载重量相同的情况下，汽车电梯的轿厢最大有效面积，比载货电梯的轿厢最大有效面积大很多，将汽车电梯充当载货电梯用，有严重超载的可能，存在严重安全隐患。

(1) 监督检验

1) 对于已投入使用的场所，检验人员应认真核实待检电梯的用途，确认其用作运送用汽车，如使用场所为停车场、汽车维修厂、汽车展示场等，方可按汽车电梯检验；如该电梯不是用作运送汽车，应终止检验。

2) 对于未投入使用或空置的厂房、仓库等场所，由于现场无法确认待检电梯的用途，应要求使用单位提供该电梯用于运送汽车的相关书面证明，该证明随检验记录一起存档。

(2) 定期检验

如果发现汽车电梯已不作为运送汽车使用，应终止检验，上报监察机构，并要求使用单位委托电梯制造单位或者有改造资质单位按下列要求对电梯进行改造：

1) 将电梯品种改为载货电梯，可按电梯原制造标准改造。

2) 改造后轿厢有效面积符合载货电梯的有关规定，如果轿厢面积超出 TSG T7001 中 4.6(1)附表的规定，还应满足 TSG T7001 中 4.6(2)的要求，但 TSG T7001 中 4.6(2)没有要求核对计算书内容。

(3) 因历史原因已经在用的非商用汽车电梯，如果已经改造为超面积载货电梯，而且有按照超面积载货电梯的要求进行监督检验，可继续按超面积载货电梯的要求进行定期检验。

4.7　轿厢内铭牌和标识

项目及类别	检验内容与要求	检验方法
4.7 轿厢铭牌和标识 C	(1) 轿厢内应当设置铭牌，标明额定载重量及乘客人数(载货电梯只标载重量)、制造单位名称或者商标；改造后的电梯，铭牌上应当标明额定载重量及乘客人数(载货电梯只标载重量)、改造单位名称、改造竣工日期等； (2) 设有 IC 卡系统的电梯，轿厢内的出口层选层按钮应当采用凸起的星形图案予以标识，或者采用比其他按钮明显凸起的绿色按钮	目测

4.7.1　铭牌

【说明解释】

GB 7588—2003 中 15.2.1 规定：轿厢内应标出电梯的额定载重量及乘客人数(载货电梯仅标出额定载重量)，以及电梯制造厂名称或商标。所用字样应为：“……kg……人”；所用字体高度不得小于：

a) 10 mm，指文字、大写字母和数字；

b) 7 mm，指小写字母。

【监督检验工作指引】

(1) 铭牌应具有永久性，并采用不能撕毁的耐用材料制成，“永久性和不能撕毁”是指：

1) 铭牌(含铭牌的基体材料和上面的字体，下同)的自然寿命不应低于该轿厢的使用寿命。

2) 在该轿厢的使用寿命内，铭牌在该轿厢上的固定不会自然脱落。

3) 在该轿厢的使用寿命内，铭牌上面的字体不会与基体材料发生自然剥离。

4) 在不用工具的情况下，不能将铭牌撕毁。

(2) 对于乘客电梯轿厢内铭牌标注的额定载重量及乘客人数关系，参照 4.6.1 的要求。如图 1-679 所示的铭牌，其额定载重量与乘客人数不符合要求。

图 1-679 额定载重量与乘客人数不符合要求

(3) 图 1-680 所示是符合要求的铭牌示例。

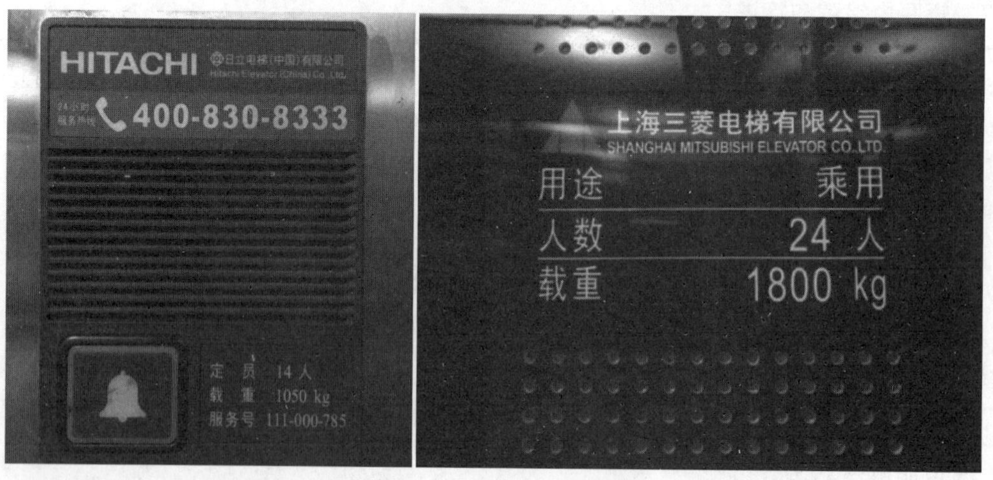

图 1-680 铭牌示例

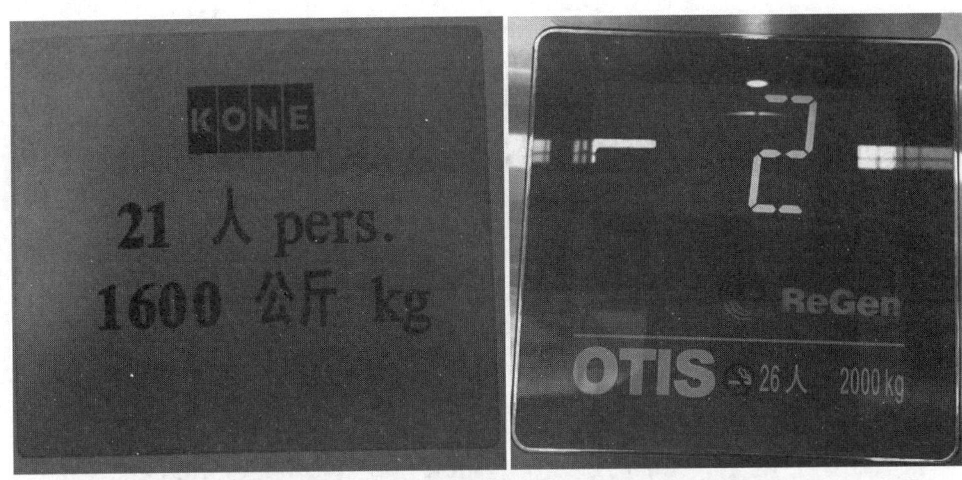

续图 1-680

(4) 改造后的电梯，除铭牌上应当标明额定载重量及乘客人数(载货电梯只标载重量)、改造单位名称外，还应标明改造竣工日期，如图 1-681 所示。

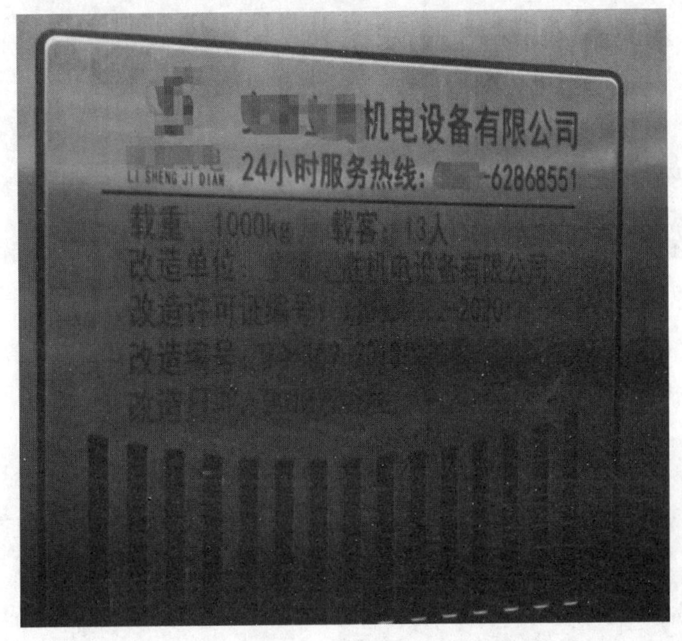

图 1-681　改造铭牌

(4) 对于图 1-682 所示电子显示额定载重量、乘客人数、制造单位名称的，由于其不符合铭牌的要求，因此可判为不合格。

(5) 某些品牌电梯由于公司所在地不同，其名称也略有差别，因此，对于轿厢内仅标有制造单位名称的铭牌，应写制造单位的全称，且应与整机型式试验或产品质量证明文件上的名称一致，否则可判为不合格。

(6) 对于由子公司生产且子公司和总公司名称不同的，允许铭牌上同时标有两个单位的名称或者商标，如图 1-683 所示。

图 1-682　电子显示

图 1-683　标注两个制造单位名称

(6) 对于如图 1-684 所示铭牌上标注的人数小于按额定载重量/75 计算得出的人数的，只要其主要部件和安全保护装置是按额定载重量设计的，可视为符合要求。

图 1-684　实际人数小于计算

4.7.2　出口选层按钮标识

【说明解释】

TSG T7007—2016 中 H6.12.4 要求轿厢操纵箱上的出口层选层按钮应当采用凸出的星形图案予以标识，或者采用比其他按钮明显凸起并且为绿色的按钮，

GB/T 30560—2014《电梯操作装置、信号及附件》中 A2.1 m)要求出口层按键应比其他按键高 5 mm±1 mm 且为绿色，或采用凸出的星形图案的按键，为便于操作，TSG T7001 要求出口层选层按钮应当采用凸起的星形图案予以标识，或者采用比其他按钮明显凸起的绿色按钮。

【监督检验工作指引】

(1) 关于 IC 卡系统的型式见 1.3.4。

(2) 图 1-685 所示是既符合 TSG T7001 要求，也符合 TSG T7007—2016 要求，又符合 GB/T 30560—2014 要求的出口选层按钮标识。图 1-686 所示是凸起的绿色星形出口选层按钮标识，符合要求。

(3) 对于图 1-687 所示的非全绿色的出口选层按钮标识，可视为符合要求。对于图 1-688 所示的出口选层按钮标识，由于其易于脱落，可判为不合格。

a) 凸起的绿色按钮

b) 凸起的星形图案

图 1-685 符合要求的出口选层按钮标识

图 1-686 凸起的绿色星形出口选层按钮标识

(4) 对于采用 1-689 所示的限制选层的特殊的 IC 卡，也应符合本项要求。

图 1-687　非全绿色凸起的出口选层按钮标识

图 1-688　不符合要求的出口选层按钮标识

a) 微信二维码

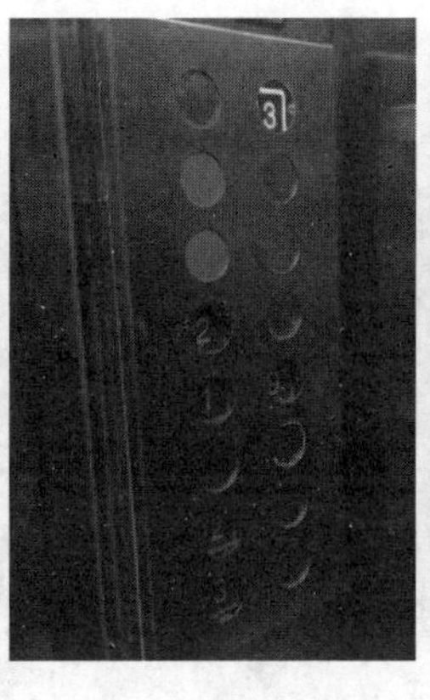
b) 金属外壳

c) 微信选层

d) 人脸识别

图 1-689　特殊的 IC 卡

4.8　紧急照明和报警装置

项目及类别	检验内容与要求	检验方法
4.8 紧急照明和报警装置 B	轿厢内应当装设符合下述要求的紧急报警装置和紧急照明： (1) 正常照明电源中断时，能够自动接通紧急照明电源； (2) 紧急报警装置采用对讲系统以便与救援服务持续联系，当电梯行程大于 30 m 时，在轿厢和机房(或者紧急操作地点)之间也设置对讲系统，紧急报警装置的供电来自前条所述的紧急照明电源或者等效电源；在启动对讲系统后，被困乘客不必再做其他操作	接通和断开紧急报警装置的正常供电电源，分别验证紧急报警装置的功能；断开正常照明供电电源，验证紧急照明的功能

4.8.1　紧急照明

【说明解释】

根据 GB 7588—2003 中 8.17.4 的要求，应采用有自动再充电的紧急照明电源，在正常照明电源中断的情况下，它能至少供 1 W 灯泡用电 1 h。根据全国电梯标准化技术委员会关于 GB 7588—2003 第 39 号修改单的意见，“至少供 1 W 灯泡用电 1 h”应理解为“紧急照明的灯泡至少 1 W，且供电至少 1 h”，即使是 1 000 W 的灯泡，也应该能工作 1 h。

【监督检验工作指引】

虽然 GB 7588—2003 和 TSG T7001 对紧急照明的照度没有具体的要求，但是一旦正常照明电源发生故障，紧急照明电源自动接通后，应能保证轿厢内的乘客可看清操作指示并指示使用紧急报警装置。GB/T 7588.1—2020 规定：自动再充电紧急电源供电的应急照明其容量能够确保在下列位置提供至少 5 lx 的照度且持续 1 h：

a) 轿厢内及轿顶上的每个报警触发装置处；

b) 轿厢中心，地板以上 1 m 处；

c）轿顶中心，轿顶以上 1 m 处。

紧急照明多采用 LED，如图 1-690 所示。

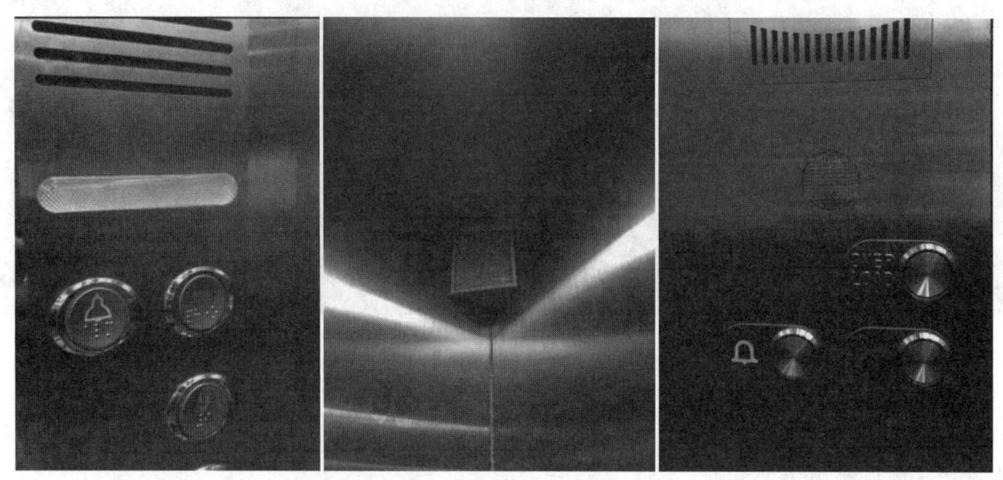

图 1-690　常见的 LED 紧急照明

4.8.2　紧急报警装置

【监督检验工作指引】

(1) 闭合或断开正常照明供电电源，分别验证紧急报警装置、对讲系统以及紧急照明的功能。

(2) 紧急报警装置无论采取何种方式，只要能在停电、电梯故障停梯时实现与救援服务机构的通话功能即可。仅有声光信号的报警功能而不能进行对讲的系统不符合要求。

(3) 此处所述"救援服务"应当为建筑物内的电梯管理部门，或者由电梯使用管理者指定的有效的救援服务机构，而非机房。

(4) 如果使用单位未能确定救援服务机构，可将对讲系统（紧急呼救）设置在由使用单位指定的层站附近，作为救援服务机构，但该层站门外应能听到紧急呼救，且有使用单位出具的证明(盖章、存档)，表明该层站有救援人员(保安)常驻。

(5) 当电梯行程大于 30 m 时，不仅在轿厢设置与救援服务保持联系的对讲系统，还要求轿厢和机房之间设置对讲系统，可以为一个装置也可为两个装置，但对机房与救援服务机构之间的对讲无要求。

(6) 对于行程小于 30 m，但轿厢和机房之间设置对讲装置的电梯，当该对讲装置失效时，不影响该项结论。

(7) 目前不少地区设置了 96333 应急救援平台，因此轿厢内设置了 96333 提示的可视为符合要求，如图 1-691 所示。

图 1-691　96333 应急电话

【监督检验工作指引】

按 GB/T 24475—2009《电梯远程报警系统》的规定，在报警触发装置启动后，被困的使用人员应不必再作其他操作就能与救援服务机构进行双方对讲，在报警启动后，乘客应无法中断双向通信。

因此，对于新安装的电梯，如果出现以下情况是不符合要求的：

（1）将普通挂断式电话用作轿厢与救援服务机构进行双方对讲装置。

（2）将半双工的对讲机用作轿厢与救援服务机构进行双方对讲装置。

【定期检验工作指引】

定期检验时，对于原来没有对讲系统的电梯，可以在轿厢里加装类似如图 1-692 所示的对讲装置，以便与救援服务持续联系。考虑到 GB/T 24475—2009《电梯远程报警系统》只是推荐性标准，如果轿厢内设有拨号电话（如中国电信等），即使在整个建筑物停电时，也能实现有效通信，且该电话附近固定有不能撕毁的标注救援服务机构电话号码标牌时，也视为是符合本 TSG T7001 要求的紧急报警装置，如图 1-693 所示。但对于图 1-694 所示的，应判为不合格。

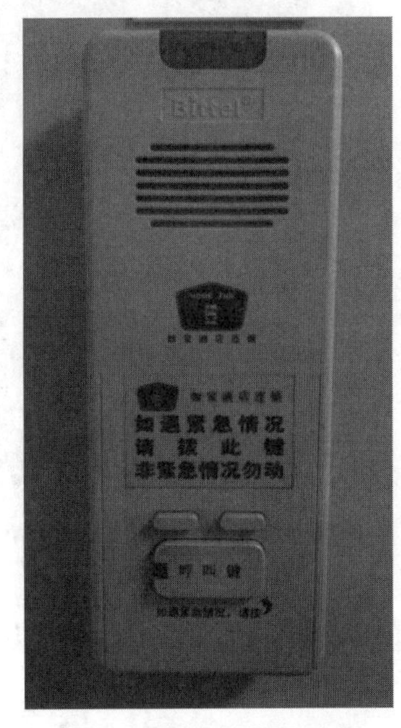

图 1-692　紧急报警装置（按钮）

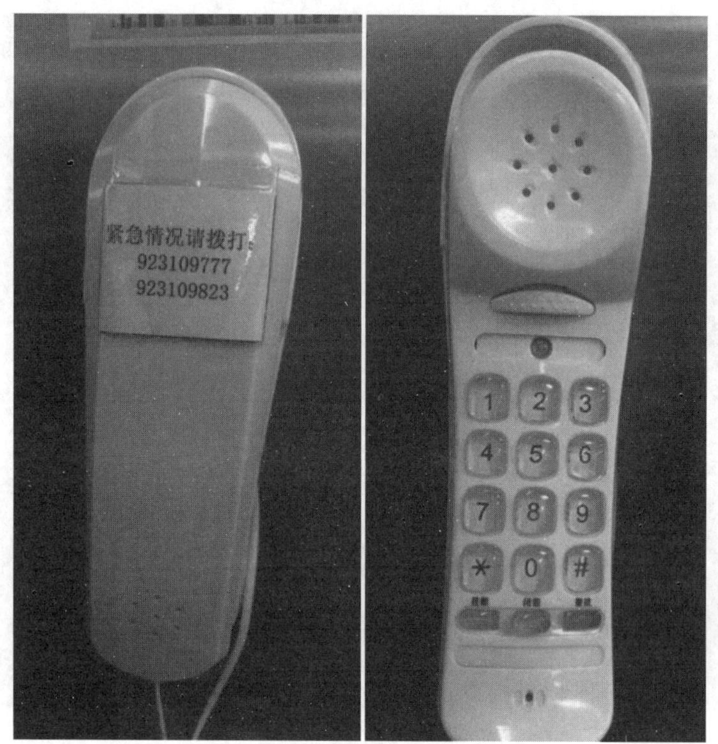

图 1-693　紧急报警装置(拨号)

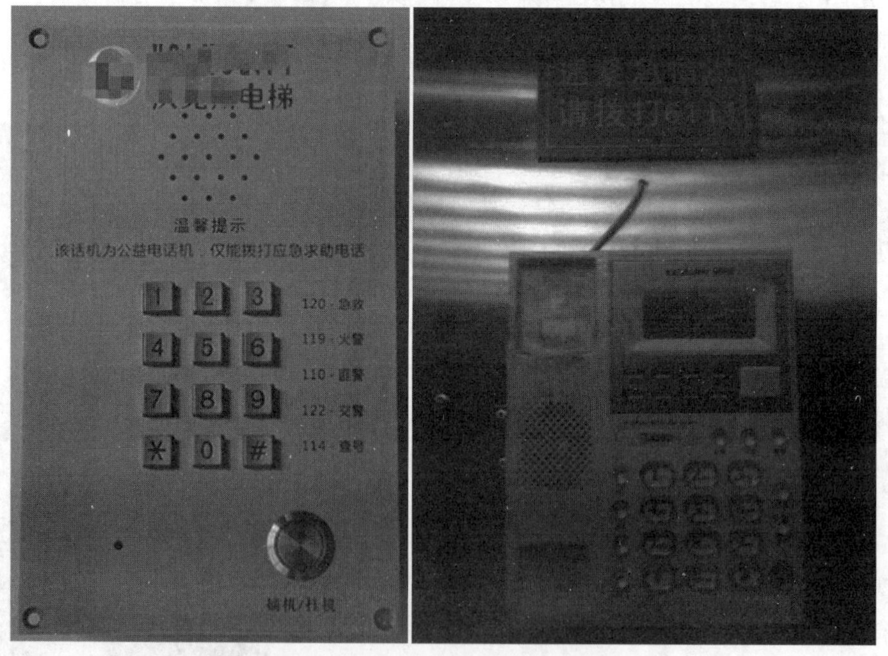

a) 未标明救援机构电话　　　b) 电话损坏

图 1-694　不符合要求的紧急报警装置

4.9 地坎护脚板

项目及类别	检验内容与要求	检验方法
4.9 地坎护脚板 C	轿厢地坎下应当装设护脚板，其垂直部分的高度不小于 0.75 m，宽度不小于层站入口宽度	目测或者测量相关数据

【检验工作指引】

（1）轿厢地坎护脚板尺寸要求如图 1-695 所示。

（2）参考 GB 7588—2003 中 0.3.1，所有部件都应有足够的强度和良好质量的材料制成。护脚板一般应用钢板制作。

（3）对于采用对接操作的电梯，其护脚板垂直部分的高度还应同时满足在轿厢处于最高装卸位置时，延伸到层门地坎线以下不小于 0.10 m。

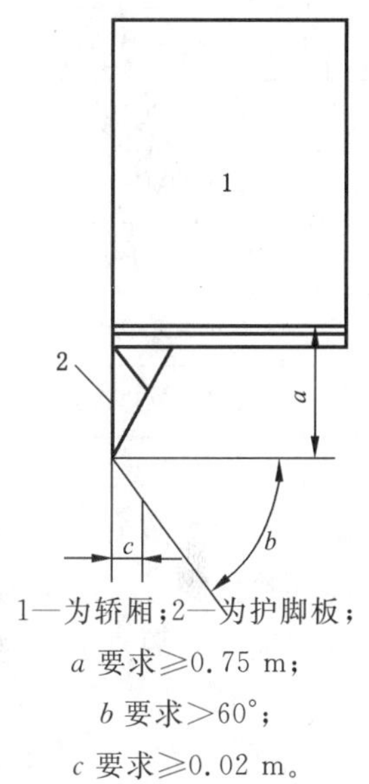

1—为轿厢；2—为护脚板；
a 要求≥0.75 m；
b 要求>60°；
c 要求≥0.02 m。

图 1-695 轿厢地坎护脚板尺寸

【说明解释】

（1）GB 7588—2003 中未规定轿厢地坎护脚板的刚度，因此其不能防止人员从层站坠入井道（见图 1-696）。轿厢地坎护脚板的主要作用是防止在平层区域内，乘客进入轿厢时保护乘客的脚，防止钩挂、挤压、剪切等。GB/T 7588.1—2020 要求护脚板应能承受从层站向护脚板方向垂直作用于护脚板垂直部分的下边沿的任何位置，并且均匀地分布在 5 cm^2 的圆形（或正方形）面积上的 300 N 的静力，并且应：a）永久变形不大于 1 mm；b）弹性变形不大于 35 mm。

（2）GB 7588—2003 中 8.4.1 要求其垂直部分以下应成斜面向下延伸，斜面与水平面的夹角应大于 60°，该斜面在水平面上的投影深度不得小于 20 mm，其目的是防止轿厢下降到最低层站时，护脚板对底坑人员造成伤害。

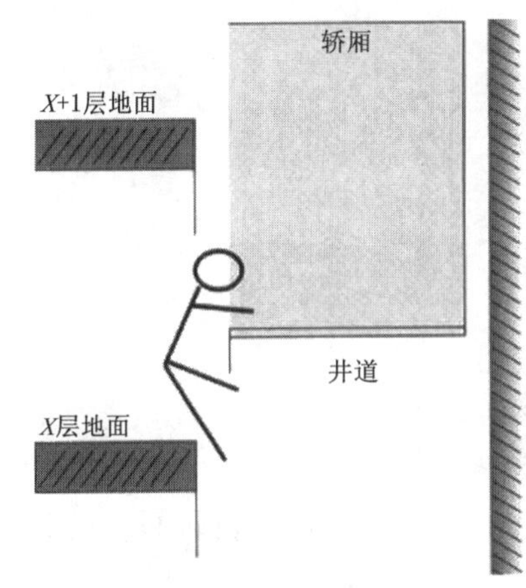

图 1-696 轿厢地坎护脚板

【参考做法】

若底坑由于深度较小等条件限制，安装护脚板后，底坑空间不满足 TSG T7001 中 3.14(2)的要求，或不允许安装 0.75 m 高的护脚板，可使用伸缩或折叠型护脚板，当轿厢到达底层层站时，护脚板缩回或折叠以满足底坑尺寸要求，当轿厢离开底层层站时，护脚板伸长或伸展至不小于 0.75 m。但应设置验证护脚板完全复位的电气装置，只有护脚板完全复位时，电梯才可以继续运行。

【监督检验工作指引】

（1）监督检验时，应查看 UCMP 型式试验证书上是否标明适用的电梯轿厢护脚板在垂直面上的投影深度，如果有，如表 1-53 所示，应测量护脚板的高度是否与该 UCMP 证书匹配。

表 1-53　适用的电梯轿厢护脚板在垂直面上的投影深度

名称	检测子系统	自监测子系统	制停子系统	适用的电梯层门高度 m	适用的电梯轿厢护脚板在垂直面上的投影深度 m	备注
组合 1	MCTC-SCB-A	UCMP-MBF	EMM600	≥2.0	≥0.785	—
组合 2	MCTC-SCB-A1	UCMP-MBF	EMM600	≥2.0	≥0.785	—
组合 3	MCTC-SCB-D	UCMP-MBF	EMM600	≥2.0	≥0.785	—
组合 4	HL-UCMP-A1	UCMP-MBF	EMM600	≥2.0	≥0.785	—
组合 5	HL-UCMP-B1	UCMP-MBF	EMM600	≥2.0	≥0.785	—
组合 6	SM-11-A	BFT	EMM600	≥2.0	≥0.785	—
组合 7	HL-UCMP-A1	BFT	EMM600	≥2.0	≥0.785	—

(2) 许多厂家的 UCMP 型式试验证书并未列出使用的轿厢护脚板高度，但 UCMP 的移动距离均按照 1.2 m 进行计算，此时如果护脚板的底部至轿厢地面的高度小于 1.0 m，则可能导致护脚板与层站地面之间的距离大于 0.2 m(见图 1-697)，不满足 UCMP 关于轿厢意外移动距离的要求。因此这时应判定该护脚板尺寸与 UCMP 证书要求的不一致。

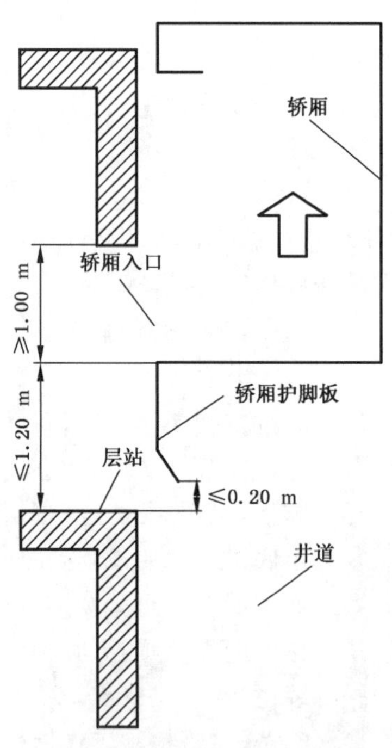

图 1-697　轿厢向上意外移动距离

(3) 根据 GB 7588—2003 第 26 号解释单，“护脚板垂直部分的高度”是指轿厢地坎上表面与“斜面”的上折边之间的垂直高度，如图 1-698 所示。

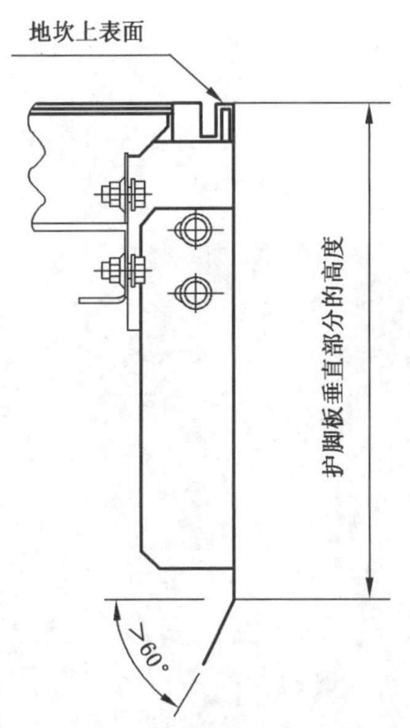

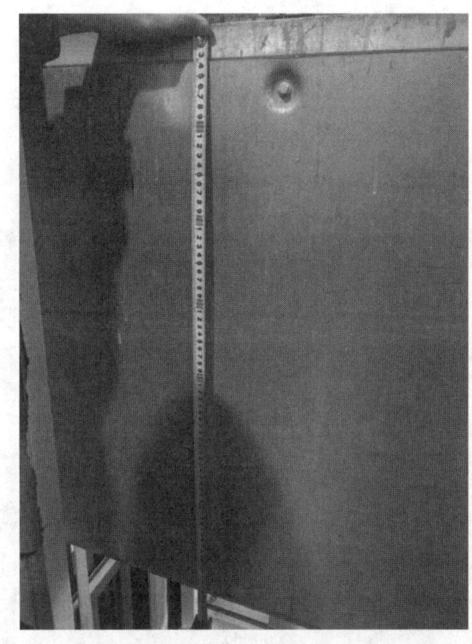

图 1-698　轿厢护脚板的测量位置

【定期检验工作指引】

定期检验时应注意检查护脚板的完好情况，如图 1-699 所示的护脚板已经损坏，可判为不合格。

图 1-699　轿厢护脚板损坏

4.10　超载保护装置

项目及类别	检验内容与要求	检验方法
4.10 超载保护装置 C	设置当轿厢内的载荷超过额定载重量时，能够发出警示信号，并且使轿厢不能运行的超载保护装置。该装置最迟在轿厢内的载荷达到110%额定载重量（对于额定载重量小于 750 kg 的电梯，最迟在超载量达到 75 kg）时动作，防止电梯正常启动及再平层，并且轿内有音响或者发光信号提示，动力驱动的自动门完全打开，手动门保持在未锁状态	进行加载试验，验证超载保护装置的功能

【说明解释】

电梯超载保护装置能够称量轿厢内的质量，超过额定载重量时，电梯不启动并发出蜂鸣提示音，警告后进入的乘客及时退出轿厢。按设置位置可分为轿底称重式、轿顶称重式和机房称重式，按结构形式可分为机械式、电磁式和传感器式。分别如图 1-700～图 1-703 所示。

图 1-700　机房机械式

图 1-701　机房传感器式

图 1-702　机房电磁式

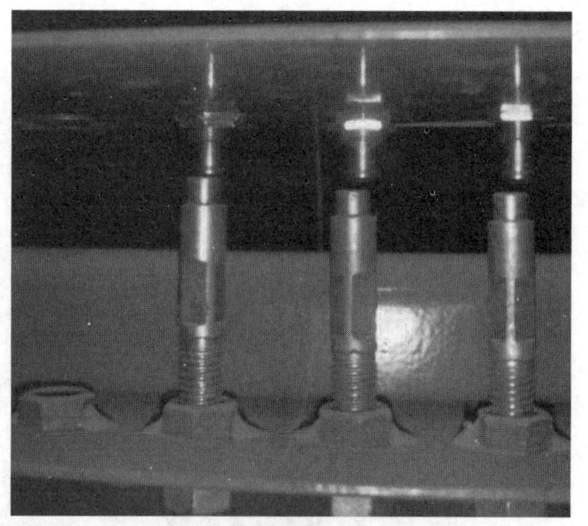

图 1-703　轿底传感器式

【监督检验工作指引】

安装监督检验时，进行加载试验，验证超载保护装置的功能。要求是加载到 110%额定载重量(额定载重量小于 750 kg 时为额定载重量加 75 kg)之前超载保护装置应动作，虽然没有设定下限，但动作点应尽量接近额定载重量。

无论超载装置安装在什么位置，采用哪种方式，测量都会有误差。此外，该装置还容易受乘客在轿厢中的分布和跳动的影响，因此加载到接近超载装置动作时，应站在轿厢外平稳加载，且应均匀分布、轻放砝码。

【定期检验工作指引】

(1) 定期检验时,如果维护保养单位已经进行过加载试验,且验证超载保护装置的功能有效,并在自检记录或报告有完整的记录,可手动试验超载开关是否有效。如果现场没有进行加载试验,该项应填写“资料确认符合”。

(2) 对按 GB 7588—1995 或更早期标准生产的电梯,如果原来无超载保护装置的,允许监护使用。

【注意事项】

(1) 个别电梯超载装置动作后,虽然电梯不能正常启动,但却能启动再平层,这是不允许的。

(2) 电梯正常启动之后,至下次正常启动前,控制系统应不响应超载装置给出超载信号。

【参考做法】

(1) 如果在加载 90%额定载重量前,超载保护装置就动作,或者加载到超载保护装置动作后,逐步减少载荷到 80%额定载重量后,超载保护装置仍然不能复位,应判保护装置容易误动作,本项不合格。

(2) 定期检验时,维护保养单位先行进行的加载试验,应有照片(冲洗、打印均可)为证,建议在加载到超载开关动作时及减重到超载开关复位时各拍一张,此外,提供的照片应能识别砝码的数量及电梯的身份,因此,最好能拍到合格证、砝码数量及超载指示灯。

无法提供载荷试验照片的,检验员应现场进行试验,现场无重物时,应判该项不合格。如果未更换维护保养单位也没有改变轿厢或对重重量,只需提供第一次载荷试验照片即可。

(3) 对于检测开关在钢丝绳上,平衡系数不符合,增加对重或减少对重会影响超载保护装置。

4.11 安全钳

项目及类别	检验内容与要求	检验方法
4.11 安全钳 B	(1) 安全钳上应当设有铭牌,标明制造单位名称、型号、规格参数和型式试验机构标识,铭牌、型式试验合格证、调试证书内容与实物应当相符; (2) 轿厢上应当装设一个在轿厢安全钳动作以前或同时动作的电气安全装置	(1) 对照检查安全钳型式试验合格证、调试证书和铭牌; (2) 目测电气安全装置的设置

【说明解释】

见 1.1.4。

4.11.1 安全钳铭牌

(1) 根据 TSG T7007—2016 的要求,在安全钳铭牌上应当标明以下信息:

1) 产品名称、型号;

2) 安全钳制造单位名称及其制造地址;

3）型式试验机构的名称或者标志；

4）适用的额定速度范围；

5）允许质量范围；

6）产品编号；

7）制造日期。

图 1-704 所示是符合要求的渐进式安全钳铭牌，图 1-705 所示是符合要求的瞬时式安全钳铭牌。

（2）渐进式安全钳调试证书见 1.1.4。

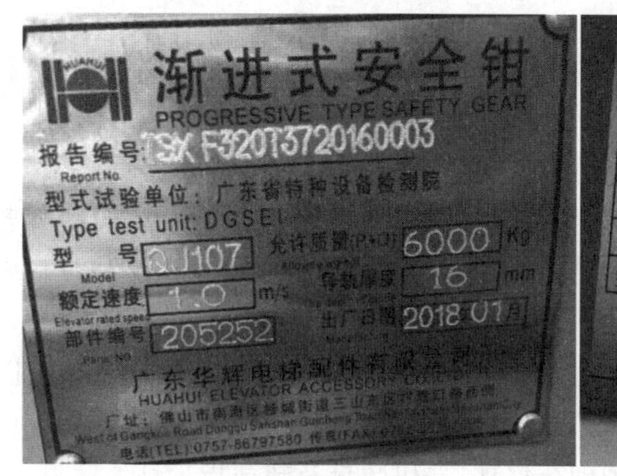

a) 适用的额定速度固定

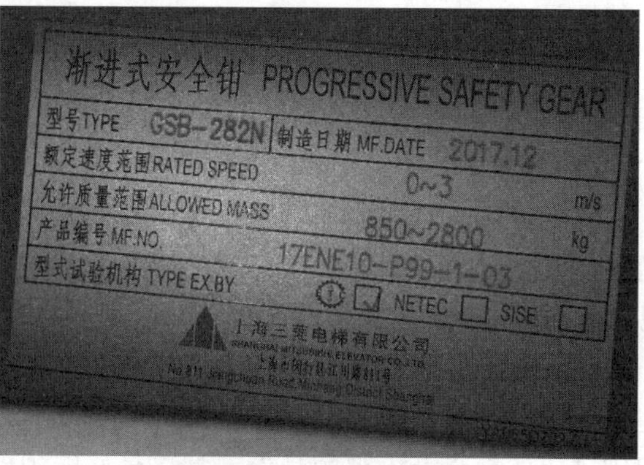

b) 适用的额定速度有范围

图 1-704　渐进式安全钳铭牌

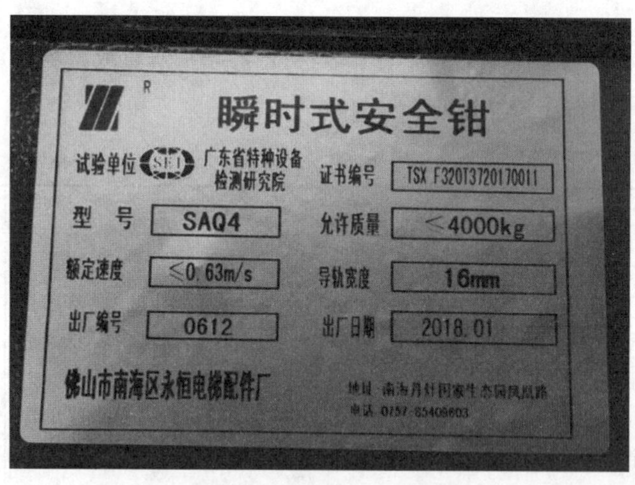

图 1-705　瞬时式安全钳铭牌

【监督检验工作指引】

对照检查安全钳型式试验合格证与现场实物、铭牌核对。对渐进式安全钳还要检查安全钳的调试证书内容是否齐全并符合要求。

【注意事项】

（1）根据 TSG T7007—2016 中 M6.3.2 的要求，对于渐进式安全钳，实际应用的总质量不超过允许质量的±7.5%，其目的是保证调试后的安全钳能够满足现场的系统质量。

以图 1-704 所示的渐进式安全钳为例，对于图 1-704a)，其标明的允许质量是 6 000 kg，那么实际应用的总质量范围为 5 550～6 450 kg；对于图 1-704b)，其标明的允许质量范围是 850～2 800 kg，这是在不同的调试参数下的安全钳覆盖范围，任一套安全钳调试完成都不能满足该范围，这种标注不符合要求。因此如果标注安全钳的允许质量范围，其偏差应≤15%(±7.5%)。

(2) 监督检验时，在进行 8.4 项轿厢限速器——安全钳联动试验前，应确认 $P+1.25Q$ 值在此范围内，对于额定载重量按照单位轿厢有效面积不小于 200 kg/m² 计算的汽车电梯，应确认 $P+1.5Q$ 值在此范围内，否则，不能进行该试验。必要时制造单位应提供轿厢质量的证明。

4.11.2　电气安全装置

【监督检验工作指引】

(1) 电气安全装置可以是自动复位型，也可以是非自动复位型，只要其符合要求且能有效动作。

(2) 图 1-706 所示是常见的安全钳电气安全装置及其触发装置。

图 1-706　安全钳电气安全装置及其触发装置

【定期检验工作指引】

由于定检没有该项目，定检时如果发现该电气安全装置失效可判 TSG T7001 中 8.3(2)项不合格。

【常见事例】

由于定检没有该项目，而且一般都是在机房进行 TSG T7001 中 8.3 项限速器与安全联动试验，因此常有以下原因导致 TSG T7001 中 4.11(2) 项的电气安全装置失效：

(1) 个别电梯维护保养人员为图方便，不愿意上轿厢顶做复位，如图 1-707 所示，在完成 TSG T7001 中 8.3 项限速器-安全联动试验后，电气开关开关自动复位后，没有将轿厢安全钳开关打板复位。

(2) 如图 1-708 所示，由于轿厢安全钳开关或打板安装位置不正确等原因，轿厢安全钳开关复位后无法固定开关打板，电梯维护保养人员为图方便，用扎带捆绑机械打板，当安全钳动作时，扎带塑形变形，打板不能断开安全钳开关。

图 1-707　轿厢安全钳打板未复位

图 1-708　用扎带固定安装位置不正确的打板

5　悬挂装置、补偿装置及旋转部件防护

5.1　悬挂装置、补偿装置的磨损、断丝、变形等情况

<table>
<tr><th>项目及类别</th><th>检验内容与要求</th><th>检验方法</th></tr>
<tr>
<td>5.1
悬挂装置、补偿装置的磨损、断丝、变形等情况
C</td>
<td>出现下列情况之一时，悬挂钢丝绳和补偿钢丝绳应当报废：
① 出现笼状畸变、绳股挤出、扭结、部分压扁、弯折；
② 一个捻距内出现的断丝数大于下表列出的数值时：
<table>
<tr><th rowspan="2">断丝的形式</th><th colspan="3">钢丝绳类型</th></tr>
<tr><th>6×19</th><th>8×19</th><th>9×19</th></tr>
<tr><td>均布在外层绳股上</td><td>24</td><td>30</td><td>34</td></tr>
<tr><td>集中在一或者两根外层绳股上</td><td>8</td><td>10</td><td>11</td></tr>
<tr><td>一根外层绳股上相邻的断丝</td><td>4</td><td>4</td><td>4</td></tr>
<tr><td>股谷(缝)断丝</td><td>1</td><td>1</td><td>1</td></tr>
<tr><td colspan="4">注：上述断丝数的参考长度为一个捻距，约为 6 d(d 表示钢丝绳的公称直径)。</td></tr>
</table>
③ 钢丝绳直径小于其公称直径的 90%；
④ 钢丝绳严重锈蚀，铁锈填满绳股间隙。
采用其他类型悬挂装置的，悬挂装置的磨损、变形等不得超过制造单位设定的报废指标</td>
<td>(1) 用钢丝绳探伤仪全长检测或者分段抽测；测量并判断钢丝绳直径变化情况。测量时，以相距至少 1 m 的两点进行，在每点相互垂直方向上测量两次，四次测量值的平均值，即为钢丝绳的实测直径；
(2) 采用其他类型悬挂装置的，按照制造单位提供的方法进行检验</td>
</tr>
</table>

【检验工作指引】

(1) 在正常运行下，宏观检查钢丝绳状态，发现可疑时，用钢丝绳探伤仪或者放大镜全长检测或者分段抽测。

图 1-709 所示是常见的达到报废标准的钢丝绳形态。

(2) 测量并判断钢丝绳直径变化情况。根据 GB/T 8903—2018《电梯用钢丝绳》中 6.1.1，测量钢丝绳直径应用精度至少为 0.02 mm 的带有宽钳口的游标卡尺(见图 1-710)来测量，其钳口的宽度最小要足以跨越两个相邻的股(见图 1-711)，测量时，在相距至少 1 m 的两点进行，在每点相互垂直方向上各测量两次，四次测量值的平均值即为钢丝绳的实测直径，所以测量钢丝绳的直径，应选择宽口的游标卡尺，因此也就不会出现图 1-712 所示的正确与错误之分。

(3) 如图 1-713 所示，捻距是指绳股中某一钢丝绕股芯旋转一周后相应点的距离。多层丝捻成的股一般指外层钢丝。捻距常用表达式计算：$S=K\times D$，其中 K 为捻距倍数，D 为绳(或股)的直径。捻距是钢丝绳的一个重要的工艺参数，捻距大，生产效率高，承载力大，负载后变形小。反之，柔性好，耐疲劳不易松散。

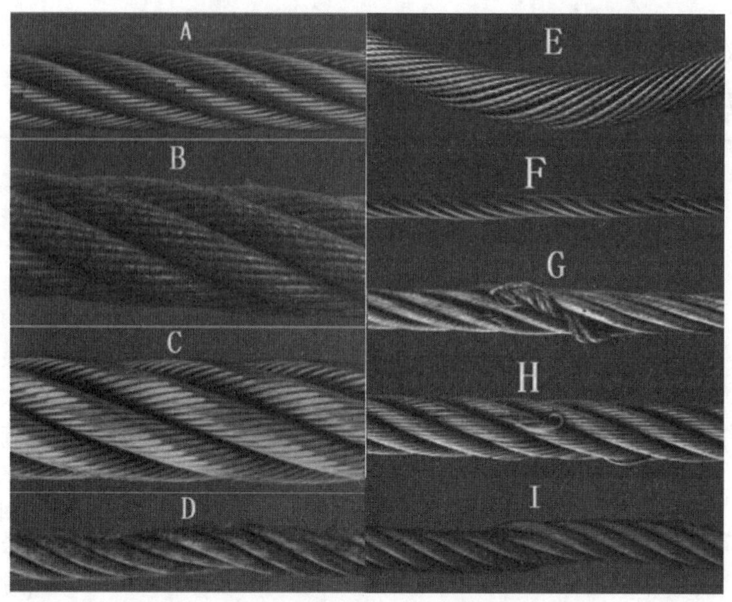

A—表面断丝；B—外部腐蚀；C—外部磨损；D—直径局部减小(绳股凹陷)；E—笼状变形；
F—波浪变形；G—绳芯挤出；H—钢丝挤出；I—扭结。

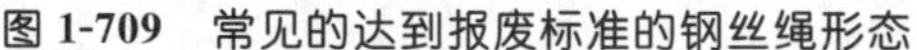

图 1-709 常见的达到报废标准的钢丝绳形态

图 1-710 钢丝绳直径的测量工具

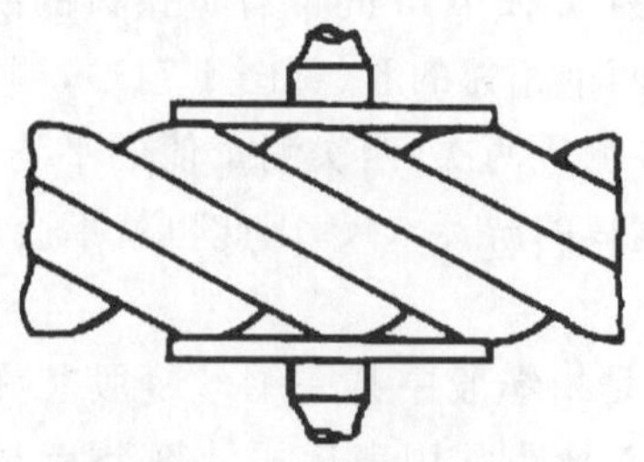

图 1-711 钢丝绳直径的测量方法

(4) 采用其他类型悬挂装置的(如 OTIS-GEN2 的悬挂钢带、通力的碳纤维等)，按照制造单位提供的方法进行检验。

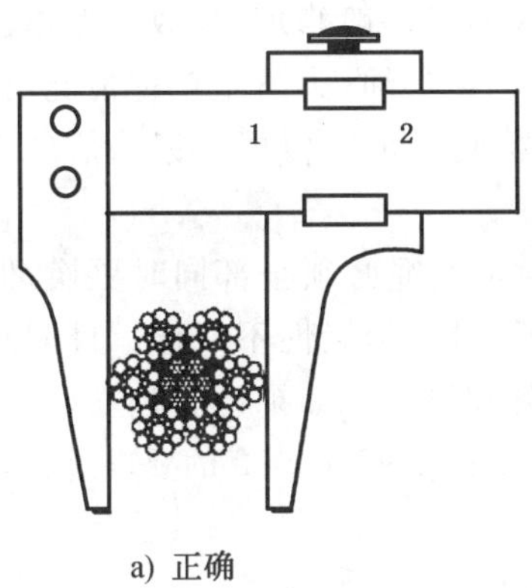

a) 正确

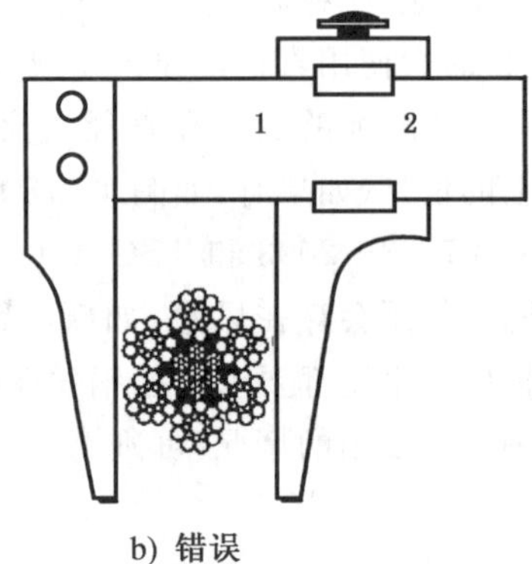

b) 错误

图 1-712　游标卡尺在钢丝绳上的放置

图 1-713　捻距

【注意事项】

有的钢丝绳需要特殊的润滑剂，如果使用不符合制造单位要求的润滑剂，加上电梯使用环境不好，就会出现图 1-714 所示的油泥，这些油泥如果不及时处理，遇到冷天就会变硬，可能导致钢丝绳脱槽。因此，定期检验时，如果钢丝绳有图 1-714 所示的油泥，应在《特种设备检验意见通知书》中填写 TSG T7001 的第十七条第(四)项。

a) 曳引钢丝绳

b) 限速器钢丝绳

图 1-714　钢丝绳上有严重油泥

【参考做法】

根据2019版《电梯施工类别划分表》，更换钢丝绳属于一般修理，少数维保单位为牟取私利，在更换时会使用直径比原来小或数量比原来少的钢丝绳，为防止该种情况出现，建议检验机构登记钢丝绳的数量和直径。检验人员现场检验时可以根据登记的信息或者驱动主机铭牌上的信息（如果有，如图1-715所示）核对。

虽然GB 7588—2003和TSG T7001没有说更换钢丝绳必须全部同时更换，但是如果新旧钢丝同时使用会存在风险，如新旧钢丝绳强度不一样、延展性不一样。目前制造单位的日常维护保养手册都要求更换钢丝绳时，必须全部同时更换，如果检验时发现如图1-716所示新旧钢丝绳混用的情况，可判1.4项不符合："未按照TSG T5002的要求进行日常维护保养"。

图1-715　驱动主机铭牌标明了钢丝绳的直径(8 mm)和数量(6根)

图1-716　新旧钢丝绳混用

【特例1】

(1) 根据质检特函〔2013〕60号文的要求，对于迅达(中国)电梯有限公司、苏州迅达电梯有限公司在额定速度不大于3.0 m/s电梯上采用的Poly-V悬挂和曳引钢带(以下简称为"STM"),STM的检验内容与要求:

1) 在出厂销售时,产品的安装、使用和维护等技术资料中应当列明其限定的使用环境、报废判定方法等注意事项。

2) 在安装和维护保养时,必须由迅达(中国)电梯有限公司或苏州迅达电梯有限公司专业培训的人员进行。

3) 迅达(中国)电梯有限公司或苏州迅达电梯有限公司应当向当地特种设备检验机构提供其经评价的检验与现行相应检验规则不同部分的检验内容、要求及方法。

4) 迅达(中国)电梯有限公司或苏州迅达电梯有限公司要加强对此类型产品使用情况的信息收集和分析,如发现新问题,应立即报告质检总局和相关单位。

(2) STM检验方法:

1) 在机房或轿顶对每根钢带进行全长目测检查,发现有一处及以上可见断芯,钢带应全部更换。

2) 在机房或轿顶对每根钢带进行全长目测检查,发现20 mm内三根及以上断丝,钢带应全部更换。

3) 在机房或轿顶对每根钢带进行全长目测检查,发现每米内有五处横向破裂,钢带应全部更换。

4) 在机房或轿顶对每根钢带进行全长目测检查,发现有一处及以上穿刺,钢带应全部更换。

5) 在机房或轿顶对每根钢带进行全长目测检查,发现工作面和(或)背面腐蚀,出现严重锈渍,钢带应全部更换。

6) 在机房或轿顶对每根钢带进行全长目测检查,发现工作面覆盖层有一处及以上纵向裂纹,钢带应全部更换。

7) 在机房或轿顶对每根钢带进行全长目测检查,发现工作面覆盖层损伤或变形的齿型影响钢带导向,钢带应全部更换。

8) 在机房或轿顶对每根钢带进行全长目测检查,发现工作面覆盖层有一处及以上边缘破损。最外边钢芯裸露,钢带应全部更换。

9) 钢带使用年限为自出厂之日起15年并且钢带的弯曲次数或相应的电梯运行次数不超过设定许用寿命,达到允许寿命极限时,钢带必须立即更换。

(3) STM的检验内容、要求与方法如表1-54所示。

【特例2】

奥的斯电梯(中国)有限公司GEN2系列电梯悬挂和曳引钢带(以下简称为"CSB")的检验内容、要求与方法如表1-55所示。

图1-717所示是常见的钢带的损坏型式。

图 1-717 常见的钢带损坏型式

【特例 3】

虽然 GB 7588—2003 中 9.1.2 规定轿厢和对重悬挂钢丝绳的公称直径不小于 8 mm，但根据质检特函〔2007〕14 号《关于蒂森克虏伯电梯 6 mm 曳引钢丝绳悬挂系统等效安全性评价意见的函》，认为蒂森克虏伯电梯 6 mm 曳引钢丝绳悬挂系统与现行国家标准相应要求具有等效安全性，且要求该电梯公司满足：

(1) 严格保证提供给用户的产品能够达到验证试验和评价时样品的安全质量水平。

(2) 在使用 6 mm 曳引钢丝绳悬挂系统电梯的安装、使用和维护说明书中，应当列明 6 mm 曳引钢丝绳检查、保养和报废判定的方法。

(3) 该 6 mm 曳引钢丝绳悬挂系统只适用于额定速度在 1.75 m/s 以内。

【特例 4】

对于图 1-718 所示的包覆型钢丝绳，制造单位应提供检验方法。

图 1-718　包覆型钢丝绳

表 1-54　STM 的检验内容、要求与方法

项目及类别		检验内容与要求	检验方法	
5 悬挂装置、补偿装置及旋转部件防护	5.1 悬挂装置、补偿装置的磨损、断丝、变形等情况 C	采用其他类型悬挂装置的，悬挂装置的磨损、变形等应当不超过制造单位设定的报废指标	在机房或轿顶对每根钢带进行全长目测检查，发现有一处及以上可见断芯(见附图)，钢带应全部更换	

续表 1-54

项目及类别		检验内容与要求	检验方法	
5 悬挂装置、补偿装置及旋转部件防护	5.1 悬挂装置、补偿装置的磨损、断丝、变形等情况 C	采用其他类型悬挂装置的，悬挂装置的磨损、变形等应当不超过制造单位设定的报废指标	在机房或轿顶对每根钢带进行全长目测检查，发现 20 mm 内三根及以上断丝（见附图），钢带应全部更换	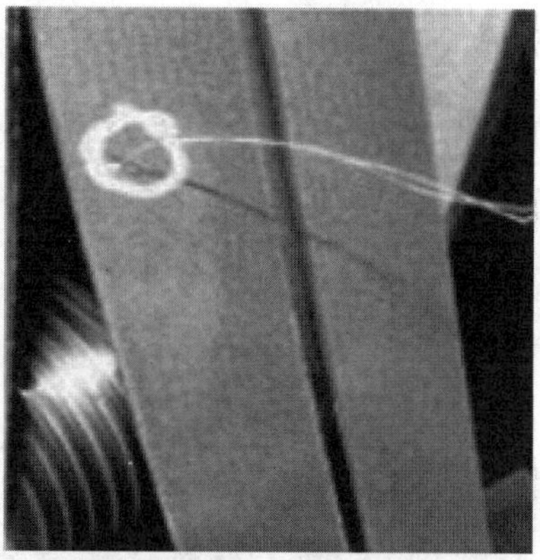
			在机房或轿顶对每根钢带进行全长目测检查，发现每米内有五处横向破裂（见附图），钢带应全部更换	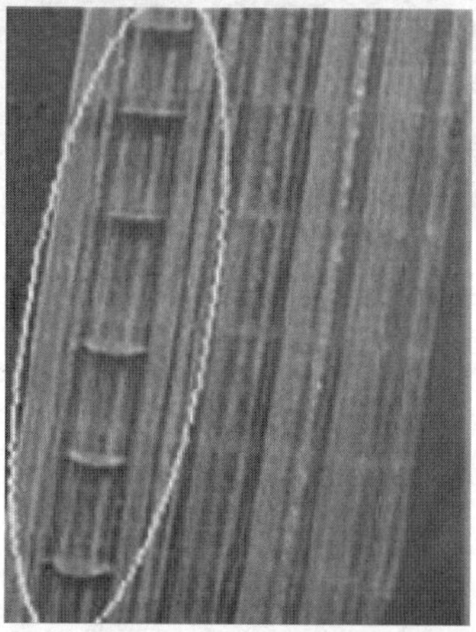
			在机房或轿顶对每根钢带进行全长目测检查，发现有一处及以上穿刺（见附图），钢带应全部更换	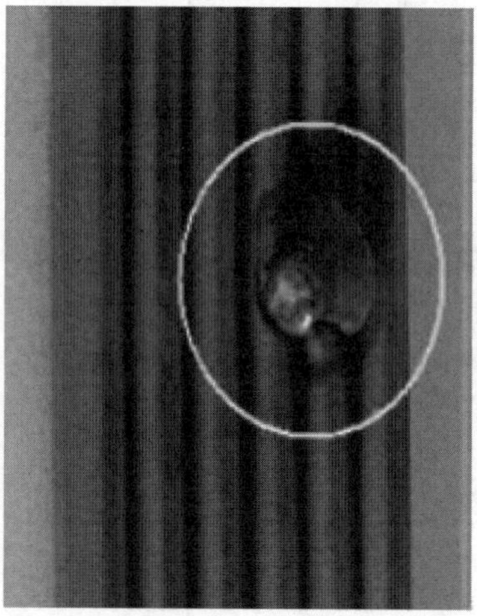

续表 1-54

<table>
<tr><th colspan="2">项目及类别</th><th>检验内容与要求</th><th colspan="2">检验方法</th></tr>
<tr><td rowspan="3">5
悬挂装置、补偿装置及旋转部件防护</td><td rowspan="3">5.1
悬挂装置、补偿装置的磨损、断丝、变形等情况
C</td><td rowspan="3">采用其他类型悬挂装置的，悬挂装置的磨损、变形等应当不超过制造单位设定的报废指标</td><td>在机房或轿顶对每根钢带进行全长目测检查，发现工作面和(或)背面腐蚀，出现严重锈渍(见附图)，钢带应全部更换</td><td>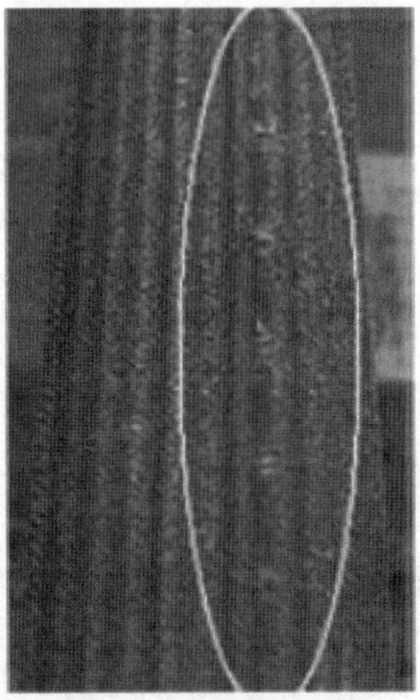</td></tr>
<tr><td>在机房或轿顶对每根钢带进行全长目测检查，发现工作面覆盖层有一处及以上纵向裂纹(见附图)，钢带应全部更换</td><td>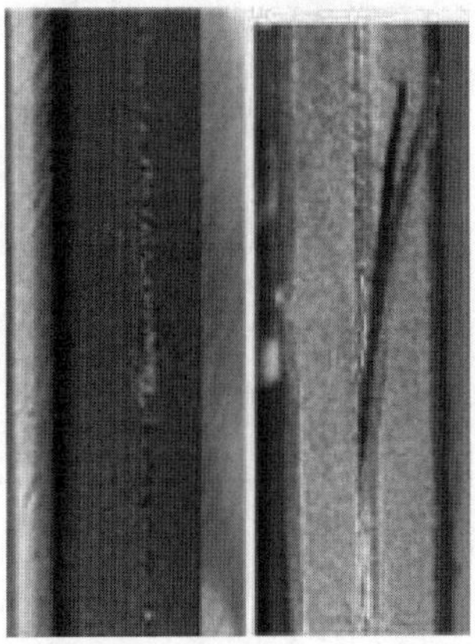</td></tr>
<tr><td>在机房或轿顶对每根钢带进行全长目测检查，发现工作面覆盖层损伤或变形的齿型影响钢带导向(见附图)，钢带应全部更换</td><td></td></tr>
</table>

续表 1-54

<table>
<tr><th colspan="2">项目及类别</th><th>检验内容与要求</th><th colspan="2">检验方法</th></tr>
<tr><td rowspan="3">5
悬挂装置、补偿装置及旋转部件防护</td><td rowspan="2">5.1
悬挂装置、补偿装置的磨损、断丝、变形等情况
C</td><td rowspan="2">采用其他类型悬挂装置的，悬挂装置的磨损、变形等应当不超过制造单位设定的报废指标</td><td>在机房或轿顶对每根钢带进行全长目测检查，发现工作面覆盖层有一处及以上边缘破损。最外边钢芯裸露(见附图)，钢带应全部更换</td><td></td></tr>
<tr><td>钢带使用年限为自出厂之日起15年并且钢带的弯曲次数或相应的电梯运行次数不超过设定许用寿命，达到允许寿命极限时，钢带必须立即更换</td><td>检查电梯运行次数或钢带弯曲次数是否超过控制柜中的标签上表明的次数限制或年限</td></tr>
<tr><td>5.2
端部固定</td><td>采用其他类型悬挂装置的，其端部固定应当符合制造单位的规定</td><td colspan="2">现场目测检查楔套上的型号标记(PV30、PV40、PV50、PV60)和最小初始破断力标记(43 kN、56 kN、70 kN、84 kN)。型号标记和最小初始破断力标记对应关系为：PV30对应43 kN；PV40对应56 kN；PV50对应70 kN；PV60对应84 kN</td></tr>
</table>

表1-55　CSB的检验内容、要求与方法

<table>
<tr><th colspan="2">项目及类别</th><th>检验内容与要求</th><th>检验方法</th></tr>
<tr><td>5
悬挂装置、补偿装置及旋转部件防护</td><td>5.1
悬挂装置、补偿装置的磨损、断丝、变形等情况
C</td><td>采用其他类型悬挂装置的，悬挂装置的磨损、变形等应当不超过制造单位设定的报废指标</td><td>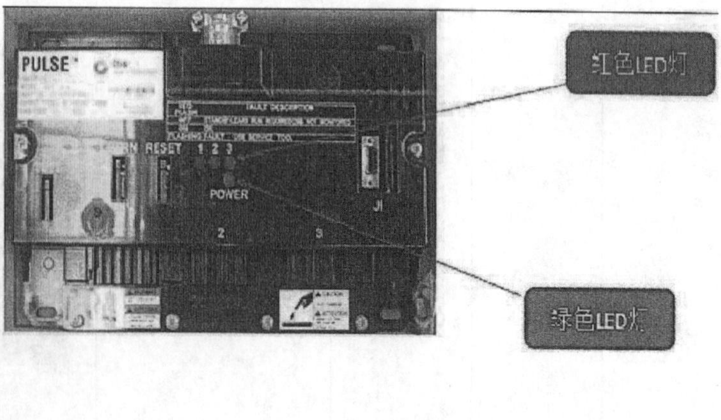
</td></tr>
</table>

续表 1-55

<table>
<tr><th colspan="2">项目及类别</th><th>检验内容与要求</th><th colspan="2">检验方法</th></tr>
<tr><td rowspan="5">5
悬挂装置、补偿装置及旋转部件防护</td><td rowspan="5">5.1
悬挂装置、补偿装置的磨损、断丝、变形等情况
C</td><td rowspan="5">采用其他类型悬挂装置的，悬挂装置的磨损、变形等应当不超过制造单位设定的报废指标</td><td colspan="2">1 钢带检测装置 RBI(PULSE)检测(如果配备了)
1.1 如上图，检查绿色 LED 灯是否点亮：
* 点亮：供电正常。
1.2 检查每颗钢带的红色 LED 灯是否点亮：
* 常亮：钢带正常；
* 闪亮：警告需要查找故障或更换钢带；
* 不亮：钢带未被检测</td></tr>
<tr><td colspan="2">2 钢带的目测检验
遵循下列步骤检验，若发现钢带状况不佳，就需要对钢带进行更换。
2.1 遵守当地安全要求，进入轿顶。
2.2 使用轿顶检验运行电梯，从顶层直到底层。
2.3 如果需要，则轿厢停止运行，按下面 5.1.3 中图例检查比较。
2.4 如果确认钢带有损坏迹象，必须更换所有钢带，而不仅是损坏的钢带。更换完后，执行钢带调整程序。
2.5 遵守当地安全要求，离开轿顶</td></tr>
<tr><td colspan="2">3 图例
注：下述图例为带槽曳引钢带，对无槽曳引钢带同样适用。</td></tr>
<tr><td>3.1 完好钢带
表现：聚氨酯涂覆层表面光滑均匀，没有/几乎没有生锈，没有裂纹或磨损</td><td> 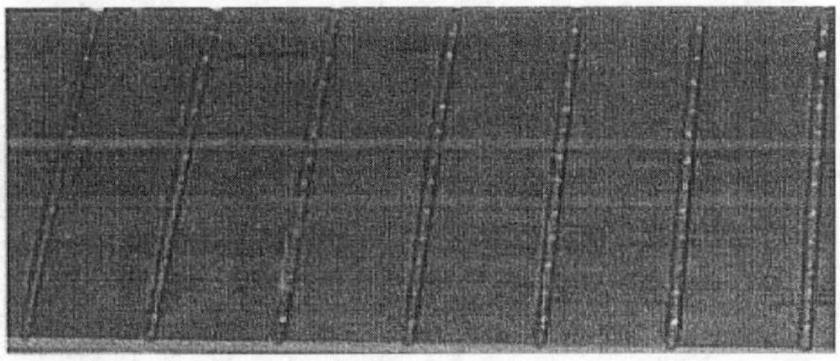</td></tr>
<tr><td>3.2 磨光带-严重磨损
表现：由于钢带正常磨损/滑移，聚氨酯涂层有闪亮的，磨光的区域；
行动：更换钢带</td><td> 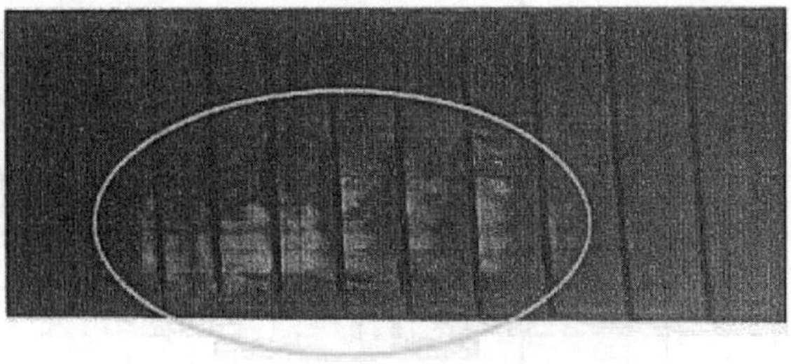</td></tr>
</table>

续表 1-55

项目及类别		检验内容与要求	检验方法	
5 悬挂装置、补偿装置及旋转部件防护	5.1 悬挂装置、补偿装置的磨损、断丝、变形等情况 C	采用其他类型悬挂装置的，悬挂装置的磨损、变形等应当不超过制造单位设定的报废指标	3. 3 钢芯痕迹，严重磨损 表现：由于钢带正常磨损，外表可看到钢芯痕迹； 行动：更换钢带	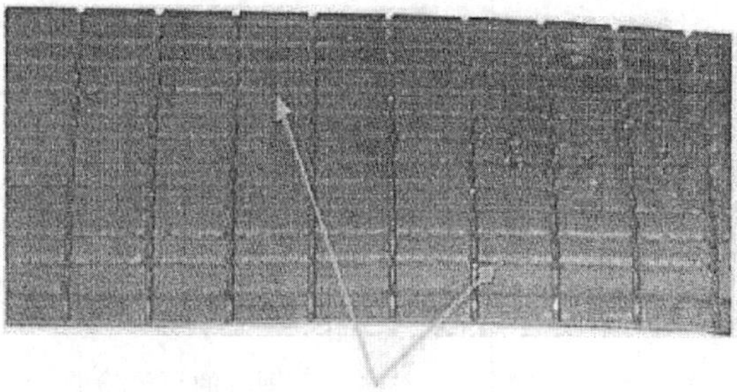
			3.4 钢芯露出 行动：更换钢带	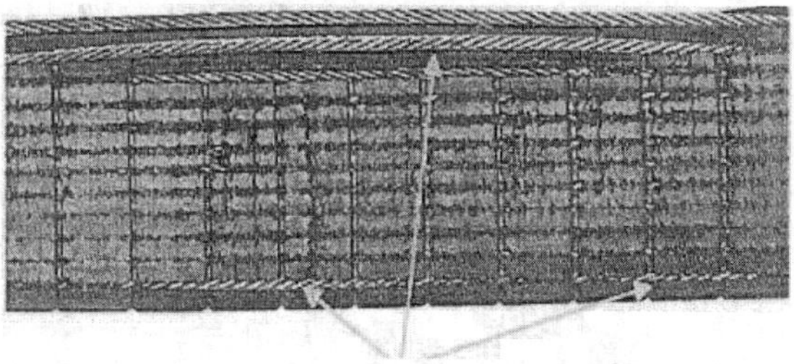
			3.5 钢丝裸露 表现：由于钢带正常磨损，钢丝股露出聚氨酯涂层痕迹； 行动：更换钢带	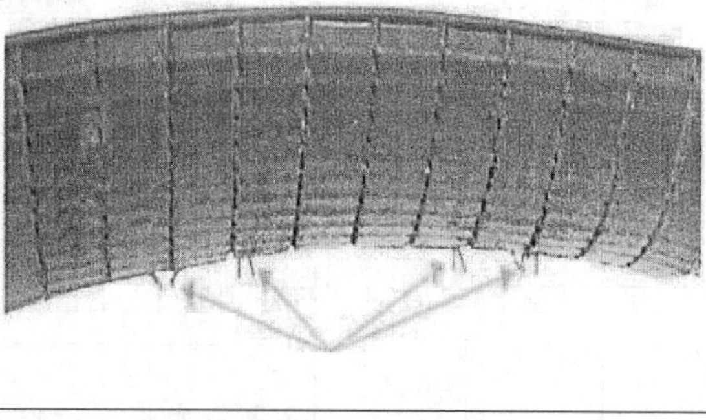
			3.6 钢丝大面积裸露 行动：更换钢带	

续表 1-55

项目及类别		检验内容与要求	检验方法	
5 悬挂装置、补偿装置及旋转部件防护	5.1 悬挂装置、补偿装置的磨损、断丝、变形等情况 C	采用其他类型悬挂装置的，悬挂装置的磨损、变形等应当不超过制造单位设定的报废指标	3.7 严重锈蚀表现：由于钢带正常磨损，寿命或环境因素，造成铁锈沉积，钢带生锈； 行动：准备更换钢带	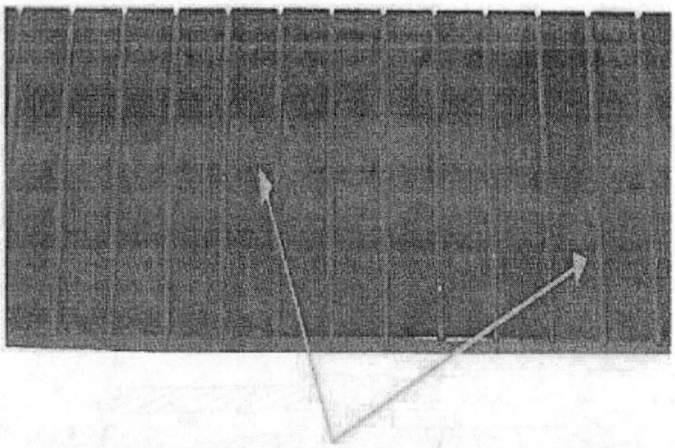
			3.8 割伤 行动：更换钢带	
			3.9 钢带表面永久变形 行动：更换钢带	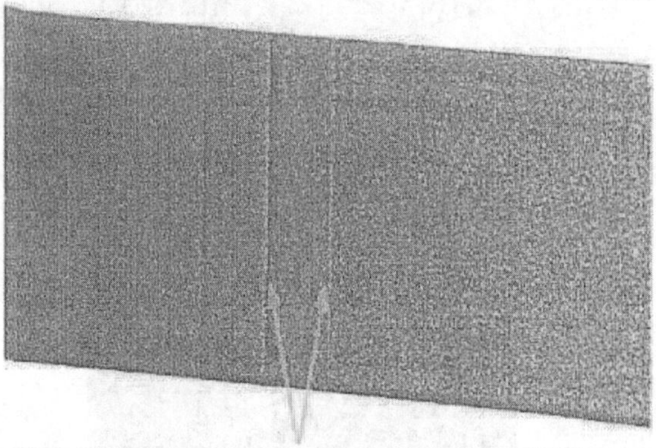
			3.10 钢带表面永久变形严重 行动：更换钢带	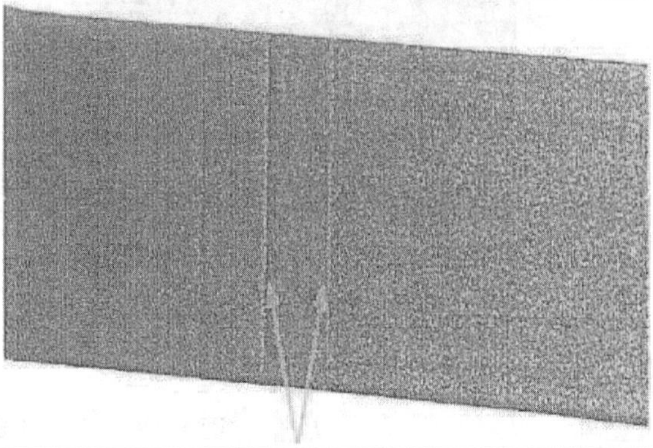

5.2 端部固定

项目及类别	检验内容与要求	检验方法
5.2 端部固定 C	悬挂钢丝绳绳端固定应当可靠，弹簧、螺母、开口销部件无缺损。对于强制驱动电梯，应当采用带楔块的压紧装置，或者至少用 3 个压板将钢丝绳固定在卷筒上。 采用其他类型悬挂装置的，其端部固定应当符合制造单位的规定	目测，或者按照制造单位的规定进行检验

【检验工作指引】

钢丝绳的端部固定应符合相关标准以及制造单位的要求，如图 1-719 所示。检验时应注意开口销是否配备齐全，安装是否符合规范，图 1-720 所示为不符合要求的固定。

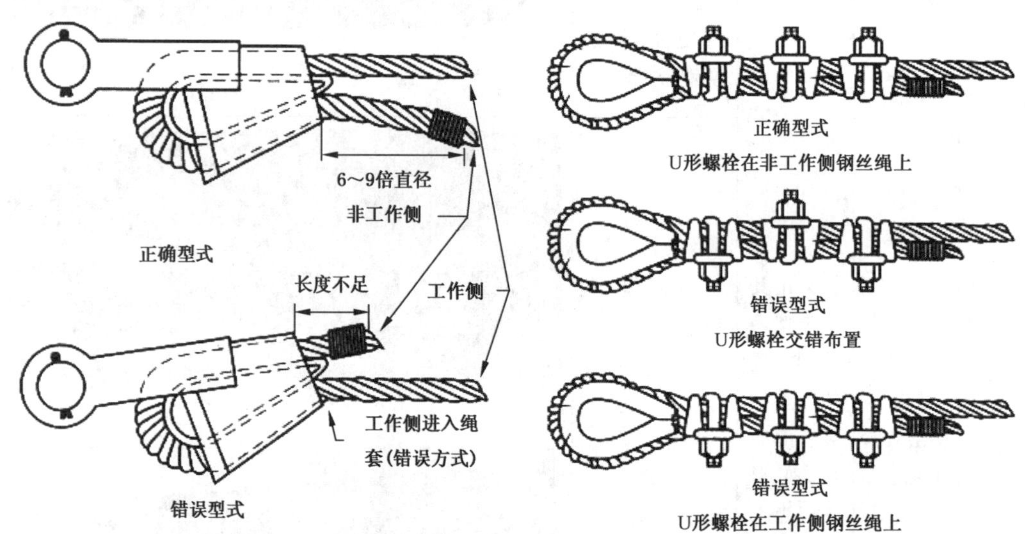

图 1-719 钢丝绳固定方法

a) 缺开口销

b) 弹簧损坏

图 1-720 不符合要求的固定

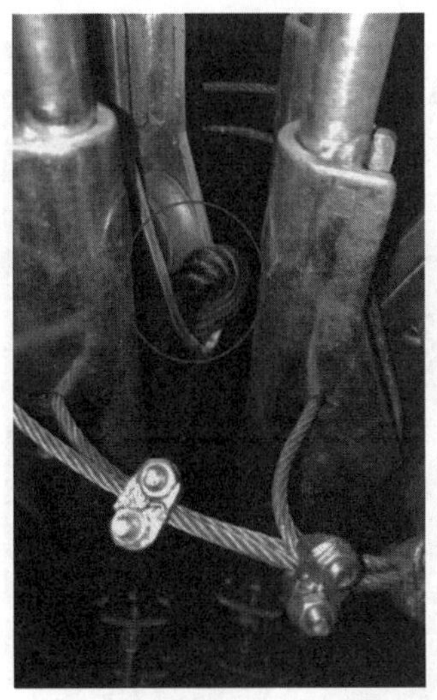

c) 安装错误1

d) 安装错误2

e) 绳头组合混用

续图 1-720

【特例】

（1）根据 TSG T7007—2016 要求，表 1-56 所列的参数和配置发生变化时应重新做型式试验，对于如图 1-721 所示的可旋转的端部固定方式不影响型式试验结果，因此不需要重新做型式试验。

表 1-56　影响绳头组合型式试验的参数和配置

参数	配置
（1）与端接装置相配的钢丝绳直径或者钢带、链条等悬挂装置规格改变； （2）适用钢丝绳（钢带、链条等）最小破断负荷增大。	（1）结构型式（填充绳套、自锁紧楔形绳套、鸡心环套、手工捻接绳环、压紧式绳环等）改变； （2）绳套、环套、绳环、填充物、楔块、拉杆材料牌号改变； （3）楔块楔形角改变； （4）拉杆直径变小； （5）工作环境由室内型向室外型改变

图 1-721　可旋转的端部固定方式

(2) STM 的检验方法。现场目测检查楔套上的型号标记(PV30、PV40、PV50、PV60)和最小初始破断标记(42 kN、56 kN、70 kN、84 kN)，如图 1-722 所示，型号标记和最小初始破断力标记对应关系为：PV30 对应 42 kN；PV40 对应 56 kN；PV50 对应 70 kN；PV60 对应 84 kN。

图 1-722　钢带型号标记(PV40)

【注意事项】

在进行 8.13 项制动试验前，应确认绳头组合固定可靠，尤其是对采用巴氏合金固定的填充绳套。图 1-723 所示为填充不完全的情况，图 1-724 所示为绳头组合被拉断。

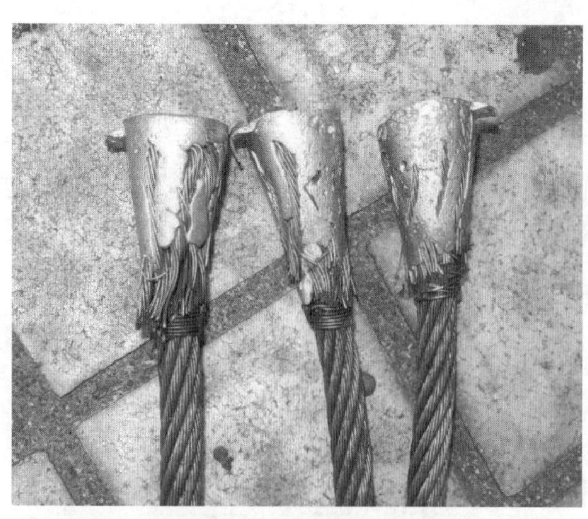

图 1-723　填充不完满

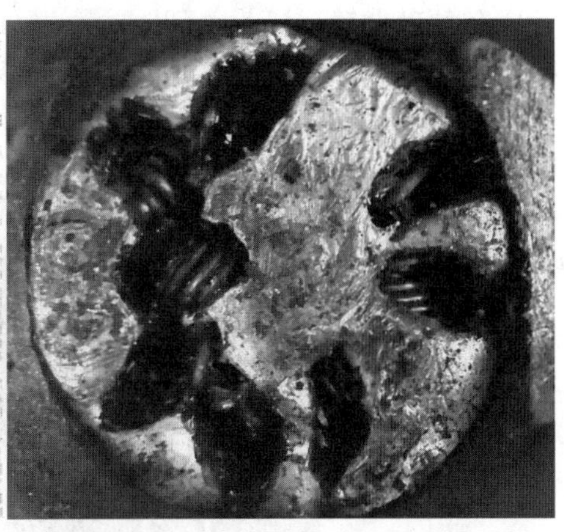

图 1-724 绳头组合被拉断

5.3 补偿装置

项目及类别	检验内容与要求	检验方法
5.3 补偿装置 C	(1) 补偿绳(链)端固定应当可靠； (2) 应当使用电气安全装置来检查补偿绳的最小张紧位置； (3) 当电梯的额定速度大于 3.5 m/s 时，还应当设置补偿绳防跳装置，该装置动作时应当有一个电气安全装置使电梯驱动主机停止运转	(1) 目测补偿绳(链)端固定情况； (2) 模拟断绳或者绳跳出时的状态，观察电气安全装置动作和电梯运行情况

【说明解释】

(1) 电梯在运行过程中，轿厢侧和对重侧的悬挂钢丝绳的长度在不断地变化，两侧的悬挂钢丝绳重量也在不断地变化。补偿装置是用来补偿电梯运行时因悬挂钢丝绳和随行电缆造成的轿厢和对重两侧重量不平衡，同时也提高电梯的曳引性能。

常见的补偿装置有穿绳补偿链、包塑补偿链、全塑补偿链以及补偿绳。

1) 穿绳补偿链。如图 1-725 所示，常用于额定速度不大于 1.6 m/s 电梯，结构为在铁链中穿入麻绳，以减少运行时链节之间摩擦和碰撞产生的噪声。

图 1-725 穿绳补偿链

2）包塑补偿链。如图 1-726 所示，为了减小穿绳补偿链在运行过程中的噪音，同时减缓环境对铁链的腐蚀，选用优质电焊锚链经表面处理（电镀或发黑防锈处理）后外裹一层复合 PVC 塑料，经特殊工艺加工而形成了包塑补偿链。相比于穿绳补偿链，包塑补偿链运行时噪声大大减小，且更加美观，但是在柔韧性及耐用性方面仍需改善。一般适用于环境温度－15～＋60 ℃，额定速度不大于 1.75 m/s 的电梯。

图 1-726　包塑补偿链

3）全塑补偿链。如图 1-727 所示，是一种性能优异的产品，给电梯提供一种理想的，可平稳运行的平衡补偿产品。由电焊锚链、PVC 复合材料的完美结合，形成其独特的功能。其优点是弹性好、弯曲半径小、阻燃、耐老化、温度适应范围广，用后电梯运行平稳、流畅、噪声低，适用于环境温度－15～＋60 ℃，额定速度不大于 2.5 m/s 中高速电梯。

a) 圆型

b) 扁平型

图 1-727　全塑补偿链

4）补偿绳。如图 1-728 所示，补偿绳也是一种钢丝绳，常用于高速电梯，由于高速电梯在运行时产生的振动、气流都较强，会导致补偿链摇摆，一旦钩剐到井道其他部件上，可能造成危险，因此速度较高的电梯一般使用补偿绳。由于捻制的原因，钢丝绳在自然下垂时无法依靠自身重量张紧，因此使用补偿绳时为了防止补偿绳晃动引起危险，必须同时使用张紧轮。

当电梯的额定速度大于 3.5 m/s 时，还应当设置补偿绳防跳装置，其目的是防止对重和张紧轮的上跳和回落给系统带来震动，因此防跳装置不应是简单的刚性限位装置，如果是刚性限位装置，在张紧轮与之发生撞击时依旧会给系统带来震动。图 1-729 所示的是一种补偿绳张紧轮防跳装置示意图。

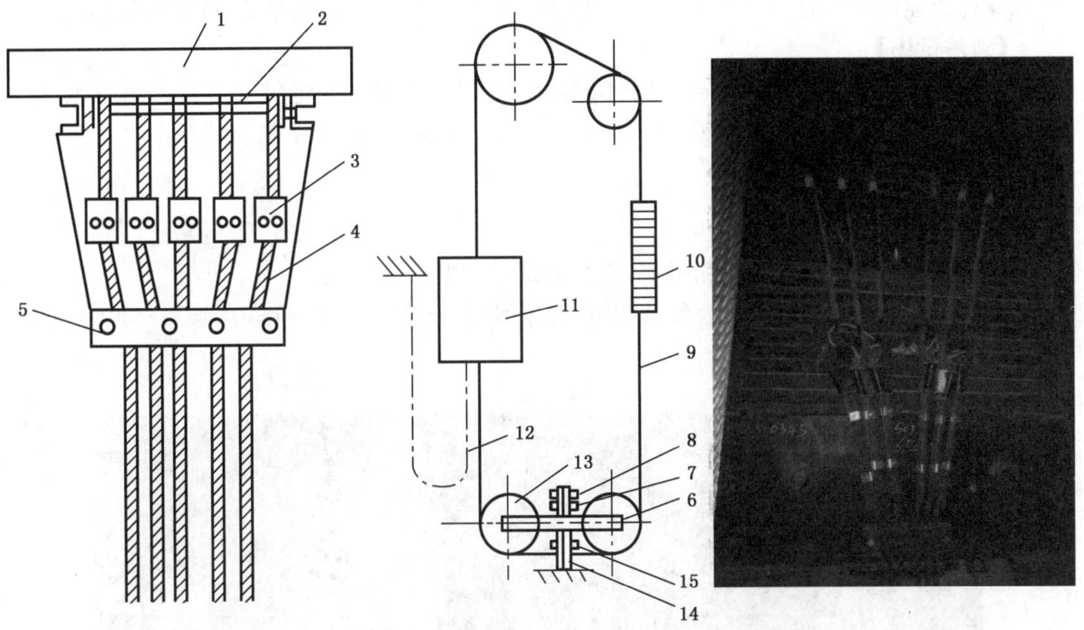

1—轿厢底梁；2—挂绳架；3—钢丝绳夹；4—钢丝绳；5—定位夹板；6—张紧轮架；7—上限位开关；8—限位挡块；9—补偿绳；10—对重；11—轿厢；12—随行电缆；13—补偿绳轮；14—导轨；15—下限位开关。

图 1-728　补偿绳和张紧装置

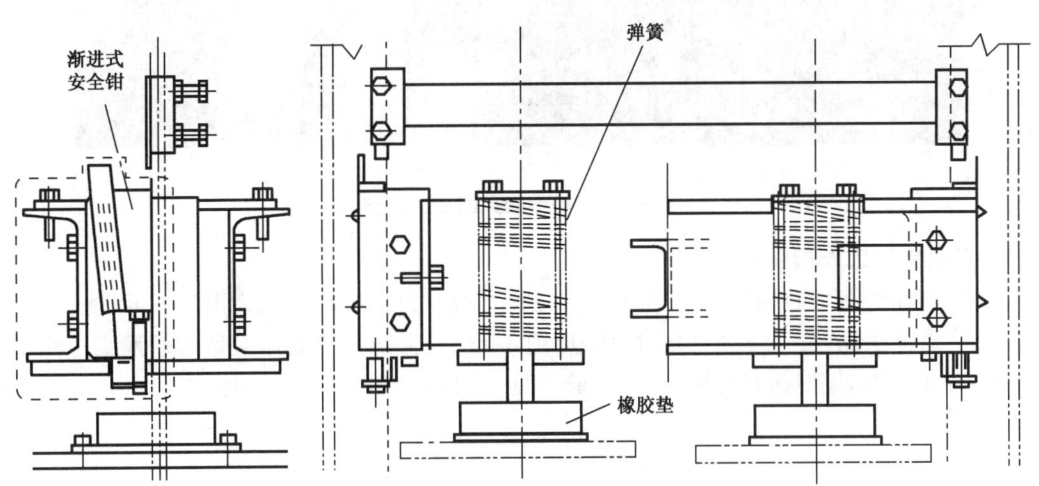

图 1-729　补偿绳张紧轮防跳装置

(2) 本项补偿绳防跳装置可以理解为补偿装置的防跳装置,与限速器张紧装置的电气安全装置类似。

(3) GB/T 7588.1—2020 中 5.5.6.1 规定:

a) 对于额定速度不大于 3.0 m/s 的电梯,可采用链条、绳或带作为补偿装置;

b) 对于额定速度大于 3.0 m/s 的电梯,应使用补偿绳;

c) 对于额定速度大于 3.5 m/s 的电梯,还应增设防跳装置。

(4) GB 7588—2003 和 TSG T7001 所说的"当电梯的额定速度大于 3.5 m/s 时,还应当设置补偿绳防跳装置",其实不是补偿绳的防跳装置,是补偿绳张紧装置的防跳装置。

【适用范围】

本项只适用于有补偿绳(链)的曳引驱动电梯,对于强制驱动电梯检验报告可不编排本项或填写"无此项";对于没有补偿绳(链)的曳引驱动电梯本项填写"无此项"。

5.3.1 绳(链)端固定

【监督检验工作指引】

(1) 补偿绳(链)端固定应当可靠,符合制造单位要求。

(2) GB 7588—2003 和 TSG T7001 均未要求补偿装置必须有如图 1-730 所示的二次防护。

图 1-730 补偿装置的二次防护

【定期检验工作指引】

(1) 当补偿绳(链)端固定出现图 1-731 所示的或类似情况时,视为固定不可靠。

(2) 当补偿绳(链)出现磨损或损坏(见图 1-732),为防止因其断裂坠入轿厢发生事故,可判本项不符合,同时应在《特种设备检验意见通知书》中选填第(四)项。

图 1-731 绳(链)端固定不可靠

图 1-732 补偿绳(链)磨损或损坏

【检验工作指引】

检验时应注意只要采用补偿绳,就要有张紧轮、电气安全装置。当额定速度 $v>3.5$ m/s 时,除满足上述条件外,还应有防跳装置、电气安全装置。

(1) 日立

图 1-733 所示是日立电梯的补偿绳张紧装置和防跳装置。设预警装置的触发装置(螺栓)到预警装置(不需要符合电气安全触点要求)的距离 C,张紧装置到地的距离 CC,防跳触发装置到电气安全开关的距离为 A,最小张紧位置触发装置到电气安全开关的距离为 B,各装置的位置关系如图 1-734 所示,那么:

$$CC>B;A>C$$

该张紧装置上还设有预警装置,其功能是在张紧装置上跳触发电气安全装置前先动作,预警信息通过物联网终端发给制造单位的监控中心,然后由中心提醒该电梯的维护保养单位及时调整张紧装置的位置。从图 1-733 中看出,一个电气安全装置实现了防跳和检查最小位置的功能,符合要求。

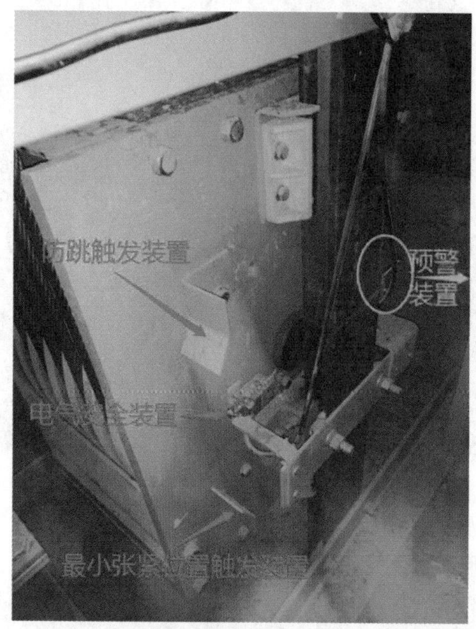

图 1-733　日立电梯的补偿绳张紧装置和防跳装置

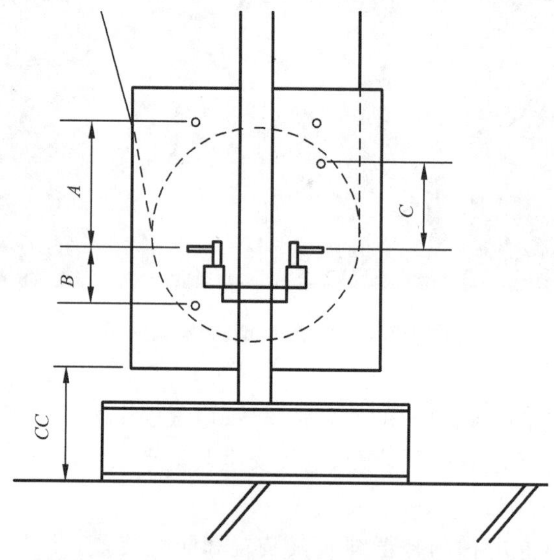

图 1-734　各装置的位置示意图

如果电气安全装置与预警装置在同一水平面上，或者预警装置的触发装置的位置高于防跳触发装置，不能实现预警。但是，该预警装置非 GB 7588—2003 和 TSG T7001 要求内容，可以建议施工单位进行整改，使预警装置的触发位置、防跳装置的触发位置（图 1-734）满足 $A>C$ 的条件。

(2) 通力

图 1-735 所示是通力电梯的检查补偿绳最小张紧位置的装置和防跳装置。当补偿绳的张紧轮松动或补偿绳断裂导致张紧轮离开张紧位置时，A 随张紧轮沿导轨方向下行，撞击

装置 B,B 装置尾部托起向上联动装置 C,图 1-735 所示电气开关触发装置向上运动触发电气开关动作。如果补偿绳跳动过大,带动张紧轮及固定装置 D,装置 D 向上运动,如图 1-735c)所示,向上顶住联动螺栓,联动螺栓向上运动带动打板 C,触发电气开关动作。同时,可由图 1-735c)所示二次保护联动轴带动装置 B 向上运动,联动打板 C,使联动装置 C 触发电气开关。

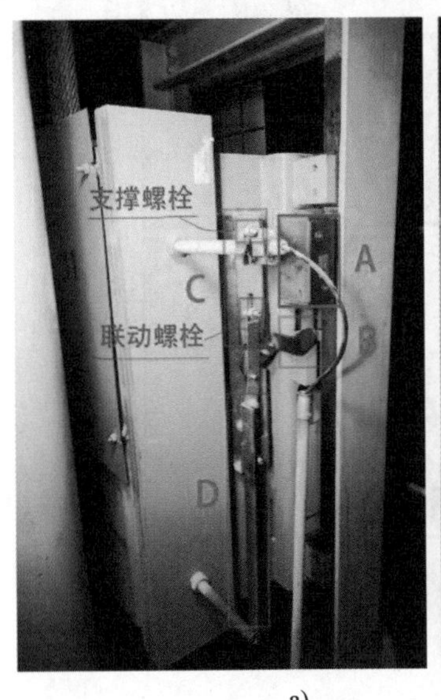

a)

b)

c)

图 1-735　通力电梯的补偿绳张紧装置和防跳装置

(3) 三菱和蒂森

图 1-736 和图 1-737 所示是三菱电梯与蒂森电梯的检查补偿绳最小张紧位置的装置和防跳装置,其原理与日立电梯和通力电梯的大同小异,在此不赘述。

图 1-736　三菱电梯的补偿绳张紧装置和防跳装置

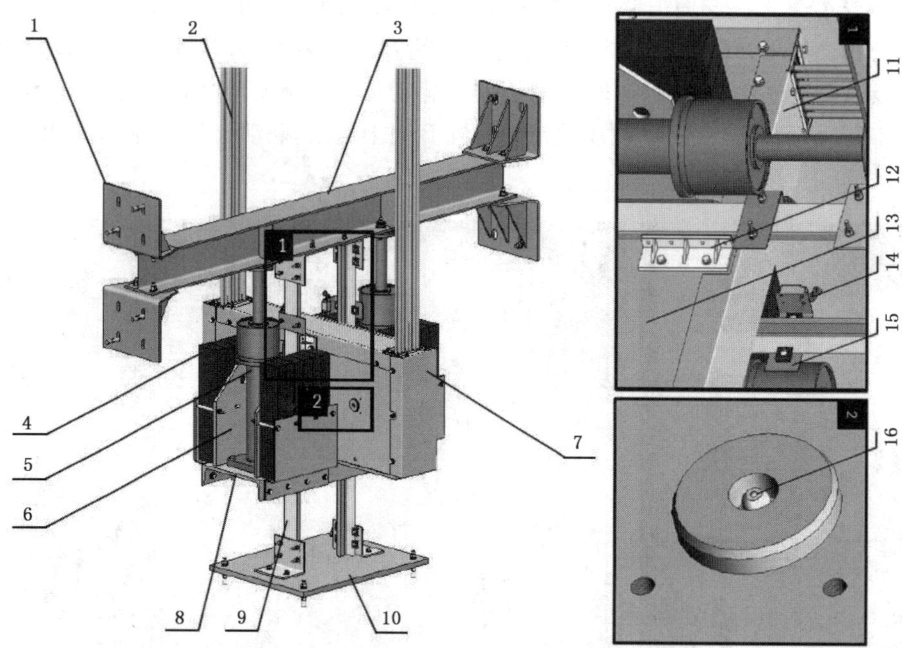

图 1-737　蒂森电梯的补偿绳张紧装置和防跳装置

5.4　钢丝绳的卷绕

项目及类别	检验内容与要求	检验方法
5.4 钢丝绳的卷绕 C	对于强制驱动电梯，钢丝绳的卷绕应当符合以下要求： (1) 轿厢完全压缩缓冲器时，卷筒的绳槽中应当至少保留两圈钢丝绳； (2) 卷筒上只能卷绕一层钢丝绳； (3) 应当有措施防止钢丝绳滑脱和跳出	目测

【适用范围】

本项只适用于强制驱动电梯，对于曳引驱动电梯检验报告可不编排本项或填写“无此项”。

【监督检验工作指引】

该项要求比 GB 7588—2003 中 9.4.2 的要求高，GB 7588—2003 中 9.4.2 是当轿厢停在完全压缩的缓冲器上时，卷筒的绳槽中应至少保留一圈半的钢丝绳。

5.5　松绳(链)保护

项目及类别	检验内容与要求	检验方法
5.5 松绳(链)保护 B	轿厢悬挂在两根钢丝绳或者链条上，则应当设置检查绳(链)松弛的电气安全装置，当其中一根钢丝绳(链条)发生异常相对伸长时，电梯应当停止运行	轿厢以检修速度运行，使松绳(链)电气安全装置动作，观察电梯运行状况

【适用范围】

(1) 本项不仅适用于强制驱动电梯，也适用于曳引驱动电梯检。图 1-738 所示是两根悬挂钢丝绳的电梯。

a) 曳引驱动

b) 强制驱动

图 1-738　两根悬挂钢丝绳的电梯

【监督检验工作指引】

人为松弛任意一根钢丝绳，电梯应不能启动。

【特例】

本项要求只针对悬挂在两根钢丝绳或者链条上提出了要求，对于如图 1-739 所示的两根悬挂钢带的电梯，其检查钢带松弛的电气安全装置应当符合制造单位的要求。

图 1-739　两根悬挂钢带的电梯

5.6 旋转部件的防护

项目及类别	检验内容与要求	检验方法
5.6 旋转部件的防护 C	在机房(机器设备间)内的曳引轮、滑轮、链轮、限速器,在井道内的曳引轮、滑轮、链轮、限速器及张紧轮、补偿绳张紧轮,在轿厢上的滑轮、链轮等与钢丝绳、链条形成传动的旋转部件,均应当设置防护装置,以避免人身伤害、钢丝绳或者链条因松弛而脱离绳槽或者链轮、异物进入绳与绳槽或者链与链轮之间。 对于允许按照 GB 7588—1995 及更早期标准生产的电梯,可以按照以下要求检验: ① 采用悬臂式曳引轮或者链轮时,有防止钢丝绳脱离绳槽或者链条脱离链轮的装置,并且当驱动主机不装设在井道上部时,有防止异物进入绳与绳槽之间或者链条与链轮之间的装置; ② 井道内的导向滑轮、曳引轮、轿架上固定的反绳轮和补偿绳张紧轮,有防止钢丝绳脱离绳槽和进入异物的防护装置	目测

【检验工作指引】

(1) 所采用的防护装置应能看到旋转部件且不妨碍检查与维护工作。若防护装置是网孔状,则其孔洞尺寸应符合 TSG T7001 中 3.9 对重护栏隔障的要求。

(2) 曳引轮、滑轮和链轮应根据表 1-57 设置防护装置,以避免:

1) 人身伤害 a;

2) 钢丝绳或链条因松弛而脱离绳槽或链轮 b;

3) 异物进入绳与绳槽或链与链轮之间 c。

表 1-57 曳引轮、滑轮和链轮防护装置的要求

曳引轮、滑轮及链轮的位置			a	b	c
轿厢上	轿顶上		×	×	×
	轿底下			×	×
对重或平衡重上				×	×
机房内			×2)	×	×1)
滑轮间内				×	
井道内	顶层空间	轿厢上方	×	×	
		轿厢侧向		×	
	底坑与顶层空间之间			×	×1)
	底坑		×	×	×
限速器及其张紧轮				×	×1)

注:×表示必须考虑此项危险。

1) 只在钢丝绳或链条进入曳引轮、滑轮或链桦的方向为水平或与水平线的上夹角不超过 90°时,应防护此项危险;

2) 最低限度应作防咬入防护。

【说明解释】

(1) 钢丝绳或链条进入曳引轮与水平线的上夹角,可按图 1-740 所示测量计算。钢丝绳或链条进入曳引轮与水平线的上夹角为如图 1-741 所示时,需设防异物进入绳与绳槽或链与链轮之间装置,钢丝绳或链条进入曳引轮与水平线的上夹角为如图 1-742 所示时,则不需设置。

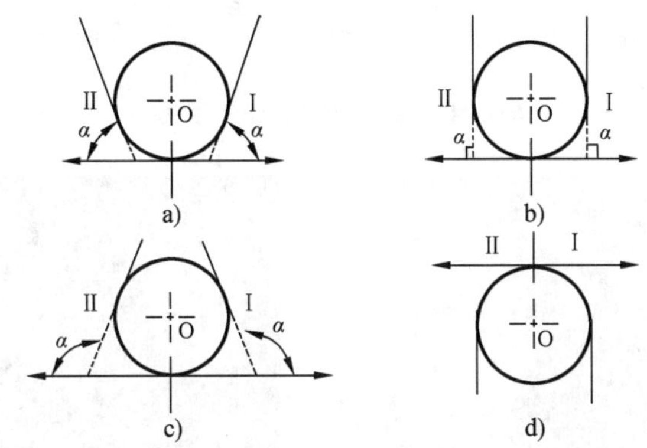

图 1-740　钢丝绳或链条进入曳引轮与水平线的上夹角 α

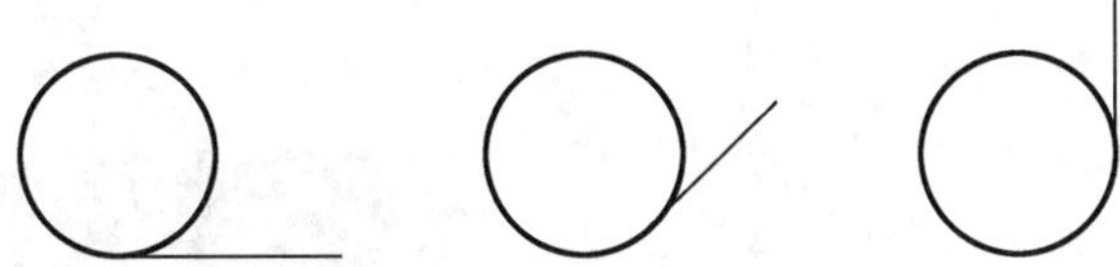

图 1-741　需设防入异物例子

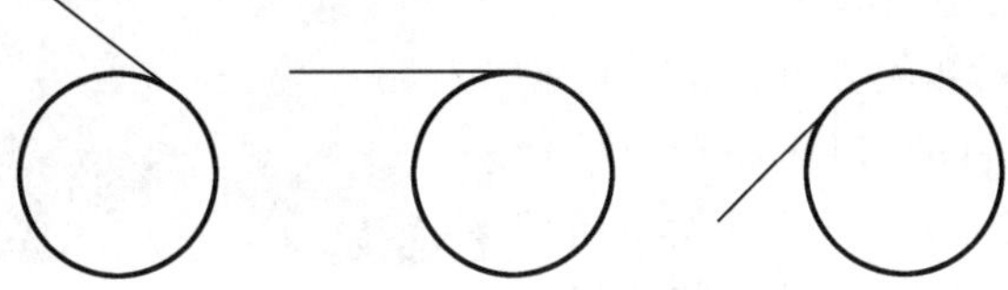

图 1-742　不需设防入异物例子

(2) 图 1-743 所示是卷入防护示例。

(3) 图 1-744 是防脱槽装置布置示例。在电梯使用过程中,由于曳引轮槽磨损不均匀,钢丝绳在曳引轮槽上有高度差,如图 1-745 所示;如果不及时调整,钢丝绳之间会有相对位移,如图 1-746 所示;导致钢丝绳张力不均匀,如图 1-747 所示;钢丝绳在运行中会发生脱槽,因此要求设置防脱槽装置。钢丝绳张力不均匀还会加剧曳引轮槽的磨损,形成恶性循环。

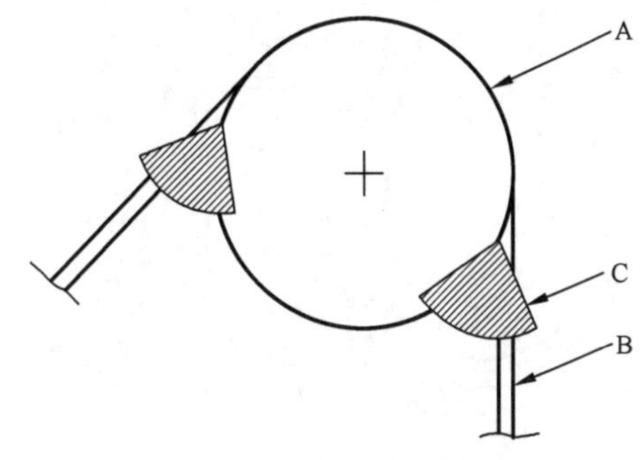

A—滑轮;B—绳、带;C—卷入防护。

图 1-743　卷入防护示例

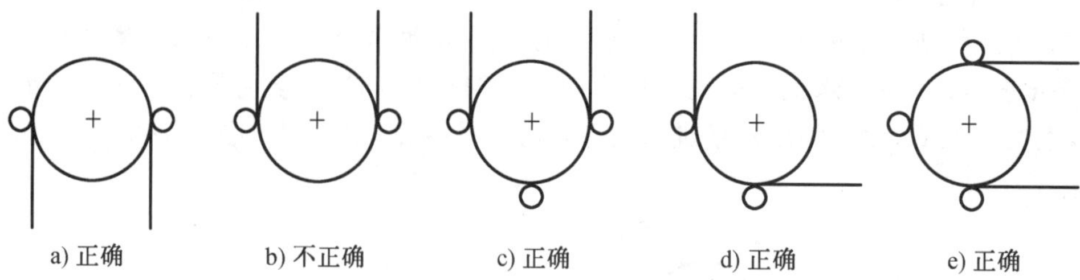

图 1-744　防脱槽装置布置示例

图 1-745　钢丝绳在曳引轮上有高度差

图 1-746　钢丝绳间发生相对位移

(4) 要注意表 1-57 脚注 2)最低限度应作防咬入防护，是“防咬入”不是“防咬人”，防止人的手指等在钢丝绳进入绳轮处被咬入，如图 1-748 所示是一种最简单的曳引轮防咬入防护。当然这个条款是避免人身伤害中的防咬入防护，在钢丝绳进入绳轮处外侧加设防护挡板，也能达到防咬入目的，但应注意防护挡板的安装位置是否适当。如图 1-749 所示防护方式也是可以的，但该防护挡板的安装位置不正确，仍存在咬入人手指的风险。

图 1-747　钢丝绳张力不均匀

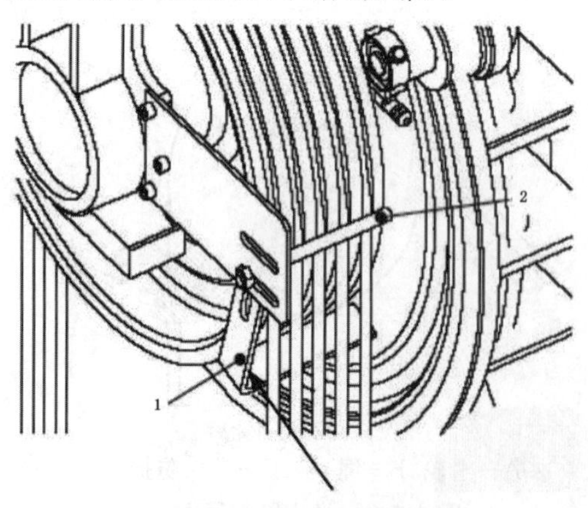

图 1-748　防咬入防护装置

图 1-749　不规范的防咬入防护装置

【常见事例】

(1) 如图 1-750 所示,轿顶上的反绳轮要设置的防护:a 防伤入;b 防脱;c 防入异物。

图 1-750　轿顶的防护

(2) 如图 1-751 所示,轿底下的反绳轮要设置的防护:b 防脱;c 防入异物。

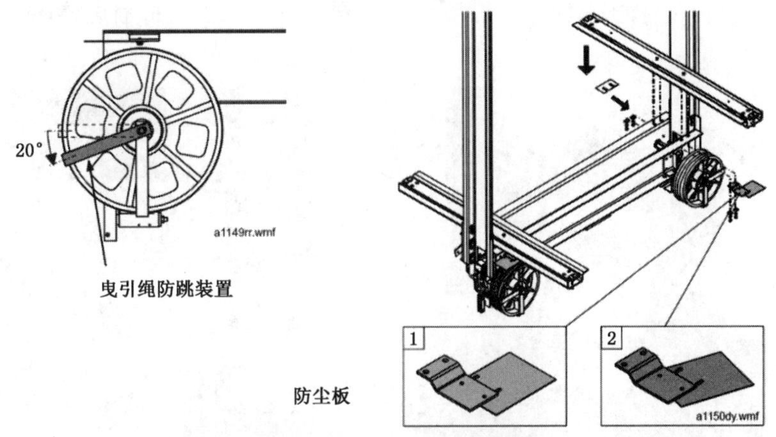

图 1-751　轿底的防护

(3) 如图 1-748 所示,机房内的曳引轮要设置的防护:a 防咬入;b 防脱。

(4) 如图 1-752 所示,机房内的导向轮要设置的防护:a 防咬入;b 防脱。安装机房曳引机承重梁下的导向轮,经常缺少最低限度的防咬入防护。

图 1-752　缺少防咬入防护

（5）对于轿厢底部和对重底部的反绳轮以及顶吊式轿厢顶部和对重顶部的反绳轮也应采取防护，如图 1-753 所示。

a）轿底反绳轮

b）轿顶反绳轮

c）对重底部反绳轮

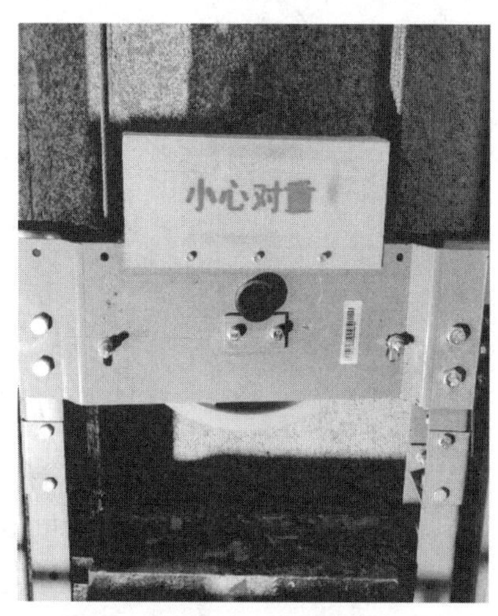

d）对重顶部反绳轮

图 1-753　反绳轮的防护

若防护装置是网孔状（见图 1-754），则其孔洞尺寸应符合 TSG T7001 中 3.9 对重护栏隔障的要求。如果采用将整个曳引轮完全罩住的设计方案，如图 1-755 所示，应满足 GB 7588—2003 中 9.7.2，所采用的防护装置应能见到旋转部件且不妨碍检查与维护工作。

根据 GB 7588—2003 中 9.7.2，防护装置只能在下列情况下才能被拆除：更换钢丝绳或链条；更换绳轮或链轮；重新加工绳槽。因此，在紧急操作时应不能拆除，即防护装置不能把紧急操作装置包起来。

图 1-754　网状防护

(6) 如图 1-756 所示，由于仅在曳引轮上部设置了两个防脱装置，因此不符合要求。

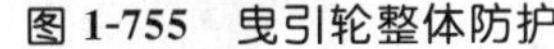

图 1-755　曳引轮整体防护

图 1-756　不符合要求的防脱装置

【定期检验工作指引】

对按 GB 7588—1995 及更早期标准生产的电梯，可按照《电梯监督检验规程》(2002) 中 2.8.4、4.5 项目要求检验：

(1)《电梯监督检验规程》(2002) 中 2.8.4 采用悬臂式曳引轮或链轮时，防护应符合标准规定。

(2)《电梯监督检验规程》(2002) 中 4.5 井道内的导向滑轮、曳引轮和轿架上固定的反绳轮，应设置防护装置(保护罩和挡绳装置)，以避免悬挂绳脱槽伤人和进入杂物。

6 轿门与层门

6.1 门地坎距离

项目及类别	检验内容与要求	检验方法
6.1 门地坎距离 C	轿厢地坎与层门地坎的水平距离不得大于 35 mm	测量相关尺寸

【监督检验工作指引】

(1) 轿厢至平层位置后,用直尺测量层门地坎与轿厢地坎间隙最大处(一般为地坎两端)的距离,该距离不得大于 35 mm。如图 1-757 所示的门地坎间隙大于 35 mm,不符合要求。

(2) 该项目为 C 类项,当对自检结果有质疑时,应测量相应层站的两侧距离。地坎在安装的过程中存在一定的偏差,与轿厢地坎可能不平行,两侧的距离可能不一致,应取两侧距离的最大值。

(3) 根据 GB 7588—XG1 中 12.12,轿厢的平层准确度应为±10 mm。平层保持精度应为±20 mm,如果装卸载时超出±20 mm,应校正到±10 mm 以内。检验时,如果平层精度超出上述范围,应在《特种设备检验意见通知书》中填写 TSG T7001 第十七条的第(四)项。平层精度可参考如图 1-758 所示的方法进行测量。

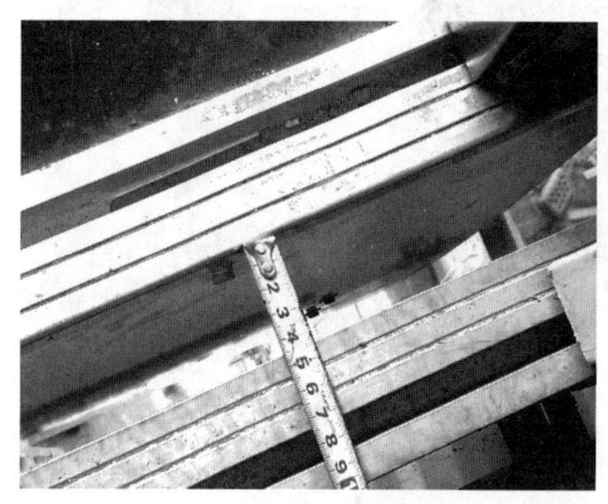

图 1-757 门地坎间隙过大

图 1-758 平层精度的测量

6.2 门标识

项目及类别	检验内容与要求	检验方法
6.2 门标识 C	层门和玻璃轿门上设有标识,标明制造单位名称、型号,并且与型式试验证书内容相符	对照检查层门和玻璃轿门的型式试验证书和标识

【监督检验工作指引】

(1) 根据 TSG T7007—2016 中 W6.3,层门上的标识至少应有以下内容：

1) 产品型号；

2) 制造单位名称或者商标；

3) 产品编号或者制造批次号；

4) 制造日期。

对于使用玻璃的层门、轿门和轿壁,除标注上述信息外,还应当标明以下内容：

1) 玻璃制造单位名称或者商标；

2) 玻璃的类型；

3) 厚度[如(8+0.76+8)mm]。

图 1-759 所示是符合要求的层门标识；图 1-760 所示是符合要求的玻璃轿门标识。

图 1-759　层门标识

a) 轿门铭牌

b) 玻璃标识

图 1-760　玻璃轿门标识

(2) 其他要求见 TSG T7001 中 1.1.4。

6.3　门间隙

项目及类别	检验内容与要求	检验方法
6.3 门间隙 C	门关闭后,应当符合以下要求： (1) 门扇之间及门扇与立柱、门楣和地坎之间的间隙,对于乘客电梯不大于 6 mm;对于载货电梯不大于 8 mm,使用过程中由于磨损,允许达到 10 mm; (2) 在水平移动门和折叠门主动门扇的开启方向,以 150 N 的人力施加在一个最不利的点,前条所述的间隙允许增大,但对于旁开门不大于 30 mm,对于中分门其总和不大于 45 mm	测量相关尺寸

6.3.1　门扇间隙

【说明解释】

(1) 根据 TSG T7001 中 6.3(1)的描述,“由于磨损,间隙值允许达到 10 mm”只适用于载货电梯。由于磨损,门扇与地坎之间的间隙只可能减小,不可能增大,因此 10 mm 的要求不适用于门扇与地坎之间的间隙。

（2）根据 GB 7588—2003 中 7.1“对于乘客电梯，此运动间隙不得大于 6 mm。对于载货电梯，此间隙不得大于 8 mm。由于磨损，间隙值允许达到 10 mm。”及 GB 7588—2003 第 029 解释单，GB 7588—2003 对于“由于磨损，间隙值允许达到 10 mm”既适用于载货电梯也适用于乘客电梯。虽然 TSG T7001 与 GB 7588—2003 对门扇之间及门扇与立柱、门楣和地坎之间的间隙要求有区别，现场检验应按 TSG T7001 的要求进行。

（3）现场测量时，应分别测量门扇与门扇的间隙、门扇与门楣之间的间隙、门扇与地坎的间隙。对于普通中分门而言，至少应测量层门四周四条边与周围的距离，以及层门与层门之间的距离。对于双折旁开门而言，门扇之间的间隙是指两个门扇之间的距离，该距离为进出轿厢方向，而中分门的门扇之间的间隙为开关门方向。

（4）门扇之间的间隙不包括层门门扇与轿门门扇之间的距离。

【检验工作指引】

（1）用直尺或斜塞尺测量门间隙，如图 1-761 所示。

（2）载货电梯由于磨损间隙允许不大于 10 mm，而乘客电梯任何时候都不允许大于 6 mm。

（3）检验时需注意“门扇之间”的间隙系指每扇门相互之间（无论是中分、旁开，还是两扇、四扇）的间隙。

（4）“门扇与立柱、门楣和地坎之间”的间隙系指门扇周围的间隙。

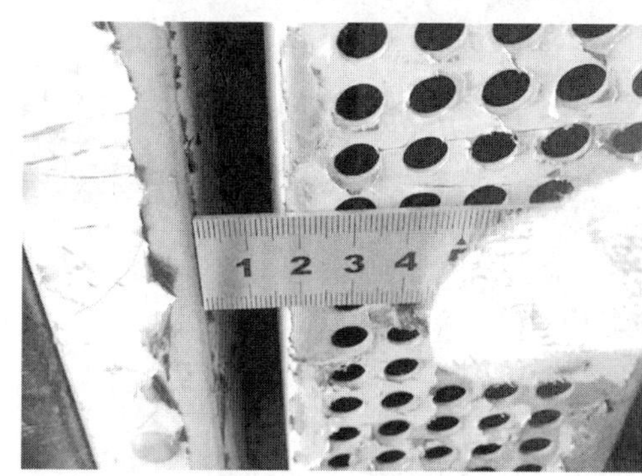

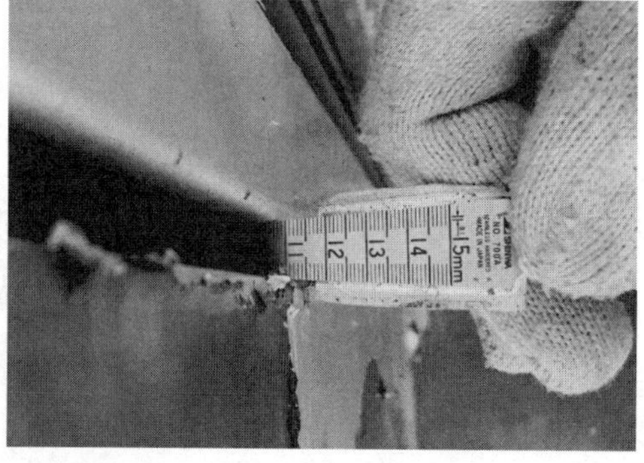

图 1-761　门间隙测量

6.3.2　人力施加在最不利点时间隙

【说明解释】

该条款应拆分成以下理解：在水平移动门的开启方向，以 150 N 的力（不一定非得人力）施加在一个最不利的点，在折叠门主动门扇的开启方向，以 150 N 的力施加在一个最不利的点。

因此对于中分门，应在两个门扇上施加 150 N 的人力。

【检验工作指引】

最不利点一般在门的底部。用手（必要时用推拉力计等）在门扇底部水平拉开门扇，用尺测量间隙。

【参考做法】

该项目只是要求在静态进行试验，如果在电梯运行时，以 150 N 的人力施加在门扇最不利的点，电梯因为门锁接触不良而停止运行，不宜判 TSG T7001 中 6.8(3)电气安全装置

(B类项目)不合格。

6.4　玻璃门防拖曳措施

项目及类别	检验内容与要求	检验方法
6.4 玻璃门防拖曳措施 C	层门和轿门采用玻璃门时，应当有防止儿童的手被拖曳的措施	目测

【适用范围】

根据GB 7588—2003中7.2.3.6，下列情况下不需要设置防拖曳措施，本项填写“无此项”：

——手动玻璃门；或

——垂直滑动玻璃门；或

——层门和轿门都不是玻璃；或

——门上设置的宽度不大于150 mm的玻璃观察窗(见图1-762)。

图1-762　具有观察窗的层门

【检验工作指引】

对于需要设置防拖曳措施的门，GB 7588—2003中7.2.3.6列出了以下几种措施防止小孩的手被拖曳：

a) 减少手和玻璃之间的摩擦系数；

b) 使玻璃不透明部分高度达1.10 m；

c) 感知手指的出现；

d) 其他等效的方法。

检验时应当根据实际情况判断措施是否有效。

【说明解释】

电梯运行过程中，出于好奇心，儿童可能会用手扒在层门或轿门上向内或外看，当层门或轿门打开时，儿童的手会因为拖曳而被夹伤，为防止该事故的发生，层门和轿门上都应设置防止儿童的手被拖曳的措施。

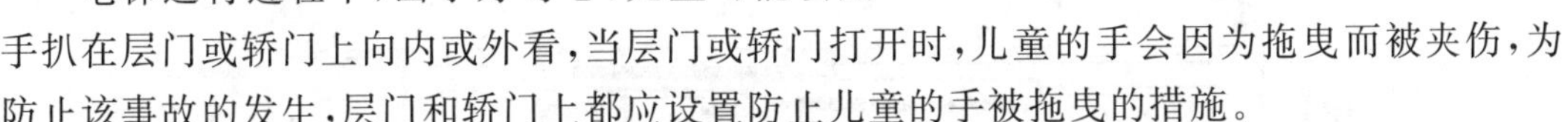

防拖曳措施中“使玻璃不透明部分的高度达1.10 m”，其实是自层站或轿厢地面量起，层门或轿门的不透明高度达到1.10 m。对于具有金属边框的玻璃层门或轿门(见图1-765)，这两个尺寸有较大的偏差。检验时可以从地面量起，不需要从玻璃的边缘量起。

【常见事例】

(1) 在门扇与门框间加装胶条、毛刷(见图1-763)或类似的装置，防止手被拖曳而手指被夹。

(2) 图1-764所示是一种玻璃门防夹手装置(FSD，Finger Safety Device)，手指进入门缝隙之前，FSD收缩带动电气开关动作，开门停止或反向关门。虽然玻璃轿门及每层玻璃层门都有防夹手装置，但对于非轿厢平层所在的层站没有开门动作的层门防夹手装置应被旁路，以防误动作影响电梯正常开门。

图 1-763　玻璃门防夹手装置——毛刷

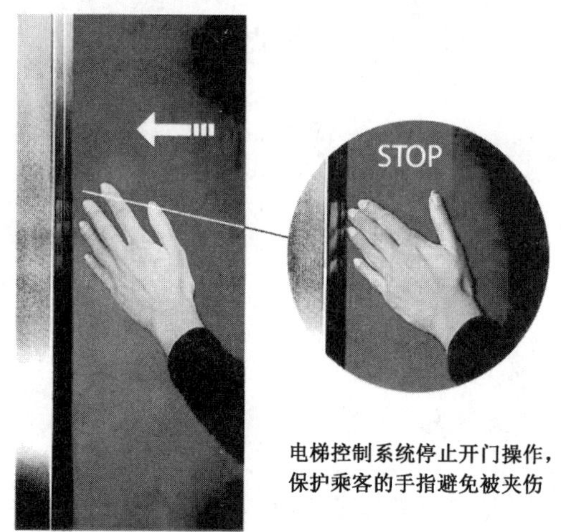

防夹手装置

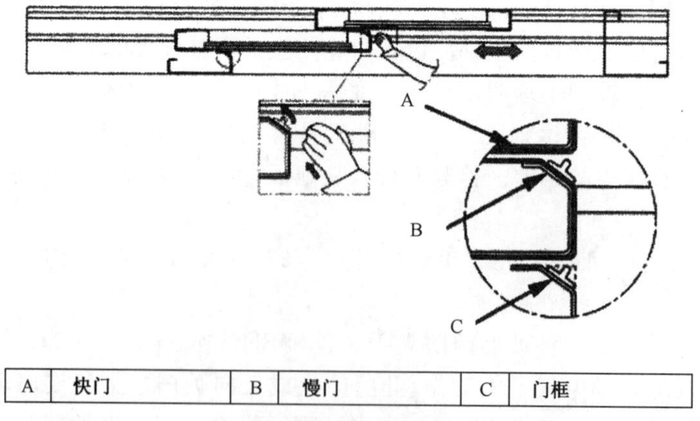

A	快门	B	慢门	C	门框

防夹手装置的原理

图 1-764　玻璃门防夹手装置

(3) 图 1-765 所示是使玻璃不透明部分高度达 1.10 m,防止小孩的手被拖曳。

图 1-765　使玻璃不透明部分高度达 1.10 m 防止小孩的手被拖曳

【注意事项】

(1) 有些采用类似汽车用防晒膜作为使玻璃不透明部分高度达 1.10 m,该种膜从层站处看是不透明的,但是从轿厢内看是透明的,如图 1-766 所示,对于该种情况,可判为不合格。

(2) 如果玻璃门出现裂纹或爆裂(见图 1-767),应在《特种设备检验意见通知书》中选填第(四)项。

(3) GB/T 7588.1—2020 中 5.3.6.2.2.1 i)规定:为了避免拖拽儿童的手,对于动力驱动的水平滑动玻璃门,如果玻璃尺寸大于规定尺寸,应采取下列减小该风险的措施:

1) 使用磨砂玻璃或磨砂材料,使面向使用者一侧的玻璃不透明部分的高度至少达到 1.10 m;或

2) 从地坎到至少 1.60 m 高度范围内,能感知手指的出现,并能停止门在开门方向的运行;或

3) 从地坎到至少 1.60 m 高度范围内,门扇与门框之间的间隙不应大于 4 mm。因磨损该间隙值可达到 5 mm。

任何凹进(如具有框的玻璃等)不应超过 1 mm,并应包含在 4 mm 的间隙中。与门扇相邻框架的外边缘的圆角半径不应大于 4 mm。

对于某些需要重视玻璃门外观的场所,在玻璃门上设置其他防拖曳措施将影响外观效果。在设置和制造的过程中将门扇与门框之间的间隙控制在≤4 mm 也可以有效防止儿童的手指被拖曳而造成挤压。如果电梯按照该要求配置,在进行该项目检验时需要重新测量门扇与门框的间隙,如果采用金属框架,则框架和玻璃到门框的间隙均需要满足≤4 mm 的要求。

图 1-766　单侧不透明的贴膜

图 1-767　玻璃层门爆裂

6.5　防止门夹人的保护装置

项目及类别	检验内容与要求	检验方法
6.5 防止门夹人的保护装置 B	动力驱动的水平滑动门应当设置防止门夹人的保护装置，当人员通过层门入口被正在关闭的门扇撞击或者将被撞击时，该装置应当自动使门重新开启	模拟动作试验

【适用范围】

动力驱动的自动门是指通过一次操作轿厢开关门按钮能控制电梯门的开启、关闭，或者由控制系统发出指令控制门的开启、关闭。动力驱动的非自动门是指在使用人员连续控制和监视下，通过持续揿压按钮或类似方法（持续操作运行控制）控制电梯门的开启、关闭。对于动力驱动的非自动门，需有专职持证电梯司机操作，该类轿门即使设置了光幕，在关门的过程中光幕检测到障碍物后也不能重新将门打开，而只能将关门动作停止，因此本项应填写“无此项”。

需要注意的是，如果在信息表中选择控制方式为“信号控制”，则该项目应判定其为无此项。如果该项目完全满足要求，则该电梯的控制方式肯定不是信号控制，而应当是集选控制。

【检验工作指引】

（1）对于中分门，左右两扇门中任一扇门碰到障碍物时（或在碰到之前），保护装置应该自动重开门，仅一个门扇边缘装设保护装置是不符合要求的。

（2）此保护装置的作用可在每个主动门扇最后 50 mm 的行程中被消除，如图 1-768 所示。图 1-769 所示是旧电梯中使用一个带缺口的定位盘动作限位开关实现安全触板在最后 50 mm 的行程中失效，现在的电梯通常使用门机编码器实现行程控制。

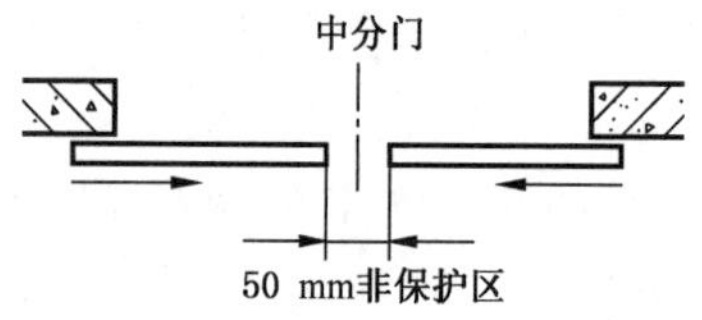

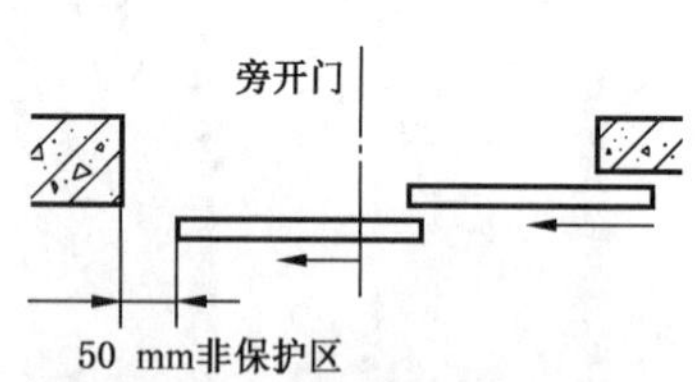

图 1-768　防止门夹人保护装置的非保护区示意图

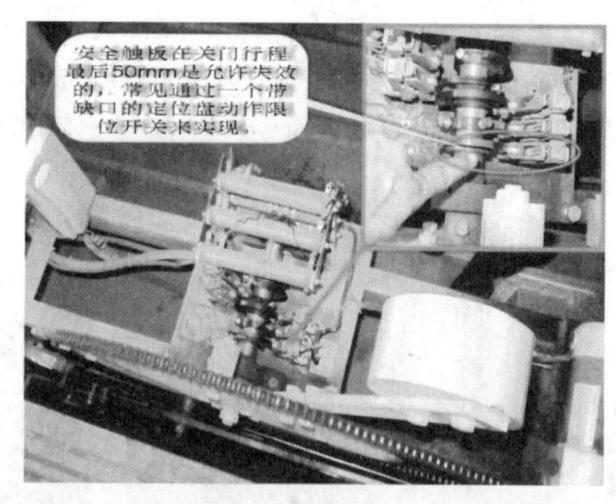

图 1-769　防止门夹人的保护装置在最后 50 mm 的行程中被消除

（3）当抵制关门的阻碍达到预定的时间长度后，保护装置再次动作前，允许门扇保护装置失效并关门，即强迫关门功能。

（4）在层轿门间或在轿门与轿厢壁间设有光电感应防夹人装置（光幕门），且手臂在开关门区上下任何位置都能使门重启的，可不设机械式安全触板。

【说明解释】

(1) 主要的防止门夹人的保护装置有机械式(安全触板)、光幕式、电磁感应式、雷达式等,其中机械式又称接触式,光幕式、电磁感应式、雷达式称非接触式。如图 1-770 所示。

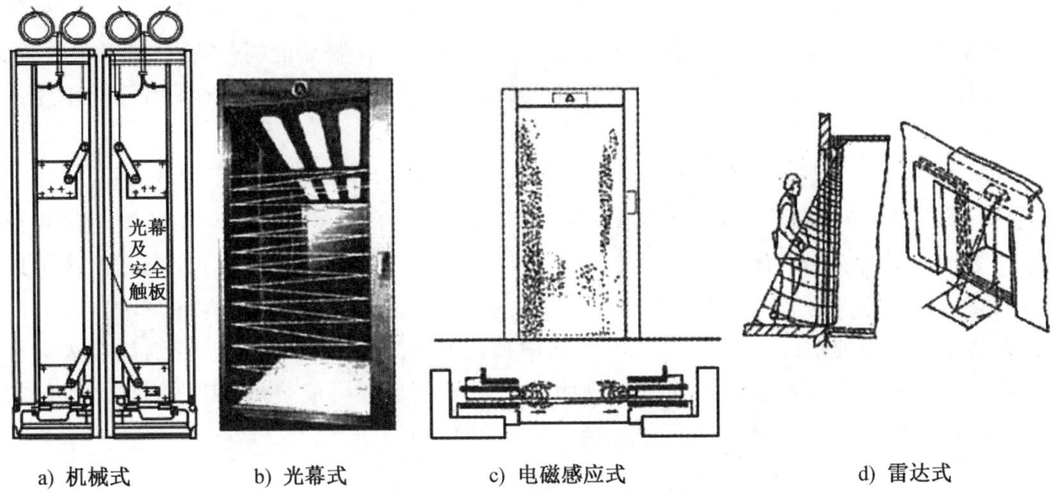

a) 机械式　b) 光幕式　c) 电磁感应式　d) 雷达式

图 1-770　几种防止门夹人的保护装置

(2) GB/T 7588.1—2020 中 5.3.6.2.2.1 b)规定:在门关闭过程中,人员通过入口时,保护装置应自动使门重新开启。该保护装置的作用可在关门最后 20 mm 的间隙时被取消。并且:

1) 该保护装置(如:光幕)至少能覆盖从轿厢地坎上方 25 mm～1 600 mm 的区域。

2) 该保护装置应能检测出直径不小于 50 mm 的障碍物。

3) 为了抵制关门时的持续阻碍,该保护装置可在预定的时间后失去作用。

4) 在该保护装置故障或不起作用的情况下,如果电梯保持运行,则门的动能应限制在最大 4 J,并且在门关闭时应总是伴随一个听觉信号。

许多制造厂家已经按照 EN 81-20:2014 的要求制造并供货,因此目前监督检验的部分电梯已经按照该要求将强迫关门功能作为标准配置了。另外需要注意的是,采用光幕作为防止门夹人的保护,光幕检测也是有盲区的。对于直径小于 50 mm 的障碍物,以及透明的玻璃等,光幕并不能够保证检测出障碍物。电梯在使用的过程中,小孩的学步绳、牵住宠物狗的狗绳等在进出轿厢的时候需要特别留意,这些物件电梯光幕并不一定能够检测出来。

6.6　门的运行和导向

项目及类别	检验内容与要求	检验方法
6.6 门的运行和导向 B	层门和轿门正常运行时不得出现脱轨、机械卡阻或者在行程终端时错位;由于磨损、锈蚀或者火灾可能造成层门导向装置失效时,应当设置应急导向装置,使层门保持在原有位置	目测(对于层门,抽取基站、端站以及至少20%其他层站的层门进行检查)

【说明解释】

(1) 基于发生较多由于人为撞门导致跌落井道的伤亡事故,因此在 TSG T7001—XG2 中将该项的检验类别由原来的"C"改为"B",检验方法由原来的"目测"改为"目测(对于层门，抽取基站、端站以及至少20%其他层站的层门进行检查)”。

(2) TSG T7001中要求设置应急导向装置，GB 7588—2003第1号修改单要求设置保持装置。导向装置和应急导向装置的区别是导向装置可以因磨损、锈蚀或火灾失效，例如门滑块组件(包括门滑块上的塑料件)是导向装置。导向装置去掉因磨损、锈蚀或火灾失效的部件后，剩余部分可以认为是应急导向装置。应急导向装置只能将门保持在相应位置，不一定能承受门所受到的冲击，而保持装置是在磨损、锈蚀或火灾等情况下仍然能承受冲击并将门保持在相应位置。

(3) 通常导向装置是指门挂轮、门滑块等为层门或轿门导向的机械装置，对于水平滑动门包括上部导向装置和下部导向装置，如图1-771、图1-772所示。门的导向装置有吊板滚轮、反滚轮及门滑块等部件。这些部件中金属制造的可以防止磨损和火灾，表面镀锌可以防止锈蚀，因此因磨损、锈蚀和火灾失效的部件主要是这些部件中的塑料件。这些部件的失效，会导致门扇的错位或脱轨，甚至导致门扇掉入井道，从而产生危险。特别是在火灾情况下，一般滚轮的工程塑料外缘及门滑块的非金属外包层有可能烧熔，因此所有的层门均需要具有应急导向装置。

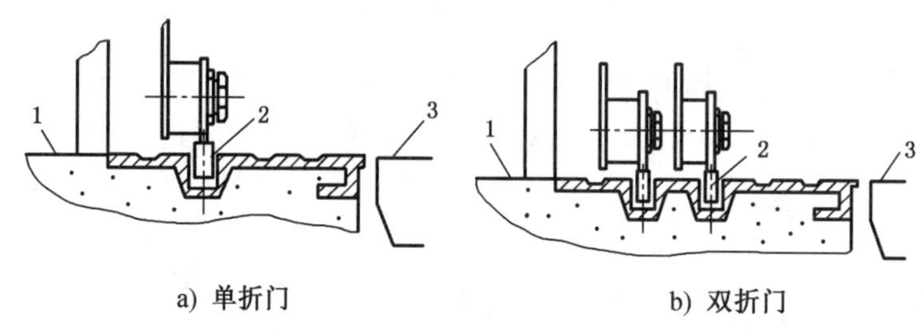

a) 单折门　　b) 双折门

1—地面；2—层门导向装置(门导靴)；3—轿底。

图1-771　层门下部导向装置示意图

a) 下部门滑块

b) 上部门挂轮

图1-772　层门导向装置

(4) GB 7588—2003第1号修改单要求层门设置保持装置。对于水平滑动门，通常包括上部保持装置和下部保持装置。保持装置可理解为阻止门扇脱离其导向的机械装置，它可以是一个附加的部件，也可以是门扇或悬挂装置的一部分，也可以与导向装置合二为一(见图1-773和图1-774)。

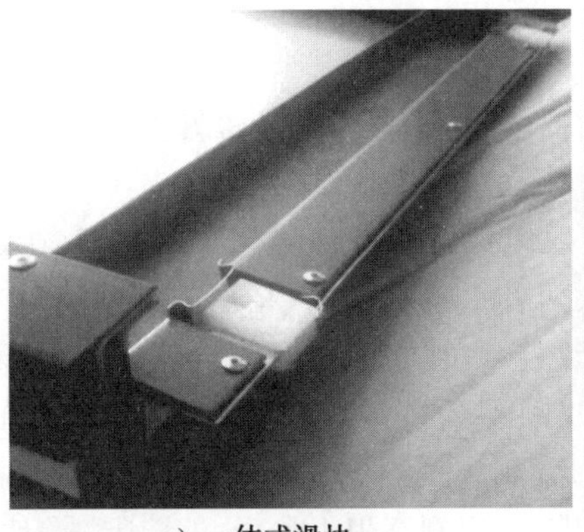

a）一体式滑块

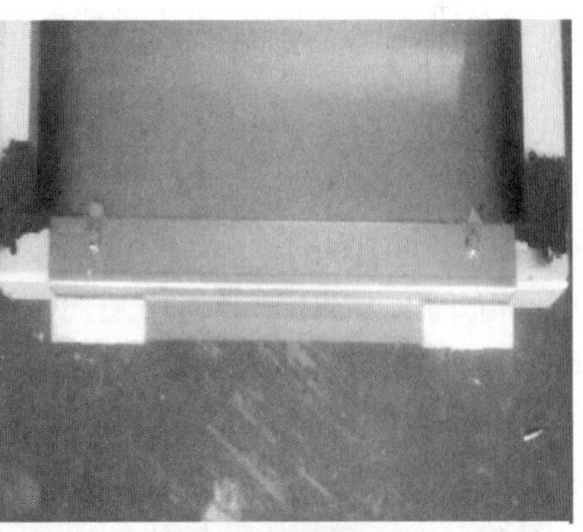

b）折弯板滑块

c）含圆柱或者偏心圆柱的滑块

d）带倒钩的滑块

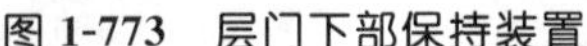

图 1-773　层门下部保持装置

a）门挂钩

b）门挂轮和背轮

图 1-774　层门上部保持装置

（5）根据 GB/T 7024—2008，基站是指轿厢无投入运行指令时停靠的层站，一般位于大厅或底层端站乘客最多的地方；底层端站是指最低的轿厢停靠站；顶层端站是指最高的轿厢停靠站。因此端站包括底层端站和顶层端站。例如一台 13 层的电梯，在基站与底层端站或顶层端站不相同的情况下，该项至少抽取基站、层端站、顶层端站和 20% 其他层站，共 5 层。

(6) 轿门只需要导向装置,可不设置保持装置。

【检验工作指引】

(1) 对于轿门可采取目测的方法,对于层门,应抽取基站、端站以及至少 20%其他层站的层门进行检查。

(2) 门滑块是重要的导向装置,也是保证层门保持原有位置的重要装置,在定期检验时,很多电梯由于层门门挂轮导轨与层门门坎两者水平度不同,在层门完全关闭或完全打开等不同位置门滑块与门坎的啮合深度不一致,会出现在某位置啮合深度不足,而容易发生门滑块从门坎脱落、导向失效现象,应判定本项不合格。为了方便调节保持装置与门地坎的相对位置,一般应有螺栓固定在门扇上,对采用焊接等不规范工艺固定的,或者固定不可靠的,会影响门的正常行程并导致机械卡阻的,也应判本项不合格,如图 1-775 所示。

图 1-775 保持装置固定不可靠

(3) 如图 1-772a)所示,门滑块骨架件一般为金属件,在火灾情况下,也能保证层门门扇不脱出导向部分,可以视为符合要求。

(4) 底层端站层门门滑块可在轿厢内或者底坑检查。

(5) 图 1-776 所示的装置是增加层门强度的,而不是本项所要求的保持装置。

图 1-776 增加层门强度的装置

(6) 监督检验时需要查验层门型式试验证书，型式试验证书中列出了层门保持装置的最小啮合尺寸，当其啮合尺寸小于规定值时层门不能承受规定的冲击并保持在相应的位置。基于已收集到的型式试验证书来看，通常该啮合深度≥13 mm。在监督检验中也发现部分厂家现场安装的地坎深度小于最小啮合深度的要求，因此需要注意该啮合深度的要求。最好是在定期检验时也能确认保持装置的最小啮合深度，但目前缺乏相应的设备和工具进行检验，建议厂家能够参考门锁钩的方法在最下啮合深度处设置刻度线，当刻度线在地坎以上时即小于最小啮合深度。

(7) “脱轨、错位”通常可能发生在门运行的终端，但也可能发生在最不利点是作用 150 N 的力时。在最不利点作用 150 N 的力时，前端滑块继续插入地坎，门后端的滑块和挂轮翘起，此时滑块或挂轮可能脱轨或错位。检验的时候除了检查滑块以外还需要检查门挂轮，同时行程终端和在最不利点作用 150 N 的力时进行检查。

6.7 自动关闭层门装置

项目及类别	检验内容与要求	检验方法
6.6 自动关闭层门装置 B	在轿门驱动层门的情况下，当轿厢在开锁区域之外时，如果层门开启（无论何种原因），应当有一种装置能够确保该层门自动关闭。自动关闭装置采用重块时，应当有防止重块坠落的措施	抽取基站、端站以及 20%其他层站的层门，将轿厢运行至开锁区域外，打开层门，观察层门关闭情况及防止重块坠落措施的有效性

【说明解释】

常见的自动关闭层门装置有重块和弹簧两种，如图 1-777 和图 1-778 所示。

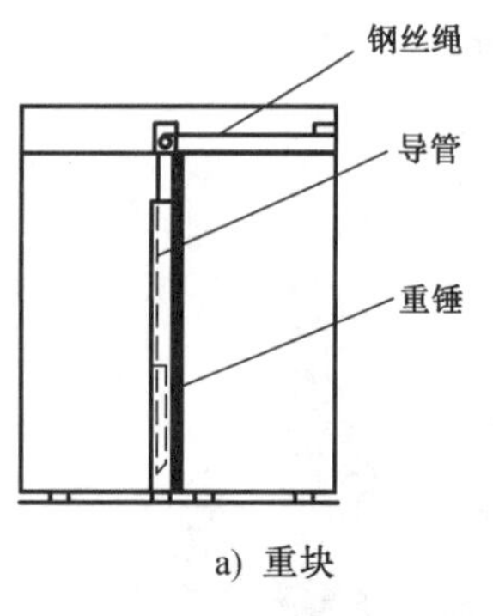

a) 重块

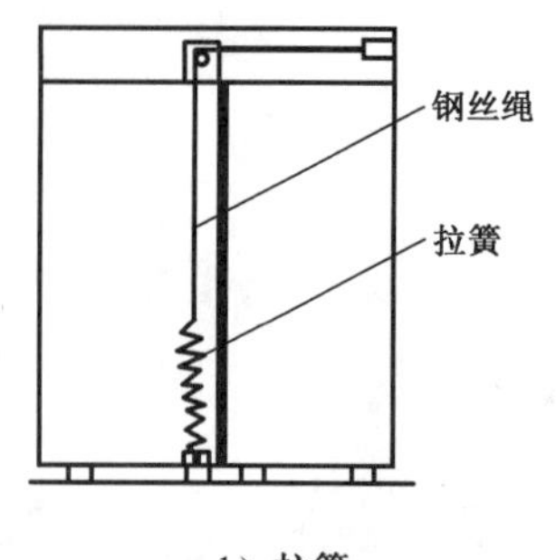

b) 拉簧

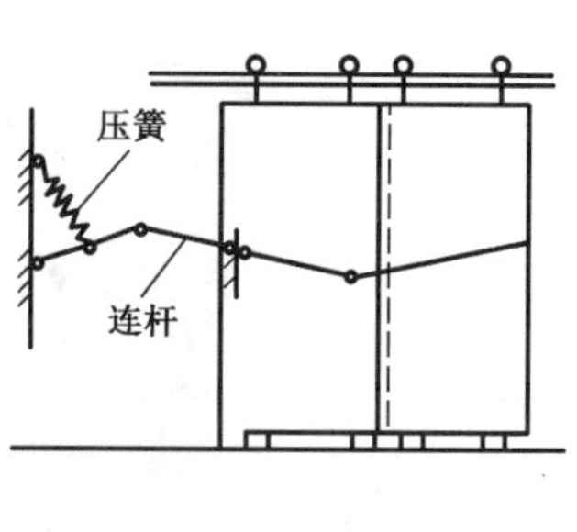

c) 压簧

图 1-777　自动关闭层门装置示意图

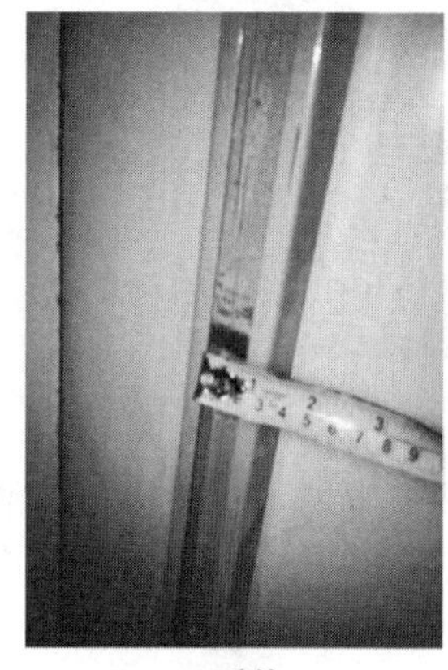

a) 重块

b) 压簧

图 1-778　自动关闭层门装置

【检验工作指引】

(1) 此项在轿顶检验。应特别注意当层门在最大开门行程位置(不超出正常工作行程)和刚开锁位置时,检查其是否能自动关闭。轿门的自动关闭应在开锁区域以外检查。

(2) 抽取基站、端站以及 20% 其他层站的层门,底层端站层门可在轿厢内或在层站外打开层门,检查并验证能否自动关门。图 1-779 所示是自动关闭层门装置不符合的情况。

a) 拉簧缺失

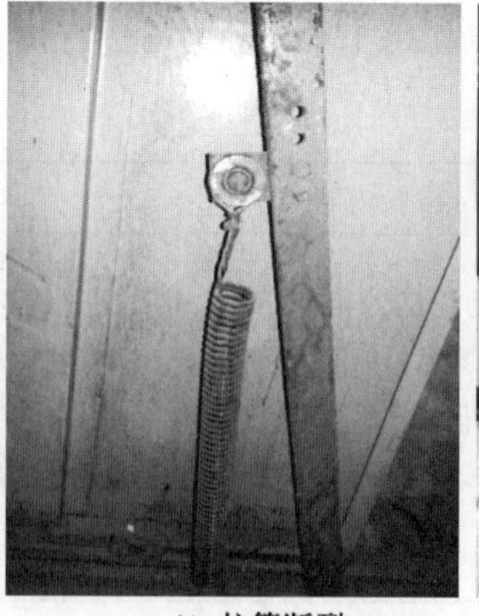

b) 拉簧断裂

c) 重块脱出

图 1-779　自动关闭层门装置失效

【定期检验工作指引】

更换后的自动关闭层门装置应符合制造单位的要求。根据 GB 7588—2003 中 7.5.2.1.1.1，阻止关门力不应大于 150 N，因此，阻止层门关闭的力不应大于 150 N。图 1-780 所示的不符合要求，图 1-781 所示的应提供制造单位的说明。

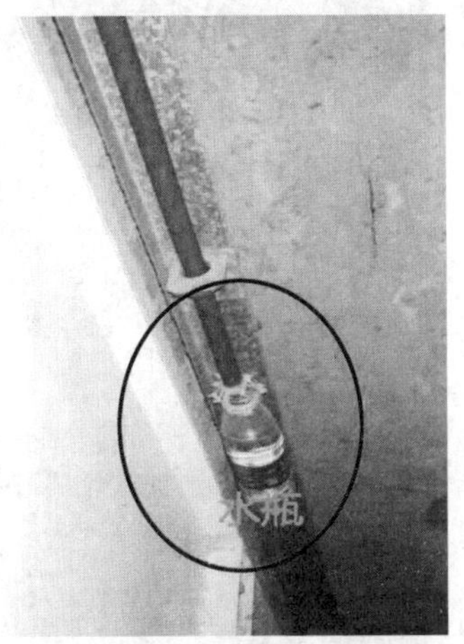

图 1-780　不符合要求的自动关闭层门装置

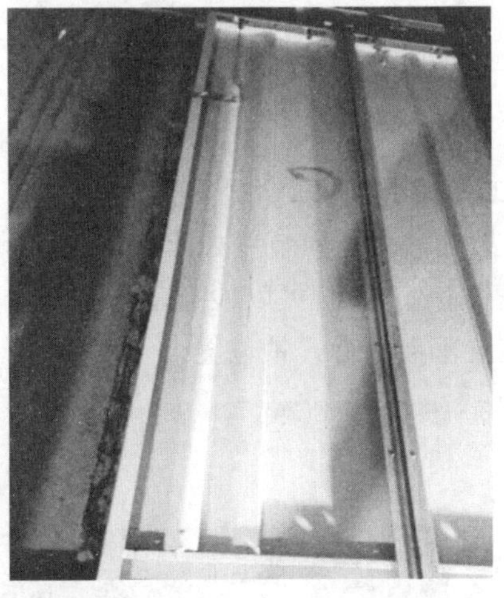

图 1-781　采用水管防止重块坠落的措施

6.8　紧急开锁装置

项目及类别	检验内容与要求	检验方法
6.8 紧急开锁装置 B	每个层门均应当能够被一把符合要求的钥匙从外面开启；紧急开锁后，在层门闭合时门锁装置不应当保持开锁位置	抽取基站、端站以及 20%其他层站的层门，用钥匙操作紧急开锁装置，验证其功能

【说明解释】

GB 7588—1995 及 GB 7588—2003 对紧急开锁装置要求用标准的三角形开锁钥匙，而 GB 7588—1987 对开锁三角钥匙只作为补充件；TSG T7001 只是要求每个层门均应当能够被一把符合要求的钥匙从外面开启，没有强制要求“三角钥匙”。因此，在保证紧急情况下能打开层门条件下，对于1995年前生产的电梯允许使用非“三角钥匙”的紧急开锁装置(见图1-782)。

图1-782　非“三角钥匙”的紧急开锁装置

【检验工作指引】

(1) 常见的紧急开锁装置如图1-783所示，检验时可在轿顶检修运行，用手转动开锁拨杆来试验是否有效，同时可以检查是否能自动复位，验证用紧急开锁装置开锁后，在层门闭合时门锁装置不会保持开锁位置。

图1-783　紧急开锁装置

(2) 对于其他不熟悉的开锁型式，可用钥匙动作试验，确保有效。

(3) 对于按GB 7588—2003及GB 7588—1995生产的电梯，紧急开锁装置应是满足GB 7588—2003附录B所要求的三角形钥匙。对于在GB 7588—1995实施前即1996年

6月前生产的电梯允许使用非三角形钥匙（如旗仔钥匙、单折棍等，但不包括起子、六角匙等常用电工工具）的紧急开锁装置，但紧急开锁装置应不能被非专用钥匙打开，如果紧急开锁装置很容易用非专用钥匙打开，则此项可判为不合格。

（4）严禁采用如图1-784所示的方式，在层门外加装带锁的栅栏门、卷闸门、防盗门等，因为这样存在两种安全隐患：①容易将人困在层门和防盗门之间；②紧急情况下无法使用紧急开锁装置打开层门。对于采用图1-784所示的方式在层门外加装带锁的门或者封闭板，如果阻碍维修人员接近层门使用紧急开锁装置，应判本项目不合格。

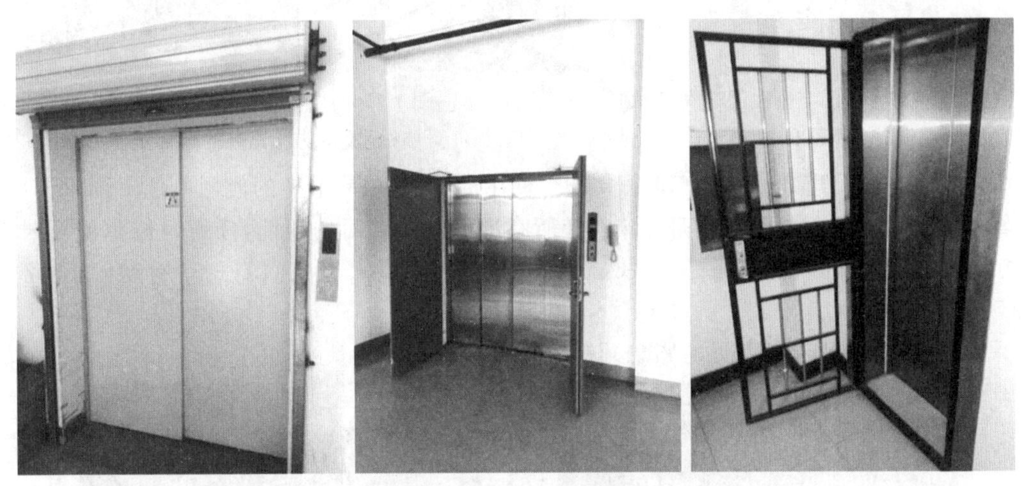

图1-784　层门外加装带锁的门

（5）对于在层门外加装防盗门、栅栏门等，可以按照以下方式处理[4)]：

1）必须使用钥匙打开防盗门、栅栏门才能从层站接近层门紧急开锁装置，再使用三角钥匙打开层门进行救援的。如果打开防盗门、栅栏门的钥匙或开关对于救援人员来说即时可获得（例如该钥匙与机房钥匙等一起保存在管理机构，在停电状态下也可以使用外部的开关或手动打开门），同时使用单位的钥匙管理制度包含该要求，则可判定本项和TSG T7001中8.7符合要求，否则应判定为不符合要求。

对于TSG T7001中4.7(2)项的出口层以及基站，不允许设置上述防盗门或栅栏门，否则应判定TSG T7001中8.7项不符合要求。

2）如果从层门外、防盗门或栅栏门内不能手动打开防盗门或栅栏门，且当层门和防盗门、栅栏门之间存在困人的可能，应当按照GB 7588中5.10的要求设置紧急报警装置，否则应判定TSG T7001中4.8项不符合要求。以下情况可视为不存在困人的可能：

——层门与防盗门、栅栏门之间的间距小于0.12 m的（见图1-785）；或

——如果在层门与防盗门、栅栏门之间设置功能有效的呼梯按钮（见图1-786），且在层门关闭的情况下，按钮处有足够的光照或指示（即使将人困在层门和防盗、栅栏门之间，被困人员可以通过呼梯按钮离开被困区域）的。

4）仅考虑外呼、内选功能有效的情况，其他情况可参考TSG T7001中3.4井道安全门、8.7(2)救援通道等。

图 1-785　层门与栅栏门之间的间距小于 0.12 m

图 1-786　层门与防盗门、栅栏门之间设置有功能有效的呼梯按钮

(6) 对于工厂、车间、仓库等非公共场合使用的载货电梯，电梯的使用单位书面承诺(盖公章)，该电梯的安全管理人员拥有该电梯所有层门外防盗门的锁匙，任何时候都能及时有效打开所有层门外防盗门，保证有关人员能有效使用紧急开锁装置打开所有层门，则可参考(5)1)所述情况处理。

(7) 图 1-787 所示是常见的紧急开锁装置失效型式。

a) 拉绳断开

b) 推杆缺失

c) 三角芯缺失

d) 拨杆缺失

图 1-787　常见的紧急开锁装置失效形式

【注意事项】

(1) 应在层门外,而不是井道内用三角钥匙验证开锁装置有效性,对于层门外有障碍物影响紧急开锁的(见图 1-788),可判本项不合格。

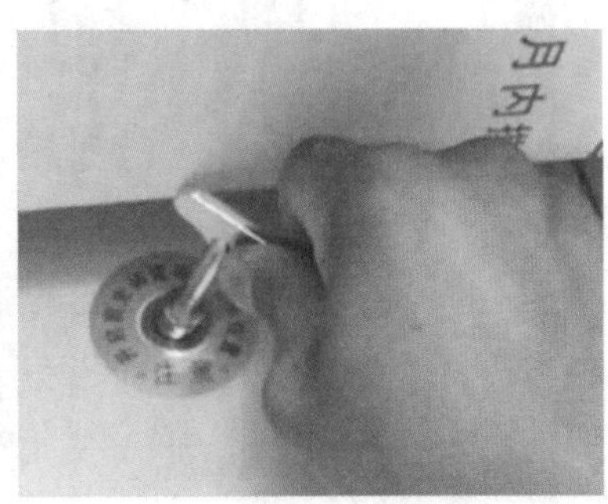

图 1-788　层门外有障碍物

(2) 对于开门入户的电梯(层门打开就是住户家),如图 1-789 所示,使用单位必须有有效的制度和措施(如备有开启住户家的大门锁匙等),保证电梯安全管理者能无障碍到达层门外的候梯厅(尤其是顶层端站、底层端站和基站)。否则,可判该项不合格。开门入户的其他要求见 TSG T7001 中 8.7(2)。

图 1-789　开门入户电梯

(3) 对于如图 1-790 所示层门外侧张贴广告的,如果该广告纸阻挡了紧急开锁装置,可判本项不合格。如果其影响了层门的自动关闭,可判 TSG T7001 中 6.7 项不合格。对于在轿门内侧张贴广告的,可参考处理。

(4) 使用钥匙开锁时要注意保持重心稳定,避免坠落井道或轿顶的危险。由于电梯制造标准对电梯层门的开锁三角孔的设置高度没有明确的要求，尤其对于超高层门（见图 1-791），当紧急开锁位置高于 2.2 m，在地面无法正常操作时，应有相应的安全措施或制度。

图 1-790 层门外张贴广告

图 1-791 超高层门

GB/T 7588.1—2020 中 5.3.9.3.2 规定：当在门扇或门框的垂直平面上时，三角形开锁装置孔距层站地面的高度不应大于 2.00 m。如果三角形开锁装置在门框上且其孔在水平面上朝下，三角形开锁装置孔距层站地面的高度不应大于 2.70 m。三角钥匙的长度应至少等于门的高度减去 2.00 m。长度大于 0.20 m 的三角钥匙是专用工具，应在电梯现场且仅被授权人员才能取得。

（5）对于某品牌电梯在首层靠近层门边缘口位置设置的“救命绳”，如图 1-792 所示，其存在固定脱落，或者伸长露出层门外的风险，当电梯运行时，乘客从层门外可以拉该绳开锁，有导致人员坠落底坑的风险。

图 1-792 首层靠近层门边缘口位置设置的“救命绳”

6.9　门的锁紧

项目及类别	检验内容与要求	检验方法
6.9 门的锁紧 B	(1) 每个层门都应当设有符合下述要求的门锁装置： ① 门锁装置上设有铭牌，标明制造单位名称、型号和型式试验机构的名称或者标志，铭牌和型式试验证书内容相符； ② 锁紧动作由重力、永久磁铁或者弹簧来产生和保持，即使永久磁铁或者弹簧失效，重力亦不能导致开锁； ③ 轿厢在锁紧元件啮合不小于 7 mm 时才能启动； ④ 门的锁紧由一个电气安全装置来验证，该装置由锁紧元件强制操作而没有任何中间机构，并且能够防止误动作； (2) 如果轿门采用了门锁装置，该装置应当符合本条(1)的要求	(1) 对照检查门锁型式试验证书和铭牌(对于层门，抽取基站、端站以及至少 20%其他层站的层门进行检查)，目测门锁及电气安全装置的设置； (2) 目测锁紧元件的啮合情况，认为啮合长度可能不足时测量电气触点刚闭合时锁紧元件的啮合长度； (3) 使电梯以检修速度运行，打开门锁，观察电梯是否停止

6.9.1　层门门锁装置

【检验工作指引】

(1) 铭牌

1) 根据 TSG T7007—2016 中 P6.12，门锁装置的铭牌应标明以下信息：

a) 产品名称、型号；

b) 制造单位名称及其制造地址；

c) 型式试验机构的名称或者标志；

d) 产品编号；

e) 制造日期。

图 1-793 所示是符合要求的门锁铭牌。

图 1-793　符合要求的门锁铭牌

2) 定期检验不做要求。

(2) 锁紧形式

1) 当使用弹簧来产生和保持锁紧动作时，弹簧应在压缩下工作，同时弹簧的结构应满足在开锁时弹簧不会被压并圈。由弹簧来保持锁紧时，应检验弹簧是否完好。

当弹簧在长期使用中会因疲劳、腐蚀等因素而损坏，仅更换弹簧时应保证更换后的弹簧与原来的弹簧同规格同型号，如图 1-794 所示。

2）对于重力加辅助弹簧的门锁，虽然拆除弹簧后，重力也不会导致开锁，但因拆除弹簧破坏了原门锁结构，应判不合格。

3）如图 1-795 所示，该结构的门锁如果不安装锁后端的重锤，存在重力导致开锁的可能性，检验时需注意门锁后端的重锤是否存在。

a) 原配置

b) 更换后

图 1-794 仅更换门锁弹簧结构

图 1-795 重力开锁

（3）锁紧元件啮合长度

【检验工作指引】

1）可目测锁紧元件的啮合情况，认为啮合深度可能不足时，应测量电气触点刚闭合时锁紧元件的啮合深度，如图 1-796 所示。

2）锁紧元件啮合小于 7 mm 时，轿厢应不能启动。图 1-796 所示为啮合深度小于 7 mm 的情况。

图 1-796 啮合深度不足

【注意事项】

1）如图 1-797 所示，该锁钩上方有障碍物，会对开锁过程造成阻碍。

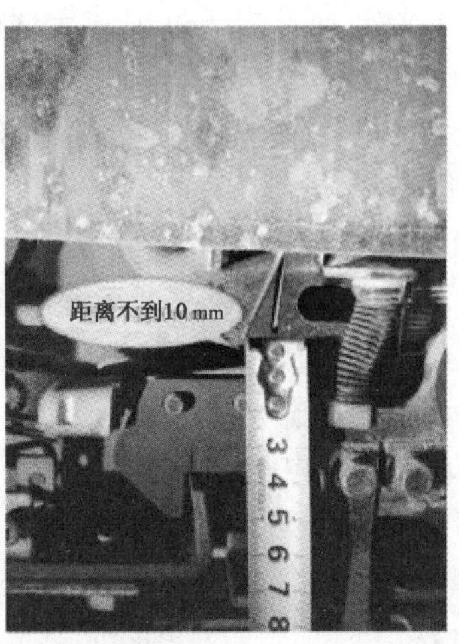

图 1-797　锁钩上方有障碍物

2）如图 1-798 所示的门锁，其在水平方向的啮合深度不小于 7 mm，在垂直方向的啮合深度小于 7 mm，如图 1-799 所示，该门锁经过型式试验，且提供了型式试验证书，可视为符合要求。

图 1-798　水平啮合垂直开闭的门锁

图 1-799　水平和垂直方向的啮合深度

（4）电气安全装置

【检验工作指引】

1）“应由锁紧元件强制操作而没有任何中间机构”指的是应当由锁紧元件直接使电气安全装置的触点通断，而不能通过锁紧元件驱动另一个中间机构，再由该中间机构来使电气安全装置的触点通断。

2）验证锁紧的电气安全装置通常也能验证门的闭合，仅要求层门的主动门设置锁紧装置和验证锁紧的电气安全装置。

【注意事项】

1）除底层端站外的层门锁都可在轿顶检验，底层端站层门锁可在轿厢内检验。

2）每一个层门(主动门)都应检验，但啮合深度可只在认为其不足时测量。

【定期检验工作指引】

如图 1-800 所示，某电梯公司在 2002 年前出厂的层门门锁，验证门的锁紧就不是由锁紧元件强制操作，而是通过中间机构，不符合要求。

6.9.2　轿门锁紧装置

【适用范围】

(1) 对于轿门与井道壁距离符合 TSG T7001 中的 3.7 要求，没有设置轿门锁的电梯，本项填写“无此项”。

(2) 对于装有轿门机械锁紧装置的电梯，轿厢与井道壁距离要求详见 3.7。

【检验工作指引】

(1) 本项目应结合 TSG T7001 中 3.7“轿厢与井道壁距离”一起检验。检验方法和要求，参见 3.7。

(2) 轿门门锁装置应要同时满足 TSG T7001 中 6.8(1)、(2)、(3)的要求。

【常见事例】

(1) 对于采用了轿门门锁装置的电梯，由于各种原因容易误动作，导致故障率过高，个别维护保养人员为图方便，且认为 TSG T7001 中 6.9(2)所要求的验证轿厢门扇关闭到位的电气安全装置，在打开轿门时能防止电梯运行，于是就短接轿门机械锁的电气安全装置。因此对于采用了门锁装置的轿门，可以如图 1-801 所示用绝缘胶布包裹触点之类的方法(隔离法)，单独验证轿门锁的电气安全装置是否有效。

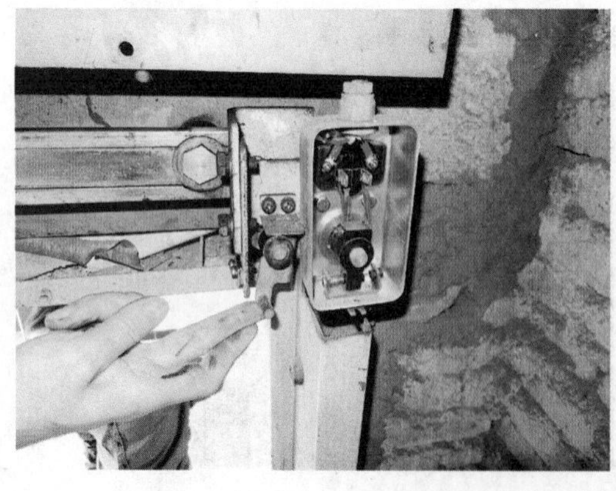

图 1-800　通过中间机构操作的层门锁

图 1-801　隔离法检验电气安全装置

(2) 图 1-802 所示是宁波欧菱电梯配件有限公司型号为 OMJ09.2 的轿门锁，该门锁当电气安全装置闭合后，动锁钩与静锁钩之间有一定距离，啮合深度不小于 7 mm。图 1-803 所示是该门锁的铭牌，图 1-804 所示是该门锁的型式试验证书。

该轿门锁工作原理为先锁住，后接通电气安全装置，故电气安全触点设计为水平移动接通。正常啮合长度为 15 mm，如图 1-805 所示；当啮合长度不足 7 mm 时，锁钩为微翘起状态，此时锁钩上的触头只能与底板上触点的一根触针接触，无法导通电气安全装置，如图 1-806 所示。

根据要求，门锁的锁紧过程应是先锁紧 7 mm，然后使电气安全触点闭合；当该触点闭合且电梯其他安全触点全部接通时，电梯才允许运行。反之可以确定，当电梯可以正常运行时，门锁锁紧元件最小啮合长度至少为 7 mm；当扒开轿门时，电气安全装置首先会断开，从而确保电梯无法正常运行，然后锁钩卡住确保电梯门无法被扒开。该电气安全触点断开仅能使电梯无法正常运行，而确保电梯门无法被扒开的关键点是锁钩是否有效啮合，此项并未改变。因此该门锁装置符合要求。

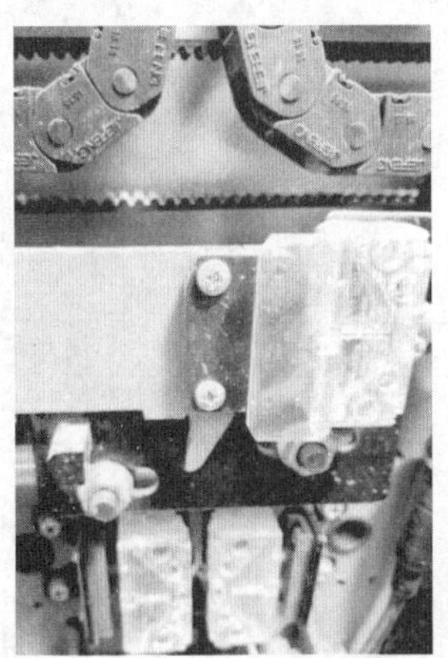

图 1-802　宁波欧菱电梯配件有限公司型号为 OMJ09.2 的轿门锁

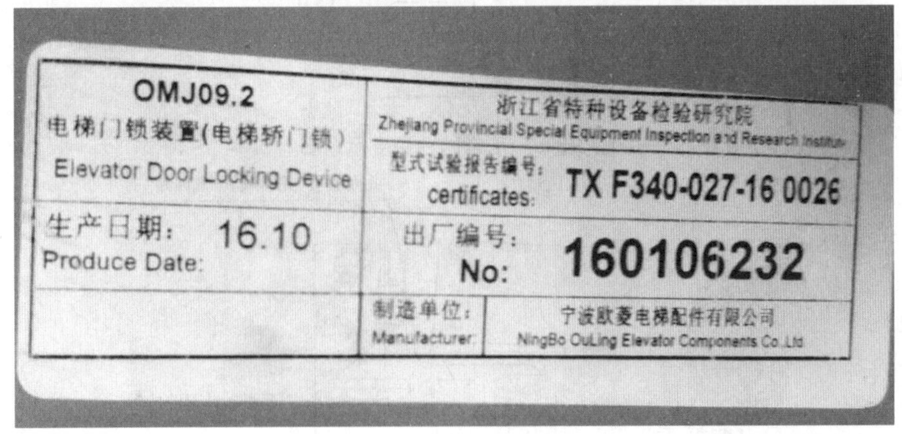

图 1-803　OMJ09.2 的轿门锁铭牌

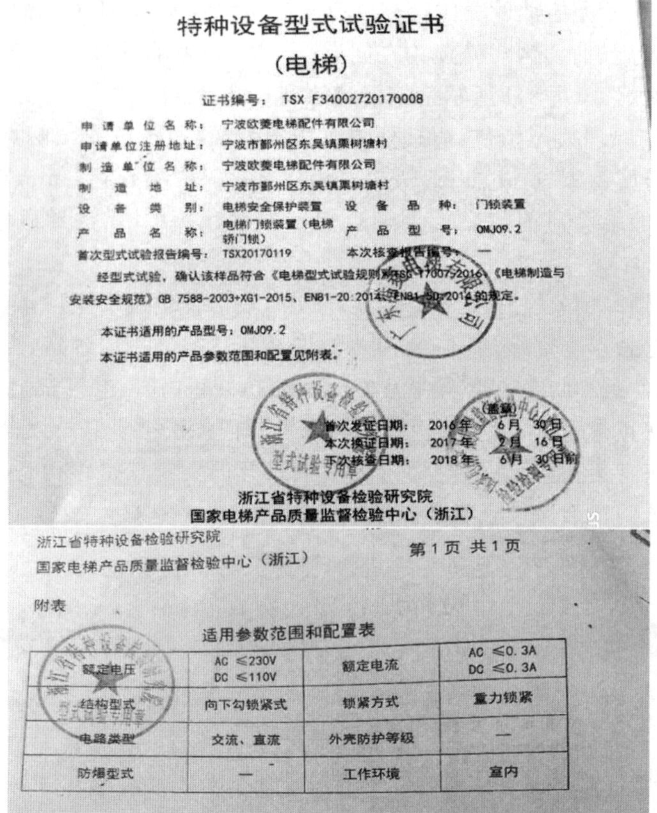

特种设备型式试验证书

（电梯）

证书编号： TSX F34002720170008

申请单位名称： 宁波欧菱电梯配件有限公司

申请单位注册地址： 宁波市鄞州区东吴镇栗树塘村

制造单位名称： 宁波欧菱电梯配件有限公司

制造地址： 宁波市鄞州区东吴镇栗树塘村

设备类别： 电梯安全保护装置　设备品种： 门锁装置

产品名称： 电梯门锁装置（电梯轿门锁）　产品型号： OMJ09.2

首次型式试验报告编号： TSX20170119　本次核查报告编号： —

经型式试验，确认该样品符合《电梯型式试验规则》TSG T7007-2016、《电梯制造与安装安全规范》GB 7588-2003+XG1-2015、EN81-20:2014、EN81-50:2014的规定。

本证书适用的产品型号：OMJ09.2

本证书适用的产品参数范围和配置见附表。

（盖章）

首次发证日期： 2016年 6月 30日

本次换证日期： 2017年 2月 16日

下次核查日期： 2018年 6月 30日前

浙江省特种设备检验研究院

国家电梯产品质量监督检验中心（浙江）

浙江省特种设备检验研究院

国家电梯产品质量监督检验中心（浙江）　第1页 共1页

附表

适用参数范围和配置表

额定电压	AC ≤230V DC ≤110V	额定电流	AC ≤0.3A DC ≤0.3A
结构型式	向下勾锁紧式	锁紧方式	重力锁紧
电路类型	交流、直流	外壳防护等级	—
防爆型式	—	工作环境	室内

图 1-804　OMJ09.2 的轿门锁型式试验证书

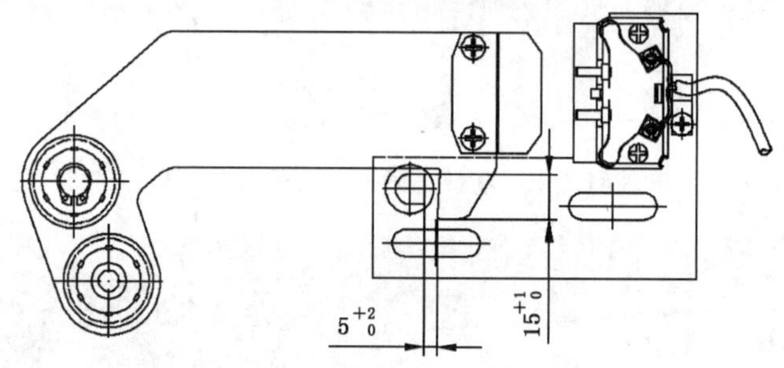

图 1-805　正常啮合深度示意图

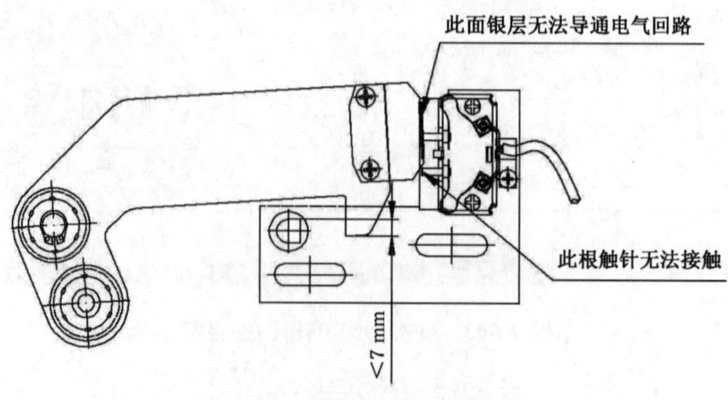

图 1-806　电气安全装置不导通

6.10 门的闭合

项目及类别	检验内容与要求	检验方法
6.10 门的闭合 B	(1)正常运行时应当不能打开层门,除非轿厢在该层门的开锁区域内停止或停站;如果一个层门或者轿门(或者多扇门中的任何一扇门)开着,在正常操作情况下,应当不能启动电梯或者不能保持继续运行; (2) 每个层门和轿门的闭合都应当由电气安全装置来验证,如果滑动门是由数个间接机械连接的门扇组成,则未被锁住的门扇上也应当设置电气安全装置以验证其闭合状态	(1)使电梯以检修速度运行,打开层门,检查电梯是否停止; (2) 将电梯置于检修状态,层门关闭,打开轿门,观察电梯能否运行; (3) 对于由数个间接机械连接的门扇组成的滑动门,抽取轿门和基站、端站以及20%其他层站的层门,短接被锁住门扇上的电气安全装置,使各门扇均打开,观察电梯能否运行

6.10.1 机电联锁

【检验内容与要求】

正常运行时应当不能打开层门,除非轿厢在该层门的开锁区域内停止或停站;如果一个层门或者轿门(或者多扇门中的任何一扇门)开着,在正常操作情况下,应当不能启动电梯或者不能保持继续运行。

【检验工作指引】

(1) 层门机电联锁,可将轿厢停在非开锁区域,在层门外不使用工具应当不能打开层门,一般可在轿顶检验。底层端站层门的机械锁可在底层端站层门外检验。

(2) 层、轿门电气联锁,可通过 TSG T7001 中 6.9(2)项来检验。

6.10.2 电气安全装置

【检验内容与要求】

每个层门和轿门的闭合都应当由电气安全装置来验证,如果滑动门是由数个间接机械连接的门扇组成,则未被锁住的门扇上也应当设置电气安全装置以验证其闭合状态。

【检验工作指引】

(1) "直接机械连接"指门扇之间用杠杆、连杆等机械部件直接连接门扇,"间接机械连接"指用钢丝绳、皮带或传动链等连接门扇,如图 1-807 所示。间接机械连接的门扇中,未被锁住的门应当装设验证其闭合的电气安全装置(即俗称"副门锁")。如果间接机械连接(如钢丝绳、皮带或链条)失效,则电气安全装置动作,电梯不能运行。

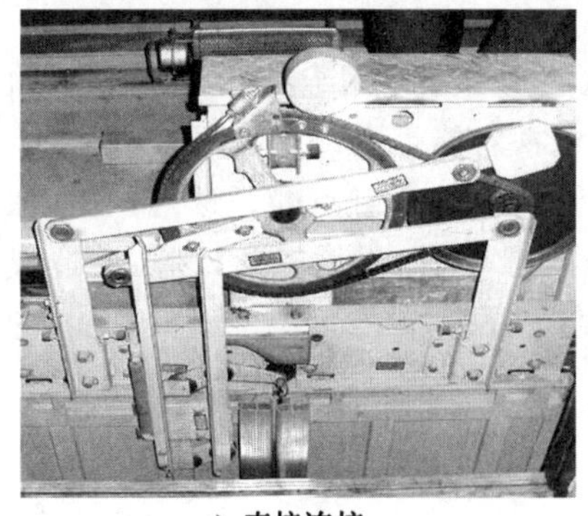

a) 直接连接

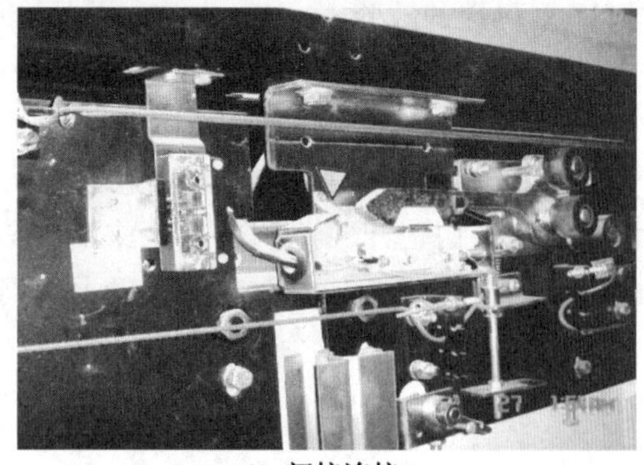

b) 间接连接

图 1-807 门之间的连接

(2) 电气安全装置

根据 GB 7588—2003 中 14.1.2.1.1 的规定,电气安全装置包括:直接切断驱动主机供电电路的接触器或其继电接触器的安全触点;安全电路。目前除了这两种以外,PESSRAL 也是一种电气安全装置。

安全电路和 PESSRAL 均需要经过型式试验方能投入使用,其功能等均需要与形式试验证书一致,检验时可以直接按照型式试验证书进行核对。现场使用最多的电气安全装置则是直接切断驱动主机供电电路的接触器或其继电接触器的安全触点。

安全触点的动作,应由断路装置将其可靠地断开,甚至两触点熔接在一起也应断开。图 1-808 所示的触点在上端活动部件压住触点的触头时接通,在上部活动部件离开触头时触头在弹簧的作用下使触点分离,其断开是由弹簧实现,接通是由活动部件强制接通的,因此其不是符合要求的安全触点。图 1-809 所示的触点在断路装置离开触点的触头时在弹簧的作用下使触点接通,在断路装置压住触头时使触点强制分离,其接通是由弹簧实现,断开是由断路装置强制断开的,因此其是符合要求的安全触点。

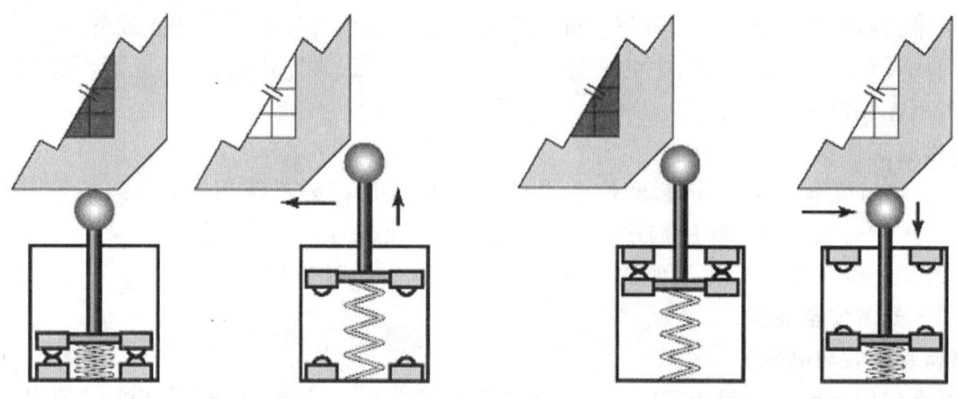

图 1-808 弹簧断开、强制接通的触点　　图 1-809 强制断开、弹簧接通的触点

图 1-810 所示的安全触点,下端的断路装置安装在门扇上,当门闭合时断路装置顶住右侧的滚轮,使触点强制闭合;当门开启时,断路装置先离开右侧滚轮,此时触点在弹簧的作用下断开;在门开启到一定宽度后,断路装置顶住左侧的滚轮,强制使触点断开,因此其是符合要求的安全触点。该安全触点如果缺少左侧的滚轮,则触点的断开仅由弹簧实现,在触点熔接时不能有效断开,不能符合安全触点的要求。

(3) 副门锁的试验

1) 如果副门锁安全触点处在关门位置时可以被人为地分断或用绝缘物隔离时,检验时可将层门关闭,人为使副门锁开关不能接通,此时点动电梯看能否运行。

① 对于如图 1-810 所示的副门锁开关,可直接用外力使安全触点断开进行试验,在检验时应注意,该门锁开关左侧有个用来调节触点行程的螺丝,如果该螺丝松脱,会造成如图 1-811 所示的安全触点无法断开的情况,导致该门锁开关失效;

图 1-810　可按压后部的滚轮，使触点断开来验证副锁

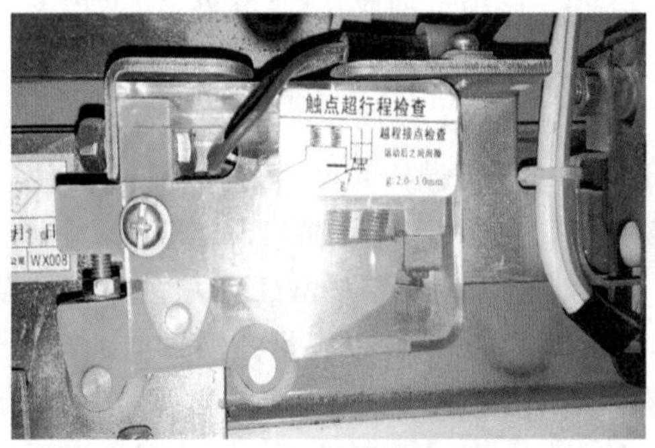

图 1-811　触点无法断开

② 对于插针式副门锁安全触点，可以如图 1-812 所示用布、塑料纸等绝缘材料包住插针，关门进行试验；

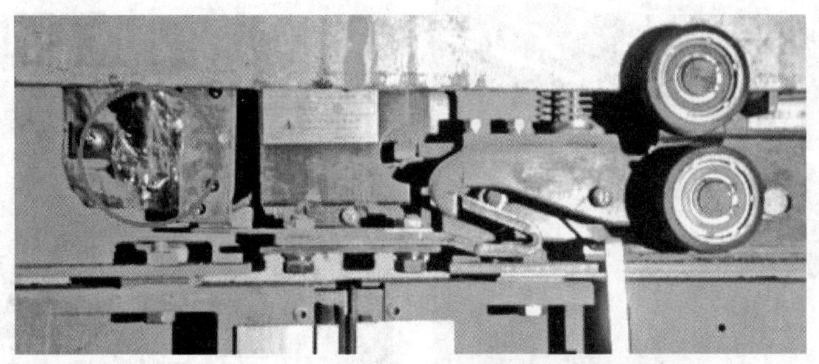

图 1-812　用布、塑料纸等绝缘材料包住插针式副门锁安全触点

③ 对于如图 1-813 所示的轿门门锁安全触点，可分别将两个门锁装置整个拆下来后，关门进行运行试验，也可以拆除门锁塑料罩后用隔离法进行试验。

2）如果不能使用以上方法，则在检验时打开层门，用带有绝缘电夹的导线将主门锁短接后，点动电梯看能否运行。但短接应防止门锁触点与外壳之间发生短路，且应防止触电。

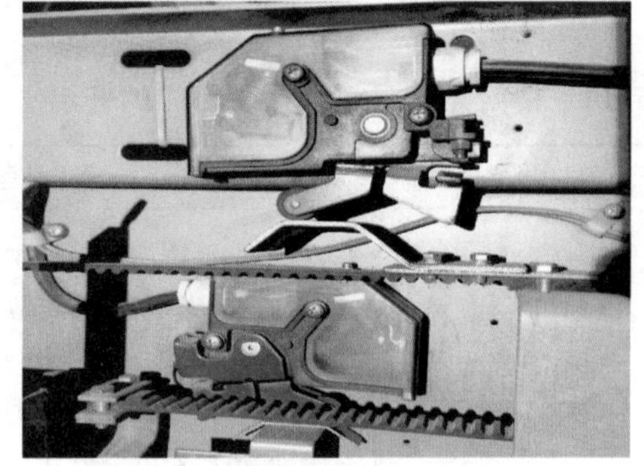

图 1-813　轿门门锁安全触点

【注意事项】

（1）轿门的闭合也应当采用电气安全装置来验证。尤其在定期检验时要注意，个别老旧品牌电梯，无验证间接机械连接的轿门扇是否闭合的电气安全装置。

（2）除底层端站外，其他层站层门的闭合都可以在轿顶用短接法或者隔离法分别试验各扇门的电气安全装置。底层端站层门的闭合可在轿厢内采用上述方法分别试验各扇门的电气安全装置，也可以用三角锁匙试验各层的主门锁。

(3) 该项可抽取轿门、基站、端站以及20%其他层站的层门。

【特例】

(1) 根据GB 7588—2003第020号解释单,如图1-814所示的"钩联"(快门和慢门在关闭位置时用机械钩联接)可视为直接机械连接,如果主动门闭合已经有可靠的电气安全装置验证,从动门可不设置TSG T7001中6.10(2)的电气安全装置。

依据CEN/TC10/WG1的解释,可靠的"钩联"是指,"钩联"至少要能承受沿开门方向1 000 N的静态力,以及沿开门方向的冲击(相当于一个4 kg的刚性体从0.5 m高度自由落体所产生的效果)。以上的数据仅供参考,不用测量。

(2) 个别采用玻璃轿门板的观光电梯(如日立),如图1-815所示,轿门从动门门头上面有两个同型号的电气安全装置,左侧的电气安全装置是玻璃轿门防止儿童的手被拖曳(详见TSG T7001中6.4)装置中一个部件,右侧的电气安全装置才是验证该门扇闭合状态的副门锁,检验时要注意区分。

图1-814　钩联

图1-815　观光电梯轿门从动门门头的电气安全装置

6.11　轿门开门限制装置及轿门的开启

项目及类别	检验内容与要求	检验方法
6.11 轿门开门限制装置及轿门的开启 B	(1)应当设置轿门开门限制装置,当轿厢停在开锁区域外时,能够防止轿厢内的人员打开轿门离开轿厢; (2) 在轿厢意外移动保护装置允许的最大制停距离范围内,打开对应的层门后,能够不用工具(三角钥匙或者永久性设置在现场的工具除外)从层站处打开轿门	模拟试验;操作检查

【说明解释】

(1) 增加轿门开门限制装置是防止当轿厢停在开锁区域外时,被困乘客盲目自救发生坠入井道的危险。

(2) 轿门锁和轿门开门限制装置的区别如表1-58所示,从中可以看出,轿门开门限制装置不等于轿门锁。某些设计方案,机械式轿门锁与开门限制装置可以共用同一套机械结构。

表 1-58　轿门锁和轿门开门限制装置的区别

项目	轿门锁	轿门开门限制装置
设置的目的	防止从轿厢内扒开轿门坠入井道	防止在开锁区域外从轿厢内扒开轿门
设置条件	电梯井道内表面与轿厢地坎、轿厢门框架或滑动门的最近门口边缘的水平距离不应大于 0.15 m	标配
锁紧验证	用电气安全装置验证锁紧	不要求
型式试验	安全装置，需要	非安全装置，不需要
啮合深度	与层门锁相同，≥7 mm	不要求
强度要求	300 N，不降低锁紧的效能；1 000 N，无永久变形	在开门限制装置处 1 000 N，打开不超过 50 mm

6.11.1　轿门开门限制装置

【检验工作指引】

(1) 外观检查，是否有轿门开门限制装置。

(2) 从轿厢检验，施加适当的力，检验是否能打开轿门。

(3) 无论是否共用结构，轿门锁、开门限制装置按各自要求分别检验。

【注意事项】

如图 1-816 所示，在锁钩上方有永久性磁铁，当弹簧的力臂小于永久性磁铁的力臂时，锁钩会被永久性磁铁吸住，导致啮合深度不足，甚至开锁。

图 1-816　锁钩被磁铁吸住

6.11.2　轿门的开启

【检验工作指引】

从层站外检验，轿厢分别向上、向下离开平层 1.2 m 位置，如图 1-817 所示，检验能否不用工具从层站打开轿门(可用三角钥匙、永久设置在现场的工具)。

a) 拉绳

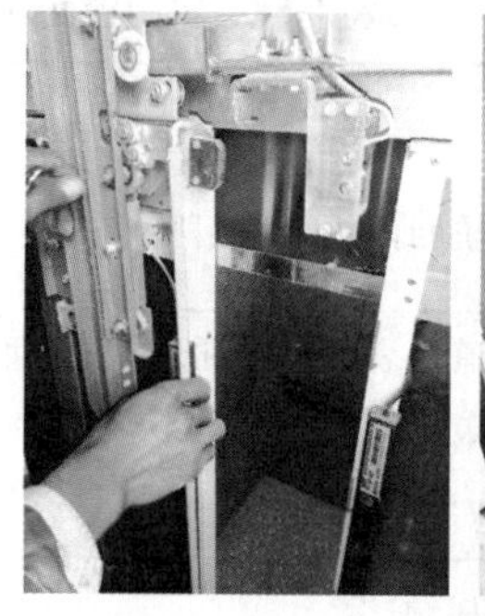

b) 拉杆

图 1-817 轿门开启装置(拉绳、拉杆)

部分厂家的电梯,轿门关闭状态下门机持续输出一个锁闭力矩防止轿门打开。从层站打开轿门时,需要先切断电梯或者门机的供电之后才能手动打开轿门。对于层站不用工具打开轿门的要求,目前没有明确是否允许断电,CEN 正在就该问题进行决议。在检验的过程中,如果遇到需要断电才能打开的轿门,可以判定其符合要求。

6.12 门刀、门锁滚轮与地坎间隙

项目及类别	检验内容与要求	检验方法
6.12 门刀、门锁滚轮与地坎间隙 C	轿门门刀与层门地坎,层门锁滚轮与轿厢地坎的间隙应当不小于 5 mm;电梯运行时不得互相碰擦	测量相关数据

【检验工作指引】

如图 1-818 所示,将轿厢开到门刀与层门地坎平行位置,在层门处用直尺测量间隙;将轿厢开到轿门地坎与门锁滚轮平行位置,在轿厢内用直尺测量间隙。

需要注意的是,在实际使用过程中的门刀不一定是完全竖直的,需要测量门刀的上下两端至地坎的间隙。

图 1-818 门刀、门锁滚轮与地坎间隙

7　无机房电梯附加项目

【适用范围】

本项是无机房电梯附加项目，对于强制驱动电梯检验报告和有机房电梯检验报告可不编排本项或填写“无此项”。

7.1　设在轿顶上或轿厢内的作业场地

项目及类别	检验内容与要求	检验方法
7.1 设在轿顶上或轿厢内的作业场地 C	检查、修理驱动主机、控制柜的作业场地设在轿顶上或轿内时，应当具有以下安全措施： (1) 设置防止轿厢移动的机械锁定装置； (2) 设置检查机械锁定装置工作位置的电气安全装置，当该机械锁定装置处于非停放位置时，能防止轿厢的所有运行； (3) 若在轿厢壁上设置检修门(窗)，则该门(窗)不得向轿厢外打开，并且装有用钥匙开启的锁，不用钥匙能够关闭和锁住，同时设置检查检修门(窗)锁定位置的电气安全装置； (4) 在检修门(窗)开启的情况下需要从轿内移动轿厢时，在检修门(窗)的附近设置轿内检修控制装置，轿内检修控制装置能够使检查门(窗)锁定位置的电气安全装置失效，人员站在轿顶时，不能使用该装置来移动轿厢；如果检修门(窗)的尺寸中较小的一个尺寸超过 0.20 m，则井道内安装的设备与该检修门(窗)外边缘之间的距离应不小于 0.30 m	(1) 目测机械锁定装置、检修门(窗)、轿内检修控制装置的设置； (2) 通过模拟操作以及使电气安全装置动作，检查机械锁定装置、轿内检修控制装置、电气安全装置的功能

【适用范围】

本项是对于作业场所设在轿顶或者轿厢内的无机房电梯附加项目，对于非上述情况本项可填写“无此项”。

【说明解释】

无机房电梯部分所述的作业场地是用于检查和修理驱动主机、控制柜的作业场地，其他设备和装置(例如限速器)可以不设置检查和修理的作业场地。

部分无机房电梯的控制柜和驱动主机都可以在轿顶进行检查和修理，但这两者具有较大的高度差。轿厢停在任何一个位置都不能够同时对驱动主机和控制柜进行检查、修理，这时需要分别设置机械锁定位置，以保证驱动主机和控制柜具有不同的作业位置。

【特例】

日立 UA 系列无机房电梯控制柜的检查和修理在控制柜检修平台(一般设在井道下端即底坑附近)上进行，对于安装在井道顶部导轨上制动电阻箱，检查、修理只能在轿顶上操作。制动电阻箱不是完整的控制柜，且该型号电梯的型试试验报告中轿顶作业场地项目也是“无此项”，因此对制动电阻箱的检查、修理暂时不需要“机械锁定装置”。

7.1.1　机械锁定装置

【监督检验工作指引】

目测机械锁定装置的设置，必要时要求生产厂家提供强度计算书。

需要在多个位置进行检查和维修时，应分别在各个位置试验机械锁定装置的功能。

7.1.2 检查机械锁定装置工作位置的电气安全装置

【监督检验工作指引】

(1) 通过模拟操作以及使电气安全装置动作，检查机械锁定装置、轿内检修控制装置、电气安全装置的功能。

(2) 从轿厢锁定在规定位置的整个过程来看，机械装置先处于“停放位置”，然后进入“中间位置”，最后进入“锁定位置”。“非停放位置”=“中间位置”+“锁定位置”，因此当机械装置离开停放位置起，电气安全装置应防止轿厢的所有运行。电气安全装置停止轿厢运行的时段包括“中间位置”，以防止操作过程中轿厢意外运行发生事故。

(3) 当该机械锁定装置处于非停放位置时，能防止轿厢的所有运行，包括检修运行、紧急电动运行等。

【常见事例】

(1) 如图 1-819 所示是依靠凸轮结构电气安全装置动作的防止轿厢移动的机械锁定装置。

在轿厢上安装一根承力轴，在对应轿厢停止位置的导轨处安装有带孔支架，将轴伸出插入固定孔内时轿厢就不能移动，以机械方式防止轿厢的所有运行动作。如果要伸出该承力轴，首先要将该轴旋转一定角度后才能伸出，只要一转动该轴就会使轴下方的电气安全保护开关断开，从而保证只要轴离开停放位置，就有一个电气安全保护开关动作，切断安全回路。符合要求。

如图 1-820 所示是依靠重力使电气安全装置强制断开的机械锁定装置，符合要求。

图 1-819　机械锁定装置(类似凸轮结构)

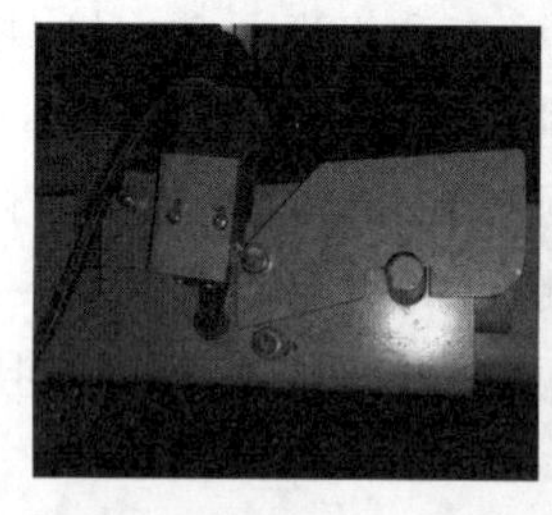
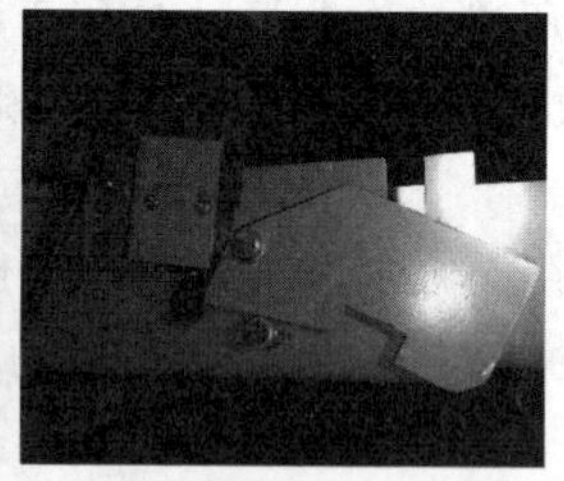

图 1-820　机械锁定装置(依靠重力)

(2) 如图 1-821 所示是不符合要求的防止轿厢移动的机械锁定装置。图 1-821a)、b)中检查机械锁定装置工作位置的电气安全装置，只有在机械锁定装置处于工作位置时才动作，无法满足机械锁定装置处于非停放位置时能防止轿厢的所有运行的要求。图 1-821c)中的电气装置是常闭结构，当机械锁定装置离开停放位置后，该电气装置依靠弹簧断开，不符合电气安全装置要求。

(3) 如图 1-822 所示是设有两个机械锁定装置的电梯，当任何一个机械锁定装置离开非停放位置，都应该能防止轿厢的所有运行。

a)

b)　　　　　　c)

图 1-821　不符合要求的机械锁定装置

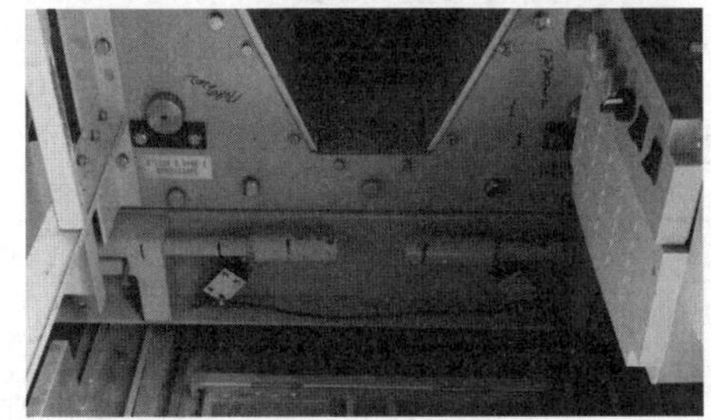

图 1-822　设有两个机械锁定装置

(4) 图 1-823 所示是挂钩式的机械锁定装置，其原理和插销式的类似。

图 1-823　挂钩式机械锁定装置

7.1.3　轿厢检修门(窗)设置

【适用范围】

本项是对于作业场所设在轿厢内的无机房电梯附加项目，这种作业场所的设置情况很少见，通常本项可填写“无此项”。

【监督检验工作指引】

(1) 目测检修门(窗)的设置，模拟操作试验。

(2) 在轿厢壁上设置检修门(窗)就是以轿厢内作为作业场地，此处也应设置防止轿厢移动的机械锁定装置。

(3) 该电气安全装置是验证检修门(窗)"锁定"位置的电气安全装置。

7.1.4 检修门(窗)开启时从轿内移动轿厢的要求

【适用范围】

本项是对于作业场所设在轿厢内，且在检修门(窗)开启的情况下需要从轿内移动轿厢的无机房电梯附加项目；对于非上述情况本项可填写"无此项"。

【说明解释】

(1) GB/T 10060—2011《电梯安装验收规范》中 5.3.1.4d)："如果开口的较小一个尺寸超过 0.20 m，轿厢壁上开口的外边缘与该开口面前的井道内安装的设备之间的距离应小于 0.30 m。"但根据 EN 81-2(A2)中 6.4.3.4d)英文原文、GB/T 7588.1 中 5.2.6.4.3.4c) 及 TSG T7001 本项要求都是"应不小于 0.30 m"。

(2) 从轿厢内使用附加检修装置移动轿厢时，需要打开检修门(窗)，因此检修门(窗)上的电气安全装置是使用附加检修装置时旁路的唯一一个电气安全装置。

【监督检验工作指引】

(1) 目测检修门(窗)、轿内检修控制装置的设置，通过模拟操作以及使电气安全装置动作，轿内检修控制装置、电气安全装置的功能，必要时用尺测量相关尺寸是否满足要求。

(2) 轿内的附加检修控制装置应满足 TSG T7001 中 7.4 项的要求。

7.2 设在底坑内的作业场地

项目及类别	检验内容与要求	检验方法
7.2 设在底坑内的作业场地 C	检查、修理驱动主机、控制柜的作业场地设在底坑时，如果检查、修理工作需要移动轿厢或可能导致轿厢的失控和意外移动，应当具有以下安全措施： (1) 设置停止轿厢运动的机械制停装置，使工作场地内的地面与轿厢最低部件之间的距离不小于 2 m； (2) 设置检查机械制停装置工作位置的电气安全装置，当机械制停装置处于非停放位置且未进入工作位置时，能防止轿厢的所有运行，当机械制停装置进入工作位置后，仅能通过检修装置来控制轿厢的电动移动； (3) 在井道外设置电气复位装置，只有通过操纵该装置才能使电梯恢复到正常工作状态，该装置只能由工作人员操作	(1) 对于不具备相应安全措施的，核查电梯整机型式试验合格证书或者报告书，确认其上有无检查、修理工作无需移动轿厢且不可能导致轿厢失控和意外移动的说明； (2) 目测机械制停装置、井道外电气复位装置的设置； (3) 通过模拟操作以及使电气安全装置动作，检查机械制停装置、井道外电气复位装置、电气安全装置的功能

【适用范围】

本项是对于作业场所设在底坑，且检查、维修工作需要移动轿厢或可能导致轿厢的失控和意外移动的无机房电梯附加项目；对于非上述情况本项可填写"无此项"。

【说明解释】

(1) 驱动主机、控制柜的作业场地设在底坑而且检查、维修工作需要移动轿厢或可能导致轿厢的失控和意外移动时，才适用于本项。一般可核查电梯整机型式试验报告书，确认报告书上是否有检查、维修工作无需移动轿厢且不可能导致轿厢失控和意外移动的说明。

如果对应电梯的规格、型号的整机型式试验报告中有说明，则不需要提供该“机械制停装置”，该项可按“无此项”处理。

(2) 当电梯发生故障多人被困时，井道外操作的紧急操作装置无法移动轿厢，必须在底坑操作主机制动器才能进行救援，而如果在操作时制动器失效而导致轿厢失控下坠，该机械制停装置应以不大于 1.0g(g 为重量加速度)减速度(保护乘客)将轿厢制停，因此，该装置应有类似缓冲器的装置来防止冲击力过大。

【常见事例】

日立 UA 等系列无机房电梯，在报告编号为 TX3130-T4-050010(UAX-1000-CO105)、TX3130-T4-060017(UAX-1600-CO105)、TX3130-T4-090023(OUX-1600-CO105)等型式试验报告中，试验项目“机器设备在井道内，底坑内的工作区域”的检验结果中有“检查、维修驱动主机不需要移动轿厢，不会导致轿厢失控或意外移动”的脚注说明。因此对该类电梯 TSG T7001 中 7.3 项可按“无此项”处理，但要施工单位对 TSG T7001 中 2.9 项的抱闸接触器提供安全可靠的试验方法。

7.2.1　机械制停装置

【监督检验工作指引】

(1) 该机械制停装置应能在停电状态下将额定速度向下运行满载轿厢制停，因此不应采用电气制动的方式，而是应采用机械制动方式，如摩擦的方式。

(2) 如果垂直滑动门的部件、护脚板和相邻的井道壁以及轿厢最低部件和导轨之间的水平距离在 0.15 m 之内时，上述的部件不需要满足到底坑地面不小于 2 m 的要求，但这部分部件不应妨碍人员离开井道。

7.2.2　检查机械制停装置工作位置的电气安全装置

【检验工作指引】

如图 1-824 所示，当不在底坑内实施检修、检查作业时，该机械制停装置处于“停放位置”，电梯可正常运行；当该装置进入“工作位置”后，由于其能够制停轿厢，因此可以通过检修装置来控制轿厢的点动移动；该装置离开“停放位置”到进入“工作位置”之前(即处于“中间位置”时)，电气安全装置应防止轿厢的所有运行，以防止操作过程中轿厢运行发生意外。所以制停装置的电气安全装置与锁定装置的电气安全装置的概念具有较大的区别。

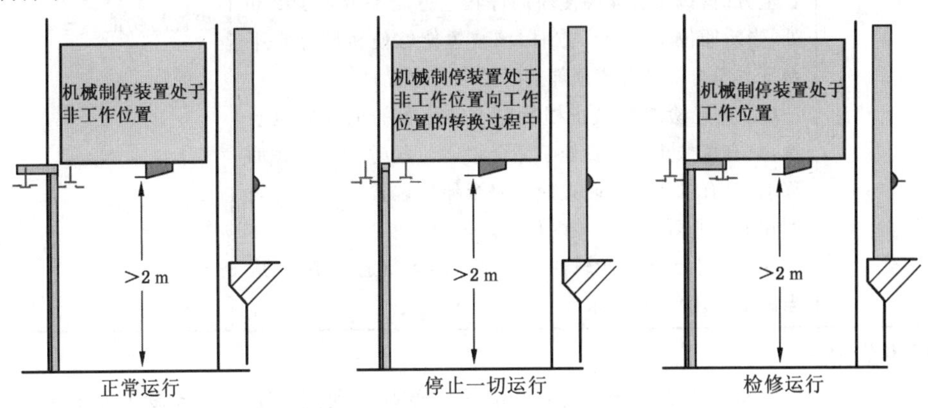

图 1-824　机械制停装置

7.2.3 井道外电气复位装置

【检验工作指引】

(1) 没有规定启用该机械装置的方式,可以采用手动的方式,也可以是电气控制的自动方式。

(2) 底坑内的工作完成后,可在底坑内将机械装置恢复到非工作状态。但为了防止人员在井道内恢复机械装置过程中或完成恢复工作但人员还没有离开井道,而电梯已可以正常运行引发的人身伤亡事故,恢复电梯正常运行的操作必须在井道外进行。通常采用的方式是在井道外安装一个电气控制的复位装置,该装置还需满足防止被滥用的可能(如锁住,锁匙仅授权人员可以获得和使用)。

(3) 通过模拟操作以及使电气安全装置动作,检查机械制停装置、井道外电气复位装置、电气安全装置的功能。

7.3 设在平台上的作业场地

项目及类别	检验内容与要求	检验方法
7.3 设在平台上的作业场地 C	检查、维修机器设备的作业场地设在平台上时,如果该平台位于轿厢或者对重(平衡重)的运行通道中,则应当具有以下安全措施: (1) 平台是永久性装置,有足够的机械强度,并且设置护栏; (2) 设有可以使平台进入(退出)工作位置的装置,该装置只能由工作人员在底坑或者在井道外操作,由一个电气安全装置确认平台完全缩回后电梯才能运行; (3) 如果检查、维修作业不需要移动轿厢,则设置防止轿厢移动的机械锁定装置和检查机械锁定装置工作位置的电气安全装置,当机械锁定装置处于非停放位置时,能防止轿厢的所有运行; (4) 如果检查(维修)作业需要移动轿厢,则设置活动式机械止挡装置来限制轿厢的运行区间,当轿厢位于平台上方时,该装置能够使轿厢停在上方距平台至少 2 m 处,当轿厢位于平台下方时,该装置能够使轿厢停在平台下方符合 3.2 井道顶部空间要求的位置; (5) 设置检查机械止挡装置工作位置的电气安全装置,只有机械止挡装置处于完全缩回位置时才允许轿厢移动,只有机械止挡装置处于完全伸出位置时才允许轿厢在前条所限定的区域内移动。 如果该平台不位于轿厢或者对重的运行通道中,则应当满足上述(1)的要求	(1) 目测平台、平台护栏、机械锁定装置、活动式机械止挡装置的设置; (2) 通过模拟操作以及使电气安全装置动作,检查机械锁定装置、活动式机械止挡装置、电气安全装置的功能

【适用范围】

本项是对于作业场所设在平台上的无机房电梯附加项目;对于没有设置平台作业场所的无机房电梯,本项都填写“无此项”。

【说明解释】

本条款的目的是保证人员方便、安全地进行维修、检查工作，并且提供工作的平台不会对电梯的正常运行造成影响。

检查、维修机器设备作业场地设在平台上时要满足 7.3(1)的要求；

如果该平台位于轿厢或者对重的运行通道中则要满足 7.3(2)的要求；

如果检查、维修作业不需要移动轿厢则要满足 7.3(3)“机械锁定装置”的要求；

如果检查、维修作业需要移动轿厢要满足 7.3(4)、(5)“活动式机械止挡装置”的要求。

对不要求的项目可按“无此项”处理。

【常见事例】

(1) 型式试验报告中“机器设备在井道内，平台上的工作区域”的检验结果中有“检查、维修作业不需要移动轿厢”说明，且实际检查、维修作业时也确认不需要移动轿厢时，则 7.3(4)、(5)可按“无此项”处理。

(2) 如图 1-825 所示，作业平台设置在轿顶上方。对主机、限速器进行维修、检验时需通过爬梯至轿顶上方的平台，该平台不在轿厢或对重运行的通道中，因此，其只要满足 7.3(1)的要求即可，即“平台是永久性装置，有足够的机械强度，并且设置护栏”。

图 1-825　平台设置在轿顶上方

7.3.1　平台设置

【监督检验工作指引】

永久性装置是指该平台不属临时性质的，使用时在现场通过简单的操作就能实现，而不是还得从其他地方拿来安装，因此允许平台是活动的，如图 1-826 所示。

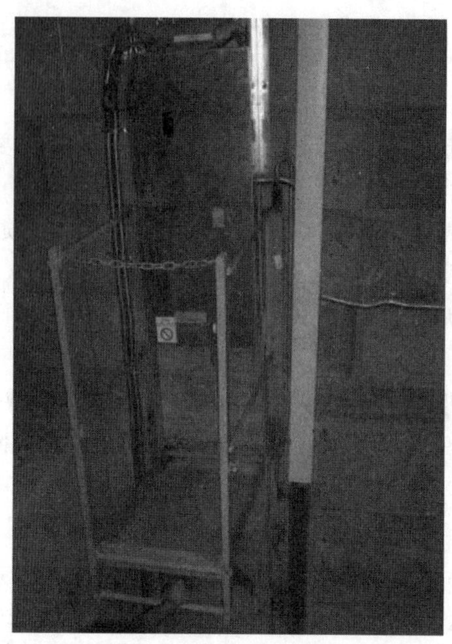

图 1-826 活动平台

【参考做法】

对于底坑作业平台的护栏为可拆卸的无机房电梯，若采取了一定的措施，能保证可拆卸的护栏不会离开作业平台附近，且在操作规程中有相应说明，可视为符合要求。

7.3.2 平台进（出）装置与电气安全装置

【适用范围】

本项是对于作业场所设在平台上，且该平台位于轿厢或者对重运行通道中的无机房电梯附加项目；对于非上述情况本项可填写“无此项”。

【检验工作指引】

(1) 如果该平台处于工作位置时会影响电梯运行，或者其边缘与轿厢或对重之间的距离小于 50 mm，那么，该平台在不使用时应该是可以收缩的。

(2) 通过模拟操作验证电气安全装置是否有效。

7.3.3 机械锁定装置与电气安全装置

【适用范围】

本项是对于作业平台位于轿厢或者对重运行通道中，且检查、维修作业不需要移动轿厢的无机房电梯附加项目；对于非上述情况本项可填写“无此项”。

【检验工作指引】

(1) 检查、维修作业是否需要移动轿厢，可查阅型式试验证书和结合实际情况判断。

(2) 防止轿厢移动的机械锁定装置既可以作用在轿厢上，也可以作用于对重上；查阅型式试验报告是否与实际情况一致，必要时可查阅锁定装置的强度计算书。如图 1-828、图 1-829 所示就是一种作用于对重上的防止轿厢移动的机械锁定装置。

(3) 通过模拟操作以及使电气安全装置动作，检查机械锁定装置、电气安全装置的功能。

【常见事例】

锁定装置有工作位置、正常停放位置和中间状态，中间状态在某些结构中也是稳定存在的，如果在该状态下没有可靠锁住，且没有电气安全装置，当轿厢意外运行或由作业人员操作时，平台上的作业人员和设备都将面临危险。如图 1-827 和图 1-828 所示分别为一种对重锁定装置的结构原理图和实物图，图 1-829 所示是检查机械锁定装置的电气安全装置。该机械锁定装置比较简单，锁定杆可以摆放在任何容易取放的位置，即该机械锁定装置只有工作位置和停放位置（所有非工作位置都视为停放位置）两种状态，并不存在稳定的中间状态，作业人员不会误判锁住装置的状态，可以确保作业人员的安全。另外该锁定装置在型式试验时也得到了认可，因此符合检规要求。

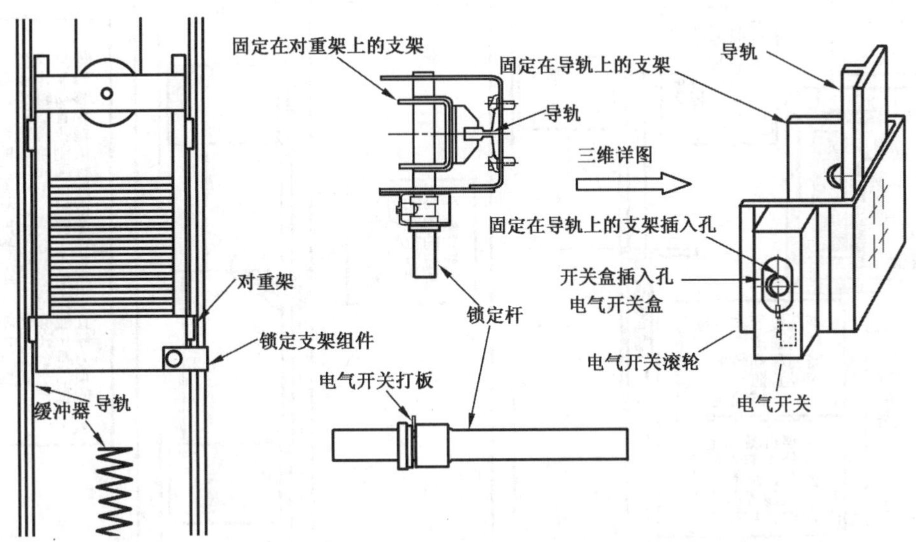

图 1-827　对重锁定装置的结构原理

图 1-828　对重锁定装置实物图

图 1-829　电气安全装置

7.3.4 活动式机械止挡装置

【适用范围】

本项是对于作业平台位于轿厢或者对重运行通道中，且检查、维修作业需要移动轿厢的无机房电梯附加项目；对于非上述情况本项可填写“无此项”。

【检验工作指引】

对活动式机械止挡装置的要求如图 1-830 所示，目测活动式机械止挡装置的设置，必要时用尺测量。

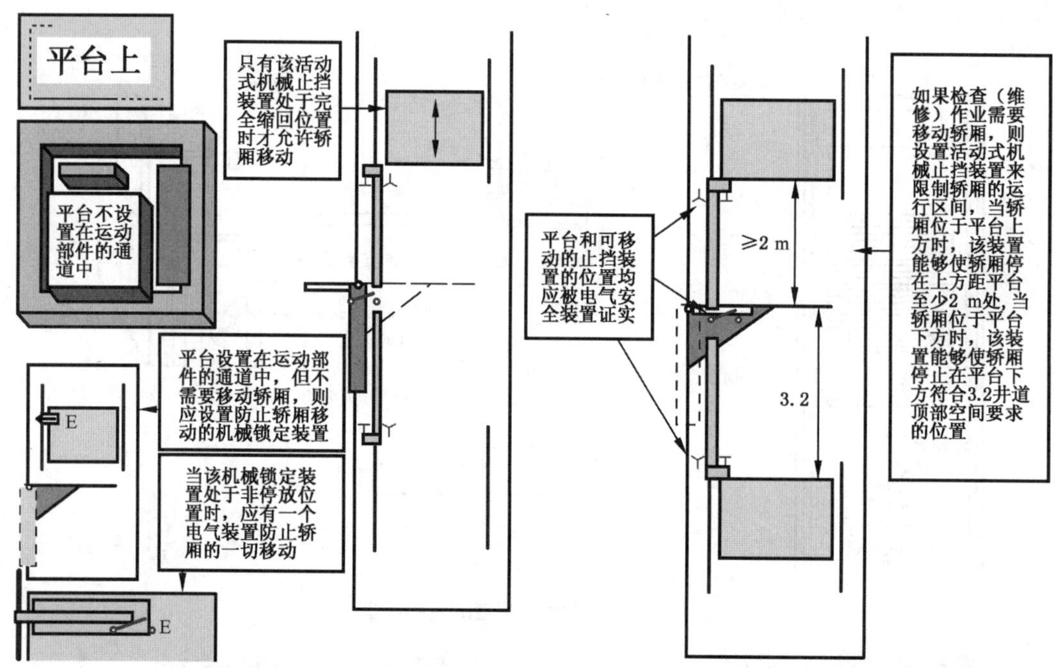

图 1-830 活动式机械止挡装置

7.3.5 检查机械止挡装置工作位置的电气安全装置

【适用范围】

本项是对于作业平台位于轿厢或者对重运行通道中，且检查、维修作业需要移动轿厢的无机房电梯附加项目；对于非上述情况本项可填写“无此项”。

【检验工作指引】

通过模拟操作以及使电气安全装置动作，检查活动式机械止挡装置、电气安全装置的功能。

【注意事项】

如果作业平台不位于轿厢或者对重运行通道中，则按 7.4.1 的要求，即“平台是永久性装置，有足够的机械强度，并且设置护栏”。

7.4　紧急操作与动态试验装置

项目及类别	检验内容与要求	检验方法
7.4 紧急操作与动态试验装置 B	(1) 用于紧急操作和动态试验(如制动试验、曳引力试验、安全钳试验、缓冲器试验及轿厢上行超速保护试验等)的装置应当能在井道外操作;在停电或停梯故障造成人员被困时,相关人员能够按照操作屏上的应急救援程序及时解救被困人员; (2) 应当能够直接或者通过显示装置观察到轿厢的运动方向、速度以及是否位于开锁区; (3) 装置上应当设置永久性照明和照明开关; (4) 装置上应当设置停止装置	(1) 目测或者结合相关试验,验证动态试验装置的功能; (2) 在空载、半载、满载等工况(含轿厢与对重平衡的工况),模拟停电或停梯故障,按照相应的应急救援程序进行操作。定期检验时在空载工况下进行。由施工或者维护保养单位进行操作,检验人员现场观察、确认; (3) 操作停止装置,验证其功能

7.4.1　装置的功能

【说明解释】

(1) 本条款的目的是方便快捷地实现救援,以及保护检修人员和检查人员进行动态试验时的安全。

(2) 制动试验包括 TSG T7001 中 8.10 上行制动试验及 8.11 下行制动试验两项;曳引力试验包括 TSG T7001 中 8.6 空载曳引力试验及 8.12 静态曳引试验两项;限速器-安全钳联动试验包括 TSG T7001 中 8.4 轿厢限速器-安全钳联动试验及 8.5 对重(平衡重)限速器-安全钳联动试验两项;轿厢上行超速保护试验是指 TSG T7001 中 8.2 轿厢上行超速保护装置试验。

(3) 根据 GB/T 7588.1—2020 中 5.6.2.2.1.4 的要求,当位于井道内的限速器从井道外不可接近时应当满足:①能够从井道外远程动作限速器;②能够从轿顶或底坑进行检查和维修;③提升轿厢或对重能使限速器自动复位。因此本项中限速器-安全钳联动试验要求能够动作限速器、安全钳,同时提升轿厢能使安全钳和限速器机械复位,不要求限速器电气复位。

【检验工作指引】

(1) 该条款主要是对紧急操作与动态试验装置的功能要求。只要功能能够满足本条要求即可,有关紧急操作与动态试验装置的可接近性等问题应按照 TSG T7001 中 8.7“应急救援试验”的要求进行判定。本条款的检验可以结合 TSG T7001 中 8.7“应急救援试验”一起进行。

(2) 在进行制动试验、曳引力试验、限速器-安全钳联动试验、缓冲器试验及轿厢上行超速保护试验等功能试验时,检验人员现场观察、确认是否都能在井道外操作。

(3) 检修人员应能在任何情况下均能够安全方便地接近紧急操作和动态试验装置,具体要求详见 8.3 的工作指引。

【常见事例】

部分无机房电梯只配置手动松闸并通过对电机封星方式控制电梯溜车速度,但应能满足以下条件：

(1) 松闸后能保证电梯能以较低的稳定速度运行。

(2) 如果在某种特殊的情况下(如停电且轿厢与对重刚好处于平衡状态)，需用到配重、扳手等专用工具，应配备齐全且放在紧急操作附近显眼位置(或在显眼位置告知存放位置)，并易于取用；

在井道外操作应急救援的，可不考虑停电和故障同时发生的情况，如满载时安全钳动作后刚好又停电。

【参考做法】

个别在用无机房电梯的限速器在井道内且无法在井道外操作，而该限速器上还有旋转编码器等设备，无法整改为在井道外操作。此类电梯在进行限速器-安全钳联动动态试验时，首先要在电梯处于停止状态时进入井道对限速器进行预操作后，才能在井道外进行动态试验，这类电梯可视为满足了动态试验在井道外进行的要求。

7.4.2 显示(观察)功能

【监督检验工作指引】

"应当能够直接或者通过显示装置观察到轿厢的运动方向、速度以及是否位于开锁区"是指通过观察窗，或电子显示(显示屏、声或光等，停电状态也应有效)能判断轿厢的位置、运行方向等。

【注意事项】

(1) 因为经常有停电导致电梯困人，所以对用电子方式显示轿厢的运动方向、速度以及是否位于开锁区，一定要试验在停电时能否正常显示。

(2) 有些虽然有观察窗，但是由于观察窗安装位置等问题，无法观察轿厢运动的方向、速度以及是否位于开锁区，应判定此项不合格。

(3) 不允许以打开层门方式观察轿厢的运动方向、速度以及是否位于开锁区。

【常见问题】

某品牌某型号的无机房电梯，在有电情况下，能过蜂鸣器响声和指示灯的显示轿厢是否位于开锁区，但在停电救援时，指示灯不再亮，只有蜂鸣器响声提示轿厢是否位于开锁区，不符合"应当能够直接或者通过显示装置观察到轿厢的运动方向、速度以及是否位于开锁区"的要求。

7.4.3 照明

【监督检验工作指引】

GB/T 7588.1—2020 要求应在紧急和测试操作屏上或靠近该屏的位置设置用于控制该屏照明的开关。而 TSG T7001 要求在该装置上设置照明和照明开关，因此提高了安全要求。

对于新装电梯，即使层站附近有照明，也应在该装置上设置永久性照明和照明开关。

7.4.4 停止装置

【检验工作指引】

如果紧急操作与动态试验屏处装有主电源开关，现行的法规和标准没有明确说明该情况下是否允许不设置停止装置，但考虑到紧急操作装置应能在停电或开门等情况下能移动轿厢，因此即使有主电源开关也建议设停止装置，且该停止装置不应依靠切断安全回路停止电梯运行。

8　试验

8.1　平衡系数试验

项目及类别	检验内容与要求	检验方法
8.1 平衡系数试验 B(C)	曳引电梯的平衡系数应当在 0.40～0.50 之间，或者符合制造(改造)单位的设计值	采用下列方法之一确定平衡系数： (1) 轿厢分别装载额定载重量的 30%、40%、45%、50%、60%作上、下全程运行，当轿厢和对重运行到同一水平位置时，记录电动机的电流值，绘制电流-负荷曲线，以上、下行运行曲线的交点确定平衡系数； (2) 按照本规则第四条的规定认定的方法。 注 A-6：本条检验类别 C 类适用于定期检验； 注 A-7：只有当本条检验结果为符合时方可进行 8.2～8.13 的检验

【适用范围】

本项只适用于曳引驱动电梯，对于强制驱动电梯检验报告可不编排本项或填写“无此项”。

【监督检验工作指引】

(1) 监督检验时，检验类别为 B。

制造(改造)单位如果有设计值，应符合设计值。如果没有设计值，应在 0.40～0.50 之间。部分电梯的 UCMP 型式试验报告中列出了平衡系数的范围，这也是制造单位的设计值。

(2) TSG T7001 的平衡系数试验载荷与《电梯监督检验规程》(2002)要求不同，只装载额定载重量的 30%、40%、45%、50%、60%进行试验即可。为达到试验条件，根据被检电梯的额定载重量(如为 630 kg)情况，可能要配备一些小砝码，如配备 1 kg 或者 0.5 kg 的砝码。

(3) 常用的电流表为工频表(50 Hz)，如果在电动机输入端测量电流时，要注意所使用的电流表频率能否满足频率要求。

【定期检验工作指引】

定期检验时，该项目检验类别为 C，需要结合对重块标识和轿厢状况确认未有改变时才可以资料确认符合。在定期检验时如果发现对重块变化，或者轿厢重量发生改变(例如轿厢装修、加装空调等)，应重新确认平衡系数符合要求。如果维护保养单位每 5 年进行一次 8.13“制动试验”，在试验之前也应确认该项符合要求后方能进行制动试验。

【注意事项】

(1) 电梯平衡系数测试中，当前普遍采用的是 25 kg/件的砝码。检验 1 000 kg、2 000 kg 等额定载荷的电梯时，所计算的砝码为整数值，检验结果相对准确，但对于如 630 kg、1 050 kg、1 150 kg 等额定载荷的电梯，所计算的砝码数量不是整数，采用整数砝码重量替代理论计算值，由此造成平衡系数的检测误差，为避免因载荷量偏差造成的测量误差，应采用整数砝码质量所对应的实际载荷的百分值来绘制负载-电流图表，以消除上述的检测误差

(见表 1-59)。

(2) 本条检验类别 C 类适用于定期检验。

(3) 只有当本条检验结果为符合时方可进行 8.2~8.13 的检验。

表 1-59 常见电梯平衡系数测试砝码用量表

额定载荷 kg	加载参数		30%	40%	45%	50%	60%
750	理论质量	kg	225	300	337.5	375	450
	实际质量	kg	225	300	350	375	450
	砝码件数		9	12	14	15	18
	实际	%	30	40	46.7	50	60
800	理论质量	kg	240	320	360	400	480
	实际质量	kg	250	325	350	400	475
	砝码件数		10	13	14	16	19
	实际	%	31.3	40.6	43.8	50	59.4
1 000	理论质量	kg	300	400	450	500	600
	实际质量	kg	300	400	450	500	600
	砝码件数		12	16	18	20	24
	实际	%	30	40	45	50	60
1 050	理论质量	kg	315	420	472.5	525	630
	实际质量	kg	325	425	475	525	625
	砝码件数		13	17	19	21	25
	实际	%	31	40.5	45.2	50	59.5

(4) 对于在轿厢底部增加重物的电梯,如图 1-831 所示,根据其目的予以不同的处理。

1) 调整曳引能力

监督检验时,某些电梯因轿厢太轻,曳引计算不符合要求,需要在轿厢底部增加重物调整曳引能力,如图 1-831 所示,应要求安装单位提供制造单位的设计计算书。

2) 调整平衡系数

监督检验时,应要求安装单位提供制造单位的设计计算书。

定期检验时,因其改变了轿厢的质量,应终止检验,要求受检单位申报改造。

3) 改变电梯的舒适性

监督检验时,应要求安装单位提供制造单位的证明文件。

定期检验时,因其改变了轿厢的质量,应终止检验,要求受检单位申报改造。

此外,也有一些制造单位在轿顶设置配重以调整曳引力,提高电梯的舒适度,如图 1-832 所示。

图 1-831　轿厢底部加重物

图 1-832　轿厢顶部加重物

【常见事例】

一台额定载重量为 630 kg 电梯，分别装载 8、10、11、13、15 块 25 kg/件的砝码，相对额定载荷分别为 31.7%、39.7%、43.7%、51.6%、59.5%，在绘制负载-电流图表时，横坐标应要按砝码质量所对应的实际载荷的百分值来绘制。

【特例】

迅达电梯的 UCMP 对平衡系数有要求（见图 1-833），属于制造单位的要求，监督检验时，平衡系数应符合该证书的要求，如果不符合要求，可判 1.1(3)和本项不符合。定期检验时，也应符合该证书的要求，尤其是对电梯进行了装修且不属于改造时。如果定期检验，平衡系数在 0.40～0.45 之间，可判本项不符合。

作用部位	有2个支撑的曳引轮轴	动作触发方式	电磁铁失电触发
所预期的轿厢减速前最高速度	0.74m/s	响应时间	≤160ms
用于最终检验的试验速度	0.35m/s	对应试验速度的允许移动距离	≤0.314m
触发装置硬件组成	电磁铁	工作环境	室内

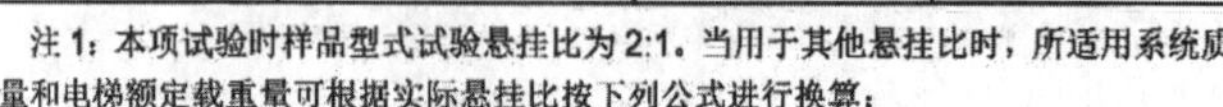

注 1：本项试验时样品型式试验悬挂比为 2:1。当用于其他悬挂比时，所适用系统质量和电梯额定载重量可根据实际悬挂比按下列公式进行换算：

(1) 系统质量适用范围＝型式试验系统质量范围×实际悬挂比÷型式试验悬挂比；

(2) 额定载重量适用范围＝型式试验额定载重量范围×实际悬挂比÷型式试验悬挂比。

注 2：最终检验时在试验速度下触发制停部件的方法：电梯轿厢空载以最终检验的试验速度在井道上部上行，在由某层门区外进入门区时，触发该曳引机制动器。

注 3：对应试验速度的允许移动距离为轿厢空载上行工况计算值，为检测到轿厢意外移动至轿厢停止的移动距离。

注 4：制停子系统适用的电梯平衡系数范围为 0.45~0.50。

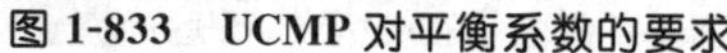

图 1-833 UCMP 对平衡系数的要求

8.2 轿厢上行超速保护装置试验

项目及类别	检验内容与要求	检验方法
8.2 轿厢上行超速保护装置试验 C	当轿厢上行速度失控时，轿厢上行超速保护装置应当动作，使轿厢制停或者至少使其速度降低至对重缓冲器的设计范围；该装置动作时，应当使一个电气安全装置动作	由施工或者维护保养单位按照制造单位规定的方法进行试验，检验人员现场观察、确认

【适用范围】

(1) 本项只适用于曳引驱动电梯，对于强制驱动电梯检验报告可不编排本项或填写“无此项”。

(2) 在定期检验时，对按 GB 7588—1995 及更早期标准生产，没有轿厢上行超速保护装置的电梯，本项可填写“无此项”。

【说明解释】

现在所知上行超速保护装置都是由限速器触发，而限速器本身已有电气安全装置，能满足轿厢上行超速保护装置动作时应当使一个电气安全装置动作的要求。

【检验工作指引】

(1) 根据 TSG T7001 中 2.14 项的要求，电梯整机制造单位应当在控制屏或者紧急操作屏上标注轿厢上行超速保护装置的动作试验方法，因此试验方法一般都可以按照制造单位规定的方法进行试验，但应确认制造单位规定的试验方法是否适当，能否有效验证轿厢上行超速保护装置动作可靠、有效。

(2) 试验方法也可参考 GB/T 10059—2009《电梯试验方法》中 4.1.6.1：

轿厢空载，以不低于额定速度上行，人为触发减速元件动作同时切断电动机供电，仅用轿厢上行超速保护装置使轿厢减速。

按照上述要求，对于具有封星的电梯，试验时应断开封星回路，仅使用上行超速保护装置应能使轿厢减速至对重缓冲器的设计范围。

【注意事项】

(1) 轿厢上行超速保护装置动作后,没有要求一定要使轿厢制停,但至少使其速度降低至对重缓冲器的设计范围。

(2) 试验时轿厢内不得有人。上行超速保护装置动作时,人员不得靠近。

(3) 如果需要模拟制动器失效(如松闸溜车)进行试验,应:

1) 将轿厢开到行程下端,使对重离缓冲器尽量远。

2) 试验时监控电梯的上行速度,如果超过允许的动作上限而保护装置仍未动作,必须立即采取措施使制动器恢复有效制动,以免发生冲顶事故。

(4) 作用于轿厢(如双向安全钳、导轨制动器)时,使空轿厢制停的减速度不得大于 $1g_n$,即制停时不能由于失重导致轿厢里的物体被向上抛起,暂时只要验算不需要测量减速度。

【常见事例】

对于作用于曳引钢丝绳的钢丝绳制动器。空载轿厢位于最低层站,切断曳引电动机供电,人为打开曳引机制动器,此时轿厢将加速上行,用速度仪监视电梯轿厢运行速度,当电梯速度达到额定速度时,人为触发钢丝绳制动器动作(曳引机制动器始终处于打开状态)使轿厢减速,检测轿厢减速情况。

【参考做法】

(1) 在定期检验时,对按 GB 7588—1995 及更早期标准生产,虽然由于某种原因加了夹绳器之类轿厢上行超速保护装置的电梯,如果还是原标准进行改造,本项检验结果可填写“不作要求,无需检验”,检验结论可填写“无此项”。

(2) 如果在控制屏或者紧急操作屏上没有标注轿厢上行超速保护装置的动作试验方法导致无法检验,则判该项不合格,应现场确认且不允许监护使用;如果未标注试验方法,能进行检验且检验合格,则判该项合格,但应在《特种设备检验意见通知书》中选填第(四)项“使用单位存在不符合电梯相关法规、规章、安全技术规范的问题”,且在 2.14 项填写没有标注轿厢上行超速保护装置的动作试验方法。

(3) 鉴于部分上行超速保护装置(如夹绳器)动作后较难复位,建议在其他项目完成后再进行此项试验。

8.3　轿厢意外移动保护装置试验

项目及类别	检验内容与要求	检验方法
8.3 轿厢意外移动保护装置试验 B	(1) 轿厢在井道上部空载,以型式试验证书所给出的试验速度上行并触发制停部件,仅使用制停部件能够使电梯停止,轿厢的移动距离在型式试验证书给出的范围内; (2) 如果电梯采用存在内部冗余的制动器作为制停部件,则当制动器提起(或者释放)失效,或者制动力不足时,应当关闭轿门和层门,并且防止电梯的正常启动	由施工或者维护保养单位进行试验,检验人员现场观察、确认

【说明解释】

(1) 根据 GB 7588—XG1 中 3.18“轿厢意外移动是指在开锁区域内且开门状态下,轿厢无指令离开层站的移动。”和 GB 7588—XG1 中 9.11.1“在层门未被锁住且轿门未关闭的情况下，由于轿厢安全运行所依赖的驱动主机或驱动控制系统的任何单一元件失效引起轿厢离开层站的意外移动，电梯应具有防止该移动或使移动停止的装置。悬挂绳、链条和曳引轮、滚筒、链轮的失效除外，曳引轮的失效包含曳引能力的突然丧失。”

1）为什么要在层门未被锁住且轿门未关闭的情况下

因为层门锁有验证其锁紧状态的电气安全装置，轿门锁有验证其关闭状态的电气安全装置，且层门锁有自动关闭装置，而轿门没有。其前提是验证层门锁紧状态和轿门关闭状态的电气安全装置工作正常、有效，主要目的是防止电梯在层门或轿门打开的情况下运行，发生剪切事故。

2）为什么只考虑单一元件失效

驱动主机或控制系统同时发生两个或以上的元件失效——比如齿轮断裂和制动器卡组同时发生——的概率极小，风险在可接受的范围内。

3）为什么不考虑钢丝绳、曳引轮失效

因为就现有技术而言，UCMP的制停子系统有安全钳、驱动主机制动器、夹轨器、夹绳器等，这些安全保护装置主要作用于驱动主机、导轨、钢丝绳上，一旦钢丝绳、曳引轮失效，这些保护装置的功能可能也同时失效。

4）是否考虑制动器的制动能力失效，如油污、严重磨损等（见图1-834）

不考虑。因为制动器机械部件应当独立，单一机械部件能够使带有额定载重量的轿厢减速。同时对制动器的制动能力有相关的要求，如制动器不得有油污、动作正常等。

5）是否考虑驱动主机的失稳、爆裂等（见图1-835）

不考虑。根据GB 7588中0.3.1，假定各零部件：

a）按照通常工程实践和计算规范设计，并考虑到所有失效形式；

b）可靠的机械和电气结构；

c）由足够强度和良好质量的材料制成；

d）无缺陷。

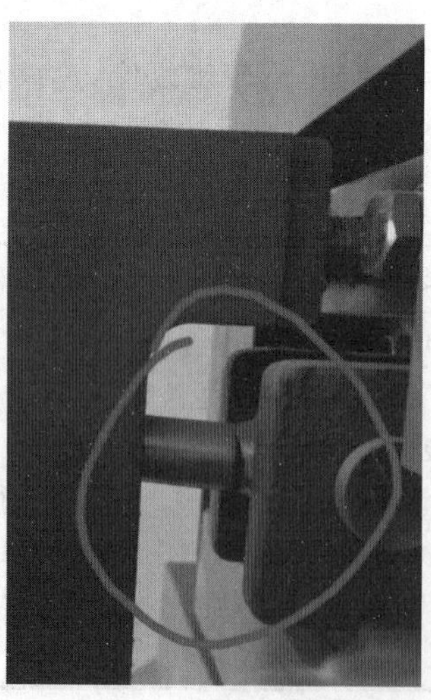 

图1-834 制动器制动能力失效

图 1-835　驱动主机失稳、爆裂

6）没有检测子系统，制停子系统怎么动作？

不具开门情况下的平层、再平层和预备操作且制停子系统为冗余制动器时，不需要检测子系统。冗余制动器有自监测子系统，一旦制动器失效，自监测子系统可以及时检测出来，因此不会因为制动器而导致轿厢发生意外移动；不具开门情况下的平层、再平层和预备操，不存在控制与驱动系统失效而导致轿厢意外移动。因此，不具开门情况下的平层、再平层和预备操作且制停子系统为冗余制动器的电梯，从机械和电气两方面都大大降低了轿厢意外移动可能。所以，不需要检测子系统。

（2）根据 GB 7588—XG1 中 9.11.3，在没有电梯正常运行时控制速度或减速、制停轿厢或保持停止状态的部件参与的情况下，该装置应能达到规定的要求，除非这些部件存在内部的冗余且自监测正常工作。

“在没有电梯正常运行时控制速度或减速、制停轿厢或保持停止状态的部件参与的情况下”是什么意思？

是指电梯正常运行时，安全钳、限速器、夹绳器等处于不工作状态，也即电梯正常运行不依赖这些安全部件，这些安全部件只有在电梯不正常运行时（如超速）才动作。电梯正常运行时控制速度或减速、制停轿厢或保持停止状态的部件通常是变频器的调速部分、封星电路（电气制动）和电梯制动器。

（3）根据 GB 7588—XG1 中 9.11.5，该装置应在下列距离内制停轿厢（见图 1-836）：

a）与检测到轿厢意外移动的层站的距离不大于 1.20 m（图 1-836 中红色线条）；

b）层门地坎与轿厢护脚板最低部分之间的垂直距离不大于 0.20 m（图 1-836 蓝色线条）；

c）按 GB 7588—XG1 中 5.2.1.2（半封闭井道）设置井道围壁时，轿厢地坎与面对轿厢入口的井道壁最低部件之间的距离不大于 0.20 m（图 1-836 绿色线条）；

d）轿厢地坎与层门门楣之间或层门地坎与轿厢门楣之间的垂直距离不小于 1.00 m（图 1-836 紫色线条）。

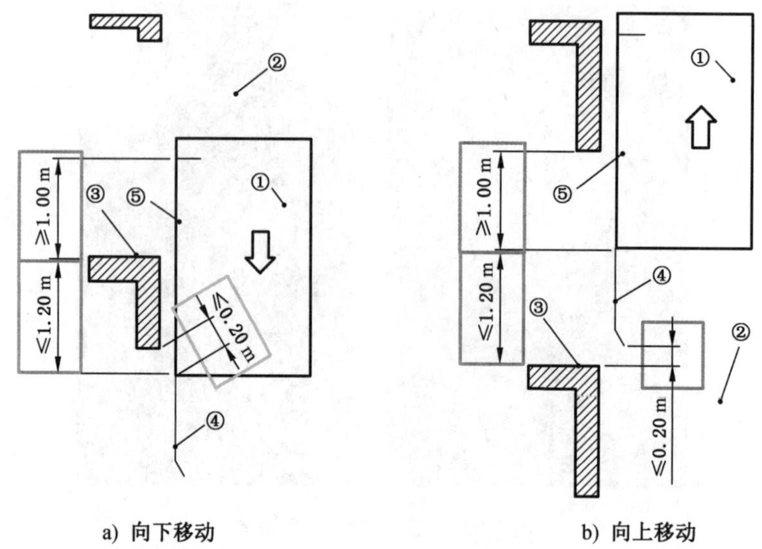

a) 向下移动　　　　b) 向上移动

①—轿厢；②—井道；③—层站；④—轿厢护脚板；⑤—轿厢入口。

图 1-836　轿厢意外移动——向下和向上移动

(4) UCMP 系统的组成

UCMP 系统的组成如图 1-837 所示。

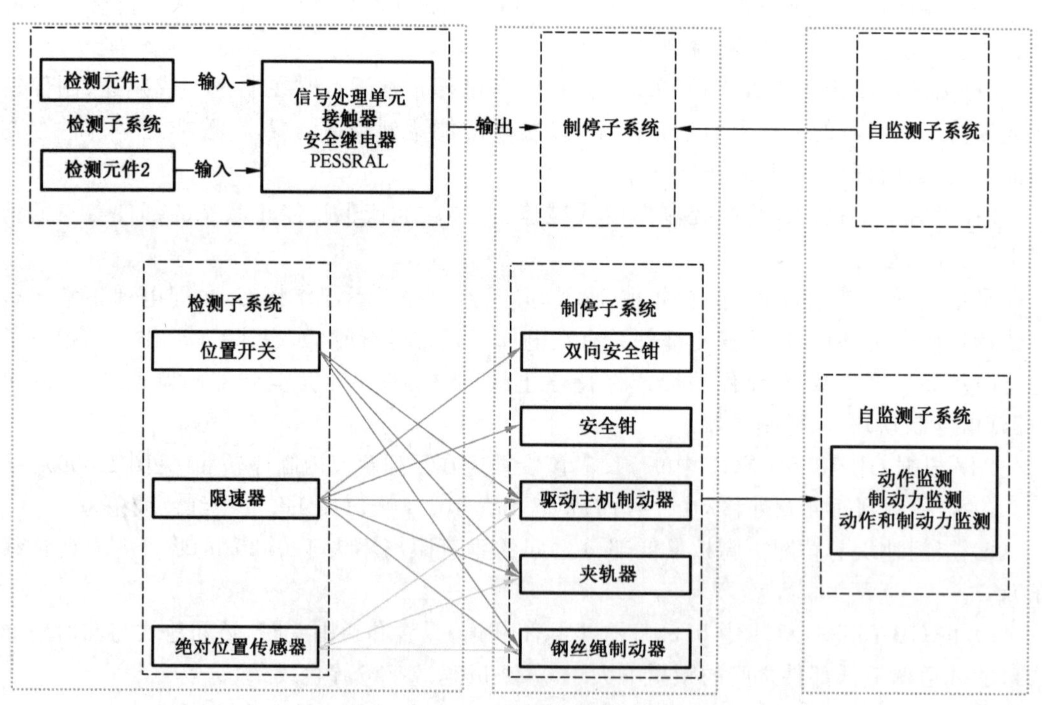

图 1-837　UCMP 系统的组成

1) 检测子系统

目前检测子系统主要有位置开关、限速器、绝对位置传感器，如图 1-838 所示。

根据 GB 7588—XG1 中 9.11.1 的规定，不具开门情况下的平层、再平层和预备操作的电梯，如图 1-839 所示，并且其制停部件是驱动主机冗余制动器，不需要检测轿厢的意外移动。因此：具开门情况下的平层、再平层和预备操作的电梯，不论其制停部件是否为驱动主机冗余制动器，都需要自检测子系统，这是因为要通过检测子系统来判断电梯的移动是开门情况下的平层、再平层或预备操作，还是意外移动；

a) 位置开关

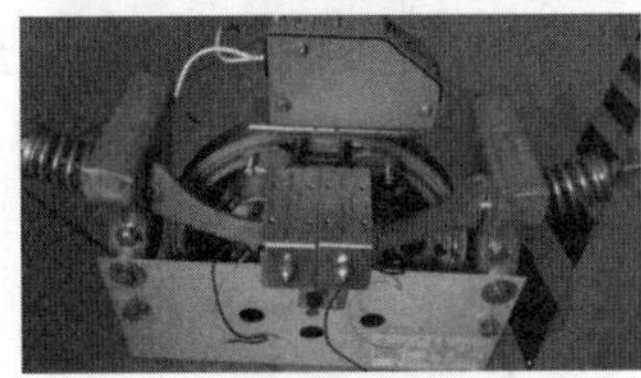

b) 限速器

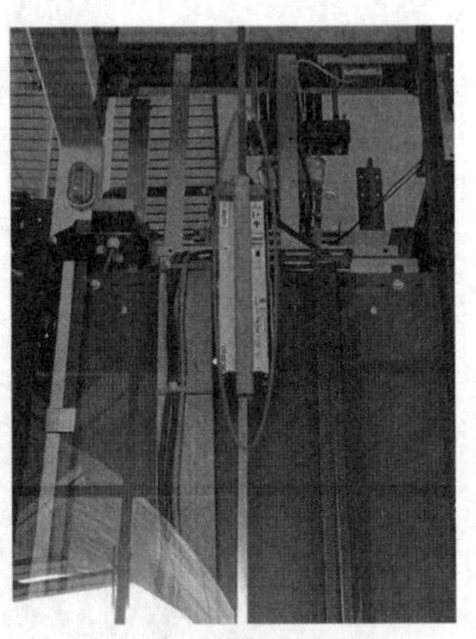

c) 绝对位置传感器

图 1-838　检测子系统

图 1-839　不具再平层功能的平层开关

不具开门情况下的平层、再平层和预备操作的电梯，如果其制停部件为驱动主机冗余制动器，则不需要自检测子系统；如果其制停部件不是驱动主机冗余制动器，则需要自检测子系统，这是因为对于制停子系统为冗余制动器的，一旦平层开关脱离隔磁板，轿厢发生意外移动，会切断驱动主机和制动器电源，制动器自动动作；而对于制停子系统为非冗余制动器——如夹绳器，其动作是由限速器等触发，一旦平层开关脱离隔磁板，轿厢发生意外移动，即使切断了驱动主机电源，夹绳器也不会动作。

各情况下的 UCMP 的配置如表 1-60 所示。

表 1-60　各情况下的 UCMP 配置

序号	电梯配置		UCMP 配置
1	具开门情况下的平层、再平层和预备操作	主机制动器可以兼作制停元件（如永磁同步主机）	检测子系统＋制停子系统（冗余制动器）＋自监测子系统
2		主机制动器不能兼作制停元件（如蜗轮蜗杆主机）	检测子系统＋制停子系统（夹绳器、安全钳等）
3	不具开门情况下的平层、再平层和预备操作	主机制动器可以兼作制停元件（如永磁同步主机）	制停子系统（冗余制动器）＋自监测子系统
4		主机制动器不能兼作制停元件（如蜗轮蜗杆主机）	检测子系统＋制停子系统（夹绳器、安全钳等）

2）制停子系统

根据 GB 7588—XG1 中 9.11.4，UCMP 的制停部件应作用在：

a）轿厢；或

b）对重；或

c）钢丝绳系统（悬挂绳或补偿绳）；或

d）曳引轮；或

e）只有两个支撑的曳引轮轴上。

目前检测子系统主要有单（双）向安全钳、夹轨器、夹绳器、曳引轮制动器、冗余制动器，如图 1-840 所示，因为电梯的正常运行不依靠单（双）向安全钳、夹轨器、夹绳器、曳引轮制动器，也即一旦这些部件投入工作，电梯肯定是发生了不正常（不考虑误动作）运行（如冲顶、蹲底）等，因此不需要自监测子系统；而冗余制动器在电梯正常运行时，每次启动、停止都参与了工作，因此需要自监测子系统。

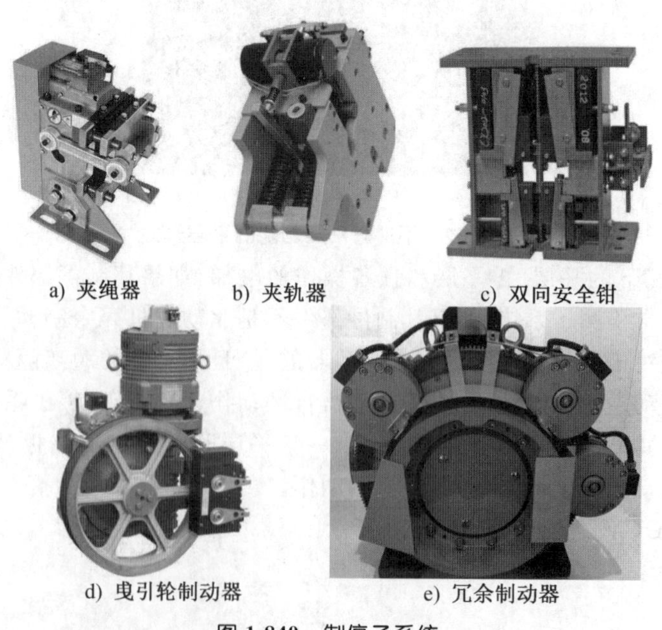

a）夹绳器　b）夹轨器　c）双向安全钳　d）曳引轮制动器　e）冗余制动器

图 1-840　制停子系统

3）自监测子系统

GB 7588—XG1 中 9.11.1，在使用驱动主机制动器——冗余制动器的情况下，自监测包括对机械装置正确提起（或释放）的验证和（或）对制动力的验证。对于采用对机械装置正确提起（或释放）验证和对制动力验证的，制动力自监测的周期不应大于 15 天；对于仅采用对机械装置正确提起（或释放）验证的，则在定期维护保养时应检测制动力；对于仅采用对制动力验证的，则制动力自监测周期不应大于 24 h，如表 1-61 所示。

表 1-61　自监测子系统的要求

自监测方式	自监测周期	其他要求	功能要求
采用对机械装置正确提起（或释放）验证和对制动力验证的	1）每次提起（或释放）； 2）制动力自监测的周期不应大于 15 天	—	如果检测到失效，应关闭轿门和层门，并防止电梯的正常启动
仅采用对机械装置正确提起（或释放）验证	每次提起（或释放）	在定期维护保养时应检测制动力	
仅采用对制动力验证	则制动力自监测周期不应大于 24 h	—	

4）常见的 UCMP 系统

a）意外移动检测电路板＋驱动主机制动器＋自监测

意外移动检测电路板＋驱动主机制动器＋自监测组合型 UCMP 系统（见图 1-841）的原理是利用平层再平层电路来检测轿厢是否离开开锁区域，当轿厢离开开锁区域时，平层再平层电路断开对门锁回路的短接，如果此时门打开，则利用门锁回路切断主机和制动器供电电路，从而使制动器动作。

a）检测电路板

b）驱动主机制动器

c）自监测

图 1-841　意外移动检测电路板＋驱动主机制动器＋自监测

b）双向限速器（兼具检测和触发功能）＋双向夹绳器

双向限速器（兼具检测和触发功能）＋双向夹绳器组合型 UCMP 系统（见图 1-842）其原理是电梯每次到站开门后，利用轿门上独立的轿门检测触点（安全触点，门开时强制断开）断开限速器上的电磁铁，使限速器进入预触发状态，开门后如果轿厢继续移动，带动限速器转动，限速器上的意外移动检测轮碰到电梯铁轴，从而使用限速器触发夹绳器的机构动作。

a) 双向限速器

b) 双向夹绳器

图 1-842　双向限速器(兼具检测和触发功能)+双向夹绳器

c) 意外移动检测电路板+双向夹绳器

意外移动检测电路板+双向夹绳器组合型 UCMP 系统(见图 1-843)原理是用平层再平层电路板检测轿厢是否离开开锁区域,检测到离开时输出一组无源断开触点,此输出与安装在轿门上的独立的轿门检测触点并联作为夹绳器的触发信号。

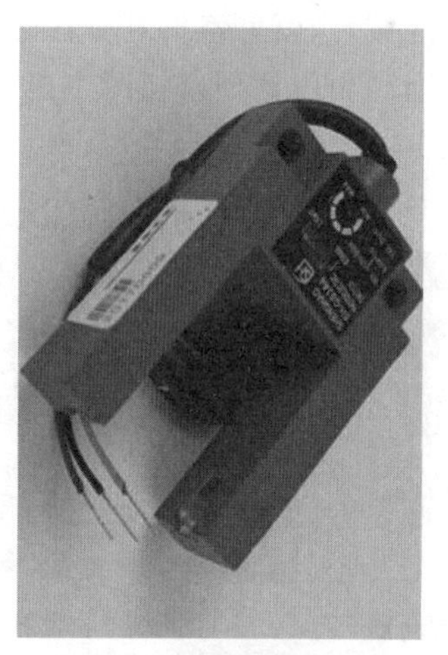

a) 检测电路板

b) 双向夹绳器

图 1-843　意外移动检测电路板+双向夹绳器

(5) 意外移动距离

如上所述,制停子系统有安全钳、夹轨器、夹绳器、冗余制动器等,下面以冗余制动器为例进行分析。根据 GB 7588—XG1 中 3.18,轿厢意外移动是指在开锁区域内且开门状态下,轿厢无指令离开层站的移动,不包含装卸载引起的移动,根据 TSG T7007—2016 中 T3.2,制停距离是指在制停子系统的制停过程中,轿厢从开始减速到完全制停所经过的距离。因此 UCMP 型式试验证书上标注的“对应试验速度的移动距离”是指制停距离,轿厢意外移动距离包括 UCMP 型式试验证书(见图 1-844)上标注的“对应试验速度的移动距离”

和“检测到意外移动时轿厢离开层站的距离”。

图 1-845、图 1-846 所示是意外移动试验示意图和 UCMP 响应时间和速度。轿厢从离开层站发生意外移动到完全制停，首先是轿厢发生意外移动，移动 t_0 时间后，检测子系统检测到意外移动，给出使制动器线圈断电的指令，移动 t'时间后，制动器线圈断电，移动 t''时间后，制动器开始动作，移动 t_2 时间后，制动器抱闸，移动 t_3 时间后，完全制停。因此，轿厢意外移动的距离：

$$S=S_1+S_2+S_3+S_4\leqslant 1.2\ \text{m}$$

1）为什么要验证“检测到意外移动时轿厢离开层站的距离”

根据加速度公式得：

$$v_{\max}=\sqrt{2a_1S_1}+a_1t_1+a_2t_2$$

“检测到意外移动时轿厢离开层站的距离”变化会影响“预期轿厢最高速度 $v_{\max}$”。

2）为什么要计算“所预期的轿厢减速前最高速 $v_{\max}$”？

轿厢的制停距离：

$$S_4=\frac{v_{\max}^2}{2a_3}$$

a_3——制停加速度。

轿厢意外移动时，总移动距离中主要为制停距离，制停距离与 $v_{\max}$ 的平方成正比。

$$S=S_1+S_2+S_3+S_4=S_1+(t_1+t_2)\sqrt{2a_1S_1}+\frac{1}{2}(a_1t_1^2+a_2t_2^2)+a_1t_1t_2+\frac{v_{\max}^2}{2a_3}$$

S_1 越大，$v_{\max}$ 越大，总移动距离 S 越大。

3）为什么在试验速度下制停

试验速度下制停的目的是用相同负载和相同初速度来衡量制停部件制动力是否下降到不可接受程度。相同制动载荷下（空载、上部、上行），制动力与减速度成正比：

$$F=ma$$

相同初始速度下（相同试验速度和试验方法），减速度与制停距离成反比：

$$a_3=v_{\max}^2/2S_4$$

对于配置不同的电梯，所预期的轿厢减速前最高速度不同，如果以该速度进行试验，电梯的控制系统需要单独调整。而以试验速度进行试验，出厂的时候只需要统一配置，而不需要进行个性化设计，可以有效降低制造成本。

4）型式试验证书中试验速度下的移动距离计算方法

$$S_{4\max}=1.2-S_1-S_2-S_3$$

$$S=S_1+S_2+S_3+S_4=S_1+(t_1+t_2)\sqrt{2a_1S_1}+\frac{1}{2}(a_1t_1^2+a_2t_2^2)+a_1t_1t_2+\frac{v_{\max}^2}{2a_3}$$

试验速度下轿厢移动的距离：

$$S_6=S_3+S_4=v_2t_2+\frac{1}{2}a_2{t_2}^2+\frac{{v_{\max}}^2}{2a_3}$$

型式试验证书中“对应试验速度的允许移动距离”是指从制动器线圈断电到完全制停轿厢时轿厢移动的距离，即 S_3+S_4。

轿厢意外移动保护装置适用参数范围及配置表

<table>
<tr><td colspan="2">设备类别</td><td colspan="3">电梯安全保护装置</td></tr>
<tr><td colspan="2">设备品种</td><td colspan="3">轿厢意外移动保护装置</td></tr>
<tr><td colspan="2">产品名称</td><td colspan="3">轿厢意外移动保护装置</td></tr>
<tr><td colspan="2">产品型号</td><td>GDB-200</td><td>工作环境</td><td>室内</td></tr>
<tr><td rowspan="10">制停子系统（作用于曳引轮或只有两个支撑的曳引轮轴上的制停部件）</td><td>名称</td><td colspan="3">曳引机制动器</td></tr>
<tr><td>型号</td><td colspan="3">GDB-200</td></tr>
<tr><td>系统质量范围</td><td>2 550 ~ 7 000 kg</td><td>额定载重量范围</td><td>825~1 600 kg</td></tr>
<tr><td>制停部件型式</td><td>曳引机制动器</td><td>适用电梯驱动方式</td><td>曳引驱动</td></tr>
<tr><td>作用部位</td><td>曳引轮</td><td>动作触发方式</td><td>电气触发</td></tr>
<tr><td>所预期的轿厢减速前最高速度</td><td>0.815 m/s</td><td>响应时间</td><td>≤300 ms</td></tr>
<tr><td>用于最终检验的试验速度</td><td>0.25 m/s</td><td>对应试验速度的允许移动距离</td><td>≤0.417 m</td></tr>
<tr><td>触发装置硬件组成</td><td>控制器+接触器</td><td>结构形式</td><td>块式</td></tr>
<tr><td>数量</td><td>2</td><td>摩擦元件材料</td><td>无石棉摩擦片</td></tr>
<tr><td>弹性元件型式</td><td colspan="3">圆柱螺旋压缩弹簧</td></tr>
<tr><td rowspan="9">检测子系统</td><td>名称</td><td colspan="3">UCMP 检测子系统</td></tr>
<tr><td>型号</td><td colspan="3">SCB5</td></tr>
<tr><td>硬件版本</td><td>/</td><td>软件版本</td><td>/</td></tr>
<tr><td>硬件组成</td><td colspan="3">传感器+安全电路板</td></tr>
<tr><td rowspan="2">检测元件安装位置</td><td>光电传感器</td><td colspan="2">轿顶</td></tr>
<tr><td>安全电路板</td><td colspan="2">控制柜</td></tr>
<tr><td colspan="2">检测到意外移动时轿厢离开层站的距离</td><td colspan="2">≤125 mm</td></tr>
<tr><td>制停子系统型式</td><td colspan="3">内部冗余的驱动主机制动器</td></tr>
<tr><td>响应时间</td><td colspan="3">< 15 ms</td></tr>
</table>

图 1-844　UCMP 型式试验证书

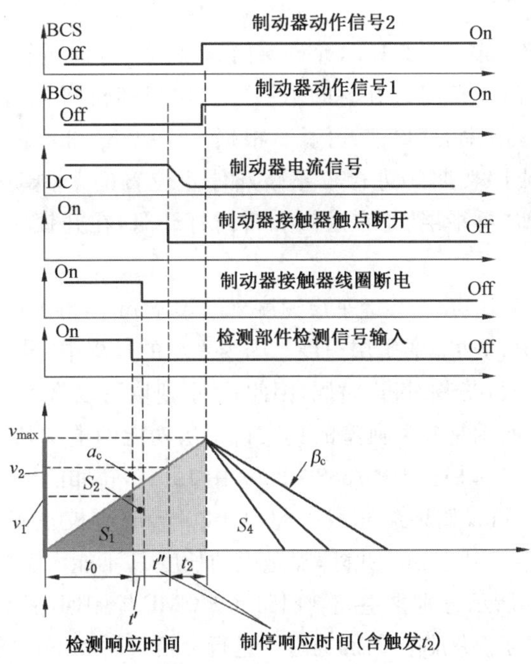

图 1-845 意外移动试验示意图

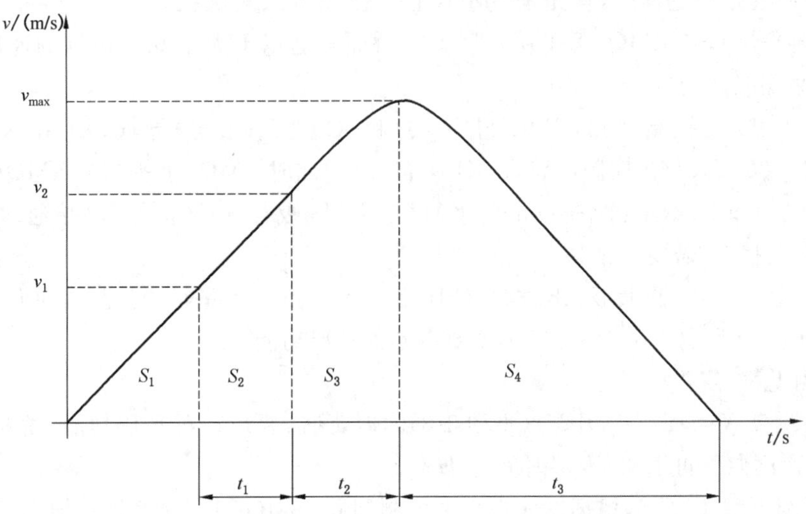

t_1—轿厢意外移动检测和任何控制电路的响应时间；

t_2—触发电路和制停部件的响应时间；

t_3—制动器制停轿厢的时间；

v_{max}—预期轿厢减速前最高速度；

v_1—轿厢以加速度 a_1 加速移动 S_1 距离后达到的速度；

S_1—检测到意外移动时轿厢离开层站的距离；

S_2—t_1 时间内轿厢移动的距离；

S_3—t_2 时间内轿厢移动的距离；

S_4—制停距离；

v_2—轿厢以加速度 a_1 在 t_1 时间内加速后达到的速度。

图 1-846 UCMP 响应时间和速度

（6）再平层和提前开门

根据 GB 7588—2003 中 14.2.1.2，允许层门和轿门打开时进行轿厢的平层和再平层运行，因此“平层”分为“层门和轿门打开时的平层”与“层门和轿门关闭时的平层”，“层门和轿门打开时的平层”即通常所说的“提前开门”。根据 GB 7588—2003 中 3.6，“再平层”是指电梯停止后，允许在装载或卸载期间进行校正轿厢停止位置的一种动作，必要时可使轿厢连续运动（自动或点动），即“再平层”是在层门和轿门打开时，在开锁区域内，校正轿厢停止位置的一种动作。

根据 GB 7588—2003 中 14.2.1.2，平层速度 $v_{平} \leqslant 0.8$ m/s，再平层速度 $v_{再} \leqslant 0.3$ m/s。这里的平层速度包括提前开门功能的平层速度。因为平层的过程中，没有人员（货物）进出轿厢，而再平层的过程中，有人员（货物）进出轿厢，因此，平层速度可以略大，再平层速度不能太大。

图 1-847～图 1-851 所示是一种典型的具有再平层功能的电梯从平层位置开始上移直至轿厢完全制停的过程示意图，根据 GB 7588—2003 中 12.12，轿厢的平层准确度应为±10 mm。平层保持精度应为±20 mm，如果装卸载时超出±20 mm，应校正到±10 mm 以内。因此，图 1-847 所示中 X 应不大于 20 mm，此外，隔磁板的长度 L 不能大于门刀的高度。

图 1-852 和图 1-853 所示分别是主控制回路和 UCMP 控制回路原理图。下面以轿厢上行为例，对其从平层到制停子系统制停轿厢的过程进行分析。轿厢下行的原理与上行一样。

1）平层时

轿厢在向上运行过程中，首先是 SMQ（上平层）[5] 进入隔磁板，然后是 FL1（上再平层）和 FL2（下再平层），当 XMQ（下平层）进入时，轿厢减速以不大于 0.8 m/s 的速度平层（见图 1-847），平层时间为 $(L-X)/v_{平}$。

根据图 1-852 主控制回路，SMQ（上平层）和 XMQ（下平层）导通，X1 和 X3 接通（灯亮）；根据图 1-853 UCMP 控制回路，KM1 吸合，由于此时 SMQ（上平层）、XMQ（下平层）、FL1（上再平层）和 FL2（下再平层）导通，KM2 和 KM3 吸合，门区信号 X2 接通（灯亮）。

2）轿厢上移，不需要再平层

平层后，轿厢内人员（货物）出轿厢，悬挂装置（钢丝绳、钢带等）缩短，轿厢向上移动，当移动距离 $H \leqslant X$（见图 1-848）时，则不需要启动再平层功能。

3）轿厢上移，需要再平层

当移动距离 $X < H \leqslant (X+Y)$（见图 1-849）时，则需要启动再平层功能，轿厢以不大于 0.3 m/s 的速度向下再平层，平层时间为 $H/v_{再}$。

如果轿厢下移超过 X，根据图 1-852 主控制回路，SMQ（上平层）将不导通，X1 不接通（灯灭），根据图 1-853 UCMP 控制回路，虽然此时 SMQ（上平层）不导通，但由于 FL1（上再平层）导通，KM2 依旧吸合，门区信号 X2 接通（灯亮）；此时系统将控制电梯再平常上行，即控制图 1-853 UCMP 控制回路中开门再平层继电器工作，Y5-M5 导通，KM4 吸合，KM1 断开。此时 KM2、KM3 和 KM4 均吸合，S01 和 S02、S03 和 S04 接通，短接层门门锁和轿门门锁，电梯就可以再平层上行了，直到平层为止。

4）轿厢上移，制停轿厢

当移动距离 $(X+Y) < H$（见图 1-850）时，轿厢已离开开门区域，则不能启动再平层功

5）这里所谓的上平层、下平层、上再平层、下再平层只是一种命名方法。

能，属于意外移动，轿厢检测子系统检测到轿厢意外移动，开始输出信号给制停子系统，制停子系统开始动作，直至完全制停轿厢(见 1-851)。

如果轿厢向上意外移动，首先将控制电梯向下再平层，但如果向下再平层未起作用或者失效导致 FL1(上再平层)脱离隔磁板，FL1 不导通，KM2 断开，S01 和 S02、S03 和 S04 不接通，层门门锁和轿门门锁断开，X27 不接通(灯灭)，系统将断开控制回路和抱闸回路，电梯紧急制动。

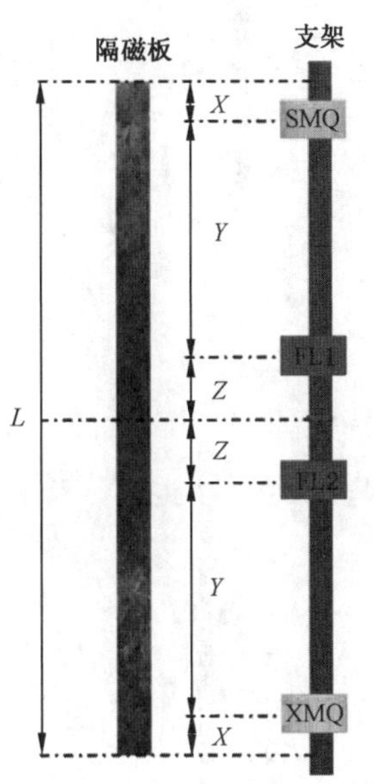

图 1-847　正常平层位置

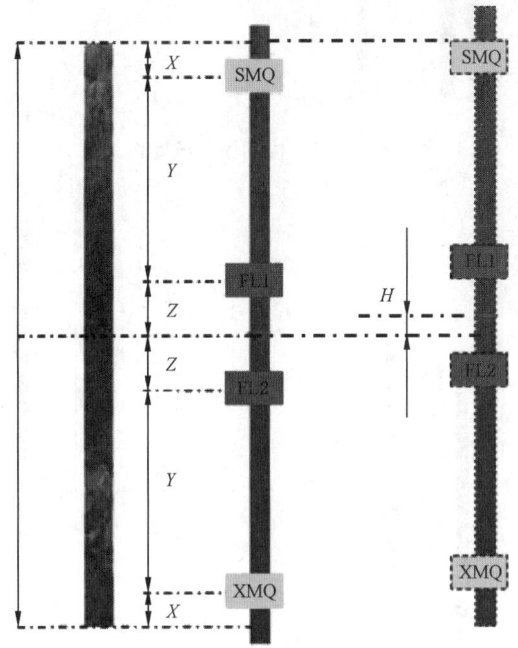

图 1-848　不需要再平层

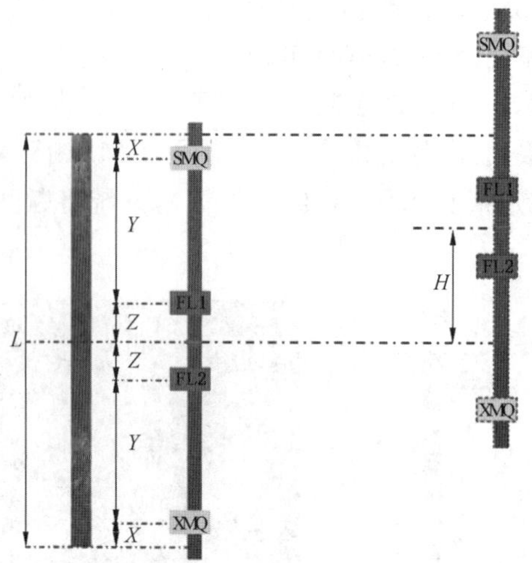

图 1-849　需要再平层

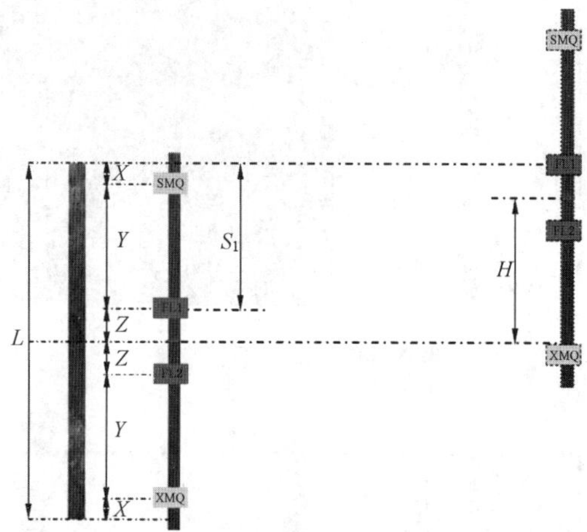

图 1-850　检测子系统动作

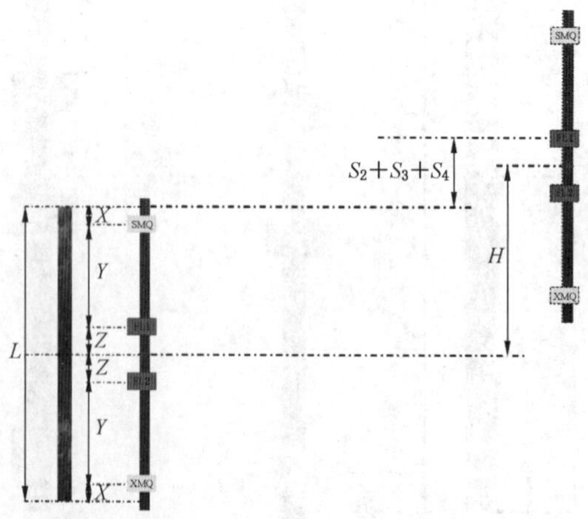

图 1-851　轿厢完全制停

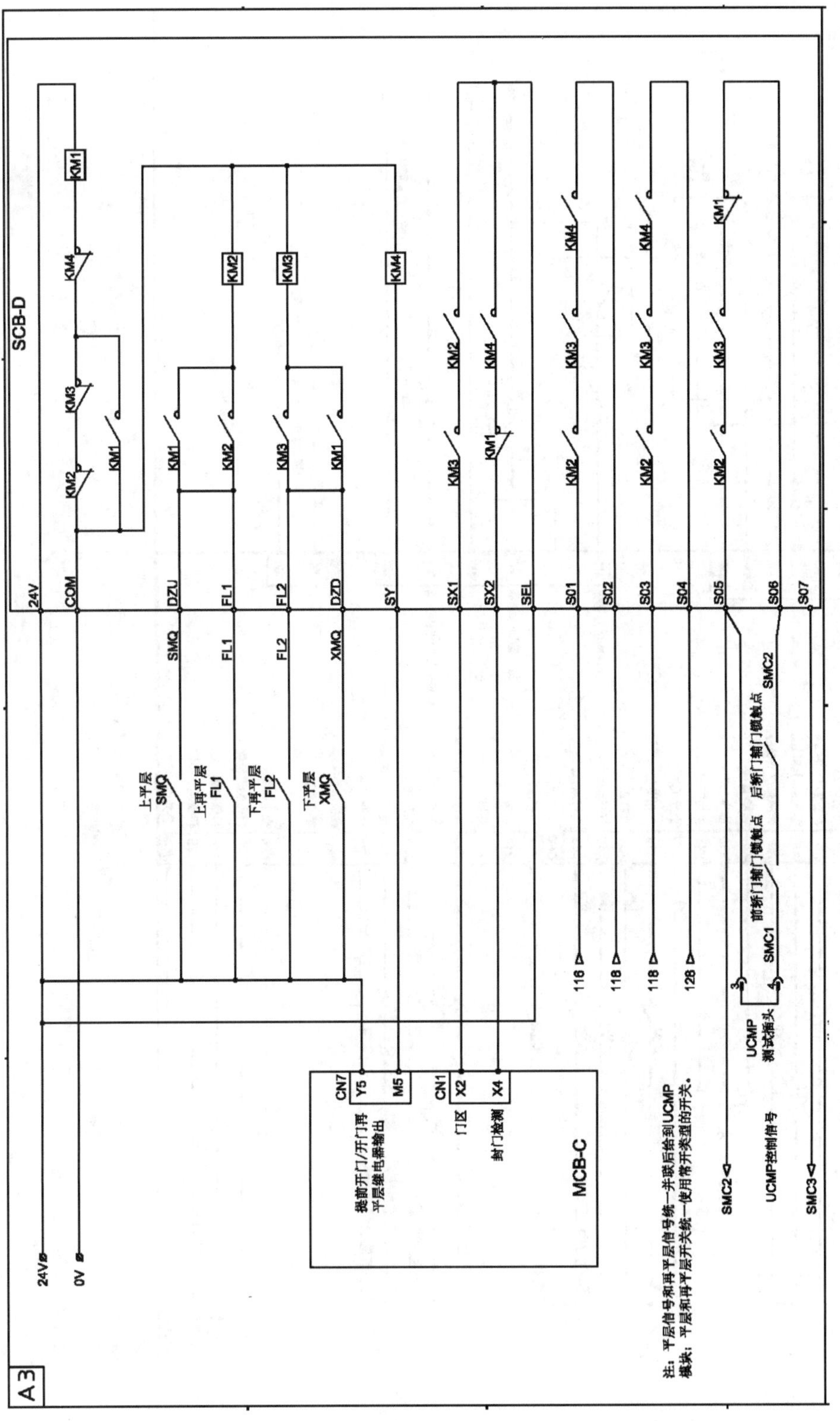
SCB-D
MCB-C
24V
COM
DZU
FL1
FL2
DZD
SY
SX1
SX2
SEL
S01
S02
S03
S04
S05
S06
S07
SMQ
XMQ
上平层 SMQ
上再平层 FL1
下再平层 FL2
下平层 XMQ
CN7
Y5
M5
CN1
X2
X4
提前开门/开门再平层继电器输出
门区
封门检测
UCMP 测试插头
UCMP控制信号
前拆门辅门锁触点
后拆门辅门锁触点
SMC1
SMC2
SMC3
24V
0V
A3
注：平层信号和再平层信号统一并联后给到UCMP模块；平层和再平层开关统一使用常开类型的开关。

图 1-852　主控制回路

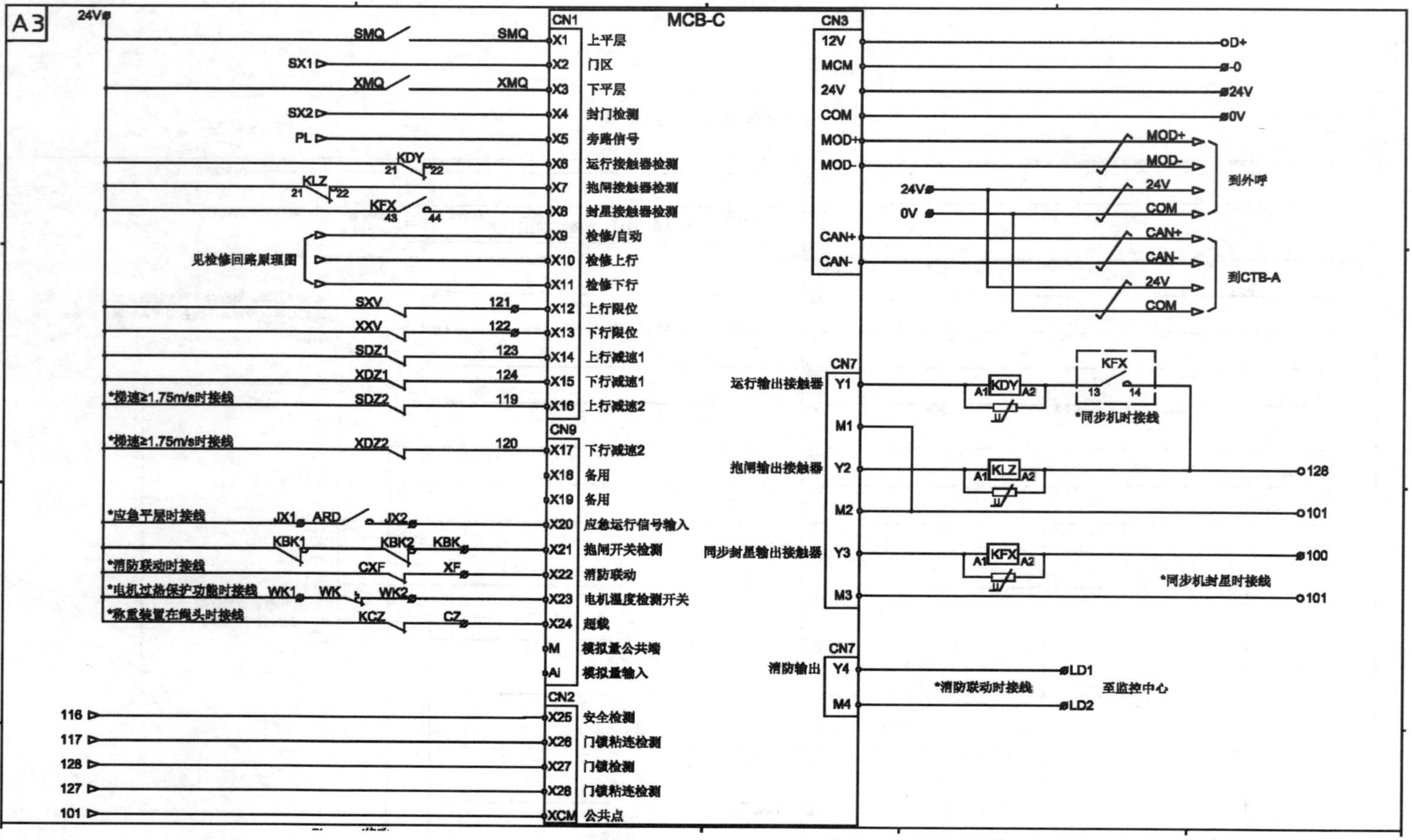

图 1-853 UCMP 控制回路

上述示例是一种常见的由 4 个垂直布置的光电开关检测轿厢进入开锁区域、平层精度、离开开锁区域、意外移动的方式，此外，还有 2 个垂直布置（无再平层和提前开门功能，如图 1-854 所示）、3 个垂直布置（中间检测开关检测是否发生意外移动）、[(1+1)水平+1]垂直水平布置（见图 1-855）、(2 水平+2 垂直）布置方式等，其原理大同小异。3 个垂直布置的相当于图 1-847 中的 $Z=0$。

检测开关分为 U 型和圆柱型（见图 1-856），对应的感应装置分别为隔磁板和磁条。

图 1-854　2 个 U 型检测开关垂直布置

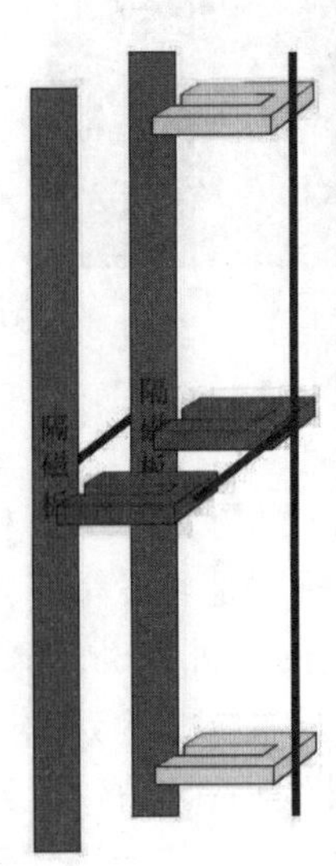

图 1-855　U 型检测开关水平布置

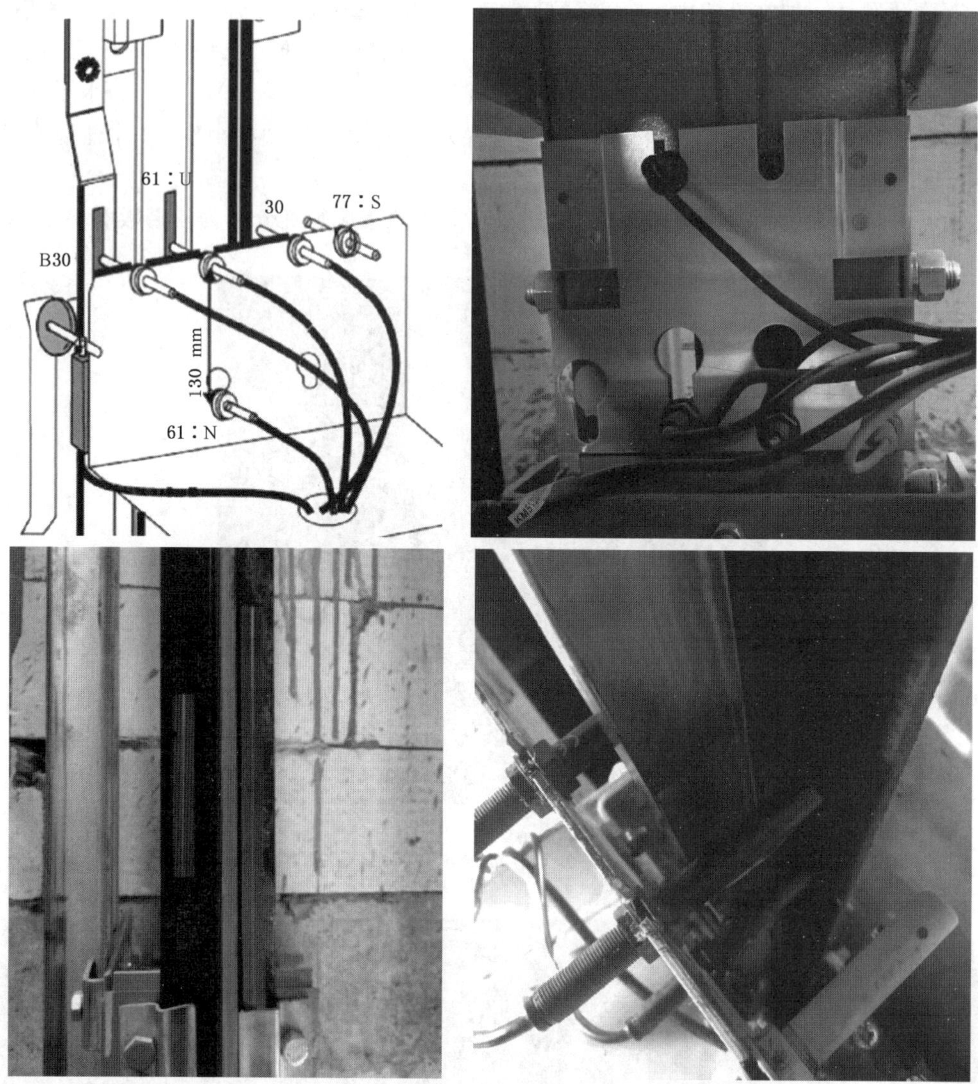

图 1-856　磁条+圆柱型感应器

(7) 制停距离的测试和判定

1) 正常运行时

如图 1-857 所示为轿厢正常运行，在平层位置发生意外移动的情况示意图。UCMP 检测子系统依靠 FL1 和 FL2 两个再平层光电开关与隔磁板的位置来判断轿厢是否发生了意外移动，以上行为例，如果轿厢在平层位置[6]（见图 1-857 中①）发生向上的意外移动，当轿厢移动距离 S_1，即 1LV 离开隔磁板上端位置时（见图 1-857 中②），检测子系统检测到意外移动，输出信号给制停子系统，制停子系统开始动作，在此过程中轿厢继续加速上行，达到最大速度 v_{max} 后，轿厢开始减速，直到完全制停（见图 1-857 中③）。从检测子系统检测到意

6) 根据 GB 7588—XG1 中 12.12，轿厢的平层准确度应为±10 mm。平层保持精度应为±20 mm，如果装卸载时超出±20 mm，应校正到±10 mm 以内，因此轿厢在平层位置，轿厢地坎和层门地坎会有±10 mm 的误差，本书只考虑误差为 0 的情况，其他情况可参考计算。

外移动到轿厢完全制停时，轿厢移动的距离为 $S_2+S_3+S_4$，此距离即轿厢制停时 FL1 位置与隔磁板上端之间的距离，可通过测量获得。从开始移动到轿厢完全制停时，轿厢移动的距离 $H=S_1+S_2+S_3+S_4+Z$，此距离即轿厢开始移动时所在层站的层门地坎与轿厢制停时轿厢地坎之间的距离，可通过测量获得。

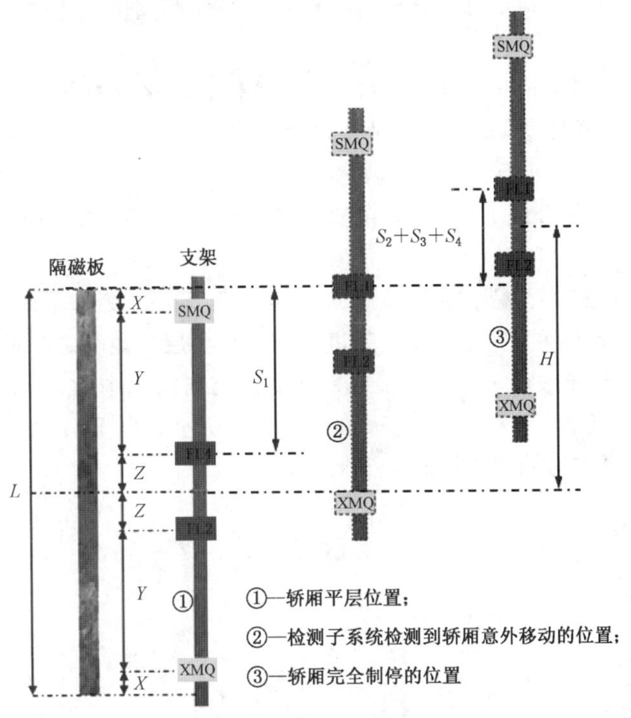

图 1-857　正常运行时在平层位置发生意外移动

2）标记法测试

图 1-858 所示是型式试验证书的备注，在备注中给定了 UCMP 的测试方法——标记法：空载轿厢停在井道上部，在与电梯轿厢位置有关的运动部件上制作标记并确定参考位置，将轿厢向下移动使标记离开参考位置一定距离，然后使电梯轿厢以试验速度上行，当标记和参考位置平齐时断开安全回路，触发制停部件，制停轿厢，测量标记与参考位置间的距离得到电梯轿厢所移动的距离。

3.　表 1 中“对应试验速度的允许移动距离”包括触发装置和制停子系统响应时间内轿厢的移动距离和轿厢制停过程的制停距离。

4.　试验速度下的移动距离测试方法：

1）采用专用仪器法

空载轿厢在井道上部以试验速度上行，使安全回路断开，用仪器测出从安全回路断开至电梯轿厢完全停止期间电梯轿厢所移动的距离。

2）标记法

空载轿厢停在井道上部，在与电梯轿厢位置有关的运动部件上制作标记并确定参考位置，将轿厢向下移动使标记离开参考位置一定距离，然后使电梯轿厢以试验速度上行，当标记和参考位置平齐时断开安全回路，触发制停部件，制停轿厢，测量标记与参考位置间的距离得到电梯轿厢所移动的距离。

图 1-858　型式试验证书备注

设电梯的额定速度为 $v_{额}$，用于最终检验的试验速度为 $v_{试}$，对于 $v_{额}\geqslant 0.63$ m/s、$v_{试}\leqslant 0.63$ m/s 的电梯，首先将检修速度调整到 $v_{试}$，然后可采用下列方法之一进行测试：

a）以检测开关进入隔磁板开始计算

电梯正常运行至平层位置，检修向下运行使轿厢离开门区，然后检修向上运行，当 SMQ 或 FL1 或 FL2 或 XMQ 指示灯变化时，按下急停，待轿厢完全停止时，测量轿厢地坎和层门地坎之间的距离 H_2。

若当 SMQ 进入隔磁板——即图 1-852 所示主控制回路中的 X1 灯亮起时，按下急停，如果轿厢完全制停后，轿厢地坎低于层门地坎，那么轿厢的制停距离 $S_{停}=(L-X-H_2)$；如果轿厢完全制停后，轿厢地坎低于层门地坎，那么轿厢的制停距离 $S_{停}=(L-X+H_2)$，过程如图 1-859 所示。以 FL1 或 FL2 或 XMQ 进入隔磁板时按急停，计算方法同理。

b）以检测开关离开隔磁板开始计算

电梯正常运行至平层位置，然后检修向上运行，当 SMQ 或 FL1 或 FL2 或 XMQ 指示灯变化时，按下急停，待轿厢完全停止时，测量轿厢地坎和层门地坎之间的距离 H。

若当 SMQ 离开隔磁板——即图 1-852 所示主控制回路中的 X1 灯熄灭时，按下急停，那么轿厢的制停距离 $S_{停}=H-X$，过程如图 1-859 所示。以 FL1 或 FL2 或 XMQ 离开隔磁板时按急停，计算方法同理(见图 1-860)。

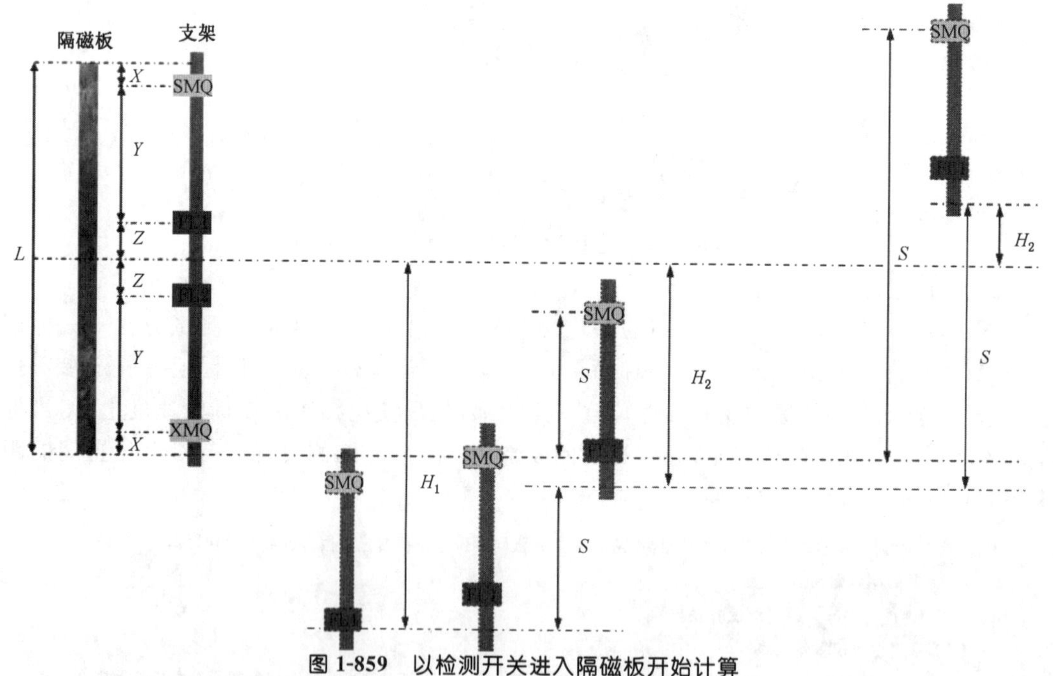

图 1-859　以检测开关进入隔磁板开始计算

c）在钢丝绳上做标记

电梯正常运行至平层位置，按下急停，在能够测量出轿厢移动距离的两个位置上做标记，如钢丝绳和驱动主机支撑梁，同时在曳引轮和对应处的钢丝绳上做标记。为降低误差，钢丝绳上的标记应尽量细。

恢复急停，检修将轿厢向下移动一段距离[7]。然后改为检修向上运行，当两个标记齐平时，按下急停。

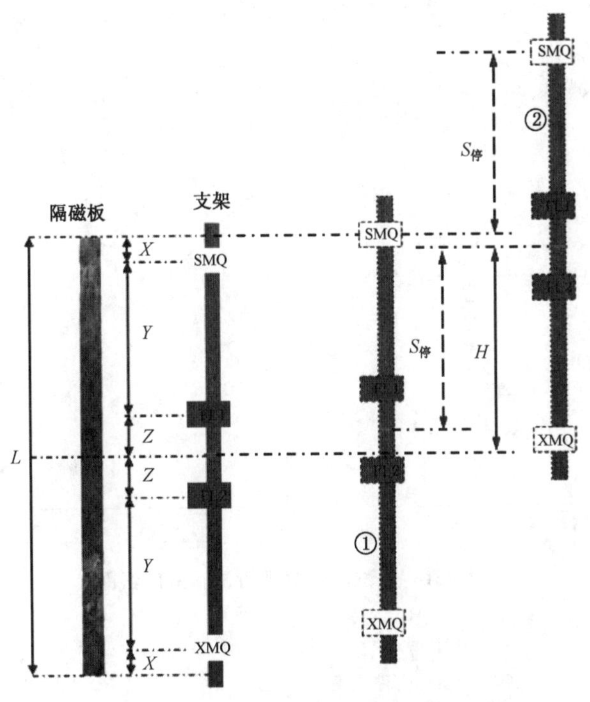

图 1-860 以检测开关离开隔磁板开始计算

待轿厢完全停止，测量两个标记之间的距离 H，即为制停距离 $S_停$，也即 S_3+S_4。

如果钢丝绳与曳引轮之间发生相对滑移，还应减去相对滑移的距离，因此该方法的误差较大。

上述方法所得的 $S_停$ 是否符合要求，首先要看其包括哪些部分，如图 1-861 所示是以 $v_试$ 进行测试的速度-时间曲线。根据图 1-858 型式试验证书的备注 3，用该证书给定的测试方法测得的轿厢移动距离 L 包括触发装置和制停子系统响应时间内轿厢的移动距离（$S_3{}'$）和轿厢制停过程的制停距离（$S_3{}''$），因此 L 应小于型式试验证书上标注的"对应试验速度的允许移动距离"（设为 $S_允$）。如果不包括 $S_3{}'$ 和 $S_3{}''$，那么（$L-S_3$）应小于 $S_允$。但是不借助专用仪器，S_3 很难测得，因此，为便于测试，$S_允$ 一般都包括 S_3。由于采用标记法会有一定的测试误差（见图 1-862），因此建议测量三次，取平均值。

如果 $S_允$ 不包 S_3，则需要借助有示波功能的转速表，得到图 1-861 所示的曲线，根据曲线计算出 S_3，然后再做判定。

根据 GB 7588—2003 中 14.2.1.3，检修运行时，轿厢运行的速度不得大于 0.63 m/s，因此，对于型式试验证书上 $v_试$ 大于检修运行速度的（见图 1-863），则不能用检修运行进行测试。以图 1-863 所示 $v_试=0.8$ m/s 以及电梯的常规额定速度为例说明具体的测试方法。

7）也可以不在平层位置，只要确定一个基准点即可，但要保证检修上行至该基准点时，轿厢运行速度达到调整后的检修运行速度，即 $v_试$。

a）额定速度为 0.50 m/s 电梯

额定速度为 0.50 m/s 电梯，其限速器（上行超速均有限速器触发）动作的上限为 0.50×1.15×1.10=0.63 m/s，如果以 0.8 m/s 的速度测试，会触发上行超速保护装置。可以选择以 0.50 m/s 的速度测试。

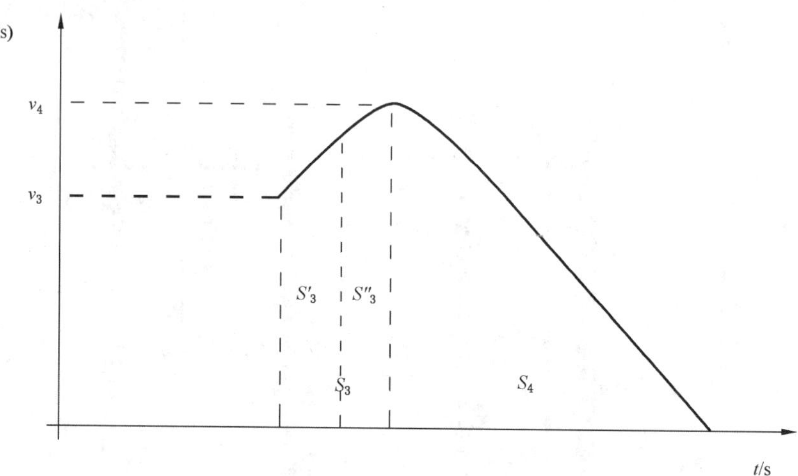

图 1-861 以试验速度进行试验的曲线图

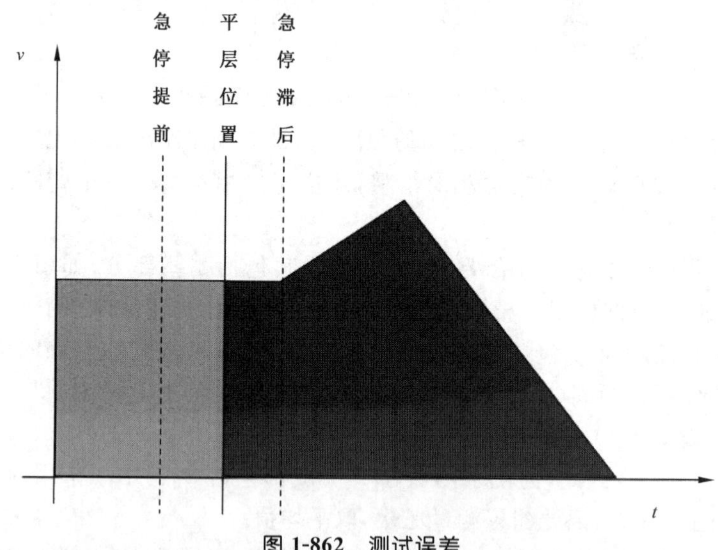

图 1-862 测试误差

根据牛顿第二定律，

$$a=\frac{F}{m}$$

$$\frac{v^2}{2a}=S$$

以 0.8 m/s 的速度测试时允许移动距离（见图 1-864）为 1.1 m，由上述公式可以计算出以 0.5 m/s 的速度测试时允许移动距离为 0.43 m。

其他的额定速度小于 0.63 m/s 的电梯可参考处理。

b）额定速度为 0.63 m/s 的电梯

以 0.63 m/s 的检修速度在轿顶或机房进行测试，对应的允许移动距离为 0.68 m。

c）额定速度为 0.75 m/s 的电梯

以 0.75 m/s 的正常运行速度在机房进行测试。

d）额定速度大于或等于 1.0 m/s 的电梯

借助专门的仪器进行测试或按照制造单位给定的方法测试。

实际上，$v_{试}$ 一般都会小于检修速度和额定速度。

广东省特种设备检测研究院
国家电梯质量监督检验中心（广东）
TSX F38003720160069 附页

适用参数范围和配置表

制停子系统（作用于曳引轮或只有两个支撑的曳引轮轴上的制停部件）	名称	曳引机制动器	型号	EMFR
	系统质量范围	1350 ~ 6200 kg	额定载重量范围	320~1600 kg
	制停部件型式	曳引机制动器	适用电梯驱动方式	曳引式
	作用部位	曳引轮轴	动作触发方式	失电触发
	所预期的轿厢减速前最高速度	≤1.1 m/s	响应时间	≤70 ms
	用于最终检验的试验速度	≤0.80 m/s	对应试验速度的允许移动距离	≤1.1 m
	触发装置硬件组成	制动器接触器		
	结构型式	盘式	数量	2
	摩擦元件材料	非石棉带硬质橡胶摩擦材料	弹性元件型式	圆柱螺旋压缩弹簧
	制造商	上海度哥驱动设备有限公司		
检测子系统 1	名称	轿厢意外移动检测部件	型号	MCTC-SCB-A1
	硬件版本	安全电路：VER:A00	软件版本	/
	硬件组成	含有电子元件的安全电路+接触器		
	检测元件安装位置	轿顶	检测到意外移动时轿厢离开层站的距离	≤90 mm
	制停子系统型式	作用于曳引轮或只有两个支撑的	响应时间	[illegible]

图 1-863　试验速度大于检修速度

3.　该轿厢意外移动保护装置在试验速度下触发制停部件的方法：使轿厢以试验速度空载上行，当电梯离开门区时手动触发停止开关或自动使制动器失电，制动器动作。

4.　表中“对应试验速度的允许移动距离”指本产品所适用的电梯整机系统在用于最终检验的试验速度下的移动距离，不包括轿厢离开门区前的移动距离。

图 1-864　UCMP 型式试验证书备注(局部)

3）自动测试

自动测试一般是制造单位的测试方法，一般步骤为：将电梯停在平层区域，按下 UCMP 测试开关(见图 1-865)，然后检修运行将轿厢停在平层位置以下某个位置，然后将检修开关转入正常，进入测试程序，直到轿厢完全停止，检修开关转入检修模式，按下急停开关，打开层门，测量层门地坎和轿厢地坎之间的距离。其原理同测试法类似。

4）其他制停子系统

对于不采用冗余制动器作为制停部件时，测试过程中，应确保制停时手动松开制动器。

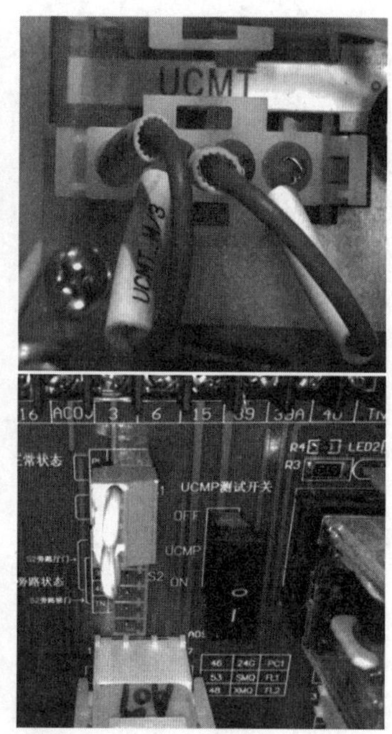

图 1-865　UCMP 测试开关

8.3.2　自监测功能

【监督检验工作指引】

（1）对于不采用存在内部冗余的制动器作为制停部件的，本项填写“无此项”。

（2）注意该自监测与制动器故障保护监测的区别，详见 2.8(7)。

（3）按照制造单位提供的方法模拟制动力不足，或者提起/释放的失效。

（4）制动器的制动力与额定载重量、轿厢质量、平衡系数等有关，制动器的阈值也是其特有的。如果制造单位为所有的电梯配备同一阈值，应判定其不符合要求。部分厂家的控制系统中制动器的阈值是可以现场调整的，这类电梯制动力不符合要求。电梯不能运行后，维护保养人员调整制动器阈值以恢复电梯，此时电梯的制动力将不能有效保证安全。所以对于制动器阈值可以不进入调试模式下调整的电梯，也应当判定其不符合要求。

轿厢位置检测传感器除了上、下平层检测传感器 YPS/YPX，还必须配有两个再平层检测传感器 FL1/FL2，其工作原理如图 1-866 所示。

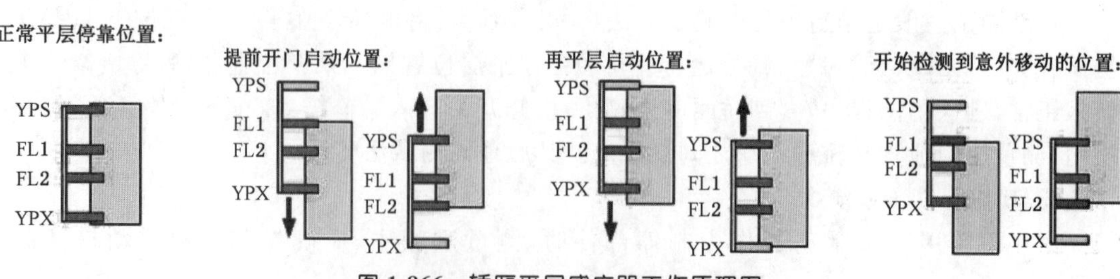

图 1-866　轿厢平层感应器工作原理图

——FL1/FL2：上、下再平层检测传感器，当两个传感器信号都接通的情况下，即在门区范围内，允许进行提前开门和再平层操作。

——YPS/YPX：上、下平层检测传感器。

——提前开门功能：当电梯运行到某一层站需要停靠，主控板检测到轿厢的门区信号(上下再平层检测传感器信号都接通)，及上、下平层传感器其中一个的信号，主控板输出封门信号给提前开门模块，该模块将门锁回路短接。之后主控板输出信号给门机将轿门和厅门打开，实现提前开门功能。

——再平层功能：当轿厢停止在某一层站，且轿门和厅门打开时，由于轿厢负载变化导致其平层误差超过标准规定范围时，此时上、下平层检测传感器其中一个信号丢失，主板输出封门信号给提前开门/自动再平层安全模块，该模块短接门锁回路。之后电梯在开门状态下受控蠕动至平层位置，实现再平层功能。

通过安装于轿厢上的平层及再平层位置传感器检测信号，接入检测子系统安全模块，来判断电梯是否处于平层区域。在门开着的情况下，传感器检测到轿厢移出平层区域，检测子系统的安全模块断开其内部安全继电器，则a)同步机断开抱闸回路供电；b)异步机断开附加制动器回路供电，并断开抱闸回路供电；以阻止电梯在开门状态下的意外移动，保护乘客安全。

该检测方法的特点是原理简单，实现方便，仅需检测轿厢位置，缺点是无法确定轿厢离开平层区域的瞬时速度。因此，如果选择此类检测方式应当考虑整个电梯配置最恶劣的情况下，轿厢意外移动过程中能达到的平均加速度，以及根据位置传感器的安装位置状况，在检测出轿厢的意外移动并制停时能达到的最高速度。

8.4　轿厢限速器-安全钳联动试验

项目及类别	检验内容与要求	检验方法
8.4 轿厢限速器-安全钳联动试验 B	(1) 施工监督检验：轿厢装有下述载荷，以检修速度下行，进行限速器-安全钳联动试验，限速器-安全钳动作应当可靠： ① 瞬时式安全钳，轿厢装载额定载重量，对于轿厢面积超出规定的载货电梯，以轿厢实际面积按规定所对应的额定载重量作为试验载荷； ② 渐进式安全钳：轿厢装载1.25倍额定载重量；对于轿厢面积超出规定的载货电梯，取1.25倍额定载重量与轿厢实际面积按规定所对应的额定载重量两者中的较大值作为试验载荷；对于额定载重量按照单位轿厢有效面积不小于200 kg/m^2 计算的汽车电梯，轿厢装载1.5倍额定载重量； (2) 定期检验：轿厢空载，以检修速度下行，进行限速器-安全钳联动试验，限速器-安全钳动作应当可靠	(1)施工监督检验：由施工单位进行试验，检验人员现场观察、确认； (2) 定期检验：轿厢空载以检修速度运行，人为分别使限速器和安全钳的电气安全装置动作，观察轿厢是否停止运行；然后短接限速器和安全钳的电气安全装置，轿厢空载以检修速度向下运行，人为动作限速器，观察轿厢制停情况

【监督检验工作指引】

(1) 轿厢面积超标的电梯，试验载荷与《电梯监督检验规程》(2002)不同。

(2) 安全钳动作后，如果曳引绳在曳引轮上打滑而轿厢不再下行，即可判断试验合格。由于部分电梯小型化，电动机功率选择的余量较小，在安全钳动作之后，无法观察到曳引钢丝绳打滑或松弛现象，因此，只要曳引机停转而轿厢不再下行即可。必要时可切断主电源开关，手动松闸向下盘车，轿厢应能被制停，曳引钢丝绳在曳引轮上打滑或松弛。

(3) 对汽车电梯理解可参考4.6.1款对汽车电梯的描述。

(4) 监督检验时应注意区分安全钳的型式，配用渐进式安全钳的货梯(如日立货梯)应承载1.25倍额定载荷，而不是额定载荷。

(5) 装载1.25倍额定载荷限速器安全钳联动试验时，不要强制要求电梯以额定速度提升1.25倍额定载荷，可先将0.25倍额定载荷运到指定楼层并搬出后，然后装载额定载荷到指定楼层，再将0.25倍额定载荷搬入轿厢，搬运人员不得进入轿厢且要轻拿轻放。以检修速度下行，进行限速器-安全钳联动试验。试完打滑后，以检修速度提升轿厢，再检修下行经过限速器-安全钳联动试验位置，确保安全钳锲块已复位且不会误动作。

【定期检验工作指引】

轿厢空载，以检修速度下行，进行限速器-安全钳联动试验，限速器、安全钳动作应可靠。

【注意事项】

(1) 试验时轿顶及轿厢内不得有人。

(2) 如果试验后限速器发生损坏(见图1-867)，可判本项不符合要求。

图1-867　试验后限速器损坏

8.5　对重(平衡重)限速器-安全钳联动试验

项目及类别	检验内容与要求	检验方法
8.5 对重(平衡重) 限速器-安全 钳联动试验 B	轿厢空载，以检修速度上行，进行限速器-安全钳联动试验，限速器-安全钳动作应当可靠	轿厢空载以检修速度运行，人为分别使限速器和安全钳的电气安全装置(如果有)动作，观察轿厢是否停止运行；短接限速器和安全钳的电气安全装置(如果有)，轿厢空载以检修速度向上运行，人为动作限速器，观察对重(平衡重)制停情况

【适用范围】

对于没有对重(平衡重)安全钳的电梯，本项填写“无此项”。对于减速元件作用在对重上的轿厢上行超速保护装置，虽然也有对重限速器-安全钳，但由于GB 7588—2003没有要求轿厢上行超速保护装置必须能制停轿厢，所以应按TSG T7001中8.1的要求及检验方法进行检验，本项填写“无此项”。

【检验工作指引】

(1) 安全钳动作后，如果曳引绳在曳引轮上打滑而轿厢不再上行，或者曳引机停转而轿厢不再上行，即可判断试验合格。

(2) 如果安全钳释放后，限速器未能自动复位，对重限速器应设置检查复位状态的电气安全装置；相反，如果安全钳释放后，限速器能自动复位，对重限速器可不设置电气安全装置。

8.6　运行试验

项目及类别	检验内容与要求	检验方法
8.6 运行试验 C	轿厢分别空载、满载，以正常运行速度上、下运行，呼梯、楼层显示等信号系统功能有效、指示正确、动作无误，轿厢平层良好，无异常现象发生。对于设有 IC 卡系统的电梯，轿厢内的人员无需通过 IC 卡系统即可到达建筑物的出口层，并且在电梯退出正常服务时，自动退出 IC 卡功能	(1) 轿厢分别空载、满载，以正常运行速度上、下运行，观察运行情况； (2) 将电梯置于检修状态以及紧急电动运行、火灾召回、地震运行状态(如果有)，验证 IC 卡功能是否退出

【检验工作指引】

(1) 如果需要人员在轿厢内控制电梯，满载运行试验时应将轿内人员的体重计算在内。如果没有人员在轿厢内，电梯不应在没有工作人员的楼层开门。

(2) 如果现场没有进行加载试验，该项应填写“资料确认符合”。

(3) 无论是出厂标配的还是后来加装的 IC 卡系统，其功能都应该符合该项要求，即当电梯处于检修状态以及紧急电动运行、火灾召回、地震运行状态(如果有)时，应自动退出 IC 卡功能。

8.7　应急救援试验

项目及类别	检验内容与要求	检验方法
8.7 应急救援试验 B	(1) 在机房内或者紧急操作和动态测试装置上设有明晰的应急救援程序； (2) 建筑物内的救援通道保持通畅，以便相关人员无阻碍地抵达实施紧急操作的位置和层站等处； (3) 在各种载荷工况下，按照本条(1)所述的应急救援程序实施操作，能够安全、及时地解救被困人员	(1)目测； (2) 在空载、半载、满载等工况(含轿厢与对重平衡的工况)，模拟停电和停梯故障，按照相应的应急救援程序进行操作。定期检验时在空载工况下进行。由施工或者维护保养单位进行操作，检验人员现场观察、确认

8.7.1　救援程序

【监督检验工作指引】

(1) 应急救援程序应设置在紧急操作装置附近。

(2) 应急救援程序(见图 1-868)至少应当有发生困人故障时采用的救援步骤、方法和轿厢移动装置详细的使用说明，且应与机房的设备(如手动紧急操作装置)相对应。

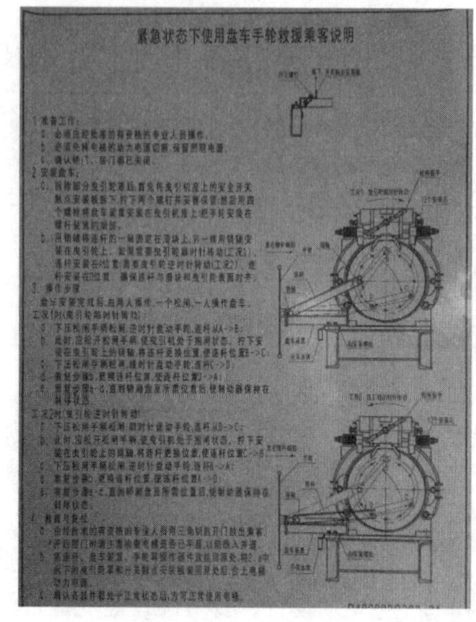
紧急状态下使用盘车手轮救援乘客说明

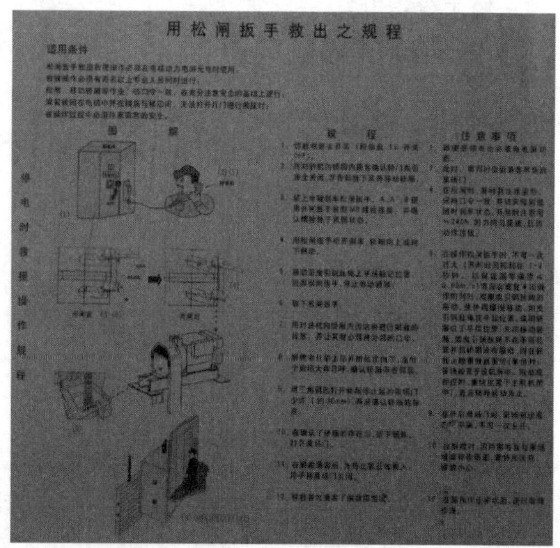
用松闸扳手救出之规程

适用条件

图解　规程　注意事项

停电时救援操作规程

图 1-868　应息救援程序

(3) 由于发生困人故障原因不同，相应的应急救援方法也不一样，例如，当发生钢丝绳夹绳器误动作导致的困人故障就无法用手动盘车装置进行救援。因此，应急救援程序至少应分别考虑电气故障(如停电与限位、极限、门锁安全回路误动作等)和机械故障(安全钳、轿厢上行超速保护装置误动作等)导致困人时分别采用的救援步骤、方法。

(4) 对非手动盘车方式，要验证发生机械系统故障(如安全钳动作)或电气系统故障(包括停电)时进行紧急操作的慢速移动轿厢措施是否有效，可不考虑两种故障同时发生的情况，但由于轿厢质量与对重质量相等只是一种工况不是故障，因此应考虑发生故障时轿厢质量与对重质量基本平衡的情况。

(5) 按要求，在停电或停梯故障造成人员被困时，相关人员能够按照操作屏上的应急救援程序及时解救被困人员，由于发生困人故障的原因不同，相应应急救援方法也不一样。因此，应急救援程序及相应的紧急操作装置，应能够解救因电气故障(如停电与限位、极限开关、安全回路误动作等)和机械故障(安全钳、轿厢上行超速保护装置误动作等)被困的人员。救援程序应与实物一致且有效。

8.7.2　救援通道

【检验工作指引】

(1) 通往机房或紧急操作屏处的救援通道以及所有通往层站的救援通道应畅通，不得经过私人房间或被封闭。

图 1-869 和图 1-870 所示为常见的救援通道不畅通的情况。

(2) 审查用于安装该电梯的机房(机器设备间)、井道的布置图或者土建工程勘测图，应有安装单位确认符合要求的声明和公章或者检验专用章，表明其通道、通道门等满足安全要求。

图 1-869 通道门外加装实心门并以家具抵挡

图 1-870 通道门位置改为鞋柜

(3) 应核对现场与图纸的一致性，如救援通道的结构是否改变(将救援通道整体封闭或个别改动)、救援通道的位置是否改变(将原设计为直接连通电梯层门口的改为经过私人空间);应检验建筑物内的救援通道是否保持通畅以便相关人员无阻碍地抵达实施紧急操作的位置和层站等处和每个层门是否均能够被一把符合要求的钥匙从外面开启。

(4) 如果实施紧急操作必须经过私人空间，如开梯到户、住宅楼加装的电梯，紧急操作装置设置在住户私人阳台或家中等，发生紧急情况时救援人员无法方便及时到达紧急操作装置处，应判该项不合格。解决方案可以考虑将原先设在顶层的紧急操作装置移到方便操作的楼层的井道外，允许设置紧急操作装置的楼层与型试试验报告或证书不一致，但应提供由使用单位提出申请、经整机制造单位同意的书面变更证明(应存档)。

(5) 如图 1-871 所示，电梯层门开口与楼梯不相通(或者要经过私人空间)，且没有手动盘车装置，在发生停电等故障且轿厢相对较轻时，无法将轿厢移动到一楼，只能移动到其他楼层，但存在两个问题，①救援人员无法到达相应的层站外进行救援工作;②被困人员也无法离开所在的楼层。

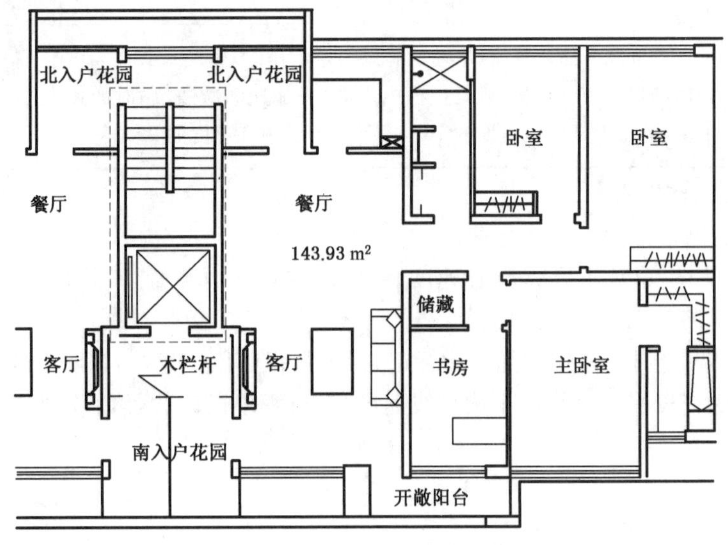

图 1-871 电梯层门开口与楼梯不相通

解决方案，在设计时，就应将轿厢设计为对开门方式，住户凭本层住户卡等凭证可自动选层及打开对应的层轿门，否则只打开楼梯侧层轿门，从而实现开梯到户功能，同时也不妨碍应急救援。

(6) 此处的“层站”，是指电梯所服务的每个层站。

1) 对于按 TSG T7001 进行安装监督检验的电梯，通往电梯的每个服务层站的通道都应符合要求，特别是这些通道均不得经过私人空间。

2) 对于允许按照 TSG T7001—XG1 进行安装监督检验的电梯，或者在既有建筑物中加装的电梯，以及没有按照 TSG T7001 进行过安装监督检验的电梯，在监督检验时如发现不符合要求，应当要求进行整改；对于确属难以通过整改达到往电梯的每个服务层站的通道所述要求的，使用单位可以邀请相关方就采取的措施进行安全评估和验证，认为已经将解救被困轿厢人员的风险降低到可接受的程度[例如，能够在停电和停梯故障情况下，按照相应的应急救援程序将空载、半载、满载(含轿厢与对重平衡)等工况的轿厢在一定时间内移动至指定的通往公共区域的层站，并且由该层站通往公共区域的通道符合相关建筑法规、标准的要求，能够安全地被公众使用]时，检验机构可以判定通往层站处的救援通道符合要求，同时应当将前述评估和验证材料随检验报告存档备查。

3) 如果电梯曾经满足往电梯的每个服务层站的通道要求而其后通往各层站处通道等被封闭，则再采用前述 2)所述的措施，不被视为满足要求。

8.7.3 救援操作

【检验工作指引】

由施工或者维护保养单位模拟停电及故障停梯两种工况，进行紧急操作试验，检验人员现场观察、确认；施工或者维护保养人员应能熟练操作。

在空载、半载、满载等工况(含轿厢与对重平衡的工况)，模拟停电或停梯故障(包括安全钳动作)，按照相应的应急救援程序进行操作。

8.8 电梯速度

项目及类别	检验内容与要求	检验方法
8.8 电梯速度 C	当电源为额定频率，电动机施以额定电压时，轿厢承载 0.5 倍额定载重量，向下运行至行程中段(除去加速和减速段)时的速度，不得大于额定速度的 105%，不宜小于额定速度的 92%	用速度检测仪器进行检测

【监督检验工作指引】

(1) 常用的测量方法有以下几种：

1) 用速度测试仪(如 EVA625 加速度测试仪)在轿厢内测量，直接读出电梯运行速度，装砝码时要计算测量人员及仪器的质量。

2) 对于有机房电梯，在钢丝绳上做标记，标出行程中段(对重与轿厢大约在等高位置)；用接触式转速表在曳引绳直线段上测量线速度，在行程中段读数，然后按下式计算：

$$v=v_s/i$$

式中：

v——电梯运行速度，m/s；

v_s——曳引绳的线速度，m/s；

i——曳引比。

测量时要注意身体、衣物与曳引轮、电动机等旋转部件保持距离，防止被卷入。

(2) 检验要求是电源为额定频率及电动机施以额定电压，所以检验时应同时检测电源频率和电压，当由发电机或临时电源供电时尤其要注意。由于电网电源的频率基本稳定，当用电网电源时可以不测量电源频率。

(3) 按字面理解，如果向下运行至行程中段(除去加速和减速段)时的“平均”速度符合要求，应允许瞬时速度大于额定速度的105%。

(4) 其他参考TSG T7001中1.3的额定速度。

8.9　空载曳引力试验

项目及类别	检验内容与要求	检验方法
8.9 空载曳引力试验 B	当对重压在缓冲器上而曳引机按电梯上行方向旋转时，应当不能提升空载轿厢	将上限位开关(如果有)、极限开关和缓冲器柱塞复位开关(如果有)短接，以检修速度将空载轿厢提升，当对重压在缓冲器上后，继续使曳引机按上行方向旋转，观察是否出现曳引轮与曳引绳产生相对滑动现象，或者曳引机停止旋转

【适用范围】

本项只适用于曳引驱动电梯，对于强制驱动电梯检验报告可不编排本项或填写“无此项”。

【检验工作指引】

(1) GB/T 7588.1—2020中5.5.3a)规定：如果轿厢或对重滞留，应通过下列方式之一，不能提升空载轿厢或对重至危险位置：

1) 钢丝绳在曳引轮上打滑；

2) 通过符合5.11.2规定的电气安全装置使驱动主机停止。

因此，如果曳引绳在曳引轮上打滑，或通过一个电气安全装置切断驱动主机的电源，可以判定其符合要求。如果使用过电流保护、变频器输出保护等方式切断驱动主机电源则应判定其不符合要求。

(2) 如果在行程的极限位置没有挤压的风险，也没有由于轿厢或对重回落引起悬挂装置冲击和轿厢减速度过大的风险，少量提升轿厢或对重是可接受的。

(3) 可使用紧急电动运行装置(短接上限位、上极限、对重液压缓冲器复位开关)进行试验，但应注意运行距离，因曳引能力过强提升空载轿厢，容易冲顶撞坏轿顶的设施。

(4) 此试验可与3.10极限开关试验一起进行。

【常见事例】

当完成对重压在缓冲器曳引轮上行打滑试验后，由于个别电梯轿厢质量较小、曳引钢丝绳过度润滑导致曳引力不足、井道端部导轨因缺少润滑锈蚀而与导靴卡阻等原因，导致检修下行时曳引钢丝绳在曳引轮上也打滑时，可打开顶层层门及轿厢门在层站外对轿厢进行适当加载，便可以检修下行。

8.10 上行制动工况曳引检查

项目及类别	检验内容与要求	检验方法
8.10 上行制动工况曳引检查 B	轿厢空载以正常运行速度上行至行程上部，切断电动机与制动器供电，轿厢应当完全停止	轿厢空载以正常运行速度上行至行程上部时，断开主开关，检查轿厢停止情况

【适用范围】

本项只适用于曳引驱动电梯，对于强制驱动电梯检验报告可不编排本项或填写"无此项"。

【说明解释】

团体标准 CASEI T102—2015《曳引驱动电梯制动能力快捷检测方法》中规定了各种速度的电梯的上行制动距离范围，但目前各个电梯厂家的设计不完全相同。以迅达为主的部分厂家使用制动片与制动器之间的摩擦消耗能量，其上行制动距离能够符合该标准的要求；以通力为主的另一部分厂家使用曳引轮与曳引绳的滑移消耗能量，在制停过程中制动片和制动轮之间几乎没有滑动，其上行制动距离因滑移距离较长而不能满足该标准的要求。因此该标准的有关要求不能作为判定上行制动工况是否合格的依据。

【检验工作指引】

（1）本项主要是检验上行紧急制动工况下曳引能力。

（2）"轿厢应当完全停止"可理解为不发生曳引绳严重的滑移而导致轿厢失控。由于制动器调整太紧等原因，导致紧急制动期间曳引绳与曳引轮之间相对滑移距离较小，仍可认为本项合格；如果相对滑移距离较大，必要时可测量轿厢的减速度是否满足 GB 7588—2003 附录 M2.1.2，不小于 0.5 m/s^2（使用减行程缓冲器的为 0.8 m/s^2）的要求。

8.11 下行制动工况曳引检查

项目及类别	检验内容与要求	检验方法
8.11 下行制动工况曳引检查 A(B)	轿厢装载 125%额定载重量，以正常运行速度下行至行程下部，切断电动机与制动器供电，轿厢应当完全停止	由施工单位（定期检验时由维护保养单位）进行试验，检验人员现场观察、确认； 注 A-8：本条检验类别 B 类适用于定期检验

【监督检验工作指引】

（1）本项是对制动器制动能力和曳引能力的综合检验，既有对制动器制动能力的检验，又有对电梯下行紧急制动工况下曳引能力的检验。

（2）"轿厢应当完全停止"可理解为不发生曳引绳严重的滑移而导致轿厢失控（如安全钳动作，由于制动器延迟制动、动摩擦力比静摩擦力小、加速度的冲击等原因，可能会发生限速器安全钳误动作）。由于制动器调整太紧等原因，导致紧急制动期间曳引绳与曳引轮之间相对滑移距离较小，仍可认为本项合格。

(3) 本项目可以与 TSG T7001 中 8.3、8.13 一起进行试验，加载过程参考 8.3.1。

【定期检验工作指引】

定期检验时，检验 2.8 项时发现轮槽磨损存在可能影响曳引能力的情况，应增加检验本项目，按 B 类项目进行。

【说明解释】

本项目与 TSG T7001 中 8.13 一起进行时，切断电动机和制动器的供电后，如果制动器将曳引轮完全制停，但因为曳引轮与曳引绳之间的摩擦力较小，轿厢不能完全停止，则应判该项不符合要求。如果制动器不能将曳引轮完全制停，则应判定 TSG T7001 中 8.13 不符合要求。

8.12　静态曳引试验

项目及类别	检验内容与要求	检验方法
8.12 静态曳引试验 A(B)	对于轿厢面积超过规定的载货电梯，以轿厢实际面积所对应的 1.25 倍额定载重量进行静态曳引试验；对于额定载重量按照单位轿厢有效面积不小于 200 kg/m^2 计算的汽车电梯，以 1.5 倍额定载重量做静态曳引试验；历时 10 min，曳引绳应当没有打滑现象	由施工单位(定期检验时由维护保养单位)进行试验，检验人员现场观察、确认。 注 A-9：定期检验如需进行此项目，按 B 类项目进行

【适用范围】

本项目只适用于轿厢面积超过相应规定的载货电梯和非商用汽车电梯。对于乘客电梯、观光电梯、病床电梯等在进行 TSG T7001 中 8.4 和 8.11 两项检验时已经实施的 1.25 倍额定载重量的动载试验，本项应填写“无此项”。

【监督检验工作指引】

(1) 试验载荷与《电梯监督检验规程》(2002)的要求不同。

(2) 试验前应在曳引绳和曳引轮对应位置做标记，加载后看有没有相对滑移。不能用加载前后分别测量轿厢和层门地坎高度差的方法来判断。

【定期检验工作指引】

定期检验时，对于轿厢面积超过相应规定的载货电梯，且检验 2.8 项时发现轮槽磨损存在可能影响曳引能力的情况，应增加检验本项目，按 B 类项目进行。

【注意事项】

(1) 为防止试验失败导致高速蹾底的危险，静载试验必须在底层端站进行，尤其对于轿厢实际面积超标较大的电梯，其所对应的 1.25 倍额定载重量较大时。

(2) 加载接近完毕时，人员应尽量避免进入轿厢，在布置载荷时，应留出轿厢门口部分位置放置最后的重物，操作过程中，人员不要停在层、轿门之间。

8.13 制动试验

项目及类别	检验内容与要求	检验方法
8.13 制动试验 A(B)	轿厢装载125%额定载重量，以正常运行速度下行时，切断电动机和制动器供电，制动器应当能够使驱动主机停止运转，试验后轿厢应无明显变形和损坏	(1) 监督检验：由施工单位进行试验，检验人员现场观察、确认； (2) 定期检验：由维护保养单位每5年进行一次试验，检验人员现场观察、确认。 注A-10：对于曳引驱动电梯，本条可以与8.11一并进行。 注A-11：定期检验仅针对乘客电梯，并且检验类别为B类

【说明解释】

(1) 监督检验时是针对乘客电梯和载货电梯，且类别为A；定期检验时仅针对乘客电梯，每5年进行一次，且类别为B。

(2) 对于使用了封星等电气制动的电梯，在进行该试验之前应取消封星，仅用制动器制停轿厢。

(3) 根据《质检总局办公厅关于实施〈电梯监督检验和定期检验规则〉等6个安全技术规范第2号修改单若干问题的通知》(质检办特函〔2017〕868号)的要求，"制动试验"的检验项目，检验人员现场观察确认时，维护保养单位可以与TSG T5002—2017《电梯维护保养规则》中表A-4相应的维保项目一并进行。

(4) 根据GB 7588—2003中12.4.2.1"当轿厢载有125%额定载荷并以额定速度向下运行时，操作制动器应能使曳引机停止运转"和GB 7588—2003附录D中d)"载有125%额定载重量的轿厢以额定速度下行，并切断电动机和制动器供电的情况下，进行试验"，因此本项的125%额定载重量试验是对电梯制动能力的验证。

根据GB 7588—2003中9.3 a)"轿厢装载至125%8.2.1或8.2.2规定额定载荷的情况下应保持平层状态不打滑"、9.3 b)"必须保证在任何紧急制动的状态下，不管轿厢内是空载还是满载，其减速度的值不能超过缓冲器(包括减行程的缓冲器)作用时减速度的值"和GB 7588—2003附录D中h)1)"在相应于电梯最严重制动情况下，停车数次，进行曳引检查。每次试验，轿厢应完全停止，试验应这样进行：

——行程上部范围内，上行，轿厢空载；

——行程下部范围内，下行，轿厢载有125%额定载重量"

因此，8.11的125%额定载重量试验是对电梯曳引能力的验证。

(5) 根据《质检总局办公厅关于实施〈电梯监督检验和定期检验规则〉等6个安全技术规范第2号修改单若干问题的通知》(质检办特函〔2017〕868号)的要求，各地都制定了详细的制动试验计划(见图1-872)，并通过网站、微信公众号、邮件、短信等方式对外公布。

上海市制动试验计划

定期检验时间	安装监督检验合格日期
2017.10.01—2017.12.31	2012.10.01—2012.12.31
2018 全年	2013 年
	2010—2012 年
2019 全年	2014 年
	2006—2009 年
2020.01.01—2020.09.30	2015.01.01—2015.09.30
	2005.12.31 及之前
2020.10.1 及以后	按之前类推，每 5 年进行一次试验

广东省特检院东莞检测院制动试验计划

使用年限[1)]（年）	制动试验日期
10	2017 年 12 月 31 日前
8	2018 年 12 月 31 日前
5	2019 年 12 月 31 日前
5	2020 年 09 月 30 日前

1）使用年限精确到年，以报检日期计算。使用年限一般可参考注册代码计算。

例：注册代码的第 11～14 位为投入使用年份，与报检日期的年份相减即为使用年限，如：注册代码为 31104419002007010×××的电梯，投入使用年份为 2007，于 2017 年 10 月 10 日申报检验，则使用年限为 2007～2017＝10 年。

但最终以查询结果和报检时业务人员的告知为准。

图 1-872　上海、广东的制动试验计划

【检验工作指引】

（1）由施工单位（定期检验时由维护保养单位）进行试验，检验人员现场观察、确认。

（2）试验前应穿戴好劳保用品，并在装卸层、轿内及其他必要的地方设置安全防护栏，特别对于人员密集场所，必要时安排专人负责疏导乘客，避免非专业人员进入试验区域；

制动试验应在确认以下安全部件使用状况良好、试验项目符合要求的情况下进行：

① 驱动主机（制动器、曳引轮、减速箱、联轴器等）；

② 限速器、安全钳、缓冲器；

③ 轿厢及轿架、对重架及对重块固定状态；

④ 悬挂装置与端接装置；

⑤ 导向系统（导靴、导轨及支架）；

⑥ 曳引轮、导向轮、反绳轮及其钢丝绳防脱槽装置；

⑦ 上行制动工况曳引检查；

⑧（空载）轿厢限速器-安全钳联动试验；

⑨ 制动力矩检查（如有）；

⑩ 平衡系数试验。

如果①④⑤⑥⑦⑨⑩未检查或者其本身不能满足安全要求，可能造成制动试验失败；如果①②③④⑥⑧未检查或者其本身不能满足安全要求，制动试验时可能导致电梯失控而产生人员伤害和设备破坏风险；对于多年未更换过的部件，应予以重点检查，以确保其处于良好状态。

(3) 应做好应急救援预案，以防制动试验中发生事故，图 1-873～图 1-875 所示是某地发生的一起制动试验事故。

图 1-873 钢丝绳断裂

a) 制动器零件

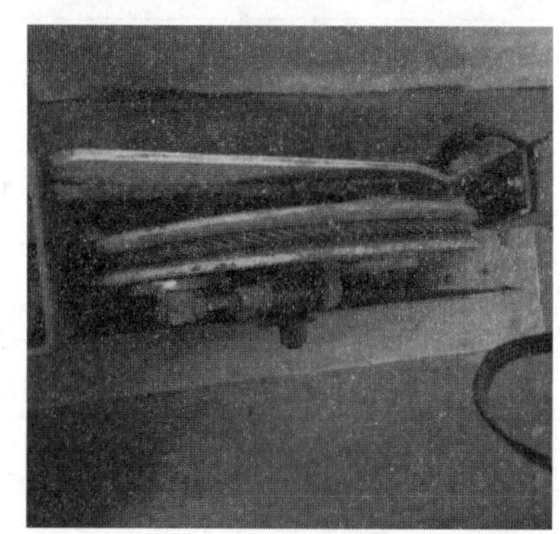

b) 限速器零件

图 1-874 安全部件变形

a) 轿厢

b) 对重

图 1-875 轿厢和对重蹾底

(4) 以正常运行速度下行时至中下部位置时，切断电动机和制动器供电，确认制动器可靠使驱动主机停止运转，轿厢无明显变形和损坏，检查以验证电梯处于良好状态后，恢复正常运行。

(5) 也可根据施工单位和维护保养单位制动试验操作指引进行。

(6) 应提前制定不能制停轿厢的应急预案，如转紧急电动运行，利用电动机控制下行速度等。

【参考做法】

为了杜绝或减少因制动试验失败导致的设备损坏或人员受伤，在进行制动试验前，施工单位(定期检验时由维护保养单位)应做好下列工作：

(1) 根据电梯的具体情况，参考推荐性操作指南及《安装维护使用说明书》关于制动器调试、维护工艺和试验操作等相关要求，编制详细的企业操作指引，并对本单位的作业人员进行培训、贯彻。

(2) 制定完善的应急处置专项预案，并进行培训及演练，以确保在自检环节、现场试验环节发生意外时，具备足够的应急处置能力。

(3) 维护保养单位现场负责人还应协同使用单位安全管理人员应事前对砝码搬运人员进行相关安全培训、做好作业安全交底工作，并亲自或调派经验丰富的专业技术人员在场指挥装卸工作，保证能通过对讲机等装置与机房(或机器设备间)的作业人员保持及时有效的沟通。

(4) 合理佩戴劳保用品(安全帽、劳保鞋等)；试验前在装卸层、轿内及其他必要的地方设置安全防护栏，特别对于人员密集场所，必要时安排专人负责疏导乘客，避免非专业人员进入试验区域。

(5) 至少提前一天在电梯轿厢内以张贴告示等方式通知乘客制动试验的日期和时间。

(6) 图 1-876 所示是供参考的制动试验流程。

【注意事项】

(1) 擅自调整制动器，可能造成严重的人身伤害事故和设备财产损失，因此必须由专业维修人员实施维护调整，并且通过制动试验确认符合安全性能要求；调定后尽量避免短时间内重复试验，防止因制动器过热导致制动力下降而发生危险；试验后应对电梯进行检查以验证其处于良好状态，在此之前禁止电梯再次投入运行。

(2) 进行制动试验时，轿厢内禁止乘坐人员，确保电梯所有层门已关闭锁紧；对于有机房电梯，现场相关人员应站立在曳引轮、限速器的侧面(即与轮轴垂直的平面)，以防止断绳后钢丝绳高速抽离、甩动而对人体造成伤害。

(3) 禁止砝码搬运人员在未经安全交底前实施砝码装卸载工作，禁止故意或者非故意地往轿内装载超过 125% 额定载重量，建议在底层端站将试验砝码搬入并均匀、规整地放置在轿厢地面。

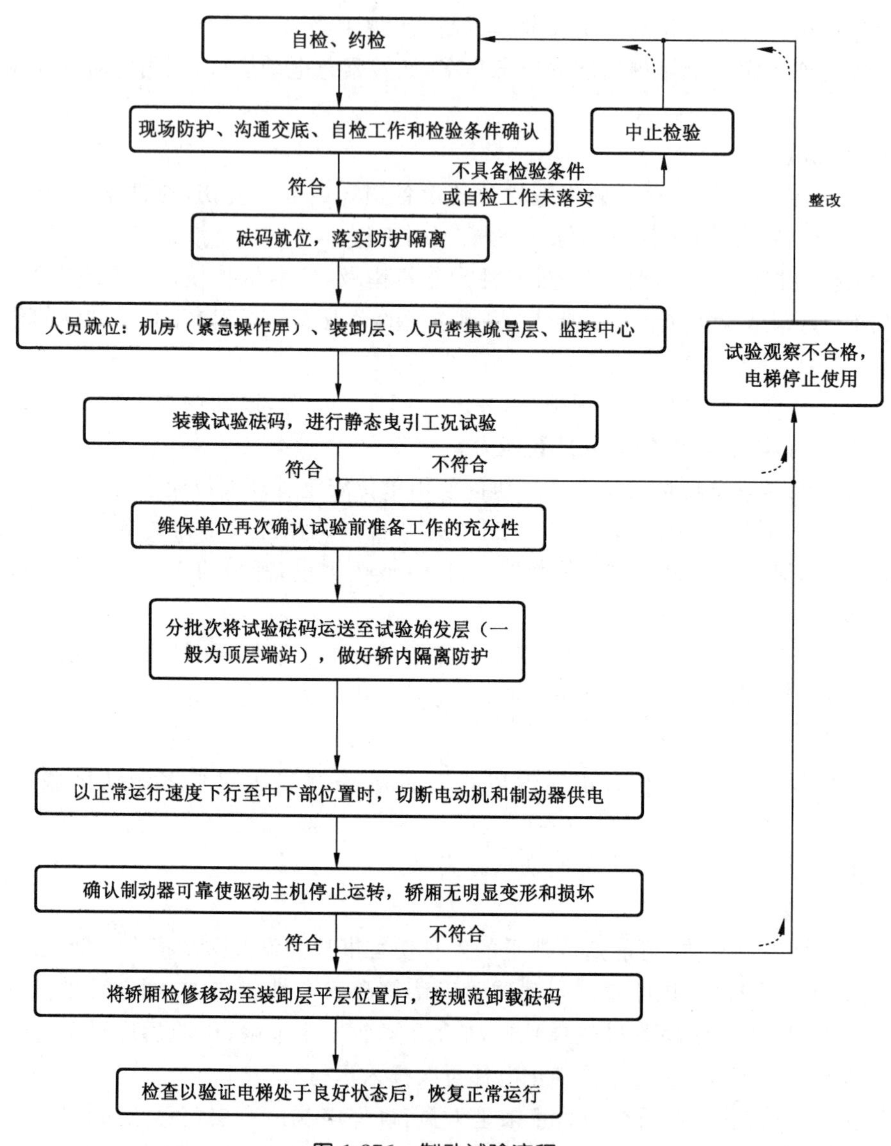

图 1-876　制动试验流程

下　篇

消防员电梯、防爆电梯、液压电梯、自动扶梯与自动人行道、杂物电梯和斜行电梯专项要求

第二章　消防员电梯

1　技术资料

1.1　制造资料

项目及类别	检验内容与要求	检验方法
1.1 制造资料 A	消防员电梯制造单位提供了以下用中文描述的出厂随机文件： (1) 制造许可证明文件，许可范围能够覆盖受检电梯的相应参数； (2) 电梯整机型式试验证书，其参数范围和配置表适用于受检电梯； (3) 产品质量证明文件，注有制造许可证明文件编号、产品编号、主要技术参数，限速器、安全钳、缓冲器、含有电子元件的安全电路(如果有)、可编程电子安全相关系统(如果有)、轿厢上行超速保护装置、轿厢意外移动保护装置、驱动主机、控制柜的型号和编号，门锁装置、层门和玻璃轿门(如果有)的型号，以及悬挂装置的名称、型号、主要参数(如直径、数量)，并且有电梯整机制造单位的公章或者检验专用章以及制造日期； (4) 门锁装置、限速器、安全钳、缓冲器、含有电子元件的安全电路(如果有)、可编程电子安全相关系统(如果有)、轿厢上行超速保护装置、轿厢意外移动保护装置、驱动主机、控制柜、层门和玻璃轿门(如果有)的型式试验证书，以及限速器和渐进式安全钳的调试证书； (5) 电气原理图，包括动力电路和连接电气安全装置的电路；对供电电源的要求； (6) 安装使用维护说明书，包括安装、使用、日常维护保养和应急救援等方面操作说明的内容。 注 A-1：上述文件如为复印件则必须经消防员电梯整机制造单位加盖公章或者检验专用章；对于进口电梯，则应当加盖国内代理商的公章或者检验专用章	电梯安装施工前审查相应资料

1.1.1　制造许可证明文件

【监督检验工作指引】

(1) 查看制造许可证明文件中设备类别、设备品种和额定速度是否能完全覆盖受检消防员电梯，制造许可证示例见图 2-1。

(2) 该项目在消防员电梯安装施工前审查，必要时进行现场核对。一般在报检时检验机构业务受理部门也要审查，如不符合要求，应提出整改要求。

(3) 消防员电梯的类别、品种应按质检总局《关于修订〈特种设备目录〉》的公告》(2014 年第 114 号)填写，消防员电梯的设备代码应按照产品数据表上的内容填写。电梯检验报告封面上的“设备类别”和“设备品种”栏分别按表 2-1 中的“类别”和“品种”栏填写，“设备代码”栏按照产品数据表中设备代码填写，产品数据表中未给出设备代码的，可以为空。

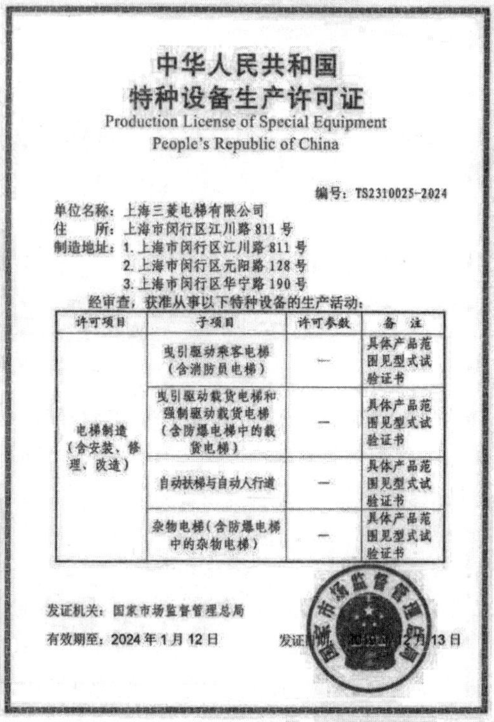

中华人民共和国
特种设备生产许可证
Production License of Special Equipment
People's Republic of China

编号：TS2310025-2024

单位名称：上海三菱电梯有限公司
住　　所：上海市闵行区江川路811号
制造地址：1.上海市闵行区江川路811号
2.上海市闵行区元阳路128号
3.上海市闵行区华宁路190号
经审查，获准从事以下特种设备的生产活动：

许可项目	子项目	许可参数	备注
电梯制造（含安装、修理、改造）	曳引驱动乘客电梯（含消防员电梯）	—	具体产品范围见型式试验证书
	曳引驱动载货电梯和强制驱动载货电梯（含防爆电梯中的载货电梯）	—	具体产品范围见型式试验证书
	自动扶梯与自动人行道	—	具体产品范围见型式试验证书
	杂物电梯（含防爆电梯中的杂物电梯）	—	具体产品范围见型式试验证书

发证机关：国家市场监督管理总局
有效期至：2024年1月12日　　发证日期：2019年12月13日

图 2-1　上海三菱电梯的制造许可证

表 2-1　特种设备目录

代码	种类	类别	品种
3420	电梯	其他类型电梯	消防员电梯

1.1.2　电梯整机型式试验证书

【监督检验工作指引】

(1) 该项目在电梯安装施工前审查，必要时进行现场核对。

(2) 检查电梯整机型式试验证书中类别和品种是否正确。根据 TSG T7007—2016，消防员电梯的主要参数和配置的适用原则与曳引驱动乘客电梯一致，故可参考 TSG T7001 中 1.1(2)。

1.1.3　产品质量证明文件

【监督检验工作指引】

(1) 该项目在电梯安装施工前审查，如果现场确认，查看上述安全保护装置和主要部件的型号和编号是否与现场实物一致。

(2) 产品质量证明文件应该制造许可证明文件的有效期内，额定载重量不小于 800 kg。

(3) 其他参考 TSG T7001 中 1.1(3)。

1.1.4　安全装置、主要部件型式试验合格证及有关资料

【监督检验工作指引】

(1) 按表 2-2 安全部件资料审查表查看型式试验合格证的产品名称、型号及参数，判定型式试验合格证是否能完全覆盖本台电梯的安全装置和主要部件的品种和参数。

表 2-2　安全部件资料审查表

部件	审查要点
门锁装置	□额定电压；□额定电流；□结构型式；□锁紧方式；□电路类型；□工作环境；□防爆形式；□外壳防护等级
限速器	□额定速度；□结构型式；□产生提拉力的结构型式；□绳轮节圆直径；□钢丝绳直径；□绳轮绳槽；□限速器绳张紧力；□增设远程控制功能；□工作环境
安全钳	□额定速度；□允许质量；□限速器最大动作速度/动作速度范围；□安全钳型式；□夹紧(制动)元件型式；□夹紧(制动)元件数量；□适用导轨导向面宽度；□提拉方式
缓冲器	□额定速度；□结构型式；□最大允许质量；□最小允许质量；□最大缓冲行程；□最大撞击速度；□工作环境
含有电子元件的安全电路	□产品功能；□型号；□结构型式；□工作电压；□污染等级；□工作条件
可编程电子安全相关系统	□产品功能；□对应安全功能的安全完整性等级；□型号；□结构型式；□工作电压；□工作条件；□硬件版本；□软件版本；□系统说明
轿厢上行超速保护装置	□额定速度；□额定载重范围；□系统质量范围；□制动减速装置型式；□适用导轨导向面宽度；□夹紧(制动)元件型式；□夹紧(制动)元件数量；□防爆形式
UCMP	□产品型号；□适用工作环境；□制停子系统；□检测子系统；□自监测子系统；驱动主机□额定速度；□电动机额定功率；□驱动方式；□制动器数量、结构形式；□减速装置型式；□制动器作用部位；□防爆型式；□防爆等级；□工作环境
控制柜	□额定速度；□驱动主机额定功率；□调速方式；□控制方式；□控制装置类型；□PESSRAL；□工作环境；□能量回馈装置；□紧急和测试操作装置设置；□自动救援操作装置型号
层门和玻璃轿门	□门扇高度；□门扇宽度范围；□门扇板材厚度；□加强筋数量；□导向装置允许最小啮合深度；□保持装置允许的最小啮合深度；□玻璃高度；□玻璃宽度范围；□玻璃厚度；□开门方式；□结构型式；□导向装置结构；□保持装置结构；□玻璃材质；□玻璃类型
备注：P 为轿厢侧质量(应考虑电梯整机合格证上允许轿厢最大装修质量)；W 为对重侧质量；Q 为额定载重量。	

(2) 对于有开门平层、开门再平层、端站减速监控等功能的消防员电梯，还应查看是否有相应功能的含有电子元件的安全电路或者 PESSRAL 型式试验证书。

(3) 项目在电梯安装施工前审查，如果现场确认，查看上述安全保护装置和主要部件的型号和出厂编号是否和现场实物一致。

(4) 他其他可参考 TSG T7001 中 1.1(3)。

1.1.5　电气原理图

【监督检验工作指引】

参考 TSG T7001 中 1.1(5)。

1.1.6 安装使用维护说明书

【监督检验工作指引】

参考 TSG T7001 中 1.1(6)。

1.1.7 其他

【参考做法】

2014 年 1 月 1 日实施的《特种设备安全法》,第二十二条规定:“电梯的安装、改造、修理,必须由电梯制造单位或者其委托的依照本法取得相应许可的单位进行。”TSG T7002 要求“由整机制造单位出具或者确认的自检报告”,但考虑到自检报告是在安装结束后才出具,如果某安装单位没有取得整机制造单位授权,就很难补到整机制造单位确认章,所以建议在施工前就要安装单位提供整机制造单位授权书。

1.2 安装资料

项目及类别	检验内容与要求	检验方法
1.2 安装资料 A	安装单位提供了以下安装资料: (1) 安装许可证明文件和安装告知书,许可范围能够覆盖受检电梯的相应参数; (2) 施工方案,审批手续齐全; (3) 用于安装该电梯的机房(机器设备间)、井道的布置图或者土建工程勘测图,有安装单位确认符合要求的声明和公章或者检验专用章,表明其通道、通道门、井道顶部空间、底坑空间、楼层间距、井道内防护、安全距离、井道下方人可以到达的空间、防火前室(环境)、井道和底坑的防水与排水等满足安全要求; (4) 施工过程记录和由电梯整机制造单位出具或者确认的自检报告,检查和试验项目齐全、内容完整,施工和验收手续齐全; (5) 变更设计证明文件(如安装中变更设计时),履行了由使用单位提出、经电梯整机制造单位同意的程序; (6) 安装质量证明文件,包括电梯安装合同编号、安装单位安装许可证明文件编号、产品编号、主要技术参数等内容,并且有安装单位公章或者检验专用章以及竣工日期。 注 A-2:上述文件如为复印件则必须经安装单位加盖公章或检验专用章	审查相应资料。(1)~(3)在报检时审查,(3)在其他项目检验时还应当审查;(4)、(5)在试验时审查;(6)在竣工后审查

【监督检验工作指引】

该项目是监督检验 A 类项目,第 1.2.1~1.2.3 款与 1.1 款一样在施工前报检时审查,而且只有检验机构对 1.1 款与第 1.2.1~1.2.3 款审查合格后,施工单位才可以进入下道工序施工。

1.2.1 安装许可证明文件和安装告知书

【监督检验工作指引】

(1) 查看所提供的安装许可证明文件是否能完全覆盖受检电梯的相应参数和品种,施工等级综合特种设备目录和国质检锅〔2003〕251 号文按表 2-3 判定,安装许可证如图 2-2 所示。2014 年 10 月 30 日,质检总局公布了《特种设备目录》,如果安装许可证的类型还未按照 2014 年的《特种设备目录》填写(即《特种设备目录》实施后还未换过证),则类型中应包含“乘客电梯”。

（2）其他参考 TSG T7001 中 1.2(1)。

表 2-3 电梯施工单位分类分级表

设备种类	设备类型	施工类别	各施工等级技术参数		
			A 级	B 级	C 级
电梯	其他类型电梯：消防员电梯	安装	技术参数不限	额定速度不大于 2.5 m/s 的消防员电梯	额定速度不大于 1.75 m/s 的消防员电梯
		改造			
		维修			

经审查，获准从事下列特种设备生产活动：

许可项目	许可子项目	许可参数	备注
电梯安装（含修理）	自动扶梯与自动人行道		
电梯安装（含修理）	杂物电梯（含防爆电梯中的杂物电梯）		
电梯安装（含修理）	曳引驱动乘客电梯（含消防员电梯）		
电梯安装（含修理）	曳引驱动载货电梯和强制驱动载货电梯（含防爆电梯中的载货电梯）		

发证机关：[illegible]市场监督管理局

有效期至：2023 年 10 月 21 日　　发证日期：2[illegible]9 年 10 月 22 日

图 2-2 电梯安装许可证

1.2.2 施工方案

【监督检验工作指引】

（1）审查施工方案是否按照安装单位的质量体系文件规定，履行审批手续。

（2）施工方案应有编制、审核、批准人员会签，并有批准日期和施工单位的公章。

（3）该项目在消防员电梯安装施工前审查，必要时进行现场核对。

1.2.3 机房（机器设备间）、井道的布置图或者土建工程勘测图

【监督检验工作指引】

（1）查看所提供的图纸上是否标注有通道、通道门、提升高度、井道顶部空间、底坑空间、楼层间距、井道内防护、安全距离等内容，相关尺寸应满足电梯的设计要求，井道下方人可以到达的空间、防火前室（环境）、井道和底坑的防水与排水等应满足相关安全技术规范的要求，并且要有安装单位确认符合要求的声明和公章或者检验专用章。

（2）重点查看：

1）电梯应当服务于建筑物的每一楼层。

2）楼层间距超过 11 m 时，需设置井道安全门。

3）井道下方存在人员可以进入的空间时，应按 4.17 要求，查阅以下资料：

① 审查底坑地面的设计资料，是否按 5 000 N/m^2 载荷设计；

② 对重运行区域下设置一个一直延伸到坚固地面的实心桩墩或装设了对重安全钳。

4）机房、通道尺寸是否能满足 3.1、3.3 及 11.7 项要求。

（3）项目在电梯安装施工前审查，如果现场确认，查看现场机房或机器设备间尺寸是否

满足上述布置图的要求。

1.2.4 施工过程记录和自检报告

【监督检验工作指引】

参考 TSG T7001 中 1.2(5)。

1.2.5 设计变更证明文件

【适用范围】

如果安装过程没有变更设计时,即电梯的参数、配置与产品质量证明文件一致,本项填写“无此项”。

【监督检验工作指引】

(1) 检验现场核对出厂资料与现场是否一致,如果不一致查看安装过程中是否变更设计证明文件。

(2) 变更设计证明文件应履行由使用单位提出、经整机制造单位同意的程序。

1.2.6 安装质量证明文件

【监督检验工作指引】

(1) 安装质量证明文件,包括电梯安装合同编号、安装单位安装许可证编号、产品编号、主要技术参数等内容,并且有安装单位公章或者检验合格章以及竣工日期。自检报告结论页如有上述内容也可视为安装质量证明文件。

(2) 该项应在竣工后审查,复印件存档。

1.3 改造、重大修理资料

项目及类别	检验内容与要求	检验方法
1.3 改造、重大修理资料 A	改造或者重大修理单位提供了以下改造或者重大修理资料: (1) 改造或者修理许可证明文件和改造或者重大修理告知书,许可范围能够覆盖受检电梯的相应参数; (2) 改造或者重大修理的清单以及施工方案(改造不得涉及加装自动救援操作装置、能量回馈节能装置和 IC 卡系统),施工方案的审批手续齐全; (3) 加装或者更换的安全保护装置或者主要部件产品质量证明文件、型式试验证书以及限速器和渐进式安全钳的调试证书(如发生更换); (4) 施工现场作业人员持有的特种设备作业人员证; (5) 施工过程记录和自检报告,检查和试验项目齐全、内容完整,施工和验收手续齐全; (6) 改造或者重大修理质量证明文件,包括电梯的改造或者重大修理合同编号、改造或者重大修理单位的许可证明文件编号、电梯使用登记编号、主要技术参数等内容,并且有改造或者重大修理单位的公章或者检验专用章以及竣工日期。 注 A-3:上述文件如为复印件则必须经改造或者重大修理单位加盖公章或者检验专用章	审查相应资料。(1)~(4)在报检时审查,(4)在其他项目检验时还应当审查;(5)在试验时审查;(6)在竣工后审查

【适用范围】

根据《特种设备安全法》第二十五条,电梯、起重机械、客运索道、大型游乐设施的安装、改造、重大修理过程,应当经特种设备检验机构按照安全技术规范的要求进行监督检验。

因此对于一般修理不需要进行过程监督检验，只要按定期检验受理业务，只有当对电梯进行改造或者重大修理时才要求检验本项目。对于新安装电梯或者无改变电梯性能参数与技术指标的移装电梯，检验报告可以不编排本项目或者填写"无此项"。

【说明解释】、【监督检验工作指引】等参考 TSG T7001 中 1.3。

1.3.1　改造或者修理许可证明文件

【监督检验工作指引】

(1) 对于许可证明文件：①查看所提供的改造或者维修许可证是否能完全覆盖受检电梯的相应参数和品种；②施工等级按表 2-3 判定；2014 年 10 月 30 日，质检总局公布了《特种设备目录》，如果安装许可证的类型还未按照 2014 年的《特种设备目录》填写(即《特种设备目录》实施后还未换过证)，则类型中应包含"乘客电梯"；③查看改造或者维修许可证明文件是否在有效期内。

(2) 该项目在电梯改造或者重大修理施工前审查，必要时进行现场核对。

1.3.2　改造或者重大修理的清单以及施工方案

【监督检验工作指引】

(1) 应有拟改造或者重大修理项目的清单，以及拟更换的主要零部件的型号、数量、生产厂家等内容，且改造不得涉及加装自动救援操作装置、能量回馈节能装置和 IC 卡系统。TSG T7002 中关于 IC 卡系统的检验均是针对制造单位出厂时就配置的 IC 卡系统。

(2) 审查施工方案是否有按照改造或者重大修理施工单位的质量体系文件规定履行审批手续。

(3) 施工方案应有编制、审核、批准人员会签，有批准日期和施工单位的公章。

(4) 该项目在电梯改造或者重大修理施工前审查，必要时进行现场核对。

(5) 在现场检验时，还应查看改造或者重大修理项目清单中的有关内容是否与施工现场一致。

1.3.3　加装或更换的安全装置和主要部件的型式试验合格证及有关资料

【监督检验工作指引】

参考 TSG T7001 中 1.3(3)。

1.3.4　特种设备作业人员证件

【监督检验工作指引】

参考 TSG T7001 中 1.3(5)。

1.3.5　施工过程记录和自检报告

【监督检验工作指引】

(1) 自检报告内容至少包括改造、重大修理涉及的项目以及 TSG T7002 附件 C 项目，检查项目应有自检结果，有测试数据要求的，必须要记录数据。

(2) 其他参考 TSG T7001 中 1.3(6)。

1.3.6　改造或者重大修理质量证明文件

【监督检验工作指引】

(1) 改造或者重大修理质量证明文件中除应包括 1.3(6)规定的电梯改造或者重大修理合同编号、改造或者重大修理单位的许可证明文件编号、电梯使用登记编号、主要技术参数等内容外，如果改造涉及更换主要安全部件，那么改造合格证或者证明文件上还要有已更换的主要安全部件型号和编号。

(2) 其他参考 TSG T7001 中 1.3(7)。

1.4 使用资料

项目及类别	检验内容与要求	检验方法
1.4 使用资料 B	使用单位提供了以下资料： (1) 使用登记资料，内容与实物相符； (2) 安全技术档案，至少包括 1.1、1.2、1.3 所述文件资料[1.3(4)除外]，以及监督检验报告、定期检验报告、日常检查与使用状况记录、日常维护保养记录、年度自行检查记录或者报告、应急救援演习记录、运行故障和事故记录等，保存完好(本规则实施前已经完成安装、改造或者重大修理的，1.1、1.2、1.3 所述文件资料如有缺陷，应当由使用单位联系相关单位予以完善，可不作为本项审核结论的否决内容)； (3) 以岗位责任制为核心的电梯运行管理规章制度，包括事故与故障的应急措施和救援预案、电梯钥匙使用管理制度、对供电电源维护保养职责、消防服务通信系统的维护和定期试验职责等； (4) 与取得相应资质单位签订的日常维护保养合同； (5) 按照规定配备的电梯安全管理人员的特种设备作业人员证； (6) 供电电源、防火前室、井道防火、机房防火、底坑排水设施等符合要求的有关建筑设计文件	定期检验和改造、重大修理过程的监督检验时审查；新安装电梯的监督检验进行试验时审查(3)、(4)、(5)、(6)，以及(2)中所需记录表格制定情况 [如试验时使用单位尚未确定，应当由安装单位提供(2)、(3)、(4)审查内容范本，(5)相应要求交接备忘录]

【说明解释】、**【注意事项】**、**【特例】**参考 TSG T7001 中 1.4。

1.4.1 使用登记资料

【适用范围】

如果是新安装过程监督检验，本项填写“无此项”。

【监督检验工作指引】

安装监督检验时，该项可按“无此项”处理。

【定期检验工作指引】

(1) 是否在电梯使用地特种设备监督管理部门办理了使用登记，可查询当地特种设备电子监察系统，一般有使用登记编号即可。

(2) 查验使用登记资料中的有关内容应与电梯产品的出厂资料、验收资料以及实物是否相符。

1.4.2 安全技术档案

【监督检验工作指引】

对于新安装监督检验，如监督检验时使用单位尚未确定，应当由安装单位提供内容范本。

【定期检验工作指引】

(1) 使用单位除日常检查与使用状况记录、维保记录、年度自行检查记录或者报告、应急救援演习记录、定期检验报告、设备运行故障记录至少保存 2 年外，其他资料应当长期保存。

(2) 使用单位变更时，安全技术档案应同时移交。

(3) 根据 TSG T5002 的要求，消防员电梯的维护保养单位，应当按照制造单位的要求制定日常维护保养项目和内容。

(4) 年度自行检查记录或者报告的内容根据使用状况而定，但是不少于 TSG T7002 附件 C 规定的 58 个项目和年度维护保养项目，以及与这些项目相关的内容，而且对于 TSG T7002 附件 C 中有测试数据要求的项目，必须要记录数据；年度自行检查记录或者报告应有电梯自检人员的签字和审核人员的签字、加盖维护保养单位公章或者其他专用章。

(5) 其他参考 TSG T7001 中 1.4(2)。

1.4.3　管理规章制度

【监督检验工作指引】

对于新安装消防员电梯，如监督检验时使用单位尚未确定，应当由安装单位提供内容范本。

【定期检验工作指引】

参考 TSG T7001 中 1.4(3)。

1.4.4　日常维护保养合同

【监督检验工作指引】

对于新安装电梯，如监督检验时使用单位尚未确定，应当由安装单位提供内容范本。

【说明解释】

其他参考 TSG T7001 中 1.4(4)。

【定期检验工作指引】

(1) 查验是否签订了日常维护保养合同，是否在有效期内。

(2) 维护保养单位是否有维护保养消防员电梯的资质，资质是否覆盖所维护保养的消防员电梯。2014 年 10 月 30 日，质检总局公布了《特种设备目录》，如果维修许可证的类型已经按照 2014 年的《特种设备目录》填写，则类型中应包含“其他类型电梯：消防员电梯”；如果维修许可证的类型还未按照 2014 年的《特种设备目录》填写，则类型中应包含“乘客电梯”。

(3) 维护保养单位变更时，使用单位应当持维护保养合同，在新合同生效后 30 日内到原登记机关办理变更手续，并且更换电梯轿厢内维护保养单位的相关标识。

1.4.5　特种设备作业人员证

【检验工作指引】

参考 TSG T7001 中 1.4(5)。

1.4.6　建筑设计文件

消防员电梯的井道、机房等的防火等级（等同于耐火等级），由建筑的耐火等级确定，建筑的耐火等级由建筑相关法规标准确定。我国目前的建筑防火规范主要有 GB 50016—2014《建筑设计防火规范》（以下简称 GB 50016—2014）。GB 50016—2014 对厂房（仓库）和民用建筑的耐火等级要求如下：

(1) 厂房（仓库）和民用建筑的耐火等级分为一、二、三、四级，其楼梯间和前室的墙以及电梯井的墙的燃烧性能和耐火极限不应低于：一、二、三、四级分别对应不燃烧体 2.00 h、不燃烧体 2.00 h、不燃烧体 1.50 h、不燃烧体 0.50 h。厂房的耐火等级由生产和储存的火灾危险性分类、建筑层数和每个防火分区的最大允许建筑面积等确定，民用建筑的耐火等级由建筑层数和防火分区最大允许建筑面积等确定。

(2) 通常来说，高层民用建筑（建筑高度＞27 m 的民用建筑）和单/多层重要公共建筑的耐火极限通常为 2.00 h。

(3) 建筑材料及制品的燃烧性能和耐火极限可参见 GB 8624—2012《建筑材料及制品燃烧性能分级》，防火门的耐火性能可参见 GB 12955—2015《防火门》。

(4) 供电电源、防火前室的相关要求参见本章 2.2 和 2.3。

(5) 根据 GB 26465—2011《消防电梯制造与安装安全规范》(以下简称 GB 26465—2011),机房应至少具有与消防电梯井道相同的防火等级。但当机房设置在建筑物的顶部且机房内部及其周围没有火灾危险时除外。GB 50016—2014 规定:消防员电梯的井道、机房与相邻电梯井道、机房之间,应采用耐火极限不低于 2 h 的不燃烧体隔墙隔开;当在隔墙上开门时,应设置甲级防火门。

(6) GB 50016—2014 规定:消防电梯的井底应设置排水设施,排水井的容量不应小于 2 m^3,排水泵的排水量不应小于 10 L/s。消防电梯间前室的门口宜设置挡水设施。

【监督检验工作指引】

使用单位提供了供电电源、防火前室、井道防火、机房防火、底坑排水设施等符合要求的有关建筑设计文件。

2 设置及环境要求

2.1 基本要求

项目及类别	检验内容与要求	检验方法
2.1 基本要求 C	(1) 电梯应当服务于建筑物的每一楼层; (2) 电梯的额定载重量不小于 800 kg; (3) 轿厢净尺寸不小于 1 350 mm 宽×1 400 mm 深,轿厢的最小净入口宽度为 800 mm	审查自检结果,如对其有质疑,按照以下方法进行现场检验(以下 C 类项目只描述现场检验方法):目测或者测量相关数据

【说明解释】

此项规定的目的是使消防员能够到达建筑物的每个楼层,并满足一个消防战斗班配备装备后使用电梯的需要。消防员电梯的轿厢尺寸和额定载重量宜优先从 GB/T 7025.1—2008 中选择;在有预订用途包括疏散的场合,为了运送担架、病床等,或者设计有两个出入口的消防员电梯,其额定载重量不应小于 1 000 kg,轿厢最小尺寸应设计成 1 100 mm 宽×2 100 mm 深。轿厢的净入口宽度是指层门和轿门完全打开时测得的出入口净宽度。

【监督检验工作指引】

(1) 查看产品质量证明文件中的层数和额定载重量是否与实物一致。

(2) 测量轿厢净尺寸宽度和深度时,应在离轿厢地面以上 1 m 处测量轿厢两内壁或装饰板等之间的净水平距离。

2.2 防火前室

项目及类别	检验内容与要求	检验方法
2.2 防火前室 C	每个电梯层门(在消防服务状态下不使用的层门除外)前都应当设置防火前室	审查使用单位提供的资料

【说明解释】

消防员电梯的设计基于前室和电梯井道设计成阻止烟雾进入。前室内应设有机械排烟或自然排烟的设施,火灾时可将产生的大量烟雾在前室附近排掉,以保证消防队员顺利扑救火灾和抢救人员。

【监督检验工作指引】

审查使用单位提供的资料，消防员电梯每个层门(在消防服务状态下不使用的层门除外)前都应当设置防火前室。消防员电梯的前室如图 2-3～图 2-5 所示。

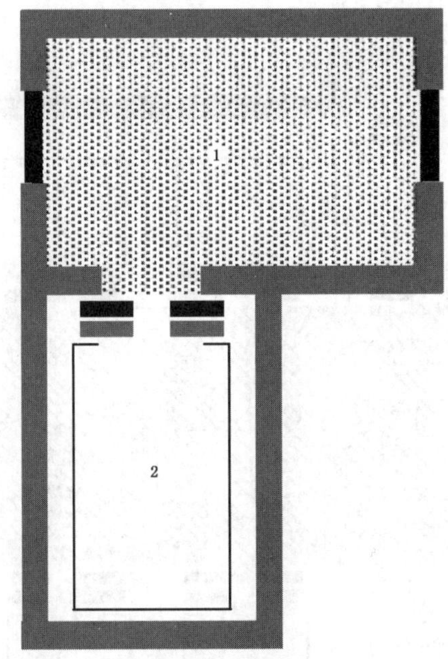

1—前室；2—消防电梯。

图 2-3　单台消防员电梯和前室的布置示意图

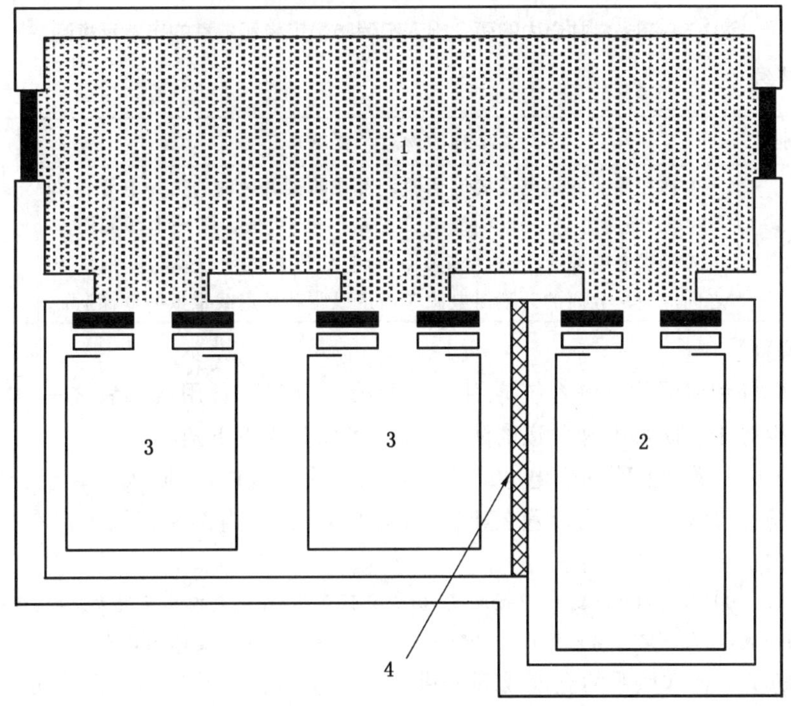

1—前室；2—消防电梯；3—普通电梯；4—中间防火墙。

图 2-4　在多梯井道内的消防员电梯和前室的布置示意图

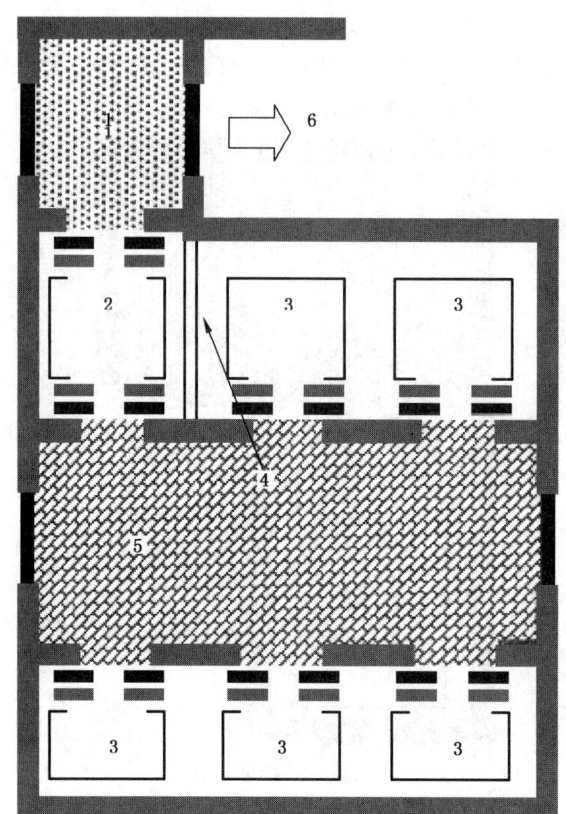

1—前室；2—消防电梯；3—普通电梯；4—中间防火墙；5—主要的防火分区/前室；6—逃生路径。

图 2-5　在多梯井道内的两个出入口消防员电梯和前室的布置示意图

2.3　供电系统

项目及类别	检验内容与要求	检验方法
2.3 供电系统 C	电梯和照明的供电系统应当由设置在防火区域内的第一电源和第二电源(即应急、备用电源或者第二路供电)组成。第一电源和第二电源的供电电缆应当进行防火保护，它们互相之间以及与其他供电之间应当是分离的。第二电源应当足以驱动额定载重量的电梯运行	目测

【说明解释】

消防员电梯和照明的供电系统应由第一和第二(应急、备用或二者之一)电源组成，其防火等级至少等于消防员电梯井道的防火等级，可以分为以下两种：

(1) 消防员电梯和照明的供电电缆均布置在防火分区内，其防火等级至少等于消防员电梯井道的防火等级。当机房设置在建筑物的顶部且机房内部及其周围没有火灾危险时，布置在机房内的供电电缆除外。

注： 根据 GB 50016—2014 中 2.1.22 的定义，防火分区是指，在建筑内部采用防火墙、楼板及其他防火分隔设施分隔而成，能在一定时间内防止火灾向同一建筑的其余部分蔓延的局部空间。

(2) 消防员电梯和照明的全部或部分供电电缆不布置在井道内或防火分区内，布置在井道内或防火分区外的供电电缆应采用其他防火措施且防火等级至少等于消防员电梯井道的防火等级。防火分区之间的消防员电梯和照明供电电缆也应予以同样的保护。

【监督检验工作指引】

审查使用单位提供的有使用单位公章的供电电缆布置图，目测检查第一电源和第二电源的供电电缆应当进行防火保护，它们互相之间以及与其他供电之间应当是分离的。消防员电梯的供电电源如图 2-6 所示。

将供电电源切换至第二电源，应当能够驱动额定载重量的电梯以额定速度运行一段时间。参考 EN 81-72:2015 *Safety rules for the construction and installation of lift-particular applications for passenger and goods passenger lifts part72:Firefighters lifts* 中 5.9.2，该段时间应与建筑结构防火时间相同。

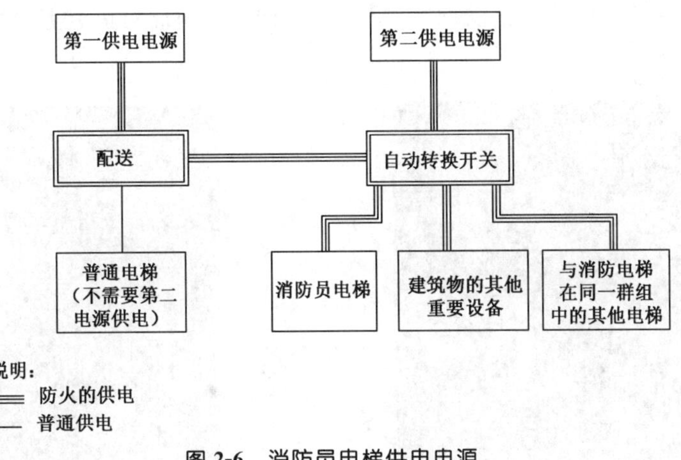

图 2-6　消防员电梯供电电源

2.4　电源转换

项目及类别	检验内容与要求	检验方法
2.4 电源转换 C	当恢复供电时，电梯应当立即进入服务状态。如果电梯需要移动以确定它的位置，它应当向着消防服务通道层运行不超过两个楼层，并且显示它的位置	操作验证各开关的功能

【检验工作指引】

(1) 消防员电梯正常上行，当轿厢运行至距离消防服务通道层至少两个楼层时，切断供电电源，待电梯停止后恢复供电，观察消防员电梯是否向着消防服务通道层运行，且运行距离不超过两个楼层，并显示位置。

(2) 消防员电梯正常下行，当轿厢运行至距离消防服务通道层至少两个楼层时，切断供电电源，待电梯停止后恢复供电，观察消防员电梯是否向着消防服务通道层运行，且运行距离不超过两个楼层，并显示位置。

2.5　消防服务通信系统

项目及类别	检验内容与要求	检验方法
2.5 消防服务 通信系统 B	(1) 应当设有用于双向通话的内部对讲系统或者类似的装置，在消防优先召回阶段和消防服务过程中，能用于轿厢和以下地方之间： ① 消防服务通道层； ② 机房或者无机房电梯的紧急操作和动态测试装置处。	

续表

项目及类别	检验内容与要求	检验方法
2.5 消防服务 通信系统 B	(2) 轿厢内和消防服务通道层的通信设备应当是内置式麦克风和扬声器，不得用手持式电话机； (3) 通信系统的线路应当装设在井道内	通话试验

【说明解释】

根据 GB 26465—2011，消防服务通道层是指消防员入口层，即建筑中预定用于让消防员进入消防电梯的入口层。典型消防服务通道层对讲装置、轿厢对讲装置分别如图 2-7、图 2-8 所示。

图 2-7　消防服务通道层对讲装置

图 2-8　轿厢对讲装置

【检验工作指引】

(1) 查看轿厢和消防服务通道层、机房或者无机房电梯的紧急操作和动态测试装置处是否有内部对讲系统或者类似的装置。

(2) 操作消防员电梯钥匙开关，使消防员电梯分别处于优先召回阶段和消防服务阶段，验证上述内部对讲系统或者类似的装置的功能。

(3) 验证轿厢内和消防服务通道层的内部对讲系统或者类似的装置是否是内置式麦克风和扬声器，不得用手持式电话机。

(4) 通信系统的线路是否装设在井道内。

2.6　标识

项目及类别	检验内容与要求	检验方法
2.6 标识 C	(1) 应当设置消防员电梯象形图标志，轿厢操作面板上的符号为 20 mm×20 mm；层站上至少为 100 mm×100 mm； (2) 应当设置禁止用来运送废弃物(垃圾)或者货物的说明或者标识	目测或者测量相关数据

【检验工作指引】

层站上和轿厢操作面板上的消防员电梯象形图标志应采用白色，背景应采用红色，如图 2-9、图 2-10 所示。

图 2-9 层站上的消防员电梯象形图标志

图 2-10 轿厢操作面板上的消防员电梯象形图标志

3 机房(机器设备间)及相关设备

3.1 通道与通道门

项目及类别	检验内容与要求	检验方法
3.1 通道与通道门 C	(1)应当在任何情况下均能够安全方便地使用通道。采用梯子作为通道时,必须符合以下条件: ① 通往机房(机器设备间)的通道不应当高出楼梯所到平面 4 m; ② 梯子必须固定在通道上而不能被移动; ③ 梯子高度超过 1.50 m 时,其与水平方向的夹角应当在 65°~75°,并且不易滑动或者翻转; ④ 靠近梯子顶端应当设置容易握到的把手。 (2) 通道应当设置永久性电气照明; (3) 机房通道门的宽度应当不小于 0.60 m,高度不小于 1.80 m,并且门不得向机房内开启。门应当装有带钥匙的锁,并且可以从机房内不用钥匙打开。 门外侧有下述或者类似的警示标志:“电梯机器——危险未经允许禁止入内”	目测或者测量相关数据

【检验工作指引】

参考 TSG T7001 中 2.1。

3.2 机房(机器设备间)专用及防火

项目及类别	检验内容与要求	检验方法
3.2 机房(机器设备间)专用及防火 C	(1) 机房(机器设备间)应当专用,不得用于电梯以外的其他用途; (2) 装设有电梯主机和与其相关设备的任何分隔室,至少有与电梯井道相同的防火等级;设置在井道外和防火分区外的所有机器设备间,至少有与防火分区相同的耐火性。防火分区之间的连接(例如缆线、液压管线等)也应当予以同样保护	目测

【检验工作指引】

装设有电梯主机和其相关设备的任何分隔室,至少有与电梯井道相同的防火等级。当机房设置在建筑物的顶部且机房内部及其周围没有火灾危险时除外。这里的相关设备是指电梯的相关设备,如控制柜、滑轮、限速器、电线电缆等。

设置在井道外和防火分区外的所有机器设备间,至少有与防火分区相同的耐火性。这里的耐火性是指井道的防火等级。

防火分区之间的连接(例如缆线、液压管线等)也应当予以同样保护。"同样保护"是指防火等级至少等于井道的防火等级。

其他参考 TSG T7001 中 2.2。

3.3 安全空间

项目及类别	检验内容与要求	检验方法
3.3 安全空间 C	(1) 在控制柜前有一块净空面积,其深度不小于 0.70 m,宽度为 0.50 m 或者控制柜全宽(两者中的大值),净高度不小于 2 m; (2) 对运动部件进行维修和检查以及紧急操作的地方有一块不小于 0.50 m×0.60 m 的水平净空面积,其净高度不小于 2 m; (3) 机房地面高度不一并且相差大于 0.50 m 时,应当设置楼梯或者台阶,并且设置护栏	目测或者测量相关数据

【检验工作指引】

参考 TSG T7001 中 2.3。

3.4 地面开口

项目及类别	检验内容与要求	检验方法
3.4 地面开口 C	机房地面上的开口应当尽可能小,位于井道上方的开口必须采用圈框,此圈框应当凸出地面至少 50 mm	目测或者测量相关数据

【检验工作指引】

参考 TSG T7001 中 2.4。

3.5 照明与插座

项目及类别	检验内容与要求	检验方法
3.5 照明与插座 C	(1) 机房(机器设备间)应当设置永久性电气照明;在靠近入口(含多个入口)处的适当高度应当设置一个开关,控制机房(机器设备间)照明; (2) 机房应当至少设置一个 2P+PE 型电源插座; (3) 应当在主开关旁设置控制井道照明、轿厢照明和插座电路电源的开关	目测,操作验证各开关的功能

【检验工作指引】

参考 TSG T7001 中 2.5。

3.6 主开关

项目及类别	检验内容与要求	检验方法
3.6 主开关 B	(1) 每台电梯应当单独装设主开关,主开关应当易于接近和操作;无机房电梯主开关的设置还应当符合以下要求: ① 如果控制柜不是安装在井道内,主开关应当安装在控制柜内,如果控制柜安装在井道内,主开关应当设置在紧急操作和动态测试装置上; ② 如果从控制柜处不容易直接操作主开关,该控制柜应当设置能够分断主电源的断路器; ③ 在电梯驱动主机附近 1 m 之内,应当有可以接近的主开关或者符合要求的停止装置,并且能够方便地进行操作。 (2) 主开关不得切断轿厢照明和通风、机房(机器设备间)照明和电源插座、轿顶与底坑的电源插座、电梯井道照明、报警装置的供电电路; (3) 主开关应当具有稳定的断开和闭合位置,并且在断开位置时能用挂锁或其他等效装置锁住,能够有效地防止误操作; (4) 如果不同电梯的部件共用一个机房,则每台电梯的主开关应当与驱动主机、控制柜、限速器等采用相同的标志	目测主开关的设置;断开主开关,观察、检查照明、插座、通风和报警装置的供电电路是否被切断

【检验工作指引】

参考 TSG T7001 中 2.6。

3.7 驱动主机

项目及类别	检验内容与要求	检验方法
3.7 驱动主机 B	(1) 驱动主机上设有铭牌,标明制造单位名称、型号、编号、技术参数和型式试验机构的名称或者标志,铭牌和型式试验证书内容相符; (2) 驱动主机工作时无异常噪声和振动; (3) 曳引轮轮槽不得有缺损或者不正常磨损;如果轮槽的磨损可能影响曳引能力时,进行曳引能力验证试验; (4) 制动器动作灵活,制动时制动闸瓦(制动钳)紧密、均匀地贴合在制动轮(制动盘)上,电梯运行时制动闸瓦(制动钳)与制动轮(制动盘)不发生摩擦,制动闸瓦(制动钳)以及制动轮(制动盘)工作面上没有油污; (5) 手动紧急操作装置符合以下要求: ① 对于可拆卸盘车手轮,设有一个电气安全装置,最迟在盘车手轮装上电梯驱动主机时动作; ② 松闸扳手涂成红色,盘车手轮是无辐条的并且涂成黄色,可拆卸盘车手轮放置在机房内容易接近的明显部位; ③ 在电梯驱动主机上接近盘车手轮处,明显标出轿厢运行方向,如果手轮是不可拆卸的,可以在手轮上标出; ④ 能够通过操纵手动松闸装置松开制动器,并且需要以一个持续力保持其松开状态; ⑤ 进行手动紧急操作时,易于观察到轿厢是否在开锁区	(1) 对照检查驱动主机型式试验证书和铭牌; (2) 目测驱动主机工作情况、曳引轮槽和制动器状况(或者由施工单位或者维护保养单位按照电梯整机制造单位规定的方法对制动器进行检查,检验人员现场观察、确认); (3) 定期检验时,认为轮槽的磨损可能影响曳引能力时,进行11.11要求的试验,综合11.9、11.10、11.11要求的试验结果验证轮槽磨损是否影响曳引能力; (4) 通过目测和模拟操作验证手动紧急操作装置的设置情况

【检验工作指引】

参考 TSG T7001 中 2.7。

3.8　控制柜、紧急操作和动态测试装置

项目及类别	检验内容与要求	检验方法
3.8 控制柜、紧急操作和动态测试装置 B	(1) 控制柜上设有铭牌，标明制造单位名称、型号、编号、技术参数和型式试验机构的名称或者标志，铭牌和型式试验证书内容相符	对照检查控制柜型式试验证书和铭牌
	(2) 断相、错相保护功能有效，电梯运行与相序无关时，可以不设错相保护	断开主开关，在其输出端，分别断开三相交流电源的任意一根导线后，闭合主开关，检查电梯能否启动；断开主开关，在其输出端，调换三相交流电源的两根导线的相互位置后，闭合主开关，检查电梯能否启动
	(3) 电梯正常运行时，切断制动器电流至少用两个独立的电气装置来实现，当电梯停止时，如果其中一个接触器的主触点未打开，最迟到下一次运行方向改变时，应当防止电梯再运行	根据电气原理图和实物状况，结合模拟操作检查制动器的电气控制
	(4) 紧急电动运行装置应当符合以下要求： ① 依靠持续揿压按钮来控制轿厢运行，此按钮有防止误操作的保护，按钮上或者其近旁标出相应的运行方向； ② 一旦进入检修运行，紧急电动运行装置控制轿厢运行的功能由检修控制装置所取代； ③ 进行紧急电动运行操作时，易于观察到轿厢是否在开锁区	目测；通过模拟操作检查紧急电动运行装置功能
	(5) 无机房电梯的紧急操作和动态测试装置应当符合以下要求： ① 在任何情况下均能够安全方便地从井道外接近和操作该装置； ② 能够直接或者通过显示装置观察到轿厢的运动方向、速度以及是否位于开锁区； ③ 装置上设有永久性照明和照明开关； ④ 装置上设有停止装置或者主开关	目测；结合相关试验，验证紧急操作和动态测试装置的功能

续表

项目及类别	检验内容与要求	检验方法
3.8 控制柜、紧急操作和动态测试装置 B	(6) 层门和轿门旁路装置应当符合以下要求： ① 在层门和轿门旁路装置上或者其附近标明“旁路”字样，并且标明旁路装置的“旁路”状态或者“关”状态 ② 旁路时取消正常运行(包括动力操作的自动门的任何运行)；只有在检修运行或者紧急电动运行状态下，轿厢才能够运行；运行期间，轿厢上的听觉信号和轿底的闪烁灯起作用； ③ 能够旁路层门关闭触点、层门门锁触点、轿门关闭触点、轿门门锁触点；不能同时旁路层门和轿门的触点；对于手动层门，不能同时旁路层门关闭触点和层门门锁触点； ④ 提供独立的监控信号证实轿门处于关闭位置	目测旁路装置设置及标识；通过模拟操作检查旁路装置功能
	(7) 应当具有门回路检测功能，当轿厢在开锁区域内、轿门开启并且层门门锁释放时，监测检查轿门关闭位置的电气安全装置、检查层门门锁锁紧位置的电气安全装置和轿门监控信号的正确动作；如果监测到上述装置的故障，能够防止电梯的正常运行	通过模拟操作检查门回路检测功能
	(8) 应当具有制动器故障保护功能，当监测到制动器的提起(或者释放)失效时，能够防止电梯的正常启动	通过模拟操作检查制动器故障保护功能
	(9) 自动救援操作装置(如果有)应当符合以下要求： ① 设有铭牌，标明制造单位名称、产品型号、产品编号、主要技术参数；加装的自动救援操作装置的铭牌和该装置的产品质量证明文件相符； ② 在外电网断电至少等待 3 s 后自动投入救援运行，电梯自动平层并且开门； ③ 当电梯处于检修运行、紧急电动运行、电气安全装置动作或者主开关断开时，不得投入救援运行； ④ 设有一个非自动复位的开关，当该开关处于关闭状态时，该装置不能启动救援运行	对照检查自动救援操作装置的产品质量证明文件和铭牌；通过模拟操作检查自动救援操作功能

【检验工作指引】

参考 TSG T7001 中 2.8。

3.9 限速器

项目及类别	检验内容与要求	检验方法
3.9 限速器 B	(1) 限速器上设有铭牌，标明制造单位名称、型号、编号、技术参数和型式试验机构的名称或者标志，铭牌和型式试验证书、调试证书内容应当相符，并且铭牌上标注的限速器动作速度与受检电梯相适应	对照检查限速器型式试验证书、调试证书和铭牌

续表

项目及类别	检验内容与要求	检验方法
3.9 限速器 B	(2) 限速器或者其他装置上设有在轿厢上行或者下行速度达到限速器动作速度之前动作的电气安全装置,以及验证限速器复位状态的电气安全装置	目测电气安全装置的设置情况
	(3) 限速器各调节部位封记完好,运转时不得出现碰擦、卡阻、转动不灵活等现象,动作正常	目测调节部位封记和限速器运转情况,结合 11.4、11.5 的试验结果,判断限速器动作是否正常
	(4) 受检电梯的维护保养单位应当每 2 年(对于使用年限不超过 15 年的限速器)或者每年(对于使用年限超过 15 年的限速器)进行一次限速器动作速度校验,校验结果应当符合要求	审查限速器动作速度校验记录,对照限速器铭牌上的相关参数,判断校验结果是否符合要求;对于额定速度小于 3 m/s 的电梯,检验人员还需每 2 年对维护保养单位的校验过进行一次现场观察、确认

【检验工作指引】

参考 TSG T7001 中 2.9。

3.10 接地

项目及类别	检验内容与要求	检验方法
3.10 接地 C	(1) 供电电源自进入机房(机器设备间)起,中性导体(N,零线)与保护导体(PE,地线)应当始终分开; (2) 所有电气设备及线管、线槽的外露可以导电部分应当与保护导体(PE,地线)可靠连接	目测中性导体与保护导体的设置情况,以及电气设备及线管、线槽的外露可以导电部分与保护导体的连接情况,必要时测量验证

【检验工作指引】

参考 TSG T7001 中 2.10。

3.11 电气绝缘

<table>
<tr><th>项目及类别</th><th colspan="3">检验内容与要求</th><th>检验方法</th></tr>
<tr><td rowspan="3">3.11
电气绝缘
C</td><td colspan="3">动力电路、照明电路和电气安全装置电路的绝缘电阻应当符合下述要求:</td><td rowspan="3">由施工或者维护保养单位测量,检验人员现场观察、确认</td></tr>
<tr><td>标称电压/V</td><td>测试电压(直流)/V</td><td>绝缘电阻/MΩ</td></tr>
<tr><td>安全电压
≤500
>500</td><td>250
500
1 000</td><td>≥0.25
≥0.50
≥1.00</td></tr>
</table>

【检验工作指引】

参考 TSG T7001 中 2.11。

3.12 轿厢上行超速保护装置

项目及类别	检验内容与要求	检验方法
3.12 轿厢上行超速保护装置 B	(1)轿厢上行超速保护装置上设有铭牌,标明制造单位名称、型号、编号、技术参数和型式试验机构的名称或者标志,铭牌和型式试验证书内容相符; (2) 控制柜或者紧急操作和动态测试装置上标注电梯整机制造单位规定的轿厢上行超速保护装置动作试验方法	对照检查上行超速保护装置型式试验证书和铭牌;目测动作试验方法的标注情况

【检验工作指引】

参考 TSG T7001 中 2.12。

3.13 轿厢意外移动保护装置

项目及类别	检验内容与要求	检验方法
3.13 轿厢意外移动保护装置 B	(1) 轿厢意外移动保护装置上设有铭牌,标明制造单位名称、型号、编号、技术参数和型式试验机构的名称或者标志,铭牌和型式试验证书内容相符; (2) 在控制柜或者紧急操作和动态测试装置上标注电梯整机制造单位规定的轿厢意外移动保护装置动作试验方法,该方法与型式试验证书所标注的方法一致	对照检查轿厢意外移动保护装置型式试验证书和铭牌;目测动作试验方法的标注情况

【检验工作指引】

参考 TSG T7001 中 2.13。

4 井道及相关设备

4.1 井道专用

项目及类别	检验内容与要求	检验方法
4.1 井道专用 C	电梯井道应当独立设置,井内严禁敷设可燃气体和甲、乙、丙类液体管道,并且不应当敷设与电梯无关的电缆、电线等。井道壁除开设电梯门洞和通气孔外,不应当开设其他洞口。 如果在同一井道内还有其他电梯,那么整个多梯井道应当满足消防员电梯井道的耐火要求,其防火等级应当与防火前室的门和机房一致。如果在多梯井道内消防员电梯与其他电梯之间没有中间防火墙分隔开,则所有的电梯和它们的电气设备应当与消防员电梯具有相同的防火要求	目测

【说明解释】

如果在多梯井道内消防员电梯与其他电梯之间没有中间防火墙分隔开,则所有的电梯和它们的电气设备应当与消防员电梯具有相同的防火要求。这条的目的是防止其他电梯和它们的电气设备出现火灾，从而影响消防员电梯。中间防火墙示例见图 2-4、图 2-5。

【检验工作指引】

(1) 检查电梯井道是否独立设置，是否有与电梯无关的管道、设备及电缆等。井道开设的洞口是否满足要求。

(2) 多梯井道的防火要求是否满足要求，是否具有中间防火墙。

(3) 其他参考 TSG T7001 中 3.1。

4.2 顶部空间

项目及类别	检验内容与要求	检验方法
4.2 顶部空间 C	(1) 当对重完全压在缓冲器上时，应当同时满足以下要求： ① 轿厢导轨提供不小于 $0.1+0.035v^2$(m)的进一步制导行程； ② 轿顶可以站人的最高面积的水平面与位于轿厢投影部分井道顶最低部件的水平面之间的自由垂直距离不小于 $1.0+0.035v^2$(m)； ③ 井道顶的最低部件与轿顶设备的最高部件之间的间距(不包括导靴、钢丝绳附件等)不小于 $0.3+0.035v^2$(m)，与导靴或者滚轮、曳引绳附件、垂直滑动门的横梁或者部件的最高部分之间的间距不小于 $0.1+0.035v^2$(m)； ④ 轿顶上方有一个不小于 0.50 m×0.60 m×0.80 m 的空间(任意平面朝下即可)。 注 A-4：当采用减行程缓冲器并对电梯驱动主机正常减速进行有效监控时，$0.035v^2$ 可以用下值代替： ① 电梯额定速度不大于 4 m/s 时，可以减少到 1/2，但是不小于 0.25 m； ② 电梯额定速度大于 4 m/s 时，可以减少到 1/3，但是不小于 0.28 m。 (2) 当轿厢完全压在缓冲器上时，对重导轨有不小于 $0.1+0.035v^2$(m)的进一步制导行程	(1) 测量轿厢在上端站平层位置时的相应数据，计算确认是否满足要求； (2) 用痕迹法或者其他有效方法检验对重导轨的制导行程

【检验工作指引】

参考 TSG T7001 中 3.2。

4.3 井道设备的防护

项目及类别	检验内容与要求	检验方法
4.3 井道设备的防护 C	在电梯井道内或者轿厢上部的电气设备，如果其设置在距设有层门的任一井道壁 1 m 的范围内，则应当设计成能够防滴水和防淋水，或者其外壳防护等级应当至少为 IPX3。在井道外的机器设备间内和电梯底坑内的设备，应当被保护以免因水而造成故障	目测检查电气设备防滴水和溅水的设施。如果未提供防护设施，检查电气设备上的外壳防护等级标识或者其他证明文件

【说明解释】

当建筑物发生火灾的时候，一般情况下，建筑物自备的消防系统也相应启动，如每层楼的自动喷水灭火装置会启动，与此同时，现场需要使用大量的消防用水来扑灭火灾。上述消防用水势必流向楼道以及电梯井道，为保证消防员电梯能够安全使用，消防员电梯对防水设计有了一定的要求。电气设备的防水保护见图 2-11。

消防员电梯的防水措施一般包含以下几个方面：

(1) 轿厢的防水及排水设计，包括了轿顶、轿厢壁板、操纵箱等。

(2) 门系统的防水设计，包括轿门门机和层门防水设计；轿门门机防护一般在上方固定防水罩，主要是对门机变频器做防水保护。层门闭合、门锁、安全门与检修门开关都应进行防水设计，通常在门上坎安装防水护罩，避免因水造成层门开关故障。

(3) 电气设备的防水保护，包括轿顶检修箱、轿顶安全窗开关、缓冲器开关、底坑照明开关及接线盒等。上述电气设备在距设有层门的任一井道壁 1 m 的范围内，设计成能防滴水和防淋水，或者更换开关外壳防护等级应当至少为 GB 4208—2008《外壳防护等级(IP 代码)》规定的 IPX3(IP 后面的第一位代表防止固态物体进入等级，X 代表省略即无要求；IP 后面的第二位代表防止进水造成有害影响等级，3 代表防淋水)。

在井道外的机器设备间内和电梯底坑内的设备，也应进行防水保护，以免因水而造成故障。

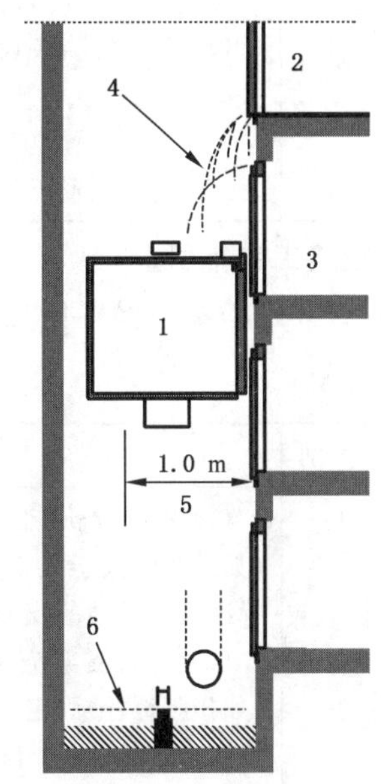

1—消防电梯轿厢；2—着火层；3—前方控制点(桥头)；4—从着火层地面漏下的水；5—在井道内和轿厢上的防水区域；6—地坑积水最高位。

图 2-11　电气设备的防水保护

【检验工作指引】

目测检查电气设备防滴水和溅水的设施。如果未提供防护设施，检查电气设备上的外壳防护等级标识或者其他证明文件。

4.4　井道安全门

项目及类别	检验内容与要求	检验方法
4.4 井道安全门 C	(1) 当相邻两层门地坎的间距大于 11 m 时，其间应当设置高度不小于 1.80 m、宽度不小于 0.35 m 的井道安全门(使用轿厢安全门时除外)； (2) 不得向井道内开启； (3) 门上应当装设用钥匙开启的锁，当门开启后不用钥匙能够将其关闭和锁住，在门锁住后，不用钥匙能够从井道内将门打开； (4) 应当设置电气安全装置以验证门的关闭状态； (5) 应当设置于防火前室内	(1) 目测或者测量相关数据； (2) 打开、关闭安全门，检查门的启闭和电梯启动情况

【检验工作指引】

检查井道安全门设置位置，是否设置于防火前室内，其余参考 TSG T7001 中 3.4。

4.5 井道检修门

项目及类别	检验内容与要求	检验方法
4.5 井道检修门 C	(1) 高度不小于1.40 m、宽度不小于0.60 m； (2) 不得向井道内开启； (3) 门上应当装设用钥匙开启的锁，当门开启后不用钥匙能够将其关闭和锁住，在门锁住后，不用钥匙能够从井道内将门打开； (4) 应当设置电气安全装置以验证门的关闭状态； (5) 应当设置于防火前室内	(1) 目测或者测量相关数据； (2) 打开、关闭安全门，检查门的启闭和电梯启动情况

【检验工作指引】

检查井道检修门设置位置，是否设置于防火前室内，其余参考 TSG T7001 中 3.5。

4.6 导轨

项目及类别	检验内容与要求	检验方法
4.6 导轨 C	(1) 每根导轨应当至少有2个导轨支架，其间距一般不大于2.50 m(如果间距大于2.50 m应当有计算依据)，安装于井道上、下端部的非标准长度导轨的支架数量应当满足设计要求； (2) 导轨支架应当安装牢固，焊接支架的焊缝满足设计要求，锚栓(如膨胀螺栓)固定只能在井道壁的混凝土构件上使用； (3) 每列导轨工作面每5 m铅垂线测量值间的相对最大偏差，轿厢导轨和设有安全钳的T型对重导轨不大于1.2 mm，不设安全钳的T型对重导轨不大于2.0 mm； (4) 两列导轨顶面的距离偏差，轿厢导轨为0～+2 mm，对重导轨为0～+3 mm	目测或者测量相关数据

【检验工作指引】

参考 TSG T7001 中 3.6。

4.7 轿厢与井道壁距离

项目及类别	检验内容与要求	检验方法
4.7 轿厢与井道壁距离 B	轿厢与面对轿厢入口的井道壁的间距不大于0.15 m，局部高度不大于0.50 m时该间距可以增加到0.20 m。如果轿厢装有机械锁紧的门并且门只能在开锁区内打开时，则上述间距不受限制	测量相关数据；观察轿厢门锁设置情况

【检验工作指引】

参考 TSG T7001 中 3.7。

4.8 层门地坎下端的井道壁

项目及类别	检验内容与要求	检验方法
4.8 层门地坎下端的井道壁 C	每个层门地坎下的井道壁应当符合以下要求：形成一个与层门地坎直接连接的连续垂直表面，由光滑而坚硬的材料构成(如金属薄板)；其高度不小于开锁区域的一半加上50 mm，宽度不小于门入口的净宽度两边各加25 mm	目测或者测量相关数据

【检验工作指引】

参考 TSG T7001 中 3.8。

4.9 井道内防护

项目及类别	检验内容与要求	检验方法
4.9 井道内防护 C	(1) 对重的运行区域应当采用刚性隔障保护，该隔障从底坑地面上不大于 0.30 m 处，向上延伸到离底坑地面至少 2.50 m 的高度，宽度应当至少等于对重宽度两边各加 0.10 m； (2) 在装有多台电梯的井道中，不同电梯的运动部件之间应当设置隔障，隔障应当至少从轿厢、对重行程的最低点延伸到最低层站楼面以上 2.50 m 高度，并且有足够的宽度以防止人员从一个底坑通往另一个底坑，如果轿厢顶部边缘和相邻电梯的运动部件之间的水平距离小于 0.50 m，隔障应当贯穿整个井道，宽度至少等于运动部件或者运动部件的需要保护部分的宽度每边各加 0.10 m	目测或者测量相关数据

【检验工作指引】

参考 TSG T7001 中 3.9。

4.10 极限开关

项目及类别	检验内容与要求	检验方法
4.10 极限开关 B	井道上下两端应当装设极限开关，该开关在轿厢或者对重接触缓冲器前起作用，并且在缓冲器被压缩期间保持其动作状态	(1) 将上行(下行)限位开关(如果有)短接，以检修速度使位于顶层(底层)端站的轿厢向上(向下)运行，检查井道上端(下端)极限开关动作情况； (2) 短接上下两端极限开关和限位开关(如果有)，以检修速度提升(下降)轿厢，使对重(轿厢)完全压在缓冲器上，检查极限开关动作状态

【检验工作指引】

参考 TSG T7001 中 3.10。

4.11 井道照明

项目及类别	检验内容与要求	检验方法
4.11 井道照明 C	井道应当装设永久性电气照明	目测

【检验工作指引】

参考 TSG T7001 中 3.11。

4.12 底坑设施与装置

项目及类别	检验内容与要求	检验方法
4.12 底坑设施与装置 C	(1)底坑底部应当平整,不得渗水、漏水; (2) 如果没有其他通道,应当在底坑内设置一个从层门进入底坑的永久性装置(如梯子),该装置不得凸入电梯的运行空间; (3) 底坑内应当设置在进入底坑时和底坑地面上均能够方便操作的停止装置,停止装置的操作装置为双稳态、红色、标以"停止"字样,并且有防止误操作的保护; (4) 底坑内应当设置 2P+PE 型电源插座,以及在进入底坑时能够方便操作的井道灯开关;插座和最低的灯具应当设置在底坑内最高允许水位之上至少 0.50 m 处; (5) 设置在电梯底坑地面上方 1 m 之内的所有电气设备,防护等级应当为 IP67	目测;操作验证停止装置和井道灯开关功能

【说明解释】

参考 EN 81-72:2015 *Safety rules for the construction and installation of lift-particular applications for passenger and goods passenger lifts part 72:Firefighters lifts* 中 5.3.2,底坑内最高允许水位是协商确定的,一般不超过 0.5 m。

【检验工作指引】

检查插座和最低的灯具的安装位置以及底坑内电气设备的防护等级,其余参考 TSG T7001 中 3.12。

4.13 底坑水位限制

项目及类别	检验内容与要求	检验方法
4.13 底坑水位限制 C	应当确保水面不会上升到轿厢缓冲器被完全压缩时的上表面之上或者可能影响电梯正常使用的高度	目测

【说明解释】

GB 26465—2011 中 5.3.5 规定,建筑物应具有符合 GB 50045—2005 中 6.3.3.11 和 GB 50016—2006 中 7.4.10 的排水设施,防止底坑内的水面到达可能使消防电梯发生故障的位置。即消防员电梯底坑内设置的排水设施,排水井的容量不应小于 2 m^3,排水泵的排水量不应小于 10 L/s。此处的排水设施应具有自动排水功能,到达指定液位时自动启动。指定液位不得高于轿厢缓冲器被完全压缩时的上表面,或者可能影响电梯正常使用的高度,如最低的电气安全装置的高度。

【检验工作指引】

检查底坑设置了排水设施,排水设施自动启动液位位置是否符合要求。

4.14　底坑空间

项目及类别	检验内容与要求	检验方法
4.14 底坑空间 C	轿厢完全压在缓冲器上时，底坑空间尺寸应当同时满足以下要求： (1) 底坑中有一个不小于 0.50 m×0.60 m×1.0 m 的空间(任意一面朝下即可)； (2) 底坑底面与轿厢最低部件之间的自由垂直距离不小于 0.50 m，当垂直滑动门的部件、护脚板和相邻井道壁之间，轿厢最低部件和导轨之间的水平距离在 0.15 m 之内时，此垂直距离允许减少到 0.10 m； 当轿厢最低部件和导轨之间的水平距离大于 0.15 m 但小于 0.50 m 时，此垂直距离可按等线性关系增加至 0.50 m； (3) 底坑中固定的最高部件和轿厢最低部件之间的自由垂直距离不小于 0.30 m	测量轿厢在下端站平层位置时的相应数据，计算确认是否满足要求

【检验工作指引】

参考 TSG T7001 中 3.13。

4.15　限速器绳张紧装置

项目及类别	检验内容与要求	检验方法
4.15 限速器绳 张紧装置 B	(1) 限速器绳应当用张紧轮张紧，张紧轮(或者其配重)应当有导向装置； (2) 当限速器绳断裂或者过分伸长时，应当通过一个电气安全装置的作用，使电梯停止运转	(1) 目测张紧和导向装置； (2) 电梯以检修速度运行，使电气安全装置动作，观察电梯运行状况

【检验工作指引】

参考 TSG T7001 中 3.14。

4.16　缓冲器

项目及类别	检验内容与要求	检验方法
4.16 缓冲器 B	(1) 轿厢和对重的行程底部极限位置应当设置缓冲器；蓄能型缓冲器只能用于额定速度不大于 1 m/s 的电梯，耗能型缓冲器可以用于任何额定速度的电梯； (2) 缓冲器上应当设有铭牌或者标签，标明制造单位名称、型号、编号、技术参数和型式试验机构的名称或者标志，铭牌或者标识和型式试验证书内容应当相符； (3) 缓冲器应当固定可靠、无明显倾斜，并且无断裂、塑性变形、剥落、破损等现象； (4) 耗能型缓冲器液位应当正确，有验证柱塞复位的电气安全装置； (5) 对重缓冲器附近应当设置永久性的明显标识，标明当轿厢位于顶层端站平层位置时，对重装置撞板与其缓冲器顶面间的最大允许垂直距离；并且该垂直距离不超过最大允许值	(1) 对照检查缓冲器型式试验证书和铭牌或者标签； (2) 目测缓冲器的固定和完好情况；必要时，将限位开关(如果有)、极限开关短接，以检修速度运行空载轿厢，将缓冲器充分压缩后，观察缓冲器是否有断裂、塑性变形、剥落、破损等现象； (3) 目测耗能型缓冲器的液位和电气安全装置； (4) 目测对重越程距离标识；查验当轿厢位于顶层端站平层位置时，对重装置撞板与其缓冲器顶面间的垂直距离

【检验工作指引】

参考 TSG T7001 中 3.15。

4.17 井道下方空间的防护

项目及类别	检验内容与要求	检验方法
4.17 井道下方空间的防护 B	如果井道下方有人能够到达的空间，应当将对重缓冲器安装于一直延伸到坚固地面上的实心桩墩，或者在对重上装设安全钳	目测

【检验工作指引】

参考 TSG T7001 中 3.16。

5 轿厢与对重

5.1 轿顶电气装置

项目及类别	检验内容与要求	检验方法
5.1 轿顶 电气装置 C	(1) 轿顶应当装设一个易于接近的检修运行控制装置，并且符合以下要求： ① 由一个符合电气安全装置要求，能够防止误操作的双稳态开关(检修开关)进行操作； ② 一经进入检修运行时，即取消正常运行(包括任何自动门操作)、紧急电动运行、对接操作运行，只有再一次操作检修开关，才能使电梯恢复正常工作； ③ 依靠持续揿压按钮来控制轿厢运行，此按钮有防止误操作的保护，按钮上或者其近旁标出相应的运行方向； ④ 该装置上设有一个停止装置，停止装置的操作装置为双稳态、红色、标以“停止”字样，并且有防止误操作的保护； ⑤ 检修运行时，安全装置仍然起作用。 (2) 轿顶应当装设一个从入口处易于接近的停止装置，停止装置的操作装置为双稳态、红色、标以“停止”字样，并且有防止误操作的保护。如果检修运行控制装置设在从入口处易于接近的位置，该停止装置也可以设在检修运行控制装置上； (3) 轿顶应当装设 2P+PE 型电源插座	(1) 目测检修运行控制装置、停止装置和电源插座的设置； (2) 操作验证检修运行控制装置、安全装置和停止装置的功能

【检验工作指引】

参考 TSG T7001 中 4.1。

5.2 轿顶护栏

项目及类别	检验内容与要求	检验方法
5.2 轿顶护栏 C	井道壁离轿顶外侧边缘水平方向自由距离超过 0.30 m 时，轿顶应当装设护栏，并且满足以下要求： (1) 由扶手、0.10 m 高的护脚板和位于护栏高度一半处的中间栏杆	目测或者测量相关数据

续表

项目及类别	检验内容与要求	检验方法
5.2 轿顶护栏 C	组成； (2) 当护栏扶手外缘与井道壁的自由距离不大于 0.85 m 时，扶手高度不小于 0.70 m；当该自由距离大于 0.85 m 时，扶手高度不小于 1.10 m； (3) 护栏装设在距轿顶边缘最大为 0.15 m 之内，并且其扶手外缘和井道中的任何部件之间的水平距离不小于 0.10 m； (4) 护栏有关于俯伏或者斜靠护栏危险的警示符号或者须知	目测或者测量相关数据

【检验工作指引】

参考 TSG T7001 中 4.2。

5.3　安全窗

项目及类别	检验内容与要求	检验方法
5.3 安全窗 C	应当在轿顶设置安全窗，并且符合以下要求： (1) 安全窗的最小尺寸为 0.50 m×0.70 m； (2) 通过安全窗进入轿厢内不得被永久性的设备或者照明灯具所阻碍，如果有悬挂天花吊顶，不用专用工具能够容易打开或者移走，并且能够从轿厢内清楚地识别其打开位置； (3) 设有手动上锁装置，能够不用钥匙从轿厢外开启，用规定的三角钥匙从轿厢内开启； (4) 轿厢安全窗不得向轿厢内开启，并且开启位置不得超出轿厢的边缘； (5) 其锁紧由电气安全装置予以验证	目测或者测量相关数据；操作验证

【检验工作指引】

检查安全窗的尺寸及打开位置和无障碍通过安全窗，其余参考 TSG T7001 中 4.3。

5.4　轿厢和对重间距

项目及类别	检验内容与要求	检验方法
5.4 轿厢和对重间距 C	轿厢及关联部件与对重之间的距离应当不小于 50 mm	测量相关数据

【检验工作指引】

参考 TSG T7001 中 4.4。

5.5　对重块

项目及类别	检验内容与要求	检验方法
5.5 对重块 B	(1) 对重块可靠固定； (2) 具有能够快速识别对重块数量的措施（例如标明对重块的数量或者总高度）	目测

【检验工作指引】

参考 TSG T7001 中 4.5。

5.6 轿厢面积

<table>
<tr><th>项目及类别</th><th colspan="6">检验内容与要求</th><th>检验方法</th></tr>
<tr><td rowspan="9">5.6
轿厢面积
C</td><td colspan="6">轿厢有效面积应当符合下述规定。下述各额定载重对应的轿厢最大有效面积允许增加不大于所列值 5％的面积：</td><td rowspan="9">测量计算轿厢有效面积</td></tr>
<tr><td>Q①</td><td>S②</td><td>Q①</td><td>S②</td><td>Q①</td><td>S②</td></tr>
<tr><td>800</td><td>2.00</td><td>1 050</td><td>2.50</td><td>1 350</td><td>3.10</td></tr>
<tr><td>825</td><td>2.05</td><td>1 125</td><td>2.65</td><td>1 425</td><td>3.25</td></tr>
<tr><td>900</td><td>2.20</td><td>1 200</td><td>2.80</td><td>1 500</td><td>3.40</td></tr>
<tr><td>975</td><td>2.35</td><td>1 250</td><td>2.90</td><td>1 600</td><td>3.56</td></tr>
<tr><td>1 000</td><td>2.40</td><td>1 275</td><td>2.95</td><td>2 000</td><td>4.20</td></tr>
<tr><td></td><td></td><td></td><td></td><td>2 500③</td><td>5.00</td></tr>
<tr><td colspan="6">注 A-5：①额定载重量，kg；②轿厢最大有效面积，m^2；③额定载重量超过 2 500 kg 时，每增加 100 kg，面积增加 0.16 m^2。对中间的载重量，其面积由线性插入法确定</td></tr>
</table>

【检验工作指引】

参考 TSG T7001 中 4.6。

5.7 轿厢内铭牌和标识

项目及类别	检验内容与要求	检验方法
5.7 轿厢内铭牌和标识 C	(1) 轿厢内应当设置铭牌，标明额定载重量及乘客人数、制造单位名称或者商标；改造后的电梯，铭牌上应当标明额定载重量及乘客人数、改造单位名称、改造竣工日期等； (2) 设有 IC 卡系统的电梯，轿厢内的出口层选层按钮应当采用凸起的星形图案予以标识，或者采用比其他按钮明显凸起的绿色按钮	目测

【检验工作指引】

参考 TSG T7001 中 4.7。

5.8 紧急照明和报警装置

项目及类别	检验内容与要求	检验方法
5.8 紧急照明和报警装置 B	轿厢内应当装设符合下述要求的紧急报警装置和紧急照明： (1) 正常照明电源中断时，能够自动接通紧急照明电源； (2) 紧急报警装置采用对讲系统以便与救援服务持续联系，当电梯行程大于 30 m 时，在轿厢和机房(或者紧急操作地点)之间也设置对讲系统，紧急报警装置的供电来自本条(1)所述的紧急照明电源或者等效电源；在启动对讲系统后，被困乘客不必再做其他操作	接通和断开紧急报警装置的正常供电电源，分别验证紧急报警装置的功能；断开正常照明供电电源，验证紧急照明的功能

【检验工作指引】

参考 TSG T7001 中 4.8。

5.9 开门超时报警

项目及类别	检验内容与要求	检验方法
5.9 开门超时报警 B	应当在轿内设置一个音响信号，当门实际停顿超过 2 min 时发出声音。经过这段时间之后，应当以减低的动力开始关闭，在门完全关闭后音响信号被消除。该要求仅适用于优先召回阶段	启动优先召回后，人为使重新开门装置动作或者模拟关门故障，用秒表计时，使电梯门保持打开 2 min，检查轿内是否有报警声

【说明解释】

启动优先召回后，为了确保消防员获得对消防员电梯的控制不被过度延误，消防员电梯应设置一个听觉信号，当门开着的实际停顿时间超过 2 min 时在轿厢内鸣响。在超过 2 min 后，此门将试图以减小的动力关闭，在门完全关闭后听觉信号解除。该听觉信号的声级应能在 35 dB(A)～65 dB(A)之间调整，通常设置在 55 dB(A)，而且该信号还应与消防员电梯的其他听觉信号区分开。

【检验工作指引】

(1) 将消防员电梯停在非消防服务通道层，然后将消防服务通道层的消防员电梯开关打到位置"1"(消防员服务有效状态)，在轿厢内人为使防止门夹人的保护装置动作并使用秒表开始计时，检查消防员电梯是否能在 2 min 后鸣响。

(2) 在超过 2 min 后，检查层门轿门是否会被动力强制关闭，在门完全关闭后听觉信号是否解除。

5.10 地坎护脚板

项目及类别	检验内容与要求	检验方法
5.10 地坎护脚板 C	轿厢地坎下应当装设护脚板，其垂直部分的高度不小于 0.75 m，宽度不小于层站入口宽度	目测或者测量相关数据

【检验工作指引】

参考 TSG T7001 中 4.9。

5.11 超载保护装置

项目及类别	检验内容与要求	检验方法
5.11 超载保护装置 C	设置当轿厢内的载荷超过额定载重量时，能够发出警示信号，并且使轿厢不能运行的超载保护装置。该装置最迟在轿厢内的载荷达到 110%额定载重量时动作，防止电梯正常启动及再平层，并且轿内有音响或者发光信号提示，动力驱动的自动门完全打开，手动门保持在未锁状态	进行加载试验，验证超载保护装置的功能

【检验工作指引】

参考 TSG T7001 中 4.10。

5.12 安全钳

项目及类别	检验内容与要求	检验方法
5.12 安全钳 B	（1）安全钳上应当设有铭牌，标明制造单位名称、型号、编号、技术参数和型式试验机构的名称或者标志，铭牌和型式试验证书、调试证书内容应当相符； （2）轿厢上应当装设一个在轿厢安全钳动作以前或者同时动作的电气安全装置	（1）对照检查安全钳型式试验证书、调试证书和铭牌； （2）目测电气安全装置的设置

【检验工作指引】

参考 TSG T7001 中 4.11。

6 悬挂装置、补偿装置及旋转部件防护

6.1 悬挂装置、补偿装置的磨损、断丝、变形等情况

<table>
<tr><th>项目及类别</th><th>检验内容与要求</th><th>检验方法</th></tr>
<tr><td>6.1
悬挂装置、补偿装置的磨损、断丝、变形等情况
C</td><td>出现下列情况之一时，悬挂钢丝绳和补偿钢丝绳应当报废：
① 出现笼状畸变、绳股挤出、扭结、部分压扁、弯折；
② 一个捻距内出现的断丝数大于下表列出的数值时：
<table>
<tr><td rowspan="2">断丝的形式</td><td colspan="3">钢丝绳类型</td></tr>
<tr><td>6×19</td><td>8×19</td><td>9×19</td></tr>
<tr><td>均布在外层绳股上</td><td>24</td><td>30</td><td>34</td></tr>
<tr><td>集中在一或者两根外层绳股上</td><td>8</td><td>10</td><td>11</td></tr>
<tr><td>一根外层绳股上相邻的断丝</td><td>4</td><td>4</td><td>4</td></tr>
<tr><td>股谷（缝）断丝</td><td>1</td><td>1</td><td>1</td></tr>
<tr><td colspan="4">注：上述断丝数的参考长度为一个捻距，约为 6d（d 表示钢丝绳的公称直径，mm）。</td></tr>
</table>
③ 钢丝绳直径小于其公称直径的 90%；
④ 钢丝绳严重锈蚀，铁锈填满绳股间隙。
采用其他类型悬挂装置的，悬挂装置的磨损、变形等不得超过制造单位设定的报废指标</td><td>（1）用钢丝绳探伤仪或者放大镜全长检测或者分段抽测；测量时，以相距至少 1 m 的两点进行，在每点相互垂直方向上测量两次，四次测量值的平均值，即为实测直径；
（2）采用其他类型悬挂装置的，按照制造单位提供的方法进行检验</td></tr>
</table>

【检验工作指引】

参考 TSG T7001 中 5.1。

6.2 端部固定

项目及类别	检验内容与要求	检验方法
6.2 端部固定 C	悬挂钢丝绳绳端固定应当可靠，弹簧、螺母、开口销等连接部件无缺损。 采用其他类型悬挂装置的，其端部固定应当符合制造单位的规定	目测，或者按照制造单位的规定进行检验

【检验工作指引】

参考 TSG T7001 中 5.2。

6.3　补偿装置

项目及类别	检验内容与要求	检验方法
6.3 补偿装置 C	(1) 补偿绳(链)端固定应当可靠; (2) 应当使用电气安全装置来检查补偿绳的最小张紧位置; (3) 当电梯的额定速度大于 3.5 m/s 时,还应当设置补偿绳防跳装置,该装置动作时应当有一个电气安全装置使电梯驱动主机停止运转	(1) 目测; (2) 模拟断绳或者防跳装置动作时的状态,观察电气安全装置动作和电梯运行情况

【检验工作指引】

参考 TSG T7001 中 5.3。

6.4　旋转部件的防护

项目及类别	检验内容与要求	检验方法
6.4 旋转部件 的防护 C	在机房(机器设备间)内的曳引轮、滑轮、链轮、限速器,在井道内的曳引轮、滑轮、链轮、限速器及张紧轮、补偿绳张紧轮,在轿厢上的滑轮、链轮等与钢丝绳、链条形成传动的旋转部件,均应当设置防护装置,以避免人身伤害、钢丝绳或者链条因松弛而脱离轮槽或者链轮、异物进入绳与轮槽或者链与链轮之间	目测

【检验工作指引】

参考 TSG T7001 中 5.6。

7　轿门与层门

7.1　门地坎距离

项目及类别	检验内容与要求	检验方法
7.1 门地坎距离 C	轿厢地坎与层门地坎的水平距离不得大于 35 mm	测量相关尺寸

【检验工作指引】

参考 TSG T7001 中 6.1。

7.2　门标识

项目及类别	检验内容与要求	检验方法
7.2 门标识 C	层门和玻璃轿门上设有标识,标明制造单位名称、型号,并且与型式试验证书内容相符	对照检查层门和玻璃轿门型式试验证书和标识

【检验工作指引】

参考 TSG T7001 中 6.2。

7.3 门间隙

项目及类别	检验内容与要求	检验方法
7.3 门间隙 C	门关闭后，应当符合以下要求： (1) 门扇之间及门扇与立柱、门楣和地坎之间的间隙不大于 6 mm； (2) 在水平移动门和折叠门主动门扇的开启方向，以 150 N 的人力施加在一个最不利的点，前条所述的间隙允许增大，但对于旁开门不大于 30 mm，对于中分门其总和不大于 45 mm	测量相关尺寸

【检验工作指引】

参考 TSG T7001 中 6.3。

7.4 防止门夹人的保护装置

项目及类别	检验内容与要求	检验方法
7.4 防止门夹人的保护装置 B	应当设置防止门夹人的保护装置，当人员通过层门入口被正在关闭的门扇撞击或者将被撞击时，该装置应当自动使门重新开启	模拟动作试验

【检验工作指引】

参考 TSG T7001 中 6.5。

7.5 门的运行和导向

项目及类别	检验内容与要求	检验方法
7.5 门的运行和导向 B	层门和轿门正常运行时不得出现脱轨、机械卡阻或者在行程终端时错位；如果磨损、锈蚀或者火灾可能造成层门导向装置失效，应当设置应急导向装置，使层门保持在原有位置	目测（对于层门，抽取基站、端站以及至少20%其他层站的层门进行检查）

【检验工作指引】

参考 TSG T7001 中 6.6。

7.6 自动关闭层门装置

项目及类别	检验内容与要求	检验方法
7.6 自动关闭层门装置 B	在轿门驱动层门的情况下，当轿厢在开锁区域之外时，如果层门开启（无论何种原因），应当有一种装置能够确保该层门自动关闭。自动关闭装置采用重块时，应当有防止重块坠落的措施	抽取基站、端站以及至少 20% 其他层站的层门，将轿厢运行至开锁区域外，打开层门，观察层门关闭情况及防止重块坠落措施的有效性

【检验工作指引】

参考 TSG T7001 中 6.7。

7.7　紧急开锁装置

项目及类别	检验内容与要求	检验方法
7.7 紧急开锁装置 B	每个层门均应当能够被一把符合要求的钥匙从外面开启；紧急开锁后，在层门闭合时门锁装置不应当保持开锁位置	抽取基站、端站以及至少20%其他层站的层门，用钥匙操作紧急开锁装置，验证其功能

【检验工作指引】

参考 TSG T7001 中 6.8。

7.8　门的锁紧

项目及类别	检验内容与要求	检验方法
7.8 门的锁紧 B	(1) 每个层门都应当设有符合下述要求的门锁装置： ① 门锁装置上设有铭牌，标明制造单位名称、型号和型式试验机构的名称或者标志，铭牌和型式试验证书内容相符； ② 锁紧动作由重力、永久磁铁或者弹簧来产生和保持，即使永久磁铁或者弹簧失效，重力亦不能导致开锁； ③ 轿厢在锁紧元件啮合不小于 7 mm 时才能启动； ④ 门的锁紧由一个电气安全装置来验证，该装置由锁紧元件强制操作而没有任何中间机构，并且能够防止误动作； (2) 如果轿门采用了门锁装置，该装置应当符合本条(1)的要求	(1) 对照检查门锁型式试验证书和铭牌(对于层门，抽取基站、端站以及至少 20%其他层站的层门进行检查)，目测门锁及电气安全装置的设置； (2) 目测锁紧元件的啮合情况，认为啮合长度可能不足时测量电气触点刚闭合时锁紧元件的啮合长度； (3) 使电梯以检修速度运行，打开门锁，观察电梯是否停止

【检验工作指引】

参考 TSG T7001 中 6.9。

7.9　门的闭合

项目及类别	检验内容与要求	检验方法
7.9 门的闭合 B	(1) 正常运行时应当不能打开层门，除非轿厢在该层门的开锁区域内停止或者停站；如果一个层门或者轿门(或者多扇门中的任何一扇门)开着，在正常操作情况下，应当不能启动电梯或者不能保持继续运行； (2) 每个层门和轿门的闭合都应当由电气安全装置来验证，如果滑动门是由数个间接机械连接的门扇组成，则未被锁住的门扇上也应当设置电气安全装置以验证其闭合状态	(1) 使电梯以检修速度运行，打开层门，检查电梯是否停止； (2) 将电梯置于检修状态，层门关闭，打开轿门，观察电梯能否运行； (3) 对于由数个间接机械连接的门扇组成的滑动门，抽取轿门和基站、端站以及至少 20%其他层站的层门，短接被锁住门扇上的电气安全装置，使各门扇均打开，观察电梯能否运行

【检验工作指引】

参考 TSG T7001 中 6.10。

7.10 轿门开门限制装置及轿门的开启

项目及类别	检验内容与要求	检验方法
7.10 轿门开门限制装置及轿门的开启 B	(1) 应当设置轿门开门限制装置，当轿厢停在开锁区域外时，能够防止轿厢内的人员打开轿门离开轿厢； (2) 在轿厢意外移动保护装置允许的最大制停距离范围内，打开对应的层门后，能够不用工具(三角钥匙或者永久性设置在现场的工具除外)从层站处打开轿门	模拟试验；操作检查

【检验工作指引】

参考 TSG T7001 中 6.11。

7.11 门刀、门锁滚轮与地坎间隙

项目及类别	检验内容与要求	检验方法
7.11 门刀、门锁滚轮与地坎间隙 C	轿门门刀与层门地坎，层门锁滚轮与轿厢地坎的间隙应当不小于 5 mm；电梯运行时不得互相碰擦	测量相关数据

【检验工作指引】

参考 TSG T7001 中 6.12。

8 无机房电梯附加检验项目

8.1 轿顶上或者轿厢内的作业场地

项目及类别	检验内容与要求	检验方法
8.1 轿顶上或者轿厢内的作业场地 C	检查、维修驱动主机、控制柜的作业场地设在轿顶上或者轿内时，应当具有以下安全措施： (1) 设置防止轿厢移动的机械锁定装置； (2) 设置检查机械锁定装置工作位置的电气安全装置，当该机械锁定装置处于非停放位置时，能防止轿厢的所有运行； (3) 若在轿厢壁上设置检修门(窗)，则该门(窗)不得向轿厢外打开，并且装有用钥匙开启的锁，不用钥匙能够关闭和锁住，同时设置检查检修门(窗)锁定位置的电气安全装置； (4) 在检修门(窗)开启的情况下需要从轿内移动轿厢时，在检修门(窗)的附近设置轿内检修控制装置，轿内检修控制装置能够使检查门(窗)锁定位置的电气安全装置失效，人员站在轿顶时，不能使用该装置来移动轿厢；如果检修门(窗)的尺寸中较小的一个尺寸超过 0.20 m，则井道内安装的设备与该检修门(窗)外边缘之间的距离应当不小于 0.30 m	(1) 目测机械锁定装置、检修门(窗)、轿内检修控制装置的设置； (2) 通过模拟操作以及使电气安全装置动作，检查机械锁定装置、轿内检修控制装置、电气安全装置的功能

【检验工作指引】

参考 TSG T7001 中 7.1。

8.2　底坑内的作业场地

项目及类别	检验内容与要求	检验方法
8.2 底坑内的 作业场地 C	检查、维修驱动主机、控制柜的作业场地设在底坑时，如果检查、维修工作需要移动轿厢或者可能导致轿厢的失控和意外移动，应当具有以下安全措施： (1) 设置停止轿厢运动的机械制停装置，使工作场地内的地面与轿厢最低部件之间的距离不小于 2 m； (2) 设置检查机械制停装置工作位置的电气安全装置，当机械制停装置处于非停放位置并且未进入工作位置时，能防止轿厢的所有运行，当机械制停装置进入工作位置后，仅能通过检修装置来控制轿厢的电动移动； (3) 在井道外设置电气复位装置，只有通过操纵该装置才能使电梯恢复到正常工作状态，该装置只能由工作人员操作	(1) 对于不具备相应安全措施的，核查电梯整机型式试验证书或者报告书，确认其上有无检查、维修工作无需移动轿厢并且不可能导致轿厢失控和意外移动的说明； (2) 目测机械制停装置、井道外电气复位装置的设置； (3) 通过模拟操作以及使电气安全装置动作，检查机械制停装置、井道外电气复位装置、电气安全装置的功能

【检验工作指引】

参考 TSG T7001 中 7.2。

8.3　平台上的作业场地

项目及类别	检验内容与要求	检验方法
8.3 平台上的 作业场地 C	检查、维修机器设备的作业场地设在平台上时，如果该平台位于轿厢或者对重的运行通道中，则应当具有以下安全措施： (1) 平台是永久性装置，有足够的机械强度，并且设置护栏； (2) 设有可以使平台进入(退出)工作位置的装置，该装置只能由工作人员在底坑或者在井道外操作，由一个电气安全装置确认平台完全缩回后电梯才能运行； (3) 如果检查、维修作业不需要移动轿厢，则设置防止轿厢移动的机械锁定装置和检查机械锁定装置工作位置的电气安全装置，当机械锁定装置处于非停放位置时，能防止轿厢的所有运行； (4) 如果检查、维修作业需要移动轿厢，则设置活动式机械止挡装置来限制轿厢的运行区间，当轿厢位于平台上方时，该装置能够使轿厢停在上方距平台至少 2 m 处，当轿厢位于平台下方时，该装置能够使轿厢停在平台下方符合 4.2 井道顶部空间要求的位置； (5) 设置检查机械止挡装置工作位置的电气安全装置，只有机械止挡装置处于完全缩回位置时才允许轿厢移动，只有机械止挡装置处于完全伸出位置时才允许轿厢在前条所限定的区域内移动。 如果该平台不位于轿厢或者对重的运行通道中，则应当满足上述(1)的要求	(1) 目测平台、平台护栏、机械锁定装置、活动式机械止挡装置的设置； (2) 通过模拟操作以及使电气安全装置动作，检查机械锁定装置、活动式机械止挡装置、电气安全装置的功能

【检验工作指引】

参考 TSG T7001 中 7.3。

8.4 附加检修控制装置

项目及类别	检验内容与要求	检验方法
8.4 附加检修 控制装置 C	如果需要在轿厢内、底坑或者平台上移动轿厢，则应当在相应位置上设置附加检修控制装置，并且符合以下要求： (1) 每台电梯只能设置1个附加检修控制装置；附加检修控制装置的型式要求与轿顶检修控制装置相同； (2) 如果一个检修控制装置被转换到“检修”，则通过持续按压该控制装置上的按钮能够移动轿厢；如果两个检修控制装置均被转换到“检修”位置，则从任何一个检修控制装置都不可能移动轿厢，或者当同时按压两个检修控制装置上相同方向的按钮时，才能够移动轿厢	(1) 目测附加检修装置的设置； (2) 进行检修操作，检查检修控制装置的功能

【检验工作指引】

参考 TSG T7001 中 7.4。

9 消防服务控制功能

9.1 消防员电梯开关

项目及类别	检验内容与要求	检验方法
9.1 消防员 电梯开关 B	(1) 消防服务通道层的防火前室内应当设置消防员电梯开关，该开关应当设置在距消防员电梯水平距离 2 m 之内，高度在地面以上1.80～2.10 m 的位置，并且应当用“消防员电梯象形图”做出标记； (2) 该开关应当由三角钥匙来操作，并且是双稳态的，清楚地用“1”和“0”标示出。位置“1”是消防员服务有效状态； (3) 该开关启动后，井道和机房照明应当自动点亮； (4) 该开关不得取消检修控制装置、停止装置或者紧急电动运行装置的功能； (5) 该开关启动后，电梯所有安全装置仍然有效(受烟雾等影响的轿厢重新开门装置除外)	(1) 目测或者测量相关数据； (2) 目测和功能试验； (3)、(4)、(5)功能试验

【检验工作指引】

(1) 检查消防员电梯开关是否设置在消防服务通道层的防火前室内，位置是否正确，是否有“消防员电梯象形图”标志，如图 2-12 所示。

(2) 检查消防员电梯开关是否由一个 GB 7588—2003 和 GB 21240—2007 的附录 B 规定的开锁三角钥匙来操作，是否双稳态，是否清楚地标示“1”和“0”位置，如图 2-13 所示。

(3) 检查消防员电梯开关启动后，井道和机房照明应当自动点亮。

(4) 分别操作检修控制装置、停止装置或者紧急电动运行装置将消防员电梯置于检修、停止或者紧急电动运行状态，然后启动消防员电梯开关，检查消防员电梯是否运行。

(5) 消防员电梯开关启动后，检查电梯所有安全装置是否仍然有效(受烟雾等影响的防止门夹人的保护装置除外)。可能受烟和热影响的防止门夹人的保护装置应当失效，以允许门关闭。

图 2-12　消防员电梯开关及标志图

图 2-13　消防员电梯开关位置标示

9.2　轿内消防员钥匙开关

项目及类别	检验内容与要求	检验方法
9.2 轿内消防员钥匙开关 B	(1) 如果设置轿内消防员钥匙开关，应当用“消防员电梯象形图”标出，并且清楚地标明位置“0”和“1”，该钥匙仅在处于位置“0”时才能拔出； (2) 该钥匙开关的操作必须符合：只有该钥匙处于“1”位置的情况下轿厢才能运行；如果电梯位于非消防服务通道层时，该钥匙处于“0”位置的情况下，轿厢不能运行并且必须保持层门和轿门打开； (3) 该钥匙开关仅在消防员服务状态时有效	目测和功能试验

【说明解释】

对于轿厢内设置消防员钥匙开关的消防员电梯。当消防员电梯由消防员入口层的消防员电梯开关控制而处于消防员服务状态时，为了使轿厢进入运行状态，该钥匙开关应被转换到位置“1”；当消防员电梯在其他层而不在消防员入口层，且轿厢内钥匙开关被转换到位置“0”时(消防员在该楼层)，应防止轿厢进一步的运行，并保持门在打开状态。

【检验工作指引】

(1) 检查轿厢内是否设有消防员钥匙开关，是否有“消防员电梯象形图”。检查消防员钥匙开关是否清楚地标明了位置“0”和“1”，并验证钥匙是否仅在处于位置“0”时才能拔出。

(2) 检查是否只有该钥匙处于“1”位置的情况下轿厢才能运行。将电梯运行至非消防服务通道层，并将钥匙处于“0”位置，检查轿厢是否不能运行并且必须保持层门和轿门打开。

(3) 将消防员入口层的消防员电梯开关分别置于“0”和“1”位置，检查轿内消防员钥匙开关是否只有在消防员入口层的消防员电梯开关置于“1”位置时才有效。

9.3 优先召回阶段

项目及类别	检验内容与要求	检验方法
9.3 优先召回阶段 B	电梯可以手动或者自动进入优先召回阶段。进入优先召回阶段，应当满足以下要求： (1) 所有的层站控制和轿内控制都应当失效，所有已登记的呼叫都应当被取消，但开门和紧急报警按钮应当保持有效； (2) 电梯脱离同一群控组中的其他电梯而独立运行； (3) 运行中的电梯应当尽快返回消防服务通道层，对于正在驶离消防服务通道层的电梯，应当在尽可能最近的楼层做一次正常的停靠，不开门然后返回；电梯到达消防服务通道层后应当停留在该层，并且轿门和层门保持在开启位置； (4) 可能受到烟和热影响的电梯的重新开门装置应当失效，以允许电梯门关闭； (5) 消防服务通信系统应当保持工作状态	功能试验

【说明解释】

附加的外部控制或输入仅能用于使消防员电梯自动返回到消防员入口层并停在该层保持开门状态。消防员电梯开关仍应被操作到位置“1”，才能使消防员电梯运行。

【检验工作指引】

(1) 将消防员入口层的消防员电梯开关操作到位置“1”，检查是否无法操作层站控制和轿内控制(失效)，所有已登记的呼叫是否都被取消，检查开门按钮和紧急报警按钮是否仍然保持有效。

(2) 对于群控电梯中的某台为消防员电梯，将消防员入口层的消防员电梯开关操作到位置“1”，检查该台消防员电梯是否响应消防召回而脱离同一群控组中的其他电梯，并返回到消防员入口层。

(3) 人为使消防员电梯驶离消防服务通道层，将消防员入口层的消防员电梯开关操作到位置“1”，检查消防员电梯是否在尽可能最近的楼层做一次正常的停靠，不开门然后返回；电梯到达消防服务通道层后应当停留在该层，并且轿门和层门保持在开启位置。

(4) 查看消防员电梯的设计文件，如果防止门夹人的保护装置在设计上是否能保证在受到烟和热影响时仍然有效，如果不能，则应检查当消防员入口层的消防员电梯开关操作到位置“1”时，防止门夹人的保护装置自动失效。

(5) 将消防员入口层的消防员电梯开关操作到位置“1”，检查轿内与消防员入口层和机房或紧急操作和动态测试处是否通信正常。

9.4 消防服务阶段的控制

项目及类别	检验内容与要求	检验方法
9.4 消防服务阶段的控制 B	当电梯停泊在消防服务通道层并且打开门以后，对电梯的控制将全部来自于轿厢内消防员的控制。 (1) 电梯选层应当符合以下要求： ① 每次只能登记一个轿内选层指令；	功能试验

续表

项目及类别	检验内容与要求	检验方法
9.4 消防服务阶段的控制 B	② 已登记的轿内指令应当显示在轿内控制装置上； ③ 轿厢正在运行中时，应当能够登记一个新的轿内选层指令，原来的指令将被取消，轿厢应当在最短的时间内运行到新登记的层站。 (2) 电梯轿厢根据已登记的指令运行到所选择的层站后停止，并且保持门关闭；直到登记下一个轿内指令为止，电梯应当停留在原层站； (3) 如果轿厢停止在一个层站，通过持续按压轿内“开门”按钮应当能够控制门开启。如果在门完全开启之前释放轿内“开门”按钮，门应当自动关闭。当门完全打开时，应当保持在开启状态直到轿内控制装置上有一个新的指令被登记； (4) 在正常或者应急电源有效时，应当在轿内和消防服务通道层两处显示出轿厢的位置； (5) 轿厢重新开门装置(受烟雾等影响的除外)和开门按钮应当与优先召回阶段一样保持有效状态； (6) 消防服务通信系统应当保持工作状态	功能试验

【检验工作指引】

(1) 将轿厢内消防员电梯开关操作到位置“1”，检查是否每次只能登记一个轿内选层指令，已登记的轿内指令是否显示在轿内控制装置上；在轿厢正在运行中时，登记一个新的轿内选层指令，原来的指令是否被取消，轿厢是否在最短的时间内运行到新登记的层站。

(2) 检查电梯轿厢根据已登记的指令运行到所选择的层站后是否停止并保持门关闭，直到登记下一个轿内指令为止，电梯应当停留在原层站。

(3) 电梯轿厢根据已登记的指令运行到所选择的层站后停止并保持门关闭，检查人为持续按压轿内“开门”按钮是否能够控制门开启。如果在门完全开启之前释放轿内“开门”按钮，门是否自动关闭。当门完全打开时，是否保持在开启状态直到轿内控制装置上有一个新的指令被登记。

(4) 查看消防员电梯的设计文件，如果防止门夹人的保护装置在设计上能保证在受到烟和热影响时仍然有效，则应检查当轿厢内消防员电梯开关操作到位置“1”时，防止门夹人的保护装置保持有效。检查当轿厢内消防员电梯开关操作到位置“1”时，开门按钮是否仍然有效。

(5) 将轿厢内的消防员电梯开关操作到位置“1”，检查轿内与消防员入口层和机房或紧急操作和动态测试处是否通信正常。

9.5　恢复正常服务

项目及类别	检验内容与要求	检验方法
9.5 恢复正常服务 B	当消防员电梯开关被转换到位置“0”，并且电梯已回到消防服务通道层时，电梯控制系统才能够恢复到正常服务状态	功能试验

【检验工作指引】

检查是否只有当消防员电梯开关被转换到位置"0",并且电梯已回到消防服务通道层时,电梯控制系统才能够恢复到正常服务状态。

9.6 再次优先召回

项目及类别	检验内容与要求	检验方法
9.6 再次优先召回 B	通过操作消防员电梯开关从位置"1"到"0",保持时间至少5 s,再回到"1"则电梯重新处于优先召回阶段,电梯应当返回到消防服务通道层。 本条不适用于设置轿内消防员钥匙开关(9.2)的情况	功能试验

【检验工作指引】

将消防员入口层的消防员电梯开关从位置"1"到"0",并保持时间至少5 s,再回到"1"则电梯重新处于优先召回阶段,电梯是否返回到消防服务通道层。

9.7 贯通门

项目及类别	检验内容与要求	检验方法
9.7 贯通门 C	(1) 在轿内靠近前门和后门的地方都应当有控制装置,消防员控制装置靠近消防前室设置,并且用"消防员电梯象形图"标示; (2) 进入优先召回阶段后,除开门和报警按钮外,供乘客正常使用的控制装置上的其他按钮都应当是无效的。进入消防服务阶段后,消防员控制装置应当有效; (3) 未设置防火前室的层门,在电梯恢复到正常运行状态之前应当始终保持关闭状态	(1) 目测; (2)、(3)功能试验

【说明解释】

如果消防员电梯有两个轿厢入口,任何不是预订由消防员使用的电梯层门都应被保护,使它们不会暴露于65 ℃的环境温度中(参见图2-5);消防员电梯前室都与消防员入口层的消防员电梯前室设置在同一侧,在轿厢内靠近两个门的位置均应有控制装置:其中之一供乘客正常使用;靠近前室的消防员控制装置仅供消防员使用,并应采用消防员电梯的标志标示。

【检验工作指引】

(1) 消防员电梯有两个轿厢入口时,检查前门和后门的地方是否都有控制装置,消防员控制装置是否靠近消防前室设置并且用"消防员电梯象形图"标示。

(2) 检查进入优先召回阶段后,除开门和报警按钮外,供乘客正常使用的控制装置上的其他按钮是否都是无效的。进入消防服务阶段后,消防员控制装置是否有效。

(3) 检查未设置防火前室的层门,在消防员电梯从消防服务阶段恢复到正常运行状态之前是否始终不能操作并保持关闭状态。

10　救援

10.1　轿外救援

项目及类别	检验内容与要求	检验方法
10.1 轿外救援 C	可以使用固定式梯子、便携式梯子、绳梯、安全绳系统等救援设备进行轿厢外救援，并且满足以下要求： (1) 每一层站附近必须设置救援工具的固定点； (2) 无论轿顶与最近可到达层站地坎之间的距离有多远，使用上述装置应当能够安全地达到轿顶	目测

【说明解释】

从轿厢外救援时可使用下列救援方法：

a) 符合 GB 7588—2003 和 GB 21210—2007 中 6.2.2b)、c)和 e)要求的固定式梯子设置在距上层站地坎垂直距离不大于 0.75 m 范围内；

b) 便携式梯子；

c) 绳梯；或

d) 安全绳系统。

外部救援程序示例如下（见图 2-14）：

a) 消防员打开轿厢停止位置上方的层门并进入轿顶；

b) 轿顶上的消防员打开安全窗，拉出储存在轿厢上（图 2-14 中的位置“a”），并把它放入轿厢内（图 2-14 中的位置“b”）；

c) 被困人员沿梯子爬上轿顶；

d) 消防员和被困人员从打开的层门撤离，如有必要可利用梯子（图 2-14 中的位置“c”）。

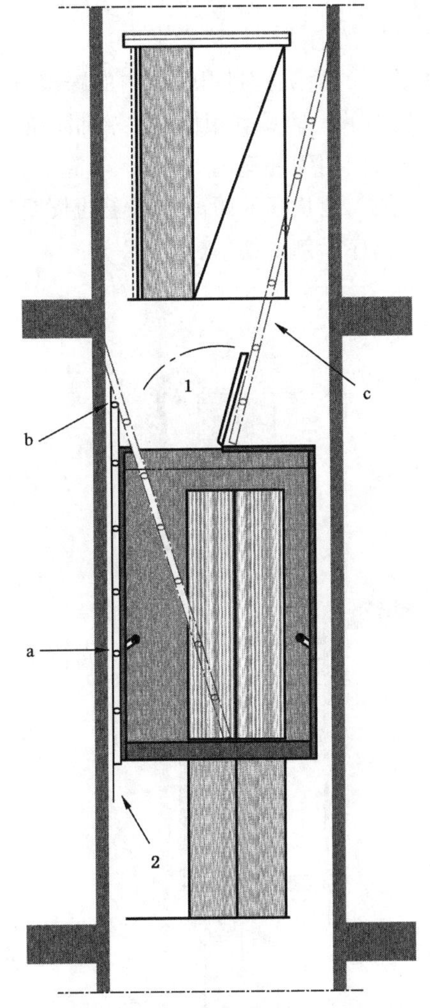

1—轿厢安全窗；

2—储存在轿厢上的便携式梯子。

图 2-14　利用储存在轿厢上的便携式梯子从消防员电梯外救援

【检验工作指引】

检查每个层站附近是否设置救援工具的固定点。检查固定式梯子、便携式梯子、绳梯、安全绳系统等救援设备的长度是否满足无论轿顶与最近可到达层站地坎之间的距离有多远，都能够安全地达到轿顶的要求。

10.2 轿内自救

项目及类别	检验内容与要求	检验方法
10.2 轿内自救 C	应当提供从轿厢内能够完全打开轿顶安全窗的途径。可以采用下列方式之一或者类似方式： (1) 在轿内提供合适的踩踏点，其最大梯阶高度为 0.40 m，任一踩踏点应当能够支撑 1 200 N 的负荷； (2) 符合要求的梯子，任何踩踏点与轿壁间的空隙都至少为 0.10 m。梯子与安全窗的尺寸和位置应当能够允许消防员顺利通过安全窗	目测或者测量相关数据

【说明解释】

自救程序示例 1 如下(见图 2-15)：

a) 被困的消防员打开安全窗；

b) 被困的消防员利用轿厢内的踩踏点爬上轿顶；

c) 被困的消防员利用储存在轿厢上的便携式梯子(如有必要，图 2-15 所示中的 2)从井道内打开层门门锁并撤离。

仅当层门地坎间的距离与梯子的长度相适应时才能使用此方法。

自救程序示例 2 如下(见图 2-16)：

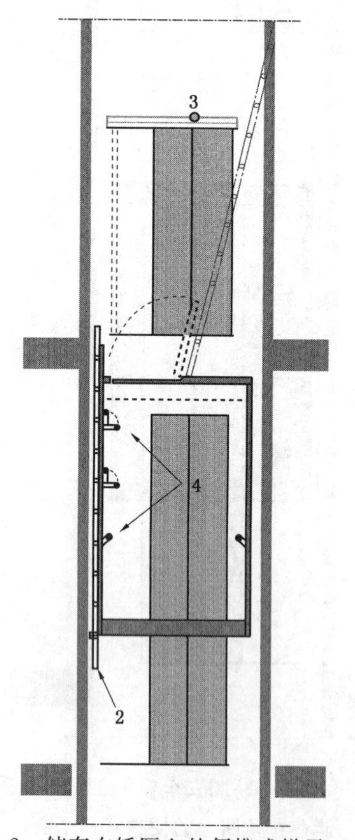

2—储存在轿厢上的便携式梯子；
3—层门门锁；4—踩踏点。

图 2-15 利用储存在轿厢上的便携式梯子自救

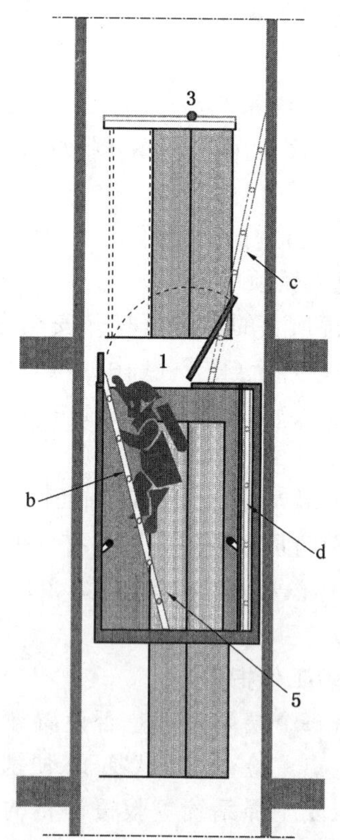

1—轿厢安全窗；3—层门门锁；
5—储存在轿厢内储存室的便携式梯子。

图 2-16 利用轿厢内储存室的便携式梯子自救

a）被困的消防员打开储存室的门，搬出储存的梯子（图 2-16 中的位置“d”）；

b）被困的消防员打开安全窗；

c）被困的消防员利用梯子（图 2-16 中的位置“b”，示例见图 2-17）爬上轿顶；

d）被困的消防员利用梯子（图 2-16 中的位置“c”）（如有必要）从井道内打开层门门锁并撤离；

仅当层门地坎间的距离与梯子的长度相适应时才能使用此方法。

【检验工作指引】

检查轿厢内是否有能够完全打开轿顶安全窗的途径（如三角钥匙）。检查轿厢内的踩踏点高度、间隙和强度是否符合要求，梯子与安全窗的尺寸和位置是否能够允许消防员顺利通过安全窗。

图 2-17　储存在轿厢内的便携式梯子

10.3　梯子的要求

项目及类别	检验内容与要求	检验方法
10.3 梯子的要求 C	（1）如果提供的刚性梯子固定在轿厢外以便救援时使用，则应当设置一个电气安全装置，以确保梯子被移开时电梯不能移动； （2）如果采用梯子，则梯子的最小长度应当符合：当电梯轿厢停在平层位置时，能够到上一层层门的门锁。如果轿厢上不可能设置这样的梯子，应当采用永久固定于井道内的梯子	目测

【说明解释】

如果在轿厢外部（例如井道内）设置一个用于救援的刚性梯子，则应符合下列要求：

a）应提供一个符合 GB 7588—2003 和 GB 21240—2007 中 14.1.2 要求的电气安全装置，以确保梯子从其储存位置移开后消防员电梯不能移动。

b）梯子的储存位置应避免在正常的维护作业时发生绊倒维护人员的危险。

c）如果采用梯子，则梯子的最小长度应当符合：当电梯轿厢停在平层位置时，能够到上一层层门的门锁。如果轿厢上不可能设置这样的梯子，应当采用永久固定于井道内的梯子，示例见图 2-18。

【检验工作指引】

如果消防员电梯在轿厢外部设置一个用于救援的刚性梯子，检查其电气安全装置是否有效，其长度是否符合要求。如果不能满足要求，则应设置固定于井道内的梯子。

图 2-18　固定于井道内的梯子

10.4 开门指示

项目及类别	检验内容与要求	检验方法
10.4 开门指示 C	在井道内每个层站入口靠近门锁处，应当设有简单的示意图或者符号，清楚地指示如何打开层门	目测

【检验工作指引】

检查是否在每个层站入口靠近门锁处都设有简单的示意图或者符号，清楚地指示如何打开层门。

11 试验

11.1 平衡系数试验

项目及类别	检验内容与要求	检验方法
11.1 平衡系数试验 B(C)	曳引电梯的平衡系数应当在0.40～0.50之间，或者符合制造（改造）单位的设计值	采用下列方法之一确定平衡系数： (1) 轿厢分别装载额定载重量的30%、40%、45%、50%、60%进行上、下全程运行，当轿厢和对重运行到同一水平位置时，记录电动机的电流值，绘制电流-负荷曲线，以上、下行运行曲线的交点确定平衡系数； (2) 按照本规则第四条的规定认定的方法。 注A-6：本条检验类别C类适用于定期检验。 注A-7：只有当本条检验结果为符合时方可进行11.2～11.12

【检验工作指引】

参考TSG T7001中8.1。

11.2 轿厢上行超速保护装置试验

项目及类别	检验内容与要求	检验方法
11.2 轿厢上行超速保护装置试验 C	当轿厢上行速度失控时，轿厢上行超速保护装置应当动作，使轿厢制停或者至少使其速度降低至对重缓冲器的设计范围；该装置动作时，应当使一个电气安全装置动作	由施工或者维护保养单位按照制造单位规定的方法进行试验，检验人员现场观察、确认

【检验工作指引】

参考TSG T7001中8.2。

11.3 轿厢意外移动保护装置试验

项目及类别	检验内容与要求	检验方法
11.3 轿厢意外移动保护装置试验 B	(1) 轿厢在井道上部空载，以型式试验证书所给出的试验速度上行并触发制停部件，仅使用制停部件能够使电梯停止，轿厢的移动距离在型式试验证书给出的范围内； (2) 如果电梯采用存在内部冗余的制动器作为制停部件，则当制动器提起（或者释放）失效，或者制动力不足时，应当关闭轿门和层门，并且防止电梯的正常启动	由施工或者维护保养单位进行试验，检验人员现场观察、确认

【检验工作指引】

参考 TSG T7001 中 8.3。

11.4　轿厢限速器-安全钳试验

项目及类别	检验内容与要求	检验方法
11.4 轿厢限速器-安全钳试验 B	(1) 施工监督检验:轿厢装载下述载荷,以检修速度下行,进行限速器-安全钳联动试验,限速器、安全钳动作应当可靠: ① 瞬时式安全钳,轿厢装载额定载重量; ② 渐进式安全钳,轿厢装载 125%额定载荷。 (2) 定期检验:轿厢空载,以检修速度下行,进行限速器-安全钳联动试验,限速器、安全钳动作应当可靠	(1) 施工监督检验:由施工单位进行试验,检验人员现场观察、确认; (2) 定期检验:轿厢空载以检修速度运行,人为分别使限速器和安全钳的电气安全装置动作,观察轿厢是否停止运行;然后短接限速器和安全钳的电气安全装置,轿厢空载以检修速度向下运行,人为动作限速器,观察轿厢制停情况

【检验工作指引】

参考 TSG T7001 中 8.4。

11.5　对重限速器-安全钳试验

项目及类别	检验内容与要求	检验方法
11.5 对重限速器-安全钳试验 B	轿厢空载,以检修速度上行,进行限速器-安全钳联动试验,限速器、安全钳动作应当可靠	轿厢空载以检修速度运行,人为分别使限速器和安全钳的电气安全装置(如果有)动作,观察轿厢是否停止运行;短接限速器和安全钳的电气安全装置(如果有),轿厢空载以检修速度向上运行,人为动作限速器,观察对重制停情况

【检验工作指引】

参考 TSG T7001 中 8.5。

11.6　运行试验

项目及类别	检验内容与要求	检验方法
11.6 运行试验 C	轿厢分别空载、满载,以正常运行速度上、下运行,呼梯、楼层显示等信号系统功能有效、指示正确、动作无误,轿厢平层良好,无异常现象发生。对于设有 IC 卡系统的电梯,轿厢内的人员无需通过 IC 卡系统即可到达建筑物的出口层,并且在电梯退出正常服务时,自动退出 IC 卡功能	(1) 轿厢分别空载、满载,以正常运行速度上、下运行,观察运行情况; (2) 将电梯置于检修状态以及紧急电动运行、火灾召回、地震运行状态(如果有),验证 IC 卡功能是否退出

【检验工作指引】

参考 TSG T7001 中 8.6。

11.7 应急救援试验

项目及类别	检验内容与要求	检验方法
11.7 应急救援试验 B	(1)在机房内或者紧急操作和动态测试装置上设有明晰的应急救援程序； (2)建筑物内的救援通道保持通畅，以便相关人员无阻碍地抵达实施紧急操作的位置和层站等处； (3)在各种载荷工况下，按照本条(1)所述的应急救援程序实施操作，能够安全、及时地解救被困人员	(1)目测； (2)在空载、半载、满载等工况(含轿厢与对重平衡的工况)，模拟停电和停梯故障，按照相应的应急救援程序进行操作；定期检验时在空载工况下进行。由施工或者维护保养单位进行操作，检验人员现场观察、确认

【检验工作指引】

参考 TSG T7001 中 8.7。

11.8 电梯速度

项目及类别	检验内容与要求	检验方法
11.8 电梯速度 C	当电源为额定频率，电动机施以额定电压时，轿厢装载50%额定载重量，向下运行至行程中段(除去加速和减速段)时的速度，不得大于额定速度的105%，不宜小于额定速度的92%	用速度检测仪器进行检测

【检验工作指引】

参考 TSG T7001 中 8.8。

11.9 空载曳引检查

项目及类别	检验内容与要求	检验方法
11.9 空载曳引检查 B	当对重压在缓冲器上而曳引机按电梯上行方向旋转时，应当不能提升空载轿厢	将上限位开关(如果有)、极限开关和缓冲器柱塞复位开关(如果有)短接，以检修速度将空载轿厢提升，当对重压在缓冲器上后，观察是否出现曳引轮与曳引绳产生相对滑动现象，或者曳引机停止旋转

【检验工作指引】

参考 TSG T7001 中 8.9。

11.10 上行制动工况曳引检查

项目及类别	检验内容与要求	检验方法
11.10 上行制动工况曳引检查 B	轿厢空载以正常运行速度上行至行程上部，切断电动机与制动器供电，轿厢应当完全停止	轿厢空载以正常运行速度上行至行程上部时，断开主开关，检查轿厢停止情况

【检验工作指引】

参考 TSG T7001 中 8.10。

11.11　下行制动工况曳引检查

项目及类别	检验内容与要求	检验方法
11.11 下行制动工况曳引检查 A(B)	轿厢装载125%额定载重量，以正常运行速度下行至行程下部，切断电动机与制动器供电，轿厢应当完全停止	由施工单位(定期检验时由维护保养单位)进行试验，检验人员现场观察、确认。 注A-8：本条检验类别B类适用于定期检验

【检验工作指引】

参考TSG T7001中8.11。

11.12　制动试验

项目及类别	检验内容与要求	检验方法
11.12 制动试验 A(B)	轿厢装载125%额定载重量，以正常运行速度下行时，切断电动机和制动器供电，制动器应当能够使驱动主机停止运转，试验后轿厢应当无明显变形和损坏	(1)监督检验：由施工单位进行试验，检验人员现场观察、确认； (2)定期检验：由维护保养单位每5年进行一次试验，检验人员现场观察、确认。 注A-9：本条可以与11.11一并进行试验。 注A-10：本条检验类别B类适用于定期检验

【检验工作指引】

参考TSG T7001中8.13。

附录　TSG T7002与TSG T7001条款对应表

序号	项目		TSG T7001
1	1.1 制造资料	(1)制造许可证明文件	1.1(1)
		(2)整机型式试验证书	1.1(2)
		(3)产品质量证明文件	1.1(3)
		(4)安全保护装置、主要部件型式试验证书及有关资料	1.1(4)
		(5)电气原理图	1.1(5)
		(6)安装使用维护说明书	1.1(6)
2	1.2 安装资料	(1)安装许可证明文件和告知书	1.2(1)
		(2)施工方案	1.2(2)
		(3)机房(机器设备间)和井道布置图或者勘测图	1.2(3)
		(4)施工过程记录和自检报告	1.2(4)
		(5)变更设计证明文件	1.2(5)
		(6)安装质量证明文件	1.2(6)

续表

<table>
<tr><th>序号</th><th colspan="2">项目</th><th>TSG T7001</th></tr>
<tr><td rowspan="6">3</td><td rowspan="6">1.3
改造、重大修理资料</td><td>(1) 改造(修理)许可证明文件和告知书</td><td>1.3(1)</td></tr>
<tr><td>(2) 改造(重大修理)清单和施工方案</td><td>1.3(2)</td></tr>
<tr><td>(3) 加装、更换的安全保护装置、主要部件的型式试验证书及有关资料</td><td>1.3(3)</td></tr>
<tr><td>(4) 特种设备作业人员证</td><td>1.3(5)</td></tr>
<tr><td>(5) 施工过程记录和自检报告</td><td>1.3(6)</td></tr>
<tr><td>(6) 改造(重大修理)质量证明文件</td><td>1.3(7)</td></tr>
<tr><td rowspan="6">4</td><td rowspan="6">1.4
使用资料</td><td>(1) 使用登记资料</td><td>1.4(1)</td></tr>
<tr><td>(2) 安全技术档案</td><td>1.4(2)</td></tr>
<tr><td>(3) 管理规章制度</td><td>1.4(3)</td></tr>
<tr><td>(4) 日常维护保养合同</td><td>1.4(4)</td></tr>
<tr><td>(5) 特种设备作业人员证</td><td>1.4(5)</td></tr>
<tr><td>(6) 有关防火的建筑设计文件</td><td>—</td></tr>
<tr><td rowspan="3">5</td><td rowspan="3">2.1
基本要求</td><td>(1) 服务于每一楼层</td><td>—</td></tr>
<tr><td>(2) 额定载重量</td><td>—</td></tr>
<tr><td>(3) 轿厢净尺寸</td><td>—</td></tr>
<tr><td>6</td><td colspan="2">2.2 防火前室</td><td>—</td></tr>
<tr><td>7</td><td colspan="2">2.3 供电系统</td><td>—</td></tr>
<tr><td>8</td><td colspan="2">2.4 电源转换</td><td>—</td></tr>
<tr><td rowspan="3">9</td><td rowspan="3">2.5
消防服务通信系统</td><td>(1) 设置消防服务通讯系统</td><td>—</td></tr>
<tr><td>(2) 通信设备的型式</td><td>—</td></tr>
<tr><td>(3) 线路装设在井道内</td><td>—</td></tr>
<tr><td rowspan="2">10</td><td rowspan="2">2.6
标识</td><td>(1) 设置消防员电梯象形图标志</td><td>—</td></tr>
<tr><td>(2) 设置货运禁用标志</td><td>—</td></tr>
<tr><td rowspan="3">11</td><td rowspan="3">3.1
通道与通道门</td><td>(1) 通道设置</td><td>2.1(1)</td></tr>
<tr><td>(2) 通道照明</td><td>2.1(2)</td></tr>
<tr><td>(3) 通道门</td><td>2.1(3)</td></tr>
<tr><td rowspan="2">12</td><td rowspan="2">3.2
机房(机器设备间)专用及防火</td><td>(1) 机房(机器设备间)专用</td><td>2.2</td></tr>
<tr><td>(2) 机房防火</td><td>—</td></tr>
</table>

续表

序号	项目		TSG T7001
13	3.3 安全空间	(1) 控制柜前的净空面积	2.3(1)
		(2) 维修、操作处的净空面积	2.3(2)
		(3) 楼梯(台阶)、护栏	2.3(3)
14	3.4 地面开口		2.4
15	3.5 照明与插座	(1) 机房、照明开关	2.5(1)
		(2) 电源插接	2.5(2)
		(3) 井道、轿厢照明和插接电源开关	2.5(3)
16	3.6 主开关	(1) 主开关设置	2.6(1)
		(2) 与照明等电路的控制关系	2.6(2)
		(3) 防止误操作装置	2.6(3)
		(4) 标志	2.6(4)
17	3.7 驱动主机	(1) 铭牌	2.7(1)
		(2) 工作状况	2.7(2)
		(3) 轮槽磨损	2.7(3)
		(4) 制动器动作情况	2.7(4)
		(5) 手动紧急操作装置	2.7(5)
18	3.8 控制柜、紧急操作和动态测试装置	(1) 铭牌	2.8(1)
		(2) 断错相保护	2.8(2)
		(3) 制动器电气装置设置	2.8(3)
		(4) 紧急电动运行装置	2.8(4)
		(5) 紧急操作和动态测试装置	2.8(5)
		(6) 层门和轿门旁路装置	2.8(6)
		(7) 门回路检测功能	2.8(7)
		(8) 制动器故障保护	2.8(8)
		(9) 自动救援操作装置	2.8(9)
19	3.9 限速器	(1) 铭牌	2.9(1)
		(2) 电气安全装置	2.9(2)
		(3) 封记及运转状况	2.9(3)
20	3.10 接地	(1) 中性导体与保护导体的设置	2.10(1)
		(2) 接地连接	2.10(2)
21	3.11 电气绝缘		2.11

续表

序号	项目		TSG T7001
22	3.12 轿厢上行超速保护装置	(1) 铭牌	2.12(1)
		(2) 试验方法	2.12(2)
23	3.13 轿厢意外移动保护装置	(1) 铭牌	2.13(1)
		(2) 试验方法	2.13(2)
24	4.1 井道专用		—
25	4.2 顶部空间	(1) 当对重完全压在缓冲器上时应当同时满足的条件	3.2(1)
		(2) 对重导轨制导行程	3.2(2)
26	4.3 井道设备的防护		—
27	4.4 井道安全门	(1) 安全门的设置	3.4(1)
		(2) 门的开启方向	3.4(2)
		(3) 门锁	3.4(3)
		(4) 电气安全装置	3.4(4)
28	4.5 井道检修门	(1) 门的尺寸	3.5(1)
		(2) 门的开启方向	3.5(2)
		(3) 门锁	3.5(3)
		(4) 电气安全装置	3.5(4)
		(5) 防火前室	—
29	4.6 导轨	(1) 支架个数与间距	3.6(1)
		(2) 支架安装	3.6(2)
		(3) 导轨工作面铅垂度	3.6(3)
		(4) 导轨顶面距离偏差	3.6(4)
30	4.7 轿厢与井道壁距离		3.7
31	4.8 层门地坎下端的井道壁		3.8
32	4.9 井道内防护	(1) 对重运行区域防护	3.9(1)
		(2) 多台电梯运动部件之间防护	3.9(2)
33	4.10 极限开关		3.10
34	4.11 井道照明		3.11

续表

序号	项目		TSG T7001
35	4.12 底坑设施与装置	(1) 底坑底部	3.12(1)
		(2) 进入底坑的装置	3.12(2)
		(3) 停止装置	3.12(3)
		(4) 电源插接装置及井道灯开关	3.12(4)
		(5) 电气设备防护	—
36	4.13 底坑水位限制		—
37	4.14 底坑空间	(1) 底坑空间尺寸	3.13(1)
		(2) 底坑底面与轿厢部件距离	3.13(2)
		(3) 轿厢最低部件与底坑最高部件距离	3.13(3)
38	4.15 限速器绳张紧装置	(1) 张紧形式、导向装置	3.14(1)
		(2) 电气安全装置	3.14(2)
39	4.16 缓冲器	(1) 缓冲器选型	3.15(1)
		(2) 铭牌或者标签	3.15(2)
		(3) 固定和完好情况	3.15(3)
		(4) 液位和电气安全装置	3.15(4)
		(5) 对重越程距离	3.15(5)
40	4.17 井道下方空间的防护		3.16
41	5.1 轿顶电气装置	(1) 检修装置	4.1(1)
		(2) 停止装置	4.1(2)
		(3) 电源插座	4.1(3)
42	5.2 轿顶护栏	(1) 护栏的组成	4.2(1)
		(2) 扶手高度	4.2(2)
		(3) 装设位置	4.2(3)
		(4) 警示标志	4.2(4)
43	5.3 安全窗	(1) 安全窗尺寸	—
		(2) 安全窗通过性	—
		(3) 手动上锁装置	4.3(1)
		(4) 安全窗开启	4.3(2)
		(5) 电气安全装置	4.3(3)
44	5.4 轿厢和对重间距		4.4

续表

序号	项目		TSG T7001
45	5.5 对重块	(1) 固定	4.5(1)
		(2) 识别数量的措施	4.5(2)
46	5.6 轿厢面积		4.6
47	5.7 轿厢内铭牌和标识	(1) 紧急照明	4.7(1)
		(2) 紧急报警装置	4.7(2)
48	5.8 紧急照明和报警装置	(1) 紧急照明	4.8(1)
		(2) 紧急报警装置	4.8(2)
49	5.9 开门超时报警		—
50	5.10 地坎护脚板		4.9
51	5.11 超载保护装置		4.10
52	5.12 安全钳	(1) 铭牌	4.11(1)
		(2) 电气安全装置	4.11(2)
53	6.1 悬挂装置、补偿装置的磨损、断丝、变形等情况		5.1
54	6.2 端部固定		5.2
55	6.3 补偿装置	(1) 绳(链)端固定	5.3(1)
		(2) 电气安全装置	5.3(2)
		(3) 补偿绳防跳装置	5.3(3)
56	6.4 旋转部件的防护		5.6
57	7.1 门地坎距离		6.1
58	7.2 门标识		6.2
59	7.3 门间隙	(1) 门扇间隙	6.3(1)
		(2) 人力施加在最不利点时间隙	6.3(2)
60	7.4 防止门夹人的保护装置		6.5
61	7.5 门的运行和导向		6.6
62	7.6 自动关闭层门装置		6.7
63	7.7 紧急开锁装置		6.8
64	7.8 门的锁紧	(1) 层门门锁装置	6.9(1)
		(2) 轿门门锁装置	6.9(2)

续表

序号	项目		TSG T7001
65	7.9 门的闭合	(1) 机电联锁	6.10(1)
		(2) 电气安全装置	6.10(2)
66	7.10 轿门开门限制装置及轿门的开启	(1) 轿门开门限制装置	6.11(1)
		(2) 轿门的开启	6.11(2)
67	7.11 门刀、门锁滚轮与地坎间隙		6.12
68	8.1 轿顶上或者轿厢内的作业场地	(1) 机械锁定装置	7.1(1)
		(2) 检查机械锁定装置工作位置的电气安全装置	7.1(2)
		(3) 轿厢检修门(窗)设置	7.1(3)
		(4) 检修门(窗)开启时从轿内移动轿厢的要求	7.1(4)
69	8.2 底坑内的作业场地	(1) 机械制停装置	7.2(1)
		(2) 检查机械制停装置工作位置的电气安全装置	7.2(2)
		(3) 井道外电气复位装置	7.2(3)
70	8.3 平台上的作业场地	(1) 平台设置	7.3(1)
		(2) 平台进(出)装置与电气安全装置	7.3(2)
		(3) 机械锁定装置与电气安全装置	7.3(3)
		(4) 活动式机械止挡装置	7.3(4)
		(5) 检查机械止挡装置工作位置的电气安全装置	7.3(5)
71	8.4 附加检修控制装置	(1) 附加检修控制装置设置	7.4(1)
		(2) 与轿顶检修的互锁	7.4(2)
72	9.1 消防员电梯开关	(1) 设置情况	—
		(2) 应由三角钥匙来操作	—
		(3) 井道和机房照明点亮	—
		(4) 检修控制、停止开关等	—
		(5) 安全装置有效	—
73	9.2 轿内消防员钥匙开关	(1) 标明位置和拔出	—
		(2) 操作	—
		(3) 钥匙开关的有效	—

续表

序号	项目		TSG T7001
74	9.3 优先召回阶段	(1) 部分控制失效	—
		(2) 脱离群控	—
		(3) 返回消防服务通道层	—
		(4) 轿厢重新开门装置	—
		(5) 消防服务通信系统	—
75	9.4 消防服务阶段的控制	(1) 选层操作	—
		(2) 电梯运行	
		(3) 开关门控制	—
		(4) 轿厢位置显示	—
		(5) 轿厢重新开门装置	—
		(6) 消防服务通信系统	—
76	9.5 恢复正常服务		—
77	9.6 再次优先召回		—
78	9.7 贯通门	(1) 双操作控制装置	—
		(2) 控制装置的控制	—
		(3) 层门关闭	—
79	10.1 轿外救援	(1) 救援工具固定点	—
		(2) 救援工具能到达轿顶	—
80	10.2 轿内自救	(1) 踩踏点	—
		(2) 梯子	—
81	10.3 梯子的要求	(1) 刚性梯子	—
		(2) 梯子最小长度	—
82	10.4 开门指示		—
83	11.1 平衡系数试验		8.1
84	11.2 轿厢上行超速保护装置试验		8.2
85	11.3 轿厢意外移动保护装置试验	(1) 制停情况	8.3(1)
		(2) 自监测功能	8.3(2)
86	11.4(1)轿厢限速器-安全钳试验		8.4
87	11.5 对重限速器-安全钳试验		8.5

续表

<table>
<tr><th>序号</th><th colspan="2">项目</th><th>TSG T7001</th></tr>
<tr><td>88</td><td colspan="2">11.6 运行试验</td><td>8.6</td></tr>
<tr><td rowspan="3">89</td><td rowspan="3">11.7
应急救援
试验</td><td>(1) 救援程序</td><td>8.7(1)</td></tr>
<tr><td>(2) 救援通道</td><td>8.7(2)</td></tr>
<tr><td>(3) 救援操作</td><td>8.7(3)</td></tr>
<tr><td>90</td><td colspan="2">11.8 电梯速度</td><td>8.8</td></tr>
<tr><td>91</td><td colspan="2">11.9 空载曳引检查</td><td>8.9</td></tr>
<tr><td>92</td><td colspan="2">11.10 上行制动工况曳引检查</td><td>8.10</td></tr>
<tr><td>93</td><td colspan="2">11.11 下行制动工况曳引检查</td><td>8.11</td></tr>
<tr><td>94</td><td colspan="2">11.12 制动试验</td><td>8.13</td></tr>
</table>

第三章　防爆电梯

防爆电梯是安装或者使用在爆炸危险区域为1区、2区、21区、22区的电梯，曳引式防爆电梯、液压防爆电梯和曳引式杂物防爆电梯均应按照TSG T7003—2011《电梯监督检验和定期检验规则——防爆电梯》(含第1、第2号修改单，以下简称TSG T7003)的要求进行监督检验和定期检验。本部分将专门针对防爆电梯有关的特殊项目进行陈述，与曳引式电梯、液压电梯、杂物电梯相同的检验项目分别参见第一章、第四章和第六章。

防爆电梯通常按照防爆要求进行划分，分为气体防爆型、粉尘防爆型和气体粉尘混合防爆型。气体防爆型理论上可以用于0区、1区和2区，粉尘防爆型理论上可以用于20区、21区和22区，气体粉尘混合防爆型理论上可以用于0区、1区、2区、20区、21区和22区。但由于防爆电梯所采用的防爆类型限制，目前气体防爆型电梯还不能用于0区，粉尘防爆型电梯还不能用于20区。

以下简要介绍与爆炸和防爆有关的几个基本概念。

(1) 爆炸

爆炸是指物质从一种状态，经过物理或化学变化，突然变成另一种状态，并释放出巨大的能量，同时产生光和热或机械功。由于其能量以急剧的速度释放出来，使周围的物体遭受到猛烈地冲击和破坏。

爆炸的三要素：易燃易爆物质、点火源、空气。三要素同时存在才会产生爆炸，空气无法控制，只有控制易燃易爆物质泄露和出现点火源。

(2) 爆炸性环境

爆炸性环境是指在大气条件下，可燃性物质以气体、蒸气、粉尘、纤维或飞絮的形式与空气形成的混合物，被点燃后，能够保持燃烧自行传播的环境。

1) 爆炸性气体环境是指在大气条件下，可燃性物质以气体或蒸气的形式与空气形成的混合物，被点燃后，能够保持燃烧自行传播的环境。

2) 爆炸性粉尘环境是指在大气条件下，可燃性物质以粉尘、纤维或飞絮的形式与空气形成的混合物，被点燃后，能够保持燃烧自行传播的环境。粉尘是可燃性粉尘和可燃性飞絮的通称。

爆炸性粉尘环境中粉尘有四种类型：

① 爆炸性粉尘。常见的有：镁、铝、铝青铜等。

② 可燃性导电粉尘。常见的有：石墨、炭黑、焦炭、煤、铁、锌、钛等。

③ 可燃性非导电粉尘。常见的有：聚乙烯、苯酚树脂、小麦、玉米、砂糖、染料、可可、木质、米糠、硫磺等。

④ 可燃性纤维。常见的有：棉花纤维、麻纤维、丝纤维、毛纤维、木质纤维、人造纤维等。

(3) 爆炸极限

爆炸极限是指爆炸性混合物中易燃物质与空气的比例，并不是什么比例都会引起爆炸，它存在着引起爆炸的最低浓度，称为下限。最高浓度，称为上限。二者之间就称爆炸极限。

如：氢(H_2)在4%～75%的范围内爆炸，≥75%时燃烧，<4%时不爆不烧；

甲烷(瓦斯，CH_4)在5%～15%的范围内爆炸。

爆炸极限不是一个常数，环境温度、压力、容积和含氧量可以改变爆炸极限大小。例如：甲烷与煤粉的混合物则爆炸极限会向上向下扩大。

(4) 自燃温度

每个物质都有自己的自燃温度，爆炸混合物不用点火源，用加热温度同样会引起爆炸，凡能引起爆炸物的温度叫自燃温度。每个物质都有自己的自燃温度。如：氢气(H_2)自燃温度为560 ℃，乙炔(C_2H_2)自燃温度为305 ℃，甲烷(CH_4)自燃温度为537 ℃。

(5) 最大试验安全间隙

19世纪德国科学家发现，爆炸性混合物发生爆炸后，产生的爆炸物火焰在通过一定的金属缝隙时会自己熄灭，根据这个原理制成了一个试验装置，通过对各种爆炸混合物的试验，得出试验依据，建立了防爆电气设备的有关标准。

图3-1所示为MESG(最大试验间隙)试验装置的示意图，以及氢气(H_2)通过该试验装置进行试验的试验结果。

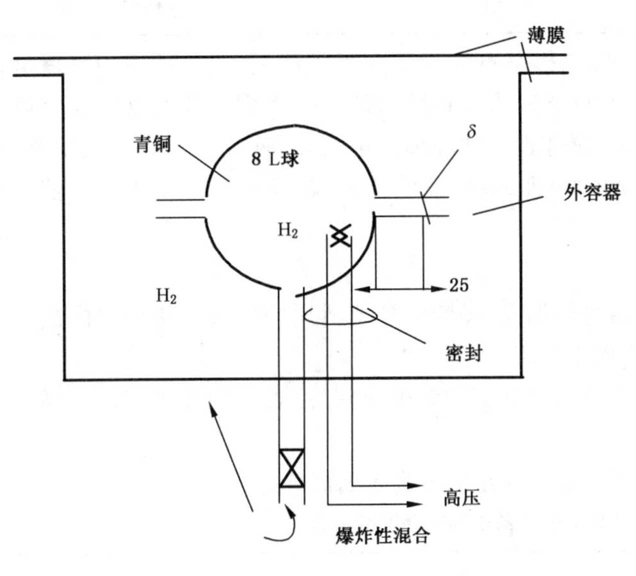

H_2 %	δ mm	结果
4	0.7	传爆
4	0.6	不传爆
10	0.6	传爆
10	0.5	不传爆
20	0.5	不传爆
20	0.4	不传爆
30	0.4	不传爆
30	0.3	不传爆
40	0.3	不传爆
50	0.3	不传爆
60	0.3	不传爆
70	0.3	不传爆

图3-1　MESG试验装置和氢气(H_2)试验结果

根据试验结果，H_2的MESG为0.3 mm，在GB 3836.2中对于ⅡB级要求$\delta \leqslant$ 0.2 mm，而实际上隔爆型防爆部件的隔爆间隙要小得多。

隔爆其实不要求密封，但电缆引入口要求密封，隔爆只要达到IP55。隔爆型防爆部件允许在隔爆箱内发生爆炸，但爆炸的火焰通过隔爆间隙不传爆，而电缆引入口的密封主要是爆炸性混合物不进入防爆箱内，同时也有隔爆作用。

(6) 最小点燃能量(MIE)和最小点燃电流(MIC)

在标准的试验条件下，采用最易点燃的浓度，能够点燃爆炸性混合物的最小能量为最小点燃能量(MIE)。在规定的试验条件下对电阻电路和电感电路用火花试验装置进行

3 000 次火花试验，能够发生点燃的最小电流为最小点燃电流(MIC)。

最小点燃能量(MIE)和最小点燃电流(MIC)是本安型电气设备的设计依据。

(7) 防爆级别

爆炸性环境用电气设备可以分为：

Ⅰ类：煤矿(甲烷)用电气设备。

Ⅱ类：除煤矿外的其他爆炸性气体环境用电气设备。Ⅱ类电气设备，按其适用于爆炸性气体环境混合物的最大试验安全间隙(MESG)行业最小点燃电流比(MICR，最小点燃电流与实验室用甲烷的最小点燃电流的比值)分为 A、B、C 三级。其分类数据如表 3-1 所示。

Ⅲ类：煤矿以外的爆炸性粉尘环境用电气设备。

表 3-1　ⅡA、ⅡB、ⅡC 分类表

类、级别	MESG/mm	MICR
IIA	MESG>0.9	MICR>0.8
IIB	0.5≤MESG≤0.9	0.45≤MICR≤0.8
IIC	MESG<0.5	MICR<0.45

按照 TSG T7003 进行检验的防爆电梯基本均处于非煤矿环境，气体环境用隔爆型设备和本安型设备需要根据爆炸性气体的类型选择相适用的防爆类别。各类爆炸性气体的级别划分可以参考 GB 3836.1—2000《爆炸性气体环境用电气设备　第 1 部分：通用要求》(以下简称 GB 3836.1—2000)附录 B 的内容(该标准已废止，新版 GB 3836.1 中取消了该内容)。

(8) 最高表面温度和温度组别

由于各类爆炸性物质具有相应的自燃温度，爆炸性环境所用的电气设备需要限制最高表面温度，防止外壳直接点燃爆炸性物质。

Ⅱ类电气设备的最高表面温度不应超过规定的温度组别(见表 3-2)或规定的最高表面温度。

Ⅲ类电气设备的最高表面温度不应超过规定的最高表面温度。

表 3-2　Ⅱ类电气设备最高表面温度分组

温度组别	最高表面温度 ℃
T1	450
T2	300
T3	200
T4	135
T5	100
T6	85

各类爆炸性气体的温度组别可以参考 GB 3836.1—2000 附录 B 的内容。

(9) 爆炸性环境分区

根据 GB 25285.1—2010《爆炸性环境　爆炸预防和防护　第 1 部分:基本原则和方法》的要求,爆炸性环境危险场所分区 0 区、1 区、2 区、20 区、21 区和 22 区的定义分别为:

1) 爆炸性气体环境

① 0 区:可燃性物质以气体、蒸气或薄雾的形式与空气形成的爆炸性环境,连续出现、或长期存在,或频繁出现的场所。

注 1:这些情况一般出现在容器、管道和储罐等的内部。

② 1 区:可燃性物质以气体、蒸气或薄雾的形式与空气形成的爆炸性环境,在正常运行条件下偶尔可能出现的场所。

注 2:该区也包括:

——靠近 0 区附件;

——靠近进料口附近;

——靠近投料口和排料口周围;

——由玻璃、陶瓷和类似材料制成的易碎设备、防护系统和元件附近;

——不完全封闭衬垫附近,例如带填料函的水泵和阀门上的密封垫。

③ 2 区:可燃性物质以气体、蒸气或薄雾的形式与空气形成的爆炸性环境,在正常条件下不可能出现,如果出现也是短时间存在的场所。

注 3:该区也包括 0 区或 1 区周围的场所。

爆炸性气体环境的不同危险区域常用分区图来表示,如图 3-2 所示。

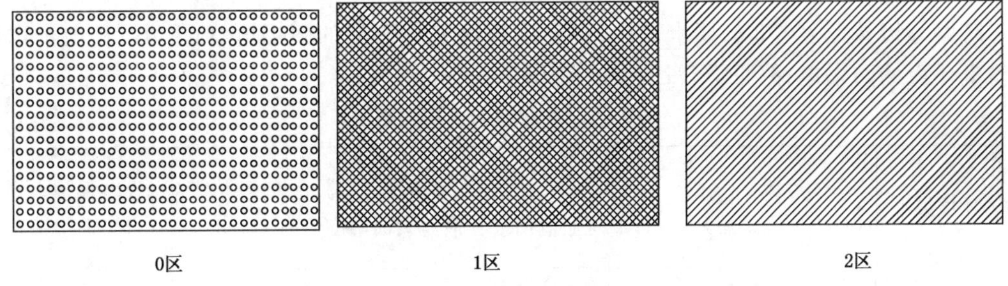

图 3-2　爆炸性气体环境危险区域分区图

2) 爆炸性粉尘环境

① 20 区:爆炸性环境以空气中可燃性粉尘云的形式,持续地,或长期地,或频繁地存在的场所。

注 1:这些情况一般发生在容器、管道和储罐等的内部。

② 21 区:爆炸性环境以空气中可燃性粉尘云的形式,在正常运行时偶尔可能出现的场所。

注 2:该区也包括靠近粉末投料和排料点附近的区域,以及在正常运行中可能出现粉尘层,并且可燃性粉尘与空气的混合物可能达到爆炸浓度的场所。

③ 22 区;爆炸性环境以空气中可燃性粉尘云的形式,正常运行时不可能出现,如果出现也是短时间存在的场所。

注 3:该区也包括容装粉尘,并因泄露形成沉积粉尘的设备、防护系统和元件附近的场所(例如:磨坊,粉尘从磨粉机上逸出然后沉积下来)。

爆炸性粉尘环境的危险区域也通常用分区图来表示，如图 3-3 所示。

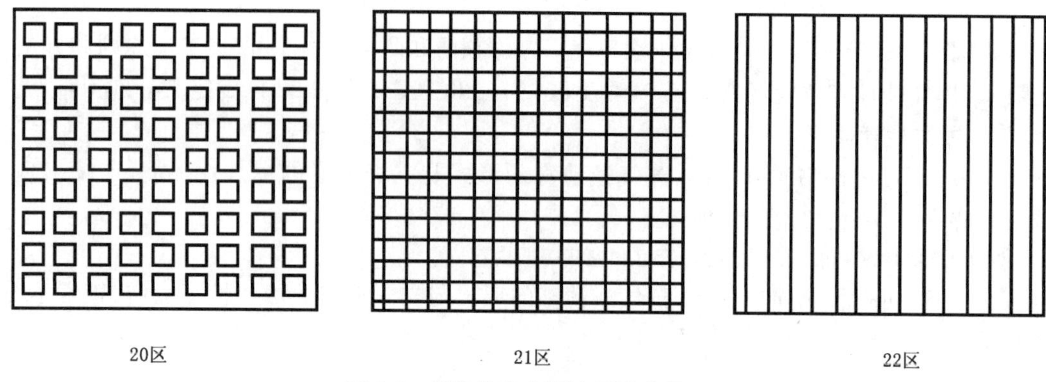

图 3-3 爆炸性粉尘环境区域分区图

(10) 各区可使用的防爆类型

按照 GB 3836.15—2017《爆炸性环境　第 15 部分：电气装置的设计、选型和安装》中的要求：

——只有本质安全型“ia”可用于 0 区；

——隔爆外壳“d”、正压型“P”、充砂型“q”、油浸型“o”、增安型“e”、本质安全型“i”、浇封型“m”，以及上述用于 0 区的可用于 1 区；

——“n”型，以及上述可用于 1 区的可用于 2 区；

——“s”特殊型需要在设备上标明适用的区域类型。

(11) 防爆等级适用原则

防爆等级按照表 3-3 的要求选用，用于爆炸性气体环境的防爆电梯（Ⅱ类）和用于爆炸性粉尘环境的防爆电梯（Ⅲ类）没有相互适用关系。

表 3-3 防爆等级适用原则

适用环境类型	等级 （自下向上适用）	温度组别 （自下向上适用或者最高表面温度值向上适用）	设备保护级别 （自下向上适用）
Ⅱ类	A B C	T1 T2 T3 T4 T5 T6	Gc Gb Ga
Ⅲ类	A B C	表面温度值	Dc Db Da

1　技术资料

1.1　制造资料

项目及类别	检验内容与要求	检验方法
1.1 制造资料 A	防爆电梯制造单位提供了以下用中文描述的出厂随机文件： (1) 制造许可证明文件，许可范围能够覆盖受检防爆电梯的相应参数； (2) 整机型式试验证书，其参数范围和配置表适用于受检防爆电梯； (3) 产品质量证明文件，注有制造许可证明文件编号、该防爆电梯的整机防爆标志、产品编号、主要技术参数，安全保护装置(如果有，包括门锁装置、限速器、安全钳、缓冲器、含有电子元件的安全电路、可编程电子安全相关系统、轿厢上行超速保护装置、限速切断阀)和主要部件(如果有，包括驱动主机、控制柜、液压泵站、层门、玻璃轿门)的型号和编号(门锁装置、层门和玻璃轿门的编号可不标注)，悬挂装置(如果有)的名称、型号、主要参数(如直径、数量)，以及防爆电气部件(包括控制柜、制动器、电动机)和液压泵站(如果有)的编号、防爆标志和防爆合格证号，并且有防爆电梯整机制造单位的公章或者检验专用章以及制造日期； (4) 防爆电气部件和液压泵站(如果有)的防爆合格证； (5) 安全保护装置和主要部件的型式试验证书，以及高压软管(如果有)的出厂合格证书、限速器(如果有)和渐进式安全钳(如果有)的调试证书、限速切断阀(如果有)的调试证书及其制造单位提供的调整图表； (6) 电气原理图(包括动力电路和连接电气安全装置的电路)、电气安装敷线图(如采用本质安全电路应有标识)、标有防爆类型的防爆电气部件电缆引入装置的位置示意图、液压原理图(如果有)等； (7) 安装使用维护说明书，包括安装、使用、日常维护保养和应急救援等方面操作说明的内容。 注 A-1：上述文件如为复印件则必须经防爆电梯整机制造单位加盖公章或者检验专用章；对于进口防爆电梯，则应当加盖国内代理商的公章或者检验专用章	防爆电梯安装施工前审查相应资料

1.1.1　制造许可证明文件

【监督检验工作指引】

(1) 根据《机电类特种设备制造许可规则(试行)》(国质检锅〔2003〕174 号)的附件 1 的要求，查看该证明文件中所提供电梯防爆等级。2014 年 10 月 30 日新《特种设备目录》发布实施之后，防爆电梯从曳引式电梯、液压电梯和杂物电梯中剥离出来作为一个单独的设备品种。制造许可证上应注明许可的电梯类别为防爆电梯，并在备注中限定防爆电梯相应的参数。图 3-4 所示为某公司的防爆电梯制造许可证，其许可证中注明其允许制造的防爆电梯为：$Q\leqslant 6\ 000$ kg 防爆级别不高于 IICT4Gb/IIICT135 ℃Db 的防爆曳引式货梯、$Q\leqslant 5\ 000$ kg 防爆级别不高于 IICT4Gb/IIICT135 ℃Db 的防爆液压货梯。

(2) 查看该证明文件是否在有效期内。

(3) 该项目在防爆电梯安装施工前审查，必要时进行现场核对。一般在报检时检验机构业务受理部门也要审查,如不符合要求,应提出整改要求。

(4) 防爆电梯的类别、品种、代码应按照 2014 年第 114 号《特种设备目录》进行填写,“设备类别”“设备品种”“设备代码”栏分别填写“其他类型电梯”“防爆电梯”“3410”。对于防爆杂物电梯,也按照上述内容进行填写,而不填写杂物电梯对应的设备品种和设备代码。

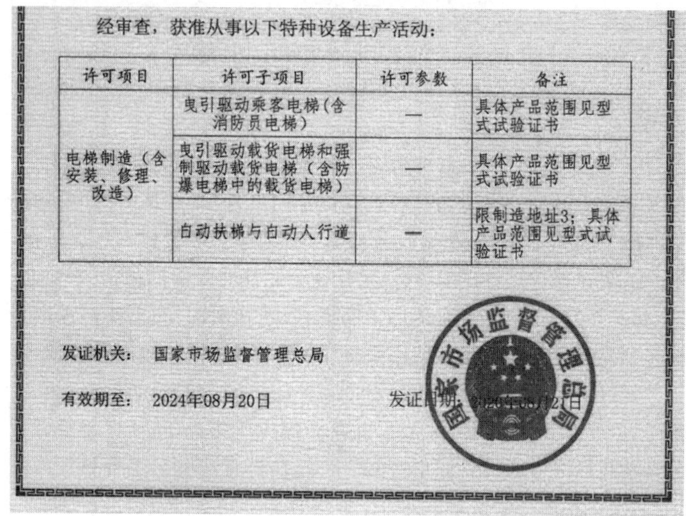

经审查,获准从事以下特种设备生产活动:

许可项目	许可子项目	许可参数	备注
电梯制造(含安装、修理、改造)	曳引驱动乘客电梯(含消防员电梯)	—	具体产品范围见型式试验证书
	曳引驱动载货电梯和强制驱动载货电梯(含防爆电梯中的载货电梯)	—	具体产品范围见型式试验证书
	自动扶梯与自动人行道	—	限制造地址3;具体产品范围见型式试验证书

发证机关: 国家市场监督管理总局

有效期至: 2024年08月20日　　发证日期: 2020年08月2[illegible]日

图 3-4　某公司的防爆电梯制造许可证

1.1.2　整机型式试验合格证或报告书

【监督检验工作指引】

(1) 根据 TSG T7007—2016 的要求,电梯整机型式试验合格证书,其额定速度、额定载重、驱动方式、防爆型式、防爆级别至少能够覆盖所提供电梯相应参数。防爆电梯整机型式试验合格证书长期有效,其额定载重量和额定速度参数的适用原则以及配置变化参考 TSG T7001 中 1.1(2),防爆等级适用原则如表 3-3 所示。

(2) 该项目在电梯安装施工前审查,必要时进行现场核对。

(3) 其他可参考 TSG T7001 中 1.1(2)。

1.1.3　产品质量证明文件

【监督检验工作指引】

(1) 在审核防爆电梯整机产品质量证明文件时,需要核对电梯使用单位或设计单位提供的有关现场危险区域划分和现场爆炸性介质的证明文件(或者安装现场爆炸性介质所需的防爆等级和温度组别)。查看危险区域划分的目的是确定防爆电梯设备保护等级适用,查看现场爆炸介质的证明文件是确认电梯整机的防爆等级和温度组别适用于现场的爆炸性介质。

已被 GB 3836.1—2010 替代的 GB 3836.1—2000 提示性附录 B 中列出了各个爆炸性气体的防爆级别和温度组别,可以根据相应的爆炸性气体查询对应的防爆等级和温度组别,例如:丙烯 A 级 T2,氢 A 级 T1。该附录中的内容仍可供参考。

(2) 与普通电梯相比,防爆电梯产品质量证明文件上应标注该电梯整机防爆标志,如图 3-5 所示。

(3) 图 3-5 所示整机防爆标志中,“Ex”表示防爆;“deibo”表示该防爆电梯所采用的防爆型式分别有隔爆外壳型“d”、增安型“e”、本质安全型“ib”和油浸型“o”这四种类型；“IIB”表示适用于爆炸性气体环境，防爆级别为“B”；“T4”表示温度组别为“T4”，最高表面温度不超过 135 ℃。

产品名称　3000kg 防爆曳引电梯

产品型号　THJB3000/0.5-JXW

出厂编号　L14125TJ555

出厂日期　2012/5/30

特种设备制造许可证编号　TS2310032-2013

特种设备制造许可证有效期　2013 年 7 月 4 日

防爆合格证编号　GYB101309

防爆标志　Exdeibo II BT4

防爆电气设备防爆合格证有效期　2015 年 4 月 25 日

图 3-5　防爆电梯整机防爆标志

(4) 防爆标志和防爆合格证编号是防爆电气部件的关键信息，防爆电梯合格证明文件上增加了防爆电气部件的防爆标志和防爆合格证号(防爆合格证号见图 3-6)。

(5) 所有防爆部件都需要满足整机的防爆级别和温度组别，同时所有防爆部件的防爆类型都需要在整机防爆标志中体现。

(6) 其他可参考 TSG T7001 中 1.1(3)。

1.1.4　防爆电气部件和液压泵站(如果有)的防爆合格证

【监督检验工作指引】

(1) 依据《中华人民共和国工业产品生产许可证管理条例》(国务院令第 440 号)、《中华人民共和国工业产品生产许可证管理条例实施办法》(国家质量监督检验检疫总局令第 80 号)等规定，防爆电气部件实施制造许可制度。防爆电梯所使用的防爆电气部件应具有相应的防爆合格证，防爆合格证如图 3-6 所示。

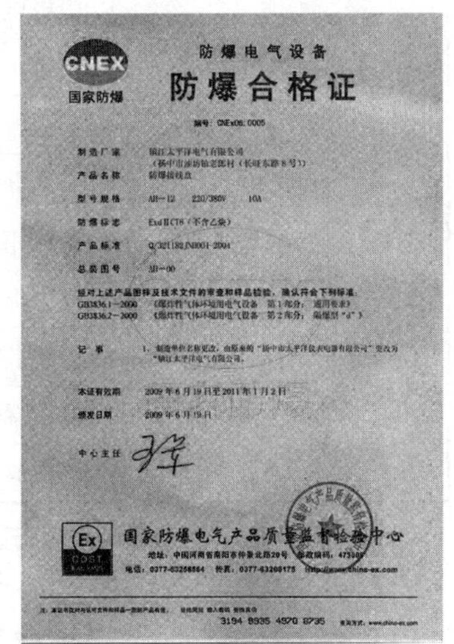
CNEX 国家防爆

防爆电气设备

防爆合格证

编号：CNEx06.0005

制造厂家　[illegible]

产品名称　[illegible]

型号规格　AH-12　220/380V　10A

防爆标志　Exd II CT6 (不含乙炔)

总装图号　AH-00

国家防爆电气产品质量监督检验中心

3194 8935 4970 8735

图 3-6　防爆接线箱的防爆合格证

监督检验时主要审核防爆合格证证书编号、部件规格型号、防爆标识是否与产品合格证等质量证明文件一致；审查防爆合格证是否在有效期内(通常防爆合格证有效期为 5 年，部件的出厂日期应在有效期内，安装日期和检验日期可以不在有效期内)；核对这些部件防爆等级是否与电梯整机防爆等级相符。

(2) 按照《防爆电气产品生产许可证实施细则》的要求，防爆电机、隔爆电泵、防爆配电/仪表箱类、防爆开关/控制及保护产品、隔爆变压器类、防爆电动执行机构/电磁阀类、防爆监控/通讯类、防爆空调/通风设备、防爆电加热产品、防爆附件/Ex 元件、防爆仪器仪表/传感器类、安全栅类共 12 类产品需取得防爆合格证后方可生产。

GB/T 31094—2014《防爆电梯制造与安装安全规范》(以下简称GB/T 31094—2014)列出了需要提供防爆合格证的防爆电气部件,如表3-4所示。监督检验时需要审核这些部件的防爆合格证,当具有两个不同型号的相同部件(例如接线盒),还需要分别审核这些部件的防爆合格证。

表3-4　提供防爆合格证的防爆电气部件

防爆电梯类型	防爆电气部件名称
曳引式、强制式	门机电动机、风扇或空调
	门机电动机、风扇或空调
	安全栅或本质安全电源
	照明开关或照明灯具
	接线箱、接线盒或分线盒
	动力电路和照明电路断路器
	报警装置或电话
	驱动主机电动机
	制动器
	电阻箱
	驱动主机电动机外的编码器
液压式	门机电动机、风扇或空调
	门机电动机、风扇或空调
	安全栅或本质安全电源
	照明开关或照明灯具
	接线箱、接线盒或分线盒
	动力电路和照明电路断路器
	报警装置或电话
	液压泵站
	电磁阀

1.1.5　安全装置、主要部件型式试验合格证及有关资料

【监督检验工作指引】

(1)按表3-5和表3-6查看型式试验合格证的产品名称、型号及参数,判定型式试验合格证是否能完全覆盖本台电梯的安全保护装置和主要部件的品种和参数。

表3-5　曳引式防爆电梯适用参数范围和配置表

额定速度	m/s	额定载重量	kg
设备保护级别		防爆等级	
调速方式		调速装置制造单位名称	
驱动方式		控制装置制造单位名称	

续表 3-5

驱动主机布置方式		驱动主机制造单位名称	
悬挂比(绕绳比)		绕绳方式	
轿厢悬吊方式		轿厢导轨列数	
轿厢数量		多轿厢之间的连接方式	
控制柜布置区域		工作环境	
轿厢上行超速保护装置型式		轿厢意外移动保护装置型式	
PESSRAL 功能		PESSRAL 型号	
PESSRAL 制造单位名称		特殊用途产品	

表 3-6　液压防爆电梯适用参数范围和配置表

额定速度	m/s	额定载重量	kg
设备保护级别		防爆等级	
液压泵站布置方式		液压泵站制造单位名称	
悬挂比(绕绳比)		绕绳方式	
轿厢悬吊方式		轿厢导轨列数	
轿厢数量		多轿厢之间的连接方式	
工作环境			
顶升方式		防止轿厢沉降装置	
防止轿厢自由坠落或者超速下降的措施		防爆型式	
PESSRAL 功能		PESSRAL 型号	
PESSRAL 制造单位名称		特殊用途产品	

(2) 对于有开门平层、开门再平层、端站减速监控等功能的电梯，还应查看是否有相应功能的含有电子元件的安全电路型式试验合格证书。采用 PESSRAL 系统的电梯，需要提供可编程安全相关的型式试验证书，现场用 PESSRAL 系统的型号、制造商名称、功能需要与型式试验一致，同时现场使用的传感器型号、制造商名称、数量需要与型式试验证书一致。

(3) 其他可参考 TSG T7001 中 1.1(4)。

(4) 项目在电梯安装施工前审查，如果现场确认，查看上述安全保护装置和主要部件的型号和出厂编号是否和现场实物一致。

1.1.6　电气原理图

【监督检验工作指引】

(1) 非本安型电气外壳的电缆引入装置对防爆性能的影响较大，电缆的引入需要采用专用的引入装置。电梯制造单位在电气图纸中需提供电缆引入装置的位置示意图，所标示部分的引入装置需要满足本规则 2.12 和 2.13 的要求。

(2) 防爆区域内的非本安电路均需要采用防爆接线盒(例如隔爆型)进行转接，不允许在防爆接线盒外进行接线。本安电路也需要采用本安专用的接线盒转接(本安专用接线盒可以采用塑料外壳，而隔爆型通常不允许）。

（3）其他请参考 TSG T7001 中 1.1(5)。

1.1.7 安装使用维护说明书

【监督检验工作指引】

参考 TSG T7001 中 1.1(6)。

1.1.8 其他

【参考做法】

根据 2014 年 1 月 1 日实施的《中华人民共和国特种设备安全法》，第二十二条“电梯的安装、改造、修理，必须由电梯制造单位或者其委托的依照本法取得相应许可的单位进行”的规定，TSG T7003 在 1 号修改单增加了“由整机制造单位出具或者确认的自检报告”的要求。但考虑到自检报告是在安装结束后才出具，如果某安装单位没有取得整机制造单位授权，就很难补到整机制造单位确认章，所以建议在施工前就要安装单位提供整机制造单位授权书。

1.2 安装资料

项目及类别	检验内容与要求	检验方法
1.2 安装 资料 A	安装单位提供了以下安装资料： (1) 安装许可证明文件和安装告知书，许可范围能够覆盖受检防爆电梯的相应参数； (2) 施工方案，审批手续齐全； (3) 用于安装该防爆电梯的机房、井道的布置图或者土建工程勘测图，有安装单位确认符合要求的声明和公章或者检验专用章，表明其通道、通道门、井道顶部空间、底坑空间、楼层间距、井道内防护、安全距离、井道下方人可以到达的空间等满足安全要求； (4) 施工过程记录和由防爆电梯整机制造单位出具或者确认的自检报告，检查和试验项目齐全、内容完整，施工和验收手续齐全； (5) 变更设计证明文件(如安装中变更设计时)，履行了由使用单位提出、经防爆电梯整机制造单位同意的程序； (6) 安装质量证明文件，包括防爆电梯安装合同编号、安装单位安装许可证明文件编号、整机防爆标志、型号、产品编号、主要技术参数等内容，并且有安装单位公章或者检验专用章以及竣工日期。 注 A-2：上述文件如为复印件则必须经安装单位加盖公章或者检验专用章	审查相应资料。 (1)～(3)在报检时审查，(3)在其他项目检验时还应审查；(4)、(5)在试验时审查；(6)在竣工后审查

【监督检验工作指引】

《机电类特种设备安装改造维修许可规则(试行)》(国质检锅[2003]251 号)中对于电梯施工单位的划分未出现“防爆电梯”的要求，具有相应参数曳引式电梯和杂物电梯安装资质的单位即可安装曳引式防爆电梯和防爆杂物电梯，具有 B 级及以上资质的单位方可以安装液压防爆电梯。

2014 年 10 月 30 日新《特种设备目录》发布实施之后，防爆电梯从曳引式电梯、液压电梯和杂物电梯中剥离出来作为一个单独的设备品种。相应制造、安装/改造/维修和维保资格也按照新《特种设备目录》进行了调整。因此从事防爆电梯安装的单位其许可证应注明其许可设备品种包括防爆电梯，按照单位应在其注明的防爆电梯参数范围内进行安装。

安装该防爆电梯的机房、井道的布置图或者土建工程勘测图除了符合普通电梯的有关要求外，如果部分区域位于防爆区域外且未采取相应的防爆措施，也应在该图中体现。并根据防爆区域划分的要求清晰划分非防爆区域和防爆区域类型。

其他参考 TSG T7001 中 1.2。

1.3 改造、重大修理资料

项目及类别	检验内容与要求	检验方法
1.3 改造、 重大 修理 资料 A	改造或者重大修理单位提供了以下改造或者重大修理资料： (1)改造或者修理许可证明文件和改造或者重大修理告知书，许可范围能够覆盖受检防爆电梯的相应参数； (2)改造或者重大修理的清单以及施工方案，施工方案的审批手续齐全； (3)加装或者更换的安全保护装置、主要部件、防爆电气部件的符合 1.1(4)、(5)要求的资料； (4)施工现场作业人员应当掌握防爆电梯基础知识并持有特种设备作业人员证； (5)施工过程记录和自检报告，检查和试验项目齐全、内容完整，施工和验收手续齐全； (6)改造或者重大修理质量证明文件，包括防爆电梯的改造或者重大修理合同编号、改造或者重大修理单位的许可证明文件编号、整机防爆标志、防爆电梯使用登记编号、主要技术参数等内容，并且有改造或者重大修理单位的公章或者检验专用章以及竣工日期。 注 A-3：上述文件如为复印件则必须经改造或者重大修理单位加盖公章或者检验专用章	审查相应资料。 (1)～(4)在报检时审查，(4)在其他项目检验时还应当审查；(5)在试验时审查；(6)在竣工后审查

【监督检验工作指引】

改造单位的许可证明文件也需要满足 3.1.2 的要求。

根据《电梯施工类别划分表》(国市监特设函〔2019〕64 号)的要求，除了普通电梯的改造项目以外，改变防爆电梯防爆等级(提高或降低)也属于改造；除了普通电梯的重大修理项目以外，更换不同规格的防爆电气部件属于重大修理；除了普通电梯的一般修理项目以外，更换防爆电梯电缆引入口的密封圈属于一般修理。

其中对于防爆电气部件，部件的规格除了其普通技术参数以外，还包括防爆型式、防爆等级和温度组别。例如将 IIBT4 d 的部件更换为 IIBT4 e 的部件属于改变防爆型式；将 IIBT4 d 的部件更换为 IICT4 d 的部件属于改变防爆等级；将 IIBT4 d 更换成 IIBT6 d 的部件属于改变温度组别。

其他参考 TSG T7001 中 1.3。

1.4 使用资料

项目及类别	检验内容与要求	检验方法
1.4 使用 资料 B	使用单位提供了以下资料： (1) 使用登记资料，内容与实物相符； (2) 安全技术档案，至少包括1.1、1.2、1.3所述文件资料[1.3(4)除外]，以及监督检验报告、定期检验报告、日常检查与使用状况记录、日常维护保养记录、年度自行检查记录或者报告、应急救援演习记录、运行故障和事故记录等，保存完好(本规则实施前已经完成安装、改造或者重大修理的，1.1、1.2、1.3所述文件资料如有缺陷，应当由使用单位联系相关单位予以完善，可不作为本项审核结论的否决内容)； (3) 以岗位责任制为核心的防爆电梯运行管理规章制度，包括事故与故障的应急措施和救援预案、防爆电梯钥匙使用管理制度等； (4) 与取得相应资质单位签订的日常维护保养合同； (5) 按照规定配备的防爆电梯安全管理人员掌握防爆电梯基础知识并持有特种设备作业人员证； (6) 防爆电梯所在区域的爆炸危险区域划分图或者说明资料，以及主要燃爆物质的化学名称或者防爆等级(级别、温度组别)。 注A-4：上述文件如为复印件则必须经使用单位加盖公章确认	定期检验和改造、重大修理过程的监督检验时审查； 新安装防爆电梯的监督检验进行试验时审查(3)、(4)、(5)、(6)，以及(2)中所需记录表格制定情况[如试验时使用单位尚未确定，应当由安装单位提供(2)、(3)、(4)审查内容范本，(5)相应要求交接备忘录]

【检验工作指引】

防爆电梯的维保单位其许可证也需要满足上述3.1.2的要求。

防爆电梯所在区域的爆炸危险区域划分图通常是有关设计单位出具，对于设计时间较长且无相应设计资料的防爆电梯，该划分图或说明资料由使用单位提供。

该资料主要用于审核防爆电梯及部件的设备保护级别，并根据现场的危险区域划分审核部件的设备保护级别。通常该资料应包括爆炸性气体环境和爆炸性粉尘环境的分区，以及各区域内的主要燃爆物质的化学名称。如果不能提供其化学名称，应提供燃爆物质的防爆级别和温度组别。例如使用单位提供分区图，表明防爆电梯机房、井道、底坑、井道外均位于2区，其燃爆物质主要为“环丙烷”，根据GB 3836.1—2000表B查询可知其防爆级别为B级，温度组别为T1，则防爆电梯整机和部件的设备保护级别应至少为Gc，防爆级别至少为IIB，温度组别至少为T1。

其他参考TSG T7001中1.4。

2 防爆技术要求

TSG T7003对防爆机械部件的要求已全部并入对应条款，本部分是对防爆电气部件提出的通用要求，各个条款中(例如限速器开关)中还有针对这些部件的特殊要求。

2.1 防爆等级

项目及类别	检验内容与要求	检验方法
2.1 防爆等级 C	(1) 防爆电气部件的铭牌上至少标明型号、制造日期、防爆标志、防爆合格证号、制造单位名称或者商标和相关技术参数等,其防爆合格证号应当在有效期内; (2) 防爆电气部件的防爆类型、级别、温度组别符合现场相应防爆等级要求	审查自检结果和相应资料,如对其有质疑,按照以下方法进行现场检验(以下 C 类项目只描述现场检验方法):目测或者测量相关数据

【现场检验安全说明】

防爆电梯的现场检验工作与普通电梯的现场检验相比,除了坠落、剪切、撞击等风险外,还需要考虑爆炸的风险。在对防爆电梯进行现场检验时,除了满足普通电梯的检验条件外,还需要对检验现场的爆炸性介质浓度等进行确认。

(1) 检验现场的爆炸性介质可能出现的最高浓度不超过爆炸下限值的 10%。其中爆炸下限值为爆炸性介质达到爆炸条件的最低浓度值,不同的爆炸性介质有不同的爆炸下限值,例如汽油的爆炸下限值为 2%。

(2) 特殊情况下,防爆电梯设计文件对温度、湿度、电压、环境空气条件等进行了专门规定的,检验现场的温度、湿度、电压、环境空气条件等应当符合防爆电梯设计文件的规定。

【检验工作指引】

(1) 图 3-7 所示为防爆电梯控制柜铭牌,其铭牌上具有型号、出厂日期、防爆标志、防爆合格证编号、制造单位等信息,对该控制柜进行检验时需要核对该控制柜的防爆合格证有效期。防爆合格证的有效期可以根据发证日期加 5 年进行计算,其有效期应能覆盖产品的出厂日期,但不需要覆盖安装日期和检验日期。

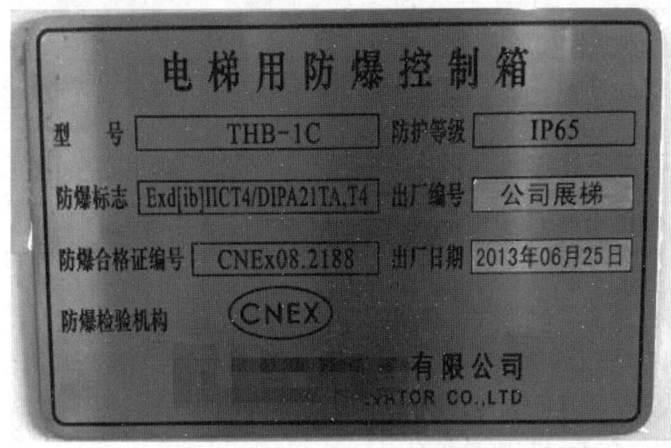

图 3-7 防爆控制柜铭牌

(2) GB/T 31094—2014 规定了各类气体环境和粉尘环境下防爆电气部件的选用要求(见表 3-7)。GB 3836.1—2010《爆炸性环境 第 1 部分:设备 通用要求》附录 E 给出了设备保护级别与防爆区域的对应关系(见表 3-8)。

表 3-7 防爆电气部件防爆型式及选用表

防爆型式	防爆电气部件保护级别			
	气体环境		粉尘环境	
	Gb	Gc	Db	Dc
本质安全型	ia、ib	ia、ib、ic	iD	iD
隔爆外壳/外壳防护型	d	d	tD	tD
增安型	e	e	—	—
油/液浸型	o	o	—	—
正压型	px、py	px、py、pz	pD	pD
浇封型	ma、mb	ma、mb	mD	mD
充砂型	q	q	—	—
外壳和限制表面温度	—	—	DIPA21、DIPB21	DIPA22、DIPB22
无火花型	—	n	—	—
光辐射点燃保护	op-is、op-pr、op-sh	op-is、op-pr、op-sh	—	—

表 3-8 设备保护级别与区的传统对应关系

设备保护级别	区
Ga	0
Gb	1
Gc	2
Da	20
Db	21
Dc	22
其中 Ga、Gb、Gc 用于气体环境，Da、Db、Dc 用于粉尘环境。	

【说明解释】

(1) 部分防爆电梯的底坑、井道、层站、机房等防爆性危险场所分区不一致，也可能部分位于非防爆区域，因此有必要核对相应分区内的电气部件是否满足现场的防爆等级要求。

(2) 主要防爆合格证发证机构查询网址：

1) 国家防爆电气产品质量监督检验中心：

http://www.china-ex.com/hgzcx.aspx

2) 上海仪器仪表自控系统检验测试所(国家级仪器仪表防爆安全监督检验站)：

http://219.233.231.60/SITIIASweb/

2.2　外壳要求

项目及类别	检验内容与要求	检验方法
2.2 外壳 要求 C	(1) 防爆电气部件外壳光滑无损伤,透明件无裂纹； (2) 接合面应当紧固严密,相对运动的间隙防尘密封严密；紧固件无锈蚀、缺损；密封垫圈完好； (3) 防爆电气部件外壳表面最高温度应当低于整机防爆标志中温度组别要求	目测或者测量相关数据

【检验工作指引】

(1) 防爆电气部件外壳和透明件

“防爆电气部件外壳光滑无损伤”的要求主要适用于隔爆型、增安型、浇封型和油浸型,“透明件无裂纹”的要求主要适用于增安型和油浸型。在防爆外壳上设置透明件是为了便于对防爆外壳内的设备进行检查、读数等,所设置的透明件应不降低防爆外壳的强度,且需要与防爆合格证一致。

该项目的检验方法为目测。

(2) 接合面、紧固件、密封垫圈

该要求主要适用于隔爆型,“密封垫圈”的要求适用于粉尘环境用隔爆型。密封垫圈的主要作用是用于防尘,防止爆炸性粉尘或导电性粉尘进入电气设备内部,气体环境用隔爆型和增安型可以不设置密封垫圈。

该项目的检验方法为目测。

(3) 最高表面温度

爆炸性气体或者粉尘在高温状态下即使没有点火源也可能自燃,因此必须限制防爆电气设备的最高表面温度。在电梯整机的防爆标志中,以及各个部件的防爆标志中都标明了其温度组别或最高表面温度,在电梯及其部件正常运行的过程中,表面最高温度均应在温度组别对应的温度或者最高表面温度范围内。

该项目需要在被检电气设备正常运行时,或者持续运行一段时间之后采用点温计进行测量。

【说明解释】

该条款的表述不是很完善,未明确每个条款适用的防爆类型,检验人员难以把握其检验要点,容易造成疏忽。由于其检验范围过大,检验责任风险较大,各个检验机构需要在作业指导书中明确各个条款的适用范围。

2.3　本安型电气部件

项目及类别	检验内容与要求	检验方法
2.3 本安型电气部件 C	本安型电气部件(控制柜、操纵箱、召唤箱、轿顶检修箱、接线箱盒、旋转编码器等)应当设有本安标志的铭牌	目测

【说明解释】

(1) 本安型代号为“i”,分为“ia”“ib”“ic”三种保护级别,用于电气爆炸性环境。“iD”用于粉尘爆炸性环境。

(2) GB 3836.4—2010《爆炸性环境　第 4 部分：由本质安全型“i”保护的设备》对本质安全型的定义为：电气设备的一种防爆型式，它将设备内部和暴露于潜在爆炸性环境的连接导线可能产生的电火花或热效应能量限制在不能产生点燃的水平。

(3) 本质安全型(本安型)电路由本安设备和简单设备组成。GB 3836.4—2010 中 5.7 规定了简单设备的类型：

1) 无源的元件，例如开关、接线盒、电阻和简单半导体器件。

2) 参数符合规定，由简单电路的单个元件组成的贮能元件，例如电容或电感，其值在确定系统整体安全性能时应加以考虑。

3) 可产生能量的元件，例如光电偶和光电池，它们产生的电压不超过 1.5 V、电流不超过 150 mA 和功率不超过 25 mW。

【监督检验工作指引】

(1) 本安型是防爆电梯中使用量最大的防爆类型。通常电梯的整个安全回路、门回路、内外召唤电路等电路均采用本安型。本安型电气装置从外观上看与非防爆电气装置没有区别，唯一的区别是本安型电气装置的接线均为蓝色。

(2) 本安型电气装置防爆的原理是采用本质安全型电源或者安全栅(如图 3-8 红框所示)限制电路中电流和电压的乘积，也就是限制电路中的最大点燃能量。本安电源和安全栅是本安型电气装置的关键部件，需要取得相应的防爆合格证，其他简单设备(例如安全开关、安全触点)不需要取得防爆合格证。

(3) 旋转编码器、平层感应器、超载装置由于其内部可能存在非简单设备，需要查看其铭牌是否满足检规 2.1(1)的要求，如果满足要求可以判定其为本安型。通常旋转编码器难以符合简单电路的要求，需要采用其他防爆型式。

(4) 除了上述旋转编码器、平层感应器、超载装置的铭牌以外，还需要检查安全栅、本安型轿内操作箱、层站召唤盒、消防开关、轿顶检修箱、接线盒等装置的铭牌(安全栅铭牌见图 3-9)。

图 3-8　控制柜内的安全栅

图 3-9　安全栅铭牌

2.4　隔爆型电气部件

项目及类别	检验内容与要求	检验方法
2.4 隔爆型电气部件 C	(1) 隔爆型电气部件应当符合 2.1 和 2.2 相应防爆要求； (2) 隔爆型电气部件的电气联锁装置应当可靠，当电源接通时壳盖不应打开，而壳盖打开后电源不应接通。如无电气联锁装置，则外壳上应当有“断电后开盖”警告标志； (3) 隔爆型电气部件的隔爆面不得有锈蚀层、机械伤痕，严禁刷漆	目测

【说明解释】

(1) 隔爆型代号为“d”，“tD”用于粉尘爆炸性环境。

(2) GB 3836.2—2010《爆炸性环境　第 2 部分：由隔爆外壳”d”保护的设备》对隔爆外壳”d”的定义为：电气设备的一种防爆型式，其外壳能够承受通过外壳任何结合面或结构间隙进入外壳内部的爆炸性混合物在内部爆炸而不损坏，并且不会引起外部由一种、多种气体或蒸气形成的爆炸性气体环境的点燃。

(3) 气体环境用隔爆型设备并不限制爆炸性介质进入外壳内部，其外壳需要能够承受其容纳的所有爆炸性气体所产生的爆炸，同时其结合面需要阻断内部形成的爆炸，防止爆炸从外壳内部往外部传递。粉尘环境用隔爆型设备通常需要在隔爆面间增加橡胶圈，防止粉尘进入外壳内部。

【检验工作指引】

(1) 通常电梯主开关、控制柜、制动器线圈等具有接触器、高压开关等可能产生电火花的电气设备均采用隔爆型(图 3-10 所示为隔爆型主开关)。

(2) 如果带电打开隔爆型电气设备，其内部电量将点燃周围的爆炸物，所以必须断电后才能打开隔爆外壳。隔爆外壳需要设置电气连锁开关或者采用警示标志。电气连锁开关是与电气设备的供电连锁，未断电时不能打开隔爆外壳；警示标志如图 3-11 所示。

图 3-10　气体和粉尘用 IIC 级隔爆型主开关

(3) 由于控制柜等隔爆型电气设备内部通常具有电容、电感等储能元件，即使具有电气连锁装置也不能在断电后立即打开隔爆外壳，必须等电容、电感放完电之后方能打开隔爆外壳。隔爆外壳上的数量较多的固定螺栓其主要目的是增加隔爆外壳的强度，另一个目的是利用拧螺栓的时间延缓打开隔爆外壳的时间。

(4) 隔爆型设备的外壳之间具有一定的间隙，该间隙的大小与隔爆面的长度有关。隔爆面的相应尺寸由机械加工保证，隔爆面一旦有损伤，可能不能满足相应的隔爆效果，因此在检验的时候需要检查隔爆面是否有锈蚀层、机械损伤和油漆。

(5) IIC 级隔爆型设备(见图 3-12)通常需要较长的隔爆面,采用折边结构可以降低外壳重量和制造成本,因此 IIC 级隔爆型设备通常采用圆形。粉尘环境用隔爆型设备通常还需要在隔壁面间增加橡胶圈,防止粉尘进入外壳内部。图 3-12 中 1 和 2 均为隔爆面,3 为防止粉尘进入的密封圈。

图 3-11　隔爆型外壳上的警示标志

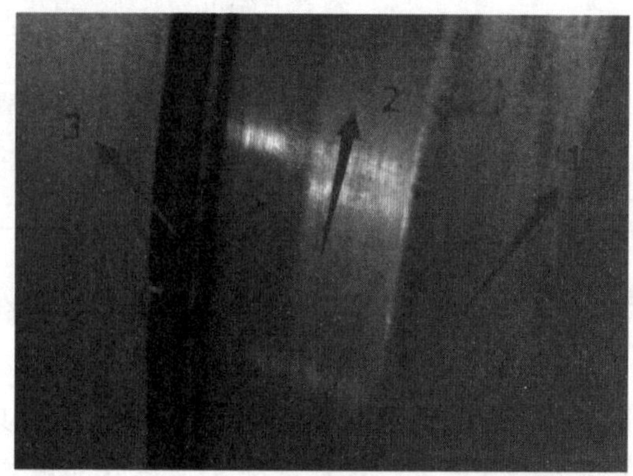

图 3-12　气体和粉尘用隔爆型设备壳隔爆面

2.5　增安型电气部件

项目及类别	检验内容与要求	检验方法
2.5 增安型电气部件 C	增安型电气部件应当符合 2.1 和 2.2 相应防爆要求	目测

【说明解释】

(1) 增安型代号为"e",仅用于爆炸性气体环境。

(2) GB 3836.3—2010《爆炸性环境　第 3 部分:由增安型"e"保护的设备》对隔爆外壳增安型"e"的定义为:电气设备的一种防爆型式,即对电气设备采取一些附加措施,以提高其安全程度,防止在正常运行或规定的异常条件下产生危险温度、电弧或火花的可能性。

(3) 隔爆型电气设备通常用于非本安电路的接线,非本安电路的接线盒通常采用增安型。如果非本安电路带有接触器、开关等电气元件,则不能使用增安型,需要选用隔爆型。增安型接线盒通常采用金属外壳,而本安电路的接线盒为非增安型,通常采用塑料外壳。

【检验工作指引】

(1) 增安型保护装置的防爆能力有效,不能像隔爆型外壳一样阻断爆炸的传递,增安型保护装置中只能安装不会产生火花的电气部件,例如:接线端子。增安型接线盒如图 3-13 所示,内部接线桩如图 3-14 所示。

非本安电路的接触器、开关、电容、电感以及其他简单电路元件由于工作或者故障时,可能产生火花或者高温,不能装设在增安型保护装置内。增安型保护装置通常只能安装非本安电路的接线端子。

(2) 电缆引入和防爆封堵

增安型电气部件的外壳需要满足 3.2.2 的要求,电缆引入需要满足 3.2.12 的要求,防爆封堵需要满足 3.2.13 的要求。

图 3-13 增安型接线盒

图 3-14 增安型接线内部接线桩

2.6 浇封型电气部件

项目及类别	检验内容与要求	检验方法
2.6 浇封型电气部件 C	（1）浇封型电气部件应当符合 2.1 和 2.2 相应防爆要求； （2）浇封型电气部件的浇封表面不得有裂缝、剥落，被浇封部分不得外露	目测

【说明解释】

（1）增安型代号为“m”，可以用于爆炸性气体环境和爆炸性粉尘环境。

（2）GB 3836.9—2014《爆炸性气体环境　第 9 部分：由浇封型“m”保护的设备》对浇封型“m”的定义为：电气设备的一种防爆型式，这种型式是将可能产生点燃爆炸性混合物的火花或过热的部分封入复合物中，使它们在运行或安装条件下不能点燃爆炸性气体环境。

（3）浇封型分为浇封型电气设备、浇封型电气设备部件及浇封 Ex 元件，其额定电压不超过 10 kV（实际工作电压可以超出额定电压的 10%）。

【检验工作指引】

防爆电梯中部分磁感应开关的参数超过本安电路的设计要求时，需要采用浇封型（见图 3-15）。大多数防爆电梯用平层感应开关符合本安电路的有关参数要求，可以采用本安型。现场检验时查验制造单位的配置情况，如果采用浇封型磁感应开关，应满足本要求。采用本安磁感应开关时，只需要符合本安的有关要求即可。

监督检验时需要查验浇封型电气部件填充材料的完整性，一旦浇封表面有裂缝（非裂纹）、剥落等影响防爆性能的缺陷时应予以更换；浇封部件外露则使浇封部件失去任何防爆性能，也应予以更换。

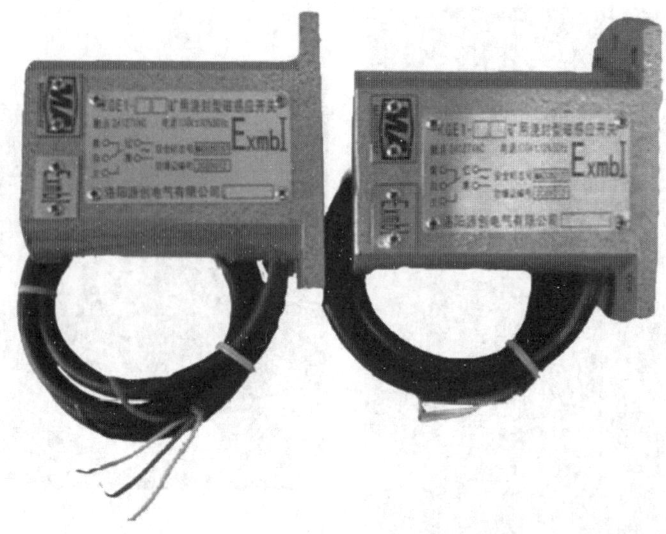

图 3-15　浇封型磁感应开关

2.7　油浸型电气部件

项目及类别	检验内容与要求	检验方法
2.7 油浸型电气部件 C	(1) 油浸型电气部件应当符合 2.1 和 2.2 相应防爆要求； (2) 油浸型电气部件应当密封良好，不允许渗漏油，油位高度在规定范围内；外壳、电气和机械连接所用的螺栓、螺母以及注油、排油的螺栓塞等应当具有防松措施	目测

【说明解释】

(1) 油浸型代号为“o”，仅用于爆炸性气体环境。

(2) GB/T 3836.6—2017《爆炸性环境　第 6 部分：由液浸型“o”保护的设备》对油浸型”o”的定义为：该种防爆型式是将电气设备或电气设备的部件整个浸在保护液中，使设备不能够点燃液面上或外壳外面的爆炸性气体。

(3) GB/T 3836.6—2017 中对油浸型电气部件的保护液提出了许多要求，主要的有：

——着火点最低为 300 ℃；

——闪电最低为 200 ℃；

——电气击穿强度最低为 27 kV；

——凝固点最高为－30 ℃。

【检验工作指引】

(1) 油浸型电气设备通常用于制动电阻箱(见图 3-16)，其铭牌(见图 3-17)，目前使用量也来越少。制动电阻箱采用油浸型可以通过油进行电阻的散热，降低表面最高温度，同时隔绝浸入油中的电气部件发出的火花与空气的接触。

(2) 监督检验时需要注意油箱是否有漏油现象；油位高度是否便于现场观察。部分油浸型电气设备具有油位检测传感器，当油位低于规定值时停止电梯的运行，这时需要模拟故障试验开关的状态，同时查验该开关的防爆级别和温度组别。

(3) 由于在使用过程中，油会逐步蒸发，油浸型电气部件的油箱密封，维护保养时需要定期检查油位。在电梯定期检验时特别要注意检查油位，当油位低于最低油位时将不能保证表面温度低于最高表面温度，存在爆炸的风险。

(4) 检验时，需要使电梯持续运行一段时间，然后用点温计测量油浸型电气部件外壳的表面温度，该温度应低于其温度组别规定的温度或最高表面温度。

图 3-16　油浸型电阻箱

电梯用防爆电阻箱
型　号 THB-2　额定电压 380V
防爆标志 Exoe II T4/DIPA21TA,T4　额定频率 50Hz
防爆合格证编号 CNEx10.2831　出厂编号 公司展梯
防爆检验机构 CNEX　出厂日期 2013年06月25日
有限公司
CO.,LTD

图 3-17　油浸型电阻箱铭牌

2.8　正压机房

项目及类别	检验内容与要求	检验方法
2.8 正压机房 C	(1) 进入正压型机房空气的进风口位置应当符合设计要求； (2) 正压型机房通风充气系统，应当有先通风后供电，先停电后停风的联锁装置。通风电气部件如安装在非正压型机房内，则应当符合 2.1 和 2.2 相应防爆要求； (3) 正压型机房微差压继电器应当装设在风压、气压最低点的出口处；运行中的机房内气压低于设计要求时，微差压继电器应当可靠动作	目测或者按以下方法进行动作试验： 打开机房门或者窗，检查微差压继电器能否切断防爆电梯总电源

【说明解释】

(1) 正压外壳型代号为“p”，可以用于爆炸性气体环境和爆炸性粉尘环境。

(2) GB/T 3836.5—2017《爆炸性环境　第 5 部分：由正压外壳型“p”保护的设备》对“正压外壳”的定义为：保持内部保护气体压力高于外部环境大气压力的外壳。正压保护的原理是保持外壳内部保护气体(空气或惰性气体)的压力高于外部大气压力，以防止外部爆炸性气体进入外壳内的方法。

(3) 正压保护主要有 3 种，分别为：

——px 型正压：将正压外壳内的危险分类从 1 区降至非危险区的正压保护；

——py 型正压：将正压外壳内的危险分类从 1 区降至 2 区的正压保护；

——pz 型正压：将正压外壳内的危险分类从 2 区降至非危险区的正压保护。

【检验工作指引】

(1) 正压机房是将整个机房当作一个完整的正压外壳,通过在机房内加压使机房内的空气压力大于外部压力,防止爆炸性气体进入机房接触有关电气部件。正压机房由于与土建的工程质量密切相关,在防爆电梯上的应用不是非常广泛。

(2) 正压机房进风口的位置满足设计要求是为了保证机房内的气压趋向均匀。如果将进风口直接朝向出风口,机房内部分位置的气压不能达到设计值,降低了其防爆要求。检验时主要核对设计单位的有关资料,并现场查看。

(3) 通风充气系统与防爆电梯主电源的联锁,主要是防止机房内压力未达到正压状态下电梯即开始运行,破坏原有的防爆环境。检验时可以手动试验其联动装置,正压机房外设置的通风装置也需要作为防爆部件来考虑,满足防爆等级和温度组别的要求,同时不低于整机防爆级别和温度组别。

(4) 微差压继电器的传感器的设置位置是为了保证机房所有地方的压力都满足设计要求,压力检测时不存在死角。当机房内气压下降到设计值以下时,应能切断电梯的主电源。检验时可以调高微差压继电器的动作值,动作后切断电梯主电源,试验完成后需要将动作值恢复。

(5) 检验时目测进风口的位置;然后打开机房的门或窗,使正压机房内的压力下降,检查微差压继电器是否能够切断驱动主机的电源。

2.9 防爆接线盒

项目及类别	检验内容与要求	检验方法
2.9 防爆接线盒 C	(1) 敷设在防爆区域内非本安电路的电缆不得直接连接,如果必须连接或者分路时,应当设置防爆接线盒; (2) 防爆接线盒应当符合 2.1 和 2.2 相应防爆要求	目测

【说明解释】

本条款是上述各类防爆电气部件的补充条款。

【检验工作指引】

(1) 现场查验非本安电路的接线,在线路连接或者分路的位置,应设置符合隔爆型、增安型、浇封型、油浸型电气部件要求的接线盒。

(2) 通常防爆接线盒采用增安型,但不禁止其他型式。

(3) 本安电路的接线不需要满足本要求,可以采用普通接线盒或者本安专用的接线盒(见图 3-18)。通常外壳材质为塑料的接线盒为本安接线盒,外壳材质为金属的接线盒为增安接线盒。本安接线盒不需要标明相应参数,但增安接线盒需要设置铭牌(见图 3-19),且满足 2.1 的要求。

(4) 监督检验时除了对增安接线盒进行查验以外,也需要查验本安的接线盒。查看本安接线盒内是否有蓝色本安电线以外的其他电线,如果有非蓝色电线,可能是本安电路用线有误,不符合 2.11 项的要求;也可能是将非本安电路接入本安接线盒,未采用专门的防爆接线盒,不符合本项要求。

图 3-18 本安接线盒

图 3-19 增安型接线盒铭牌

2.10 电缆配线

项目及类别	检验内容与要求	检验方法
2.10 电缆配线 C	(1) 防爆区域内应当采用橡胶电缆或者铠装电缆配线； (2) 敷设电缆时，电力电缆与通信、信号电缆应当分开，高压与低压或者控制电缆也应当分开； (3) 电缆上易发生机械损伤的部位，应当采取防止机械损伤的保护措施	目测

【说明解释】

本条款是上述各类防爆电气部件的补充条款。

该条款的内容主要来自于GB/T 31094—2014 和 GB/T 3836.15—2017《爆炸性环境 第 15 部分：电气装置的设计、选型和安装》。GB/T 31094—2014 中对电缆的要求与本条款略有不同：

——固定电缆可以采用热塑性护套电缆、热固护套电缆、合成橡胶护套电缆、矿物绝缘金属护套电缆；

——移动电缆应采用加厚的氯丁橡胶或其他与之等效的合成橡胶护套电缆。

【检验工作指引】

(1) 现场检验时抽查电缆配线是否符合要求。本条款意味着防爆电梯上的电线均需要有包裹层，不允许单根或多根电线进行布线。

(2) 各类电缆分开的含义是具有不同的接线盒。现场检验时应检查接线盒内是否有多个电压等级的电缆。

(3)“电缆上易发生机械损伤的部位”主要是指各移动电缆的活动部分，例如随行电缆在轿厢和井道内的固定部位。这些地方应采用措施防止剐蹭，避免电缆外部损失后导致导电部分直接暴露在爆炸性环境中。现场检验时，对电缆的活动部分进行外观检查。

2.11 本安配线

项目及类别	检验内容与要求	检验方法
2.11 本安配线 C	(1) 本安电路的电缆或者电线以及防护套管应当至少在进出端部设有浅蓝色标识； (2) 本安电路与非本安电路应当分开敷设； (3) 本安电路与非本安电路在同一个接线箱内连接时，应当有绝缘板分隔或者间距大于 50 mm	目测或者测量相关数据

【说明解释】

本安电路通常都采用浅蓝色电线或电缆，但由于部分购置的开关、感应器出厂时就附有其他颜色的电线或电缆，对这类设备可以放宽要求，其进出端部具有浅蓝色标识即可。

【检验工作指引】

(1) 只有本安型配线可以使用浅蓝色电缆或电线(见图 3-20)，监督检验时看到浅蓝色电缆或电线就可以识别本安电路。查验控制柜及其他本安接线盒，全部电缆和电线的前后两端均具有浅蓝色标识，或者电缆和电线均为浅蓝色即可判定该项符合要求。

(2) 该项是对本安布线的要求，由于本安电路的电流和电压通过安全栅予以限制，如果与其他电路布置在一个线槽内，绝缘损坏的时候将不能限制本安电路的电压和电流，破坏防爆性能。监督检验时查验各种布线槽、管是否将本安电路与其他电路分开。

(3) 部分隔爆型或增安型部件内具有较大的接线空间，需要同时布置非本安电路和本安电路(例如控制柜)，此时需要采取绝缘措施(绝缘隔板或者间距大于 50 mm)。监督检验时需要查验控制柜内安全栅与其他电路的绝缘措施，其他增安型接线盒内也具有本安电路时，也需要查验其绝缘措施。

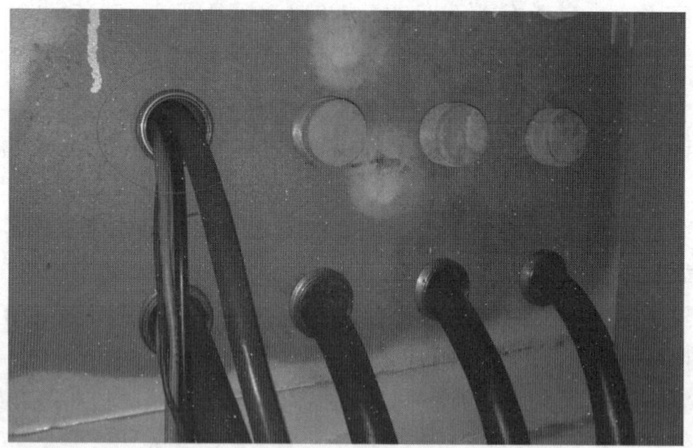

图 3-20 本安配线

2.12 电缆引入

项目及类别	检验内容与要求	检验方法
2.12 电缆引入 C	非本安型防爆电气部件应当采用电缆引入装置(密封方法为弹性密封圈或填料)，该装置应当能够夹紧电缆，夹紧组件可以通过夹紧措施、密封圈或者填料来实现	目测

【说明解释】

非本安型防爆电气部件(主要是指隔爆型和增安型)的电缆引入段需要采取密封措施，防止爆炸性气体或粉尘进入电气部件内部。常用的密封措施有弹性密封圈或者填料封堵，图 3-21、图 3-22 和图 3-23 所示为弹性密封圈。使用时需要将两端盖拧开，电缆从弹性元件中穿过后，拧紧端盖使弹性密封圈压缩变形，挤满电缆周围的间隙达到密封效果。

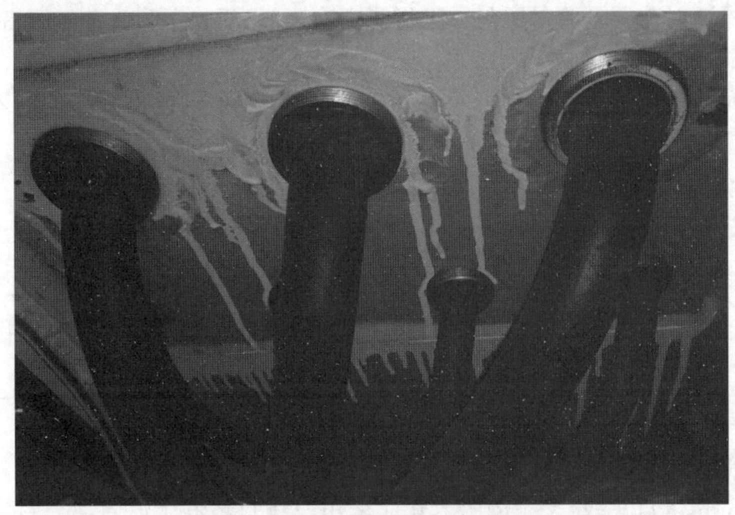

图 3-21　隔爆型电气箱的电缆引入

图 3-22　电缆引入用弹性端盖

图 3-23　电缆引入用端盖侧面图

填料密封与浇封型电气部件的防爆原理类似，采用填料来填补电缆与引入口之间的间隙。在完成制作之后填料形成具有一定强度的固态材料，防止在使用过程中丧失密封性能。

【检验工作指引】

(1) 监督检验时需要查验每根电缆是否单独使用一个电缆引入口,不允许多根电缆使用一个引入口。

(2) 监督检验时查验夹紧组件是否已拧紧,填料是否完整。

(3) 定期检验时需要查验对密封圈进行了更换,如果更换了引入装置或者密封圈,需要按照重大修理进行监督检验。

(4) 检验时检验人员可以用较小的力气拉拽电缆,如果电缆出现松动则不能达到密封效果。

2.13 防爆封堵

项目及类别	检验内容与要求	检验方法
2.13 防爆封堵 C	非本安型防爆电气部件外壳上多余的电缆引入孔应当采用符合出厂要求的封堵件封堵	目测

【说明解释】

隔爆型、增安型防爆部件的外壳上通常布有许多电缆引入口,根据实际的需要选择合适数量和位置的引入口穿线,多余的引入孔应采用专用封堵件予以封堵。封堵件首先应保证密封,其次需要具有足够的强度防止内部的爆炸往外传递。图 3-24 中 2 所示为多余的电缆引入孔。

【检验工作指引】

监督检验时,检验人员需要查验无电缆的引入口是否采用专用封堵件进行了封堵。具有电缆的引入口通常引入一根电缆,如果引入多根电缆应采用专用的填充材料予以填充和密封(图 3-24 中 1 所示为多根电缆共用一个引入口,但未使用专用填充材料填充)。

定期检验时,检验人员需要查验金属封堵以外的封堵件的完整情况。防爆电梯在使用的过程中可能需要增加电缆,维保人员缺少封堵材料时可能会将多根电缆布入一个引入口,定期检验时需要重点检查该内容。

图 3-24 隔爆型电气箱的电缆引入和封堵

3 机房及相关设备

3.1 通道及通道门

项目及类别	检验内容与要求	检验方法
3.1 通道与 通道门 C	3.1.1 曳引式防爆电梯及液压防爆电梯应当符合以下要求： (1) 在任何情况下均能够安全方便地使用通道。采用梯子作为通道时，符合以下条件： ① 通往机房的通道不应当高出楼梯所到平面 4 m； ② 梯子必须固定在通道上而不能被移动； ③ 梯子高度超过 1.50 m 时，其与水平方向的夹角应当在 65°～75° 之间，并且不易滑动或者翻转； ④ 靠近梯子顶端应当设置容易握到的把手。 (2) 通道设置永久性防爆型电气照明； (3) 机房通道门的宽度不小于 0.60 m，高度不小于 1.80 m，并且门不得向机房内开启。门装有带钥匙的锁，并且可以从机房内不用钥匙打开。门外侧有下述或者类似的警示标志： **"电梯机器——危险 未经允许禁止入内"**	目测或者测量相关数据
	3.1.2 曳引式杂物防爆电梯应当符合以下要求： (1) 当机房(罩)的位置距离井道较远时，在任何时候都应当有一个安全方便的通道。通道应当通畅，高度不小于 1.80 m，并且有永久性防爆型电气照明；如果采用梯子应当安全可靠； (2) 机房应当通风良好，门窗应防风雨。机房通道门的宽度应当不小于 0.60 m，高度应当不小于 0.60 m，并且应当有锁，门外侧有下述或者类似的警示标志： **"电梯机器——危险 未经允许禁止入内"**	目测或者测量相关数据

【检验工作指引】

(1) 如果通往机房的通道位于爆炸性区域内，通道内的电气照明应符合上述电气防爆的要求(照明设备通常采用隔爆型)。如果通道位于爆炸性区域外，通道内的电气照明可以采用普通照明，但照明装置及开关等均需要位于爆炸性区域外。

(2) 目前许多防爆型照明装置采用隔爆型(见图 3-25)，但随着发光二极管的技术的发展，现在也出现了许多防爆型 LED 照明灯(见图 3-26)。防爆型 LED 灯也需要具有单独的防爆标识和铭牌，其电源通常采取隔爆等防爆措施，照明灯采取措施降低其最高表面温度。

其他内容，曳引式防爆电梯及液压防爆电梯见 TSG T7001 中 2.1 和 TSG T7004 中 2.1，曳引式杂物防爆电梯见 TSG T7006 中 2.1。

图 3-25　隔爆型电气照明装置

图 3-26　防爆型 LED 照明装置

3.2　机房专用

项目及类别	检验内容与要求	检验方法
3.2 机房专用 C	机房应当专用，不得用于防爆电梯以外的其他用途	目测

【检验工作指引】

曳引式防爆电梯、液压防爆电梯和曳引式杂物防爆电梯分别见 TSG T7001 中 2.2、TSG T7004 中 2.2 和 TSG T7006 中 2.2。

3.3　安全空间

项目及类别	检验内容与要求	检验方法
3.3 安全空间 C	3.3.1　曳引式防爆电梯及液压防爆电梯应当符合以下要求： (1) 在控制柜前有一块净空面积，其深度不小于 0.70 m，宽度为 0.50 m 或者控制柜的全宽(两者中的大值)，高度不小于 2 m； (2) 对运动部件进行维修和检查以及紧急操作的地方有一块不小于 0.50 m×0.60 m 的水平净空面积，其净高度不小于 2 m； (3) 机房地面高度不一并且相差大于 0.50 m 时，设置楼梯或者台阶，并且设置护栏	目测或者测量相关数据
	3.3.2　曳引式杂物防爆电梯应当符合以下要求： (1) 在控制柜的前面有不小于 0.90 m 的净空距离； (2) 如果人员需要进到控制柜的背后或者侧面进行维修，则在控制柜的背后或者侧面有不小于 0.50 m 的净空距离	目测或者测量相关数据

【检验工作指引】

曳引式防爆电梯及液压防爆电梯见 TSG T7001 中 2.3 和 TSG T7004 中 2.3，曳引式杂物防爆电梯见 TSG T7006 中 1.1 中有关制造单位提供的是否允许人员进入杂物电梯机房的说明。

3.4　地面开口

项目及类别	检验内容与要求	检验方法
3.4 地面开口 C	机房地面上的开口应当尽可能小，位于井道上方的开口必须采用圈框，此圈框应当凸出地面至少 50 mm	目测或者测量相关数据

【检验工作指引】

本条款适用于曳引式防爆电梯和曳引式杂物防爆电梯，曳引式防爆电梯见 TSG T7001 中 2.4，曳引式杂物防爆电梯参考 TSG T7006 中 2.4 的要求进行检验。

3.5　照明与插座

项目及类别	检验内容与要求	检验方法
3.5 照明与插座 C	(1) 机房应当设置永久性防爆型电气照明；在靠近入口(或多个入口)处的适当高度应当设置一个防爆型开关，控制机房照明； (2) 机房如设置 2P＋PE 型电源插接装置，应当符合本规则防爆技术要求； (3) 应当在主开关旁设置控制井道照明(如果有)、轿厢照明和插接装置(如果有)电路电源的防爆型开关	目测或者操作验证各开关功能

【检验工作指引】

与通道处的照明类似，位于爆炸性区域内的机房照明、开关和插座应符合上述电气防爆的要求(照明设备通常采用隔爆型)。

防爆型电源插接装置如图 3-27 所示，其原理是防止电源插接过程中产生火花。

图 3-27　防爆型电源插接装置

曳引式防爆电梯、液压防爆电梯和曳引式杂物防爆电梯分别见 TSG T7001 中 2.5、TSG T7004 中 2.4 和 TSG T7006 中 2.4。

3.6 断错相保护

项目及类别	检验内容与要求	检验方法
3.6 断错相保护 C	应当具有符合本规则防爆技术要求的断相、错相保护功能；防爆电梯运行与相序无关时，可以不设错相保护	目测或者进行如下试验： 断开主开关，在其输出端，分别断开三相交流电源的任意一根导线后，闭合主开关，检查防爆电梯能否启动；断开主开关，在其输出端，调换三相交流电源的两根导线的相互位置后，闭合主开关，检查防爆电梯能否启动

【检验工作指引】

曳引式防爆电梯、液压防爆电梯和曳引式杂物防爆电梯分别见 TSG T7001 中 2.8、TSG T7004 中 2.5 和 TSG T7006 中 2.7。

3.7 主开关

项目及类别	检验内容与要求	检验方法
3.7 主开关 B(C)	(1) 每台防爆电梯应当装设符合本规则防爆技术要求的主开关，主开关应当易于接近和操作； (2) 主开关不得切断轿厢照明和通风、机房照明和电源插接装置(如果有)、轿顶与底坑的电源插接装置(如果有)、井道照明、报警装置的供电电路； (3) 主开关应当具有稳定的断开和闭合位置，并且在断开位置时能够用挂锁或者其他等效装置锁住，能够有效地防止误操作； (4) 如果不同防爆电梯的部件共用一个机房，则每台防爆电梯的主开关应当与驱动主机、液压泵站、控制柜、限速器等采用相同的标志	目测主开关的设置；断开主开关，观察、检查照明、插座、通风和报警装置的供电电路是否被切断。 注 A-5：本条检验类别 C 类适用于定期检验

【检验工作指引】

设置在爆炸性区域内的电源开关应采取防爆措施，通常主开关的防爆型式为隔爆型。

曳引式防爆电梯、液压防爆电梯和曳引式杂物防爆电梯分别见 TSG T7001 中 2.6、TSG T7004 中 2.6 和 TSG T7006 中 2.3。

3.8 驱动主机/液压泵站

项目及类别	检验内容与要求	检验方法
3.8 驱动主机/ 液压泵站 B	3.8.1 曳引式防爆电梯及曳引式杂物防爆电梯应当符合以下要求： (1) 驱动主机上设有铭牌，标明制造单位名称、型号、编号、技术参数和型式试验机构的名称或者标志，铭牌和型式试验证书内容相符； (2) 驱动主机工作时无异常噪声和振动； (3) 曳引轮轮槽不得有缺损或者不正常磨损；如果轮槽的磨损可能影响曳引能力时，进行曳引能力验证试验； (4) 电动机与制动器符合本规则防爆技术要求； (5) 电动机和减速器散热良好，其外壳表面最高温度低于整机防爆标志中的温度组别要求	(1) 对照检查型式试验证书和铭牌； (2) 目测驱动主机工作情况、曳引轮轮槽和制动器状况； (3) 定期检验时，认为轮槽的磨损可能影响曳引能力时，进行 10.8 要求的试验； (4) 目测或者用防爆型测温仪检测

续表

项目及类别	检验内容与要求	检验方法
3.8 驱动主机/ 液压泵站 B	3.8.2　液压防爆电梯应当符合以下要求： （1）液压泵站上设有铭牌，标明制造单位名称、型号、编号、技术参数和型式试验机构的名称或者标志，铭牌和型式试验证书内容相符； （2）液压泵站符合本规则防爆技术要求； （3）液压泵站散热良好，其外壳表面最高温度低于整机防爆标志中的温度组别要求	（1）对照检查型式试验证书和铭牌； （2）目测或者用防爆型测温仪检测

【检验工作指引】

（1）防爆电梯的驱动主机需要采取相应的防爆措施，包括电动机、制动器等。电动机需要采取电气防爆措施，制动器的制动线圈也需要采取电气防爆措施，通常也使用隔爆型（隔爆型电动机和制动器见图 3-28）。

（2）电动机和减速器由于存在发热的可能（减速器由于机械作用有发热现象），需要限制其表面最高温度。减速器铭牌通常不标出其表面最高温度，在检验时需要查验其润滑状况是否良好，否则不能限制其表面最高温度。

（3）旋转编码器需要根据其参数确定是否可以采用本安型（本安型旋转编码器见图 3-29）。

（4）除了采取电气防爆措施以外，驱动主机还需要采取相应的机械防爆措施。制动器的有关防爆要求见 3.9。由于电梯钢丝绳难以采取相应的防爆措施，因此驱动主机上钢丝绳防脱槽装置应采用不会产生火花的不锈钢、铜等材料制成。防爆电梯钢丝绳防脱槽装置通常采用不锈钢防脱槽装置、覆铜或包裹塑胶等防脱槽装置。

（5）监督检验和定期检验时，在电梯运行一段时间之后用防爆型测温仪测量电动机、减速器和制动器线圈的表明温度。

（6）其他内容，曳引式防爆电梯及曳引式杂物防爆电梯见 TSG T7001 中 2.7 和 TSG T7006 中 2.5，液压防爆电梯见 TSG T7004 中 2.7。

【说明解释】

部分在用液压防爆电梯的液压泵站缺少防爆标识，是否能够继续使用需要经过详细的技术论证。

图 3-28　隔爆型电动机和制动器

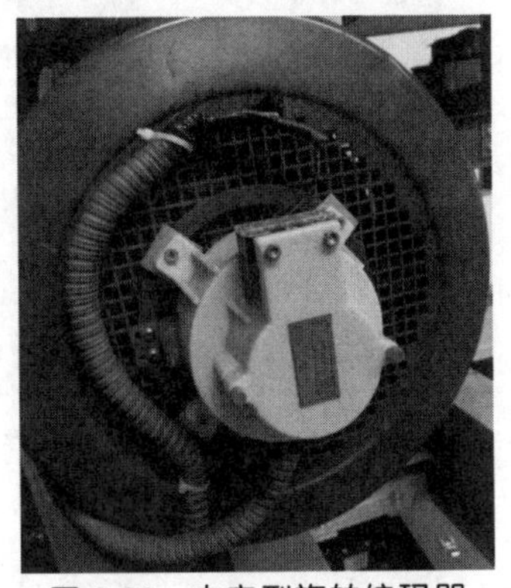

图 3-29　本安型旋转编码器

3.9 制动装置

项目及类别	检验内容与要求	检验方法
3.9 制动装置 B	曳引式防爆电梯应当符合以下要求： (1) 采用非带式防爆型制动器； (2) 制动器所有参与向制动轮(制动盘)施加制动力的制动器机械部件分两组装设； (3) 制动器正常运行时，切断制动器电流至少用两个独立的符合本规则防爆技术要求的电气装置来实现；当防爆电梯停止时，如果其中一个接触器的主触点未打开，最迟到下一次运行方向改变时，能够防止防爆电梯再运行； (4) 制动部件外壳表面最高温度低于整机防爆标志中温度组别要求； (5) 制动器动作灵活，制动时制动闸瓦(制动钳)紧密、均匀地贴合在制动轮(制动盘)上，电梯运行时制动闸瓦(制动钳)与制动轮(制动盘)不发生摩擦，制动闸瓦(制动钳)以及制动轮(制动盘)工作面上没有油污。 曳引式杂物防爆电梯应当符合本条(1)、(3)、(4)、(5)要求	(1) 对照型式试验证书检查制动器； (2) 根据电气原理图和实物状况，结合模拟操作检查制动器的电气控制； (3) 目测或者用防爆型测温仪检测； (4) 目测制动器动作等情况

【检验工作指引】

(1) 制动器的制动片应采取措施防止磨损至铆钉，导致铆钉与制动轮摩擦产生火花。制动器的机械防爆措施在电梯监督检验阶段难以现场进行查验，检验人员通过查验型式试验报告即可。定期检验时需要对制动摩擦片的磨损情况，防止磨损至固定摩擦片的铆钉等金属材料。隔爆型制动器的铭牌如图 3-30 所示。

(2) 监督检验和定期检验时查验制动器的铭牌，在电梯运行一段时间之后，用防爆型测温仪测量制动器的表明最高温度。

(3) 曳引式防爆电梯和曳引式杂物防爆电梯分别见 TSG T7001 中 2.7 和 TSG T7006 中 2.5。

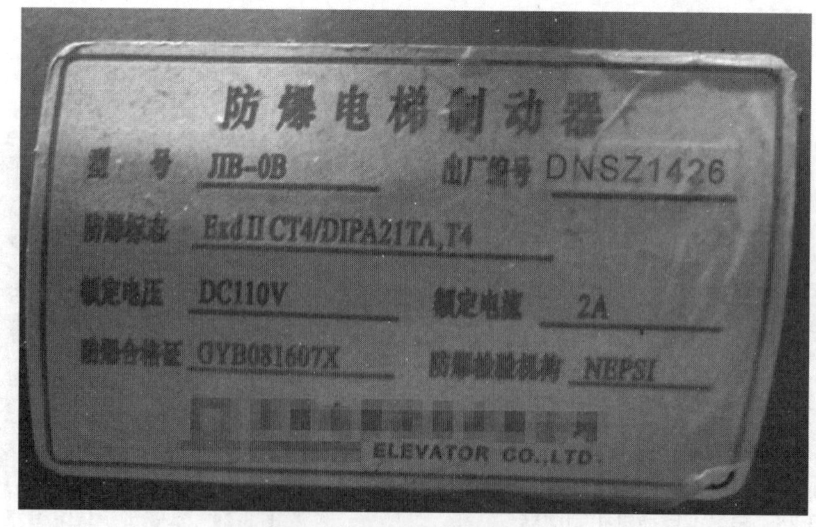

图 3-30　隔爆型制动器铭牌

3.10 紧急操作

项目及类别	检验内容与要求	检验方法
3.10 紧急操作 B	3.10.1 曳引式防爆电梯应当符合以下要求： (1) 手动紧急操作装置 ① 对于可拆卸盘车手轮，设有一个符合本规则防爆技术要求的电气安全装置，最迟在盘车手轮装上防爆电梯驱动主机时动作； ② 松闸扳手涂成红色，盘车手轮是无辐条的并且涂成黄色，可拆卸盘车手轮放置在机房内容易接近的明显部位； ③ 在防爆电梯驱动主机上接近盘车手轮处，明显标出轿厢运行方向，如果手轮是不可拆卸的可以在手轮上标出； ④ 能够通过操纵手动松闸装置松开制动器，并且需要以一个持续力保持其松开状态； ⑤ 进行手动紧急操作时，易于观察到轿厢是否在开锁区 (2) 紧急电动运行装置 除符合本规则防爆技术要求外，还应当符合以下要求： ① 依靠持续揿压按钮来控制轿厢运行，此按钮有防止误操作的保护，按钮上或者其近旁标出相应的运行方向； ② 一旦进入检修运行，紧急电动运行装置控制轿厢运行的功能由检修控制装置所取代； ③ 进行紧急电动运行操作时，易于观察到轿厢是否在开锁区 (3) 在机房内设有明晰的应急救援程序	(1) 目测；模拟操作验证手动紧急操作装置的设置情况； (2) 目测；模拟操作检查紧急电动运行装置功能； (3) 目测
	3.10.2 曳引式杂物防爆电梯的手动紧急操作应当符合以下要求： ① 对于可拆卸盘车手轮，设有一个符合本规则防爆技术要求的电气安全装置，最迟在盘车手轮装上防爆电梯驱动主机时动作； ② 松闸扳手涂成红色，盘车手轮是无辐条并且涂成黄色，可拆卸盘车手轮放置在机房内容易接近的明显部位； ③ 在防爆电梯驱动主机上接近盘车手轮处，明显标出轿厢运行方向，如手轮是不可拆卸的可以在手轮上标出； ④ 能够通过操纵手动松闸装置松开制动器，并且需要以一个持续力保持其松开状态； ⑤ 在机房内设有明晰的应急救援程序	目测或者模拟操作验证手动紧急操作装置的设置情况

续表

项目及类别	检验内容与要求	检验方法
3.10 紧急操作 B	3.10.3　液压防爆电梯的手动紧急操作应当符合以下要求： (1) 当轿厢装设安全钳时，在机房内设置一个手动泵来提升轿厢； (2) 手动泵连接在单向阀或者下行方向阀与截止阀之间的管路上，并且配置溢流阀，溢流阀的调定压力不得超过满负荷压力值的 2.3 倍； (3) 在机房内设有明晰的应急救援程序	对照液压原理图查看手动泵的位置，进行手动试验： (1) 将液压防爆电梯轿厢停靠在底层端站平层位置，打开轿门，断开主开关，操作手动泵观察轿厢能否被提升； (2) 将压力表接入液压系统中，关闭截止阀，操作手动泵直至系统压力不再上升，表明与手动泵相连的溢流阀已工作，检查压力是否超过满负荷压力值的 2.3 倍

【检验工作指引】

曳引式防爆电梯、液压防爆电梯和曳引式杂物防爆电梯分别见 TSG T7001 中 2.7、TSG T7004 中 2.10 和 TSG T7006 中 2.5。

曳引式防爆电梯的应急救援程序见 TSG T7001 中 8.7，液压防爆电梯的应急救援程序参考 TSG T7001 中 8.7 进行检验。

【说明解释】

检查盘车手轮装上电梯驱动主机的电气安全装置是安全回路的一部分，通常采用本安型。紧急电动运行装置通常也为本安型。这些装置除了其接线的颜色为淡蓝色以外，与非防爆电梯上使用的电气安全装置和紧急电动运行装置没有太大差异。

3.11　限速器

项目及类别	检验内容与要求	检验方法
3.11 限速器 B	(1) 限速器上设有铭牌，标明制造单位名称、型号、编号、技术参数和型式试验机构的名称或者标志，铭牌和型式试验证书、调试证书内容相符，并且铭牌上标注的限速器动作速度与受检电梯相适应； (2) 限速器或者其他装置上设有在轿厢上行或者下行速度达到限速器动作速度之前动作的符合本规则防爆技术要求的电气安全装置，以及验证限速器复位状态的符合本规则防爆技术要求的电气安全装置； (3) 限速器各调节部位封记完好，运转时不得出现碰擦、卡阻、转动不灵活等现象，动作正常； (4) 受检防爆电梯的维护保养单位应当每 2 年进行一次限速器动作速度校验，校验结果应当符合要求	(1) 对照检查限速器型式试验证书、调试证书和铭牌； (2) 目测电气安全装置的设置情况； (3) 目测调节部位封记和限速器运转情况，结合 10.3、10.4 的试验结果，判断限速器动作是否正常； (4) 审查限速器动作速度校验记录，对照限速器铭牌上的相关参数，判断校验结果是否符合要求

【检验工作指引】

图 3-31 所示的限速器，当电梯速度超过设定速度后，限速器甩块撞击固定在底座上的棘轮，夹绳块(图中红圈部件)往下动作夹紧限速器绳，触发安全钳。图 3-32 所示的限速器，当电梯速度超过设定速度后，限速器棘爪(图 3-32 中黑圈部件)撞击固定底座，制停限速器绳进而触发安全钳。

在此过程中，夹绳块和棘爪分别与钢丝绳和棘轮(图 3-32 所示限速器无卡块)撞击，两者撞击时可能产生火花而破坏防爆性能。因此限速器除了需要符合电气防爆的有关要求以外，限速器夹持钢丝绳的夹绳块和制停限速器轮的棘轮或棘爪需要采取机械防爆措施。通常夹绳块和棘爪采用铜质或不锈钢材质制造，这两类材质与钢材进行碰撞将不产生火花。

TSG T7007 中规定防爆型限速器型式试验时需要进行相关验证，电梯监督检验时需要查验卡块和棘爪装置的材质。

图 3-31 限速器及卡块

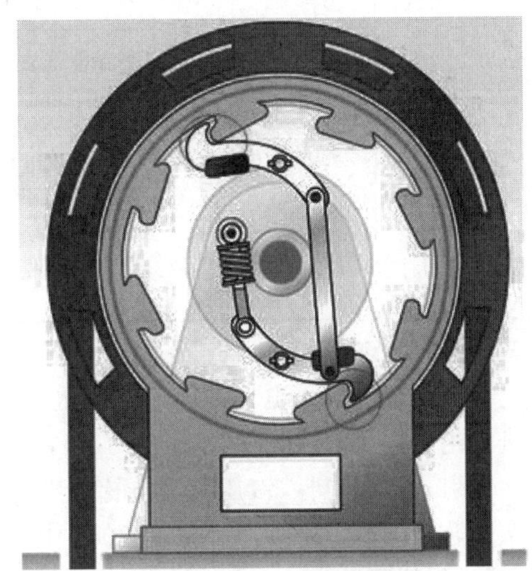

图 3-32 限速器及棘爪

曳引式防爆电梯、液压防爆电梯和曳引式杂物防爆电梯分别见 TSG T7001 中 2.9、TSG T7004 中 3.4 和 TSG T7006 中 2.8。

【说明解释】

防爆电梯限速器也需要每 2 年进行一次动作速度测试，测试时可以使用防爆型测试设备。如果防爆用限速器动作速度测试设备，必须将测试场所的爆炸性气体浓度降低至爆炸下限的 1/3 后，再使用普通测试设备进行测试。

3.12 接地

项目及类别	检验内容与要求	检验方法
3.12 接地 C	(1) 供电电源应当采用三相五线制，中性导体(N，零线)与保护导体(PE，地线)应当始终分开； (2) 所有电气设备及线管、线槽的外露可以导电部分应当与保护导体(PE，地线)可靠连接； (3) 接地电阻应当不大于 4 Ω	目测中性导体与保护导体的设置情况，以及电气设备及线管、线槽的外露可以导电部分与保护导体的连接情况；必要时由施工或者维护保养单位测量，检验人员现场观察、确认

【检验工作指引】

隔爆型、增安型等电气设备的接地通常都在外壳内部进行接地。测试防爆电梯的接地性能可以通过测试防爆型或增安型外壳的接地连通性。现场测试时需要采用防爆用万用表。

曳引式防爆电梯、液压防爆电梯和曳引式杂物防爆电梯分别见 TSG T7001 中 2.10、TSG T7004 中 2.14 和 TSG T7006 中 2.9。

【说明解释】

防爆电梯所有电缆均需要单独带接地线，测试线槽外壳的接地性能不一定能够反映电梯电路的接地性能。

3.13 电气绝缘

<table>
<tr><th>项目及类别</th><th colspan="3">检验内容与要求</th><th>检验方法</th></tr>
<tr><td rowspan="3">3.13
电气绝缘
C</td><td colspan="3">动力电路、照明电路和电气安全装置电路的绝缘电阻应当符合下述要求：</td><td rowspan="3">由施工或者维护保养单位测量，检验人员现场观察、确认</td></tr>
<tr><td>标称电压/V</td><td>测试电压(直流)/V</td><td>绝缘电阻/MΩ</td></tr>
<tr><td>安全电压
≤500
>500</td><td>250
500
1 000</td><td>≥0.25
≥0.50
≥1.00</td></tr>
</table>

【检验工作指引】

如果需要对防爆电梯的电气绝缘进行测试，应使用防爆型设备。同时不能对本安型电路进行绝缘测试。

曳引式防爆电梯、液压防爆电梯分别见 TSG T7001 中 2.11、TSG T7004 中 2.15，曳引式杂物防爆电梯分别参考 TSG T7001 中 2.11、TSG T7006 中 2.15 的要求进行检验。

【说明解释】

本安型电路由于安全栅的作用，限制了电路的电流和电压，进行电气绝缘测试时需要增加较大的电压，可能击穿安全栅的电气部件，同时也可能破坏本安电路的防爆性能。

3.14 轿厢上行超速保护装置

项目及类别	检验内容与要求	检验方法
3.14 轿厢上行超速保护装置 B	曳引式防爆电梯的轿厢上行超速保护装置上设有铭牌，标明制造单位名称、型号、编号、技术参数和型式试验机构的名称或者标志，铭牌和型式试验证书内容相符；控制柜或者紧急操作和动态测试装置上标注防爆电梯整机制造单位规定的轿厢上行超速保护装置动作试验方法	对照检查上行超速保护装置型式试验证书和铭牌；目测动作试验方法的标注情况

【检验工作指引】

(1) 仅曳引式防爆电梯需要设置。

(2) 如果采用双向安全钳作为轿厢上行超速保护装置，需要满足 5.11 有关安全钳的防爆要求；如果制动器作为轿厢上行超速保护装置，需要满足 3.9 有关制动器的防爆要求。

(3) 如果采用夹绳器作为轿厢上行超速保护装置，由于其与钢丝绳之间存在摩擦产生火花的可能,需要采用防爆型夹绳器(见图 3-33 和图 3-34)。除了其电气安全装置以外(电气安全装置通常采用本安型),夹绳器只需要满足机械防爆的有关要求,其铭牌上不具有相应的电气防爆级别等信息,只具有“EX”标识表示其采取了机械防爆措施。

(4) 相应要求见 TSG T7001 中 2.12。

图 3-33　防爆型夹绳器

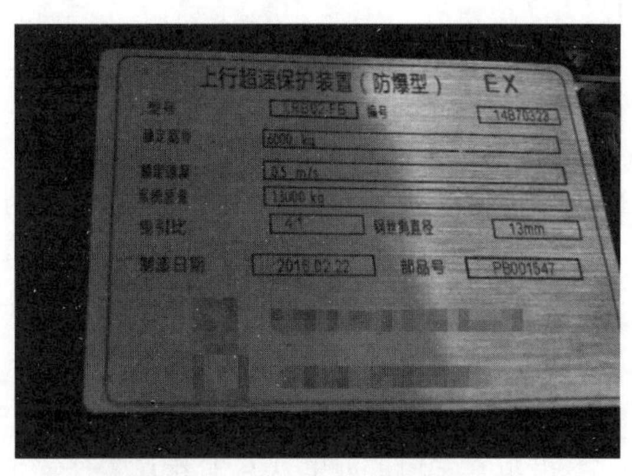

图 3-34　防爆型夹绳器铭牌

3.15　控制柜铭牌

项目及类别	检验内容与要求	检验方法
3.15 控制柜铭牌 B	控制柜上设有铭牌,标明制造单位名称、型号、编号、技术参数和型式试验机构的名称或者标志,铭牌和型式试验证书内容相符	对照检查控制柜型式试验证书和铭牌

【检验工作指引】

控制柜上的铭牌除了需要满足普通电梯的要求外,还需要满足 2.1 的要求。

曳引式防爆电梯、液压防爆电梯和曳引式杂物防爆电梯分别见 TSG T7001 中 2.8、TSG T7004 中 2.5 和 TSG T7006 中 2.7。

4　井道及相关设备

4.1　井道封闭

项目及类别	检验内容与要求	检验方法
4.1 井道封闭 C	除必要的开口外井道应当采用阻燃材料并且完全封闭;当采用部分封闭井道时,在人员可以正常接近防爆电梯处应当设置无孔的高度足够的围壁,以防止人员遭受防爆电梯运动部件直接危害,或者用手持物体触及井道中的防爆电梯设备	目测

【检验工作指引】

曳引式防爆电梯、液压防爆电梯和曳引式杂物防爆电梯分别见 TSG T7001 中 3.1、TSG T7004 中 3.2 和 TSG T7006 中 3.1。

4.2 井道安全门

项目及类别	检验内容与要求	检验方法
4.2 井道安全门 C	（1）当相邻两层门地坎的间距大于 11 m 时，其间应当设置高度不小于 1.80 m、宽度不小于 0.35 m 的井道安全门（使用轿厢安全门时除外）； （2）不得向井道内开启； （3）门上应当装设用钥匙开启的锁，当门开启后不用钥匙能够将其关闭和锁住，在门锁住后，不用钥匙能够从井道内将门打开； （4）应当设置符合本规则防爆技术要求的电气安全装置以验证门的关闭状态	（1）目测或者测量相关数据； （2）打开、关闭安全门，检查门的启闭和防爆电梯启动情况

【检验工作指引】

井道安全门上的电气安全装置应符合相应防爆要求，通常采用本安型防爆电气部件。曳引式防爆电梯、液压防爆电梯其他内容分别见 TSG T7001 中 3.4 和 TSG T7004 中 3.6。

4.3 井道检修门

项目及类别	检验内容与要求	检验方法
4.3 井道检修门 C	（1）高度不小于 1.40 m，宽度不小于 0.60 m； （2）不得向井道内开启； （3）应当装设用钥匙开启的锁，当门开启后不用钥匙能够将其关闭和锁住，在门锁住后，不用钥匙也能够从井道内将门打开； （4）应当设置符合本规则防爆技术要求的电气安全装置以验证门的关闭状态	（1）目测或者测量相关数据； （2）打开、关闭检修门，检查门的启闭和防爆电梯启动情况

【检验工作指引】

井道检修门上的电气安全装置应符合相应防爆要求，通常采用本安型防爆电气部件。曳引式防爆电梯、液压防爆电梯其他内容分别见 TSG T7001 中 3.5 和 TSG T7004 中 3.7。

4.4 曳引式杂物防爆电梯井道门

项目及类别	检验内容与要求	检验方法
4.4 曳引式杂物防爆电梯井道门 C	（1）检修门的高度不小于 1.40 m，宽度不小于 0.60 m；活板门的高度不大于 0.50 m，宽度不大于 0.50 m；清洁门的高度不大于 0.60 m； （2）检修门、活板门、清洁门均不得向井道内开启，并且应当装设用钥匙开启的锁及一个用以验证门关闭的符合本规则防爆技术要求的电气安全装置	（1）目测或者测量相关数据； （2）打开、关闭井道门，检查门的启闭和防爆电梯启动情况

【检验工作指引】

曳引式杂物防爆电梯参考 TSG T7006 中 1.1 中有关制造单位提供的是否允许人员进入杂物电梯机房的说明，以及 TSG T7006 中 3.3 的要求。检修门、活板门、清洁门所采用的电气安全装置应符合相应防爆要求。

4.5　顶部空间

项目及类别	检验内容与要求	检验方法
4.5 顶部空间 C	4.5.1　曳引式防爆电梯顶部空间应当符合以下要求： (1) 当对重完全压在缓冲器上时，同时满足以下条件： ① 轿厢导轨提供不小于 $0.1+0.035v^2$(m)的进一步制导行程； ② 轿顶可以站人的最高面积的水平面与位于轿厢投影部分井道顶最低部件的水平面之间的自由垂直距离不小于 $1.0+0.035v^2$(m)； ③ 井道顶的最低部件与轿顶设备的最高部件之间的间距(不包括导靴、钢丝绳附件等)不小于 $0.3+0.035v^2$(m)，与导靴或者滚轮、曳引绳附件、垂直滑动门的横梁或者部件的最高部分之间的间距不小于 $0.1+0.035v^2$(m)； ④ 轿顶上方有一个不小于 0.50 m×0.60 m×0.80 m 的空间(任意平面朝下即可)； (2) 当轿厢完全压在缓冲器上时，对重导轨有不小于 $0.1+0.035v^2$(m)的制导行程	目测或者按以下方法检查： (1) 测量轿厢在上端站平层位置时的相应数据，计算确认是否满足要求； (2) 用痕迹法或者其他有效方法检验对重导轨的制导行程
	4.5.2　曳引式杂物防爆电梯顶部空间应当符合以下要求： 在轿厢或者对重与井道顶部和底部的任何部件之间必须提供一个不小于 50 mm 的距离，从而使得如果轿厢或者对重装置撞击到下面的缓冲器并且完全压实时，对重或者轿厢不会撞击到电梯井道结构顶部的任何部分	目测或者按以下方法检查： 审查资料，按顶部间距公式验算： $\Delta S=S-(H+L)$ S：上端站短接层门联锁开关轿厢下行，测量层门地坎距井道最低结构间距离； L：短接上极限开关，轿厢点动上行使对重压实缓冲器，测量出轿厢底面与层门地坎间距； H：轿厢最大高度

项目及类别	检验内容与要求	检验方法
4.5 顶部空间 C	4.5.3 液压防爆电梯顶部空间应当符合以下要求： (1) 当柱塞通过其行程限位装置而达到极限位置时，同时满足以下条件： ① 轿厢导轨提供不小于 $0.1+0.035^{v^2}$(m)的进一步制导行程； ② 轿顶可以站人的最高水平面与位于轿厢投影部分的井道顶最低部件的水平面之间的自由垂直距离不小于 $1.0+0.035v^2$(m)； ③ 井道顶的最低部件与轿顶设备的最高部件之间的间距(不包括导靴、钢丝绳附件等)不小于 $0.3+0.035v^2$(m)，与导靴或者滚轮、曳引绳附件、垂直滑动门的横梁或者部件的最高部分之间的间距不小于 $0.1+0.035v^2$(m)； ④ 轿顶上方有一个不小于 0.50 m×0.60 m×0.80 m 的空间(任意平面朝下即可)； ⑤ 井道顶的最低部件与向上伸出的柱塞头部组件的最高部件之间的自由垂直距离不小于 0.10 m； ⑥ 对于直顶式液压防爆电梯，①②③所述的 $0.035\ v^2$(m)的值不作要求； (2) 当轿厢完全压在缓冲器上时，平衡重导轨有不小于 $0.1+0.035\ v^2$(m)的制导行程	目测或者按以下方法检查： (1) 轿厢在上端站平层位置时，在轿顶测量相应数据；人撤离轿顶后，短接上限位开关(如果有)和极限开关，以检修速度提升轿厢，直到平衡重完全压实在缓冲器上，量出层门地坎与轿门地坎的垂直高差，将在轿顶测量的数据减去地坎高差即为实际顶部空间尺寸；计算是否满足规定要求； (2) 当使用非线性蓄能型缓冲器时，缓冲器完全压缩量应当按照原高度的 90%计算； (3) 用痕迹法检验平衡重导轨的制导行程

【检验工作指引】

曳引式防爆电梯、液压防爆电梯和曳引式杂物防爆电梯分别见 TSG T7001 中 3.2、TSG T7004 中 3.3 和 TSG T7006 中 3.2。

4.6 导轨

项目及类别	检验内容与要求	检验方法
4.6 导轨 C	曳引式防爆电梯及液压防爆电梯应当符合以下要求： (1) 每根导轨至少有 2 个导轨支架，其间距一般不大于 2.50 m(如果间距大于 2.50 m 应当有计算依据)，端部短导轨的支架数量满足设计要求； (2) 导轨支架安装牢固，焊接支架的焊缝满足设计要求，锚栓(如膨胀螺栓)固定只能在井道壁的混凝土构件上使用； (3) 每列导轨工作面每 5m 铅垂线测量值间的相对最大偏差，轿厢导轨和设有安全钳的 T 型对重导轨不大于 1.2 mm，不设安全钳的 T 型对重导轨不大于 2.0 mm； (4) 两列导轨顶面的距离偏差，轿厢导轨为 0～+2 mm，对重导轨为 0～+3 mm	目测或者测量相关数据

【检验工作指引】

曳引式防爆电梯、液压防爆电梯分别见 TSG T7001 中 3.6 和 TSG T7004 中 3.8。

4.7　轿厢与井道壁距离

项目及类别	检验内容与要求	检验方法
4.7 轿厢与井道壁距离 B	轿厢与面对轿厢入口的井道壁的间距不大于 0.15 m，对于局部高度小于 0.50 m 或者采用垂直滑动门的载货防爆电梯，该间距可以增加到 0.20 m； 如果轿厢装有机械锁紧的门并且门只能在开锁区内打开时，则上述间距不受限制	测量相关数据；观察轿厢门锁设置情况

【检验工作指引】

曳引式防爆电梯、液压防爆电梯分别见 TSG T7001 中 3.7 和 TSG T7004 中 3.9。

4.8　层门地坎下端的井道壁

项目及类别	检验内容与要求	检验方法
4.8 层门地坎下端的井道壁 C	4.8.1　曳引式防爆电梯和液压防爆电梯的每个层门地坎下的井道壁应当形成一个与层门地坎直接连接的连续垂直表面，由光滑而坚硬的材料构成(如金属薄板)；其高度不小于开锁区域的一半加上 50 mm，宽度不小于门入口的净宽度两边各加 25 mm	目测或者测量相关数据
	4.8.2　曳引式杂物防爆电梯的每个层门地坎下的井道壁应当形成一个与层门地坎直接连接的连续垂直表面，由光滑而坚硬的材料构成(如金属薄板)，具有足够的强度；宽度不小于门入口的净宽度两边各加 25 mm	目测或者测量相关数据

【检验工作指引】

曳引式防爆电梯和液压防爆电梯分别见 TSG T7001 中 3.8 和 TSG T7004 中 3.10。

曳引式杂物防爆电梯不存在载人的可能，非防爆杂物电梯无该要求。

4.9　极限开关

项目及类别	检验内容与要求	检验方法
4.9 极限开关 B	4.9.1　曳引式防爆电梯及曳引式杂物防爆电梯的井道上下两端应当装设符合本规则防爆技术要求的极限开关，该开关在轿厢或者对重(如果有)接触缓冲器前起作用，并且在缓冲器被压缩期间保持其动作状态	目测或者按以下方法检查： (1) 将上行(下行)限位开关(如果有)短接，以检修速度使位于顶层(底层)端站的轿厢向上(向下)运行，检查井道上端(下端)极限开关动作情况； (2) 短接上下两端极限开关和限位开关(如果有)，以检修速度提升(下降)轿厢，使对重(轿厢)完全压在缓冲器上，检查极限开关动作状态

续表

项目及类别	检验内容与要求	检验方法
4.9 极限开关 B	4.9.2 液压防爆电梯应当符合以下要求： ① 在相应于轿厢行程上极限的柱塞位置处设置符合本规则防爆技术要求的极限开关，该开关在柱塞缓冲制动前起作用，并且在柱塞进入缓冲制动区期间保持其动作状态。极限开关动作后，即使轿厢以爬行的方式运行离开动作区，也不能应答呼梯及指令； ② 对于直接作用式液压防爆电梯，极限开关由轿厢或者柱塞直接动作，或者利用一个与轿厢连接的装置（如钢丝绳、皮带或链条）间接动作，该连接装置一旦断裂或松弛，能够通过一个防爆型电气开关使液压泵站停止运转； ③ 对于间接作用式液压防爆电梯，极限开关由柱塞直接动作，或者利用一个与柱塞连接的装置（如钢丝绳、皮带或链条）间接动作，该连接装置一旦断裂或松弛，能够通过一个防爆型电气开关使液压泵站停止运转	目测或者按以下方法检查： （1）轿厢在上端站平层后，短接上限位开关，轿厢点动向上运行，碰撞极限开关后，检查防爆电梯能否停止运行。然后短接极限开关，检查防爆电梯能否向上继续运行。当达到柱塞伸出极限位置时，去掉极限开关短接线，检查防爆电梯能否向下运行； （2）操作手动下降阀使轿厢下降至离开极限开关动作区间后恢复供电，检查层站呼梯及轿内指令能否使防爆电梯启动运行

【检验工作指引】

曳引式防爆电梯、液压防爆电梯和曳引式杂物防爆电梯分别见 TSG T7001 中 3.10、TSG T7004 中 3.12 和 TSG T7006 中 3.5。

4.10 随行电缆

项目及类别	检验内容与要求	检验方法
4.10 随行电缆 C	随行电缆应当避免与限速器绳、选层器钢带、限位与极限开关等装置干涉，当轿厢压实在缓冲器上时，电缆不得与地面和轿厢底边框接触；随行电缆的配线应当符合本规则防爆技术要求	目测

【检验工作指引】

曳引驱动电梯、液压电梯和杂物电梯的检验项目中已删除了该要求。

对于防爆电梯，随行电缆中不一定全部为本安电路，在电梯运行的全行程内如果电缆与地面或其他地方挂碰，可能损伤电缆外壳进而导致产生火花。

在防爆电梯监督检验和定期检验时，检验人员还需要查验防爆电梯的随行电缆工作情况。

4.11 井道照明

项目及类别	检验内容与要求	检验方法
4.11 井道照明 C	井道应当装设永久性并且符合本规则防爆技术要求的电气照明。对于曳引式杂物防爆电梯井道，以及附近有足够电气照明的曳引式防爆电梯和液压防爆电梯的部分封闭井道，井道内可以不设照明	目测

【检验工作指引】

曳引式防爆电梯、液压防爆电梯分别见 TSG T7001 中 3.11、TSG T7004 中 3.13。曳引式杂物防爆电梯无该项要求，按照不适用处理。

4.12　底坑设施与装置

项目及类别	检验内容与要求	检验方法
4.12 底坑设施 与装置 C	(1) 底坑底部应当平整，不得渗水、漏水； (2) 如果没有其他通道，应当在底坑内设置一个从层门进入底坑的永久性装置(如梯子)，该装置不得凸入防爆电梯的运行空间； (3) 底坑内应当设置在进入底坑时和底坑地面上均能方便操作并且符合本规则防爆技术要求的停止装置，停止装置的操作装置为双稳态、红色、标以“停止”字样，并且有防止误操作的保护； (4) 底坑内如果设置 2P+PE 型电源插接装置应当符合本规则防爆技术要求； (5) 底坑内应当设置符合本规则防爆技术要求的电气照明以及在进入底坑时方便操作的井道灯开关	目测；操作验证停止装置和井道灯开关功能

【检验工作指引】

(1) 底坑内是容易产生爆炸性气体或粉尘堆积的地方，底坑内的电源插座和电气照明装置应符合防爆要求。

(2) 防爆型电源插接装置见图 3-27；防爆型电气照明装置见图 3-25 和图 3-26。

(3) 曳引式防爆电梯、液压防爆电梯和曳引式杂物防爆电梯分别见 TSG T7001 中 3.12、TSG T7004 中 3.14 和 TSG T7006 中 3.7。

4.13　缓冲器

项目及类别	检验内容与要求	检验方法
4.13 缓冲器 B	4.13.1　曳引式防爆电梯及液压防爆电梯应当符合以下要求： (1) 在轿厢和对重(平衡重)的行程底部极限位置设置缓冲器； (2) 缓冲器上设有铭牌或者标签，标明制造单位名称、型号、编号、技术参数和型式试验机构的名称或者标志，铭牌或者标签和型式试验证书内容相符； (3) 缓冲器固定可靠、无明显倾斜，并且无断裂、塑性变形、剥落、破损等现象；缓冲器与轿厢和对重碰撞面采取无火花措施； (4) 耗能型缓冲器液位正确，有验证柱塞复位并且符合本规则防爆技术要求的电气安全装置； (5) 对重缓冲器附近设置永久性的明显标识，标明当轿厢位于顶层端站平层位置时，对重装置撞板与其缓冲器顶面间的最大允许垂直距离；并且该垂直距离不超过最大允许值	目测或者按以下方法检查： (1) 对照检查缓冲器型式试验证书和铭牌或者标签； (2) 目测缓冲器的固定和完好情况及碰撞面无火花措施；必要时，将限位开关(如果有)、极限开关短接，以检修速度运行空载轿厢，将缓冲器充分压缩后，观察缓冲器有无断裂、塑性变形、剥落、破损等现象； (3) 目测耗能型缓冲器的液位和电气安全装置； (4) 目测对重越程距离标识；查验当轿厢位于顶层端站平层位置时，对重装置撞板与其缓冲器顶面间的垂直距离

项目及类别	检验内容与要求	检验方法
4.13 缓冲器 B	4.13.2　曳引式杂物防爆电梯应当符合以下要求： 轿厢和对重下设置缓冲器，缓冲器与轿厢和对重碰撞面采取无火花措施	目测

【检验工作指引】

(1) 缓冲器由于在特定情况下需要与轿厢或对重的撞板发生撞击，如果不采取无火花措施将可能破坏其防爆性能，通常的无火花措施有：

——采用不锈钢材料制成撞击部件；

——采用黄铜材料制成撞击部件；

——采用不锈钢或黄铜材料包裹撞击部件。

在撞击部件上包裹橡胶、塑料等不能保证在电梯的使用期间保持有效，不能被接受。

(2) 如果未采取上述无火花措施，可以选用聚氨酯型缓冲器，其与撞板的撞击不会产生火花。通常防爆电梯采用聚氨酯缓冲器。

(3) 曳引式防爆电梯、液压防爆电梯和曳引式杂物防爆电梯分别见 TSG T7001 中 3.15、TSG T7004 中 3.17 和 TSG T7006 中 3.8。

4.14　限速器绳张紧装置

项目及类别	检验内容与要求	检验方法
4.14 限速器绳 张紧装置 B	(1) 限速器绳应当用张紧轮张紧，张紧轮(或者其配重)应当有导向装置； (2) 当限速器绳断裂或者过分伸长时，应当通过一个符合本规则防爆技术要求的电气安全装置的作用，使防爆电梯停止运转	目测或者按以下方法检查： (1) 目测张紧和导向装置； (2) 防爆电梯以检修速度运行，使电气安全装置动作，观察防爆电梯运行状况

【检验工作指引】

曳引式防爆电梯、液压防爆电梯和曳引式杂物防爆电梯分别见 TSG T7001 中 3.14、TSG T7004 中 3.16 和 TSG T7006 中 3.9。

4.15　井道下方空间的防护

项目及类别	检验内容与要求	检验方法
4.15 井道下方 空间的防护 B	曳引式防爆电梯及液压防爆电梯应当符合以下要求： 如果井道下方有人能够到达的空间，应当将对重缓冲器安装于(或者平衡重运行区域下面是)一直延伸到坚固地面上的实心桩墩，或者在对重(平衡重)上装设符合 5.11.1(2)、(4)要求的防爆型安全钳	目测

【检验工作指引】

曳引式防爆电梯、液压防爆电梯和曳引式杂物防爆电梯分别见 TSG T7001 中 3.16、TSG T7004 中 3.18 和 TSG T7006 中 1.1(7)。

4.16 底坑空间

项目及类别	检验内容与要求	检验方法
4.16 底坑空间 C	4.16.1 曳引式防爆电梯轿厢完全压在缓冲器上时，应当同时满足以下要求： (1) 底坑中有一个不小于0.50 m×0.60 m×1.0 m的空间(任意一面朝下即可)； (2) 底坑底面与轿厢最低部件之间的自由垂直距离不小于0.50 m，当垂直滑动门的部件、护脚板和相邻井道壁之间，轿厢最低部件和导轨之间的水平距离在0.15 m之内时，此垂直距离允许减少到0.10 m；当轿厢最低部件和导轨之间的水平距离大于0.15 m但不大于0.50 m时，此垂直距离可按线性关系增加至0.50 m； (3) 底坑中固定的最高部件和轿厢最低部件之间的自由垂直距离不小于0.30 m	目测或者测量轿厢在下端站平层位置时的相应数据，计算确认是否满足要求
	4.16.2 液压防爆电梯轿厢完全压在缓冲器上时，应当同时满足以下要求： 底坑中应当有足够的空间，其尺寸不小于0.50 m×0.60 m×1.0 m的长方体(任意一平面朝下均可)； (2) 底坑底面与轿厢最低部件之间的自由垂直距离不小于0.50 m，当垂直滑动门的部件、护脚板和相邻井道壁之间，轿厢最低部件和导轨之间的水平距离在0.15 m之内时，此垂直距离允许减少到0.10 m； (3) 底坑中固定的最高部件(如油缸支座、管路和其他配件)和轿厢最低部件之间的自由垂直距离不小于0.30 m； (4) 当油缸柱塞处于最低位置时，底坑中的设备顶部与油缸的柱塞头部组件的最低部件之间的自由垂直距离应不小于0.50 m；如果不可能误入柱塞头部组件下方(例如装有符合要求的隔障)，此垂直距离允许减少到0.10 m； (5) 底坑底面与位于直顶式液压梯轿厢下的多级油缸最低导向架之间的自由垂直距离不小于0.50 m	目测或者按以下方法检查： (1) 轿厢在额定载荷下在下端站平层位置时，在底坑测量相关尺寸数据；人员撤离底坑，短接下限位开关(如果有)、极限开关，以检修速度运动轿厢直至轿厢完全压在缓冲器上，测量出端站地坎与轿厢地坎的高差尺寸数据。将在底坑中测量的相关数据减去地坎高度数据，计算是否满足规定要求； (2) 使用非线性蓄能型缓冲器时，应当按照被压缩90%高度计算

【检验工作指引】

曳引式防爆电梯、液压防爆电梯分别见TSG T7001中3.13、TSG T7004中3.15。

4.17 井道内防护

项目及类别	检验内容与要求	检验方法
4.17 井道内防护 C	曳引式防爆电梯及液压防爆电梯应当符合以下要求： (1) 对重(平衡重)的运行区域采用刚性阻燃材质的隔障保护，该隔障从底坑地面上不大于 0.30 m 处，向上延伸到离底坑地面至少 2.50 m 的高度，宽度至少等于对重(平衡重)宽度两边各加 0.10 m； (2) 在装有多台防爆电梯的井道中，不同防爆电梯的运动部件之间应当设置隔障，隔障至少从轿厢、对重(平衡重)行程的最低点延伸到最低层站楼面以上 2.50 m 高度，并且有足够的宽度以防止人员从一个底坑通往另一个底坑，如果轿厢顶部边缘和相邻防爆电梯的运动部件之间的水平距离小于 0.50 m，隔障应当贯穿整个井道，宽度至少等于运动部件或者运动部件的需要保护部分的宽度每边各加 0.10 m	目测或者测量相关数据

【检验工作指引】

曳引式防爆电梯、液压防爆电梯和曳引式杂物防爆电梯分别见 TSG T7001 中 3.9、TSG T7004 中 3.11 和 TSG T7006 中 3.6。

5 轿厢与对重(平衡重)

5.1 轿顶电气装置

项目及类别	检验内容与要求	检验方法
5.1 轿顶电气装置 C	5.1.1 曳引式防爆电梯及液压防爆电梯应当符合以下要求： (1) 轿顶装设一个易于接近的检修运行控制装置，并且符合以下要求： ① 由一个符合电气安全装置要求，能够防止误操作的双稳态开关(检修开关)进行操作； ② 一经进入检修运行时，即取消正常运行(包括任何自动门操作)、紧急电动运行、对接操作运行，只有再一次操作检修开关，才能使防爆电梯恢复正常工作； ③ 依靠持续揿压按钮来控制轿厢运行，此按钮有防止误操作的保护，按钮上或者其近旁标出相应的运行方向； ④ 该装置上设有一个停止装置，停止装置的操作装置为双稳态、红色、标以“停止”字样，并且有防止误操作的保护； ⑤ 检修运行时，安全装置仍然起作用； (2) 轿顶装设一个从入口处易于接近的停止装置，停止装置的操作装置为双稳态、红色、标以“停止”字样，并且有防止误操作的保护。如果检修运行控制装置设在从入口处易于接近的位置，该停止装置也可以设在检修运行控制装置上； (3) 轿顶应当设置电气照明和开关，如果装设电源插接装置，应当为 2P+PE 型； (4) 上述电气部件均符合本规则防爆技术要求	目测或者按以下方法检查： (1) 目测检修运行控制装置、停止装置和电源插座的设置； (2) 操作验证检修运行控制装置、安全装置和停止装置的功能

续表

项目及类别	检验内容与要求	检验方法
5.1 轿顶电气装置 C	5.1.2　曳引式杂物防爆电梯应当符合以下要求： 额定载重量大于250 kg,设计上如果允许检修人员抵达轿顶时,轿顶设有停止装置、照明装置。如有电源插接装置应当采用2P＋PE型250 V直接供电或者采用安全电压供电;停止装置、照明装置和电源插接装置符合本规则防爆技术要求	目测或者按以下方法检查： (1) 目测停止装置和电源插接装置的设置； (2) 操作验证停止装置的功能

【检验工作指引】

(1) 曳引式防爆电梯及液压防爆电梯轿顶应设有检修运行控制装置、紧急停止装置和轿顶照明装置。

(2) 检修运行控制装置、紧急停止装置和轿顶照明装置除了需要符合曳引式电梯和液压电梯的有关要求以外,还需要符合电气防爆的要求。检修运行控制装置和紧急停止装置通常采用本安型,轿顶照明装置通常为隔爆型。

(3) 轿顶不允许设置电源插座,如果需要可以设置电源插接装置,但也可以不设置。

(4) 对于曳引式杂物防爆电梯,同时满足:额定载重量大于250 kg和运行检修人员抵达轿顶[见TSG T7006中1.1(7)资料]时,方需要设置停止装置和照明装置。

(5) 其他分别见TSG T7001中4.1、TSG T7004中4.1。

5.2　轿顶护栏

项目及类别	检验内容与要求	检验方法
5.2 轿顶护栏 C	曳引式防爆电梯及液压防爆电梯的井道壁离轿顶外侧边缘水平方向自由距离超过0.30 m时,轿顶应当装设护栏,并且满足以下要求： (1) 由扶手、0.10 m高的护脚板和位于护栏高度一半处的中间栏杆组成； (2) 当护栏扶手外缘与井道壁的自由距离不大于0.85 m时,扶手高度不小于0.70 m;当该自由距离大于0.85 m时,扶手高度不小于1.10 m； (3) 护栏装设在距轿顶边缘最大为0.15 m之内,并且其扶手外缘和井道中的任何部件之间的水平距离不小于0.10 m； (4) 护栏上有关于俯伏或者斜靠护栏危险的警示符号或者须知	目测或者测量相关数据

【检验工作指引】

曳引式防爆电梯、液压防爆电梯见TSG T7001中4.2、TSG T7004中4.2。

5.3 轿厢安全窗(门)

项目及类别	检验内容与要求	检验方法
5.3 轿厢安全窗(门) C	如果曳引式防爆电梯及液压防爆电梯的轿厢设有安全窗(门),应当符合以下要求: (1) 设有手动上锁装置,能够不用钥匙从轿厢外开启,用规定的三角钥匙从轿厢内开启; (2) 轿厢安全窗不得向轿厢内开启,并且开启位置不超出轿厢的边缘;轿厢安全门不得向轿厢外开启,并且出入路径没有对重(平衡重)或者固定障碍物; (3) 其锁紧由符合本规则防爆技术要求的电气安全装置予以验证	目测或者操作验证

【检验工作指引】

曳引式防爆电梯、液压防爆电梯见 TSG T7001 中 4.3、TSG T7004 中 4.3。

5.4 轿厢和对重(平衡重)间距

项目及类别	检验内容与要求	检验方法
5.4 轿厢和对重(平衡重)间距 C	曳引式防爆电梯及液压防爆电梯的轿厢及关联部件与对重(平衡重)之间的距离应当不小于 50 mm	目测或者测量相关数据

【检验工作指引】

曳引式防爆电梯、液压防爆电梯见 TSG T7001 中 4.4、TSG T7004 中 4.4。

5.5 对重(平衡重)块

项目及类别	检验内容与要求	检验方法
5.5 对重(平衡重)块 B	5.5.1 曳引式防爆电梯及液压防爆电梯应当符合以下要求: (1) 对重(平衡重)块可靠固定; (2) 具有能够快速识别对重(平衡重)块数量的措施(例如标明对重块的数量或者总高度)	目测
	5.5.2 曳引式杂物防爆电梯的对重块应当可靠固定	目测

【检验工作指引】

曳引式防爆电梯、液压防爆电梯和曳引式杂物防爆电梯分别见 TSG T7001 中 4.5、TSG T7004 中 4.5 和 TSG T7006 中 4.6。

5.6　轿厢面积

<table>
<tr><th>项目及类别</th><th>检验内容与要求</th><th>检验方法</th></tr>
<tr><td rowspan="3">5.6
轿厢面积
C</td><td>
5.6.1　曳引式防爆电梯的轿厢有效面积应当符合下述规定。下述各额定载重量对应的轿厢最大有效面积允许增加不大于所列值5%的面积：

<table>
<tr><th>Q①</th><th>S②</th><th>Q①</th><th>S②</th><th>Q①</th><th>S②</th><th>Q①</th><th>S②</th></tr>
<tr><td>100③</td><td>0.37</td><td>525</td><td>1.45</td><td>900</td><td>2.20</td><td>1 275</td><td>2.95</td></tr>
<tr><td>180④</td><td>0.58</td><td>600</td><td>1.60</td><td>975</td><td>2.35</td><td>1 350</td><td>3.10</td></tr>
<tr><td>225</td><td>0.70</td><td>630</td><td>1.66</td><td>1 000</td><td>2.40</td><td>1 425</td><td>3.25</td></tr>
<tr><td>300</td><td>0.90</td><td>675</td><td>1.75</td><td>1 050</td><td>2.50</td><td>1 500</td><td>3.40</td></tr>
<tr><td>375</td><td>1.10</td><td>750</td><td>1.90</td><td>1 125</td><td>2.65</td><td>1 600</td><td>3.56</td></tr>
<tr><td>400</td><td>1.17</td><td>800</td><td>2.00</td><td>1 200</td><td>2.80</td><td>2 000</td><td>4.20</td></tr>
<tr><td>450</td><td>1.30</td><td>825</td><td>2.05</td><td>1 250</td><td>2.90</td><td>2 500⑤</td><td>5.00</td></tr>
</table>

注 A-6：①额定载重量，kg；②轿厢最大有效面积，m^2；
③一人防爆电梯的最小值；④二人防爆电梯的最小值；
⑤额定载重量超过 2 500 kg 时，每增加 100 kg，面积增加 0.16 m^2。对中间的载重量，其面积由线性插入法确定
</td><td>目测或者测量计算轿厢有效面积</td></tr>
<tr><td>
5.6.2　液压防爆客梯的轿厢有效面积应当符合 5.6.1 的规定，液压防爆货梯的轿厢有效面积应当符合下述规定：

<table>
<tr><th>Q</th><th>S</th><th>Q</th><th>S</th></tr>
<tr><td>400</td><td>1.68</td><td>1 000</td><td>3.60</td></tr>
<tr><td>450</td><td>1.84</td><td>1 050</td><td>3.72</td></tr>
<tr><td>525</td><td>2.08</td><td>1 125</td><td>3.90</td></tr>
<tr><td>600</td><td>2.32</td><td>1 200</td><td>4.08</td></tr>
<tr><td>630</td><td>2.42</td><td>1 250</td><td>4.20</td></tr>
<tr><td>675</td><td>2.56</td><td>1 275</td><td>4.26</td></tr>
<tr><td>750</td><td>2.80</td><td>1 350</td><td>4.44</td></tr>
<tr><td>800</td><td>2.96</td><td>1 425</td><td>4.62</td></tr>
<tr><td>825</td><td>3.04</td><td>1 500</td><td>4.80</td></tr>
<tr><td>900</td><td>3.28</td><td>1 600</td><td>5.04</td></tr>
<tr><td>975</td><td>3.52</td><td></td><td></td></tr>
</table>

注 A-7：超过 1 600 kg 时，每增加 100 kg，面积增加 0.40 m^2。对中间载重量，其面积由线性插值法确定
</td><td>目测或者测量计算轿厢有效面积</td></tr>
<tr><td>
5.6.3　曳引式杂物防爆电梯应当符合以下要求：
轿底面积不得大于 1.0 m^2，轿厢深度不得大于 1.0 m，轿厢高度不得大于 1.20 m。
如果轿厢由几个固定的间隔组成，且每一间隔都满足上述要求，则轿厢总高度允许大于 1.20 m
</td><td>目测或者测量计算轿厢有效面积</td></tr>
</table>

【检验工作指引】

曳引式防爆电梯、液压防爆电梯和曳引式杂物防爆电梯分别见 TSG T7001 中 4.6、TSG T7004 中 4.6 和 TSG T7006 中 4.1。

5.7 轿厢铭牌

项目及类别	检验内容与要求	检验方法
5.7 轿厢铭牌 C	曳引式防爆电梯及液压防爆电梯的轿厢内应当设置黄铜或者不锈钢材质的铭牌，标明额定载重量及乘客人数(载货防爆电梯只标载重量)、整机防爆标志、产品编号、制造日期、制造单位名称或者商标，以及防爆电梯适用的爆炸性环境区域、防爆电梯的防爆类别和温度组别；改造后的防爆电梯，铭牌上应当标明额定载重量及乘客人数(载货防爆电梯只标定载重量)、整机防爆标志、产品编号、改造单位名称、改造竣工日期等	目测并与提供资料对比

【检验工作指引】

曳引式防爆电梯、液压防爆电梯分别见 TSG T7001 中 4.7、TSG T7004 中 4.7。

5.8 紧急照明和报警装置

项目及类别	检验内容与要求	检验方法
5.8 紧急照明和报警装置 B	曳引式防爆电梯及液压防爆电梯的轿厢内应当装设符合以下要求并且符合本规则防爆技术要求的紧急报警装置和紧急照明： (1) 正常照明电源中断时，能够自动接通紧急照明电源； (2) 紧急报警装置采用对讲系统以便与救援服务持续联系，当防爆电梯行程大于 30 m 时，在轿厢和机房(或者紧急操作地点)之间也设置对讲系统，紧急报警装置的供电来自本条(1)所述的紧急照明电源或者等效电源；在启动对讲系统后，被困乘客不必再做其他操作	接通和断开紧急报警装置的正常供电电源，分别验证紧急报警装置的功能；断开正常照明供电电源，验证紧急照明的功能

【检验工作指引】

(1) 轿厢内的紧急照明装置和报警装置除了满足其功能要求以外(轿厢内未设置召唤按钮的仅载货电梯可以不设置紧急照明装置和报警装置)，还需要满足防爆的技术要求。

(2) 紧急照明装置和报警装置通常采用本安型。监督检验和定期检验时查验其接线是否符合本安型的有关要求，并查验其电源是否从安全栅接出。

(3) 曳引式防爆电梯、液压防爆电梯分别见 TSG T7001 中 4.8 和 TSG T7004 中 4.8。

5.9 轿厢地坎护脚板

项目及类别	检验内容与要求	检验方法
5.9 轿厢地坎护脚板 C	曳引式防爆电梯及液压防爆电梯的轿厢地坎下应当装设护脚板，其垂直部分的高度不小于 0.75 m，宽度不小于层站入口宽度	目测或者测量相关数据

【检验工作指引】

曳引式防爆电梯、液压防爆电梯分别见 TSG T7001 中 14.9、TSG T7004 中 4.9。

5.10 超载保护装置

项目及类别	检验内容与要求	检验方法
5.10 超载保护装置 C	曳引式防爆电梯及液压防爆电梯应当设置当轿厢内的载荷超过额定载重量时能够发出警示信号并使轿厢不能运行的超载保护装置。该装置最迟在轿厢内的载荷达到110%额定载重量(对于额定载重量小于750 kg的电梯,最迟在超载量达到75 kg)时动作,防止防爆电梯正常启动及再平层,并且轿内有音响或者发光信号提示,动力驱动的自动门完全打开,手动门保持在未锁状态。该装置还应当符合本规则防爆技术要求	目测或者按以下方法检查: 进行加载试验,验证超载保护装置的功能

【检验工作指引】

曳引式防爆电梯、液压防爆电梯分别见 TSG T7001 中 4.10、TSG T7004 中 4.10。

5.11 安全钳

项目及类别	检验内容与要求	检验方法
5.11 安全钳 B(C)	5.11.1 曳引式防爆电梯及液压防爆电梯应当符合以下要求: (1) 曳引式防爆电梯和非直顶液压式防爆电梯的轿厢上设置防爆型安全钳 (2) 防爆型安全钳上设有铭牌,标明制造单位名称、型号、编号、技术参数和型式试验机构的名称或者标志,铭牌和型式试验证书、调试证书内容相符; (3) 轿厢上装设一个在轿厢安全钳动作以前或者同时动作的电气安全装置,该电气安全装置符合本规则防爆技术要求; (4) 安全钳工作面采用无火花材质或者采取无火花措施	目测或者按以下方法检查: (1) 对照检查安全钳型式试验证书、调试证书和铭牌; (2) 目测电气安全装置的设置。 注 A-8:本条检验类别C类适用于定期检验
	5.11.2 曳引式杂物防爆电梯应当符合以下要求: (1) 如果轿厢、对重之下有人能够到达的空间,应当在轿厢、对重上设置防爆型安全钳; (2) 防爆型安全钳上设有铭牌,标明制造单位名称、型号、编号、技术参数和型式试验机构的名称或者标志,铭牌和型式试验证书、调试证书内容相符; (3) 轿厢上装设一个在轿厢安全钳动作以前或者同时动作的电气安全装置,该电气安全装置符合本规则防爆技术要求; (4) 安全钳工作面采用无火花材质或者采取无火花措施	

【检验工作指引】

与4.13缓冲器的要求类似，安全钳由于在电梯紧急制停的过程中将与导轨摩擦而产生火花。现阶段对导轨采取无火花措施需要较大的成本，通常均对安全钳的钳块采取无火花措施，例如安全钳钳块采用不锈钢或黄铜制造。部分安全钳为了保证其强度和刚度，在钢制安全钳表面嵌入一块足够厚度的黄铜件，检验时需要查验黄铜件的厚度，防止过渡磨损后破坏其防爆性能。

曳引式防爆电梯、液压防爆电梯和曳引式杂物防爆电梯分别见 TSG T7001 中 4.11、TSG T7004 中 4.11 和 TSG T7006 中 4.7。

6　悬挂装置、补偿装置及旋转部件防护

6.1　悬挂装置、补偿装置的磨损、断丝、变形等情况

<table>
<tr><th>项目及类别</th><th>检验内容与要求</th><th>检验方法</th></tr>
<tr>
<td>6.1
悬挂装置、补偿装置的磨损、断丝、变形等情况
C</td>
<td>出现下列情况之一时，悬挂钢丝绳和补偿钢丝绳应当报废：
① 出现笼状畸变、绳股挤出、扭结、部分压扁、弯折；
② 一个捻距内出现的断丝数大于下表列出的数值时：
<table>
<tr><th rowspan="2">断丝的形式</th><th colspan="3">钢丝绳类型</th></tr>
<tr><th>6×19</th><th>8×19</th><th>9×19</th></tr>
<tr><td>均布在外层绳股上</td><td>24</td><td>30</td><td>34</td></tr>
<tr><td>集中在一或者两根外层绳股上</td><td>8</td><td>10</td><td>11</td></tr>
<tr><td>一根外层绳股上相邻的断丝</td><td>4</td><td>4</td><td>4</td></tr>
<tr><td>股谷(缝)断丝</td><td>1</td><td>1</td><td>1</td></tr>
<tr><td colspan="4">注：上述断丝数的参考长度为一个捻距，约为 6 d(d 表示钢丝绳的公称直径)</td></tr>
</table>
③ 钢丝绳直径小于其公称直径的 90%；
④ 钢丝绳严重锈蚀，铁锈填满绳股间隙。
采用其他类型悬挂装置的，悬挂装置的磨损、变形等不得超过制造单位设定的报废指标</td>
<td>目测或者按以下方法检查：
(1) 用钢丝绳探伤仪或者放大镜全长检测或者分段抽测；测量并且判断钢丝绳直径变化情况。测量时，以相距至少 1 m 的两点进行，在每点相互垂直方向上测量两次，四次测量值的平均值，即为钢丝绳的实测直径；
(2) 采用其他类型悬挂装置的，按照制造单位提供的方法进行检验</td>
</tr>
</table>

【检验工作指引】

曳引式防爆电梯、液压防爆电梯和曳引式杂物防爆电梯分别见 TSG T7001 中 5.1、TSG T7004 中 5.1 和 TSG T7006 中 5.1。

6.2　端部固定

项目及类别	检验内容与要求	检验方法
6.2 端部固定 C	悬挂钢丝绳绳端固定应当可靠，弹簧、螺母、开口销等连接部件无缺损。 采用其他类型悬挂装置的，其端部固定应当符合制造单位的规定	目测或者按照制造单位的规定进行检验

【检验工作指引】

曳引式防爆电梯、液压防爆电梯和曳引式杂物防爆电梯分别见 TSG T7001 中 5.2、TSG T7004 中 5.2 和 TSG T7006 中 5.2。

6.3　补偿装置

项目及类别	检验内容与要求	检验方法
6.3 补偿装置 C	曳引式防爆电梯补偿链（绳）端部固定应当可靠，补偿链（绳）外部采取无火花措施，运动时不得碰擦其他金属构件和底坑地面	目测

【检验工作指引】

该要求仅适用于曳引式防爆电梯，其他防爆电梯按照无此项处理。

补偿装置通常的无火花措施是在补偿链上包裹橡胶等材料，防止补偿链链条与链条之间发生撞击和产生火花。图 3-35 和图 3-36 所示是符合要求的无火花措施，图 3-37 和图 3-38 所示是不符合要求的无火花措施。

其他要求见 TSG T7001 中 5.3。

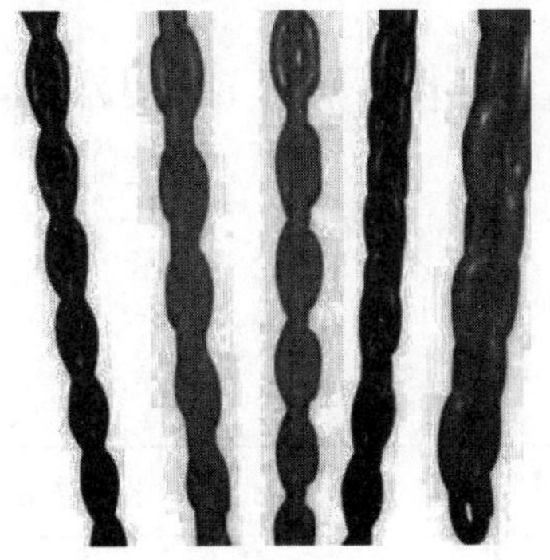

图 3-35　表面覆膜型补偿链

图 3-36　浇注型补偿链

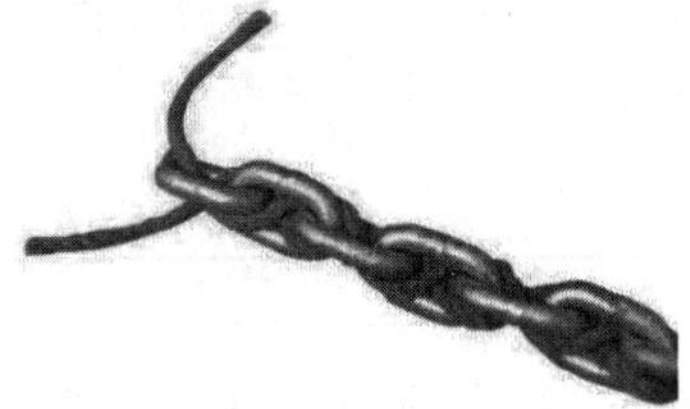

图 3-37　绕绳型补偿链

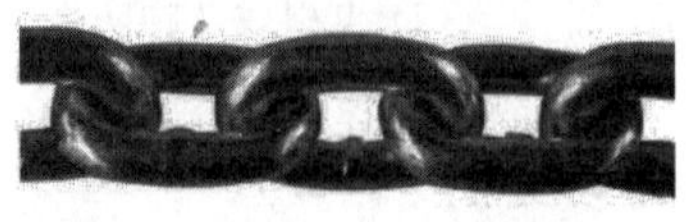

图 3-38　未采取措施的补偿链

6.4 旋转部件的防护

项目及类别	检验内容与要求	检验方法
6.4 旋转部件的防护 C	在机房内的曳引轮、滑轮、限速器，在井道内滑轮、限速器及张紧轮、补偿绳张紧轮，在轿厢上的滑轮等与钢丝绳形成传动的旋转部件，均应当设置防护装置，以避免人身伤害、钢丝绳因松弛而脱离绳槽、异物进入绳与绳槽之间。防护装置应当固定可靠，不得碰擦运动部件。 对于允许按照 GB 7588—1995 及更早期标准生产的曳引式防爆电梯，可以按照以下要求检验： ① 采用悬臂式曳引轮时，有防止钢丝绳脱离绳槽的装置，并且当驱动主机不装设在井道上部时，有防止异物进入绳与绳槽之间的装置； ② 井道内的导向滑轮、曳引轮、轿架上固定的反绳轮和补偿绳张紧轮，有防止钢丝绳脱离绳槽和进入异物的防护装置	目测

【检验工作指引】

防护装置的作用是防止人身伤害、钢丝绳因松弛而脱槽、异物进入绳与绳槽之间，防止钢丝绳松弛而脱槽的防护装置在钢丝绳松弛后可能与钢丝绳摩擦而产生火花，也应采取相应的无火花措施。由于防护装置与钢丝绳的摩擦是在电梯故障后产生，防护装置的无火花措施可以不考虑其寿命，可以在防护装置上包裹橡胶或塑料。

检规中未列出防护装置的无火花措施要求，但检验时检验人员最好能够认识到该风险，并在检验过程中予以关注。

曳引式防爆电梯、液压防爆电梯和曳引式杂物防爆电梯分别见 TSG T7001 中 5.6、TSG T7004 中 5.4 和 TSG T7006 中 5.5。

7 轿门与层门

7.1 门地坎距离

项目及类别	检验内容与要求	检验方法
7.1 门地坎距离 C	(1) 曳引式防爆电梯及液压防爆电梯的轿厢地坎与层门地坎的水平距离不得大于 35 mm； (2) 曳引式杂物防爆电梯的每一个层站入口应当有地坎，轿厢地坎与层门地坎的水平距离不得大于 25 mm	目测或者测量相关尺寸

【检验工作指引】

曳引式防爆电梯、液压防爆电梯和曳引式杂物防爆电梯分别见 TSG T7001 中 6.1、TSG T7004 中 6.1 和 TSG T7006 中 6.1。

7.2 门标识

项目及类别	检验内容与要求	检验方法
7.2 门标识 C	层门上设有标识，标明制造单位名称、型号，并且与型式试验证书内容相符	对照检查层门型式试验证书和标识

【检验工作指引】

曳引式防爆电梯、液压防爆电梯分别见 TSG T7001 中 6.1、TSG T7004 中 6.1。

7.3 门间隙

项目及类别	检验内容与要求	检验方法
7.3 门间隙 C	7.3.1 曳引式防爆电梯及液压防爆电梯的门关闭后应当符合以下要求： (1) 门扇之间及门扇与立柱、门楣和地坎之间的间隙，对于乘客防爆电梯不大于 6 mm；对于载货防爆电梯不大于 8 mm，使用过程中由于磨损，允许达到 10 mm； (2) 在水平移动门和折叠门主动门扇的开启方向，以 150 N 的人力施加在一个最不利的点，本条(1)所述的间隙允许增大，但对于旁开门不大于 30 mm，对于中分门其总和不大于 45 mm	目测或者测量相关尺寸
	7.3.2 曳引式杂物防爆电梯应当符合以下要求： 面对轿厢入口的井道开口处应当装设无孔层门。门关闭后，门扇之间及门扇与立柱、门楣和地坎之间的间隙，不应大于 6 mm；使用过程中由于磨损，允许达到 10 mm	目测或者测量相关尺寸

【检验工作指引】

曳引式防爆电梯、液压防爆电梯和曳引式杂物防爆电梯分别见 TSG T7001 中 6.3、TSG T7004 中 6.3 和 TSG T7006 中 6.2。

7.4 防止门夹人的保护装置

项目及类别	检验内容与要求	检验方法
7.4 防止门夹人的保护装置 B	曳引式防爆电梯及液压防爆电梯应当符合以下要求： 动力驱动的自动水平滑动门应当设置防止门夹人并且符合本规则防爆技术要求的保护装置，当人员通过层门入口被正在关闭的门扇撞击或者将被撞击时，该装置应当自动使门重新开启	目测或者模拟动作试验

【检验工作指引】

曳引式防爆电梯、液压防爆电梯分别见 TSG T7001 中 6.5、TSG T7004 中 6.5。

7.5 门的运行和导向

项目及类别	检验内容与要求	检验方法
7.5 门的运行和导向 B	层门和轿门正常运行时不得出现脱轨、机械卡阻或者在行程终端时错位;曳引式防爆电梯和液压防爆电梯,由于磨损、锈蚀可能造成层门导向装置失效时,应当设置应急导向装置,使层门保持在原有位置	目测(对于层门,抽取基站、端站以及至少20%其他层站的层门)

【检验工作指引】

曳引式防爆电梯、液压防爆电梯和曳引式杂物防爆电梯分别见TSG T7001中6.6、TSG T7004中6.6和TSG T7006中6.4。

7.6 自动关闭层门装置

项目及类别	检验内容与要求	检验方法
7.6 自动关闭层门装置 B	曳引式防爆电梯及液压防爆电梯应当符合以下要求: 在轿门驱动层门的情况下,当轿厢在开锁区域之外时,如果层门开启(无论何种原因),有一种装置能够确保该层门自动关闭。自动关闭装置采用重块时,有防止重块坠落并且不产生火花的措施	目测或者按以下方法检查: 抽取基站、端站以及至少20%其他层站的层门,将轿厢运行至开锁区域外,打开层门,观察层门关闭情况及防止重块坠落措施的有效性

【检验工作指引】

曳引式防爆电梯、液压防爆电梯分别见TSG T7001中6.7、TSG T7004中6.7。

7.7 紧急开锁装置

项目及类别	检验内容与要求	检验方法
7.7 紧急开锁装置 B	每个层门均应当能够被一把符合要求的钥匙从外面开启;紧急开锁后,在层门闭合时门锁装置不应当保持开锁位置。曳引式杂物防爆电梯应当在端站层门上安装能自复位的紧急开锁装置	目测或者按以下方法检查: 抽取基站、端站以及至少20%其他层站的层门,用钥匙操作紧急开锁装置,验证其功能

【检验工作指引】

曳引式防爆电梯、液压防爆电梯和曳引式杂物防爆电梯分别见TSG T7001中6.8、TSG T7004中6.8和TSG T7006中6.6。

7.8 门的锁紧

项目及类别	检验内容与要求	检验方法
7.8 门的锁紧 B	7.8.1 曳引式防爆电梯及液压防爆电梯应当符合以下要求： (1) 每个层门都设有符合下述要求的门锁装置： ① 门锁装置上设有铭牌，标明制造单位名称、型号和型式试验机构的名称或者标志，铭牌和型式试验证书内容相符； ② 锁紧动作由重力、永久磁铁或者弹簧来产生和保持，即使永久磁铁或者弹簧失效，重力亦不能导致开锁； ③ 轿厢在锁紧元件啮合不小于 7 mm 时才能启动； ④ 门的锁紧由一个符合本规则防爆技术要求的电气安全装置来验证，该装置由锁紧元件强制操作而没有任何中间机构，并且能够防止误动作； (2) 如果轿门采用了门锁装置，该装置也应当符合本条(1)的要求 7.8.2 略	目测或者按以下方法检查： (1) 对照检查门锁型式试验证书和铭牌（对于层门，抽取基站、端站以及至少 20% 其他层站的层门进行检查），目测门锁及电气安全装置的设置； (2) 目测锁紧元件的啮合情况，认为啮合长度可能不足时测量电气触点刚闭合时锁紧元件的啮合长度； (3) 使防爆电梯以检修速度运行，打开门锁，观察防爆电梯是否停止

【检验工作指引】

曳引式防爆电梯、液压防爆电梯和曳引式杂物防爆电梯分别见 TSG T7001 中 6.9、TSG T7004 中 6.9 和 TSG T7006 中 6.7。

7.9 门的闭合

项目及类别	检验内容与要求	检验方法
7.9 门的闭合 B	(1) 正常运行时应当不能打开层门，除非轿厢在该层门的开锁区域内停止或者停站；如果一个层门或者轿门（或者多扇门中的任何一扇门）开着，在正常操作情况下，应当不能启动防爆电梯或者不能保持继续运行； (2) 每个层门和轿门的闭合都应当由符合本规则防爆技术要求的电气安全装置来验证，如果滑动门是由数个间接机械连接的门扇组成，则未被锁住的门扇上也应当设置符合本规则防爆技术要求的电气安全装置以验证其闭合状态	目测或者按以下方法检查： (1) 使防爆电梯以检修速度运行，打开层门，检查防爆电梯是否停止； (2) 将防爆电梯置于检修状态，层门关闭，打开轿门，观察防爆电梯能否运行； (3) 对于由数个间接机械连接的门扇组成的滑动门，抽取轿门和基站、端站以及至少 20% 其他层站的层门，短接被锁住门扇上的电气安全装置，使各门扇均打开，观察防爆电梯能否运行

【检验工作指引】

曳引式防爆电梯、液压防爆电梯和曳引式杂物防爆电梯分别见 TSG T7001 中 6.10、TSG T7004 中 6.10 和 TSG T7006 中 6.8。

7.10 门刀、门锁滚轮与地坎间隙

项目及类别	检验内容与要求	检验方法
7.10 门刀、门锁滚轮与地坎间隙 C	曳引式防爆电梯及液压防爆电梯应当符合以下要求： 轿门门刀与层门地坎，层门锁滚轮与轿厢地坎的间隙应当不小于 5 mm；防爆电梯运行时不得互相碰擦	目测或者测量相关数据

【检验工作指引】

曳引式防爆电梯、液压防爆电梯分别见 TSG T7001 中 6.12、TSG T7004 中 6.12。

7.11 轿门开门限制装置及轿门的开启

项目及类别	检验内容与要求	检验方法
7.11 轿门开门限制装置及轿门的开启 B	曳引式防爆电梯及液压防爆电梯应当符合以下要求： (1) 设置轿门开门限制装置，当轿厢停在开锁区域外时，能够防止轿厢内的人员打开轿门离开轿厢； (2) 轿厢停在开锁区域时，打开对应的层门后，能够不用工具(三角钥匙或永久性设置在现场的工具除外)从层站处打开轿门	模拟试验；操作检查

【检验工作指引】

曳引式防爆电梯、液压防爆电梯分别见 TSG T7001 中 6.11、TSG T7004 中 6.11。

8 曳引式杂物防爆电梯附加项目

8.1 门扇及固定

项目及类别	检验内容与要求	检验方法
8.1 门扇及固定 C	(1) 轿厢应当设有轿门； (2) 垂直滑动层门的门扇应当固定在两个独立的悬挂部件上； (3) 电气安全装置应当符合本规则防爆技术要求	目测

【检验工作指引】

非防爆杂物电梯可以不设置轿门，可以采用挡板、栅栏、卷帘等防止轿厢内运载的物品坠落。但曳引式杂物防爆电梯需要设置轿门。

杂物防爆电梯为了防止轿厢内的物品在运行的过程中与井道内的固定部件剐碰，进而产生火花，破坏防爆技术性能，因此要求设置轿门。

其他见 TSG T7006 中 4.5。

8.2　信号指示

项目及类别	检验内容与要求	检验方法
8.2 信号指示 C	呼梯、楼层显示及到站音响等信号功能应当有效，指示正确、动作无误；上述电气部件应当符合本规则防爆技术要求	目测

【检验工作指引】

非防爆杂物电梯无该项要求。其信号指示通常采用本安型。

8.3　层站标识

项目及类别	检验内容与要求	检验方法
8.3 层站标识 C	（1）基站应当设置黄铜或者不锈钢材质的整机铭牌，并标明电梯的型号、运行速度、额定载重量、整机防爆标志、产品编号、制造日期、制造单位名称或者商标； （2）在每个层门入口处清晰标明“本防爆电梯严禁载人”字样，并且设置“EX”字符	目测

【检验工作指引】

非防爆杂物电梯无该项要求。防爆杂物电梯的基站铭牌需要采取机械防爆措施，因此只能使用黄铜或不锈钢材质制成。

非防爆杂物电梯的每个层门或附近应标明额定载重量和“禁止进入轿厢”字样或者相应的符号，防爆杂物电梯则需要标明“本防爆电梯严禁载人”和“EX”字样。

9　液压式防爆电梯附加项目

9.1　安全溢流阀

项目及类别	检验内容与要求	检验方法
9.1 安全溢流阀 B	在连接油泵到单向阀之间的管路上应当设置安全溢流阀，安全溢流阀的调定工作压力一般不应超过满负荷压力值的140%。特殊情况下不得高于满负荷压力的170%，但应当提供相应的液压管路（包括油缸）的计算说明	目测或者按以下方法检查： 由随机资料查出系统的满负荷压力值，将压力表接入液压系统中上行方向阀与截止阀之间的压力检测点上，关闭截止阀，检修点动上行，让液压站系统压力缓慢上升，判断溢流阀的工作压力值是否符合要求

【检验工作指引】

液压防爆电梯和液压防爆杂物电梯分别见 TSG T7004 中 2.8 和 TSG T7006 中 2.6。

9.2 手动下降阀

项目及类别	检验内容与要求	检验方法
9.2 手动下降阀 B	在停电状态下，机房内手动控制的下降阀功能可靠，能将轿厢以不大于0.3 m/s的速度下降到平层位置。在此过程中为了防止间接式液压防爆电梯的驱动钢丝绳或者链条出现松弛现象，当系统压力低于该阀的最小操作压力时，手动下降操作应当无效。手动下降阀必须是在人力持续的操作下才有效；手动下降阀应当有防止误动作的警示标志或者措施	目测或者按以下方法检查： (1) 在下端站平层后打开轿门，在机房切断主电源，操作手动下降阀，观察轿厢是否下降； (2) 对于间接式液压防爆电梯还应检查当系统压力低于最小操作压力时该阀是否处于无效状态

【检验工作指引】

液压防爆电梯和液压防爆杂物电梯分别见 TSG T7004 中 2.9 和 TSG T7006 中 2.6。

9.3 温控装置

项目及类别	检验内容与要求	检验方法
9.3 温控装置 B	液压系统油温监控装置功能应当可靠，当油箱油温超过预定值时，该装置应当能够立即将防爆电梯就近停靠在平层位置上并且打开轿门，只有经过充分冷却之后，防爆电梯才能自动恢复上行方向的正常运行，油温监控装置应当符合本规则防爆技术要求	目测或者按以下方法检查： (1) 对于油温监控装置的动作温度可调的防爆电梯，将其设定值调低至接近正常油温，启动防爆电梯以额定速度持续运行，直至该装置动作，检查防爆电梯是否就近平层并打开轿门； (2) 对于油温监控装置的动作温度不可调的防爆电梯，在防爆电梯正常运行过程中，模拟温度检测元件动作的状态(如拆下热敏电阻的接线端子)，检查油温监控装置的功能是否符合上述要求

【检验工作指引】

液压防爆电梯见 TSG T7004 中 2.11。

液压防爆杂物电梯也需要满足该项要求，参考 TSG T7004 中 2.11 进行检验。

9.4 油箱及油位

项目及类别	检验内容与要求	检验方法
9.4 油箱及油位 C	液压油箱应当无任何渗漏，堵封有可靠牢固的防松装置，并且设置油位指示装置	目测

【检验工作指引】

液压防爆电梯见 TSG T7004 中 2.13。

液压防爆杂物电梯也需要满足该项要求，参考 TSG T7004 中 2.13 进行检验。

9.5 液压管路保护密封

项目及类别	检验内容与要求	检验方法
9.5 液压管路 保护密封 C	液压管路及其附件应当固定可靠并且易于检修人员接近。如果管路在敷设时，需要穿墙或者地板，应当在穿墙或者地板处加设金属套管，套管内无管接头，同时确保穿墙液压管外部周围可靠密封	目测

【检验工作指引】

液压防爆电梯和液压防爆杂物电梯分别见 TSG T7004 中 2.12 和 TSG T7006 中 2.6。

9.6 液压软管

项目及类别	检验内容与要求	检验方法
9.6 液压软管 C	用于液压泵站到油缸之间的高压软管上应当印有制造单位名称或者商标、试验压力和试验日期。固定软管时，软管的弯曲半径应当不小于制造单位规定的最小弯曲半径	目测或者按以下方法检查： 查看软管上是否印有规定内容的标记，必要时根据制造单位规定，查验软管各转弯处的弯曲半径是否符合其要求

【检验工作指引】

液压防爆电梯和液压防爆杂物电梯分别见 TSG T7004 中 2.12 和 TSG T7006 中 2.6。

9.7 启动时间保护

项目及类别	检验内容与要求	检验方法
9.7 启动时间 保护 C	液压防爆电梯应当设有一种装置，当启动时，如果驱动油泵的电动机不旋转，此时该装置动作并使液压防爆电梯停止运行并且保持在停止状态。该装置应当在一定时间内起作用，时间不大于下列两个数中的较小值： ① 45 s； ② 运行全程的时间加上 10 s；若全行程时间少于 10 s，则最小值为 20 s。 该装置应当手动复位，动作时不得影响检修操作和防沉降系统的功能	目测或者按以下方法检查： 切断主电源开关，将驱动油泵的电动机三相电源拆除，并且用绝缘胶布包好，送电后给轿厢一个运行指令，观察该装置是否动作，记录动作时间；检查该装置动作后是否手动复位

【检验工作指引】

液压电梯无该项要求，液压防爆电梯需要满足该项要求。

液压防爆杂物电梯见 TSG T7006 中 2.7。

9.8 沉降试验

项目及类别	检验内容与要求	检验方法
9.8 沉降试验 C	液压防爆电梯的轿厢装载额定载荷停靠在上端站，在 10 min 内轿厢下沉距离不得超过 10 mm(因油温影响引起的沉降应当考虑在内)	目测或者按以下方法检查： 将装载额定载荷的轿厢停靠在上端站平层位置，切断主电源，保持 10 min 后，用钢直尺测量轿厢地坎与层门地坎之间的垂直距离；定期检验时，轿厢在空载状况下试验

【检验工作指引】

液压防爆电梯和液压防爆杂物电梯分别见 TSG T7004 中 7.1 和 TSG T7006 中 7.6。

9.9 电气防沉降系统

项目及类别	检验内容与要求	检验方法
9.9 电气防沉降系统 C	当轿厢位于平层位置以下最大 0.12 m 至开锁区下端部的区间内时，无论轿门处于任何位置，都应当按上行方向给液压泵站通电，使轿厢向上移动	目测或者按以下方法检查： 轿厢装载均匀分布的额定载荷，操作手动下降阀使液压梯进入规定的区域，检查轿厢能否自动向上移动至平层位置

【检验工作指引】

液压防爆杂物电梯无该项要求。

液压防爆电梯见 TSG T7004 中 7.6。

9.10 限速切断阀试验

项目及类别	检验内容与要求	检验方法
9.10 限速切断阀试验 B	轿厢下行超速，当达到限速切断阀的动作速度时，限速切断阀应当可靠动作，其调定速度应当符合出厂资料的要求	目测或者按以下方法检查： (1) 轿厢装载均匀分布的额定载荷并停在适当的楼层(楼层尽量低，足以使限速切断阀动作)，在机房操作限速切断阀的手动试验装置，检查限速切断阀能否动作，并能否将轿厢可靠制停。将限速切断阀的调整位置与制造单位的调整图进行比较，检查限速切断阀动作速度的调整是否正确； (2) 如果有限速器，试验前应当解除限速器的功能； 定期检验时，空载实施上述检验

【检验工作指引】

液压防爆电梯和液压防爆杂物电梯分别见 TSG T7004 中 7.3 和 TSG T7006 中 7.7。

9.11 耐压试验

项目及类别	检验内容与要求	检验方法
9.11 耐压试验 B	对液压系统加以 200%的满负荷压力，持续 5 min，液压系统应当无明显的压力下降和泄漏。该试验应当在安全钳试验完成后进行	目测或者按以下方法检查： 使电梯停在上端站平层位置，将带有溢流阀的手动泵和压力表接入液压系统中上行方向阀与截止阀之间的压力检测点上(如果系统配有手动泵，只须接入压力表即可)，调节手动泵上的溢流阀工作压力为满负荷压力值的 200%，操作手动泵使轿厢上行直至柱塞完全伸出，并且系统压力升至手动泵溢流阀的工作压力，停止操作，持续 5 min，观察系统是否有明显的压力下降和泄漏

【检验工作指引】

液压防爆电梯见 TSG T7004 中 7.7。

本条款也适用于液压防爆杂物电梯，可以参照 TSG T7004 中 7.7 进行试验。

10 相关试验

10.1 平衡系数试验

项目及类别	检验内容与要求	检验方法
10.1 平衡系数试验 B	曳引式防爆电梯的平衡系数应当在 0.40～0.50 之间，或者符合制造（改造）单位的设计值	轿厢分别装载额定载重量的 30%、40%、45%、50%、60%作上、下全程运行，当轿厢和对重运行到同一水平位置时，记录电动机的电流值，绘制电流-负荷曲线，以上、下行运行曲线的交点确定平衡系数。 注 A-9：只有当本条检验结果为符合时方可进行 10.2～10.8 的检验

【检验工作指引】

曳引式防爆电梯见 TSG T7001 中 8.1。

10.2 轿厢上行超速保护装置试验

项目及类别	检验内容与要求	检验方法
10.2 轿厢上行超速保护装置试验 C	当曳引式防爆电梯轿厢上行速度失控时，轿厢上行超速保护装置应当动作，使轿厢制停或者至少使其速度降低至对重缓冲器的设计范围；该装置动作时，应当使一个电气安全装置动作	目测或者按以下方法检查： 由施工或者维护保养单位按照制造单位规定的方法进行试验，检验人员现场观察、确认

【检验工作指引】

曳引式防爆电梯见 TSG T7001 中 8.2。

10.3　轿厢限速器-安全钳联动试验

项目及类别	检验内容与要求	检验方法
10.3 轿厢限速器-安全钳联动试验 B	(1) 施工监督检验:轿厢装载下述载荷,以检修速度下行,进行限速器-安全钳联动试验,限速器-安全钳动作应当可靠: ① 瞬时式安全钳,轿厢装载额定载重量,对于轿厢面积超出规定的载货防爆电梯,以轿厢实际面积按规定所对应的额定载重量作为试验载荷; ② 渐进式安全钳,轿厢装载125%额定载荷,对于轿厢面积超出规定的载货防爆电梯,取125%额定载重量与轿厢实际面积按规定所对应的额定载重量两者中的较大值作为试验载荷; (2) 定期检验:轿厢空载,以检修速度下行,进行限速器-安全钳联动试验,限速器-安全钳动作应当可靠。 液压防爆电梯如果采用其他的防坠落装置,则需按照上述试验条件进行试验	目测或者按以下方法检查: (1) 施工监督检验:由施工单位进行试验,检验人员现场观察、确认; (2) 定期检验:轿厢空载以检修速度运行,人为分别使限速器和安全钳的电气安全装置动作,观察轿厢是否停止运行;然后短接限速器和安全钳的电气安全装置,轿厢空载以检修速度向下运行,人为动作限速器,观察轿厢制停情况

【检验工作指引】

曳引式防爆电梯、液压防爆电梯和曳引式杂物防爆电梯分别见 TSG T7001 中 8.4、TSG T7004 中 7.4 和 TSG T7006 中 7.1。

10.4　对重(平衡重)限速器-安全钳联动试验

项目及类别	检验内容与要求	检验方法
10.4 对重(平衡重)限速器-安全钳联动试验 B	轿厢空载,以检修速度上行,进行限速器-安全钳联动试验,限速器-安全钳动作应当可靠	轿厢空载以检修速度运行,人为分别使限速器和安全钳的电气安全装置(如果有)动作,观察轿厢是否停止运行;短接限速器和安全钳的电气安全装置(如果有),轿厢空载以检修速度向上运行,人为动作限速器,观察对重(平衡重)制停情况

【检验工作指引】

曳引式防爆电梯、液压防爆电梯和曳引式杂物防爆电梯分别见 TSG T7001 中 8.5、TSG T7004 中 7.4 和 TSG T7006 中 7.1。

10.5　空载曳引检查

项目及类别	检验内容与要求	检验方法
10.5 空载曳引检查 B	曳引式防爆电梯及曳引式杂物防爆电梯的对重压在缓冲器上而曳引机按电梯上行方向旋转时,应当不能提升空载轿厢	目测或者按以下方法检查: 将上限位开关(如果有)、极限开关和缓冲器柱塞复位开关(如果有)短接,以检修速度将空载轿厢提升,当对重压在缓冲器上后,继续使曳引机按上行方向旋转,观察是否出现曳引轮与曳引绳产生相对滑动现象,或者曳引机停止旋转

【检验工作指引】

曳引式防爆电梯和曳引式杂物防爆电梯分别见 TSG T7001 中 8.9 和 TSG T7006 中 7.3。

10.6　运行试验

项目及类别	检验内容与要求	检验方法
10.6 运行试验 C	轿厢分别空载、满载,以正常运行速度上、下运行,呼梯、楼层显示等信号系统功能有效、指示正确、动作无误,轿厢平层良好,无异常现象发生	目测或者按以下方法检查: 轿厢分别空载、满载,以正常运行速度上、下运行,观察运行情况

【检验工作指引】

曳引式防爆电梯、液压防爆电梯和曳引式杂物防爆电梯分别见 TSG T7001 中 8.6、TSG T7004 中 7.8 和 TSG T7006 中 7.4。

10.7　空载上行制动试验

项目及类别	检验内容与要求	检验方法
10.7 空载上行制动试验 B	曳引式防爆电梯及曳引式杂物防爆电梯应当符合以下要求: 轿厢空载以正常运行速度上行至行程上部,切断电动机与制动器供电,轿厢应当完全停止,并且无明显变形和损坏	目测或者按以下方法检查: 轿厢空载以正常运行速度上行至行程上部时,断开主开关,检查轿厢停止情况

【检验工作指引】

曳引式防爆电梯和曳引式杂物防爆电梯分别见 TSG T7001 中 8.10 和 TSG T7006 中 7.5。

10.8　超载下行制动试验

项目及类别	检验内容与要求	检验方法
10.8 超载下行制动试验 A(B)	曳引式防爆电梯及曳引式杂物防爆电梯应当符合以下要求： 轿厢装载125%额定载重量，以正常运行速度下行至行程下部，切断电动机与制动器供电，曳引机应当停止运转，轿厢应当完全停止	目测或者按以下方法检查： 由施工单位(定期检验时由维护保养单位)进行试验，检验人员现场观察、确认。 注A-10：本条检验类别B类适用于定期检验

【检验工作指引】

曳引式防爆电梯和曳引式杂物防爆电梯分别见TSG T7001中8.11和TSG T7006中7.5。

附录　TSG T7003与其他TSG条款对应表

序号	项目		TSG T7001	TSG T7004	TSG T7006
1	1.1 制造资料	(1) 制造许可证明文件	1.1(1)	1.1(1)	1.1(1)
		(2) 整机型式试验证书	1.1(2)	1.1(2)	1.1(2)
		(3) 产品质量证明文件	1.1(3)	1.1(3)	1.1(3)
		(4) 电气部件防爆合格证	—	—	—
		(5) 安全保护装置、主要部件型式试验证书及有关资料	1.1(4)	1.1(4)	1.1(4)
		(6) 电气原理图、电气安装敷线图、电气设备电缆引入装置的位置示意图	1.1(5)	1.1(5)	1.1(5)
		(7) 安装使用维护说明书	1.1(6)	1.1(7)	1.1(6)
2	1.2 安装资料	(1) 安装许可证明文件和告知书	1.2(1)	1.2(1)	1.2(1)
		(2) 施工方案	1.2(2)	1.2(2)	1.2(2)
		(3) 机房和井道布置图或者勘测图	1.2(3)	1.2(3)	1.2(3)
		(4) 施工过程记录和自检报告	1.2(4)	1.2(4)	1.2(4)
		(5) 变更设计证明文件	1.2(5)	1.2(5)	1.2(5)
		(6) 安装质量证明文件	1.2(6)	1.2(6)	1.2(6)
3	1.3 改造、重大修理资料	(1) 改造(修理)许可证明文件和告知书	1.3(1)	1.3(1)	1.3(1)
		(2) 改造(重大修理)清单和施工方案	1.3(2)	1.3(2)	1.3(2)
		(3) 加装、更换的安全保护装置、主要部件的型式试验证书及电气部件防爆合格证等资料	1.3(3)	1.3(3)	1.3(3)

续表

序号	项目		TSG T7001	TSG T7004	TSG T7006
3	1.3 改造、重大修理资料	(4) 特种设备作业人员证	1.3(5)	1.3(5)	1.3(4)
		(5) 施工过程记录和自检报告	1.3(6)	1.3(6)	1.3(5)
		(6) 改造(重大修理)质量证明文件	1.3(7)	1.3(7)	1.3(6)
4	1.4 使用资料	(1) 使用登记资料	1.4(1)	1.4(1)	1.4(1)
		(2) 安全技术档案	1.4(2)	1.4(2)	1.4(2)
		(3) 管理规章制度	1.4(3)	1.4(3)	1.4(3)
		(4) 日常维护保养合同	1.4(4)	1.4(4)	1.4(4)
		(5) 特种设备作业人员证	1.4(5)	1.4(5)	1.4(5)
		(6) 爆炸危险区域以及防爆级别、温度组别	—	—	—
5	2.1 防爆等级	(1) 防爆电气部件铭牌	—	—	—
		(2) 防爆电气部件防爆类型、级别、温度组别	—	—	—
6	2.2 外壳要求	(1) 防爆电气部件外壳	—	—	—
		(2) 接合面和紧固件	—	—	—
		(3) 防爆电气部件外壳表面最高温度	—	—	—
7	2.3 本安型电气部件			—	—
8	2.4 隔爆型电气部件	(1) 防爆等级和外壳要求	—	—	—
		(2) 电气联锁或者警告标志	—	—	—
		(3) 隔爆面	—	—	—
9	2.5 增安型电气部件			—	—
10	2.6 浇封型电气部件	(1) 防爆等级和外壳要求	—	—	—
		(2) 浇封表面	—	—	—
11	2.7 油浸型电气部件	(1) 防爆等级和外壳要求	—	—	—
		(2) 密封、油位和螺栓	—	—	—
12	2.8 正压机房	(1) 空气进风口位置	—	—	—
		(2) 联锁装置	—	—	—
		(3) 微差压继电器	—	—	—
13	2.9 防爆接线盒	(1) 防爆区域内非本安电路电缆连接	—	—	—
		(2) 防爆等级和外壳要求	—	—	—

续表

序号	项目		TSG T7001	TSG T7004	TSG T7006
14	2.1 电缆配线	(1) 防爆区域内橡胶电缆或者铠装电缆	—	—	—
		(2) 电力电缆和控制电缆等的敷设	—	—	—
		(3) 电缆的防机械损伤保护措施	—	—	—
15	2.11 本安配线	(1) 本安电路浅蓝色标识	—	—	—
		(2) 本安与非本安电路敷设	—	—	—
		(3) 本安与非本安电路接线分隔	—	—	—
16	2.12　电缆引入		—	—	—
17	2.13　防爆封堵		—	—	—
18	3.1.1 通道与通道门	(1) 通道设置	2.1(1)	2.1(1)	/
		(2) 通道防爆型照明	2.1(2)	2.1(2)	/
		(3) 通道门	2.1(3)	2.1(3)	/
	3.1.2 通道与通道门	(1) 通道设置及防爆型照明	/	/	2.1(1)
		(2) 通道门	/	/	2.1(2)
19	3.2　机房专用		2.2	2.2	2.2
20	3.3.1 安全空间	(1) 控制柜前的净空面积	2.3(1)	2.3(1)	/
		(2) 维修、操作处的净空面积	2.3(2)	2.3(2)	/
		(3) 楼梯(台阶)、护栏	2.3(3)	2.3(3)	/
	3.3.2 安全空间	(1) 控制柜前的净空距离	/	/	1.1(7)
		(2) 维修、操作处的净空距离	/	/	1.1(7)
21	3.4　地面开口		2.4	/	—
22	3.5 照明与插座	(1) 机房防爆型照明及开关	2.5(1)	2.4(1)	—
		(2) 防爆型电源插接装置	2.5(2)	2.4(2)	2.4
		(3) 井道照明、轿厢照明和插接装置的防爆型电源开关	2.5(3)	2.4(3)	—
23	3.6　断错相保护		2.8(2)	2.5(2)	2.7(4)
24	3.7 主开关	(1) 防爆型主开关设置	2.6(1)	2.6(1)	2.3(1)
		(2) 与照明等电路的控制关系	2.6(2)	2.6(2)	2.3(2)
		(3) 防止误操作装置	2.6(3)	2.6(3)	2.3(3)
		(4) 标志	2.6(4)	2.6(4)	2.3(4)
25	3.8.1 驱动主机	(1) 铭牌	2.7(1)	/	2.5(1)
		(2) 工作状况	2.7(2)	/	2.5(2)
		(3) 轮槽磨损	2.7(3)	/	2.5(3)

续表

序号	项目		TSG T7001	TSG T7004	TSG T7006
25	3.8.1 驱动主机	(4) 电动机和制动器防爆要求	—	/	—
		(5) 电动机和减速器散热及外壳表面最高温度	—	/	—
	3.8.2 液压泵站	(1) 铭牌	/	2.7	2.6(1)
		(2) 防爆要求	/	—	—
		(3) 散热及外壳表面最高温度	/	—	—
26	3.9 制动装置	(1) 防爆型制动器设置	2.7(4)	/	2.5(2)
		(2) 制动机械部件设置	2.7(4)	/	2.5(2)
		(3) 电气装置设置及电气部件防爆要求	2.7(4)	/	2.5(2)
		(4) 制动部件外壳表面最高温度	—	/	—
		(5) 制动器动作等情况	2.7(4)	/	2.5(2)
27	3.10.1 紧急操作	(1) 手动紧急操作装置	2.7(5)	/	/
		(2) 紧急电动运行装置	2.8(4)	/	/
		(3) 应急救援程序	8.7(1)	/	/
	3.10.2 手动紧急操作装置		/	/	2.5(4)
	3.10.3 紧急操作	(1) 手动泵设置	/	2.10	/
		(2) 溢流阀调定压力	/	2.8	/
		(3) 应急救援程序	/	—	/
28	3.11 限速器	(1) 铭牌	2.9(1)	3.4(1)	2.8(1)
		(2) 电气安全装置及防爆要求	2.9(2)	3.4(2)	2.8(2)
		(3) 封记及运转状况	2.9(3)	3.4(3)	2.8(2)
29	3.12 接地	(1) 中性导体与保护导体的设置	2.10(1)	2.14(1)	2.9(1)
		(2) 接地连接	2.10(2)	2.14(2)	2.9(2)
		(3) 接地电阻	—	—	—
30	3.13 电气绝缘		2.11	2.15	—
31	3.14 轿厢上行超速保护装置		2.12	/	/
32	3.15 控制柜铭牌		2.8(1)	2.5(1)	2.7(1)
33	4.1 井道封闭		3.1	3.2	3.1
34	4.2 井道安全门	(1) 安全门的设置	3.4(1)	3.6(1)	/
		(2) 门的开启方向	3.4(2)	3.6(2)	/
		(3) 门锁	3.4(3)	3.6(3)	/
		(4) 电气安全装置及防爆要求	3.4(4)	3.6(4)	/

续表

序号	项目		TSG T7001	TSG T7004	TSG T7006
35	4.3 井道检修门	(1) 门的尺寸	3.5(1)	3.7(1)	/
		(2) 门的开启方向	3.5(2)	3.7(2)	/
		(3) 门锁	3.5(3)	3.7(3)	/
		(4) 电气安全装置及防爆要求	3.5(4)	3.7(4)	/
36	4.4 井道门	(1) 检修门、活板门及清洁门的设置	/	/	1.1(7)
		(2) 门的开启、门锁和电气安全装置及防爆要求	/	/	3.3
37	4.5.1 顶部空间	(1) 当对重完全压在缓冲器上时应当同时满足的条件	3.2(1)	/	/
		(2) 对重导轨制导行程	3.2(2)	/	/
	4.5.2 顶部空间		/	/	3.2
	4.5.3 顶部空间	(1) 当柱塞达到极限位置时应当同时满足的条件	/	3.3(1)	
		(2) 平衡重导轨的制导行程	/	3.3(2)	/
38	4.6 导轨	(1) 支架个数与间距	3.6(1)	3.8(1)	/
		(2) 支架安装	3.6(2)	3.8(2)	/
		(3) 导轨工作面铅垂度	3.6(3)	3.8(3)	/
		(4) 导轨顶面距离偏差	3.6(4)	3.8(4)	/
39	4.7 轿厢与井道壁距离		3.7	3.9	/
40	4.8.1 层门地坎下端的井道壁		3.8	3.10	/
	4.8.2 层门地坎下端的井道壁		/	/	—
41	4.9.1 极限开关		3.10	/	3.5
	4.9.2 极限开关		/	3.12	/
42	4.10 随行电缆		—	—	—
43	4.11 井道照明		3.11	3.13	—
44	4.12 底坑设施与装置	(1) 底坑底部	3.12(1)	3.14(1)	3.7(1)
		(2) 进入底坑的装置	3.12(2)	3.14(2)	3.7(2)
		(3) 停止装置及防爆要求	3.12(3)	3.14(3)	3.7(3)
		(4) 电源插接装置及防爆要求	3.12(4)	3.14(4)	3.7(4)
		(5) 防爆型电气照明及开关	—	—	—

续表

序号	项目		TSG T7001	TSG T7004	TSG T7006
45	4.13.1 缓冲器	(1) 缓冲器设置	3.15(1)	3.17(1)	/
		(2) 铭牌或者标签	3.15(2)	3.17(2)	/
		(3) 固定、完好情况及碰撞面无火花措施	3.15(3)	3.17(3)	/
		(4) 液位、电气安全装置及防爆要求	3.15(4)	3.17(4)	/
		(5) 对重越程距离	3.15(5)	/	/
	4.13.2 缓冲器设置及碰撞面无火花措施		/	/	3.8
46	4.14 限速器绳张紧装置	(1) 张紧形式、导向装置	3.14(1)	3.16(1)	3.9(1)
		(2) 电气安全装置及防爆要求	3.14(2)	3.16(2)	3.9(2)
47	4.15 井道下方空间的防护		3.16	3.18	1.1(7)
48	4.16.1 底坑空间	(1) 底坑空间尺寸	3.13(1)	/	/
		(2) 底坑底面与轿厢部件距离	3.13(2)	/	/
		(3) 底坑最高部件与轿厢最低部件距离	3.13(3)	/	/
	4.16.2 底坑空间	(1) 底坑空间尺寸	/	3.15(1)	/
		(2) 底坑底面与轿厢最低部件距离	/	3.15(2)	/
		(3) 底坑最高部件与轿厢最低部件距离	/	3.15(3)	/
		(4) 底坑设备顶部与油缸柱塞头部最低部件距离	/	3.15(4)	/
		(5) 底坑底面与多级油缸最低导向架之间距离	/	3.15(5)	/
49	4.17 井道内防护	(1) 对重(平衡重)运行区域防护	3.9(1)	3.11(1)	/
		(2) 多台防爆电梯运动部件之间防护	3.9(2)	3.11(2)	3.6(2)
50	5.1.1 轿顶电气装置	(1) 检修装置	4.1(1)	4.1(1)	/
		(2) 停止装置	4.1(2)	4.1(2)	/
		(3) 电源插接装置和电气照明及开关	4.1(3)	4.1(3)	/
		(4) 电气部件防爆要求	—	—	/
	5.1.2 轿顶电气装置		/	/	—
51	5.2 轿顶护栏	(1) 护栏的组成	4.2(1)	4.2(1)	/
		(2) 扶手高度	4.2(2)	4.2(2)	/
		(3) 装设位置	4.2(3)	4.2(3)	/
		(4) 警示标志	4.2(4)	4.2(4)	/

续表

序号	项目		TSG T7001	TSG T7004	TSG T7006
52	5.3 轿厢安全窗(门)	(1) 手动上锁装置	4.3(1)	4.3(1)	/
		(2) 安全窗(门)开启	4.3(2)	4.3(2)	/
		(3) 电气安全装置及防爆要求	4.3(3)	4.3(3)	/
53	5.4　轿厢和对重(平衡重)间距		4.4	4.4	/
54	5.5.1 对重(平衡重)块	(1) 固定	4.5(1)	4.5(1)	/
		(2) 识别数量的措施	4.5(2)	4.5(2)	/
	5.5.2　对重(平衡重)块的固定		/	/	4.6
55	5.6.1　轿厢面积		4.6	/	/
	5.6.2　轿厢面积		/	4.6	/
	5.6.3　轿厢面积		/	/	4.1
56	5.7　轿厢铭牌		4.7	4.7	/
57	5.8 紧急照明和报警装置	(1) 紧急照明及防爆要求	4.8	4.8	/
		(2) 紧急报警装置及防爆要求	—	—	/
58	5.9　轿厢地坎护脚板		4.9	4.9	/
59	5.10　超载保护装置		4.10	4.10	/
60	5.11.1 安全钳	(1) 设置	—	—	/
		(2) 铭牌	4.11(1)	4.11(1)	/
		(3) 电气安全装置及防爆要求	4.11(2)	4.11(2)	/
		(4) 安全钳工作面无火花措施	—	—	/
	5.11.2 安全钳	(1) 设置	/	/	—
		(2) 铭牌	/	/	4.7(1)
		(3) 电气安全装置及防爆要求	/	/	4.7(2)
		(4) 安全钳工作面无火花措施	/	/	—
61	6.1　悬挂装置、补偿装置的磨损、断丝、变形等情况		5.1	5.1	5.1
62	6.2　端部固定		5.2	5.2	5.2
63	6.3　补偿装置		5.3	/	/
64	6.4　旋转部件的防护		5.6	5.4	5.5
65	7.1(1)　门地坎距离		6.1	6.1	/
	7.1(2)　门地坎距离		/	/	6.1
66	7.2　门标识		6.2	6.2	/

续表

序号	项目		TSG T7001	TSG T7004	TSG T7006
67	7.3.1 门间隙	(1) 门扇间隙	6.3(1)	6.3(1)	/
		(2) 人力施加在最不利点时间隙	6.3(2)	6.3(2)	/
	7.3.2 门扇间隙		/	/	6.2
68	7.4 防止门夹人的保护装置		6.5	6.5	/
69	7.5 门的运行和导向		6.6	6.6	6.4
70	7.6 自动关闭层门装置		6.7	6.7	/
71	7.7 紧急开锁装置		6.8	6.8	6.6
72	7.8.1 门的锁紧	(1) 层门门锁装置	6.9(1)	6.9(1)	6.7
		(2) 轿门门锁装置	6.9(2)	6.9(2)	/
73	7.9 门的闭合	(1) 机电联锁	6.10(1)	6.10(1)	6.8(1)
		(2) 电气安全装置及防爆要求	6.10(2)	6.10(2)	6.8(2)
74	7.10 门刀、门锁滚轮与地坎间隙		6.12	6.12	/
75	7.11 轿门开门限制装置及轿门的开启	(1) 轿门开门限制装置	6.11(1)	6.11(1)	/
		(2) 轿门的开启	6.11(2)	6.11(2)	/
76	8.1 门扇及固定	(1) 轿厢门设置	/	/	—
		(2) 门扇固定	/	/	4.5(2)
		(3) 电气安全装置及防爆要求	/	/	4.5(1)
77	8.2 信号指示		/	/	—
78	8.3 层站标识	(1) 基站整机铭牌设置	/	/	—
		(2) 层门入口处标识	/	/	6.9
79	9.1 安全溢流阀		/	2.8	2.6(4)
80	9.2 手动下降阀		/	2.9	2.6(6)
81	9.3 温控装置		/	2.11	—
82	9.4 油箱及油位		/	2.13	—
83	9.5 液压管路保护密封		/	2.12(1)	2.6(3)
84	9.6 液压软管		/	2.12(2)	2.6(2)
85	9.7 启动时间保护		/	—	2.7(3)
86	9.8 沉降试验		/	7.1	7.6
87	9.9 电气防沉降系统		/	7.6	/
88	9.10 限速切断阀试验		/	7.3	7.7

续表

序号	项目	TSG T7001	TSG T7004	TSG T7006
89	9.11 耐压试验	/	7.7	—
90	10.1 平衡系数试验	8.1	/	/
91	10.2 轿厢上行超速保护装置试验	8.2	/	/
92	10.3(1) 轿厢限速器-安全钳联动试验	8.4(1)	7.4(1)	7.1(1)
93	10.4 对重(平衡重)限速器-安全钳联动试验	8.5	7.4(2)	7.2
94	10.5 空载曳引检查	8.9	/	7.3
95	10.6 运行试验	8.6	7.8	7.4
96	10.7 空载上行制动试验	8.10	/	7.5(2)
97	10.8 超载下行制动试验	8.11	/	7.5(1)
注：表中"/"不适用该类电梯，"—"表示对应的规则中没有相应内容。				

第四章　液压电梯

1　技术资料

1.1　制造资料

项目及类别	检验内容与要求	检验方法
1.1 制造资料 A	液压电梯制造单位提供了以下用中文描述的出厂随机文件： (1) 制造许可证明文件，其范围能够覆盖所提供液压电梯的相应参数； (2) 液压电梯整机型式试验证书，其参数范围和配置表适用于受检液压电梯； (3) 产品质量证明文件，注有制造许可证明文件编号、产品编号、主要技术参数(包括满载压力设计值和液压油的特性和类型)，安全保护装置(如果有，包括门锁装置、限速器、安全钳、缓冲器、破裂阀、具有机械移动部件的单向节流阀、含有电子元件的安全电路、可编程电子安全相关系统)和主要部件(包括液压泵站、控制柜、层门和玻璃轿门)的型号和编号(门锁装置、层门和玻璃轿门的编号可不标注)，以及悬挂装置(如果有)的名称、型号、主要参数(如直径、数量)，并且有液压电梯整机制造单位的公章或者检验专用章以及制造日期 (4) 安全保护装置和主要部件的型式试验证书，以及高压软管的产品质量证明文件、限速器和渐进式安全钳的调试证书、破裂阀的调试证书及其制造单位提供的调整图表； (5) 电气原理图，包括动力电路和连接电气安全装置的电路； (6) 液压系统原理图，含液压元件代号说明以及主要液压元件设计参数； (7) 安装使用维护说明书，包括安装、使用、日常维护保养和应急救援等方面操作说明的内容。 注 A-1：上述文件如为复印件则必须经液压电梯整机制造单位加盖公章或者检验合格章；对于进口液压电梯，则应当加盖国内代理商的公章	液压电梯安装施工前审查相应资料

1.1.1　制造许可证明文件

【监督检验工作指引】

(1) 根据国质检锅〔2003〕174号《机电类特种设备制造许可规则(试行)》的附件1的要

求,查看该证明文件中所提供电梯的额定载荷和设备品种是否能完全覆盖受检液压电梯,液压电梯制造覆盖范围可按表4-1判定。

(2) 查看该证明文件是否在有效期内。

(3) 该项目在液压电梯安装施工前审查,必要时进行现场核对。一般在报检时检验机构业务受理部门也要审查,如不符合要求,应提出整改要求。

(4) 液压电梯的类别、品种、代码应按国质检〔2014〕114号《特种设备目录》填写电梯检验报告封面上的“设备名称”和“设备类型”栏分别按表4-2中的“品种”和“类别”栏填写,“设备型式”填写“—”,对于还没有使用登记液压的电梯,“设备代码”栏填写表4-2中的“代码”。

表4-1 电梯制造覆盖范围

设备种类	设备类型	等级	设备品种	参数	许可方式	覆盖范围原则
电梯	液压电梯	B	液压乘客电梯		制造许可	额定速度向下覆盖
		C	液压载货电梯		制造许可	额定载荷向下覆盖

表4-2 特种设备目录

代码	种类	类别	品种
3210	电梯	液压电梯	液压乘客电梯
3220			液压载货电梯

1)《特种设备目录》没有的设备型式如液压消防客梯、液压观光电梯、液压病床电梯、防爆液压客梯、防爆液压货梯等,可采取组合原则。

2) 对组合形式的电梯在办理注册登记时归类顺序:强制/液压/(曳引)、防爆、消防、无机房、病床/观光/汽车。例如,液压驱动观光电梯按3210液压客梯注册。

1.1.2 整机型式试验合格证或报告书

【监督检验工作指引】

(1) 根据TSG T7007—2016的要求,电梯整机型式试验合格证书,其相应参数(包括额定速度、额定载重量)能够覆盖所提供电梯相应参数;

(2) 根据TSG T7007—2016的要求,电梯整机型式试验合格证书长期有效,其额定载重量和额定速度参数的适用原则以及配置变化参考TSG T7001中1.1(2)。

(3) 该项目在电梯安装施工前审查,必要时进行现场核对。

(4) 其他可参考TSG T7001中1.1.2。

1.1.3 产品质量证明文件

【监督检验工作指引】

(1) 根据国家质检总局令第13号《特种设备质量监督与安全监察规定》第三十七条“电梯出厂时,必须附有制造企业关于该电梯产品或者部件的出厂合格证、使用维护说明书、装箱清单等出厂随机文件。合格证上除标有主要参数外,还应当标明驱动主机、控制柜、安全装置等主要部件的型号和编号。门锁、安全钳、限速器、缓冲器等重要的安全部件,必须具有有效的型式试验合格证书。”所以要查看产品质量证明文件(出厂合格证)上是否有制造许可证明文件编号、制造许可证明有效日期、产品出厂编号、主要技术参数,以及安全保护装置(如果有,包括门锁装置、限速器、安全钳、缓冲器、破裂阀、具有机械移动部件的单向节流阀、含有电子元件的安全电路、可编程电子安全相关系统)和主要部件(包括液压泵站、控制柜、层门和玻璃轿门)的型号和编号(门锁装置、层门和玻璃轿门的编号可不标注),以及悬挂装置(如果有)的名称、型号、主要参数(如直径、数量)等内容,是否有液压电梯整机制造单位的公章或者检验合格章以及出厂日期。

(2) 产品质量证明文件(出厂合格证)主要技术参数至少要有:设备名称(品种/设备形式)、额定速度、额定载重量、层站门数。其他包括提升高度、轿厢尺寸、顶升方式、调速方式、悬挂比、驱动主机的布置方式、防止轿厢坠落、超速下行或沉降(爬行)装置、控制柜位置、控制方式、控制装置、轿厢质量、功率等主要技术参数,如产品质量证明文件或机房及井道布置图上没有,可附表提供。

(3) 其他可参考 TSG T7001 中 1.1.3。

(4) 该项目在电梯安装施工前审查,如果现场确认,查看上述安全保护装置和主要部件的型号和编号是否与现场实物一致。

1.1.4 安全装置、主要部件型式试验合格证及有关资料

【监督检验工作指引】

(1) 按表 4-3 安全部件资料审查表查看型式试验合格证的产品名称、型号及参数,判定型式试验合格证是否能完全覆盖本台电梯的安全保护装置和主要部件的品种和参数。

表 4-3 安全部件资料审查表

门锁装置	□电压;□交/□直流;□轿门
限速器	□调试证书动作速度符合 TSG T7001 中 2.9.4;□适用于无机房电梯
安全钳	□额定速度;□总质量(轿厢侧 $P+Q$,对重侧 W);□渐进式安全钳调试证书
缓冲器	□额定速度;□总质量(轿厢侧 $P+Q$,对重侧 W)
破裂阀	□动作速度
含有电子元件的安全电路	□型式试验报告
单向节流阀	□型式试验报告
可编程电子安全相关系统	□型式试验报告
层门	□啮合深度
控制柜	□额定速度;□功率;□拖动方式;□控制方式;□控制装置
备注:P 为轿厢侧质量;W 为对重侧质量;Q 为额定载重量。	

(2) 对于有开门平层、开门再平层、端站减速监控等功能的液压电梯,还应查看是否有相应功能的含有电子元件的安全电路型式试验合格证书。

(3) 对于配置有限速器和渐进式安全钳的需查看调试证书中额定速度和动作速度与该电梯是否相适应;对于配置有破裂阀的应查看是否有相应功能的调试证书。

(4) 其他可参考 TSG T7001 中 1.1.3。

(5) 项目在电梯安装施工前审查,如果现场确认,查看上述安全保护装置和主要部件的型号和出厂编号是否和现场实物一致。

1.1.5 电气原理图

【监督检验工作指引】

参考 TSG T7001 中 1.1.5。

1.1.6　液压系统原理图

【监督检验工作指引】

（1）看液压系统原理图中是否包括含液压元件代号说明以及主要液压元件设计参数，包括满负荷压力值、溢流阀整定值等。

（2）液压系统原理图为复印件，应查看是否有液压电梯整机制造单位加盖的公章或者检验合格章。对于进口液压电梯，则应当加盖国内代理商的公章。印刷成册的应在封面和每张图纸上印有液压电梯整机制造单位的全称、产品标识或公章。

（3）项目在液压电梯安装施工前审查，必要时进行现场核对。

1.1.7　安装使用维护说明书

【监督检验工作指引】

参考 TSG T7001 中 1.1.6。

1.1.8　其他

【参考做法】

2014 年 1 月 1 日实施的《特种设备安全法》第二十二条规定："电梯的安装、改造、修理，必须由电梯制造单位或者其委托的依照本法取得相应许可的单位进行。"TSG T7004 在第 1 号修改单增加了"由整机制造单位出具或者确认的自检报告"的要求，但考虑到自检报告是在安装结束后才出具，如果某安装单位没有取得整机制造单位授权，就很难补到整机制造单位确认章，所以建议在施工前就要安装单位提供整机制造单位授权书。

1.2　安装资料

项目及类别	检验内容与要求	检验方法
1.2 安装资料 A	安装单位提供了以下安装资料： （1）安装许可证和安装告知书，许可证范围能够覆盖所施工电梯的相应参数； （2）施工方案，审批手续齐全； （3）用于安装该液压电梯的机房、井道的布置图或者土建工程勘测图，有安装单位确认符合要求的声明和公章或者检验专用章，表明其通道、通道门、井道顶部空间、底坑空间、楼层间距、井道内防护、安全距离、井道下方人可以到达的空间等满足安全要求； （4）施工过程记录和由整机制造单位出具或者确认的自检报告，检查和试验项目齐全、内容完整，施工和验收手续齐全； （5）变更设计证明文件（如安装中变更设计时），履行了由使用单位提出、经整机制造单位同意的程序； （6）安装质量证明文件，包括液压电梯安装合同编号、安装单位安装许可证编号、产品出厂编号、主要技术参数等内容，并且有安装单位公章或者检验合格章以及竣工日期。 注 A-2：上述文件如为复印件则必须经安装单位加盖公章或者检验合格章	审查相应资料。（1）～（3）在报检时审查，（3）在其他项目检验时还应当审查；（4）、（5）在试验时审查；（6）在竣工后审查

【监督检验工作指引】

该项目是监督检验 A 类项目，第 1.2(1)～1.2(3)款与 1.1 款一样在施工前报检时审查，而且只有检验机构对 1.1 款与第 1.2(1)～1.2(3)款审查合格后，施工单位才可以进入下道工序施工。

1.2.1 安装许可证和告知书

【监督检验工作指引】

(1) 查看所提供的安装许可证是否能完全覆盖所施工电梯的相应参数和品种，施工等级按表 4-4 判定。

(2) 其他参考 TSG T7001 中 1.2.1。

表 4-4 电梯施工单位分类分级表

设备种类	设备类型	施工类别	各施工等级技术参数		
			A 级	B 级	C 级
电梯	液压电梯	安装 改造 维修	技术参数不限	额定速度不大于 2.5 m/s、额定载重量不大于 5 t 的乘客电梯、载货电梯	额定速度不大于 1.75 m/s、额定载重量不大于 3 t 的乘客电梯、载货电梯

1.2.2 施工方案

【监督检验工作指引】

(1) 审查施工方案是否按照安装单位的质量体系文件规定履行审批手续。

(2) 施工方案应有编制、审核、批准人员会签，并有批准日期和施工单位的公章。施工方案内容应完整、齐全，且与施工现场情况一致。

(3) 该项目在液压电梯安装施工前审查，必要时进行现场核对。

1.2.3 机房、井道布置图或者土建工程勘测图

【监督检验工作指引】

(1) 看所提供的图纸上是否标注有通道、通道门、井道顶部空间、底坑空间、楼层间距、井道内防护、安全距离、井道下方人可以到达的空间等内容，相关尺寸应满足电梯的设计要求，井道内防护、安全距离应满足相关安全技术规范的要求，所提供的图纸应有安装单位确认符合要求的声明和公章或者检验专用章。

(2) 查看：

1) 楼层间距超过 11 m 时，需设置井道安全门。

2) 井道下方存在人员可以进入的空间时，应按 3.18 的要求，查阅以下资料：

① 审查底坑地面的设计资料，是否按 5 000 N/m^2 载荷设计；

② 平衡重运行区域下设置一个一直延伸到坚固地面的实心桩墩或装设了对重安全钳。

3) 机房、通道尺寸是否能满足 2.1 及 2.3 项要求。

4) 井道顶部空间、底坑空间是否满足 3.3 及 3.15。

(3) 项目在电梯安装施工前审查，如果现场确认，查看现场机房或机器设备间尺寸是否满足上述布置图的要求。

【参考做法】

对于井道下方存在人员可以进入的空间时，由于较难保证对重缓冲器下方一直延伸到

坚固地面的实心桩墩可靠性，应尽量要求装设对重安全钳。

1.2.4　施工过程记录和自检报告

【监督检验工作指引】

参考 TSG T7001 中 1.2.5。

1.2.5　设计变更证明文件

【适用范围】

如果安装过程没有变更设计时，即电梯的参数、配置与产品质量证明文件一致，本项填写“无此项”。

【监督检验工作指引】

(1) 检验现场核对出厂资料与现场是否一致，如果不一致查看安装过程中是否有变更设计证明文件。

(2) 变更设计证明文件应履行了由使用单位提出、经整机制造单位同意的程序。

1.2.6　安装质量证明文件

【监督检验工作指引】

(1) 安装质量证明文件，包括电梯安装合同编号、安装单位安装许可证编号、产品出厂编号、主要技术参数等内容，并且有安装单位公章或者检验合格章以及竣工日期。自检报告结论页如有上述内容也可视为安装质量证明文件。

(2) 该项应在竣工后审查，复印件存档。

1.3　改造、重大维修资料

项目及类别	检验内容与要求	检验方法
1.3 改造、重大维修资料 A	改造或者重大维修单位应提供以下改造或者重大维修资料： (1) 改造或者维修许可证和改造或者重大维修告知书，许可证范围能够覆盖所施工电梯的相应参数； (2) 改造或者重大维修的清单以及施工方案，施工方案的审批手续齐全； (3) 所更换的安全保护装置或者主要部件产品合格证、型式试验合格证书、限速器和渐进式安全钳的调试证书(如发生更换)以及破裂阀的调试证书及其制造单位提供的调整图表(如发生更换)； (4) 拟加装 IC 卡系统的下述资料(属于改造时)： ① 加装方案(含电气原理图和接线图)； ② 产品质量证明文件，标明产品型号、产品编号、主要技术参数，并且有产品制造单位的公章或者检验专用章以及制造日期； ③ 安装使用维护说明书，包括安装、使用、日常维护保养和与应急救援操作方面有关的说明。 (5) 施工现场作业人员持有的特种设备作业人员证； (6) 施工过程记录和自检报告，检查和试验项目齐全、内容完整，施工和验收手续齐全；	审查相应资料。(1)～(5)在报检时审查，(5)在其他项目检验时还应当审查；(6)在试验时审查；(7)在竣工后审查

续表

项目及类别	检验内容与要求	检验方法
1.3 改造、重大维修资料 A	(7) 改造后的整梯合格证或者重大维修质量证明文件，合格证或者证明文件中包括液压电梯的改造或者重大维修合同编号、改造或者重大维修单位的资格证编号、液压电梯使用登记编号、主要技术参数等内容，并且有改造或者重大维修单位的公章或者检验合格章以及竣工日期。 注 A-3：上述文件如为复印件则必须经改造或者重大维修单位加盖公章或者检验合格章	审查相应资料。(1)～(5)在报检时审查，(5)在其他项目检验时还应当审查；(6)在试验时审查；(7)在竣工后审查

【适用范围】

根据《特种设备安全法》第二十五条，电梯、起重机械、客运索道、大型游乐设施的安装、改造、重大修理过程，应当经特种设备检验机构按照安全技术规范的要求进行监督检验。因此对于一般修理不需要进行过程监督检验，只要按定期检验受理业务，只有当对电梯进行改造或者重大修理时才要求检验本项目。对于新安装电梯或者无改变电梯性能参数与技术指标的移装电梯，检验报告可以不编排本项目或者填写“无此项”。

【说明解释】、【监督检验工作指引】、【常见事例】参考 TSG T7001 中 1.3。

1.3.1 改造(维修)许可证和告知书

【监督检验工作指引】

(1) 对于许可证：①查看所提供的改造或者维修许可证是否能完全覆盖所施工电梯的相应参数和品种；②施工等级按表 1-5 判定；③查看改造或者维修许可证是否在有效期内。

(2) 该项目在电梯改造或者重大维修施工前审查，必要时进行现场核对。

1.3.2 施工方案

【监督检验工作指引】

(1) 审查施工方案是否有按照改造或者重大维修施工单位的质量体系文件规定履行审批手续。

(2) 施工方案应有编制、审核、批准人员会签，有批准日期和施工单位的公章，内容应完整、齐全，且与施工现场情况一致。

(3) 施工方案应有拟改造或者重大维修项目的清单，以及拟更换的主要零部件的型号、数量、生产厂家等内容。

(4) 该项目在电梯改造或者重大维修施工前审查，必要时进行现场核对。

(5) 在现场检验时，还应查看改造或者重大维修项目清单中的有关内容是否与施工现场一致。

1.3.3 更换的安全装置和主要部件的型式试验合格证及有关资料

【监督检验工作指引】

(1) 破裂阀除了要提供调试证书外，还应提供其制造单位的调整图表。

(2) 参考 TSG T7001 中 1.3.3。

1.3.4 加装 IC 卡系统

【说明解释】、【监督检验工作指引】参考 TSG T7001 中 1.3.4。

1.3.5　特种设备作业人员证件

【监督检验工作指引】

参考 TSG T7001 中 1.3.5。

1.3.6　施工过程记录和自检报告

【监督检验工作指引】

(1) 自检报告内容至少包括改造、重大维修涉及的项目以及 TSG T7004 中附件 C 项目,检查项目应有自检结果,有测试数据要求的,必须要记录数据。

(2) 其他参考 TSG T7001 中 1.3.6。

1.3.7　改造质量证明文件

【监督检验工作指引】

(1) 合格证或者证明文件中除应包括 1.3(7)规定的电梯改造或者重大维修合同编号、改造或者重大维修单位的资格证编号、电梯使用登记编号、主要技术参数等内容外,如果改造涉及更换主要安全部件,那么改造合格证或者证明文件上还要有已更换的主要安全部件型号和编号。

(2) 其他参考 TSG T7001 中 1.3.7。

1.4　使用资料

项目及类别	检验内容与要求	检验方法
▲1.4 使用资料 B	使用单位应提供以下资料: (1) 使用登记资料,内容与实物相符; (2) 安全技术档案,至少包括 1.1、1.2、1.3 所述文件资料[1.3 的(4)项除外],以及监督检验报告、定期检验报告、日常检查与使用状况记录、日常维护保养记录、年度自行检查记录或者报告、应急救援演习记录、运行故障和事故记录等,保存完好(本规则实施前已经完成安装、改造或重大修理的,1.1、1.2、1.3 项所述文件资料如有缺陷,应当由使用单位联系相关单位予以完善,可不作为本项审核结论的否决内容); (3) 以岗位责任制为核心的液压电梯运行管理规章制度,包括事故与故障的应急措施和救援预案、电梯钥匙使用管理制度等; (4) 与取得相应资格单位签订的日常维护保养合同; (5) 按照规定配备的电梯安全管理人员的特种设备作业人员证	定期检验和改造、重大维修过程的监督检验时查验;新安装电梯的监督检验进行试验时查验(3)、(4)、(5)项,以及(2)项中所需记录表格制定情况[如试验时使用单位尚未确定,应当由安装单位提供(2)、(3)、(4)项查验内容范本,(5)项相应要求交接备忘录]

【说明解释】、【注意事项】、【特例】参考 TSG T7001 中 1.4。

1.4.1　使用登记资料

【适用范围】

如果是新安装过程监督检验,本项填写“无此项”。

【监督检验工作指引】

安装监督检验时,该项可按“无此项”处理。

【定期检验工作指引】

(1) 是否在电梯使用地特种设备监督管理部门办理了使用登记,可查询当地特种设备电子监察系统，一般有注册号即可。

(2) 查验使用登记资料中的有关内容应与电梯产品的出厂资料、验收资料以及实物是否相符。

【特例】

对于拆除机房与轿厢的对讲系统(提升高度少于 30 m 时)、安全触板、安全窗等项目，如果是由使用单位提出要求，且出具了由使用单位提出申请并经该电梯生产单位同意的证明文件，那么相应项目可按“无此项”处理，否则应判相应项目和 1.4.1 为不合格。

1.4.2 安全技术档案

【监督检验工作指引】

对于新安装监督检验，如监督检验时使用单位尚未确定，应当由安装单位提供内容范本。

【定期检验工作指引】

(1) 使用单位除日常检查与使用状况记录、维护保养记录、年度自行检查记录或者报告、应急救援演习记录、定期检验报告、设备运行故障记录至少保存 2 年外，其他资料应当长期保存。

(2) 使用单位变更时，安全技术档案应同时移交。

(3) 维护保养单位应根据 TSG T5002 附件 B 的要求，按照所保养电梯的安装使用维护说明书规定，并且根据电梯使用的特点，制订合理的保养项目、计划和方案。电梯的维护保养分为半月、季度、半年、年度维护保养，其维保内容至少应包含表 4-5 的项目。

(4) 年度自行检查记录或者报告的内容根据使用状况而定，但是不少于 TSG T7004 附件 C 规定的 48 个项目和 TSG T5002 附件 B 规定的 66 个项目(见表 4-5)，以及与这些项目相关的内容，而且对于 TSG T7004 附件 C 中有测试数据要求的项目，必须要记录数据。年度自行检查记录或者报告应有电梯自检人员的签字和审核人员的签字，加盖维护保养单位公章或者其他专用章。

(5) 其他参考 TSG T7001 中 1.4.2。

表 4-5 液压电梯日常维护保养至少应包含的项目

序号	半月	季度(增加)	半年(增加)	年度(增加)
1	机房环境	安全溢流阀(在油泵与单向阀之间)	控制柜内各接线端子	控制柜接触器、继电器触点
2	机房内手动泵操作装置	手动下降阀	控制柜	动力装置各安装螺栓
3	油箱	手动泵	导向轮	导电回路绝缘性能测试
4	电动机	油温监控装置	悬挂钢丝绳	限速器安全钳联动试验(每 2 年进行一次限速器动作速度校验)
5	层门和轿门旁路装置	限速器轮槽、限速器钢丝绳	悬挂钢丝绳绳头组合	随行电缆

续表4-5

序号	半月	季度(增加)	半年(增加)	年度(增加)
6	阀、泵、消音器、油管、表、接口等部件	验证轿门关闭的电气安全装置	限速器钢丝绳	层门装置和地坎
7	编码器	轿厢侧靴衬、滚轮	柱塞限位装置	轿顶、轿厢架、轿门及附件安装螺栓
8	轿顶	柱塞侧靴衬	上下极限开关	轿厢称重装置
9	轿顶检修开关、停止装置	层门、轿门系统中传动钢丝绳、链条、胶带	柱塞、消音器放气操作	安全钳钳座
10	导靴上油杯	层门门导靴		轿厢及油缸导轨支架
11	井道照明	消防开关		轿厢及油缸导轨
12	限速器各销轴部位	耗能缓冲器		轿底各安装螺栓
13	轿厢照明、风扇、应急照明	限速器张紧轮装置和电气安全装置		缓冲器
14	轿厢检修开关、停止装置			轿厢沉降试验
15	轿内报警装置、对讲系统			
16	轿内显示、指令按钮			
17	轿门防撞击保护装置(安全触板,光幕、光电等)			
18	轿门门锁触点			
19	轿门运行			
20	轿厢平层准确度			
21	层站召唤、层楼显示			
22	层门地坎			
23	层门自动关门装置			
24	层门门锁自动复位			
25	层门门锁电气触点			
26	层门锁紧元件啮合长度			
27	底坑			
28	底坑停止装置			
29	液压柱塞			
30	井道内液压油管、接口			

1.4.3 管理规章制度

【监督检验工作指引】

对于新安装液压电梯，如监督检验时使用单位尚未确定，应当由安装单位提供内容范本。

【定期检验工作指引】

(1) TSG 08 要求使用单位至少建立以下制度：

1) 建立并且有效实施特种设备安全管理制度和高耗能特种设备节能管理制度，以及操作规程；

2) 设置特种设备安全管理机构，配备相应的安全管理人员，建立人员管理台账，开展安全与节能培训教育，保存人员培训记录；

3) 建立特种设备台账及技术档案；

4) 制定特种设备事故应急专项预案，定期进行应急演练；

(2) 如果有意外事件或者事故的应急救援预案与应急救援演习制度、电梯钥匙使用管理制度，其他 2 个制度不完善，可不作为本项审核结论的否决内容，只在《特种设备检验意见通知书》中选填第(四)项。

1.4.4 日常维护保养合同

【监督检验工作指引】

对于新安装电梯，如监督检验时使用单位尚未确定，应当由安装单位提供内容范本。

【说明解释】

其他参考 TSG T7001 中 1.4.4。

【定期检验工作指引】

(1) 查验是否签订了日常维护保养合同，维护保养单位是否有维护保养液压电梯的资质，资质是否覆盖所维保的液压电梯，合同是否在有效的期内。

(2) 维护保养单位变更时，使用单位应当持维护保养合同，在新合同生效后 30 日内到原登记机关办理变更手续，并且更换电梯轿厢内维护保养单位的相关标识。

1.4.5 特种设备作业人员证

【监督检验工作指引】

新安装监督检验时，使用单位如果暂时无持证人员，应有相应的交接备忘录。

【定期检验工作指引】

(1) 使用单位拥有超过 20 台特种设备的至少有 1 名持证的特种设备安全管理人员。

(2) 医院提供患者使用的液压电梯(不包括设在医院大堂里供所有人使用的液压病床电梯)、直接用于旅游液压观光的速度大于 2.5 m/s 的液压乘客电梯，以及规定必须采用司机操作的液压电梯(不包括既有集选又有司机)，每台液压电梯至少配 1 名司机，但可以不持有相应证书。

2　机房(机器设备间)及相关设备

2.1　机房通道与通道门

项目及类别	检验内容与要求	检验方法
▲2.1 机房通道与通道门 C	(1) 应当在任何情况下均能够安全方便地使用通道。采用梯子作为通道时,必须符合以下条件: ① 通往机房的通道不应高出楼梯所到平面 4 m; ② 梯子必须固定在通道上而不能被移动; ③ 梯子高度超过 1.50 m 时,其与水平方向的夹角应当在65°～75°之间,并不易滑动或者翻转; ④ 靠近梯子顶端应当设置一个容易握到的把手。 (2) 通道应当设置永久性电气照明; (3) 机房通道门的宽度应当不小于 0.60 m,高度应当不小于 1.80 m,并且门不得向房内开启。门应当装有带钥匙的锁,并且可以从机房内不用钥匙打开。门外侧有下述或者类似的警示标志:“电梯机器——危险　未经允许禁止入内”。 注 A-4:本细则中所述及的标牌、须知、标记及操作说明应清晰易懂(必要时借助符号或信号),并采用不能撕毁的耐用材料制成,设置在明显位置,且至少应使用中文书写	审查自检结果,如对其有质疑,按照以下方法进行现场检验(以下C类项目只描述现场检验方法): 目测或者测量相关数据

【说明解释】

(1) 标牌、须知、标记应具有永久性,采用不能撕毁的耐用材料制成,“永久性和不能撕毁”是指:

1) 标牌、须知、标记的自然寿命不应低于其所标识的设备、物体的使用寿命。

2) 在其所标识的设备、物体的使用寿命内,标牌、须知、标记的固定不会自然脱落。

3) 在其所标识的设备、物体的使用寿命内,标牌、须知、标记上面的字体不会与基体材料发生自然剥离。

4) 在不用工具的情况下,不能将标牌、须知、标记撕毁。

(2) 对于进口的液压电梯,标牌、须知、标记及操作说明也应用中文标识。

【检验工作指引】

参考 TSG T7001 中 2.1。

2.2　机房专用

项目及类别	检验内容与要求	检验方法
▲2.2 机房专用 C	机房应当专用,不得用于电梯以外的其他用途,并设有消防设施	目测

【监督检验工作指引】

(1) 相比 TSG T7001,TSG T7004 除要求机房(机器设备间)应当专用,不得用于液压电梯以外的其他用途外,还要求机房设有消防设施,因为液压油属于易燃易爆物品。

(2) 消防设施可采用火灾探测器和灭火器,但应具有高的动作温度,适用于电气设备,有一定的稳定期且有防意外碰撞的合适的保护。

(3) 其他参考 TSG T7001 中 2.2。

【定期检验工作指引】

(1) 虽然定期检验无此项,但现场检验时,应检验是否有设置消防设施及其是否有效,如果为灭火器,应检验灭火器是否在有效期内。

(2) 如果消防设施不符合要求,或使用单位在机房新设置了影响电梯正常运行的设备,应在《特种设备检验意见通知书》中选填第(四)项。

2.3 安全空间

项目及类别	检验内容与要求	检验方法
2.3 安全空间 C	(1) 在控制屏和控制柜前有一块净空面积,其深度不小于0.70 m,宽度为0.50 m或屏、柜的全宽(两者中的大值),高度不小于2 m; (2) 对运动部件进行维修和检查以及人工紧急操作的地方有一块不小于0.50 m×0.60 m的水平净空面积,其净高度不小于2 m; (3) 机房地面高度不一并且相差大于0.50 m时,应当设置楼梯或者台阶,并且设置护栏	目测或者测量相关数据

【监督检验工作指引】

参考 TSG T7001 中 2.3。

2.4 照明与插座

项目及类别	检验内容与要求	检验方法
2.4 照明与插座 C	▲(1)机房应当设置永久性电气照明;在机房内靠近入口(或多个入口)处的适当高度应当设有一个开关,控制机房照明; (2) 机房应当至少设置一个2P+PE型或者以安全特低电压供电(当确定无须使用220 V的电动工具时)的电源插座; (3) 应当在主开关旁设置控制井道照明、轿厢照明和插座电路电源的开关	目测;操作验证各开关的功能

2.4.1 机房照明、照明开关

【检验工作指引】

适当的高度为从开关下端量到机房地面,其高度宜为1.2～1.5 m。

2.4.2 电源插座

【监督检验工作指引】

(1) 按照GB/T 4776—2008《电气安全术语》中3.2.7的定义,安全特低电压是指"用安全隔离变压器或具有独立绕组的变流器与供电干线隔离开的电路,导体之间或任何一个导体与地之间有效值不超过50 V的交流电压",安全超低电压应满足两个条件:

1) 用安全隔离变压器或具有独立绕组的交流器与供电干线隔离开;

2) 导体之间或任一导体与地之间的交流电压有效值不超过50 V。

如果采用安全特低电压供电的插座，要检验是否满足上述两个条件。

(2) 其他参考 TSG T7001 中 2.5.2。

2.4.3 井道、轿厢照明和插座电源开关

【监督检验工作指引】

参考 TSG T7001 中 2.5.3。

2.5 控制柜

项目及类别	检验内容与要求	检验方法
2.5 控制柜 B	(1) 控制柜上应当设有铭牌，标明制造单位名称、型号、编号、技术参数和型式试验机构的名称或者标志，铭牌和型式试验证书内容相符； ▲(2) 断相、错相保护功能有效；液压电梯运行与相序无关时，可以不装设错相保护装置； ▲(3) 层门和轿门旁路装置应当符合以下要求： ① 在层门和轿门旁路装置上或者其附近标明“旁路”字样，并且标明旁路装置的“旁路”状态或者“关”状态； ② 旁路时取消正常运行(包括动力操作的自动门的任何运行)；只有在检修运行或者紧急电动运行状态下，轿厢才能够运行；运行期间，轿厢上的听觉信号和轿底的闪烁灯起作用； ③ 能够旁路层门关闭触点、层门门锁触点、轿门关闭触点、轿门门锁触点；不能同时旁路层门和轿门的触点；对于手动层门，不能同时旁路层门关闭触点和层门门锁触点； ④ 提供独立的监控信号证实轿门处于关闭位置； ▲(4) 应当具有门回路检测功能，当轿厢在开锁区域内、轿门开启并且层门门锁释放时，监测检查轿门关闭位置的电气安全装置、检查层门门锁锁紧位置的电气安全装置和轿门监控信号的正确动作；如果监测到上述装置的故障，能够防止电梯的正常运行	(1) 对照检查控制柜型式试验证书和铭牌； (2) 断开主开关，在其输出端，分别断开三相交流电源的任意一根导线后，闭合主开关，检查液压电梯能否启动；断开主开关，在其输出端，调换三相交流电源的两根导线的相互位置后，闭合主开关，检查液压电梯能否启动； (3) 目测旁路装置设置及标识；通过模拟操作检查旁路装置功能； (4) 通过模拟操作检查门回路检测功能

【监督检验工作指引】

参考 TSG T7001 中 2.8.1，TSG T7001 中 2.8.2，TSG T7001 中 2.8.6 和 TSG T7001 中 2.8.7。

2.6 主开关

项目及类别	检验内容与要求	检验方法
2.6 主开关 B	(1) 在机房中，每台液压电梯应当单独装设主开关，主开关应当易于接近和操作； ▲(2) 主开关不得切断轿厢照明和通风、机房照明和电源插座、轿顶与底坑的电源插座、液压电梯井道照明、报警装置的供电电路；	目测主开关的设置；断开主开关，观察、检查照明、插座、通风和报警装置的供电电路是否被切断

续表

项目及类别	检验内容与要求	检验方法
2.6 主开关 B	(3) 主开关应当具有稳定的断开和闭合位置，并且在断开位置时能用挂锁或其他等效装置锁住，能够有效地防止误操作； (4) 如果不同电梯的部件共用一个机房，则每台电梯的主开关应当与驱动主机、控制柜等采用相同的标志。当液压电梯具备电气防沉降系统时，应当在主开关或近旁标识"当轿厢停靠在最低层站时才允许断开此开关"	目测主开关的设置；断开主开关，观察、检查照明、插座、通风和报警装置的供电电路是否被切断

2.6.1　主开关设置

【监督检验工作指引】

参考 TSG T7001 中 2.6.1。

2.6.2　与照明等电路的控制关系

【检验工作指引】

参考 TSG T7001 中 2.6.2。

2.6.3　防止误操作装置

【监督检验工作指引】

参考 TSG T7001 中 2.6.3。

2.6.4　标志

【监督检验工作指引】

(1) 应注意观察每台电梯的主开关与驱动主机、控制柜、限速器等部件标志的对应，防止标错而出现操作错误。

(2) 查看液压系统原理图，如果该液压电梯具备电气防沉降系统，应当在主开关或近旁标识"当轿厢停靠在最低层站时才允许断开此开关"，并采用不能撕毁的耐用材料制成，设置在明显位置。

2.7　液压泵站铭牌

项目及类别	检验内容与要求	检验方法
▲2.7 液压泵站铭牌 B	液压泵站上应当设有铭牌，标明制造单位名称、型号、编号、技术参数和型式试验机构的名称或者标志，铭牌和型式试验证书内容相符	对照检查液压泵站型式试验证书和铭牌

【检验工作指引】

(1) 检查液压泵站是否设有铭牌。

(2) 检查铭牌是否标明制造单位名称、型号、编号、技术参数和型式试验机构的名称或者标志。

(3) 查看铭牌内容是否与型式试验证书相适应。

2.8　溢流阀

项目及类别	检验内容与要求	检验方法
▲2.8 溢流阀 B	在连接液压泵到单向阀之间的管路上应当设置溢流阀，溢流阀的调定工作压力不应超过满载压力的 140%。考虑到液压系统过高的内部损耗，可以将溢流阀的压力数值整定得高一些，但不得高于满载压力的 170%，在此情况下应当提供相应的液压管路（包括液压缸）的计算说明	由随机资料或满载试验查出系统的满负荷压力值，在机房将截止阀关闭，检修点动上行，让液压泵站系统压力缓慢上升，当设备上压力表的压力值不再上升时，压力表显示压力值即为溢流阀的工作压力值。并判断是否符合要求。由施工单位或维护保养单位现场调试，检验人员观察确认。 注 A-5：在检验过程中，如设备上压力表有异常状况，则应采用外接经校验且在校验有效期内的压力表进行检验

【说明解释】

（1）溢流阀是液压电梯中使用较多的压力控制阀，主要有两种用途，一是作为溢流阀用，如图 4-1 所示，起溢流和稳压作用，在定量泵系统中，保持液压系的压力恒定；二是作为安全阀用如图 4-2 所示，起限压保护作用，在变量泵系统中，防止液压系统过载。

（2）液压电梯正常工作时，溢流阀只是作为安全阀，处于常闭状态（见图 4-3）。

（3）按工作原理分，溢流阀主要有两种，一是先导式溢流阀，二是直动式溢流阀（见图 4-3～图 4-6）。

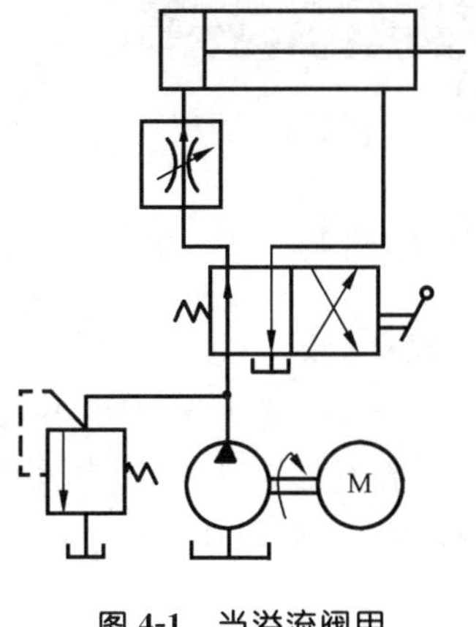

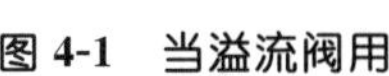
图 4-1　当溢流阀用

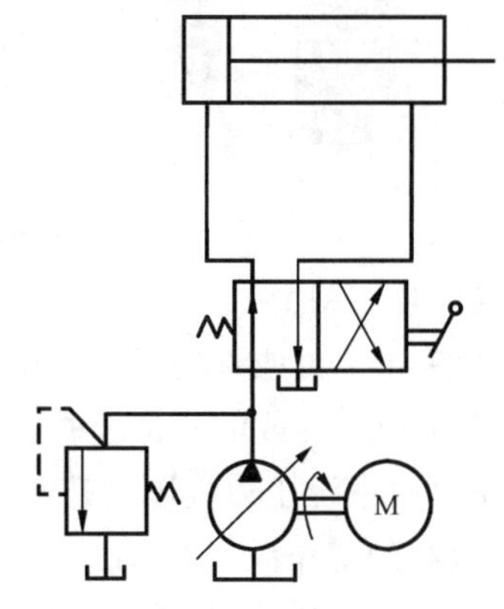

图 4-2　当安全阀用

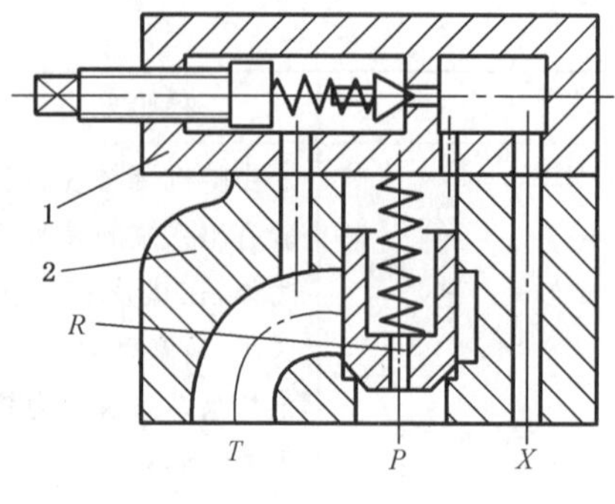

图 4-3　先导式溢流阀示意图

图 4-4　先导式溢流阀实物图

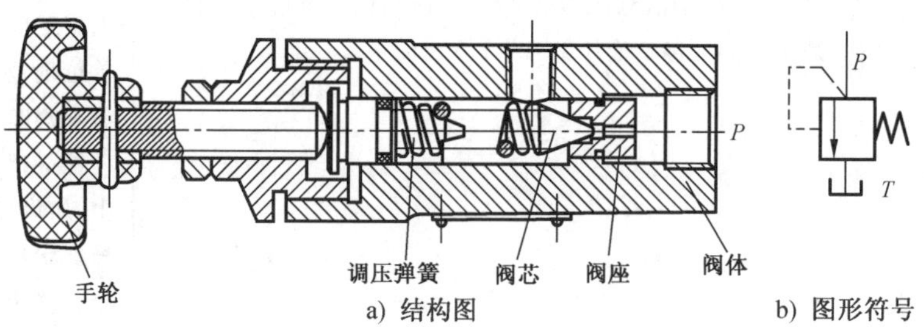

a) 结构图　　b) 图形符号

图 4-5　直动式溢流阀示意图

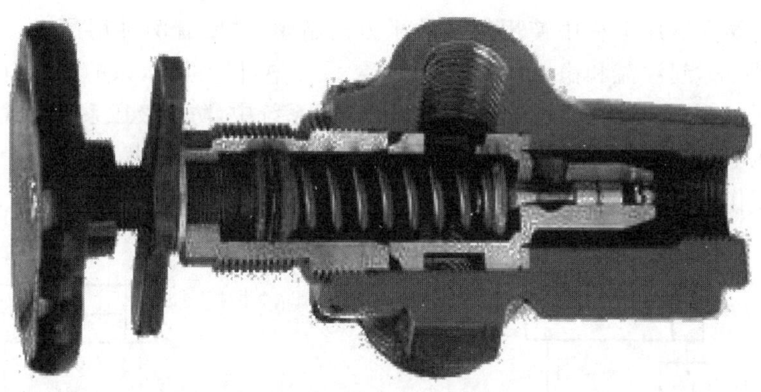

图 4-6　直动式溢流阀实物图

【检验工作指引】

(1) 由施工单位或维护保养单位现场调试，检验人员观察确认。

(2) 由随机资料或满载试验查出系统的满负荷压力值 p_f，将截止阀关闭，检修点动上行，让液压泵站系统压力缓慢上升，当设备上压力表的压力值不再上升时，压力表显示压力值即为溢流阀的工作压力值 p_w。若 $p_w \leqslant 1.4p_f$，则可判定为合格，若 $1.4p_f < p_w \leqslant 1.7p_f$，则应提供相应的液压管路(包括液压缸)的计算说明。

(3) 如果设备上压力表有异常状况，如指针动作不灵敏、读数不准确等，则应采用外接经校验且在校验有效期内的压力表进行检验。

2.9　紧急下降阀

项目及类别	检验内容与要求	检验方法
▲2.9 紧急下降阀 B	在停电状态下，机房内手动操作的紧急下降阀功能可靠。在此过程中为了防止间接作用式液压电梯的驱动钢丝绳或链条出现松弛现象，手动操纵该阀应当不能使柱塞产生的下降引起松绳或松链。该阀应当由持续的手动揿压保持其动作，并有误操作防护	(1) 将轿厢在下端站平层后打开轿门，在机房切断主电源，操作手动下降阀，观察轿厢是否下降； (2) 对于间接式液压电梯还应当检查当系统压力低于最小操作压力时该阀是否处于无效状态。该试验可在安全钳联动试验中进行，当安全钳夹住导轨后轿厢停止，操作手动下降阀，应当不能使液压缸的柱塞下降从而导致钢丝绳或链条松脱。 由施工单位或维护保养单位现场测试，检验人员观察确认

【检验工作指引】

(1) 目测紧急下降阀是否采取防止误操作措施。

(2) 由施工单位或维护保养单位现场测试，检验人员观察确认。

(3) 操作手动下降阀时，轿厢的下行速度应不超过 0.3 m/s。

2.10　手动泵

项目及类别	检验内容与要求	检验方法
▲2.10 手动泵 B	对于轿厢上装有安全钳或夹紧装置的液压电梯，应当永久性地安装一手动泵，使轿厢能够向上移动。手动泵应当连接在单向阀或下行方向阀与截止阀之间的油路上。手动泵应当装备溢流阀，溢流阀的调定压力不应超过满载压力的2.3 倍	对照液压原理图查看手动泵的设置位置，并手动试验其功能： (1) 将轿厢在底层端站平层，打开轿门，机房切断主电源开关，操作手动泵观察轿厢能否被提升； (2) 关闭截止阀，操作手动泵直至系统压力不再上升，表明与手动泵相连的溢流阀已工作，其工作压力应当不超过满负荷压力值的2.3 倍。由施工单位或维护保养单位现场测试，检验人员观察确认

【说明解释】

当未设置安全钳或夹紧装置的液压电梯发生故障时，可通过手动紧急下降阀实施救援，因此，可以不设置手动泵。而对于设置了安全钳或夹紧装置的液压电梯，当安全钳或夹紧装置动作后，必须向上提升轿厢才能复位，因此必须设置手动泵。

【适用范围】

采用直顶式结构的液压电梯，在油缸上配置破裂阀（限速切断阀）的基础上，可不设限速器和安全钳，因此对于未设置安全钳或夹紧装置的直顶式液压电梯，可按无此项处理。

【检验工作指引】

（1）截止阀应位于机房内。

（2）由施工单位或维护保养单位现场测试，检验人员观察确认。

2.11　油温监控

项目及类别	检验内容与要求	检验方法
▲2.11 油温监控 C	液压系统油温监控装置功能应当可靠，当液压系统液压油的油温超过预定值时，该装置应当能立即将液压电梯就近停靠在平层位置上并打开轿门，只有经过充分冷却之后，液压电梯才能自动恢复上行方向的正常运行	模拟温度检测元件动作的状态，检查油温监控装置的功能是否符合要求。 由施工单位或维护保养单位现场测试，检验人员观察确认

【检验工作指引】

（1）对于油温监控装置的动作温度可调的液压电梯，将其设定值调低至接近正常油温，启动液压电梯以额定速度持续运行，直至该装置动作，检查液压电梯能否就近平层并打开轿门。

（2）对于油温监控装置的动作温度不可调的液压电梯，在液压电梯正常运行过程中，模拟温度检测元件动作的状态（如拆下热敏电阻的接线端子），检查油温监控装置的功能是否符合上述要求。

2.12　管路及附件

项目及类别	检验内容与要求	检验方法
2.12 管路及附件 C	（1）液压管路及其附件，应当可靠固定并便于检查，管路（不论硬管或软管）穿过墙或地面，应当使用套管保护，套管的尺寸大小应当能在必要时拆卸管路，以便进行检修，套管内不应有管路的接头； （2）液压缸与单向阀或下行方向阀之间的软管上应当永久性标注以下事项： ——制造厂名称或商标； ——允许的弯曲半径； ——试验压力和试验日期； 且软管固定时，其弯曲半径应当不小于制造厂标明的弯曲半径	目测检查： （1）进入机房及井道内查看软管上是否有规定内容的标记； （2）必要时根据制造厂规定，查验软管各转弯处的弯曲半径是否符合其要求

2.12.1　液压管路及附件设置

【说明解释】

(1) 管路包括硬管和软管,附件包括管接头和阀等。

(2) 液压系统在工作时,液压能的传递会引起管路及其附件的受力振动,因而管路及其附件应当适当固定。

(3) 管路设计、安装时还要考虑到管路及附件维修更换的可操作性。由于油管存在更换的可能,所以要求油管在穿过地面或者墙壁时在管外加装套管,这样更换时就能方便地拆、装油管。而且由于油管接头存在渗漏的可能,为了便于检查、维修,所以也不允许将接头放在套管内。

【监督检验工作指引】

(1) 检查硬管、软管、管接头、阀等是否可靠固定,如果液压系统在工作时有强烈振动,可视为固定不可靠。此外,其固定还应便于检查。

(2) 检查穿墙或地面而过的管路是否使用套管保护,套管的强度和尺寸应适中。

2.12.2　软管上的永久性标注

【说明解释】

(1) 该项是对高压软管的标记要求。"液压缸与单向阀或下行方向阀之间的软管"即通常所称的高压软管,其构成中一般包括金属层或其他高强度材料。

(2) 弯曲半径就是曲率半径,它是等于曲率的导数,圆越大曲率越小,曲率越小,曲率半径也就越大。

【检验工作指引】

(1) 目测液压缸与单向阀或下行方向阀之间的软管是否有制造厂名称或商标、允许的弯曲半径、试验压力和试验日期,如图 4-7 所示。

(2) 目测高压软管弯曲处的弯曲半径是否不小于制造厂标明的弯曲半径,必要时进行测量。

图 4-7　有标记的高压软管

2.13　油位

项目及类别	检验内容与要求	检验方法
▲2.13 油位 C	油箱中的油位应当符合要求且易于检查	目测检查

【检验工作指引】

目测油箱中的油位是否适中,且易于检查。

2.14 接地

项目及类别	检验内容与要求	检验方法
2.14 接地 C	(1) 供电电源自进入机房起，中性线(N)与保护线(PE)应当始终分开； ▲(2) 所有电气设备及线管、线槽的外露可导电部分应当与保护线(PE)可靠连接	目测，必要时测量验证

【检验工作指引】

参考 TSG T7001 中 2.10。

2.15 电气绝缘

项目及类别	检验内容与要求			检验方法
▲2.15 电气绝缘 C	动力电路、照明电路和电气安全装置电路的绝缘电阻应当符合下述要求：			由施工或者维护保养单位测量，检验人员现场观察、确认
	标称电压/V	测试电压(直流)/V	绝缘电阻/MΩ	
	安全电压 ≤500 >500	250 500 1 000	≥0.25 ≥0.50 ≥1.00	

【检验工作指引】

参考 TSG T7001 中 2.11。

3 井道及相关设备

3.1 防止坠落、超速下降和沉降的组合措施

项目及类别	检验内容与要求	检验方法
3.1 防止坠落、超速下降和沉降的组合措施 B	防止轿厢坠落、超速下降和沉降的组合措施应当符合附表 3 的要求； 其他装置或装置的组合及其驱动只能当其具有与附表 3 所列装置同等安全性的情况下才能使用	目测检查，记录相应的组合措施。对于同等安全性的判定应当按照国家质检总局的相关规定执行

【说明解释】

在重力作用下，液压系统的泄漏会使轿厢缓慢下降，因此应设置防止沉降措施。

【监督检验工作指引】

(1) 按照表 4-6 所列的装置或装置的组合及其驱动应能防止轿厢：

1) 自有坠落；或

2) 超速下降；

3) 从平层位置沉降大于 0.12 m 或低于开锁区域。

(2) 如果采用其他装置或装置的组合及其驱动，检验机构应组织人员对其功能进行审核验证，以确定其是否具有与表 4-6 所列装置同等安全性。

(3) 组合措施应能防止轿厢坠落、超速下降和沉降。

(4) 按表 4-6,防止轿厢坠落、超速下降和沉降的组合措施:

1) 对于直接作用式液压电梯,有以下 8 种:

① 由限速器触发的安全钳+由轿厢下行运动使安全钳动作

② 由限速器触发的安全钳+电气防沉降系统

③ 由限速器触发的安全钳+棘爪装置

④ 破裂阀+由轿厢下行运行触发夹紧装置动作

⑤ 破裂阀+棘爪装置

⑥ 破裂阀+电气防沉降系统

⑦ 节流阀+由轿厢下行运行触发夹紧装置动作

⑧ 节流阀+棘爪装置

2) 对于间接作用式液压电梯,有以下 8 种:

① 由限速器触发的安全钳+由轿厢下行运动使安全钳动作

② 由限速器触发的安全钳+电气防沉降系统

③ 由限速器触发的安全钳+棘爪装置

④ 破裂阀、由悬挂机构失效或安全绳触发的安全钳两者同时作用+由轿厢下行运动使安全钳动作

⑤ 破裂阀、由悬挂机构失效或安全绳触发的安全钳两者同时作用+电气防沉降系统

⑥ 破裂阀、由悬挂机构失效或安全绳触发的安全钳两者同时作用+棘爪装置

⑦ 节流阀、由悬挂机构失效或安全绳触发的安全钳两者同时作用+由轿厢下行运动使安全钳动作

⑧ 节流阀、由悬挂机构失效或安全绳触发的安全钳两者同时作用+棘爪装置

表 4-6 防止轿厢坠落、超速下降和沉降的组合措施

<table>
<tr><td colspan="3" rowspan="2"></td><td colspan="4">防止沉降的措施</td></tr>
<tr><td>由轿厢下行运动使安全钳动作</td><td>由轿厢下行运行触发夹紧装置动作</td><td>棘爪装置</td><td>电气防沉降系统</td></tr>
<tr><td rowspan="6">防止轿厢自由坠落或超速下降的预防措施</td><td rowspan="3">直接作用式液压电梯</td><td>由限速器触发的安全钳</td><td>√</td><td></td><td>√</td><td>√</td></tr>
<tr><td>破裂阀</td><td></td><td>√</td><td>√</td><td>√</td></tr>
<tr><td>节流阀</td><td></td><td>√</td><td>√</td><td></td></tr>
<tr><td rowspan="3">间接作用式液压电梯</td><td>由限速器触发的安全钳</td><td>√</td><td></td><td>√</td><td>√</td></tr>
<tr><td>破裂阀、由悬挂机构失效或安全绳触发的安全钳两者同时作用</td><td>√</td><td></td><td>√</td><td>√</td></tr>
<tr><td>节流阀、由悬挂机构失效或安全绳触发的安全钳两者同时作用</td><td>√</td><td></td><td>√</td><td></td></tr>
<tr><td colspan="7">注:√表示可供选择的一种组合措施。</td></tr>
</table>

3.2 井道封闭

项目及类别	检验内容与要求	检验方法
3.2 井道封闭 C	除必要的开口外井道应当完全封闭；当建筑物中不要求井道在火灾情况下具有防止火焰蔓延的功能时，允许采用部分封闭井道，但在人员可正常接近液压电梯处应当设置无孔的、高度符合规定要求的围壁，以防止人员遭受液压电梯运动部件直接危害，或者用手持物体触及井道中的液压电梯设备	目测，必要时测量

【监督检验工作指引】

参考 TSG T7001 中 3.1。

3.3 顶部空间

项目及类别	检验内容与要求	检验方法
3.3 顶部空间 C	(1)当柱塞通过其行程限位装置而到达其上限位置时，应当同时满足以下六个条件： ① 轿厢导轨应当能提供不小于 $0.1+0.035v_m^2$(m)的进一步制导行程； ② 轿顶上可以站人的最高水平面积，与位于轿顶投影部分井道顶最低部件的水平面(包括梁和固定在井道顶下的零部件)之间的自由垂直距离应当不小于 $1.0+0.035v_m^2$(m)； ③ 井道顶的最低部件与 a) 固定在轿厢顶上的设备的最高部件(不包括下面 b)所述及的)之间的自由垂直距离不应小于 $0.3+0.035v_m^2$(m)； b) 导靴或滚轮、钢丝绳附件和垂直滑动门的横梁或部件的最高部分之间的自由垂直距离不应小于 $0.1+0.035v_m^2$(m)； ④ 轿厢上方应当有足够空间能够容纳一个不小于 0.5 m×0.6 m×0.8 m 的长方体； ⑤ 井道顶的最低部件与向上运行的柱塞头部组件的最高部件之间的自由垂直距离应当不小于 0.1 m； ⑥ 对于直接作用式液压电梯，不必考虑①、②和③中所提到的 $0.035v_m^2$ 的值。 (2) 当轿厢完全压缩缓冲器时，如有平衡重，其导轨应当提供不小于 $0.1+0.035v_d^2$(m)的进一步制导行程。 注 A-6：v_m—上行额定速度；v_d—下行额定速度	(1) 方法 1：轿厢在上端站平层后，短接上限位和极限开关，在轿顶操作，使轿厢点动向上运行，直到不能再向上运行为止，测量检验内容所规定的各项尺寸，计算是否满足要求。 方法 2：轿厢在上端站平层位置，测量各项所需尺寸，人员撤离轿顶，在机房短接上限位和极限开关，使轿厢点动向上运行(或采用手动泵)，直到不能再向上运行为止，然后测量轿厢地坎与层门地坎的间距，计算出实际的尺寸。注意留意最高部件的位置，以防损毁； (2) 用痕迹法或其他有效方法检查平衡重导轨的制导行程

3.3.1 顶部行程和导向

【监督检验工作指引】

参考 TSG T7001 中 3.2.1。

3.3.2　平衡重导轨的制导行程

【监督检验工作指引】

(1) 当电梯在上端站平层时，检验人员站在轿顶用粉笔在平衡重导轨上端部平衡重可能到达的范围(可以通过观察导轨上油迹进行初步判定)涂上一层粉末，然后检验人员撤离轿顶。将电梯开至下端站平层，再将电梯开至上端站，在轿顶用尺测量平衡重导靴在导轨留下的痕迹至导轨顶端的距离 L_1(如果导靴上面装有油杯，则上述痕迹为电梯在上端站平层时油杯所处的位置，测量 L_1 时应该加上油杯的高度)。

进入底坑检验时，测量当轿厢在下端站平层时，轿厢撞板至缓冲器的距离 S_1，记录轿厢缓冲器的压缩行程 S_3，计算所测数据应该满足 $L_1-S_1-S_3\geqslant 0.1+0.035v_m^2$。

(2) 轿厢在上端站平层后，短接上限位和极限开关，检修向上运行，直到轿厢不能再向上运行为止，用尺测量平衡重导轨下端至导靴下端的距离。

(3) 其他参考 TSG T7001 中 3.2.2。

3.4　限速器

项目及类别	检验内容与要求	检验方法
3.4 限速器 B	(1) 限速器上应当设有铭牌，标明制造单位名称、型号、编号、技术参数和型式试验机构的名称或者标志，铭牌和型式试验证书、调试证书内容相符，并且铭牌上标注的限速器动作速度与受检电梯相应； ▲(2) 限速器或者其他装置上设有在轿厢下行速度达到限速器动作速度之前动作的电气安全装置，以及验证限速器复位状态的电气安全装置； ▲(3) 限速器各调节部位封记完好，运转时不得出现碰擦、卡阻、转动不灵活等现象，动作正常； ▲(4) 受检液压电梯的维护保养单位应当每 2 年进行一次限速器动作速度校验，校验结果应当符合要求	(1) 对照检查限速器型式试验证书、调试证书和铭牌； (2) 目测电气安全装置的设置； (3) 目测调节部位封记和限速器运转情况，结合 7.4 的试验结果，判断限速器动作是否正常； (4) 审查限速器动作速度校验记录，对照限速器铭牌上的相关参数，判断校验结果是否符合要求

【检验工作指引】

(1) 采用直顶式结构的液压电梯，在油缸上配置破裂阀(限速切断阀)的基础上，可不设限速器，因此对于未设置限速器的直顶式液压电梯，可按无此项处理。

(2) 即使检验员没有对限速器动作速度进行现场检验，但根据检验方法，检验还是要审查限速器动作速度校验记录，对照限速器铭牌上的相关参数，判断动作速度是否符合要求，所以对于有规范的限速器调试证书的新安装电梯，或者使用周期没有达到 2 年且限速器动作没有出现异常、限速器各调节部位封记无损坏的电梯，本项也不能填写“无此项”。

(3) 对设置了限速器的液压电梯，参考 TSG T7001 中 2.9.1、TSG T7001 中 2.9.2 和 TSG T7001 中 2.9.3。

3.5 安装在井道内的限速器

项目及类别	检验内容与要求	检验方法
3.5 安装在井道内的限速器 C	若限速器装在井道内，则应当能够从井道外面接近它。但是，当下列条件都满足时，则不需要符合上述要求： (1) 能够从井道外用远程控制(除无线方式外)的方式来实现特定的限速器动作(即在检查或测试期间，应当有可能在一个低于额定速度下通过某种安全的方式触发限速器来使安全钳动作)，这种方式应当不会造成限速器的意外动作，并且未经过授权的人不能接近远程控制的操纵装置； (2) 能够从轿顶或从底坑接近限速器进行检查和维护； (3) 限速器动作后，提升轿厢或平衡重能够使限速器自动复位	目测检查限速器的安装位置，如果安装在井道内，按照其实际动作方式，在井道外进行限速器动作试验。动作试验后，提升轿厢或平衡重，检查限速器的复位情况

【检验工作指引】

目测检查限速器的安装位置，如果安装在井道内，按照其实际动作方式，在井道外进行限速器动作试验。动作试验后，提升轿厢或平衡重，检查限速器的复位情况。

3.6 井道安全门

项目及类别	检验内容与要求	检验方法
3.6 井道安全门 C	(1) 当相邻两层门地坎的间距大于11 m时，其间应当设置高度不小于1.80 m、宽度不小于0.35 m的井道安全门(使用轿厢安全门时除外)； (2) 不得向井道内开启； ▲(3) 门上应当装设用钥匙开启的锁，当门开启后不用钥匙能够将其关闭和锁住，在门锁住后，不用钥匙能够从井道内将门打开； ▲(4) 应当设置电气安全装置以验证门的关闭状态	(1) 测量相关数据； (2) 打开、关闭安全门，检查门的启闭和液压电梯启动情况

【检验工作指引】

参考 TSG T7001 中 3.4。

3.7 井道检修门

项目及类别	检验内容与要求	检验方法
3.7 井道检修门 C	(1) 高度不小于1.40 m，宽度不小于0.60 m； (2) 不得向井道内开启； ▲(3) 应当装设用钥匙开启的锁，当门开启后不用钥匙能够将其关闭和锁住，在门锁住后，不用钥匙也能够从井道内将门打开； ▲(4) 应当设置电气安全装置以验证门的关闭状态	(1) 测量相关数据； (2) 打开、关闭检修门，检查门的启闭和液压电梯启动情况

【检验工作指引】

参考 TSG T7001 中 3.5。

3.8 导轨

项目及类别	检验内容与要求	检验方法
3.8 导轨 C	(1) 每根导轨应当至少有 2 个导轨支架，其间距一般不大于 2.50 m(如果间距大于 2.50 m 应当有计算依据)，端部短导轨的支架数量应当满足设计要求； (2) 支架应当安装牢固，焊接支架的焊缝满足设计要求，锚栓(如膨胀螺栓)固定只能在井道壁的混凝土构件上使用； (3) 每列导轨工作面每 5 m 铅垂线测量值间的相对最大偏差，轿厢导轨和设有安全钳的 T 型平衡重导轨不大于 1.2 mm，不设安全钳的 T 型对重导轨不大于 2.0 mm； (4) 两列导轨顶面的距离偏差，轿厢导轨为 0～+2 mm，平衡重导轨为 0～+3 mm	目测或者测量相关数据

【监督检验工作指引】

参考 TSG T7001 中 3.6。

3.9 轿厢与井道壁的距离

项目及类别	检验内容与要求	检验方法
▲3.9 轿厢与 井道壁距离 B	轿厢与面对轿厢入口的井道壁的间距不大于 0.15 m，对于局部高度不大于 0.50 m 或者采用垂直滑动门的液压载货电梯，该间距可以增加到 0.20 m。 如果轿厢装有机械锁紧的门并且门只能在开锁区内打开时，则上述间距不受限制	测量相关数据；观察轿厢门锁设置情况

【检验工作指引】

参考 TSG T7001 中 3.7。

3.10 层门地坎下端的井道壁

项目及类别	检验内容与要求	检验方法
3.10 层门地坎下 端的井道壁 C	每个层门地坎下的井道壁应当符合以下要求： 形成一个与层门地坎直接连接的连续垂直表面，由光滑而坚硬的材料构成(如金属薄板)；其高度不小于开锁区域的一半加上 50 mm，宽度不小于门入口的净宽度两边各加 25 mm	目测或者测量相关数据

【检验工作指引】

参考 TSG T7001 中 3.8。

3.11 井道内防护

项目及类别	检验内容与要求	检验方法
3.11 井道内防护 C	(1)平衡重的运行区域应当采用刚性隔障保护，该隔障从底坑地面上不大于 0.30 m 处，向上延伸到离底坑地面至少 2.5 m 的高度，宽度应当至少等于平衡重宽度两边各加 0.10 m； (2) 在装有多台电梯的井道中，不同电梯的运动部件之间应当设置隔障，隔障应当至少从轿厢、平衡重行程的最低点延伸到最低层站楼面以上 2.50 m 高度，并且有足够的宽度以防止人员从一个底坑通往另一个底坑，如果轿厢顶部边缘和相邻电梯的运动部件之间的水平距离小于 0.50 m，隔障应当贯穿整个井道，宽度至少等于运动部件或者运动部件的需要保护部分的宽度每边各加 0.10 m	目测或者测量相关数据

【检验工作指引】

参考 TSG T7001 中 3.9。

3.12 柱塞极限开关

项目及类别	检验内容与要求	检验方法
3.12 柱塞极限开关 B	(1) 液压电梯应当在相应于轿厢行程上极限的柱塞位置处设置极限开关。极限开关应： ① 设置在尽可能接近上端站时起作用而无误动作危险的位置上； ② 在柱塞接触缓冲停止装置之前起作用； ③ 当柱塞位于缓冲停止范围内，极限开关应当保持其动作状态。 (2) 对于直接作用式液压电梯，极限开关的动作应当由下述方式实现： ① 直接利用轿厢或柱塞的作用；或 ② 间接利用一个与轿厢连接的装置，例如：钢丝绳、皮带或链条。当绳、皮带或链断裂或松弛时，应当借助一个电气安全装置使液压电梯驱动主机停止运转。 (3) 对于间接作用式液压电梯，极限开关的动作应当由下述方式实现： ① 直接利用柱塞的作用；或 ② 间接利用一个与柱塞连接的装置，例如：钢丝绳、皮带或链条。该连接装置一旦断裂或松弛，应当借助一个电气安全装置使液压电梯驱动主机停止运转。 (4) 极限开关应当是一个电气安全装置； ▲(5) 当极限开关动作时，应当使液压电梯驱动主机停止运转并保持其停止状态。当轿厢离开其作用区域时，极限开关应当自动闭合	(1) 轿厢在上端站平层后，短接上限位(如果有)和极限开关，轿厢以检修速度向上运行，直到无法再向上运行为止，观察液压电梯在行程上端停止时有无缓冲效果； (2) 液压电梯在上端站平层后，短接上限位开关(如果有)，轿厢点动向上运行，碰撞极限开关后，液压电梯应当停止运行，然后短接极限开关，液压电梯应当仍能继续向上运行，当达到柱塞伸出极限位置时，取掉极限开关短接线，液压电梯应当不能向下运行，此时极限开关仍处于动作状态，操作手动下降阀，使轿厢下降至离开极限开关动作区后，极限开关应自动复位； (3) 目测极限开关的操作方式，对于间接操作的，还应当检查连接装置断裂或松弛时电气开关动作的可靠性。液压电梯以检修速度运行，人为动作电气开关，应当停止运行

【检验工作指引】

(1) 首先查看极限开关位置设置是否正确,然后根据极限开关的动作方式,判断其实现方式是否得当,并验证其功能。

(2) 其他参考 TSG T7001 中 3.10。

3.13 井道照明

项目及类别	检验内容与要求	检验方法
▲3.13 井道照明 C	井道应当装设永久性电气照明。对于部分封闭井道,如果井道附近有足够的电气照明,井道内可以不设照明	目测

【检验工作指引】

参考 TSG T7001 中 3.11。

3.14 底坑设施与装置

项目及类别	检验内容与要求	检验方法
3.14 底坑设施 与装置 C	▲(1) 底坑底部应当平整,不得渗水、漏水; (2) 如果没有其他通道,应当在底坑内设置一个从层门进入底坑的永久性装置(如梯子),该装置不得凸入液压电梯的运行空间; ▲(3) 底坑内应当设置在进入底坑时和底坑地面上均能方便操作的停止装置,停止装置的操作装置为双稳态、红色并标以“停止”字样,并且有防止误操作的保护; (4) 底坑内应当设置 2P+PE 型或者以安全特低电压供电(当确定无须使用 220 V 的电动工具时)的电源插座,以及在进入底坑时能方便操作的井道灯开关	目测;操作验证停止装置和井道灯开关功能

【检验工作指引】

(1) 安全特低电压,参考 2.4。

(2) 其他参考 TSG T7001 中 3.12。

3.15 底坑空间

项目及类别	检验内容与要求	检验方法
3.15 底坑空间 C	当轿厢完全压在缓冲器上时，底坑空间尺寸应当同时满足下列五个条件： (1) 底坑中有一个不小于 0.50 m×0.60 m×1.0 m 的空间(任一面朝下即可)； (2) 底坑底面和轿厢最低部件之间的自由垂直距离不小于 0.50 m。 ① 当夹紧装置钳块、棘爪装置、护脚板或垂直滑动门的部件和相邻的井道壁之间，轿厢最低部件与导轨之间的水平距离在 0.15 m 之内时，此垂直距离允许减少到 0.10 m； ② 当轿厢最低部件和导轨之间的水平距离大于 0.15 m 但不大于 0.50 m，此垂直距离可按线性关系增加至 0.50 m； (3) 固定在底坑的最高部件，例如液压缸支座、管路和其他附件，与轿厢的最低部件(上述(2)①除外)之间的自由垂直距离应当不小于 0.30 m； (4) 底坑底或安装在底坑的设备顶部与一个倒装的液压缸的向下运行的柱塞头部组件的最低部件之间的自由垂直距离，不应小于 0.50 m。但如不可能误入柱塞头部组件下面(如按照 3.11(1)设置隔障防护)，该垂直距离就可从 0.50 m 减至最低 0.10 m； (5) 底坑底与直接作用式液压电梯轿厢下的多级式液压缸最低导向架之间的自由垂直距离不应小于 0.50 m	测量轿厢在下端站平层位置时的相应数据，计算确认是否满足要求

【检验工作指引】

参考 TSG T7001 中 3.13。

3.16 限速器绳张紧装置

项目及类别	检验内容与要求	检验方法
3.16 限速器绳 张紧装置 B	(1) 限速器绳应当用张紧轮张紧，张紧轮(或者其配重)应当有导向装置； ▲(2) 当限速器绳断裂或者过分伸长时，应当通过一个电气安全装置的作用，使液压电梯停止运转	(1) 目测张紧和导向装置； (2) 液压电梯以检修速度运行，使电气安全装置动作，观察液压电梯运行状况

【检验工作指引】

参考 TSG T7001 中 3.14。

3.17 缓冲器

项目及类别	检验内容与要求	检验方法
3.17 缓冲器 B	(1) 轿厢和平衡重(如有)行程底部极限位置应当设置缓冲器; (2) 缓冲器上应当设有铭牌或者标签,标明制造单位名称、型号、规格参数和型式试验机构标识,铭牌或者标签和型式试验合格证内容应当相符; ▲(3) 缓冲器应当固定可靠、无明显倾斜,并且无断裂、塑性变形、剥落、破损等现象; ▲(4) 耗能型缓冲器液位应当正确,有验证柱塞复位的电气安全装置	(1) 对照检查缓冲器型式试验合格证和铭牌或者标签; (2) 目测缓冲器的固定和完好情况;必要时,将限位开关(如果有)、极限开关短接,以检修速度运行空载轿厢,将缓冲器充分压缩后,观察缓冲器有无断裂、塑性变形、剥落、破损等现象; (3) 目测耗能型缓冲器的液位和电气安全装置

【检验工作指引】

参考 TSG T7001 中 3.15。

3.18 井道下部空间防护

项目及类别	检验内容与要求	检验方法
3.18 井道下部空间防护 B	如果平衡重(如果有)之下有人能够到达的空间,应当将平衡重缓冲器安装于一直延伸到坚固地面上的实心桩墩,或者在平衡重上装设安全钳	目测

【检验工作指引】

参考 TSG T7001 中 3.16。

3.19 液压缸的设置

项目及类别	检验内容与要求	检验方法
3.19 液压缸的设置 C	液压缸的安装应当符合安装说明书资料的要求。如果使用若干个液压缸顶升轿厢,则这些液压缸管路应当相互连接以保证压力的均衡。如果液压缸延伸至地下,则应当安装在保护管中。如果延伸入其他空间,则应当给以适当的保护	查阅资料,并现场检查

【监督检验工作指引】

(1) 查看安装维护说明书、液压系统原理图、机房及井道布置图等资料,并与现场进行核对。

(2) 同时检查与液压缸直接连接的破裂阀/节流阀和硬管。

(3) 如果液压缸延伸至地下或其他空间,查看是否有适当的保护。

3.20 破裂阀、节流阀和单向节流阀的安装设置、手动操作装置和标识

项目及类别	检验内容与要求	检验方法
3.20 破裂阀、节流阀和单向节流阀的安装设置、手动操作装置和标识 C	(1) 破裂阀、节流阀或单向节流阀的安装位置应当便于进行调整和检查。并且应当满足下列要求之一： ① 与液压缸成为一个整体； ② 直接用法兰盘与液压缸刚性连接； ③ 将其放置在液压缸附近，用一根短硬管与液压缸相连，采用焊接、法兰连接或螺纹连接均可； ④ 用螺纹直接连接到液压缸上，其端部应当加工成螺纹并具有台阶，台阶应当紧靠液压缸端面。 液压缸与破裂阀、节流阀或单向节流阀之间使用其他的连接型式，例如压入连接或锥形连接都是不允许的。如液压电梯具有若干个并行工作的液压缸，可以共用一个破裂阀。否则，若干个破裂阀应当相互连接使之同时关闭，以防止轿厢地板由其正常位置倾斜超过5%； (2) 在机房内应当有一种手动操作方法，在无需使轿厢超载的情况下，使破裂阀、节流阀或单向节流阀达到动作流量。该种方法应当防止误操作，且不应使靠近液压缸的安全装置失效(制造厂家出厂时在其附近应当有该方法的明显标识)； (3) 破裂阀和单向节流阀上应当有铭牌，标明： ——制造单位名称； ——型式试验标志和试验单位； ——调整的动作流量值	目测；并手动试验

3.20.1 极限开关的设置

【监督检验工作指引】

目测，并手动试验。

3.20.2 手动操作装置

【监督检验工作指引】

目测，并手动试验。

3.20.3 手动操作装置

【监督检验工作指引】

查看破裂阀和单向节流阀铭牌上的制造单位名称、型式试验标志和试验单位是否与所提供资料一致。

4 轿厢与平衡重

4.1 轿顶电气装置

项目及类别	检验内容与要求	检验方法
4.1 轿顶电气装置 C	▲(1) 轿顶应当装设一个易于接近的检修运行控制装置,并且符合以下要求: ① 由一个符合电气安全装置要求,能够防止误操作的双稳态开关(检修开关)进行操作; ② 一经进入检修运行时,即取消正常运行(包括任何自动门操作)、电气防沉降运行、对接操作运行,只有再一次操作检修开关,才能使液压电梯恢复正常工作; ③ 依靠持续揿压按钮来控制轿厢运行,此按钮有防止误操作的保护,按钮上或其近旁标出相应的运行方向; ④ 该装置上设有一个停止装置,停止装置的操作装置为双稳态、红色并标以“停止”字样,并且有防止误操作的保护; ⑤ 检修运行时,安全装置仍然起作用; ▲(2) 轿顶应当装设一个从入口处易于接近(距层站入口水平距离不大于 1 m)的停止装置,停止装置的操作装置为双稳态、红色并标以“停止”字样,并且有防止误操作的保护。如果检修运行控制装置设在从入口处易于接近的位置,该停止装置也可以设在检修运行控制装置上; (3) 轿顶应当装设 2P+PE 型或者以安全特低电压供电(当确定无须使用 220 V 的电动工具时)的电源插座	(1) 目测检修运行控制装置、停止装置和电源插座的设置,必要时测量; (2) 操作验证检修运行控制装置、安全装置和停止装置的功能

【检验工作指引】

(1) 安全特低电压供电,参考 2.4。

(2) 其他参考 TSG T7001 中 4.1。

4.2 轿顶护栏

项目及类别	检验内容与要求	检验方法
4.2 轿顶护栏 C	井道壁离轿顶外侧水平方向自由距离超过 0.30 m 时,轿顶应当装设护栏,并且满足以下要求: (1) 由扶手、0.10 m 高的护脚板和位于护栏高度一半处的中间栏杆组成; (2) 当自由距离不大于 0.85 m 时,扶手高度不小于 0.70 m,当自由距离大于 0.85 m 时,扶手高度不小于 1.10 m; (3) 护栏装设在距轿顶边缘最大为 0.15 m 之内,并且其扶手外缘和井道中的任何部件之间的水平距离不小于 0.10 m; (4) 护栏有关于俯伏或斜靠护栏危险的警示符号或须知	目测或者测量相关数据

【监督检验工作指引】

参考 TSG T7001 中 4.2。

4.3 轿厢安全窗(门)

项目及类别	检验内容与要求	检验方法
4.3 轿厢安全窗(门) C	如果轿厢设有安全窗(门),应当符合以下要求: (1) 设有手动上锁装置,能够不用钥匙从轿厢外开启,用规定的三角钥匙从轿厢内开启; (2) 轿厢安全窗不能向轿厢内开启,并且开启位置不超出轿厢的边缘,轿厢安全门不能向轿厢外开启,并且出入路径没有平衡重或者固定障碍物; ▲(3) 其锁紧由电气安全装置予以验证	操作验证

【检验工作指引】

参考 TSG T7001 中 4.3。

4.4 轿厢和平衡重间距

项目及类别	检验内容与要求	检验方法
4.4 轿厢和平衡重间距 C	轿厢及关联部件与平衡重(如果有)之间的距离应当不小于 50 mm	测量相关数据

【检验工作指引】

参考 TSG T7001 中 4.4。

4.5 平衡重的固定

项目及类别	检验内容与要求	检验方法
▲4.5 平衡重重块 C	(1) 平衡重块可靠固定; (2) 具有能够快速识别平衡重块数量的措施(例如标明平衡重块的数量或者总高度)	目测

【检验工作指引】

参考 TSG T7001 中 4.5。

4.6 轿厢面积

项目及类别	检验内容与要求	检验方法
4.6 轿厢面积 C	(1) 液压乘客电梯和液压载货电梯的额定载重量和最大有效面积之间关系应当分别符合附表 1 和附表 2 的规定,其中液压乘客电梯的各额定载重量对应的轿厢最大有效面积允许增加不大于所列值 5%的面积; (2) 对于专供批准的且受过训练的使用者使用的非商用汽车液压电梯,额定载重量应当按单位轿厢有效面积不小于 200 kg(即 200 kg/m^2)计算	测量计算轿厢有效面积

4.6.1 有效面积

【监督检验工作指引】

(1) 计算有效面积时,门口的面积应计入。轿门关闭后,在里面的所有面积均为有效面积，如图 4-8 所示图中阴影区域都应计算在内。对于观光电梯等不规则的轿厢面积，需通过几何计算得出。

（2）轿厢有效面积为地板以上 1 m 处测量的轿厢面积。

（3）对于乘客液压电梯，轿厢最大有效面积允许增加不大于 TSG T7004 附表 1 所列值 5%的面积；对于载货电梯，轿厢最大有效面积不允许增加不大于 TSG T7004 附表 2 所列值 5%的面积。

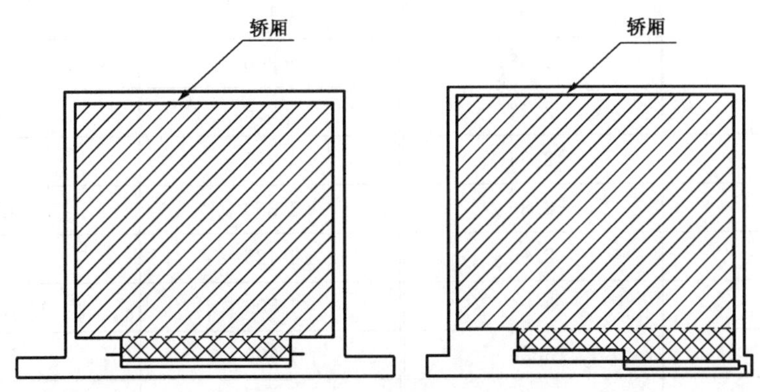

图 4-8　面积的计算

TSG T7004 附表 1　液压乘客电梯额定载重量与对应的轿厢最大有效面积之间的关系

额定载重量 kg	轿厢最大有效面积 m^2	额定载重量 kg	轿厢最大有效面积 m^2
100[1)]	0.37	900	2.20
180[2)]	0.58	975	2.35
225	0.70	1 000	2.40
300	0.90	1 050	2.50
375	1.10	1 125	2.65
400	1.17	1 200	2.80
450	1.30	1 250	2.90
525	1.45	1 275	2.95
600	1.60	1 350	3.10
630	1.66	1 425	3.25
675	1.75	1 500	3.40
750	1.90	1 600	3.56
800	2.00	2 000	4.20
825	2.05	2 500[3)]	5.00

1）表示一人液压电梯的最小值。

2）表示二人液压电梯的最小值。

3）表示额定载重量超过 2 500 kg 时，每增加 100 kg，面积增加 0.16 m^2。

注：对中间的载重量，其面积由线性插值法确定。

TSG T7004 附表 2 液压载货电梯额定载重量与对应的轿厢最大有效面积之间的关系

额定载重量 kg	轿厢最大有效面积 m^2	额定载重量 kg	轿厢最大有效面积 m^2
400	1.68	1 000	3.60
450	1.84	1 050	3.72
525	2.08	1 125	3.90
600	2.32	1 200	4.08
630	2.42	1 250	4.20
675	2.56	1 275	4.26
750	2.80	1 350	4.44
800	2.96	1 425	4.62
825	3.04	1 500	4.80
900	3.28	1 600	5.04
975	3.52		
注 1：额定载重量超过 1 600 kg 时，每增加 100 kg，面积增加 0.40 m^2。 注 2：对中间的载重量，其面积由线性插值法确定。			

4.6.2 非商用汽车液压电梯轿厢超面积

【监督检验工作指引】

(1) 汽车电梯是指专用来运送汽车(即私人使用的小轿车、吉普车等)的电梯，汽车电梯只能用于停车场、汽车维修厂、汽车展示场等。对于汽车电梯，额定载重量每增加 1 000 kg 允许轿厢最大有效面积增大 5 m^2，例如一台额定载重量 3 000 kg 非商用汽车电梯允许轿厢最大有效面积为 15 m^2。

(2) 其他参考 TSG T7001 中 4.6.2。

4.7 轿厢铭牌

项目及类别	检验内容与要求	检验方法
4.7 轿厢铭牌 C	(1) 轿厢内应当设置铭牌，标明额定载重量及乘客人数(液压载货电梯只标载重量)、制造单位名称或者商标；改造后的液压电梯，铭牌上应当标明额定载重量及乘客人数(液压载货电梯只标载重量)、改造单位名称、改造竣工日期等； (2) 设有 IC 卡系统的液压电梯，轿厢内的出口层按钮应当采用凸起的星形图案予以标识，或者采用比其他按钮明显凸起的绿色按钮	目测

【检验工作指引】

参考 TSG T7001 中 4.7。

4.8　紧急照明和报警装置

项目及类别	检验内容与要求	检验方法
▲4.8 紧急照明和报警装置 B	轿厢内应当装设符合下述要求的紧急报警装置和紧急照明： (1) 正常照明电源中断时，能够自动接通紧急照明电源； (2) 紧急报警装置采用一个双向对讲系统以便保持与救援服务的持续联系，如果在机房和井道之间不可能进行直接对讲，在轿厢和机房之间应设置对讲系统，紧急报警装置的供电来自前条所述的紧急照明电源或者等效电源；在启动对讲系统后，被困乘客不必再做其他操作	接通和断开紧急报警装置的正常供电电源，分别验证紧急报警装置的功能；断开正常照明供电电源，验证紧急照明的功能

【检验工作指引】

参考 TSG T7001 中 4.8。

4.9　地坎护脚板

项目及类别	检验内容与要求	检验方法
▲4.9 地坎护脚板 C	轿厢地坎下应当装设护脚板，其垂直部分的高度不小于 0.75 m，宽度不小于层站入口宽度	目测或者测量相关数据

【检验工作指引】

参考 TSG T7001 中 4.9。

4.10　超载保护装置

项目及类别	检验内容与要求	检验方法
▲4.10 超载保护装置 C	设置当轿厢内的载荷超过额定载重量时，能够发出警示信号并且使轿厢不能运行的超载保护装置。该装置最迟在轿厢内的载荷达到 110%额定载重量(对于额定载重量小于 750 kg 的液压电梯，最迟在超载量达到 75 kg)时动作，防止液压电梯正常启动及再平层，并且轿内有音响或者发光信号提示，动力驱动的自动门完全打开，手动门保持在未锁状态	进行加载试验，验证超载保护装置的功能

【检验工作指引】

参考 TSG T7001 中 4.10。

4.11　安全钳

项目及类别	检验内容与要求	检验方法
4.11 安全钳 B	(1) 安全钳上应当设有铭牌，标明制造单位名称、型号、规格参数和型式试验机构标识，铭牌、型式试验合格证、调试证书内容与实物应当相符； (2) 轿厢上应当装设一个在轿厢安全钳动作以前或同时动作的电气安全装置	(1) 对照检查安全钳型式试验合格证、调试证书和铭牌； (2) 目测电气安全装置的设置

【检验工作指引】

(1) 用直顶式结构的液压电梯，在油缸上配置破裂阀(限速切断阀)的基础上，可不设安全钳，因此对于未设置安全钳的直顶式液压电梯，可按无此项处理。

(2) 其他参考 TSG T7001 中 4.11。

5　悬挂装置及旋转部件防护

5.1　悬挂装置的磨损、断丝、变形

<table>
<tr><th>项目及类别</th><th>检验内容与要求</th><th>检验方法</th></tr>
<tr><td>▲5.1
悬挂装置的磨损、断丝、变形等情况
C</td><td>出现下列情况之一时，悬挂钢丝绳应当报废：
① 出现笼状畸变、绳股挤出、扭结、部分压扁、弯折；
② 一个捻距内出现的断丝数大于下表列出的数值时：
<table>
<tr><th rowspan="2">断丝的形式</th><th colspan="3">钢丝绳类型</th></tr>
<tr><th>6×19</th><th>8×19</th><th>9×19</th></tr>
<tr><td>均布在外层绳股上</td><td>24</td><td>30</td><td>34</td></tr>
<tr><td>集中在一或者两根外层绳股上</td><td>8</td><td>10</td><td>11</td></tr>
<tr><td>一根外层绳股上相邻的断丝</td><td>4</td><td>4</td><td>4</td></tr>
<tr><td>股谷(缝)断丝</td><td>1</td><td>1</td><td>1</td></tr>
<tr><td colspan="4">注：上述断丝数的参考长度为一个捻距，约为 6d(d 表示钢丝绳的公称直径，mm)</td></tr>
</table>
③ 钢丝绳直径小于其公称直径的 90%；
④ 钢丝绳严重锈蚀，铁锈填满绳股间隙。
采用其他类型悬挂装置的，悬挂装置的磨损、变形等不得超过制造单位设定的报废指标</td><td>(1) 用钢丝绳探伤仪或者放大镜全长检测或者分段抽测；测量并判断钢丝绳直径变化情况。测量时，以相距至少 1 m 的两点进行，在每点相互垂直方向上测量两次，四次测量值的平均值，即为钢丝绳的实测直径。
(2) 采用其他类型悬挂装置的，按照制造单位提供的方法进行检验</td></tr>
</table>

【检验工作指引】

参考 TSG T7001 中 5.1。

5.2　端部固定

项目及类别	检验内容与要求	检验方法
▲5.2 端部固定 C	悬挂钢丝绳绳端固定应当可靠，弹簧、螺母、开口销等连接部件无缺损。 对于强制驱动电梯，应当采用带楔块的压紧装置，或者至少用 3 个压板将钢丝绳固定在卷筒上。 采用其他类型悬挂装置的，其端部固定应当符合制造单位的规定	目测，或者按照制造单位的规定进行检验

【检验工作指引】

参考 TSG T7001 中 5.2。

5.3　松绳(链)保护

项目及类别	检验内容与要求	检验方法
▲5.3 松绳(链)保护 B	如果轿厢悬挂在两根钢丝绳或链条上,则应当设置一个电气安全装置,当钢丝绳或链条发生异常相对伸长时液压电梯应当停止运行。 对于具有两个或多个液压缸的液压电梯,这一要求适用于每一组悬挂装置	手动模拟松绳(或松链)状态,检查保护装置动作情况。由施工或者维护保养单位进行测量,检验人员观察确认

【检验工作指引】

参考 TSG T7001 中 5.5。

5.4　旋转部件的防护

项目及类别	检验内容与要求	检验方法
▲5.4 旋转部件的防护 C	滑轮、链轮、限速器、张紧轮等与钢丝绳、链条形成传动的旋转部件,均应设置防护装置,以避免人身伤害、钢丝绳或链条因松弛而脱离绳槽或链轮、异物进入绳与绳槽或链与链轮之间	目测

【检验工作指引】

参考 TSG T7001 中 5.6。

6　轿门与层门

6.1　门地坎距离

项目及类别	检验内容与要求	检验方法
6.1 门地坎距离 C	轿厢地坎与层门地坎的水平距离不得大于 35 mm	测量相关尺寸

【监督检验工作指引】

参考 TSG T7001 中 6.1。

6.2　门标识

项目及类别	检验内容与要求	检验方法
6.2 门标识 C	层门和玻璃轿门上设有标识,标明制造单位名称、型号,并且与型式试验证书内容相符	对照检查层门和玻璃轿门型式试验证书和标识

【监督检验工作指引】

参考 TSG T7001 中 6.2。

6.3 门间隙

项目及类别	检验内容与要求	检验方法
▲6.3 门间隙 C	门关闭后，应当符合以下要求： (1) 门扇之间及门扇与立柱、门楣和地坎之间的间隙，对于液压乘客电梯不大于 6 mm；对于液压载货电梯不大于 8 mm，使用过程中由于磨损，允许达到 10 mm； (2) 在水平移动层门和折叠层门主动门扇的开启方向，以 150 N 的人力施加在一个最不利的点，前条所述的间隙允许增大，但对于旁开层门不大于 30 mm，对于中分层门其总和不大于 45 mm	测量相关尺寸

【检验工作指引】

参考 TSG T7001 中 6.3。

6.4 玻璃门防拖曳措施

项目及类别	检验内容与要求	检验方法
▲6.4 玻璃门防拖曳措施 C	层门和轿门采用玻璃门时，应当有防止儿童的手被拖曳的措施	目测

【检验工作指引】

参考 TSG T7001 中 6.4。

6.5 防止门夹人的保护装置

项目及类别	检验内容与要求	检验方法
▲6.5 防止门夹人的保护装置 B	动力驱动的自动水平滑动门应当设置防止门夹人的保护装置，当人员通过层门入口被正在关闭的门扇撞击或者将被撞击时，该装置应当自动使门重新开启	模拟动作试验

【检验工作指引】

参考 TSG T7001 中 6.5。

6.6 门运行和导向

项目及类别	检验内容与要求	检验方法
▲6.6 门运行和导向 C	层门和轿门正常运行时不得出现脱轨、机械卡阻或者在行程终端时错位；由于磨损、锈蚀或者火灾可能造成层门导向装置失效时，应当设置应急导向装置，使层门保持在原有位置	目测（对于层门，抽取基站、端站以及至少 20% 其他层站的层门进行检查）

【检验工作指引】

参考 TSG T7001 中 6.6。

6.7　自动关闭层门装置

项目及类别	检验内容与要求	检验方法
▲6.7 自动关闭层门装置 B	在轿门驱动层门的情况下，当轿厢在开锁区域之外时，如果层门开启（无论何种原因），应当有一种装置能够确保该层门自动关闭。自动关闭装置采用重块时，应当有防止重块坠落的措施	抽取基站、端站以及20%其他层站的层门，将轿厢运行至开锁区域外，打开层门，观察层门关闭情况及防止重块坠落措施的有效性

【检验工作指引】

参考 TSG T7001 中 6.7。

6.8　紧急开锁装置

项目及类别	检验内容与要求	检验方法
▲6.8 紧急开锁装置 B	每个层门均应当能够被一把符合要求的钥匙从外面开启；紧急开锁后，在层门闭合时门锁装置不应当保持开锁位置	抽取基站、端站以及20%其他层站的层门，用钥匙操作紧急开锁装置，验证其功能

【检验工作指引】

参考 TSG T7001 中 6.8。

6.9　门的锁紧

项目及类别	检验内容与要求	检验方法
▲6.9 门的锁紧 B	(1) 每个层门都应当设有符合下述要求的门锁装置： ① 门锁装置上设有铭牌，标明制造单位名称、型号和型式试验机构的名称或者标志，铭牌和型式试验证书内容相符； ② 锁紧动作应当由重力、永久磁铁或者弹簧来产生和保持，即使永久磁铁或者弹簧失效，重力亦不能导致开锁； ③ 轿厢在锁紧元件啮合不小于 7 mm 时才能启动； ④ 门的锁紧当由一个电气安全装置来验证，该装置应当由锁紧元件强制操作而没有任何中间机构，并且能够防止误动作； (2) 如果轿门采用了门锁装置，该装置也应当符合本条(1)的要求	(1) 对照检查门锁型式试验证书和铭牌（对于层门，抽取基站、端站以及至少 20% 其他层站的层门进行检查），目测门锁及电气安全装置的设置； (2) 目测锁紧元件的啮合情况，认为啮合长度可能不足时测量电气触点刚闭合时锁紧元件的啮合长度； (3) 使液压电梯以检修速度运行，打开门锁，观察液压电梯是否停止

【检验工作指引】

参考 TSG T7001 中 6.9。

6.10 门的闭合

项目及类别	检验内容与要求	检验方法
▲6.10 门的闭合 B	(1) 正常运行时应当不能打开层门,除非轿厢在该层门的开锁区域内停止或停站;如果一个层门或者轿门(或者多扇门中的任何一扇门)开着,在正常操作情况下,应当不能启动电梯或者不能保持继续运行; (2) 每个层门和轿门的闭合都应当由电气安全装置来验证,如果滑动门是由数个间接机械连接的门扇组成,则未被锁住的门扇上也应当设置电气安全装置以验证其闭合状态	(1) 使液压电梯以检修速度运行,打开层门,检查液压电梯是否停止; (2) 将液压电梯置于检修状态,层门关闭,打开轿门,观察液压电梯能否运行; (3) 由数个间接机械连接的门扇组成的滑动门,抽取轿门和基站、端站以及20%其他层站的层门,短接被锁住门扇上的电气安全装置,使各门扇均打开,观察液压电梯能否运行

【检验工作指引】

参考 TSG T7001 中 6.10。

6.11 轿门开门限制装置及轿门的开启

项目及类别	检验内容与要求	检验方法
▲6.11 轿门开门限制装置及轿门的开启 C	(1) 应当设置轿门开门限制装置,当轿厢停在开锁区域外时,能够防止轿厢内的人员打开轿门离开轿厢; (2) 轿厢停在开锁区域时,打开对应的层门后,能够不用工具(三角钥匙或者永久性设置在现场的工具除外)从层站处打开轿门	模拟试验;操作检查

【检验工作指引】

参考 TSG T7001 中 6.11。

6.12 门刀、门锁滚轮与地坎间隙

项目及类别	检验内容与要求	检验方法
▲6.12 门刀、门锁滚轮与地坎间隙 C	轿门门刀与层门地坎,层门锁滚轮与轿厢地坎的间隙应当不小于5 mm;液压电梯运行时不得互相碰擦	测量相关数据

【监督检验工作指引】

参考 TSG T7001 中 6.12。

7 试验

7.1 沉降试验

项目及类别	检验内容与要求	检验方法
▲7.1 沉降试验 B(C)	装有额定载重量的轿厢停在上端站,10 min 内的下沉距离应当不超过 10 mm	将轿厢停在上端站,切断主电源,轿厢装均匀分布的额定载重量,用尺测量轿厢地坎与层门地坎之间的垂直距离,保持 10 min,再在相同位置测量轿厢地坎与层门地坎之间的距离,两者相减。由施工单位或维护保养单位现场试验,检验人员观察、确认

【检验工作指引】

(1) 此项主要是检查液压电梯的液压缸在最大行程位置时,受到轿厢及其额定载重量的自重压力作用下的内部泄漏情况。

(2) 试验时,应先用轿厢把额定载重量的砝码运送到上端站,保持 10 min 后,上下运行一次电梯,使其停止在上端站,切断主电源,轿厢装均匀分布的额定载重量,用尺测量轿厢地坎与层门地坎之间的垂直距离,保持 10 min,再在相同位置测量轿厢地坎与层门地坎之间的距离,两者相减。

(3) B 类项目实施定期检验,按 C 类项目实施定期检验。

7.2 缓冲器试验

项目及类别	检验内容与要求	检验方法
7.2 缓冲器试验 C	缓冲器应当将载有额定载重量的轿厢在最低停靠站下不超过 0.12 m 的距离处保持静止状态	将载有额定载重量的轿厢停在下端站,置于检修状态,短接下限位开关和缓冲器开关(如果有),然后向下运行,直到轿厢完全压在缓冲器上,用尺测量层门地坎与轿门地坎在开门宽度 1/2 处的垂直距离

【说明解释】

(1) 线性缓冲器

根据 GB 21240—2007 中 10.4.1.1.1 的要求,线性缓冲器的总行程:

1) 对于具有节流阀(或单向节流阀)的液压电梯,应至少为:

$$0.102(v_d+0.3)^2(\mathrm{m})$$

2) 对于其他液压电梯,应至少为:

$$0.135{v_d}^2(\mathrm{m})$$

无论如何,此行程不得小于 65 mm,v_d 为下行额定速度。因此,设轿厢到缓冲器顶面之间的距离为 H,线性缓冲器的缩行程为 L,那么:

$$H+L\leqslant 0.12$$

即:

——对于具有节流阀(或单向节流阀)的液压电梯:

$$0.102(v_d+0.3)^2+H\leqslant 0.12$$

——对于其他液压电梯，应至少为：

$$0.135v_d^2 + H \leqslant 0.12$$

又 $L \geqslant 65$ mm，$H \geqslant 0$ 因此，线性缓冲器只适用于以下液压电梯：

——对于具有节流阀(或单向节流阀)的液压电梯：

$$0.498 \text{ m/s} \leqslant v_d \leqslant 0.785 \text{ m/s}$$

——对于其他液压电梯，应至少为：

$$0.694 \text{ m/s} \leqslant v_d \leqslant 0.943 \text{ m/s}$$

(2) 非线性缓冲器

根据 GB 21240—2007 中 10.4.1.2.2，非线性缓冲器的“完全压缩”是指被压缩掉 90% 的高度，设非线性缓冲器的压缩行程为 L，那么：

$$0.9L + H \leqslant 0.12$$

即：

$$L \leqslant (12 - H)/0.9$$

(3) 耗能型缓冲器

根据 GB 21240—2007 中 10.4.3.1，耗能型缓冲器的总行程：

——对于具有节流阀(或单向节流阀)的液压电梯，应至少为：

$$0.051(v_d + 0.3)^2 \text{(m)}$$

——对于其他液压电梯，应至少为：

$$0.0674v_d^2 \text{(m)}$$

v_d 为下行额定速度。

因此，设轿厢到缓冲器顶面之间的距离为 H，线性缓冲器的缩行程为 L，那么：

$$H + L \leqslant 0.12$$

即：

——对于具有节流阀(或单向节流阀)的液压电梯：

$$0.051(v_d + 0.3)^2 + H \leqslant 0.12$$

——对于其他液压电梯，应至少为：

$$0.0674v_d^2 + H \leqslant 0.12$$

又 $H \geqslant 0$，因此，耗能型缓冲器只适用于以下液压电梯：

——对于具有节流阀(或单向节流阀)的液压电梯：

$$v_d \leqslant 1.234 \text{ m/s}$$

——对于其他液压电梯，应至少为：

$$v_d \leqslant 1.334 \text{ m/s}$$

综上 1、2、3，液压电梯的下行额定速度不能大于 1.334 m/s。

【监督检验工作指引】

(1) 载荷应均匀分布。

(2) 对于没有再平层功能的液压电梯，装载荷的过程中，轿厢会有下降，检修下行，当轿厢完全压缩在缓冲器上时，应测量层门地坎与轿门地坎之间的距离，而不是轿厢平层处与下降后的轿厢地坎之间的距离。

7.3　破裂阀动作试验

项目及类别	检验内容与要求	检验方法
▲7.3 破裂阀 动作试验 B	对于配置破裂阀作为防止轿厢坠落、超速下降的液压电梯，轿厢装有额定载重量下行，当达到破裂阀的动作速度时，轿厢应当能被可靠制停。 注 A-7：对间接作用式的液压电梯，如采用限速器触发安全钳来防止轿厢坠落、超速下降，不进行本项目的检验	监督检验：装有均匀分布额定载重量的轿厢停在适当的楼层(足以使破裂阀动作，但尽量低的楼层)，在机房操作破裂阀的手动试验装置，检查破裂阀能否动作，从而将轿厢可靠制停；定期检验时以试验功能有效性为主，即不需要在满载情况下验证。由施工单位或维护保养单位现场试验，检验人员观察、确认。 注 A-8：企业自检时需要满载试验

【检验工作指引】

(1) 由施工单位或维护保养单位现场试验，检验人员观察、确认破裂阀能否动作，从而将轿厢可靠制停。

(2) 对间接作用式的液压电梯，如采用限速器触发安全钳来防止轿厢坠落、超速下降，按“无此项”处理。

(3) 试验时按照制造单位提供的参数调整限速切断阀的动作值，将动作值调整到正常流速以下，试验限速切断阀是否能够动作，并将轿厢可靠制停。试验完成后，应按照制造单位提供的参数将限速切断阀的动作值调整至原设定值，并进行确认。满足要求后方能重新将电梯投入使用。

7.4　轿厢和平衡重(如有)限速器-安全钳动作试验

项目及类别	检验内容与要求	检验方法
▲7.4 轿厢和平衡重 (如有)限速器- 安全钳动作试验 B	(1) 轿厢限速器-安全钳(如果有)动作试验：以检修速度下行，进行限速器-安全钳联动试验，限速器-安全钳动作应当可靠，轿厢有效制停。监督检验时，对于液压乘客电梯，轿厢内装均匀分布的额定载重量；对于液压载货电梯，当轿厢有效面积与额定载重量的关系符合附表1规定时，轿厢内装均匀分布的额定载重量；当轿厢有效面积大于附表1规定的值时，对于瞬时式安全钳，轿厢内装均匀分布的根据轿厢实际面积按附表1规定所对应的额定载重量；对于渐进式安全钳，轿厢内装均匀分布的125%额定载重量与根据轿厢实际面积按附表1规定所对应的额定载重量两者中的较大值；定期检验时轿厢空载； (2) 平衡重(如果有)限速器-安全钳动作试验：轿厢空载，以检修速度上行，进行限速器-安全钳联动试验，限速器-安全钳动作应当可靠	(1) 轿厢以检修速度运行，人为分别使限速器和安全钳的电气安全装置动作，观察轿厢是否停止运行；然后短接限速器和安全钳的电气安全装置，轿厢以检修速度向下运行，人为动作限速器，观察轿厢制停情况； (2) 轿厢以检修速度运行，人为分别使限速器和安全钳的电气安全装置(如果有)动作，观察轿厢是否停止运行；然后短接限速器和安全钳的电气安全装置(如果有)，人为动作限速器，观察平衡重制停情况。 由施工单位或者维护保养单位现场试验，检验人员观察、确认

【说明解释】

采用直顶式结构的液压电梯，在油缸上配置破裂阀（限速切断阀）的基础上，可不设限速器和安全钳，因此对于未设置限速器和安全钳的直顶式液压电梯，可按无此项处理。

7.4.1 轿厢限速器-安全钳试验

【检验工作指引】

（1）附表1见本章4.6。

（2）除监督检验时试验载荷根据TSG T7004附表1而定外，其他参考TSG T7001中8.4。

7.4.2 平衡重限速器-安全钳试验

【检验工作指引】

参考TSG T7001中8.5。

7.5 其他类防止轿厢坠落措施试验

项目及类别	检验内容与要求	检验方法
▲7.5 其他类防止轿厢坠落措施试验 B	采用表4-6中除破裂阀或限速器—安全钳联动以外的防止轿厢坠落、超速下降措施，参照7.3和7.4的相应载荷要求进行试验。 注A-9：其试验方法应当由制造厂家在其附近明显标识	由施工单位或维护保养单位按照制造单位规定的方法进行试验，检验人员观察、确认

【检验工作指引】

（1）按照7.3、7.4相应载荷要求进行试验。

（2）如果同时设置了破裂阀、轿厢（或平衡重）限速器和安全钳作为超速保护、防止轿厢坠落措施，那么它们都应该有效。

（3）设置除表4-6以外的装置或装置组合及其驱动，应由检验机构审核，确认其具有与表4-6所列装置同等安全性后，才允许使用。

7.6 防沉降系统试验

项目及类别	检验内容与要求	检验方法
▲7.6 防沉降 系统试验 B	（1）采取电气防沉降系统，则应当符合如下要求： ① 当轿厢位于平层位置以下最大0.12 m至开锁区下端的区间内时，无论层门和轿门处于任何位置，液压电梯的驱动主机都应当驱动轿厢上行； ② 液压电梯在前次正常运行后停止使用15 min内，轿厢应当自动运行到最低停靠层站； ③ 轿厢内装有停止装置的液压电梯应当在轿厢内提供声音信号装置。当停止装置处于停止位置时，该声讯装置应当工作。该声讯装置的供电可以来自紧急照明电源或其他等效电源。 ④ 如果采用手动门，或关门过程在使用人员的持续控制下进行的动力操纵门，轿厢内应当有以下须知：“请关门”	监督检验时轿厢装载均匀分布的额定载重量，定期检验时空载。 （1）操作手动下降阀使液压电梯进入检验内容规定的区域，检查轿厢能否自动向上移动至平层位置； （2）由施工单位或维护保养单位按照制造单位规定的方法进行试验，检验人员观察、确认

项目及类别	检验内容与要求	检验方法
▲7.6 防沉降 系统试验 B	(2) 采用非电气防沉降系统,则应当符合 GB 21240 中的相应要求。 注 A-10:其试验方法应当由制造厂家在其附近明显标识。 注 A-11:本规则颁布前安装的液压电梯,对于采用电气防沉降系统的,只对(1)①进行检验,②~④项不进行检验;对于采用非电气防沉降系统的,不对(2)进行检验	监督检验时轿厢装载均匀分布的额定载重量,定期检验时空载。 (1) 操作手动下降阀使液压电梯进入检验内容规定的区域,检查轿厢能否自动向上移动至平层位置; (2) 由施工单位或维护保养单位按照制造单位规定的方法进行试验,检验人员观察、确认

7.6.1 电气防沉降系统

【检验工作指引】

(1) 操作手动下降阀使液压电梯进入检验内容规定的区域,打开层门和轿门,检查轿厢能否自动向上移动至平层位置;

(2) 每一层都应该测试。

(3) 正常运行液压电梯,使其在最低停靠层站外的层站平层停止使用,用秒表记录从停止使用到其运行到最低停靠层站所需时间,该时间应小于 15 min。

(4) 电气防沉降速度不大于 0.3 m/s。

【注意事项】

(1) "15 min"内是指停止使用到其运行到最低停靠层站所需时间,而不是其从停止使用到开始返回最低停靠层站时之间的时间。

(2) "最低停靠层站"与消防返回功能试验的"基站"或者"撤离层"不一定是同一个层站。

7.6.2 非电气防沉降系统

【检验工作指引】

参考 GB 21240 相关内容。

7.6.3 注 A-10

【检验工作指引】

查看在非电气防沉降系统附近是否有制造厂家标识的试验方法以及是否有效。

7.6.4 注 A-11

【检验工作指引】

TSG T7004 颁布前,即 2012 年 3 月 23 日前,并非本 TSG T7004 施行前,即 2012 年 7 月 1 日前,安装的液压电梯,对于采用电气防沉降系统的,只对(1)①进行检验,②~④项不进行检验;对于采用非电气防沉降系统的,不对(2)进行检验。

7.7 超压静载试验

项目及类别	检验内容与要求	检验方法
7.7 超压静载试验 C	在单向阀与液压缸之间的液压系统中施加200%的满载压力，保持5 min，液压系统的压力下降值不应超过企业设计要求，液压系统仍保持其完整性。该试验应当在防坠落保护装置试验成功后进行	液压电梯在上端站平层，将带有溢流阀的手动泵接入液压系统中单向阀与截止阀之间的压力检测点上（如系统已含手动泵除外），调节手动泵上的溢流阀工作压力为满载压力值的200%，操作手动泵使轿厢上行直至柱塞完全伸出，并且系统压力升至手动泵溢流阀的工作压力，停止操作，保持5 min，观察并且记录液压系统压力的下降值。 由施工单位或维护保养单位现场试验，检验人员观察、确认

【监督检验内容与要求】

(1) 应在7.3、7.4、7.5、7.6等项目试验成功后进行。

(2) 施工单位或维护保养单位现场试验，检验人员观察并且记录液压系统压力的下降值。

(3) 查看主要液压元件的设计参数，液压系统的压力下降值不应超过企业设计要求。

7.8 运行试验

项目及类别	检验内容与要求	检验方法
▲7.8 运行试验 C	轿厢分别空载、满载，以正常运行速度上、下运行，呼梯、楼层显示等信号系统功能有效、指示正确、动作无误，轿厢平层良好，无异常现象发生。设有IC卡系统的电梯，轿厢内的人员无需通过IC卡系统即可到达建筑物的出口层，并且在电梯退出正常服务时，自动退出IC卡功能	(1) 轿厢分别空载、满载，以正常运行速度上、下运行，观察运行情况； (2) 将电梯置于检修状态以及紧急电动运行、火灾召回、地震运行状态（如果有），验证IC卡功能是否退出

【检验工作指引】

参考TSG T7001中8.6。

7.9 液压电梯速度

项目及类别	检验内容与要求	检验方法
7.9 液压电梯速度 C	空载轿厢上行的速度不应超过额定上行速度 v_m 的8%，载有额定载重量的轿厢下行速度不宜超过额定下行速度 v_d 的8%。 以上两种情况下，速度均与液压油的正常温度有关 对于上行方向运行，假设供电电源频率为额定频率，电动机电压为设备的额定电压	在液压电梯平稳运行区段（不包括加、减速度区段），事先确定一个不少于2 m的试验距离，液压电梯启动以后，用行程开关或接近开关和电秒表分别测出通过上述试验距离时，空载轿厢向上运行所需要的时间和装有额定载重量轿厢向下运行所需要的时间（试验分别进行3次，取平均值），计算出上行速度和下行速度及与其额定速度的偏差或采用其他等效的方法测量

【监督检验工作指引】

(1) 结合2.10项，查阅相关资料，查看油温监控装置设定的预定动作温度及液压油的正常工作温度范围，在正常工作温度范围内测试。

(2) 建议在记录测试速度时，记录液压油的工作温度。

(3) 其他测速方法参考TSG T7001中8.8。

第五章　自动扶梯与自动人行道

1　技术资料

1.1　制造资料

项目及类别	检验内容与要求	检验方法
1.1 制造资料 A	自动扶梯与自动人行道制造单位提供了以下用中文描述的出厂随机文件： (1) 制造许可证明文件，许可范围能够覆盖受检自动扶梯或者自动人行道的相应参数； (2) 自动扶梯或者自动人行道整机型式试验证书，其参数范围和配置表适用于受检自动扶梯或者自动人行道； (3) 产品质量证明文件，注有制造许可证明文件编号、该自动扶梯或者自动人行道的产品编号、主要技术参数，含有电子元件的安全电路(如果有)、可编程电子安全相关系统(如果有)、驱动主机、控制柜的型号和编号，以及梯级或者踏板等承载面板、梯级(踏板)链的型号，并且在证明文件上有自动扶梯与自动人行道整机制造单位的公章或者检验专用章以及制造日期； (4) 含有电子元件的安全电路(如果有)、可编程电子安全相关系统(如果有)、梯级或者踏板等承载面板、驱动主机、控制柜、梯级(踏板)链的型式试验证书；对于玻璃护壁板，还应当提供采用了钢化玻璃的证明； (5) 电气原理图，包括动力电路和连接电气安全装置的电路； (6) 安装使用维护说明书，包括安装、使用、日常维护保养和应急救援等方面操作说明的内容。 注 A-1：上述文件如为复印件则应当经自动扶梯与自动人行道整机制造单位加盖公章或者检验专用章；对于进口自动扶梯与自动人行道，则应当加盖国内代理商的公章或者检验专用章	自动扶梯或者自动人行道安装施工前审查相应资料

【监督检验工作指引】

该项目是监督检验 A 类项目，要求在自动扶梯与自动人行道安装施工前审查相应资料，只有检验机构对该项审查合格后，施工单位才可以进入下道工序施工。

1.1.1　制造许可证明文件

【监督检验工作指引】

(1) 根据《市场监管总局关于特种设备行政许可有关事项的公告》(2019 第 3 号)附件四的规定，自动扶梯与自动人行道的许可参数不分级，按照型式试验证书覆盖相应产品。

(2) 查看该证明文件是否在有效期内。

(3) 该项目在自动扶梯与自动人行道安装施工前审查。一般在报检时检验机构业务受理部门也要审查,如不符合要求,应提出整改要求。

【参考做法】

根据国家质检总局 2014 年第 114 号公告,《特种设备目录》中自动扶梯与自动人行道的代码、类别、品种如表 5-1 所示。

表 5-1　2014 版《特种设备目录》

代码	类别	品种
3300	自动扶梯与自动人行道	
3310		自动扶梯
3320		自动人行道

“设备代码”栏可以按产品质量证明文件(即出厂合格证)填写,如果产品质量证明中未标明设备代码,可以按照表 5-1 中的“代码”进行填写;“设备名称”栏可以按产品质量证明文件填写,如:“公共交通型室外自动扶梯”,“设备类型”栏填写表 5-1 中的“品种”,“设备型式”栏填写表 5-1 中的“类别”。

1.1.2　整机型式试验证书

【监督检验工作指引】

(1) 该项目在电梯安装施工前审查,必要时进行现场核对。

(2) 根据 TSG T7007—2016 的要求,下列任一参数发生变化时,应当重新进行型式试验:

1) 名义速度增大;

2) 倾斜角增大;

3) 自动扶梯提升高度大于 6 m 的,提升高度增大超过 20%;

4) 自动扶梯提升高度小于或等于 6 m 的,提升高度增大超过 20%或者超过 6 m;

5) 自动人行道使用区段长度大于 30 m 的,使用区段长度增大超过 20%;

6) 自动人行道使用区段长度小于或等于 30 m 的,使用区段长度增大超过 20%或者超过 30 m。

(3) 下列情况之一的配置发生变化,也应当重新进行型式试验:

1) 驱动主机布置形式和数量、梯路传动方式改变;

2) 工作类型由普通型向公共交通型改变;

3) 工作环境由室内型向室外型改变;

4) 附加制动器型式(棘轮棘爪式、重锤式、制动靴式等)改变;

5) 驱动主机与梯级(踏板或胶带)之间连接方式的改变;

6) 自动人行道踏面类型(踏板、胶带)改变。

覆盖原则可以参考表 5-2 所示的自动扶梯和自动人行道型式试验证书中《适用参数范围和配置表》,图 5-1 所示是某一自动扶梯的适用参数范围和配置表,该台型式试验自动扶梯提升高度为 8 m,适用参数范围和配置表中的提升高度适用范围已经比样梯的提升高度增大了 20%,即 9.6 m。

表 5-2　自动扶梯和自动人行道适用参数范围和配置表

名义速度		倾斜角	
提升高度	（适用于自动扶梯）	使用区段长度	（适用于自动人行道）
驱动主机布置型式和数量		梯路传动方式	
工作类型		工作环境	
附加制动器型式		驱动主机与梯级（踏板或胶带）之间连接方式	
踏面类型			

适用参数范围和配置表

名义速度	≤0.5 m/s	倾斜角	30°
提升高度	≤9.6 m	驱动主机布置型式和数量	上置机房，2 台
梯路传动方式	链条	工作类型	普通型
附加制动器型式	棘轮棘爪		
工作环境	室外		
驱动主机与踏板或胶带之间连接方式		链条	

注：工作类型由普通型向公共交通型改变或工作环境由室内型向室外型改变时应进行型式试验。

图 5-1　自动扶梯适用参数范围和配置表

（4）对于在 2018 年 1 月 1 日前告知或者已经备案的设备，根据质检特函〔2012〕28 号文《关于贯彻实施自动扶梯和自动人行道新版标准与检验规则有关事宜的通知》中规定，型式试验合格证书等配套资料应符合 GB 16899—2011《自动扶梯和自动人行道制造与安装安全规范》（以下简称 GB 16899—2011）要求，看判定依据中是否有（2012 稿）字样。根据《电梯型式试验规则》（报批稿）的要求，自动扶梯和自动人行道整机型式试验合格证书或者报告书长期有效，但针对表 5-3 中所描述的情况，必须重做整机型式试验。即高速覆盖低速，公共交通型覆盖普通型，室外型覆盖室内型。自动人行道倾斜角向下覆盖，自动扶梯不考虑倾斜角。

表 5-3　影响型式试验结果的自动扶梯和自动人行道配置与参数变更表

设备类型	设备型式	部件配置	参数
自动扶梯	自动扶梯	（1）驱动主机布置方式、踏面类型、梯路传动方式改变； （2）工作类型由普通型向公共交通型改变； （3）工作环境由室内型向室外形改变	（1）以提升高度 $H \leqslant 6$ m 和 $H > 6$ m 划分为两个区段，同区段内提升高度增大且超过 20%； （2）额定速度增大
自动人行道	自动人行道		（1）以使用区段长度 $L \leqslant 30$ m 和 $L > 30$ m 划分为两个区段，同区段内使用区段长度增大且超过 20%； （2）倾斜角或额定速度增大

【常见事例】

(1) 对于在 2018 年 1 月 1 日前告知或者已经备案的设备,只要有些倾斜角为 30°自动扶梯型式试验证书,可以生产倾斜角为 35°的自动扶梯。对于在 2018 年 1 月 1 日后告知的设备,倾斜角为 30°自动扶梯型式试验证书,不可以覆盖倾斜角为 35°的自动扶梯。

(2) 由于在 GB 16899—2011 对于公共交通型自动扶梯和自动人行道的定义只有两个条件,一个是运输能力,一个是公共交通的一部分,没有将扶手装置的护壁板作为一个判定依据,所以允许公共交通型自动扶梯和自动人行道采用玻璃作为护壁板。

【特例】

按 TSG T7007—2016 要求,整机型式试验应当在制造单位或者型式试验机构的试验井道或试验场地内进行,所以一般不允许使用现场进行型式试验。但对于提升高度 $H \geqslant$ 12 m 的自动扶梯或使用区段长度 $L \geqslant 60$ m 的自动人行道,或者仅为单个项目使用结构特殊的电梯,确需在使用现场进行整机试验时,允许在使用现场进行型式试验。对此特殊情况,制造单位应向使用单位明示且征得使用单位书面同意后向型式试验机构提出申请,经型式试验机构书面确认后,持特种设备许可证明或特种设备行政许可受理决定书(复印件加盖申请单位公章)按照规定办理施工告知,方可在使用现场安装 1 台型式试验所需样机。

1.1.3 产品质量证明文件

【监督检验工作指引】

(1) 根据质检总局令第 13 号《特种设备质量监督与安全监察规定》第三十七条"电梯出厂时,必须附有制造企业关于该电梯产品或者部件的出厂合格证、使用维护说明书、装箱清单等出厂随机文件。合格证上除标有主要参数外,还应当标明驱动主机、控制柜、安全装置等主要部件的型号和编号。门锁、安全钳、限速器、缓冲器等重要的安全部件,必须具有有效的型式试验合格证书。"所以要查看该证明文件上是否有制造许可证明文件编号、制造许可证明有效日期、产品出厂编号、主要技术参数,以及含有电子元件和(或)可编程电子系统的安全电路(如果有)、梯级、踏板、梯级踏板链、驱动主机、滚轮、扶手带、控制屏等安全保护装置和主要部件的型号等内容;是否有整机制造单位的公章或者检验合格章以及出厂日期。

(2) 产品质量证明文件(出厂合格证)主要技术参数至少要有:设备名称(形式)、名义速度、名义宽度、倾斜角、输送能力、提升高度(自动扶梯和有倾斜角的自动人行道)、使用区长度(自动人行道)。其他(拖动方式、驱动主机的布置方式、控制柜位置、控制方式、控制装置、功率、自动启停、自动加减速等)主要技术参数,如证明文件上无,可附表提供。

(3) 如果采用玻璃做护壁板,应查验钢化玻璃的证明文件。

(4) 该项目在电梯安装施工前审查,现场检验时,根据相应的项目查看上述安全保护装置和主要部件的型号和编号是否和现场实物一致。

【参考做法】

(1) 由于 GB 16899—1997《自动扶梯和自动人行道制造与安装安全规范》(以下简称 GB 16899—1997)与 GB 16899—2011 将输送能力分别定义为理论输送能力和最大输送能力,因此,按 GB 16899—2011 生产的自动扶梯与自动人行道,产品质量证明文件(出厂合格证)的最大输送能力应符合 GB 16899—2011 中附录 H.1(见表 5-4),对于该表中没有参数的自动扶梯与自动人行道最大输送能力应由制造厂参考邻近参数自行规定。如名义速度为 0.45 m/s，梯级宽度为 1 000 mm 的自动扶梯最大输送能力可由制造厂自行规定，但不能超过 6 000 人/h。

表 5-4 最大输送能力

梯级或踏板宽度 z_1 m	名义速度 v m/s		
	0.5	0.65	0.75
0.60	3 600 人/h	4 400 人/h	4 900 人/h
0.80	4 800 人/h	5 900 人/h	6 600 人/h
1.00	6 000 人/h	7 300 人/h	8 200 人/h

注 1：使用购物车和行李车时(见附录 I)将导致输送能力下降约 80%。

注 2：对踏板宽度大于 1.00 m 的自动人行道，其输送能力不会增加，因为使用者需要握住扶手带，其额外的宽度原则上是供购物车和行李车使用的。

(2) 在定期检验时，对于按 GB 16899—1997 生产的自动扶梯与自动人行道，检验报告结论页的"输送能力"栏填写原产品质量证明文件(出厂合格证)上的"理论输送能力"，如果找不到原产品质量证明文件(出厂合格证)，或是产品质量证明文件(出厂合格证)没有该参数，"理论输送能力"可按下列公式计算：

$$C_t = \frac{v}{0.4} \times 3\,600\,k$$

式中：

C_t——理论输送能力，人/h；

v——额定速度，m/s；

k——系数。

对常用的宽度其 k 值为：

当 $z_1 = 0.6$ m 时，$k = 1.0$；

当 $z_1 = 0.8$ m 时，$k = 1.5$；

当 $z_1 = 1.0$ m 时，$k = 2.0$。

1.1.4 安全装置、主要部件型式试验合格证及有关资料

【监督检验工作指引】

(1) 查看型式试验合格证的产品名称及型号、参数，判定型式试验合格证是否能完全覆盖本台自动扶梯与自动人行道的安全保护装置和主要部件的品种和参数；

(2) 对涉及标准有变化的部件(如梯级、有辅轮的踏板、控制屏等)，还应提供新的型式试验合格证，看判定依据中是否有(2012 稿)字样。

(3) 如果有含有电子元件的安全电路、可编程电子安全相关系统(PESSRAE)，应要了解哪些监控和安全装置使用了电子元件的安全电路、PESSRAE，以便在检验时确认。PESSRAE 主要应用在超速与防逆转的保护、梯级缺损检测、扶手带失速等监控和安全装置。还应查看安全电路、PESSRAE 产品配置表(见图 5-2)，以便现场检验相关产品的主参数、系统组成、主要部件(品牌、型号及数量)是否与安全电路或 PESSRAE 型式试验证书上

的配置表内容完全一致，如果配置表中主要部件列出多个品牌及型号的，实际使用时可以换用。

检验专用章

适用参数范围和配置表

产品功能	自动扶梯和自动人行道的梯级/踏板超速检测、运行方向非操纵逆转检测、梯级/踏板缺失检测、扶手带速度偏离检测、附加制动器的动作检测、工作制动器的释放检测。		
型号	GEC-SF	结构类型	1oo2
工作电压	24V DC	工作条件	工作温度：-10℃~65℃
对应安全功能的安全完整性等级	检测梯级/踏板超速		SIL 2
	检测运行方向的非操纵逆转		SIL 2
	检测附加制动器的动作		SIL 1
	检测梯级/踏板的缺失		SIL 2
	检测扶手带速度偏离		SIL 1
	检测工作制动器的释放		SIL 1
	检测打开桁架区域的检修盖板和（或）移去或打开楼层板		SIL 1
软件版本	V1.0	硬件版本	V1.0
	GEC-SF 是[illegible]		

图 5-2　PESSRAE 产品配置表

（4）该项目在电梯安装施工前审查，现场检验时还需结合“监控和安全装置”检验项目进行现场确认。

1.1.5　电气原理图

【监督检验工作指引】

（1）查看电气原理图中是否包括动力电路和连接电气安全装置的电路。

（2）若电气原理图为复印件，应查看是否有电梯整机制造单位加盖的公章或者检验合格章。对于进口电梯，则应当加盖国内代理商的公章，印刷成册的应在封面和每张图纸上印有电梯整机制造单位的全称、产品标识或公章。

（3）该项目在电梯安装施工前审查，如果现场确认，还要查看电气原理图是否和现场实物一致。

1.1.6　安装使用维护说明书

【监督检验工作指引】

（1）查看安装使用维护说明书中是否包括安装、使用、日常维护保养和应急救援等方面操作说明的内容。

（2）上述项目在报检时审查，如果文件为复印件则必须经电梯整机制造单位加盖公章或者检验合格章；对于安全保护装置及主要部件可提供经制造单位加盖公章或者检验合格章的复印件。进口电梯，则应当加盖国内代理商的公章。

(3) 对于 TSG T7005—2012《电梯监督检验和定期检验规则——自动扶梯与自动人行道》中 6.3 超速保护、6.4 非操纵逆转保护、6.9 扶手带速度偏离保护、6.10 多台连续且无中间出口的自动扶梯或自动人行道停止保护、6.12 制动器松闸故障保护、6.13 附加制动器等,整梯制造单位还应提供试验的方法。

(4) 对于无 TSG T7005 中 6.3 超速保护功能的自动扶梯或自动人行道,制造单位应提供自动扶梯或自动人行道的设计能防止超速的计算书或证证明文件。

(5) 对于用静态元件阻断电流流动控制装置的自动扶梯或自动人行道,制造单位还应提供试验方法,验证在正常停止期间,如果静态元件未能有效阻断电流的流动,监控装置应使接触器释放并防止自动扶梯或自动人行道重新启动。

(6) 该项目在电梯安装施工前审查,必要时在现场检验时进行核对。

1.1.7 注 A-1

【监督检验工作指引】

上述文件为复印件时,查看是否经电梯整机制造单位加盖公章或者检验合格章,对于进口自动扶梯与自动人行道,查看是否加盖国内代理商的公章。

1.1.8 其他

【检验工作指引】

(1) 根据《市场监管总局关于调整〈电梯施工类别划分表〉的通知》(国市监特设函[2019]64 号)的规定,电梯的安装包括移装。因此自动扶梯或者自动人行道的移装需要按照安装的要求实施监督检验,同时满足检规中的所有要求。

(2) 根据《特种设备安全监察条例》第十七条第二款“电梯的安装、改造、修理,必须由电梯制造单位或者其通过合同委托、同意的依照本条例取得许可的单位进行”的要求,如果对电梯实施安装、改造、修理的施工单位(有相应的许可)不是电梯制造单位,那么施工单位应获得电梯制造单位的委托,并签订委托合同,且应提供制造单位出具的自检报告。

(3) 根据 2014 年 1 月 1 日实施的《特种设备安全法》第二十二条“电梯的安装、改造、修理,必须由电梯制造单位或者其委托的依照本法取得相应许可的单位进行”,在《中华人民共和国特种设备安全法释义》解释了《特种设备安全法》第二十二条所述“电梯制造单位”是指原电梯制造单位。但是对于在用电梯的改造、修理,如原制造单位已经不存在,或者原制造单位不再具有相应资格,没有能力进行改造、修理的,电梯产权单位可以选择取得相应资格的单位进行。对于改造的,由于原电梯结构、技术参数已经发生改变,应当按照安全技术规范的要求增加改造铭牌,并由实施电梯改造的单位对改造部分的质量和安全性能负责。对于修理的,由实施修理的单位对电梯修理部分的质量和安全性能负责,原制造单位仅对制造所以涉及的质量和安全问题负责。为做好《特种设备安全法》第二十二条的实施和平稳过渡,使电梯制造、安装、改造、修理及使用单位能够调整相关经营策略和质量保证体系,按照“新梯新办法,老梯老办法”的原则,《特种设备安全法》实施日(2014 年 1 月 1 日)之后安装、投入使用的新电梯,必须遵守《特种设备安全法》第二十二条的规定;之前已经投入使用的电梯,仍可延续以往的工作方式。

1.2　安装资料

项目及类别	检验内容与要求	检验方法
1.2 安装资料 A	安装单位提供了以下安装资料： (1) 安装许可证明文件和安装告知书，许可范围能够覆盖受检自动扶梯或者自动人行道的相应参数； (2) 施工方案，审批手续齐全； (3) 用于安装该自动扶梯或者自动人行道的驱动站、转向站及总体布置图或者土建工程勘测图，有安装单位确认符合要求的声明和公章或者检验专用章，表明其出入口、高度等满足安全要求； (4) 施工过程记录和由自动扶梯与自动人行道整机制造单位出具或者确认的自检报告，检查和试验项目齐全、内容完整，施工和验收手续齐全； (5) 变更设计证明文件(如安装中变更设计时)，履行了由使用单位提出、经自动扶梯与自动人行道整机制造单位同意的程序； (6) 安装质量证明文件，包括自动扶梯或者自动人行道安装合同编号、安装单位安装许可证明文件编号、产品编号、主要技术参数等内容，并且有安装单位公章或者检验专用章以及竣工日期。 注 A-2：上述文件如为复印件则应当经安装单位加盖公章或者检验专用章	审查相应资料。(1)～(3)在报检时审查，(3)在其他项目检验时还应当审查；(4)、(5)在试验时审查；(6)在竣工后审查

【监督检验工作指引】

该项目是监督检验 A 类项目，而且第(1)～(3)项在报检时审查，所以只有检验机构对第(1)～(3)项审查合格后，施工单位才可以进入下道工序施工。

1.2.1　安装许可证和告知书

【监督检验工作指引】

(1) 查看所提供的安装许可证是否能完全覆盖所施工自动扶梯与自动人行道的相应参数和品种，根据《市场监管总局关于特种设备行政许可有关事项的公告》(2019 第 3 号)附件四的规定，自动扶梯与自动人行道制造和安全不分级，见表 5-5。

表 5-5　自动扶梯与自动人行道生产单位分级表

设备类型	各施工等级技术参数
自动扶梯与自动人行道	不分级

(2) 查看安装许可证是否在有效期内。

(3) 查看安装告知书(告知单)，对用快递、邮寄、传真以及网络或电子邮件等形式的告知书，应打印输出，并存档备查。

(4) 该项目在自动扶梯与自动人行道安装施工前审查，必要时进行现场核对。一般在报检时检验机构业务受理部门也要审查，如不符合要求应判定其不符合要求。

【参考做法】

(1) 安装单位必须与告知单位一致。原则上安装合同上的安装单位也应与告知书一致,允许由总公司签订安装合同委托有相应安装资质的分公司安装;如果委托给有相应安装资质的其他公司安装,应有经使用单位确认的委托书,即委托书要有委托方、被委托方签字、盖章,如果安装合同中没有明确运行安装单位委托第三方进行安装,还需要使用单位签字、盖章。

(2) 施工单位应与告知单位、安装许可证一致。

(3) 以报检日期来判断安装许可证是否在有效期内。

1.2.2 施工方案

【监督检验工作指引】

(1) 审查施工方案是否有按照安装单位的质量体系文件规定履行审批手续。

(2) 完善施工方案应有编制、审核、批准人员会签,并有批准日期和施工单位的公章。施工方案内容应完整、齐全,且与施工现场情况一致。

(3) 该项目在电梯安装施工前审查,必要时进行现场核对。

1.2.3 驱动、转向站及总体布置图或者土建工程勘测图

【监督检验工作指引】

(1) 查看总体布置图,判断自动扶梯的梯级或自动人行道的踏板或胶带上方垂直净高度是否不小于 2.30 m。

(2) 结合 2.1 项的要求,查看驱动或者转向站布置图,判断在桁架内部的驱动站和转向站内,是否有一个无任何永久固定设备的、站立面积足够大的空间,站立面积不应小于 0.3 m^2,其较短一边的长度不小于 0.5 m。如图 5-3 所示,改变了驱动主机、控制柜等布置位置,应提供相应的整机型式试验证书。

图 5-3 改变驱动主机、控制柜等布置位置

(3) 当主驱动装置或制动器装在梯级、踏板或胶带的载客分支和返回分支之间时,在工作区段应提供一个水平的立足区域,其面积不应小于 0.12 m^2,最小边尺寸不小于 0.3 m。

(4) 该项目在自动扶梯与自动人行道安装施工前审查，如果现场确认，还要查看驱动或者转向站及总体布置图相关尺寸是否和现场实物一致。

(5) 其他参考 TSG T7001 中 1.2(4)。

1.2.4　施工过程记录和自检报告

【监督检验工作指引】

(1) 审查施工过程中的各项记录，如开箱验收记录、井道尺寸验收记录、隐蔽工程检查记录、阶段检查记录等。

(2) 自检报告内容至少包括 TSG T7005 附件 B 所列项目，检查项目应有自检结果，有测试数据要求的，必须记录数据。

(3) 自检报告应有自检结论、自检人员签名、审核人员签名、施工单位公章或检验专用章。

(4) 施工过程记录只要现场查阅，自检报告除现场查阅外还要存档。

(5) 上述记录或报告不完善，除判本项不合格外，还要在《特种设备检验意见通知书》中选填第(一)项，"施工(维护保养)单位的施工过程记录或者日常维护保养记录不完整。"

(6) 如果要求测试数据项目的检验结果与自检结果存在多处较大偏差，质疑相应单位自检能力时，还要在《特种设备检验意见通知书》中选填第(三)项，"要求测试数据项目的检验结果与自检结果存在多处较大偏差，或者其他项目的检验结果与实物状态不一致，质疑相应单位自检能力时"。

(7) 检验机构应将施工单位提供自检报告存档。

【参考做法】

(1) 当结果错误或实测数据与自检结果数据偏差超过±10%时，则判定为"较大偏差"。

(2) 当实测数据与自检结果有较大偏差达 5 项以上(含 5 项)时，或者自检结果与实物状态不一致时，选填《特种设备检验意见通知书》中第(三)项。

(3) 复检时，施工单位应重新提交该电梯的自检报告。

1.2.5　设计变更证明文件

【适用范围】

如果安装过程没有变更设计时，即电梯的参数、配置与产品质量证明文件一致，本项填写"无此项"。

【监督检验工作指引】

(1) 查看安装过程中是否有变更设计证明文件。

(2) 如有，应查看是否履行了由使用单位提出、经整机制造单位同意的程序。

(3) 检验现场核对出厂资料与现场是否一致。

1.2.6　安装质量证明文件

【监督检验工作指引】

(1) 安装质量证明文件，包括电梯安装合同编号、安装单位安装许可证编号、产品出厂编号、主要技术参数等内容，并且有安装单位公章或者检验合格章以及竣工日期。审查时，应注意竣工日期与施工过程记录日期、自检报告的自检日期是否矛盾。自检报告结论页如有上述内容也可视为安装质量证明文件。

(2) 该项应在竣工后审查，复印件存档。

1.3　改造、重大修理资料

项目及类别	检验内容与要求	检验方法
1.3 改造、重大修理资料 A	改造或者重大修理单位提供了以下改造或者重大修理资料： (1) 改造或者修理许可证明文件和改造或者重大修理告知书，许可范围能够覆盖受检自动扶梯或者自动人行道的相应参数； (2) 改造或者重大修理的清单以及施工方案，施工方案的审批手续齐全； (3) 加装或者更换的安全保护装置或者主要部件产品质量证明文件、型式试验证书； (4) 施工现场作业人员持有的特种设备作业人员证； (5) 施工过程记录和自检报告，检查和试验项目齐全、内容完整，施工和验收手续齐全； (6) 改造或者重大修理质量证明文件，包括自动扶梯或者自动人行道的改造或者重大修理合同编号、改造或者重大修理单位的施工许可证明文件编号、使用登记编号、主要技术参数等内容，并且有改造或者重大修理单位的公章或者检验专用章以及竣工日期。 注 A-3：上述文件如为复印件则应当经改造或者重大修理单位加盖公章或者检验专用章	审查相应资料。(1)～(4)在报检时审查，(4)在其他项目检验时还应审查；(5)在试验时审查；(6)在竣工后审查

【适用范围】

根据《特种设备安全法》第二十五条，电梯、起重机械、客运索道、大型游乐设施的安装、改造、重大修理过程，应当经特种设备检验机构按照安全技术规范的要求进行监督检验，因此对于一般修理不需要进行过程监督检验，只有当对自动扶梯与自动人行道进行改造或者重大修理时才要求检验本项目，对于新安装自动扶梯与自动人行道，或者无改变自动扶梯与自动人行道性能参数与技术指标的移装自动扶梯与自动人行道，检验报告可以不编排本项目或者填写“无此项”。

【说明解释】

(1) 自动扶梯与自动人行道施工类别划分：

根据《市场监管总局关于调整〈电梯施工类别划分表〉的通知》(国市监特设函〔2019〕64 号)的要求，原《电梯施工类别划分表(修订版)》(国质检特〔2014〕260 号)已作废，自 2019 年 6 月 1 日起电梯的施工类别按照表 5-6 进行调整。

表 5-6　电梯施工类别划分表

施工类别	施工内容
安装	采用组装、固定、调试等一系列作业方法，将电梯部件组合为具有使用价值的电梯整机的活动；包括移装
改造	1. 改变电梯的额定(名义)速度、额定载重量、提升高度、轿厢自重(制造单位明确的预留装饰重量或累计增加/减少质量不超过额定载重量的 5%除外)、防爆等级、驱动方式、悬挂方式、调速方式或控制方式。(注 1) 2. 改变轿门的类型、增加或减少轿门。 3. 改变轿架受力结构，更换轿架或更换无轿架式轿厢

续表5-6

施工类别	施工内容
修理	修理分为重大修理和一般修理两类。 1. 重大修理包括： (1) 加装或更换不同规格的驱动主机或其主要部件、控制柜或其控制主板或调速装置、限速器、安全钳、缓冲器、门锁装置、轿厢上行超速保护装置、轿厢意外移动保护装置、含有电子元件的安全电路、可编程电子安全相关系统、夹紧装置、棘爪装置、限速切断阀（或节流阀）、液压缸、梯级、踏板、扶手带、附加制动器。（注 2） (2) 更换不同规格的悬挂及端接装置、高压软管、防爆电气部件。 (3) 改变层门的类型、增加层门。 (4) 加装自动救援操作（停电自动平层）装置、能量回馈节能装置等，改变电梯原控制线路的。 (5) 采用在电梯轿厢操纵箱、层站召唤箱或其按钮的外围接线以外的方式加装电梯 IC 卡系统等身份认证方式。（注 3） 2. 一般修理包括 (1) 修理或更换同规格不同型号的门锁装置、控制柜的控制主板或调速装置。（注 4） (2) 修理或更换同规格的驱动主机或其主要部件、限速器、安全钳、悬挂及端接装置、轿厢上行超速保护装置、轿厢意外移动保护装置、含有电子元件的安全电路、可编程电子安全相关系统、夹紧装置、限速切断阀（或节流阀）、液压缸、高压软管、防爆电气部件、附加制动器等。 (3) 更换防爆电梯电缆引入口的密封圈。 (4) 减少层门。 (5) 仅通过在电梯轿厢操纵箱、层站召唤箱或其按钮的外围接线方式加装电梯 IC 卡系统等身份认证方式
维护保养	为保证电梯符合相应安全技术规范以及标准的要求，对电梯进行的清洁、润滑、检查、调整以及更换易损件的活动；包括裁剪、调整悬挂钢丝绳，不包括上述安装、改造、修理规定的内容。 更换同规格、同型号的门锁装置、控制柜的控制主板和调速装置，修理或更换同规格的缓冲器、梯级、踏板、扶手带，修理或更换围裙板等实施的作业视为维护保养

注 1：改变电梯的调速方式是指：如将乘客或载货电梯的交流变极调速系统改变为交流变频变压调速系统；或者改变自动扶梯与自动人行道的调速系统，使其由连续运行型改变为间歇运行型等；

控制方式是指：为响应来自操作装置的信号而对电梯的启动、停止和运行方向进行控制的方式，例如：按钮控制、信号控制以及集选控制（含单台集选控制、两台并联控制和多台群组控制）等。

注 2：规格是指：制造单位对产品不同技术参数、性能的标注，如：工作原理、机械性能、结构、部件尺寸、安装位置等；

驱动主机的主要部件是指：电动机、制动器、减速器、曳引轮。

注 3：电梯 IC 卡系统等身份认证方式包括但不限于密码、磁卡、移动支付、指纹、掌形、面部、虹膜、静脉等。

注 4：型号是指：制造单位对产品按照类别、品种并遵循一定规则编制的产品代码。

(2) 国市监特设函〔2019〕64 号文区分施工性质，主要看是否有改变原自动扶梯与自动人行道主要受力结构、机构(传动系统)或控制系统，是否有改变自动扶梯与自动人行道性能参数与技术指标。

1) 由于型号是指制造单位对产品按照类别、品种并遵循一定规则编制的产品代码，所以改变电梯安全部件的型号并不一定会改变该自动扶梯与自动人行道安全部件的技术参数、性能指标，所以国市监特设函〔2019〕64 号文不以是否改变电梯安全部件型号，而是以是否改变自动扶梯与自动人行道安全部件规格来区分施工类别。对于不同厂家生产的部件，虽然型号可能相同，也应视为不同型号。

2) 自动扶梯与自动人行道的主要参数包括名义(额定)速度、提升高度(使用区段长度)、倾斜角、调速方式以及控制方式等。改变调速方式是指改变自动扶梯与自动人行道的调速系统，使其由连续运行型改变为间歇运行型等。

3) 控制柜相当于电梯的大脑，驱动主机相当于电梯的心脏，所以更换控制柜、曳引机及其主要部件(如电动机、制动器、减速器)要比更换普通的安全部件要求更严格。

(3) 根据国市监特设函〔2019〕64 号文区分各施工类别。

1) 以下活动属于改造：

① 改变自动扶梯与自动人行道性能参数与技术指标，即改变名义(额定)速度、提升高度(使用区段长度)、倾斜角、防爆等级、驱动方式、调速方式属于改造；

② 将自动扶梯与自动人行道由连续运行改变为自动启停、变速运行，反之亦然。

2)以下活动属于重大修理：

① 加装或更换不同规格的驱动主机、控制柜、含有电子元件的安全电路、可编程电子安全相关系统、夹紧装置、棘爪装置、梯级、踏板、扶手带、附加制动器等安全部件；

② 更换同规格的控制柜，或者更换控制柜中不同规格的控制主板和调速装置。

3)以下活动属于一般修理：

① 更换同规格的驱动主机，更换驱动主机上同规格的电动机、制动器、减速器等主要部件；

② 修理和更换控制柜中同规格的控制主板和调速装置；

③ 修理和更换同规格的驱动主机、含有电子元件的安全电路、可编程电子安全相关系统、附加制动器等安全部件；

4) 以下活动属于维护保养：

① 对自动扶梯与自动人行道进行的清洁、润滑、检查、调整以及更换易损件的活动；

② 更换同规格、同型号的梯级、踏板、扶手带、围裙板、控制柜的控制主板和调速装置等。

【监督检验工作指引】

(1) 该项目是监督检验 A 类项目，TSG T7005 中 1.3(1)～1.3(4)款应在施工前报检时审查，而且只有检验机构对 TSG T7005 中 1.3(1)～1.3(4)款审查合格后，施工单位才可以进入下道工序施工。

(2) 从 TSG T7005 第八条第(二)款规定的检验项目可知，自动扶梯和自动人行道的改造或重大修理所涉及的项目应按照 TSG T7005 进行监督检验，需要满足现行标准的要求。改造或重大修理不涉及的检验项目需按照 TSG T7005 的要求进行定期检验，因此，其可以不符合现行标准的要求。

【常见事例】

(1) 修理和更换控制柜：

1) 如果没有改变自动扶梯与自动人行道主要参数，只是更换控制柜中同规格的控制主板、调速装置等零部件，可视为维护保养。

2) 如果不改变自动扶梯与自动人行道的主要参数，更换了由于原整机制造厂生产同规格的控制柜，或者更换控制柜中不同规格的控制主板和调速装置，可视为一般修理。

3) 如果不改变自动扶梯与自动人行道的主要参数，更换不同规格的控制柜，或者改变自动扶梯与自动人行道的调速系统，使其由连续运行型改变为自动启停、变速运行(反之亦然)等都应视为重大修理。如果更换不同规格的控制柜，还应提供相应规格、型号的型式试验合格证书或者报告。

4) 如果自动扶梯与自动人行道的控制系统本来有自动启停或变速运行等功能，在新安装监督检验时没有启用，后期启用该功能，由于不需要改变自动扶梯与自动人行道的调速系统，所以可以按照维护保养处理。

5) 改变自动扶梯与自动人行道的主要参数，均属于改造。

(2) 修理和更换曳引机及电动机、制动器、减速器等主要部件：

1) 更换同规格的驱动主机，或者更换驱动主机上同规格的电动机、制动器、减速器等主要部件，应视为一般修理。允许更换不同品牌、不同型号的驱动主机及其主要部件，但规格如减速器的结构、齿轮比，制动器的结构、行程、工作电压，电动机的形式、功率等应与原来一致。如果更换不同品牌、不同型号的驱动主机还应提供相应驱动主机的型试试验合格证书或者报告。

2) 更换不同规格的驱动主机，或者更换驱动主机上不同规格的电动机、制动器、减速器等主要部件，应视为重大修整。

(3) 用可编程电子安全相关系统(PESSRAE)代替安全触点等属于重大修理。

(4) 由于部分在 1998 年 2 月 1 日前制造的自动扶梯，其工作制动器和梯级、踏板或胶带驱动装置之间采用单排链连接且没有附加制动器，不符合 TSG T7005 中 6.13 的定期检验要求而要进行整改，因此，需将工作制动器和梯级、踏板或胶带驱装置之间改为多排链或多根单排链连接，或者加装附加制动器。将单排链连接更改为多排链相当于改变驱动主机的规格属于重大修理作业，加装附加制动器属于重大修理作业。

【参考做法】

(1) 对重大修理进行监督检验时需要查验告知书，一般修理不需要进行监督检验，只需要在定期检验时进行确认即可。由于各个监察部门对一般修理的告知要求不统一，部分地区实施一般修理时也不需要告知。

(2) 如果属于重大修理(改造)行为，但施工单位没有申报重大修理(改造)监督检验，而只是申报定期检验，则应判 TSG T7005 中 1.4 项不合格(使用登记资料与实物不符)，并选填《特种设备检验意见通知书》(一)、(二)两项，终止检验流程。施工单位应履行告知及重新申报重大修理(改造)监督检验手续。

(3) 考虑到实际情况需要，用适用范围大的部件代替原适用范围小的部件的施工性质视具体情况而定。例如，由于使用条件限制等原因，使用单位要求降低自动扶梯或自动人行道名义(额定)速度、取消自启停(变速)功能等,可以按维护保养处理。

1.3.1 改造(修理)许可证和告知书

【监督检验工作指引】

(1) 对于许可证:①查看所提供的改造或者修理许可证是否能完全覆盖所施工自动扶梯与自动人行道的相应参数和品种;②改造或者修理许可证若为复印件,查看是否有自动扶梯与自动人行道改造或者修理单位加盖的公章或者检验合格章;③查看改造或者修理许可证是否在有效期内;⑤施工等级按表 5-6 判定。

(2) 对于告知书,查看改造或者重大修理告知书中的有关内容是否与施工内容一致。

(3) 该项目在自动扶梯与自动人行道改造或者重大修理施工前审查,必要时进行现场核对。

1.3.2 施工方案

【监督检验工作指引】

(1) 审查施工方案是否有按照改造或者重大修理施工单位的质量体系文件规定履行审批手续。

(2) 完善施工方案应有编制、审核、批准人员会签,有批准日期和施工单位的公章,内容完整、齐全,且与施工现场情况一致。

(3) 应有拟改造或者重大修理项目的清单,清单中至少应有拟更换的主要零部件和拟增加的功能,主要零部件应包括型号、数量、生产厂家等内容。

(4) 审查施工方案中应有本次施工作业的内容以及与此内容相关联的其他项目。

(5) 该项目在电梯改造或者重大修理施工前审查,必要时进行现场核对。

1.3.3 加装、更换的安全装置和主要部件的型式试验合格证及有关资料

【监督检验工作指引】

(1) 判定型式试验合格证是否覆盖所更换的安全保护装置。

(2) 由于个别老旧安全部件已经停产,所以更换同规格、同型号主要部件一般可不查验部件型式试验合格证书,只要查验部件产品合格证。

(3) 该项目在改造或者重大修理施工前审查,必要时进行现场核对。

1.3.4 特种设备作业人员证件

【监督检验工作指引】

(1) 查验特种设备作业人员证中的准许项目是否与本次作业内容相适应。

(2) 特种设备作业人员证必须在有效期内,作业人员证上聘用单位栏上应盖本次施工单位章,且应有聘任起止日期。

(3) 该项目在改造或者重大修理施工前审查,现场检验时也要核对。

1.3.5 施工过程记录和自检报告

【监督检验工作指引】

(1) 审查施工过程中的各种记录。

(2) 自检报告内容至少包括改造、重大修理涉及的项目以及 TSG T7005 附件 C 所列项目,检查项目应有自检结果,有测试数据要求的,必须记录数据。

(3) 自检报告应有自检结论、自检人员签名、审核人员签名、施工单位公章或检验专用章。

(4) 施工过程记录只要现场查阅,自检报告除现场查阅外还要存档。

(5) 上述记录或报告不完善,除判本项不合格外,还要在《特种设备检验意见通知书》中选填第(一)项,“施工(维护保养)单位的施工过程记录或者日常维护保养记录不完整”

(6) 如果要求测试数据项目的检验结果与自检结果存在多处较大偏差,或者其他项目的自检结果与实物状态不一致,质疑相应单位自检能力时,还应在《特种设备检验意见通知书》中选填第(三)项“要求测试数据项目的检验结果与自检结果存在多处较大偏差,质疑相应单位自检能力时”。

(7) 该项在试验时查验。

(8) 检验机构要将施工单位提供自检报告存档。

【参考做法】

(1) 当结果错误或实测数据与自检结果数据偏差超过±10%时,则判定为“较大偏差”。

(2) 当自检结果与实物状态不一致或者实测数据与自检结果有较大偏差达5处以上(含5处)时,选填《特种设备检验意见通知书》中第(三)项。

1.3.6 改造质量证明文件

【监督检验工作指引】

(1) 改造质量证明文件不是改造合格证,可以不使用整机合格证的形式,也可以不代替原制造单位的合格证明文件。改造质量证明文件应包括改造依据的标准。

(2) 该项应在竣工后审查。审查时,应注意竣工日期与施工过程记录日期、自检报告的自检日期是否矛盾。自检报告结论页如有上述内容也可视为安装质量证明文件,复印件存档。

(3) 查看该证明文件中的有关内容是否与其他资料中的相关内容一致。

(4) 对改造电梯还应查看是否增加改造铭牌。

改造时,委托单位可以不是该电梯的原生产厂家,而是有相应电梯制造许可单位,但应提供改造质量证明文件。

1.4 使用资料

项目及类别	检验内容与要求	检验方法
1.4 使用资料 B	使用单位应提供以下资料: (1) 使用登记资料,内容与实物相符; (2) 安全技术档案,至少包括1.1、1.2、1.3所述文件资料(1.3的(4)项除外),以及监督检验报告、定期检验报告、日常检查与使用状况记录、日常维护保养记录、年度自行检查记录或者报告、运行故障和事故记录等,保存完好(本规则实施前已经完成安装、改造或重大修理的,1.1、1.2、1.3项所述文件资料如有缺陷,应当由使用单位联系相关单位予以完善,可不作为本项审核结论的否决内容); (3) 以岗位责任制为核心的自动扶梯与自动人行道运行管理规章制度,包括事故与故障的应急措施和救援预案等; (4) 与取得相应资格单位签订的日常维护保养合同; (5) 按照规定配备的电梯安全管理人员的特种设备作业人员证	定期检验和改造、重大修理过程的监督检验时查验(1)~(5);新安装电梯的监督检验进行试验时查验(3)、(4)、(5)项,以及(2)项中所需记录表格制定情况(如试验时使用单位尚未确定,应当由安装单位提供(2)、(3)、(4)项查验内容范本,(5)项相应要求交接备忘录)

【说明解释】

TSG 08—2017 中 2.1.1 对特种设备(包括自动扶梯与自动人行道)“使用单位”定义为:“具有特种设备使用管理权的单位或者具有完全民事行为能力的自然人,一般是特种设备的产权单位,也可以是产权单位通过符合法律规定的合同关系确立的特种设备实际使用管理者。”

国质检特〔2013〕14 号《质检总局关于进一步加强电梯安全工作的意见》要求自动扶梯与自动人行道产权所有者确定每台自动扶梯与自动人行道的使用管理责任单位,并由其承担自动扶梯与自动人行道使用管理的首负责任。

所以自动扶梯与自动人行道使用单位应定义及理解为使用管理(权)单位(者),具体如下:

(1) 使用自动扶梯与自动人行道的法人、其他组织和个体工商户,为自动扶梯与自动人行道使用单位。

(2) 个人或者家庭使用(不包括出租屋)自动扶梯与自动人行道,且不涉及公共安全的,不属于特种设备使用单位范围。

(3) 出租物业中包含自动扶梯与自动人行道时,租赁合同约定由承租人履行自动扶梯与自动人行道安全管理义务、承担法律责任的,承租人为自动扶梯与自动人行道使用单位。租赁合同未约定或者约定不清的,出租人为自动扶梯与自动人行道使用单位,承担法律责任。

(4) 合同管理界定,自动扶梯与自动人行道使用单位委托专业技术服务机构对自动扶梯与自动人行道的使用实施合同管理的,使用单位的界定参照(3)执行。

【注意事项】

检验报告中使用单位应填写全称,且应与检验受理单上使用单位以及所盖公章一致。

1.4.1 使用登记资料

【适用范围】

如果是新安装过程监督检验,本项填写“无此项”。

【监督检验工作指引】

安装监督检验时,该项按“无此项”处理。

【定期检验工作指引】

(1) 是否在电梯使用地特种设备监督管理部门办理了使用登记,可查询当地特种设备电子监察系统。

(2) 查验使用登记资料中的有关内容应与电梯产品的出厂资料、验收资料以及实物是否相符。

1.4.2 安全技术档案

【监督检验工作指引】

对于新安装监督检验,如监督检验时使用单位尚未确定,应当由安装单位提供内容范本。

【定期检验工作指引】

(1) 至少包括 1.1、1.2、1.3 所述文件资料

对于在 TSG T7005 实施前已经完成验收(监督)检验的自动扶梯与自动人行道,

TSG T7005 中 1.1、1.2、1.3 项所述文件资料如有缺陷，应当由使用单位联系相关单位予以完善，可不作为本项结论的否决内容，只在《特种设备检验意见通知书》中选填第(四)项。

(2) 监督检验报告、定期检验报告

1) 安装、改造、重大修理监督检验报告应长期保存，而定期检验报告至少保存 2 年。

2) 对于在 TSG T7005 实施前已经完成验收(监督)检验的自动扶梯与自动人行道，如果无法找到安装验收(监督)检验报告，应当由使用单位联系相关单位予以完善，可不作为本项结论的否决内容，只在《特种设备检验意见通知书》中选填第(四)项。

(3) 日常检查与使用记录

使用单位应根据自动扶梯与自动人行道的特性进行定期自行检查，定期自行检查的时间、内容和要求应当符合有关安全技术规范的规定及产品使用维护保养说明的要求。

(4) 日常维护保养记录

1) 使用单位应委托有相应资质的自动扶梯与自动人行道维保单位至少每 15 天进行一次包括清洁、润滑、调整和检查等内容的日常维护保养。

2) 日常维护保养表(卡)上应有使用单位的安全管理人员对维护保养单位的每一次维护保养记录签字确认。

3) 日常维护保养记录上的维护保养单位应与维护保养合同一致，尤其要注意检验周期内更换维保单位的，日常维护保养记录与合同日期是否相符。

4) 维护保养单位应根据 TSG T5002 附件 D 的要求，按照所保养自动扶梯与自动人行道的安装使用维护说明书规定，并且根据自动扶梯与自动人行道使用的特点，制订合理的保养项目、计划和方案。自动扶梯与自动人行道的维护保养分为半月、季度、半年、年度维护保养，其维护保养内容至少应包含表 5-7 的项目。

表 5-7 自动扶梯与自动人行道日常维护保养至少应包含的项目

序号	半月	季度(增加)	半年(增加)	年度(增加)
1	电器部件	扶手带的运行速度	制动衬厚度	主接触器
2	故障显示板	梯级链张紧装置	主驱动链	主机速度检测功能
3	设备运行状况	梯级轴衬	主驱动链链条滑块	电缆
4	主驱动链	梯级链润滑	电动机与减速机联轴器	扶手带托轮、滑轮群、防静电轮
5	制动器机械装置	防灌水保护装置	空载向下运行制动距离	扶手带内侧凸缘处
6	制动器状态监测开关		制动器机械装置	扶手带断带保护开关
7	减速机润滑油		附加制动器	扶手带导向块和导向轮
8	电机通风口		减速机润滑油	在进入梳齿板处的梯级与导轮的轴向窜动量
9	检修控制装置		调整梳齿板梳齿与踏板面齿槽啮合深度和间隙	内外盖板连接

续表 5-7

序号	半月	季度(增加)	半年(增加)	年度(增加)
10	自动润滑油罐油位		扶手带张紧度张紧弹簧负荷长度	围裙板安全开关
11	梳齿板开关		扶手带速度监控系统	围裙板对接处
12	梳齿板照明		梯级踏板加热装置	电气安全装置
13	梳齿板梳齿与踏板面齿槽、导向胶带			设备运行状况
14	梯级或者踏板下陷开关			
15	梯级或者踏板缺失监测装置			
16	超速或非操纵逆转监测装置			
17	检修盖板和楼层板			
18	梯级链张紧开关			
19	防护挡板			
20	梯级滚轮和梯级导轨			
21	梯级、踏板与围裙板之间的间隙			
22	运行方向显示			
23	扶手带入口处保护开关			
24	扶手带			
25	扶手带运行			
26	扶手护壁板			
27	上下出入口处的照明			
28	上下出入口和扶梯之间保护栏杆			
29	出入口安全警示标志			
30	分离机房、各驱动和转向站			
31	自动运行功能			
32	紧急停止开关			
33	驱动主机的固定			

(5) 年度自行检查记录或者报告

1) 年度自行检查工作应由维护保养单位实施，维护保养单位应建立每台电梯的维护保养记录，及时归入电梯安全技术档案，并且至少保存 4 年。

2）年度自行检查记录或者报告的内容根据使用状况而定，但是不少于 TSG T7005 附件 C 规定的 42 个项目和 TSG T5002 附件 D 规定的 63 个项目（见表 5-7），以及与这些项目相关的内容，且应有电梯自检人员和审核人员的签名、加盖维护保养单位公章或者其他专用章。

3）建议将 TSG T7005 附件 C 规定的 42 项与 TSG T5002 附件 D 规定的 63 项整合在一份记录或报告上。也允许分开提交，但该年度自行检查表并不是指半个月一次的日常电梯维护保养记录表。

4）上述记录或报告不完善，除判本项不合格外，还应在《特种设备检验意见通知书》中选填第（一）项，"施工（维护保养）单位的施工过程记录或者日常维护保养记录不完整。"

5）如果要求测试数据项目的检验结果与自检结果存在多处较大偏差，或者其他项目的自检结果与实物状态不一致，质疑相应单位自检能力时，还应在《特种设备检验意见通知书》中选填第（三）项。

6）检验机构应将维护保养单位提供的年度自行检查记录或者报告存档。

7）复检时，施工单位应重新提交自检记录或报告。

（6）应急救援演习记录

对于以电梯作为经营工具或者在公共聚集场所使用 30 台以上（含 30 台）电梯的使用单位，每年至少进行一次应急救援演习，并做好记录。

（7）运行故障和事故记录

使用单位应有自动扶梯与自动人行道运行故障和事故记录。

（8）使用单位发生变更时，安全技术档案应同时移交。

【参考做法】

（1）对于 1.1、1.2、1.3 所述文件资料缺失的处理

1）对于 2012 年 7 月 1 日之前告知安装的设备，缺少 TSG T7005 中 1.1、1.2、1.3 所述文件资料，填写《特种设备检验意见通知书》第（四）项，但不作为本项结论的否决内容。

2）对于 2012 年 7 月 1 日之后告知安装的设备，缺少 TSG T7005 中 1.1、1.2、1.3 所述文件资料，判本项不合格。

（2）年度自行检查记录或者报告

1）当结果错误或实测数据与自检结果数据偏差超过±10%时，则可判定为"较大偏差"。

2）当自检结果与实物状态不一致或者实测数据与自检结果存在 3 处以上（含 3 处）较大偏差时，选填《特种设备检验意见通知书》中第（三）项。

1.4.3　管理规章制度

【监督检验工作指引】

对于新安装的自动扶梯与自动人行道，如监督检验时使用单位尚未确定，应当由安装单位提供内容范本。

【定期检验工作指引】

（1）T08 要求使用单位至少建立以下制度：

1）建立并且有效实施特种设备安全管理制度，以及操作规程；

2）设置特种设备安全管理机构，配备相应的安全管理人员，建立人员管理台账，开展安

全与节能培训教育，保存人员培训记录；

3）建立特种设备台账及技术档案；

4）制定特种设备事故应急专项预案，定期进行应急演练。

（2）如果有意外事件或者事故的应急救援预案与应急救援演习制度、电梯钥匙使用管理制度，其他2个制度不完善，可不作为本项审核结论的否决内容，只在《特种设备检验意见通知书》中选填第（四）项。

1.4.4 日常维护保养合同

【监督检验工作指引】

对于新安装自动扶梯与自动人行道，如监督检验时使用单位尚未确定，应当由安装单位提供内容范本。

【定期检验工作指引】

（1）查验是否签订了日常维护保养合同，维护保养单资质是否覆盖所维护保养的自动扶梯与自动人行道，合同是否在有效期内。

（2）维护保养单位变更时，使用单位应当持维护保养合同，在新合同生效后30日内到原登记机关办理变更手续，并且更换自动扶梯与自动人行道上维护保养单位的相关标识。

1.4.5 特种设备作业人员证

【监督检验工作指引】

新安装监督检验时，使用单位如果暂时无持证人员，应有相应的交接备忘录。

【定期检验工作指引】

由于原文只是要求"按照规定配备"电梯安全管理人员，没要求所有的电梯使用单位都要有取证的安全管理人员。根据T08的规定，使用各类特种设备（不含气瓶）总量20台以上（含20台）的，应当配备专职安全管理人员，并且取得相应的特种设备（电梯）安全管理人员资格证书；其他情况可以配备兼职安全管理人员，也可以委托具有电梯安全管理人员资格的人员负责使用安全管理，但是自动扶梯与自动人行道安全使用的责任主体仍然是使用单位。因此对于超过20台电梯的使用单位应至少配备一名持证的电梯安全管理员，管理人员证后面的聘用栏上应盖有使用单位的公章，并应填写上聘用起止日期；对于不超过20台电梯的使用单位，可以任命一个兼职的电梯安全管理人员（允许没有取证），也可以委托（应有聘用合同或委托书）一个具有电梯安全管理人员资格的非本单位人员负责安全管理。

1.5 使用单位存在不符合电梯相关法规、规章、安全技术规范的问题

【定期检验工作指引】

按TSG T7005附件A要求全部项目检验合格，但存在下列问题，应在《特种设备检验意见通知书》上填写相应的内容，并选填第（四）项"使用单位存在不符合电梯相关法规、规章、安全技术规范的问题"：

（1）未在自动扶梯与自动人行道出入口的明显位置张贴有效的《电梯使用标志（检验标志）》原件。

（2）未将自动扶梯与自动人行道使用的安全注意事项和警示标志置于乘客易于注意的显著位置。

（3）未在自动扶梯与自动人行道显著位置标明使用管理单位名称、应急救援电话和维护保养单位及其急修、投诉电话。

(4) 对于 TSG T7005 实施前已经完成验收(监督)检验的自动扶梯与自动人行道，TSG T7005 中 1.1、1.2、1.3 项所述文件资料不完善。

(5) 在 TSG T7005 实施前已经完成的验收(监督)检验报告、定期检验报告、日常检查与使用状况记录、日常维护保养记录、应急救援演习记录、运行故障和事故记录保存不完善。

(6) 自动扶梯与自动人行道运行管理规章制度不完善。

(7) TSG T7005 或者标准不作强制要求，自动扶梯与自动人行道出厂时有设置但已经损坏或被拆除的装置或设备。

(8) 定期检验不要求的监督检验项目，不符合要求。

【参考做法】

按 TSG T7005 附件 A 要求全部项目合格但有显而易见的重大隐患，除选填通知书中选填第(四)项外，还应现场确认整改是否符合要求。

1.6 检验机构需要存档的资料

【监督检验工作指引】

检验机构应当长期保存以下资料：

(1) 检验机构的监督检验原始记录、施工单位的施工自检报告。

(2) 如果发出《特种设备检验意见通知书》，检验机构应存两份，一份在完成检验时就存档，另一份是受检单位完成整改，并填写了处理结果以及整改报告等见证资料，或者使用单位已经对上述应整改项目采取了相应的安全措施，签署了监护使用的意见，该份还应有受检单位的公章，如果不符合的内容同时涉及施工单位和使用单位，双方都应盖章。

(3) 检验机构应保存一份监督检验报告，但没规定一定要存纸质版，因此，如果检验机构有相应的程序和措施保证电子版监督检验报告可靠，不会丢失、损坏，确保电子版与纸质版完全一样且不会被修改，允许只存电子版。

(4) 建议还要存档的资料有：

1) 监察部门受理后的告知书，施工单位与检验机构签订的检验业务受理单；

2) 涉及自动扶梯与自动人行道主要技术参数、安全部件型号及编号的相关资料，如自动扶梯与自动人行道制造单位的产品质量证明文件，也应保存(可为复印件)；

3) 安装单位的安装质量证明文件复印件。

【定期检验工作指引】

检验机构应当保存以下资料，且至少保存两个检验周期。

(1) 除应保存定期检验原始记录外，还应保存维护保养单位的日常维护保养年度自行检查记录或者报告。

(2) 如果发出《特种设备检验意见通知书》，参见【监督检验工作指引】。

(3) 检验机构应保存一份定期检验报告，但没规定一定要存纸质版，因此，如果检验机构有相应的程序和措施保证电子版定期检验报告可靠，不会丢失、损坏，确保电子版检验报告与纸质版完全一样且不会被修改，允许只存电子版。

(4) 建议存档的资料有：

1) 使用单位、维护保养单位、检验机构三方盖章的检验业务受理单；

2) 维护保养合同复印件，至少含有维护保养单位公章及维护保养日期页。

2 驱动与转向站

2.1 修理空间

项目及类别	检验内容与要求	检验方法
2.1 修理空间 C	(1) 在机房，尤其是在桁架内部的驱动站和转向站内，应具有一个没有任何永久固定设备的、站立面积足够大的空间，站立面积不应小于 0.3 m^2，其较短一边的长度不少于 0.5 m； (2) 当主驱动装置或制动器装在梯级、踏板或胶带的载客分支和返回分支之间时，在工作区段应提供一个水平的立足区域，其面积不应小于 0.12 m^2，最小边尺寸不小于 0.3 m	审查自检结果，如对其有质疑，按照以下方法进行现场检验(以下 C 类项目只描述现场检验方法)：目测；必要时测量相关数据

2.1.1 机房面积

【监督检验工作指引】

(1) 对调试、修理或检验人员在控制柜或驱动主机等需要修理、操作的装置前安全站立的面积做出的要求。0.5 m×0.6 m 是考虑维修人员蹲下进行维修的最小空间尺寸。

(2) 许多自动扶梯和自动人行道的控制屏可从驱动站提起，并且防护装置为非固定式，在维修的时候可拆除，这类自动扶梯和自动人行道的维修面积可以在控制屏提起、防护装置拆除后测量。即在维修状态下能够满足该面积条件均符合要求。

(3) 该面积所在的底面应当平整。

(4) 通常来说需要维修的站立面的上方是检修盖板或楼层板，在维修的过程中可以打开，站立面的高度不会影响维修作业，因此 TSG T7005 对站立面的高度没有要求。

2.1.2 工作区段立足区域面积

【监督检验工作指引】

如图 5-4 所示，驱动装置和制动器都装在梯级的载客分支和返回分支之间。该种情况较少见，一般见于提升高度较大，有多个驱动装置的自动扶梯与自动人行道。0.3 m×0.4 m 的面积只考虑维修人员的站立空间，不考虑其蹲下进行维修的空间。

图 5-4 驱动装置和制动器中置

2.2　防护

项目及类别	检验内容与要求	检验方法
2.2 防护 C	如果转动部件易接近或对人体有危险，应设置有效的防护装置，特别是必须在内部进行修理工作的驱动站或转向站的梯级和踏板转向部分	目测

【检验工作指引】

如图 5-5 所示，对于易接近或对人体有危险的转动部件，如轮、链，应设置有效的防护装置。

对于非固定的防护装置，在检验时可以拆卸以满足维修面积的要求。在检验完成之后需要将防护装置固定到相应的位置，以防止正常使用过程中造成人员的伤害。

图 5-5　有效的防护装置

【定期检验工作指引】

根据 TSG T7005 附件 C 注 C-3，该项目对于制造日期为 1998 年 2 月 1 日以前的设备不作为否决项。

【说明解释】

对于该条的理解，应当是在打开楼层板或检修盖板之后，如果运动部件易于接近，且对人体有危险，这时设置相应的防护。不易于接近的运动部件（例如桁架内的运动部件），或者易于接近但对人体没有危险的运动部件（例如扶手带），则不需要设置防护。

2.3　照明

项目及类别	检验内容与要求	检验方法
2.3 照明 C	分离机房的电气照明应是永久性的和固定的。 在桁架内的驱动站、转向站以及机房中应提供可移动的电气照明装置	目测

【说明解释】

自动扶梯或自动人行道的驱动站通常位于桁架内上端，转向站通常位于桁架下端，图 5-6 所示为桁架内部的分离机房。分离机房是自动扶梯或自动人行道桁架外部的机房，通常用于建筑结构限制不能在上端站或下端站设置驱动站或转向站的自动扶梯或自动人行道（见图 5-6），这类自动扶梯和自动人行道的结构相对比较复杂，制造成本较高，应用得很少。

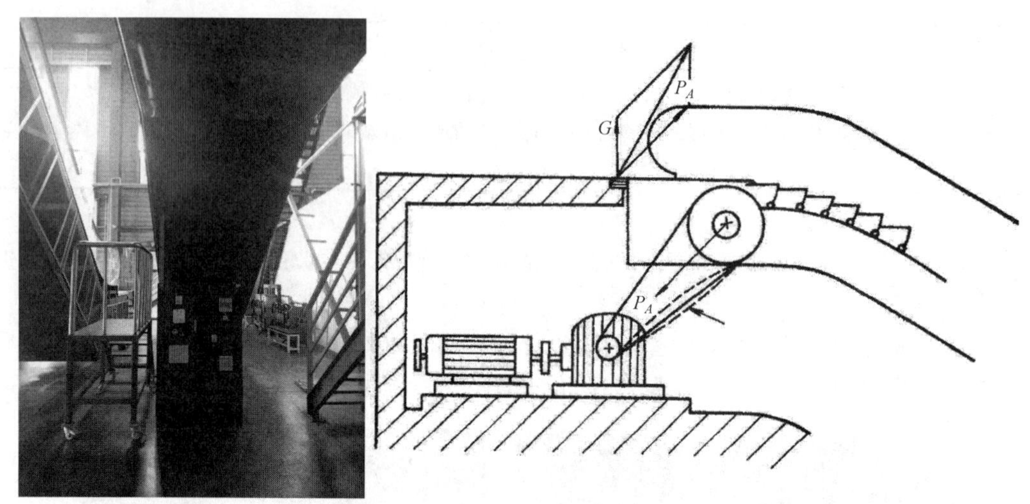

图 5-6　分离机房

根据 EN115 中 5.8.3.2 英文原文，应该理解为“驱动站、转向站以及在桁架内的机房中应提供可移动的电气照明装置”。

【检验工作指引】

(1) 对于有分离机房的自动扶梯与自动人行道，才要求有永久性的和固定的照明。

(2) 对桁架内的驱动站、转向站、机房只要求提供可移动的电气照明，可移动的电气照明宜用安全电压。

(3) 可移动照明的电源线长度配合相应的电源插座使用，应至少能够保证照亮自动扶梯或自动人行道梯路系统的任何部位。

2.4　电源插座

项目及类别	检验内容与要求	检验方法
2.4 电源插座 C	桁架内的驱动站、转向站以及机房中应配备电源插座： (1) 2P+PE 型 250 V，由主电源直接供电；或者 (2) 符合安全特低电压的供电要求(当确定无须使用 220 V 的电动工具时)	目测，万用表检测；查验插座型号

【监督检验工作指引】

(1) 桁架内的驱动站、转向站、机房，以及分离机房都应有符合上述要求的电源插座。

(2) 2P+PE 型 250 V 电源插座，就是指有地线、电压为 220 V 的三脚电源插座，其线路应符合图 5-7 所示的要求。

(3) 安全特低电压通常是指交流不超过 50 V、直流不超过 120 V 的电压。但安全特低电压供电的系统插座应保证不能被其他电压系统的插头插入，使用安全特低电压供电的用电设备插头也不能插入其他电压系统的插座。

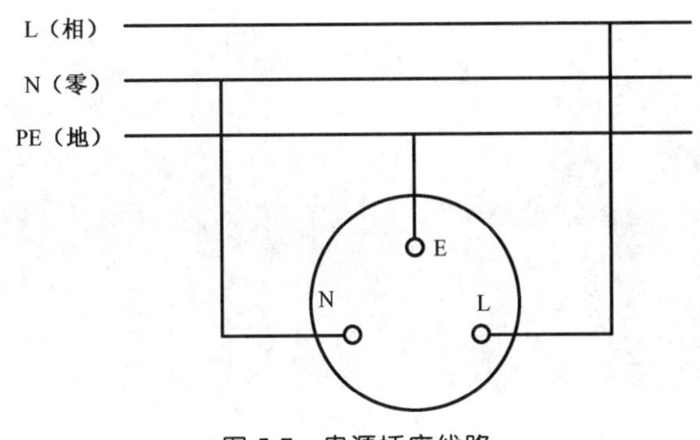

图 5-7　电源插座线路

2.5　主开关

项目及类别	检验内容与要求	检验方法
2.5 主开关 B	在驱动主机附近，转向站中或控制装置旁，应设置一个能切断电动机、制动器释放装置和控制电路电源的主开关。 该开关应不能切断电源插座或检修及修理必须的照明电路的电源。 主开关处于断开位置时应可被锁住或处于“隔离”位置，应在打开门或活板门后能方便地操纵	目测，断开主开关，检查照明、插座是否被切断

【检验工作指引】

(1) 并不是要求驱动主机附近、转向站中、控制装置旁三个位置都设一个开关，只要在其中一个位置设置即可。

(2) 检查主开关容量是否满足使用要求，可参考经验公式，电流值 $I=(4\sim6)P$，P 为电机额定功率。

【参考做法】

由于 TSG T7005 中 2.5 对主开关在接通能否上锁没有要求，且由于历史原因遗留问题，很多自动扶梯的主开关没有设置只有在断开位置才能锁住装置或措施，因此只要求满足主开关处于断开位置时应可被锁住或处于“隔离”位置即可，即允许包括断开、接通都被锁住或处于“隔离”位置。

2.6　辅助设备开关

项目及类别	检验内容与要求	检验方法
2.6 辅助设备开关 C	当辅助设备(例如：加热装置、扶手照明和梳齿板照明)分别单独供电时，应能单独地切断。各相应开关应位于主开关近旁并应有明显的标志	目测，操作试验

【检验工作指引】

辅助开关标志应清晰且不容易脱落。图 5-8 所示是常见的辅助设备。

a) 加热装置

b) 扶手照明

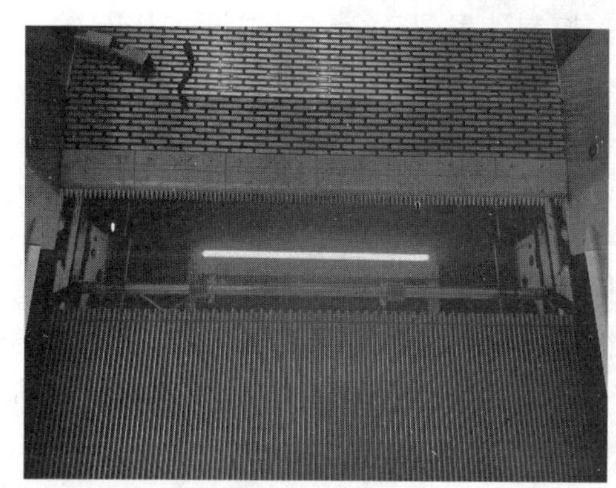

c) 梯级照明

图 5-8 辅助设备

2.7 停止开关设置

项目及类别	检验内容与要求	检验方法
2.7 停止开关设置 B	在驱动站和转向站都应设有停止开关，如果驱动站已设置了主开关，可不设停止开关。对于驱动装置安装在梯级、踏板或胶带的载客分支和返回分支之间或设置在转向站外面的自动扶梯和自动人行道，则应在驱动装置区段另设停止开关。 停止开关应是红色双稳态的，应有清晰且是永久的标识	目测，操作试验

【检验工作指引】

如果用主电源开关代替停止开关，主电源开关可以不是红色。如图 5-9 所示。

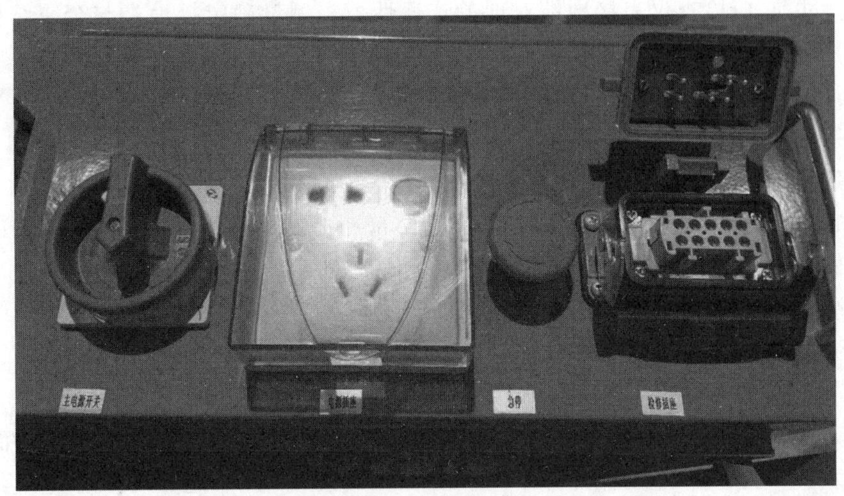

图 5-9　主开关和停止开关

2.8　主要部件铭牌

项目及类别	检验内容与要求	检验方法
2.8 主要部件铭牌 B	(1) 驱动主机上设有铭牌，标明制造单位名称、型号、编号、技术参数和型式试验机构的名称或者标志，铭牌和型式试验证书内容相符； (2) 控制柜上设有铭牌，标明制造单位名称、型号、编号、技术参数和型式试验机构的名称或者标志，铭牌和型式试验证书内容相符	对照检查驱动主机、控制柜型式试验证书和铭牌

【监督检验工作指引】

参考 TSG T7001 中 2.7(1)、2.8(1)。

2.9　电气绝缘

<table>
<tr><th>项目及类别</th><th colspan="3">检验内容与要求</th><th>检验方法</th></tr>
<tr><td rowspan="3">2.9
电气绝缘
C</td><td colspan="3">动力电路、照明电路和电气安全装置电路的绝缘电阻值应当符合下述要求：</td><td rowspan="3">由施工或者维护保养单位测量，检验人员现场观察、确认。
分别测量动力电路、照明电路和电气安全装置电路的绝缘电阻值</td></tr>
<tr><td>标称电压/V</td><td>测试电压(直流)/V</td><td>绝缘电阻/MΩ</td></tr>
<tr><td>安全电压
≤500
>500</td><td>250
500
1 000</td><td>≥0.25
≥1.00
≥1.00</td></tr>
</table>

【检验工作指引】

(1) 因其存在烧坏电子线路的风险，因此要求由施工或者维护保养单位测量，检验人员现场观察、确认，检验人员应尽量避免直接参与绝缘电阻的测试。

(2) 绝缘电阻的测量应在被测装置与电源隔离的条件下，在电路的电源进线端进行。如该电路中包含有电子装置，测量时应将电子装置并联(旁路电子装置)，然后测量其对地之间的绝缘电阻，以确保对电子器件不产生过高的电压，防止其被击穿损坏。由于断电时接触器或继电器的触点是处于断开的状态，导致控制柜内的部分测量端子被隔离，因此测量时要人为使安全及门锁回路接触器闭合。

(3) 测试前，应检查仪表接地端对地的连通性。先测量确定接地端与金属结构是否通零后，再将兆欧表一表笔(一般为 E 端)固定在接地端，用另一表笔(一般为 L 端)测量。

(4) 动力电路应测量电动机绕组，不要测电源开关下端，如果电动机绕组不易测量，可测与其直接连通的热继电器或过载保护器输出端子。

【注意事项】

(1) 绝缘电阻表在测试时，其表针带有高压，应小心不要触及表针，防止二次伤害，特别是在高处做绝缘测试。

(2) 测量完成后，须检查被测装置是否已恢复原状。

【说明解释】

TSG T7005 要求≤500 V 的电路绝缘电阻应当≥1.00 MΩ，而 TSG T7001 中要求≥0.50 MΩ，这并不是说自动扶梯或自动人行道的要求比曳引式电梯要求高，而是因为 GB 7588 为 2003 版，GB 16899 为 2011 版，在 2003 年至 2011 年间 IEC 关于电气绝缘的标准发生了变更，对于≤500 V 的电路其绝缘电阻均要求≥1.00 MΩ，GB/T 7588.1—2020 中已经根据该要求修改为≥1.00 MΩ 了。

2.10 接地

项目及类别	检验内容与要求	检验方法
2.10 接地 C	供电电源自进入机房或者驱动站、转向站起，中性线(N)与保护线(PE)应当始终分开	目测；必要时测量验证

【检验工作指引】

(1) 每一单独设备的接地线必须直接接至接地干线上，不得互相串接后再接地。

(2) 测量验证方法是将主电源断开，在进线端断开零线，用万用表检查零线和地线之间是否连通。

(3) 检验时需要特别留意安全回路继电器低电压端是否接地良好。

2.11 断错相保护

项目及类别	检验内容与要求	检验方法
2.11 断错相保护 B	自动扶梯或自动人行道应设断相、错相保护装置；当运行与相序无关时，可以不装设错相保护装置	断开主开关，在电源输出端分别断开各相电源，再闭合主开关，启动自动扶梯或自动人行道，观察其能否运行； 调换各相位，重复上述试验

【监督检验工作指引】

(1) 应按要求分三次分别断开三相交流电源的每一相线，检查电梯断相保护功能是否有效。

(2) 每次断电后应用电笔或万用表测试，确认电源已断开后才开始相应的操作，防止因为大容量电容、劣质断路器失效等产生触电伤害。

(3) 完成试验后，须检查是否已恢复原状。

2.12　中断驱动主机电源的控制

项目及类别	检验内容与要求	检验方法
2.12 中断驱动主机电源的控制 C	(1) 驱动主机的电源应由两个独立的接触器来切断，接触器的触头应串接于供电电路中，如果自动扶梯或自动人行道停止时，接触器的任一主触头未断开，应不能重新启动； (2) 交流或直流电动机由静态元件供电和控制时，可采用一个由以下元件组成的系统： ① 切断各相(极)电流的接触器。当自动扶梯或自动人行道停止时，如果接触器未释放，则自动扶梯或自动人行道应不能重新启动； ② 用来阻断静态元件中电流流动的控制装置； ③ 用来检验自动扶梯或自动人行道每次停止时电流流动阻断情况的监控装置。在正常停止期间，如果静态元件未能有效阻断电流的流动，监控装置应使接触器释放并应防止自动扶梯或自动人行道重新启动	(1) 检查电气原理图是否符合要求。 (2) 人为按住其中一个主接触头不释放、停车，检查自动扶梯或自动人行道是否重新启动

【说明解释】

(1) GB 7588—2003 和 GB 16899—2011 均要求直接与电源连接的驱动主机由两个独立的接触器来切断，也要求制动器的电源应由两套独立的电气装置来实现。在 TSG T7001 中 2.9(2)中要求对切断制动器电流的两个独立的电气装置进行检验，未要求对切断驱动主机电源的两个独立接触器进行检验。TSG T7005 则正好相反，仅要求对切断驱动主机电源的装置的可靠性进行检验，而不要求对切断制动器电源的装置的可靠性进行检验。

(2) 静态元件供电和控制的电动机，主要是指采用变频器进行供电和控制电流方向的电动机。对于采用变频调速的驱动主机，电动机的供电电路只有一个主接触器，变频器通过控制三相电流的相位控制电动机的转动方向。此时变频器中需要设置控制装置来切断三根相线上的电流，同时需要对切断情况进行监控。

2.12.1　接触器的电源保护

【监督检验工作指引】

(1) 对于交流或直流电动机由电源直接供电的自动扶梯或自动人行道才有此要求，对于电动机是由静态元件供电和控制时应符合 2.11.2 要求。

(2) 看电气原理图检查接触器的独立性，如果为非静态元件供电和控制，一般应至少有上行、下行、启动等三个接触器，要分别进行验证。

(3) 正常启动自动扶梯或自动人行道，人为分别按住其中一个主接触头不释放，然后动作停止开关，电动机及制动器应断电且有效制停，再次启动应不能运行。检修运行重复上述试验。

【常见事例】

(1) 图 5-10 所示是某型号自动扶梯接触器的电源保护线路图，SX 是三角形接线法启动接触器，XX 是星形接线法正常运行接触器，S 是向上运行接触器，X 是向下运行接触器，检验时要分别检证 S、X、XX、SX 四个接触器的独立性及是否有防粘连保护。

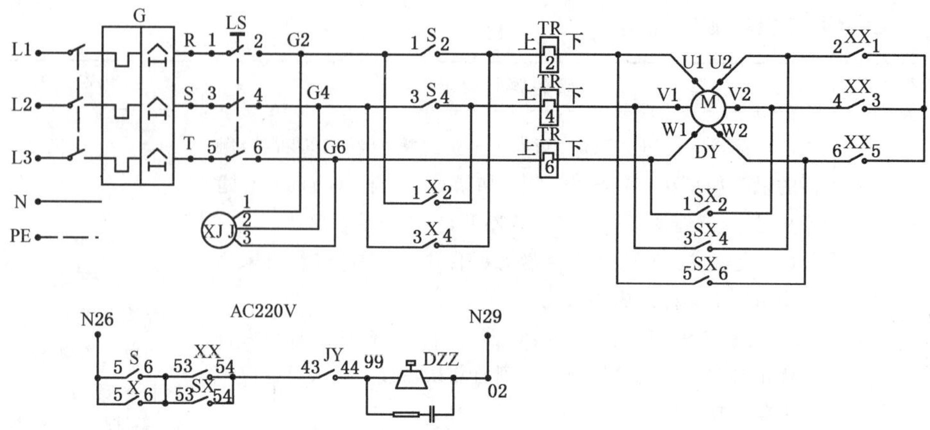

图 5-10　接触器的电源保护线路图

(2) 图 5-11 所示是大连星玛电梯有限公司早期 SEE 系列自动扶梯动力回路线路图，切断电动机的电源只由一个接触器，检验时应注意。

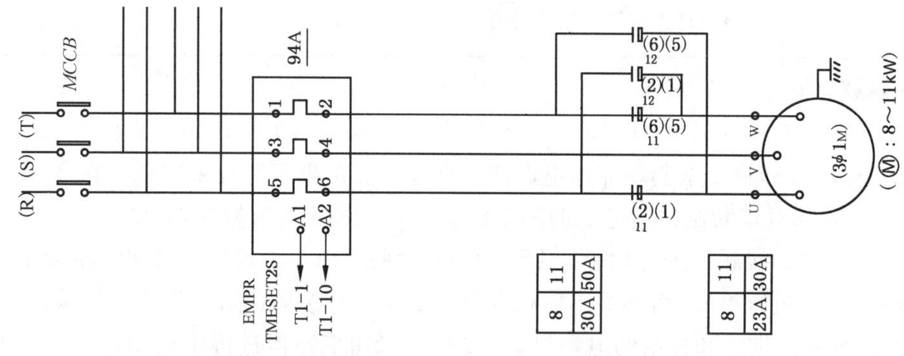

图 5-11　切断电动机的电源只由一个接触器的线路图

【参考做法】

虽然 TSG T7005 没有关于驱动主机制动器的检验项目，但考虑到制动器的重要性，建议参照国质检锅〔2002〕360 号《自动扶梯和自动人行道监督检验规程》，检验制动系统供电的中断是否有两套独立的电气装置来实现，这些装置是否可以中断驱动主机的电源，如自动扶梯或自动人行道停车以后，这些电气装置中的任一个还没有断开，应不能重新启动。

2.12.2　静态原件的电源保护

【监督检验工作指引】

(1) 静态元件是指三极管、晶闸管、可关断晶闸管等。由变频器供电的驱动主机需要按照该要求进行检验。

(2) 采用切断各相(极)电流的接触器时，可以按 2.11.1 的方法进行检验。

(3) 采用阻断静态元件中电流流动的控制装置时，应查看图纸和实物是否与型式试验报告图纸一致，并按自动扶梯与自动人行道制造厂提供的方法进行试验。

2.13 释放制动器

项目及类别	检验内容与要求	检验方法
2.13 释放制动器 C	能够手动释放的制动器，应当由手的持续力使制动器保持松开的状态	操作试验

【监督检验工作指引】

(1) 与曳引式电梯不同，自动扶梯和自动人行道不存在困人的风险，因此并不要求紧急救援装置（手动松闸＋盘车或紧急电动运行）。因此对于制动器不能用手释放的自动扶梯与自动人行道，该项可以按“无此项”处理。

(2) 对于可拆卸式的释放制动器的装置（见图 5-12），每台自动扶梯与自动人行道应单独设置，且应放在驱动主机附近并容易接近。

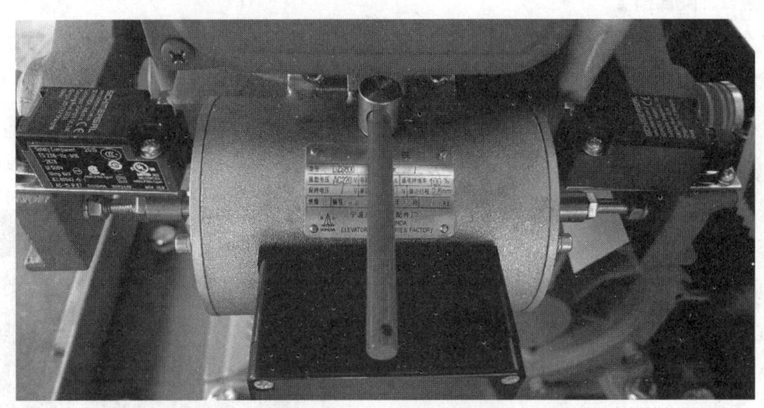

图 5-12 手动松闸装置

2.14 手动盘车装置

项目及类别	检验内容与要求	检验方法
2.14 手动盘车装置 C	(1) 如果提供手动盘车装置，该装置应当容易接近，操作安全可靠。盘车装置不得采用曲柄或者多孔手轮； ★(2) 如果手动盘车装置是拆卸式的，那么该装置安装上驱动主机之前或者装上时，电气安全装置应当动作	目测；操作试验

【适用范围】

如果没有手动盘车装置，本项填写“无此项”。

2.14.1 设置

【检验工作指引】

(1) 对于没有手动盘车装置的自动扶梯与自动人行道，该项可以按无此项处理。

(2) 不允许多台自动扶梯与自动人行道共用一套手动盘车装置，手动盘车装置应放置在驱动主机附近且容易接近。

图 5-13 所示是不可拆卸手动盘车装置。图 5-14 所示是拆卸电动机外盖的辅助装置，并非不符合要求的手动盘车装置。

图 5-13　盘车手轮

图 5-14　拆卸装置

2.14.2　电气安全装置

【适用范围】

如果手动盘车装置是不可拆卸式的，本项填写“无此项”。

【监督检验工作指引】

(1) 该电气安全装置有多种方式，只要能实现将盘车装置安装上驱动主机之前或装上时，电气安全装置起作用即可。如图 5-15 所示，电气安全装置安装在驱动主机的电动机后机罩上，如果要安装盘车装置，必须先拆除电动机后机罩，因此能保证盘车装置安装上驱动主机之前电气安全装置起作用，所以该设置符合要求。

(2) 如果手动盘车装置是不可拆卸式的，或者根本就没有手动盘车装置，该项可以按无此项处理。

【定期检验工作指引】

根据 TSG T7005 中注 C-2，标有★的项目，对于允许按照 GB 16899—1997 及更早期标准生产的自动扶梯和自动人行道，相应项目可以不检验，或者可以按照国质检锅[2002]360 号《自动扶梯及自动人行道监督检验规程》进行检验。由于国质检锅[2002]360 号《自动扶梯和自动人行道监督检验规程》中没有对盘车装置的电气安全装置的要求，所以对于按照 GB 16899—1997 及更早期标准生产的自动扶梯和自动人行道，本项可以按无此项处理。

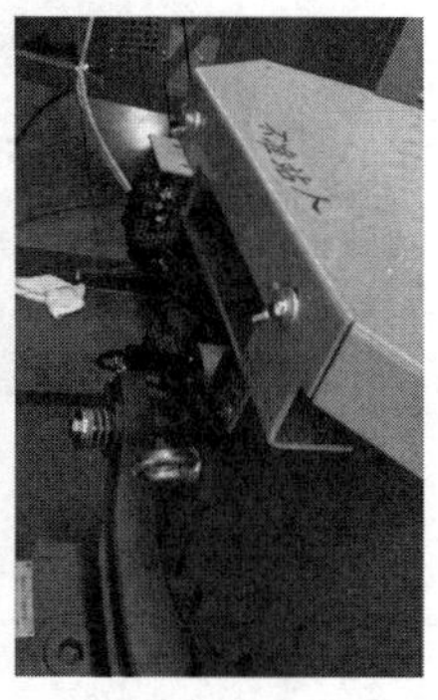

图 5-15　电气安全装置设置在驱动主机的电动机后机罩上

2.15　紧急停止装置

项目及类别	检验内容与要求	检验方法
2.15 紧急停止装置 B	(1) 紧急停止装置应当设置在自动扶梯或者自动人行道出入口附近、明显并且易于接近的位置。紧急停止装置应当为红色，有清晰的永久性中文标识；如果紧急停止装置位于扶手装置高度的 1/2 以下，应当在扶手装置 1/2 高度以上的醒目位置张贴直径至少为 80 mm 的红底白字“急停”指示标记，箭头指向紧急停止装置； (2) 为方便接近，必要时应当增设附加紧急停止装置。紧急停止装置之间的距离应当符合下列要求： ① 自动扶梯，不超过 30 m； ② 自动人行道，不超过 40 m	目测；操作试验

2.15.1　设置

【检验工作指引】

(1) 根据 GB 16899—2011 中 7.2.1.2.2 的要求,紧急停止开关应为红色,并在该装置上或紧靠着它的地方标上“停止”字样。紧急停止开关应有防误操作的措施,如图 5-16 所示。

如图 5-17 所示为常见的不符合要求的紧急停止装置。

如图 5-18 所示,该紧急停止装置上的中文标识含“停止”二字,可视为符合要求。

图 5-16　符合要求的紧急停止装置

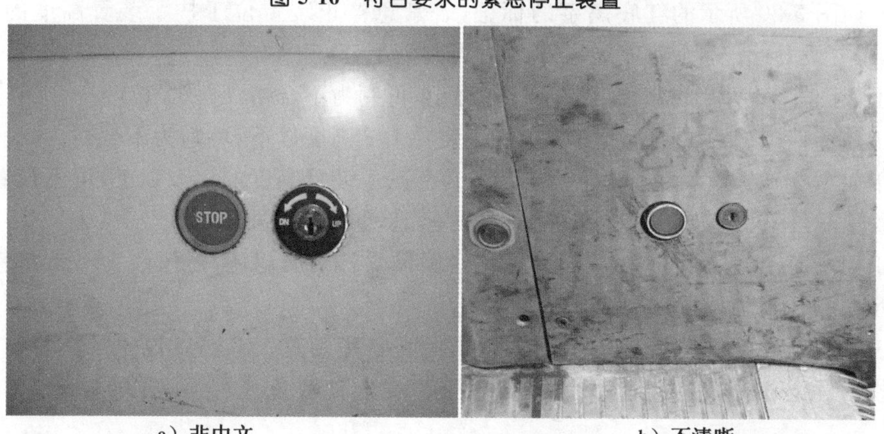

a) 非中文　　b) 不清晰

c) 无标识　　d) 无“停止”字样

图 5-17　不符合要求的紧急停止装置

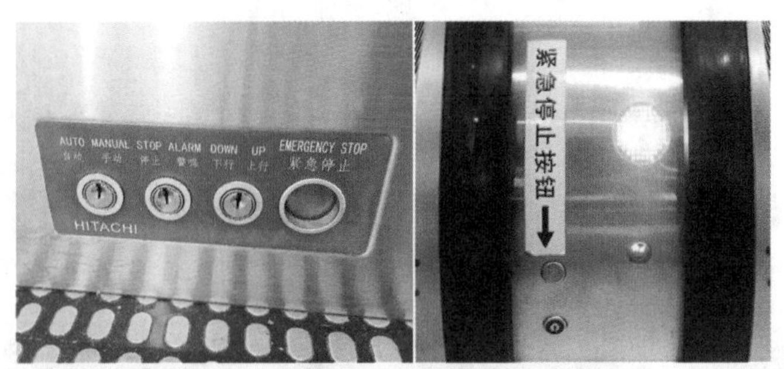

图 5-18 可视为符合要求的紧急停止装置

(2) 只要求紧急停止装置能迅速停止自动扶梯运行，不要求停止装置具有双稳态和防止误操作的保护。

(3) 永久的中文标识可设在紧急停止装置上或紧靠它的地方；如果紧急停止装置位于扶手高度的 1/2 以下，应当在扶手 1/2 高度以上的醒目位置张贴，直径至少为 80 mm 的红底白字急停指示标记，箭头指向紧急停止装置。

标记必须为圆形的红底标有白色的“急停”二字，指向紧急停止装置的箭头也应为红色。图 5-19 所示为符合要求的标记。

对于如图 5-20 所示的红底黑字的标记，若紧急停止装置位于扶手装置高度的 1/2 以上，则不需要设置标记，因此符合要求，否则可判为不合格。

对于如图 5-21 所示的非“急停”字样的标记，可判为不合格。

对于如图 5-22 所示的标记，由于在扶手装置 1/2 高度以下，可判为不合格。

对于如图 5-23 所示，由于紧急停止装置位于扶手装置高度的 1/2 以上，可不设置标记，即使设置了非红纸白字，非中文“急停”字样的标记，也是符合要求的。

对于如图 5-24a)所示的室外扶梯，标记会因风吹日晒而褪色，建议改为不易褪色；图 5-24b)所示的颜色不对，不符合要求。

对于“停止”开关在扶手带出入口附近的，除在扶手装置 1/2 高度以上的醒目位置张贴“急停”指示标记外，宜在内盖板端部张贴带有“停止”或“急停”等字样的标记，如图 5-25 所示。

图 5-19 符合要求的标记

图 5-20　红底黑字的标记

图 5-21　非急停字样的标记

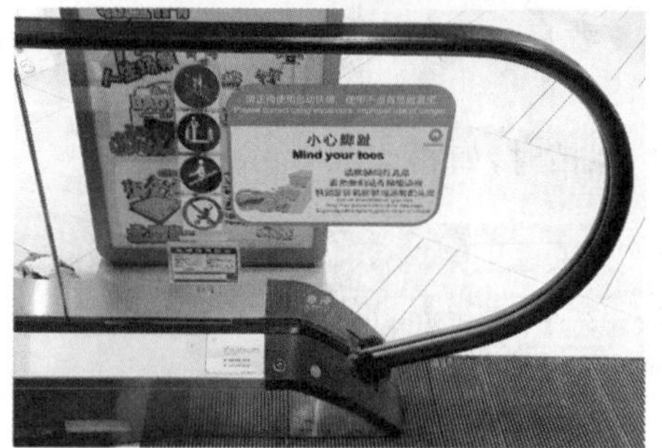

图 5-22　急停标记位置不正确

图 5-23　可不设置急停标记

a) 褪色

b) 颜色不对

图 5-24　急停标记颜色不对

【注意事项】

虽然未对“急停”二字的字体、字号有规定，建议在尺寸满足要求的条件下，字体应清晰，字号应尽量大。

2.15.2 附加停止装置

【说明解释】

(1) TSG T7005 仅说明自动扶梯或自动人行道距离太长时需要设置附加停止装置，但 GB 16899—2001 附录 A.2.5 中要求：当自动扶梯或自动人行道的出口可能被建筑结构(例如：闸门、防火门)阻挡时，应增设附加紧急停止开关。因此附加停止装置在两种情况下均需要设置：

图 5-25 停止开关在扶手带出入口附近的急停标记

1) 自动扶梯紧急停止装置之间的距离＞30 m，或者自动人行道紧急停止装置之间的距离＞40 m；

2) 自动扶梯或自动人行道的出口被建筑物结构阻挡时，如图 5-26 所示。

图 5-26 自动扶梯的出口被建筑物结构阻挡

(2) GB 16899—2011 中 5.12.2.2.3 未规定附加停止装置的设置位置和高度等，可以参考附录 A.2.5 的要求。在 EN 115-1:2017 的附录 A.2.5 提出了几点要求：

1) 乘客位于自动扶梯或自动人行道内可触及；

2) 在梯级、踏板或胶带到达梳齿与踏面相交线之前 2.0～3.0 m 处；

3) 执行机构(例如按钮或把手)的行程中部位于扶手带表面上方 200 mm 至扶手带表面下方 400 mm 以内。

因此按照 GB 16899—2011 中 5.12.2.2.3 设置的附加停止装置的位置和高度可以参考上述 1)和 3)的要求。

【检验工作指引】

(1) 附加停止装置也应符合 2.15.1 的要求。

（2）图 5-27 所示是常见的附件停止装置。

图 5-27 常见的附加停止装置

（3）对于需要张贴"急停"指示标记的，该标记应与"停止"装置在护壁板的同侧。如果护壁板两侧均设置有"停止"装置，那么护壁板两侧也均应张贴"急停"指示标记，如图 5-28 所示。

图 5-28 附加停止装置的指示标记

3 相邻区域

3.1 周边照明

项目及类别	检验内容与要求	检验方法
3.1 周边照明 C	自动扶梯或自动人行道周边，特别是在梳齿板的附近应有足够的照明。在地面测出的在梳齿相交线处的光照度至少为 50 lx	目测；必要时测量

【检验工作指引】

(1) 将照度计置于如图 5-29 所示出入口处地面上测量。

(2) 允许照明装置安装在周边空间和(或)自动扶梯与自动人行道上。

3.2 出入口

项目及类别	检验内容与要求	检验方法
3.2 出入口 C	(1) 在自动扶梯和自动人行道的出入口，应有充分畅通的区域。该畅通区的宽度至少等于扶手带外缘距离加上每边各 80 mm，该畅通区纵深尺寸从扶手装置端部算起至少为 2.5 m；如果该区域的宽度不小于扶手带外缘之间距离的两倍加上每边各 80 mm，则其纵深尺寸允许减少至 2 m； (2) 如果人员在出入口可能接触到扶手带的外缘并引起危险，则应采取适当的预防措施。例如： ① 设置固定的阻挡装置以阻止乘客进入该空间； ② 在危险区域内，由建筑结构形成的固定护栏至少增加到高出扶手带 100 mm，并位于扶手带外缘 80～120 mm	目测；测量相关数据

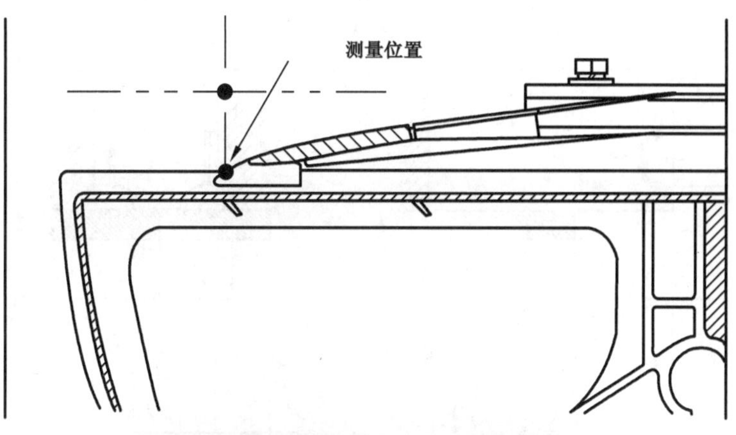

图 5-29　照度的测量

3.2.1　畅通区域

【说明解释】

(1)“在自动扶梯和自动人行道的出入口,应有充分畅通的区域,以容纳人员。”该内容首先说明了畅通区域的作用是容纳乘客。这是因为当自动扶梯或自动人行道的人流量太大,或者其他原因导致乘客受阻时,在自动扶梯或自动人行道的到达端应有足够的空间容纳已经位于自动扶梯或自动人行道上的乘客。从理论上来讲,该区域面积应当基于自动扶梯或自动人行道的载客数量进行计算。

(2) 虽然只有自动扶梯或自动人行道的出口需要容纳乘客,但自动扶梯或自动人行道可以随时改变运行方向,因此该要求适用于自动扶梯的出口和入口(也就是出入口)。全国电梯标准化技术委员会于 2017 年发布了 GB 16899—2011 第 12 号解释单,明确自动扶梯和自动人行道的出口和入口均应满足上述空间尺寸要求。

(3) 对于纵深尺寸为 2 m 时宽度要求,TSG T7005 与 GB 16899—2011 的表述略有出入。设扶手带外缘之间距离是 S,按 GB 16899—2011 的要求,当宽度不小于[$2\times(S+160)$] mm 时纵深尺寸允许减少至 2 m,如图 5-30 所示。EN 115-1:2008+A1:2010 附录 A.2.5 和 TSG T7005 则要求宽度不小于($2\times S+160$) mm,纵深尺寸就允许减少至 2 m。

从该尺寸上来看,两侧 80 mm 是考虑容纳乘客的手。当宽度变大之后,两侧各保留 80 mm 容纳乘客的手就可以了,位于区域内的人员手部可以沿身体侧面收纳,不再需要保留该尺寸要求。因此图 5-30 右下角图的宽度表述有误。

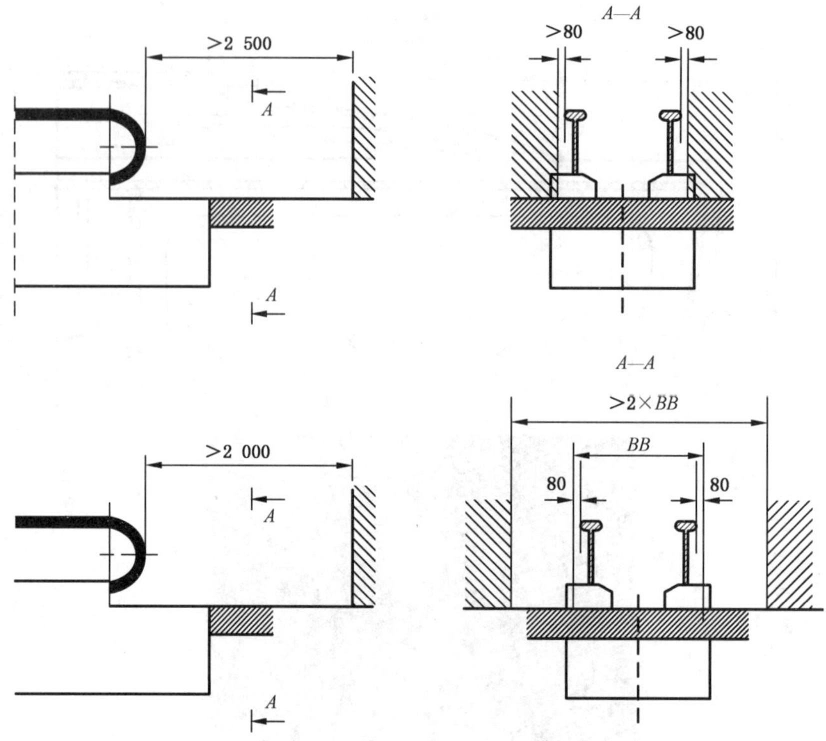

图 5-30　畅通区域

(4) 当出入口畅通区域的长度≥2 m,但≤2.5 m 时,畅通区域的宽度应≥2×(S+160)。无论自动扶梯或者自动人行道如何布置,每台自动扶梯的出口和入口均应满足该要求,但该区域可以往侧面偏斜。图 5-31 和图 5-34 所示为符合要求的畅通区域,图 5-32 和图 5-33 所示为不符合要求的畅通区域。

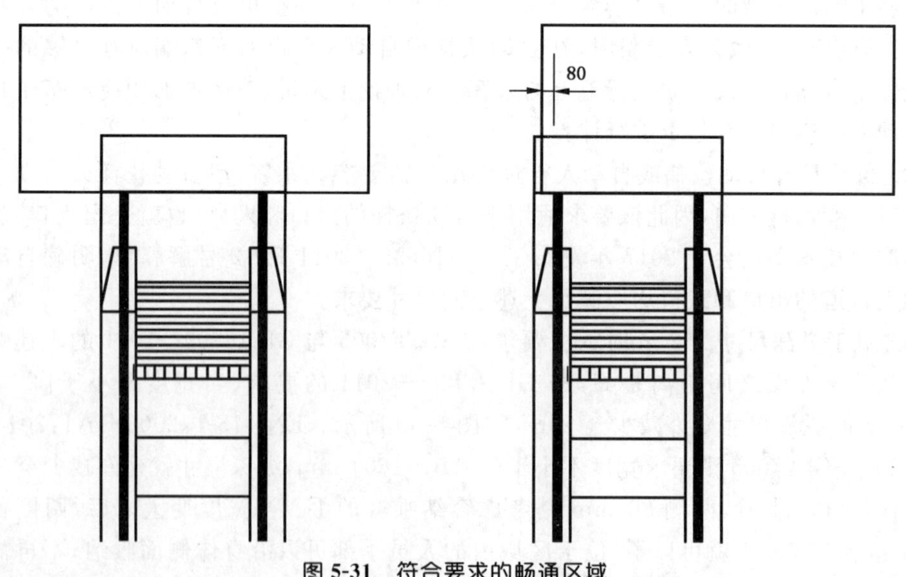

图 5-31　符合要求的畅通区域

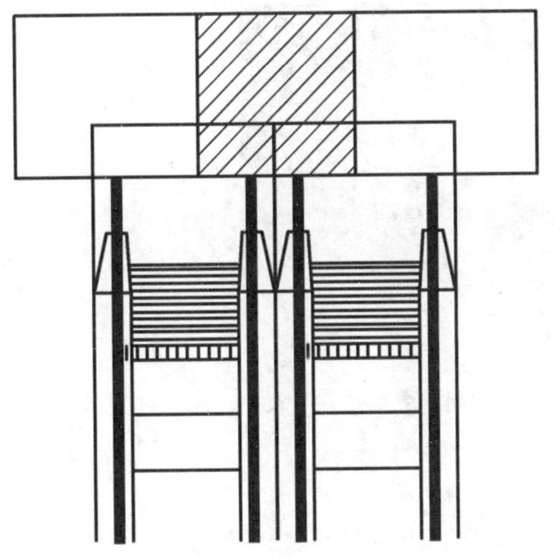
图 5-32　平行布置的自动扶梯畅通区域重叠

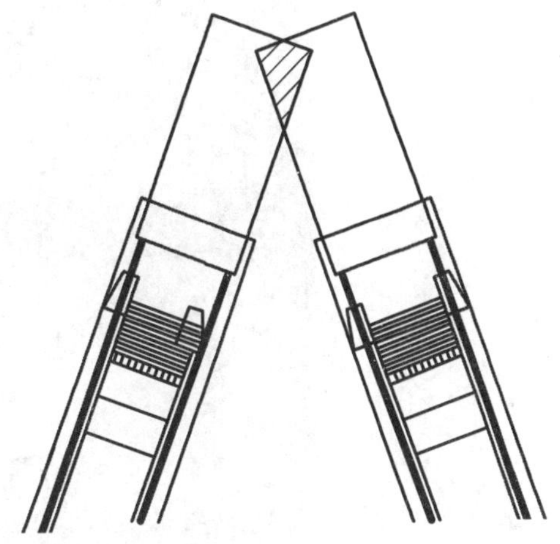
图 5-33　交叉布置的自动扶梯畅通区域重叠

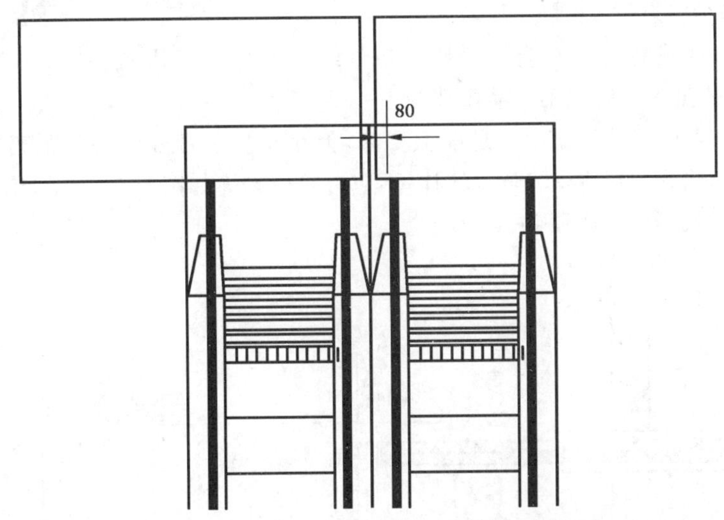

图 5-34　平行布置的自动扶梯畅通区域不重叠

(5) 按 GB 16899—2011 第 003 号解释单，该畅通区域范围内的地面原则上应是平坦的表面，不应出现台阶形式，特殊情况下，如果该畅通区域的地面需采用坡道作为过渡，则该坡道应符合 GB 50352—2005《民用建筑设计通则》中 6.6.2 的 1)“室内坡道坡度不宜大于 1∶8，室外坡道坡度不宜大于 1∶10”，如图 5-35 所示的自动扶梯出入口处的坡道。EN 115-1:2015 附录 A.2.5 补充了部分要求：畅通区域的地面应平整，最大倾斜度应不大于 6°，畅通区域内不应设置固定台阶(见图 5-36)。

图 5-35　自动扶梯出入口处的坡道

图 5-36　不符合要求的自动扶梯出入口(设置有台阶)

【检验工作指引】

(1) 出入口区域的宽度不能小于扶手带外缘间距加上每边各 80 mm,即扶手带外缘 80 mm 范围内的出入口区域不应有障碍物。

(2) 如果出入口区域的宽度满足前款要求,但小于扶手带外缘之间距离的两倍加上每边各 80 mm 时,出入口纵深 2.5 m 范围内不应有障碍物。如图 5-37 所示,出入口前方虚线所包含的畅通区域不应有障碍物。

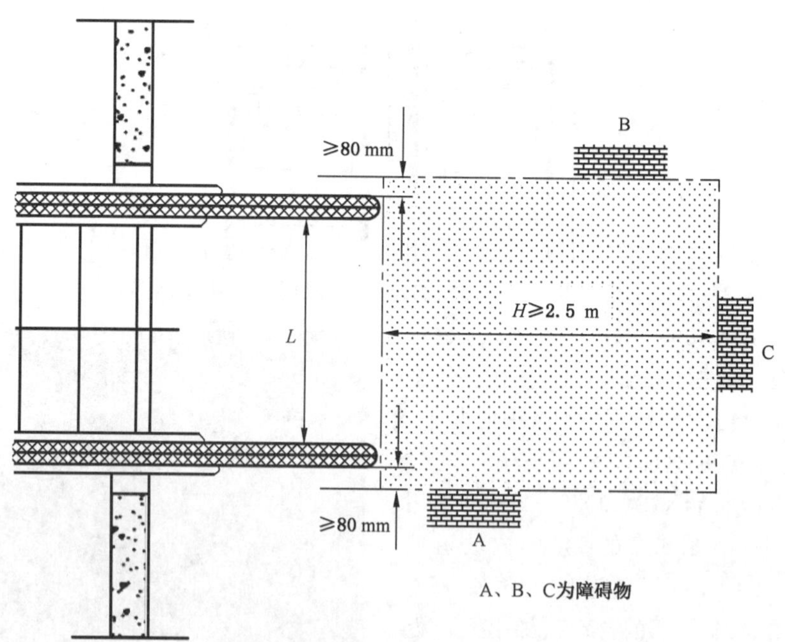

图 5-37　出入口畅通区域

(3) 如果出入口区域的宽度不小于扶手带外缘之间距离的两倍加上每边各 80 mm 时,出入口纵深 2 m 范围内不应有障碍物。如图 5-38 所示,出入口前方阴影范围内应有一个图中虚线所包含的畅通区域无障碍物。

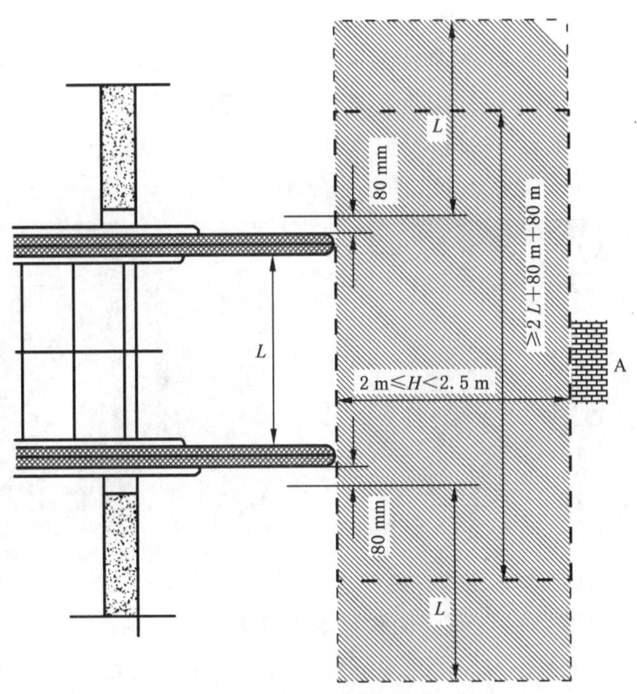

图 5-38　出入口畅通区域

(4) 如图 5-39 所示，如果在扶手带前方附近、距离扶手带外缘不小于 80 mm 处有一障碍物，且图中实线区域的长度 X 小于 2.5 m、宽度小于（$2L$ +80 mm+80 mm），即使在该障碍物外存在一个图 5-38 中虚线所包含的畅通区域，扶手装置端部到障碍物 C 的距离 H 也不应小于 2.5 m。

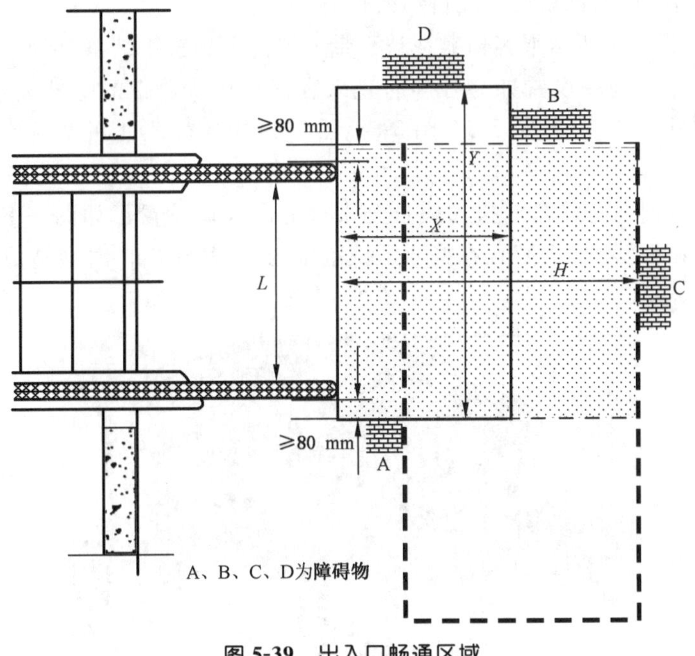

图 5-39　出入口畅通区域

【参考做法】

(1) 根据 GB 16899—2011 规范性附录 I.1,如果在自动扶梯的周围可以使用购物车和(或)行李车,应设置适当的障碍物阻止其进入自动扶梯,如图 5-40 所示,这些阻止购物车和(或)行李车进入自动扶梯入口的障碍物(如矮柱子等)不能设置在出入口畅通区域范围内。图 5-41 所示障碍物即使设置在入口处,也不符合要求。

图 5-40　设置障碍物阻止购物车、行李车进入

图 5-41　障碍物设置在入口处

(2) 历史遗留下来个别在自动扶梯和自动人行道出入口畅通区域范围内有不可拆除的障碍物(如建筑物受力柱子等),如果该障碍物在进入扶手带外缘距离一侧 80 mm 范围内,且没有进入梯级延长线范围内,允许监护使用,或者规定自动扶梯和自动人行道的运行方向,保证障碍物端只作为入口。

(3) 为防止因乘客拉大件行李箱进入自动扶梯或倾斜自动人行道而未及时离开自动扶梯或自动人行道出口,导致后面乘客拥堵并摔倒在出口处的事故发生,建议车站、地铁等人员密集场所自动扶梯或倾斜自动人行道的入口处设置如图 5-40 矮柱,避免旅客拉手推车、婴儿车、大行李箱等进入自动扶梯或自动人行道。

(4) 为防止图 5-41 所示乘客倚靠在扶手带上被拖曳到扶手装置外而导致意外事故,允许在出入口处扶手带前端设置如立柱等防止乘客倚靠在扶手带的阻挡装置。但该阻挡装置不能进入两扶手带内表面(图 5-37、图 5-38、图 5-39 中的“L”)上的顺延空间,且与扶手带距离不小于 80 mm。

(5) 某些可双向运行的自动扶梯或自动人行道出入口设置了如图 5-42 所示的可旋转的阻挡装置,因该装置不可拆卸且在畅通区域范围内,当其在出口时会造成阻碍,因此可判为不合格。

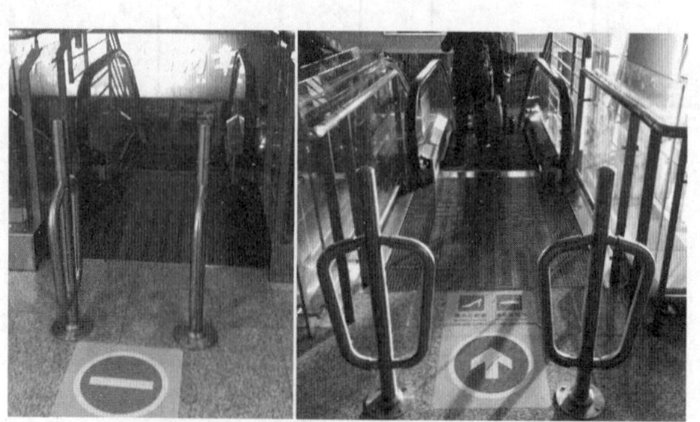

图 5-42　出入口设置的可旋转的阻挡装置

(6) 为防止儿童在扶手带的入口处(自动扶梯或自动人行道的出口处)发生被扶手带夹住造成的伤害，某些自动扶梯和自动人行道扶手带入口处设置了保护装置，对于只一个方向运行的自动扶梯或自动人行道，该装置可设置在入口扶手带的正下方(见图 5-43)，也可设置在入口扶手带的内侧(见图 5-44)；对于可双向运行的自动扶梯或自动人行道，该装置允许只设置在入口扶手带的正下方。

图 5-43　设置在出口处扶手带正下方防止儿童被夹的阻挡装置

图 5-44　设置在出口处扶手带内侧防止儿童被夹的阻挡装置

(7) 对于如图 5-45 所示出入口区域为弯曲的自动扶梯，如弯曲部分在畅通区域范围内，可判为不合格。

(8) 对于自动扶梯或自动人行道出入口正前方设置有卷闸门，且该卷闸门在 3.2(1)要求的畅通区域范围内，如图 5-46 所示，此时应按照 2.15.2 设置附加停止装置。

图 5-45　弯曲的出入口区域

图 5-46　自动扶梯出入口前有卷闸门

对于该卷闸门落下时自动扶梯能停止运转，可不设置附加停止装置。

中国澳门的消防法例规定了自动扶梯接到消防信号后停止运行，当发生火灾或消防卷闸门落下时自动扶梯将自动停止运转。

3.2.2　阻挡装置

【说明解释】

(1) 该条款是为了防止人员坠落，主要目的是为防止如图 5-47 所示乘客倚靠在扶手带上被拖曳到扶手装置外而导致意外事故。该条款虽然简称为"阻挡装置"，但 GB 16899—2011 附录 A 分别描述了固定护栏和阻挡装置的设置要求。

(2) 根据坠落伤害的可能性，分为被扶手带提起后直接导致坠落(简称直接坠落)，被扶手带提起后间接导致坠落(简称间接坠落)，以及被扶手带提起后不会导致坠落(简称不可能坠落)。对于存在直接坠落的扶手带外侧应当设置固定护栏，防止人员被扶手带提起后坠落；对于存在间接坠落的扶手带外侧应当设置建筑物的阻挡装置（与 4.2.2 外盖板的阻挡装置区分）；对于不可能坠落的扶手带外侧可以不设置任何保护装置，该项目按照无此项处理。

图 5-47　扶手带的拖曳导致的意外

（3）对于图 5-48 所示的自动扶梯，扶手带外侧即为开放区域，如果乘客被扶手带提起将会直接导致坠落伤害；对于图 5-49 所示的自动扶梯左侧扶手带外侧（图中圈出的部分），乘客即使被扶手带提起也不会直接导致坠落，但乘客进入相应的空间后继续往前移动也会导致坠落，这种即为被扶手带提起后间接导致坠落；对于图 5-50 所示的自动扶梯，即使乘客进入扶手与建筑物之间的空间也不存在坠落的可能，这种即为被扶手带提起后不会导致坠落的情况。

图 5-48　被扶手带提起后直接导致坠落的自动扶梯

需要注意的是，对于图 5-51 所示这种火车站常见的自动扶梯布置形式，如果乘客被左侧扶手带提起将导致坠入自动扶梯外的楼梯，如果从扶手带算起，坠落高度超过 2 m 可以认为其具有直接坠落的可能。如果乘客被右侧扶手带提起，不会导致直接坠落，但乘客继续被扶手带带着前行也有坠落的可能，因此可以认为其具有间接坠落的可能。

图 5-49 被扶手带提起后间接导致坠落的自动扶梯

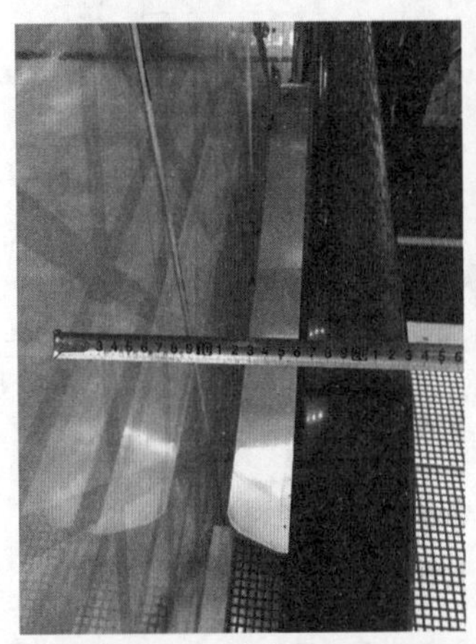

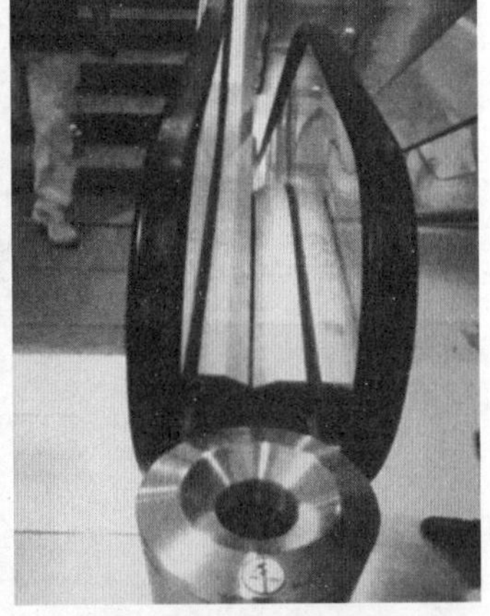

图 5-50 被扶手带提起后不会导致坠落的自动扶梯

图 5-51 常见火车站的自动扶梯

【检验工作指引】

(1) 根据扶手带外侧建筑结构的特点,识别该扶手带外侧是直接坠落、间接坠落还是不可能坠落,分别按照固定护栏、出入口阻挡装置的要求进行检验。

(2) 固定护栏的设置要求

1) 如前所述,当扶手带位置人员被扶手带提起后存在直接坠落的可能时,应当设置固定护栏。

2) 建筑结构形成的固定护栏与扶手带有垂直布置和平行布置两种,如图 5-52 所示为垂直布置的固定护栏,如图 5-53 所示为平行布置的固定护栏。垂直布置的固定护栏或者平行布置的固定护栏均应至少高出扶手带 100 mm,与扶手装置间隙不能大于 120 mm,与扶手带外缘应在 80～120 mm。

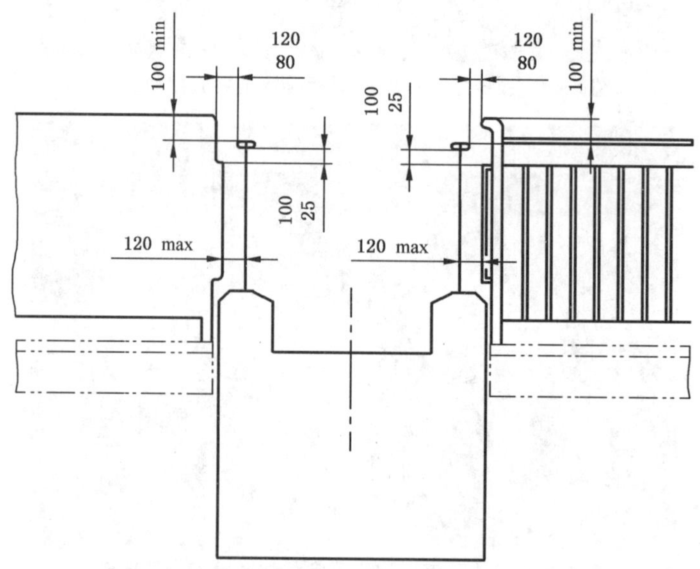

图 5-52　与扶手带垂直布置的栏杆

图 5-53　与扶手带平行布置的栏杆

3) 固定护栏高出扶手带上表面 100 mm 的目的是具有足够的高度防止人员坠落;固定

护栏与扶手带外缘应在 80～120 mm 的目的是在扶手带提起人员后限制人员的重心在自动扶梯内侧，防止坠入扶手带外；固定护栏与扶手装置间隙不能大于 120 mm 的目的是防止人员挤入扶手带与固定护栏之间进而发生间接坠落。图 5-53 所示的固定护栏其高度和距离均不符合要求。

4) GB 16899—2011 只规定了上述三个尺寸，未规定垂直布置固定护栏与扶手带相交点的位置，也未规定平行布置固定护栏与扶手带重叠的长度。图 5-54 所示固定护栏即使满足了上述三个尺寸要求，也明显存在直接坠落的可能，这种布置防止还是不能达到防止坠落的目的。

从防止直接坠落的角度出发，对于垂直布置的固定护栏，其与扶手带的相交点至少应位于扶手带的水平段，最好在水平段起始点之后 100 mm；对于水平布置的固定栏杆，其与扶手带水平段至少有一定的重叠，重叠长度最好超过 100 mm（该段中提到的 2 个 100 mm 数据均为个人意见，由于缺少相关的统计数据，因此未经过详细风险分析）。

图 5-54　不符合要求的平行布置固定护栏

(3) 出入口阻挡装置的设置要求

1) 如前所述，当扶手带位置人员被扶手带提起后没有直接坠落的可能，但继续向前具有坠落的可能时，应当设置阻挡装置防止人员从扶手装置与建筑物之间进入可能坠落的区域。

2) GB 16899—2011 中图 A.2 的名称虽然是"阻挡装置"，但其图示内容均为固定护栏，在附录 A 中也未述及阻挡装置的具体要求。

3) 由于该处阻挡装置是为了防止人员进入扶手装置与建筑物之间的空间，可以参考 GB 16899—2011 中 5.5.2.2 有关阻挡装置的要求，并参考图 A.2 中的间隙要求（≤120 mm）。因此阻挡装置应当与两侧的间隙≤120 mm，上端至扶手带下缘的距离应为 25～150 mm。GB 16899—2011 中图 4 所描述的阻挡装置是外盖板上的阻挡装置，当图 5-55 中 b_{13} 小于 125 mm，且扶手带外缘至墙的距离大于 120 mm 时也需要设置出入口的阻挡装置，图 5-55 左侧②所示即为出入口阻挡装置。

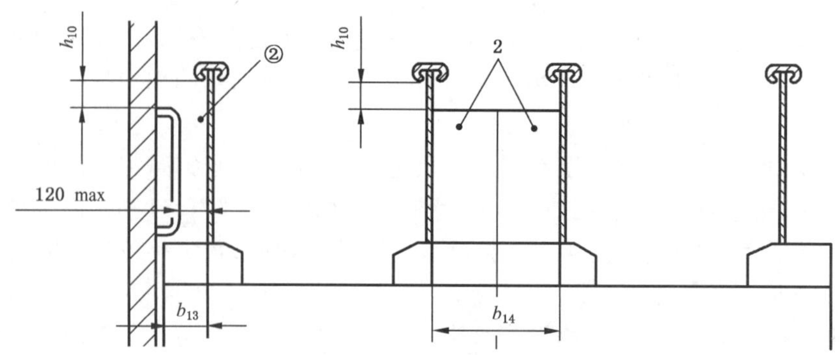

图 5-55 阻挡装置

【常见事例】

(1) 如图 5-56 所示，在自动扶梯出入口处附近的护栏中下部分与扶手装置的玻璃壁板间隙大于 120 mm，存在坠落的危险，不符合 3.2(2)①项要求；另外护栏没有高出扶手带 100 mm，即不符合 3.2(2)②项要求；而且护栏顶部与扶手带外缘距离小于 80 mm，也不符合 3.2(2)②项要求。

图 5-56 自动扶梯出入口处附近的护栏

(2) 固定护栏应该是连续的，具有建筑护栏的强度要求，且至少延续到与扶手带水平位置，如图 5-57 所示。

如图 5-58 所示是几种常见的不符合要求的固定护栏。

(3) 对于出入口可不设置但设置了护栏的自动扶梯或自动人行道(见图 5-59)，除该固定护栏与扶手带外缘的距离应大于 80 mm 外，其余尺寸不做要求。

图 5-57 符合要求的固定护栏

a) 不连续

b) 未延伸到扶手水平位置

c) 不连续且未延伸到扶手水平位置

图 5-58 不符合要求的固定护栏

上端站

下端站

图 5-59 出入口可不设置但设置了固定护栏的自动扶梯

【说明解释】

(1) 护栏的作用是防止人们不小心而坠落,因此其高度的设置要考虑人的重心高度,即护栏的高度要高于人体重心高度。自动扶梯和自动人行道的扶手装置是人们在乘坐自动扶梯或自动人行道时用来扶手并保护身体平衡的装置,保证由于扶梯突然变速或者急停等情况发生时可以抓住扶手,防止摔倒。因此两者的作用是不同的。

(2) 扶手和护栏的高度应该是多少才合适呢?这就需要对人体的各种参数进行统计分析,然后得出具体的数据。对于护栏而言公认的数据为 1.05 m,这也是生产活动中或者建筑规范中规定的护栏高度不低于 1.05 m 的由来。而对于扶手带高度,根据统计,对成人而言,扶手带的高度最佳尺寸为 0.9 ~1.1 m,因此 GB 16899—2011 规定扶手装置的高度应 0.9～1.1 m 的范围内。

图 5-60 发生过高空坠落事故的自动扶梯出入口

(3) 如图 5-60 所示,自动扶梯的扶手装置高度满足 GB 16899—2011 的要求，但在 2010 年，一少女背靠在该自动扶梯左侧扶手装置前，发生如图 5-47 所示被扶手带拖曳到扶手装置外而导致高空坠落事故。图 5-61 所示为日本标准建议采取的防坠落措施。对于固定护栏与扶手带垂直布置的结构形式，其建议在扶手带外侧布置水平固定栏杆，防止被扶手带提起而导致坠落。

(4) 近几年，在全国各地发生了多起自动扶梯上乘客怀抱儿童导致儿童坠落致死的事故，这类事故的主要原因是家长违反自动扶梯的使用要求“小孩必须拉住”，需要怀抱的儿童应乘坐垂直电梯。但各类使用单位为了防止类似事故的发生，开始从建筑结构上来提高安全要求，例如在扶手带外侧设置更高的护栏防止坠落（见图 5-62）。这类护栏的设置可能减少了坠落的危险，也能代替防爬装置，但增加了剪切或挤压等危险（例如图 5-62 右侧的护栏可能剪切乘客手臂）。使用单位在设置该类护栏时需要考虑其可能增加的风险，并考虑其与自动扶梯桁架的固定，以及其自重给桁架造成的影响。

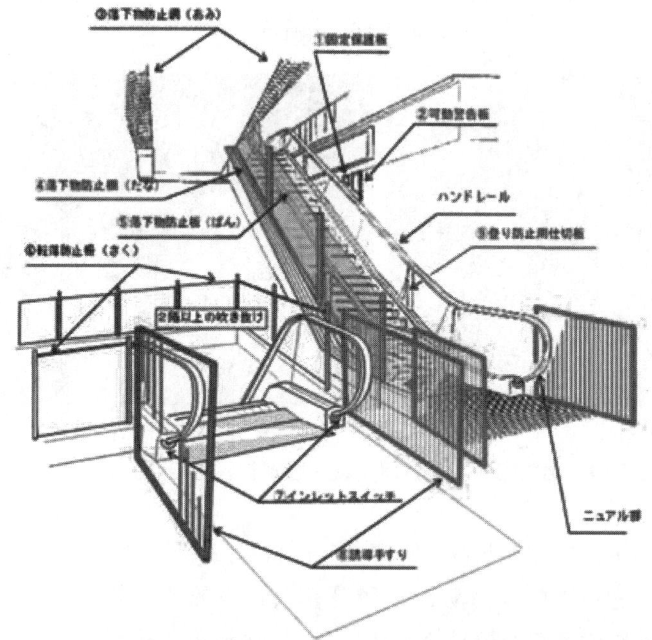

图 5-61　日本标准中建议采取的防坠落措施

图 5-62　扶手装置外面设置更高的护栏

3.3　垂直净高度

项目及类别	检验内容与要求	检验方法
3.3 垂直净高度 C	自动扶梯的梯级或自动人行道的踏板或胶带上方，垂直净高度不应小于 2.30 m。该净高度应延续到扶手转向端端部	目测，测量相关数据

【监督检验工作指引】

(1) 该净高度的横向范围是自动扶梯的梯级或自动人行道的踏板或胶带宽度。

(2) 该净高度的纵向范围，在 TSG T7005 和 GB 16899—2011 中只要求延续到扶手转向端端部，但 GB 16899—2011 建议将净高度要求延续到整个自动扶梯和自动人行道的出入口，如图 5-63 所示。

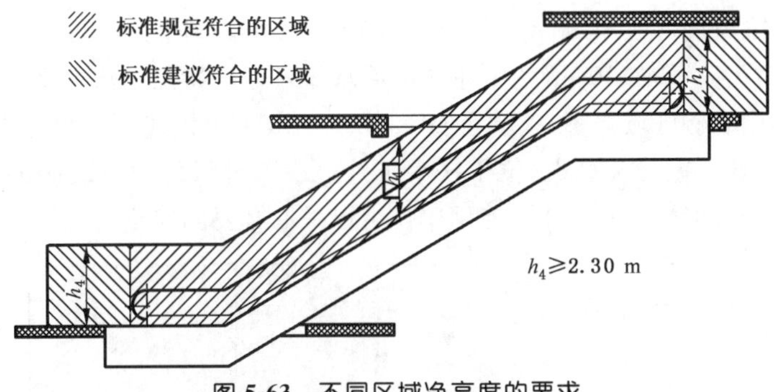

图 5-63　不同区域净高度的要求

(3) 垂直净高度 h_4 最低处一般是在如图 5-64 所示的自动扶梯与自动人行道中段的跨越楼层处，测量方法如下：

用一直板斜放在目测最低梯级附近，在最低点悬挂一个线垂，用卷尺沿着线垂测量最低点与木板的距离，再加上板的厚度即为最小垂直净高度。如果有激光测距仪，可把测距仪直接垂定位在梯级外沿上，检修运行，记录其最小读数，即为最小垂直净高度。

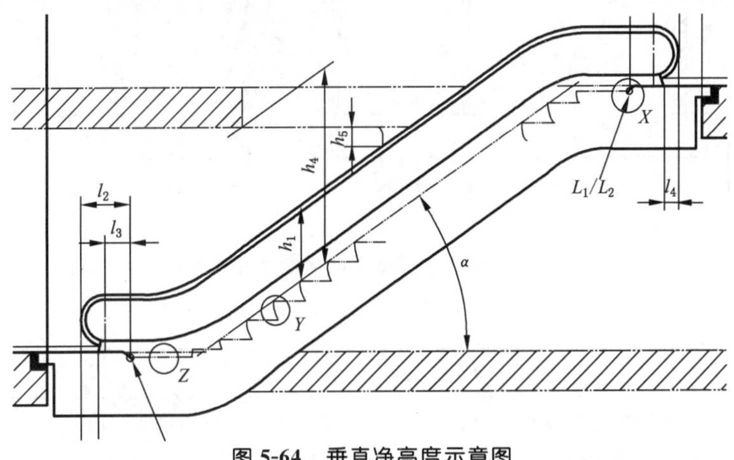

图 5-64　垂直净高度示意图

(4) 检验时除了要测量自动扶梯的梯级或自动人行道的踏板或胶带上方垂直净高度是否不小于 2.30 m 外，还要注意扶手带外缘 80 mm 范围内，该高度应不小于 2.10 m，具体要求见 TSG T7005 中 3.5 项。

【定期检验工作指引】

垂直净高度一般不会改变，所以定期检验项目表中没有该项目，但有时由于使用现场重新装修等原因，会造成垂直净高度不符合要求。因此，如果定检发现该项目不符合要求，可在《特种设备检验意见通知书》中选填第(四)项。

【参考做法】

(1) 当该尺寸小于 2.30 m 时并不一定会造成撞击伤害，乘客视觉上的体验会形成心理上容易撞击的压力。因特殊原因(如在旧建筑物内加装自动扶梯等)，如果垂直净高度不能满足 2.30 m 的要求，根据 GB/T 30692—2014《提高在用自动扶梯和自动人行道安全性的规范》中有关规定，应不小于 2.10 m。这时使用单位应采取必要的安全措施(如设置圆角、软包、警示标识等)并承诺承担相关安全责任。

(2) 如图 5-65 所示，如果扶手带外侧的障碍物与扶手带的外缘距离 $b_9 \geqslant 400$ mm，则障碍物(图中 1 所指)的高度不受限制；如果障碍物位于扶手带外侧，且与扶手带之间的距离 $\leqslant 400$ mm，则高度 h_{12} 应 $\geqslant 2.10$ m(图中左侧区域)；如果障碍物位于扶手带外边缘以内，则高度应 $\geqslant 2.30$ m(图中右侧区域)。该条款在 GB 16899—2011 中描述不是很清晰，在 EN 115-1：2017 版中得到了澄清，并且当障碍物位于扶手带外边缘至梯级外边缘之间的区域(图中间区域)，且高度 $\geqslant 2.10$ m，但 < 2.30 m 时，使用单位可以采取必要的安全措施监护使用。

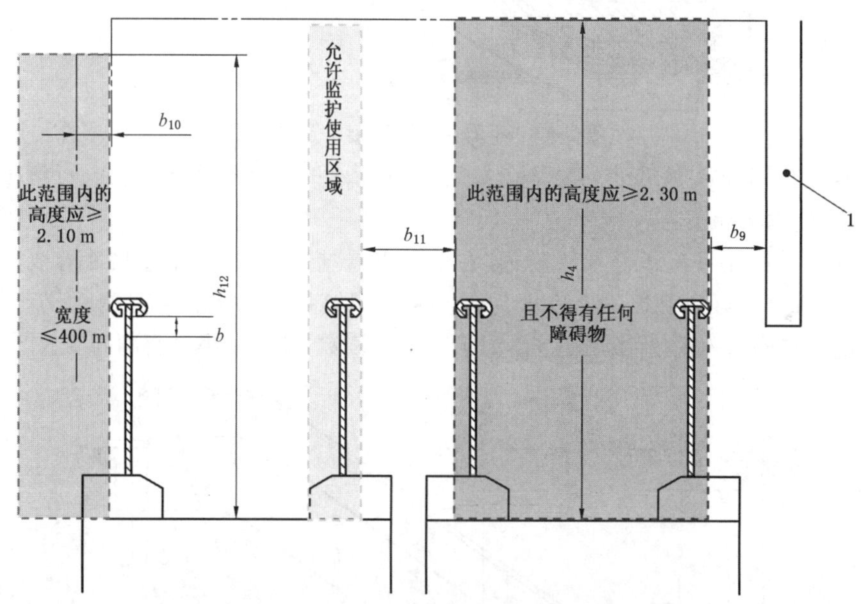

图 5-65　自动扶梯垂直净区域高度示意图

3.4　防护挡板

项目及类别	检验内容与要求	检验方法
3.4 防护挡板 B	如果建筑物的障碍物会引起人员伤害，则应采取相应的预防措施。特别是在与楼板交叉处以及各交叉设置的自动扶梯或自动人行道之间，应设置一个高度不应小于 0.3 m，无锐利边缘的垂直固定封闭防护挡板，位于扶手带上方，且延伸至扶手带外缘下至少 25 mm(扶手带外缘与任何障碍物之间距离大于或等于 400 mm 的除外)	目测；测量相关数据

【适用范围】

如果建筑物的障碍物不会引起人员伤害，也就是满足图 5-65 中浅色区域的尺寸要求时可以不设置防护挡板，本项填写“无此项”。如果扶手带外侧 0.4 m 以内具有高度不足 2.1 m 的障碍物，则应当设置防护挡板。

【说明解释】

防护挡板的作用不是为了防止乘客撞击建筑物或其他自动扶梯，而是防止乘客被挤入扶手带与建筑物或扶手带与其他自动扶梯之间的间隙造成挤压伤害，以及挤压后被扶手带提起导致坠落伤害。因此防护装置应当是刚性的。

【检验工作指引】

(1) 为防止建筑物障碍物引起如图 5-66 所示的人员伤害，在与楼板交叉处以及各交叉设置的自动扶梯或自动人行道之间，应当设置一个如图 5-67 所示无锐利边缘的垂直固定封闭防护挡板。

(2) 垂直防护挡板的设置要求中“下端到扶手带下缘的距离”是为了保护手掌在内的所有肢体，“挡板的高度应≥0.3 m”是为了防止人体头部被挤压。在交叉处头部的挤压主要出现扶手带上方的区域，因此应当限制“挡板位于扶手带上表面的高度≥0.3 m”。假如某自动扶梯垂直防护挡板的高度为 0.3 m，下端到扶手带下缘的距离为 50 mm，显然符合 GB 16899—2011 的有关要求。如果该自动扶梯扶手带下缘到扶手带上表面的距离为 15 mm，则该自动扶梯垂直防护挡板上端至扶手带上表面的距离为 235 mm。该尺寸明显小于 GB/T 10000—1988《中国成人人体尺寸》中 4.5.1 给出的成人头全高尺寸：241 mm(男子 A_{95})、249 mm(男子 A_{99})、232 mm(女子 A_{95})、239 mm(女子 A_{95})，不能完全保护成人的头部被挤压。因此 GB 16899—2011 在表述垂直防护挡板的高度要求，将“挡板的高度应≥0.3 m”变更为“挡板位于扶手带以上的高度应≥0.3 m”能更加有效地防止成人头部被挤压，也就是说需要将图 5-67 中的高度尺寸下端标注移至扶手带上表面。

(3) 如图 5-68 所示，防护挡板应与障碍物外边缘平齐，且要注意防护挡板下端应比扶手带下边缘至少低 25 mm。

图 5-66　建筑物障碍物引起的人员伤害

图 5-67　防护挡板

【常见事例】

（1）如图 5-69 所示，虽然该自动人行道外侧是一面墙，扶手装置与楼板无交叉处，但是墙身凸起的梁下沿与扶手装置的夹角也极容易引起人员伤害，所以该自动人行道扶手装置与墙身上凸起的梁夹角处也要设置如图 5-68 所示的无锐利边缘的垂直固定封闭防护挡板。

图 5-68　防护挡板的设置

图 5-69　应设置防护挡板的自动人行道

（2）除如图 5-69 所示墙身的凸起外，还要注意其他障碍物，如在平整墙身上安装了如图 5-70 所示的广告灯箱等，这些增设的广告灯箱等障碍物与扶手带间隙较小，尤其对于倾斜角较小的自动人行道，这些增设的广告灯箱等障碍物下边沿与扶手带之间的夹角非常容易引起伤害，所以在定期检验时也须注意。

图 5-70　凸出的广告灯箱

（3）图 5-71 所示是常见的不符合要求的防护挡板情况。

a) 未低于扶手带　b) 未设置

c) 高度不足　d) 未固定

图 5-71　常见的不符合要求的防护挡板

(4) 对于存在连续的障碍物会引起人员伤害且扶手带外缘与任何障碍物之间距离小于 400 mm 的，如图 5-72 所示，都应设置防护挡板。

图 5-72　连续障碍物

【参考做法】

(1) 需要注意的是：GB 16899—2011 和 TSG T7005 均要求防护挡板的总高度不小于 0.3 m，但防护挡板的高度应当是从扶手带上表面量起不小于 0.3 m。主要原因有以下两点：

1) 防护挡板的设置目的是防止头部被扶手带至建筑物之间的空间挤压，防止头部挤压的尺寸为 0.3 m；

2) 如果整个高度为 0.3 m，按照标准的要求，安装时可以将防护挡板往下移动，使其边缘低于扶手带下缘的尺寸远远超过 25 mm，则扶手带上部的尺寸远小于 0.3 m，不能有效防止挤压头部。

图 5-73 所示是 ASME A17.1 中的示意图，其明确要求防护挡板位于扶手带上的高度应≥350 mm。

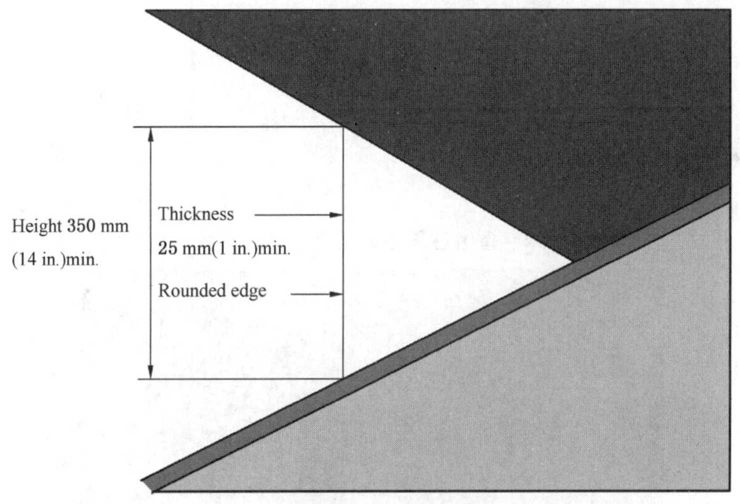

图 5-73　ASME A17.1 中的示意图

(2) 建议固定保护板厚 6 mm 以上，其前端应做成无锐利边缘，如直径 20 mm 以上的圆筒状，材料可采用轻质高强度材料(如丙烯树脂等)，应牢固地固定在天花板、梁或相邻扶梯的底(侧)面，且在行进方向施加 300 N 的力不得脱落或损坏。

(3) 图 5-74 所示是香港 2012 版《升降机及自动梯设计及构造实务守则》对三角防护挡板尺寸及安装位置的具体要求，图 5-75 所示是实物，比 TSG T7005—2012 和 GB 16899—2011 更严格，既能防止挤压和坠落，也可以减少撞击伤害。

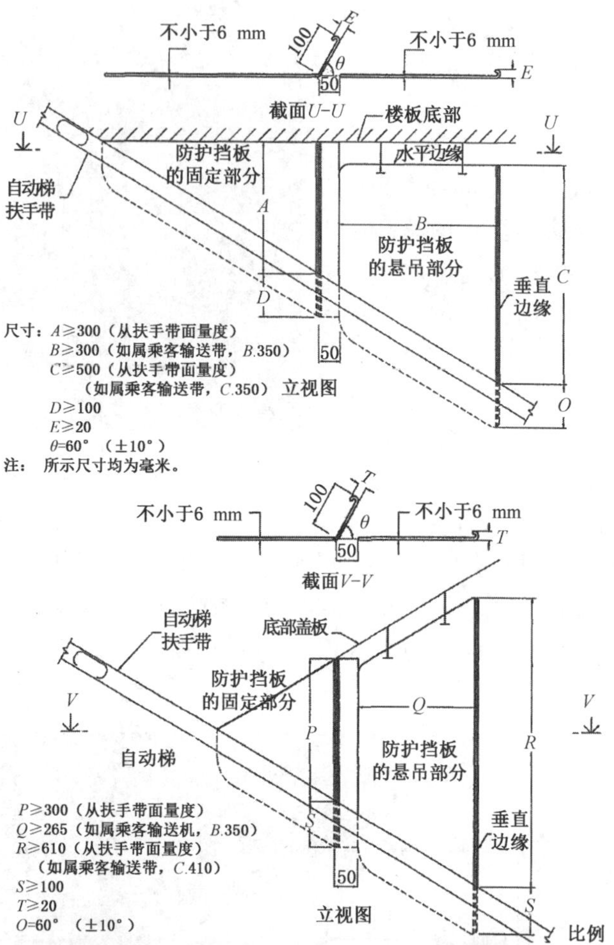

图 5-74　香港三角防护挡板尺寸及安装位置

图 5-75　香港三角防护挡板安装实物

3.5　扶手带外缘距离

项目及类别	检验内容与要求	检验方法
3.5 扶手带外缘距离 C	墙壁或其他障碍物与扶手带外缘之间的水平距离在任何情况下均不得小于 80 mm，与扶手带下缘的垂直距离均不得小于 25 mm	目测；测量相关数据

【说明解释】

（1）根据 GB 16899—2011 附录 A.2.2 的要求，为防止碰撞，自动扶梯或自动人行道的周围应具有符合图 5-76 所示的最小自由空间。扶手带外缘与墙壁或其他障碍物之间的水平距离 b_{10} 在任何情况下均不应小于 80 mm；扶手带下缘与墙壁或其他障碍物之间的垂直距离不应小于 25 mm（见图 5-76 中 b_{12}）。

（2）该尺寸的要求主要是为了防止乘客握在扶手带上的手被障碍物挤压或者撞击。

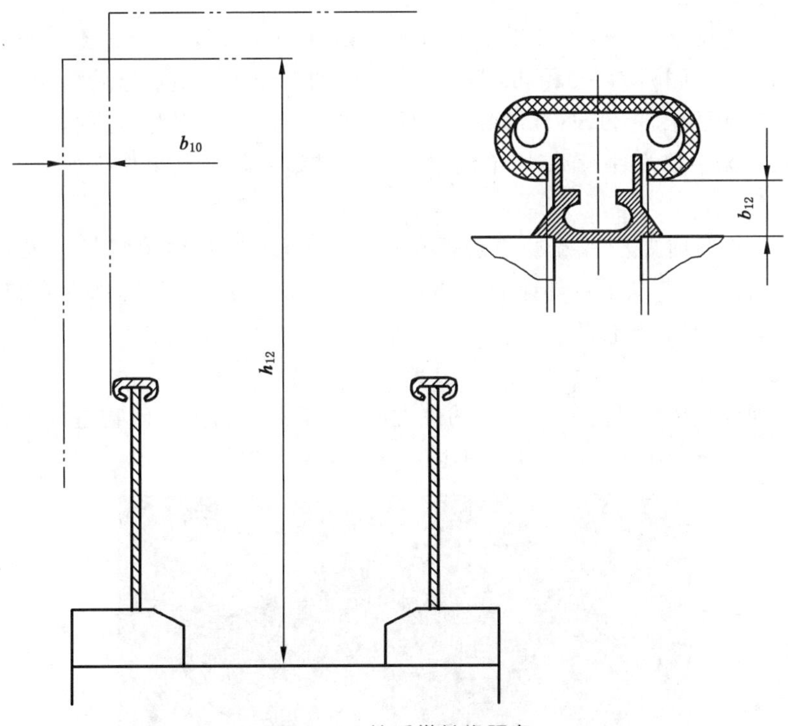

图 5-76　扶手带外缘距离

【检验工作指引】

（1）如图 5-76 所示，墙壁或其他障碍物与扶手带外缘之间的水平距离 b_{10} 均不得小于 80 mm。

（2）如图 5-76 所示，墙壁或其他障碍物与扶手带下缘的垂直距离 b_{12} 均不得小于 25 mm。

（3）本项要求可与 3.2(2)一起检验，如图 5-77 所示，设置的阻挡装置与扶手带的距离小于 80 mm，不符合要求。

（4）“墙壁或其他障碍物与扶手带外缘之间的水平距离在任何情况下均不得小于

80 mm”，该水平距离包括与扶手带平行和垂直两个方向的距离，如图 5-78 所示，与扶手带平行和垂直两个方向的障碍物与扶手带之间的水平距离均小于 80 mm，不符合要求。

图 5-77　阻挡装置与扶手带的距离小于 80 mm

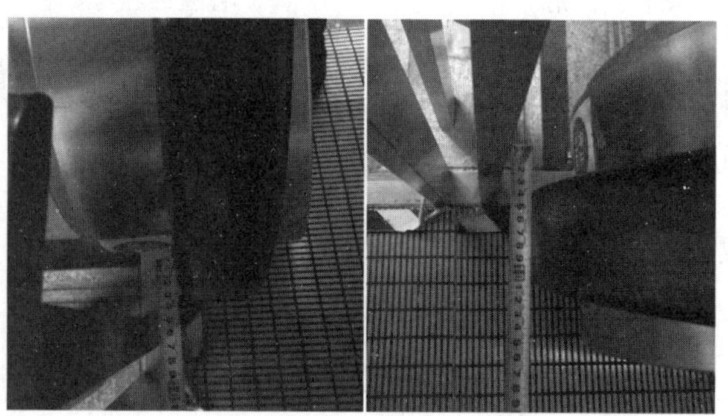

图 5-78　障碍物与扶手带的距离小于 80 mm

【定期检验工作指引】

(1) 由于以前没有严格要求扶手带外缘 80 mm 水平距离要延迟伸到梯级上方 2.1 m 的高度范围内，且国质检锅[2002]360 号《自动扶梯和自动人行道监督检验规程》对扶手带下缘的垂直距离无要求，但 TSG T7005 定期检验对其有要求，因此，定期检验时如果本项目不符合要求且无法整改时，若使用单位采取适当措施能降低发生伤害的风险，允许监护使用。

(2) 在定期检验时要注意商场中是否有货架位置变动，导致该货架进入到梯级上方 2.1 m 的高度范围内，与扶手带外缘的距离小于 80 mm。由于货架可以拆除和移动，属于可以整改项目，不允许监护使用。

【常见事例】

如图 5-79 所示，在梯级上方 2.1 m 的高度内，货架及货物等障碍物进入了扶手带外缘 80 mm 范围内，不符合在任何情况下均不得小于 80 mm 的要求。

图 5-79　扶手带上方放置货架

【参考做法】

如图 5-79、图 5-80 所示，在两相邻扶手装置或扶手装置与墙壁之间放置供挑选商品和货架，容易出现以下安全隐患：

(1) 顾客在运行的自动扶梯或自动人行道上从货架挑选商品时，会使商品与扶手带的距离小于 80 mm。

(2) 顾客在运动的自动扶梯或自动人行道上挑选固定货架上的商品时，容易发生阻塞、摔倒等危险。

因此尽量建议商场、超市不要在两相邻扶手装置或扶手装置与墙壁之间设置供挑选商品或货架，如果一定要在两相邻扶手装置或扶手装置与墙壁之间设置供挑选商品或货架，必须要确保货架和商品不能进入扶手带外缘 80 mm、梯级上方高度 2.10 m 的范围内。

图 5-80　扶手带之间或与墙之间堆放货物

3.6　扶手带距离

项目及类别	检验内容与要求	检验方法
3.6 扶手带距离 C	对相互邻近平行或交错设置的自动扶梯或自动人行道，扶手带之间的距离应不小于 160 mm	目测；测量相关数据

【适用范围】

单台设置的自动扶梯或自动人行道，本项填写“无此项”。

【监督检验工作指引】

如图 5-81 所示，为防止扶在相互邻近平行或交错设置的自动扶梯或自动人行道扶手带上的人手相互碰撞，对相互邻近平行或交错设置的自动扶梯或自动人行道，扶手带外缘之间的水平距离 b_{11} 应不小于 160 mm。

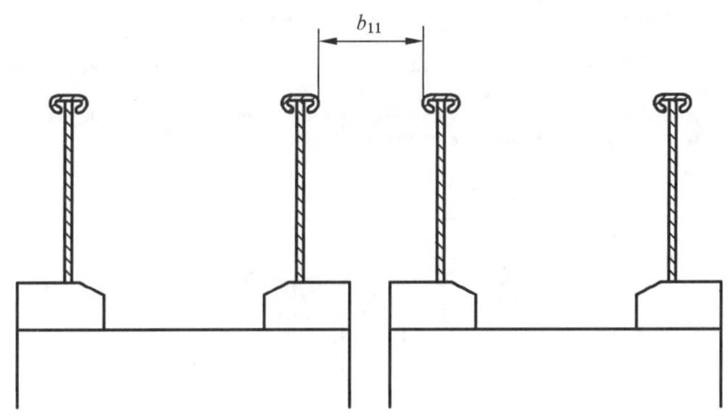

图 5-81　相邻自动扶梯或自动人行道扶手带之间的距离

【说明解释】

按 GB 16899—1997 及国质检锅[2002]360 号《自动扶梯和自动人行道监督检验规程》要求，对相互邻近平行或交错设置的自动扶梯，扶手带的外缘间距离至少为 120 mm，所以定期检验没有该项目。

4 扶手装置和围裙板

4.1 扶手带

项目及类别	检验内容与要求	检验方法
4.1 扶手带 C	扶手带开口处与导轨或扶手支架之间的距离在任何情况下均不允许超过 8 mm	目测;测量相关数据

【检验工作指引】

(1) 如图 5-82 所示为扶手带开口处与扶手支架之间的距离。由于扶手带可以在扶手支架上左右移动,测量时可以将扶手带分别压向左边和右边,分别测量 b_6'和 b_6'',均不允许超过 8 mm。EN 115-1 第 114 号解释单(见图 5-83),明确要求 $b_6' \leqslant 8$ mm,且 $b_6'' \leqslant 8$ mm。

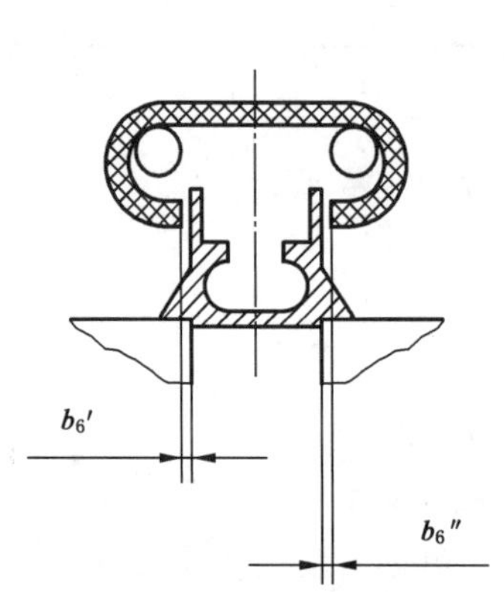

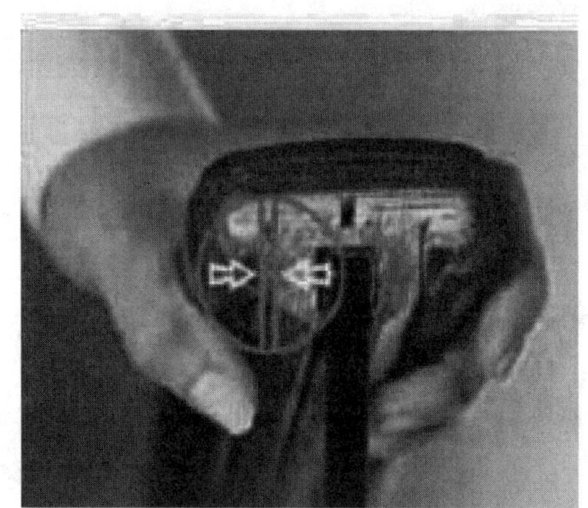

图 5-82 扶手带开口处与导轨或扶手支架之间的距离

(2) 一般在转弯处间隙较大,因此部分扶梯在转弯处有附加挡条。

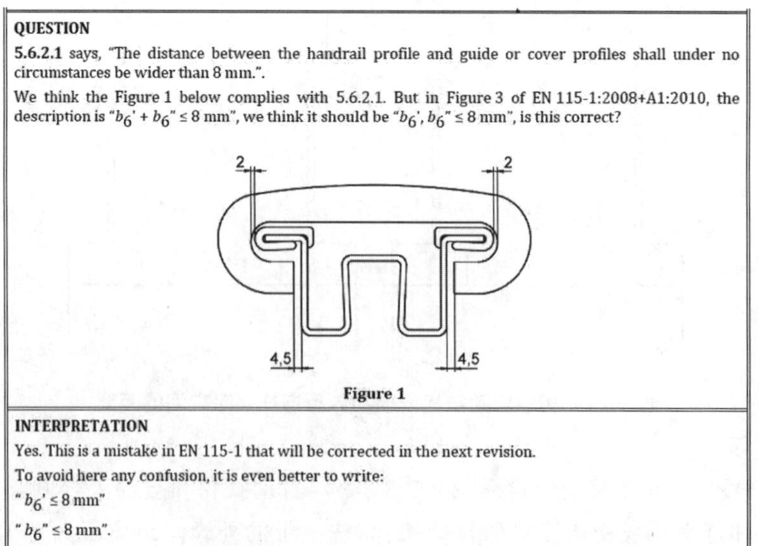

QUESTION

5.6.2.1 says, "The distance between the handrail profile and guide or cover profiles shall under no circumstances be wider than 8 mm.".

We think the Figure 1 below complies with 5.6.2.1. But in Figure 3 of EN 115-1:2008+A1:2010, the description is "$b_6' + b_6'' \leq 8$ mm", we think it should be "b_6', $b_6'' \leq 8$ mm", is this correct?

Figure 1

INTERPRETATION

Yes. This is a mistake in EN 115-1 that will be corrected in the next revision.

To avoid here any confusion, it is even better to write:

"$b_6' \leq 8$ mm"

"$b_6'' \leq 8$ mm".

图 5-83 EN 115-1 第 114 号解释单

【定期检验工作指引】

对于扶手带存在如图 5-84 所示的断裂和龟裂的情况，不作为本项结论的否决内容，只在《特种设备检验意见通知书》中选填第(四)项，建议使用单位及时更换。

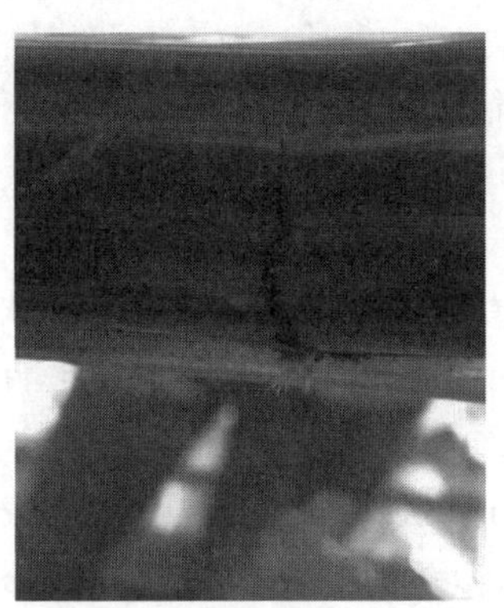

图 5-84 扶手带断裂和龟裂

4.2 扶手防爬/阻挡/防滑行装置

项目及类别	检验内容与要求	检验方法
4.2 扶手防爬/阻挡/防滑行装置 C	(1) 为防止人员跌落而在自动扶梯和自动人行道的外盖板上装设的防爬装置应当符合：防爬装置位于地平面上方(1 000±50)mm，下部与外盖板相交，平行于外盖板方向上的延伸长度不应小于 1 000 mm，并确保在此长度范围内无踩脚处。该装置的高度至少与扶手带表面齐平； (2) 当自动扶梯或者自动人行道与墙相邻，并且外盖板的宽度大于 125 mm 时，在上、下端部应当安装阻挡装置以防止人员进入外盖板区域。当自动扶梯或者自动人行道为相邻平行布置，并且共用外盖板的宽度大于 125 mm 时，也应当安装这种阻挡装置。该装置应当延伸到高度距离扶手带下缘 25 mm～150 mm； (3) 当自动扶梯或者倾斜式自动人行道和相邻的墙之间装有接近扶手带高度的扶手盖板，并且建筑物(墙)和扶手带中心线之间的距离大于 300 mm 时，或者相邻自动扶梯或者倾斜式自动人行道的扶手带中心线之间的距离大于 400 mm 时，应当在扶手盖板上装设防滑行装置。该装置应当包含固定在扶手盖板上的部件，与扶手带的距离不小于 100 mm，并且防滑行装置之间的间隔距离不大于 1 800 mm，高度不小于 20 mm。该装置应当无锐角或锐边	目测；测量相关数据

4.2.1 防爬装置

【适用范围】

对于不存在人员能够进入或者踩在扶手装置外盖板上的自动扶梯与自动人行道，本项填写“无此项”。

【说明解释】

(1) GB 16899—2011 中 5.5.2.2 描述：“如果存在人员跌落的风险，应采取适当措施阻止人员爬上扶手装置外侧”，也就是说当不存在人员跌落的风险时，可不采取措施。

(2) 该装置是为了防止儿童在扶手带外侧抓住向上运行的扶手带，脚踩在外盖板上面，沿着扶手装置向上攀爬而导致高空坠落等意外情况的发生。儿童沿扶手装置外侧往上攀爬而发生跌落的前提条件有三个，一是扶手装置外侧可接近；二是扶手装置外盖板位置较低且是平面型，可使人轻易站立在外盖板上并向上攀爬；三是扶手装置外侧是开放式空间或有发生剪切或挤压的可能性。只有同时满足这三个前提条件才可能发生跌落或受到剪切、挤压的危险，当其中一个条件不成立时，不必采取适当的措施阻止人们在扶手装置外侧向上攀爬。

(3) 如图 5-85 所示，一般情况下护壁板为不锈钢高平台型的自动扶梯和自动人行道外盖板，即扶手装置外侧没有任何部位可供人员正常站立或者爬行的平台，可不设防爬装置。但如图 5-86 所示，对于护壁板为玻璃的自动扶梯和自动人行道外盖板，即扶手装置外侧存在可供人员正常站立或者爬行的平台，应在自动扶梯和自动人行道外盖板适当位置处设防爬装置。对于没有坠落可能的玻璃护壁板低平台型的外盖板扶手装置，不需要设置防爬装置，只需要设置阻挡装置防止人员进入(见图 5-87)，此时只需要将该阻挡装置当做外盖板的阻挡装置进行检验即可。

图 5-85　护壁板为不锈钢的自动扶梯

图 5-86　护壁板为玻璃的自动扶梯

图 5-87　阻止人进入扶手装置的外盖板的栏杆

(4) 如图 5-88 所示的自动扶梯，上下外盖板平台外侧都是悬空的，为了防止意外坠落，建筑物已按 TSG T7005 中 3.2(2)“出入口防护”要求设置了金属栏杆和玻璃矮墙，该金属栏杆和玻璃矮墙能有效阻止人员进入扶手装置外侧，因此对于这类自动扶梯不必采取措施阻止人们在扶手装置外侧向上攀爬。

图 5-88　不必设置防攀爬装置的自动扶梯

(5) 如图 5-89 所示的自动扶梯，扶手装置外侧不悬空，不存在坠落危险；扶手装置与楼板无交叉，不存在剪切和挤压危险，对于这类自动扶梯也不必采取措施阻止人们在扶手装置外侧向上攀爬，但应按 TSG T7005 中 4.2(2)的要求设置“阻挡装置”，如图 5-89c)所示。

a)　b)

c)

图 5-89　可不设置防攀爬装置

(6) 如图 5-90 所示的自动扶梯，外盖板与扶手装置基本等高，没有任何部位可供人员正常站立，更不可能踩着向上攀爬，因此对于这类自动扶梯也不必采取措施阻止人们在扶手装置外侧向上攀爬，但应按 TSG T7005 中 4.2(3)的要求设置“防滑行装置”。

图 5-90　外盖板与扶手装置基本等高的自动扶梯

(7) 对于在护壁板外侧设置了如图 5-62 所示的比扶手带更高的护栏的自动扶梯或自动人行道，可不设置防爬装置。

【检验工作指引】

(1) 防爬装置安装位置及尺寸如图 5-91 所示，防爬装置在外盖板上的长度 $l_5 \geqslant 1\ 000$ mm，h_9 应在(1 000±50)mm 范围内。当外盖板宽度 b_{13} 较小，防爬装置与外盖板平齐时，可能会导致 b_{10} 小于 80 mm，因此允许防爬装置的宽度大于 b_{13}。

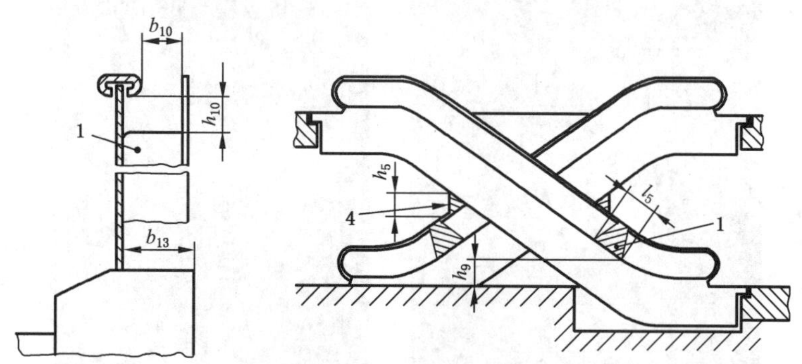

图 5-91　防爬装置安装位置及尺寸

(2) 检查在扶手装置两侧上、下边区段内与扶手装置平行或垂直的、阻止人员攀爬扶手装置的装置是否符合要求。该装置不应有锐利边缘。

【常见事例】

(1) 图 5-92 所示是一种常见的符合要求的防爬装置。

图 5-92　符合要求的防爬装置

(2) 如图 5-93 所示的防爬装置,存在以下问题:

1) 防爬装置的高度低于扶手带表面;

2) 防爬装置在外盖板上的 l_5 小于 1 000 mm,且此长度范围内有踩脚处;

3) 防爬装置的边缘太锐利,容易造成人员意外伤害。

(3) 图 5-94～图 5-99 所示是常见的不符合要求的防攀爬装置。

图 5-93　不符合要求防爬装置

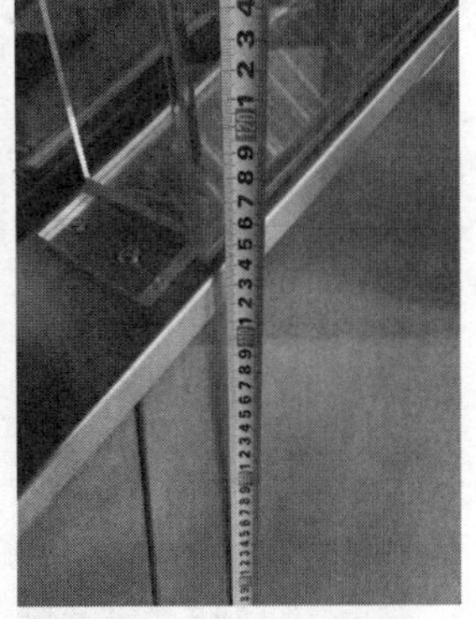

图 5-94　防爬装置距离地平面距离大于 1 050 mm

图 5-95　防爬装置距离地平面距离小于 950 mm

图 5 96　防爬装置与护壁板之间存在大丁 0.15 m 的间隙

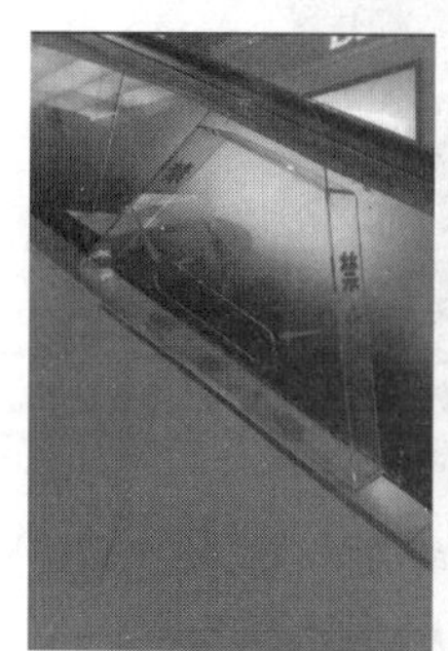

a) 有孔洞

b) 未封闭

c) 未完全覆盖外盖板

图 5-97　防爬装置存在可踩脚处

图 5-98　防爬装置低于扶手带

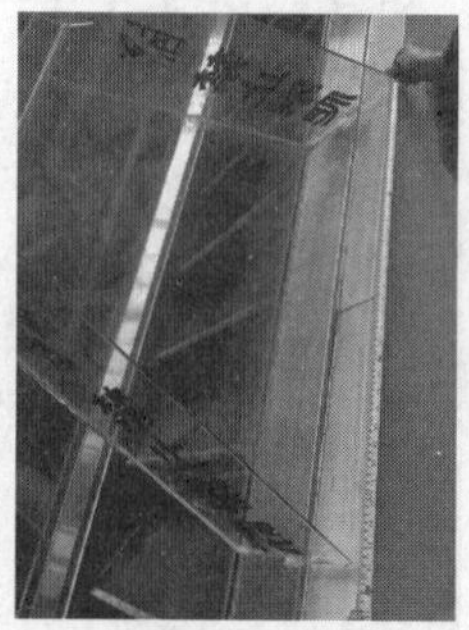

图 5-99　平行于外盖板方向的沿长度小于 1 000 mm

【特例】

(1) 对于如图 5-100 所示，在自动扶梯外盖板侧存在与其平行的非自动扶梯本体部件的装饰，由于该装饰上也有可站立的区域(见图 5-101)，因此需要将防攀爬装置延伸至该装饰外缘，否则也不符合要求。

图 5-100　外盖板侧存在与其平行的非自动扶梯本体部件的装饰

图 5-101　防攀爬装置延伸至装饰外缘

(2) 如图 5-102 所示，防爬装置与护壁板之间的间隙从下部至上部逐渐增大，对于该情况，若防爬装置上部与护壁板之间的间隙小于 0.15 m，可视为符合要求。

图 5-102　防攀爬装置上部与护壁板之间有间隙

(3) 图 5-103 所示是一台提升高度较小的自动扶梯，对于该扶梯，一方面因条件限制，无法设置完全满足要求的防攀爬装置，另一方面发生坠落的可能性及造成的伤害在可接受范围内，因此，即使该自动扶梯两侧悬空，也可不设置防攀爬装置。

(4) 对于在扶手带外侧设置了完整的开放空间防坠落防护的(见图 5-104),由于其能够有效防止攀爬,对于需要设置防爬装置的场合,其可以代替防爬装置,此时防爬装置可以按照符合处理;对于不需要设置防爬装置的场合,其仅用于防坠落,此时防爬装置按照无此项处理。

图 5-103 提升高度较小的自动扶梯

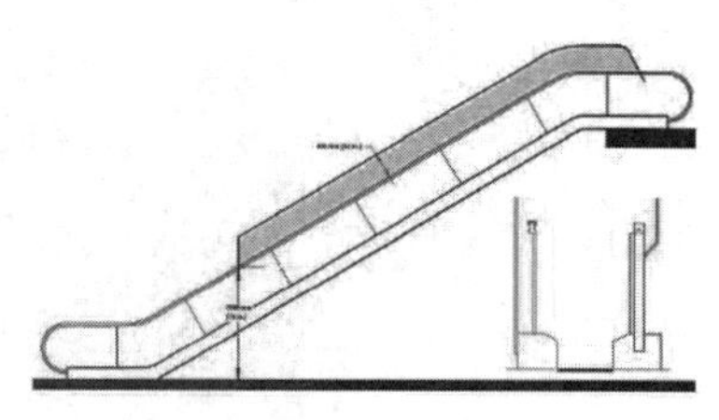

图 5-104 开放空间防坠落防护

4.2.2 阻挡装置

【说明解释】

根据 GB 16899—2011,扶手盖板是指扶手装置中,与扶手带导轨相接并形成扶手装置顶部覆盖面的横向部件;外盖板是指连接外装饰板和护壁板的部件;外装饰板是指从外侧盖板起,将自动扶梯或自动人行道桁架封闭起来的装饰板;护壁板是指位于围裙板(或内盖板)与扶手盖板(或扶手导轨)之间的板。

【适用范围】

(1) 仅当扶手装置的水平外盖板位置较低,且水平外盖板与墙边之间或者与并列的扶手装置水平外盖板之间是紧密相连时,才要求设置该阻挡装置。

(2) 如果不是紧密相连,尤其是存在坠落可能时,应按 TSG T7005 中 3.2(2)要求设置出入口防护,本项可填写“无此项”。

(3) 对于护壁板为图 5-105 所示不锈钢高平台型的外盖板等情况,不存在人员进入外盖板区域可能性,应按 TSG T7005 中 4.2(3)要求设置防滑行装置,本项填写“无此项”。

图 5-105 外盖板不存在人员进入的可能

【检验工作指引】

(1) 如图 5-106 所示,在墙边的扶手装置水平外盖板宽度 b_{13} 大于 125 mm 时,或并列的扶手装置水平外盖板宽度 b_{14} 大于 125 mm 时,上下出口处应设如图中标注“2”的阻挡装置,以防止进入,扶手带下侧边缘和阻挡装置的上缘之间的垂直距离 h_{10} 应不小于 25 mm,

不大于 150 mm。

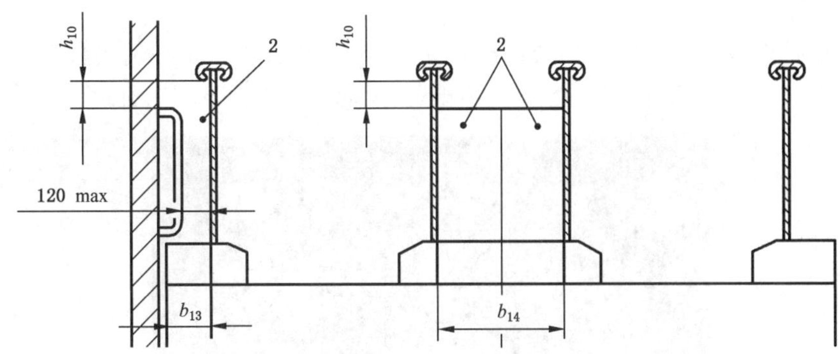

图 5-106 阻挡装置安装和尺寸

(2) 阻挡装置应设置在自动扶梯和自动人行道上、下端部出入处，能防止员进入水平外盖板，如图 5-107 所示的阻挡装置不能防止人员进入，因此不符合要求。

a) 可移动的垃圾桶

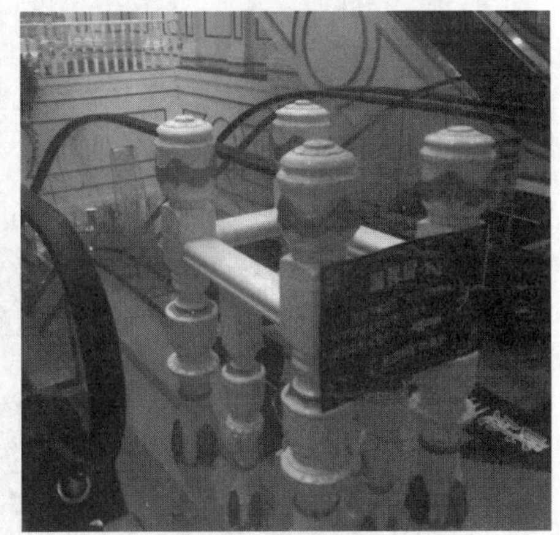

b) 间隙过大

图 5-107 不符合要求的阻挡装置

【常见事例】

图 5-108 所示是阻挡装置的实物示意图。

图 5-108 阻挡装置实物

4.2.3 防滑行装置

【适用范围】

(1) 对于护壁板为玻璃的自动扶梯和自动人行道外盖板，只要在适当位置处设防爬装置、阻挡装置，不需要设置防滑行装置，本项填写“无此项”，如图 5-109 所示。

图 5-109　可不设置防滑行装置的自动扶梯

(2) 对于自动人行道，本项适用于倾斜式的自动人行道，对于水平的自动人行道，本项填写“无此项”，如图 5-110 所示。

图 5-110　可不设置防滑行装置的自动人行道

【检验工作指引】

(1) 倾斜式自动人行道一般是指倾斜角≥6°的自动人行道。

(2) 如图 5-111 所示，当自动扶梯或倾斜式自动人行道和相邻的墙之间装有接近扶手带高度的扶手盖板，且建筑物(墙)和扶手带中心线之间的距离 b_{15} 大于 300 mm 时，应在扶手盖板上装设防滑行装置；对相邻自动扶梯或倾斜式自动人行道，扶手带中心线之间的距离 b_{16} 大于 400 mm 时，也应满足上述要求。当水平外盖板在低位时应设置 TSG T7005 中 4.2(2)所要求的“阻挡装置”；当水平外盖板之间或水平外盖板与建筑物(墙)之间不是紧密相连，尤其是存在坠落可能时，应按 TSG T7005 中 3.2(2)要求设置出入口防护。

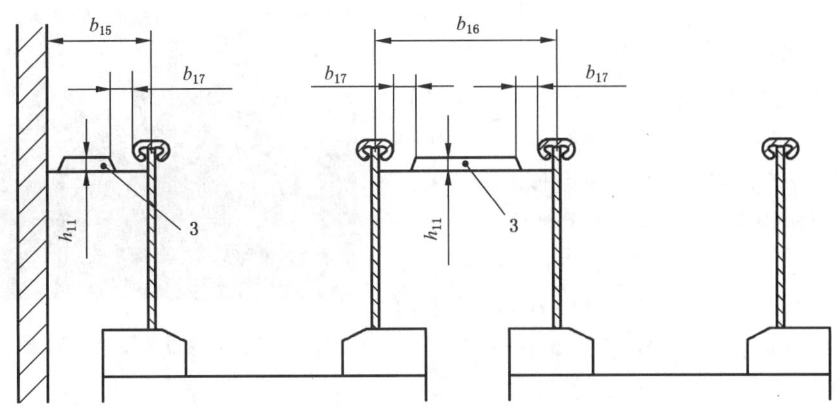

图 5-111 防滑行装置安装和尺寸

(3) 防滑装置应包含固定在扶手盖板上的部件，与扶手带的距离不应小于 100 mm(见图 5-111 中 b_{17})，并且防滑行装置之间的间隔距离不应大于 1 800 mm，高度 h_{11} 不应小于 20 mm。该装置应无锐角或锐边。图 5-112、图 5-113 所示是防滑行装置实物图。

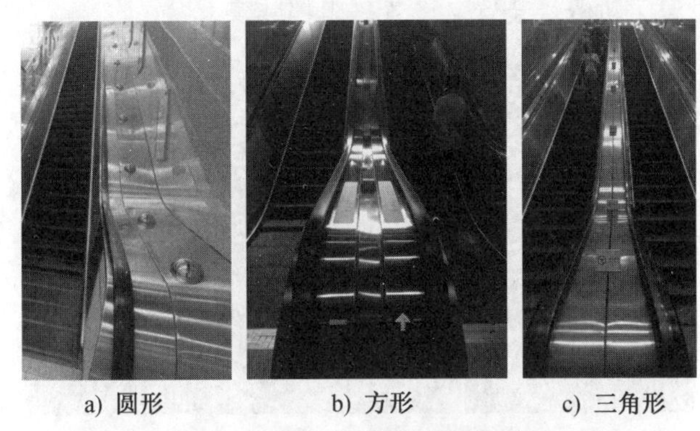

a) 圆形　　b) 方形　　c) 三角形

图 5-112 常见的防滑行装置

图 5-113 不符合要求的防滑行装置

【特例】

(1) 对于采用起照明作用的灯或其他装饰物等作为防滑行装置的，若灯或其他装饰物为固定且尺寸满足要求，可视为合格，如图 5-114 所示。

(2) 对于部分扶手带与建筑物(墙)相邻，且建筑物(墙)和扶手带中心线之间的距离大于300 mm的自动扶梯，视情况而定是否需要设置防滑行装置。如图5-115所示，该自动扶梯扶手带上部不与墙体相邻，设置了符合阻挡装置，下部也不与墙体相邻，中部与墙体相邻且(墙)和扶手带中心线之间的距离大于300 mm，该种情况应该设置防滑行装置。如图5-116所示，该自动扶梯扶手带上部与墙体相邻，且(墙)和扶手带中心线之间的距离大于300 mm，中部和下部均不与墙体相邻，对该种情况，有以下处理方法：

图5-114 防滑行装置同时起照明作用

1) 在扶手带与墙体相邻部分设置防滑行装置；

2) 在扶手带与墙体相邻和不相邻的临界处之前设置阻挡装置。

3) 其他合理的方法。

图5-116是既设置了防滑行装置又设置了阻挡装置。

a) 上部不与墙体相邻 b) 中部与墙体相邻且距离大于300 mm c) 下部不与墙体相邻

图5-115 部分扶手带与墙体相邻(情况1)

图5-116 部分扶手带与墙体相邻(情况2)

(3) 对于与扶手带平行且高度与扶手带接近但与扶手带之间由外盖板隔着的建筑物，为防止人员在建筑物上滑行，建议在建筑物上设置防滑行装置，如图 5-117 所示。

图 5-117 与扶手带邻近的建筑物

4.3 扶手装置要求

项目及类别	检验内容与要求	检验方法
4.3 扶手装置要求 C	朝向梯级、踏板或胶带一侧扶手装置部分应是光滑、齐平的。其压条或镶条的装设方向与运行方向不一致时，其凸出高度不应大于 3 mm，应坚固且具有圆角或倒角的边缘。围裙板与护壁板之间的连接处的结构应无产生勾绊的危险	目测；测量相关数据

【检验工作指引】

当压条或镶条的装设方向与运行方向一致时，对凸出高度不作要求。图 5-118 所示是可双方向运行的自动扶梯，其扶手装置的凸出高度大于 3 mm，不符合要求。

图 5-118 双向运行的自动扶梯扶手装置凸出高度大于 3 mm

4.4 护壁板之间的空隙

项目及类别	检验内容与要求	检验方法
4.4 护壁板之间的空隙 C	护壁板之间的间隙不应大于 4 mm，其边缘应呈圆角或倒角状	目测；测量相关数据

【检验工作指引】

(1) 一般是玻璃护壁板之间才有较大间隙。

(2) 对于采用玻璃作为护壁板的设备，按 TSG T7005 中 1.1(4)的要求，该设备的产品质量证明文件应注明该玻璃为钢化玻璃，且护壁板上应有标识(见图 5-119)。

a) 单层玻璃　　b) 夹层玻璃

图 5-119　玻璃标识

【说明解释】

GB 16899—2011 及国质检锅〔2002〕360 号《自动扶梯和自动人行道监督检验规程》都对采用玻璃做护壁板时有要求，该种玻璃应是钢化玻璃，单层玻璃的厚度不应小于 6 mm；当采用多层玻璃时，应为夹层钢化玻璃，并且至少有一层的厚度不应小于 6 mm(见图 5-120)。

a) 不符合要求　　b) 符合要求

图 5-120　夹层玻璃标识

4.5　围裙板接缝

项目及类别	检验内容与要求	检验方法
4.5 围裙板接缝 C	自动扶梯或自动人行道的围裙板应垂直、平滑，板与板之间的接缝应是对接缝。对于长距离的自动人行道，在其跨越建筑伸缩缝部位的围裙板的接缝处可采取其他特殊连接方法来替代对接缝	目测

【检验工作指引】

板与板之间的对接缝如图 5-121 所示。

图 5-121 围裙板的对接缝

4.6 梯级、踏板或胶带与围裙板间隙

项目及类别	检验内容与要求	检验方法
4.6 梯级、踏板或胶带与围裙板间隙 B	自动扶梯或自动人行道的围裙板设置在梯级、踏板或胶带的两侧，任何一侧的水平间隙不应大于 4 mm，且两侧对称位置处的间隙总和不应大于 7 mm。 如果自动人行道的围裙板设置在踏板或胶带之上时，则踏板表面与围裙板下端之间所测得的垂直间隙不应超过 4 mm；踏板或胶带产生横向移动时，不允许踏板或胶带的侧边与围裙板垂直投影间产生间隙	目测；测量相关数据

4.6.1 梯级与围裙板水平间隙

【检验工作指引】

(1) 水平间隙过大容易发生如图 5-122 所示的夹人事故。

(2) 梯级踏板与围裙板之间的间隙一般很小，重点测量图 5-123 所示处的梯级踢板与围裙板的间隙，尤其是自动扶梯或自动人行道从倾斜段过渡到水平段，如图 5-122 所见的收梯级处。一般使用斜塞尺测量，如图 5-124 所示。

图 5-122 乘客的鞋被夹

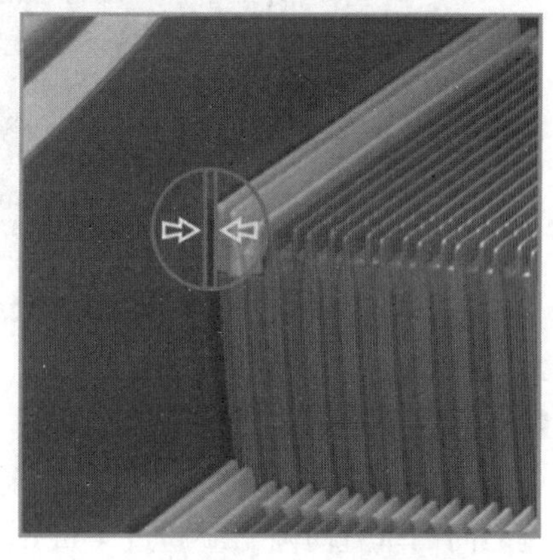

图 5-123 梯级踏板与围裙板之间的间隙

图 5-124 用斜塞尺测量梯级踏板与围裙板之间的间隙

【解释说明】

虽然 TSG T7005 对围裙板与梯级踏板之间的间隙有要求，但该间隙只是对自动扶梯正常运行时的要求。当乘客搭乘自动扶梯时，身体的某部位，穿的长裙或洞洞鞋等容易与梯级围裙板之间发生摩擦，当这个力达到一定程度，就会被拖入围裙板与梯级的间隙中，这时就会受到梯级与围裙板的挤压，如果围裙板刚度不足，不符合 GB 16899—2011 中 5.5.3.3 要求，围裙板与梯级之间的间隙由于围裙板受到挤压继续增大，同时产生的摩擦力就会增加，被拖入得就更深，拖入得越深，对乘客的伤害越大，直至不能再被拖入为止。

因此，必要时可用图 5-125 所示的裙板刚度检测仪，检查围裙板刚度能否符合 GB 16899—2011 中 5.5.3.3 的要求，在围裙板最不利的部位，垂直施加一个 1 500 N 的力于 25 cm^2 的方形或圆形面积上，其凹陷不应大于 4 mm，且不应由此而导致永久变形。

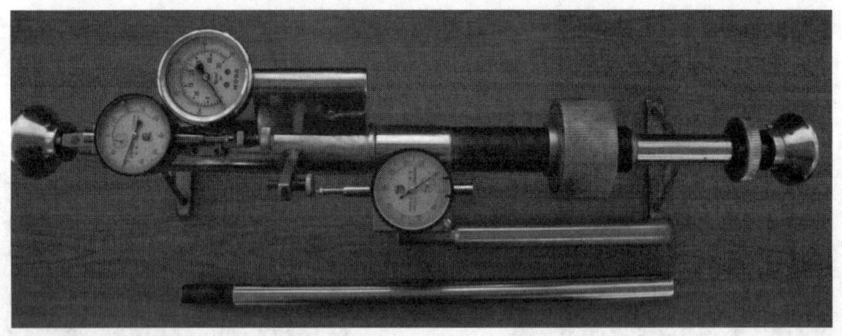

图 5-125 裙板刚度检测仪

4.6.2 踏板、胶带与围裙板下端间隙

【检验工作指引】

(1) 围裙板设置在踏板或胶带之上，内部结构如图 5-126 所示，测量踏板上表面与围裙板下端之间的垂直间隙不应超过 4 mm。

图 5-126　自动人行道围裙板设置在踏板或胶带之上的结构

(2) 踏板或胶带产生横向移动时，不允许踏板或胶带的侧边与围裙板垂直投影间产生间隙。

4.7　防夹装置

项目及类别	检验内容与要求	检验方法
4.7 防夹装置 C	对自动扶梯，在围裙板上应装设围裙板防夹装置。 (1) 由刚性和柔性部件(例如：毛刷、橡胶型材)组成； (2) 从围裙板垂直表面起的突出量最小应为 33 mm，最大为 50 mm； (3) 刚性部件应有 18 mm～25 mm 的水平突出，柔性部件的水平突出应为最小 15 mm，最大 30 mm； (4) 在倾斜区段，围裙板防夹装置的刚性部件最下缘与梯级前缘连线的垂直距离应在 25 mm 和 30 mm 之间； (5) 在过渡区段和水平区段，围裙板防夹装置的刚性部件最下缘与梯级表面最高位置的距离应在 25 mm 和 55 mm 之间； (6) 刚性部件的下表面应与围裙板形成向上不小于 25°的倾斜角，其上表面应与围裙板形成向下不小于 25°倾斜角； (7) 围裙板防夹装置的末端部分应逐渐缩减并与围裙板平滑相连。围裙板防夹装置的端点应位于梳齿与踏面相交线前(梯级侧)不小于 50 mm，最大 150 mm 的位置	目测；测量相关数据

【适用范围】

由于自动人行道的踏板是直线连续的，运行时与围裙板之间没有相对的上下运行，因此自动人行道不需要设置防夹装置。对于自动人行道，本项填写“无此项”。

【监督检验工作指引】

(1) 只对自动扶梯才要求设置围裙板防夹装置，对自动人行道无此要求。

(2) 各尺寸如图 5-127 所示。

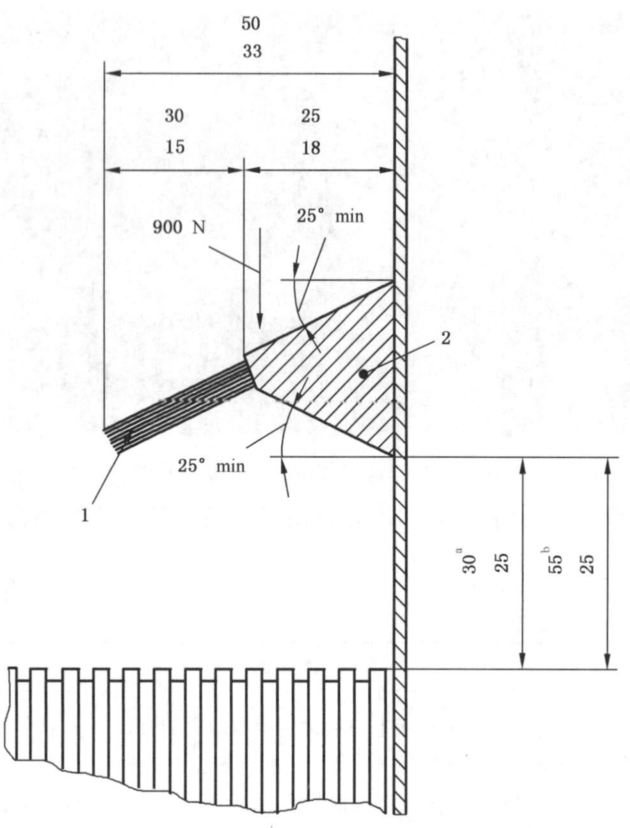

1—柔性部分；

2—刚性部分；

[a] 在倾斜区域，围裙板防夹装置的刚性部件最下缘与梯级前缘连线的垂直距离。

[b] 在过渡段和水平区域，围裙板防夹装置的刚性部件最下缘与梯级前缘连线的垂直距离。

注：构造不必完全与图示相一致，但标注尺寸的规定必须遵守。

图 5-127 围裙板防夹装置的要求

(3) 为了防止正常进入自动扶梯的人员被防夹装置撞击，防夹装置的端点应位于梳齿与踏面相交线前的梯级侧，也就是说防夹装置不能进入梳齿板上方，且末端部分应逐渐缩减并与围裙板平滑相连，如图 5-128 所示。

防夹装置位于梳齿相交线之前的目的是防止人员进入梯级时与防夹装置撞击而跌倒，人员在静止地面上行走时不太留意围裙板上的凸起(特别是拥挤的情况下)，可能发生钩绊；上了梯级后会有远离围裙板的意识，可以有效避开防夹装置的端部；在自动扶梯运行过程中，防夹装置可以有效防止乘客接近围裙板而产生危险。

图 5-128 防夹装置末端

(4) 本条款(5)在 GB 16899—2011 和检规中的表述均存在偏差，在过渡区段防夹装置刚性部件最下缘与梯级表面之间的距离在梯级的后端不可能保持在 25～55 mm，因此该要求可以理解为过渡区段防夹装置刚性部件最下缘与梯级前沿的垂直距离保持在 25～55 mm 即可。

【定期检验工作指引】

根据质检特函〔2012〕28 号文《关于贯彻实施自动扶梯和自动人行道新版标准与检验规则有关事宜的通知》规定，已经按照 GB 16899—1997 配置的"防夹装置"，可以按照《自动扶梯和自动人行道监督检验规程》(2002)规定的检验内容、要求和方法进行检验。但 GB 16899—1997、《自动扶梯和自动人行道监督检验规程》(2002)无"防夹装置"相关要求，建议除防夹装置的刚性部件最下缘与梯级表面最高位置的最大距离外(倾斜区段不应大于 30 mm，过渡区段和水平区段不应大于 55 mm)，其他尺寸可适当放宽要求。对按照 GB 16899—1997 配置，不符合 GB 16899—2011 要求的"防夹装置"，该项目的检验结果可以填写"符合质检特函〔2012〕28 号文要求"。

【常见事例】

(1) 图 5-129～图 5-134 所示为常见的不符合要求的防夹装置。

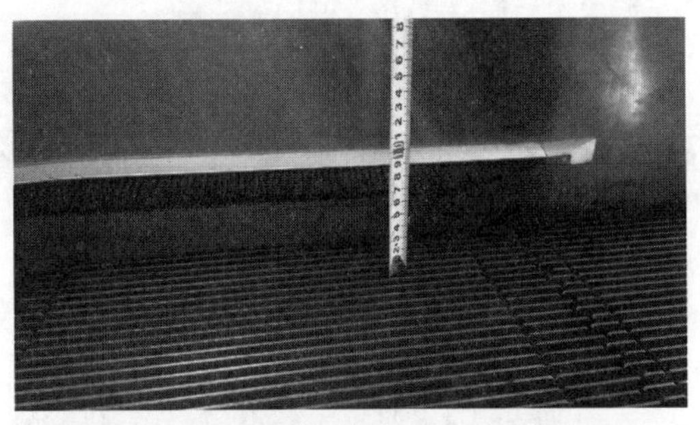

图 5-129　防夹装置与梯级踏面之间的距离过大

图 5-130　防夹装置与梯级踏面之间的距离过小

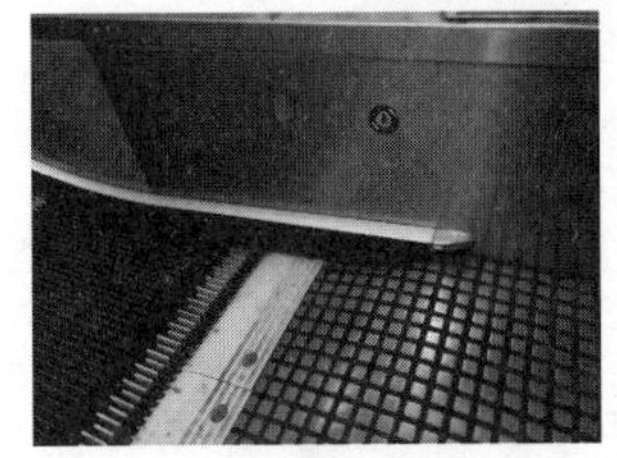

图 5-131　防夹装置末端超出梳齿与踏面相交线

图 5-132　防夹装置末端和梳齿与踏面相交之间的距离过大

图 5-133　防夹装置毛刷缺损

图 5-134　胶条脱落

(2) 对于新装监督检验时，还存在刚性部件不符合的情况，如下表面应与围裙板形成向上小于25°的倾斜角，上表面应与围裙板形成向下小丁25°倾斜角等问题。

(3) 建议检验员自行加工图5-135所示的小工具，以方便测量。

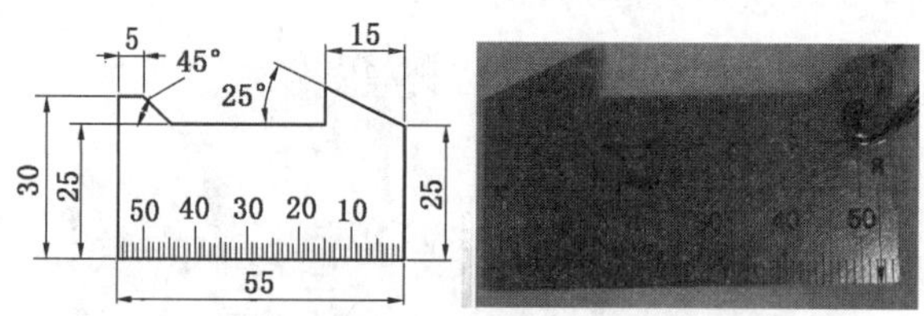

图 5-135　防夹装置测量工具

5　梳齿与梳齿板

5.1　梳齿与梳齿板

项目及类别	检验内容与要求	检验方法
5.1 梳齿与梳齿板 C	梳齿板梳齿或踏面齿应完好，不得有缺损。梳齿板梳齿与踏板面齿槽的啮合深度应至少为4 mm，间隙不应超过4 mm	目测；测量相关数据

【检验工作指引】

(1) 如图5-136所示，h_8 为梳齿板梳齿与踏板面齿槽的啮合深度，h_6 为梳齿板梳齿与踏板面齿槽的间隙。

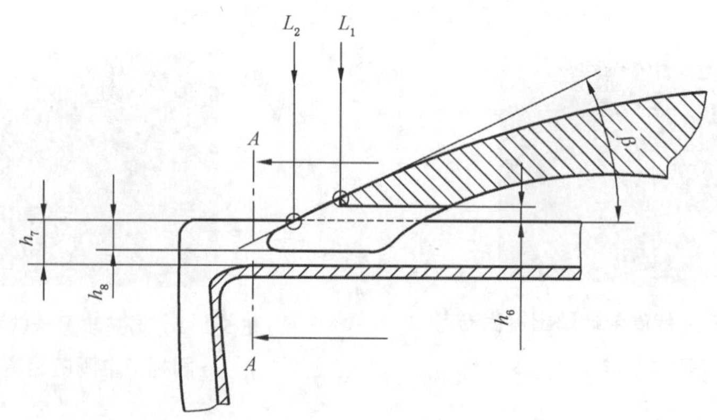

图 5-136　梳齿板梳齿与踏板面齿槽的啮合

(2) 梳齿板梳齿与踏板面齿槽间隙 h_6 测量方法如图 5-137 所示，可用斜塞尺加钢直尺测量。

(3) 梳齿板梳齿与踏板面齿槽的啮合深度 h_8，一般可用如图 5-138 所示的方法进行测量，用钢直尺测量齿槽深度 h_7，减去用塞尺测量出的梳齿至齿槽底部的距离，但由于梳齿顶部是圆弧状，该方法测量数据会偏小。另一种方法是沿梯级面在梳齿画记号线，再折梳齿板用钢直尺量。

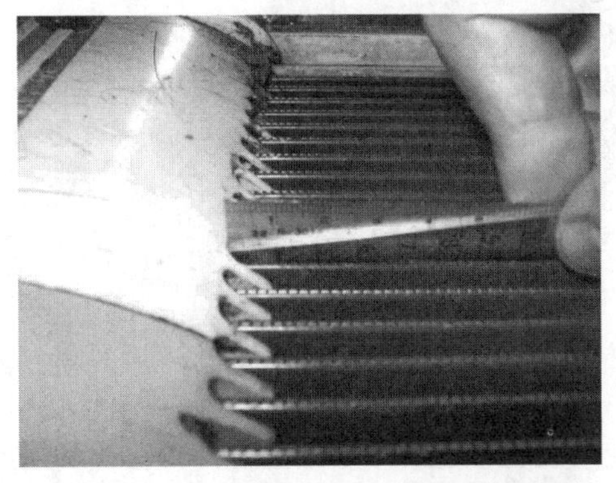

图 5-137　梳齿板梳齿与踏板面齿槽间隙测量

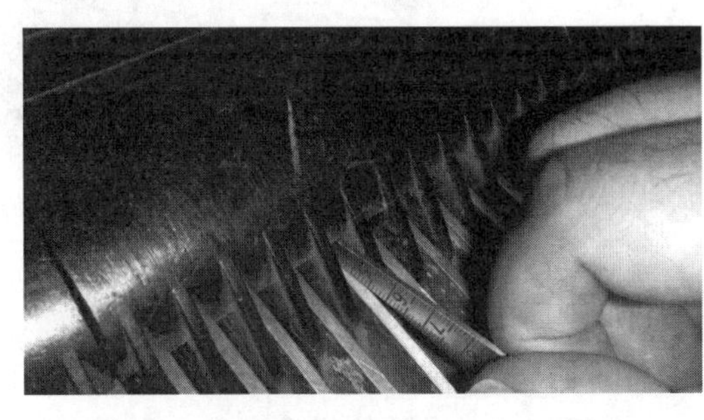

图 5-138　梳齿板梳齿与踏板面齿槽啮合深度测量

(4) 应分别各测三处，h_6 记录最大值，h_8 记录最小值。

(5) 图 5-139 所示是常见的梳齿板梳齿或梯级踏面齿缺损情况。

(6) 为保证啮合以及避免异物卡入，同一自动扶梯同一端的梳齿板的规格和型号应一致。如图 5-140 所示，梳齿板的规格和型号不一致，参差不齐，异物易于卡入。

图 5-139　常见的梳齿板梳齿或踏面齿缺损情况

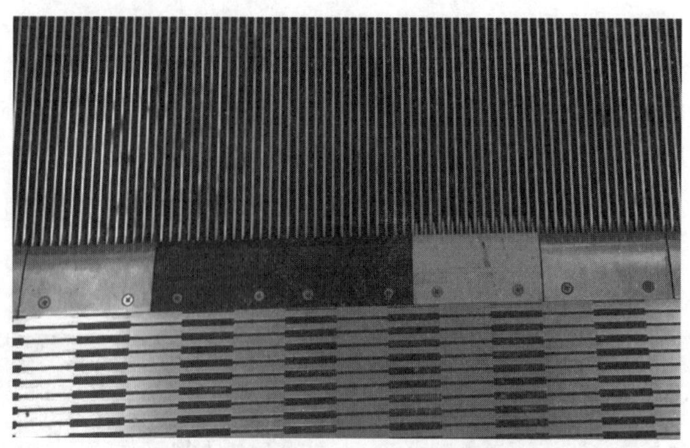

图 5-140　梳齿板的型号和规格不一致

6　监控和安全装置

【说明解释】

本部分是对自动扶梯和自动人行道各种监控与安全装置的要求，根据自动扶梯和自动人行道的不同的制造标准，其要求也不同，具体见表 5-8 自动扶梯和自动人行道监控与安全装置汇总。

表 5-8　自动扶梯和自动人行道监控与安全装置汇总

TSG T7005 要求的监控与安全装置	必须设置	检修允许失效	GB 16899—2011 故障锁定	附加制动器要动作
6.1　扶手带入口保护	是			
6.2　梳齿板保护	1997			
6.3　超速保护			√	
6.4　非操纵逆转保护	1997		√	√
6.5　梯级、踏板或胶带的驱动元件保护	是		√	
6.6　驱动装置与转向装置之间的距离缩短保护	是			
6.7　梯级或踏板的下陷保护(不包括胶带式自动人行道)	1997	√	√	
6.8　梯级或踏板的缺失保护	2011	√	√	
6.9　扶手带速度偏离保护	2011	√		
6.10　多台连续且无中间出口的自动扶梯或自动人行道停止保护		√		
6.11　检修盖板和楼层板	2011	√		
6.12　制动器松闸故障保护	2011	√	√	
2.13　可拆卸的手动盘车装置	2011			

续表5-8

TSG T7005 要求的监控与安全装置	必须设置	检修允许失效	GB 16899—2011 故障锁定	附加制动器要动作
GB 16899—2011 有规定，TSG T7005 无要求的监控与安全装置				
附加制动器动作保护				
超速 1.4 倍，触发附加制动器动作保护				√
超出最大允许制停距离 20%	2011			
过载（通过自动断路器）	2011		√	
过载（基于温度升高而动作）	2011			
超出最大允许制停距离 20%	2011		√	
电气安全装置的电路发生接地故障	2011		√	
注 1：“1997”表示按 GB 16899—1997 或 GB 16899—2011 制造（即 1998 年 2 月 1 日后生产）的自动扶梯及自动人行道必须设置。 注 2：“2011”表示按 GB 16899—2011 制造的自动扶梯及自动人行道必须设置。				

6.1　扶手带入口保护

项目及类别	检验内容与要求	检验方法
6.1 扶手带入口保护 B	在扶手转向端的扶手带入口处应设置手指和手的保护装置，该装置动作时，驱动主机应不能启动或立即停止	模拟动作试验

【检验工作指引】

(1) 扶手带入口保护是为了防止发生如图 5-141 所示手指和手被扶手带拖入扶手装置而夹伤。所以较为安全的试验方法是用图 5-142 所示的假手进行试验，一般也可以人为使保护装置动作，验证其是否灵敏可靠。

图 5-141　夹伤手事故

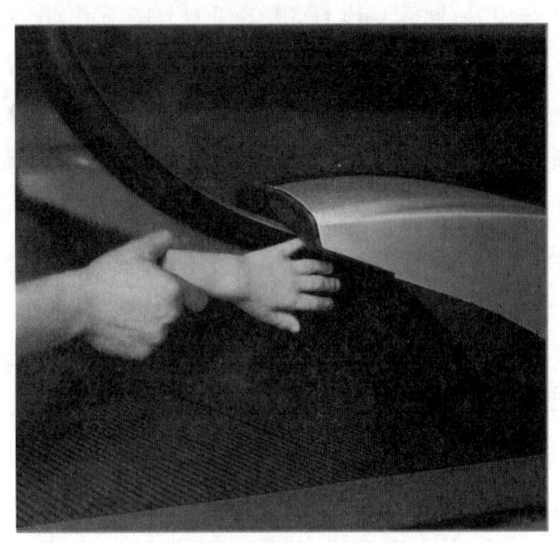

图 5-142　保护装置检验方法

（2）当扶手带向外运行时，由于不存在夹手的危险，该保护装置可以不动作。

（3）GB 16899—2011 中 5.6.4.1 要求扶手带入口处最低点至地面的距离应在 0.10～0.25 m，GB 16899—2011 中 5.6.4.1 要求扶手带进入扶手装置时与水平方向的夹角应≥20°。这两个要求主要是为了防止人员头部挤入扶手带与地板之间而造成挤压伤害，GB 16899—1997 中无该要求，因此许多依据 GB 16899—1997 制造的自动扶梯设置如图 5-143 所示的防挤入保护装置。

图 5-143　扶手带入口处的防挤入保护装置

6.2　梳齿板保护

项目及类别	检验内容与要求	检验方法
6.2 梳齿板保护 B	当有异物卡入，梳齿板与梯级或踏板发生碰撞时，自动扶梯或自动人行道应自动停止运行	拆下中间部位的梳齿板，用工具使梳齿板向后或者向上移动（或者前后、上下），检查安全装置是否动作，自动扶梯或自动人行道能否启动

【说明解释】

（1）对梳齿板保护的描述，TSG T7005 与 GB 16899—2011 不完全一样。

GB 16899—2011 中 5.7.3.2.5，梳齿板应设计成当有异物卡入时，梳齿在变形情况下仍能保持与梯级或踏板正常啮合或者梳齿断裂。GB 16899—2011 中 5.7.3.2.6，如果卡入异物后并不是 GB 16899—2011 中 5.7.3.2.5 所述的状态，梳齿板与梯级或踏板发生碰撞时，自动扶梯或自动人行道应自动停止运行。

根据 GB 16899—2011 的描述，当梳齿板设计成当有异物卡入时，只要求梳齿在变形（或者梳齿断裂）情况下仍能保持与梯级或踏板正常啮合，并不要求自动扶梯或自动人行道自动停止运行。只有当有异物卡入且梳齿在变形情况下不能保持与梯级或踏板正常啮合，导致梳齿板与梯级或踏板发生碰撞时，才要求自动扶梯或自动人行道自动停止运行。

GB 16899—2011 的要求可以理解为梳齿板保护的目的是防止梳齿板与梯级或踏板发生碰撞，不是防止异物卡入。换句话说，梳齿板保护是用来保护设备的，而不是用于保护人体的。

因此对 TSG T7005 中 6.2“当有异物卡入，梳齿板与梯级或踏板发生碰撞时，自动扶梯或自动人行道应自动停止运行”应理解为“当有异物卡入导致梳齿板与梯级或踏板发生碰撞时，自动扶梯或自动人行道应自动停止运行”，不能理解为“当有异物卡入，自动扶梯或自动人行道应自动停止运行”。

(2) 梳齿板保护目前主要有两种形式，一种是异物卡入时梳齿板往上提起动作电气安全装置，另一种是异物卡入时梳齿板向后移动动作电气安全装置。部分自动扶梯或自动人行道的电气安全装置在这两种状态下都可以动作。目前 EN 115-1:2017 和 GB 16899—2011 均未对梳齿板的动作力提出要求，ASME A17.1 中规定当在梳齿板的中心施加≤3 560 N 的水平力或者≤670 N 的垂直力时，梳齿板保护的电气安全装置应当动作。

【检验工作指引】

(1) 首先要判断梳齿板保护开关的动作方向，常见梳齿板保护开关的动作方向有向后或向上移动两种，试验时要根据梳齿板保护开关的动作方向，用工具使梳齿板向相应方向移动，检查安全开关是否动作，自动扶梯或自动人行道能否启动。一般来讲，验证梳齿板上下移动的保护开关更可靠一点。

(2) 图 5-144 所示是一种能上下移动的梳齿板保护开关，当异物卡入梳齿与梯级(踏板)之间导致梳齿不能保持与梯级(踏板)正常啮合或者梳齿板与梯级(踏板)发生碰撞时，保护开关动作，使自动扶梯或自动人行道自动停止运行且无法启动。

图 5-144　向上移动的梳齿板保护开关

(3) 图 5-145 所示是一种能前后移动的梳齿板，在梳齿板后面两侧各设一个水平设置的保护开关。

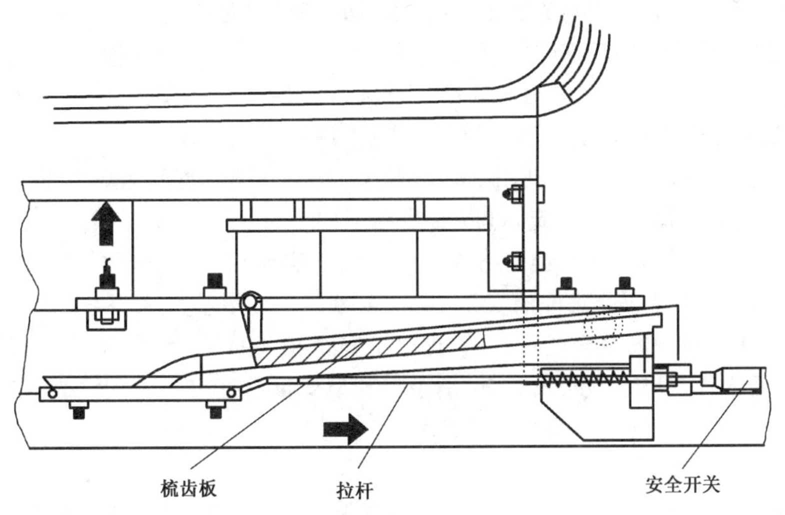

图 5-145　向后移动梳齿板保护开关

【定期检验工作指引】

根据 TSG T7005 附件 C 注 C-3，对于制造日期在 1998 年 2 月 1 日以前的设备，在检验过程中，本项目不作为否决项，按 C 项处理，允许监护使用。

6.3 超速保护

项目及类别	检验内容与要求	检验方法
6.3 超速保护 B	(1) 自动扶梯和自动人行道应在速度超过名义速度的 1.2 倍之前自动停止运行。如果采用速度限制装置，该装置应能在速度超过名义速度的 1.2 倍之前切断自动扶梯或自动人行道的电源。 如果自动扶梯或自动人行道的设计能防止超速，则可不考虑上述要求； ★(2) 该装置动作后，只有手动复位故障锁定，并操作开关或检修控制装置才能重新启动自动扶梯和自动人行道。即使电源发生故障或恢复供电，此故障锁定应始终保持有效	(1) 通过审查整机型式试验报告和其他相关随机文件，判断是否需要设置超速保护装置； (2) 对于设置超速保护装置的，由施工单位或修理保养单位按制造厂提供的方法进行试验，检验人员现场观察、确认

【适用范围】

如果相关随机文件证明该型号自动扶梯和自动人行道不需要设置超速保护装置，且整机型式试验报告的超速保护装置项目也无此项，本项可填写“无此项”。

6.3.1 设置

【说明解释】

(1) 按 GB 16899—1997 的要求，如果交流电动机与梯级、踏板或胶带间的驱动是非摩擦性的连接，并且转差率不超过 10%，由此可以防止超速的话，那么自动扶梯和自动人行道不要求设置超速保护。而 GB 16899—2011 则变更为，如果自动扶梯或自动人行道的设计能防止超速，则可不考虑上述要求。根据 GB 16899—2011 的要求，自动扶梯或自动人行道是否需要设置超速保护开关，由其设计是否能防止超速决定，如果制造厂能提供证明或设计计算书，证明自动扶梯或自动人行道的设计能防止超速，允许其不设置超速保护开关。

(2) 超速保护装置常见的有两种类型：

1) 机械式超速保护开关，如离心式超速开关，一般安装在驱动主机上。机械式超速保护开关能满足安全开关的要求。

2) 非机械式超速保护开关，利用磁感应开关、光电开关或旋转编码器等获取运行速度信号，由控制系统进行比较和判定，可以安装在不同位置。由于非机械式超速保护开关一般都不是安全触点，而是采用安全电路或可编程电子安全相关系统(PESSRAE)，所以要制造单位提供相应的含有电子元件的安全电路、可编程电子安全相关系统(PESSRAE)型式试验证书。并要核查现场安全电路、可编程电子安全相关系统(PESSRAE)产品的主参数、系统组成、主要部件(品牌、型号及数量)是否与其型式试验证书上的配置表内容完全一致，如果配置表中主要部件列出多个品牌及型号的，实际使用时可以换用。

【监督检验工作指引】

(1) 判断自动扶梯或自动人行道是否要设置超速保护装置，如果不用设置，可以判该项目“无此项”。

(2) 判断超速保护装置选用安全开关、安全电路、可编程电子安全相关系统(PESSRAE)三种方式中的哪种。如果采用安全开关方式,则要验证安全开关的动作应使触点强制地机械断开,甚至两触点熔接在一起也应强制地机械断开;当所有触点断开元件处于断开位置时,且在有效行程内动触点和驱动机构之间无弹性元件(如弹簧)施加作用力,则触点获得强制的机械断开。

(3) 如果采用安全电路或者可编程电子安全相关系统(PESSRAE)方式,则要制造单位应提供相应的含有电子元件的安全电路、可编程电子安全相关系统(PESSRAE)型式试验证书。而且型式试验合格证书产品配置表中的安全功能应包括超速保护监控功能,超速保护监控传感装置规格、型号应与型式试验合格证书品配置表一致。

【检验工作指引】

(1) 对于有设置超速保护装置的自动扶梯或自动人行道,可由施工单位或修理保养单位按制造厂提供的方法进行试验,图 5-146 所示是西子奥的斯用来检查扶手带速度、制停距离、非操作逆转、超速保护四项功能的现场信号模拟器,该模拟器可以使自动扶梯或自动人行道超过额定速度运行,以检验超速保护装置是否能有效动作。

(2) 用专用仪器进行试验,如珠海特检院自主研发的自动扶梯或自动人行道超速保护检测仪。

(3) 对于使用默纳克可编程电子安全相关系统的设备,可以输入密码(初始密码为 20000)进入默纳克可编程电子安全相关系统,将 F0-01 参数组(名义速度)设置为较低的值,如对名义速度为 0.5 m/s 的自动扶梯,将 F0-01 参数组设置为 0.4 m/s 以下,正常启动自动扶梯或自动人行道后,应能自动停止运行。

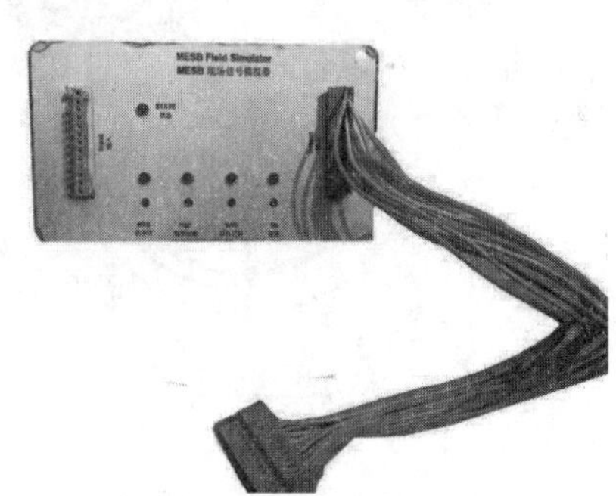

图 5-146　信号模拟器

【常见事例】

(1) 常见的机械式超速保护开关有:

1) 如图 5-147 所示是日立电梯某型号超速保护装置,当自动扶梯或自动人行道超速时,连接在驱动主机减速箱高速轴的甩块在离心力作用下,克服弹簧的弹力向外甩出,触发超速开关动作。

图 5-147　日立电梯某型号超速保护装置

2) 三菱 HE 系列也使用离心式超速开关,如图 5-148 所示,超速保护装置 HGD1 安装在驱动装置的电动机飞轮侧，在自动扶梯运行速度超过额定速度1.2倍之前，转盘上的甩块在离心力的作用下撞击HGD1的打杆使限位开关动作，自动扶梯停止运行。图5-149所示是超速保护开关的实物图。

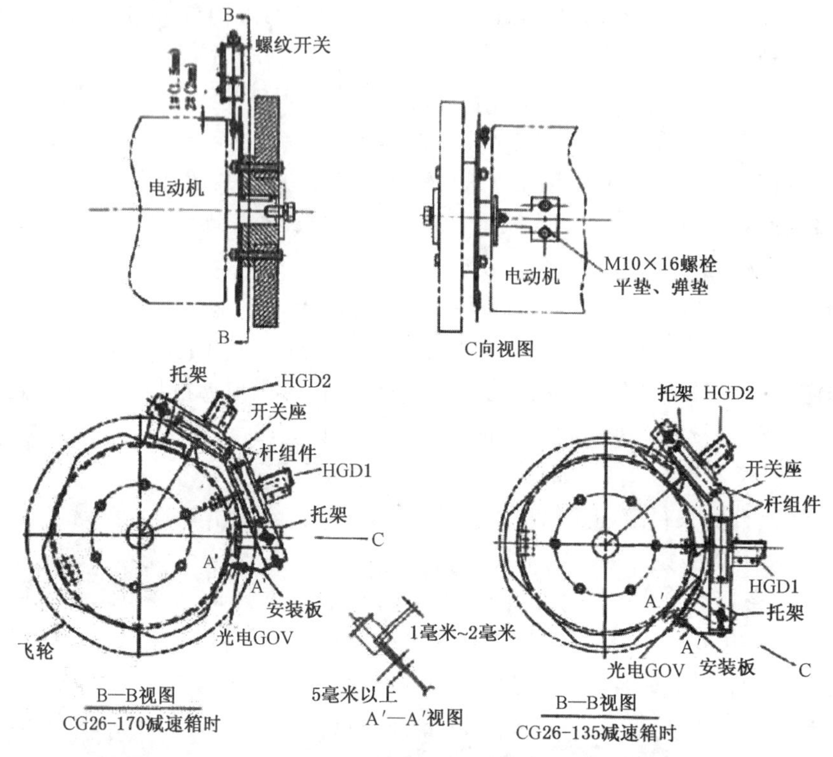

图5-148 三菱HE系列使用离心式超速开关原理

图5-149 三菱HE系列使用离心式超速开关实物

(2) 常见的非机械式的超速保护触发装置分别安装在驱动主机、梯级或踏板的主轨或返轨、梯级链轮等位置，非机械式的超速保护触发装置经常与非操作逆转触发装置整合在一起。

1) 图5-150所示是安装在驱动主机上的一种形式。与制动轮2同轴装有飞轮1，在飞轮下面装有磁块3，脉冲接收器4装在底架上，当飞轮1转动时，磁块产生脉冲信号。

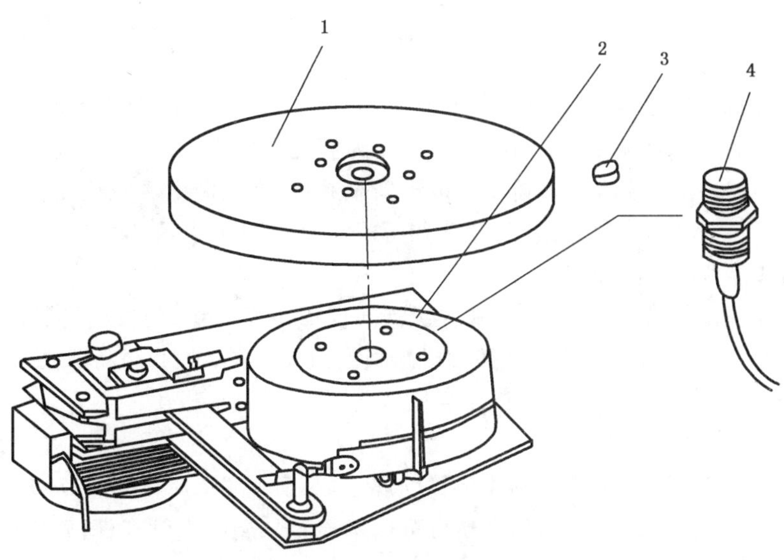

图 5-150　非机械式的超速保护开关(一)

2）图 5-151 所示是将感应开关安装在梯级或踏板的主轨或返轨上，当梯级或踏板运行通过时，产生脉冲信号。

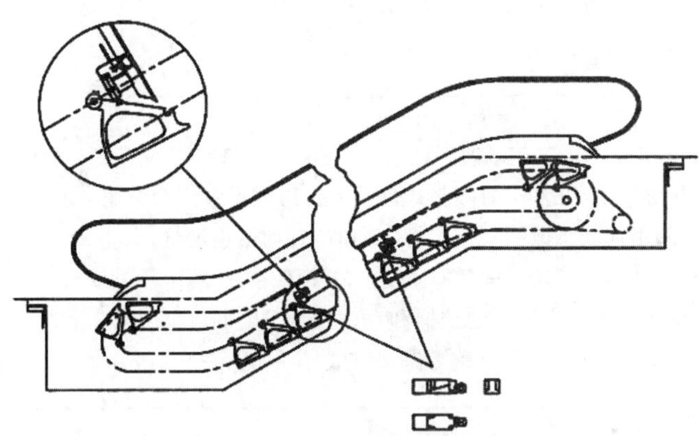

图 5-151　非机械式的超速保护开关(二)

3）图 5-152 所示是将感应开关安装在梯级链轮上。

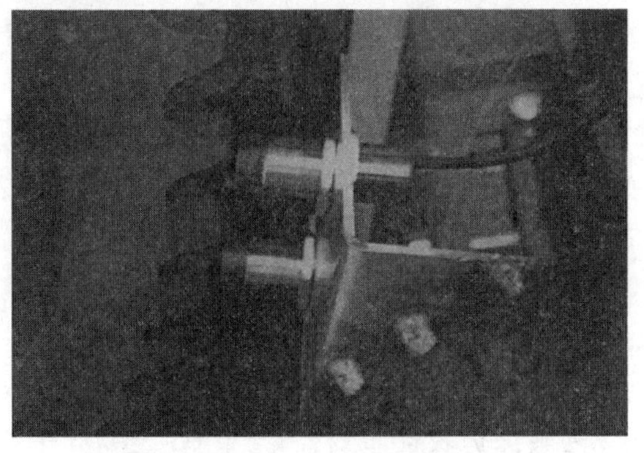

图 5-152　非机械式的超速保护开关(三)

6.3.2 故障锁定

【检验工作指引】

该项要求的目的是在电气安全装置或监测装置检测到上述情况时，要求修理保养人员彻底查明原因，在排除故障后，才能恢复运行。为满足此要求，如采用安全开关，该开关应是手动复位的；如采用安全电路或可编程电子安全系统，在切断电源或恢复供电后，应能储存故障信息并保持锁定（如软件锁定，储存在 EPROM 中可失电保存），只有按规定的方式手动复位后，才能解除故障锁定。

除了 6.3 超速保护装置之外，6.4 非操纵逆转保护，6.5 梯级、踏板或胶带的驱动元件保护，6.7 梯级或踏板的下陷保护，6.8 梯级或踏板的缺失保护，6.12 制动器松闸故障保护等所涉及的故障保护均需满足故障锁定的要求。

【定期检验工作指引】

根据 TSG T7005 中注 C-2 对标★项目的规定，对于按照 GB 16899—1997 及更早期标准生产的自动扶梯和自动人行道，相应项目可以不检验，或者可以按照国质检锅[2002]360 号国质检锅[2002]360 号《自动扶梯和自动人行道监督检验规程》中的有关规定进行检验，由于其国质检锅[2002]360 号《自动扶梯和自动人行道监督检验规程》对该电气安全装置没有要求设置故障锁定功能，所以在定期检验时，对于按照 GB 16899—1997 及更早期标准生产的自动扶梯和自动人行道，本项可以按无此项处理。

6.4 非操纵逆转保护

项目及类别	检验内容与要求	检验方法
6.4 非操纵逆转保护 B	（1）自动扶梯或 $\alpha \geqslant 6^\circ$ 的倾斜式自动人行道应设置一个装置，使其在梯级、踏板或胶带改变规定运行方向时，自动停止运行； ★（2）该装置动作后，只有手动复位故障锁定，并操作开关或检修控制装置才能重新启动自动扶梯和自动人行道。即使电源发生故障或恢复供电，此故障锁定应始终保持有效	由施工单位或修理保养单位按制造厂提供的方法进行试验，检验人员现场观察、确认

【定期检验工作指引】

根据 TSG T7005 中附件 C 注 C-3 的规定，该项目对于制造日期为 1998 年 2 月 1 日以前的设备不作为否决项，按 C 项中处理，允许监护使用。

6.4.1 设置

【说明解释】

（1）非操纵逆转通常发生在当有载上行时，由于传动机构失效、电动机转矩不足等原因，造成上行动力不足或失去动力，在乘客载荷的作用下，改为向下溜车，乘客在下部出入口快速堆积，造成相互之间的挤压和踩踏事故，因此一旦该保护装置失效，将有可能发生事故。

（2）非操纵逆转保护装置常见的有两种类型：

1）机械式非操纵逆转装置，一般都是采用安全开关方式；

2）非机械式的非操纵逆转保护装置，是利用与 TSG T7005 中 6.3 超速保护装置第二种类型类似的磁感应开关或光电开关获取运行速度和方向信号，通过控制系统进行比较和判断。由于非机械式非操纵逆转保护装置一般都不是安全触点，无法采用安全开关方式，而是采用安全电路或可编程电子安全相关系统(PESSRAE)方式。

(3) 非操纵逆转保护装置信号采集位置也可分为两种类型：

1) 在梯级或者与梯级刚性连接的位置上采集信号，如图 5-153 所示，信号采集装置主要由两个接近开关组成，装在扶梯行架里，当梯级肋边接近时接近开关动作。在扶梯向上运行时，梯级肋边先经过接近开关 1，后经过接近开关 2，扶梯控制系统通过判断接近开关动作的先后次序来判断扶梯的运行方向。

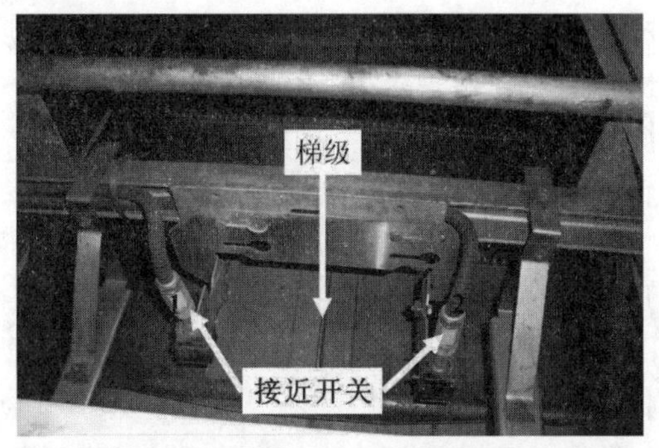

图 5-153　信号采集位置在梯级上的非操纵逆转保护装置

2) 在与梯级非刚性连接的电动机等位置上采集信号，如图 5-154 所示，旋转编码器检测电机速度并和微机内的设定值比较，判断自动扶梯发生欠速或者逆转。

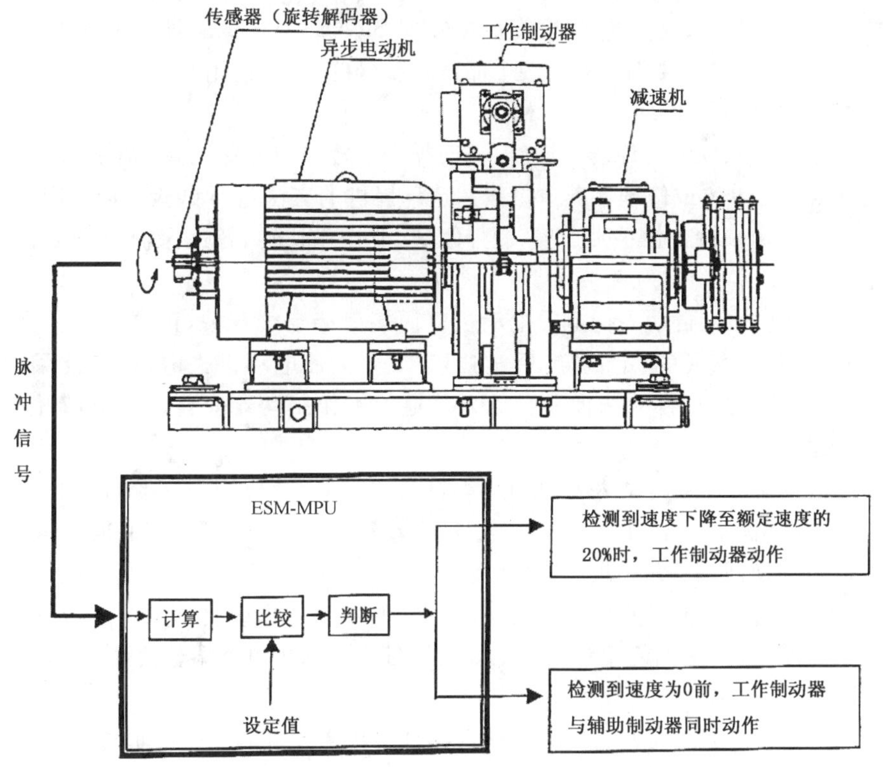

图 5-154　信号采集位置在电动机上的非操纵逆转保护装置

3) 对于没有附加制动器的自动扶梯或倾斜式自动人行道，由于非操纵逆转保护装置是利用工作制动器停止自动扶梯或倾斜式自动人行道运行，所以在哪采集信号都可以。但对于有附加制动器的自动扶梯或倾斜式自动人行道，如果在与梯级非刚性连接的电动机等位置上采集信号，一旦发生驱动链断链、驱动主机位移等传动机构失效导致非操纵逆转，附加制动器就不能起作用，所以对于有附加制动器的自动扶梯或倾斜式自动人行道，应在梯级或者与梯级刚性连接的位置上采集信号，具体要求详见 TSG T7005 中 6.13(2) 。

(4) 根据 GB 16899—2011 中 5.4.2.3.2 的要求，非操纵逆转保护装置应是在梯级，踏板或胶带改变规定运行方向时动作。考虑到踏板或胶带如果从正常额定速度运行到改变规定运行方向，必须经过欠速过程。所以早期有部分自动扶梯或倾斜式自动人行道（如上海三菱），是用欠速保护代替非操纵逆转保护。

【监督检验工作指引】

(1) 判断非操纵逆转保护装置选用安全开关、安全电路、可编程电子安全相关系统(PESSRAE)三种方式中的哪种方式。如果采用安全开关方式，则要验证安全开关的动作应使触点强制地机械断开，甚至两触点熔接在一起也应强制地机械断开；当所有触点断开元件处于断开位置时，且在有效行程内动触点和驱动机构之间无弹性元件（例如弹簧）施加作用力，则触点获得强制的机械断开。

(2) 如果采用安全电路或者可编程电子安全相关系统(PESSRAE)方式，则要制造单位提供相应的含有电子元件的安全电路、可编程电子安全相关系统(PESSRAE)型式试验证书。而且型式试验合格证书产品配置表中的安全功能应包括非操纵逆转保护监控功能，要核查现场非操纵逆转保护监控传感装置的主参数、系统组成、主要部件（品牌、型号及数量）是否与安全电路、可编程电子安全相关系统(PESSRAE)型式试验证书上的配置表内容完全一致，如果配置表中主要部件列出多个品牌及型号的，实际使用时可以换用。

【检验工作指引】

应根据不同的操纵逆转原理，选择以下非操纵逆转保护装置试验方法：

(1) 可由施工单位或修理保养单位按制造厂提供的方法进行试验。例如图 5-146 所示是西子奥的斯的用来检查扶手带速度、制停距离、非操作逆转、超速保护四项功能的现场信号模拟器。

(2) 在自动扶梯或自动人行道的电动机电源端串接空气开关，正常向上启动自动扶梯或自动人行道，达到名义（额定）速度后，切断空气开关使电动机失电，在梯级、踏板或胶带改变规定运行方向之前，自动扶梯或自动人行道的工作制动器应自动抱闸，制停自动扶梯或自动人行道。

(3) 拆除自动扶梯或自动人行道的电动机两相供电线（应用绝缘胶布包好，防止触电，并做好标记，防止恢复时错相），正常向上启动自动扶梯或自动人行道，并向下手动盘车，工作制动器应自动抱闸，制停自动扶梯或自动人行道。

(4) 对于使用非机械式非操纵逆转保护装置的自动扶梯或自动人行道，可以将运行方向传感器信号线对调，例如使用默纳克系统的设备将 28、29 两个端子接线对调，正常启动自动扶梯或自动人行道后，应立即停止运行。

(5) 用专用仪器如珠海特检院自主研发的自动扶梯或自动人行道非操纵逆转保护检测仪进行试验。

【常见事例】

非操纵逆转保护装置常见的有两种类型：

（1）机械式非操纵逆转保护装置。常见的机械式超速保护开关有：

1）日立某型号自动扶梯，如图5-155和图5-156所示，防逆转摆杆的前端压住链轮的侧面，两者之间产生一定的摩擦力。正常上行时，链轮带动摆杆前端往下摆动一定角度，其后端相应地往上摆动，触发上部检测开关断开。正常下行时，下部的检测开关断开。如果梯级在上行过程中突然改变运行方向，摆杆将触发下部的检测开关断开。这将切断控制电路，工作制动器动作使设备停止运行。

表示记号	——	规定值	判定	备注
URS	Z	3.0～3.5 mm		上升
	Z'	3.0～3.5 mm		下降

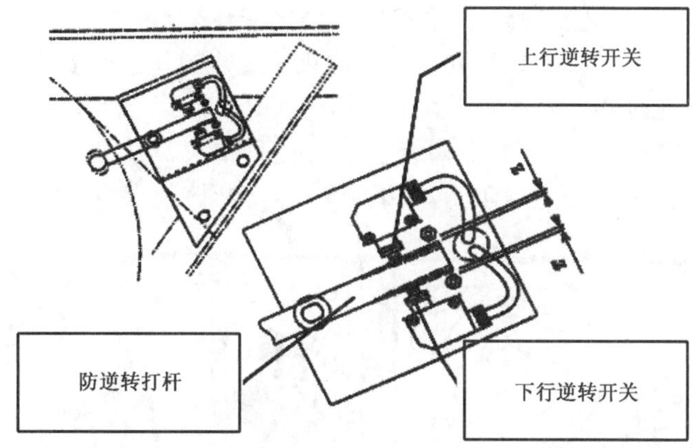

图5-155　日立某型号自动扶梯机械式非操纵逆转保护装置原理

图5-156　日立某型号自动扶梯机械式非操纵逆转保护装置实物

2）图5-157所示是另一种机械式非操作逆转安全装置，其原理类似日立的非操作逆转保护装置，非操作逆转开关摆杆摆向运行方向，如果梯级在上行过程中突然改变运行方向，凹轮反向摆动摆杆使非操作逆转开关动作，切断控制电路，使设备停止运行。

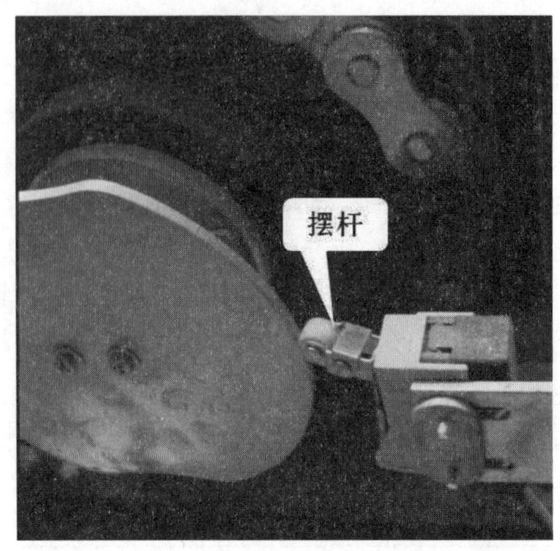

图 5-157　一种机械式非操作逆转安全装置

3）图 5-158 所示为三菱 HE 系列自动扶梯机械式非操作逆转安全装置，该装置设置在上部桁架扶手驱动链的第一级张紧装置上。如图 5-159 所示，当自动扶梯正常启动后，非操作逆转开关摆杆摆向运行方向，如果梯级在上行过程中突然改变运行方向，如图 5-160 所示，凸轮凹孔反向摆动摆杆使非操作逆转开关动作，切断控制电路，使自动扶梯停止运行。

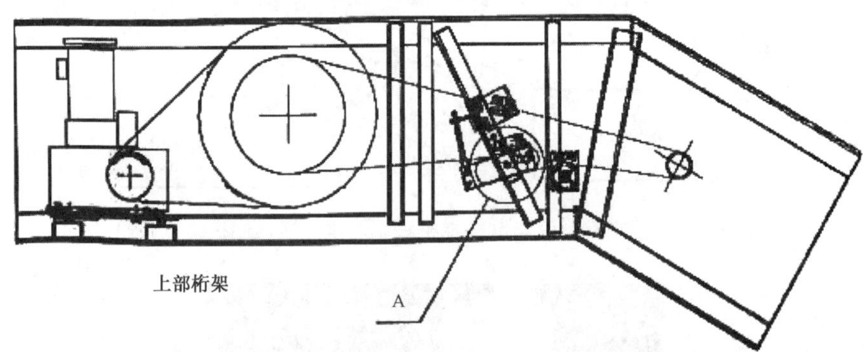

图 5-158　三菱 HE 系列自动扶梯机械式非操作逆转安全装置

图 5-159　非操作逆转安全装置凸轮、摆杆实物图

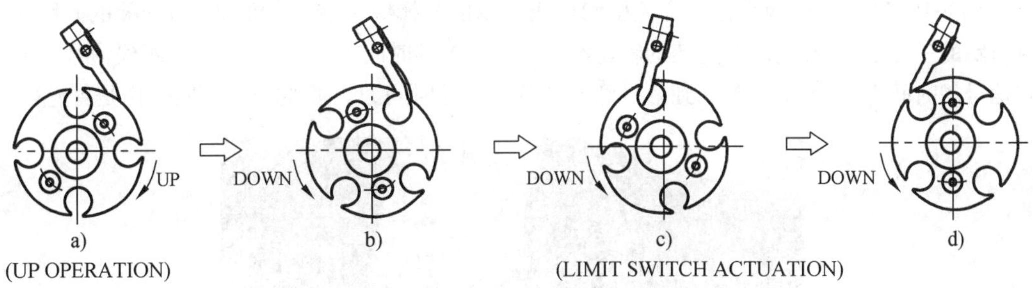

图 5-160　非操作逆转安全装置摆杆动作过程

(2) 非机械式非操纵逆转保护装置

非机械式非操纵逆转保护装置是利用磁感应开关、光电开关或旋转编码器等获取运行速度信号,由控制系统进行比较和判定,可以安装在不同位置。由于非机械式超速保护开关一般都不是安全触点,而是采用安全电路或可编程电子安全相关系统(PESSRAE),所以要查看制造单位提供的相应的含有电子元件的安全电路、可编程电子安全相关系统(PESSRAE)型式试验证书产品配置表中的安全功能是否包括非操纵逆转保护功能。并要核查现场可编程电子安全相关系统(PESSRAE)产品的主参数、系统组成、主要部件(品牌、型号及数量)是否与安全电路、可编程电子安全相关系统(PESSRAE)型式试验证书上的配置表内容完全一致,如果配置表中主要部件列出多个品牌及型号的,实际使用时可以换用。

三菱 HE 系列自动扶梯除有机械式非操作逆转保护装置外,还有一套低速保护装置,从电气方面实现非操作逆转保护。如图 5-148 和图 5-149 所示,低速保护装置 GOV 安装在驱动装置的电动机飞轮侧,当自动扶梯在正常运行时,由于严重超载等原因,使阻力矩超过了自动扶梯电动机转动力矩,自动扶梯运行速度减慢到低速保护装置 GOV 动作速度时,GOV 的传感器将信号传入控制器,控制器通过信号的变化来判断自动扶梯的运行情况,如果发生过低速度运行或逆转等异常情况,控制器动作使自动扶梯停止运行。

图 5-161 所示的安装在梯级链轮上的非操纵逆转保护装置,上行的自动扶梯发生逆转变为下行时,安全开关动作,切断安全回路,有附加制动器时同时切断附加制动器电源。下行时该开关由下行接触器副触点短接。

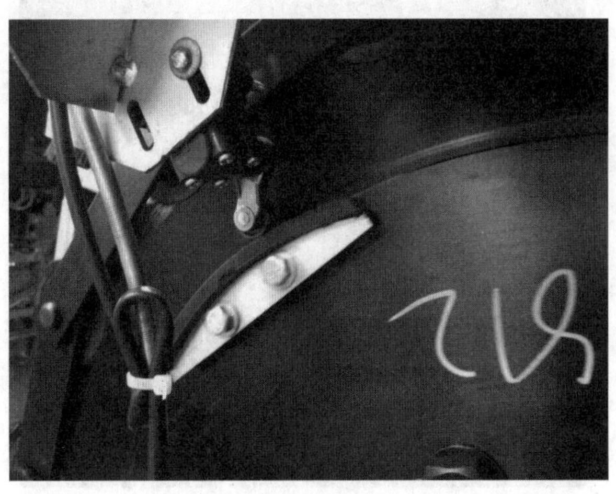

图 5-161　安装在梯级链轮上的非操作逆转保护装置

图 5-162 所示是用两个接近开关检测梯级辅轮的非操纵逆转保护装置，两开关的间距为梯级节距的三分之二，假定两个连续的辅轮经过同一开关的时间为 3，则上行时 A 测到信号到 B 测到信号的时间为 2，下行时 A 测到信号到 B 测到信号的时间为 1，据此可以判断扶梯是否逆行。

图 5-162　用两个接近开关检测梯级辅轮的非操作逆转保护装置

图 5-163 所示是安装在驱动主机上的非操纵逆转保护装置。驱动主机飞轮上有一定间隔的孔，当孔经过接近开关时，接近开关输出电平变化，当飞轮快速旋转时，接近开关输出与速度成比例的脉冲信号，处理器接收此脉冲信号，并将之转换成扶梯速度。当扶梯超速或欠速时，输出信号切断主机供电电源。

图 5-163　安装在驱动主机上的非操纵逆转保护装置

6.4.2　故障锁定

【检验工作指引】

参见 TSG T7005 中 6.3(2)项的工作指引。

【定期检验工作指引】

参见 TSG T7005 中 6.3(2)项的工作指引。

6.5　梯级、踏板或胶带的驱动元件保护

项目及类别	检验内容与要求	检验方法
6.5 梯级、踏板或胶带的驱动元件保护 B	(1) 直接驱动梯级、踏板或胶带的元件(如:链条或齿条)断裂或过分伸长,自动扶梯或自动人行道应自动停止运行; ★(2) 该装置动作后,只有手动复位故障锁定,并操作开关或检修控制装置才能重新启动自动扶梯和自动人行道。即使电源发生故障或恢复供电,此故障锁定应始终保持有效	模拟驱动元件断裂或者过分伸长的状况,检查动作装置能否使安全装置动作,并且使设备停止运行;根据故障锁定原理,检查故障锁定功能是否有效

6.5.1　设置

【说明解释】

GB 16899—2011 中 5.4.3.1 明确“自动扶梯的梯级应至少用两根链条驱动”,因此该条款中“直接驱动梯级、踏板或者胶带的元件”为自动扶梯或自动人行道的大链条。该保护是指自动扶梯或自动人行道大链条的断裂或过分伸长的保护,而不是针对驱动主机与大链条驱动轴之间的小链条。

GB 16899—2011 中未规定小链条要设置断链保护,对于需要设置附加制动器的自动扶梯或自动人行道,附加制动器需要在梯级、踏板或胶带改变其规定运行方向时动作,这时可能需要设置小链条的断链保护来实现其功能。

【检验工作指引】

图 5-164 所示是该保护装置的一种常见形式,当梯级链断裂或过分伸长时,压缩弹簧使与张紧链轮轴连接的张紧杆往左侧移动,通过打板使安全开关动作。检验时,除了检查安全开关之外,还应检查安全开关与打板的相对位置及固定情况,确认在打板正常行程范围内能触发安全开关动作。

图 5-164　一种常见的梯级链断裂或过分伸长保护

6.5.2 故障锁定

【检验工作指引】

参见 TSG T7005 中 6.3(2)项的工作指引。

【定期检验工作指引】

参见 TSG T7005 中 6.3(2)项的工作指引。

6.6 驱动装置与转向装置之间的距离缩短保护

项目及类别	检验内容与要求	检验方法
6.6 驱动装置与转向装置之间的距离缩短保护 B	驱动装置与转向装置之间的距离发生过分伸长或缩短时,自动扶梯或自动人行道应自动停止运行	模拟驱动装置与转向装置之间的距离伸长或者缩短的状况,检查动作装置能否使安全装置动作,并且使设备停止运行

【说明解释】

本条款中“驱动装置”是指自动扶梯或自动人行道大链条的驱动装置,通常为上端站的大链轮。本条款中“转向装置”也是指自动扶梯或自动人行道大链条的转向装置,通常为下端站的大链轮。

在某些特殊情况下(例如地震或者桁架结构变形)的情况下,自动扶梯或自动人行道的大链条并未断裂也未发生伸长,但由于桁架的结构变形导致上下端站大链轮之间的距离缩短,这种情况下,为了防止发生有关事故,自动扶梯或自动人行道应当停止运行。

该条款的驱动装置并非驱动主机,转向装置也不是小链条的转向装置,因此该保护不是对驱动主机与大链轮之间距离缩短的保护。

【检验工作指引】

TSG T7005 中 6.5 断链保护装置也可作为 TSG T7005 中 6.6 项保护装置的一种形式。自动扶梯或自动人行道下端站大链轮的结构如图 5-165 所示,下端站大链轮的轴可以沿桁架结构水平移动,当大链条过分伸长、断裂或者驱动装置与转向装置距离缩短时,图 5-164 中张紧杆相应地往左或往右移动,固定在其上面的两块打板都应能够使安全开关断开。

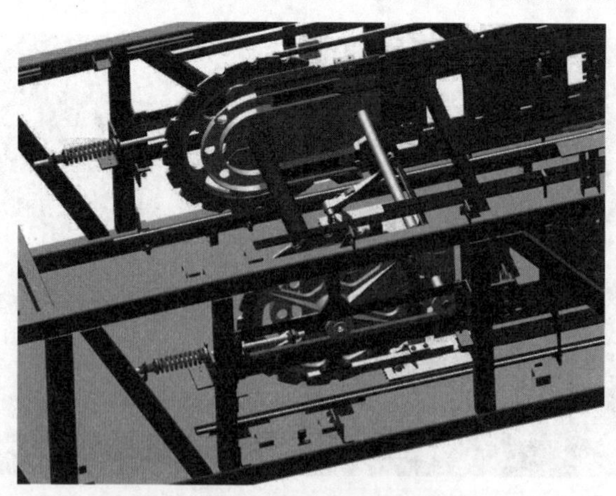

图 5-165 下端站大链轮结构示意图

6.7　梯级或踏板的下陷保护

项目及类别	检验内容与要求	检验方法
6.7 梯级或踏板的下陷保护 B	（1）当梯级或踏板的任何部分下陷导致不再与梳齿啮合，应有安全装置使自动扶梯或自动人行道停止运行。该装置应设置在每个转向圆弧段之前并在梳齿相交线之前有足够距离的位置，以保证下陷的梯级或踏板不能到达梳齿相交线； ★（2）该装置动作后，只有手动复位故障锁定，并操作开关或检修控制装置才能重新启动自动扶梯和自动人行道。即使电源发生故障或恢复供电，此故障锁定应始终保持有效。 本条不适用于胶带式自动人行道	卸除1～2个梯级或踏板，将缺口检修运行至安全装置处： （1）检查安全装置离梳齿相交线的距离是否大于工作制动器的最大制停距离； （2）检查动作装置能否使安全装置动作，并且使设备停止运行； （3）根据故障锁定原理，检查故障锁定功能是否有效

【适用范围】

对于使用胶带自动人行道，本项填写“无此项”。

【定期检验工作指引】

根据 TSG T7005 附件 C 注 C-3，该项目对于制造日期为 1998 年 2 月 1 日以前的设备不作为否决项，按 C 项处理，允许监护使用。

6.7.1　设置

【检验工作指引】

（1）在梯级（踏板）轮破裂或过度磨损的情况下，梯级（踏板）将下陷，其后果是梯级（踏板）不能与梳齿正常啮合，两者之间的间隙增大，乘客的脚、裤子和裙子等可能被夹入其中，从而造成伤害。

（2）该项目在检修状态下检验，而且要注意，梯级（踏板）最低点与检测杆之间的间隙不应大于梳齿板与梯级的啮合尺寸（见 5.1）。该保护装置应带有故障锁定功能。

（3）本条不适用于胶带式自动人行道。

（4）图 5-166～图 5-168 所示为该保护装置的几种常见形式。当梯级因滚轮磨损或破裂而下陷时，梯级后轮轴的下端将碰到立杆，与其相连的横轴随之转动，安装在横轴端部带凹口的转轮碰击开关，使自动扶梯停止运行。

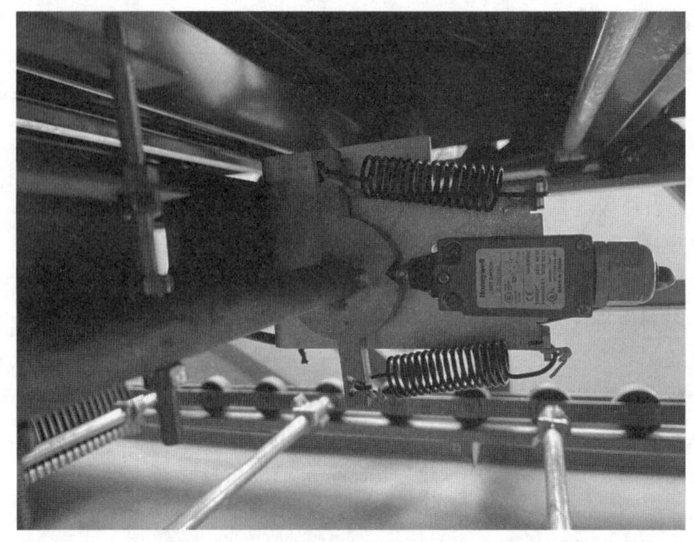

图 5-166　梯级或踏板的下陷保护常见型式一

图 5-167　梯级或踏板的下陷保护常见型式二

图 5-168　梯级或踏板的下陷保护常见型式三

6.7.2　故障锁定

【检验工作指引】

参见 TSG T7005 中 6.3(2)项的工作指引。

【定期检验工作指引】

参见 TSG T7005 中 6.3(2)项的工作指引。

6.8　梯级或踏板的缺失保护

项目及类别	检验内容与要求	检验方法
6.8 梯级或踏板的缺失保护 B	★(1) 自动扶梯和自动人行道应能通过装设在驱动站和转向站的装置检测梯级或踏板的缺失,并应在缺口(由梯级或踏板缺失而导致的)从梳齿板位置出现之前停止; ★(2) 该装置动作后,只有手动复位故障锁定,并操作开关或检修控制装置才能重新启动自动扶梯和自动人行道。即使电源发生故障或恢复供电,此故障锁定应始终保持有效	由施工或者维护保养单位卸除 1 个梯级或者踏板,将缺口运行至返回分支内与回转段下部相接的直线段位置后,正常启动设备上行和下行,检验人员检查: (1) 缺口到达梳齿板位置之前,设备是否停止运行; (2) 故障锁定功能是否有效

【说明解释】

(1) 当修理人员拆下梯级(踏板)进行修理后,如果未将其重新安装回去就恢复设备运行,乘客可能踏入因梯级(踏板)缺失而导致的缺口,从而造成被剪切或挤压的伤害。梯级或踏板缺失监测装置就是为了防止这种因人为疏忽造成的危险情况的发生。

如图 5-169 所示,在驱动站和转向站各设置一个监测装置,以确保无论设备上行还是下行,因梯级(踏板)缺失而导致的缺口都不会出现在入口处。驱动站和转向站所设置检测装置的保护功能应在正常运行状态下,分别进行验证。

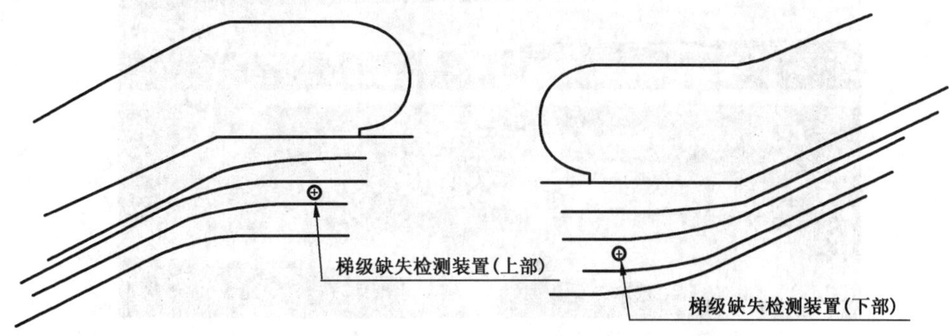

图 5-169　梯级或踏板的缺失检测装置设置位置要求

(2) 根据 GB 16899—2011 中 5.3.6,梯级或踏板的缺失保护应装设在驱动站和转向站内,但没有明确驱动站和转向站的范围,TSG T7005 中 6.8 试验方法中增加了“将缺口运行至返回分支内与回转段下部相接的直线段位置,正常启动设备上行和下行,分别检查缺口到达梳齿板位置之前，设备是否停止运行”。其中的“直线段”是指自动扶梯和自动人行道的直线段，如图 5-170 所示，如果梯级或踏板缺失监测装置安装在图中 0～1 的范围内，能保证缺口到达梳齿板位置之前停止设备运行，则是符合要求的。

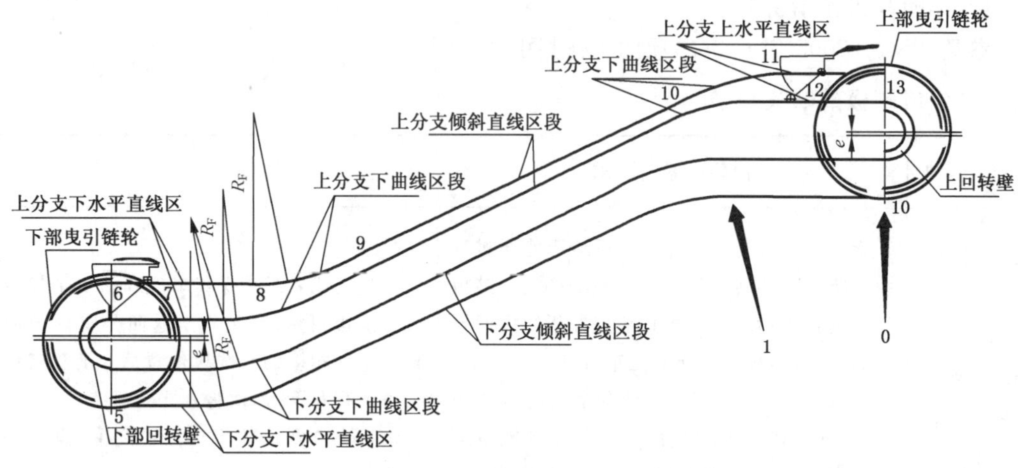

图 5-170　梯级或踏板的缺失检测装置设置位置要求

【常见事例】

某品牌电梯公司在 2014 年前生产的 9000 型自动扶梯，梯级缺失检测装置不是设置在驱动站和转向站内，而是安装在如图 5-171 所示上端站和下端站的梯级下陷检测装置旁。如果缺失的梯级刚好停在如图 5-172 所示返回分支内，正常启动设备上行和下行后，因梯级缺失而导致的缺口会出现在运行分支上，存在乘客踏入缺口而造成被剪切或挤压的伤害。由于该要求是在 2014 年 3 月 1 日以 1 号修改单方式加入 TSG T7005，所以部分在用的自动扶梯也会存在该问题。

图 5-171　设置在梯级下陷检测装置旁的梯级缺失检测装置

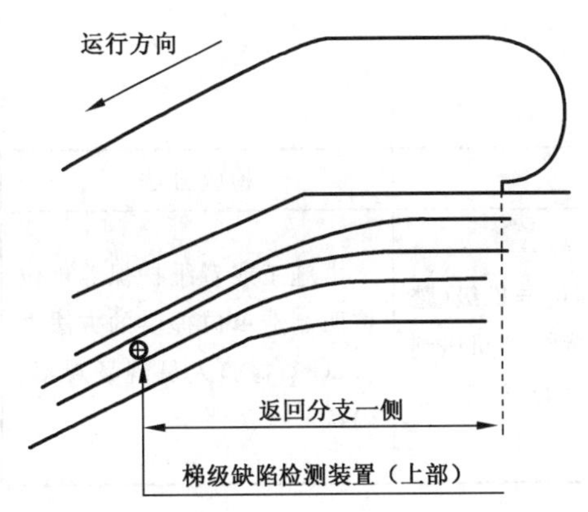

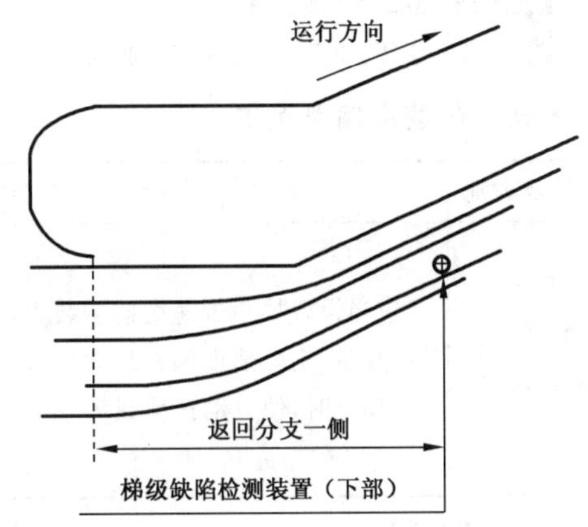

图 5-172　梯级缺失位置

6.8.1　设置

【检验工作指引】

(1) 卸除 1 个梯级或踏板，将缺口运行至如图 5-170 所示 1 位置之前的倾斜直线段，正常启动设备下行，在缺口到达梳齿板位置之前，设备应能停止运行。

(2) 用同样的方法，试验设备上行时是否同样有效。

【监督检验工作指引】

根据 GB 16899—2011 中 5.3.6 及其表 6 的要求，梯级或踏板的缺失监控装置可以选用安全开关、安全电路、可编程电子安全相关系统(PESSRAE)三种方式之一。但由于非常难以安全开关方式实现监控梯级或踏板的缺失功能，所以一般都采用安全电路或可编程电子安全相关系统(PESSRAE)。如果采用安全电路或者可编程电子安全相关系统(PESSRAE)方式监控梯级或踏板的缺失，制造单位应提供相应型式试验证书，而且型式试验合格证书产品配置表中的安全功能应包括梯级或踏板的缺失监控功能，并要核查现场梯级或踏板的缺失监控传感装置的主参数、系统组成、主要部件(品牌、型号及数量)是否与安全电路、可编程电子安全相关系统(PESSRAE)型式试验证书上的配置表内容完全一致，如果配置表中主要部件列出多个品牌及型号的，实际使用时可以换用。

【定期检验工作指引】

根据国家质检总局对编号为 20140228_73090234 公众留言的答复，该项目应该是标★的项目。依据 TSG T7005 对标★的项目规定，对于按照 GB 16899—1997 及更早期标准生产的自动扶梯和自动人行道，相应项目可以不检验，或者可以按照国质检锅〔2002〕360 号《自动扶梯和自动人行道监督检验规程》中的有关规定进行检验，由于国质检锅〔2002〕360 号《自动扶梯和自动人行道监督检验规程》其没有该电气安全装置检验项目，所以在定期检验时，对于按照 GB 16899—1997 及更早期标准生产的自动扶梯和自动人行道，本项可以按无此项处理。

6.8.2　故障锁定

【检验工作指引】

参见 TSG T7005 中 6.3(2)项的工作指引。

【定期检验工作指引】

参见 TSG T7005 中 6.3(2)项的工作指引。

6.9 扶手带速度偏离保护

项目及类别	检验内容与要求	检验方法
6.9 扶手带速度偏离保护 B	应当设置扶手带速度监测装置，当扶手带速度与梯级(踏板、胶带)实际速度偏差最大超过 15%，并且持续时间达到 5～15 s 时，使自动扶梯或者自动人行道停止运行	由施工或者维护保养单位按照制造单位提供的方法进行试验，检验人员现场观察、确认

【说明解释】

该项目是 TSG T7005 新增的要求。扶手带正常工作时应与梯级踏板或胶带同步。如果速度偏差过大，特别是当扶手带慢于梯级踏板时，会将乘客的手臂向后拉，乘客将因失去平衡而摔倒，从而受到伤害。

【监督检验工作指引】

参考 6.8.1。

【检验工作指引】

(1) 扶手带速度监控装置应监控扶手带速度偏离梯级、踏板或胶带实际速度，当扶手带与梯级、踏板或胶带实际速度同时偏离额定运行速度时，扶手带速度监控装置不需要动作。

(2) 按条文要求，当扶手带速度偏离梯级、踏板或胶带实际速度大于－15%且持续时间大于 5～15 s，该装置动作。

(3) 可由施工单位或修理保养单位按制造厂提供的方法进行试验。

(4) 定期检验，在自动扶梯或自动人行道正常运行时，直接拆除扶手带测速传感器接线，自动扶梯或自动人行道应在丢失信号 5～15 s 内停止运行。该方法的缺点是只能验证扶手带停止运行时该保护装置是否有效，没法验证扶手带速度偏离实际速度超过－15%时该保护装置是否能有效动作。

【常见事例】

图 5-173 所示为扶手带速度监控装置的一种型式，它通过与扶手带压轮同轴的旋转编码器来检测其运行速度。

【定期检验工作指引】

根据标★的项目规定，对于按照 GB 16899—1997 及更早期标准生产的自动扶梯和自动人行道，相应项目可以不检验，或者可以按照国质检锅〔2002〕360 号《自动扶梯和自动人行道监督检验规程》中的有关规定进行检验，由于其国质检锅〔2002〕360 号《自动扶梯和自动人行道监督检验规程》没有该电气安全装置检验项目，所以在定期检验时，对于按照 GB 16899—1997 及更早期标准生产的自动扶梯和自动人行道，本项可以按无此项处理。

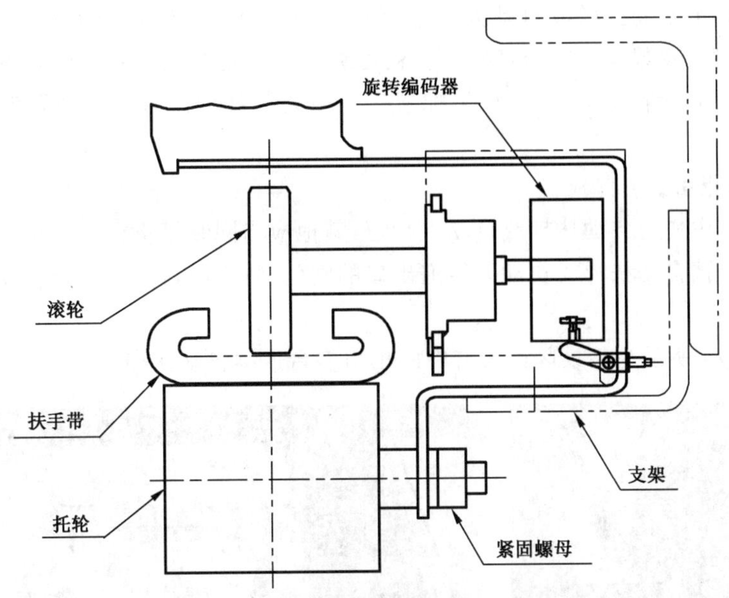

图 5-173　扶手带速度监控装置的一种型式

6.10　多台连续并且无中间出口的自动扶梯或自动人行道停止保护

项目及类别	检验内容与要求	检验方法
6.10 多台连续且无中间出口的自动扶梯或自动人行道停止保护 B	多台连续且无中间出口或中间出口被建筑出口(例如闸门、防火门)阻挡的自动扶梯或自动人行道，其中的任意一台停止运行时其他各台应同时停止	停止其中一台自动扶梯或自动人行道，其他应同时停止，或由施工单位或修理保养单位按制造厂提供的方法进行试验，检验人员现场观察、确认

【适用范围】

对于有中间出口且出口无障碍的自动扶梯或自动人行道，本项填写“无此项”。

【监督检验工作指引】

(1) 判断自动扶梯或自动人行道是否要设置多台连续并且无中间出口的自动扶梯或自动人行道停止保护装置，如果不用设置，可以判该项目“无此项”。

(2) 判断多台连续并且无中间出口的自动扶梯或自动人行道停止保护装置选用安全开关、安全电路、可编程电子安全相关系统(PESSRAE)三种方式中哪种方式。如果采用安全开关方式，则要验证安全开关的动作应使触点强制地机械断开，甚至两触点熔接在一起也应强制地机械断开；当所有触点断开元件处于断开位置时，且在有效行程内动触点和驱动机构之间无弹性元件(例如弹簧)施加作用力，则触点获得强制的机械断开。

(3) 如果采用安全电路或者可编程电子安全相关系统(PESSRAE)方式，则要求制造单位应厂提供相应的型式试验证书，而且型式试验合格证书产品配置表中的安全功能应包括多台连续并且无中间出口的自动扶梯或自动人行道停止保护功能，并要核查现场多台连续并且无中间出口的自动扶梯或自动人行道停止保护监控传感装置的主参数、系统组成、主要部件(品牌、型号及数量)是否与安全电路、可编程电子安全相关系统(PESSRAE)型式试验证书上的配置表内容完全一致,如果配置表中主要部件列出多个品牌及型号的,实际使用时可以换用。

【检验工作指引】

(1) 停止其中一台自动扶梯或自动人行道,其他应当同时停止。

(2) 关闭阻挡自动扶梯或自动人行道出口的闸门、防火门,自动扶梯或自动人行道应当停止运行。

(3) 图 5-174 所示为某景区设置有中间出口多台连续自动扶梯。

图 5-174 多台连续自动扶梯设置有中间出口

【特例】

图 5-175 所示为并列布置的多台连续自动扶梯,该自动扶梯中间未设置出口,但当其中一列的某台自动扶梯出现故障时,另一列的自动扶梯可以作为出口使用,可视为符合要求。

图 5-175 并列布置的多台连续自动扶梯

6.11 检修盖板和楼层板

项目及类别	检验内容与要求	检验方法
6.11 检修盖板 和楼层板 B	(1) 应当采取适当的措施(如安装楼层板防倾覆装置、螺栓固定等),防止楼层板因人员踩踏或者自重的作用而发生倾覆、翻转; ★(2) 监控检修盖板和楼层板的电气安全装置的设置应当符合下列要求之一: ① 移除任何一块检修盖板或者楼层板时,电气安全装置动作; ② 如果机械结构能够保证只能先移除某一块检修盖板或者楼层板时,至少在移除该块检修盖板或者楼层板后,电气安全装置动作	目测;开启检修盖板、楼层板,观察驱动主机能否启动

6.11.1 防止倾覆、翻转措施

【检验工作指引】

(1) 根据质检特函〔2015〕41 号文《关于立即开展自动扶梯与自动人行道安全检查的紧急通知》的要求,电梯使用、维护保养单位要重点检查设备的检修盖板、楼层板、防护挡板以及梳齿板等,发现事故隐患应当立即停止使用,并做好安全防护和疏散引导;维护保养作业后应对有关盖板的复位情况进行仔细确认,保障设备处于安全状态;电梯制造单位要密切跟踪自动扶梯与自动人行道的运行情况,对检修盖板和楼层板进行全面分析,如发现存在隐患的,要及时告知电梯使用单位,制定技术整改方案,并协助使用、维护保养单位落实整改措施,尽快消除事故隐患;如因设计制造等生产原因存在危及安全的同一性缺陷的,应当立即停止生产,主动采取召回措施。

(2) 自动扶梯出入口处盖板结构如图 5-176 所示。自动扶梯出入口盖板除梳齿板(包括梳齿板和梳齿支撑板)外,都属于楼层板,及时检修时可以移开个别楼层板,但也不能称为检修盖板。理由如下:

图 5-176 自动扶梯出入口盖板结构

1）按照 GB/T 7024—2008《电梯、自动扶梯、自动人行道术语》中 7.26，楼层板的定义为“设置在自动扶梯或自动人行道出入口，与梳齿板连接的金属板”。

2）GB 16899—2011 中表 6 的 n)“打开桁架区域的检修盖板和(或)移去或打开楼层板(见 5.2.4)”，从中可以看出，检修盖板位于桁架区域，且只能打开不能移去，类似于 GB 7588—2003 涉及的检修门或检修活板。楼层板既可以打开也可以移去。

3）GB 16899—2011 中 6.2 的 g)“踏面(梯级、踏板、楼层板和不包括梳齿的梳齿支撑板)的防滑性能证明文件(如果有)”。

(2) 有个别自动扶梯出入口楼层板为凸形，其突出端前沿搭接在前沿板上，两侧没有支撑，一旦凸形楼层板松动，相对前沿板发生移位导致前沿搭接失效，该楼层板存在翻转的隐患。如：苏州×龙电梯股份有限公司 FML(08 型)、×尼电梯(杭州)有限公司、吴江×胜机电有限公司、湖州×迅电梯有限公司等也有类似结构。

1）图 5-177 所示是 RL 品牌自动扶梯楼层板下面的结构。该扶梯出入口盖板由梳齿板、凸形楼层板和三块方形楼层板组成。由于梳齿板和凸形型楼层板为一体，两侧有螺栓固定在扶梯框架上，且中间部位有槽钢纵向支撑，因此使用过程中不会发生纵向移动，不会发生翻转、塌陷。

图 5-177　RL 品牌自动扶梯楼层板下面的结构

2）图 5-178 所示为 DS 品牌自动扶梯出入口盖板，由一块梳齿板和两块方形楼层板构成，图 5-179 所示为其盖板下局部结构，图 5-180 为其示意图。由图可以看出最接近梳齿板的楼层板在左右骨架上面各有 3 个螺栓固定，使用中不会产生纵向或横向移位，另外固定在梳齿板上，用来推动梳齿保护开关的两根长螺栓，也可以提供纵向承托的作用，因此使用过程中不会发生纵向移位，不会发生翻转、塌陷。

图 5-178　DS 品牌自动扶梯出入口盖板

图 5-179　DS 品牌自动扶梯出入口盖板下局部结构

图 5-180　DS 品牌自动扶梯出入口盖板示意图

3）图 5-181 所示是 XD 品牌的自动扶梯出入口结构，虽然其楼层板下面没有 RX 品牌的结构，左右没有 DS 品牌固定，梳齿板与楼层板有 10 mm 搭接，如图 5-182 所示（图中有 10 mm 是预留给梳齿板纵向活动，剩余 10 mm 搭接），因此使用过程中凸形楼层板会发生纵向移位，存在发生翻转、塌陷的安全隐患。但如果增加了如图 5-183 所示的长约 30 mm、有足够强度的支撑结构，则可消除该隐患。

图 5-181　XD 品牌的自动扶梯出入口结构

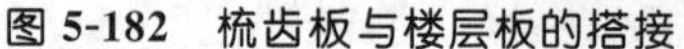

图 5-182 梳齿板与楼层板的搭接

图 5-183 加装支撑结构

4）图 5-184 所示是 TL 品牌的自动扶梯出入口结构，由梳齿板和四块楼层板组成。与梳齿板连接的第一块楼层板为方形，并且采用螺栓（上面一个，下面两个）和 L 型筋板固定在自动扶梯桁架上，如图 5-185 所示，因此不会发生纵向移动，不存在翻转、塌陷的安全隐患。但是由于其余三块楼层板均可纵向移动，如图 5-186 所示，导致楼层板 3 和 4 之间出现 10 mm 的间隙，其中楼层板 3 位于梯级正上面，且此处楼层板与正下方的梯级垂直距离近 25～35 mm，如图 5-187 所示，一旦有一硬质长条状物体掉入缝隙，楼层板 3 将被沿图中箭头方向运行的梯级掀翻，造成事故。

图 5-184 TL 品牌的自动扶梯出入口结构

图 5-185 螺栓和 L 型筋板固定

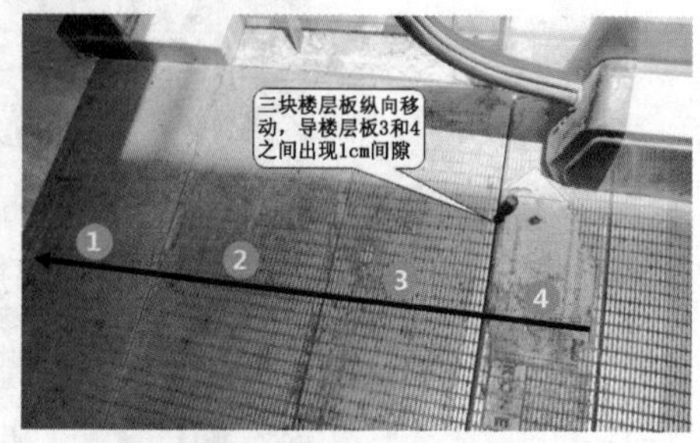

图 5-186 楼层板之间出现间隙

5）图 5-188 所示是 NY 品牌自动扶梯出入口结构，由梳齿板、梳齿板连接的山型楼层板和方形楼层板组成。由于梯级上方的楼层板为山形，因此即使其发生纵向移动，也不会翻转、塌陷。但该自动扶梯限制楼层板的框架左右两边与楼层板之间的间隙较大，如图 5-189 所示，存在塌陷的隐患，但不会“吃人”。

图 5-187　楼层板与梯级之间的垂直距离

图 5-188　NY 品牌自动扶梯出入口结构

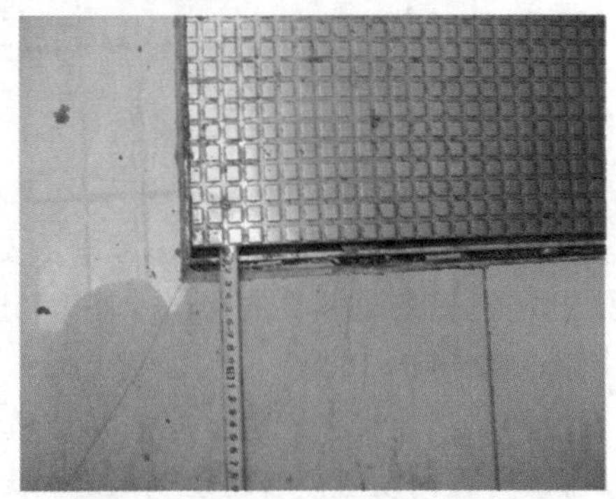

图 5-189　楼层板与其限制框架的间隙

6）图 5-190 所示为多块检修盖板和（或）楼层板机械互锁，它们只能按顺序打开。GB 16899—2011 的表 6 中 n）规定的电气安全装置只安装于第 1 块盖板，该种情况可视为符合要求，因为在第 1 块盖板未被打开的情况下，其他盖板不能打开，打开第 1 块盖板时表 6 n）规定的电气安全装置动作，符合 GB 16899—2011 中 5.12.2.2.4.1 所规定的“当发生由表 6 所列监测装置或电气安全装置（或功能）检测到的事件时，在按照 5.12.2.4 重新启动之前，驱动主机应不能启动或立即停止”。

图 5-190　多块楼层板机械互锁

续图 5-190

6.11.2 电气安全装置

【监督检验工作指引】

(1) 根据 GB 16899—2011 中 5.2.4 及其表 6 的要求，检修盖板和上下盖板监控装置可以选用安全开关、安全电路、可编程电子安全相关系统(PESSRAE)三种方式之一。如果使用安全开关，则安全开关的动作应直接切断驱动主机和制动器的电源。

(2) 根据 GB 16899—2011 中 5.12.1.2.2.1，安全开关的动作应使触点强制地机械断开，甚至两触点熔接在一起也应强制地机械断开。当所有触点断开元件处于断开位置时，且在有效行程内动触点和驱动机构之间无弹性元件(例如弹簧)施加作用力，则触点获得强制的机械断开。如果检修盖板和上下楼层板监控装置不是由安全电路或者可编程电子安全相关系统(PESSRAE)实现，则只能使用直接切断驱动主机和制动器电源的安全开关来实现。

图 5-191 所示均不符合安全开关要求。图 5-191a)中的开关为磁感性开关，不满足机械断开的要求；图 5-191b)～d)中的开关本身符合安全开关的要求，但作为监测楼层板开启的开关时，楼层板打开时(如图所示状态)开关断开(安全回路断开)，楼层板盖上时开关闭合(安全回路接通)，开关在由断开(楼层板打开)至接通(楼层板盖上)的过程是强制机械操作的，而由接通(楼层板盖上)至断开(楼层板打开)的过程是开关自带的弹簧操作的，不是强制断开。如果两个触点熔接在一起，弹簧是不能有效将开关断开的。因此不符合要求。

图 5-192 所示的开关在楼层板打开时，弹簧驱动金属杆向上移动，金属杆的后端斜面将开关强制机械地断开，该开关的动作符合安全开关的要求。但是该开关监测的是金属杆的顶起，而不是楼层板的打开。楼层板的打开与金属杆的顶起在弹簧有效的情况下是完全一致的，当弹簧失效时，金属杆的顶起与楼层板的打开这两个状态将没有对应关系。GB 16899—2011 中未规定安全开关的触发装置应符合哪些要求，但根据 GB 16899—2011 的其他条款的安全原则，以及机械设计的基本要求，在使用弹簧时需要考虑到弹簧的失效，因此该开关也不符合安全开关的要求。

a)

b)

图 5-191　不符合要求的安全开关

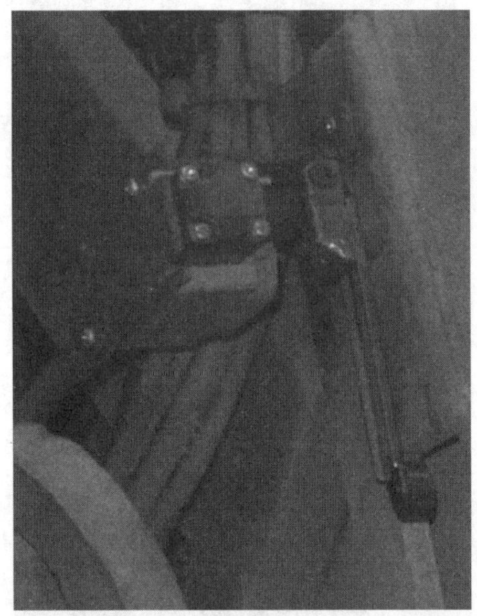

c)

d)

续图 5-191

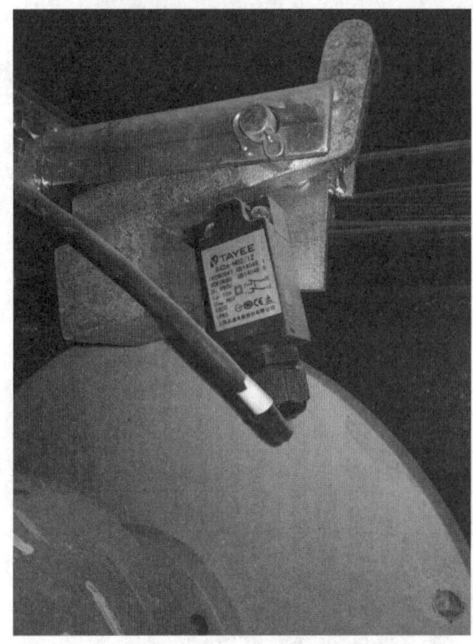

图 5-192　几种符合要求的安全开关

图 5-192 的开关使用带有重锤的杠杆触发，由于其未使用弹簧、钢丝绳等可能失效的结构，可以完全将盖板的打开与重锤的下落等同，因此该安全开关是监测盖板打开的安全开关。如果使用带有重锤的杠杆结构，该结构应基于良好的机械设计。否则在杠杆的变形、杠杆转动轴处的锁紧、重锤的质量太轻等均可能导致盖板打开后安全开关不能动作，这样的话也就不能符合要求。

(3) 如果检修盖板和上下楼层板监控装置选用安全电路,或者可编程电子安全相关系统(PESSRAE)方式,厂家应提供该型号型式试验合格证书,要重点查看型式试验合格证书产品配置表中的安全功能是否包括检修盖板和上下楼层板监控装置,并要核查现场监控传感装置的主参数、系统组成、主要部件(品牌、型号及数量)是否与安全电路或可编程电子安全相关系统(PESSRAE)型式试验证书上的配置表内容完全一致,如果配置表中主要部件列出多个品牌及型号的,实际使用时可以换用。

图 5-193 所示是某电梯品牌的 PESSRAE 型式试验证书。图 5-194 所示检修盖板和上下楼层板监控装置为 PESSRAE 的实例。

证书编号：TSX F36001420170076

附件

可编程电子安全相关系统适用参数范围和配置表

型号	MESD	结构型式	PCB
硬件版本	GCS-ECB 板：DBA26800AH MESB 板：GBA26800MF		
软件版本	GCS-ECB 板：DAA31601AAB MESB 板：DP231047AAA		
工作条件	工作温度：0℃~65℃，相对湿度≤95%，无凝露		
工作电压	DC 26V		
系统说明	梯级速度传感器 2 个或 1 个 2 路正交输出编码器，梯级和踏板缺失检测传感器 2 个，扶手带测速传感器 2 个，工作制动器检测开关 2 个，盖板打开检测开关 2 个，附加制动器状态检测开关 1 个，MESB 板一套，GCS-ECB 板一套。详见 T14-F360-17-076 号型式试验报告"3 硬件描述"。		

	产品功能	安全完整性等级
1	自动扶梯和自动人行道超速或运行方向的非操纵逆转防护	SIL 3
2	自动扶梯和自动人行道制停距离超出最大允许制停距离 1.2 倍检测	SIL 3
3	梯级或踏板缺失防护	SIL 2
4	扶手带速度偏离防护	SIL 2
5	自动扶梯和自动人行道启动后制动系统不释放监测	SIL 1
6	打开桁架区域的检修盖板和(或)移去或打开楼层板监测	SIL 1
7	附加制动器的动作检测	SIL 1

原发证日期：2016 年 03 月 17 日
换发证日期：2017 年 09 月 27 日
下次核查日期：2018 年 03 月 17 日前

图 5-193　某电梯品牌的 PESSRAE 型式试验证书

图 5-194　某电梯品牌的 PESSRAE 型式试验实例

【定期检验工作指引】

(1) 根据标★的项目规定，对于按照 GB 16899—1997 及更早期标准生产的自动扶梯和自动人行道，相应项目可以不检验，或者可以按照国质检锅〔2002〕360 号《自动扶梯和自动人行道监督检验规程》中的有关规定进行检验，由于国质检锅〔2002〕360 号《自动扶梯和自动人行道监督检验规程》没有规定该电气安全装置检验项目，所以在定期检验时，对于按照 GB 16899—1997 及更早期标准生产的自动扶梯和自动人行道，本项可以按无此项处理。

(2) 若监控装置安装不当，易于误动作，有些维护保养人员采用把监控装置固定的方式防止误动作，如图 5-195 所示，可判为不合格。

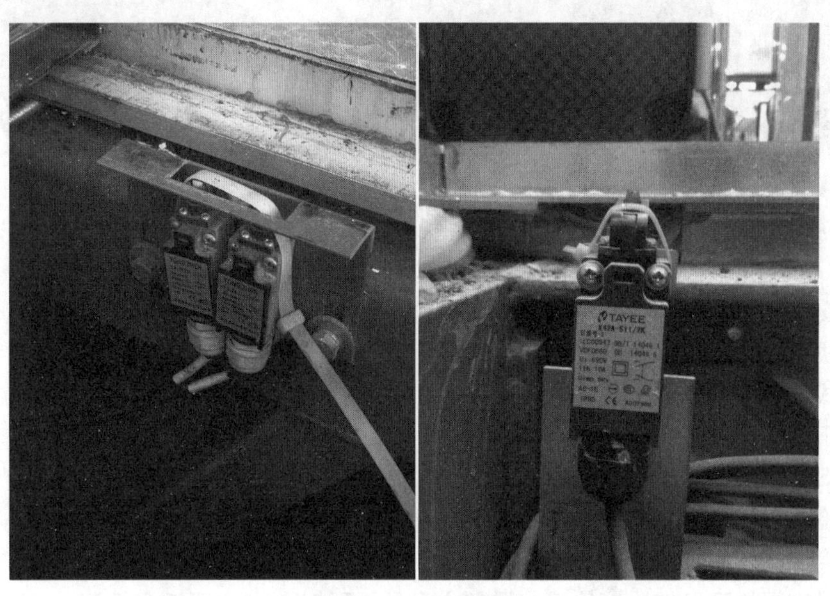

图 5-195　采用把监控装置固定的方式防止误动作

6.12 制动器松闸故障保护

项目及类别	检验内容与要求	检验方法
6.12 制动器松闸 故障保护 B	★(1) 应设置制动系统监控装置，当自动扶梯和自动人行道启动后，制动系统没有松闸，驱动主机应立即停止； ★(2) 该装置动作后，即使电源发生故障或恢复供电，此故障锁定应始终保持有效	由施工单位或修理保养单位按制造厂提供的方法进行试验，检验人员现场观察、确认

6.12.1 设置

【检验工作指引】

制动器松闸故障保护监控传感装置如图 5-196 所示，正常运行启动时两个制动臂向两侧张开，只要其中一个制动臂没有张开到位，自动扶梯或自动人行道应在几秒钟内停止运行，且不能再次启动。

图 5-190 制动器松闸故障保护装置

【监督检验工作指引】

根据 GB 16899—2011 中 5.4.2.1.1 及其表 6 的要求，制动器松闸故障保护监控装置可以选用安全开关、安全电路、可编程电子安全相关系统(PESSRAE)三种方式之一。但由于在自动扶梯或自动人行道停止时，制动器处于闭合状态，即制动器松闸故障保护难以安全触点方式直接切断安全回路，所以一般都用安全电路或可编程电子安全相关系统(PESSRAE)方式监控制动器松闸故障保护。如果采用安全电路或者可编程电子安全相关系统(PESSRAE)方式监控制动器松闸故障保护，制造单位应提供相应型式试验证书。而且型式试验合格证书产品配置表中的安全功能应包括制动器松闸故障保护监控功能，制动器松闸故障保护监控传感装置规格、型号应与型式试验合格证书品配置表一致，并要核查现场制动器松闸故障保护监控传感装置的主参数、系统组成、主要部件(品牌、型号及数量)是否与安全电路或可编程电子安全相关系统(PESSRAE)型式试验证书上的配置表内容完全一致，如果配置表中主要部件列出多个品牌及型号的，实际使用时可以换用。

【定期检验工作指引】

根据标★的项目规定，对于按照 GB 16899—1997 及更早期标准生产的自动扶梯和自动人行道，相应项目可以不检验，或者可以按照国质检锅[2002]360 号《自动扶梯和自动人行道监督检验规程》中的有关规定进行检验，由于国质检锅[2002]360 号《自动扶梯和自动人行道监督检验规程》没有规定该电气安全装置检验项目，所以在定期检验时，对于按照 GB 16899—1997 及更早期标准生产的自动扶梯和自动人行道，本项可以按无此项处理。

6.12.2　故障锁定

【检验工作指引】

参见 TSG T7005 中 6.3(2)项的工作指引。

【定期检验工作指引】

参见 TSG T7005 中 6.3(2)项的工作指引。

6.13　附加制动器

项目及类别	检验内容与要求	检验方法
6.13 附加 制动器 B	(1) 在下列任何一种情况下，自动扶梯和倾斜式自动人行道应当设置一个或多个机械式(利用摩擦原理)附加制动器： ① 工作制动器和梯级、踏板或者胶带驱动装置之间不是用轴、齿轮、多排链条、多根单排链条连接的； ② 工作制动器不是机—电式制动器； ③ 提升高度超过 6 m； ④ 公共交通型。 (2) 附加制动器应功能有效	目测；由施工单位或修理保养单位按照制造厂提供的方法，进行试验，检验人员现场观察、确认

【适用范围】

对于不在 TSG T7005 中 6.13(1) 项所列范围，且没有设置附加制动器的自动扶梯和倾斜式自动人行道，本项填写“无此项”。

6.13.1　设置

【检验工作指引】

(1) 注意有部分如图 5-197 所示用皮带传动驱动的自动扶梯，虽然电动机与减速箱之间是用皮带连接，减速箱与梯级驱动轮之间是用双排链连接而工作制动器设置在减速箱上，但是该情况不要求设置附加制动器。

(2) 由于在 GB 16899—2011 实施之前，对公共交通型自动扶梯与倾斜式自动人行道没有强制要求设置附加制动器，因此有部分在用的，提升高度不超过 6 m 的公共交通型自动扶梯与倾斜式自动人行道没有设置附加制动器。《质检总局特种设备局关于开展车站、商场电梯专项检查工作的通知》(质检特函〔2014〕26 号)要求：“特种设备检验检测机构应加强车站、商场等人员密集场所电梯的检验，特别要认真落实《电梯监督检验和定期检验规则——自动扶梯与自动人行道》(TSG T7005—2012)第 1 号修改单的要求，对公共交通型自动扶梯与倾斜式自动人行道附加制动器的设置进行检验。”因此在定期检验中，如果发现在用的没有设置附加制动器的公共交通型自动扶梯与倾斜式自动人行道，应向使用、维护保养单位提出整改要求，并报告安全监察机构。

图 5-197　皮带传动驱动主机

【参考做法】

根据 TSG T7005 的要求，如果工作制动器和梯级、踏板或者胶带驱动装置之间不是用轴、齿轮、多排链条、多根单排链条连接的，自动扶梯和倾斜式自动人行道应当设置一个或多个机械式(利用摩擦原理)附加制动器。

该项目在定检是不带★的 B 类项目，而且也不在“注 C-3：2.2 防护、6.2 梳齿板保护、6.4 非操纵逆转保护、6.7 梯级或踏板的下陷保护、7.1 检修控制装置的设置、7.2 检修控制装置的操作、10.2 扶手带的运行速度偏差等 7 个项目，对于制造日期为 1998 年 2 月 1 日以前的设备不作为否决项，按 C 项处理”的范围内。

在 GB 16899—1997 颁布实施之前，有部分制造日期在 1998 年 2 月 1 日以前的自动扶梯和自动人行道，工作制动器和梯级、踏板或者胶带驱动装置之间是单排链条连接，但没有符合 GB 16899—1997 或 GB 16899—2011 所要求的附加制动器(见图 5-192)。这些使用约二十年还能正常使用的自动扶梯和自动人行道，大多是进口的自动扶梯和自动人行道。

对于如图 5-198 所示的单排驱动链的自动扶梯或自动人行道，当连接驱动主机与梯级链轮的链条断裂或松脱时，可以通过机械方式使一个带开口槽的楔块作用在链轮上，通过楔块开口槽与链轮侧面之间的摩擦力实现制动。虽然工作方式与现在的附加制动器一样，但没有 GB 16899—1997 或 GB 16899—2011 所要求的在速度超过名义(额定)速度 1.4 倍之前或者发生非操纵逆转时应动作的电气触发功能。但 TSG T7005 只对什么情况应设置附加制动器有要求，但对附加制动器如何设置没有要求，对附加制动器只是要求“附加制动器应当功能

图 5-198　单排驱动链的自动扶梯

有效”,因此可以将这套驱动链断链保护装置视为没有电气触发功能的附加制动器。所以如果这套驱动链断链保护装置能有效制停自动扶梯或自动人行道,可判本项合格。

对于只有单排驱动链且无附加制动器的上海三菱电梯有限公司制造的自动扶梯或自动人行道,该公司提供了一套整改方案,可以将单排驱动链改为双排驱动链。由于将单排驱动链改为双排驱动链没有改变自动扶梯或自动人行道的主要参数,可以视为重大修理。

【常见事例】

(1) 图 5-199 所示是一种在华东地区比较常见的楔块-制动盘式附加制动器,江南嘉捷电梯股份有限公司、杭州西子孚信科技有限公司(OEM 厂商)等采用类似型式。

图 5-199 楔块-制动盘式附加制动器实物

图 5-200 所示是该附加制动器结构示意图,附加制动器安装在双排链轮 7 中,当由于驱动链断链或其他原因引起附加制动器开关动作时,拉杆带动挡块 2 使之向内旋转,伸入制动盘 5 内,卡住制动盘上的制动块 4。制动盘上的制动闸 3 在制动弹簧 6 的作用下,向外释放,顶住双排链轮 7,在摩擦力的作用下使双排链轮停止转动,从而使主传动轴 8 停止转动。

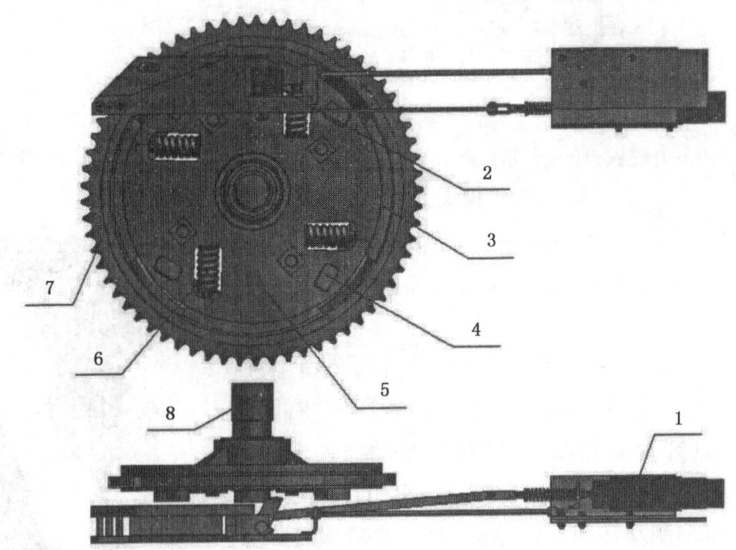

1—电磁阀;2—挡块;3—制动闸;4—制动块;5—制动盘;6—制动弹簧;7—双排链轮;8—主传动轴。

图 5-200 楔块-制动盘式附加制动器结构示意

(2) 图 5-201 所示是一种比较常见的楔块-制动环式附加制动器,迅达电梯有限公司、苏州申龙电梯股份有限公司、吴江全胜机电有限公司、西尼电梯(杭州)有限公司、通快电梯(苏州)有限公司、湖州上迅电梯有限公司等电梯公司采用类似型式的附加制动器。该类型附加制动器结构如图 5-202 所示,动作方式和结构形式与楔块-制动盘式附加制动器类似,只是用制动环代替制动盘。制动环一般有四到六个止挡，制动环与链轮之间垫有高摩擦系数的制动衬垫片，并通过六组螺栓组合来调整摩擦力。该类型附加制动器动作时，通过电磁线圈脱钩机构使楔块卡入制动环止挡，使制动环停止转动，制动环与链轮之间的摩擦力对链轮进行制动，从而使自动扶梯停止运行。

图 5-201 楔块-制动环式附加制动器实物

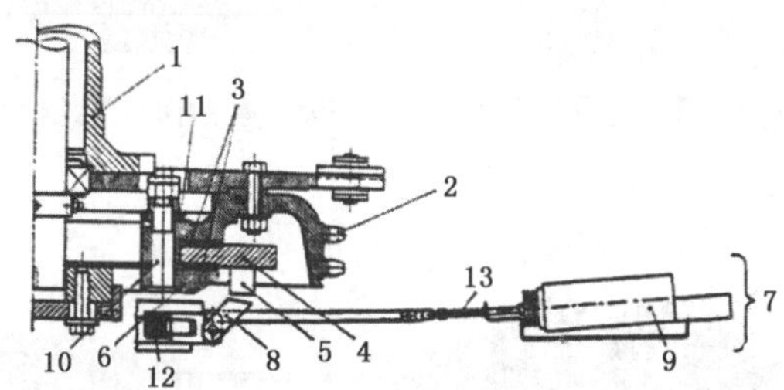

1—主轴；2—双排链轮；3—制动衬；4—制动盘；5—挡块；6—压力盘；7—棘爪型锁定装置；8—棘爪；9—电磁铁；10—夹紧螺栓；11—碟形弹簧组件；12—橡皮垫；13—压缩弹簧。

图 5-202 楔块-制动环式附加制动器结构

图 5-203 所示是大连星玛电梯有限公司的楔块-制动环式附加制动器，该制动环直径比较大，而且制动环上有八个止挡。

图 5-203 大连星玛的楔块-制动环式附加制动器

图 5-204 所示是一台苏州申龙电梯股份有限公司生产，提升高度为 48 m 的自动扶梯驱动主轴的结构图，左右两边各有一个楔块-制动环式附加制动器，拉杆带动挡块卡住制动环 3，制动环 3 通过摩擦片 4 与大链轮连接，可以通过螺栓组合(20～24)来调整制动环与大链轮的制动(摩擦)力。

(3) 图 5-205 所示是一种制动靴作用在制动轮上的附加制动器。常见有杭州优孚电梯配件有限公司(OEM 厂商)等使用该类型附加制动器。该附加制动器结构如图 5-206 所示，有四种触发方式：

1) 上行速度下降到 20%额定速度；

2) 主机与驱动轮之间的断链开关动作；

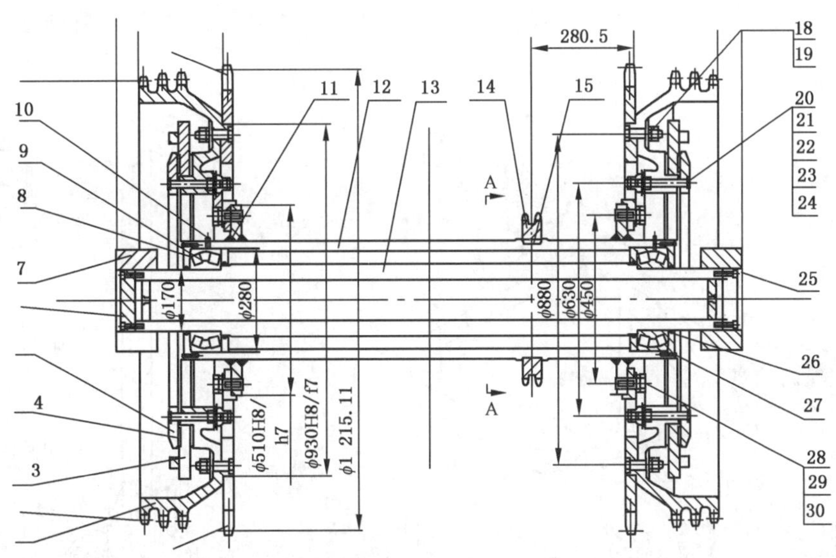

图 5-204　申龙电梯的双楔块-制动环式附加制动器

3）1.4 倍超速开关动作；

4）断电。

一旦附加制动器被触发，电磁线圈失电，释放弹簧提升制动靴，上升制动靴卡住制动轮而制停自动扶梯的梯级链轮。

图 5-205　制动靴作用在制动轮的附加制动器实物

OTIS 型号 513 MPE 公共交通型自动扶梯也使用该种附加制动器，一般只有一套立式附加制动器，当提升高度超过 12 m 时，设有二套附加制动器，如图 5-207 所示，每套辅助制动器由制动元件和触发装置组成，其结构完全相同，一组为立式安装，另一组为卧式安装，两套辅助制动器的制动元件共同作用在同一个与驱动链轮同轴的制动轮上，两套辅助制动器的触发控制采用串联连接，保证了两套制动元件动作的同步性。

（4）图 5-208 所示是塞纳自动梯（佛山）有限公司生产的自动扶梯附加制动器实物图，结构原理如图 5-209 所示。该附加制动器是固定在一边链轮上，包括一个棘轮齿冠 1，两边无石棉涂层，在两个压缩圆盘 2 和 3 中间。棘轮齿冠 1 与两个压缩圆盘 2 和 3 之间是预应力力矩制动，通过 12 个六边形螺钉的组件 4 和螺钉的弹性线圈 5 来实现。整个组件的运作通过一个制动卡子 6 来实现，当它不再被电磁 7 的作用收起的时候（不供电线圈），在压重 8

运转使其推动的情况下，卡住棘轮的轮子 1，经预应力力矩制停两个压缩圆盘 2 和 3 及主轴。

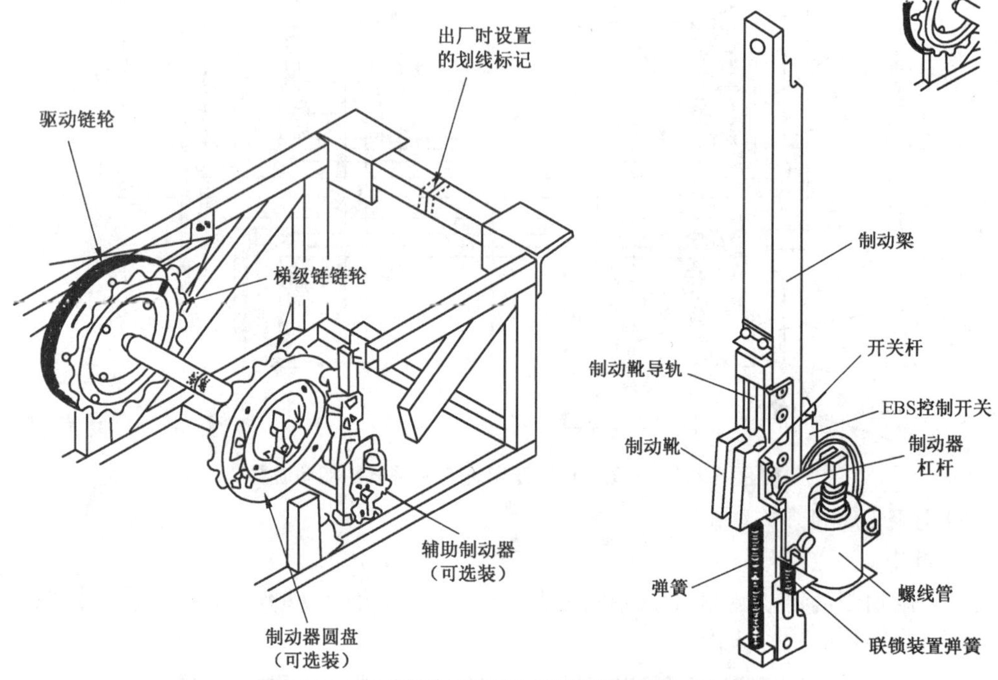

图 5-206　制动靴作用在制动轮的附加制动器结构

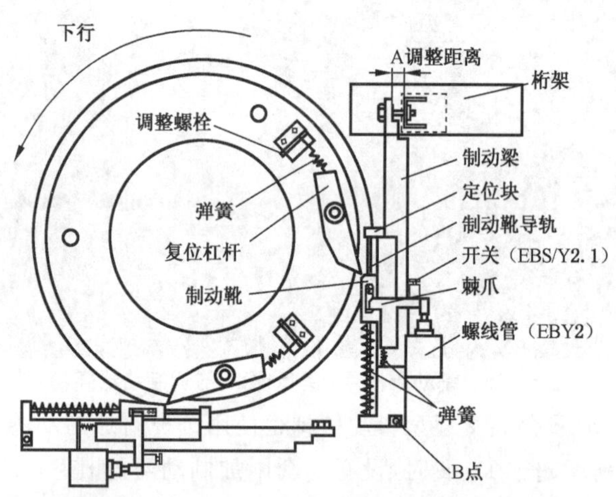

图 5-207　OTIS 513MPE 自动扶梯双附加制动器

在正常停机或者在紧急按钮启动的情况下，线圈(7)的供电中断还要等待几秒的时间。这样可以在正常的情况下只有工作制动器制停扶梯，附加制动器只充当起制动“停车场”的职务(不会磨损)。在主链断链，或者机器的超速或欠速失效的情况下，工作制动器不再能够停止扶梯，此时附加制动器可以制停扶梯。

该附加制动器后面有个重块，保证在停电时附加制动器能够动作。

图 5-208　塞纳自动扶梯附加制动器实物

图 5-209　塞纳自动扶梯附加制动器结构

(5) 图 5-210 是上海三菱 HE 系列的附加制动器实物，结构如图 5-211 所示，类似塞纳自动扶梯附加制动。该附加制动器有四种触发方式：

1) 速度超过额定速度并达到额定速度的 140%之前；

2) 主机与驱动轮之间的驱动链断裂、松脱时(除电气外同时以机械方式卡住棘轮)；

3) 在扶梯非正常改变其规定运行方向时；

4) 断电。

(6) 图 5-212 是蒂森 FT732 公共交通型自动扶梯的附加制动器。该附加制动器的棘爪卡和棘轮如图 5-213 所示，附加制动器一旦动作，在压缩弹簧的作用下使推杆上的棘爪卡入梯级链轮轴上的棘轮卡槽内。制动轮内部结构如图 5-214 所示，通过压盘将棘轮压在与梯级链轮轴刚性连接的制动轮上，压盘与制动轮之间是通过螺栓连接在一起转动，棘轮与压盘、制动轮之间是通过摩擦衬面连接。在正常运行时棘轮与压盘、制动轮一起转动，一旦附加制动器动作，中间棘轮被棘爪卡卡住后不能转动，两边梯级链轮由于重力(载荷和梯级自重)的作用惯性向下运动，通过摩擦片来柔性制动，当六角螺栓扭得越紧，碟形弹簧压缩得越紧，压盘与棘轮的贴合力更大，棘轮与其两侧的制动衬面的摩擦力越大，故附加制动器的制动力越大。附加制动器的制动性能通常可以通过调节压盘上六角螺栓的组件和螺栓的碟形弹簧来调节其预应力力矩，改变摩擦力的大小，从而调整附加制动器的制动力。

图 5-210　上海三菱 HE 系列附加制动器实物

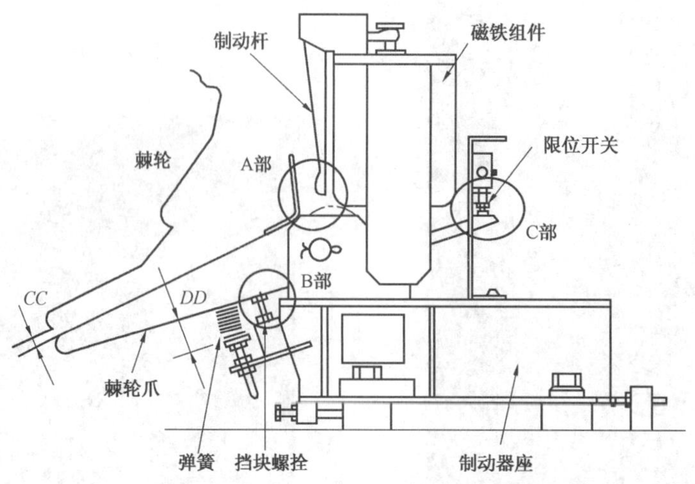

图 5-211　上海三菱 HE 系列附加制动器结构

图 5-212　蒂森 FT732 型公共交通型自动扶梯的附加制动器

图 5-213　蒂森自动扶梯附加制动器的棘爪卡和棘轮

(7) 图 5-215 所示是早期日立自动扶梯的附加制动器，大连星玛电梯有限公司早期的自动扶梯曾经也使用过该类型附加制动器。该附加制动器既可以通过电磁线圈脱钩触发，也可以通过机械触发，当连接驱动主机与梯级链轮的链条断裂或松脱时，重块就能直接使附加制动器动作。如图 5-216 所示，附加制动器动作后，执行机构是一个带开口槽的楔块，直接卡在驱动链轮轮缘上，通过楔块开口槽与链轮侧面之间的摩擦力实现制动。需注意的是，因为它的材料都是钢，没有自动磨损补偿，每次试验都会严重磨损钳头和链轮。

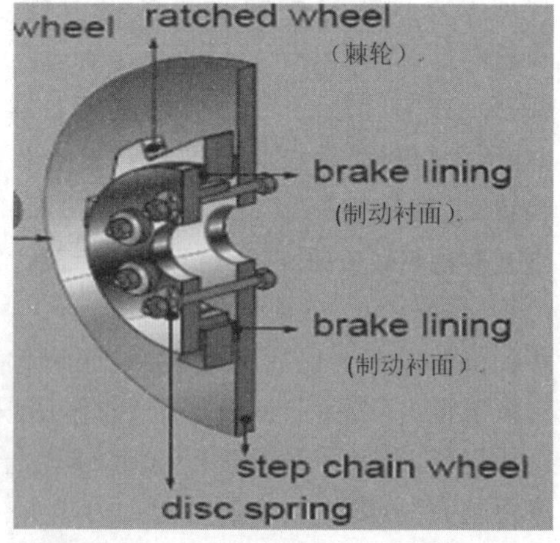

图 5-214　蒂森自动扶梯的附加制动器制动轮结构

图 5-215　日立自动扶梯附加制动器

图 5-216　附加制动器动作后楔块卡住梯级链轮

(8) 日立电梯(广州)自动扶梯有限公司生产的自动扶梯附加制动器有两种形式，对于提升高度少于 10 m 的自动扶梯，采用类似于迅达电梯有限公司的楔块-制动环式附加制动器，其内部结构如图 5-217 所示；对于提升高度大于 10 m 的自动扶梯，采用类似于塞纳自动梯(佛山)有限公司生产的棘爪卡-棘轮式附加制动器，其内部结构如图 5-218 所示。

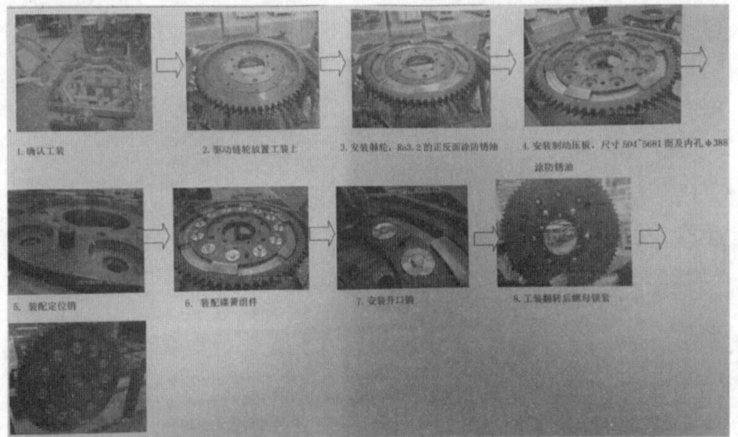

图 5-217　楔块-制动环式附加制动器内部结构

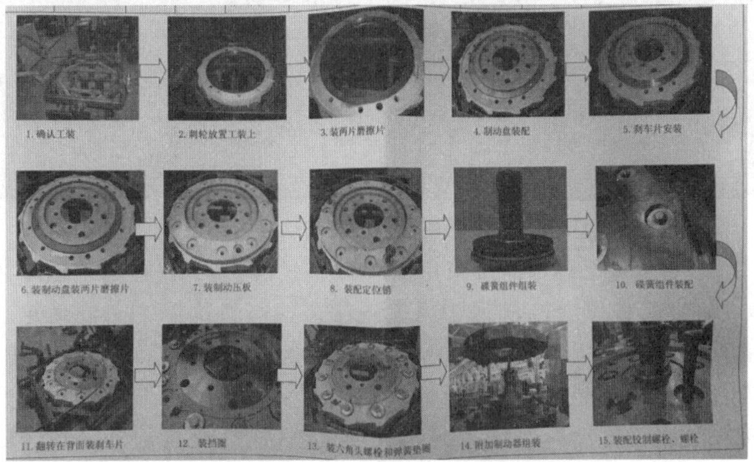

图 5-218　棘爪卡-棘轮式附加制动器内部结构

(9) 图 5-219 所示是型式试验机构按旧的型式试验规则认可的互补式附加制动器,两个主机的制动器互相充当附加制动器。

(10) 图 5-220 所示是三菱品牌采用的一种型式。其设置有电磁线圈脱钩触发机构以及断链保护触发机构。执行机构是一个楔块将与链轮同时旋转的棘轮卡住,或是在断链情况下,一个止挡杆将与链轮同时旋转的棘轮卡住,棘轮的静止使其与链轮之间的摩擦元件发生摩擦,直至链轮停止运转。

图 5-219 互补式附加制动器

(11) 图 5-221 所示是迅达品牌采用的一种型式。其设置有电磁线圈脱钩触发机构以及断链保护触发机构。执行元件是一个楔块,楔块卡入制动盘后造成制动盘运转的停止,使制动盘与链轮之间产生摩擦,制动盘与运动链轮之间有摩擦元件,当两个轮子产生摩擦后,摩擦元件产生的摩擦力最终使链轮停止运转。

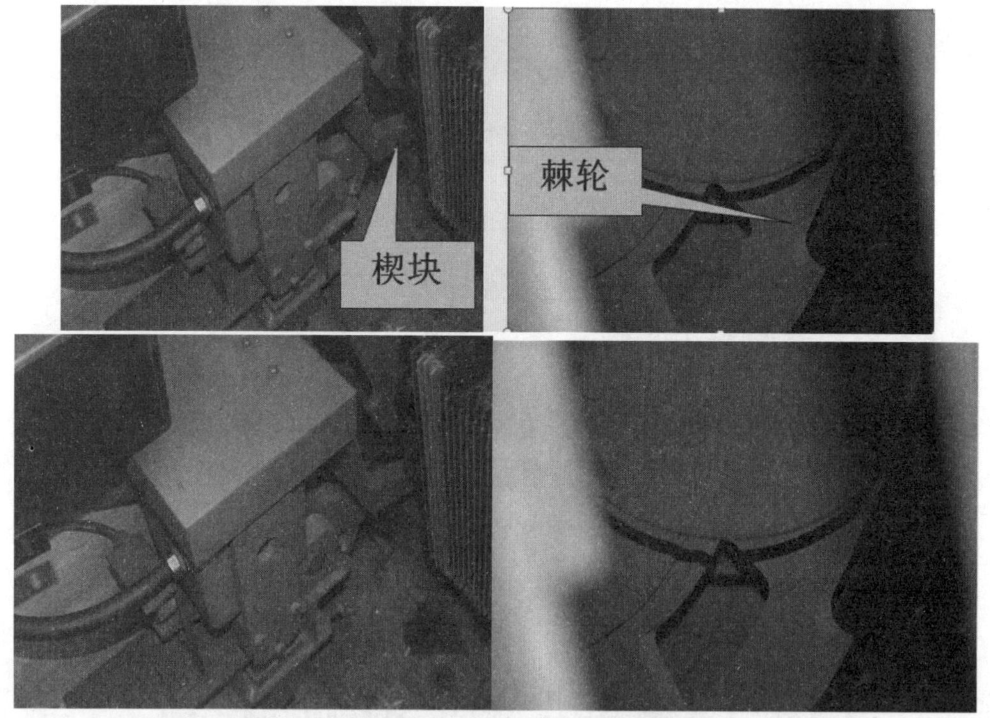

图 5-220 三菱的一种附加制动器内部结构

(12) 图 5-222 所示是 OITS 品牌采用的一种型式,图 5-223 是其结构示意图。其设置有电磁线圈脱钩触发机构以及断链保护触发机构。执行机构是一个制动靴。其工作原理是,制动靴正常时被一个锁紧挂钩扣在正常的位置并压缩制动靴下部的弹簧,当触发装置动作后,制动靴的锁紧挂钩脱扣,下部的弹簧释放将制动靴顶升至链轮并使其与链轮之间产生摩擦力,摩擦力带动制动靴继续上升一直到止挡位置,此时制动靴与链轮之间产生最大的摩擦力,最终摩擦力使运转的链轮逐渐停止下来。

图 5-221　迅达的一种附加制动器内部结构

图 5-222　OTIS 的一种附加制动器内部结构

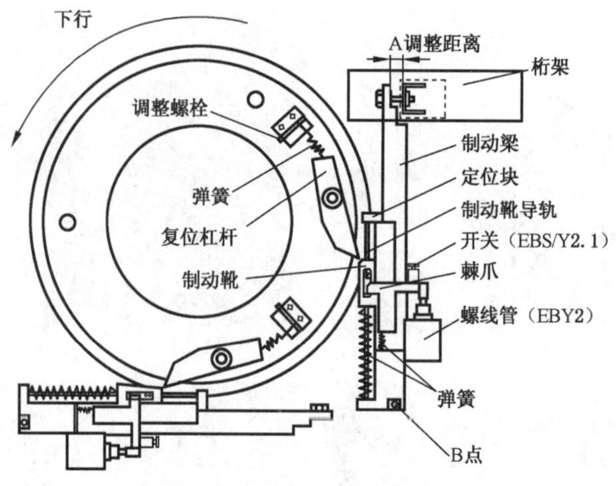

图 5-223　OITS 附加制动器结构

6.13.2　功能

【说明解释】

附加制动器由触发机构和执行机构两部分组成。触发机构在速度超过名义（额定）速度 1.4 倍之前，或者发生非操纵逆转时应能动作。执行机构采用机械式的结构，利用摩擦原理，为梯路提供足够的动力矩，使其减速停止并保持停止状态。附加制动器功能有效还包括以下的要求：

（1）附加制动器的触发。

1）根据 GB 16899—2011 中 5.4.2.2.4 附加制动器在下列任何一种情况下都应起作用：

① 对于下行的自动扶梯或倾斜自动人行道，在速度超过名义速度 1.4 倍之前；

② 对于上行的自动扶梯或倾斜自动人行道，最迟在梯级、踏板或胶带改变其规定运行方向时。

2）附加制动器的触发装置也有机械式和非机械式。

3）通过查阅图纸，目测检查，手动试验以及 TSG T7005 中 6.3 所描述方法等，验证自动扶梯或自动人行道在速度超过名义（额定）速度 1.4 倍之前，能否触发附加制动器。超速触发装置类似 TSG T700 中 6.3 的超速保护，如图 5-148 中 HGD1 是 TSG T7005 中 6.3 的超速保护，当自动扶梯运行速度超过额定速度 1.2 倍之前动作；HGD2 是附加制动器超速时的触发装置，当自动扶梯运行速度超过名义（额定）速度 1.4 倍之前触发附加制动器动作。

4）另外附加制动器一般都利用 TSG T7005 中 6.4 非操纵逆转保护或欠速保护触发，实现最迟在梯级、踏板或胶带改变其规定运行方向时触发附加制动器的动作。

5）由于电动机转矩不足、驱动链松脱或者断裂等原因都会导致梯级、踏板或胶带改变其规定运行方向，要考虑因各种原因导致梯级、踏板或胶带改变其规定运行方向时附加制动器都能动作，因此对于工作制动器和梯级、踏板或胶带驱动轮之间不是用轴、齿轮，而是用链条等连接的情况下，那么就应该设置主机与驱动轮之间的驱动链断裂、松脱保护装置，一旦驱动链断裂、松脱，该装置通过机械方式直接驱动附加制动器动作，制停自动扶梯或自动人行道。否则，附加制动器的测速或检测装置不应只设在电动机或驱动主机上，应设在梯级或其驱动轮上，或者设有多个测速或检测装置保证因各种原因导致梯级、踏板或胶带改变其规定运行方向时附加制动器都能动作。

（2）附加制动器在动作开始时应强制地切断控制电路。

（3）附加制动器制停距离的要求：

1）附加制动器单独动作时，应能使具有制动载荷向下运行的自动扶梯和倾斜自动人行道有效地减速停止，并使其保持静止状态，减速度不应超过 1 m/s^2。对于发生电源故障或安全回路失电时附加制动器不动作的情况，对制动距离无要求。

2）如果电源发生故障或安全电路失电，允许附加制动器和工作制动器同时动作，但应使制停距离符合 TSG T7005 中 10.3 项要求，否则，附加制动器只允许在超速 1.4 倍之前或者发生非操作逆转的情况下动作。

【监督检验工作指引】

（1）根据 GB 16899—2011 中 5.4.2.2.4 及其表 6 的要求，附加制动器在动作开始时应强制地切断控制电路，可以选用安全开关、安全电路、可编程电子安全相关系统（PESSRAE）三种方式。

如果采用安全开关方式，则要验证安全开关的动作能使触点强制地机械断开，甚至两触点熔接在一起也能强制地机械断开；当所有触点断开元件处于断开位置时，且在有效行程内动触点和驱动机构之间无弹性元件（例如弹簧）施加作用力，则触点获得强制的机械断开。

如果采用安全电路或者可编程电子安全相关系统（PESSRAE）方式，则要求制造单位应厂提供相应的含有电子元件的安全电路、可编程电子安全相关系统（PESSRAE）型式试验证书，而且型式试验合格证书产品配置表中的安全功能应包括附加制动器动作检测功能，并要核查现场附加制动器动作检测保护监控传感装置的主参数、系统组成、主要部件（品牌、型号及数量）是否与安全电路、可编程电子安全相关系统（PESSRAE）型式试验证书上的配置表内容完全一致，如果配置表中主要部件列出多个品牌及型号的，实际使用时可以换用。

（2）附加制动器有载试验的试验步骤和注意事项：

1）对于发生电源故障或安全回路失电时附加制动器不动作的自动扶梯。

① 应在 TSG T7005 中 10.3 项有载制停试验合格后才能进行。

② 试验载荷质量参照 TSG T7005 中 10.3，将载荷均匀放置在自动扶梯上部 2/3 的梯级上。

③ 先人为使附加制动器动作，再人为使工作制动器打开，自动扶梯不应有溜车现象，如果有溜车现象应立即使工作制动器制动。

④ 先人为使工作制动器打开，梯级、踏板或胶带向下溜车时（或用 6.4 项的方法使梯级、踏板或胶带改变规定运行方向时），附加制动器应能制停自动扶梯；如果附加制动器不能制停自动扶梯或者不能减低自动扶梯的运行速度，应立即使工作制动器制动。由于对制动距离无要求，在常规检验时为确保安全，没必要在溜车速度达到名义（额定）速度 1.4 倍时试验。

2）对于发生电源故障或安全回路失电时附加制动器与工作制动器同时动作的自动扶梯，试验步骤和注意事项同上，但还要检验附加制动器与工作制动器同时动作时，制停距离也要满足 TSG T7005 中 10.3 项要求。

(3) 对于设置附加制动器的倾斜自动人行道，可以参考自动扶梯附加制动器试验步骤和注意事项。如果没有对工作制动器进行有载制停试验，为安全起见，不要进行附加制动器的有载试验。

【定期检验工作指引】

(1) 定期检验一般由施工单位或者维护保养单位按照制造厂提供的方法进行试验。

(2) 每次定期检验都进行附加制动器有载试验的确非常困难，但从目前对附加制动器有载试验抽查结果来看，施工单位并没有认真调试附加制动器，几乎没有一台自动扶梯的附加制动器能有效制停试验载荷，因此建议，对于未进行过附加制动器有载试验的自动扶梯，至少进行一次附加制动器有载试验。

【注意事项】

(1) 对于老旧的自动扶梯，由于工作制动器老化等原因导致制动力不足，有时在加载时就会发生溜梯，因此加载前必须做好防护措施。装载过程建议从上平台逐步加载向下运行，一旦发现制动距离超标，就要终止载荷试验。

(2) 对于使用楔块-制动环式附加制动器的自动扶梯，由于制动环式与梯级链轮之间的摩擦元件长时间没有动作，有时会完全锈死，进行有载附加制动器试验时，由于冲击力过大，导致制动环断裂。图 5-224 所示就是试验后断裂的制动环。

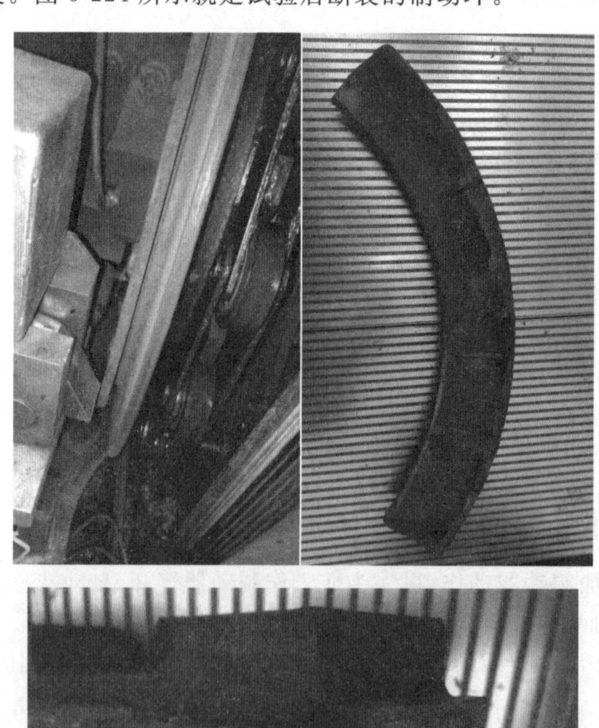

图 5-224　断裂的制动环

【参考做法】

(1) 虽然 TSG T7005 中 6.13 对附加制动器的检验是按照制造厂提供的方法进行试验,但由于用砝码进行载荷试验工作量非常大且危险,而且载荷试验对设备有一定磨损伤害,制造厂提供的试验方法一般都不会进行载荷试验。对深圳地铁、北京地铁自动扶梯事故原因进行分析可知,附加制动器动作后不能制停满载的自动扶梯是一个主要原因。另外从新装自动扶梯附加制动器有载试验中发现,早期检验的该类附加制动器初次试验均不能有效制停满载的自动扶梯,需经调整才能有效制停,此现象在全国普遍存在。因此引起检验机构对附加制动器的检验重视,建议在定期检验时,对所有提升高度大于 6 m 和公共交通型等设有附加制动器的自动扶梯,都进行一次载荷试验。

(2) 由于日立自动扶梯的附加制动器是通过楔块直接卡在驱动链轮轮缘上,两者材料都是钢,如图 5-225 所示,有载试验附加制动器动作对驱动链轮磨损比较严重,因此在定期检验时如果要进行有载试验,建议用静载试验代替动载试验,即装载好载荷后,先用楔块卡住驱动链轮,再人为松开工作制动器,自动扶梯不能溜车即可。

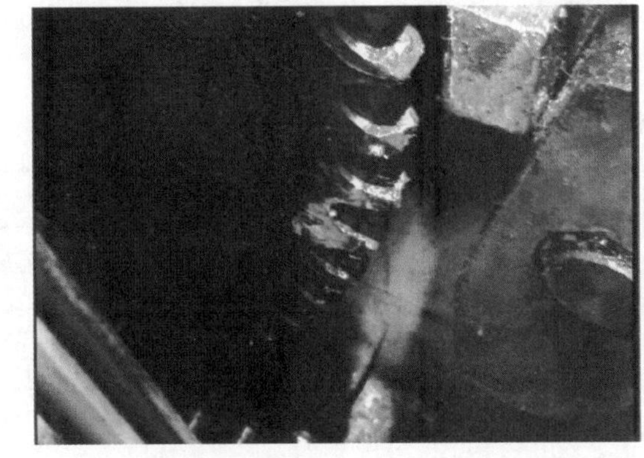

图 5-225 有载试验附加制动器试验后的驱动链轮

7 检修装置

7.1 检修控制装置的设置

项目及类别	检验内容与要求	检验方法
7.1 检修控制 装置的设置 C	自动扶梯或自动人行道应设置检修控制装置: (1) 在驱动站和转向站内至少应提供一个用于便携式控制装置连接的检修插座,检修插座的设置应能使检修控制装置到达自动扶梯或自动人行道的任何位置; (2) 每个检修控制装置应配置一个停止开关,停止开关应: ① 手动操作; ② 有清晰的位置标记; ③ 符合安全触点要求的安全开关; ④ 需要手动复位。 (3) 检修控制装置上应有明显识别运行方向的标识	目测检查

【说明解释】

(1) 对于新出厂的自动扶梯或自动人行道,每台自动扶梯或者自动人行道均需要配置检修控制装置,不允许多台设备配置一个检修控制装置。该要求见 CEN EN115-1 第 106 号解释单。

(2) 在定期检验时,对于制造日期为 1998 年 2 月 1 日以前的设备,在检验过程中,如没有该装置,不作为否决项,允许监护使用。

7.1.1 检修插座设置

【检验工作指引】

检修控制装置如图 5-226 所示。

7.1.2 停止开关

【检验工作指引】

停止开关如图 5-226 所示。

7.1.3 标识

【检验工作指引】

检修控制装置上运行方向的标识如图 5-220 所示。

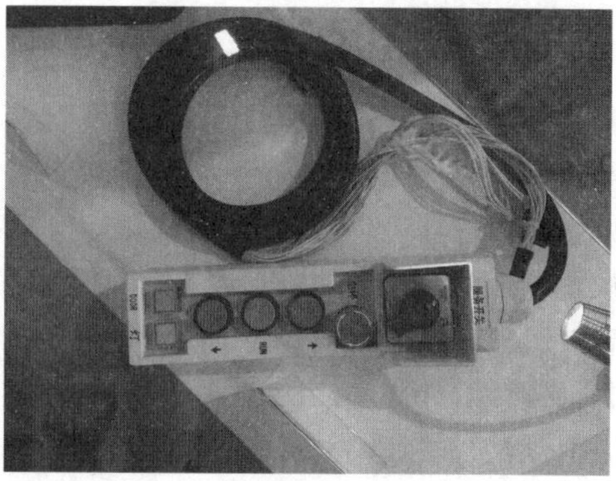

图 5-226 检修控制装置

7.2 检修控制装置的操作

项目及类别	检验内容与要求	检验方法
7.2 检修控制装置的操作 C	(1) 控制装置的操作元件应当能防止发生意外动作，自动扶梯或者自动人行道的运行应当依靠持续操作。当使用检修控制装置时，其他所有启动开关都不起作用； ★(2) 当连接一个以上的检修控制装置时，所有检修控制装置都不起作用； ★(3) 检修运行时，电气安全装置(6.7，6.8，6.9，6.10，6.11 和 6.12 所述除外)应当有效	手动试验

7.2.1 检修功能

【检验工作指引】

(1) 防止误操作可以采用如下方式之一：

1) 要同时按两个按钮；

2) 开关按钮周围有护圈，动作点低于护圈的平面；

3) 要同时进行两个动作，如按压加旋转；

4) 其他能防止因脚踩、碰撞等导致误动作的合理方式。

(2) 接入检修控制装置后，用其他所有启动开关启动自动扶梯或自动人行道，都应不起作用。

【定期检验工作指引】

根据 TSG T7005—2012 中附件 C 注 C-3，对于制造日期为 1998 年 2 月 1 日以前的设备，在检验过程中，如没有该装置，不作为否决项，允许监护使用。

7.2.2 多个检修装置

【监督检验工作指引】

对于按 GB 16899—2011 生产的自动扶梯及自动人行道，同时连接两个检修控制装置，验证两个检修控制装置是否都不起作用。

GB 16899—1997 中对同时连接两个检修控制装置的要求，与 GB 7588—2003 的要求一致，同时连接时两个都不起作用或者按相同的按钮起作用。GB 16899—2011 中删除了按相同的按钮时起作用的要求，主要目的是防止自动扶梯或自动人行道同时进行检修作业，而曳引驱动电梯在特殊情况下可同时运行作业。

【定期检验工作指引】

(1) 根据 TSG T7005 中注 C-2 对标★项目的规定以及注 C-3 的规定，对于制造日期为 1998 年 2 月 1 日以前的自动扶梯和自动人行道，本项目可以不检验。

(2) 根据 TSG T7005 中注 C-2 对标★项目的规定，对于按照 GB 16899—1997 的自动扶梯和自动人行道，本项目应按照《自动扶梯及自动人行道监督检验规程》(国质检锅[2002]360 号)进行检验，即当连接一个以上的检修控制装置时，或者都不起作用，或者需要同时都启动才能起作用。

(3) 对于按 GB 16899—2011 生产的自动扶梯及自动人行道，按【监督检验工作指引】要求执行。

7.2.3　电气安全装置

【监督检验工作指引】

对于按 GB 16899—2011 生产的自动扶梯及自动人行道，在正常运行验证过所有电气安全装置有效后，检修运行验证 6.1～6.6 电气安全装置应有效，6.7～6.12 可以无效。

【定期检验工作指引】

(1) 根据 TSG T7005 中注 C-2 对标★项目的规定以及注 C-3 的规定，对于制造日期为 1998 年 2 月 1 日以前的自动扶梯和自动人行道，本项目可以不检验。

(2) 根据 TSG T7005 中注 C-2 对标★项目的规定，对于按照 GB 16899—1997 的自动扶梯和自动人行道，本项目应按照《自动扶梯及自动人行道监督检验规程》(国质检锅[2002]360 号)进行检验，检修运行时所有电气安全装置应当有效。

(3) 对于按 GB 16899—2011 生产的自动扶梯及自动人行道，按【监督检验工作指引】要求。

8　自动启动、停止

8.1　待机运行

项目及类别	检验内容与要求	检验方法
8.1 待机运行 C	采用待机运行(自动启动或加速)的自动扶梯或自动人行道，当乘客到达梳齿和踏面相交线之前，应已启动和加速	目测检查

【适用范围】

对于没有采用待机运行(自动启动或加速)的自动扶梯或自动人行道，本项填写“无此项”。

【检验工作指引】

(1) 检查使用者到达梳齿与踏面相交线时的速度(应以不小于 0.2 倍的名义速度)或已启动和加速。

(2) 图 5-227 所示是 2 种常见自启停监控装置。

图 5-221　常见的自启停监控装置

【参考做法】

对于采用待机运行(自动启动或加速)的自动扶梯或自动人行道,在出入口处应设置如图 5-228 所示的运行方向标牌。

运行方向　　　　禁止进入

图 5-228　运行方向标牌

8.2　运行时间

项目及类别	检验内容与要求	检验方法
8.2 运行时间 C	采用自动启动的自动扶梯或自动人行道,当乘客从预定运行方向相反的方向进入时,自动扶梯或自动人行道仍应按预先确定的方向启动,运行时间应不少于 10 s。 当乘客通过后,自动扶梯或自动人行道应有足够的时间(至少为预期乘客输送时间再加上 10 s)才能自动停止运行	测量检查

【适用范围】

本项目只适用于自动启动的自动扶梯或自动人行道。对于只采用待机变速运行或者没有采用待机运行的自动扶梯或自动人行道,本项填写“无此项”。

【检验工作指引】

(1) 可以用秒表进行测量。

(2) 对于顺行运行时间,按检规的要求,应用秒表分别测量乘客通过触发位置到自动扶梯或自动人行道停止运行的时间和预期乘客输送时间，时间差应大于 10 s。简单的方法是直接测量人员通过自动扶梯或自动人行道出口后，自动扶梯或自动人行道持续运行的时间是否大于 10 s。

(3) 本项目只适用于自动启动的自动扶梯或自动人行道，对于采用变速运行，不会自动停止的自动扶梯或自动人行道，该项目应按无此项处理。

9 标志

9.1 使用须知

项目及类别	检验内容与要求	检验方法
9.1 使用须知 B	在自动扶梯或自动人行道入口处应设置使用须知的标牌，标牌须包括以下内容： ① 应拉住小孩； ② 应抱住宠物； ③ 握住扶手带； ④ 禁止使用非专用手推车（无坡度自动人行道除外）。 这些使用须知，应尽可能用象形图表示	外观检查

【说明解释】

(1) 根据 GB 16899—2011 中 7.2.1.2.1 要求，下列指令标志和禁止标志应设置在入口附近：①“小孩必须拉住”(见图 G.1)；②“宠物必须抱着”(见图 G.2)；③“握住扶手带”(见图 G.3)；④“禁止使用手推车”(见图 G.4)。根据需要，可增加标志，如“不准运输笨重物品”“赤脚者不准使用”。

由于图 G 是出现在 GB 16899—2011 规范性附录 G 里面，即在自动扶梯或自动人行道入口处设置直径不小于 80 mm 的圆形象形图的安全标志。

(2) 根据 GB 16899—1997 中 15.1.2.1 的要求，下列书写使用须知的标牌应设置在入口处的附近：①“必须紧拉住小孩”；②“狗必须被抱着”；③“站立时面朝运行方向，脚须离开梯级边缘”；④“握住扶手带”。如当地情况需要，可增加使用须知，例如，“赤脚者不准使用”“不准运输笨重物品”“不准运输手推车”。这些使用须知，应尽可能用象形图表示，其最小尺寸为 80 mm×80 mm，并应符合本标准的有关规定。

(3) TSG T7005 中 9.1 对使用须知的标牌内容，是参照 GB 16899—2011 中 7.2.1.2.1 要求，但对使用须知标牌形状、尺寸没有要求；对使用须知标牌名称、是否必须用象形图，则参照了 GB 16899—1997 中 15.1.2.1 要求。

【检验工作指引】

(1) 只要求在自动扶梯或自动人行道入口处应设置使用须知的标牌，因此对于只按一个方向运行的自动扶梯或自动人行道，其出口可不设置使用须知，对于可双方向运行的自动扶梯或自动人行道，其上下端站出入口均应设置使用须知。

(2) 根据 GB 16899—2011 中 7.2.1.2.1 及规范性附录 G 的要求，应在自动扶梯或自动人行道入口处设置圆形象形图的安全标志。

(3) 象形图标志如图 5-229 所示，最小直径为 80 mm。

图 5-229　象形图标志

（4）图 5-230 所示是常见的不符合要求的使用须知。

图 5-230　常见的不符合要求的使用须知

【参考做法】

(1) 由于 TSG T7005 对该象形图标志的张贴位置及环境没有要求，因此很多商场都张贴于自动扶梯或自动人行道的护壁板上，而护壁板周围还张贴有很多广告(见图 5-231)，导致此象形图标志起不到提示作用。因此建议将该标志张贴于自动扶梯与自动人行道出入口附近的护壁板上，且从出入口起，1 m 内不张贴广告等(见图 5-232)，或张贴于出入口的水平踏板上(见图 5-233)。

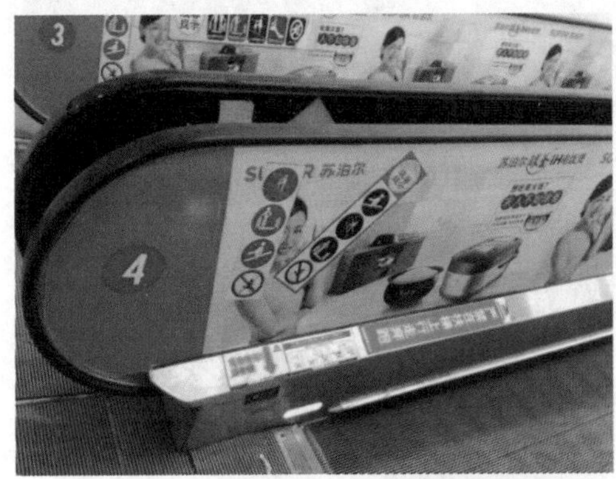

图 5-231　象形图标志周围有很多广告

图 5-232　出入口 1 m 范围内无广告

图 5-233　象形图标志张贴于出入口的水平踏板上

(2) 除了必须设置 TSG T7005 中 9.1 规定的四项标志内容外，建议还要增加不要坐在梯级上、不要携带大行李箱、脚不要靠近裙板等标志。

9.2　产品标识

项目及类别	检验内容与要求	检验方法
9.2 产品标识 C	应当至少在自动扶梯或者自动人行道的一个出入口的明显位置，设有标注下列信息的产品标识： ① 制造厂的名称； ② 产品型号； ③ 产品编号； ④ 制造年份	目测检查

【监督检验工作指引】

(1) 只要求一个出入口有即可。

(2) 图 5-234 所示是日立的自动扶梯和自动人行道产品标识。

a) 自动扶梯　　　　b) 自动人行道

图 5-234　日立的自动扶梯和自动人行道产品标识

10　运行检查

10.1　速度偏差

项目及类别	检验内容与要求	检验方法
10.1 速度偏差 C	在额定频率和额定电压下,梯级、踏板或胶带沿运行方向空载时所测的速度与名义速度之间的最大允许偏差为±5%	用秒表、卷尺、同步率测试仪等仪器测量或计算梯级踏板或胶带的速度,检查是否符合要求

【监督检验工作指引】

(1) 按 TSG T7005 中 10.1 项要求,用秒表、卷尺测量,计算的是平均速度,但该方法比较麻烦而且测量误差较大。

(2) 简单且常用的方法是,用转速表分别测量梯级踏板(胶带)上下行速度(两组数据),分别计算偏差,可各测三次,数据无漂移(相差在 2%内)时再计算平均值,只要平均值符合要求即可。

【定期检验工作指引】

虽然根据 TSG T7005 的 1 号修改单,定期检验不要求检验该项目,但由于 TSG T7005 中 10.2 项"扶手带的运行速度偏差"要求分别测量扶手带和梯级速度,因此在定期检验时还是要测量梯级、踏板或胶带沿运行方向空载时所测的速度,只是不需要与名义速度比较。

10.2　扶手带的运行速度偏差

项目及类别	检验内容与要求	检验方法
10.2 扶手带的运行速度偏差 C	扶手带的运行速度相对于梯级、踏板或胶带实际速度的允差为 0%～+2%	用同步率测试仪等仪器分别测量左右扶手带和梯级速度,检查是否符合要求

【说明解释】

GB 16899—2011 要求自动扶梯和自动人行道的扶手带速度偏差为 0%～+2%，扶手带速度偏离保护，当扶手带速度偏离梯级、踏板或胶带实际速度大于－15%且持续时间大于 15 s 时动作。这两个要求中偏差为 0%～+2%是对设计和制造的要求，也是在自动扶梯或自动人行道正常运行时的要求，偏差－15%是对自动扶梯或自动人行道非正常运行时的保护要求。两者要求的状态不一样，因此其具有一定的差异。

【检验工作指引】

(1) 按 TSG T7005 中 10.2 要求用同步率测试仪等仪器分别测量，但该方法必须购买同步率测试仪。

(2) 简单且常用的方法是，用转速表分别测量左右扶手带上下行速度(四组数据)，分别与同方向梯级、踏板或胶带实际速度计算偏差，各测三次，数据无漂移(相差在 2%内)时再计算平均值。

【定期检验工作指引】

根据 TSG T7005—2012 中附件 C 注 C-3，该项目对于制造日期为 1998 年 2 月 1 日以前的设备不作为否决项。

10.3 制停距离

项目及类别	检验内容与要求	检验方法
10.3 制停距离 B	自动扶梯或自动人行道的制停距离： (1) 空载和有载向下运行的自动扶梯： 名义速度 制停距离范围 0.50 m/s 0.20～1.00 m 0.65 m/s 0.30～1.30 m 0.75 m/s 0.40～1.50 m (2) 空载和有载水平运行或有载向下运行的自动人行道： 名义速度制停距离范围 0.50 m/s 0.20～1.00 m 0.65 m/s 0.30～1.30 m 0.75 m/s 0.40～1.50 m 0.90 m/s 0.55～1.70 m	制停距离应从电气制动装置动作时开始测量。 (1) 仪器测量； (2) 标记测量 自动扶梯监督检验时进行有载制动试验，自动人行道的监督检验仅进行空载制动试验即可； 定期检验只做空载试验

10.3.1 自动扶梯制停距离

【监督检验工作指引】

(1) 根据 GB 16899—2011 中 5.4.2.1.3.1 确定制动载荷，如表 5-9 所示。

表 5-9 每级梯级载荷与名义宽度的关系

名义宽度 z_1 m	每级梯级载荷 kg
$z_1 \leqslant 0.60$	60
$0.60 < z_1 \leqslant 0.80$	90
$0.80 < z_1 \leqslant 1.10$	120
制动载荷＝每级梯级载荷×提升高度/最大可见梯级踢板高度	

(2) 试验时允许将总制动载荷分布在自动扶梯上部 2/3 的梯级上,向下启动自动扶梯,一旦进入正常运行立即切断电源,检查制停距离是否符合要求。

(3)“空载和有载向下运行”应理解为空载向上、向下和有载向下运行。对只能单向运行的自动扶梯,空载制动距离只测设计的运行方向。对只能向上运行的自动扶梯,也应测量有载向下运行制动距离,检验时可以通过按检修下行按钮等方法向下启动扶梯。

(4) 制停距离应从电气制动装置动作(例如按急停、串接到安全回路开关动作等)时开始测量。

【注意事项】

(1) 扶梯装载制动载荷后,无法正常向上启动属正常现象,可以先将部分砝码运送到上平台卸载后,再将剩下的砝码运行到适当位置,然后装载上平台上的砝码。当扶梯长度较短时,应将总制动载荷分布在自动扶梯上部 2/3 的梯级上;当扶梯长度较长时,可以将总制动载荷放在自动扶梯上部比 2/3 多的梯级上,只要留下足够的制停距离即可。

(2) 进行有载向下运行制停试验时,要有预防制动失效的措施,如逐步加载、盖好下楼层板等。

(3) 个别自动扶梯设计根据不同载荷有不同的运行速度(如日立某型号自动扶梯在空载时以 70%的额定速度运行),试验时可请施工单位屏蔽该功能,确保以额定速度测试空载制停距离。

【参考做法】

自动扶梯监督检验时,同一地方(同型号同参数)至少抽一台进行有载向下运行制停试验,对提升高度超过 6 m 或公共交通型的自动扶梯每台都应进行有载向下运行制停试验。

【定期检验工作指引】

定期检验只做空载试验。

10.3.2 自动人行道制停距离

【检验工作指引】

对有载的自动人行道,制造厂商应通过计算验证其制停距离,对自动人行道的监督检验仅进行空载制动试验即可,但应将制造商提供的制停距离计算验证资料存档。

【参考做法】

对于额定速度为 0.45 m/s 的自动扶梯或自动人行道,其制停距离按照 0.5 m/s 速度的要求实施。

第六章　杂物电梯

1　技术资料

1.1　制造资料

项目及类别	检验内容与要求	检验方法
1.1 制造资料 A	制造单位应当提供以下用中文描述的出厂随机文件： (1) 制造许可证明文件，其范围能够覆盖所提供杂物电梯的相应参数； (2) 杂物电梯整机型式试验证书，其参数范围和配置表适用于受检杂物电梯。 (3) 产品质量证明文件，注有制造许可证明文件编号、产品编号、主要技术参数，限速器(如果有)、安全钳(如果有)、破裂阀/节流阀(如果有)、含有电子元件的安全电路(如果有)、可编程电子安全相关系统(如果有)、驱动主机/液压泵站、控制柜的型号和编号，门锁装置的型号，并且有杂物电梯整机制造单位的公章或者检验专用章以及制造日期 (4) 门锁装置(层门锁紧需要电气证实时)、限速器(如果有)、安全钳(如果有)、破裂阀(如果有)、含有电子元件的安全电路(如果有)、可编程电子安全相关系统(如果有)、驱动主机/液压泵站、控制柜的型式试验证书，以及限速器(如果有)调试证书 (5) 电气原理图或者液压系统图，电气原理图包括动力电路和连接电气安全装置的电路； (6) 安装使用维护说明书，包括安装、使用、日常维护保养和应急救援等方面操作说明的内容； (7) 其他必要的资料，例如：杂物电梯的轿厢、对重(平衡重)之下确有人能够到达的空间，或者采用一根钢丝绳(链条)悬挂的情况下的防护说明；是否允许人员进入杂物电梯机房、井道、底坑和轿顶的说明。 注 A-1：上述文件如为复印件则必须经杂物电梯整机制造单位加盖公章或者检验合格章；对于进口杂物电梯，则应当加盖国内代理商的公章	杂物电梯安装施工前审查相应资料，必要时结合实物审查

【监督检验工作指引】

该项目是监督检验A类项目，而且要求在电梯[1)]安装施工前审查相应资料，所以只有检验机构对该项审查合格后，施工单位才可以进入下道工序施工。

1) 除有说明外，本章的“电梯”是指“杂物电梯”。

1.1.1 制造许可证明文件

(1) 查看制造许可证明文件中的设备类别是否包括杂物电梯,并查看许可证明文件是否在有效期内。

(2) 查看杂物电梯的额定载重量是否在整机型式试验证书的覆盖范围内。

(3) 该项目在电梯安装施工前审查,必要时进行现场核对。一般在报检时检验机构业务受理部门也要审查,如不符合要求可不受理该检验业务。

1.1.2 整机型式试验合格证或报告书

【监督检验工作指引】

(1) 根据 TSG T7007 的要求,电梯整机型式试验合格证书或者报告书,其相应参数和配置能够覆盖所提供杂物电梯相应参数;

(2) 根据 TSG T7007 的要求,电梯整机型式试验合格证书或者报告书长期有效,但额定载重量增大、驱动方式(强制式、曳引式、液压驱动)的改变和控制柜布置区域(井道内、井道外)改变必须重做整机型式试验。

(3) 该项目在电梯安装施工前审查,必要时进行现场核对。

(4) 其他可参考 TSG T7001 中 1.1.2。

杂物电梯适用的参数范围和配置见表 6-1。

表 6-1 杂物电梯适用参数范围和配置表

额定载重量	kg	驱动方式	
控制柜布置区域			

1.1.3 产品质量证明文件

【监督检验工作指引】

(1) 国家质检总局令第 13 号《特种设备质量监督与安全监察规定》第三十七条规定:"电梯出厂时,必须附有制造企业关于该电梯产品或者部件的出厂合格证、使用维护说明书、装箱清单等出厂随机文件。合格证上除标有主要参数外,还应当标明驱动主机、控制柜、安全装置等主要部件的型号和编号。门锁、安全钳、限速器、缓冲器等重要的安全部件,必须具有有效的型式试验合格证书。"要查看产品质量证明文件(出厂合格证)上是否有制造许可证明文件编号、制造许可证明有效日期、产品出厂编号、主要技术参数,以及限速器(如果有)、安全钳(如果有)、破裂阀/节流阀(如果有)、含有电子元件的安全电路(如果有)、可编程电子安全相关系统(如果有)、驱动主机/液压泵站、控制柜的型号和编号,门锁装置的型号等内容,是否有杂物电梯整机制造单位的公章或者检验合格章以及出厂日期。

(2)产品质量证明文件(出厂合格证)主要技术参数至少要有:驱动方式、额定速度、额定载重量、层站门数。其他包括提升高度、轿厢尺寸、拖动方式、悬挂比、驱动主机的布置方式、控制柜位置、上行超速保护型式、控制方式、控制装置、轿厢质量、功率等主要技术参数,如果产品质量证明文件或机房及井道布置图上无,则附表提供。

该项目在电梯安装施工前审查,如果现场确认,则要查看上述安全保护装置和主要部件的型号和编号是否与现场实物一致。

1.1.4　安全装置、主要部件型式试验合格证及有关资料

【监督检验工作指引】

(1) 可按表 6-2 查看型式试验合格证的产品名称、型号及参数，判定型式试验合格证是否能完全覆盖本台电梯的安全保护装置和主要部件的品种和参数。

表 6-2　安全部件资料审查表

门锁装置	□电压；□交/□直流
限速器	□调试证书动作速度符合 2.10(2)
安全钳	□额定速度；□总质量；□渐进式安全钳调试证书
破裂阀	□动作速度
电子元件安全回路	□型式试验报告
可编程电子安全相关系统	□型式试验报告
驱动主机/液压泵站	□额定速度；□功率；□室外
控制柜	□额定速度；□功率；□拖动方式；□控制方式；□控制装置

(2) 对于有开门平层、开门再平层等功能的电梯，还应查看是否有相应功能的含有电子元件的安全电路型式试验合格证书。

(3) 该项目在电梯安装施工前审查，如果现场确认，则要查看上述安全保护装置和主要部件的型号和出厂编号是否和现场实物一致。

(4) 其他可参考 TSG T7001 中 1.1.4 的【参考做法】。

1.1.5　电气原理图或液压系统图

【监督检验工作指引】

(1) 查看电气原理图中是否包括动力电路和连接电气安全装置电路。

(2) 若电气原理图或者液压系统图为复印件，应查看是否有电梯整机制造单位加盖的公章或者检验合格章。对于进口电梯，则应当加盖国内代理商的公章。印刷成册的应在封面和每张图纸上印有电梯整机制造单位的全称、产品标识或公章。

(3) 该项目在电梯安装施工前审查，必要时进行现场核对。

1.1.6　安装使用维护说明书

【监督检验工作指引】

(1) 查看安装使用维护说明书中是否包括安装、使用、日常维护保养和应急救援等操作说明方面的内容。

(2) 上述文件如果为复印件则必须经电梯整机制造单位加盖公章或者检验合格章；对于安全保护装置及主要部件可提供经制造单位加盖公章或者检验合格章复印件，进口电梯，则应当加盖国内代理商的公章。

(3) 对电力驱动杂物电梯，如无手动紧急操作(盘车)装置的电梯(如无机房电梯)，应注意应急救援等操作说明方面的内容是否有效，对液压杂物电梯，也应注意应急救援等操作说明方面的内容是否有效。

(4) 对于采用非钢丝绳悬挂装置的电梯，制造单位还应提供悬挂装的磨损报废指标及检验方法，如采用链条悬挂、带悬挂等。

(5) 该项目在电梯安装施工前审查，必要时在现场检验时进行核对。

1.1.7 其他必要的资料

【监督检验工作指引】

(1) 查看井道布置图，杂物电梯的轿厢、对重(平衡重)之下是否确有人能够到达的空间。

(2) 该项目在电梯安装施工前审查，必要时在现场检验时进行核对。

1.1.8 其他

【参考做法】

根据2014年1月1日实施的《特种设备安全法》，第二十二条“电梯的安装、改造、修理，必须由电梯制造单位或者其委托的依照本法取得相应许可的单位进行。”TSG T7006在1号修改单增加了“由整机制造单位出具或者确认的自检报告”的要求，但考虑到自检报告是在安装结束后才出具，如果某安装单位没有取得整机制造单位授权，就很难补到整机制造单位确认章，所以建议在施工前就要安装单位提供整机制造单位授权书。

1.2 安装资料

项目及类别	检验内容与要求	检验方法
1.2 安装资料 A	安装单位应当提供以下安装资料： (1) 安装许可证和安装告知文件； (2) 施工方案，审批手续齐全； (3) 用于安装该杂物电梯的机房及井道布置图或者土建勘测图，有安装单位确认符合要求的声明和公章或者检验专用章，表明其井道顶部和底坑内的净空间、机房主要尺寸、层门和检修门及检修活板门的布置与尺寸、安全距离等满足安全要求 (4) 施工过程记录和由整机制造单位出具或者确认的自检报告，检查和试验项目齐全、内容完整，施工和验收手续齐全； (5) 变更设计证明文件(如安装中变更设计时)，履行了由使用单位提出、经整机制造单位同意的程序； (6) 安装质量证明文件，包括安装合同编号、安装单位安装许可证编号、产品出厂编号、主要技术参数等内容，并且有安装单位公章或者检验合格章以及竣工日期 注A-2：上述文件如为复印件则必须经安装单位加盖公章或者检验合格章	审查相应资料。 (1)～(3)在报检时审查，(3)在其他项目检验时还应当审查；(4)、(5)在试验时审查；(6)在竣工后审查

【监督检验工作指引】

参考TSG T7001中1.2。

1.3　改造、重大维修资料

项目及类别	检验内容与要求	检验方法
1.3 改造、重大维修资料 A	改造或者重大维修单位应当提供以下改造或者重大维修资料： (1) 改造或者维修许可证和改造或者重大维修告知文件； (2) 改造或者重大维修的清单以及施工方案，施工方案的审批手续齐全； (3) 所更换的安全保护装置或者主要部件的产品合格证、型式试验合格证书以及限速器调试证书； (4) 施工现场作业人员持有的特种设备作业人员证； (5) 施工过程记录和自检报告，检查和试验项目齐全、内容完整，施工和验收手续齐全； (6) 改造后的整梯合格证或者重大维修质量证明文件，合格证或者证明文件中包括改造或者重大维修合同编号、改造或者重大维修单位的许可证编号、杂物电梯使用登记编号、主要技术参数等内容，并且有改造或者重大维修单位的公章或者检验合格章以及竣工日期。 注 A-3：上述文件如为复印件则必须经改造或者重大维修单位加盖公章或者检验合格章	审查相应资料。第(1)～(4)项在报检时审查，第(4)项在其他项目检验时还应当查验；第(5)项在试验时查验；第(6)项在竣工后审查

【监督检验工作指引】

参考 TSG T7001 中 1.3。

1.4　使用资料

项目及类别	检验内容与要求	检验方法
▲1.4 使用资料 B	使用单位应当提供以下资料： (1) 使用登记资料，内容与实物相符； (2) 安全技术档案，至少包括 1.1、1.2、1.3 所述文件资料[1.3 的(4)项除外]，以及监督检验报告、定期检验报告、日常检查与使用状况记录、日常维护保养记录、年度自行检查记录或者报告、运行故障和事故记录等，保存完好(本规则实施前已经完成安装、改造或重大修理的，1.1、1.2、1.3 项所述文件资料如有缺陷，应当由使用单位联系相关单位予以完善，可不作为本项审核结论的否决内容)； (3) 以岗位责任制为核心的杂物电梯运行管理规章制度，包括事故与故障的应急措施和救援预案、杂物电梯钥匙使用管理制度等； (4) 与取得相应资格单位签订的日常维护保养合同； (5) 电梯安全管理人员的特种设备作业人员证	定期检验和改造、重大维修过程的监督检验时查验；新安装杂物电梯的监督检验进行试验时查验(3)、(4)、(5)项，以及(2)项中所需记录表格制定情况[如试验时使用单位尚未确定，应当由安装单位提供(2)、(3)、(4)项查验内容范本及(5)项相应要求交接备忘录]

【检验工作指引】

参考 TSG T7001 中 1.4。

【说明解释】

杂物电梯轿厢的尺寸和结构形式不允许人员进入，因此，相对于其他电梯，本项不要求应急救援演习记录。

2 机房及相关设备

2.1 通道及检修门、检修活板门

项目及类别	检验内容与要求	检验方法
▲2.1 通道及检修门、检修活板门 C	(1) 通往机房或者驱动主机/液压泵站及其附件的检修门和检修活板门的通道应当安全、无阻碍，并且设有固定照明装置； (2) 对于人员可进入的机房，检修门和检修活板门应当设置用钥匙开启的锁，当门打开后，不用钥匙也能将其关闭和锁住；门锁住后，不用钥匙也能够从机房内部将门打开； (3) 门外侧有下述或者类似的警示标志： “电梯机器——危险 未经允许禁止入内” (4) 对人员不可进入的机房，从检修门或检修活板门门槛到需要维护、调节或检修的任一部件的距离不大于 600 mm	目测或者测量相关数据

2.1.1 通道

【检验工作指引】

TSG T7006 只要求通往机房或者驱动主机/液压泵站及其附件的检修门和检修活板门的通道应当安全、无阻碍，而对通道形式、尺寸等没有要求，因此，如果检修门和检修活板门离地面较高，可以有多种形式做为通道，图 6-1、图 6-2、图 6-3 所示为常见的三种梯子。当采用图 6-3 所示的固定的直爬梯时，踏板和梯子后面墙的距离应不小于 0.15 m，且设置有护圈，如图 6-4 所示，否则可视为通道不安全。具体可参考 GB 17888.4—2008《机械安全　进入机械的固定设施　第 4 部分：固定式直梯》。

图 6-1　斜爬梯

图 6-2　折叠梯

图 6-3　直爬梯

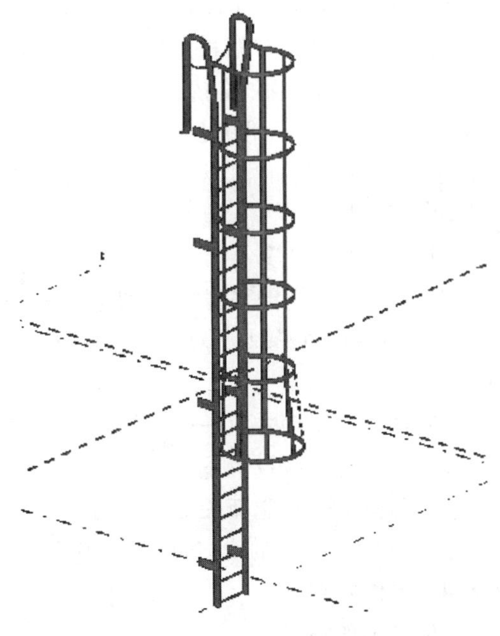

图 6-4　设有护圈的爬梯

2.1.2　门锁

【说明解释】

人员可以进入机房的必要条件：

(1) 供进入的开口尺寸不小于 0.60 m×0.60 m；

(2) 机房的高度不小于 1.80 m。

【检验工作指引】

(1) TSG T7006 与 TSG T7001 对门锁的要求不同，TSG T7006 除要求“门锁住后，不用钥匙也能够从机房内部将门打开”，还要求“当门打开后，不用钥匙也能将其关闭和锁住”，因此图 6-5 所示的门锁不符合要求。虽然其锁住后，不用钥匙能够从机房内部打开，但是不用钥匙不能将其关闭和锁住。

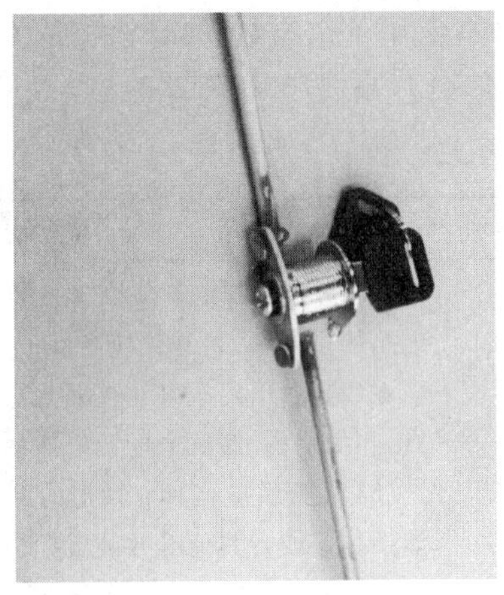

图 6-5　不符合要求的锁

（2）TSG T7006 与 GB 25194 要求有区别。GB 25194 中 6.2.3.3 规定，“（人员可进入的机房）检修门和检修活板门应设置用钥匙开启的锁，当门打开后，不用钥匙也能将其关闭和锁住。即使在锁住的情况下，也应能不用钥匙从井道内部将门打开”，门锁住后，TSG T7006 要求“不用钥匙也能够从机房内部将门打开”，GB 25194 要求“能不用钥匙从井道内部将门打开”。以 TSG T7006 为准。

2.1.3 警示标志

【检验工作指引】

TSG T7006 规定采用“**电梯机器——危险　未经允许禁止入内**”

GB 25194 中 15.4.1 规定，在通往机房和滑轮间的门或活板门的外侧应设有包括下列简短字句的须知：

“杂物电梯驱动主机——危险，未经许可禁止入内”

对于活板门，应设置下列须知，以提醒活板门的使用人员：

“谨防坠落——重新关好活板门”

对于 GB 25194 的规定，应视同符合要求。

2.1.4 维修距离

【检验工作指引】

对于人员不可进入的机房，GB 25194 中 6.2.2 要求“从检修门或检修活板门门槛到需要维护、调节或检修的任一部件的距离均不应大于 600 mm”，作业人员只能在检修门或者检修活板门外进行作业，但通常该门应当能可靠关闭和锁住，以满足 GB 25194 中 6.2.1“只有胜任人员才能接近驱动主机及其附件”的要求。

2.2 机房专用

项目及类别	检验内容与要求	检验方法
2.2 机房专用 C	机房应当专用，不得用于电梯以外的其他用途	目测

【检验工作指引】

机房不应用于杂物电梯以外的其他用途，也不应设置非杂物电梯用的线槽、电缆和装置，其他参考 TSG T7001 中 2.2。

2.3 主开关

项目及类别	检验内容与要求	检验方法
2.3 主开关 B	（1）每台杂物电梯应当单独装设一只能切断该杂物电梯所有供电电路的主开关，主开关应当易于接近和操作； ▲（2）主开关不得切断轿厢照明（如果有）、驱动主机照明（如果有）和机房内、底坑中电源插座的供电电路； （3）主开关应当具有稳定的断开和闭合位置，并且在断开位置时能用挂锁或者其他等效装置锁住，以防止误操作； （4）如果几台杂物电梯和（或）乘客、载货电梯共用一个机房，则各台杂物电梯主开关的操作机构应当易于识别	目测主开关的设置、标识等；断开主开关，观察、检查照明、插座的供电电路是否被切断

2.3.1　主开关设置

【监督检验工作指引】

(1) TSG T7006 要求每台杂物电梯应当单独装设一只主开关，且应能切断该杂物电梯的所有供电电路，检验时断开该主开关，检查杂物电梯是否能够运行。

(2) GB 25194 中 13.4.1 要求“在机房中，每台杂物电梯都应当单独设置一只能切断该杂物电梯所有供电电路的主开关”，13.4.2 要求“应能从机房入口处方便、迅速地接近主开关的操作机构”，因此，主开关应设置在机房内的入口处。对于有些主开关设置在机房外或与其他电气设备的主开关设置在同一个配电箱内，可判此项不合格。

(3) 其他要求可参考 TSG T7001 中 2.6.1。

2.3.2　与照明等控制电路的关系

【监督检验工作指引】

参考 TSG T7001 中 2.6.2。

2.3.3　防止误操作装置

【监督检验工作指引】

参考 TSG T7001 中 2.6.3。

2.3.4　标志

【监督检验工作指引】

(1) 根据对 TSG T7006 检验内容与要求的理解，如果多台杂物电梯和乘客、载货等电梯共用一个机房时，只要求各台杂物电梯主开关的操作机构易于识别，对杂物电梯与乘客、载货等电梯的主开关是否关易于识别，不做要求。

(2) 其他要求参考 TSG T7001 中 2.6.4。

2.4　插座

项目及类别	检验内容与要求	检验方法
2.4 插座 C	机房应当至少设置一个 2P+PE 型或者以安全特低电压供电（当确定无须使用 220 V 的电动工具时）的电源插座	目测

【监督检验工作指引】

(1) TSG T7006 的要求与 GB 25194 不同，GB 25194 中 13.6.2 要求该插座还可以“由符合 GB/T 16895.21 规定的安全电压供电”，“安全电压”在 EN81-3:2000 中原文为“safty extra low voltage (SELV)”。“SELV”在我国的相关标准中被称为“安全特低电压”。

(2) 按照 GB/T 4776—2008《电气安全术语》中 3.2.7 的定义，安全特低电压是指“用安全隔离变压器或具有独立绕组的变流器与供电干线隔离开的电路，导体之间或任何一个导体与地之间有效值不超过 50 V 的交流电压”，安全超低电压应满足两个条件：

1) 用安全隔离变压器或具有独立绕组的交流器与供电干线隔离开；

2) 导体之间或任一导体与地之间的交流电压有效值不超过 50 V。

如果采用安全特低电压供电的插座，要检验是否满足上述两个条件。

2.5 电力驱动杂物电梯驱动主机

项目及类别	检验内容与要求	检验方法
2.5 电力驱动杂物电梯驱动主机 B	(1) 驱动主机上应当设有铭牌，标明制造单位名称、型号、编号、技术参数和型式试验机构的名称或者标志，铭牌和型式试验证书内容应当相符； (2) 驱动主机工作时应当无异常噪声和振动，油量适当，无明显漏油。制动器动作灵活、工作可靠； (3) 曳引轮槽、卷筒绳槽、链轮齿等没有过度磨损(适用于改造、重大修理监督检验和定期检验)，如果曳引式杂物电梯曳引轮槽的磨损可能影响曳引能力时，应当进行曳引能力验证试验； (4) 手动紧急操作装置应当符合以下要求： ① 对于可拆卸盘车手轮，设有一个电气安全装置，最迟在盘车手轮装上杂物电梯驱动主机时动作； ② 松闸扳手涂成红色，盘车手轮是无辐条的并且涂成黄色，可拆卸盘车手轮放置在机房内容易接近的明显部位； ③ 在驱动主机上接近盘车手轮处，明显标出轿厢运行方向，如果手轮是不可拆卸的可以在手轮上标出； ④ 能够通过操纵手动松闸装置松开制动器，并且需要以一个持续力保持其松开状态	(1) 对照检查驱动主机型式试验证书和铭牌； (2)目测驱动主机工作情况、制动器工作情况； (3) 目测曳引轮槽等的磨损情况；认为轮槽的磨损可能影响曳引杂物电梯的曳引能力时，结合 7.5 要求的试验结果验证轮槽磨损是否影响曳引能力； (4) 通过模拟操作检查电气安全装置和手动松闸功能

2.5.1 驱动主机铭牌

【监督检验工作指引】

参考 TSG T7001 中 2.7.1。

2.5.2 主机、制动器工作状况

【监督检验工作指引】

(1) TSG T7006 只要求制动器动作灵活、工作可靠，未要求所有参与向制动轮或盘施加制动力的制动器机械部件分两组装设，因此双铁芯单弹簧、双弹簧单铁芯、双铁芯双弹簧单连杆的制动器也是符合要求的。

(2) 其他要求参考 TSG T7001 中 2.7.2 和 TSG T7001 中 2.7.3。

2.5.3 轮槽、卷筒、链轮齿磨损

【监督检验工作指引】

认为轮槽的磨损可能影响曳引杂物电梯的曳引能力时，结合 7.5 项试验结果验证轮槽磨损是否影响曳引能力，如果 7.5 项试验结果符合要求，则可判该项合格。

2.5.4 手动紧急操作装置

【检验工作指引】

参考 TSG T7001 中 2.7.5。

2.6　液压杂物电梯驱动主机

项目及类别	检验内容与要求	检验方法
2.6 液压杂物电梯驱动主机 C	（1）液压泵站上应当设有铭牌，标明制造单位名称、型号、编号、技术参数和型式试验机构的名称或者标志，铭牌和型式试验证书内容应当相符； （2）用于液压缸与单向阀或者下行方向阀之间的软管上应当标注制造商名或者商标、允许的弯曲半径、试验压力和试验日期；软管固定时，其弯曲半径不应小于制造商标明的弯曲半径； （3）承受压力的管路和附件（管接头、阀等），应当适当固定；如果管路穿过墙或地面，应当使用套管保护，套管内不得有管路的接头； （4）溢流阀应当调节到系统压力不大于满载压力的140%。由于管路较高的内部损耗，必要时溢流阀可调节到较高的压力值，但不大于满载压力的170%，此时应当提供液压设备（包括液压缸）的计算说明； （5）破裂阀应当设有铭牌，标明制造单位名称、型号、编号、型式试验机构的名称或者标志和已调节好的触发流量； （6）手动紧急下降阀上应当标示“注意——紧急下降”或者有类似标识；即使在失电情况下，使用该阀也能够使轿厢以较低的速度向下运行至平层位置；该阀的操作应当是持续的手动揿压，并且防止误动作；手动操纵该阀应当不能使柱塞产生的下降引起间接作用式液压杂物电梯的松绳或者松链	（1）对照检查液压泵站型式试验证书和铭牌； （2）目测软管、管路和附件； （3）由施工单位或者维护保养单位进行溢流阀压力测试，检验人员现场观察、确认； （4）通过操作手动紧急下降阀检查其功能

2.6.1　液压泵站铭牌

【监督检验工作指引】

参考TSG T7004中2.7。

2.6.2　液压软管

【监督检验工作指引】

该项是对高压软管的标记要求。“液压缸与单向阀或下行方向阀之间的软管”即通常所称的高压软管，其构成中一般包括金属层或其他高强度材料。

2.6.3 管路和附件的敷设

【监督检验工作指引】

(1) 管路包括硬管和软管,附件包括管接头和阀等。

(2) 液压系统在工作时,液压能的传递会引起管路及其附件的受力振动,因而管路及其附件应当适当固定。

(3) 管路设计、安装时还要考虑到管路及附件维修更换的可操作性。由于油管存在更换的可能,所以要求油管在穿过地面或者墙壁时在管外加装套管,这样更换时就能方便地拆、装油管。而且由于油管接头存在渗漏的可能,为了便于检查、维修,所以也不允许将接头放在套管内。

(4) 其他参考 TSG T7004 中 2.12。

2.6.4 溢流阀

【监督检验工作指引】

(1) 液压系统内部损耗是指管接头损耗、摩擦损耗等,主要与液压油管传输距离远近、弯折情况等有关。如内部损耗较高,为了保证驱动部件(液压缸)有足够的连续工作压力,常用的方法是适当调高溢流阀的动作压力(140%~170%的满载压力),从而保证液压电梯的正常性能。

(2) 由随机资料或满载试验查出系统的满负荷压力值,在机房将截止阀关闭,检修点动上行,让液压泵站系统压力缓慢上升,当设备上压力表的压力值不再上升时,压力表显示压力值即为溢流阀的工作压力值。并判断是否符合要求。

(3) 在检验过程中,如设备上压力表有异常状况,则应采用外接经校验且在校验有效期内的压力表进行检验。

(4) 其他参考 TSG T7004 中 2.8。

2.6.5 破裂阀铭牌

【监督检验工作指引】

(1) 破裂阀即"电梯限速切断阀"。本项要求破裂阀的铭牌上应当标注型式试验标志及其试验单位。同时由于破裂阀的动作值需要调定,其制造单位应在铭牌上注明出厂时调好的触发流量。

(2) 对照检查破裂阀的型式试验合格证、调试证书与现场实物、铭牌核对。

2.6.6 液压驱动电梯的紧急操作

【监督检验工作指引】

(1) 为了防止紧急下降时引起松绳或松链,GB 25194 中 12.3.9.1.2 项要求手动紧急下降阀操作时轿厢的下行速度不应大于 0.3 m/s,因此,操作手动紧急下降阀时,应测量轿厢的下行速度,如果大于 0.3 m/s,可判此项不合格。

(2) 其他参考 TSG T7004 中 2.9。

2.7　控制柜

项目及类别	检验内容与要求	检验方法
2.7 控制柜 B	(1) 控制柜上应当设有铭牌，标明制造单位名称、型号、编号、技术参数和型式试验机构的名称或者标志，铭牌和型式试验证书内容应当相符； (2) 切断制动器电流至少应当用两个独立的电气装置来实现，当杂物电梯停止时，如果其中一个接触器的主触点未打开，最迟到下一次运行方向改变时，应当防止杂物电梯再运行； (3) 曳引式杂物电梯应当设有电动机运转时间限制器，在电动机运转时间超过设计值时使驱动主机停止运转并且保持在停止状态； (4) 每台杂物电梯应当配备断相、错相保护装置。当杂物电梯运行与相序无关时，可以不装设错相保护装置	(1) 对照检查控制柜型式试验证书和铭牌； (2) 根据电气原理图和实物状况，结合模拟操作检查制动器的电气控制； (3) 根据电气原理图和实物状况，检查是否设置电动机运转时间限制器，按照制造单位提供的方法进行动作试验； (4) 断开主开关，在其输出端，分别断开三相交流电源的任意一根导线后，闭合主开关，检查杂物电梯能否启动；断开主开关，在其输出端，调换三相交流电源的两根导线的相互位置后，闭合主开关，检查杂物电梯能否启动

2.7.1　控制柜铭牌

【监督检验工作指引】

参考 TSG T7001 中 2.8.1。

2.7.2　制动器电气装置设置

【监督检验工作指引】

(1) GB 25194 中 12.2.6 要求驱动主机的电源也应由两个独立接触器切断。切断驱动主机电源的两个独立接触器和切断制动器电流的两个独立接触器可以兼用，即两个独立接触器的不同触点分别接入驱动主机电源控制回路和制动器电源控制回路。

(2) 根据电气原理图和实物状况，结合模拟操作检查制动器的电气控制。

(3) 其他要求参考 TSG T7001 中 2.8.3。

【举例】

(1) 图 6-6、图 6-7 和图 6-8 所示为某杂物电梯的动力回路图、制动回路图和微机控制图，其中 KS、KX 分别为上行和下行接触器，KK 为电动机运行控制接触器。从图 6-6 中可知，KS、KX 作为一组独立的电气装置，KK 作为一组独立的电气装置，KK 接触器与 KS、KX 接触器的控制信号互相独立，从而使电动机电源有两个独立的接触器控制；从图 6-7 中可知，KS、KX 的辅助常开触点作为一组独立的电气装置，KK 的辅助常开触点作为一组独立的电气装置，串联在制动回路中，从而使切断制动器电流至少应当用两个独立的电气装置来实现；从图 6-8 黑色方框中可知，KS、KX 和 KK 的辅助常闭触点串联在微机板的 12 端口，该设计主要是防止 KS、KX 和 KK 接触器粘连导致制动器不能下闸，工作原理是当杂物电梯停止时，KS、KX 和 KK 中的任意一个接触器未能正常释放，则该接触器的常闭辅助触点断开，图 6-8 黑色方框中回路断开，微机端口 12 的电平由 1 变 0，经逻辑判断防止杂物电梯再运行。

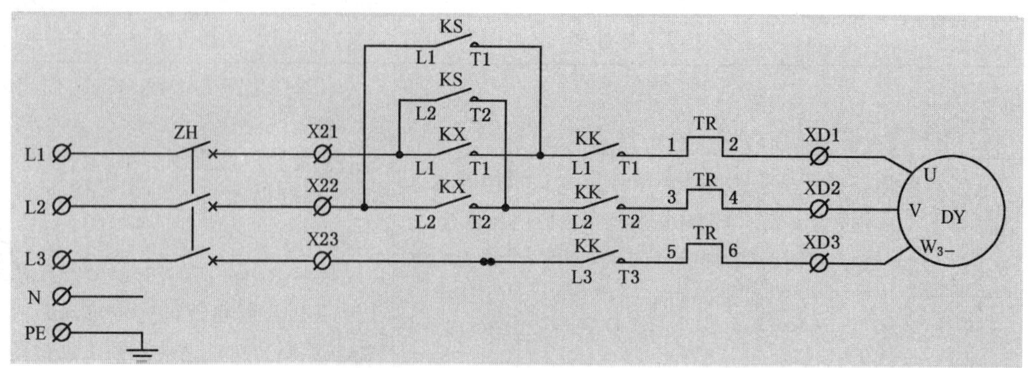

图 6-6 某杂物电梯动力回路

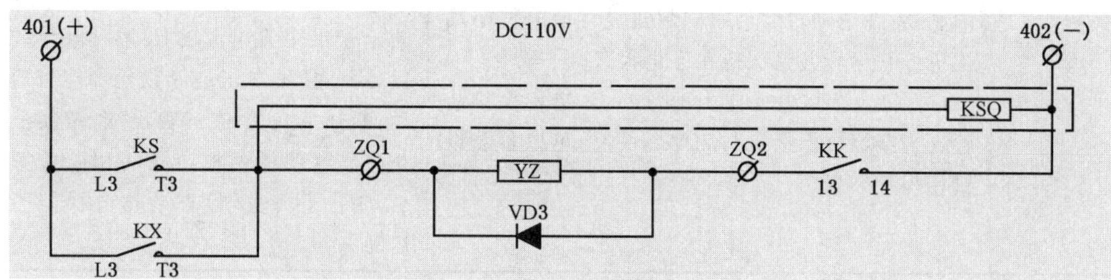

图 6-7 某杂物电梯制动回路

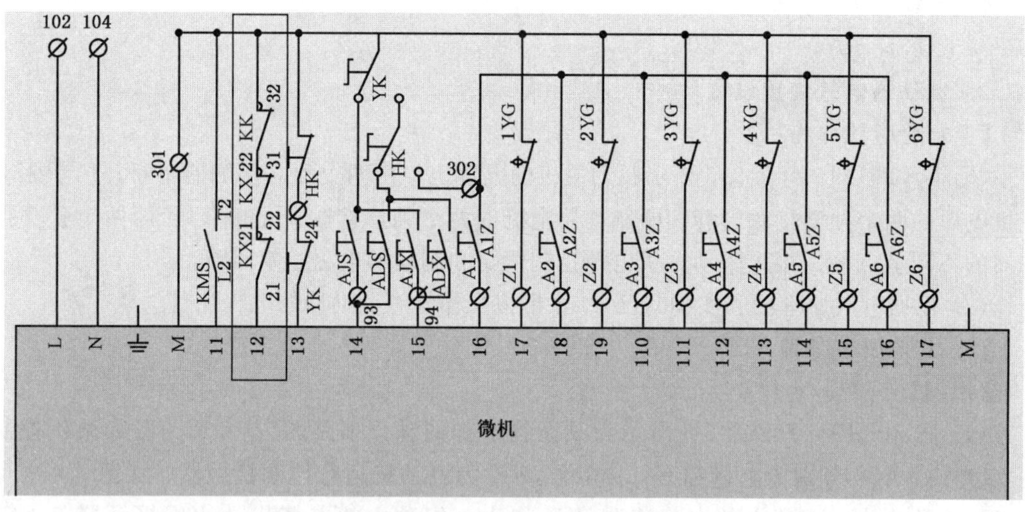

图 6-8 某杂物电梯微机控制图

2.7.3 曳引电梯的电动机运转时间限制器

【监督检验工作指引】

(1) 杂物电梯的制造单位应按 GB 26194 中 12.2.8.2 的要求设置电动机运转时间保护的动作值。由于运转时间保护的设置有多种方式,因此根据电气原理图和实物状况,检查是否设置电动机运转时间限制器,按照制造单位提供的方法进行动作试验,验证时间限制器是否有效动作。

（2）一般采用以下两种方法进行试验：

1）拆除电动机进线端。首先将杂物电梯空载运行至顶层，断开主开关。然后拆除电动机三相进线，并做好绝缘措施（如用绝缘胶布包好）。之后合上主开关，启动电梯，虽然此时控制系统信号正常，但曳引机不转。用秒表记录从控制柜内控制制动器主接触器吸合到接触器断开的时间 t，根据 t 是否小于设计值判断是否符合要求。

该方法适用于所有利用平层开关作为电动机运转时间限制器的计时基准信号的交流调速的电梯，但不适用于变频变压调速的杂物电梯，因为断开电机输出后，变频器运行时会检测到故障，停止输出。

2）人为将设定的电动机运转时间限制器动作值调整到小于单层运行时间，启动电梯，即杂物电梯还没运行到下一层时电动机运转时间限制器已动作。

这种方法可以试验电梯离开平层区时的情况，但在平层区，由于电梯运行的时间很短，不易操作，仍需借助短接平层开关信号的方法试验。

该方法适用于所有利用平层开关作为电动机运转时间限制器的计时基准信号的电梯。

2.7.4 断错相保护

【检验工作指引】

参考 TSG T7001 中 2.8.2。

2.8 限速器

项目及类别	检验内容与要求	检验方法
2.8 限速器 B	（1）限速器上应当设有铭牌，标明制造单位名称、型号、编号、技术参数和型式试验机构的名称或者标志，铭牌和型式试验证书、调试证书内容应当相符； （2）限速器各调节部位封记完好，运转时不得出现碰擦、卡阻、转动不灵活等现象，动作正常； （3）受检电梯的维护保养单位应当每 5 年进行一次限速器动作速度校验，校验结果应当符合要求	（1）对照检查限速器型式试验证书、调试证书、铭牌； （2）目测调节部位封记和限速器运转情况，结合 7.1、7.2 的试验结果，判断限速器动作是否正常； （3）审查限速器动作速度校验记录，对照限速器铭牌上的相关参数，判断校验结果是否符合要求

2.8.1 限速器铭牌

【监督检验工作指引】

参考 TSG T7001 中 2.9.1。

2.8.2 限速器运转

【检验工作指引】

参考 TSG T7001 中 2.9.3。

2.8.3 动作速度校验

【适用范围】

即使检验员没有对限速器动作速度进行现场检验，但根据检验方法，检验还是要审查限速器动作速度校验记录，对照限速器铭牌上的相关参数，判断动作速度是否符合要求，所以对于有规范的限速器调试证书的新安装电梯，或者使用周期没有达到 5 年且限速器动作没有出现异常、限速器各调节部位封记无损坏的电梯，本项也不能填写“无此项”。

【检验工作指引】

电梯额定速度 v，限速器选用速度范围：

(1) 轿厢侧限速器动作速度 v_1：$115\%v \leq v_1 <$ 下列各值：

① 额定速度不大于 0.63 m/s 时，为 0.8 m/s；

② 额定速度大于 0.63 m/s 时，为额定速度的 125%。

(2) 对重侧限速器动作速度 v_2：$v_1 < v_2 \leq 110\%v_1$。

(3) 校验方法可参考 TSG T7001 中 2.11.3。对于现场不方便校验，或如果对限速器进行动作速度校验操作时存在可能导致危险的因素，可要求将限速器拆下进行动作速度校验。

【说明解释】

杂物电梯用限速器与乘客(载货)电梯用限速器的区别：

(1) 使用目的不同。杂物电梯限速器只用操作安全钳装置，而乘客(载货)电梯限速器可以是安全钳和轿厢上行超速保护装置的速度监控元件。

(2) 动作速度要求不同。相对于杂物电梯限速器动作速度，乘客(载货)电梯限速器动作速度要求更加细化和复杂。

(3) 电气检查要求不同。杂物电梯限速器没有电气检查要求，而乘客(载货)电梯限速器至少有超速开关，复位检查开关和张紧装置检查开关等。

(4) 适用钢丝绳要求不同。杂物电梯要求限速器绳公称直径不小于 3 mm，动作时提拉力不小于 200 N。乘客(载货)电梯要求限速器绳公称直径不小于 6 mm，动作时提拉力不小于 300 N。

(5) 速度校验要求不同。杂物电梯限速器速度校验周期为 5 年。乘客(载货)电梯限速器速度校验周期为 2 年。

2.9 接地

项目及类别	检验内容与要求	检验方法
2.9 接地 C	(1) 供电电源自进入主开关起，中性线(N)与保护线(PE)应当始终分开； ▲(2) 所有电气设备及线管、线槽的外露可以导电部分应当与保护线(PE)可靠连接	目测，必要时测量验证

【监督检验工作指引】

参考 TSG T7001 中 2.10。

3 井道及相关设备

3.1 井道封闭

项目及类别	检验内容与要求	检验方法
3.1 井道封闭 C	除必要的开口外，井道应当由无孔的墙、井道底板和顶板完全封闭	目测

【监督检验工作指引】

(1)“必要的开口”是指:层门开口;通往井道的检修门、检修活板门的开口;火灾情况下,气体和烟雾的排气孔;通风孔;井道与机房之间必要的功能性开口;杂物电梯之间或者杂物电梯与电梯之间隔板上的开孔;对于人员可进入的机房,井道与机房隔开的顶板上的开孔。

(2)电梯井道应专用,不应装设与杂物电梯无关的电缆、设备等,如消防水管、避雷针、非电梯用电缆、手机信号增强装置等。

(3)井道壁的结构应至少能承受驱动主机施加的载荷、液压缸施加的载荷、轿厢偏载情况下安全钳瞬间经导轨施加的载荷、缓冲器动作产生的载荷以及轿厢装载产生的载荷。

(4)不允许采用部分封闭的井道。

3.2 顶部空间

项目及类别	检验内容与要求	检验方法
3.2 顶部空间 C	(1)顶部间距应当满足下述要求: ① 对于曳引式杂物电梯,当轿厢或者对重停在其限位挡块上或者其完全压在缓冲器上时,对重或者轿厢导轨的进一步制导行程不小于0.1 m; ② 对于强制式杂物电梯: a)轿厢从顶层层站向上直到撞击井道顶部最低部件时,轿厢导轨的进一步制导行程不小于0.2 m; b)当轿厢停在其限位挡块上或者其完全压在缓冲器上时,平衡重(如果有)导轨的进一步制导行程不小于0.1 m。 ③ 对于液压杂物电梯: a)当柱塞到达其最高极限位置时,轿厢导轨的进一步制导行程不小于0.1 m; b)当轿厢停在其限位挡块上或者其完全压在缓冲器上时,平衡重(如果有)导轨的进一步制导行程不小于0.1 m。 (2)如果人员可进入轿顶,则当防止轿厢移动的装置在顶层高度范围内停止轿厢时,在轿顶以上应当有不小于1.80 m的自由垂直距离	(1)测量、计算相应数据; 补充说明: (2)用痕迹法或者其他有效方法检验对重(平衡重)导轨的制导行程

3.2.1 顶部间距

【监督检验工作指引】

测量轿厢(对重)在上端站平层位置时的相应数据,结合对重缓冲器的压缩行程、轿厢(对重)到挡块或缓冲器的距离等,计算确认是否满足要求。

3.2.2 轿顶上方自有垂直距离

【监督检验工作指引】

(1)人员可进入的轿顶应提供机械停止装置(即“防止轿厢移动的装置”,见4.3),当使用机械停止装置在顶层高度范围停止轿厢时,应保证在轿顶以上有1.80 m的自由垂直距离。

(2)按照GB 25194中3.14的要求,顶层高度是顶层端站地坎上平面到井道顶部最低部件(不包括任何超过轿厢轮廓线的滑轮)之间的垂直距离。

(3) 结合4.3一起检验。

3.3 检修门和检修活板门

项目及类别	检验内容与要求	检验方法
3.3 检修门和 检修活板门 C	(1) 检修门和垂直铰接的检修活板门不得向井道内部开启; ▲(2)门上应当装设用钥匙开启的锁,当门开启后,不用钥匙也能将其关闭和锁住;门锁住后,不用钥匙也能够从井道内将门打开; ▲(3)应当设置用以验证门关闭的电气安全装置	打开、关闭检修门,检查门的启闭和杂物电梯启动情况

3.3.1 门的开启方向

【说明解释】

(1) “检修门”,EN 81-3:2000中原文为“inspection doors”,因此“检修门”应该和通常意义上的门具有一样的结构,如垂直铰接等,只是尺寸不一样。

(2) “检修活板门”,EN 81-3:2000中原文为“inspection traps”,因此“检修活板门”不是通常意义上的门,应该为类似于乘客电梯中轿顶安全窗(水平铰接)的一种装置。

(3) 水平铰接的检修活板门在其开启后,由于重力作用,会自动垂下,紧贴井道壁,不会影响电梯的运行,因此可以向井道内开启。

【检验工作指引】

(1) 此项只对门的尺寸没有要求,但GB 25194中5.2.2.1要求,检修门和检修活板门的尺寸应与它们在井道内的位置、用途以及需要承担的工作的可视性相适应。GB 25194中6.2.2要求,人员不可进入的机房的检修门或检修活板门的最小尺寸为0.60 m×0.60 m,或即使在机房尺寸不允许的情况下,开孔尺寸也应满足更换部件的需求。因此,虽然对门的尺寸没有具体要求,但应检查门的尺寸是否与其在井道内的位置、用途以及需要承担的工作的可视性相适应,是否满足更换部件的需求。

(2) 打开检修门和垂直铰接的检修活板门,检验其是否不能向内开启。

(3) 水平铰接的检修活板门可以向井道内开启。

3.3.2 门锁

【检验工作指引】

参考2.1.2。

3.3.3 电气安装装置

【检验工作指引】

(1) 该电气安全装置仅适用于通向井道的检修门和检修活板门(例如:用于维修和检查井道内限速器的检修门),不适用于通向驱动主机及其附件的检修门和检修活板门。

(2) 检验时打开井道安全门可以停止电梯的运行。

(3) 检修门和检修活板门关闭后,电气安全装置才接通。

(4) 电气安全装置应为安全触点式,不允许用行程开关。

(5) 水平铰接的检修活板门也需要设置电气安全装置。

3.4　导轨

项目及类别	检验内容与要求	检验方法
3.4 导轨 C	轿厢、对重(或平衡重)各自应当至少由两根刚性的钢质导轨导向。对于额定速度大于0.4 m/s的杂物电梯,导轨应当由冷拉钢材制成,或工作表面采用机械加工方法制成。导轨与导轨支架的安装应当防止因导轨附近的转动造成导轨的松动	目测

【监督检验工作指引】

(1) 根据杂物的电梯额定速度,目测导轨的材料是否符合要求。

(2) 对于没有安全钳的轿厢、对重(平衡重)导轨,可使用成型金属板材,但应采取防腐蚀措施。

(3) 导轨及其附件和接头应能承受所施加的载荷和力,以保证杂物电梯的安全运行。

(4) 导轨的固定应可靠,无松动。

3.5　极限开关

项目及类别	检验内容与要求	检验方法
▲3.5 极限开关 B	对于电力驱动的杂物电梯,极限开关应设置在尽可能接近端站时起作用而无误动作危险的位置上。该开关应当在轿厢或者对重(如果有)接触缓冲器或者限位挡块之前起作用,并且在缓冲器被压缩期间或者轿厢与限位挡块接触期间始终保持动作状态。 对于液压杂物电梯,应当在与轿厢行程上端对应的柱塞位置设置一个极限开关,该开关应当在柱塞接触到其行程终端缓冲停止装置之前动作,并且在柱塞与其行程终端缓冲停止装置接触期间保持动作状态	模拟动作试验

3.5.1　电力驱动电梯

【监督检验内容与要求】

(1) TSG T7001要求井道上下两端均应设置极限开关,而TSG T7006对极限开关的位置没有要求,只要其能有效动作即可。

(2)TSG T7006要求“缓冲器被压缩期间或者轿厢与限位挡块接触期间始终保持动作状态”,可以理解为:

1) 如果对重和轿厢均采用缓冲器来限制下部行程,那么在对重和轿厢压缩缓冲器期间,极限开关应始终保持动作状态。

2) 如果对重侧采用限位挡块来限制下部行程,那么在对重与限位挡块接触期间,极限开关可不始终保持在动作状态。

(3) 其他可参考TSG T7001中3.10。

3.5.2　液压驱动电梯

【监督检验内容与要求】

(1) 轿厢在上端站平层后,短接上限位(如果有)和极限开关,轿厢以检修速度向上运行,直到无法再向上运行为止,观察液压电梯在行程上端停止时有无缓冲效果。

(2) 液压电梯在上端站平层后,短接上限位开关(如果有),轿厢点动向上运行,碰撞极限开关后，液压电梯应当停止运行，然后短接极限开关，液压电梯应当仍能继续向上运行，当达到柱塞伸出极限位置时，取掉极限天关短接线，液压电梯应当不能向下运行，此时极限开关仍处于动作状态。

3.6 井道内防护

项目及类别	检验内容与要求	检验方法
3.6 井道内的防护 C	（1）在人员可进入的井道下部，对重（平衡重）运行的区域应当具有下述防护措施之一： ① 采用刚性隔障防护，该隔障从底坑地面上不大于 0.3 m 处向上延伸到距底坑地面至少 2.5 m 的高度，其宽度至少等于对重（平衡重）宽度再在两边各加 0.1 m； ② 在井道内设置可移动装置，该装置将对重（平衡重）的运行行程限制在底坑地面以上不小于 1.8 m 的高度处。 （2）装有多台杂物电梯和（或）电梯的井道中，不同杂物电梯和（或）电梯的运动部件之间以及在杂物电梯与电梯之间应当设置隔障。这种隔障应当至少从轿厢、对重（平衡重）行程的最低点延伸至最低层站楼面以上 2.5 m 高度，宽度应当能防止人员从一个底坑通往另一个底坑。如轿顶边缘与相邻杂物电梯或者电梯的运动部件之间的水平距离小于 0.5 m，则这种隔障应当延伸到整个井道高度，隔障的宽度不小于运动部件或者运动部件的需要防护部分的宽度再在两边各加 0.1 m	目测或者测量相关数据

3.6.1 对重（平衡重）运行区域防护

【监督检验内容与要求】

（1）人员不可进入的井道下部可不设置防护。

（2）其他参考 TSG T7001 中 3.9.1。

3.6.2 多台电梯运动部件之间的防护

【监督检验内容与要求】

参考 TSG T7001 中 3.9.2。

3.7 底坑设施与装置

项目及类别	检验内容与要求	检验方法
3.7 底坑设施与装置 C	▲（1）底坑地面应当平整、清洁，无渗水或者漏水； （2）对于人员可进入的井道，应当在井道内设有可移动的装置，当轿厢停在其上面时，该装置保证在 0.2 m×0.2 m 的区域内，底坑地面与轿厢的最低部件之间有 1.8 m 的自由垂直距离； ▲（3）对于人员可进入的井道，底坑内应当设置停止装置和 2P＋PE 型或者以安全特低电压供电（当确认无须使用 220 V 的电动工具时）的电源插座； （4）对于人员不可进入的井道，底坑地面应当能从井道外部进行清扫	目测；模拟动作试验

3.7.1　底坑地面

【监督检验内容与要求】

参考 TSG T7001 中 3.12.1。

3.7.2　底坑安全空间

【监督检验内容与要求】

0.2 m×0.2 m 的区域内，底坑地面与轿厢的最低部件之间有 1.8 m 的自由垂直距离，是正常成年人能够站立的空间，该空间内不应有其他设备或装置。

3.7.3　底坑停止装置和安全插座

【检验内容与要求】

(1) 底坑停止装置的位置，应当确保检修或维护人员在开门进入底坑时能伸手触及，通常应位于距底坑入口处不大于 1 m 的易接近位置。

(2) 停止装置应是具有双稳态，图 6-9 所示为常见的双稳态开关，误动作不会使杂物电梯恢复运行，且在其上或附近，应用中文标明“停止”字样，但不强制要求为红色。

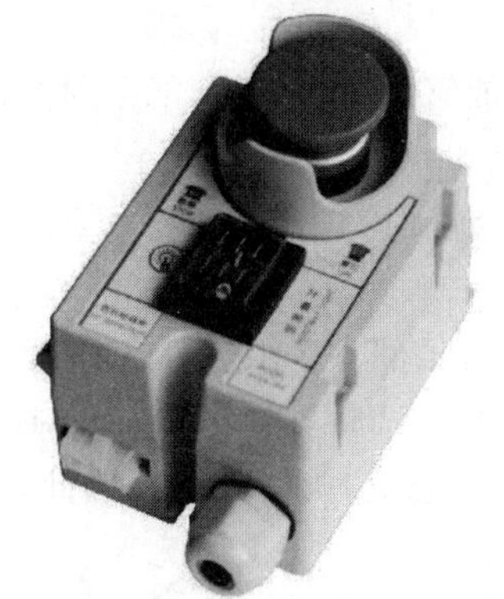

图 6-9　双稳态开关

(3) 2P+PE 型或者以安全特低电压供电(当确认无须使用 220 V 的电动工具时)的电源插座，参考 2.4。

3.7.4　底坑地面的清扫

【监督检验内容与要求】

(1) 检查是否设置了合适的措施，能够从井道外部清扫底坑地面。

(2) 如果能通过检修活板门或检修门从井道外部清扫底坑地面，也符合要求。

【说明解释】

对于不允许维护人员进入的井道，通向井道的任何开口的任一边尺寸不应大于 0.30 m，或无论其开口尺寸如何：

a) 井道的深度不应大于 1.0 m；

b) 井道的面积不应大于 1.0 m^2；

c) 已采取措施使维护人员便于从外部进行维护。

若通向井道的门的尺寸超过 0.30 m×0.40 m，则轿顶应设置以下警示标识：

图 6-10　警示标识

“禁止进入”和/(或)警示标识(见图 6-10)：

如果通往井道的门的尺寸超过 0.30 m，则应设置以下的须知字样：

"禁止进入杂物电梯井道"。

3.8 缓冲器或限位挡块

项目及类别	检验内容与要求	检验方法
3.8 缓冲器或 限位挡块 C	(1) 应当采用缓冲器或者限位挡块来限制轿厢和对重的下部行程。如果在杂物电梯的轿厢、对重(平衡重)之下确有人能够到达的空间，则应当在轿厢和对重的行程底部极限位置设置缓冲器。对于液压杂物电梯，当缓冲器完全压缩或者当轿厢停在限位挡块上时，柱塞不得触及缸筒的底座； ▲(2) 耗能型缓冲器液位应当正确，有验证柱塞复位的电气安全装置	目测，模拟动作试验

3.8.1 缓冲器或限位挡块的设置

【监督检验内容与要求】

(1) 查看制造资料和现场，确定对重之下是否有人能够到达的空间，如果对重之下确有人能够到达的空间，而制造资料没有说明，首先可判 1.1.8 不合格。

(2) 杂物电梯的轿厢、对重之下确有人能够到达的空间时，应在轿厢和对重的行程底部设置缓冲器，其他情况下可以设置限位挡块。

(3) 当采用缓冲器来限制轿厢和对重的下部行程时，虽然本项及 1.1 都未要求缓冲器上应当设有铭牌，标明制造单位名称、型号、规格参数和型式试验机构标识，但 GB 25194 中 15.13 要求缓冲器应有铭牌，标明制造商名称、型式试验标志及其试验单位，因此，现场检验时应查看缓冲器的型式试验合格证，并与现场实物核对。

(4) 当采用缓冲器来限制轿厢和对重的下部行程时，还应查看缓冲的承载质量是否与对重或轿厢的质量匹配。当采用限位挡块来限制轿厢和对重的下部行程时，应查看限位挡块的设置是否有效，是否能可靠地限制轿厢或对重的行程。可结合 3.5 同时检验。

(5) 对于液压电梯，通过测量柱塞的长度、缸筒的长度、缓冲器的压缩行程等数据判断，当缓冲器完全压缩或者当轿厢停在限位挡块上时，柱塞是否触及缸筒的底座。

(6) 缓冲器或限位挡块应固定可靠，且无断裂、塑性变形、剥落、破损等现象。

3.8.2 缓冲器的液位和电气安全装置

【检验内容与要求】

参考 TSG T7001 中 3.15.4。

3.9 限速器绳或安全绳

项目及类别	检验内容与要求	检验方法
3.9 限速器绳 或安全绳 B	(1) 限速器绳应当用张紧轮张紧，张紧轮或者其配重应当有导向装置； ▲★(2) 当限速器绳或者安全绳断裂或者过分伸长时，应当通过电气安全装置的作用，使驱动主机停止运转	目测；动作电气安全装置，观察杂物电梯运行状况

3.9.1　张紧形式、导向装置

【监督检验内容与要求】

（1）断绳时，张紧轮（或者其配重）沿其导向装置应有足够的自由距离。

（2）不论张紧轮在何位置，当限速器张紧绳松弛时，都可以使一个电气安全装置动作，视为导向装置有效。

3.9.2　电气安全装置

【检验工作指引】

（1）检验时应当注意张紧装置与电气安全装置的相对安装位置是否适当，确认当限速器绳或者安全绳断裂或者过分伸长时，该电气安全装置能有效动作。

（2）当限速器绳或者安全绳无意缩短时没有强制要求有电气安全装置保护。

3.10　警示标识

项目及类别	检验内容与要求	检验方法
3.10 警示标识 C	对人员不可进入的杂物电梯井道，如果通往井道的门的尺寸超过0.30 m，应当设置警示标识	目测

【监督检验工作指引】

这里的门是指检修门或检修活板门，目测门的尺寸，必要时进行测量，如果通往井道的门的任何一边尺寸超过0.30 m，都应设置警示标识，如“禁止进入杂物电梯底坑”。

4　轿厢与对重（平衡重）

4.1　轿厢尺寸

项目及类别	检验内容与要求	检验方法
4.1 轿厢尺寸 B	轿底面积不得大于1.0 m^2，轿厢深度不得大于1.0 m，轿厢高度不得大于1.20 m。 如果轿厢由几个固定的间隔组成，且每一间隔都满足上述要求，则轿厢总高度允许大于1.20 m	目测或者测量相关数据

【监督检验工作指引】

（1）如果轿厢由多个固定的间隔组成，且每一间隔的高度均小于1.20 m，则轿厢的高度允许大于1.20 m，检验时应注意间隔是否为固定的（见图6-11）。

（2）如果轿厢尺寸超过任何一个上述参数，则不属于杂物电梯，应终止检验。

图 6-11　有固定间隔的杂物电梯轿厢

4.2　轿厢铭牌

项目及类别	检验内容与要求	检验方法
4.2 轿厢铭牌 C	轿厢内应当设置铭牌，标明制造厂名称或者商标；改造后的杂物电梯，铭牌上应当标明改造单位名称、改造竣工日期等	目测

【监督检验工作指引】

(1) 不强制要求铭牌上标注额定载重量和制造日期。

(2) 铭牌应具有永久性。

(3) 改造时，应标明改造单位名称、改造竣工日期。

4.3　防止轿厢移动装置

项目及类别	检验内容与要求	检验方法
▲★4.3 防止轿厢移动装置 B	如果允许人员进入轿顶，则轿厢应当设置机械停止装置以使其停在指定位置上，并且在轿顶上或者井道内每一层门旁设置停止装置	目测；通过模拟操作以及使停止装置动作，检查机械制停装置和停止装置的功能

【检验工作指引】

(1) 该机械停止装置应当满足以下要求：

1) 在进入轿顶之前由胜任人员触发，使轿厢停止在指定位置上；

2) 能防止轿厢意外下行；

3) 至少承受的静载荷为空轿厢的质量加 200 kg；

4) 在顶层高度范围停止轿厢时，保证在轿顶以上有 1.80 m 的自由垂直距离(见 3.2)。

(2) 对于人员可进入的轿顶，轿顶的任意位置上应能支撑两个人的重量，应无永久变形，每个人按 0.20 m×0.20 m 的面积上作用 1 000 N 的力。

4.4　护脚板和自动搭接地坎

项目及类别	检验内容与要求	检验方法
▲★4.4 护脚板和 自动搭接地坎 C	(1) 轿厢地坎下应当装设护脚板，其垂直部分的高度不小于有效开锁区域的高度，宽度不小于层站入口宽度； (2) 如果杂物电梯采用垂直滑动门且其服务位置与层站等高，可用固定在层站上的自动搭接地坎取代护脚板，自动搭接地坎应当满足下述要求： ① 层门开启时，自动移动到服务位置；在层门关闭时收起； ② 宽度不小于轿厢入口宽度； ③ 长度不小于开锁区域的一半加 50 mm 或者轿底至层门地坎的距离加 20 mm； ④ 无论轿厢在何位置，都与轿底有不小于 20 mm 的重叠	目测或者测量相关数据

4.4.1　轿厢地坎护脚板

【检验内容与要求】

轿厢地坎下应当装设护脚板，其垂直部分的高度不小于有效开锁区域的高度，宽度不小于层站入口宽度；

(1)“开锁区域的高度”见 TSG T7001 中 3.8。JG 135—2000 规定：开锁区域不大于层站水平面上或下 75 mm；

GB 25194 要求：开锁区域不应大于层站平层位置上下的 0.10 m；GB 7588—2003 和 GB 21240 要求：开锁区域不应大于层站平层位置上下的 0.20 m。在用机械方式驱动轿门和层门同时动作的情况下，开锁区域可增加到不应大于层站平层位置上下的 0.35 m。

(2) GB 25194 中 8.4.1.1 要求护脚板的垂直部分以下应成斜面向下延伸，斜面与水平面的夹角应不大于 60°，该斜面在水平面上的投影深度不应小于 20 mm，其目的是防止轿厢下降到最低层站时，护脚板对底坑人员造成伤害。

(3) 其他可参考 TSG T7001 中 4.9。

4.4.2　自动搭接地坎

【检验工作指引】

(1) 自动搭接地坎除了具有地坎的作用以外，还可起到防止轿厢底部与层站入口之间发生身体部位（如：脚掌）的剪切，以及防止层站的物体坠入井道。

(2) 带有自动搭接地坎的杂物电梯在国内比较少见。

4.5　轿厢入口

项目及类别	检验内容与要求	检验方法
▲4.5 轿厢入口 C	(1) 轿厢入口处设置的挡板、栅栏、卷帘以及轿门等，应当配有用来验证其关闭的电气安全装置； (2) 轿门、栅栏、卷帘等运行时不得出现脱轨、机械卡阻或者在行程终端时错位	目测；或者模拟动作试验

4.5.1 电气安全装置

【检验工作指引】

GB 25194 规定：若在运行过程中运送的货物可能触及井道壁，则在轿厢入口处应设置适当的部件，如挡板、栅栏、卷帘以及轿门等。这些部件应配有符合要求的用来证实其关闭位置的电气安全装置。特别是具有贯通入口或相邻入口的轿厢，应防止货物突出轿厢。如果设有轿门，则轿门应是：1)无孔的；2)网格的；或 3)孔板的。网格或孔板孔的尺寸选择应考虑需要运送的载荷。除必要的间隙外，轿门关闭后应将轿厢的入口完全封闭。

人为使电气安全装置断开或用绝缘物隔离，关闭挡板、栅栏、卷帘以及轿门，启动电梯，查看是否能够运行，注意验证闭合的应为电气安全装置。

4.5.2 门的运行和导向

【检验工作指引】

(1) 对于采用挡板作为轿厢入口处保护的，由于其结构比较简单，且可能采用不同的结构形式和固定方式，该项目按照无此项处理。如果挡板存在脱轨、机械卡阻或者行程终端错位，也不应判定其为不符合。

(2) 其他参考 TSG T7001 中 6.6 项。

4.6 对重(平衡重)的固定

项目及类别	检验内容与要求	检验方法
▲4.6 对重(平衡重)的固定 C	如果对重(平衡重)由重块组成，应当可靠固定	目测

【检验工作指引】

(1) 如对重(或平衡重)由对重块组成，应防止它们移位，采取下列措施：

1) 对重块固定在一个框架内。

2) 对于金属对重块，则至少要用两根拉杆将对重块固定住。

(2) 对于水泥对重块，外壳应坚固，一方面是防止其出现碎裂，而导致对重质量的减少，影响杂物电梯的运行，另一方面是防止其意外碎裂掉入人员可进入的底坑，对底坑工作人员造成伤害。

(3) 其他可参考 TSG T7001 中 4.5。

4.7 安全钳

项目及类别	检验内容与要求	检验方法
4.7 安全钳 B	(1) 安全钳上应当设有铭牌，标明制造单位名称、型号、规格参数和型式试验机构标识，铭牌、型式试验合格证内容与实物应当相符； ▲(2) 轿厢上应当装设一个在轿厢安全钳动作以前或者同时动作的电气安全装置	(1) 对照检查安全钳型式试验合格证、调试证书和铭牌； (2)目测电气安全装置的设置

4.7.1　铭牌

【监督检验工作指引】

(1) 杂物电梯的额定速度不大于 1.0 m/s，因此既可以使用渐进式安全钳，也可以使用瞬时式安全钳。

(2) 不强制设置安全钳，但以下两种情况下应设置安全钳：

1) 当杂物电梯井道下方对重或平衡重区域内有人员可进入的空间，则对重或平衡重应配置安全钳。

2) 当杂物电梯井道下方有人员可进入的空间，或采用一根钢丝绳悬挂的情况下，电力驱动的杂物电梯或间接作用式液压杂物电梯应配置安全钳。

(3) 安全钳要求

① JG 135—2000《杂物电梯》规定：由限速器触发安全钳，当限速器动作时，限速器绳的张紧力不得小于以下两个值的较大者：

a) 200 N；

b) 安全钳装置起作用所需力的两倍。

② GB 25194 要求：安全钳动作时由其触发机构施加的张力不应小于以下两个值的较大者：

a) 安全钳起作用所需力的 2 倍；或，

b) 300 N。

另外，对于仅靠摩擦力来产生张力的限速器，其槽口应：

——经过附加的硬化处理；或

——有一个切口槽。

(4) 其他要求参考 TSG T7001 中 4.11。

4.7.2　电气安全装置

【检验工作指引】

(1) 轿厢安全钳需要设置电气安全装置，对重安全钳可以不设置电气安全装置。

(2) 电气安全装置可以是自动复位型，也可以是非自动复位型，只要其符合要求且能有效动作即可。

4.8　警示标识

项目及类别	检验内容与要求	检验方法
4.8 警示标识 C	对人员不可进入的杂物电梯井道，如果通向井道的门的尺寸超过 0.30 m×0.40 m，轿顶应当设置警示标识	目测

【监督检验工作指引】

参考 3.10 项。

5 悬挂装置及旋转部件防护

5.1 悬挂装置的磨损、断丝、变形等情况

<table>
<tr><th>项目及类别</th><th>检验内容与要求</th><th>检验方法</th></tr>
<tr><td>▲5.1
悬挂装置的磨损、断丝、变形等情况
C</td><td>出现下列情况之一时，悬挂钢丝绳应当报废：
① 出现笼状畸变、绳股挤出、扭结、部分压扁、弯折；
② 一个捻距内出现的断丝数大于下表列出的数值时：
<table>
<tr><th rowspan="2">断丝的形式</th><th colspan="3">钢丝绳类型</th></tr>
<tr><th>6×19</th><th>8×19</th><th>9×19</th></tr>
<tr><td>均布在外层绳股上</td><td>24</td><td>30</td><td>34</td></tr>
<tr><td>集中在一或者两根外层绳股上</td><td>8</td><td>10</td><td>11</td></tr>
<tr><td>一根外层绳股上相邻的断丝</td><td>4</td><td>4</td><td>4</td></tr>
<tr><td>股谷(缝)断丝</td><td>1</td><td>1</td><td>1</td></tr>
<tr><td colspan="4">注：上述断丝数的参考长度为一个捻距，约为 6d(d 表示钢丝绳的公称直径，mm)</td></tr>
</table>
③ 钢丝绳直径小于其公称直径的 90%；
④ 钢丝绳严重锈蚀，铁锈填满绳股间隙。
采用其他类型悬挂装置的，悬挂装置的磨损、变形等不得超过制造单位设定的报废指标</td><td>(1) 用钢丝绳探伤仪或者放大镜全长检测或者分段抽测；测量并判断钢丝绳直径变化情况。测量时，以相距至少 1 m 的两点进行，在每点相互垂直方向上测量两次，四次测量值的平均值，即为钢丝绳的实测直径；
(2) 采用其他类型悬挂装置的，按照制造单位提供的方法进行检验</td></tr>
</table>

【监督检验工作指引】

参考 TSG T7001 中 5.1。

5.2 端部固定

项目及类别	检验内容与要求	检验方法
▲5.2 端部固定 C	悬挂钢丝绳绳端固定应当可靠，连接部件无缺损。 钢丝绳在卷筒上的固定应当采用带楔块的压紧装置，或者至少用 2 个绳夹或者具有同等安全的其他装置。 采用其他类型悬挂装置的，其端部固定应当符合制造单位的规定	目测；或者按照制造单位的规定进行检验

【检验工作指引】

参考 TSG T7001 中 5.2。

5.3 钢丝绳的卷绕

项目及类别	检验内容与要求	检验方法
5.3 钢丝绳的卷绕 C	对于强制驱动杂物电梯，钢丝绳的卷绕应当符合以下要求： (1) 轿厢停在完全压缩的缓冲器或者限位挡块上时，卷筒的绳槽中应当至少保留一圈半钢丝绳； (2) 卷筒上只能卷绕一层钢丝绳	目测

【适用范围】

本项只适用于强制驱动杂物电梯，对于曳引驱动电梯或液压驱动杂物电梯检验报告可不编排本项或填写“无此项”。

【检验工作指引】

参考 TSG T7001 中 5.4。

5.4　松绳（链）保护

项目及类别	检验内容与要求	检验方法
▲5.4 松绳（链）保护 B	强制驱动杂物电梯应当设置检查悬挂绳（链）松弛的电气安全装置，当悬挂绳（链）发生松弛时，驱动主机应当停止运行。 如果间接作用式液压杂物电梯设置了检查悬挂绳（链）松弛的电气安全装置，也应当符合上述要求	使松绳（链）电气安全装置动作，观察杂物电梯运行状况

【适用范围】

本项只适用于强制驱动杂物电梯和间接作用式液压杂物电梯，对于曳引驱动电梯检验报告可不编排本项或填写“无此项”。

【检验工作指引】

参考 TSG T7001 中 5.5。

5.5　旋转部件防护

项目及类别	检验内容与要求	检验方法
▲★5.5 旋转部件防护 C	在机房内、轿厢和对重（平衡重）上、井道内、液压缸上的曳引轮、滑轮、链轮，以及限速器及张紧轮等与钢丝绳、链条形成传动的旋转部件，均应当设置防护装置，以避免人身伤害、钢丝绳或者链条因松弛而脱离绳槽或者链轮、异物进入绳与绳槽或者链与链轮之间	目测

【检验工作指引】

参考 TSG T7001 中 5.6。

6　层门与层站

6.1　轿厢与层门的间隙

项目及类别	检验内容与要求	检验方法
6.1 轿厢与层门的间隙 C	在层门全开状态下，轿厢与层门或者层门框架之间的间隙不得大于 30 mm	测量相关尺寸

【监督检验工作指引】

(1) 本项要求的轿厢与层门或层门框架之间的间隙主要考虑的是控制轿厢与面对轿厢入口的井道壁的间距,而不仅是门地坎间隙。

(2) 轿厢至平层位置后,层门完全打开,用直尺测量最大间隙。

6.2 门间隙

项目及类别	检验内容与要求	检验方法
▲6.2 门间隙 C	门关闭后,门扇之间及门扇与立柱、门楣和地坎之间的间隙,不应大于 6 mm;使用过程中由于磨损,允许达到 10 mm	测量相关尺寸

【检验工作指引】

(1) 用直尺或斜塞尺测量间隙。

(2) 检验时需注意"门扇之间"的间隙系指每扇门相互之间(无论是中分、旁开,还是两扇、四扇)的间隙。

(3) "门扇与立柱、门楣和地坎之间"的间隙系指门扇周围的间隙。

6.3 门重开装置

项目及类别	检验内容与要求	检验方法
▲6.3 门重开装置 B	动力驱动的层门在关闭过程中,当人员或者货物被撞击或者将被撞击时,一个装置应当自动使门重新开启	模拟动作试验

【适用范围】

动力驱动的自动门是指通过一次操作轿厢开关门按钮能控制电梯门的开启、关闭,或者由控制系统发出指令控制门的开启、关闭。动力驱动的非自动门是指在使用人员连续控制和监视下,通过持续揿压按钮或类似方法(持续操作运行控制)关闭门。对于动力驱动的非自动门,需有人员操作关门的电梯,本项应填写"无此项"。

【检验工作指引】

(1) 常见的防止门夹人的保护装置的型式有机械式门安全触板、光电式门保护装置等,少见的有超生感应器、电子近门检测器。

(2) 当抵制关门的阻碍达到预定的时间长度后,保护装置再次动作前,允许门扇保护装置失效并关门,即强迫关门功能。

(3) 在层轿门间或在轿门与轿厢壁间设有光电感应防夹人装置(光幕门),且手臂在开关门区上下任何位置都能使门重启,可不设机械式安全触板。

(4) 对于中分门,左右两扇门中任一扇门碰到障碍物时(或在碰到之前),保护装置应该自动重开门,仅一个门扇边缘装设保护装置是不符合要求的。

6.4　门的运行和导向

项目及类别	检验内容与要求	检验方法
▲6.4 门的运行和导向 B	层门运行时不得出现脱轨、机械卡阻或者在行程终端时错位	目测

【检验工作指引】

参考4.5.2项。

6.5　自动关闭层门装置

项目及类别	检验内容与要求	检验方法
▲6.5 自动关闭层门装置 B	在轿门驱动层门的情况下，当轿厢在开锁区域之外时，如果层门开启（无论何种原因），应当有一种装置能够确保该层门自动关闭。该装置采用重块时，应当有防止重块坠落的措施	将轿厢运行至开锁区域外，打开层门，观察层门关闭情况及防止重块坠落措施的有效性

【检验工作指引】

(1) 对于轿顶可进人员的杂物电梯，可在轿顶进行检验。应特别注意当层门在最大开门行程位置（不超出正常工作行程）和刚开锁位置时，检查其是否能自动关闭。轿门的自动关闭应在开锁区域以外检查。

(2) 对于轿顶不可进人员的杂物电梯，在层站外打开层门，检查并验证能否自动关门。

(3) 仅对轿门驱动层门的要求。

6.6　紧急开锁装置

项目及类别	检验内容与要求	检验方法
▲★6.6 紧急开锁装置 B	每个层门均应当能够被一把符合要求的钥匙从外面开启；紧急开锁后，在层门闭合时门锁装置不应当保持开锁位置	用钥匙操作紧急开锁装置，验证其功能

【监督检验工作指引】

(1) 对于轿顶可进人员的杂物电梯，可在轿顶用手转动开锁拨杆来试验是否有效，同时可以检查是否能自动复位。

(2) 对于轿顶不可进人员的杂物电梯，可用钥匙动作进行试验，确保有效。

(3) 紧急开锁装置应不能被非专用钥匙打开，如果紧急开锁装置很容易用非专用钥匙打开，则此项可判为不合格。

(4) 所有的层站均应设置紧急开锁装置。

【定期检验工作指引】

对于按照JG 135—2000及更早期生产的电梯，此项可以仅检查端站层门是否设置紧急开锁装置。

6.7 门的锁紧

项目及类别	检验内容与要求	检验方法
▲6.7 门的锁紧 B	(1) 每个层门都应当设置门锁装置,其锁紧动作应当由重力、永久磁铁或者弹簧来产生和保持,即使永久磁铁或者弹簧失效,重力亦不能导致开锁; (2) 锁紧元件的啮合应能满足在沿开门方向施加 300 N 力的情况下,不会降低锁紧有效性; ★(3) 门的锁紧应当由电气安全装置电气证实,只有在层门锁紧后杂物电梯才能运行。 对于同时满足下列条件的杂物电梯: ① 额定速度不大于 0.63 m/s; ② 开门高度不大于 1.20 m; ③ 层站地坎距地面高度不小于 0.70 m。 门的锁紧可以不由电气装置电气证实。但当轿厢驶离开锁区域时,锁紧元件应自动关闭,而且除了正常锁紧位置外,无论证实层门关闭的电气装置是否起作用,都应至少有第二个锁紧位置	(1) 目测门锁的设置; (2) 在门锁紧的情况下以人力开门试验锁紧有效性; (3) 目测;用钥匙操作紧急开锁装置,使门锁脱离锁紧位置,启动杂物电梯,观察其能否运行

6.7.1 锁紧形式

【检验工作指引】

参考 TSG T7001 中 6.9.1 项。

6.7.2 锁紧有效性

【检验工作指引】

TSG T7006 只要求沿开门方向作用 300 N 的力,不会降低锁紧有效性,而对锁紧元件的啮合深度不做要求,但是对铰链门,锁紧元件啮合尺寸不应小于 10 mm。

6.7.3 电气安全装置或第二锁紧位置

【检验工作指引】

(1) 对于不能同时满足①额定速度不大于 0.63 m/s,②开门高度不大于 1.20 m,③层站地坎距地面高度不小于 0.70 m 这三个条件的杂物电梯,其层门锁紧元件必须有验证锁紧的电气安全装置,如图 6-12 中 a。

(2) 对于能同时满足 6.7.3.1 中三个条件的杂物电梯,其层门锁紧元件可以无需有验证锁紧的电气安全装置,层门也无需在轿厢移动之前进行锁紧。然而,当轿厢驶离开锁区域时,锁紧元件应自动关闭,而且除了正常锁紧位置外,无论证实层门关闭的电气装置是否起作用,都应至少有第二个锁紧位置,如图 6-12 中 b。

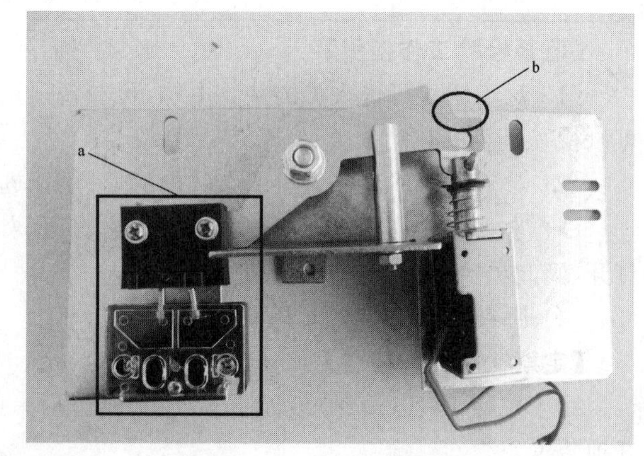

图 6-12 杂物电梯层门锁

(3) 对于按照 JG 135—2000 及更早期生产的电梯,此项可不做要求。

GB 25194—2010《杂物电梯制造与安装安全规范》中 7.3.1.1 不便于理解，为方便理解，现翻译原文如下：

“7.7.3.1.1 满足下列要求的杂物电梯：

a) 额定速度≤0.63 m/s；

b) 开门高度≤1.2 m；

c) 门地坎距层站地面高度≥0.7 m。

锁紧无需电气控制，此时层门也无需在轿厢移动之前进行锁紧。

然而，当轿厢驶离开锁区域时，锁紧元件应自动闭合，而且除了正常的锁紧位置外，至少还应有第二个锁紧位置，在此位置时证实层门关闭的电气控制装置(见 7.7.4)保持无效(非闭合)状态。”

6.8　门的闭合

项目及类别	检验内容与要求	检验方法
▲6.8 门的闭合 B	(1) 如果一个层门或者多扇门中的任何一扇门开着，在正常操作情况下，应当不能启动杂物电梯或者不能保持继续运行； ★(2) 每个层门的闭合都应当由电气安全装置来验证，如果滑动门是由数个间接机械连接的门扇组成，则未被锁住的门扇上也应当设置电气安全装置以验证其闭合状态	(1) 层门打开，杂物电梯置于正常操作状态，启动杂物电梯，观察其能否运行； (2) 对于由数个间接机械连接的门扇组成的滑动门，抽取轿门和基站、端站以及 20% 其他层站的层门，短接被锁住门扇上的电气安全装置，使各门扇均打开，观察杂物电梯能否运行

6.8.1　机电联锁

【检验工作指引】

(1) 与 TSG T7001 中 6.10.1 要求不同，杂物电梯正常运行时，允许层门可以打开。

(2) 其他要求参考 TSG T7001 中 6.10.1。

6.8.2　电气安全装置

【监督检验工作指引】

(1) 在与轿门联动的滑动层门的情况下，如果证实层门锁紧状态的装置是依赖层门的有效关闭，则该装置同时可作为验证层门关闭的装置。

(2) 其他要求参考 TSG T7001 中 6.10.2。

【定期检验工作指引】

对于按照 JG 135—2000 及更早期生产的电梯，间接机械连接的门扇中未被锁住的门扇上的电气安全装置可以不检。

6.9　层站标识

项目及类别	检验内容与要求	检验方法
6.9 层站标识 C	每个层门或者其附近位置，应当标示杂物电梯的额定载重量和“禁止进入轿厢”字样或相应的符号	目测

【监督检验工作指引】

(1) 本项要求在每个层门或者其附近位置，应当标示杂物电梯的额定载重量和“禁止进入轿厢”字样或相应的符号，因此即使在 4.2 项要求的轿厢内铭牌上标示额定载重量，也应该在层门或者其附近位置标示额定载重量。

(2) 检查是否每个层门或者其附近位置，都表示有额定载重量和“禁止进入轿厢”字样或相应的符号，所用文字、大写字母和数字的高度不小于 10 mm，小写字母高度不小于 7 mm。

7 功能试验

7.1 轿厢安全钳动作试验

项目及类别	检验内容与要求	检验方法
7.1 轿厢安全钳动作试验 B	(1) 监督检验：轿厢装有额定载荷，以额定速度或者检修速度下行，进行限速器-安全钳联动试验；对于采用悬挂装置断裂或者安全绳触发的轿厢安全钳，轿厢装有额定载荷，模拟悬挂装置断裂或者安全绳被触发的状态进行试验。限速器、安全钳动作应当可靠。 ▲(2) 定期检验：轿厢空载，以额定速度或者检修速度下行，进行限速器-安全钳联动试验；对于采用悬挂装置断裂或者安全绳触发的轿厢安全钳，轿厢空载，模拟悬挂装置断裂或者安全绳被触发的状态进行试验。限速器、安全钳动作应当可靠	由施工单位或者维护保养单位进行试验，检验人员现场观察、确认

7.1.1 监督检验

【监督检验工作指引】

(1) 以额定速度或检修速度下行均可。

(2) 对于采用悬挂装置断裂或者安全绳触发的轿厢安全钳，要求模拟悬挂装置断裂或者安全绳被触发的状态进行试验，对动作时轿厢的速度没有要求。

(3) 其他要求参考 TSG T7001 中 8.4.1。

7.1.2 定期检验

【定期检验工作指引】

参考 7.1.1 和 TSG T7001 中 8.4.2。

7.2 对重(平衡重)安全钳动作试验

项目及类别	检验内容与要求	检验方法
▲7.2 对重(平衡重)安全钳动作试验 B	轿厢空载，以额定速度或者检修速度上行，进行限速器-安全钳联动试验；对于采用悬挂装置断裂或者安全绳触发的安全钳，轿厢空载，模拟悬挂装置断裂或者安全绳被触发的状态进行试验。限速器、安全钳动作应当可靠	由施工单位或者维护保养单位进行试验，检验人员现场观察、确认

【检验工作指引】

参考 7.1 和 TSG T7001 中 8.5。

7.3 空载曳引试验

项目及类别	检验内容与要求	检验方法
7.3 空载曳引试验 B	对于曳引式杂物电梯，当对重压在缓冲器或者限位挡块上，而曳引机按杂物电梯上行方向旋转时，应当不能提升空载轿厢	由施工单位或者维护保养单位进行试验，检验人员现场观察、确认

【检验工作指引】

参考 TSG T7001 中 8.9。

7.4 运行试验

项目及类别	检验内容与要求	检验方法
▲7.4 运行试验 C	轿厢分别空载、满载，以正常运行速度上、下运行，呼梯、楼层显示等信号系统功能有效、指示正确、动作无误，轿厢平层良好，无异常现象发生	轿厢分别空载、满载，以正常运行速度上、下运行，观察运行情况

【检验工作指引】

参考 TSG T7001 中 8.6。

7.5 制动试验

项目及类别	检验内容与要求	检验方法
7.5 制动试验 A(B)	对于电力驱动杂物电梯： (1) 在轿厢装载 125% 额定载荷，以正常运行速度下行至行程下部，切断电动机与制动器供电，制动器应当能使驱动主机停止运转；对于曳引式杂物电梯，轿厢还应当完全停止； ▲(2) 对于曳引式杂物电梯，轿厢空载以正常运行速度上行至行程上部，切断电动机与制动器供电，轿厢应当完全停止	由施工单位或者维护保养单位进行试验，检验人员现场观察、确认。 注 A-4：对于定期检验，此项目按 B 类项目进行

7.5.1 下行制动试验

【适用范围】

本项只适用于电力驱动电梯，对于液压驱动杂物电梯检验报告可不编排本项或填写“无此项”。

【监督检验工作指引】

(1) 本项是对制动器制动能力和曳引能力的综合检验，既有对制动器制动能力的检验，又有对电梯下行紧急制动工况下曳引能力的检验。

(2) “轿厢应当完全停止”可理解为不发生曳引绳严重滑移而导致轿厢失控。

【定期检验工作指引】

定期检验时,检验2.5项时发现轮槽磨损,存在可能影响曳引能力的情况,应增加检验本项目,按B类项目进行。

7.5.2 上行制动试验

【适用范围】

本项只适用于曳引式杂物电梯,对于强制驱动杂物电梯、液压驱动杂物电梯检验报告可不编排本项或填写“无此项”。

【监督检验工作指引】

本项主要是检验上行紧急制动工况下曳引能力。

【定期检验工作指引】

定期检验时,检验2.5项时发现轮槽磨损,存在可能影响曳引能力的情况,应增加检验本项目,按B类项目进行。

7.6 沉降试验

项目及类别	检验内容与要求	检验方法
▲7.6 沉降试验 C	对于液压杂物电梯,载有额定载重量的轿厢停靠在最高服务站,停止10 min,下沉应当不超过10 mm	由施工或者维护保养单位按照制造单位规定的方法进行试验,检验人员现场观察、确认

【适用范围】

本项只适用于液压驱动杂物电梯,对于强制驱动杂物电梯、曳引驱动杂物电梯检验报告可不编排本项或填写“无此项”。

【检验工作指引】

(1) 本项主要是检查液压杂物电梯的液压缸在最大行程位置时,受到轿厢及其额定载重量的自重压力作用下的内部泄漏情况。

(2) 试验时,应先用轿厢把额定载重量的砝码运送到上端站,保持10 min后,上下运行一次电梯,使其停止在上端站,切断主电源,轿厢装载均匀分布的额定载重量,用尺测量轿厢地坎与层门地坎之间的垂直距离,保持10 min,再在相同位置测量轿厢地坎与层门地坎之间的距离,两者相减。

(3) 其他可参考TSG T7004中7.1。

7.7 破裂阀动作试验

项目及类别	检验内容与要求	检验方法
▲7.7 破裂阀动作试验 B	对于液压杂物电梯,轿厢载有均匀分布的额定载重量,超速下行,使破裂阀动作,轿厢应当可靠制停	由施工或者维护保养单位按照制造单位规定的方法进行试验,检验人员现场观察、确认

【适用范围】

本项只适用于液压驱动杂物电梯,对于强制驱动杂物电梯、曳引驱动杂物电梯检验报告可不编排本项或填写“无此项”。

【检验工作指引】

(1) 对于直接作用式液压杂物电梯，若装设了破裂阀来防止轿厢自由坠落或超速下行，则应当按照本项要求进行破裂阀动作试验。破裂阀最迟应在轿厢下行速度达到 v_d(额定下行速度)+0.3 m/s 时动作，动作后应能将下行的轿厢制停并保持在停止状态。

(2) 将装有均匀分布额定载重量的轿厢停在适当的楼层(足以使破裂阀动作，但尽量低的楼层)，然后操作破裂阀的手动试验装置，检查破裂阀能否动作，从而将轿厢可靠制停。

(3) 其他可参考 TSG T7004 中 7.3。

第七章　斜行电梯专项要求

随着现代化城市的高速发展，电梯已经成为我们日常生活中不可或缺的交通工具，而传统意义上的电梯只能解决垂直运输问题，如何让电梯斜着运行，解决如山坡、倾斜建筑等斜面的运输问题，成为一个潜在的市场需求，而研发一种符合上述使用场合，并能安全、可靠、舒适运行的电梯产品，不仅具有较好的市场前景，同时也有着良好的经济效益及社会效益，因此，应用于上述不同环境和场所的斜行电梯也应运而生。斜行电梯诞生于100多年前，在技术上经过了几代人长期的探索和改善，在使用上同样经历了长期的推广。

根据GB/T 35857—2018《斜行电梯制造与安装安全规范》(以下简称GB/T 35857—2018)，其适用的斜行电梯服务于指定的层站，运载装置用于运载乘客或货物，通过钢丝绳或链条悬挂，并沿与水平面夹角大于或等于15°且小于75°的导轨运行于限定的路径内(见图7-1)。

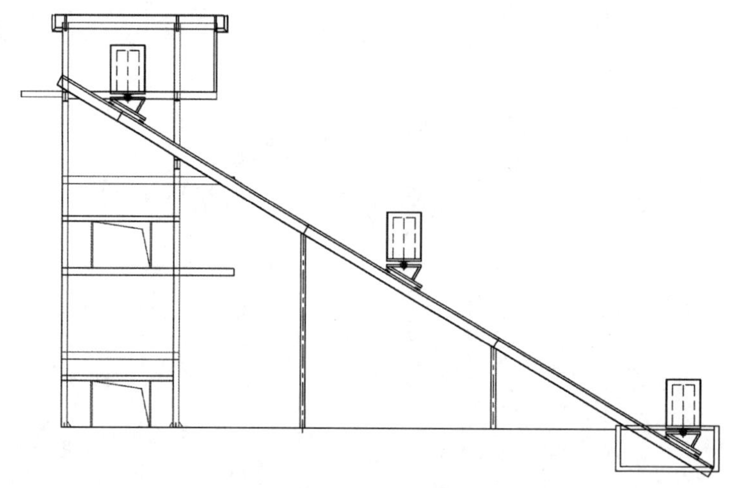

图7-1　斜行电梯原理

所谓斜行电梯，是指其运载装置(包括轿厢和承载架，如图7-2所示)和对重均沿着倾斜的轨道升降运行的提升设备，可以用于运载人员或货物，根据使用场所的不同，还可能兼具其他特殊功能，如观光、检修等。受当前技术水平限制，GB/T 35857—2018对其范围进行了限定：

——倾斜角，允许运行路径倾斜度的变化；

——运行路径：仅限于单一铅锤面；

——轿厢最大额定载重量：7 500 kg(100人)；

——最大额定速度：4 m/s。

图 7-2　斜行电梯运载装置

斜行电梯额定载重量和额定速度的相互关系如图 7-3 所示。

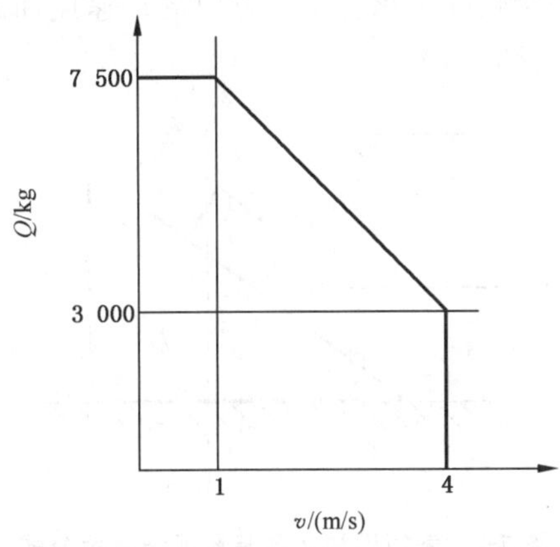

图 7-3　斜行电梯额定载重量与额定速度的关系

按斜行电梯的运行轨迹的倾斜角进行划分，斜行电梯分为单倾斜角（见图 7-4）、多倾斜角（见图 7-5）、弧形运行斜行电梯（见图 7-6）等。单倾斜角斜行电梯是最常用的斜行电梯结构，与自动人行道类似，在整个运行的过程中其运行轨道保持单一角度；多倾斜角斜行电梯的运行轨道通常具有两个不同的角度；弧形运行斜行电梯则是在一个弧形或多个弧形的运行轨道中运行，其倾斜角在某一范围内变化，没有固定的倾斜角。

图 7-4　单倾斜角斜行电梯

图 7-5　多倾斜角斜行电梯

图 7-6　弧形运行斜行电梯

斜行电梯的许多安全要求与普通曳引驱动电梯类似，但也有一些在普通曳引驱动电梯上不常见的安全设计。与普通曳引驱动电梯相比，斜行电梯主要在以下几个方面增加了安全要求：

（1）控制水平方向加减速度对人体的伤害

普通曳引驱动电梯的轿厢是沿垂直方向运行，在启动、制动等过程中轿厢内的乘客和货物仅承受垂直方向的加速度和减速度。而斜行电梯沿倾斜的轨道运行，在启动、制动等过程中运载装置内的乘客和货物除了承受垂直方向的加速度和减速度以外，还需要承受水平方向的加速度和减速度（见图 7-7）。

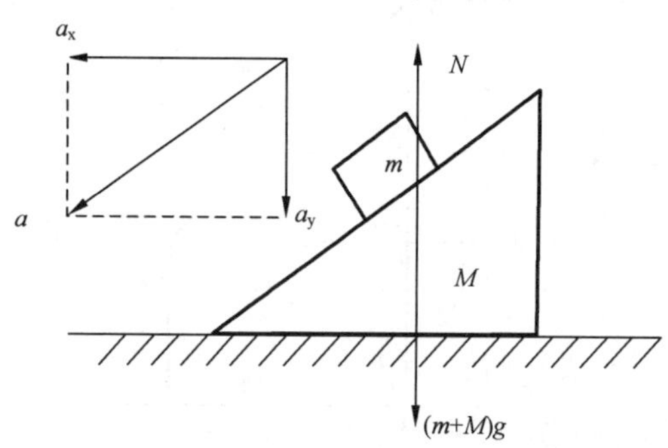

图 7-7　斜行电梯运载装置加速度示意图

斜行电梯在设计和制造时，需要采取安全措施或者设置安全保护措施防止乘客受到水平方向的加减速度 a_x 可能带来的伤害。

（2）防止运载装置翻转与脱轨

由于斜行电梯的运行轨道具有一个倾斜角，钢丝绳也是沿倾斜角作用在运载装置上，运载装置在重力、钢丝绳拉力和运行轨道支撑力的作用下具有一个翻转力矩（见图 7-8），因此需要采取防止运载装置翻转的措施。运载装置在运行轨道内运行时，左右地晃动将导致运载装置偏离其正常运行轨道，与普通曳引驱动电梯类似，也需要限制运载装置的运行，防止其脱轨。

图 7-8　斜行电梯运载装置在运行轨道上

(3) 导轨及附着建筑承载轿厢与对重垂直方向重力

由于运载装置和对重重力的作用,运行轨道上承受一个 $mg\cos\alpha$ 的压力(见图 7-9),同时这个压力由运行轨道的支架传递到建筑物上。在设计和制造斜行电梯时,运载装置、对重和运行轨道之间需要采用轮子进行支撑,并承受运载装置和对重的部分重力。同时运行轨道和运行轨道支撑应当有足够的强度,将运载装置和对重的部分重力传递到建筑物上。

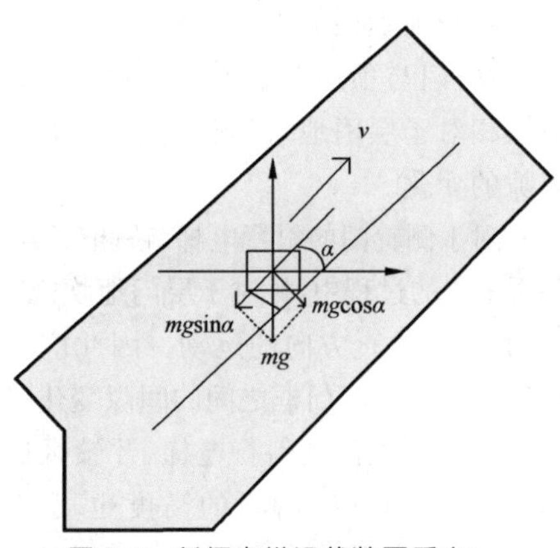

图 7-9 斜行电梯运载装置重力

(4) 通往井道的紧急和检修通道设计

图 7-10 通往井道的紧急和检修通道

斜行电梯的运行轨道等部件从轿顶难以实施维修,需要设置相应的检修通道进行检修。斜行电梯的救援方式比普通曳引驱动电梯相比更为便捷,但也需要专用的紧急通道进行救援。图 7-10 所示为具有较小倾斜角的斜行电梯紧急和检修通道。

(5) 运载装置在开锁区域内不同位置时间隙变化

斜行电梯按开门方式,可以分为前置门斜行电梯(见图 7-11)和侧置门斜行电梯(见图 7-12)。前置门斜行电梯是轿门设置在与斜行电梯的运行方向一致的轿壁上,通常为贯通门,而且中间不设层站,仅在上下端站停靠。侧置门斜行电梯则将轿门设置在与运行方向垂直的轿壁上,乘客从侧面进出轿厢,侧置门斜行电梯可以根据需要在运行路径的中间设置层站。

图 7-11 前置门斜行电梯

图 7-12 侧置门斜行电梯

对于前置门的斜行电梯，层门位于运行轨道的上下两端，前轿门与底层端站的层门对齐，后轿门与顶层端站的层门对齐。在斜行电梯平层和再平层的过程中，轿厢（运载装置）地坎相对于层门地坎具有上下移动的间隙。因此需要采取措施防止层门地坎和轿厢地坎间隙的变化。

对于侧置门的斜行电梯，轿厢（运载装置）在平层和再平层的过程中，相对于层门地坎既有水平方向的运动，也有垂直方向的运动。因此应采取措施防止轿门门框和层门门框之间的间隙变化（见图 7-13）。

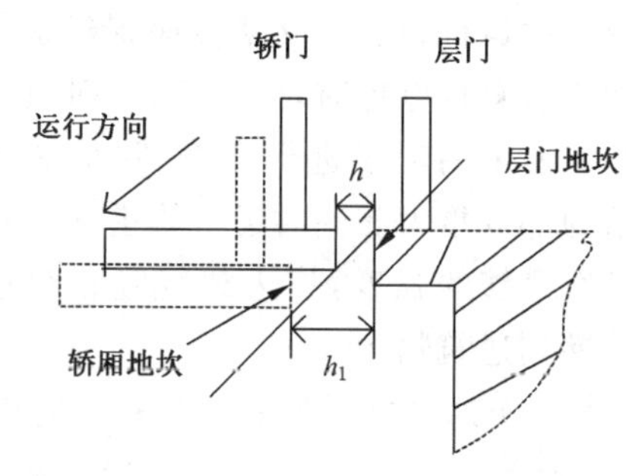

图 7-13　层门地坎和轿厢地坎的运动关系

对于前置门的斜行电梯，开锁区域的高度非常小，其轿厢地坎护脚板的高度也可以设置得比较小，层站地坎下的井道壁高度也可以适当减小。对于侧置门的斜行电梯，斜行的运行既有水平方向的移动距离，也有垂直方向的移动距离，轿厢地坎护脚板和层站地坎下的井道壁需要沿垂直和水平方向分别延伸。

（6）室外环境对斜行电梯的影响

斜行电梯需要考虑气候等因素的影响，特别是非封闭式井道。非封闭式井道斜行电梯通常需要设置风速仪（见图 7-14），在风速超过规定值时停止斜行电梯的正常使用，停靠在相应层站。

图 7-14　风速仪

由于斜行电梯安装在室外，还需要考虑雪载荷对运载装置、导轨受力的影响，以及运行轨道上出现障碍物，避免运载装置撞击相应障碍物而停止运行。

另外安装在室外的斜行电梯还需要考虑高低温交变的影响、防雷击，以及排水不畅等导致的金属锈蚀。

1　技术资料

1.1　制造资料

项目及类别	检验内容与要求	检验方法
1.1 制造 资料 A	电梯制造单位提供了以下用中文描述的出厂随机文件： (1) 制造许可证明文件，许可范围能够覆盖受检电梯的相应参数； (2) 电梯整机型式试验证书，其参数范围和配置表适用于受检电梯； (3) 产品质量证明文件，注有制造许可证明文件编号、产品编号、主要技术参数，限速器、安全钳、缓冲器、含有电子元件的安全电路(如果有)、可编程电子安全相关系统(如果有)、运载装置上行超速保护装置(如果有)、运载装置意外移动保护装置、驱动主机、控制柜的型号和编号，门锁装置、层门、玻璃轿门(如果有)、前置轿门(如果有)的型号，以及悬挂装置的名称、型号、主要参数(如直径、数量)，并且有电梯整机制造单位的公章或者检验专用章以及制造日期； (4) 门锁装置、限速器、安全钳、缓冲器、含有电子元件的安全电路(如果有)、可编程电子安全相关系统(如果有)、运载装置上行超速保护装置(如果有)、运载装置意外移动保护装置、驱动主机、控制柜、层门、玻璃轿门(如果有)、前置轿门(如果有)的型式试验证书，以及限速器和渐进式安全钳的调试证书； (5) 电气原理图，包括动力电路和连接电气安全装置的电路； (6) 安装使用维护说明书，包括安装、使用、日常维护保养和应急救援等方面操作说明的内容。 注 A-1：上述文件如为复印件则必须经电梯整机制造单位加盖公章或者检验专用章；对于进口电梯，则应当加盖国内代理商的公章或者检验专用章	电梯安装施工前审查相应资料

【说明解释】

(1) 根据 GB/T 35857—2018，运载装置是指包含轿厢、悬挂架(承载架)和工作区(如果有)的组合，悬挂架是指与悬挂装置连接，用于承载轿厢、对重(平衡重)的金属构架，可与轿厢成为一个整体。因此 TSG T7001—XG3 中，对于斜行电梯的项目，除特别指轿厢外，将“轿厢”修改为了“运载装置”。图 7-15 为运载装置示意图。

(2) 与垂直运行电梯相同的(包括所示仅将“轿厢”修改为“运载装置”的)项目，可参考第一章相应的要求，本章不重复列出。

1.1.1　制造许可证明文件

【监督检验工作指引】

斜行电梯属于曳引驱动电梯，因此在许可子项目参数覆盖的情况下，曳引驱动电梯的制造资质证书适用于斜行电梯。

图 7-15　运载装置示意图

1.1.2　整机型式试验证书

【监督检验工作指引】

(1) 根据 TSG T7007 的要求，除乘客电梯和载货电梯规定的参数外，斜行电梯的下列任一参数发生变化时，应当重新进行型式试验：

1) 倾斜角小于或等于 45°的单一倾斜角度斜行电梯的倾斜角改变超过 15°，或者改变后倾斜角大于 45°；

2) 倾斜角大于 45°的单一倾斜角度斜行电梯的倾斜角改变超过 15°，或者改变后倾斜角小于或等于 45°；

3) 多倾斜角度斜行电梯的倾斜角度改变。

下列情况之一的配置发生变化，也应当重新进行型式试验：

① 斜行电梯的轿门位置(侧置、前置)改变；

② 斜行电梯的轿厢与承载架(或悬挂架)的连接方式改变；

③ 斜行电梯的曳引钢丝绳与运载装置的连接方式(一端、两端)改变；

④ 斜行电梯的运载装置运行轨道、护轨、导轨、安全钳夹持部件总数量减少；

⑤ 斜行电梯的限速器类型(钢丝绳驱动的限速器、非钢丝绳驱动的机械式限速器、可编程电子限速器)改变。

(2) 除乘客电梯和载货电梯规定的参数外，斜行电梯适用的参数范围和配置见表 7-1。

表 7-1　斜行电梯附加适用参数范围和配置表

倾斜角范围		轿门位置	
轿厢与承载架(或悬挂架)的连接方式		曳引钢丝绳与运载装置的连接方式	
运行轨道、护轨、导轨、安全钳夹持部件总数量		限速器类型	

1.1.3　产品质量证明文件

【监督检验工作指引】

斜行电梯的产品质量证明文件中增加了前置轿门(如果有)的型号要求。前置轿门与斜行电梯的运行路径一致,在斜行电梯启动或制停(特别是紧急制停)时轿厢的减速度将使乘客承受水平方向的减速度,在启动或制停时乘客可能会在惯性的作用下撞击前置轿门。为了防止乘客撞击前置轿门而坠入井道,前置轿门应具有足够的强度和安全性能,因此前置轿门需要与玻璃轿门一样进行型式试验。同时前置轿门的型号也与斜行电梯的整机产品质量有非常重要的关系,在整机的产品质量证明文件中要求列出前置轿门的型号。

1.1.4　型式试验证书

【监督检验工作指引】

除了普通曳引式电梯所要求的型式试验证书以外,斜行电梯如果使用前置轿门也应当提供单独的型式试验证书。

2　机房(机器设备间)及相关设备

2.8　控制柜、紧急操作和动态测试装置及检修控制装置

项目及类别	检验内容与要求	检验方法
2.8 控制柜、紧急操作和动态测试装置及检修控制装置 B	(12) 检修控制装置应当满足以下要求: ① 由一个符合电气安全装置要求,能够防止误操作的双稳态开关(检修开关)进行操作; ② 一经进入检修运行时,即取消正常运行(包括任何自动门操作)、紧急电动运行,只有再一次操作检修开关,才能使电梯恢复正常工作; ③ 依靠持续揿压按钮来控制运载装置运行,此按钮有防止误操作的保护,按钮上或者其近旁标出相应的运行方向; ④ 该装置上设有一个停止装置,停止装置的操作装置为双稳态、红色、标以“停止”字样,并且有防止误操作的保护; ⑤ 检修运行时,安全装置仍然起作用; ⑥ 当设有两个检修控制装置时,如果两个检修控制装置均被转换到“检修”位置,从任何一个检修控制装置都不能移动运载装置,或者当同时按压两个检修控制装置上相同方向的按钮时才能移动运载装置	目测;操作验证检修控制装置功能

【监督检验工作指引】

(1) 由于斜行电梯沿倾斜轨道运行,当倾斜角较小的时候不再能利用轿顶对层门等井

道内部件进行检修,因此斜行电梯轿顶可以不设置检修控制装置。

(2) 斜行电梯可以采用轿顶、轿内或检修平台上设置检修作业位置,每个检修作业空间均需要设置符合要求的检修控制装置、停止装置和电源插座。

(3) 最多可以设置两个检修作业位置,检修控制装置也可能具有两个。当具有两个检修控制装置时,检修控制装置应联锁。两个检修控制专职同时操作相同方向的按钮时可以使运载装置运行,其目的是便于两个作业人员位于两个检修场所同时作业,也就是说运行在两个作业位置同时进行作业。

【定期检验工作指引】

定期检验时,需要根据监督检验时的检修作业位置设置检验检修控制装置的功能等。如果斜行电梯在使用过程中变更检修控制装置的安装位置或变更检修作业位置,应当按照改造申报监督检验。

3 井道及相关设备

3.1 井道封闭

项目及类别	检验内容与要求	检验方法
3.1 井道 封闭 C	(1) 除必要的开口外井道应当完全封闭; (2) 当建筑物中不要求井道在火灾情况下具有防止火焰蔓延的功能时,允许采用部分封闭井道,部分封闭井道围壁应当满足以下要求: ① 当 $\theta>45°$ 时: 层门侧:$H\geqslant3.50$ m; 其余侧:$D\geqslant0.50$ m,$H\geqslant(89-28D)/30$(m)且 $H\geqslant1.1$ m; ② 当 $\theta\leqslant45°$ 时: 层门侧:$H\geqslant L$; 其余侧:$D\geqslant0.50$ m,$H\geqslant2.50-D$(m)且 $H\geqslant1.80$ m。 上述要求中,θ 指电梯运行路径与水平面的夹角(下同),H 指井道围壁垂直高度;D 指墙体和电梯运动部件之间的水平距离;L 指运载装置运行区域的高度	目测;测量计算相关数据

【监督检验工作指引】

(1) 斜行电梯可以使用全封闭井道(见图 7-16),也可以使用部分封闭的井道。图 7-17 所示不是部分封闭井道的围壁,是防止接近斜行电梯运行路径的围栏。

(2) 斜行电梯设置围壁的目的是:在人员可以正常接近斜行电梯处防止人员遭受斜行电梯运动部件危害,以及直接或用手持物体触及井道中斜行电梯设备而干扰斜行电梯的安全运行。

(3) 井道的围壁可以使用开口的围壁材料,但开口尺寸应满足 GB 23821—2009 表 5 的要求。也就是说当运动部件的距离≥900 mm 时,开口的尺寸可以为 30～100 mm。

(4) 当斜行电梯的倾斜角>45°时,部分封闭井道围壁的高度与普通曳引驱动电梯的围壁要求一致,层门侧为 3.5 m,其他侧为:与运动部件的水平距离≤0.5 m 时为 2.5 m,水平距离大于 2 m 时为 1.1 m,水平距离在 1.1～2 m 时高度用插值法进行计算。

(5) 当斜行电梯的倾斜角≤45°时,部分封闭井道围壁在层门侧应大于或等于运载装置的高度，以防止运载装置上的部件坠落而伤害候梯的乘客；其余侧的高度应至少≥1.8 m，目的是为了防止周围人员翻越接近斜行电梯，以及防止周围的人员手持部件危及斜行电梯。

图 7-16　全封闭的井道

图 7-17　防止接近的围栏

3.2　曳引驱动电梯顶部空间

项目及类别	检验内容与要求	检验方法
3.2 曳引驱动电梯顶部空间 C	(1) 通过轿顶进入顶层的，当对重完全压在缓冲器上时，应当同时满足以下要求： ① 轿顶可以站人的最高面积的水平面与位于轿厢投影部分井道顶最低部件的水平面之间的自由垂直距离不小于 $1.0+0.035v^2/\sin\theta$(m)； ② 井道顶的最低部件与轿顶设备的最高部件之间的间距(不包括导靴、钢丝绳附件等)不小于 $0.3+0.035v^2/\sin\theta$(m)，与导靴或者滚轮、曳引绳附件、垂直滑动门的横梁或者部件的最高部分之间的间距不小于 $0.1+0.035v^2/\sin\theta$(m)； ③ 轿顶上方有一个不小于 0.50 m×0.60 m×0.80 m 的空间(任一平面朝下即可)。 注 A-4：当采用减行程缓冲器并且对电梯驱动主机正常减速进行有效监控时，$0.035v^2/\sin\theta$ 可以用下值代替： ① 电梯额定速度不大于 4 m/s 时，可以减少到 1/2，但是不小于 0.25 m； ② 电梯额定速度大于 4 m/s 时，可以减少到 1/3，但是不小于 0.28 m。 (2) 通过井道进入顶层的，运载装置的最前端部件与井道末端间的水平距离至少为 0.50 m，安全空间的高度至少为 2.00 m； (3) 运载装置导轨、对重导轨有不小于 $0.1+0.035v^2/\sin\theta$(m)的进一步制导行程	(1) 测量运载装置在上端站平层位置时的相应数据，计算确认是否满足要求； (2) 用痕迹法或者其他有效方法检验对重导轨的制导行程

【监督检验工作指引】

(1) 作业人员进入斜行电梯顶层进行维护作业，对于倾斜角较大的斜行电梯，可以直接从轿顶接近顶层进行维修；对于倾斜角较小的斜行电梯，不能从轿顶接近顶层，这时可以直接从井道内步入顶层位置进行维护作业。

(2) 斜行电梯沿倾斜路径运行，从轿顶进入顶层时，轿顶的安全空间与普通曳引驱动电梯一致。唯一的区别是重力制停距离一半的计算，需要根据倾斜角进行换算，所以需要将 $0.035\ v^2$ 调整为 $0.035\ v^2/\sin\theta$。计算轿顶安全距离所用的倾斜角 θ 为斜行电梯位于井道顶部位置的倾斜角。对于弧形路径的斜行电梯，该倾斜角为对重压实缓冲器时运载装置所处位置的倾斜角。

(3) 部分倾斜角较小的斜行电梯不能从轿顶进入顶层，作业人员可以打开层门后进入井道，然后步行接近顶层。如果运载装置与顶层之间的距离较小，可能会挤压位于运载装置前方的作业人员。因此这种斜行电梯要求运载装置与井道末端之间水平距离至少应为 0.50 m，高度至少为 2.0 m。

3.3 强制驱动电梯顶部空间

项目及类别	检验内容与要求	检验方法
3.3 强制驱动电梯顶部空间 C	(1) 通过轿顶进入顶层的，当运载装置完全压在上缓冲器上时，应当同时满足以下条件： ① 轿顶可以站人的最高面积的水平面与位于轿厢投影部分井道顶最低部件的水平面之间的自由垂直距离不小于 1.00 m； ② 井道顶部最低部件与轿顶设备的最高部件之间的自由垂直距离不小于 0.30 m，与导靴或者滚轮、钢丝绳附件、垂直滑动门横梁等的自由垂直距离不小于 0.10 m； ③ 轿顶上方有一个不小于 0.50 m×0.60 m×0.80 m 的空间(任一平面朝下即可)。 (2) 通过井道进入顶层的，运载装置的最前端部件与井道末端间的水平距离至少为 0.50 m，安全空间的高度至少为 2.00 m； (3) 运载装置从顶层向上直到撞击上缓冲器时沿倾斜路径的制导行程不小于 0.50 m，运载装置继续上行至缓冲器行程的极限位置一直具有导向；平衡重(如果有)导轨的长度能够提供不小于 0.30 m 的进一步制导行程	(1) 测量运载装置在上端站平层位置时的相应数据，计算确认是否满足要求； (2) 用痕迹法或者其他有效方法检验平衡重导轨的制导行程

【监督检验工作指引】

与 3.2 一样，分为从轿顶进入顶层和从井道进入顶层两种进入方式，分别规定不一样的顶部空间。

3.6 导轨和护轨

项目及类别	检验内容与要求	检验方法
3.6 导轨和护轨 C	(1) 导轨及导轨支架应当安装牢固，并且能够防止因导轨附件的转动造成导轨的松动； (2) 设有将运载装置保持在动态包络内的刚性护轨	目测

【监督检验工作指引】

(1) 图 7-18 所示为常见斜行电梯的轨道及其他部件。斜行电梯的轨道和护轨包括：运行轨道和护轨。其中运行轨道是限制运载装置和对重运行路径的轨道，包括沿运行方向的路径和左右移动的路径，另外运行轨道还需要承受运载装置和对重的重量。护轨则是防止运载装置沿运行路径方向倾斜或倾翻的轨道，在运载装置的支撑轮等失效的时候防止其倾翻。

(2) 许多斜行电梯使用 H 型钢作为运行轨道(见图 7-19)，H 型钢的上端面作为运载装置的运行轨道，上翼缘作为防倾翻护轨使用(见图 7-20)。H 型钢下翼缘作为对重的运行轨道，腹板限制对重的横向移动。图 7-19 左下角的斜行电梯防倾翻装置设置了滚轮，右侧未设置滚轮。

(3) 动态包络是指斜行电梯所有的运动部件(例如运载装置、承载架)在正常磨损、间隙、预期变形和横向运动的情况下，所能到达的极限位置。动态包络是斜行电梯设计时需要考虑的一个概念。护轨的作用是在斜行电梯正常运行时将其限定在动态包络内，但运行部件和滑动部件的断裂可以除外。图 7-21 所示的护轨及导轮限制斜行电梯的左右窜动，同时该轨道还作为斜行电梯安全钳的作用部件。

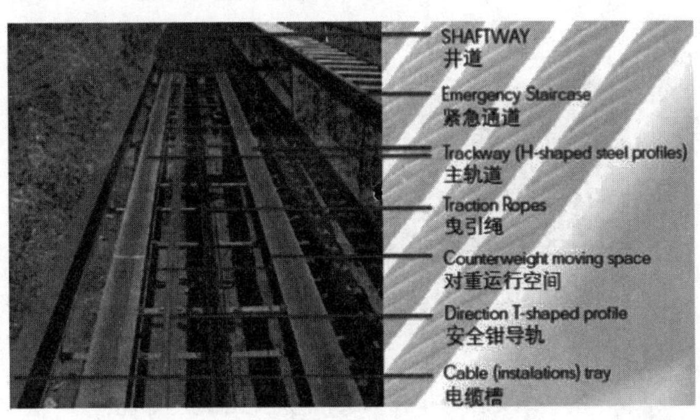

图 7-18　斜行电梯轨道及其他部件

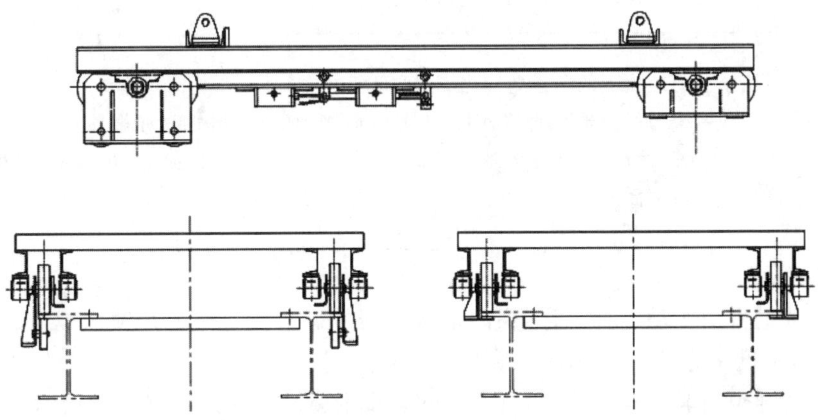

图 7-19　斜行电梯运行轨道和护轨

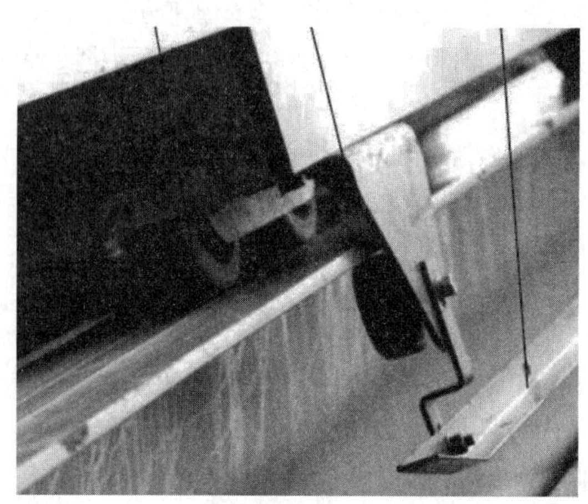

图 7-20　斜行电梯护轨和防倾覆的导轮

图 7-21　斜行电梯护轨和防左右窜动的导轮

3.8　层门地坎下端的井道壁

项目及类别	检验内容与要求	检验方法
3.8 层门地坎下端的井道壁 C	每个层门地坎下的井道壁应当满足以下要求： 形成一个与层门地坎直接连接、由光滑而坚硬的材料构成（如金属薄板）的连续表面；其尺寸覆盖地坎下面整个入口宽度两边各加上 50 mm 和开锁区域下面加上 50 mm	目测或者测量相关数据

【说明解释】

（1）与普通曳引驱动电梯一样，层门地坎下的井道壁应当保护开锁区域＋50 mm 的高度，层站入口宽度两边各＋50 mm 的宽度。

（2）与普通曳引驱动电梯不一样的是：普通曳引驱动电梯运行路径为铅锤方向，层门地坎下的井道壁只需要在高度上延伸至开锁区域＋50 mm；侧置门斜行电梯的运行轨迹为斜线，其层门门刀等均需要沿运行轨道斜向布置（见图 7-22），开锁区域在水平和垂直方向上具有一定的分量，层门地坎下的井道壁需要沿水平和垂直部分进行延伸。

图 7-22 侧置门斜行电梯层门门刀结构

【监督检验工作指引】

监督检验时通过检修移动运载装置至层站下开锁区域极限位置，然后通过三角钥匙打开层门和轿门，在轿厢内观察层门地坎下的井道壁，井道壁应当覆盖轿门所对应的区域＋50 mm。

3.9 井道内防护

项目及类别	检验内容与要求	检验方法
3.9 井道内防护 C	(1) 应当采用刚性隔障对对重(平衡重)的所有易接近面进行防护，该隔障的宽度至少等于危险区域的宽度。 如果通往井道的门开启时，验证其关闭状态的电气安全装置使所有电梯自动停止，并且仅由作业人员手动复位后才能启动，则可以不设置上述隔障。 (2) 装有多台电梯的井道内的防护还应当满足以下要求： ① 不同电梯的运动部件之间设有隔障，该隔障至少从运载装置、对重(平衡重)行程的最低点延伸到最低层站楼面以上 2.50 m 高度，并且有足够的宽度以防止人员从一个底坑通往另一个底坑；任一电梯的护栏内边缘和相邻电梯运动部件之间的水平距离小于 0.50 m 时，该隔障贯穿整个井道，其宽度至少等于运动部件的宽度每边各加 0.10 m； ② 井道内允许人员行走时，沿着井道在相邻的电梯间设置隔障，隔障高度 H 满足以下要求： $H \geqslant 2.50-D(\mathrm{m})$，且 $H \geqslant 1.80$ m 上述要求中，D 指人行道最外侧到相邻斜行电梯的运载装置[或对重(平衡重)]之间的最小水平距离；在井道的倾斜位置，H 指与斜面垂直的距离。 如果通往井道的门开启时，验证其关闭状态的电气安全装置使所有电梯自动停止，并且仅由作业人员手动复位后才能启动，则可以不设置 3.9(2)②所述隔障	目测或者测量相关数据

【说明解释】

(1) 对重隔障的作用是防止运行中的对重对维修人员造成撞击、挤压等伤害。不需要考虑静止对重的防护。

(2) 同一井道内两台斜行电梯运动部件之间的水平距离小于 0.50 m 时，贯穿整个井道的隔障应当保护所有的运行部件，并往外延伸 0.10 m。延伸的尺寸不仅是宽度方向，也包括高度等方向。其目的是防止人员从一台斜行电梯进入另一台斜行电梯的运行路径中。

(3) 井道内设置永久性人行通道时，装设多台斜行电梯的井道也需要防止人员从一个井道进入另一台斜行电梯的运行路径，隔障的高度与非封闭井道的要求一致。

3.10 极限开关

项目及类别	检验内容与要求	检验方法
3.10 极限开关 B	极限开关应当在运载装置或者对重(如果有)接触缓冲器前起作用，并且在缓冲器被压缩期间保持其动作状态。 强制驱动电梯的极限开关动作后，应当以强制的机械方法直接切断驱动主机和制动器的供电回路	(1) 将上行(下行)限位开关(如果有)短接，以检修速度使位于顶层(底层)端站的运载装置向上(向下)运行，检查井道上端(下端)极限开关动作情况； (2) 短接上下两端极限开关和限位开关(如果有)，以检修速度提升(下降)运载装置，使对重(运载装置)完全压在缓冲器上，检查极限开关动作状态； (3) 目测判断强制驱动电梯极限开关切断供电的方式

【说明解释】

对于采用前置门的斜行电梯，电梯停靠在端站时运载装置地坎与层站地坎需要保持一定的距离，此时轿厢接触缓冲器。如果此时极限开关动作，则电梯不能重新启动运行。因此对于前置门的斜行电梯，极限开关应当在运载装置地坎与层站地坎接触之前动作，也可以在接触缓冲器之前动作。

3.11 井道照明

项目及类别	检验内容与要求	检验方法
3.11 井道 照明 C	(1) 井道应当设置永久性电气照明。对于部分封闭井道，如果井道附近有足够的电气照明，井道内可以不设照明； (2) 井道内设有永久性人行通道时，应当满足以下要求： ① 井道内设置永久性电气照明，在人行通道地面上提供至少 50 lx 的照明； ② 沿着人行通道设置应急照明，在供电中断时使人行通道和通道门具有照明指示	目测；测量照度

【说明解释】

(1) 倾斜角较小的斜行电梯通常设有永久性的人行通道，以便于运载装置滞留井道内时撤离乘客。

(2) 永久性的人行通道(见图 7-23)既需要考虑作业人员使用,也需要考虑乘客撤离,因此在供电中断时应具有应急照明。

【监督检验工作指引】

(1) 井道照明按照普通曳引驱动电梯的要求进行检验。

(2) 具有永久性人行通道的井道内,井道照明点亮的时候在人行通道的地面上至少具有 50 lx 的照度,必要时可以使用照度计测量。

(3) 具有永久性人行通道的井道,其应急照明至少应照亮通道门,人行通道地面上的照度此时可以不满足 50 lx 的要求。

图 7-23　斜行电梯的永久性人行通道

3.13　底坑空间

项目及类别	检验内容与要求	检验方法
3.13 底坑 空间 C	当运载装置完全压在缓冲器上时,应当同时满足以下要求: (1) 底坑中有一个不小于 0.50 m×0.60 m×1.0 m 的空间(任一面朝下即可); (2) 底坑后壁(面向上行运行方向,背对的方向为后)与运载装置最后端部件之间的自由距离不小于 0.50 m,当轿厢最后端部件与导轨之间的水平距离不大于 0.15 m 时,该自由距离可减小至 0.10 m; (3) 在运行路径方向,运载装置的最后端部件与固定的最先可能撞击点之间的距离不小于 0.30 m	测量运载装置在下端站平层位置时的相应数据,计算确认是否满足要求

【说明解释】

(1) 与井道顶层空间类似,斜行电梯主要需要关注运载装置与底坑之间的安全空间。该安全空间与普通曳引驱动电梯不一样,主要是运载装置和底坑壁之间的安全空间。

(2) 最小距离 0.5 m 是防止作业人员身体被挤压的安全距离,0.3 m 是防止作业人员头部被挤压的安全距离,0.1 m 是防止作业人员手或脚被挤压的安全距离。

【监督检验工作指引】

(1) 将运载装置向下运行至完全压在缓冲器上,检验人员进入底坑测量相关尺寸。

(2) 对于头部可能进入的空间(离固定物之间的自由距离大于 0.15 m),自由距离应大于 0.3 m；对于仅手或脚可进入的空间，自由距离应大于 0.1 m。

(3) 上述(2)中的自由距离，既需要考虑运行方向的距离，也需要考虑其他方向的距离。

3.15 缓冲器

项目及类别	检验内容与要求	检验方法
3.15 缓冲器 B	(1) 运载装置和对重的行程底部极限位置应当设置缓冲器，强制驱动电梯、无对重环形钢丝绳曳引驱动电梯还应当在运载装置上或者井道内设置能在行程上部极限位置起作用的缓冲器，采用前置轿门的斜行电梯应当在井道顶部或者运载装置上设置缓冲器；蓄能型缓冲器只能用于额定速度不大于 1 m/s 的电梯，耗能型缓冲器可以用于任何额定速度的电梯，正常运行时被撞击的缓冲器均应当为耗能型缓冲器； (2) 缓冲器上应当设有铭牌或者标签，标明制造单位名称、型号、编号、技术参数和型式试验机构的名称或者标志，铭牌或者标签和型式试验证书内容应当相符； (3) 缓冲器应当固定可靠、无明显倾斜，并且无断裂、塑性变形、剥落、破损等现象； (4) 耗能型缓冲器液位应当正确，有验证柱塞复位的电气安全装置； (5) 对重缓冲器附近应当设置永久性的明显标识，标明当运载装置位于顶层端站平层位置时，对重装置撞板与其缓冲器顶面间的最大允许垂直距离；并且该垂直距离不超过最大允许值	(1) 对照检查缓冲器型式试验证书和铭牌或者标签； (2) 目测缓冲器的固定和完好情况；必要时，将限位开关(如果有)、极限开关短接，以检修速度运行空载运载装置，将缓冲器充分压缩后，观察缓冲器是否有断裂、塑性变形、剥落、破损等现象； (3) 目测耗能型缓冲器的液位和电气安全装置； (4) 目测对重越程距离标识；查验当运载装置位于顶层端站平层位置时，对重装置撞板与其缓冲器顶面间的垂直距离

【说明解释】

(1) 对于前置门斜行电梯，上下两端的缓冲器在正常运行时被压缩(见图 7-24)，因此采用不同的耗能型缓冲器。

(2) 为对重环形钢丝绳曳引，是斜行电梯的一种特殊结构。钢丝绳的两个绳头都固定在运载装置上，在底坑内用张紧装置张紧曳引绳，再由曳引绳的自重保持曳引能力。

图 7-24 前置轿门斜行电梯的缓冲器

3.16 井道下方空间的防护

项目及类别	检验内容与要求	检验方法
3.16 井道下方空间的防护 B	如果井道下方有人能够到达的空间，应当在对重（平衡重）上装设安全钳	目测

【说明解释】

(1) 该条款应当理解为“底坑下方空间的防护”。

(2) 该防护主要是为了防止钢丝绳断裂时，对重高速撞击底坑底面后击穿底面，而对底坑下方空间内的人员造成伤害。

(3) 通常斜行电梯的运行轨道是架空的，井道下方通常都具有人员能够到达的空间，这些空间不需要采取相应的防护措施。轨道下方的防护见 3.18 部分。

(4) 如果底坑下方空间人员能够到达，必须设置对重（平衡重）安全钳，而不允许使用实心桩墩。

【监督检验工作指引】

(1) 监督检验时沿斜行电梯的运行路径查验底坑下方是否具有人员可到达的空间。具有门或开口的空间即为人员可到达的空间。

(2) 查验对重安全钳的设置，以及对重安全钳的触发机构。额定速度≤1 m/s 的对重安全钳可以由断绳装置触发，可以不由限速器触发。

(3) 对重安全钳可以不设置电气安全装置。

3.17 紧急和检修通道

项目及类别	检验内容与要求	检验方法
3.17 紧急和检修通道 B	通往井道的紧急通道或者检修通道应当满足以下要求之一： (1) 设置满足以下要求的井道安全门： ① 安全门与相邻层门地坎间的距离与所采用的装置相符，如果采用梯子，沿斜面测量不大于 11 m； ② 门高度不小于 1.80 m、宽度不小于 0.5 m； ③ 门不向井道内开启； ④ 门上装设用钥匙开启的锁，当门开启后不用钥匙能够将其关闭和锁住，在门锁住后，不用钥匙能够从井道内将门打开； ⑤ 设置电气安全装置以验证门的关闭状态。 (2) 在井道内设置永久性人行通道或者固定的梯子，在任何情况下从井道的一端至另一端时都可以安全地使用； (3) 在有相邻运载装置的情况下，设置满足以下要求的轿厢安全门： ① 门的高度不小于 1.80 m、宽度不小于 0.35 m； ② 门的锁紧由电气安全装置验证； ③ 如果相邻轿厢之间的水平距离大于 0.75 m，设有能使乘客从一个轿厢安全地到达另一个轿厢的装置。该装置处于非停放位置时，一个电气安全装置能够防止任一电梯的运行； (4) 具有从外部无风险直接进入轿厢的措施（如可移动的提升平台）	目测；测量相关数据

【说明解释】

(1) TSG T7001 中 3.4 和 3.5 不适用于斜行电梯。

(2) 斜行电梯可以采用四种救援方式：

——井道安全门；

——永久性人行通道或梯子；

——轿厢安全门；

——外部无风险直接进入轿厢的措施。

(3) 井道安全门的设置，地坎之间的距离 11 m 不能沿铅锤方向测量，沿斜行电梯运行路径测量地坎之间的距离不大于 11 m。

(4) 永久性人行通道或者固定的梯子，应在井道的上下两端均可以进入和撤离。

(5) 轿厢安全门的设置与普通曳引式电梯的设置基本相同。

(6)除了上述紧急救援措施以外，斜行电梯还可以设置一个可移动的提升平台作为紧急救援装置。一旦发生轿厢滞留在井道内的情况，从上端站或者下端站运行该提升平台至轿厢位置，然后将人从轿厢内转移至提升平台中。如果使用这类提升平台，首先平台需要采取防止乘客坠落的措施，其次是从轿厢往平台转移的过程中，也需要有防止乘客坠落、跌倒的装置等。

【监督检验指引】

(1) 通常来说，斜行电梯两个层站之间的距离均较大，层门之间的距离通常均大于 11 m，因此斜行电梯需要采取其他救援措施。

(2) 最常见的救援措施是设置永久性人行通道或固定梯子，监督检验时需要坚持人行通道或梯子能够有效防止乘客坠落。人行通道或梯子能够便于各类乘客使用，包括儿童、老年人等。

3.18 轨道下方的防护

项目及类别	检验内容与要求	检验方法
3.18 轨道下方的防护 B	如果人员可以进入电梯运行轨道的下方，应当设置无孔的防护隔障，以挡住和收纳可能从斜行电梯上掉落的碎片或者零件	目测

【说明解释】

通常斜行电梯的运行轨道都是架空的，斜行电梯部件或者轨道上的落石从运行轨道上坠落后可能导致运行轨道下方的人员伤害，因此需要采取防护措施。

【监督检验指引】

(1) 查验防护隔障是否覆盖电梯运行轨道两端。

(2) 如果运行轨道下方人员不可以接近(例如设置带有网孔的隔障等措施)，可以不设置该防护隔障。

(3) 该隔障应当是无孔的，因为需要防止螺丝帽等小零件的坠落。

4 运载装置与对重(平衡重)

4.1 轿顶电气装置

项目及类别	检验内容与要求	检验方法
4.1 轿顶电气装置 C	当轿顶作为作业场地时,应当满足以下要求: (1) 轿顶设有一个从入口处易于接近的停止装置,停止装置的操作装置为双稳态、红色、标以“停止”字样,并且有防止误操作的保护;如果检修控制装置设在从入口处易于接近的位置,该停止装置也可以设在检修控制装置上; (2) 轿顶设有 2P+PE 型电源插座	目测;操作验证

【说明解释】

(1) 检修装置的要求见 2.8(12)。

(2) 该要求与普通曳引驱动电梯的轿顶电气装置的要求类似,但是轿顶不作为作业场地时可以不设置上述停止装置和电源插座。

4.2 轿顶护栏

项目及类别	检验内容与要求	检验方法
4.2 轿顶 护栏 C	当轿顶作为作业场地,并且井道壁离轿顶外侧边缘水平方向自由距离超过 0.30 m 时,轿顶应当装设满足以下要求的护栏: (1) 由扶手、0.10 m 高的护脚板和位于护栏高度一半处的中间栏杆组成; (2) 当护栏扶手外缘与井道壁的自由距离不大于 0.85 m 时,扶手高度不小于 0.70 m;当该自由距离大于 0.85 m 时,扶手高度不小于 1.10 m; (3) 护栏装设在距轿顶边缘最大为 0.15 m 之内,并且其扶手外缘和井道中的任何部件之间的水平距离不小于 0.10 m; (4) 护栏上有关于俯伏或者斜靠护栏危险的警示符号或者须知	目测或者测量相关数据

【说明解释】

(1) 只有轿顶作为作业场地时才需要,否则不需要在轿顶设置护栏。

(2) 如果轿顶作为作业场地,轿顶护栏也应当符合普通曳引驱动电梯的要求。

4.9 地坎护脚板

项目及类别	检验内容与要求	检验方法
4.9 地坎 护脚板 C	每一轿厢地坎上均应当设置满足以下要求的护脚板: (1) 宽度至少等于运载装置位于开锁区域内时相应层站入口可能暴露的整个净宽度; (2) 其垂直部分的尺寸满足以下要求: ① 对于侧置轿门,能够保护所有可能暴露的表面; ② 对于前置轿门,面对较低的层站侧,垂直部分的高度不小于 0.30 m	目测或者测量相关数据

【说明解释】

(1) 该要求与层门下的井道壁类似。

(2) 前置轿门和侧置轿门的斜行电梯对两者的要求差别比较大。对于前置门斜行电梯,由于开锁区域的范围很小,因此提出了最低要求 0.30 m。

(3) 对于侧置门斜行电梯,所有可能暴露的表面是指在能够在层站打开轿门开门限制装置的距离内所暴露的表面。因此轿厢地坎护脚板应当沿斜行电梯的运行路径延伸,延伸的长度为 UCMP 允许的最大制停距离。

(4) 具有多个倾斜角的电梯,应当按照各个层站的多个倾斜角进行延伸。

4.11 安全钳

项目及类别	检验内容与要求	检验方法
4.11 安全钳 B	(1) 安全钳上应当设有铭牌,标明制造单位名称、型号、编号、技术参数和型式试验机构的名称或者标志,铭牌和型式试验证书、调试证书内容应当相符; (2) 运载装置上应当装设一个在轿厢安全钳动作以前或者同时动作的电气安全装置	(1) 对照检查安全钳型式试验证书、调试证书和铭牌; (2) 目测电气安全装置的设置

【说明解释】

(1) 斜行电梯安全钳作用的导轨通常只有一根,安全钳(见图 7-25)也不是安装在运载装置的两侧,通常两个安全钳前后布置。

(2) 装设多个安全钳时,斜行电梯也需要设置安全钳联动机构,以保证两个安全钳能同时动作。

图 7-25 斜行电梯的安全钳

4.12 扶手

项目及类别	检验内容与要求	检验方法
4.12 扶手 B	供乘客抓握的扶手、立柱等装置应当固定可靠	目测

【说明解释】

(1) 斜行电梯制停或启动的过程中,沿运行方向的减速度在水平方向具有一定的分量,可能使运载装置内的乘客撞击轿壁,因此轿厢内应当设置扶手。

(2) 扶手的设置应当保证斜行电梯的轿厢内乘客都能够就近抓住扶手或立柱。

【监督检验指引】

(1) 轿厢地面由多个水平面组成时，上部水平面的边缘应设置扶手，并标明水平面的边缘。

(2) 扶手可以为横向栏杆式(见图 7-26)，也可以使用公交车内的立柱和吊环等作为扶手。

图 7-26　斜行电梯的横向栏杆扶手

5　悬挂装置、补偿装置及旋转部件防护

5.3　补偿装置

项目及类别	检验内容与要求	检验方法
5.3 补偿 装置 C	(1) 补偿绳(链)端部固定应当可靠； (2) 应当设置电气安全装置检查补偿绳的最小张紧位置；未采用重力张紧装置时，应当设置电气安全装置检查补偿绳的最大张紧位置； (3) 当电梯的额定速度大于 2.5 m/s 时，还应当设置补偿绳防跳装置，该装置动作时应当有一个电气安全装置使电梯驱动主机停止运转	(1) 目测补偿绳(链)端固定情况； (2) 模拟断绳或者防跳装置动作时的状态，观察电气安全装置动作和电梯运行情况

【说明解释】

(1) 与普通曳引驱动电梯不同的是，悬挂装置和补偿装置需要相应的滚轮进行支撑。

(2) 补偿绳或补偿链需要使用重力或者弹簧张紧，使补偿绳或补偿链保持张紧状态，而不至于过度下垂。

(3) 斜行电梯中还有一种无对重的斜行电梯，采用循环钢丝绳，对重侧的钢丝绳重量即作为对重使用，此时其不存在补偿装置，循环钢丝绳是完整的悬挂装置。

【监督检验指引】

(1) 补偿装置的检验与普通曳引驱动电梯类似。

(2) 采用弹簧等非重力张紧方式张紧补偿绳的，为了防止弹簧断裂后补偿绳未张紧，需要设置最大张紧位置检查的电气安全装置，此时不需要设置最小张紧位置检查的电气安全装置。

(3) 额定速度大于2.5 m/s(普通曳引驱动电梯为3.5 m/s)时,还需要检查补偿绳防跳装置和检查防跳装置动作的电气安全装置。

5.4 钢丝绳的卷绕

项目及类别	检验内容与要求	检验方法
5.4 钢丝绳 的卷绕 C	对于强制驱动电梯,钢丝绳的卷绕应当满足以下要求: (1) 运载装置完全压缩缓冲器时,卷筒的绳槽中至少保留一圈半钢丝绳; (2) 当设有排绳装置时卷筒上最多卷绕三层钢丝绳,无排绳装置时卷筒上只能卷绕一层钢丝绳; (3) 有防止钢丝绳滑脱和跳出的措施	目测

【监督检验指引】

(1) 该项目仅适用于强制驱动的斜行电梯,对于曳引驱动的斜行电梯该项目按照“/”处理。

(2) 运载装置完全压缩缓冲器时,卷筒中至少保留一圈半的预留是为了避免绳头固定装置(例如压块)承受拉力而拉出。卷筒中具有余量的话,钢丝绳与卷筒的摩擦力可以承受拉力,绳头固定装置不承受太大的拉力。

(3) 排绳装置是能够使卷筒中的钢丝绳均匀排列,不至于完全堆积在某一段卷筒中。无排绳装置时通常利用卷筒上的钢丝绳凹槽自动进行排绳,多次缠绕时可能不能有效排绳。

7 无机房电梯附加检验项目

7.2 底坑或者顶层的作业场地

项目及类别	检验内容与要求	检验方法
7.2 底坑或者 顶层的作 业场地 C	检查、维修驱动主机、控制柜的作业场地设在底坑或者顶层时,如果检查、维修工作需要移动运载装置或者可能导致运载装置的失控或意外移动,应当具有以下安全措施: (1) 设置停止运载装置运动的机械制停装置,使作业场地的地面与运载装置最前端部件之间的净距离不小于2.00 m; (2) 设置检查机械制停装置工作位置的电气安全装置,当机械制停装置处于非停放位置且未进入工作位置时,能防止运载装置的所有运行,当机械制停装置进入工作位置后,仅能通过检修装置来控制运载装置的电动移动; (3) 在井道外设置电气复位装置,只有通过操纵该装置才能使电梯恢复到正常工作状态,该装置只能由工作人员操作	(1) 对于不具备相应安全措施的,核查电梯整机型式试验证书或者报告书,确认其上有无检查、维修工作无需移动运载装置且不可能导致运载装置失控和意外移动的说明; (2) 目测机械制停装置、井道外电气复位装置的设置; (3) 通过模拟操作以及使电气安全装置动作,检查机械制停装置、井道外电气复位装置、电气安全装置的功能

8　试验

8.14　满载上行制动减速度试验

项目及类别	检验内容与要求	检验方法
8.14 满载上行制动减速度试验 A	装载额定载重量的运载装置以正常运行速度上行，运行至倾斜角为最小值区域时切断电动机和制动器供电，制动过程中轿厢水平方向的平均减速度应当不大于0.25 g_n，垂直方向的平均减速度应当不大于1.0 g_n	由施工单位进行试验，检验人员现场观察、确认

【说明解释】

该项目是斜行电梯独有的检验项目，其主要目的是防止减速度的水平分量太大，而对乘客造成伤害。

【监督检验指引】

(1) 对于弧形运行路径或者具有多个倾斜角的斜行电梯，在倾斜角最小的区域是斜行电梯的最不利区域，此时减速度在水平方向的分量最大。

(2) 试验时使用一个预设为最小倾斜角的加减速度测试仪测试沿倾斜角的减速度，然后通过角度换算成水平和垂直方向上的分量。

参考文献

[1] 何若泉,谢柳辉,等.电梯检验工艺手册[M].北京:中国质检出版社,2015.

[2] 秦平彦,李宁,等.电梯检验员手册[M].北京:中国质检出版社,2009.

[3] 姚泽华,钱剑雄,等.ASME 电梯标准 [M].北京:中国质检出版社,2015.

[4] 陈路阳,庞秀玲,等.电梯制造与安装安全规范——GB 7588 理解与应用(第二版)[M].北京:中国质检出版社,2017.

[5] 毛怀新.电梯与自动扶梯技术检验[M].北京:学苑出版社,2001.

[6] GB 7588—2003 电梯制造与安装安全规范(含第 1 号修改单).

[7] GB/T 7588.1—2020 电梯制造与安装安全规范　第 1 部分:乘客电梯和载货电梯

[8] GB 16899—2011 自动扶梯和自动人行道的制造与安装安全规范.

[9] GB 21240—2007 液压电梯制造与安装规范.

[10] GB 25194—2010 杂物电梯制造与安全规范.

[11] GB/T 31094—2014 防爆电梯制造与安装安全规范.

[12] GB/T 26465—2011 消防电梯制造与安装安全规范.

[13] 国家质量监督检验检疫总局.电梯监督检验和定期检验规则——强制与曳引驱动电梯等 6 个检验规则(含第 1、2、3 号修改单).

[14] 国家质量监督检验检疫总局.电梯型式试验规则.